技能应用速成系列

AutoCAD 2014 室内设计从入门到精通

CAX 技术联盟

周晓飞　李秀峰　编著

電子工業出版社

Publishing House of Electronics Industry

北京·BEIJING

内 容 简 介

本书主要针对室内设计领域，以理论结合实践的写作手法，全面而系统地介绍了 AutoCAD 2014 在室内设计领域内的具体应用技术。本书采用“完全案例”的编写形式，兼具技术手册和应用技巧参考手册的特点，技术实用、逻辑清晰，是一本简明易学的参考书。

全书分为四篇共 18 章，详细介绍了软件界面及基础操作、绘图环境的设置、绘制基本几何图元、几何图元的常用编辑和细化、创建复合图形结构模块、室内资源的组织与共享、室内设计中的文字标注与尺寸标注、三维建模功能和三维编辑功能、室内绘图样板的制作、室内布置图设计、室内吊顶图设计、室内空间立面设计、室内详图与大样设计、KTV 包厢设计、办公家具空间设计、室内图纸的后期输出等内容。另外，还将本书中的案例以视频演示方式进行讲解，使读者学习起来更加方便。

本书解说精细，操作实例通俗易懂，实用性和操作性极强，层次性和技巧性突出，既可以作为大、中专院校相关专业和室内设计社会培训机构的教材，也可以作为室内设计领域初中级读者的学习用书。

图书在版编目（CIP）数据

AutoCAD 2014 室内设计从入门到精通 / 周晓飞，李秀峰编著. —北京：电子工业出版社，2013.10
（技能应用速成系列）
ISBN 978-7-121-21222-2

Ⅰ. ①A… Ⅱ. ①周… ②李… Ⅲ. ①室内装饰设计—计算机辅助设计—AutoCAD 软件 Ⅳ. ①TU238-39

中国版本图书馆 CIP 数据核字（2013）第 186006 号

策划编辑：许存权
责任编辑：许存权　　　特约编辑：鲁秀敏
印　　刷：北京京师印务有限公司
装　　订：北京京师印务有限公司
出版发行：电子工业出版社
　　　　　北京市海淀区万寿路 173 信箱　邮编 100036
开　　本：787×1 092　1/16　印张：36.5　字数：870 千字
版　　次：2013 年 10 月第 1 版
印　　次：2016 年 1 月第 5 次印刷
定　　价：79.00 元（含 DVD 光盘 1 张）

凡所购买电子工业出版社图书有缺损问题，请向购买书店调换。若书店售缺，请与本社发行部联系，联系及邮购电话：（010）88254888。

质量投诉请发邮件至 zlts@phei.com.cn，盗版侵权举报请发邮件至 dbqq@phei.com.cn。

服务热线：（010）88258888。

本书是“技能应用速成系列”丛书中的一本，本书主要针对室内设计领域，以 AutoCAD 2014 中文版为设计平台，详细而系统地介绍了使用 AutoCAD 进行室内设计的基本方法和操作技巧，通过众多工程案例，详细讲述了室内设计案例图纸的表达、绘制、输出等全套技能，引导读者如何将所学知识应用到实际的行业当中去，真正将书中的知识学会、学活、学精。

本书采用“完全案例”的编写形式，与相关制图工具和制图技巧结合紧密、与设计理念和创作构思相辅相成，专业性、层次性、技巧性等特点的组合搭配，使该书的实用价值达到一个顶新的层次。

本书特点

★ 循序渐进、通俗易懂：本书完全按照初学者的学习规律和习惯，由浅入深、由易到难安排每个章节的内容，可以让初学者在实战中掌握 AutoCAD 的所有基础知识及其在室内设计中的应用。

★ 案例丰富、技术全面：本书的每一章都是 AutoCAD 的一个专题，每一个案例都包含了多个知识点。读者按照本书进行学习，同时可以举一反三，达到入门并精通的目的。

★ 视频教学、轻松易懂：本书配备了高清语音教学视频，编者手把手地精心讲解，并进行相关点拨，使读者领悟并掌握每个案例的操作难点，轻松掌握并且提高学习效率。

本书内容

全书分为 4 篇共 18 章，详细介绍了 AutoCAD 的基本绘图技能及其在室内设计领域中的应用。其中：

1．软件的基础操作技能篇（第 1～4 章）。具体内容如下：

第 1 章　AutoCAD 2014 快速上手
第 2 章　AutoCAD 2014 基础操作
第 3 章　常用几何图元的绘制功能
第 4 章　常用几何图元的编辑功能

2．软件的高效绘图技能篇（第 5～8 章），使读者能快速高效地绘制复杂图形。具体内容如下：

第 5 章　复合图形的绘制与编辑
第 6 章　室内设计资源的组织与共享
第 7 章　室内设计中的文字标注
第 8 章　室内设计中的尺寸标注

3．室内设计的具体应用技术篇（第 9～16 章），本篇以理论结合实践的写作手法将软件与专业有效地结合在一起进行讲解。具体内容如下：

第 9 章　室内设计理论与绘图样板
第 10 章　室内装修布置图设计

第 11 章　室内装修吊顶图设计　　第 12 章　室内装修立面图设计
第 13 章　室内详图与大样设计　　第 14 章　KTV 包厢空间设计
第 15 章　办公家具空间设计　　第 16 章　室内图纸的后期输出

4．室内设计的三维制图工具及其应用篇（第 17、18 章）。具体内容如下：

第 17 章　AutoCAD 三维建模功能　　第 18 章　AutoCAD 三维编辑功能

5．附录　附录中列举了 AutoCAD 的一些常用的命令快捷键和常用系统变量，掌握这些快捷键和变量，可以有效地改善绘图的环境，提高绘图效率！

注：受限于本书篇幅，为保证图书内容的充实性，故将本书中第 17、18 章及附录附在光盘文件中，以便读者学习使用。

随书光盘

本书附带了 DVD 多媒体动态演示光盘，另外，本书所有综合范例最终效果及在制作范例时所用到的图块、素材文件等，都收录在随书光盘中。光盘内容主要有以下几部分：

★ "\效果文件\"目录：书中所有实例的最终效果文件按章收录在光盘中的该文件夹下。
★ "\图块文件\"目录：书中所使用的图块收录在光盘中的该文件夹下。
★ "\素材文件\"目录：书中所使用到的素材文件收录在光盘中的该文件夹下。
★ "\视频文件\"目录：书中所有工程案例的多媒体教学文件，按章收录在光盘中的该文件夹下，避免了读者的学习之忧。

读者对象

本书适合 AutoCAD 2014 初学者和期望提高 AutoCAD 设计应用能力的读者，具体说明如下：

★ 室内设计领域从业人员　　★ 初学 AutoCAD 的技术人员
★ 大中专院校的教师和在校生　　★ 相关培训机构的教师和学员
★ 参加工作实习的"菜鸟"　　★ 广大科研工作人员

本书作者

本书主要由周晓飞、李秀峰编著，另外还有陈洁、王栋梁、王硕、王庆达、王晓明、刘昌华、张军、田家栋、陈磊、丁磊、张建华、杨红亮、赵洪雷、何嘉扬、陈晓东、王辉、张杨、王珂、李诗洋、丁金滨。书中欠妥之处，请读者及各位同行批评指正，在此致以诚挚的谢意。

读者服务

为了方便解决本书疑难问题，读者朋友若在学习过程中遇到与本书有关的技术问题，可以发邮件到邮箱 caxbook@126.com，或访问作者博客 http://blog.sina.com.cn/caxbook，编者会尽快给予解答，我们将竭诚为您服务。

编　者

目 录

AutoCAD 2014 快速上手

AutoCAD 软件是一款高精度的图形设计软件，它是由美国 Autodesk 公司于 20 世纪 80 年代开发研制的，其间经历了 20 多次的版本升级换代，至今已发展到 AutoCAD 2014。它集二维绘图、三维建模、数据管理以及数据共享等诸多功能于一体，使广大图形设计人员能够轻松高效地进行图形的设计与绘制工作。本章主要介绍AutoCAD的基本概念、操作界面以及绘图文件的设置等基础知识，使没有基础的初级读者对 AutoCAD 有一个快速的了解和认识。

内容要点

- 了解 AutoCAD 绘图软件
- 启动 AutoCAD 2014 软件
- AutoCAD 2014 工作空间的切换
- AutoCAD 2014 工作界面
- 绘图文件基础操作
- 设置绘图环境
- 退出 AutoCAD
- 上机实训——绘制 A4–H 图框

Note

1.1 关于 AutoCAD 软件

AutoCAD 是一款大众化的图形设计软件，其中 Auto 是英语 Automation 单词的词头，意思是“自动化”；CAD 是英语 Computer-Aided-Design 的缩写，意思是“计算机辅助设计”。

另外，AutoCAD 早期版本都是以版本的升级顺序进行命名的，如第一个版本为 AutoCAD R1.0、第二个版本为 AutoCAD R2.0、第三个版本为 AutoCAD R3.0 等。

该软件发展到 2000 年以后，则变为以年代作为软件的版本名，如 AutoCAD 2002、AutoCAD 2004、AutoCAD 2007、AutoCAD 2008、AutoCAD 2012、AutoCAD 2013 等。

1.2 启动 AutoCAD 2014 软件

当成功安装 AutoCAD 2014 软件之后，通过双击桌面上的图标，或者单击桌面任务栏“开始”→“程序”→Autodesk→AutoCAD 2014 中的 AutoCAD 2014 选项，即可启动该软件，进入如图 1-1 所示的“AutoCAD 经典”工作空间。

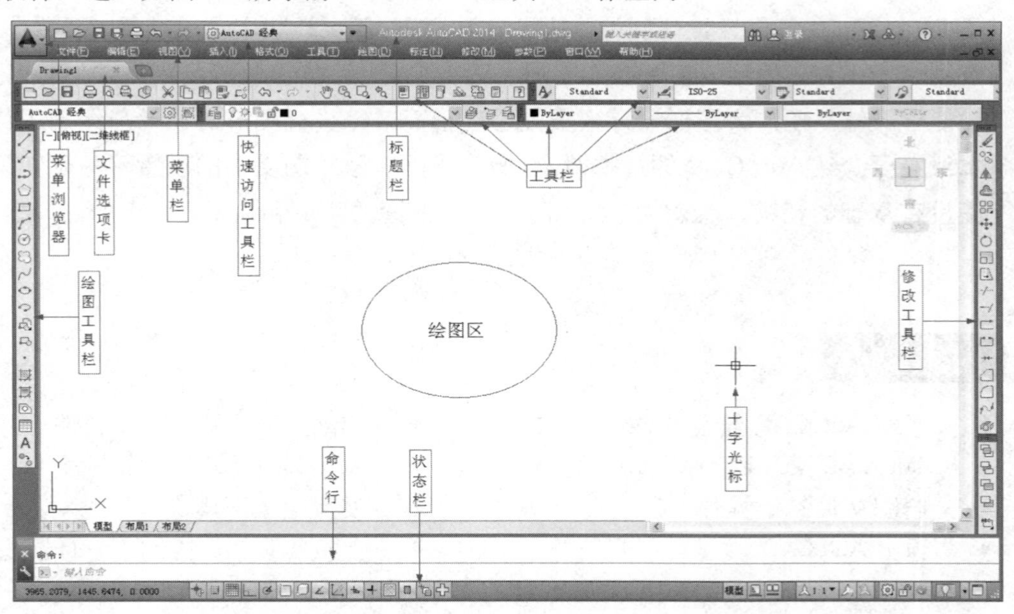

图 1-1 “AutoCAD 经典”工作空间

AutoCAD 2014 绘图软件为用户提供了多种工作空间，如果用户为 AutoCAD 初始用户，那么启动 AutoCAD 2014 后，则会进入“二维草图与注释”工作空间，如图 1-2 所示。此种工作空间与“AutoCAD 经典”工作空间都比较适合二维制图，用户可以根据需要或自己的习惯选择工作空间。

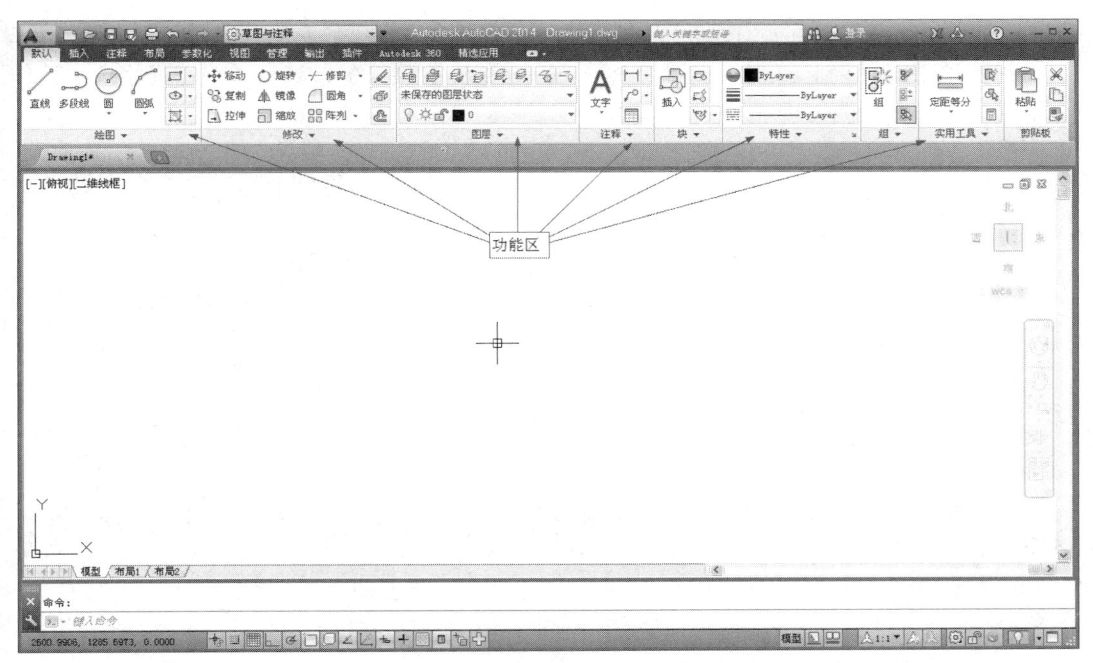

图 1-2 “初始设置”工作空间

除了“AutoCAD经典”和“二维草图与注释”两种工作空间外，AutoCAD 2014 软件还提供了“三维建模”和“二维草图与注释”两种空间。在此种工作空间内可以非常方便地访问新的三维功能，而且新窗口中的绘图区可以显示出渐变背景色、地平面或工作平面（UCS 的 XY 平面）以及新的矩形栅格，这将增强三维效果和三维模型的构造。

1.3 AutoCAD 工作空间的切换

由于 AutoCAD 2014 软件为用户提供了多种工作空间，用户可以根据自己的作图需要在这些工作空间内进行切换。切换方式具体有以下四种：

✧ 选择菜单栏中的“工具”→“工作空间”级联菜单中的选项，如图 1-3 所示。

✧ 单击“工作空间”工具栏→“工作空间控制”下拉列表，选用工作空间，如图 1-4 所示。

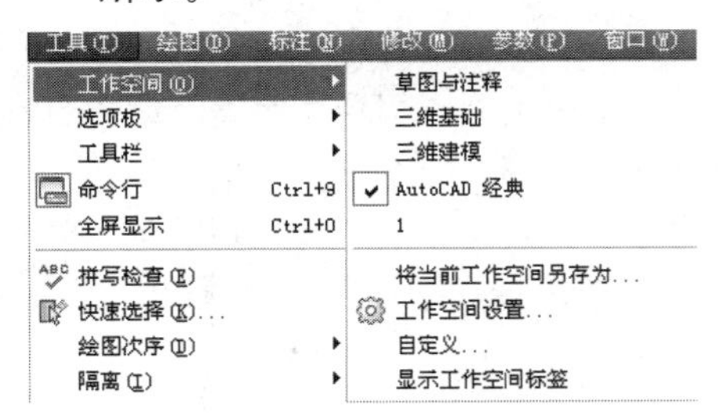

图 1-3 “工作空间”级联菜单

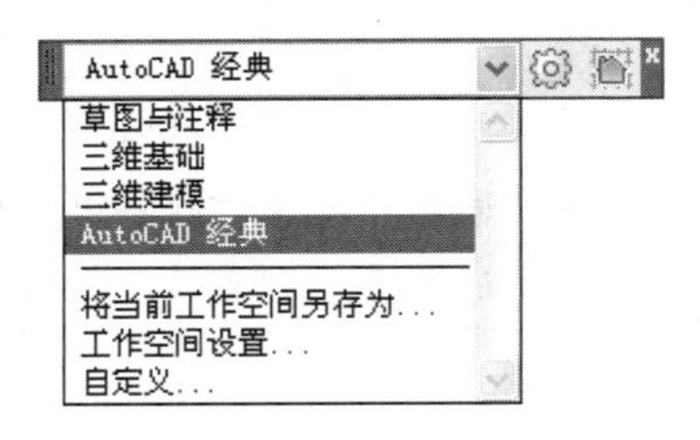

图 1-4 “工作空间控制”列表

Note

- ✧ 单击状态栏中的⚙按钮，从打开的按钮菜单中选择工作空间，如图 1-5 所示。
- ✧ 单击标题栏上的 AutoCAD 经典 按钮，在展开的按钮菜单中选择相应的工作空间，如图 1-6 所示。

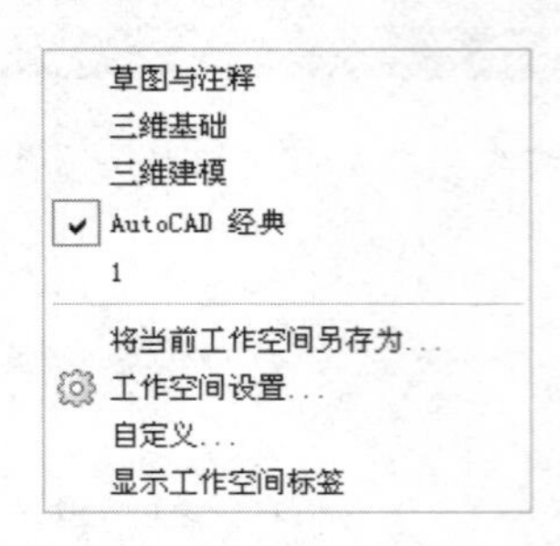

图 1-5　按钮菜单

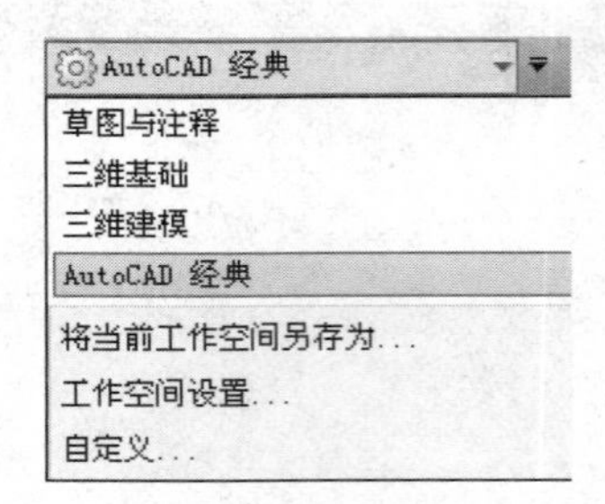

图 1-6　“工作空间”按钮菜单

小技巧：

无论选用何种工作空间，在启动 AutoCAD 之后，系统都会自动打开一个名为 Drawing1.dwg 的默认绘图文件窗口。无论选择何种工作空间，用户都可以在日后对其进行更改，也可以自定义并保存自己的自定义工作空间。

1.4 AutoCAD 2014 工作界面

从图 1-1 和图 1-2 所示的软件界面中可以看出，AutoCAD 2014 的界面主要包括标题栏、菜单栏、工具栏、绘图区、命令行、状态栏、功能区、选项板等，本节将简单讲述各组成部分的功能及其一些相关的常用操作。

1.4.1 标题栏

标题栏位于 AutoCAD 操作界面的顶部，如图 1-7 所示，主要包括应用程序菜单、快速访问工具栏、程序名称显示区、信息中心和窗口控制按钮等内容。

图 1-7　标题栏

- ✧ 单击界面左上角的按钮▲，可打开如图 1-8 所示的应用程序菜单，用户可以通过该菜单访问一些常用工具、搜索命令和浏览文档等。
- ✧ 通过“快速访问”工具栏不但可以快速访问某些命令，而且还可以添加、删除常用命令按钮到工具栏、控制菜单栏的显示以及各工具栏的开关状态等。

小技巧：

单击"快速访问"工具栏上右端的下三角按钮▾，从弹出的右键菜单上就可以实现上述操作，如图 1-9 所示。

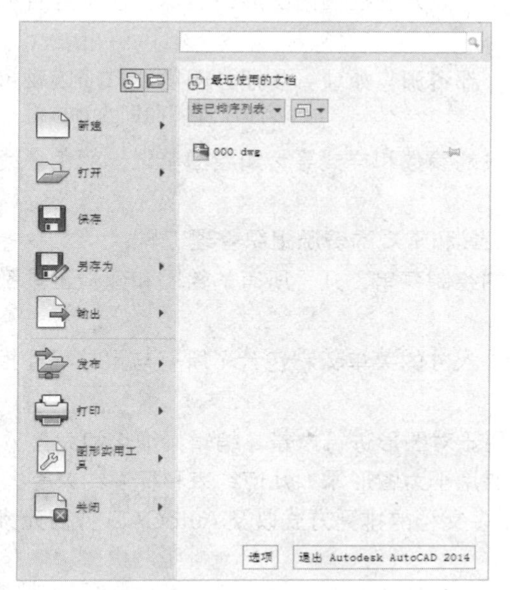

图 1-8　应用程序菜单

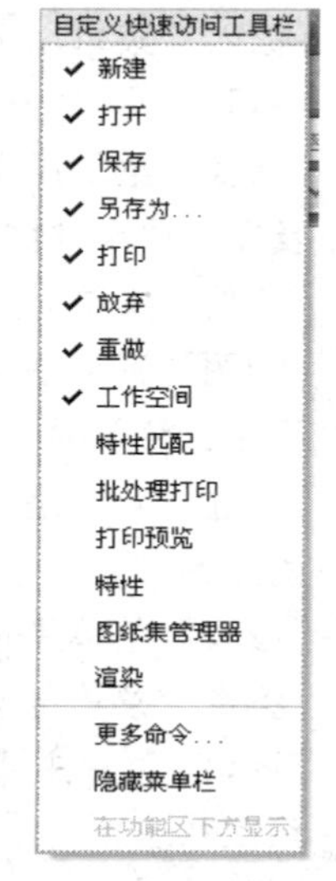

图 1-9　按钮菜单

✧ "程序名称显示区"主要用于显示当前正在运行的程序名和当前被激活的图形文件名称；通过"信息中心"可以快速获取所需信息、搜索所需资源等。

✧ "窗口控制按钮"位于标题栏最右端，主要有"▭最小化"、"▣恢复"、"▢最大化"、"✕关闭"，分别用于控制 AutoCAD 窗口的大小和关闭。

1.4.2　菜单栏

菜单栏位于标题栏的下侧，如图 1-10 所示。AutoCAD 的常用制图工具和管理编辑等工具都分门别类地排列在这些主菜单中，户可以非常方便地启动各主菜单中的相关菜单项，进行必要的图形绘图工作。具体操作就是在主菜单项上单击左键，展开此主菜单，然后将光标移至需要启动的命令选项上，单击左键即可。

文件(F)　编辑(E)　视图(V)　插入(I)　格式(O)　工具(T)　绘图(D)　标注(N)　修改(M)　参数(P)　窗口(W)　帮助(H)

图 1-10　菜单栏

小技巧：

默认设置下，"菜单栏"是隐藏的，当变量 MENUBAR 的值为 1 时，显示菜单栏；为 0 时，隐藏菜单栏。

AutoCAD 共为用户提供了“文件”、“编辑”、“视图”、“插入”、“格式”、“工具”、“绘图”、“标注”、“修改”、“参数”、“窗口”、“帮助”等 12 个菜单。各菜单的主要功能如下：

- ✧ “文件”菜单主要用于对图形文件进行设置、保存、清理、打印以及发布等。
- ✧ “编辑”菜单主要用于对图形进行一些常规的编辑，包括复制、粘贴、链接等命令。
- ✧ “视图”菜单主要用于调整和管理视图，以方便视图内图形的显示、便于查看和修改图形。
- ✧ “插入”菜单用于向当前文件中引用外部资源，如块、参照、图像、布局以及超链接等。
- ✧ “格式”菜单用于设置与绘图环境有关的参数和样式等，如绘图单位、颜色、线型及文字、尺寸样式等。
- ✧ “工具”菜单为用户设置了一些辅助工具和常规的资源组织管理工具。
- ✧ “绘图”菜单是一个二维和三维图元的绘制菜单，几乎所有的绘图和建模工具都组织在此菜单内。
- ✧ “标注”菜单是一个专用于为图形标注尺寸的菜单，它包含了所有与尺寸标注相关的工具。
- ✧ “修改”菜单是一个很重要的菜单，用于对图形进行修整、编辑、细化和完善。
- ✧ “参数”菜单是一个新增的菜单，主要用于为图形添加几何约束和标注约束等。
- ✧ “窗口”菜单主要用于控制 AutoCAD 多文档的排列方式以及 AutoCAD 界面元素的锁定状态。
- ✧ “帮助”菜单主要用于为用户提供一些帮助性的信息。

菜单栏右端的图标就是“菜单浏览器”图标，菜单栏最右边图标按钮是 AutoCAD 文件的窗口控制按钮，如“_最小化”、“🗗还原”、“□最大化”、“×关闭”，用于控制图形文件窗口的显示。

1.4.3 工具栏

工具栏位于绘图窗口的两侧和上侧，通过单击工具栏上的按钮执行命令，是最为常用的一种方式。用户只需要将光标移至工具按钮上稍一停留，光标指针的下侧就会出现此图标所代表的命令名称。在按钮上单击左键，即可快速激活该命令。

默认设置下，AutoCAD 2014 共为用户提供了 52 种工具栏，如图 1-11 所示。在任一工具栏上单击右键，即可打开此菜单，然后在所需打开的选项上单击左键，即可打开相应的工具栏。

AutoCAD 界面中的工具栏共包括“固定工具栏”、“浮动工具栏”和“嵌套工具栏”三种。默认设置下出现在界面中的工具栏为“固定工具栏”，用户将任一位置的工具栏拖到其他位置，即可变为“浮动工具栏”；“嵌套工具栏”就是嵌套在某一工具栏中的工具栏，与菜单栏中的级联菜单性质一样，这种工具栏有一种特殊的小三角标志，将鼠标移到这个三角标志上并按住鼠标左键不放，即可打开此嵌套工具栏，如图 1-12 所示。

将浮动工具栏拖到绘图区，然后单击工具栏一端的按钮，就可以将工具栏关闭；在工具栏右键菜单上勾选某一工具栏选项，即可打开此工具栏。用户可以根据需要，灵活

Note

控制工具栏的开关状态。

小技巧：

在工具栏菜单中，带有勾号的表示当前已经打开的工具栏，不带有勾号的表示当前没有打开的工具栏。为了增大绘图空间，通常只将几种常用的工具栏放在用户界面上，而将其他工具栏隐藏，需要时再调出。

在工具栏右键菜单上选择“锁定位置”→“固定的工具栏 / 面板”命令，如图 1-13 所示，工具栏一旦被固定后，是不可以被拖动的。

小技巧：

用户也可以单击状态栏上的按钮，通过弹出的按钮菜单控制工具栏和窗口的固定状态，如图 1-14 所示。

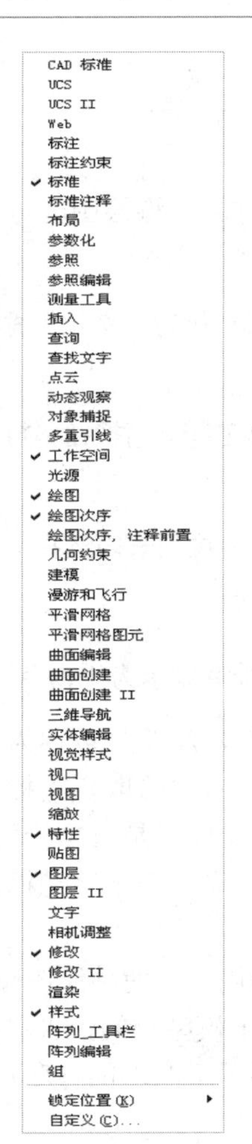

图 1-11　工具栏菜单

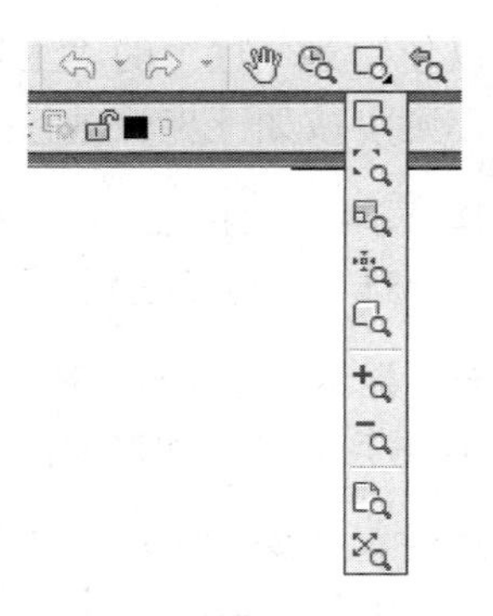

图 1-12　嵌套工具栏

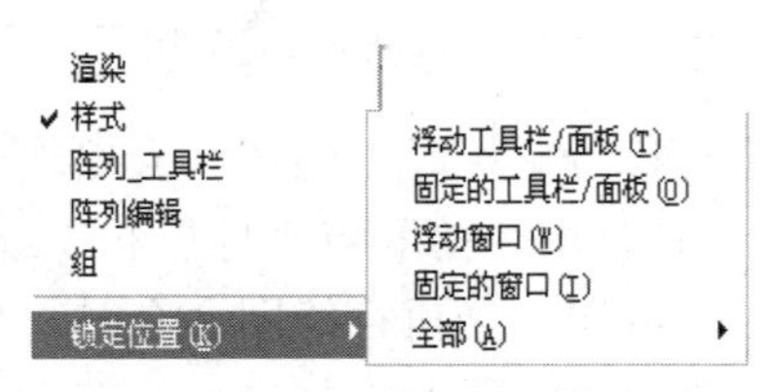

图 1-13　固定工具栏

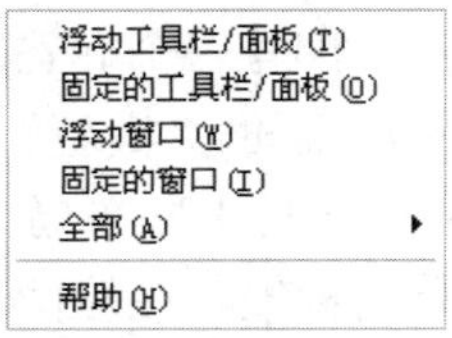

浮动工具栏/面板(T)
固定的工具栏/面板(O)
浮动窗口(W)
固定的窗口(I)
全部(A)
帮助(H)

图 1-14　按钮菜单

1.4.4 绘图区

Note

绘图区位于用户界面的正中央，即被工具栏和命令行所包围的整个区域，如图 1-15 所示。此区域是用户的工作区域，图形的设计与修改工作就是在此区域内进行操作的。默认状态下，绘图区是一个无限大的电子屏幕，无论尺寸多大或多小的图形，都可以在绘图区中绘制和灵活显示。

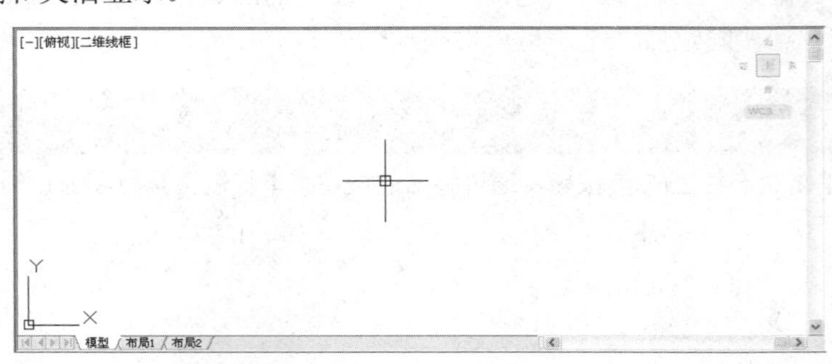

图 1-15　绘图区

用户可以使用菜单栏中的“工具”→“选项”命令更改背景色。若将绘图区背景色更改为白色，则可按如下步骤进行操作：

Step 01 选择菜单栏中的“工具”→“选项”命令，或使用快捷键 OP 执行“选项”命令，打开“选项”对话框。

Step 02 展开“显示”选项卡，在“窗口元素”选项组中单击 颜色(C)... 按钮，打开如图 1-16 所示的“图形窗口颜色”对话框。

Step 03 在对话框中展开如图 1-17 所示的“颜色”下拉列表框，在此下拉列表内选择“白”。

Step 04 单击 应用并关闭(A) 按钮返回“选项”对话框。

Step 05 在“选项”对话框中单击 确定 按钮，结果绘图区的背景色显示为“白色”。

当用户移动鼠标时，绘图区会出现一个随光标移动的十字符号，此符号被称为“十字光标”，它是由“拾取点光标”和“选择光标”叠加而成的。其中，“拾取点光标”是点的坐标拾取器，当执行绘图命令时，显示为拾取点光标；“选择光标”是对象拾取器，当选择对象时，显示为选择光标；在没有任何命令执行的前提下，显示为十字光标，如图 1-18 所示。

在绘图区左下部有三个标签，即模型、布局 1、布局 2，分别代表了两种绘图空间，即模型空间和布局空间。“模型”标签代表了当前绘图区窗口是处于模型空间，通常在模型空间进行绘图。布局 1 和布局 2 是默认设置下的布局空间，主要用于图形的打印输出。用户可以通过单击标签，在这两种操作空间中进行切换。

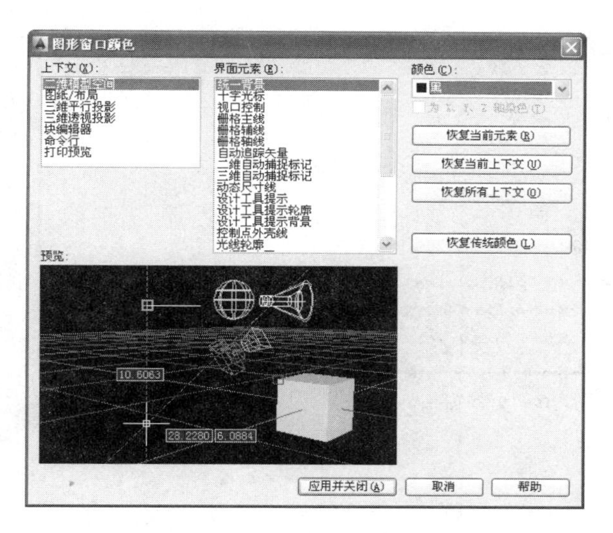

图 1-16　“图形窗口颜色”对话框

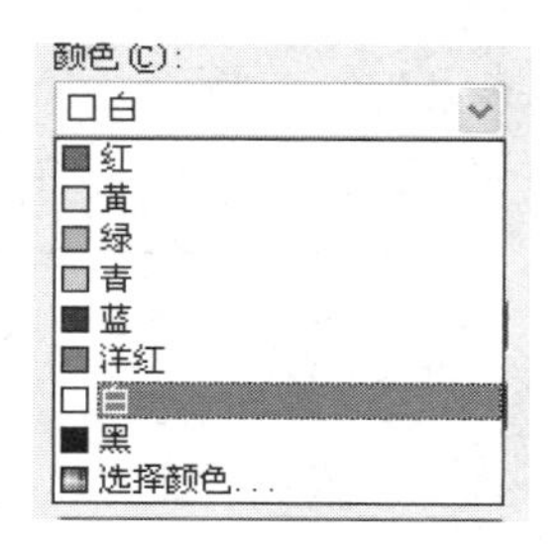

图 1-17　“颜色”下拉列表

（a）十字光标　（b）拾取点光标　（c）选择光标

图 1-18　光标的三种状态

1.4.5　命令行

绘图区的下侧则是 AutoCAD 独有的窗口组成部分，即“命令行”，它是用户与 AutoCAD 软件进行数据交流的平台，主要就是用于提示和显示用户当前的操作步骤，如图 1-19 所示。

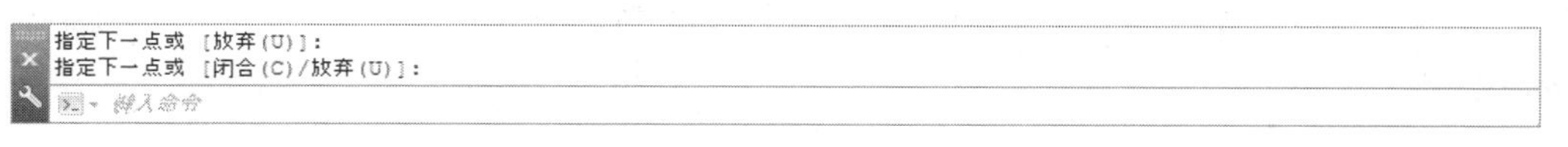

图 1-19　命令行

命令行分为“命令输入窗口”和“命令历史窗口”两部分，上面两行为“命令历史窗口”，用于记录执行过的操作信息；下面一行是“命令输入窗口”，用于提示用户输入命令或命令选项。

由于“命令历史窗口”的显示有限，如果需要直观快速地查看更多的历史信息，通过按 F2 功能键，系统则会以“文本窗口”的形式显示历史信息，如图 1-20 所示，再次按 F2 功能键，即可关闭文本窗口。

Note

```
AutoCAD 文本窗口 - Drawing1.dwg
编辑(E)
命令:
命令: _rectang
指定第一个角点或 [倒角(C)/标高(E)/圆角(F)/厚度(T)/宽度(W)]:
指定另一个角点或 [面积(A)/尺寸(D)/旋转(R)]:
命令:
命令:
命令: _pline
指定起点:
当前线宽为 0.0000
指定下一个点或 [圆弧(A)/半宽(H)/长度(L)/放弃(U)/宽度(W)]:
指定下一点或 [圆弧(A)/闭合(C)/半宽(H)/长度(L)/放弃(U)/宽度(W)]:
指定下一点或 [圆弧(A)/闭合(C)/半宽(H)/长度(L)/放弃(U)/宽度(W)]:
指定下一点或 [圆弧(A)/闭合(C)/半宽(H)/长度(L)/放弃(U)/宽度(W)]: A

指定圆弧的端点或
[角度(A)/圆心(CE)/闭合(CL)/方向(D)/半宽(H)/直线(L)/半径(R)/第二个点(S)/放弃(U)/宽度(W)]:
指定圆弧的端点或
[角度(A)/圆心(CE)/闭合(CL)/方向(D)/半宽(H)/直线(L)/半径(R)/第二个点(S)/放弃(U)/宽度(W)]:
指定圆弧的端点或
[角度(A)/圆心(CE)/闭合(CL)/方向(D)/半宽(H)/直线(L)/半径(R)/第二个点(S)/放弃(U)/宽度(W)]: CL
命令:
```

图 1-20　文本窗口

1.4.6　状态栏

如图 1-21 所示的状态栏位于 AutoCAD 操作界面的底部，它由坐标读数器、辅助功能区、状态栏菜单等三部分组成。

1652.3846, 470.7195 , 0.0000　　模型　A 1:1

图 1-21　状态栏

状态栏左端为坐标读数器，用于显示十字光标所处位置的坐标值；在辅助功能区左端的按钮，是一些重要的辅助绘图功能按钮，主要用于控制点的精确定位和追踪；中间的按钮主要用于快速查看布局、查看图形、定位视点、注释比例等；右端的按钮主要用于对工具栏、窗口等固定，工作空间切换以及绘图区的全屏显示等，都是一些辅助绘图的功能。

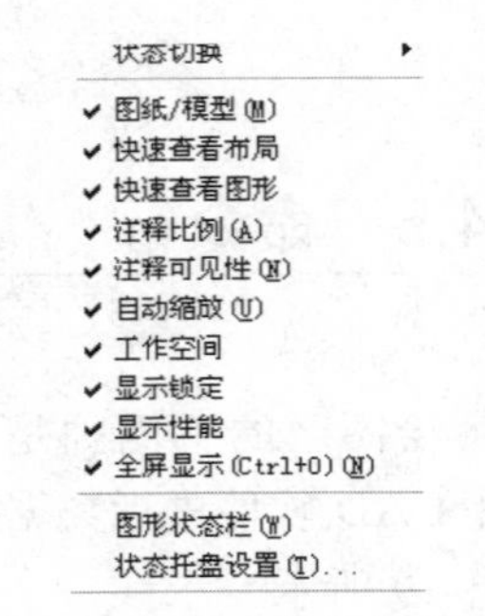

图 1-22　状态栏快捷菜单

单击状态栏右侧的小三角，将打开如图 1-22 所示的状态栏快捷菜单，菜单中的各选项与状态栏上的各按钮功能一致，用户也可以通过各菜单项以及菜单中的各功能键控制各辅助按钮的开关状态。

1.4.7　功能区

功能区是 AutoCAD 2014 新增的一项功能，它代替了 AutoCAD 众多的工具栏，以面板的形式，将各工具按钮分门别类地集合在选项卡内，如图 1-23 所示。

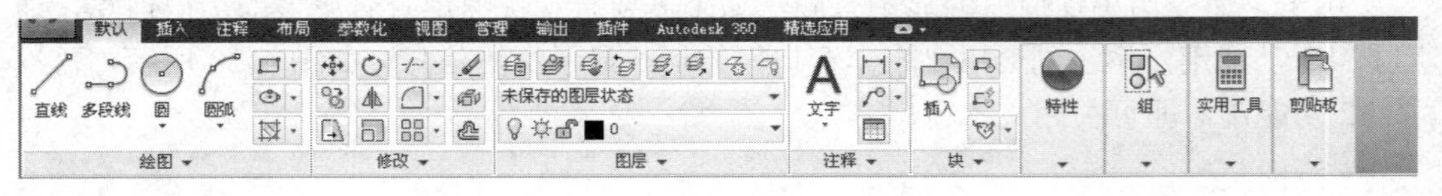

图 1-23　功能区

用户在调用工具时，只需在功能区中展开相应的选项卡，然后在所需面板上单击工具按钮即可。由于在使用功能区时，无须再显示 AutoCAD 的工具栏，因此，使得应用程序窗口变得单一、简洁有序。通过这单一简洁的界面，功能区还可以将可用的工作区域最大化。

1.4.8 选项板

所谓“选项板”，指的就是将块、图案填充和自定义工具等，整理在一个便于使用的窗口中，这个窗口称为“选项板”，如图 1-24 所示。在此窗口中，包含多个类别的选项卡，每个选项板中，又包含多种相应的工具按钮或图块、图案等。

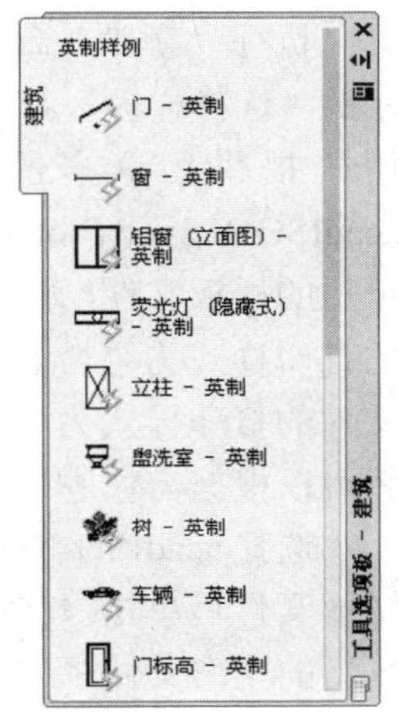

图 1-24 选项板

用户可以通过将对象从图形拖至工具选项板来创建工具，然后可以使用新工具创建与拖至工具选项板中的对象具有相同特性的对象。添加到工具选项板的项目称为“工具”，可以通过将以下任何一项拖至工具选项板来创建工具：

- ✧ 几何对象（如直线、圆和多段线）
- ✧ 标注
- ✧ 块
- ✧ 图案填充
- ✧ 实体填充
- ✧ 渐变填充
- ✧ 光栅图像
- ✧ 外部参照

1.5 绘图文件基础操作

本节主要学习 AutoCAD 绘图文件的新建、存储、打开以及图形垃圾文件的清理等基本操作功能。

1.5.1 新建绘图文件

当用户启动 AutoCAD 绘图软件后，系统会自动打开一个名为 Drawing1.dwg 的绘图文件。如果用户需要重新创建一个绘图文件，则需要执行“新建”命令。执行此命令主要有以下几种方式：

- ✧ 单击“快速访问”工具栏→“新建”按钮。
- ✧ 选择菜单栏中的“文件”→“新建”命令。

✧ 单击“标准”工具栏→“新建”按钮。
✧ 在命令行输入 New 后按 Enter 键。
✧ 按 Ctrl+N 组合键。

Note

小技巧：

在命令行输入命令后，还需要按键盘上的 Enter 键，才可以激活该命令。

执行“新建”命令后，打开如图 1-25 所示的“选择样板”对话框。在此对话框中，为用户提供了众多的基本样板文件，其中 acadISO-Named Plot Styles 和 acadiso 都是公制单位的样板文件，两者的区别就在于前者使用的打印样式为“命名打印样式”，后一个样板文件的打印样式为“颜色相关打印样式”。读者可以根据需求进行取舍。

图 1-25 “选择样板”对话框

选择 acadISO-Named Plot Styles 或 acadiso 样板文件后单击 打开(O) 按钮，即可创建一张新的空白文件，进入 AutoCAD 默认设置的二维操作界面。

● **创建 3D 绘图文件**

如果用户需要创建一张三维操作空间的公制单位绘图文件，则可以执行“新建”命令，在打开的“选择样板”对话框中，选择 acadISO-Named Plot Styles3D 或 acadiso3D 样板文件作为基础样板，如图 1-26 所示，即可以创建三维绘图文件，进入三维工作空间。

● **“无样板”方式创建文件**

AutoCAD 也为用户提供了“无样板”方式创建绘图文件的功能，具体操作就是启动“新建”命令后，打开“选择样板”对话框，然后单击 打开(O) 按钮右侧的下三角按钮，打开如图 1-27 所示的按钮菜单。在按钮菜单上选择“无样板打开—公制”选项，即可快速新建一个公制单位的绘图文件。

图 1-26 选择 3D 样板

图 1-27 打开按钮菜单

1.5.2　保存绘图文件

“保存”命令主要用于将绘制的图形以文件的形式进行存盘，存盘的目的就是方便以后查看、使用或修改编辑等。执行“保存”命令主要有以下几种方式：

- ✧ 单击“快速访问”工具栏→“新建”按钮。
- ✧ 选择菜单栏中的“文件”→“保存”命令。
- ✧ 单击“标准”工具栏→“保存”按钮。
- ✧ 在命令行输入 Save 后按 Enter 键。
- ✧ 按 Ctrl+S 组合键。

将图形进行存盘时，一般需要为其指定存盘路径、文件名、文件格式等。其操作过程如下：

Step 01 执行“保存”命令，打开“图形另存为”对话框，如图 1-28 所示。

Step 02 设置存盘路径。单击上侧的“保存于”列表，在展开的下拉列表内设置存盘路径。

Step 03 设置文件名。在“文件名”文本框内输入文件的名称，如“我的文档”。

Step 04 设置文件格式。单击对话框底部的“文件类型”下拉列表框，在展开的下拉列表内设置文件的格式类型，如图 1-29 所示。

图 1-28　“图形另存为”对话框

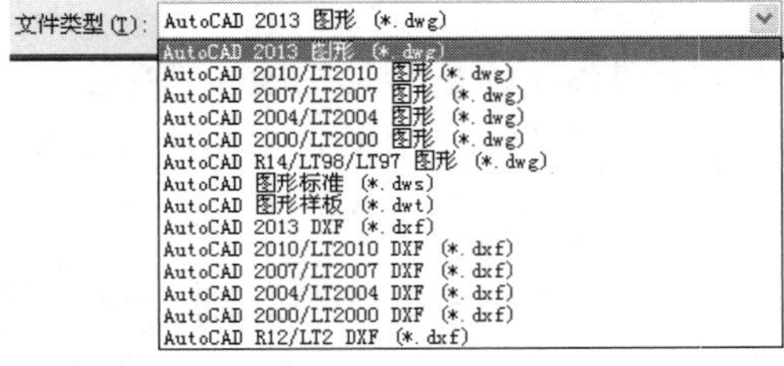

图 1-29　设置文件格式

小技巧：

默认的存储类型为“AutoCAD 2014 图形（*.dwg）”，使用此种格式将文件存盘后，只能被 AutoCAD 2014 及其以后的版本所打开。如果用户需要在 AutoCAD 早期版本中打开此文件，必须使用低版本的文件格式进行存盘。

Step 05 当设置好路径、文件名以及文件格式后，单击「保存(S)」按钮，即可将当前文件存盘。

当用户在已存盘的图形的基础上进行了其他的修改工作，又不想将原来的图形覆盖，则可以使用“另存为”命令，将修改后的图形以不同的路径或不同的文件名进行存盘。执行“另存为”命令主要有以下几种方式：

Note

✧ 选择菜单栏中的“文件”→“另存为”命令。
✧ 单击“快速访问”工具栏→“另存为”按钮。
✧ 在命令行输入 Saveas 后按 Enter 键。
✧ 按 Ctrl+Shift+S 组合键。

1.5.3 应用绘图文件

当用户需要查看、使用或编辑已经存盘的图形时，可以使用“打开”命令，将此图形打印。执行“打开”命令主要有以下几种方式：

✧ 单击“快速访问”工具栏→“打开”按钮。
✧ 选择菜单栏中的“文件”→“打开”命令。
✧ 单击“标准”工具栏→“打开”按钮。
✧ 在命令行输入 Open 后按 Enter 键。
✧ 按 Ctrl+O 组合键。

执行“打开”命令后，系统将打开“选择文件”对话框，在此对话框中选择需要打开的图形文件，如图 1-30 所示。单击打开(O)按钮，即可将此文件打开。

1.5.4 清理垃圾文件

有时为了给图形文件进行“减肥”，以减小文件的存储空间，可以使用“清理”命令，将文件内部的一些无用的垃圾资源（如图层、样式、图块等）清理掉。执行“清理”命令主要有以下几种方式：

✧ 选择菜单栏中的“文件”→“图形实用程序”→“清理”命令。
✧ 在命令行输入 Purge 后按 Enter 键。
✧ 使用快捷键 PU。

小技巧：

在此，快捷键指的就是命令的简写，在命令行输入此简写后，需要按键盘上的 Enter 键，才可以激活该命令。

执行“清理”命令，系统可打开如图 1-31 所示的“清理”对话框。在此对话框中，带有“+”号的选项，表示该选项内含有未使用的垃圾项目，单击该选项将其展开，即可选择需要清理的项目，如果用户需要清理文件中的所有未使用的垃圾项目，可以单击对话框底部的全部清理(A)按钮。

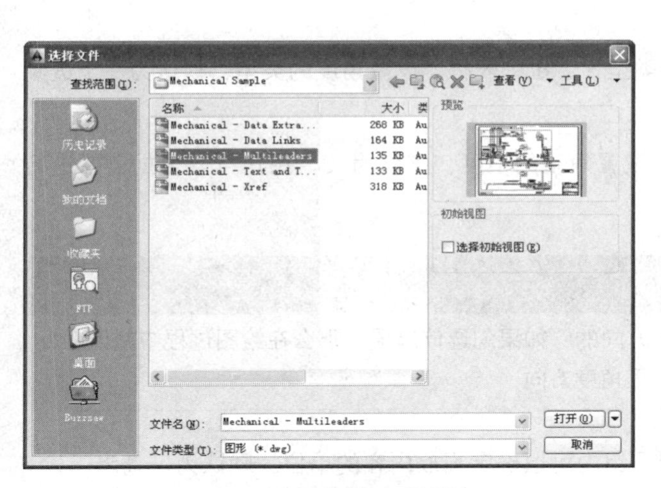

图 1-30　“选择文件”对话框

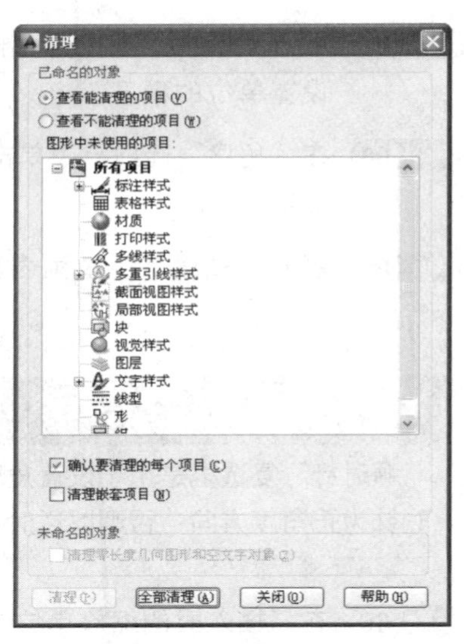

图 1-31　“清理”对话框

Note

1.6 设置绘图环境

本节主要学习“图形单位”和“图形界限”两个命令，以设置绘图单位和绘图界限等基本绘图环境。

1.6.1 设置绘图单位

“图形单位”命令主要用于设置长度单位、角度单位、角度方向以及各自的精度等参数。执行“单位”命令主要有以下几种方式：

- ✧ 选择菜单栏中的“格式”→“单位”命令。
- ✧ 在命令行输入 Units 后按 Enter 键。
- ✧ 使用快捷键 UN。

● 设置图形单位及精度

Step 01 新建文件并选择菜单栏中的“格式”→“单位”命令，打开“图形单位”对话框，如图 1-32 所示。

Step 02 在“长度”选项组中单击“类型”下拉列表框，设置长度的类型，默认为“小数”。

小技巧：

AutoCAD 提供了“建筑”、“小数”、“工程”、“分数”和“科学”等五种长度类型。单击该选框中的按钮可以从中选择需要的长度类型。

Note

Step 03 展开“精度”下拉列表框，设置单位的精度，默认为 0.0000，用户可以根据需要设置单位的精度。

Step 04 在“角度”选项组中单击“类型”下拉列表框，设置角度的类型，默认为“十进制度数”。

Step 05 展开“精度”下拉列表框，设置角度的精度，默认为 0，用户可以根据需要进行设置。

> **小技巧：**
>
> “顺时针”复选框是用于设置角度的方向的，如果勾选该选项，那么在绘图过程中就以顺时针为正角度方向，否则以逆时针为正角度方向。

Step 06 在“插入时的缩放单位”选项组内可以确定拖放内容的单位，默认为“毫米”。

Step 07 设置角度的基准方向。单击对话框底部的 方向(D)... 按钮，打开如图 1-33 所示的“方向控制”对话框，可以从中设置角度测量的起始位置。

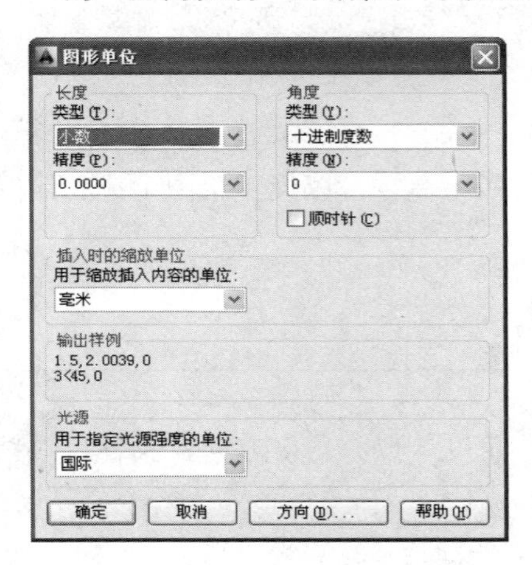

图 1-32 “图形单位”对话框

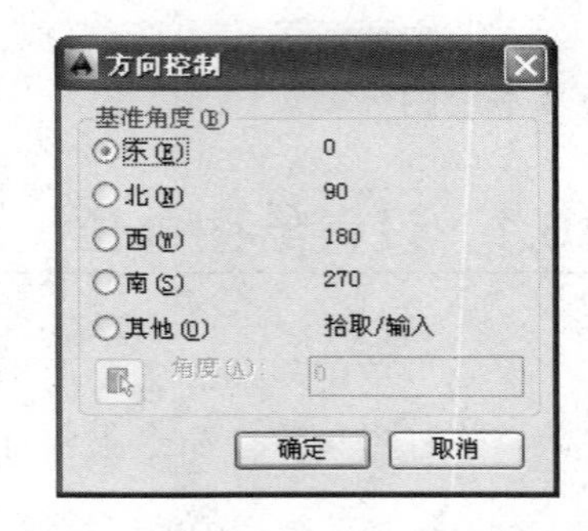

图 1-33 “方向控制”对话框

> **小技巧：**
>
> 系统默认方向是以水平向右为 0 角度。

1.6.2 设置绘图界限

所谓“图形界限”，指的就是绘图的区域，它相当于手工绘图时，事先准备的图纸。设置“图形界限”最实用的一个目的，就是满足不同范围的图形在有限绘图区窗口中的恰当显示，以方便于视窗的调整及用户的观察编辑等。

在 AutoCAD 中，“图形界限”实际上是一个矩形的区域，只需定位出矩形区域的两个对角点，即可成功设置“图形界限”。执行“图形界限”主要有以下几种方式：

✧ 选择菜单栏中的“格式”→“图形界限”命令。
✧ 在命令行输入 Limits 后按 Enter 键。

● 设置图形界限

Step 01 新建绘图文件。

Step 02 执行“图形界限”命令，在命令行“指定左下角点或 [开（ON）/关（OFF）]：”提示下，直接按 Enter 键，以默认原点作为图形界限的左下角点。

小技巧：

在设置图形界限时，一般以坐标系的原点作为图形界限的左下角点。

Step 03 在命令行“指定右上角点：”提示下，输入“200,100”，并按 Enter 键。

Step 04 选择菜单栏中的“视图”→“缩放”→“全部”命令，将图形界限最大化显示。

小技巧：

在默认设置下，图形的界限为 3 号横向图纸的尺寸，即长边为 420、短边为 297 个绘图单位。

Step 05 当设置了图形界限之后，可以开启状态栏上的“栅格”功能，通过栅格点或栅格线，可以将图形界限直观地显示出来，如图 1-34 所示。

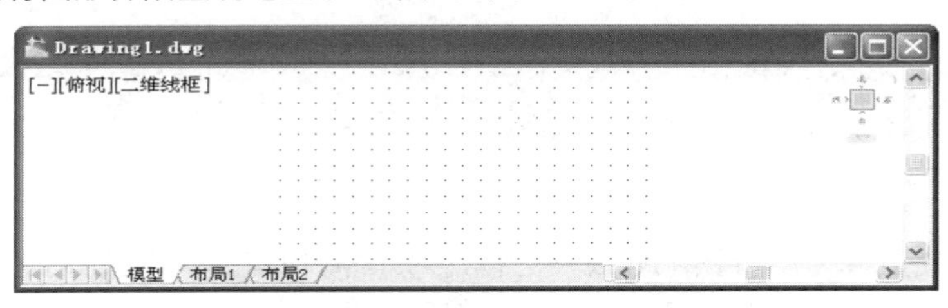

图 1-34　图形界限的显示

当用户设置了图形界限后，如果禁止绘制的图形超出所设置的图形界限，那么可以使用绘图界限的检测功能，将坐标值限制在设置的作图区域内，这样就不会使绘制的图形超出边界。

● 图形界限的检测

Step 01 执行“图形界限”命令。

Step 02 在命令行“指定左下角点或 [开(ON)/关(OFF)] <0.0000,0.0000>：”提示下，输入 on 并按 Enter 键，打开图形界限的检测功能。

Step 03 如果用户需要关闭图形界限的检测功能，可以激活“关”选项，此时，AutoCAD 允许用户输入图形界限外部的点。

小技巧：

界限检测功能只能检测输入的点，所以对象的某些部分可能会延伸出界限。

Note

1.7 退出 AutoCAD

当用户需要退出 AutoCAD 2014 绘图软件时，则首先需要退出当前的 AutoCAD 文件。如果当前的绘图文件已经存盘，那么用户可以使用以下几种方式退出 AutoCAD 绘图软件：

✧ 单击 AutoCAD 2014 标题栏控制按钮✕。
✧ 按 Alt+F4 组合键。
✧ 选择菜单栏中的"文件"→"退出"命令。
✧ 在命令行中输入 Quit 或 Exit 后，按 Enter 键。
✧ 展开"应用程序菜单"，单击 退出 AutoCAD 按钮。

图 1-35　AutoCAD 提示框

如果用户在退出 AutoCAD 软件之前，没有将当前的AutoCAD绘图文件存盘，那么系统将会弹出如图1-35所示的提示对话框，单击 是(Y) 按钮，将弹出"图形另存为"对话框，用于对图形进行命名保存；单击 否(N) 按钮，系统将放弃存盘并退出 AutoCAD 2014；单击 取消 按钮，系统将取消执行的退出命令。

1.8 上机实训——绘制 A4-H 图框

下面通过绘制 4 号标准图纸的内外边框，对本章知识进行综合练习和应用，体验一下文件的新建、图形的绘制以及文件的存储等图形设计的整个操作流程。本例最终绘制效果如图 1-36 所示。

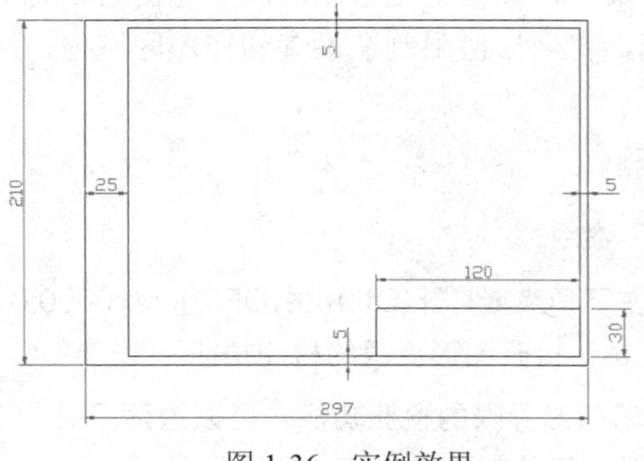

图 1-36　实例效果

操作步骤：

Step 01 单击“快速访问”工具栏→“新建”按钮，在打开的“选择样板”对话框中选择 acadISO-Named Plot Styles 作为基础样板，新建绘图文件。

Step 02 按下 F12 功能键，关闭状态栏上的“动态输入”功能。

Step 03 绘制外框。单击“默认”选项卡→“绘图”面板→“直线”按钮，执行“直线”命令，绘制 4 号图纸的外框。命令行操作如下：

```
    命令: _line
  指定第一点:                              //0,0Enter，以原点作为起点
  指定下一点或 [放弃(U)]:                  //297<0 Enter，输入第二点
  指定下一点或 [放弃(U)]:                  //297,210 Enter，输入第三点
  指定下一点或 [闭合(C)/放弃(U)]:          //210<90 Enter，输入第四点
  指定下一点或 [闭合(C)/放弃(U)]:          //c Enter，闭合图形
```

操作提示：

有关坐标点的输入功能，请参见第 2 章中的相关内容。

Step 04 选择菜单栏中的“视图”→“平移”→“实时”命令，将所绘制的图形从左下角拖至绘图区中央，使之完全显示。

Step 05 由于图形显示的太小，可以将其放大显示。选择菜单栏中的“视图”→“缩放”→“实时”命令，或单击“标准”工具栏→“实时缩放“按钮，执行”实时缩放”工具，此时当前光标指针变为一个放大镜状，然后按住鼠标左键不放，慢慢向右上方拖曳光标，此时图形被放大显示，如图 1-37 所示。

小技巧：

如果拖曳一次光标，图形还是不够清楚，可以连续拖曳光标，进行连续缩放。

Step 06 选择菜单栏中的“工具”→“新建 UCS”→“原点”命令，更改坐标系的原点。命令行操作如下：

```
    命令: _ucs
  当前 UCS 名称: *世界*
  指定 UCS 的原点或 [面(F)/命名(NA)/对象(OB)/上一个(P)/视图(V)/世界(W)/X/Y/Z/Z
轴(ZA)] <世界>: _o
  指定新原点 <0,0,0>:        //25,5 Enter，结束命令，移动结果如图 1-38 所示
```

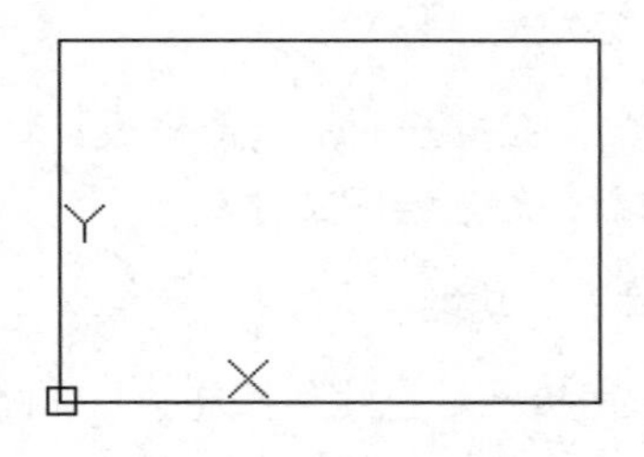

图 1-37　平移并缩放结果

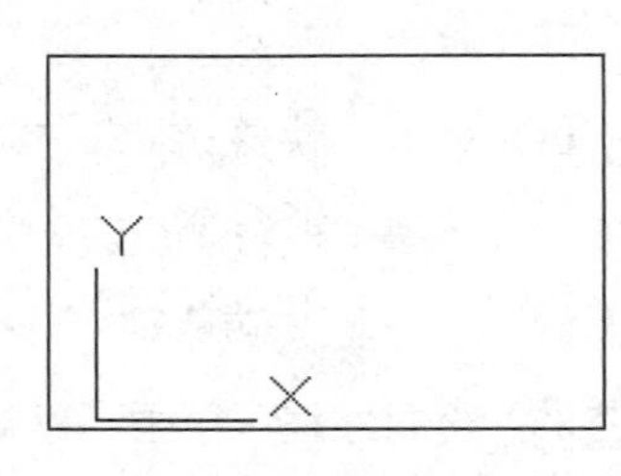

图 1-38　移动坐标

Step 07 绘制内框。单击“默认”选项卡→“绘图”面板→“直线”按钮，执行“直线”命令，绘制 4 号图纸的内框。命令行操作如下：

```
命令: _line
指定第一点:                                 //0,0 Enter
指定下一点或 [放弃(U)]:                     //267,0 Enter
指定下一点或 [放弃(U)]:                     //267,200 Enter
指定下一点或 [闭合(C)/放弃(U)]:             //0,200 Enter
指定下一点或 [闭合(C)/放弃(U)]:             //c Enter，闭合图形，绘制结果如图 1-39 所示
```

小技巧：

在绘图时，如果不慎出现错误操作，这时可以使用直线命令中的“放弃（U）”选项功能撤消错误的操作步骤。

Step 08 选择菜单栏中的“视图”→“显示”→“UCS 图标”→“开”命令，关闭坐标系，结果如图 1-40 所示。

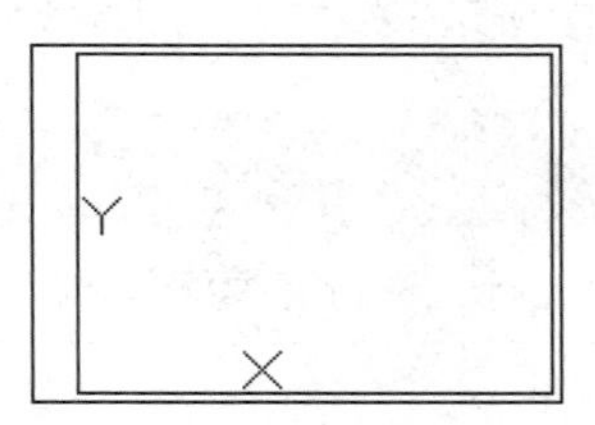

图 1-39　绘制内框

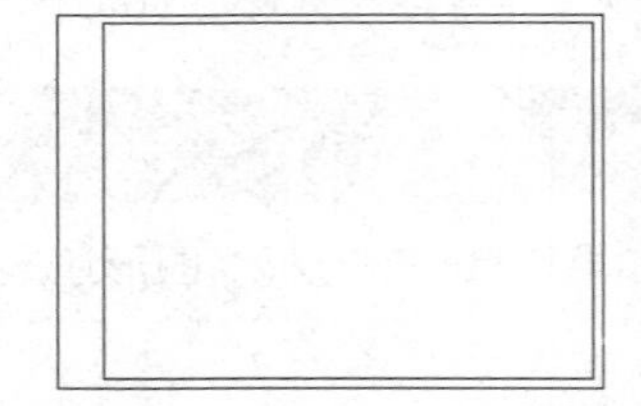

图 1-40　隐藏坐标系图标

Step 09 绘制标题栏。使用快捷键 L 执行“直线”命令，绘制图框标题栏。命令行操作如下：

```
命令: l                                     //Enter
LINE 指定第一点:                            //147,0 Enter
指定下一点或 [放弃(U)]:                     //147,30 Enter
指定下一点或 [放弃(U)]:                     //267,30 Enter
指定下一点或 [闭合(C)/放弃(U)]:             //Enter，结束命令，绘制结果如图 1-41 所示
```

小技巧：

当结束某个命令时，可以按下键盘上的 Enter 键；当中止某个命令时，可以按下 Esc 键。

Step 10 单击“快速访问”工具栏→“保存”按钮，在打开的“图形另存为”对话框内将图形命名存储为“上机实训.dwg”，如图 1-42 所示。

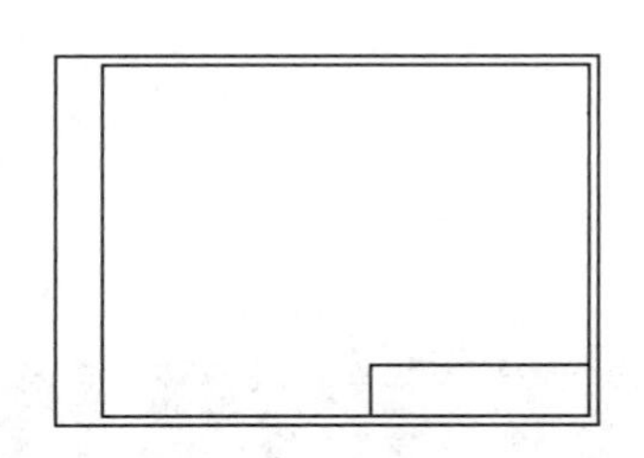

图 1-41　绘制结果

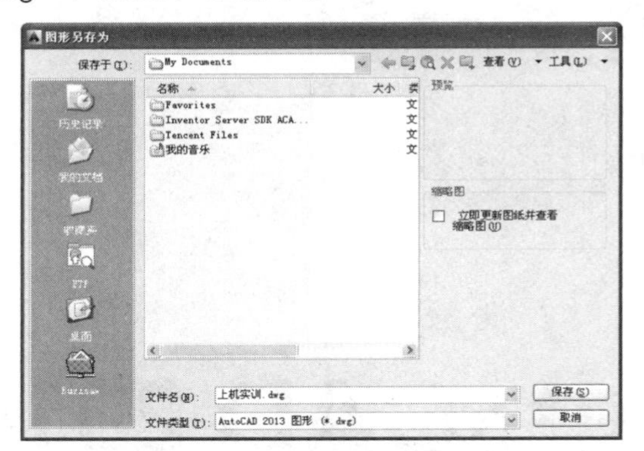

图 1-42　“图形另存为”对话框

Note

1.9 小结与练习

1.9.1 小结

本章在简单了解 AutoCAD 2014 的基本概念和系统配置的前提下，主要介绍了软件的启动退出、软件工作空间、软件操作界面、绘图文件的设置与管理以及工作环境的简单设置等基本技能，并通过一个完整简单的实例，手把手引导读者亲自动手操作 AutoCAD 2014 图形设计软件，并掌握和体验一些最初级的软件操作技能。通过本章的学习，能使读者对 AutoCAD 2014 绘图软件有一个快速的了解和认识，为后续章节的学习打下基础。

1.9.2 练习

1. 将默认绘图背景修改为白色、将十字光相对屏幕进行百分之百显示。
2. 绘制如图 1-43 所示的图形，并将此图形命名存盘。

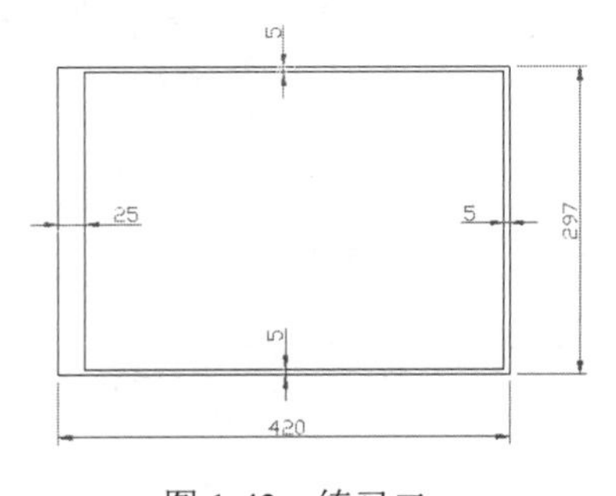

图 1-43　练习二

第2章 AutoCAD 2014基础操作

通过第 1 章的简单介绍，使读者轻松了解和体验了 CAD 绘图的基本操作过程，但是如果想更加方便、灵活地自由操控 AutoCAD 绘图软件，还必须了解和掌握一些基础的软件操作技能，如图形的选择、点的输入、点的捕捉追踪以及视图的调控等。本章将详细讲述 AutoCAD 的一些基础操作技能。

内容要点

- 命令的执行特点
- 图形的选择方式
- 坐标点的输入技术
- 特征点的捕捉技术
- 目标点的追踪技术
- 视窗的实时调整
- 上机实训——绘制鞋柜立面图

Note

2.1 命令的执行特点

一般情况下，在软件中与用户交流大都通过“对话框”或“命令面板”的方式进行，但是 AutoCAD 除了上述方式外，还有其独特的交流方式。

● 菜单栏与右键菜单

通过单击“菜单栏”中的命令选项执行命令，是一种比较传统、常用的操作方式。具体操作就是在界面中的主菜单选项上单击左键，从打开的主菜单中直接单击相应的命令选项即可。

另外，为了更加方便地启动某些命令或选项，AutoCAD 为用户提供了右键菜单。所谓右键菜单，指的就是单击右键弹出的快捷菜单，用户只需单击右键菜单中的命令或选项，即可快速激活相应的功能。根据操作过程的不同，右键菜单归纳起来共有三种：

- ✧ 默认模式菜单。此种菜单是在没有命令执行的前提下或没有对象被选择的情况下，单击右键显示的菜单。
- ✧ 编辑模式菜单。此种菜单是在有一个或多个对象被选择的情况下单击右键出现的快捷菜单。
- ✧ 模式菜单。此种菜单是在一个命令执行的过程中，单击右键而弹出的快捷菜单。

● 工具栏与功能区

与其他计算机软件一样，单击工具栏或功能区上的命令按钮，也是一种常用、快捷的命令方式。通过形象而又直观的图标按钮代替 AutoCAD 的一个个命令，远比那些复杂烦项的英文命令及菜单更为方便直接，用户只需将光标放在命令按钮上，系统就会自动显示出该按钮所代表的命令，单击按钮即可激活该命令。

● 命令表达式

所谓“命令表达式”，指的就是 AutoCAD 的英文命令，用户只需在命令行的输入窗口中，输入 CAD 命令的英文表达式，然后再按键盘上的 Enter 键，就可以启动命令。此种方式是一种最原始的方式，也是一种很重要的方式。

如果用户需要激活命令中的选项功能，可以在相应步骤提示下，在命令行输入窗口中输入该选项的代表字母，然后按 Enter 键，也可以使用右键快捷菜单方式启动命令的选项功能。

● 功能键与快捷键

“功能键与快捷键”是最快捷的一种命令启动方式。每种软件都配置了一些命令快捷组合键。表 2-1 列出了 AutoCAD 自身设定的一些命令快捷键，在执行这些命令时只需要按下相应的键即可。

Note

表 2-1 AutoCAD 功能键

功 能 键	功 能	功 能 键	功 能
F1	AutoCAD 帮助	Ctrl+N	新建文件
F2	文本窗口打开	Ctrl+O	打开文件
F3	对象捕捉开关	Ctrl+S	保存文件
F4	三维对象捕捉开关	Ctrl+P	打印文件
F5	等轴测平面转换	Ctrl+Z	撤消上一步操作
F6	动态 UCS	Ctrl+Y	重复撤消的操作
F7	栅格开关	Ctrl+X	剪切
F8	正交开关	Ctrl+C	复制
F9	捕捉开关	Ctrl+V	粘贴
F10	极轴开关	Ctrl+K	超级链接
F11	对象跟踪开关	Ctrl+0	全屏
F12	动态输入	Ctrl+1	特性管理器
Delete	删除	Ctrl+2	设计中心
Ctrl+A	全选	Ctrl+3	特性
Ctrl+4	图纸集管理器	Ctrl+5	信息选项板
Ctrl+6	数据库连接	Ctrl+7	标记集管理器
Ctrl+8	快速计算器	Ctrl+9	命令行
Ctrl+W	选择循环	Ctrl+Shift+P	快捷特性
Ctrl+Shift+I	推断约束	Ctrl+Shift+C	带基点复制
Ctrl+Shift+V	粘贴为块	Ctrl+Shift+S	另存为

另外，AutoCAD 还有一种更为方便的“命令快捷键”，即 CAD 英文命令的缩写。严格地说，它算不上是命令快捷键，但是使用命令简写的确能起到快速启动命令的作用，所以也称为快捷键。不过使用此类快捷键时需要配合 Enter 键。例如，“直线”命令的英文缩写为 L，用户只需按下键盘上的 L 字母键后再按下 Enter 键，就能激活画线命令。

2.2 图形的选择方式

“图形的选择”也是 AutoCAD 的重要基本技能之一，它常用于对图形进行修改编辑之前。常用的选择方式有点选、窗口和窗交三种。

2.2.1 点选

“点选”是最基本、最简单的一种对外选择方式，此种方式一次仅能选择一个对象。在命令行“选择对象：”的提示下，系统自动进入点选模式，此时光标指针切换为矩形选择框状，将选择框放在对象的边沿上单击左键，即可选择该图形。被选择的图形对象以虚线显示，如图 2-1 所示。

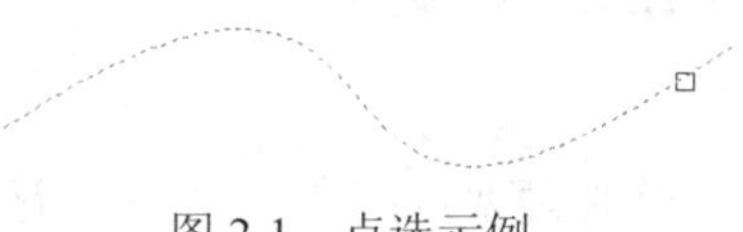

图 2-1　点选示例

2.2.2　窗口选择

“窗口选择”也是一种常用的选择方式，使用此方式一次也可以选择多个对象。在命令行 “选择对象：”的提示下从左向右拉出一矩形选择框，此选择框即为窗口选择框，选择框以实线显示，内部以浅蓝色填充，如图 2-2 所示。

当指定窗口选择框的对角点之后，结果所有完全位于框内的对象都能被选择，如图 2-3 所示。

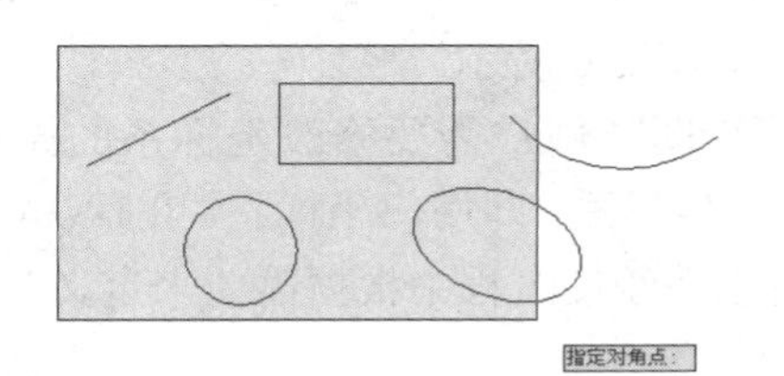

图 2-2　窗口选择框

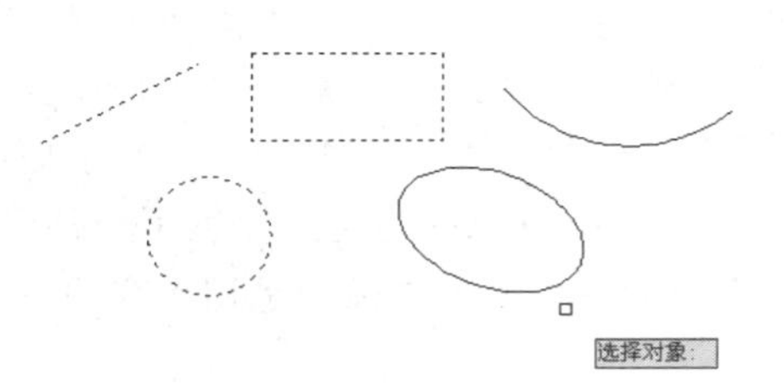

图 2-3　选择结果

2.2.3　窗交选择

“窗交选择”是使用频率非常高的选择方式，使用此方式一次也可以选择多个对象。在命令行“选择对象：”提示下从右向左拉出一矩形选择框，此选择框即为窗交选择框，选择框以虚线显示，内部绿填充，如图 2-4 所示。

当指定选择框的对角点之后，结果所有与选择框相交和完全位于选择框内的对象才能被选择，如图 2-5 所示。

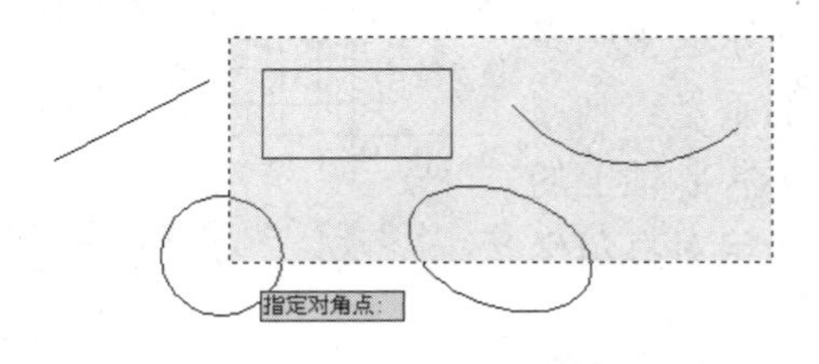

图 2-4　窗交选择框

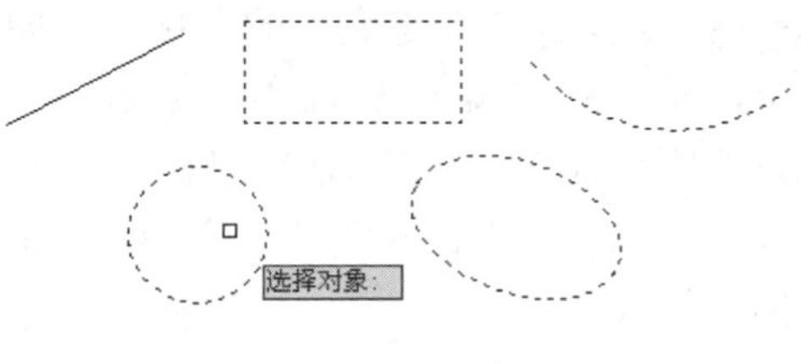

图 2-5　选择结果

2.3 坐标点的输入技术

要绘制数据精确的图形，就必须要准确地定位点，而利用图形点的坐标功能，进行定位图形上的点，是一种最直接、最基本的点定位方式。在讲解点的坐标输入功能之前，首先简单了解一下常用的两种坐标系，即 WCS 和 UCS。

2.3.1 了解两种坐标系

AutoCAD 默认坐标系为 WCS，即世界坐标系。此坐标系是 AutoCAD 的基本坐标系，它由三个相互垂直并相交的坐标轴 X、Y、Z 组成，X 轴正方向水平向右，Y 轴正方向垂直向上，Z 轴正方向垂直屏幕向外，指向用户，坐标原点在绘图区左下角，在二维图标上标有 W，表明是世界坐标系，如图 2-6 所示。

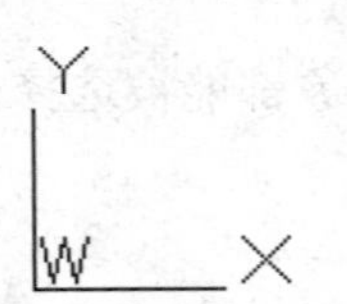

图 2-6 二维世界坐标系图标

为了更好地辅助绘图，用户需要修改坐标系的原点和方向，为此 AutoCAD 为用户提供了一种可变的 UCS 坐标系，即用户坐标系。在默认情况下，用户坐标系和世界坐标系是相重合的，用户也可以在绘图过程中根据需要来定义 UCS。

2.3.2 绝对坐标的输入

图形点的精确输入功能主要有“绝对坐标点的输入”和“相对坐标点的输入”两大类。其中，“绝对坐标点的输入”又分为“绝对直角坐标点的输入”和“绝对极坐标点的输入”两种类型。

- **绝对直角坐标点的输入**

绝对直角坐标是以原点（0,0,0）为参照点，进行定位所有的点。其表达式为（x,y,z），用户可以通过输入点的实际 x、y、z 坐标值来定义点的坐标。在如图 2-7 所示的坐标系中，B 点的 X 坐标值为 3（即该点在 X 轴上的垂足点到原点的距离为 3 个单位），Y 坐标值为 1（即该点在 Y 轴上的垂足点到原点的距离为 1 个单位），那么 B 点的绝对直角坐标表达式为（3,1）。

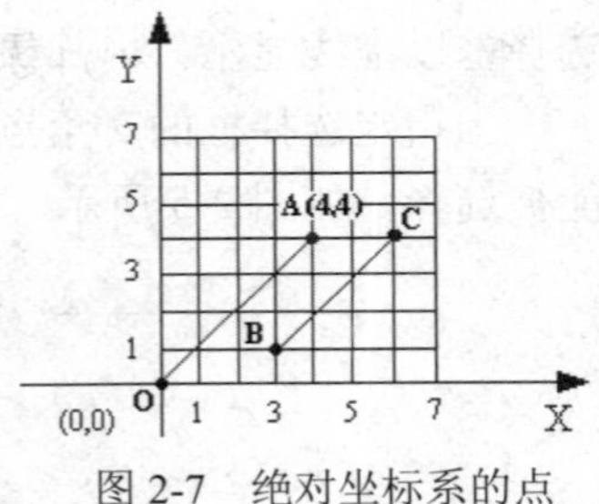

图 2-7 绝对坐标系的点

- **绝对极坐标点的输入**

绝对极坐标是以原点作为极点，通过相对于原点的极长和角度来定义点的。其表达式为（L<α）。在图 2-7 所示的坐标系中，假若直线 OA 的长度用 L 表示，直线 OA 与 X 轴正方向夹角使用α表示，如果这两个参数都明确，就可以使用绝对极坐标来表

示 A 点，即（L<α）。

2.3.3　相对坐标的输入

Note

“相对坐标点的输入”也分为两种，即“相对直角坐标点的输入”和“相对极坐标点的输入”，具体内容如下：

- **相对直角坐标点的输入**

相对直角坐标就是某一点相对于对照点 X 轴、Y 轴和 Z 轴三个方向上的坐标变化。其表达式为（@x,y,z）。在实际绘图中常把上一点看作参照点，后续绘图操作是相对于前一点而进行的。

例如在图 2-7 所示的坐标系中，C 点的绝对坐标为（6,4），如果以 A 点作为参照点，使用相对直角坐标表示 C 点，那么表达式则为（@6-4,4-4）=（@2,0）。

小技巧：

AutoCAD 为用户提供了一种变换相对坐标系的方法，只要在输入的坐标值前加“@”符号，就表示该坐标值是相对于前一点的相对坐标。

- **相对极坐标点的输入**

相对极坐标是通过相对于参照点的极长距离和偏移角度来表示的，其表达式为（@L<α），L 表示极长，α表示角度。

例如在图 2-7 所示的坐标系中，如果以 A 点作为参照点，使用相对极坐标表示 C 点，那么表达式则为（@2<0），其中 2 表示 C 点和 A 点的极长距离为 2 个图形单位，偏移角度为 0°。

小技巧：

默认设置下，AutoCAD 是以 X 轴正方向作为 0°的起始方向，逆时针方向计算的，如果在图 2-7 所示的坐标系中，以 C 点作为参照点，使用相对坐标表示 A 点，则为“@2<180″。

2.4　特征点的捕捉技术

除了点的坐标输入功能外，AutoCAD 还为用户提供了点的捕捉和追踪功能，具体有“步长捕捉”、“对象捕捉”和“精确追踪”等三类。这些功能都是辅助绘图工具，其工具按钮都位于状态栏上，如图 2-8 所示。运用这些功能可以快速、准确、高精度绘制图形，大大提高绘图的精确度。

图 2-8 捕捉追踪的两种显示状态

Note

2.4.1 步长捕捉

所谓“步长捕捉”，指的就是强制性地控制十字光标，使其根据定义的 X、Y 轴方向的固定距离（即步长）进行跳动，从而精确定位点。例如，将 X 轴的步长设置为 20，将 Y 轴方向上的步长设置为 30，那么光标每水平跳动一次，则走过 20 个单位的距离，每垂直跳动一次，则走过 30 个单位的距离，如果连续跳动，则走过的距离则是步长的整数倍。执行“捕捉”功能主要有以下几种方式：

✧ 选择菜单栏中的“工具”→“草图设置”命令，在打开的“草图设置”对话框中展开“捕捉和栅格”选项卡，勾选“启用捕捉”复选框，如图 2-9 所示。

✧ 单击状态栏上的 ⁝⁝⁝ 按钮或 捕捉 按钮（或在此按钮上单击右键，选择右键菜单上的“启用”选项）。

✧ 按下 F9 功能键。

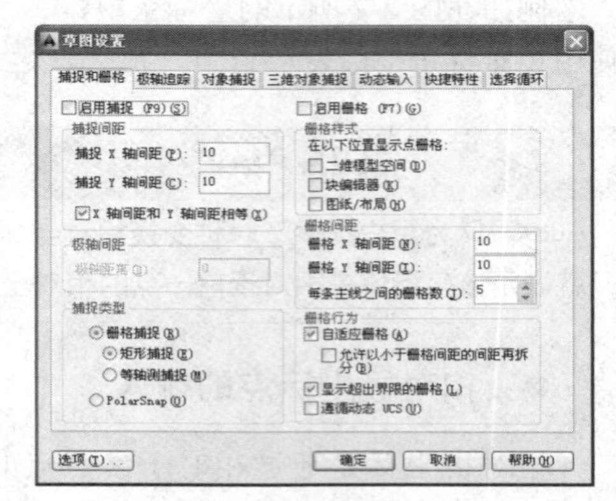

图 2-9 “草图设置”对话框

下面通过将 X 轴方向上的步长设置为 20、Y 方向上的步长设置为 30，学习“步长捕捉”功能的参数设置和启用操作。具体操作过程如下：

Step 01 在状态栏 捕捉 按钮上单击右键，选择“设置”选项，打开如图 2-9 所示的“草图设置”对话框。

Step 02 在对话框中勾选“启用捕捉”复选框，即可打开捕捉功能。

Step 03 在“捕捉 X 轴间距”文本框内输入数值 20，将 X 轴方向上的捕捉间距设置为 20。

Step 04 取消“X 轴间距和 Y 轴间距相等”复选框，然后在“捕捉 Y 轴间距”文本框内输入数值，如 30，将 Y 轴方向上的捕捉间距设置为 30。

Step 05 单击 确定 按钮，完成捕捉参数的设置。

> **小技巧：**
>
> “捕捉类型和样式”选项组用于设置捕捉的类型及样式，建议使用系统默认设置。

- **“栅格”**

“栅格”功能主要以栅格点或栅格线的方式显示作图区域，给用户提供直观的距离和位置参照，如图 2-10 所示和图 2-11 所示。栅格点或线之间的距离可以随意调整，如果用户使用步长捕捉功能绘图时，最好是按照 X、Y 轴方向的捕捉间距设置栅格点间距。

栅格点或栅格线是一些虚拟的参照点，它不是一些真正存在的对象点，它仅仅显示在图形界限内，只作为绘图的辅助工具出现，不是图形的一部分，也不会被打印输出。执行“栅格”功能主要有以下几种方式：

✧ 选择菜单栏中的“工具”→“草图设置”命令，在打开的“草图设置”对话框中展开“捕捉和栅格”选项卡，然后勾选“启用栅格”复选框。

✧ 单击状态栏上的▦按钮或栅格按钮（或在此按钮上单击右键，选择右键菜单上的“启用”选项。

✧ 按 F7 功能键。

✧ 按 Ctrl+G 组合键。

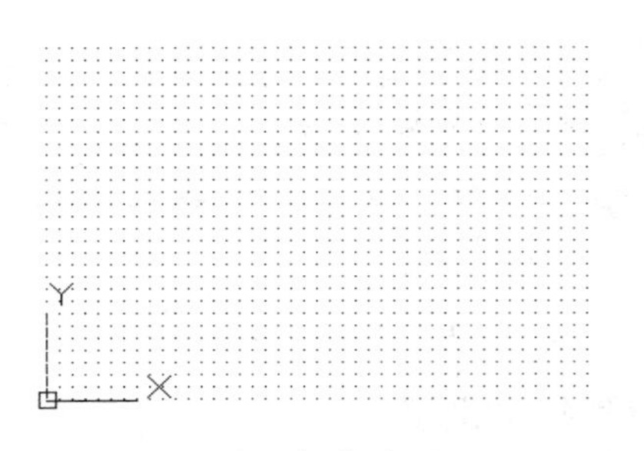

图 2-10　栅格点显示

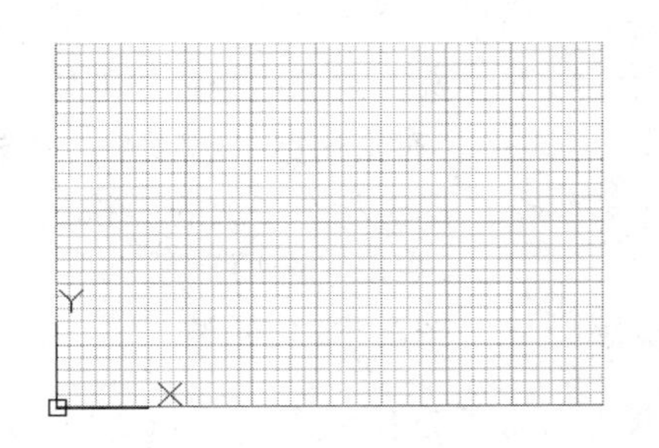

图 2-11　栅格线显示

小技巧：

如果激活了“栅格”功能后，绘图区没有显示出栅格点，这是当前图形界限太大，导致栅格点太密的缘故，需要修改栅格点之间的距离。

2.4.2　对象捕捉

AutoCAD 共为用户提供了 13 种对象捕捉功能，如图 2-12 所示。使用这些捕捉功能可以非常方便精确地将光标定位到图形的特征点上，如直线的端点、中点；圆的圆心和象限点等。

在所需捕捉模式上单击左键，即可开启该种捕捉模式。在此对话框内一旦设置了某种捕捉模式后，系统将一直保持着这种捕捉模式，直到用户取消为止，因此，此对话框中的捕捉常被称为“自动捕捉”。

Note

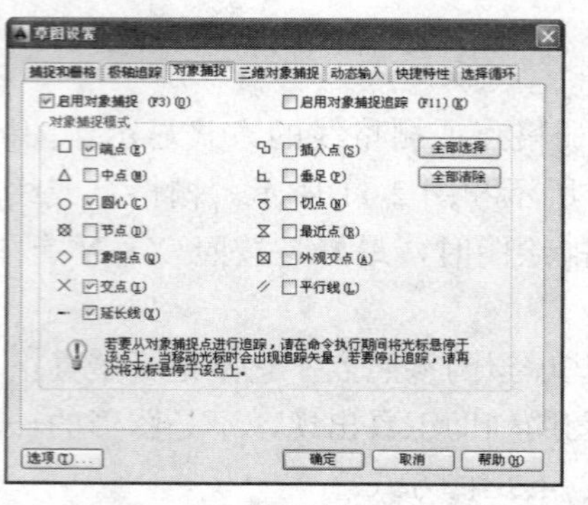

图 2-12 “对象捕捉”选项卡

小技巧：

在设置对象捕捉功能时，不要全部开启各捕捉功能，这样会起到相反的作用。

执行“对象捕捉”功能有以下几种方式：

- ✧ 选择菜单栏中的“工具”→“草图设置”命令，在打开的“草图设置”对话框展开“对象捕捉”选项卡，勾选“启用对象捕捉”复选框，如图 2-12 所示。
- ✧ 单击状态栏上的按钮或对象捕捉按钮（或在此按钮上单击右键，选择右键菜单上的“启用”选项）。
- ✧ 按下 F3 功能键。

为了方便绘图，AutoCAD 为这 13 种对象捕捉提供了“临时捕捉”功能。所谓“临时捕捉”，指的就是激活一次功能后，系统仅能捕捉一次；如果需要反复捕捉点，则需要多次激活该功能。这些临时捕捉功能位于图 2-13 所示的“对象捕捉”工具栏和图 2-14 所示的临时捕捉菜单上，按住 Shift 或 Ctrl 键，然后单击鼠标右键，即可打开此临时捕捉菜单。

图 2-13 “对象捕捉”工具栏

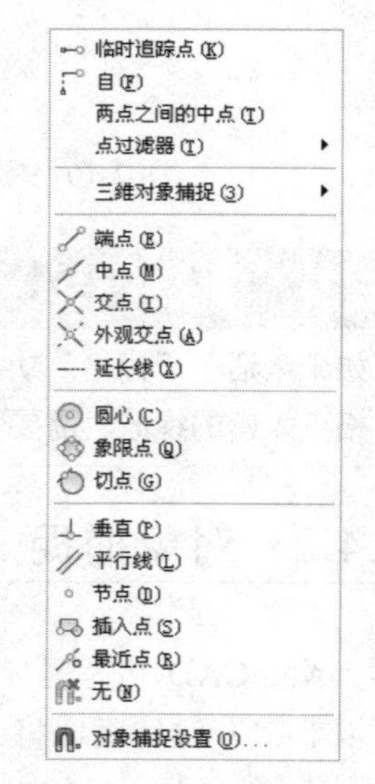

图 2-14 临时捕捉菜单

● 13 种捕捉功能的含义与功能

（1）端点捕捉。此种捕捉功能用于捕捉图形的端点，如线段的端点，矩形、多边形的角点等。激活此功能后，在命令行“指定点”提示下将光标放在对象上，系统将在距离光标最近位置处显示出端点标记符号，如图 2-15 所示。此时单击左键即可捕捉到该端点。

（2）中点捕捉。此功能用于捕捉线、弧等对象的中点。激活此功能后，在命令行“指定点”的提示将光标放在对象上，系统在中点处显示出中点标记符号，如图 2-16 所示。此时单击左键即可捕捉到该中点。

图 2-15　端点捕捉　　　　图 2-16　中点捕捉标记

（3）交点捕捉。此功能用于捕捉对象之间的交点。激活此功能后，在命令行“指定点”的提示下将光标放在对象的交点处，系统显示出交点标记符号，如图 2-17 所示。此时单击左键即可捕捉到该交点。

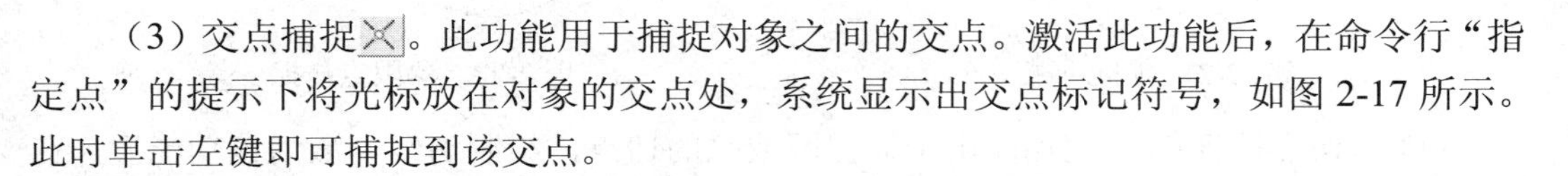

小技巧：

如果需要捕捉图线延长线的交点，那么需要首先将光标放在其中的一个对象上单击，拾取该延伸对象，如图 2-18 所示，然后再将光标放在另一个对象上，系统将自动在延伸交点处显示出交点标记符号，如图 2-19 所示，此时单击左键即可精确捕捉到对象延长线的交点。

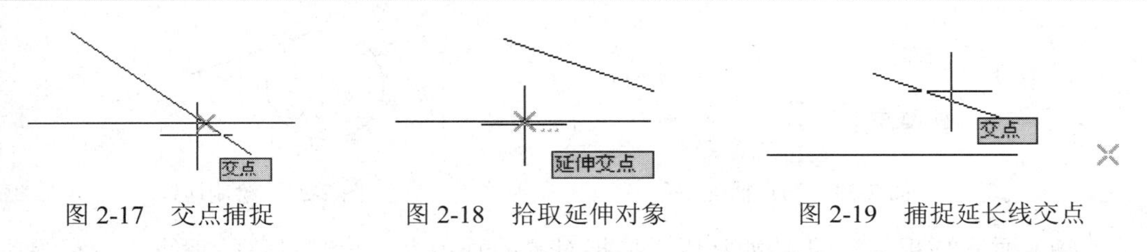

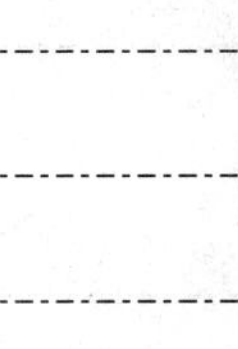

图 2-17　交点捕捉　　　　图 2-18　拾取延伸对象　　　　图 2-19　捕捉延长线交点

（4）外观交点。此功能主要用于捕捉三维空间内对象在当前坐标系平面内投影的交点。

（5）延长线捕捉。此功能用于捕捉对象延长线上的点。激活该功能后，在命令行“指定点”的提示下将光标放在对象的末端稍一停留，然后沿着延长线方向移动光标，系统会在延长线处引出一条追踪虚线，如图 2-20 所示。此时单击左键，或输入一距离值，即可在对象延长线上精确定位点。

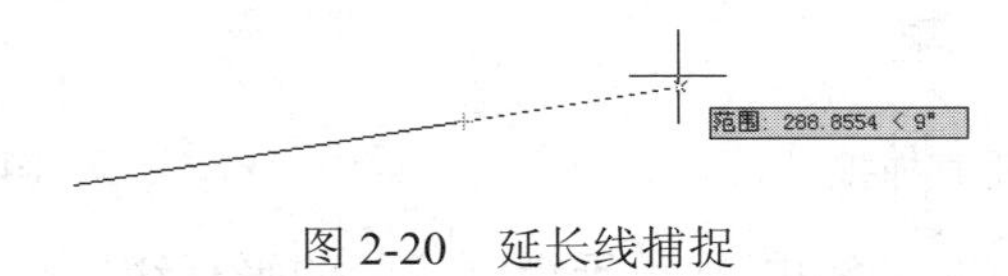

图 2-20　延长线捕捉

（6）圆心捕捉。此功能用于捕捉圆、弧或圆环的圆心。激活该功能后，在命令行“指定点”提示下将光标放在圆或弧等的边缘上，也可直接放在圆心位置上，系统在圆心处显示出圆心标记符号，如图 2-21 所示。此时单击左键即可捕捉到圆心。

（7）象限点捕捉。此功能用于捕捉圆或弧的象限点。激活该功能后，在命令行“指定点”的提示下将光标放在圆的象限点位置上，系统会显示出象限点捕捉标记，如图 2-22 所示。此时单击左键即可捕捉到该象限点。

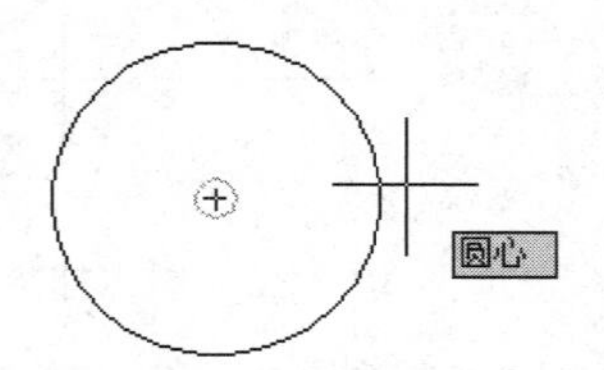

图 2-21　圆心捕捉

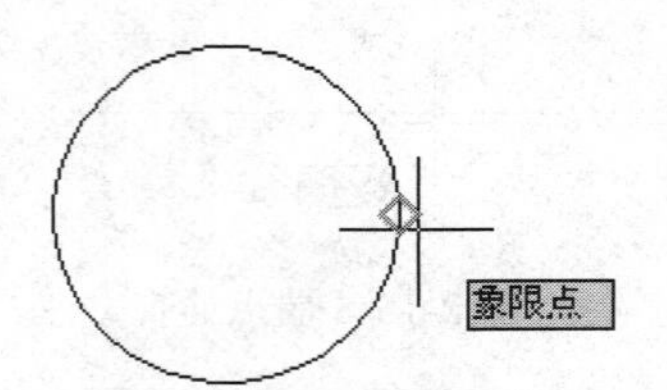

图 2-22　象限点捕捉

（8）切点捕捉。此功能用于捕捉圆或弧的切点，绘制切线。激活该功能后，在命令行“指定点”的提示下将光标放在圆或弧的边缘上，系统会在切点处显示出切点标记符号，如图 2-23 所示。此时单击左键即可捕捉到切点，绘制出对象的切线，如图 2-24 所示。

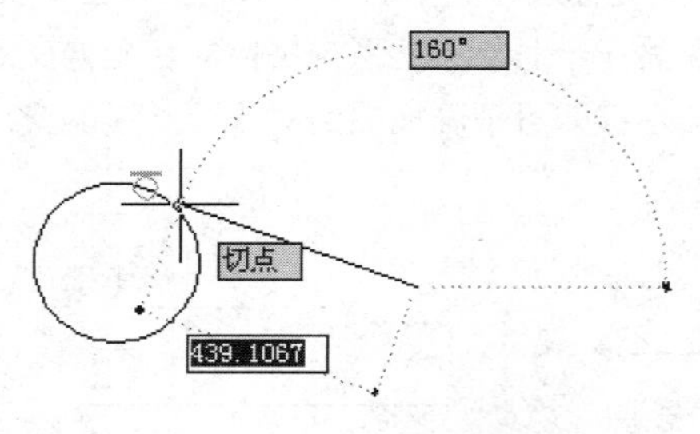

图 2-23　切点捕捉

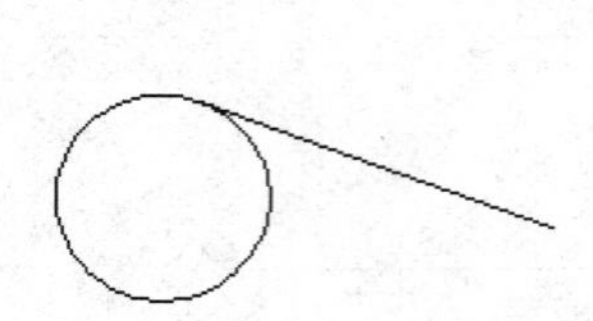

图 2-24　绘制切线

（9）垂直捕捉。此功能常用于捕捉对象的垂足点，绘制对象的垂线。激活该功能后，在命令行“指定点”的提示下将光标放在对象边缘上，系统会在垂足点处显示出垂足标记符号，如图 2-25 所示。此时单击左键即可捕捉到垂足点，绘制对象的垂线，如图 2-26 所示。

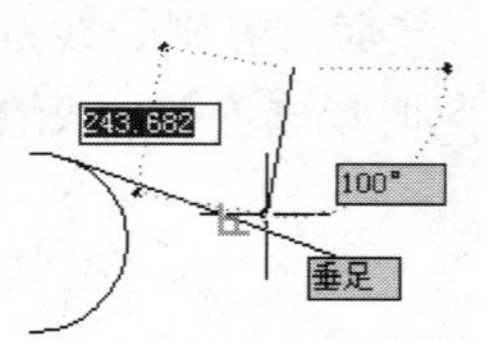

图 2-25　垂直捕捉

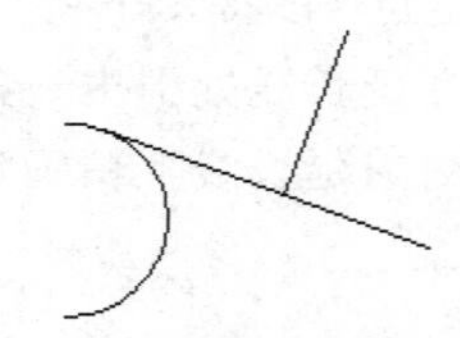

图 2-26　绘制垂线

（10）平行线捕捉。此功能常用于绘制线段的平行线。激活该功能后，在命令行“指定点:”提示下把光标放在已知线段上，此时会出现一平行的标记符号，如图 2-27 所示。移动光标，系统会在平行位置处出现一条向两方无限延伸的追踪虚线，如图 2-28 所示。单击左键即可绘制出与拾取对象相互平行的线，如图 2-29 所示。

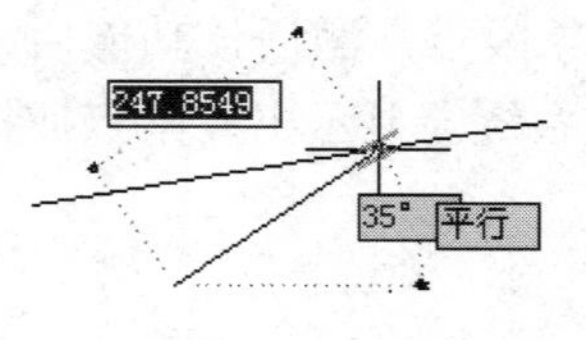

图 2-27　平行标记

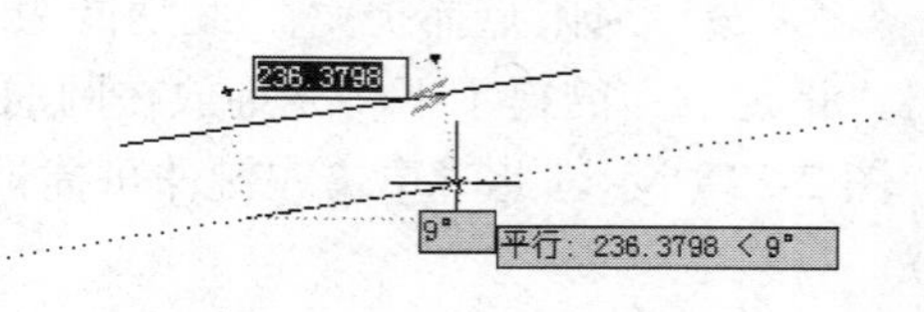

图 2-28　引出平行追踪线

（11）节点捕捉 。此功能用于捕捉使用“点”命令绘制的点对象。使用时需将拾取框放在节点上，系统会显示出节点的标记符号，如图 2-30 所示。单击左键即可拾取该点。

图 2-29　绘制平行线　　　　图 2-30　节点捕捉

（12）插入点捕捉 。此种捕捉方式用来捕捉块、文字、属性或属性定义等的插入点，如图 2-31 所示。

（13）最近点捕捉 。此种捕捉方式用来捕捉光标距离对象最近的点，如图 2-32 所示。

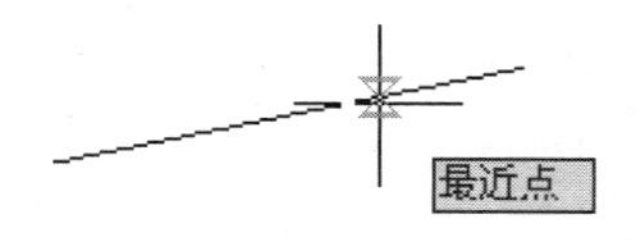

图 2-31　插入点捕捉　　　　图 2-32　最近点捕捉

2.5 目标点的追踪技术

使用“对象捕捉”功能只能捕捉对象上的特征点，如果需要捕捉特征点之外的目标点，则可以使用 AutoCAD 的追踪功能。常用的追踪功能有“正交追踪”、“极轴追踪”、“对象追踪”和“捕捉自”四种。

2.5.1　正交追踪

“正交追踪”功能是用于将光标强行控制在水平或垂直方向上，以绘制水平和垂直的线段。执行“正交模式”功能主要有以下几种方式：

- ✧ 单击状态栏上的 按钮或 正交 按钮（或在此按钮上单击右键，选择右键菜单上的″启用″选项。
- ✧ 使用快捷键 F8。
- ✧ 在命令行输入 Ortho 后按 Enter 键。

“正交追踪”追踪功能可以控制四个角度方向，向右引导光标，系统则定位 0° 方向（如图 2-33 所示）；向上引导光标，系统则定位 90° 方向（如图 2-34 所示）；向左引导引导光标，系统则定位 180° 方向（如图 2-35 所示）；向下引导光标，系统则定位 270° 方向（如图 2-36 所示）。

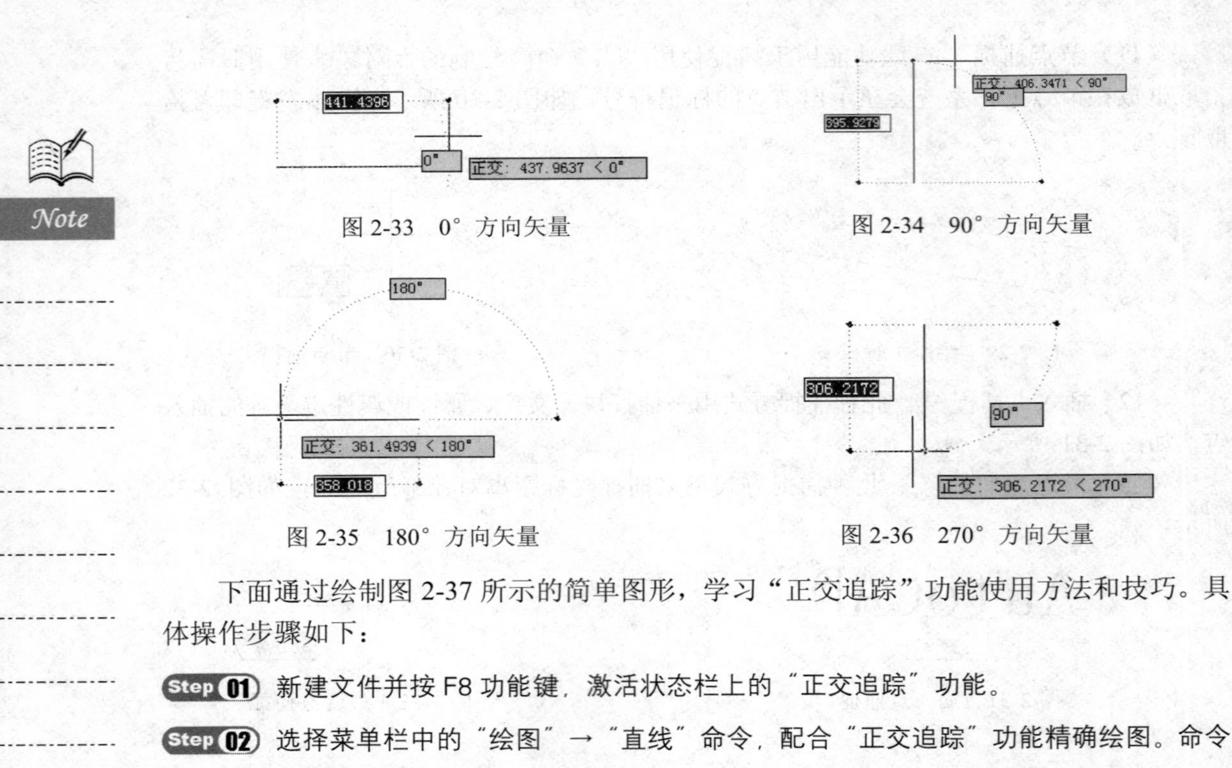

图 2-33　0° 方向矢量

图 2-34　90° 方向矢量

图 2-35　180° 方向矢量

图 2-36　270° 方向矢量

下面通过绘制图 2-37 所示的简单图形，学习“正交追踪”功能使用方法和技巧。具体操作步骤如下：

Step 01 新建文件并按 F8 功能键，激活状态栏上的“正交追踪”功能。

Step 02 选择菜单栏中的“绘图”→“直线”命令，配合“正交追踪”功能精确绘图。命令行操作如下：

```
命令: _line
指定第一点:                                    //在绘图区拾取一点作为起点
指定下一点或 [放弃(U)]:                        //向右引导光标，输入 5000 Enter
指定下一点或 [放弃(U)]:                        //向上引导光标，输入 400 Enter
指定下一点或 [闭合(C)/放弃(U)]:                //向左引导光标，输入 200 Enter
指定下一点或 [闭合(C)/放弃(U)]:                //向下引导光标，输入 200 Enter
指定下一点或 [闭合(C)/放弃(U)]:                //向左引导光标，输入 300 Enter
指定下一点或 [闭合(C)/放弃(U)]:                //c Enter，闭合图形绘制结果如图 2-37 所示
```

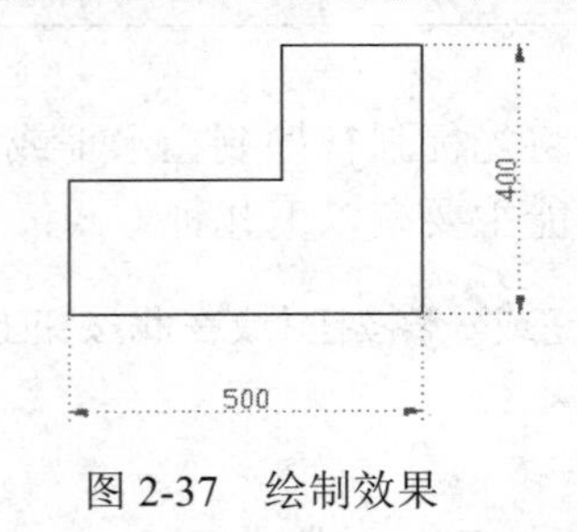

图 2-37　绘制效果

2.5.2　极轴追踪

所谓“极轴追踪”，指的就是根据当前设置的追踪角度，引出相应的极轴追踪虚线，追踪定位目标点，如图 2-38 所示。执行“极轴追踪”功能有以下几种方式：

- ✧ 单击状态栏上的 按钮或极轴按钮（或在此按钮上单击右键，选择右键菜单上的"启用"选项。
- ✧ 按功能键 F10。
- ✧ 选择菜单栏中的"工具"→"草图设置"命令，在打开的对话框中展开如图 2-39 所示的"极轴追踪"选项卡，然后勾选"启用极轴追踪"复选框。

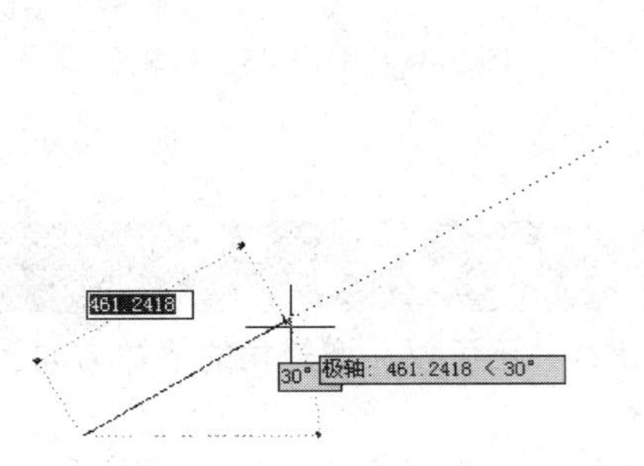

图 2-38　极轴追踪示例

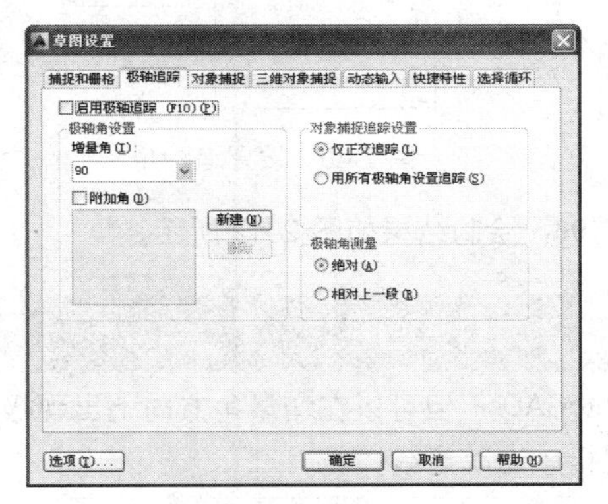

图 2-39　"极轴追踪"选项卡

下面以绘制长度为 240、角度为 45° 的倾斜线段为例，学习极轴追踪的参数设置以及使用技巧。具体操作步骤如下：

Step 01 新建空白文件。在状态栏上的极轴按钮上单击右键，在弹出的快捷菜单中选择"设置"选项，打开如图 2-39 所示的对话框。

Step 02 勾选对话框中的"启用极轴追踪"复选框，打开"极轴追踪"功能。

Step 03 单击"增量角"列表框，在展开的下拉列表框中选择 45，如图 2-40 所示，将当前的追踪角设置为 45°。

小技巧：

在"极轴角设置"组合框中的"增量角"下拉列表框内，系统提供了多种增量角，如 90°、45°、30°、22.5°、18°、15°、10°、5°等，用户可以从中选择一个角度值作为增量角。

Step 04 单击 确定 按钮关闭对话框，完成角度跟踪设置。

Step 05 选择菜单栏中的"绘图"→"直线"命令，配合"极轴追踪"功能绘制长度斜线段。命令行操作如下：

```
命令: _line
指定第一点:                    //在绘图区拾取一点作为起点
指定下一点或 [放弃(U)]:        //向右上方移动光标，在 45° 方向上引出如图 2-41 所示的极轴追踪虚线，然后输入 240 Enter
指定下一点或 [放弃(U)]:        //Enter，结束命令
```

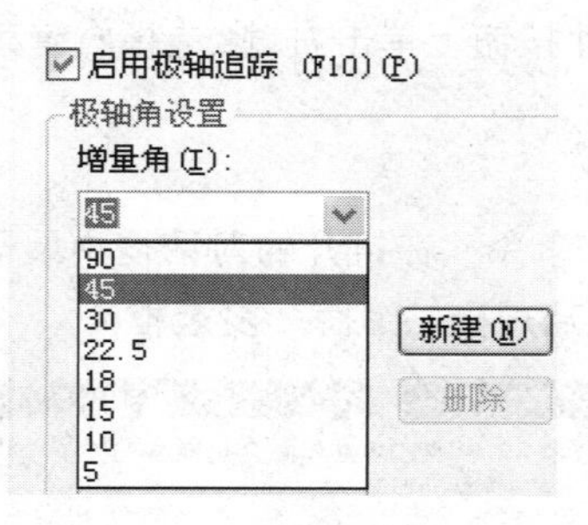

图 2-40 设置追踪角

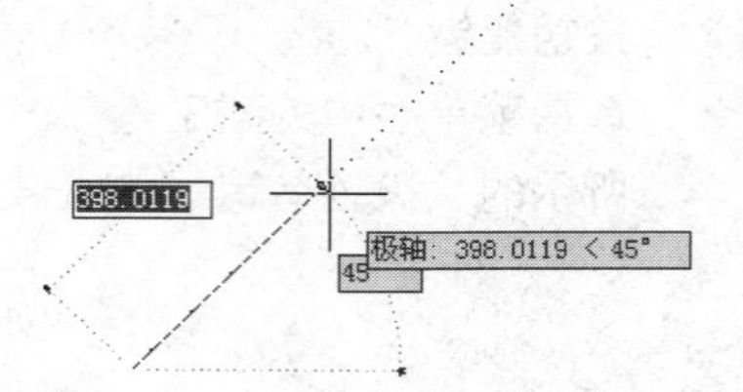

图 2-41 引出 45° 极轴矢量

Step 06 绘制结果如图 2-42 所示。

小技巧：

AutoCAD 不但可以在增量角方向上出现极轴追踪虚线，还可以在增量角的倍数方向上出现极轴追踪虚线。

如果要选择预设值以外的角度增量值，需事先勾选“附加角”复选框，然后单击新建(N)按钮，创建一个附加角，如图 2-43 所示，系统就会以所设置的附加角进行追踪。另外，如果要删除一个角度值，在选取该角度值后单击删除按钮即可。另外，只能删除用户自定义的附加角，而系统预设的增量角不能被删除。

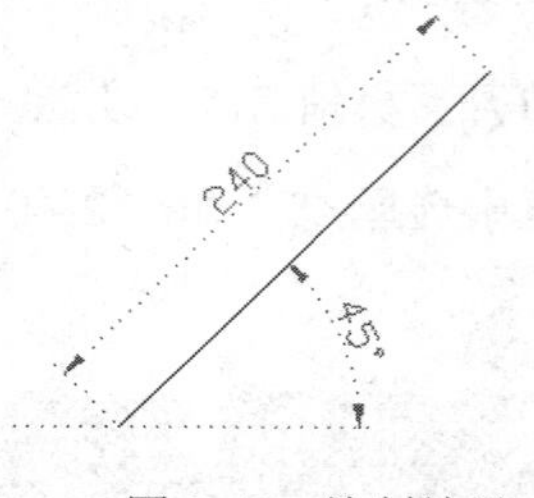

图 2-42 绘制结果

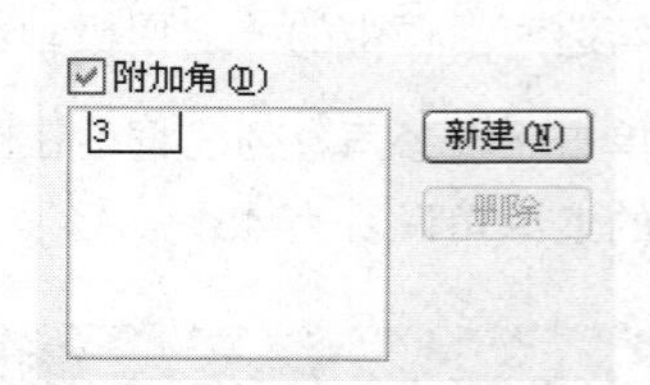

图 2-43 创建 3° 的附加角

小技巧：

“正交追踪”与“极轴追踪”功能不能同时打开，因为前者是使光标限制在水平或垂直轴上，而后者则可以追踪任意方向矢量。

2.5.3 对象追踪

所谓“对象追踪”，指的是以对象上的某些特征点作为追踪点，引出向两端无限延伸的对象追踪虚线，如图 2-44 所示。在此追踪虚线上拾取点或输入距离值，即可精确定位到目标点。

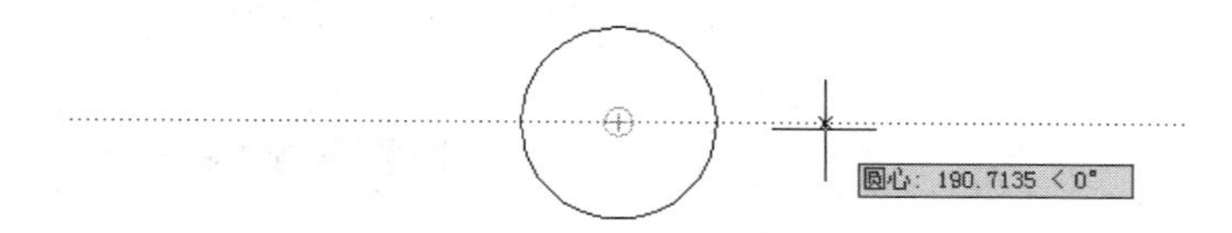

图 2-44　对象追踪虚线

执行“对象追踪”功能主要有以下几种方式：

✧ 单击状态栏上的∠按钮或对象追踪按钮。

✧ 按功能键 F11。

✧ 选择菜单栏中的“工具”→“草图设置”命令，在打开的“草图设置”对话框中展开“对象捕捉”选项卡，然后勾选“启用对象捕捉追踪”复选框，如图 2-45 所示。

“对象追踪”功能只有在“对象捕捉”和“对象追踪”同时打开的情况下才可使用，而且只能追踪对象捕捉类型里设置的自动对象捕捉点。下面通过绘制如图 2-46 所示的图形，学习“对象捕捉追踪”功能的参数设置和具体的使用技巧。

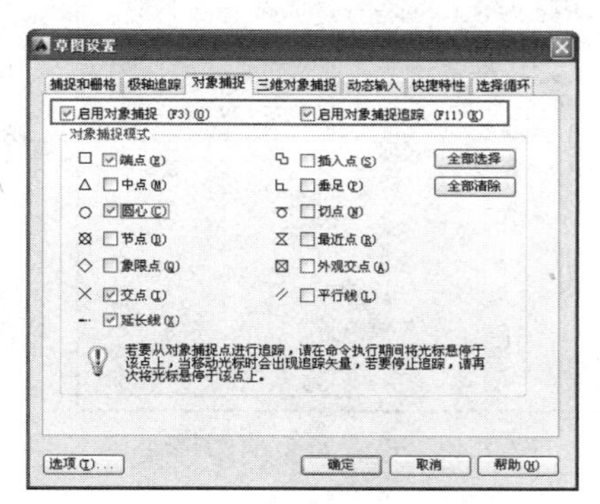

图 2-45　“草图设置”对话框

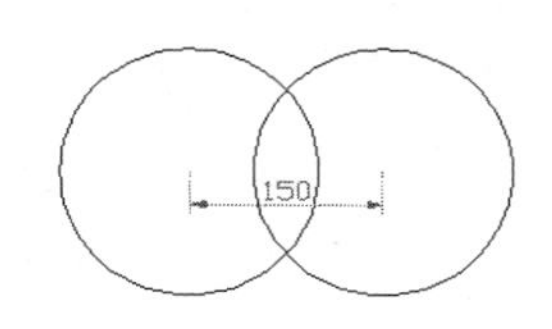

图 2-46　绘制效果

具体操作步骤如下：

Step 01 在状态栏上的对象追踪按钮上单击右键，选择“设置”选项，打开“草图设置”对话框。

Step 02 在对话框中分别勾选“启用对象捕捉”和“启用对象捕捉追踪”复选框。

Step 03 在“对象捕捉模式”选项组中勾选所需要的对象捕捉模式，如圆心捕捉。

Step 04 单击 确定 按钮完成参数的设置。

Step 05 选择菜单栏中的“绘图”→“圆”→“圆心，半径”命令，配合圆心捕捉和捕捉追踪功能，绘制相交圆。命令行操作如下：

```
    命令: _circle
指定圆的圆心或 [三点(3P)/两点(2P)/切点、切点、半径(T)]:
                                      //在绘图区拾取一点作为圆心
指定圆的半径或 [直径(D)] <100.0000>:   //100 Enter，绘制半径为 100 的圆
命令:                                 //Enter，重复画圆命令
CIRCLE 指定圆的圆心或 [三点(3P)/两点(2P)/切点、切点、半径(T)]:
//水平向右引出如图 2-47 所示的圆心追踪虚线，输入 150 Enter，定位下一个圆的圆心
指定圆的半径或 [直径(D)] <100.0000>:   //Enter，结束命令
```

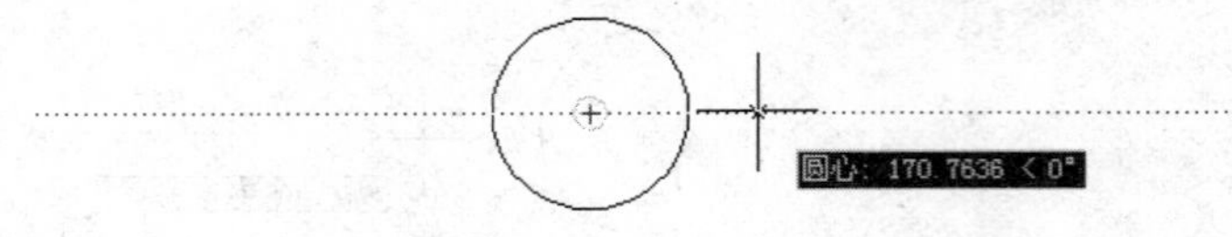

图 2-47　圆心追踪

Note

Step 06 绘制结果如图 2-48 所示。

在默认设置下，系统仅以水平或垂直的方向进行追踪点，如果用户需要按照某一角度进行追踪点，可以在“极轴追踪”选项卡中设置追踪的样式，如图 2-49 所示。在“对象捕捉追踪设置”选项组中，“仅正交追踪”单选按钮与当前极轴角无关，它仅水平或垂直地追踪对象，即在水平或垂直方向出现向两方无限延伸的对象追踪虚线；而“用所有极轴角设置追踪”单选按钮是根据当前所设置的极轴角及极轴角的倍数出现对象追踪虚线，用户可以根据需要进行取舍。

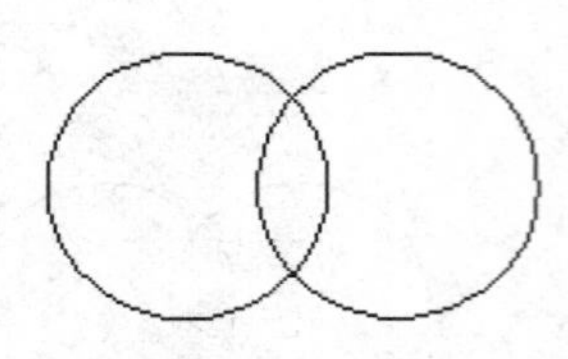

图 2-48　绘制效果

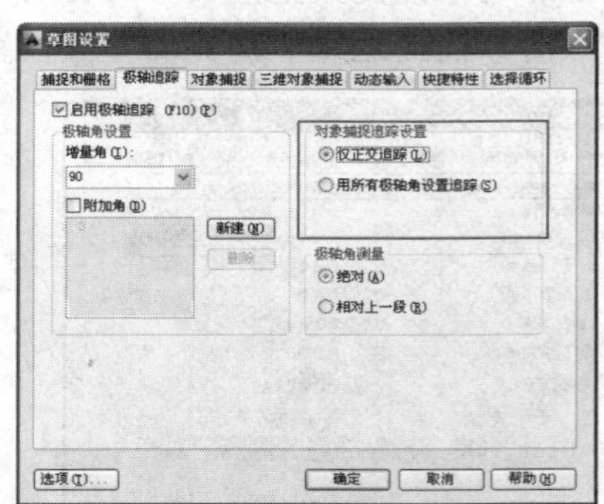

图 2-49　设置对象追踪样式

2.5.4　捕捉自

“捕捉自”功能是借助捕捉和相对坐标定义窗口中相对于某一捕捉点的另外一点。使用“捕捉自”功能时需要先捕捉对象特征点作为目标点的偏移基点，然后再输入目标点的坐标值。执行“捕捉自”功能主要有以下几种方式：

- ✧ 单击“对象捕捉”工具栏→“捕捉自”按钮。
- ✧ 在命令行输入_from 后按 Enter 键。
- ✧ 按住 Ctrl 或 Shift 键单击右键，选择临时捕捉菜单中的“自”选项。

2.6　视窗的实时调整

AutoCAD 为用户提供了众多的视窗调整功能，这些功能菜单如图 2-50 所示，其工具栏如图 2-51 所示。使用这些视图调整工具，用户可以随意调整图形在当前视窗的显示，以方便用户观察、编辑视窗内的图形细节或图形全貌。

Note

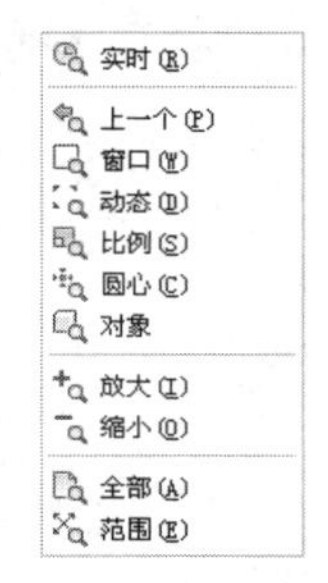

图 2-50 缩放菜单

图 2-51 “缩放”工具栏

2.6.1 视窗的缩放

● “窗口缩放”

所谓“窗口缩放”，指的是在需要缩放显示的区域内拉出一个矩形框，如图 2-52 所示，将位于框内的图形放大显示在视窗内，如图 2-53 所示。

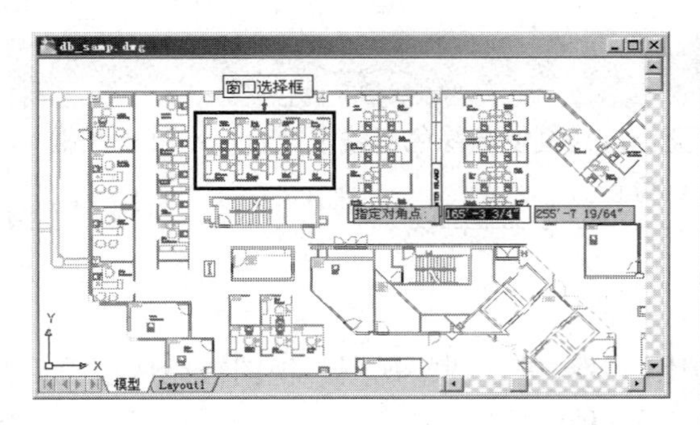

图 2-52 窗口选择框

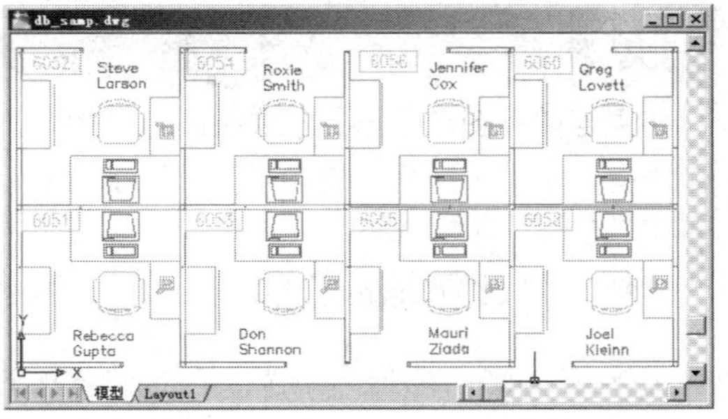

图 2-53 窗口缩放结果

小技巧：

当选择框的宽高比与绘图区的宽高比不同时，AutoCAD 将使用选择框宽与高中相对当前视图放大倍数的较小者，以确保所选区域都能显示在视图中。

● “动态缩放”

所谓“动态缩放”，指的就是动态地浏览和缩放视窗，此功能常用于观察和缩放比例比较大的图形。激活该功能后，屏幕将临时切换到虚拟显示屏状态，此时屏幕上显示 3 个视图框，如图 2-54 所示。

✧ “图形范围或图形界限”视图框是一个蓝色的虚线方框，该框显示图形界限和图形范围中较大的一个。

✧ “当前视图框”是一个绿色的线框，该框中的区域就是在使用这一选项之前的视图区域。

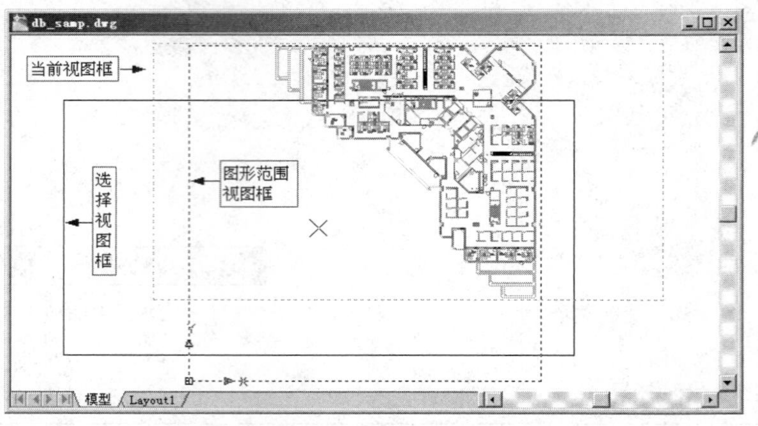

图 2-54　动态缩放工具的应用

✧　以实线显示的矩形框为"选择视图框"，该视图框有两种状态，一种是平移视图框，其大小不能改变，只可任意移动；一种是缩放视图框，它不能平移，但可调节大小。可用鼠标左键在两种视图框之间切换。

小技巧：

如果当前视图与图形界限或视图范围相同，蓝色虚线框便与绿色虚线框重合。平移视图框中有一个"×"号，它表示下一视图的中心点位置。

● **"比例缩放"**

所谓"比例缩放"，指的是按照输入的比例参数进行调整视图，视图被比例调整后，中心点保持不变。在输入比例参数时，有以下三种情况：

✧　直接在命令行内输入数字，表示相对于图形界限的倍数。
✧　在输入的数字后加字母 X，表示相对于当前视图的缩放倍数。
✧　在输入的数字后加字母 XP，表示将根据图纸空间单位确定缩放比例。

通常情况下，相对于视图的缩放倍数比较直观，较为常用。

● **"中心缩放"**

所谓"中心缩放"，指的是根据所确定的中心点调整视图。当激活该功能后，用户可直接用鼠标在屏幕上选择一个点作为新的视图中心点，确定中心点后，AutoCAD 要求用户输入放大系数或新视图的高度。具体有两种情况：

✧　直接在命令行输入一个数值，系统将以此数值作为新视图的高度，进行调整视图。
✧　如果在输入的数值后加一个 X，则系统将其看作视图的缩放倍数。

● **"缩放对象"**

所谓"缩放对象"，指的是最大限度地显示当前视图内选择的图形，如图 2-55 和图

2-56 所示。使用此功能可以缩放单个对象，也可以缩放多个对象。

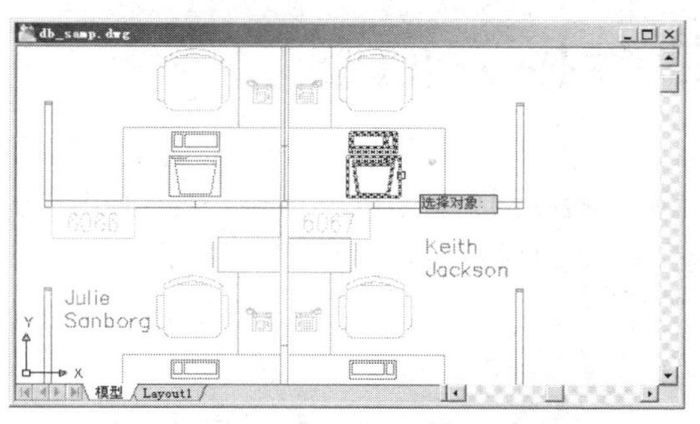

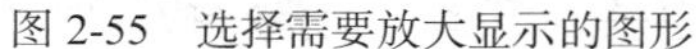
图 2-55　选择需要放大显示的图形

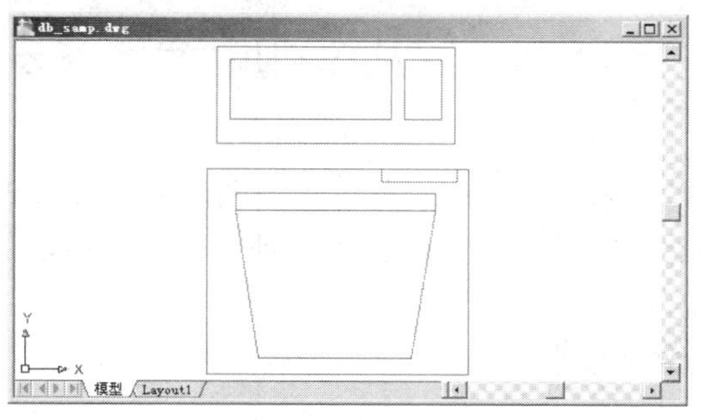

图 2-56　缩放结果

- “放大”和“缩小”

前者用于将视窗放大一倍显示，后者用于将视窗缩小一倍显示。连续单击按钮，可以成倍地放大或缩小视窗。

- “全部缩放”

所谓“全部缩放”，指的是按照图形界限或图形范围的尺寸，在绘图区域内显示图形。图形界限与图形范围中哪个尺寸大，便由哪个决定图形显示的尺寸，如图 2-57 所示。

- “范围缩放”

所谓“范围缩放”，指的是将所有图形全部显示在屏幕上，并最大限度地充满整个屏幕，如图 2-58 所示。此种选择方式与图形界限无关。

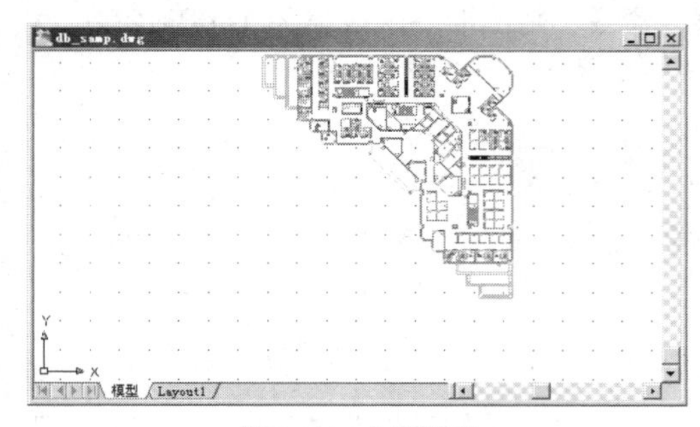

图 2-57　全部缩放

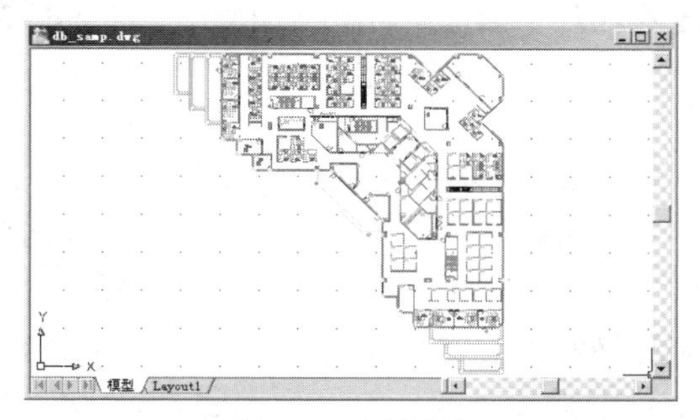

图 2-58　范围缩放

2.6.2　视窗的恢复

当用户对视窗进行调整之后，以前视窗的显示状态会被 AutoCAD 自动保存起来，使用软件中的“缩放上一个”功能可以恢复上一个视窗的显示状态。如果用户连续单击该工具按钮，系统将连续地恢复视窗，直至退回到前 10 个视图。

2.7 上机实训——绘制鞋柜立面图

Note

本例通过绘制鞋柜立面图，主要对本章所讲述的绘图单位、绘图界限、视图的缩放、点的输入与捕捉追踪等多种基础操作技能进行综合练习和巩固应用。本例最终效果如图2-59所示。

操作步骤：

Step 01 单击"快速访问"工具栏→"新建"按钮，在打开的"选择样板"对话框中选择如图2-60所示的样板作为基础样板，创建文件。

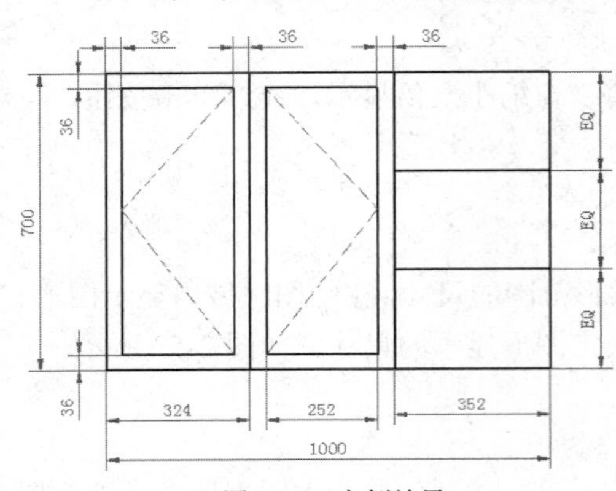

图2-59 实例效果

图2-60 "选择样板"对话框

Step 02 选择菜单栏中的"格式"→"图形界限"命令，将图形界限设置为1400x1200。命令行操作如下。

```
  命令: '_limits
重新设置模型空间界限:
指定左下角点或 [开(ON)/关(OFF)] <0.0000,0.0000>:   //Enter
指定右上角点 <420.0000,297.0000>:                 //1400,1000 Enter
```

Step 03 选择菜单栏中的"视图"→"缩放"→"全部"命令，将图形界限全部显示。

Step 04 选择菜单栏中的"格式"→"单位"命令，将绘图单位设置为毫米，设置长度类型为小数，精度为0。

Step 05 单击"绘图"工具栏→"直线"按钮，配合坐标输入功能绘制外部轮廓线。命令行操作过程如下。

```
  命令: _line
指定第一点:                         //在绘图区左下区域拾取一点作为起点
指定下一点或 [放弃(U)]:             //@1000,0 Enter
指定下一点或 [放弃(U)]:             //@700<90Enter
指定下一点或 [闭合(C)/放弃(U)]:     //@-1000,0 Enter
```

```
指定下一点或 [闭合(C)/放弃(U)]:    //C Enter，闭合图形，结果如图 2-61 所示
```

Step 06 在状态栏□按钮上单击右键，从弹出的右键菜单上选择“设置”选项，在打开的“草图设置”对话框中设置捕捉模式，如图 2-62 所示。

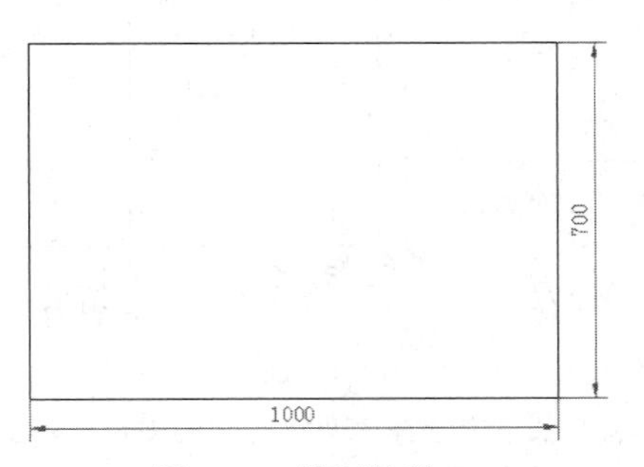

图 2-61　绘制结果

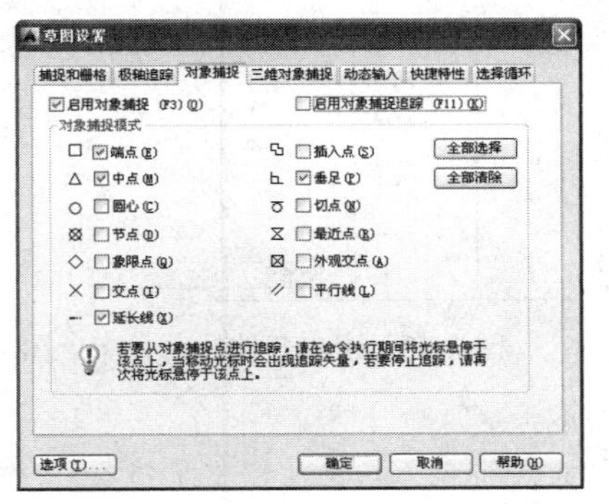

图 2-62　设置对象捕捉

Step 07 选择菜单栏中的“绘图”→“直线”命令，配合点的捕捉功能绘制内部的轮廓线。命令行操作如下：

```
命令: _line
指定第一点:                    //引出如图 2-63 所示的延伸线，输入 324 按 Enter
指定下一点或 [放弃(U)]:        //捕捉如图 2-64 所示的垂足点
指定下一点或 [放弃(U)]:        //Enter，结束命令
```

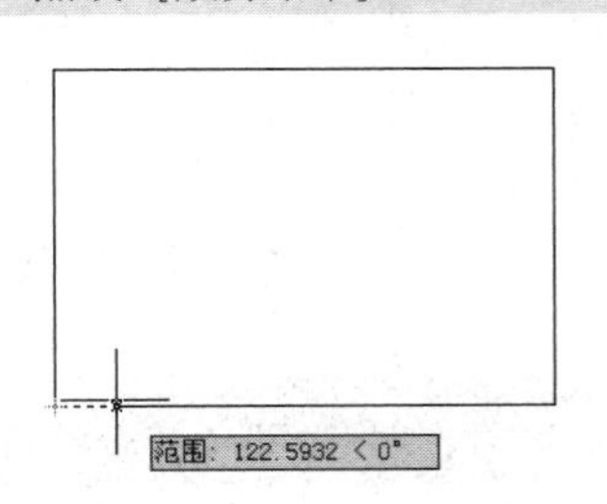

图 2-63　引出延伸线

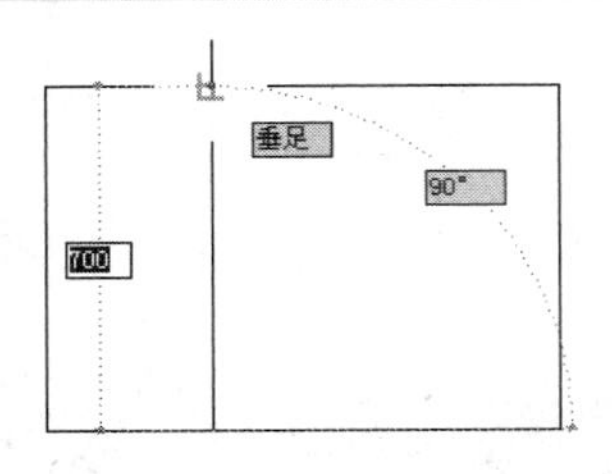

图 2-64　捕捉垂足点

```
命令:                          //Enter，重复执行命令
LINE 指定第一点:               //引出如图 2-65 所示的延伸线，输入 352 按 Enter
指定下一点或 [放弃(U)]:        //捕捉如图 2-66 所示的垂足点
指定下一点或 [放弃(U)]:        //Enter，绘制结果如图 2-67 所示
```

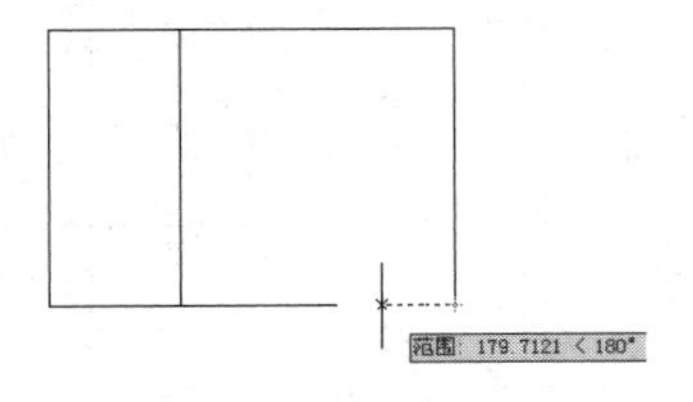

图 2-65　引出延伸线

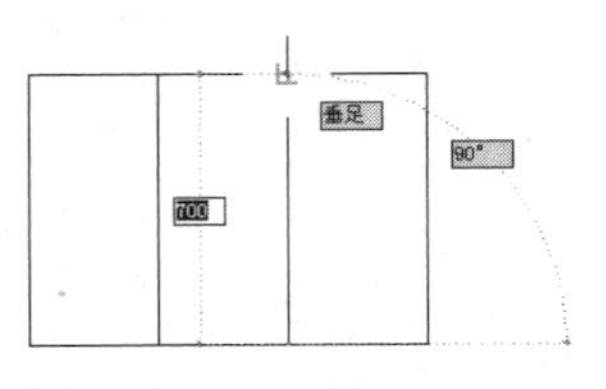

图 2-66　捕捉垂足点

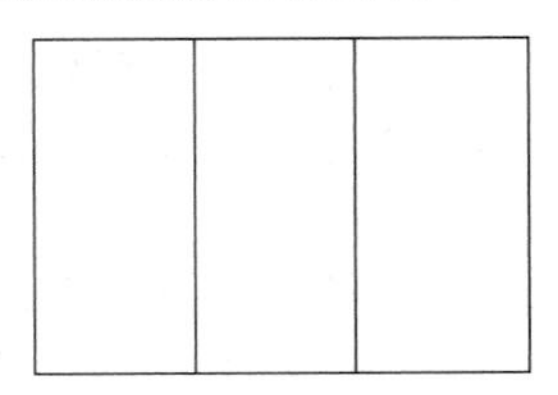

图 2-67　绘制结果

Step 08 重复执行“直线”命令，配合“两点之间的中点”、“垂直捕捉”和“延伸捕捉”等功能绘制内部的水平轮廓线。命令行操作如下。

Note

```
命令: _line
指定第一点:                      //引出如图 2-68 所示的延伸线，输入 700/3 按 Enter
指定下一点或 [放弃(U)]:          //捕捉如图 2-69 所示的垂足点
指定下一点或 [放弃(U)]:          //Enter，结束命令，绘制结果如图 2-70 所示
```

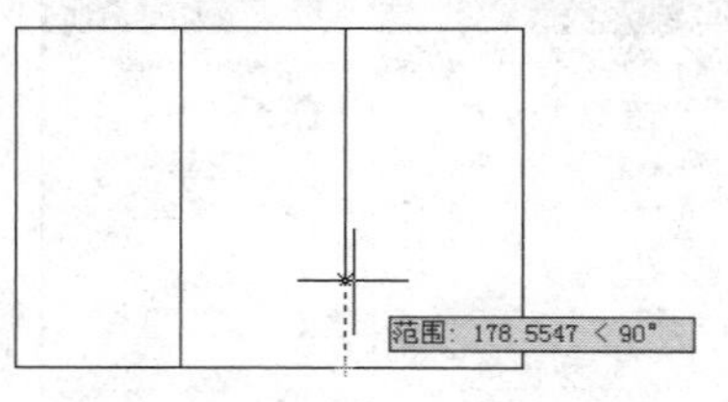

图 2-68　引出延伸线

图 2-69　捕捉垂足点

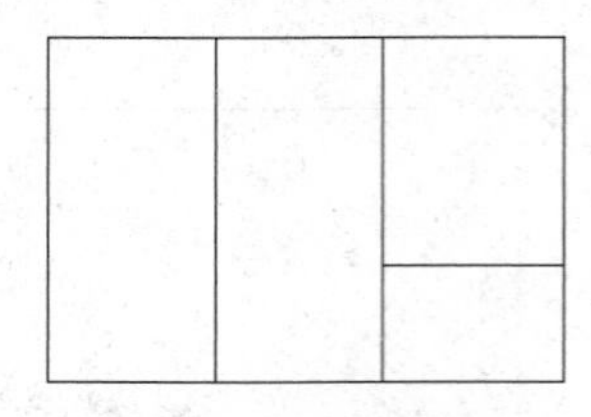

图 2-70　绘制结果

```
命令:                             //Enter，重复执行命令
指定第一点: //按住 Shift 键单击右键，从弹出的菜单中选择“两点之间的中点”功能
_m2p 中点的第一点:                //捕捉如图 2-71 所示的端点
中点的第二点:                     //捕捉如图 2-72 所示的端点
指定下一点或 [放弃(U)]:           //捕捉如图 2-73 所示的垂足点
指定下一点或 [放弃(U)]:           //Enter，绘制结果如图 2-74 所示
```

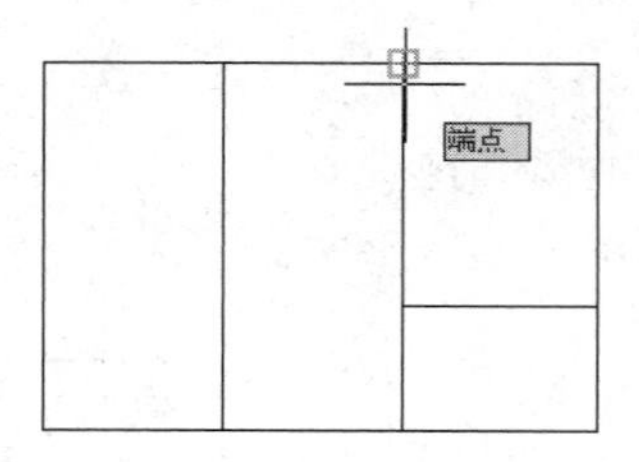

图 2-71　捕捉端点

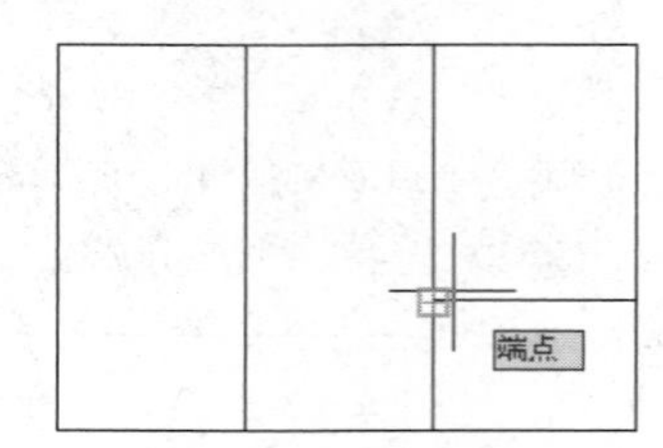

图 2-72　捕捉端点

小技巧：

在捕捉对象上的特征点时，只需要将光标放在对象的特征点处，系统会自动显示出相应的捕捉标记，此时单击左键，即可精确捕捉该特征点。

Step 09 选择菜单栏中的“工具”→“新建 UCS”→“原点”命令，以左下侧轮廓线的端点作为原点，对坐标系进行位移。结果如图 2-75 所示。

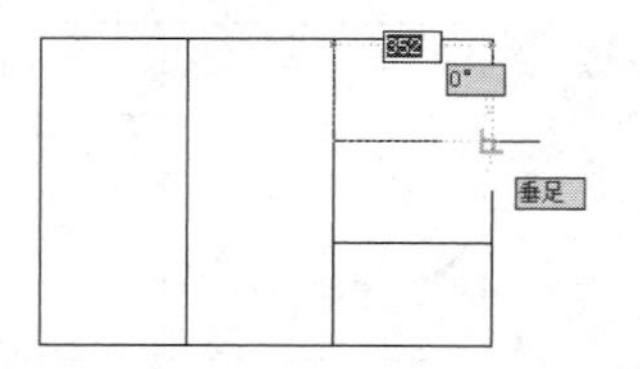

图 2-73　垂足点捕捉

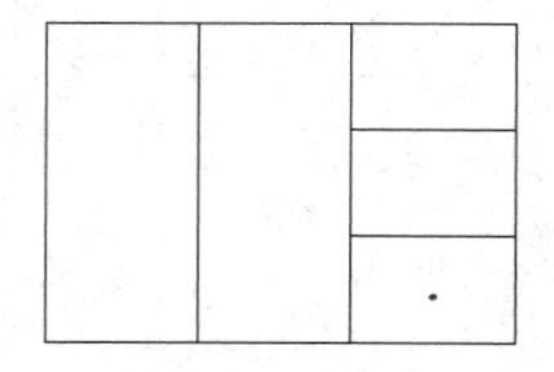

图 2-74　绘制结果

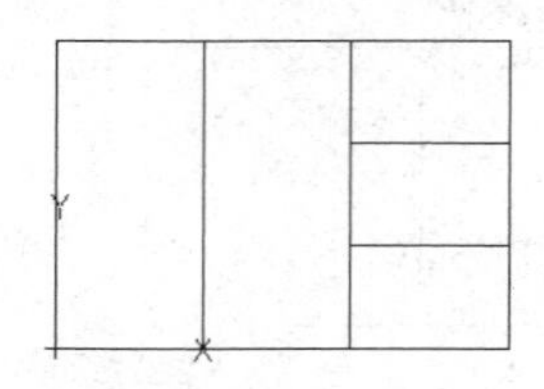

图 2-75　平移坐标系

Step 10 选择菜单栏中的“绘图”→“直线”命令，配合点的坐标输入功能绘制立面图内部结构。命令行操作如下：

```
    命令: _line
指定第一点:                              //36,36 Enter
指定下一点或 [放弃(U)]:                  //@252,0 Enter
指定下一点或 [放弃(U)]:                  //@0,628 Enter
指定下一点或 [闭合(C)/放弃(U)]:          //@-252,0 Enter
指定下一点或 [闭合(C)/放弃(U)]:          //c Enter
命令:
LINE 指定第一点:                         //360,36 Enter
指定下一点或 [放弃(U)]:                  //@252<0 Enter
指定下一点或 [放弃(U)]:                  //@628<90 Enter
指定下一点或 [闭合(C)/放弃(U)]:          //@252<180 Enter
指定下一点或 [闭合(C)/放弃(U)]:          //c Enter，绘制结果如图 2-76 所示
```

小技巧：

如果输入点的坐标时不慎出错，可以使用“放弃”功能，放弃上一步操作，而不必重新执行命令。另外“闭合”选项用于绘制首尾相连的闭合图形。

Step 11 选择菜单栏中的“格式”→“线型”命令，打开“线型管理器”对话框，单击 加载(L)... 按钮，从弹出的“加载或重载线型”对话框中加载一种名为 HIDDEN 的线型，如图 2-77 所示。

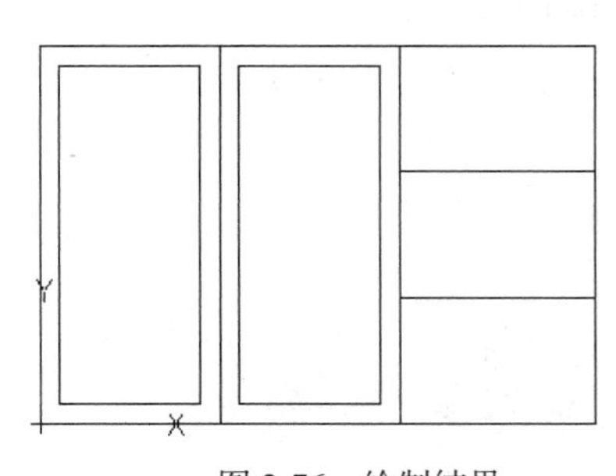

图 2-76　绘制结果

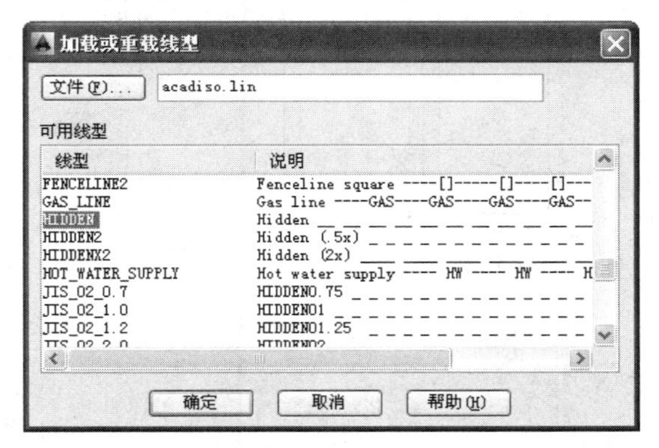

图 2-77　加载线型

Step 12 选择 HIDDEN 线型后单击 确定 按钮，加载此线型，并设置线型比例参数。结果如图 2-78 所示。

Step 13 将刚加载的 HIDDEN 线型设置为当前线型，然后选择菜单栏中的“格式”→“颜色”命令，设置当前颜色为“洋红”，如图 2-79 所示。

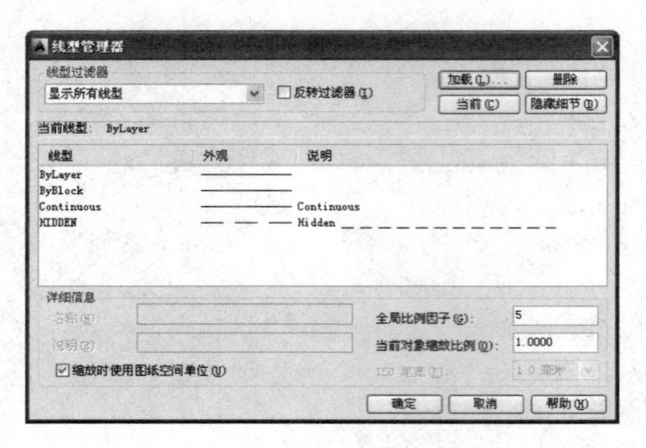

图 2-78　加载结果

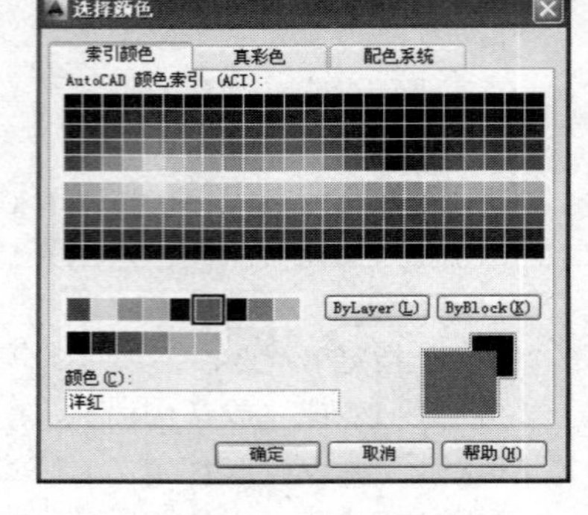

图 2-79　设置当前颜色

Step 14 选择菜单栏中的“绘图”→“直线”命令，配合“端点捕捉”和“中点捕捉”功能绘制方向线。命令行操作如下：

```
命令: _line
指定第一点:                          //捕捉如图 2-80 的端点
指定下一点或 [放弃(U)]:               //捕捉图 2-81 所示中点
指定下一点或 [放弃(U)]:               //捕捉如图 2-82 所示的端点
指定下一点或 [闭合(C)/放弃(U)]:       //Enter，结束命令
```

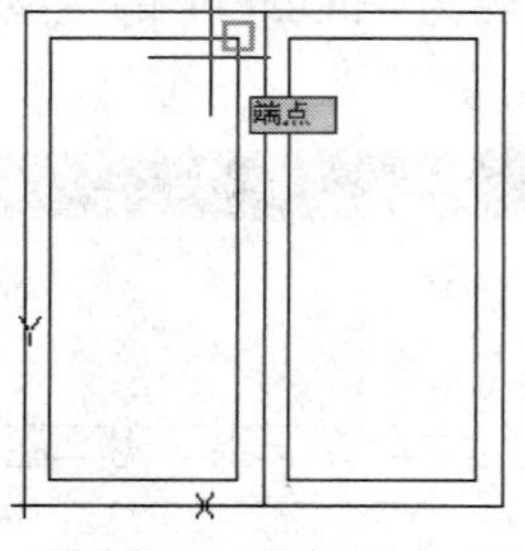

图 2-80　捕捉端点

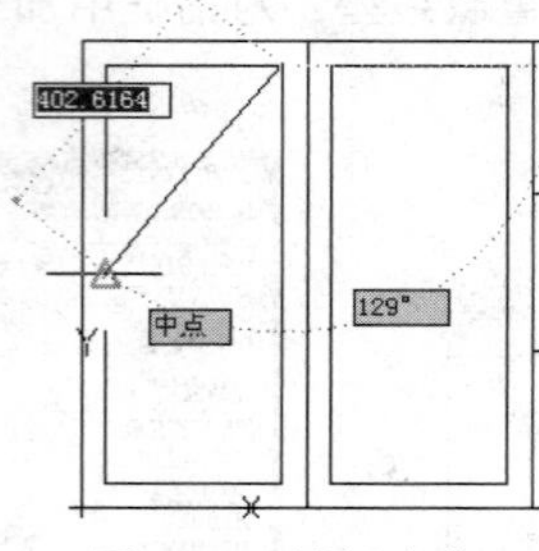

图 2-81　捕捉中点

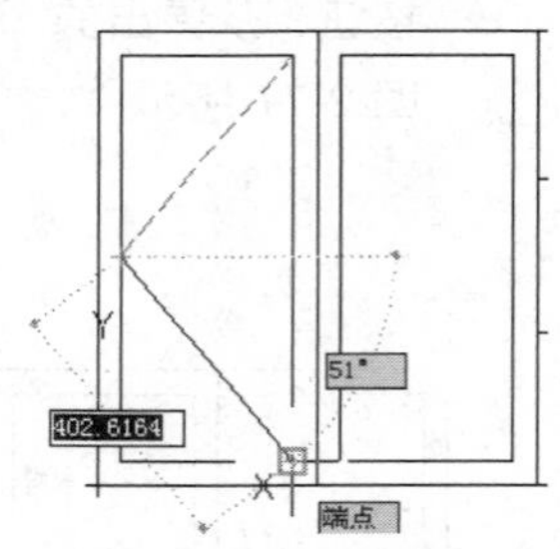

图 2-82　捕捉端点

```
命令: _line
指定第一点:                          //捕捉如图 2-83 所示的端点
指定下一点或 [放弃(U)]:               //捕捉如图 2-84 所示的中点
指定下一点或 [放弃(U)]:               //捕捉如图 2-85 所示的端点
指定下一点或 [闭合(C)/放弃(U)]:       //Enter，绘制结果如图 2-86 所示
```

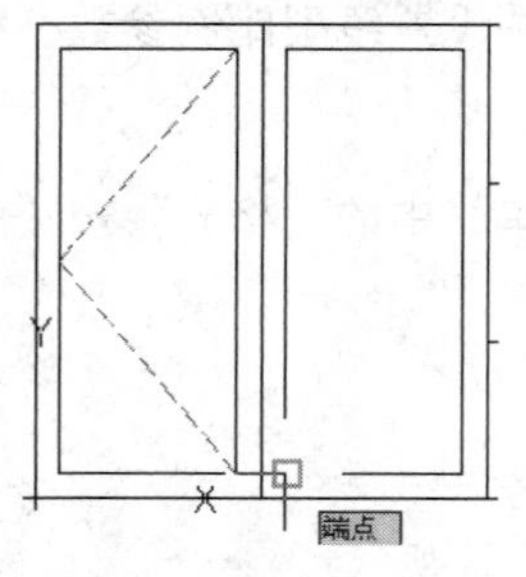

图 2-83　捕捉端点

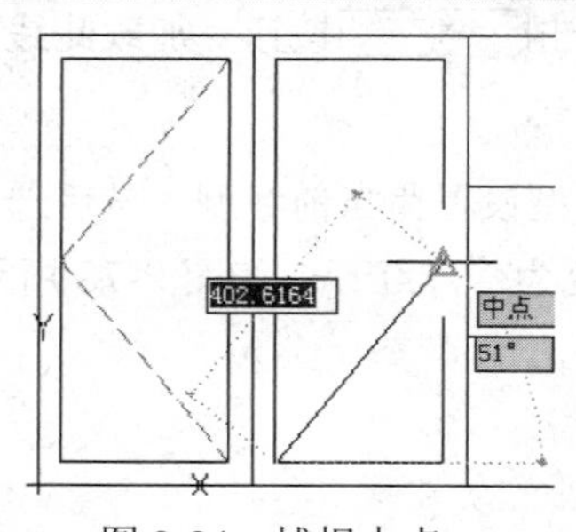

图 2-84　捕捉中点

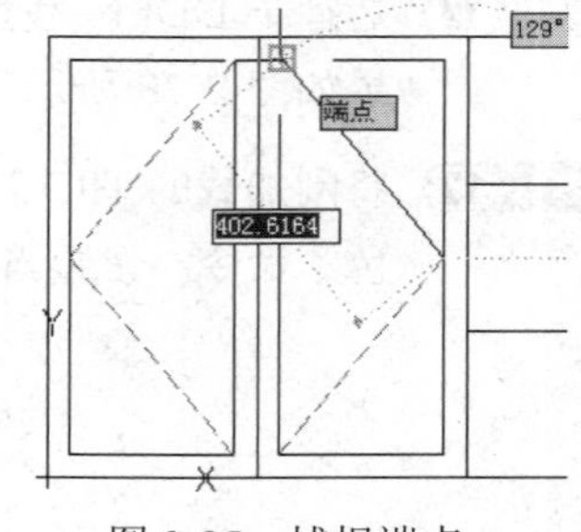

图 2-85　捕捉端点

小技巧：

当结束某个命令时，可以按下键盘上的 Enter 键；当中止某个命令时，可以按下 Esc 键。

Step 15 选择菜单栏中的“视图”→“显示”→“UCS 图标”→“开”命令，隐藏坐标系图标。结果如图 2-87 所示。

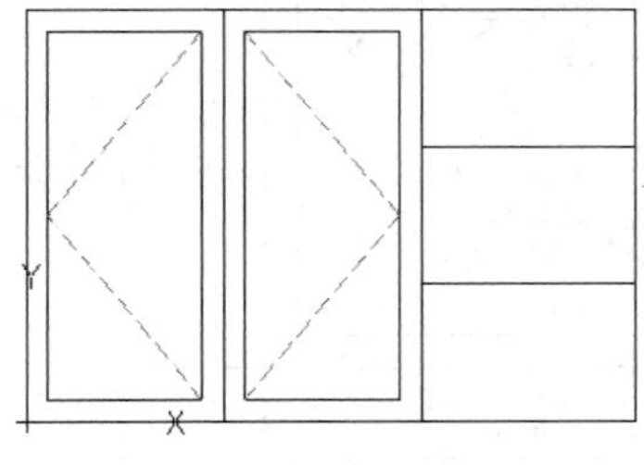

图 2-86 绘制结果

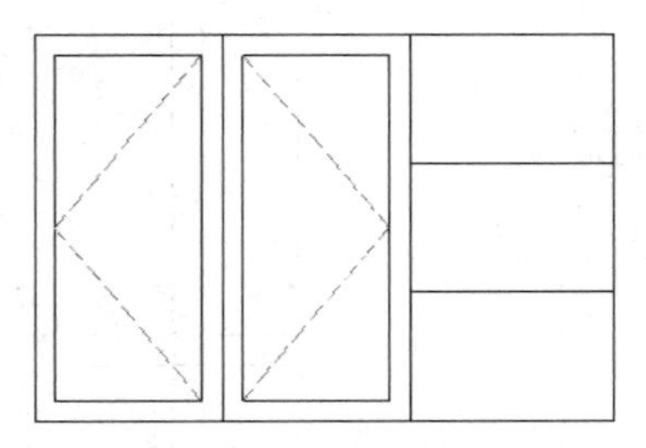

图 2-87 隐藏坐标系图标

Step 16 单击“快速访问”工具栏→“保存”按钮，将图形命名存储为“上机实训.dwg”。

2.8 小结与练习

2.8.1 小结

本章主要学习了 AutoCAD 软件的一些基本操作技能，具体有命令的启动、图形的选择、点的坐标输入、点的捕捉追踪以及视窗的实时调整与控制等。运用图形的选择功能，可以方便快速地实时选择各种情形下的对象，以进行修改编辑；运用点的捕捉追踪功能，能使用户精确捕捉到需要的目标点，是精确绘图的关键；运用 CAD 视窗的调整工具，能使用户更加方便地根据作图的需要，调整图形在当前视图中的显示状态，以更好地辅助绘图。

熟练掌握本章所讲述的各种操作技能，不仅能为图形的绘制和编辑操作奠定良好的基础，同时也为精确绘图以及简捷方便地管理图形提供了条件，希望读者认真学习、熟练掌握，为后续章节的学习打下牢固的基础。

2.8.2 练习

1. 综合运用相关知识，绘制如图 2-88 所示的图形。

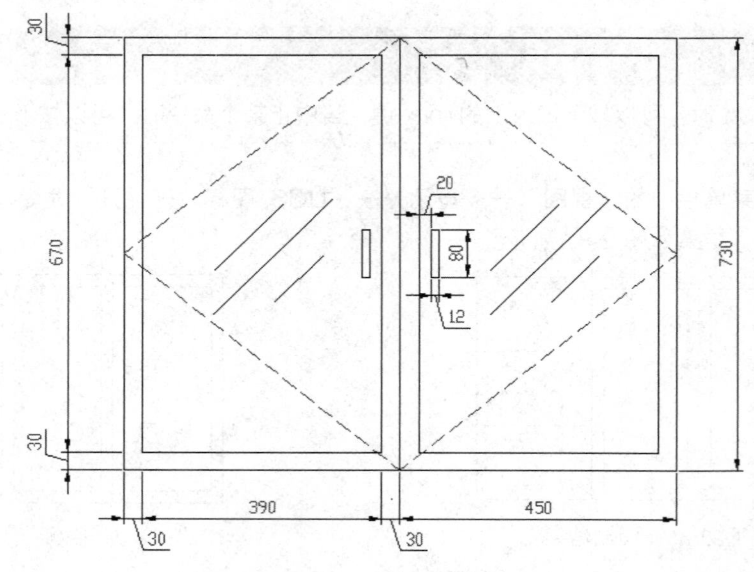

图 2-88　练习一

2. 综合运用相关知识，绘制如图 2-89 所示的图形。

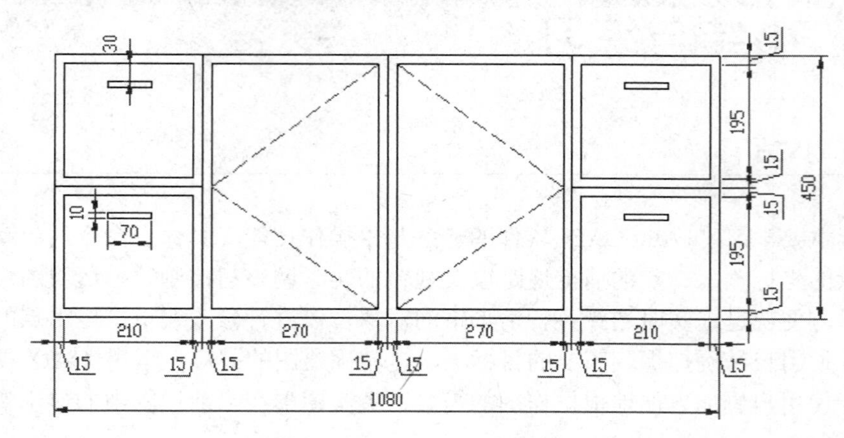

图 2-89　练习二

常用几何图元的绘制功能

任何一个复杂的图形，都是由各种“点、线、圆、弧”等基本图元进行组合而成的，因此，要学好CAD绘图软件，就必须首先要学习和掌握这些基本图元的绘制方法和操作技巧，为后来更加方便灵活地组合复杂图形做好准备。

内容要点

- 点图元
- 线图元
- 圆与弧
- 上机实训一——绘制会议桌平面图
- 多边形
- 图案填充
- 上机实训二——绘制形象墙立面图

3.1 点图元

Note

本节主要学习与点相关的几个命令，包括“单点”、“多点”、“定数等分”和“定距等分”等命令。

3.1.1 绘制单点

“单点”是最简单的一个绘图命令，使用此命令一次可以绘制一个点对象。执行“单点”命令主要有以下几种方式：

✧ 选择菜单栏中的“绘图”→“点”→“单点”命令。

✧ 在命令行输入 Point 后按 Enter 键。

✧ 使用快捷键 PO。

图 3-1　单点示例

当执行该命令绘制完单个点后，系统自动结束此命令，所绘制的点以一个小点的方式进行显示，如图 3-1 所示。

● **更改点的样式及尺寸**

默认设置下绘制的点是以一个小点显示，如果在某图线上绘制了点，那么就会看不到所绘制的点。为此，AutoCAD 为用户提供了多种点的样式，可以根据需要设置当前点的显示样式。具体设置过程如下：

Step 01 单击“默认”选项卡→“实用工具”面板→“点样式”按钮，或在命令行输入 Ddptype 并按 Enter 键，激活“点样式”命令，打开如图 3-2 所示的“点样式”对话框。

Step 02 从“点样式”对话框中可以看出，AutoCAD 共提供了 20 种点样式，在所需样式上单击左键，即可将此样式设置为当前样式。在此设置“⊠”为当前点样式。

Step 03 在“点大小”文本框内输入点的大小尺寸。其中，“相对于屏幕设置大小”选项表示按照屏幕尺寸的百分比进行显示点；“按绝对单位设置大小”选项表示按照点的实际尺寸来显示点。

Step 04 单击 确定 按钮，结果绘图区的点被更新，如图 3-3 所示。

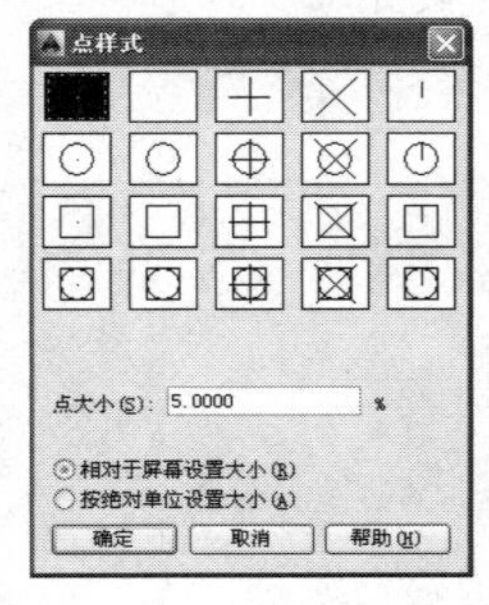

图 3-2　“点样式”对话框

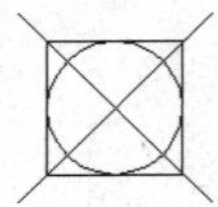

图 3-3　更改点样式

3.1.2　绘制多点

“多点”命令可以连续地绘制多个点对象，直到按下 Esc 键结束命令为止，如图 3-4 所示。执行“多点”命令主要有以下几种方式：

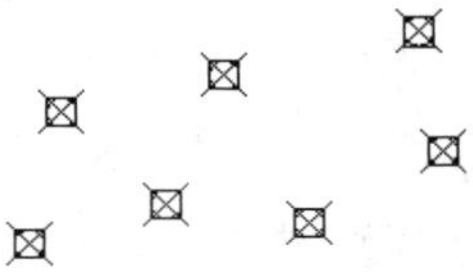

✧　单击“默认”选项卡→“绘图”面板→“多点”按钮。
✧　单击“绘图”工具栏→“多点”按钮。
✧　选择菜单栏中的“绘图”→“点”→“多点”命令。

图 3-4　多点示例

执行“多点”命令后 AutoCAD 系统提示如下：

```
命令：Point
        当前点模式： PDMODE=0  PDSIZE=0.0000 (Current point modes: PDMODE=0  PDSIZE=0.0000)
指定点：             //在绘图区给定点的位置
指定点：             //在绘图区给定点的位置
…
指定点：             //继续绘制点或按 Esc 键结束命令
```

3.1.3　绘制等分点

AutoCAD 为用户提供了两种等分点工具，即“定数等分”和“定距等分”。其中，“定数等分”命令用于按照指定的等分数目进行等分对象；“定距等分”命令是按照指定的等分距离进行等分对象。

● “定数等分”

执行“定数等分”命令主要有以下几种方式：

✧　单击“默认”选项卡→“绘图”面板→“定数等分”按钮。
✧　选择菜单栏中的“绘图”→“点”→“定数等分”命令。
✧　在命令行输入 Divide 后按 Enter 键。
✧　使用快捷键 DVI。

对象被等分的结果仅仅是在等分点处放置了点的标记符号（或者是内部图块），而源对象并没有被等分为多个对象。下面通过具体实例，学习等分点的创建过程。

Step 01　绘制一条长度 200 的水平线段，如图 3-5 所示。

200

图 3-5　绘制线段

Step 02　单击“格式”菜单中的“点样式”命令，将当前点样式设置为“⊠”。

Note

Step 03 单击“默认”选项卡→“绘图”面板→“定数等分”按钮，根据 AutoCAD 命令行提示进行定数等分线段。命令行操作如下：

```
命令: _divide
选择要定数等分的对象:          //选择刚绘制的水平线段
输入线段数目或 [块(B)]:       //5 Enter，设置等分数目，同时结束命令
```

Step 04 等分结果如图 3-6 所示。

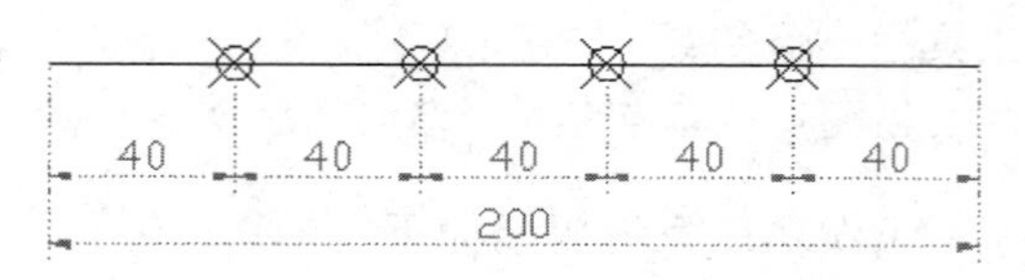

图 3-6 等分结果

小技巧：

使用“块（B）”选项，可以在等分点处放置内部图块，在执行此选项时，必须确保当前文件中存在所需使用的内部图块。如图 3-7 所示的的图形，就是使用了点的等分工具，将圆弧进行等分，并在等分点处放置了会议椅内部块。

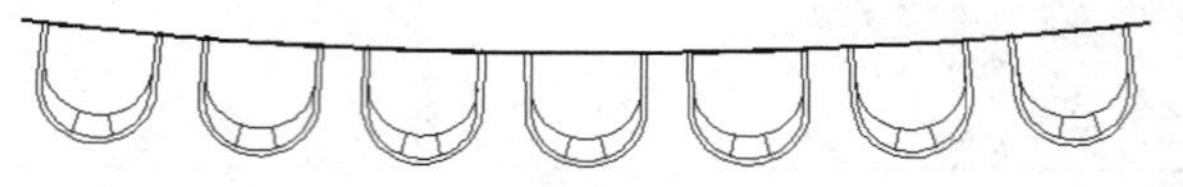

图 3-7 在等分点处放置块

- **“定距等分”**

执行“定距等分”命令主要有以下几种方式：

✧ 单击“默认”选项卡→“绘图”面板→“定距等分”按钮。
✧ 选择菜单栏中的“绘图”→“点”→“定距等分”命令。
✧ 在命令行输入 Measure 后按 Enter 键。
✧ 使用快捷键 ME。

下面通过将某线段每隔 45 个单位的距离放置点标记，学习“定距等分”命令的使用方法和技巧。具体操作步骤如下：

Step 01 绘制长度为 200 的水平线段。

Step 02 选择菜单栏中的“格式”→“点样式”命令，设置点的显示样式为“⊠”。

Step 03 单击“默认”选项卡→“绘图”面板→“定距等分”按钮，对线段进行定距等分。命令行操作如下：

```
命令: _measure
选择要定距等分的对象:          //选择刚绘制的线段
指定线段长度或 [块(B)]:       //45 Enter，设置等分距离
```

Step 04 定距等分的结果如图 3-8 所示。

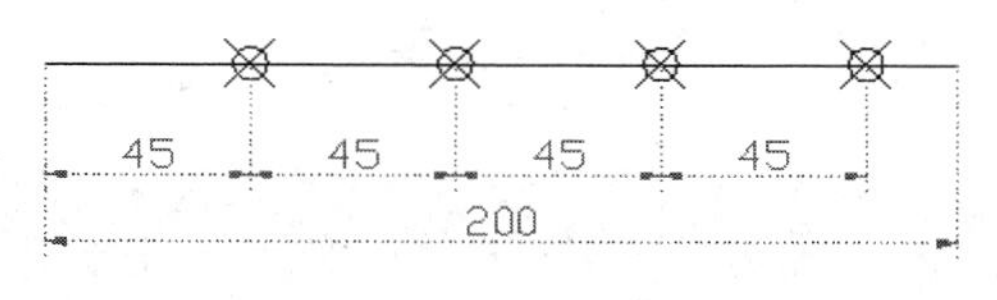

图 3-8　等分结果

3.2 线图元

本小节将讲述“直线”、“多线”、“多段线”、“样条曲线”、“构造线”、“射线”等五个绘图命令。

3.2.1 绘制直线

“直线”命令是一个非常常用的画线工具，使用此命令可以绘制一条或多条直线段，每条直线都被看作一个独立的对象。

执行“直线”命令有以下几种方式：

- ✧ 单击“默认”选项卡→“绘图”面板→“直线”按钮。
- ✧ 选择菜单栏中的“绘图”→“直线”命令。
- ✧ 单击“绘图”工具栏→“直线”按钮。
- ✧ 在命令行输入 Line 后按 Enter 键。
- ✧ 使用快捷键 L。

执行“直线”命令后，其命令行操作如下：

```
    命令: _line
指定第一点:                             //定位第一点
指定下一点或 [放弃(U)]:                 //定位第二点
指定下一点或 [放弃(U)]:                 //定位第三点
指定下一点或 [闭合(C)/放弃(U)]:         //闭合图形或结束命令
```

小技巧：

使用“放弃”选项可以取消上一步操作；使用“闭合”选项可以绘制首尾相连的封闭图形。

3.2.2 绘制多线

多线是由两条或两条以上的平行元素构成的复合线对象，并且每平行线元素的线型、颜色以及间距都是可以设置的，如图 3-9 所示。

图 3-9　多线示例

Note

小技巧：

系统默认设置下，所绘制的多线是由两条平行元素构成的。

执行“多线”命令主要有以下几种方式：

- ✧ 选择菜单栏中的“绘图”→“多线”命令。
- ✧ 在命令行输入 Mline 后按 Enter 键。
- ✧ 使用快捷键 ML。

“多线”命令常被用于绘制墙线、阳台线以及道路和管道线。下面通过绘制如图 3-10 所示的墙体平面图，学习使用“多线”命令。具体操作如下：

Step 01 新建空白文件。

Step 02 选择菜单栏中的“视图”→“缩放”→“中心”命令，将视图高度调整为 1000 个单位。命令行操作如下：

```
命令：'_zoom
指定窗口的角点，输入比例因子 (nX 或 nXP)，或者[全部(A)/中心(C)/动态(D)/范围(E)/上一个(P)/比例(S)/窗口(W)/对象(O)] <实时>: _c
指定中心点：                        //在绘图区拾取一点
输入比例或高度 <1616.5>:    //1000 Enter
```

Step 03 选择菜单栏中的“绘图”→“多线”命令，配合点的坐标输入功能绘制多线。命令行操作过程如下：

```
命令：_mline
当前设置：对正 = 上，比例 = 20.00，样式 = STANDARD
指定起点或 [对正(J)/比例(S)/样式(ST)]:      //s Enter，激活“比例”选项
```

小技巧：

巧妙使用“比例”选项，可以绘制不同宽度的多线。默认比例为 20 个绘图单位。另外，如果用户输入的比例值为负值，这多条平行线的顺序会产生反转。

```
输入多线比例 <20.00>:                         //50 Enter，设置多线比例
当前设置：对正 = 上，比例 = 50.00，样式 = STANDARD
指定起点或 [对正(J)/比例(S)/样式(ST)]:      //在绘图区拾取一点
指定下一点：                                  //@1500,0 Enter
指定下一点或 [放弃(U)]:                       //@0,-750 Enter
指定下一点或 [闭合(C)/放弃(U)]:               //@-1100,0 Enter
```

```
指定下一点或 [闭合(C)/放弃(U)]:          //@0,240 Enter
指定下一点或 [闭合(C)/放弃(U)]:          //@-400,0 Enter
指定下一点或 [闭合(C)/放弃(U)]:          //c Enter，结束命令
```

小技巧：

巧用"样式"选项可以随意更改当前样式；"闭合"选项用于绘制闭合的多线。

Step 04 使用视图调整工具调整图形的显示，绘制结果如图 3-10 所示。

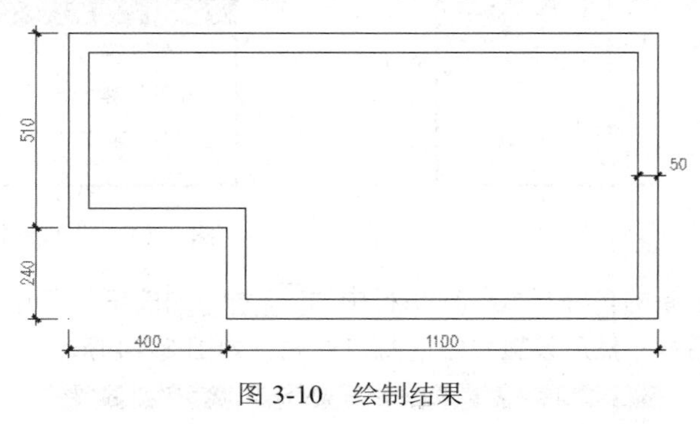

图 3-10 绘制结果

● 多线的对正方式

"对正"选项用于设置多线的对正方式，AutoCAD 共提供了三种对正方式，即上对正、下对正和中心对正，如图 3-11 所示。如果当前多线的对正方式不符合用户要求，可在命令行中输入 J。执行该选项，系统出现如下提示：

"输入对正类型 [上（T）/无（Z）/下（B）] <上>:"系统提示用户输入多线的对正方式。

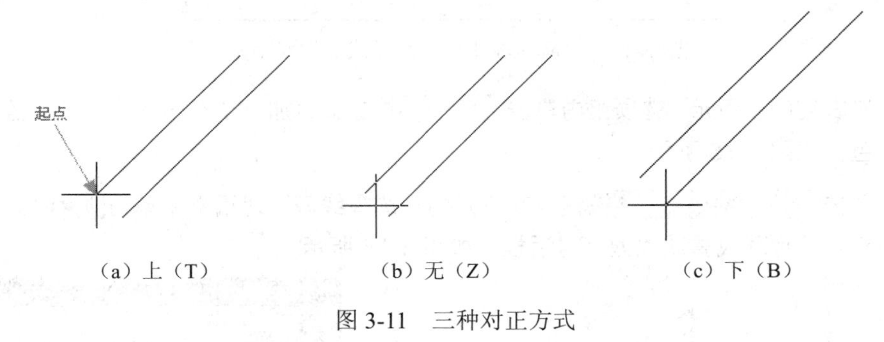

（a）上（T）　（b）无（Z）　（c）下（B）

图 3-11 三种对正方式

● 设置多线样式

由于默认设置下只能绘制由两条平行元素构成的多线，如果需要绘制其他样式的多线，需要使用"多线样式"命令进行设置。具体操作过程如下：

Step 01 选择菜单栏中的"格式"→"多线样式"命令，或在命令行输入 Mlstyle 并按 Enter 键，打开如图 3-12 所示的"多线样式"对话框。

Note

Step 02 单击 新建(N)... 按钮，在打开的“创建新的多线样式”对话框中输入新样式的名称，如图 3-13 所示。

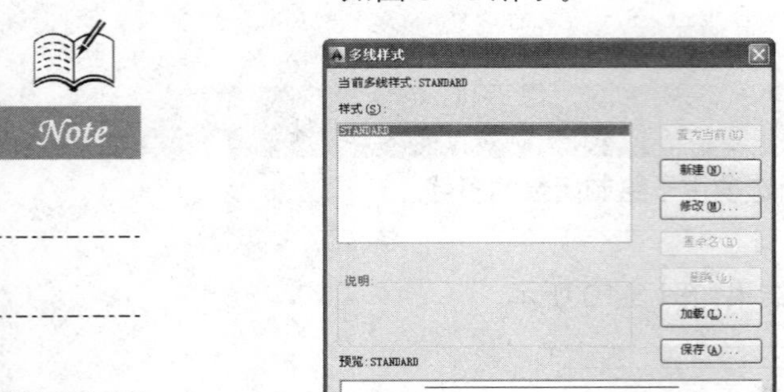

图 3-12 “多线样式”对话框

图 3-13 “创建新的多线样式”对话框

Step 03 单击“创建新的多线样式”对话框中的 继续 按钮，打开“新建多线样式：样式一”对话框，然后设置多线的封口形式，如图 3-14 所示。

图 3-14 “新建多线样式：样式一”对话框

Step 04 在右侧的“图元”选项组内单击 添加(A) 按钮，添加一个 0 号元素，并设置元素颜色，如图 3-15 所示。

Step 05 单击 线型(Y)... 按钮，在打开的“选择线型”对话框中单击 加载(L)... 按钮，打开“加载或重载线型”对话框，如图 3-16 所示。

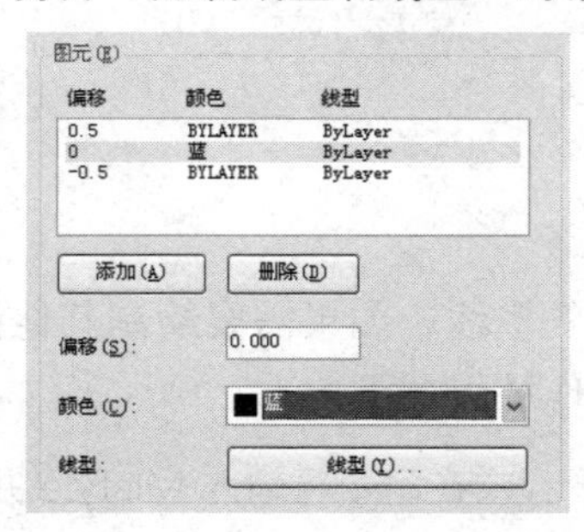

图 3-15 添加多线元素

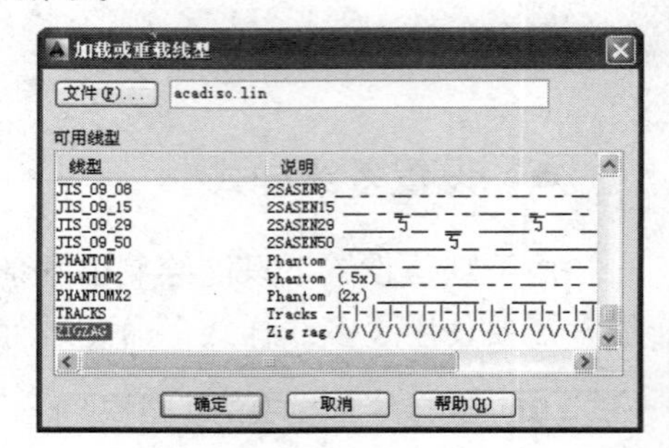

图 3-16 选择线型

Step 06 单击 确定 按钮，结果线型被加载到“选择线型”对话框内，如图 3-17 所示。

Step 07 选择加载的线型，单击 确定 按钮，将此线型赋给刚添加的多线元素。结果如图 3-18 所示。

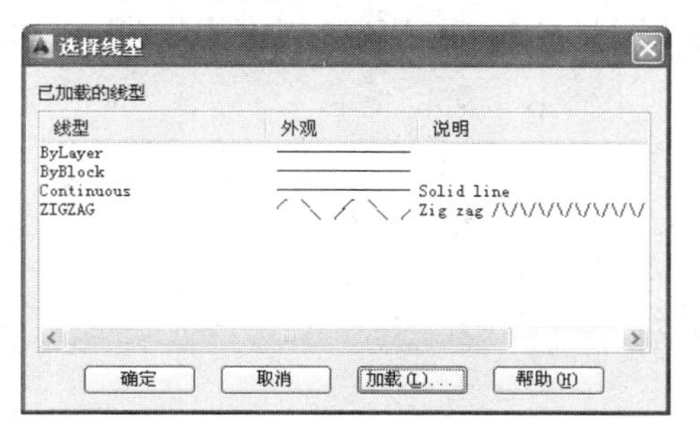

图 3-17　加载线型

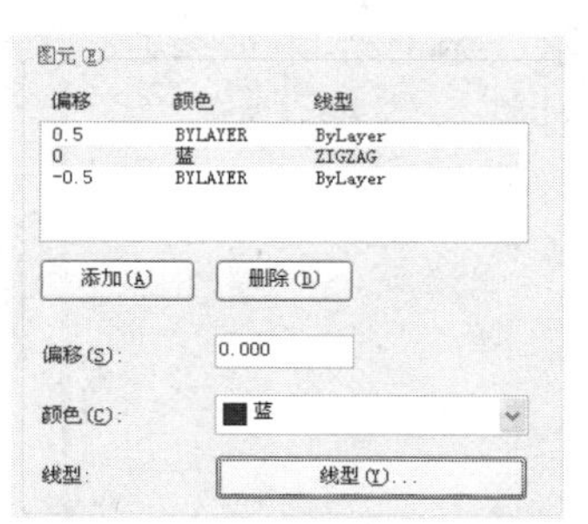

图 3-18　设置元素线型

Step 08 单击 确定 按钮返回“多线样式”对话框，结果新线样式出现在预览框中，如图 3-19 所示。

Step 09 单击 保存(A)... 按钮，在弹出的“保存多线样式”对话框中设置文件名，如图 3-20 所示。将新样式以“*mln”的格式进行保存，以方便在其他文件中进行重复使用。

图 3-19　样式效果

图 3-20　样式的设置效果

小技巧：

如果用户为多线设置了填充色或线型等参数，那么在预览框内将显示不出这些特性，但是用户一旦使用此样式绘制出多线时，多线样式的所有特性都将显示。

Step 10 返回“多线样式”对话框，单击 确定 按钮，结束命令。

Step 11 执行“多线”命令，使用刚设置的新样式绘制一段多线。结果如图 3-21 所示。

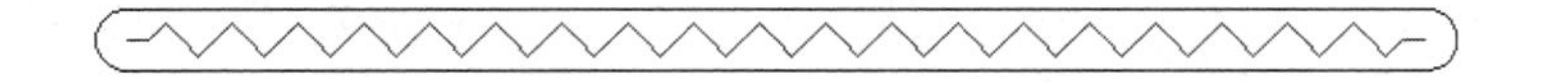

图 3-21　绘制结果

Note

3.2.3 绘制多段线

"多段线"指的是由一系列直线段或弧线段连接而成的一种特殊折线，如图 3-22 所示。无论绘制的多段线包含有多少条直线或圆弧，AutoCAD 都把它们作为一个单独的对象。

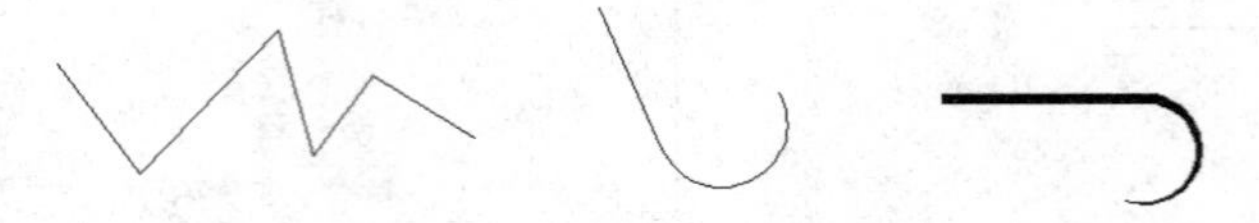

图 3-22　多段线示例

执行"多段线"命令主要有以下几种方式：

- ✧ 单击"默认"选项卡→"绘图"面板→"多段线"按钮。
- ✧ 选择菜单栏中的"绘图"→"多段线"命令。
- ✧ 单击"绘图"工具栏→"多段线"按钮。
- ✧ 在命令行输入 Pline 后按 Enter 键。
- ✧ 使用快捷键 PL。

使用"多段线"命令不但可以绘制一条单独的直线段或圆弧，还可以绘制具有一定宽度的闭合或不闭合直线段和弧线序列。下面通过绘制如图 3-23 所示的闭合多段线，学习使用"多段线"命令。具体操作过程如下：

Step 01 新建文件并关闭状态栏上的"动态输入"功能。

Step 02 单击"默认"选项卡→"绘图"面板→"多段线"按钮，配合绝对坐标的输入功能绘制多段线。命令行操作如下：

```
命令: _pline
指定起点:                                                   //9.8,0 Enter
当前线宽为 0.0000
指定下一个点或 [圆弧(A)/半宽(H)/长度(L)/放弃(U)/宽度(W)]:   //9.8,2.5 Enter
```

小技巧：

"长度"选项用于定义下一段多段线的长度，AutoCAD 按照上一线段的方向绘制这一段多段线。若上一段是圆弧，AutoCAD 绘制的直线段与圆弧相切。

```
指定下一点或 [圆弧(A)/闭合(C)/半宽(H)/长度(L)/放弃(U)/宽度(W)]: //@-2.73,0 Enter
指定下一点或 [圆弧(A)/闭合(C)/半宽(H)/长度(L)/放弃(U)/宽度(W)]:
                                              //a Enter，转入画弧模式
指定圆弧的端点或[角度(A)/圆心(CE)/闭合(CL)/方向(D)/半宽(H)/直线(L)/半径(R)/第二个点(S)/放弃(U)/宽度(W)]:              //ce Enter
```

```
指定圆弧的圆心:                                //0,0 Enter
指定圆弧的端点或 [角度(A)/长度(L)]:             //7.07,-2.5 Enter
指定圆弧的端点或[角度(A)/圆心(CE)/闭合(CL)/方向(D)/半宽(H)/直线(L)/半径(R)/第
二个点(S)/放弃(U)/宽度(W)]:                    //l Enter，转入画线模式
指定下一点或 [圆弧(A)/闭合(C)/半宽(H)/长度(L)/放弃(U)/宽度(W)]:
                                             //9.8,-2.5 Enter
指定下一点或 [圆弧(A)/闭合(C)/半宽(H)/长度(L)/放弃(U)/宽度(W)]:
                                             //cEnter，闭合图形
```

Step 03 绘制结果如图 3-23 所示。

小技巧：

"半宽"选项用于设置多段线的半宽，"宽度"选项用于设置多段线的起始宽度，起始点的宽度可以相同也可不同。在绘制宽度多段线时，变量 Fillmode 控制着多段线是否被填充，变量值为 1 时，宽度多段线将被填充；为 0 时，将不会填充，如图 3-24 所示。

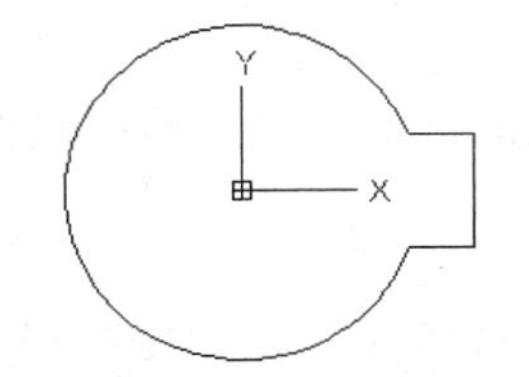

图 3-23　绘制闭合多段线

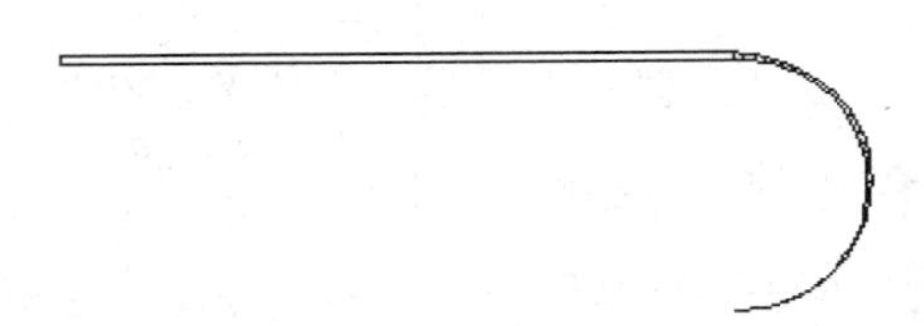

图 3-24　非填充多段线

- **画弧选项功能**

"圆弧"选项用于绘制由弧线组合而成的多段线。激活此选项后系统自动切换到画弧状态，并且命令行出现如下提示：

"指定圆弧的端点或 [角度（A）/圆心（CE）/闭合（CL）/方向（D）/半宽（H）/直线（L）/半径（R）/第二个点（S）/放弃（U）/ 宽度（W）]"。各选项功能如下：

✧ "角度"选项用于指定要绘制的圆弧的圆心角。
✧ "圆心"选项用于指定圆弧的圆心。
✧ "闭合"选项用于用弧线封闭多段线。
✧ "方向"选项用于取消直线与圆弧的相切关系，改变圆弧的起始方向。
✧ "半宽"选项用于指定圆弧的半宽值。激活此选项功能后，AutoCAD 将提示用户输入多段线的起点半宽值和终点半宽值。
✧ "直线"选项用于切换直线模式。
✧ "半径"选项用于指定圆弧的半径。
✧ "第二个点"选项用于选择三点画弧方式中的第二个点。
✧ "宽度"选项用于设置弧线的宽度值。

3.2.4 绘制样条曲线

Note

所谓“样条曲线”，指的是由某些数据点（控制点）拟合生成的光滑曲线，如图 3-25 所示。执行“样条曲线”命令主要有以下几种方式：

- ✧ 单击“默认”选项卡→“绘图”面板→“样条曲线”按钮。
- ✧ 选择菜单栏中的“绘图”→“样条曲线”命令。
- ✧ 单击“绘图”工具栏→“样条曲线”按钮。
- ✧ 在命令行输入 Spline 后按 Enter 键。
- ✧ 使用快捷键 SPL。

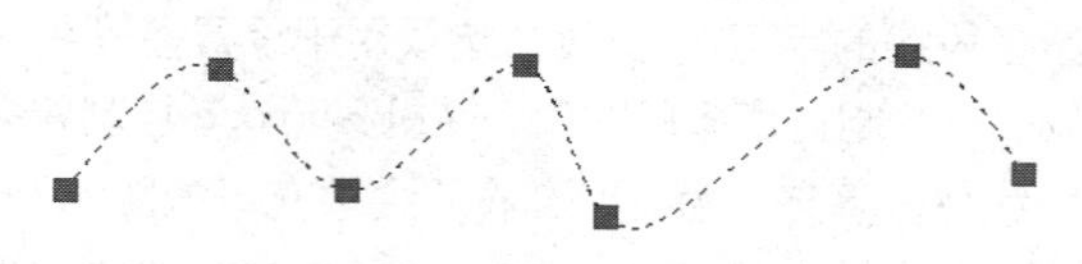

图 3-25 样条曲线示例

下面通过典型实例，学习“样条曲线”命令的使用方法和技巧。具体操作步骤如下：

Step 01 继续上节操作。

Step 02 单击“默认”选项卡→“绘图”面板→“样条曲线”按钮，配合绝对极坐标，绘制样条曲线。命令行操作如下：

```
命令: _spline
当前设置: 方式=拟合    节点=弦
指定第一个点或 [方式(M)/节点(K)/对象(O)]:                     //22.6,0 Enter
输入下一个点或 [起点切向(T)/公差(L)]:                          //23.2<13 Enter
输入下一个点或 [端点相切(T)/公差(L)/放弃(U)/闭合(C)]:          //23.2<-278 Enter
输入下一个点或 [端点相切(T)/公差(L)/放弃(U)/闭合(C)]:          //21.5<-258 Enter
输入下一个点或 [端点相切(T)/公差(L)/放弃(U)/闭合(C)]:          //16.4<-238 Enter
输入下一个点或 [端点相切(T)/公差(L)/放弃(U)/闭合(C)]:          //14.6<-214 Enter
输入下一个点或 [端点相切(T)/公差(L)/放弃(U)/闭合(C)]:          //14.8<-199 Enter
输入下一个点或 [端点相切(T)/公差(L)/放弃(U)/闭合(C)]:          //15.2<-169 Enter
输入下一个点或 [端点相切(T)/公差(L)/放弃(U)/闭合(C)]:          //16.4<-139 Enter
输入下一个点或 [端点相切(T)/公差(L)/放弃(U)/闭合(C)]:          //18.1<-109 Enter
输入下一个点或 [端点相切(T)/公差(L)/放弃(U)/闭合(C)]:          //21.1<-49 Enter
输入下一个点或 [端点相切(T)/公差(L)/放弃(U)/闭合(C)]:          //22.1<-10 Enter
输入下一个点或 [端点相切(T)/公差(L)/放弃(U)/闭合(C)]:          //c Enter，闭合图形
```

Step 03 绘制结果如图 3-26 所示。

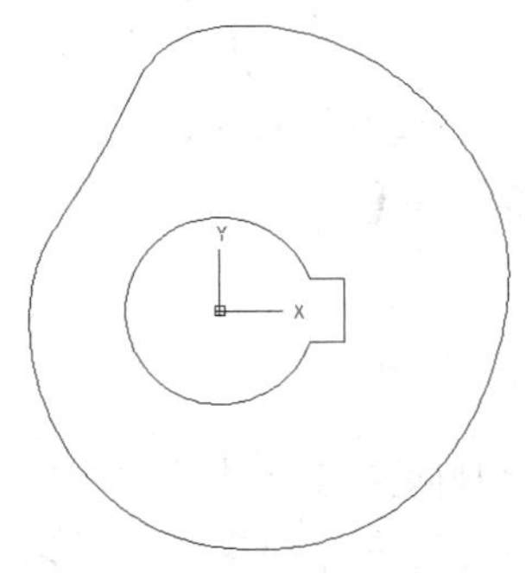

图 3-26　绘制结果

小技巧：

"闭合"选项用于绘制闭合的样条曲线。激活此选项后，AutoCAD 将使样条曲线的起点和终点重合，并且共享相同的顶点和切向，此时系统只提示一次让用户给定切向点。

- **曲线拟合**

"拟合公差"选项主要用来控制样条曲线对数据点的接近程度。拟合公差的大小直接影响到当前图形，公差越小，样条曲线越接近数据点。

如果公差为 0，则样条曲线通过拟合点；输入大于 0 的公差将使样条曲线在指定的公差范围内通过拟合点，如图 3-27 所示。

（a）拟合公差为 0　　（b）拟合公差为 15

图 3-27　拟合公差示例

3.2.5　绘制作图辅助线

AutoCAD 为用户提供了两种绘制辅助线的命令，即"构造线"和"射线"。其中，"构造线"命令用于绘制向两端无限延伸的直线；"射线"命令用于绘制向一端无限延伸的作图辅助线，如图 3-28 所示。

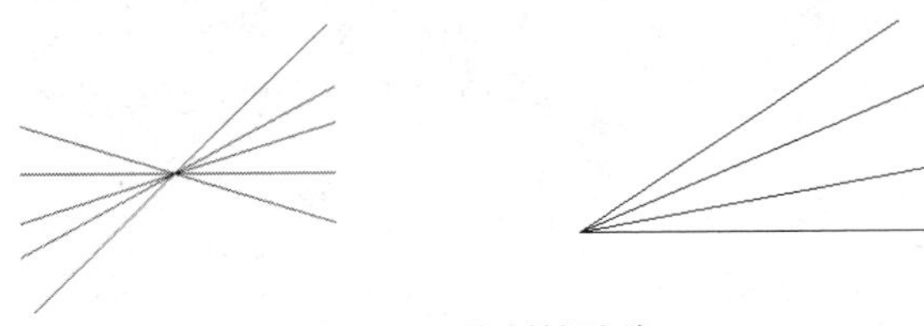

图 3-28　绘制辅助线

执行"构造线"命令主要有以下几种方式：

✧　单击"默认"选项卡→"绘图"面板→"构造线"按钮。

Note

- ✧ 选择菜单栏中的“绘图”→“构造线”命令。
- ✧ 单击“绘图”工具栏→“构造线”按钮。
- ✧ 在命令行输入 Xline 后按 Enter 键。
- ✧ 使用快捷键 XL。

● **绘制向两端延伸的辅助线**

使用“构造线”命令可以绘制向两端延伸的作图辅助线，此辅助线可以是水平的、垂直的，还可以是倾斜的。下面通过具体的实例，学习各种辅助线的绘制方法。

Step 01 新建空白文件。

Step 02 单击“默认”选项卡→“绘图”面板→“构造线”按钮，绘制水平构造线。命令行操作如下：

```
命令:_xline
指定点或 [水平(H)/垂直(V)/角度(A)/二等分(B)/偏移(O)]: //H Enter，激活“水平”选项
指定通过点:                      //在绘图区拾取一点
指定通过点:                      //继续在绘图区拾取点，
指定通过点:                      //Enter，结束命令,绘制结果如图 3-29 所示
```

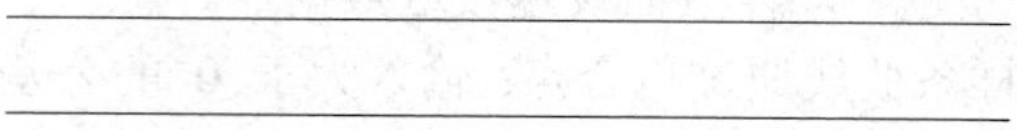

图 3-29　绘制水平辅助线

Step 03 重复执行“构造线”命令，绘制垂直的构造线。命令行操作如下：

```
命令:_xline
指定点或 [水平(H)/垂直(V)/角度(A)/二等分(B)/偏移(O)]:  //V Enter，激活“垂直”选项
指定通过点:                        //在绘图区拾取点
指定通过点:                        //继续在绘图区拾取点
指定通过点:                        //Enter，结束命令，绘制结果如图 3-30 所示
```

Step 04 重复执行“构造线”命令后，绘制倾斜构造线。命令行操作如下：

```
命令:_xline
指定点或 [水平(H)/垂直(V)/角度(A)/二等分(B)/偏移(O)]: //A Enter，激活“角度”选项
输入构造线的角度 (0) 或 [参照(R)]:    //30 Enter，设置倾斜角度
指定通过点:                             //拾取通过点
指定通过点:                             //Enter，结束命令，绘制结果如图 3-31 所示
```

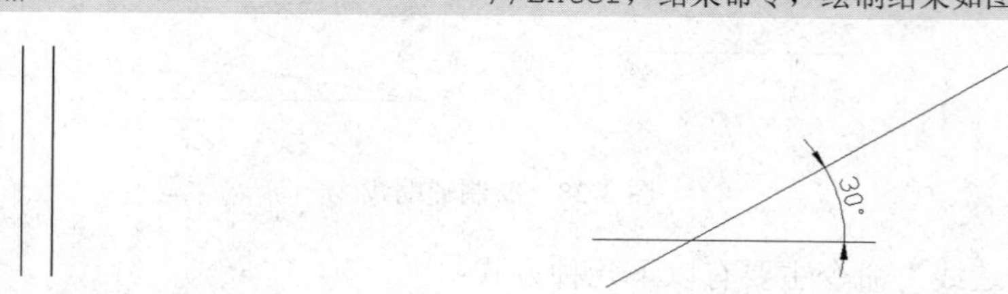

图 3-30　绘制垂直辅助线　　　　图 3-31　绘制倾斜辅助线

Note

● 绘制角的等分线

使用“构造线”命令中的“二等分”选项功能，可以绘制任意角度的角平分线。命令行操作过程如下：

Step 01 绘制图 3-32 所示的图线。

Step 02 单击“默认”选项卡→“绘图”面板→“构造线”按钮，绘制角的等分线。命令行操作如下：

```
命令:_xline
指定点或 [水平(H)/垂直(V)/角度(A)/二等分(B)/偏移(O)]://B Enter，激活“二等分”选项
指定角的顶点:                         //捕捉两条图线的交点
指定角的起点:                         //捕捉水平线段的右端点
指定角的端点:                         //捕捉倾斜线段的上侧端点
指定角的端点:                         //Enter，结束命令
```

Step 03 绘制结果如图 3-33 所示。

图 3-32　绘制相交图线　　　　图 3-33　绘制等分线

● 绘制向一端延伸的辅助线

射线也是一种常用的作图辅助线，使用“射线”命令可以绘制向一端无限延伸的作图辅助线，如图 3-34 所示。执行“射线”命令主要有以下几种方式：

✧ 单击“默认”选项卡→“绘图”面板→“射线”按钮。
✧ 选择菜单栏中的“绘图”→“射线”命令。
✧ 在命令行输入 Ray 后按 Enter 键。

执行“射线”命令，其命令行操作如下：

```
命令: _ray
指定起点:                       //在绘图区拾取一点作为起点
指定通过点:                     //在绘图区拾取一点作为通过点
指定通过点:                     //在绘图区拾取一点作为通过点
指定通过点:                     //在绘图区拾取一点作为通过点
指定通过点:                     //Enter，绘制结果如图 3-34 所示
```

Note

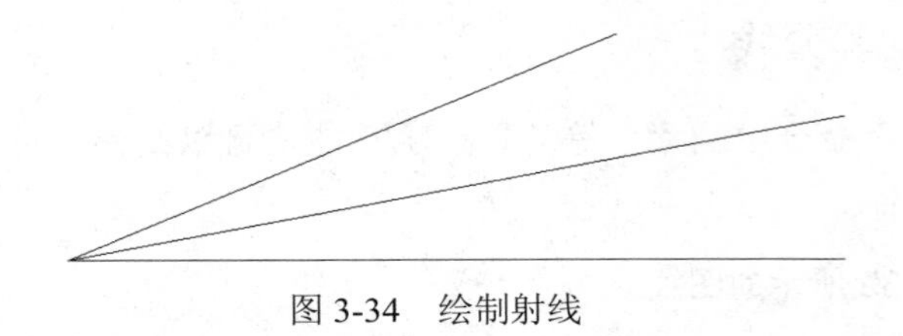

图 3-34　绘制射线

3.3 圆与弧

本节将学习圆、弧、云线等图元的绘制方法。具体包括“圆”、“圆弧”、“椭圆”、“椭圆弧”和“修订云线”五个绘图命令。

3.3.1 绘制圆

“圆”是一种闭合的基本图形元素，AutoCAD 共为用户提供了六种画圆方式，如图 3-35 所示。执行“圆”命令主要有以下几种方式：

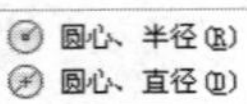

图 3-35　六种画圆方式

- ✧ 单击“默认”选项卡→“绘图”面板→“圆”按钮。
- ✧ 选择菜单栏中的“绘图”→“圆”级联菜单中的命令。
- ✧ 单击“绘图”工具栏→“圆”按钮。
- ✧ 在命令行输入 Circle 后按 Enter 键。
- ✧ 使用快捷键 C。

● 半径画圆和直径画圆

“半径画圆”和“直径画圆”是两种基本的画圆方式，默认方式为“半径画圆”。当用户定位出圆的圆心之后，只需输入圆的半径或直径，即可精确画圆。命令行操作过程如下：

```
命令: _circle
指定圆的圆心或 [三点(3P)/两点(2P)/切点、切点、半径(T)]:
                                //在绘图区拾取一点作为圆的圆心
指定圆的半径或 [直径(D)]:       //150 Enter，给定圆的圆心，结果如图 3-36 所示
```

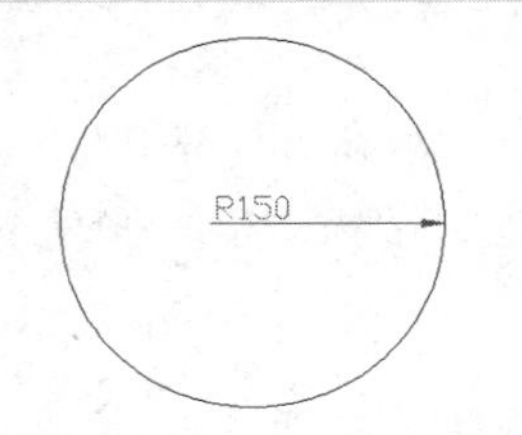

图 3-36　“定距画圆”示例

小技巧：

激活"直径"选项，即可以直径方式画圆。

● 两点画圆和三点画圆

"两点画圆"和"三点画圆"指的是定位出两点或三点，即可精确画圆。所给定的两点被看作圆直径的两个端点，所给定的三点都位于圆周上。操作过程如下：

Step 01 选择菜单栏中的"绘图"→"圆"→"两点"命令，执行画圆命令。

Step 02 根据 AutoCAD 命令行的提示进行两点画圆。命令行操作如下：

```
    命令: _circle
    指定圆的圆心或 [三点(3P)/两点(2P)/切点、切点、半径(T) ]: _2p 指定圆直径的第一个
端点:    //取一点 A 作为直径的第一个端点
    指定圆直径的第二个端点:
        //拾取另一点 B 作为直径的第二个端点，绘制结果如图 3-37 所示
```

小技巧：

用户也可以通过输入两点的坐标值，或使用对象的捕捉追踪功能定位两点，以精确画圆。

Step 03 重复执行"圆"命令，然后根据 AutoCAD 命令行的提示进行三点画圆。命令行操作如下：

```
      命令: _circle
    指定圆的圆心或 [三点(3P)/两点(2P)/切点、切点、半径(T)]: //3P Enter
    指定圆上的第一个点:                    //拾取第一点 1
    指定圆上的第二个点:                    //拾取第一点 2
    指定圆上的第三个点:                    //拾取第一点 3，绘制结果如图 3-38 所示
```

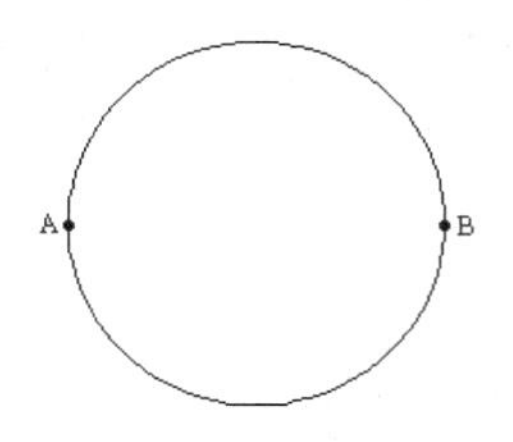

图 3-37　定点画圆

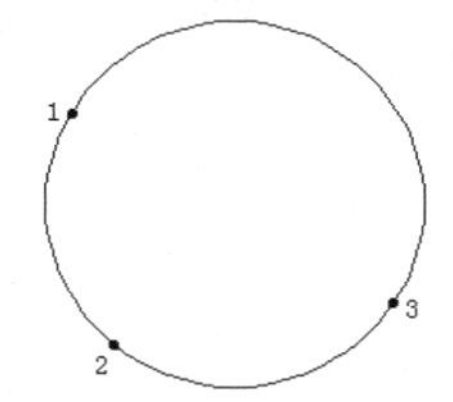

图 3-38　三点画圆

● 画相切圆

AutoCAD 为用户提供了两种画相切圆的方式，即"相切、相切、半径"和"相切、相切、相切"等。前一种相切方式是分别拾取两个相切对象后，再输入相切圆的半径，后一种相切方式是直接拾取三个相切对象，系统自动定位相切圆的位置和大小。绘制相切圆的操作过程如下：

Note

Step 01 绘制如图 3-39 所示的圆和直线。

Step 02 单击“默认”选项卡→“绘图”面板→“圆”按钮，根据命令行提示绘制与直线和已知圆都相切的圆。操作如下：

```
命令: _circle
指定圆的圆心或 [三点(3P)/两点(2P)/切点、切点、半径(T)]: //T Enter
指定对象与圆的第一个切点:        //在直线下端单击左键，拾取第一个相切对象
指定对象与圆的第二个切点:        //在圆下侧边缘上单击左键，拾取第二个相切对象
指定圆的半径 <56.0000>:         //100 Enter，给定相切圆半径，结果如图 3-40 所示
```

Step 03 选择菜单栏中的“绘图”→“圆”→“相切、相切、相切”命令，绘制与三个已知对象都相切的圆。命令行操作如下：

```
    命令: _circle
指定圆的圆心或 [三点(3P)/两点(2P)/切点、切点、半径(T)]: _3p 指定圆上的第一个点:
_tan 到                              //拾取直线作为第一相切对象
指定圆上的第二个点: _tan 到      //拾取小圆作为第二相切对象
指定圆上的第三个点: _tan 到      //拾取大圆，绘制结果如图 3-41 所示
```

图 3-39　绘制结果

图 3-40　相切、相切、半径

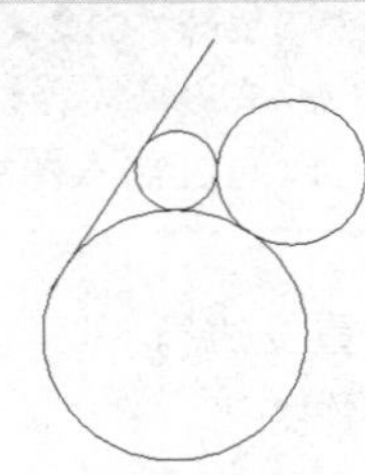

图 3-41　绘制结果

3.3.2　绘制圆弧

圆弧也是基本的图形元素之一，AutoCAD 为用户提供了 11 种画弧方式，如图 3-42 所示。执行“圆弧”命令主要有以下几种方式：

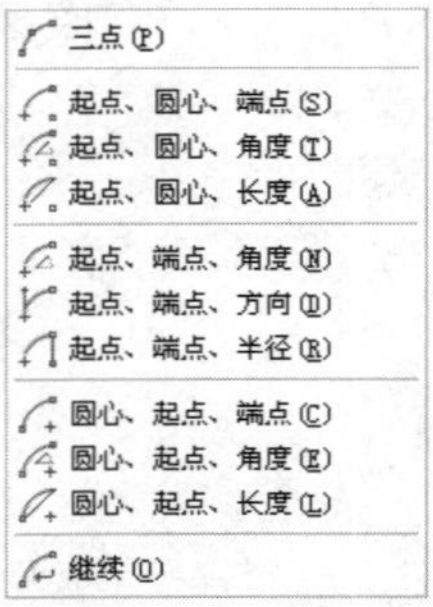

- ✧ 单击“默认”选项卡→“绘图”面板→“圆弧”按钮。
- ✧ 选择菜单栏中的“绘图”→“圆弧”子菜单中的各命令。
- ✧ 单击“绘图”工具栏→“圆弧”按钮。
- ✧ 在命令行输入 Arc 后按 Enter 键。
- ✧ 使用快捷键 A。

三点(P)
起点、圆心、端点(S)
起点、圆心、角度(T)
起点、圆心、长度(A)
起点、端点、角度(N)
起点、端点、方向(D)
起点、端点、半径(R)
圆心、起点、端点(C)
圆心、起点、角度(E)
圆心、起点、长度(L)
继续(O)

图 3-42　画弧菜单

● “三点”方式画弧

所谓“三点画弧”，指的是直接拾取三个点即可定位出圆弧，所拾取的第一点和第三个点被作为弧的起点和端点，如图 3-43 所示。其命令行操作如下：

```
命令: _arc
指定圆弧的起点或 [圆心(C)]:   //拾取一点作为圆弧的起点
指定圆弧的第二个点或 [圆心(C)/端点(E)]:
                              //在适当位置拾取圆弧上的第二点
指定圆弧的端点:               //在适当位置拾取第三点作为圆弧的端点
```

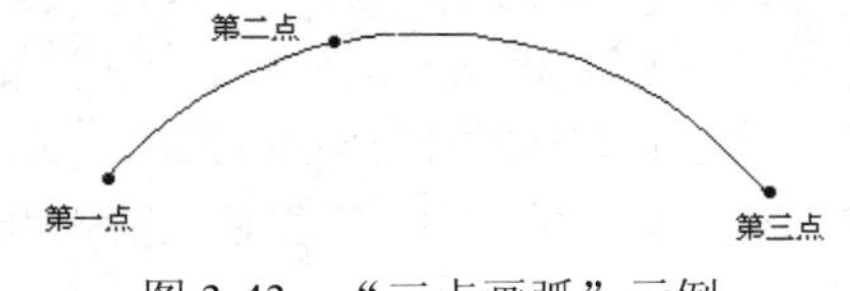

图 3-43　“三点画弧”示例

● “起点圆心”方式画弧

此种画弧方式又分为“起点、圆心、端点”、“起点、圆心、角度”和“起点、圆心、长度”三种方式。当用户确定出圆弧的起点和圆心，只需要再给出圆弧的端点，或角度、弧长等参数，即可精确画弧。此种画弧方式的命令行操作如下：

```
命令: _arc
指定圆弧的起点或 [圆心(C)]:                 //在绘图区拾取一点作为圆弧的起点
指定圆弧的第二个点或 [圆心(C)/端点(E)]:     //c Enter，执行圆心选项
指定圆弧的圆心:                             //在适当位置拾取一点作为圆弧的圆心
指定圆弧的端点或 [角度(A)/弦长(L)]:         //拾取一点作为圆弧的端点，如图 3-44 所示
```

小技巧：

当用户指定了圆弧的起点和圆心后，直接输入圆弧的包含角或圆弧的弦长，也可精确绘制圆弧，如图 3-45 所示。

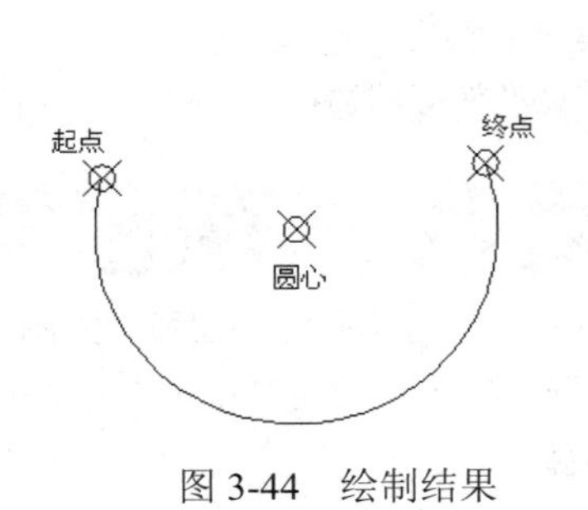

图 3-44　绘制结果

（a）起点、端点、半径

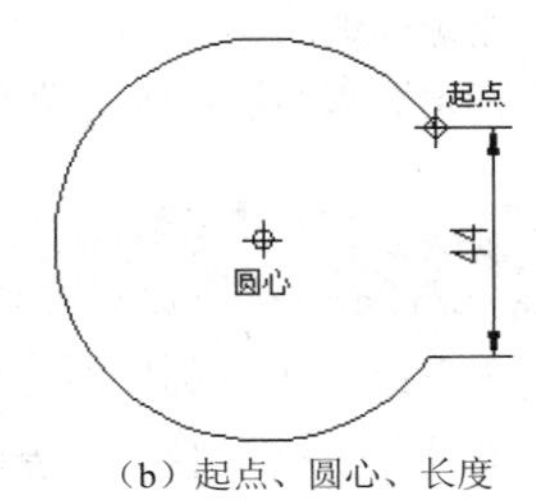

（b）起点、圆心、长度

图 3-45　另外两种画弧方式

● “起点端点”方式画弧

此种画弧方式又可分为“起点、端点、角度”、“起点、端点、方向”和“起点、端点、半径”三种方式。当用户定位出弧的起点和端点后，只需再确定弧的角度、半径或方向，即可精确画弧。此种画弧方式的命令行操作如下：

```
命令: _arc
指定圆弧的起点或 [圆心(C)]:                 //定位弧的起点
```

```
指定圆弧的第二个点或 [圆心(C)/端点(E)]: _e
指定圆弧的端点:                                   //定位弧的端点
指定圆弧的圆心或 [角度(A)/方向(D)/半径(R)]: _a 指定包含角:
                                          //输入 190 Enter，结果如图 3-46 所示
```

Note

小技巧：

如果用户输入的角度为正值，系统将按逆时针方向绘制圆弧；反之将按顺时针方向绘制圆弧。另外，当用户指定了圆弧的起点和端点后，直接输入圆弧的半径或起点切向，也可精确绘制圆弧，如图 3-47 所示。

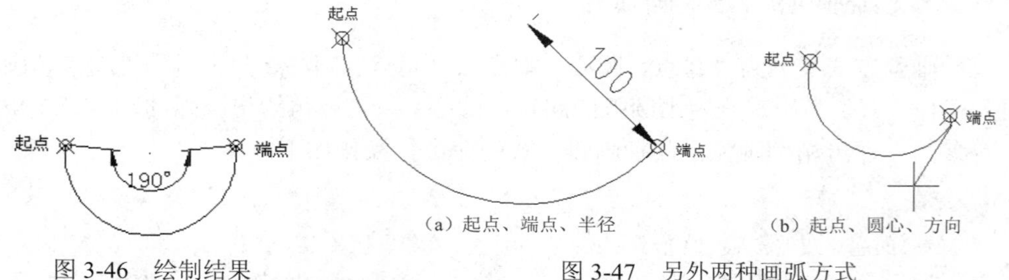

图 3-46　绘制结果

(a) 起点、端点、半径　(b) 起点、圆心、方向

图 3-47　另外两种画弧方式

● “圆心起点”方式画弧

此种画弧方式分为“圆心、起点、端点”、“圆心、起点、角度”和“圆心、起点、长度”三种。当用户确定了圆弧的圆心和起点后，只需再给出圆弧的端点，或角度、弧长等参数，即可精确绘制圆弧。此种画弧方式的命令行操作如下：

```
    命令: _arc
指定圆弧的起点或 [圆心(C)]:_c 指定圆弧的圆心: //拾取一点作为弧的圆心
指定圆弧的起点:                                 //拾取一点作为弧的起点
指定圆弧的端点或 [角度(A)/弦长(L)]:              //拾取一点作为弧的端点，如图 3-48 所示
```

小技巧：

当用户给定了圆弧的圆心和起点后，输入圆弧的圆心角或弦长，也可精确绘制圆弧，如图 3-49 所示。在配合“长度”绘制圆弧时，如果输入的弦长为正值，系统将绘制小于 180° 的劣弧；如果输入的弦长为负值，系统将绘制大于 180° 的优弧。

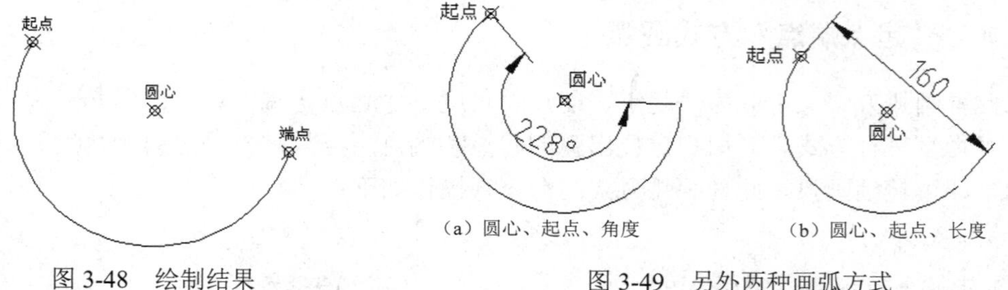

图 3-48　绘制结果

(a) 圆心、起点、角度　(b) 圆心、起点、长度

图 3-49　另外两种画弧方式

- **“连续”圆弧**

选择菜单栏中的“绘图”→“圆弧”→“继续”命令，即可进入连续画弧状态，所绘制的圆弧与上一个弧自动相切，如图 3-50 所示。

图 3-50　连续画弧方式

3.3.3　绘制椭圆

“椭圆”也是一种闭合的曲线，是一种基本构图元素，它是由两条不等的椭圆轴所控制的闭合曲线，包含中心点、长轴和短轴等几何特征，如图 3-51 所示。执行“椭圆”命令主要有以下几种方式：

- ✧ 单击“默认”选项卡→“绘图”面板→“椭圆”按钮。
- ✧ 选择菜单栏中的“绘图”→“椭圆”子菜单命令，如图 3-52 所示。
- ✧ 单击“绘图”工具栏→“椭圆”按钮。
- ✧ 在命令行输入 Ellipse 后按 Enter 键。
- ✧ 使用快捷键 EL。

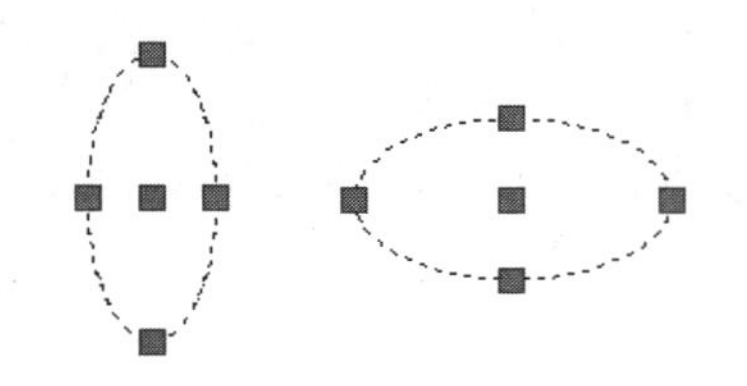

图 3-51　椭圆示例

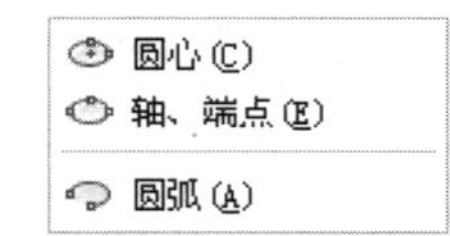

图 3-52　椭圆子菜单

- **“轴端点”方式画椭圆**

所谓“轴端点”方式，是指定一条轴的两个端点和另一条轴的半长，即可精确画椭圆。此方式是系统默认的绘制方式。下面绘制长轴为 50、短轴为 24 的椭圆。其命令行操作过程如下：

```
命令: _ellipse
指定椭圆轴的端点或 [圆弧(A)/中心点(C)]:      //拾取一点，定位椭圆轴的一个端点
指定轴的另一个端点:                           //@50,0 Enter
指定另一条半轴长度或 [旋转(R)]:               //12 Enter ，结果如图 3-53 所示
```

小技巧：

如果在轴测图模式下执行了“椭圆”命令，那么在此操作步骤中将增加“等轴测圆”选项，用于绘制轴测圆，如图 3-54 所示。

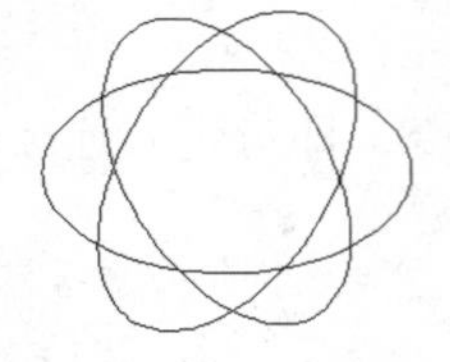

图 3-53　等轴测圆示例

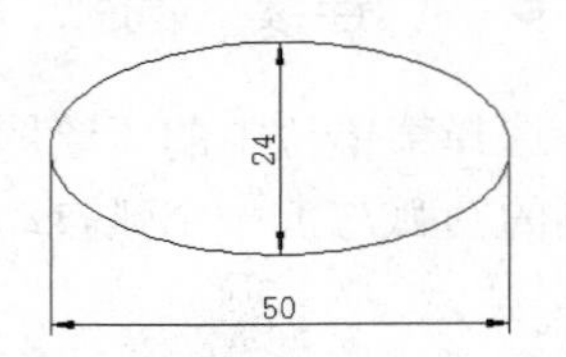

图 3-54　“轴端点”示例

- **“中心点”方式画椭圆**

用“中心点”方式画椭圆需要首先确定出椭圆的中心点，然后再确定椭圆轴的一个端点和椭圆另一半轴的长度。下面以绘制同心椭圆为例，学习“中心点”方式。操作过程如下：

Step 01 继续上例操作。

Step 02 选择菜单栏中的“绘图”→“椭圆”→“中心点”命令，使用“中心点”方式绘制椭圆。命令行操作如下：

```
    命令: _ellipse
指定椭圆的轴端点或 [圆弧(A)/中心点(C)]: _c
指定椭圆的中心点:                        //捕捉刚绘制的椭圆的中心点
指定轴的端点:                            //@12,0 Enter
指定另一条半轴长度或 [旋转(R)]:          //25 Enter，输入另一条轴的半长
```

小技巧：

“旋转”选项是以椭圆的短轴和长轴的比值，把一个圆绕定义的第一轴旋转成椭圆。

Step 03 绘制结果如图 3-55 所示。

3.3.4　绘制椭圆弧

椭圆弧也是一种基本的构图元素，它除了包含中心点、长轴和短轴等几何特征外，还具有角度特征。执行“椭圆弧”命令主要有以下几种方式：

- ✧ 选择菜单栏中的“绘图”→“椭圆弧”命令。
- ✧ 单击“绘图”工具栏→“椭圆弧”按钮。

下面以绘制长轴为 120、短轴为 60、角度为 90 的椭圆弧为例，学习使用“椭圆弧”命令。操作过程如下：

Step 01 单击“绘图”工具栏→“椭圆弧”按钮，激活“椭圆弧”命令。

Step 02 根据 AutoCAD 命令行的操作提示绘制椭圆弧。命令行操作如下：

```
    命令: _ellipse
指定椭圆的轴端点或 [圆弧(A)/中心点(C)]: //A Enter
指定椭圆弧的轴端点或 [中心点(C)]:        //拾取一点，定位弧端点
指定轴的另一个端点:                      //@120,0 Enter，定位长轴
指定另一条半轴长度或 [旋转(R)]:          //30 Enter，定位短轴
指定起始角度或 [参数(P)]:                //90 Enter，定位起始角度
指定终止角度或 [参数(P)/包含角度(I)]:    //180 Enter，定位终止角度
```

Step 03 绘制结果如图 3-56 所示。

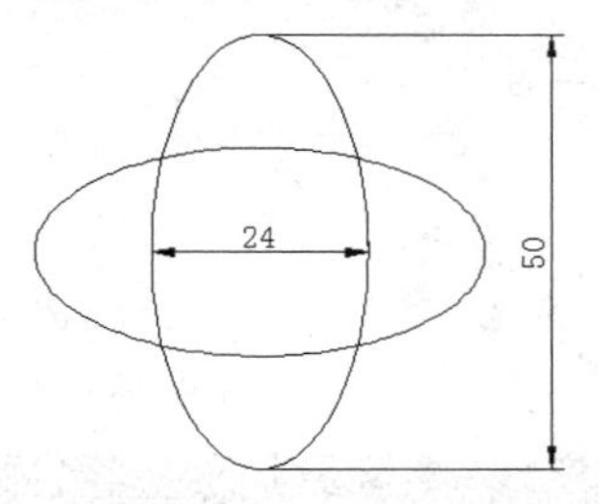

图 3-55　“中心点”方式画椭圆

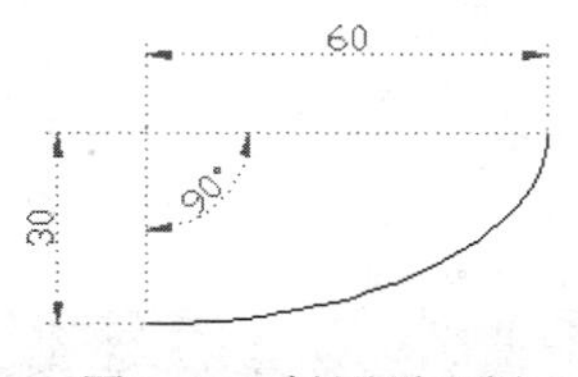

图 3-56　椭圆弧示例

小技巧：

椭圆弧的角度就是终止角和起始角度的差值。另外，用户也可以使用“包含角”选项功能，直接输入椭圆弧的角度。

3.3.5　绘制修订云线

“修订云线”命令用于绘制由连续圆弧构成的图线，所绘制的图线被看作一条多段线，此种图线可以是闭合的，也可以是断开的，如图 3-57 所示。

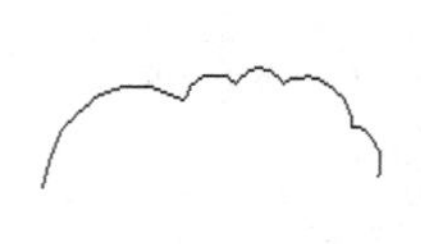

图 3-57　修订云线示例

执行“修订云线”命令主要有以下几种方式：

- ✧ 单击“默认”选项卡→“绘图”面板→“修订云线”按钮。
- ✧ 选择菜单栏中的“绘图”→“修订云线”命令。
- ✧ 单击“绘图”工具栏→“修订云线”按钮。
- ✧ 在命令行输入 Revcloud 后按 Enter 键。

下面以绘制如图 3-58 所示的修订云线为例，学习使用“修订云线”命令。其命令行操作过程如下：

```
命令: _revcloud
最小弧长: 15    最大弧长: 15    样式: 普通
指定起点或 [弧长(A)/对象(O)/样式(S)] <对象>:   //a Enter，执行弧长选项
指定最小弧长 <15>:                              //30 Enter，设置最小弧长
指定最大弧长 <30>:                              //60 Enter，设置最大弧长
指定起点或 [弧长(A)/对象(O)/样式(S)] <对象>:  //在绘图区拾取一点
沿云线路径引导十字光标...        //按住左键不放，沿着所需闭合路径引导光标，即可绘制闭合的云线，结果如图 3-58 所示
修订云线完成。
```

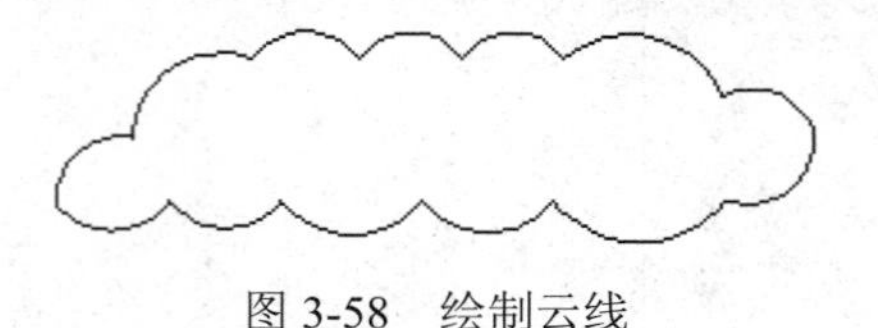

图 3-58　绘制云线

小技巧：

在绘制闭合云线时，需要移动光标，将端点放在起点处，系统会自动闭合云线。

选项解析

- ✧ 使用“修订云线”命令中的“对象”选项，还可以将直线、圆弧、矩形、圆以及正多边形等转化为云线图形，如图 3-59 所示。
- ✧ “样式”选项用于设置修订云线的样式。AutoCAD 共为用户提供了“普通”和“手绘”两种样式，默认情况下为“普通”样式。如图 3-60 所示的云线就是在“手绘”样式下绘制的。

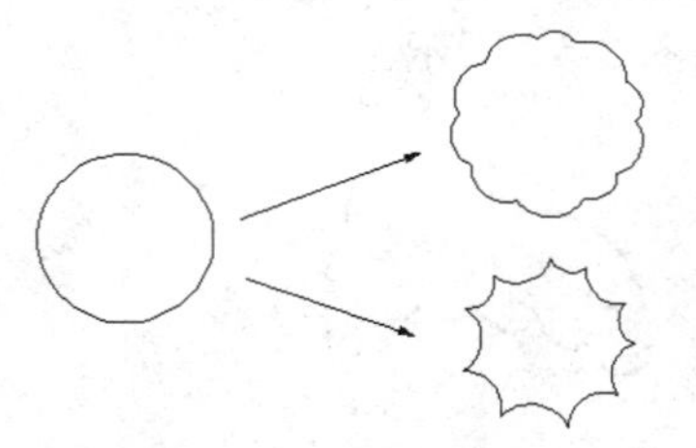

图 3-59　将对象转化为云线

图 3-60　手绘样式

3.4 上机实训——绘制会议桌平面图

本例通过绘制会议桌椅平面图，主要对本章所讲述的点、线、弧等多种绘图工具进行综合练习和巩固应用。会议桌椅平面图的最终绘制效果如图 3-61 所示。

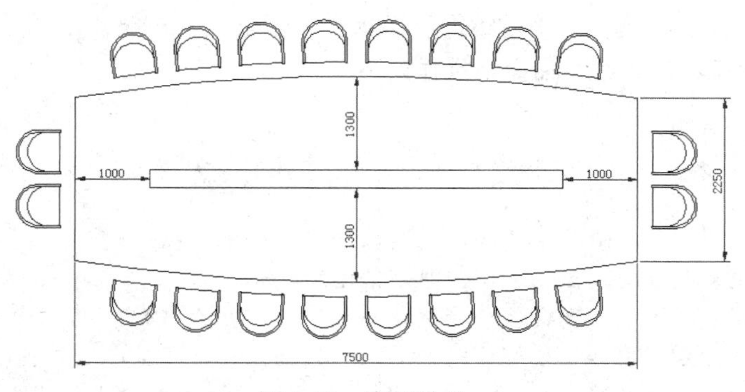

图 3-61　实例效果

操作步骤：

Step 01　单击“快速访问”工具栏→“新建”按钮，新建绘图文件。

Step 02　选择菜单栏中的“格式”→“图形界限”命令，设置图形界限为 750x750。命令行操作如下：

```
命令： '_limits
重新设置模型空间界限：
指定左下角点或 [开(ON)/关(OFF)] <0.0000,0.0000>:  //Enter
指定右上角点 <420.0000,297.0000>:                 //750,750 Enter
```

Step 03　使用快捷键 Z 激活“视图缩放”功能，将图形界限最大化显示。命令行操作如下：

```
命令： z                                          //Enter
ZOOM 指定窗口的角点，输入比例因子 (nX 或 nXP)，或者[全部(A)/中心(C)/动态(D)/范围
(E)/上一个(P)/比例(S)/窗口(W)/对象(O)] <实时>:        //a Enter
正在重生成模型。
```

Step 04　激活状态栏上的“极轴追踪”和“对象捕捉”功能，并设置极轴角和对象捕捉模式如图 3-62 和图 3-63 所示。

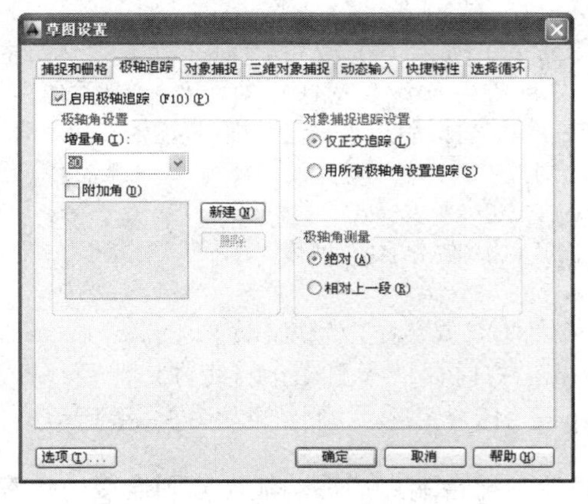

图 3-62　设置极轴参数

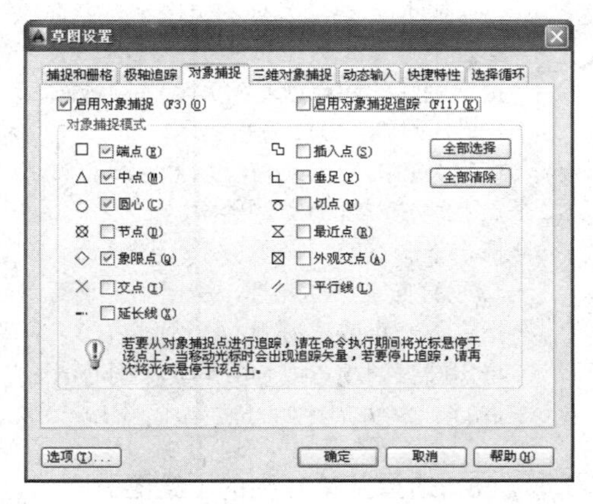

图 3-63　设置捕捉参数

Note

Step 05 单击"默认"选项卡→"绘图"面板→"多段线"按钮，配合极轴追踪功能绘制会议椅的轮廓线。命令行操作如下：

```
命令: _pline
指定起点:                  //拾取一点作为起点
当前线宽为 0.0000
指定下一个点或 [圆弧(A)/半宽(H)/长度(L)/放弃(U)/宽度(W)]:
//垂直向下移动光标，引出如图 3-64 所示的追踪虚线，输入 285 Enter
指定下一点或 [圆弧(A)/闭合(C)/半宽(H)/长度(L)/放弃(U)/宽度(W)]: //a Enter
指定圆弧的端点或[角度(A)/圆心(CE)/闭合(CL)/方向(D)/半宽(H)/直线(L)/半径(R)/第二个点(S)/放弃(U)/宽度(W)]:    //水平向右引出如图 3-65 所示的水平追踪虚线，输入 600 Enter
```

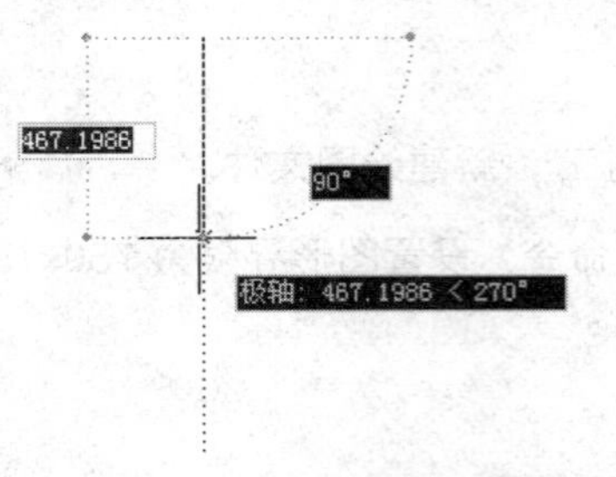

图 3-64　向下引出追踪虚线

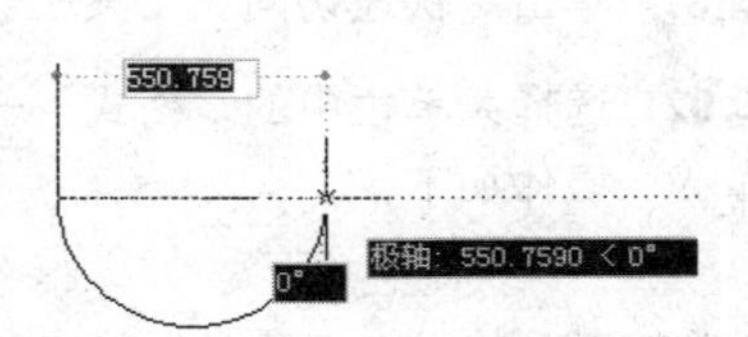

图 3-65　向右引出追踪虚线

```
指定圆弧的端点或[角度(A)/圆心(CE)/闭合(CL)/方向(D)/半宽(H)/直线(L)/半径(R)/第二个点(S)/放弃(U)/宽度(W)]:      //l Enter，转入画线模式
指定下一点或 [圆弧(A)/闭合(C)/半宽(H)/长度(L)/放弃(U)/宽度(W)]:
//垂直向上移动光标，引出垂直追踪虚线，输入 285 Enter
指定下一点或 [圆弧(A)/闭合(C)/半宽(H)/长度(L)/放弃(U)/宽度(W)]: //a Enter
指定圆弧的端点或[角度(A)/圆心(CE)/闭合(CL)/方向(D)/半宽(H)/直线(L)/半径(R)/第二个点(S)/放弃(U)/宽度(W)]:         //水平向左移动光标,引出水平追踪虚线,输入 30 Enter
指定圆弧的端点或[角度(A)/圆心(CE)/闭合(CL)/方向(D)/半宽(H)/直线(L)/半径(R)/第二个点(S)/放弃(U)/宽度(W)]:       //l Enter，转入画线模式
指定下一点或 [圆弧(A)/闭合(C)/半宽(H)/长度(L)/放弃(U)/宽度(W)]:
//垂直向下移动光标，引出垂直追踪虚线，输入 285 Enter
指定下一点或 [圆弧(A)/闭合(C)/半宽(H)/长度(L)/放弃(U)/宽度(W)]: //a Enter
指定圆弧的端点或[角度(A)/圆心(CE)/闭合(CL)/方向(D)/半宽(H)/直线(L)/半径(R)/第二个点(S)/放弃(U)/宽度(W)]:        //水平向左移动光标,引出水平追踪虚线,输入 540 Enter
指定圆弧的端点或[角度(A)/圆心(CE)/闭合(CL)/方向(D)/半宽(H)/直线(L)/半径(R)/第二个点(S)/放弃(U)/宽度(W)]:        //l Enter，转入画线模式
指定下一点或 [圆弧(A)/闭合(C)/半宽(H)/长度(L)/放弃(U)/宽度(W)]:
//垂直向上移动光标，引出垂直追踪虚线，输入 285 Enter
指定下一点或 [圆弧(A)/闭合(C)/半宽(H)/长度(L)/放弃(U)/宽度(W)]:  //a Enter
指定圆弧的端点或[角度(A)/圆心(CE)/闭合(CL)/方向(D)/半宽(H)/直线(L)/半径(R)/第二个点(S)/放弃(U)/宽度(W)]:        //cl Enter，闭合图形，绘制结果如图 3-66 所示
```

Step 06 选择菜单栏中的"绘图"→"直线"命令，配合端点捕捉功能，分别连接内轮廓线上侧的两个端点，绘制如图 3-67 所示的直线。

Step 07 选择菜单栏中的"工具"→"新建 UCS"→"原点"命令，捕捉如图 3-68 所示的中点，作为新坐标系的原点。定义结果如图 3-69 所示。

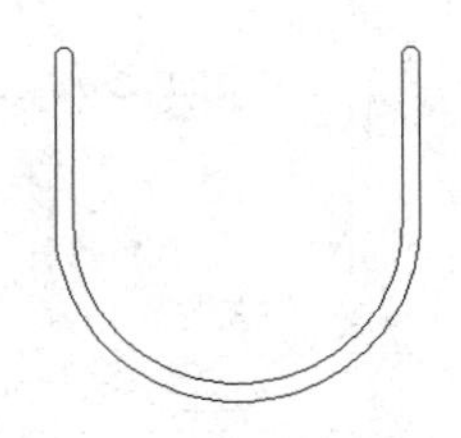
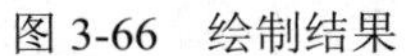
图 3-66　绘制结果

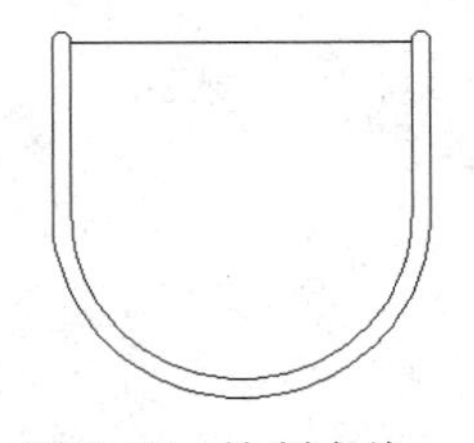
图 3-67　绘制直线

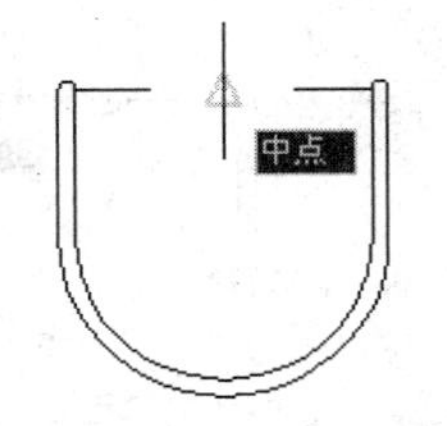

图 3-68　定位原点

Step 08 选择菜单栏中的"绘图"→"圆弧"→"三点"命令，配合点的坐标输入功能，绘制内部的弧形轮廓线。命令行操作如下：

```
命令: _arc
指定圆弧的起点或 [圆心(C)]:                    //-270,-185Enter
指定圆弧的第二个点或 [圆心(C)/端点(E)]: //@270,-250Enter
指定圆弧的端点:                                //@270,250 Enter，绘制结果如图 3-70 所示
```

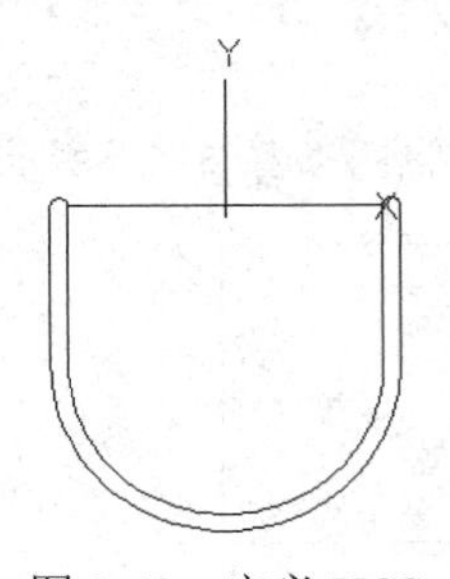

图 3-69　定义 UCS

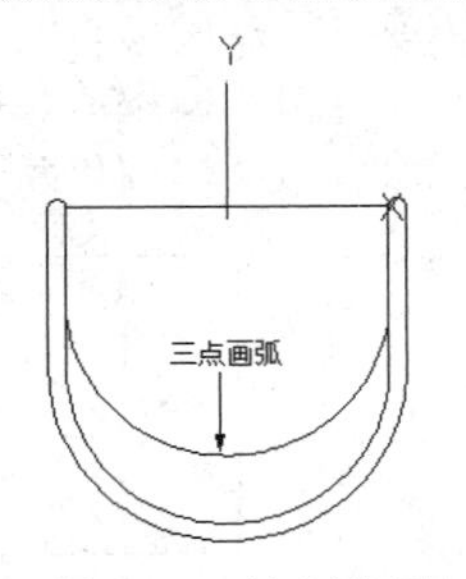

图 3-70　绘制结果

Step 09 选择菜单栏中的"工具"→"新建 UCS"→"世界"命令，将当前坐标系恢复为世界坐标系。结果如图 3-71 所示。

Step 10 选择菜单栏中的"绘图"→"块"→"创建"命令，在打开的"块定义"对话框中设置参数，如图 3-72 所示。

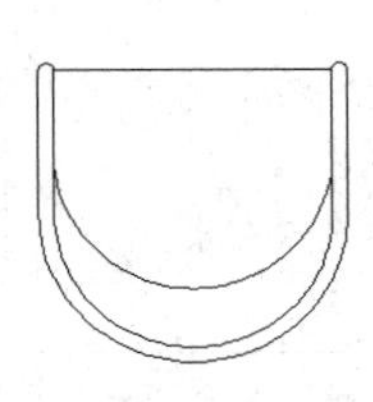
图 3-71　操作结果

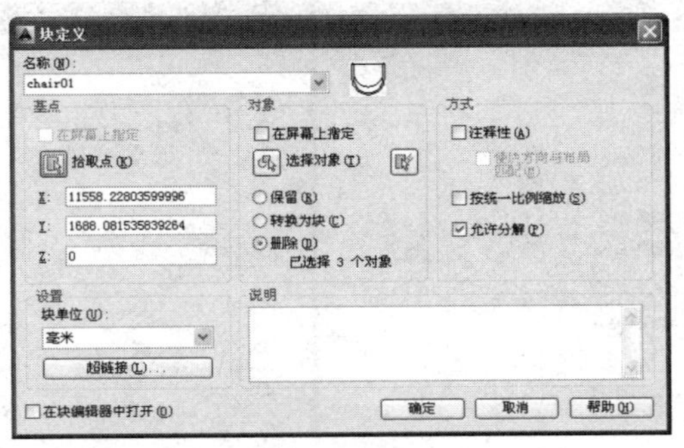

图 3-72　设置参数

Step 11 在"基点"选项组中单击"拾取点"按钮，返回绘图区捕捉如图 3-73 所示的中点作为块的基点。

Step 12 在“对象”选项组中单击“选择对象”按钮，返回绘图区拉出如图 3-74 所示的窗交选择框，将椅子图形创建为图块。

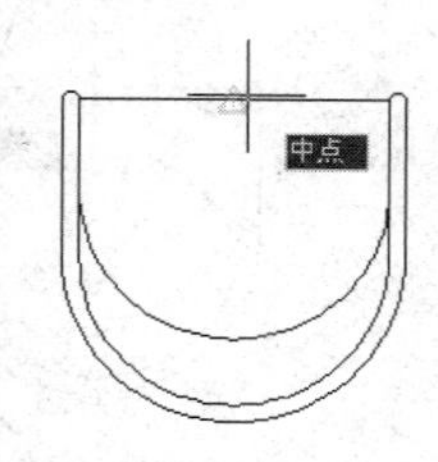

图 3-73　捕捉中点

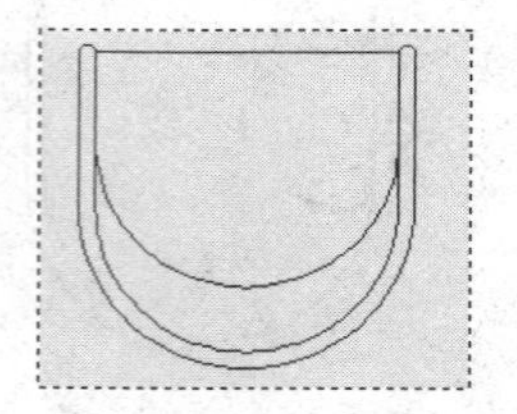

图 3-74　窗交选择

Step 13 使用快捷键 Z 激活“视图缩放”命令，重新调整新视图的高度为 6000 个单位。

Step 14 执行“直线”命令，配合坐标输入功能绘制会议桌轮廓线。命令行操作如下：

```
命令: _line
指定第一点:                          //在绘图区拾取一点
指定下一点或 [放弃(U)]:              //@7500,0 Enter
指定下一点或 [放弃(U)]:              //@0,2250 Enter
指定下一点或 [闭合(C)/放弃(U)]:      //@-7500,0 Enter
指定下一点或 [闭合(C)/放弃(U)]:      //c Enter，绘制结果如图 3-75 所示
```

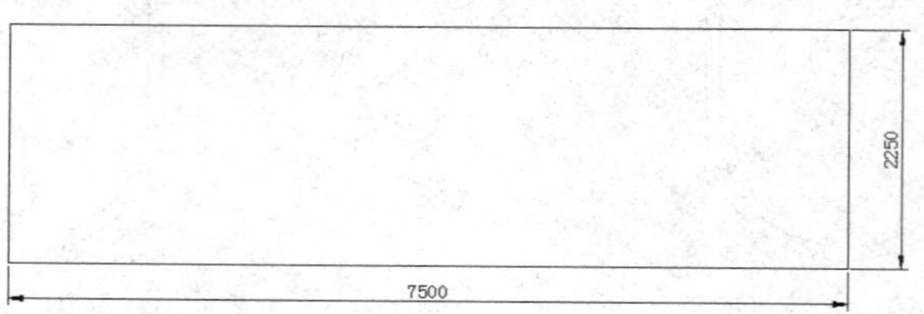

图 3-75　绘制会议桌外轮廓线

Step 15 选择菜单栏中的“格式”→“多线样式”命令，在打开的“多线样式”对话框中单击 修改(M)... 按钮，设置多线的封口形式，如图 3-76 所示。修改后的样式预览效果如图 3-77 所示。

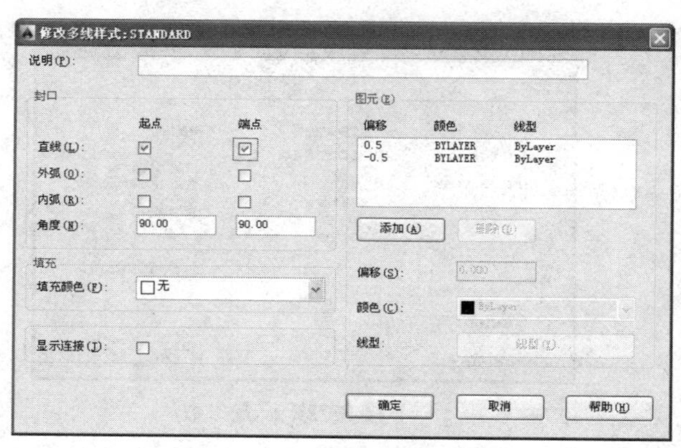

图 3-76　设置封口形式

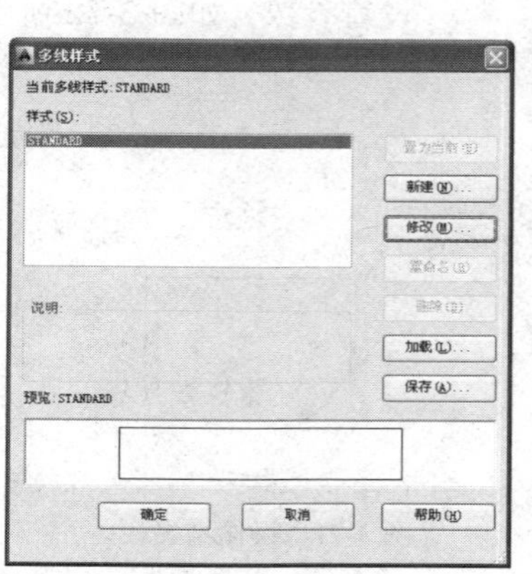

图 3-77　样式预览效果

Step 16 选择菜单栏中的"绘图"→"多线"命令，配合"捕捉自"功能绘制会议桌内部轮廓线。命令行操作如下：

```
    命令：_mline
当前设置：对正 = 上，比例 = 20.00，样式 = STANDARD
指定起点或 [对正(J)/比例(S)/样式(ST)]:    //s Enter
输入多线比例 <20.00>:                      //250 Enter
当前设置：对正 = 上，比例 = 250.00，样式 = STANDARD
指定起点或 [对正(J)/比例(S)/样式(ST)]:  //激活"捕捉自"功能
_from 基点:                               //捕捉如图 3-78 所示的端点
<偏移>:                                    //@1000,-1000 Enter
指定下一点:                                //引出 0 度的极轴矢量，输入 5500 Enter
指定下一点或 [放弃(U)]:                    //Enter，绘制结果如图 3-79 所示
```

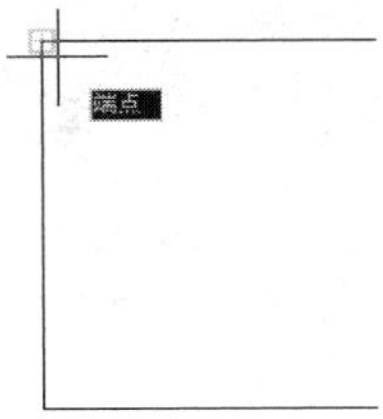

图 3-78　捕捉端点

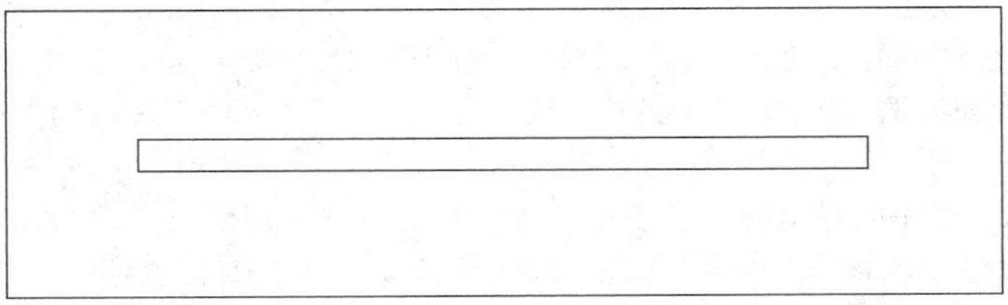

图 3-79　绘制结果

Step 17 选择菜单栏中的"绘图"→"圆弧"→"三点"命令，配合"捕捉自"功能绘制会议桌两侧的弧形轮廓线。命令行操作如下：

```
    命令：_arc
指定圆弧的起点或 [圆心(C)]:                    //捕捉会议桌外轮廓线左上角点
指定圆弧的第二个点或 [圆心(C)/端点(E)]:        //激活"捕捉自"功能
_from 基点:                                    //捕捉会议桌外轮廓线上侧边中点
<偏移>:                                        //@0,300 Enter
指定圆弧的端点:                                //捕捉会议桌外轮廓线右上角点
命令:                                          //Enter
ARC 指定圆弧的起点或 [圆心(C)]:                //捕捉会议桌外轮廓线左下角点
指定圆弧的第二个点或 [圆心(C)/端点(E)]:  //激活"捕捉自"功能
_from 基点:                                    //捕捉会议桌外轮廓线下侧边中点
<偏移>:                                        //@0,-300 Enter
指定圆弧的端点:             //捕捉会议桌外轮廓线右下角点，绘制结果如图 3-80 所示
```

Step 18 在无命令执行的前提下，选择会议桌两侧的两条水平轮廓线，使其夹点显示，如图3-81 所示。

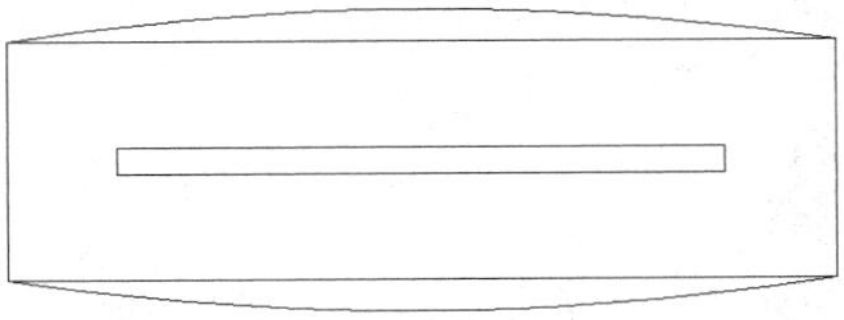

图 3-80　绘制圆弧

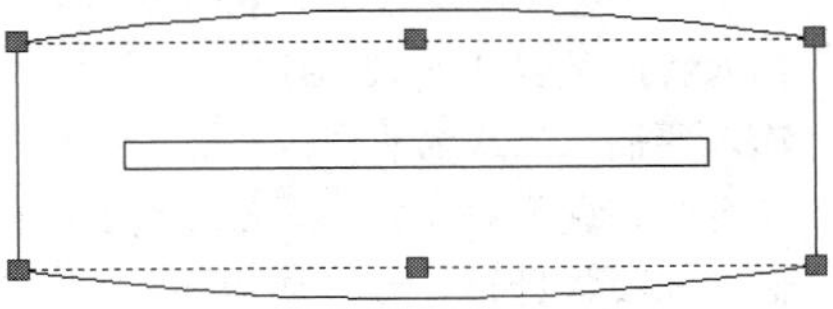

图 3-81　夹点显示

Step 19 按下键盘上的 Delete 键，删除两条夹点显示的水平边。结果如图 3-82 所示。

Step 20 选择菜单栏中的"修改"→"偏移"命令，将偏移距离设置为 200，将会议桌外侧轮廓线向外偏移。命令行操作如下：

```
命令: _offset
当前设置: 删除源=否  图层=源  OFFSETGAPTYPE=0
指定偏移距离或 [通过(T)/删除(E)/图层(L)] :          //200
选择要偏移的对象，或 [退出(E)/放弃(U)] <退出>:    //选择上侧的圆弧
指定要偏移的那一侧上的点，或 [退出(E)/多个(M)/放弃(U)] <退出>:
                                                 //在所选弧的上侧拾取点
选择要偏移的对象，或 [退出(E)/放弃(U)] <退出>:    //选择下侧的圆弧
指定要偏移的那一侧上的点，或 [退出(E)/多个(M)/放弃(U)] <退出>:
                                                //在所选弧的下侧拾取点
选择要偏移的对象，或 [退出(E)/放弃(U)] <退出>:    //选择最左侧的垂直轮廓线
指定要偏移的那一侧上的点，或 [退出(E)/多个(M)/放弃(U)] <退出>:
                                                 //在所选对象的左侧拾取点
选择要偏移的对象，或 [退出(E)/放弃(U)] <退出>:    //选择最右侧的垂直轮廓线
指定要偏移的那一侧上的点，或 [退出(E)/多个(M)/放弃(U)] <退出>:
                                                //在所选对象的右侧拾取点
选择要偏移的对象，或 [退出(E)/放弃(U)] <退出>:  //Enter，偏移结果如图 3-83 所示
```

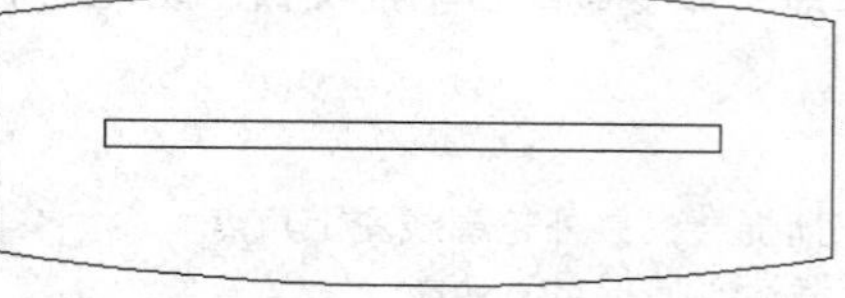

图 3-82　删除结果

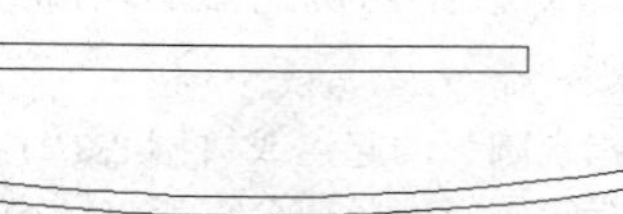

图 3-83　偏移结果

Step 21 选择菜单栏中的"绘图"→"点"→"定数等分"命令，为会议桌布置会议椅。命令行操作如下：

```
命令: _divide
选择要定数等分的对象:                          //选择最左侧的垂直线段
输入线段数目或 [块(B)]:                        //B Enter
输入要插入的块名:                              //chair01Enter
是否对齐块和对象? [是(Y)/否(N)] <Y>:  //Enter
输入线段数目:                                  //3 Enter，等分数目
命令:                                          //Enter 重复执行命令
DIVIDE 选择要定数等分的对象:                  //选择最右侧的垂直线段
输入线段数目或 [块(B)]:                       //B Enter
输入要插入的块名:                             //chair01Enter
是否对齐块和对象? [是(Y)/否(N)] <Y>: //Enter
输入线段数目:                                 //3 Enter，等分结果如图 3-84 所示
```

Step 22 选择菜单栏中的“绘图”→“点”→“定距等分”命令，继续为会议桌布置会议椅。命令行操作如下：

```
命令: _measure
选择要定距等分的对象:                    //选择最上侧的弧形轮廓线
指定线段长度或 [块(B)]:                  //B Enter
输入要插入的块名:                        //chair01Enter
是否对齐块和对象? [是(Y)/否(N)] <Y>:    //Enter
指定线段长度:                            //844 Enter
命令:                                    //Enter
MEASURE 选择要定距等分的对象:            //选择最下侧的弧形轮廓线
指定线段长度或 [块(B)]:                  //B Enter
输入要插入的块名:                        //chair01Enter
是否对齐块和对象? [是(Y)/否(N)] <Y>:    //Enter
指定线段长度:                            //844 Enter，等分结果如图 3-85 所示
```

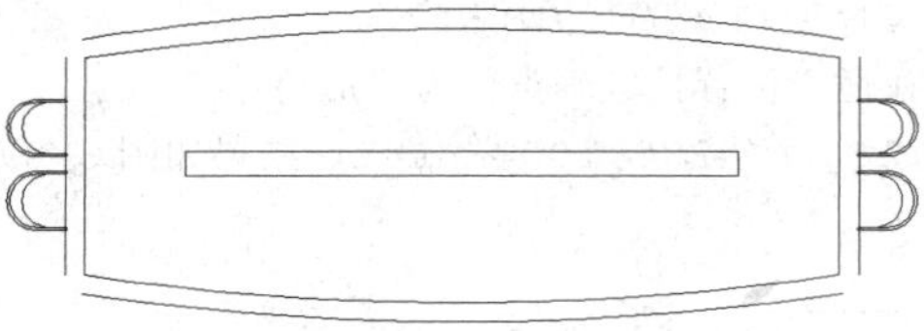

图 3-84　定数等分 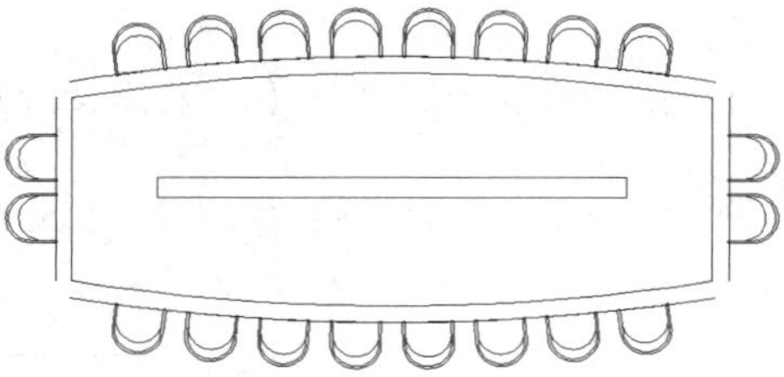　　　　图 3-85　定距等分

Step 23 使用快捷键 E 激活“删除”命令，选择偏移出的四条辅助图线进行删除。结果如图 3-86 所示。

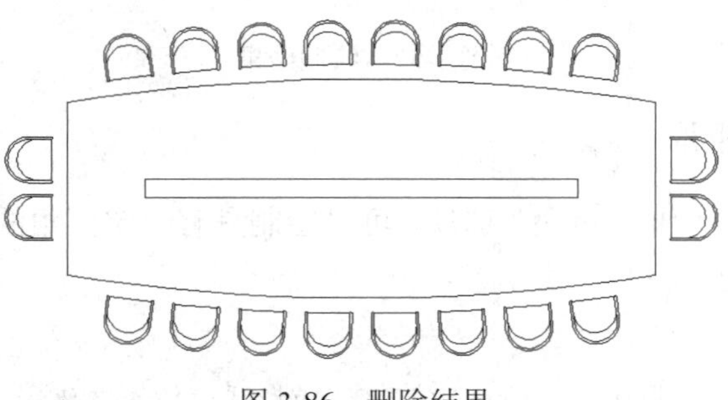

图 3-86　删除结果

Step 24 执行“保存”命令，将图形命名存储为“上机实训一.dwg”。

3.5 多边形

本节将讲述闭合折线的绘制方法，具体有“矩形”、“正多边形”、“面域”、“边界”四个命令。

Note

3.5.1 绘制矩形

"矩形"是由四条直线元素组合而成的闭合对象，AutoCAD 将其看作一条闭合的多段线。执行"矩形"命令主要有以下几种方式：

- ✧ 单击"默认"选项卡→"绘图"面板→"矩形"按钮。
- ✧ 选择菜单栏中的"绘图"→"矩形"命令。
- ✧ 单击"绘图"工具栏→"矩形"按钮。
- ✧ 在命令行输入 Rectang 后按 Enter 键。
- ✧ 使用快捷键 REC。

默认设置下，绘制矩形的方式为"对角点"方式。下面绘制长度为 200、宽度为 100 的矩形。其命令行操作如下：

```
命令: _rectang
指定第一个角点或 [倒角(C)/标高(E)/圆角(F)/厚度(T)/宽度(W)]:
                                    //在适当位置拾取一点作为矩形角点
指定另一个角点或 [面积(A)/尺寸(D)/旋转(R)]: //@200,100 Enter，结果如图 3-87
所示
```

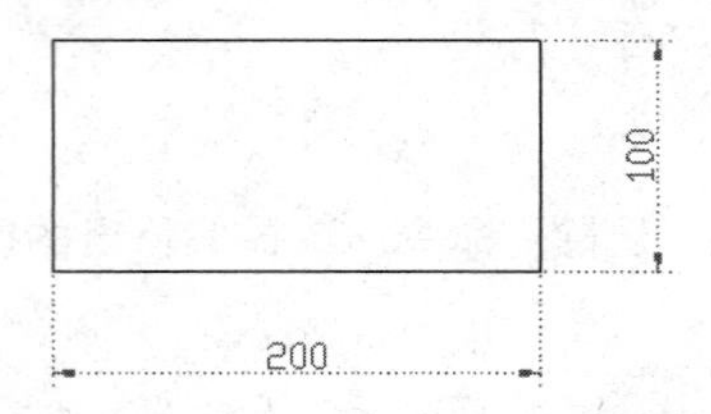

图 3-87　绘制结果

● 绘制倒角矩形

使用"矩形"命令中的"倒角"选项，可以绘制具有一定倒角的特征矩形，如图 3-88 所示。其命令行操作如下：

```
命令: _rectang
指定第一个角点或 [倒角(C)/标高(E)/圆角(F)/厚度(T)/宽度(W)]://c Enter
指定矩形的第一个倒角距离 <0.0000>:          //25 Enter，设置第一倒角距离
指定矩形的第二个倒角距离 <25.0000>:         //10 Enter，设置第二倒角距离
指定第一个角点或 [倒角(C)/标高(E)/圆角(F)/厚度(T)/宽度(W)]:  //拾取一点
指定另一个角点或 [面积(A)/尺寸(D)/旋转(R)]: //d Enter，激活"尺寸"选项
指定矩形的长度 <10.0000>:                   //200 Enter
指定矩形的宽度 <10.0000>:                   //100 Enter
指定另一个角点或 [面积(A)/尺寸(D)/旋转(R)]: //拾取一点，结果如图 3-88 所示
```

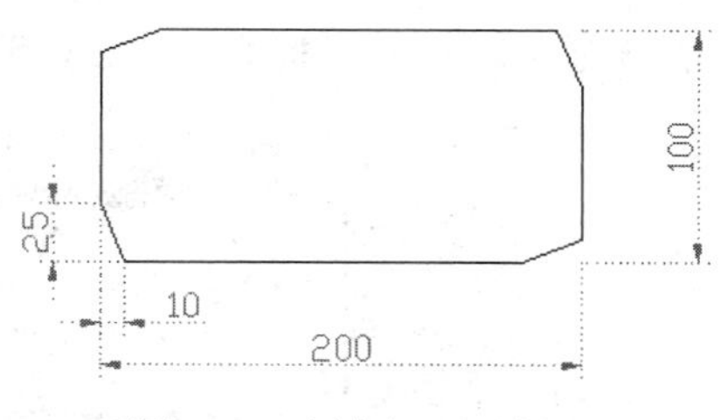

图 3-88　倒角矩形示例

- **绘制圆角矩形**

使用“矩形”命令中的“圆角”选项，可以绘制具有一定圆角的特征矩形，如图 3-89 所示。其命令行操作如下：

```
命令: _rectang
指定第一个角点或 [倒角(C)/标高(E)/圆角(F)/厚度(T)/宽度(W)]: //f Enter
指定矩形的圆角半径 <0.0000>:                    //20 Enter，设置圆角半径
指定第一个角点或 [倒角(C)/标高(E)/圆角(F)/厚度(T)/宽度(W)]: //拾取一点作为起点
指定另一个角点或 [面积(A)/尺寸(D)/旋转(R)]:   //a Enter
输入以当前单位计算的矩形面积 <100.0000>:        //20000 Enter，指定矩形面积
计算矩形标注时依据 [长度(L)/宽度(W)] <长度>:  //L Enter
输入矩形长度 <200.0000>:                       //Enter，绘制结果如图 3-89 所示
```

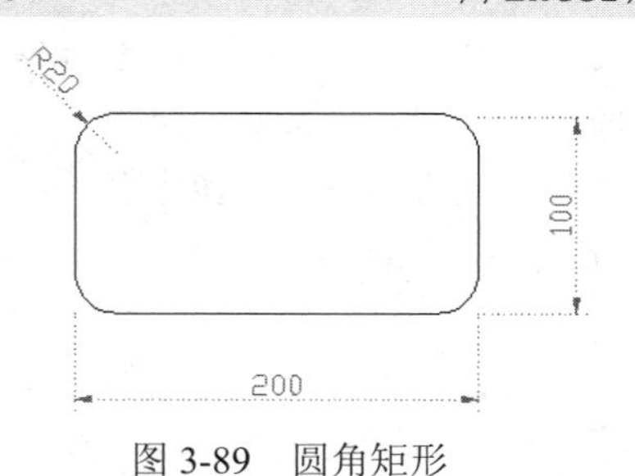

图 3-89　圆角矩形

- **绘制宽度矩形和厚度矩形**

“宽度”选项用于设置矩形边的宽度，以绘制具有一定宽度的矩形，如图 3-90 所示；“厚度”选项用于设置矩形的厚度，以绘制具有一定厚度的矩形，如图 3-91 所示。

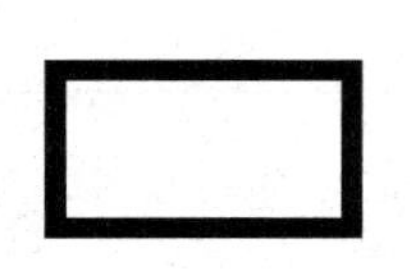
图 3-90　宽度矩形

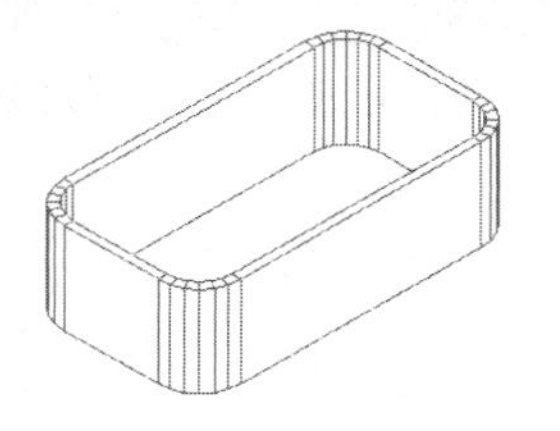
图 3-91　厚度矩形

- **绘制标高矩形**

“标高”选项用于设置矩形的基面高度，以绘制具有一定标高的矩形，如图 3-92 所

示。所谓“基面高度”，指的就是距离当前坐标系的 XOY 坐标平面的高度。

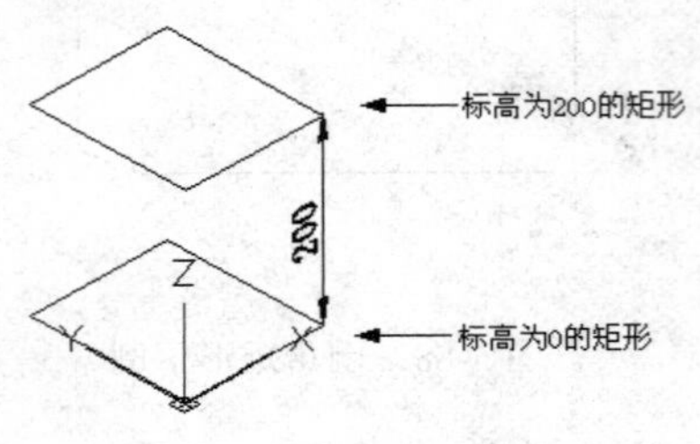

图 3-92　绘制标高矩形

小技巧：

当用户绘制一定厚度和标高的矩形时，要把当前视图转变为等轴测视图，才能显示出矩形的厚度和标高，否则在俯视图中看不出什么变化。

3.5.2　绘制正多边形

所谓“正多边形”，指的是由相等的边角组成的闭合图形，如图 3-93 所示。执行“正多边形”命令主要有以下几种方式：

- ✧ 单击“默认”选项卡→“绘图”面板→“正多边形”按钮。
- ✧ 选择菜单栏中的“绘图”→“正多边形”命令。
- ✧ 单击“绘图”工具栏→“正多边形”按钮。
- ✧ 在命令行输入 Polygon 后按 Enter 键。
- ✧ 使用快捷键 POL。

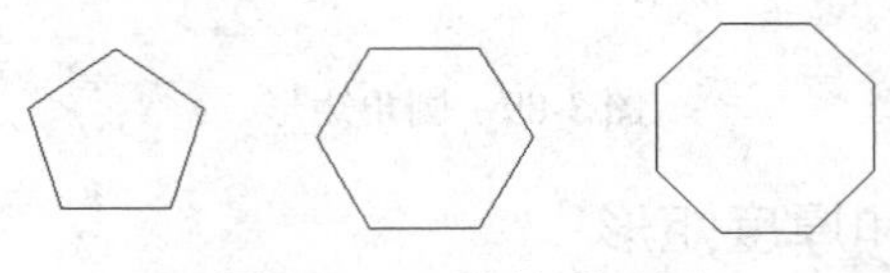

图 3-93　正多边形示例

小技巧：

正多边形也是一个复合对象，不管内部包含有多少直线元素，系统都将其看作一个单一的对象。

- **“内接于圆”方式画多边形**

此种方式为系统默认方式，在指定了正多边形的边数和中心点后，直接输入正多边形外接圆的半径，即可精确绘制正多边形。其命令行操作如下：

```
命令: _polygon
输入边的数目 <4>:                          //5 Enter，设置正多边形的边数
```

```
指定正多边形的中心点或 [边(E)]:              //在绘图区拾取一点作为中心点
输入选项 [内接于圆(I)/外切于圆(C)] <I>:  //I Enter，激活“内接于圆”选项
指定圆的半径:                        //94 Enter，输入外接圆半径，结果如图 3-94 所示
```

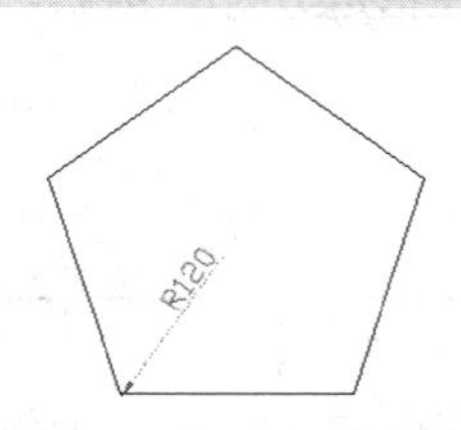

图 3-94 “内接于圆”方式示例

- **“外切于圆”方式画多边形**

当确定了正多边形的边数和中心点之后，使用此种方式输入正多边形内切圆的半径，就可精确绘制正多边形。此种方式的命令行操作如下：

```
命令: _polygon
输入边的数目 <4>:                                //5 Enter，设置正多边形的边数
指定正多边形的中心点或 [边(E)]:                 //在绘图区拾取一点定位中心点
输入选项 [内接于圆(I)/外切于圆(C)] <C>:    //c Enter，激活“外切于圆”选项
指定圆的半径:                    //120 Enter，输入内切圆的半径，结果如图 3-95 所示
```

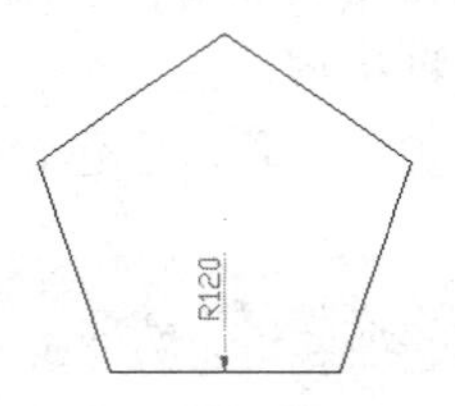

图 3-95 “外切于圆”方式

- **“边”方式画多边形**

此种方式是通过输入多边形一条边的边长，来精确绘制正多边形的。在具体定位边长时，需要分别定位出边的两个端点。此种方式的操作如下：

```
命令: _polygon
输入边的数目 <4>:                          //6 Enter，设置正多边形的边数
指定正多边形的中心点或 [边(E)]:     //e Enter，激活“边”选项
指定边的第一个端点:                        //拾取一点作为边的一个端点
指定边的第二个端点:                        //@100,0 Enter，绘制结果如图 3-96 所示
```

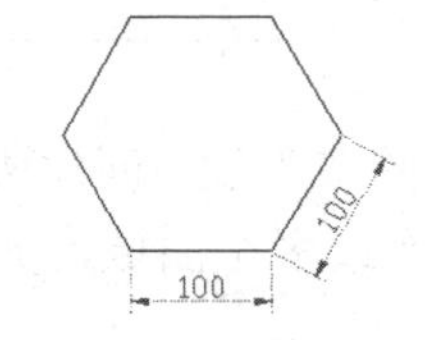

图 3-96 “边”方式示例

Note

小技巧：

使用按“边”方式绘制正多边形，在指定边的两个端点 A、B 时，系统按从 A 至 B 顺序以逆时针方向绘制正多边形。

3.5.3 创建闭合面域

所谓“面域”，其实就是实体的表面，它是一个没有厚度的二维实心区域，它具备实体模型的一切特性，它不但含有边的信息，还有边界内的信息，可以利用这些信息计算工程属性，如面积、重心和惯性矩等。执行“面域”命令主要有以下几种方式：

- ✧ 单击“默认”选项卡→“绘图”面板→“面域”按钮。
- ✧ 选择菜单栏中的“绘图”→“面域”命令。
- ✧ 单击“绘图”工具栏→按钮。
- ✧ 在命令行输入 Region 后按 Enter 键。
- ✧ 使用快捷键 REN。

面域不能直接被创建，而是通过其他闭合图形进行转化。在执行“面域”命令后，只需选择封闭的图形对象即可将其转化为面域，如圆、矩形、正多边形等。封闭对象在没有转化为面域之前，仅是一种线框模型，没有什么属性信息；而这些封闭图形一旦被创建为面域之后，它就转变为一种实体对象，它包含实体对象所具有的一切属性。

小技巧：

当闭合对象被转化为面域后，看上去并没有什么变化，如果对其进行着色后就可以区分开，如图 3-97 所示。

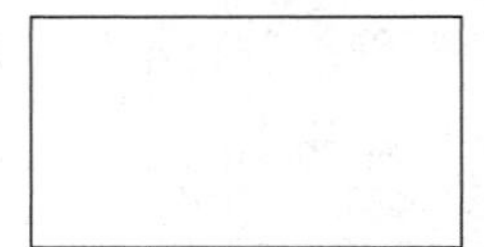

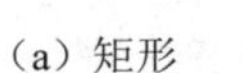

（a）矩形

（b）着色后的矩形面域

图 3-97　几何线框与几何面域

3.5.4 创建闭合边界

所谓“边界”，指的是一条闭合的多段线，创建边界就是从多个相交对象中提取一条或多条闭合多段线，也可以提取一个或多个面域，如图 3-98 所示。

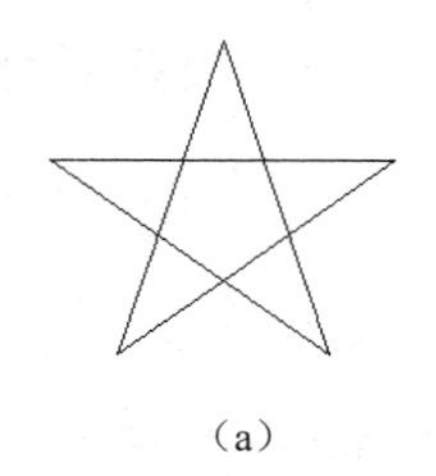

(a)

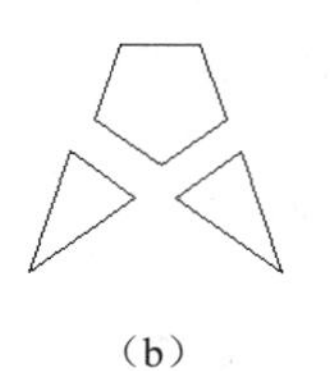

(b)

图 3-98　边界示例

执行“边界”命令主要有以下几种方式：

✧ 单击“默认”选项卡→“绘图”面板→“边界”按钮。
✧ 选择菜单栏中的“绘图”→“边界”命令。
✧ 单击“默认”选项卡→“绘图”面板→“边界”按钮。
✧ 在命令行输入 Boundary 后按 Enter 键。
✧ 使用快捷键 BO。

下面将从一个五角形图案中提取三个闭合的多段线边界，学习使用“边界”命令。操作过程如下：

图 3-99　“边界创建”对话框

Step 01 打开随书光盘“\素材文件\五角星图案.dwg”，如图 3-98（a）所示。

Step 02 选择菜单栏中的“绘图”→“边界”命令，打开如图 3-99 所示的“边界创建”对话框。

Step 03 单击“拾取点”按钮，返回绘图区，在命令行“拾取内部点：”提示下，分别在五角星图案的中心区域内单击左键拾取一点，系统自动分析出一个虚线边界，如图 3-100 所示。

Step 04 继续在命令行“拾取内部点：”提示下，在下侧的两个三角区域内单击左键，创建另两个边界，如图 3-101 所示。

图 3-100　创建边界-1

图 3-101　创建边界-2

Step 05 继续在命令行“拾取内部点：”提示下按 Enter 键结束命令，结果创建了三条闭合的多段线边界。

小技巧：

在执行“边界”命令后，创建的闭合边界或面域与原图形对象的轮廓边是重合的。

Step 06 使用快捷键 M 激活“移动”命令，将创建的三个闭合边界从原图形中移出。结果如图 3-98（b）所示。

选项解析

- ✧ “边界集”选项组用于定义从指定点定义边界时 AutoCAD 导出来的对象集合，共有“当前视口”和“现有集合”两种类型。其中，前者用于从当前视口中可见的所有对象中定义边界集，后者是从选择的所有对象中定义边界集。
- ✧ 单击“新建”按钮，在绘图区选择对象后，系统返回“边界创建”对话框，在“边界集”组合框中显示“现有集合”类型，用户可以从选择的现有对象集合中定义边界集。
- ✧ “对象类型”列表框用于确定导出的是边界还是面域，默认为多段线。

3.6 图案填充

所谓“图案”，指的就是使用各种图线进行不同的排列组合而构成的图形元素，此类图形元素作为一个独立的整体，被填充到各种封闭的图形区域内，以表达各自的图形信息，如图 3-102 所示。

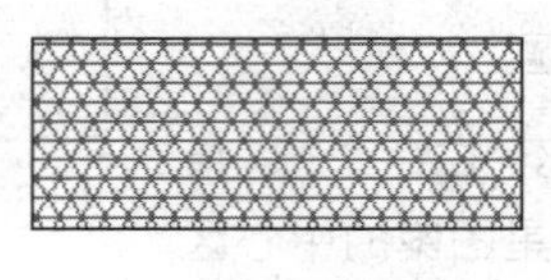
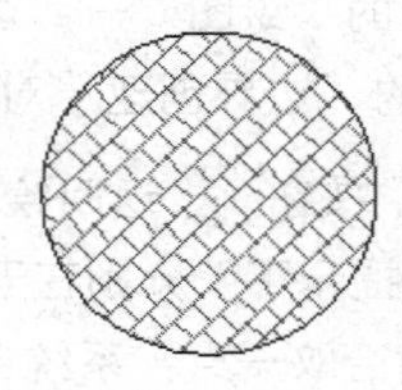

图 3-102　图案示例

执行“图案填充”命令主要有以下几种方式：

- ✧ 单击“默认”选项卡→“绘图”面板→“图案填充”按钮。
- ✧ 选择菜单栏中的“绘图”→“图案填充”命令。
- ✧ 单击“绘图”工具栏→“图案填充”按钮。
- ✧ 在命令行输入 Bhatch 后按 Enter 键。
- ✧ 使用快捷键 H 或 BH。

3.6.1 绘制填充图案

Step 01 新建空白文件，然后绘制如图 3-103 所示的矩形和圆，作为填充边界。

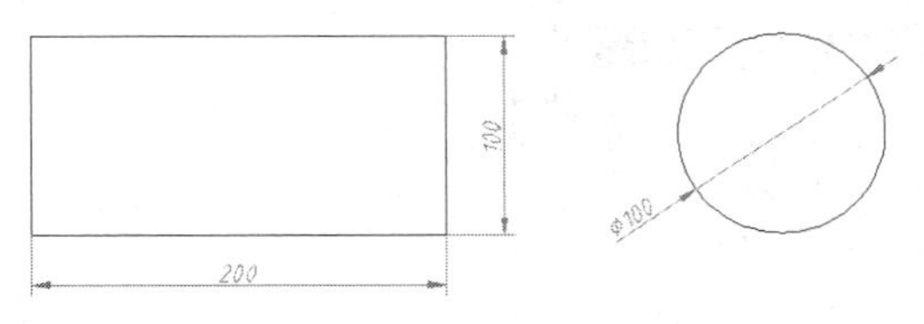

图 3-103　绘制结果

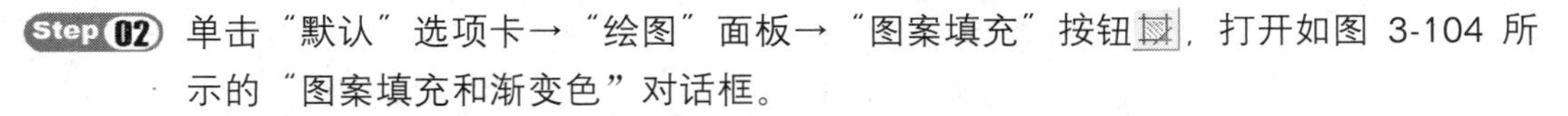

Step 02 单击“默认”选项卡→“绘图”面板→“图案填充”按钮，打开如图 3-104 所示的“图案填充和渐变色”对话框。

Step 03 单击“样列”文本框中的图案，或单击“图案”列表右端的按钮...，打开“填充图案选项板”对话框，选择需要填充的图案，如图 3-105 所示。

图 3-104　“图案填充和渐变色”对话框

图 3-105　选择填充图案

Step 04 返回“图案填充和渐变色”对话框，设置填充比例为 1.2，然后单击“添加：选择对象”按钮，选择矩形作为填充边界。填充结果如图 3-106 所示。

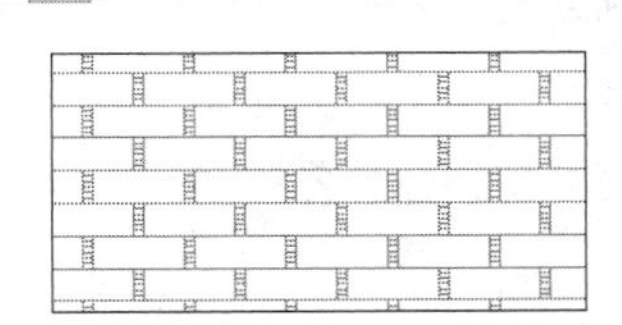
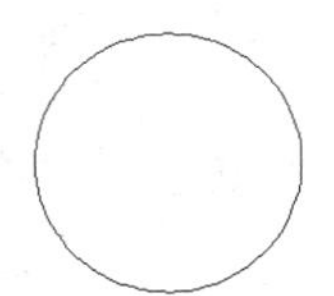

图 3-106　填充结果

Step 05 重复执行“图案填充”命令，设置填充图案以及参数如图 3-107 所示，单击“添加：拾取点”按钮，返回绘图区在圆内单击左键，指定填充边界。

Step 06 按 Enter 键返回“图案填充和渐变色”对话框，单击 确定 按钮结束命令，填充结果如图 3-108 所示。

Note

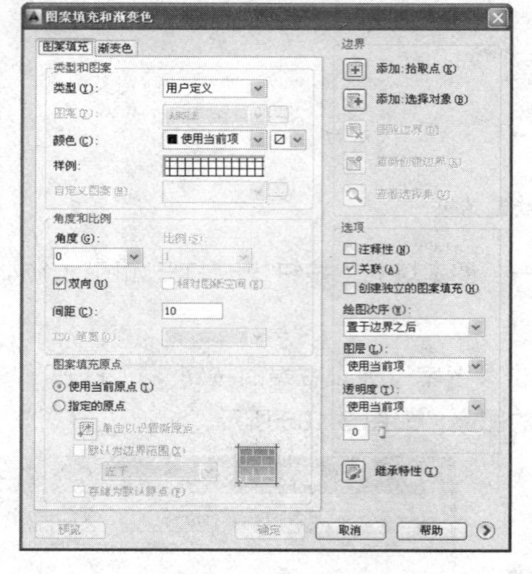

图 3-107　设置填充图案和填充参数

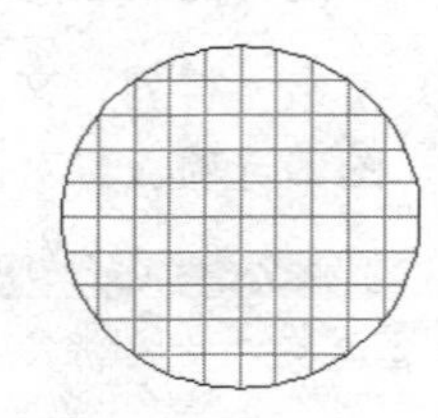

图 3-108　填充结果

3.6.2　“图案填充”选项卡

在图 3-107 所示的“图案填充和渐变色”对话框中，共包括“图案填充”和“渐变色”两个选项卡。其中，“图案填充”选项卡用于设置填充图案的类型、样式、填充角度及填充比例等。各常用选项如下：

✧ “类型”列表框内包含“预定义”、“用户定义”、“自定义”三种图样类型，如图 3-109 所示。

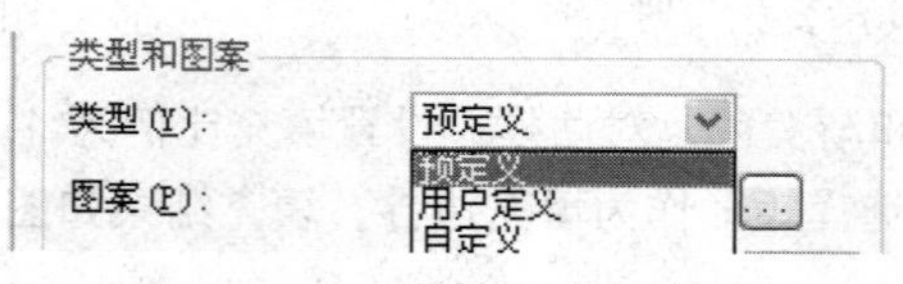

图 3-109　“类型”下拉列表框

✧ “图案”列表框用于显示预定义类型的填充图案名称。用户可从下拉列表框中选择所需的图案。

✧ “样例”文本框用于显示当前图案的预览图像。在样例图案上直接单击左键，也可快速打开“填充图案选项板”对话框，以选择所需图案。

✧ “角度”下拉列表框用于设置图案的倾斜角度。

✧ “比例”下拉列表框用于设置图案的填充比例。

小技巧：

AutoCAD 提供的各图案都有默认的比例，如果此比例不合适（太稀或太密），可以输入数值给出新比例。

✧ “相对图纸空间”选项仅用于布局选项卡，它是相对图纸空间单位进行图案的填充。运用此选项，可以根据适合布局的比例显示填充图案。
✧ “间距”文本框可设置用户定义填充图案的直线间距。

小技巧：

只有激活了“类型”列表框中的“用户自定义”选项，此选项才可用。

✧ “双向”复选框仅适用于用户定义图案，勾选该复选框，将增加一组与原图线垂直的线。
✧ “ISO 笔宽”选项决定运用 ISO 剖面线图案的线与线之间的间隔，它只在选择 ISO 线型图案时才可用。

● **填充边界的拾取**

✧ “添加：拾取点”按钮用于在填充区域内部拾取任意一点，AutoCAD 将自动搜索到包含该内点的区域边界，并以虚线显示边界。
✧ “添加：选择对象”按钮用于直接选择需要填充的单个闭合图形，作为填充边界。
✧ “删除边界”按钮用于删除位于选定填充区内但不填充的区域。
✧ “查看选择集”按钮用于查看所确定的边界。
✧ “继承特性”按钮用于在当前图形中选择一个已填充的图案，系统将继承该图案类型的一切属性并将其设置为当前图案。
✧ “关联”复选框与“创建独立的图案填充”复选框用于确定填充图形与边界的关系，分别用于创建关联和不关联的填充图案。
✧ “注释性”复选框用于为图案添加注释特性。
✧ “绘图次序”下拉列表用于设置填充图案和填充边界的绘图次序。
✧ “图层”下拉列表用于设置填充图案的所在层。
✧ “透明度”列表用于设置填充图案的透明度，拖曳下侧的滑块，可以调整透明度值，设置透明度后的图案显示效果。

小技巧：

当为图案指定透明度后，还需要打开状态栏上的按钮，以显示透明度效果。

3.6.3 “渐变色”选项卡

在“图案填充和渐变色”对话框中单击渐变色选项卡，打开如图 3-110 所示的“渐变色”选项卡，用于为指定的边界填充渐变色。

Note

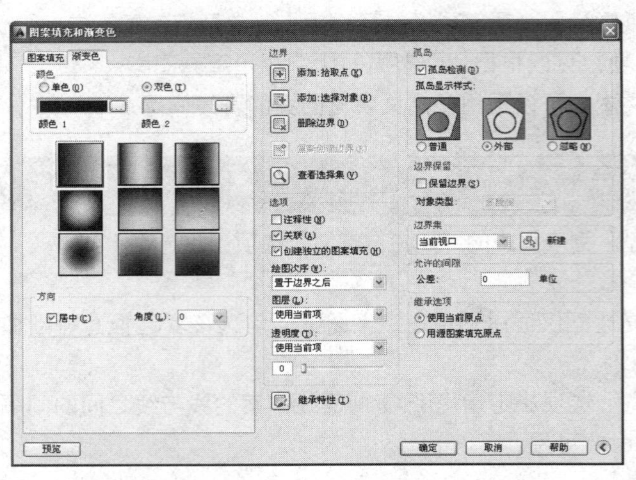

图 3-110 “渐变色”选项卡

小技巧：

单击右下角的“更多选项”扩展按钮，即可展开右侧的“孤岛”选项。

- “单色”单选按钮用于以一种渐变色进行填充；显示框用于显示当前的填充颜色，双击该颜色框或单击其右侧的按钮，可以弹出如图 3-111 所示的“选择颜色”对话框，用户可根据需要选择所需的颜色。
- “暗——明”滑动条：拖动滑动块可以调整填充颜色的明暗度，如果用户激活“双色”选项，此滑动条自动转换为颜色显示框。
- “双色”单选按钮用于以两种颜色的渐变色作为填充色；“角度”选项用于设置渐变填充的倾斜角度。
- “孤岛显示样式”选项组提供了“普通”、“外部”和“忽略”三种方式，如图 3-112 所示。其中“普通”方式是从最外层的外边界向内边界填充，第一层填充，第二层不填充，如此交替进行；“外部”方式只填充从最外边界向内第一边界之间的区域；“忽略”方式忽略最外层边界以内的其他任何边界，以最外层边界向内填充全部图形。

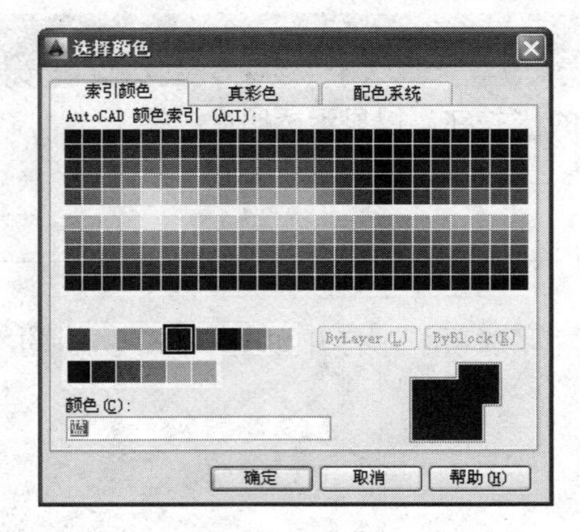

图 3-111 “选择颜色”对话框

图 3-112 孤岛填充样式

小技巧：

孤岛是指在一个边界包围的区域内又定义了另外一个边界，它可以实现对两个边界之间的区域进行填充，而内边界包围的内区域不填充。

- ✧ “边界保留”选项用于设置是否保留填充边界。系统默认设置为不保留填充边界。
- ✧ “允许的间隙”选项用于设置填充边界的允许间隙值，处在间隙值范围内的非封闭区域也可填充图案。
- ✧ “继承选项”选项组用于设置图案填充的原点，即使用当前原点还是使用源图案填充的原点。

3.7 上机实训二——绘制形象墙立面图

本例通过绘制形象墙立面图，继续对本章所讲知识进行综合练习和巩固应用。形象墙立面图的最终绘制效果如图 3-113 所示。

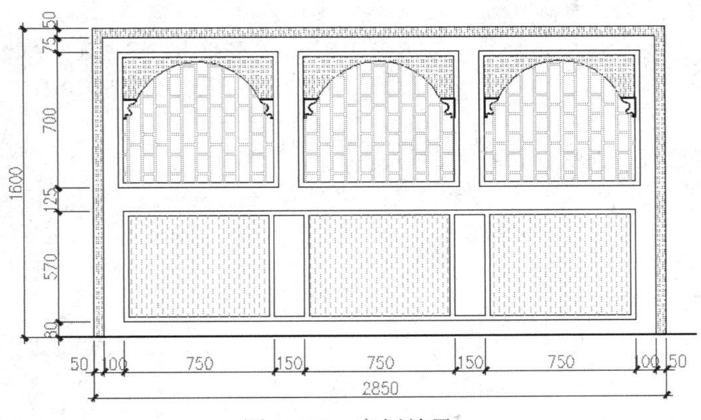

图 3-113　实例效果

操作步骤：

Step 01 单击“快速访问”工具栏→“新建”按钮，新建绘图文件。

Step 02 选择菜单栏中的“视图”→“缩放”→“圆心”命令，将当前视图的高度调整为 3000 个单位。命令行操作如下：

```
    命令：'_zoom
  指定窗口的角点，输入比例因子 (nX 或 nXP)，或者[全部(A)/中心(C)/动态(D)/范围(E)/
上一个(P)/比例(S)/窗口(W)/对象(O)] <实时>: _c
  指定中心点:                        //在绘图区拾取一点
  输入比例或高度 <602.6>:            //3000 Enter，输入新视图的高度
```

Step 03 绘制长度为 3000 的水平直线，并展开“线宽控制”下拉列表，修改其线宽为 0.35mm，同时打开线宽的显示功能。结果如图 3-114 所示。

Note

Step 04 使用快捷键 L 激活“直线”命令，配合最近点捕捉和点的坐标输入功能，绘制外侧轮廓线。命令行操作过程如下：

```
    命令: l                                //Enter
LINE 指定第一点:                          //按住 Shift 键单击右键，选择“最近点”选项
_nea 到                                   //在如图 3-115 所示的位置捕捉最近点
```

图 3-114　修改线宽效果　　　　图 3-115　捕捉最近点

```
指定下一点或 [放弃(U)]:                  //@0,1600 Enter
指定下一点或 [放弃(U)]:                  //@2850<0 Enter
指定下一点或 [闭合(C)/放弃(U)]:          //@1600<270 Enter
指定下一点或 [闭合(C)/放弃(U)]:          //Enter，绘制结果如图 3-116 所示
```

Step 05 单击“默认”选项卡→“绘图”面板→“矩形”按钮，配合“捕捉自”功能绘制下侧的矩形轮廓线。命令行操作过程如下：

```
    命令: _rectang
指定第一个角点或 [倒角(C)/标高(E)/圆角(F)/厚度(T)/宽度(W)]:
                                         //按住 Shift 键单击右键，选择“自”选项
_from 基点:                              //捕捉图 3-116 所示的端点 W
<偏移>:                                  //@150,80 Enter
指定另一个角点或 [面积(A)/尺寸(D)/旋转(R)]:
                                       //@2550,570 Enter，绘制结果如图 3-117 所示
```

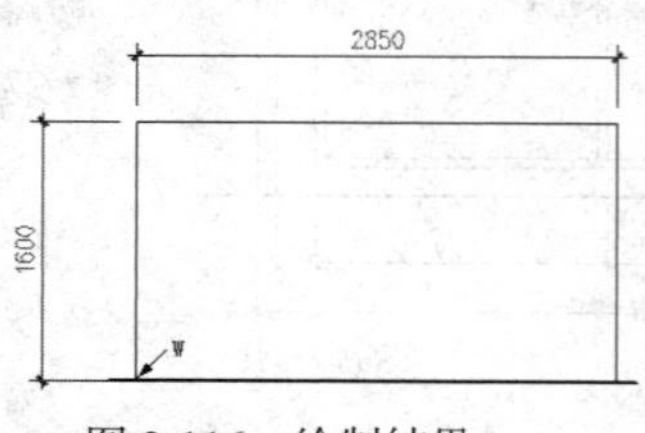

图 3-116　绘制结果

图 3-117　绘制矩形

Step 06 选择菜单栏中的“格式”→“颜色”命令，在弹出的“选择颜色”对话框中设置当前颜色为 142 号色，如图 3-118 所示。

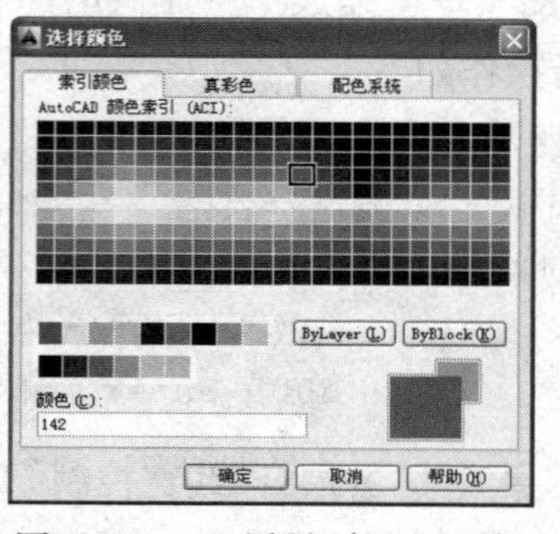

图 3-118　“选择颜色”对话框

Step 07 单击"默认"选项卡→"绘图"面板→"矩形"按钮，配合"捕捉自"功能和点的坐标输入功能，绘制内侧的矩形轮廓线。命令行操作如下：

```
    命令: _rectang
指定第一个角点或 [倒角(C)/标高(E)/圆角(F)/厚度(T)/宽度(W)]://激活"捕捉自"功能
_from 基点:                    //捕捉刚绘制的矩形的左下角点
<偏移>:                        //@25,25 Enter
指定另一个角点或 [面积(A)/尺寸(D)/旋转(R)]:  //@700,520 Enter
命令:                          //Enter，重复执行命令
RECTANG 指定第一个角点或 [倒角(C)/标高(E)/圆角(F)/厚度(T)/宽度(W)]:
                               //激活"捕捉自"功能
_from 基点:                    //捕捉刚绘制的矩形的右下角点
<偏移>:                        //@25,0 Enter
指定另一个角点或 [面积(A)/尺寸(D)/旋转(R)]:   //@150,520 Enter
命令:                          //Enter，重复执行命令
RECTANG 指定第一个角点或 [倒角(C)/标高(E)/圆角(F)/厚度(T)/宽度(W)]:
                               //激活"捕捉自"功能
_from 基点:                    //捕捉刚绘制的矩形的右下角点
<偏移>:                        //@25,0 Enter
指定另一个角点或 [面积(A)/尺寸(D)/旋转(R)]:   //@700,520 Enter
命令:                          //Enter，重复执行命令
RECTANG 指定第一个角点或 [倒角(C)/标高(E)/圆角(F)/厚度(T)/宽度(W)]:
                               //激活"捕捉自"功能
_from 基点:                    //捕捉刚绘制的矩形的左下角点
<偏移>:                        //@25,0 Enter
指定另一个角点或 [面积(A)/尺寸(D)/旋转(R)]:   //@150,520 Enter
命令:                          //Enter，重复执行命令
RECTANG 指定第一个角点或 [倒角(C)/标高(E)/圆角(F)/厚度(T)/宽度(W)]:
                               //激活"捕捉自"功能
_from 基点:                    //捕捉刚绘制的矩形的左下角点
<偏移>:                        //@25,0 Enter
指定另一个角点或 [面积(A)/尺寸(D)/旋转(R)]:
                               //@700,520 Enter，绘制结果如图 3-119 所示
```

Step 08 重复执行"矩形"命令，配合"捕捉自"功能绘制上侧的矩形轮廓线。命令行操作如下：

```
命令:                          //Enter，重复执行命令
RECTANG 指定第一个角点或 [倒角(C)/标高(E)/圆角(F)/厚度(T)/宽度(W)]:
                               //激活"捕捉自"功能
_from 基点:                    //捕捉图 3-119 所示的端点 A
<偏移>:                        //@150,-150 Enter
指定另一个角点或 [面积(A)/尺寸(D)/旋转(R)]:  //@750,-650 Enter
命令:                          //Enter，重复执行命令
RECTANG 指定第一个角点或 [倒角(C)/标高(E)/圆角(F)/厚度(T)/宽度(W)]:
```

Note

```
                    //激活"捕捉自"功能
_from 基点:          //捕捉刚绘制的矩形的右下角点
<偏移>:              //@150,0 Enter
指定另一个角点或 [面积(A)/尺寸(D)/旋转(R)]:   //@750,650 Enter
命令:                //Enter，重复执行命令
RECTANG 指定第一个角点或 [倒角(C)/标高(E)/圆角(F)/厚度(T)/宽度(W)]:
                    //激活"捕捉自"功能
_from 基点:          //捕捉刚绘制的矩形的右下角点
<偏移>:              //@150,0 Enter
指定另一个角点或 [面积(A)/尺寸(D)/旋转(R)]:
                    //@750,650 Enter，绘制结果如图 3-120 所示
```

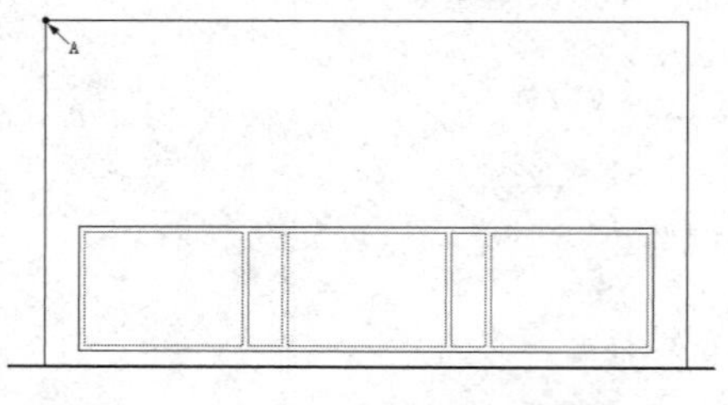

图 3-119　绘制结果

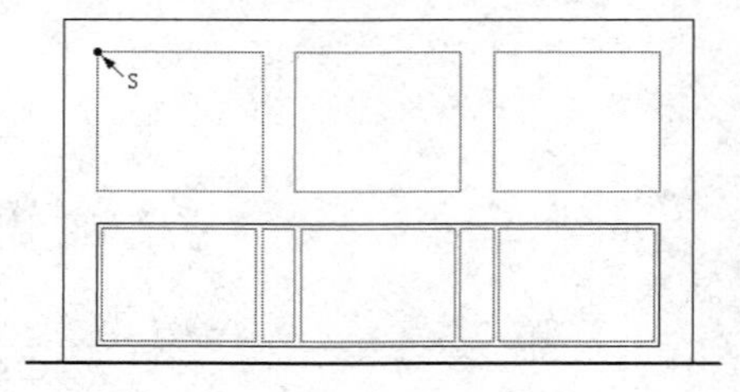

图 3-120　绘制结果

Step 09 选择刚绘制的三个矩形，修改其颜色为"随层"，然后选择菜单栏中的"绘图"→"多段线"命令，绘制闭合的装饰图案。命令行操作如下：

```
命令: _pline
指定起点:                          //激活捕捉自功能
_from 基点:                        //捕捉图 3-120 所示的端点 S
<偏移>:                            //@70,-215 Enter
当前线宽为 0.0
指定下一个点或 [圆弧(A)/半宽(H)/长度(L)/放弃(U)/宽度(W)]:     //@-70,0 Enter
指定下一点或 [圆弧(A)/闭合(C)/半宽(H)/长度(L)/放弃(U)/宽度(W)]://@0,-100 Enter
指定下一点或 [圆弧(A)/闭合(C)/半宽(H)/长度(L)/放弃(U)/宽度(W)]://@15,0 Enter
指定下一点或 [圆弧(A)/闭合(C)/半宽(H)/长度(L)/放弃(U)/宽度(W)]://a Enter
指定圆弧的端点或[角度(A)/圆心(CE)/闭合(CL)/方向(D)/半宽(H)/直线(L)/半径(R)/第二个点(S)/放弃(U)/宽度(W)]:                //a Enter
指定包含角:                        //-180 Enter
指定圆弧的端点或 [圆心(CE)/半径(R)]:   //@11,17 Enter
指定圆弧的端点或[角度(A)/圆心(CE)/闭合(CL)/方向(D)/半宽(H)/直线(L)/半径(R)/第二个点(S)/放弃(U)/宽度(W)]:                //@12,20 Enter
指定圆弧的端点或[角度(A)/圆心(CE)/闭合(CL)/方向(D)/半宽(H)/直线 (L)/半径(R)/第二个点 (S)/放弃(U)/宽度(W)]:              //@7,38 Enter
指定圆弧的端点或[角度(A)/圆心(CE)/闭合(CL)/方向(D)/半宽(H)/直线(L)/半径(R)/第二个点(S)/放弃(U)/宽度(W)]:     //CL Enter，闭合图形，绘制结果如图 3-121 所示
```

Step 10 选择菜单栏中的“修改”→“偏移”命令，将刚绘制的闭合多段线向内偏移3个单位，创建出内部的轮廓线。结果如图3-122所示。

Step 11 综合“多段线”和“偏移”等命令，绘制其他位置的装饰图案。结果如图3-123所示。

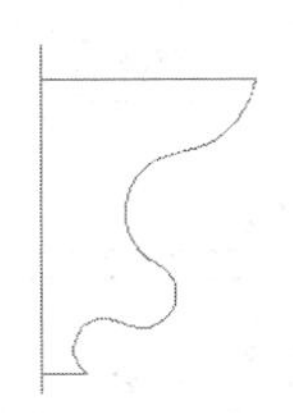

图3-121 绘制结果

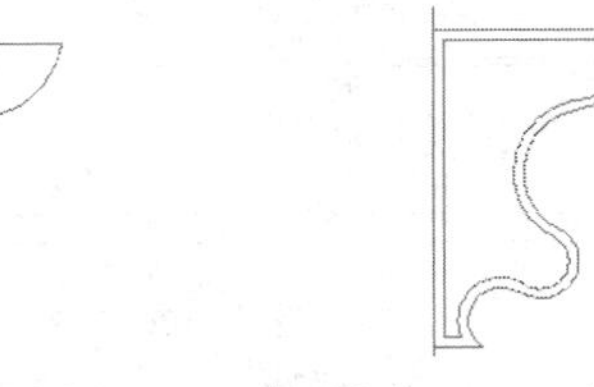

图3-122 偏移结果

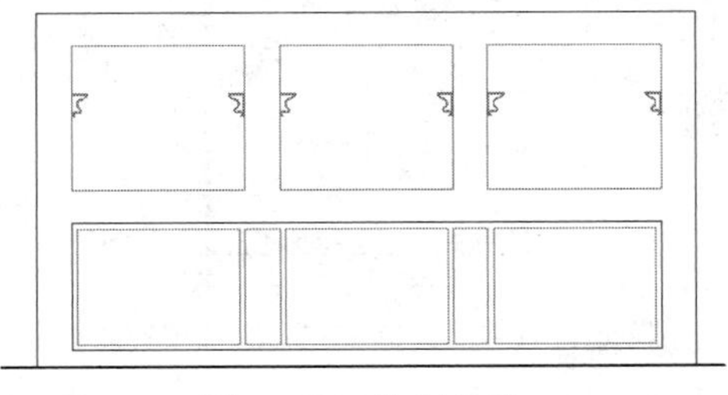

图3-123 绘制结果

Step 12 选择菜单栏中的“绘图”→“圆弧”→“三点”命令，配合对象捕捉和捕捉自等功能，绘制内部的弧形轮廓线。命令行操作过程如下：

```
    命令：_arc
指定圆弧的起点或 [圆心(C)]:                    //捕捉如图3-124所示的端点1
指定圆弧的第二个点或 [圆心(C)/端点(E)]:         //激活“捕捉自”功能
_from 基点:                                     //捕捉中点2
<偏移>:                                         //@0,-25 Enter
指定圆弧的端点:                                 //捕捉端点3，结果如图3-124所示
```

Step 13 重复执行“圆弧”命令，绘制其他弧轮廓线。结果如图3-125所示。

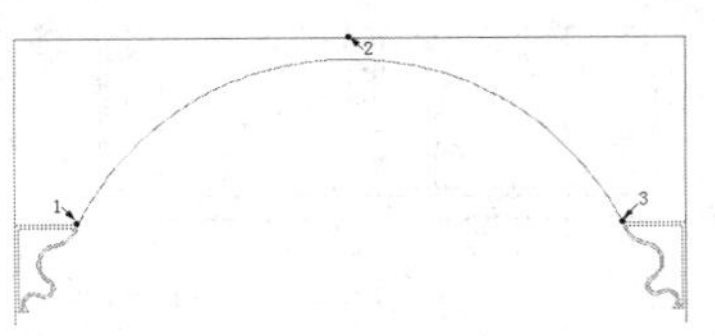

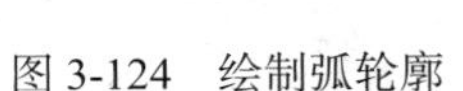

图3-124 绘制弧轮廓

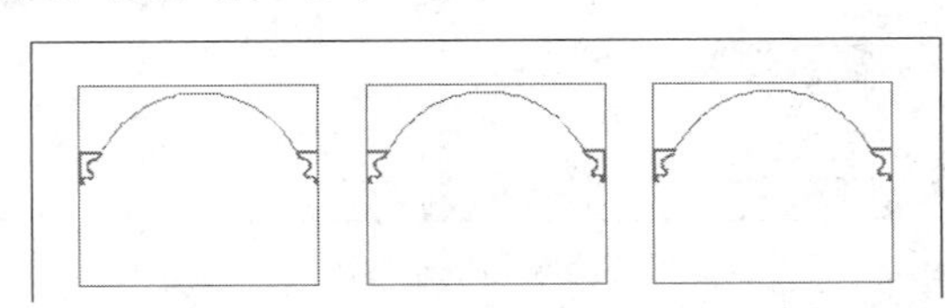

图3-125 绘制其他圆弧

Step 14 执行“偏移”命令，将圆弧外侧的矩形边界分别向外侧偏移，偏移距离为25。结果如图3-126所示。

Step 15 使用快捷键REC激活“矩形”命令，配合“捕捉自”功能绘制如图3-127所示的矩形内框。

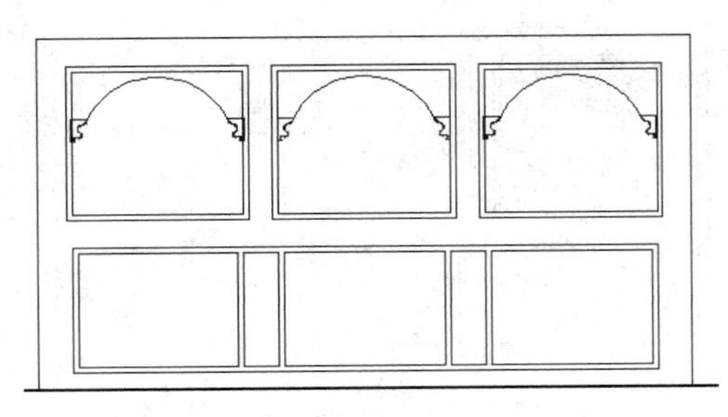

图3-126 偏移结果

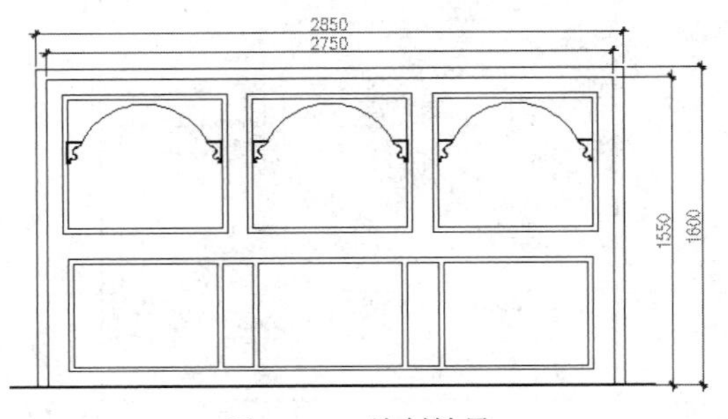

图3-127 绘制结果

Step 16 选择菜单栏中的“绘图”→“图案填充”命令，在打开的“图案填充和渐变色”对话框中设置填充图案和填充参数，如图 3-128 所示，为图形填充如图 3-129 所示的图案。

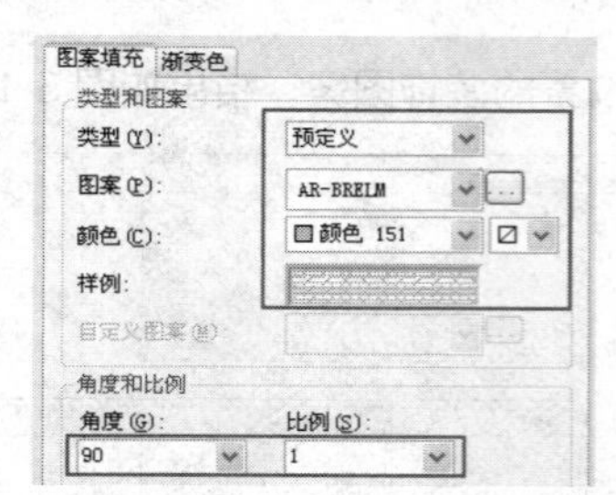

图 3-128　设置填充图案和填充参数

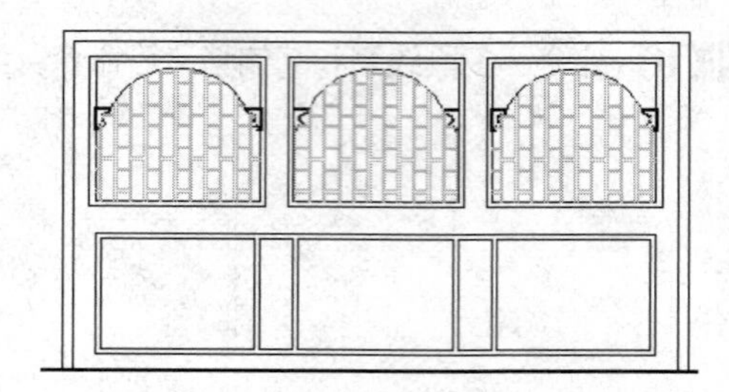

图 3-129　填充结果

Step 17 重复执行“图案填充”命令，设置填充图案和填充参数，如图 3-130 所示，为图形填充如图 3-131 所示的图案。

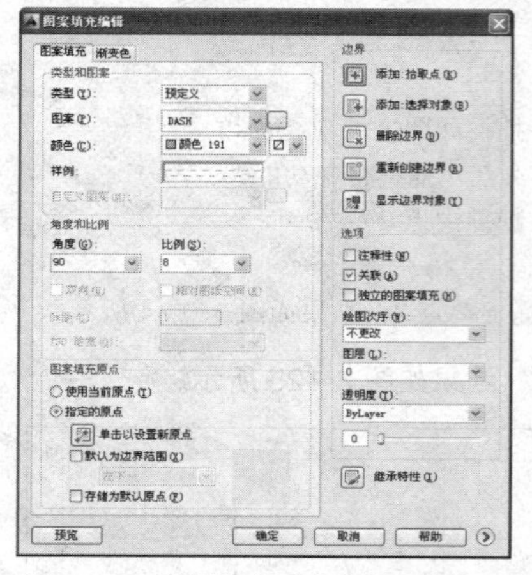

图 3-130　设置填充图案和填充参数

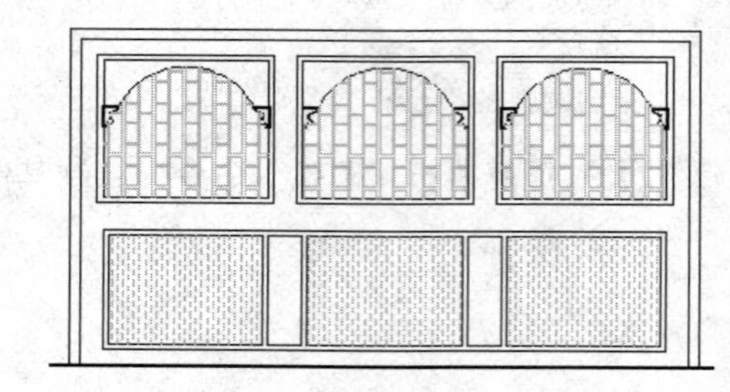

图 3-131　填充结果

Step 18 重复执行“图案填充”命令，设置填充图案和填充参数，如图 3-132 所示，为图形填充如图 3-133 所示的图案。

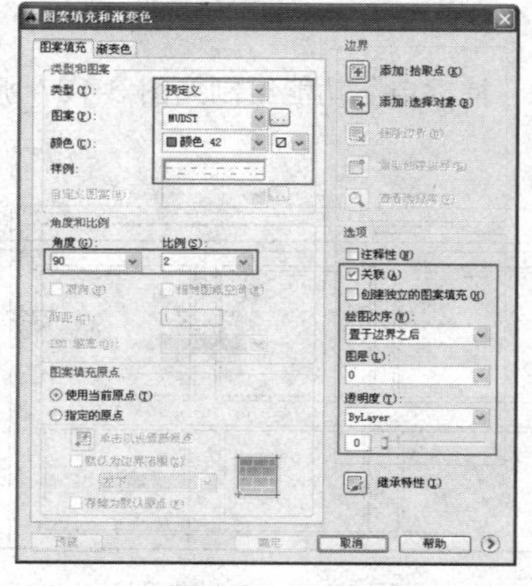

图 3-132　设置填充图案和填充参数

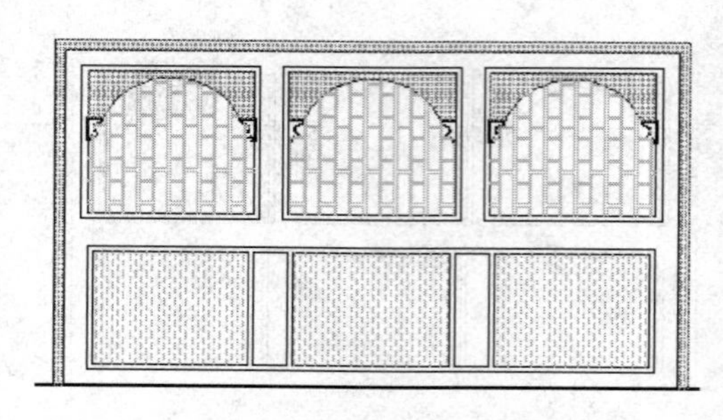

图 3-133　填充结果

Step 19 单击"快速访问"工具栏→"保存"按钮，将图形命名存储为"上机实训二.dwg"。

3.8 小结与练习

3.8.1 小结

本章主要学习了 AutoCAD 常用绘图工具的使用方法和操作技巧，具体有点、线、圆、弧、闭合边界以及图案填充等。在讲述点命令时，需要掌握点样式、点尺寸的设置方法，掌握单点与多点的绘制以及定数等分和定距等分工具的操作方法和操作技巧；在讲述线命令时，需要掌握直线、多段线、平行线、作图辅助线以及样条曲线等绘制方法和技巧，要求读者具备基本的图元绘制技能。

除了各种线元素之外，本章还简单介绍了一些闭合图元的绘制方法和技巧，如矩形、边界、圆、弧以及多边形等。下一章将学习图线的各种修改编辑工具。

3.8.2 练习

1. 综合运用相关知识，绘制如图 3-134 所示的图形。
2. 综合运用相关知识，绘制如图 3-135 所示的图形。

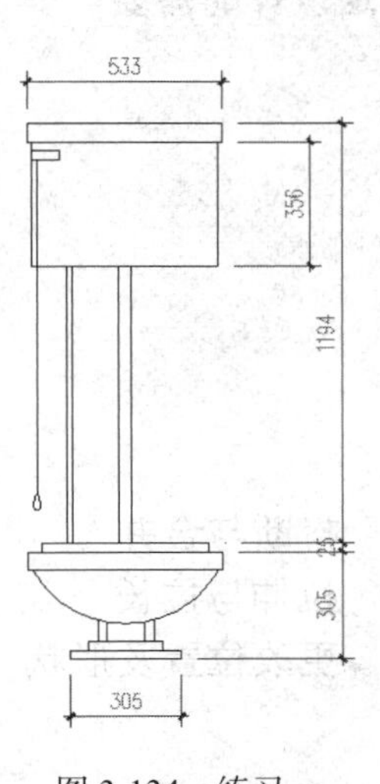

图 3-134　练习一

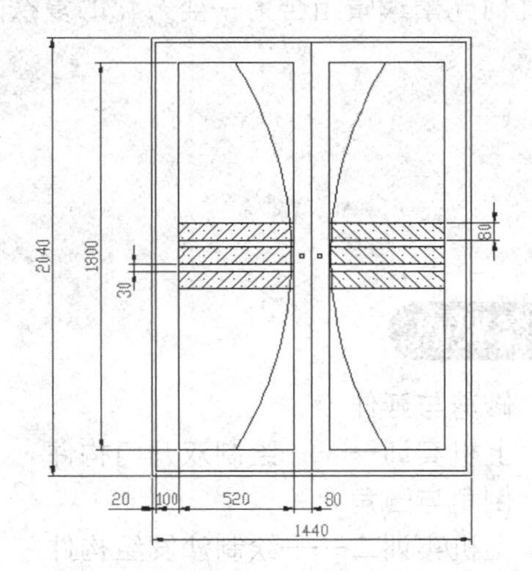

图 3-135　练习二

常用几何图元的编辑功能

上一章学习了各种构图元素的绘制方法和绘制技巧，本章将集中讲解AutoCAD 的图形修改功能，以方便用户对其进行编辑和修饰完善，将有限的基本几何元素编辑组合为千变万化的复杂图形，以满足设计的需要。

内容要点

- 修剪与延伸
- 上机实训一——绘制双开门构件
- 倒角与圆角
- 上机实训二——绘制沙发组构件
- 打断与合并
- 拉伸与拉长
- 更改位置及形状

4.1 修剪与延伸

Note

“修剪”和“延伸”是两个比较常用的修改命令，本小节将学习这两个命令的具体使用方法，以方便对图线进行修整。

4.1.1 修剪对象

“修剪”命令用于修剪掉对象上指定的部分，不过在修剪时，需要事先指定一个边界，如图 4-1 所示。

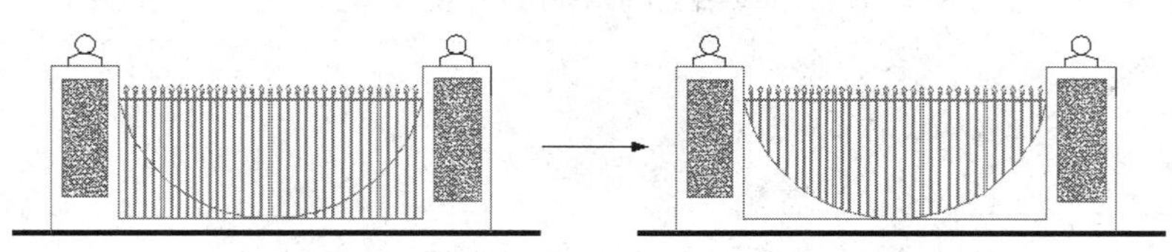

图 4-1　修剪示例

执行“修剪”命令主要有以下几种方式：

✧ 单击“默认”选项卡→“修改”面板→“修剪”按钮 。
✧ 选择菜单栏中的“修改”→“修剪”命令。
✧ 单击“修改”工具栏→“修剪”按钮 。
✧ 在命令行输入 Trim 后按 Enter 键。
✧ 使用快捷键 TR。

● 默认模式下的修剪

在修剪对象时，边界的选择是关键，而边界需要与修剪对象相交，或其延长线相交，才能成功修剪对象。因此，系统为用户设定了两种修剪模式，即“修剪模式”和“不修剪模式”，默认模式为“不修剪模式”。下面学习此种模式下的修剪过程。

Step 01 使用画线命令绘制图 4-2（a）所示的两条图线。

Step 02 单击“默认”选项卡→“修改”面板→“修剪”按钮 ，对水平直线进行修剪。命令行操作如下：

```
命令: _trim
当前设置:投影=UCS，边=无
选择剪切边...
选择对象或 <全部选择>:              //选择倾斜直线作为边界
选择对象:                          //Enter，结束边界的选择
选择要修剪的对象，或按住 Shift 键选择要延伸的对象，或[栏选(F)/窗交(C)/投影式(P)/
边(E)/删除(R)/放弃(U)]:           //在水平直线的右端单击左键，定位需要删除的部分
```

选择要修剪的对象，或按住 Shift 键选择要延伸的对象，或[栏选(F)/窗交(C)/投影(P)/边(E)/删除(R)/放弃(U)]: //Enter，结束命令，修剪结果如图 4-2（b）所示

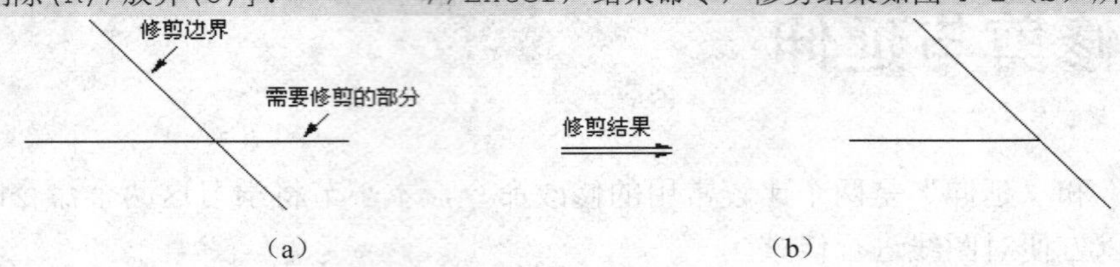

图 4-2 修剪图线

Note

小技巧：

当修剪多个对象时，可以使用“栏选”和“窗交”两种选项功能，而“栏选”方式需要绘制一条或多条栅栏线，所有与栅栏线相交的对象都会被选择，如图 4-3 和图 4-4 所示。

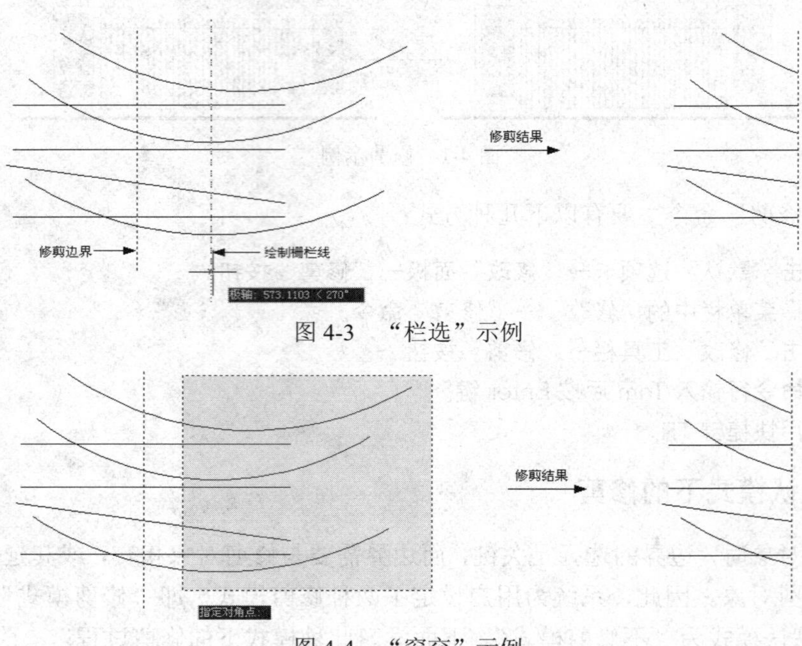

图 4-3 “栏选”示例

图 4-4 “窗交”示例

● “隐含交点”下的修剪

所谓“隐含交点”，指的是边界与对象没有实际的交点，而是边界被延长后，与对象存在一个隐含交点。

对“隐含交点”下的图线进行修剪时，需要更改默认的修剪模式，即将默认模式更改为“修剪模式”。操作步骤如下：

Step 01 绘制图 4-5 所示的两条图线。

Step 02 单击“默认”选项卡→“修改”面板→“修剪”按钮，对水平图线进行修剪。命令行操作如下：

```
命令: _trim
当前设置:投影=UCS，边=无
选择剪切边...
选择对象或 <全部选择>:                    //Enter，选择刚绘制的倾斜图线
选择对象:
选择要修剪的对象，或按住 Shift 键选择要延伸的对象，或[栏选(F)/窗交(C)/投影(P)/边(E)/删除(R)/放弃(U)]:                    //E Enter，激活“边”选项功能
输入隐含边延伸模式 [延伸(E)/不延伸(N)] <不延伸>:
//E Enter，设置修剪模式为延伸模式
选择要修剪的对象，或按住 Shift 键选择要延伸的对象，或[栏选(F)/窗交(C)/投影(P)/边(E)/删除(R)/放弃(U)]:                    //在水平图线的右端单击左键
选择要修剪的对象，或按住 Shift 键选择要延伸的对象，或[栏选(F)/窗交(C)/投影(P)/边(E)/删除(R)/放弃(U)]:                    //Enter，结束修剪命令
```

Step 03 修剪图线的结果如图 4-6 所示。

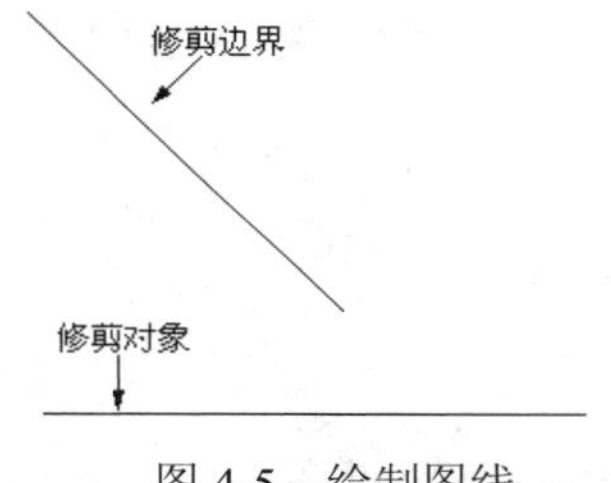

图 4-5　绘制图线

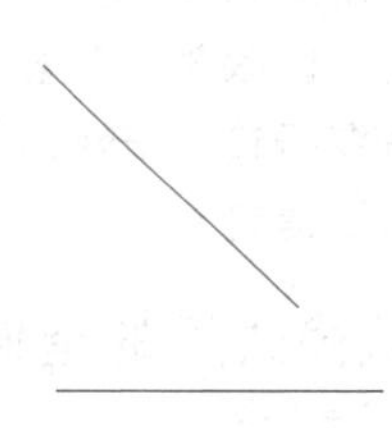

图 4-6　修剪结果

小技巧：

“边”选项用于确定修剪边的隐含延伸模式，其中“延伸”选项表示剪切边界可以无限延长，边界与被剪实体不必相交；“不延伸”选项指剪切边界只有与被剪实体相交时才有效。

“投影”选项

“投影”选项用于设置三维空间剪切实体的不同投影方法，选择该选项后，AutoCAD 出现“输入投影选项[无（N）/UCS（U）/视图（V）]<无>：”的操作提示。其中：

- ✧ “无”选项表示不考虑投影方式，按实际三维空间的相互关系修剪。
- ✧ “UCS”选项指在当前 UCS 的 XOY 平面上修剪。
- ✧ “视图”选项表示在当前视图平面上修剪。

小技巧：

当系统提示“选择剪切边”时，直接按 Enter 键即可选择待修剪的对象，系统在修剪对象时将使用最靠近的候选对象作为剪切边。

4.1.2 延伸对象

Note

"延伸"命令用于将图线延长至事先指定的边界上，如图 4-7 所示。用于延伸的对象有直线、圆弧、椭圆弧、非闭合的二维多段线和三维多段线以及射线等。

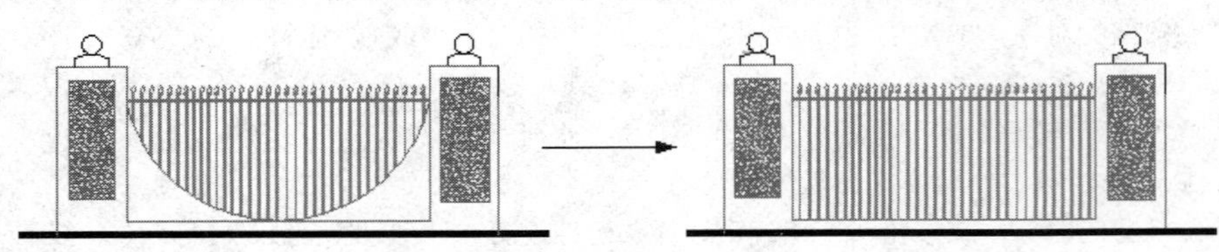

图 4-7 延伸示例

执行"延伸"命令主要有以下几种方式：

- ✧ 单击"默认"选项卡→"修改"面板→"延伸"按钮。
- ✧ 选择菜单栏中的"修改"→"延伸"命令。
- ✧ 单击"修改"工具栏→"延伸"按钮。
- ✧ 在命令行输入 Extend 后按 Enter 键。
- ✧ 使用快捷键 EX。

● 默认模式下的延伸

与"修剪"命令一样，在延伸对象时，也需要为对象指定边界。在指定边界时，有两种情况：一种是对象被延长后与边界存在有一个实际的交点；另一种就是与边界的延长线相交于一点。

AutoCAD 为用户提供了两种模式，即"延伸模式"和"不延伸模式"，系统默认模式为"不延伸模式"。下面通过具体实例，学习此种模式的延伸过程。

Step 01 绘制图 4-8（a）所示的两条图线。

Step 02 单击"默认"选项卡→"修改"面板→"延伸"按钮，对垂直图线进行延伸，使之与水平图线垂直相交。命令行操作如下：

```
命令：_extend
当前设置:投影=UCS，边=无
选择边界的边...
选择对象或 <全部选择>:          //选择水平图线作为边界
选择对象:                       //Enter，结束边界的选择
选择要延伸的对象，或按住 Shift 键选择要修剪的对象，或[栏选(F)/窗交(C)/投影(P)/边(E)/放弃(U)]:              //在垂直图线的下端单击左键
选择要延伸的对象，或按住 Shift 键选择要修剪的对象，或[栏选(F)/窗交(C)/投影(P)/边(E)/放弃(U)]:              //Enter，结束命令
```

Step 03 结果垂直图线的下端被延伸，延伸后的垂直图线与水平边界相交于一点，如图 4-8（b）所示。

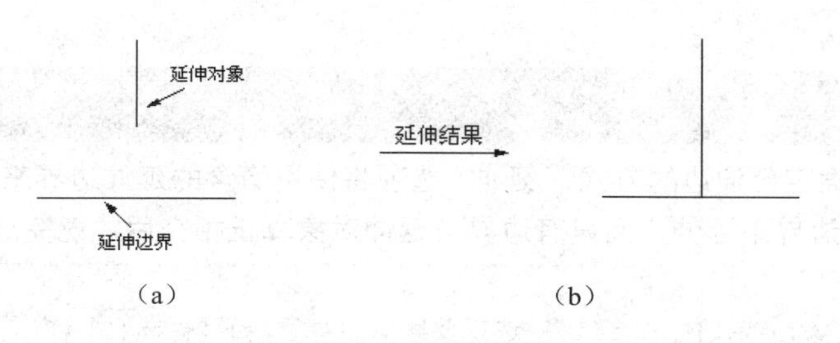

图 4-8 延伸示例

小技巧：

在选择延伸对象时，要在靠近延伸边界的一端选择需要延伸的对象，否则对象将不被延伸。

● “隐含交点”下的延伸

所谓“隐含交点”，指的是边界与对象延长线没有实际的交点，而是边界被延长后，与对象延长线存在一个隐含交点，如图 4-9 所示。

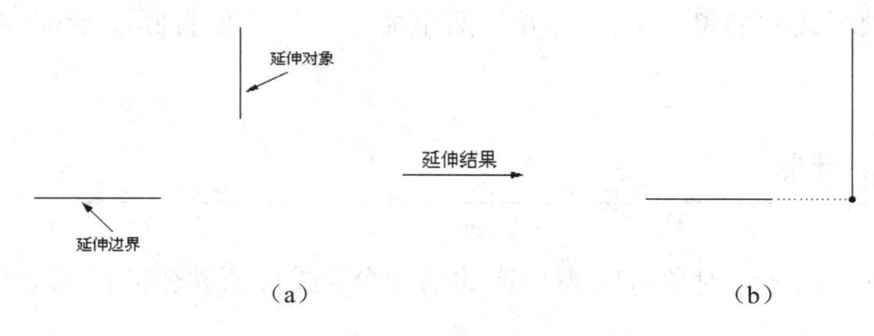

图 4-9 “隐含交点”下的延伸

对“隐含交点”下的图线进行延伸时，需要更改默认的延伸模式，即将默认模式更改为“延伸模式”。具体操作步骤如下：

Step 01 绘制图 4-9（a）所示的两条图线。

Step 02 执行“延伸”命令，将垂直图线的下端延长，使之与水平图线的延长线相交。命令行操作如下：

```
    命令： _extend
当前设置:投影=UCS，边=无
选择边界的边...
选择对象：                    //选择水平的图线作为延伸边界
选择对象：                    //Enter，结束选择
选择要延伸的对象，或按住 Shift 键选择要修剪的对象，或[栏选(F)/窗交(C)/投影(P)/边(E)/放弃(U)]：                    //e Enter，激活“边”选项
输入隐含边延伸模式 [延伸(E)/不延伸(N)] <不延伸>：    //E Enter，设置延伸模式
```

Note

小技巧：

“边”选项用来确定延伸边的方式。“延伸”选项将使用隐含的延伸边界来延伸对象；“不延伸”选项确定边界不延伸，而只有边界与延伸对象真正相交后才能完成延伸操作。

```
选择要延伸的对象，或按住 Shift 键选择要修剪的对象，或[栏选(F)/窗交(C)/投影(P)/边(E)/放弃(U)]:                //在垂直图线的下端单击左键
选择要延伸的对象，或按住 Shift 键选择要修剪的对象，或[栏选(F)/窗交(C)/投影(P)/边(E)/放弃(U)]:                //Enter，结束命令
```

Step 03 延伸结果如图 4-9（b）所示。

4.2 打断与合并

本小节主要学习“打断”和“合并”两个命令，以方便打断图形或将多个对象合并为一个对象。

4.2.1 打断对象

“打断”命令用于将对象打断为相连的两部分，或打断并删除图形对象上的一部分，如图 4-10 所示。

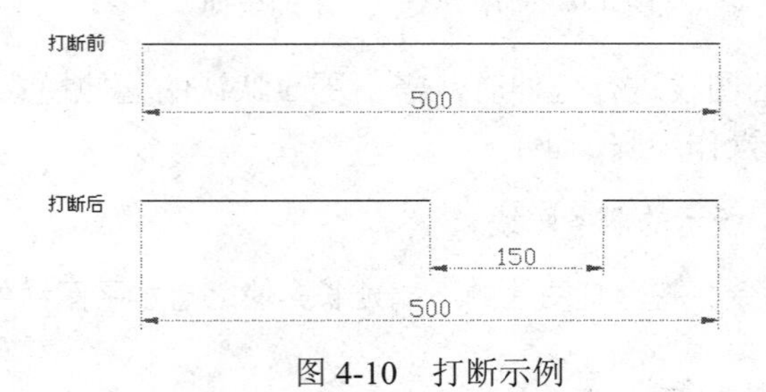

图 4-10　打断示例

小技巧：

打断对象与修剪对象都可以删除图形对象上的一部分，但是两者有着本质的区别。修剪对象必须有修剪边界的限制，而打断对象可以删除对象上任意两点之间的部分。

执行“打断”命令主要有以下几种方式：

- ✧ 单击“默认”选项卡→“修改”面板→“打断”按钮。
- ✧ 选择菜单栏中的“修改”→“打断”命令。
- ✧ 单击“修改”工具栏→“打断”按钮。

✧ 在命令行输入 Break 后按 Enter 键。
✧ 使用快捷键 BR。

在对图线进行打断时，通常需要配合状态栏上的捕捉或追踪功能。下面通过实例，学习使用“打断”命令。具体操作过程如下：

Step 01 执行“打开”命令，打开随书光盘中的“\素材文件\4-1.dwg”，如图 4-11 所示。

Step 02 单击“默认”选项卡→“修改”面板→“打断”按钮，配合点的捕捉和输入功能，将右侧的垂直轮廓线删除 750 个单位的距离，以创建门洞。命令行操作如下：

```
命令: _break
选择对象:                          //选择刚绘制的线段
指定第二个打断点 或 [第一点(F)]:   //f Enter，激活“第一点”选项
```

小技巧：

“第一点”选项用于重新确定第一断点。由于在选择对象时不可能拾取到准确的第一点，所以需要激活该选项，以重新定位第一断点。

```
指定第一个打断点:                  //激活“捕捉自”功能
_from 基点:                        //捕捉如图 4-12 所示的端点
<偏移>:                            //@0,250 Enter，定位第一断点
指定第二个打断点:                  //@0,750 Enter，定位第二断点
```

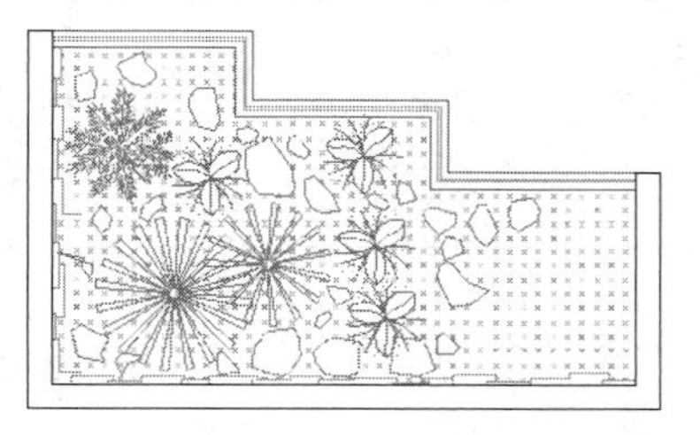

图 4-11　打开结果

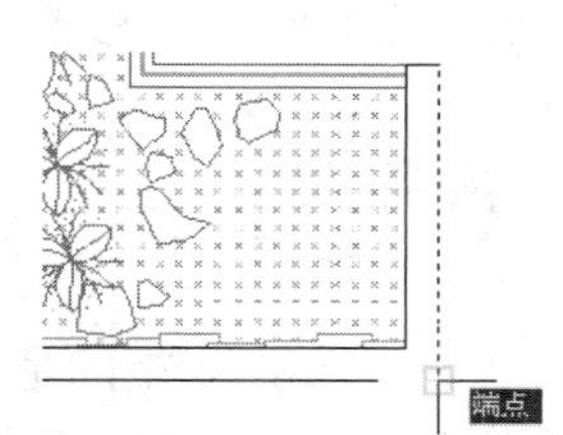

图 4-12　捕捉端点

Step 03 打断结果如图 4-13 所示。

Step 04 重复执行“打断”命令，配合捕捉和追踪功能对内侧的轮廓线进行打断。命令行操作如下：

```
    命令: _break
选择对象:                          //选择刚绘制的线段
指定第二个打断点 或 [第一点(F)]:   //f Enter，激活“第一点”选项
指定第一个打断点://水平向左引出端点追踪虚线，然后捕捉如图 4-14 所示的交点，作为第一断点
指定第二个打断点:  //@0,750 Enter，定位第二断点，打断结果如图 4-15 所示
```

Note

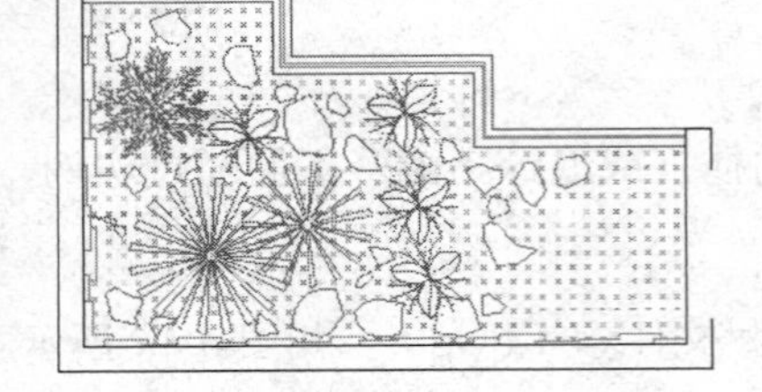

图 4-13　打断结果

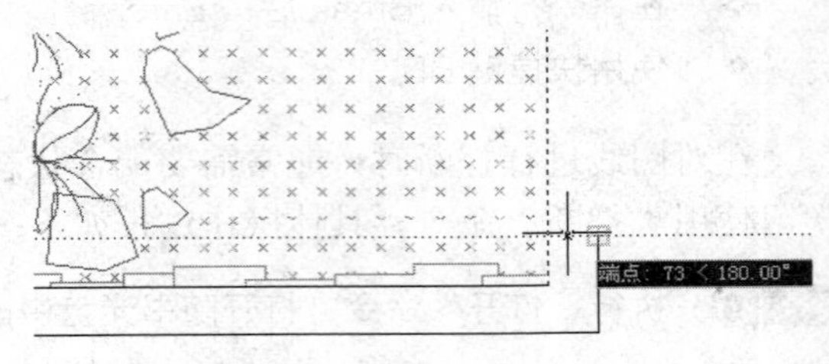

图 4-14　定位第一断点

Step 05 使用快捷键 L 执行“直线”命令，配合端点捕捉功能绘制门洞两侧的墙线。结果如图 4-16 所示。

图 4-15　打断结果

图 4-16　绘制结果

小技巧：

要将一个对象拆分为二而不删除其中的任何部分，可以在指定第二断点时输入相对坐标符号@，也可以直接单击“修改”工具栏上的按钮。

4.2.2　合并对象

所谓“合并对象”，指的是将同角度的两条或多条线段合并为一条线段，还可以将圆弧或椭圆弧合并为一个整圆和椭圆，如图 4-17 所示。

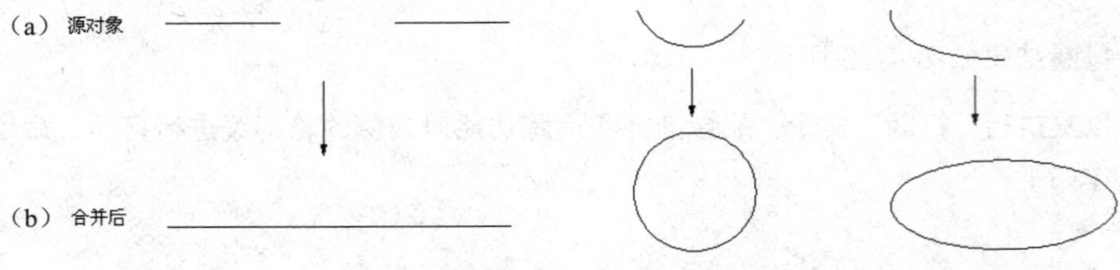

图 4-17　合并对象示例

执行“合并”命令主要有以下几种方式：

- ✧ 单击“默认”选项卡→“修改”面板→“合并”按钮。
- ✧ 选择菜单栏中的“修改”→“合并”命令。
- ✧ 单击“修改”工具栏→“合并”按钮。
- ✧ 在命令行输入 Join 后按 Enter 键。

✧　使用快捷键 J。

下面通过将两线段合并为一条线段、将圆弧合并为一个整圆、将椭圆弧合并为一个椭圆，学习使用“合并”命令。具体操作过程如下

Step 01 绘制图 4-17（a）所示的两条线段、圆弧和椭圆弧。

Step 02 单击“默认”选项卡→“修改”面板→“合并”按钮，将两条线段合并为一条线段。命令行操作如下：

```
命令: _join
选择源对象或要一次合并的多个对象:      //选择左侧的线段作为源对象
选择要合并的对象:                      //选择右侧线段
选择要合并的对象:                      //Enter，合并结果如图 4-18 所示
2 条直线已合并为 1 条直线
```

图 4-18　合并线段

Step 03 按 Enter 键重复执行“合并”命令，将圆弧合并为一个整圆。命令行操作如下：

```
命令:
选择源对象或要一次合并的多个对象:          //选择圆弧
选择要合并的对象:                          //Enter
选择圆弧，以合并到源或进行 [闭合(L)]:
  //L Enter，激活“闭合”选项，合并结果如图 4-19 所示
已将圆弧转换为圆。
```

Step 04 按 Enter 键重复执行“合并”命令，将椭圆弧合并为一个椭圆。命令行操作如下：

```
命令:
JOIN
选择源对象或要一次合并的多个对象:          //选择椭圆弧
选择要合并的对象:                          //Enter
选择圆弧，以合并到源或进行[闭合(L)]:
  //L Enter，激活“闭合”选项，合并结果如图 4-20 所示
已将圆弧转换为圆。
```

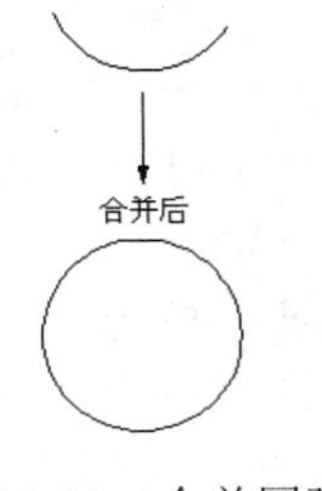

图 4-19　合并圆弧

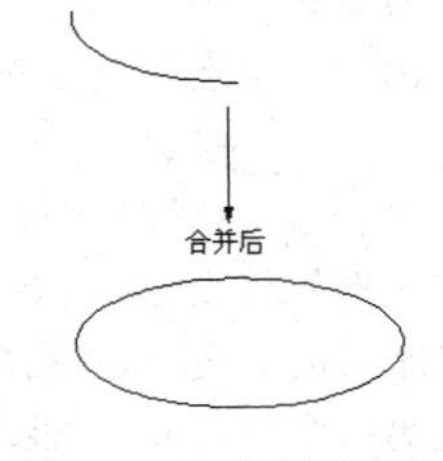

图 4-20　合并椭圆弧

4.3 上机实训——绘制双开门构件

Note

本实训通过绘制如图 4-21 所示的立面双开门图例，在综合巩固所学知识的前提下，主要对“修剪”、“延伸”、“打断”等命令进行综合练习和应用。

操作步骤：

Step 01 单击“快速访问”工具栏→“新建”按钮，新建绘图文件。

Step 02 打开状态栏上的“对象捕捉”功能，并设置捕捉和追踪模式，如图 4-22 所示。

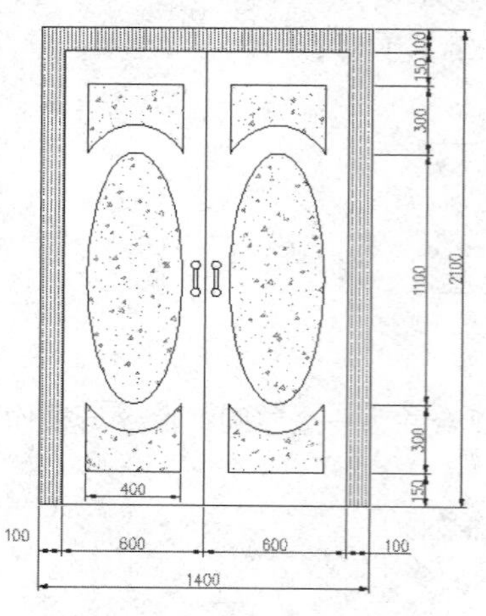

图 4-21　实例效果

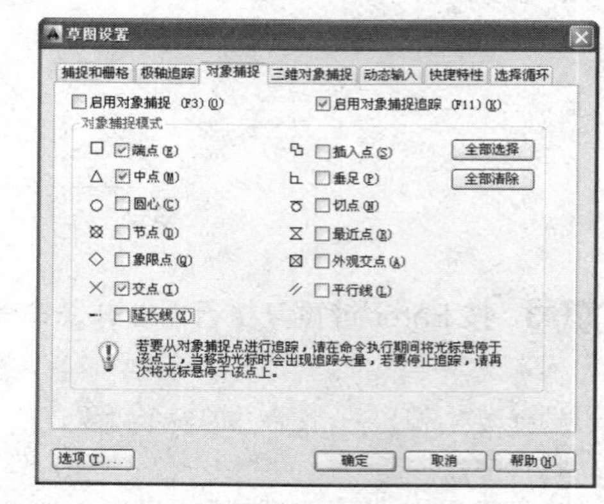

图 4-22　设置捕捉与追踪

Step 03 选择菜单栏中的“视图”→“缩放”→“圆心”命令，将视图高度调整为 2600 个单位。命令行操作如下：

```
命令：'_zoom
指定窗口的角点，输入比例因子 (nX 或 nXP)，或者[全部(A)/中心(C)/动态(D)/范围(E)/上一个(P)/比例(S)/窗口(W)/对象(O)] <实时>：_c
指定中心点：                            //在绘图区拾取一点
输入比例或高度 <3480.7215>：   //2600 Enter
```

Step 04 选择菜单栏中的“绘图”→“矩形”命令，绘制内部的立面门轮廓线。命令行操作如下：

```
命令：_rectang
指定第一个角点或 [倒角(C)/标高(E)/圆角(F)/厚度(T)/宽度(W)]：
                                            //在绘图区拾取一点
指定另一个角点或 [面积(A)/尺寸(D)/旋转(R)]：  //d Enter
指定矩形的长度 <10.0000>：                    //1200 Enter
指定矩形的宽度 <10.0000>：                    //2000 Enter
指定另一个角点或 [面积(A)/尺寸(D)/旋转(R)]：
```

```
    //在右上侧拾取一点，绘制结果如图 4-23 所示
```

Step 05 选择菜单栏中的“修改”→“分解”命令，将矩形分解为四条独立的线段。

Step 06 选择菜单栏中的“修改”→“偏移”命令，对分解后的矩形进行偏移。命令行操作如下：

```
    命令: _offset
当前设置: 删除源=否  图层=源  OFFSETGAPTYPE=0
指定偏移距离或 [通过(T)/删除(E)/图层(L)] <0.0000>: //100 Enter
选择要偏移的对象，或 [退出(E)/放弃(U)] <退出>:        //选择左侧的垂直边
指定要偏移的那一侧上的点，或 [退出(E)/多个(M)/放弃(U)] <退出>:
                                                     //在所选边的左侧拾取点
选择要偏移的对象，或 [退出(E)/放弃(U)] <退出>:        //选择右侧的垂直边
指定要偏移的那一侧上的点，或 [退出(E)/多个(M)/放弃(U)] <退出>:
                                                    //在所选边的右侧拾取点
选择要偏移的对象，或 [退出(E)/放弃(U)] <退出>:       //选择上侧的水平边
指定要偏移的那一侧上的点，或 [退出(E)/多个(M)/放弃(U)] <退出>:
                                                    //在所选边的上侧拾取点
选择要偏移的对象，或 [退出(E)/放弃(U)] <退出>:       //Enter
命令:                                               //Enter
OFFSET 当前设置: 删除源=否  图层=源  OFFSETGAPTYPE=0
指定偏移距离或 [通过(T)/删除(E)/图层(L)] <100.0000>: //700 Enter
选择要偏移的对象，或 [退出(E)/放弃(U)] <退出>:      //选择最左侧的垂直边
指定要偏移的那一侧上的点，或 [退出(E)/多个(M)/放弃(U)] <退出>:
                                                  //在所选边的右侧拾取点
选择要偏移的对象，或 [退出(E)/放弃(U)] <退出>: //Enter，偏移结果如图 4-24 所示
```

Step 07 选择菜单栏中的“修改”→“延伸”命令，对内侧的轮廓边进行延伸。命令行操作如下：

```
    命令: _extend
当前设置:投影=UCS，边=无
选择边界的边...
选择对象或 <全部选择>:          //选择两侧的垂直边，如图 4-25 所示
```

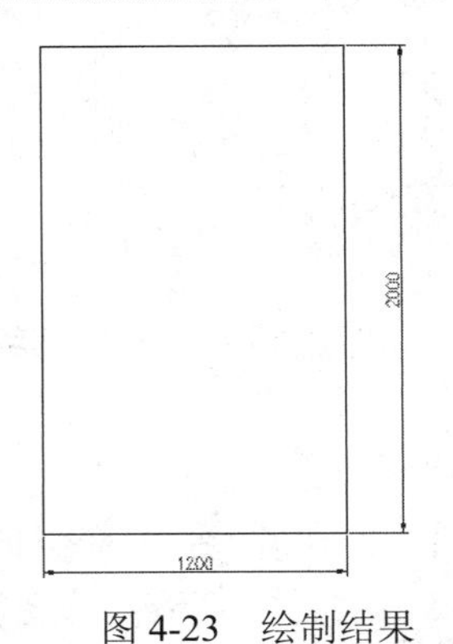

图 4-23　绘制结果

图 4-24　偏移结果

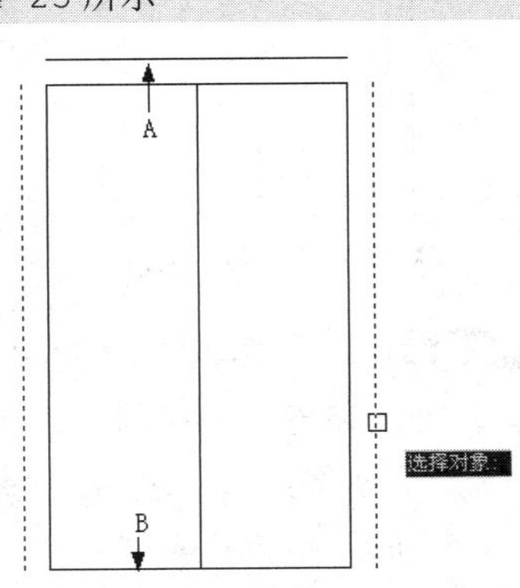

图 4-25　选择延伸边界

```
选择对象:                              //Enter，结束选择
选择要延伸的对象，或按住 Shift 键选择要修剪的对象，或[栏选(F)/窗交(C)/投影(P)/边(E)/放弃(U)]:                    //在轮廓边 B 的左端单击
选择要延伸的对象，或按住 Shift 键选择要修剪的对象，或[栏选(F)/窗交(C)/投影(P)/边(E)/放弃(U)]:                    //在轮廓边 B 的右端单击
选择要延伸的对象，或按住 Shift 键选择要修剪的对象，或[栏选(F)/窗交(C)/投影(P)/边(E)/放弃(U)]:                    //e Enter
输入隐含边延伸模式 [延伸(E)/不延伸(N)] <不延伸>:    //E Enter
选择要延伸的对象，或按住 Shift 键选择要修剪的对象，或[栏选(F)/窗交(C)/投影(P)/边(E)/放弃(U)]:                    //在轮廓边 A 的右端单击
选择要延伸的对象，或按住 Shift 键选择要修剪的对象，或[栏选(F)/窗交(C)/投影(P)/边(E)/放弃(U)]:                    //在轮廓边 A 的左端单击
选择要延伸的对象，或按住 Shift 键选择要修剪的对象，或[栏选(F)/窗交(C)/投影(P)/边(E)/放弃(U)]:                    //Enter，延伸结果如图 4-26 所示
```

Step 08 重复执行“延伸”命令，对两侧的垂直轮廓边进行延伸。命令行操作如下：

```
命令: _extend
当前设置:投影=UCS，边=延伸
选择边界的边...
选择对象或 <全部选择>:                 //选择如图 4-27 所示的边作为延伸边界
选择对象:                              //Enter，结束选择
选择要延伸的对象，或按住 Shift 键选择要修剪的对象，或[栏选(F)/窗交(C)/投影(P)/边(E)/放弃(U)]:                    //在最左侧垂直边的上端单击
选择要延伸的对象，或按住 Shift 键选择要修剪的对象，或[栏选(F)/窗交(C)/投影(P)/边(E)/放弃(U)]:                    //在最右侧垂直边的上端单击
选择要延伸的对象，或按住 Shift 键选择要修剪的对象，或[栏选(F)/窗交(C)/投影(P)/边(E)/放弃(U)]:                    //Enter，延伸结果如图 4-28 所示
```

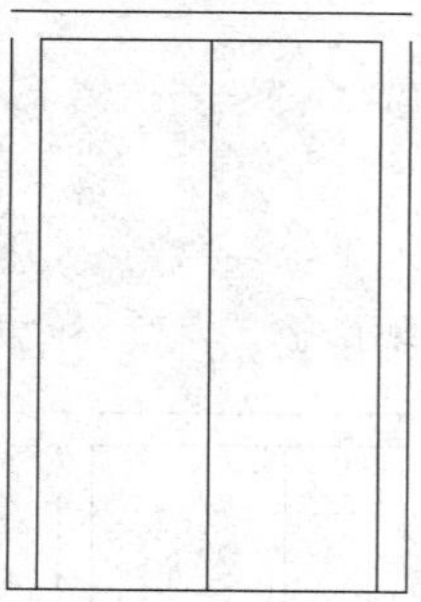

图 4-26　延伸结果

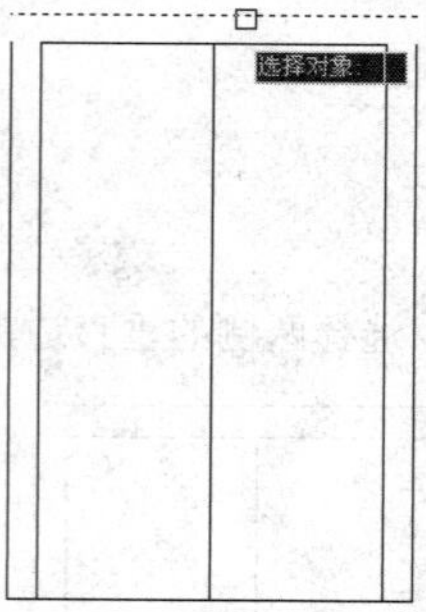

图 4-27　选择延伸边

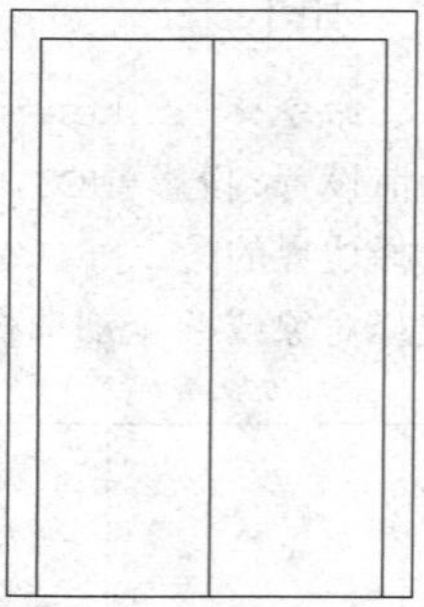

图 4-28　延伸结果

Step 09 选择菜单栏中的“绘图”→“矩形”命令，配合“捕捉自”功能绘制内部的轮廓线。命令行操作如下：

```
命令: _rectang
指定第一个角点或 [倒角(C)/标高(E)/圆角(F)/厚度(T)/宽度(W)]: //激活“捕捉自”功能
_from 基点:                   //捕捉如图 4-29 所示的交点
```

```
<偏移>:                    //@100,150 Enter
指定另一个角点或 [面积(A)/尺寸(D)/旋转(R)]:  //@400,1700 Enter
命令: _rectang
指定第一个角点或 [倒角(C)/标高(E)/圆角(F)/厚度(T)/宽度(W)]:
                           //激活"捕捉自"功能
_from 基点:                //捕捉如图 4-30 所示的端点
<偏移>:                    //@-100,150 Enter
指定另一个角点或 [面积(A)/尺寸(D)/旋转(R)]: //@-400,1700Enter，结果如图 4-31 所示
```

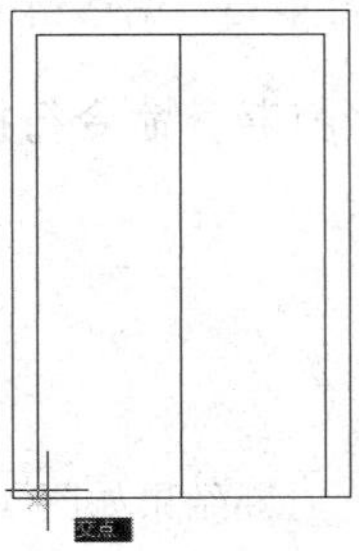

图 4-29　捕捉交点 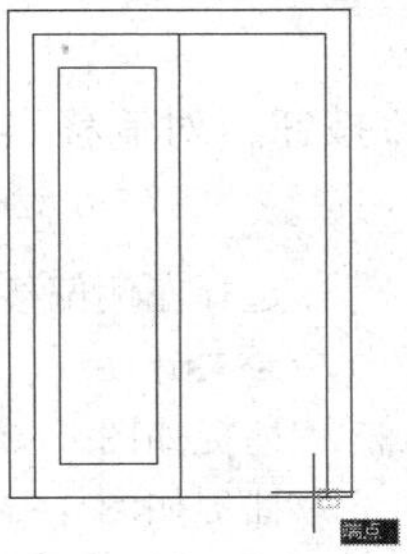　　图 4-30　捕捉端点 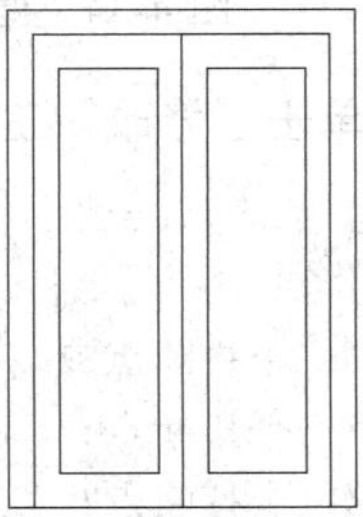　　图 4-31　绘制结果

Step 10 选择菜单栏中的"绘图"→"椭圆"命令，配合"对象追踪"和中点捕捉功能，绘制内部的椭圆。命令行操作如下：

```
命令: _ellipse
指定椭圆的轴端点或 [圆弧(A)/中心点(C)]: //c Enter
指定椭圆的中心点:                      //捕捉如图 4-32 所示的中点追踪虚线的交点
指定轴的端点:                          //@200,0 Enter
指定另一条半轴长度或 [旋转(R)]:        //550 Enter
命令:
ELLIPSE 指定椭圆的轴端点或 [圆弧(A)/中心点(C)]:   //c Enter
指定椭圆的中心点:                //捕捉如图 4-33 所示的中点追踪虚线的交点
指定轴的端点:                    //@200,0 Enter
指定另一条半轴长度或 [旋转(R)]:  //550 Enter，绘制结果如图 4-34 所示
```

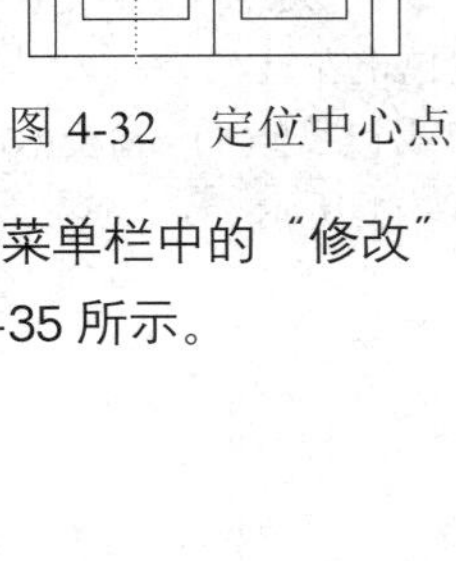

图 4-32　定位中心点 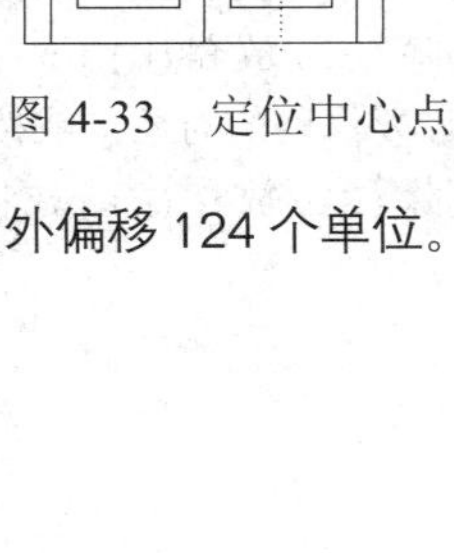　　图 4-33　定位中心点

Step 11 选择菜单栏中的"修改"→"偏移"命令，将两个椭圆向外偏移 124 个单位。结果如图 4-35 所示。

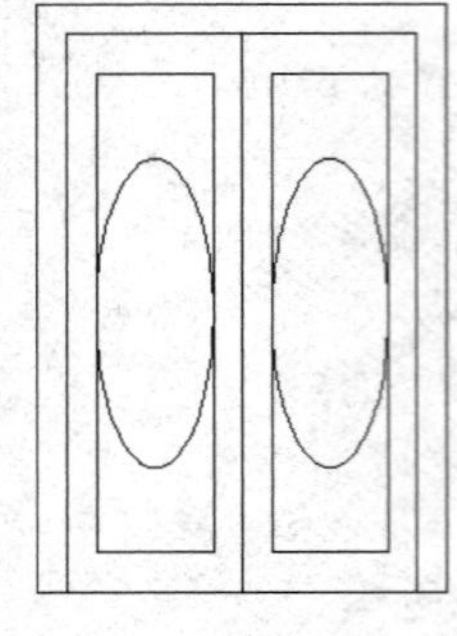

图 4-34　绘制结果

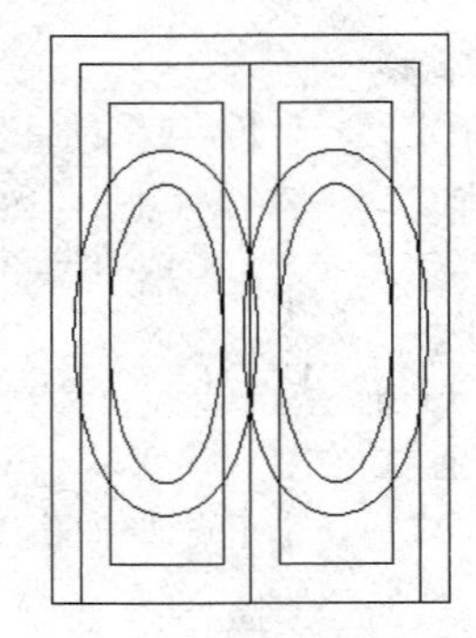

图 4-35　偏移结果

Step 12 单击“修改”工具栏中的按钮，对偏移出的椭圆和矩形打断。命令行操作如下：

```
命令: _break
选择对象:                              //选择左侧偏移出的椭圆
指定第二个打断点或 [第一点(F)]: //f Enter
指定第一个打断点:                      //捕捉如图 4-36 所示的交点
指定第二个打断点:                      //捕捉如图 4-37 所示的交点，打断结果如图 4-38 所示
```

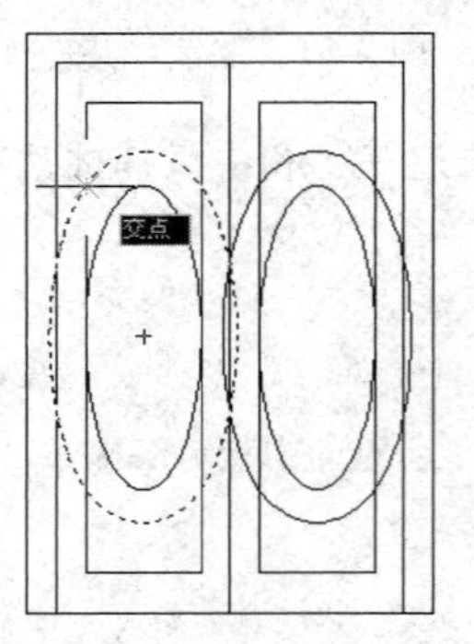

图 4-36　捕捉交点

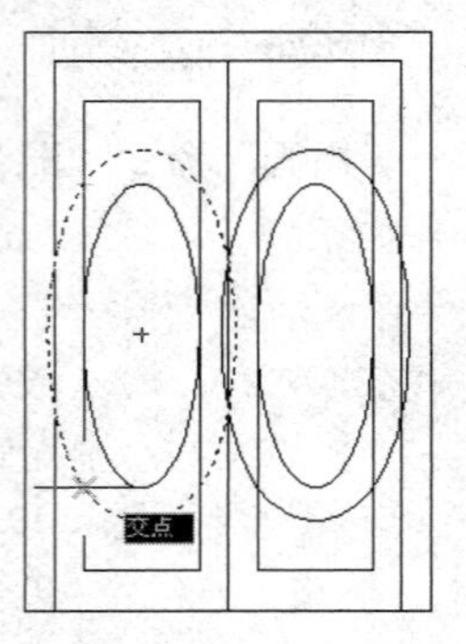

图 4-37　捕捉交点

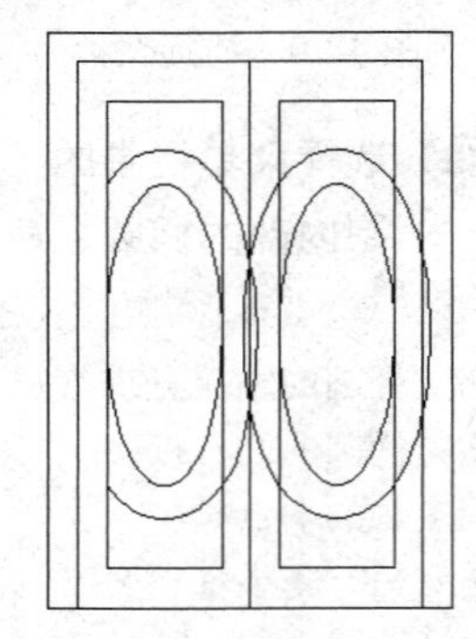

图 4-38　打断结果

Step 13 选择菜单栏中的“修改”→“修剪”命令，对内部的矩形进行修剪。命令行操作如下：

```
命令: _trim
当前设置:投影=UCS，边=延伸
选择剪切边...
选择对象或 <全部选择>:          //选择打断后的椭圆弧
选择对象:                      //Enter
选择要修剪的对象，或按住 Shift 键选择要延伸的对象，或[栏选(F)/窗交(C)/投影(P)/边(E)/删除(R)/放弃(U)]:          //在如图 4-39 所示的位置单击左键
选择要修剪的对象，或按住 Shift 键选择要延伸的对象，或[栏选(F)/窗交(C)/投影(P)/边(E)/删除(R)/放弃(U)]:          //在如图 4-40 所示的位置单击左键
选择要修剪的对象，或按住 Shift 键选择要延伸的对象，或[栏选(F)/窗交(C)/投影(P)/边(E)/删除(R)/放弃(U)]:          //Enter，修剪结果如图 4-41 所示
```

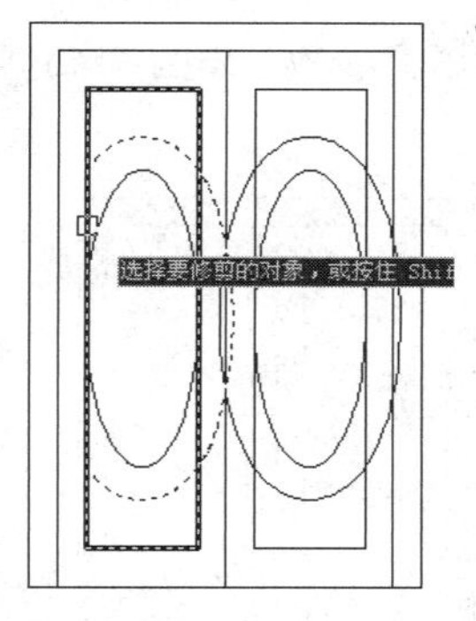

图 4-39　指定单击位置

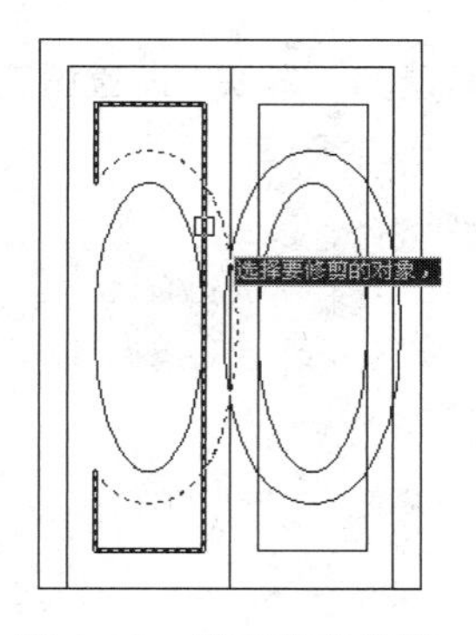

图 4-40　指定单击位置

图 4-41　修剪结果

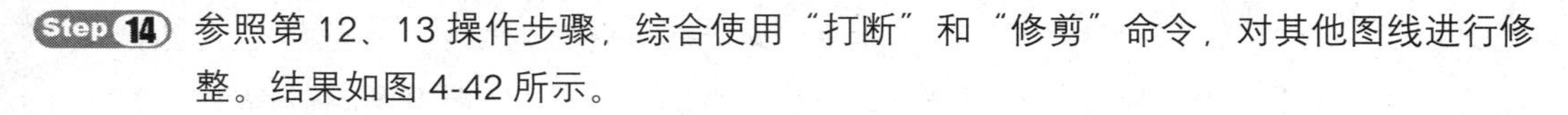

Step 14　参照第 12、13 操作步骤，综合使用“打断”和“修剪”命令，对其他图线进行修整。结果如图 4-42 所示。

Step 15　使用快捷键 C 执行“圆”命令，配合捕捉和追踪功能，绘制如图 4-43 所示的圆与直线，其中圆的半径为 18。

Step 16　将圆之间的两条垂直直线左右偏移 10 个单位，并删除源直线。结果如图 4-44 所示。

图 4-42　修整结果

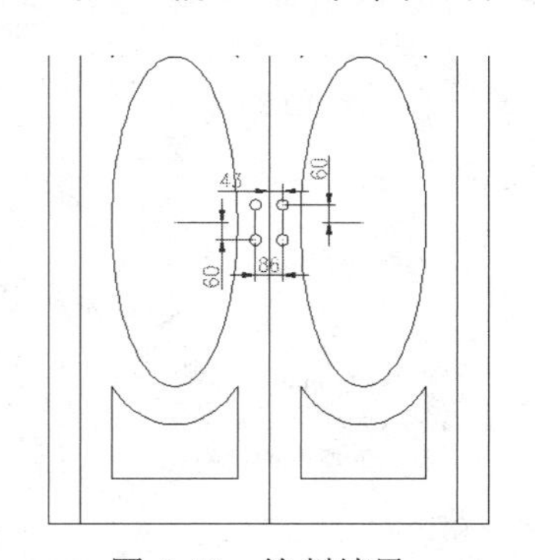

图 4-43　绘制结果

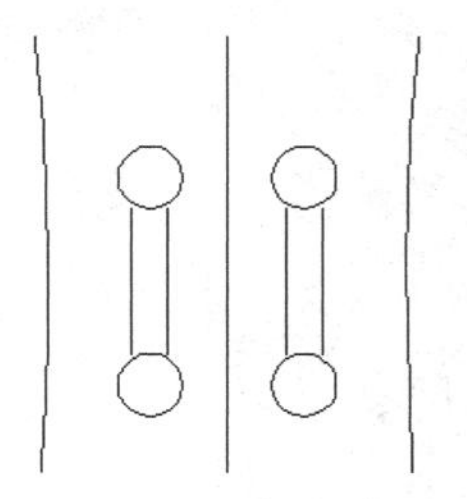

图 4-44　偏移结果

Step 17　使用快捷键 EX 执行“延伸”命令，以如图 4-45 所示的四个圆作为边界，对四条垂直直线进行延伸。结果如图 4-46 所示。

Step 18　选择菜单栏中的“格式”→“颜色”命令，在打开的“选择颜色”对话框中，将当前颜色为 102 号色，如图 4-47 所示。

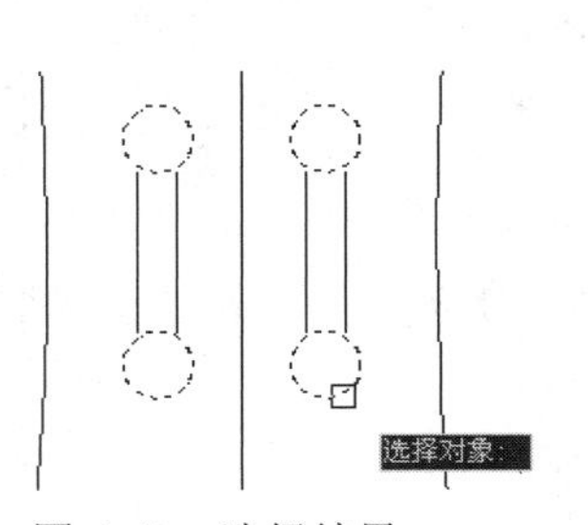

图 4-45　选择结果

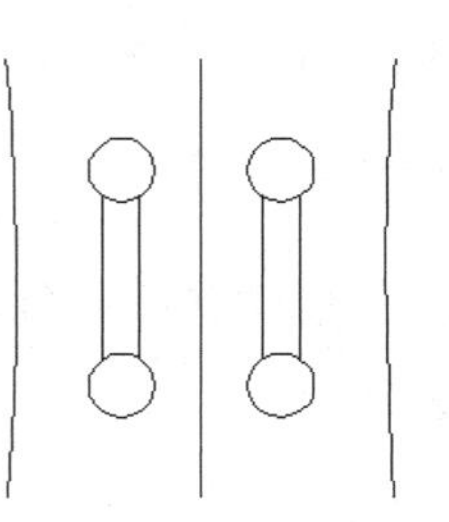

图 4-46　延伸结果

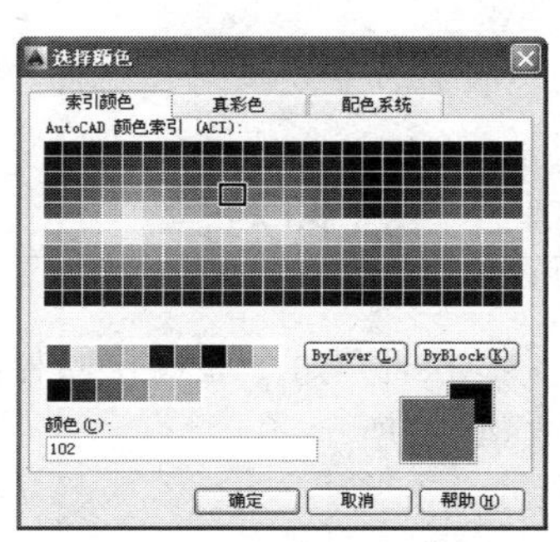

图 4-47　设置当前颜色

Note

Note

Step 19 使用快捷键 H 执行“图案填充”命令，设置填充图案和填充参数，如图 4-48 所示，为立面门填充如图 4-49 所示的图案。

图 4-48 设置填充图案和填充参数

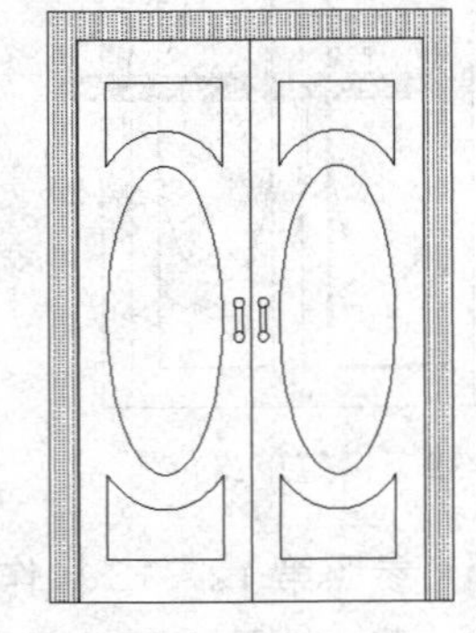

图 4-49 填充结果

Step 20 使用快捷键 H 执行“图案填充”命令，设置填充图案和填充参数，如图 4-50 所示，为立面门填充如图 4-51 所示的图案。

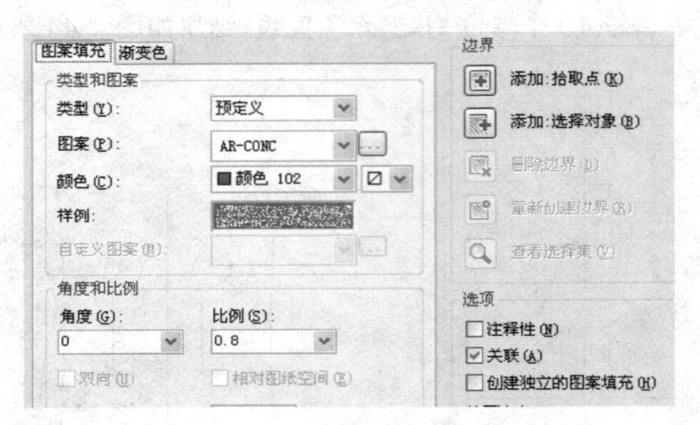

图 4-50 设置填充图案和填充参数

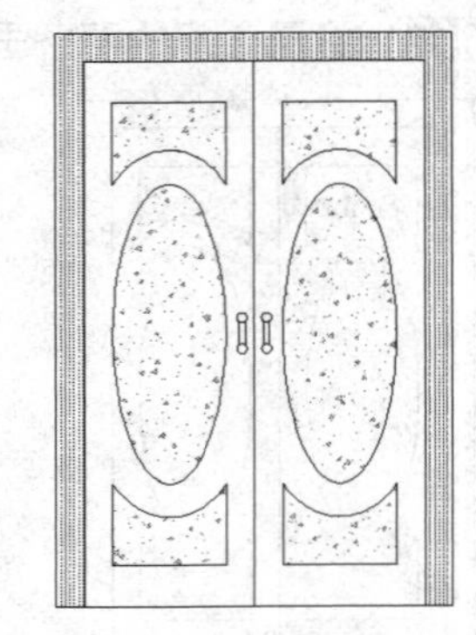

图 4-51 填充结果

Step 21 执行“保存”命令，将图形命名存储为“上机实训一.dwg”。

4.4 拉伸与拉长

本小节主要学习“拉伸”和“拉长”两个命令。

4.4.1 拉伸对象

“拉伸”命令通过拉伸与窗交选择框相交的部分对象，进而改变对象的尺寸或形状，如图 4-52 所示。

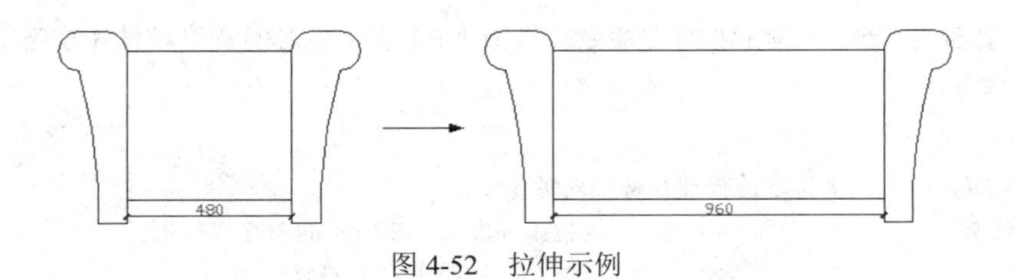

图 4-52　拉伸示例

小技巧：

如果对象全部处在窗交选择框之内，那么拉伸的结果将会是源对象的位置发生改变，而形状及尺寸不会发生变化。

执行“拉伸”命令主要有以下几种方式：

- ✧ 单击“默认”选项卡→“修改”面板→“拉伸”按钮。
- ✧ 选择菜单栏中的“修改”→“拉伸”命令。
- ✧ 单击“修改”工具栏→“拉伸”按钮。
- ✧ 在命令行输入 Stretch 后按 Enter 键。
- ✧ 使用快捷键 S。

常用于拉伸的对象有直线、圆弧、椭圆弧、多段线、样条曲线等。下面通过将某矩形的短边尺寸拉伸为原来的两倍，而长边尺寸拉伸为 1.5 倍，学习使用“拉伸”命令。具体操作过程如下：

Step 01 使用“矩形”命令绘制一个矩形。

Step 02 单击“默认”选项卡→“修改”面板→“拉伸”按钮，对矩形的水平边进行拉伸。命令行操作如下。

```
命令：_stretch
以交叉窗口或交叉多边形选择要拉伸的对象...
选择对象：                        //拉出如图 4-53 所示的窗交选择框
选择对象：                        //Enter，结束对象的选择
指定基点或 [位移(D)] <位移>：     //捕捉矩形的左下角点，作为拉伸的基点
指定第二个点或 <使用第一个点作为位移>：
 //捕捉矩形下侧边中点作为拉伸目标点，拉伸结果如图 4-54 所示
```

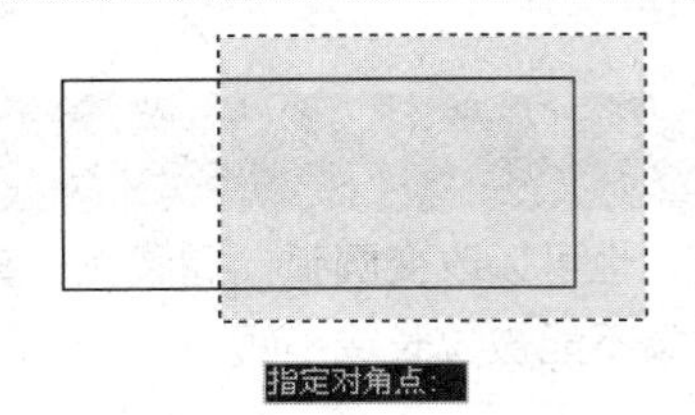

图 4-53　窗交选择

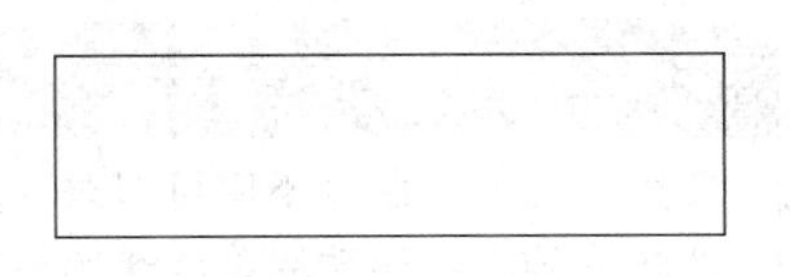

图 4-54　拉伸结果

Step 03 按 Enter 键，重复“拉伸”命令，将图 4-54 所示矩形的宽度拉伸 1.5 倍。命令行操作如下：

```
命令:_STRETCH
以交叉窗口或交叉多边形选择要拉伸的对象...
选择对象:                        //拉出如图 4-55 所示的窗交选择框
选择对象:                        //Enter，结束对象的选择
指定基点或 [位移(D)] <位移>:    //捕捉矩形的左下角点，作为拉伸的基点
指定第二个点或 <使用第一个点作为位移>:
 //捕捉矩形左上角点作为拉伸目标点，拉伸结果如图 4-56 所示
```

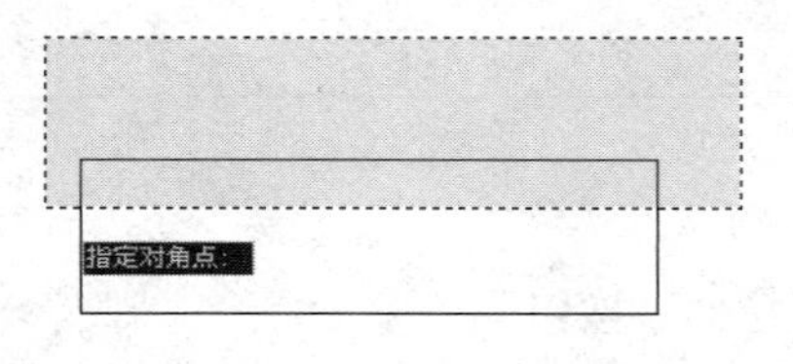

图 4-55　窗交选择

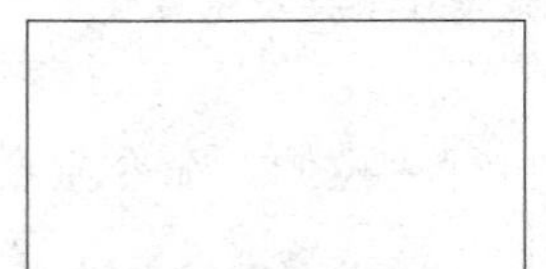

图 4-56　拉伸结果

4.4.2　拉长对象

“拉长”命令主要用于将对象拉长或缩短，在拉长的过程中，不仅可以改变线对象的长度，还可以更改弧对象的角度，如图 4-57 所示。执行“拉长”命令主要有以下几种方式：

- ✧ 单击“默认”选项卡→“修改”面板→“拉长”按钮。
- ✧ 选择菜单栏中的“修改”→“拉长”命令。
- ✧ 在命令行输入 Lengthen 后按 Enter 键。
- ✧ 使用快捷键 LEN。

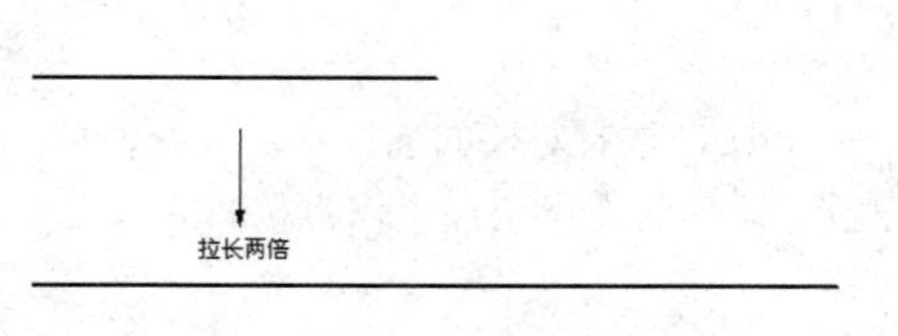

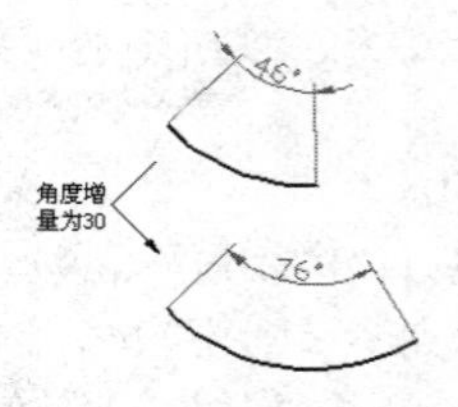

图 4-57　拉长示例

小技巧：

使用“拉长”命令不仅可以改变圆弧和椭圆弧的角度，也可以改变圆弧、椭圆弧、直线和非闭合的多段线和样条曲线的长度，但闭合的图形对象不能被拉长或缩短。

- **“增量”拉长**

所谓“增量”拉长，指的是按照事先指定的长度增量或角度增量，进行拉长或缩短对象。操作过程如下：

Step 01 绘制长度为 200 的水平直线，如图 4-58（a）所示。

Step 02 选择菜单栏中的“修改”→“拉长”命令，将水平直线水平向右拉长 50 个单位。命令行操作如下：

```
命令: _lengthen
选择对象或 [增量(DE)/百分数(P)/全部(T)/动态(DY)]:   //DE Enter，激活“增量”选项
输入长度增量或 [角度(A)] <0.0000>:   //50 Enter，设置长度增量
选择要修改的对象或 [放弃(U)]:            //在直线的右端单击左键
选择要修改的对象或 [放弃(U)]:            //Enter，退出命令
```

Step 03 拉长结果如图 4-58（b）所示。

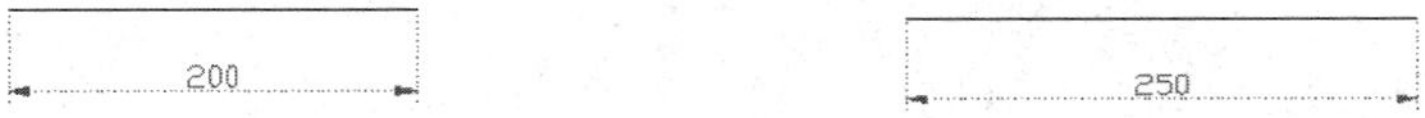

（a）　　　　　（b）

图 4-58　“增量”拉长示例

小技巧：

如果把增量值设置为正值，系统将拉长对象；反之则缩短对象。

- **“百分数”拉长**

所谓“百分数”拉长，指的是以总长的百分比值进行拉长或缩短对象，长度的百分数值必须为正且非零。操作过程如下：

Step 01 绘制任意长度的水平图线，如图 4-59（a）所示。

Step 02 选择菜单栏中的“修改”→“拉长”命令，将水平图线拉长 200%。命令行操作如下：

```
命令: _lengthen
选择对象或 [增量(DE)/百分数(P)/全部(T)/动态(DY)]:
//P Enter，激活“百分比”选项
输入长度百分数 <100.0000>:      //200 Enter，设置拉长的百分比值
选择要修改的对象或 [放弃(U)]:    //在线段的一端单击左键
选择要修改的对象或 [放弃(U)]:    //Enter，结束命令
```

Step 03 拉长结果如图 4-59（b）所示。

（a）拉长前　　　　　（b）拉长后

图 4-59　“百分数”拉长示例

Note

小技巧：

当长度百分比值小于 100 时，将缩短对象；输入长度的百分比值大于 100 时，将拉伸对象。

● “全部”拉长

所谓“全部”拉长，指的是根据指定一个总长度或者总角度进行拉长或缩短对象。操作过程如下：

Step 01 绘制任意长度的水平图线。

Step 02 选择菜单栏中的“修改”→“拉长”命令，将水平图线拉长为 500 个单位。命令行操作如下：

```
命令: _lengthen
选择对象或 [增量(DE)/百分数(P)/全部(T)/动态(DY)]:
//T Enter，激活“全部”选项
指定总长度或 [角度(A)] <1.0000)>:        //500 Enter，设置总长度
选择要修改的对象或 [放弃(U)]:            //在线段的一端单击左键
选择要修改的对象或 [放弃(U)]:            //Enter，退出命令
```

Step 03 结果原对象的长度被拉长为 500，如图 4-60 所示。

500

图 4-60 “全部”拉长示例

小技巧：

如果原对象的总长度或总角度大于所指定的总长度或总角度，结果原对象将被缩短；反之，将被拉长。

● “动态”拉长

所谓“动态”拉长，指的是根据图形对象的端点位置动态改变被其长度。激活“动态”选项功能之后，AutoCAD 将端点移动到所需的长度或角度，另一端保持固定，如图 4-61 所示。

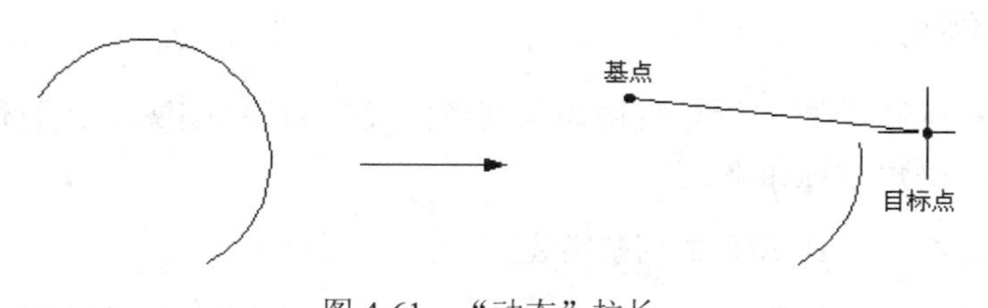

图 4-61　“动态”拉长

小技巧：

“动态”选项功能不能对样条曲线、多段线进行操作。

4.5 倒角与圆角

本节主要学习“倒角”和“圆角”两个命令，以方便对图形进行倒角和圆角等细化编辑。

4.5.1 倒角对象

“倒角”命令主要用于为两条或多条图线进行倒角，倒角的结果是使用一条线段连接两个倒角对象，如图 4-62 所示。

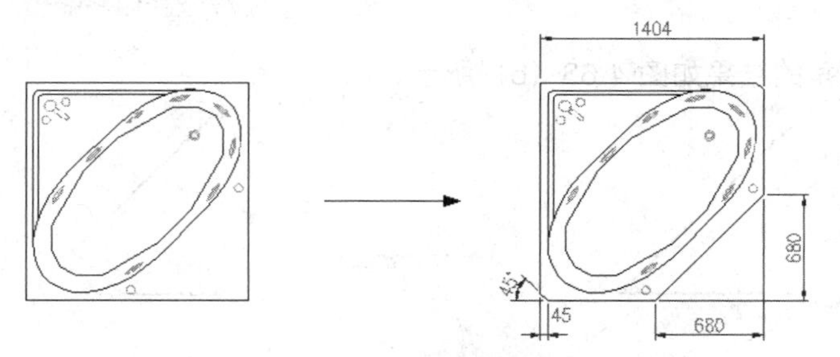

图 4-62　倒角示例

执行“倒角”命令主要有以下几种方式：

- ✧ 单击“默认”选项卡→“修改”面板→“倒角”按钮。
- ✧ 选择菜单栏中的“修改”→“倒角”命令。
- ✧ 单击“修改”工具栏→“倒角”按钮。
- ✧ 在命令行输入表达式 Chamfer 后按 Enter 键。
- ✧ 使用快捷键 CHA。

用于倒角的图线一般有直线、多段线、矩形、多边形等，不能倒角的图线有圆、圆弧、椭圆和椭圆弧等。下面将学习几种常用的倒角功能。

Note

● 距离倒角

所谓“距离倒角”，指的就是直接输入两条图线上的倒角距离，进行倒角图线，如图4-63 所示。距离倒角过程如下：

Step 01 绘制图 4-63（a）所示的两条图线。

Step 02 单击“默认”选项卡→“修改”面板→“倒角”按钮，对两条图线进行距离倒角。命令行操作如下：

```
命令: _chamfer
(“修剪”模式) 当前倒角距离 1 = 0.0000，距离 2 = 0.0000
选择第一条直线或 [放弃(U)/多段线(P)/距离(D)/角度(A)/修剪(T)/方式(E)/多个(M)]:
//d Enter，激活“距离”选项
```

小技巧：

在此操作提示中，“放弃”选项是用于在不中止命令的前提下，撤销上一步操作；“多个”选项是用于在执行一次命令时，可以对多个图线进行倒角操作。

```
指定第一个倒角距离 <0.0000>:                    //150 Enter，设置第一倒角长度
指定第二个倒角距离 <25.0000>:                   //100 Enter，设置第二倒角长度
选择第一条直线或 [放弃(U)/多段线(P)/距离(D)/角度(A)/修剪(T)/方式(E)/多个(M)]:
                                                //选择水平线段
选择第二条直线，或按住 Shift 键选择直线以应用角点或 [距离(D)/角度(A)/方法(M)]:
                                                //选择倾斜线段
```

Step 03 距离倒角的结果如图 4-63（b）所示。

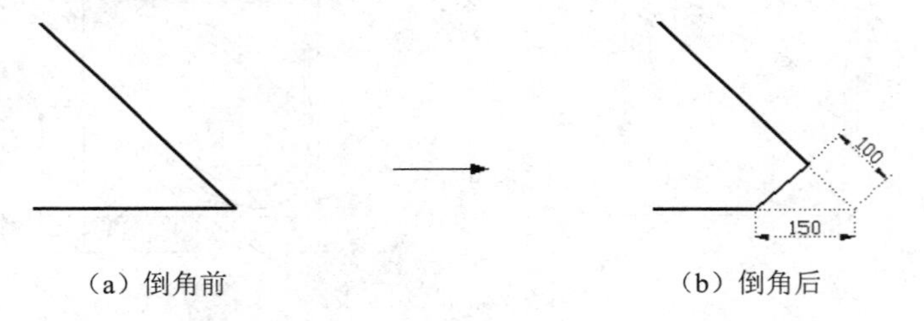

图 4-63 距离倒角

小技巧：

用于倒角的两个倒角距离值不能为负值，如果将两个倒角距离设置为 0，那么倒角的结果就是两条图线被修剪或延长，直至相交于一点。

● 角度倒角

所谓“角度倒角”，指的是通过设置一条图线的倒角长度和倒角角度，为图线倒角，如图 4-64 所示。使用此种方式为图线倒角时，首先需要设置对象的长度尺寸和角度尺寸。

角度倒角过程如下：

Step 01 使用画线命令绘制图 4-64（a）所示的两条垂直图线。

Step 02 单击“默认”选项卡→“修改”面板→“倒角”按钮，对两条图形进行角度倒角。命令行操作如下：

```
命令： _chamfer
（“修剪”模式）当前倒角距离 1 = 25.0000，距离 2 = 15.0000
选择第一条直线或 [放弃(U)/多段线(P)/距离(D)/角度(A)/修剪(T)/方式(E)/
多个(M)]:                                     //a Enter，激活“角度”选项
指定第一条直线的倒角长度 <0.0000>:            //100 Enter，设置倒角长度
指定第一条直线的倒角角度 <0>:                 //30 Enter，设置倒角距离
选择第一条直线或 [放弃(U)/多段线(P)/距离(D)/角度(A)/修剪(T)/方式(E)/多个(M)]:
                                              //选择水平的线段
选择第二条直线，或按住 Shift 键选择直线以应用角点或 [距离(D)/角度(A)/方法(M)]:
                                              //选择倾斜线段作为第二倒角对象
```

Step 03 角度倒角的结果如图 4-64（b）所示。

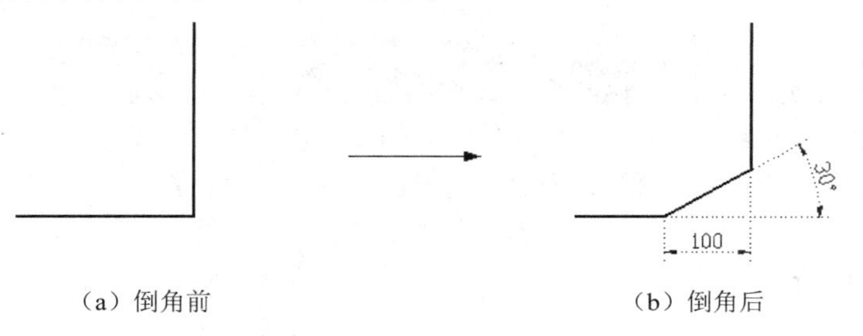

（a）倒角前　　（b）倒角后

图 4-64　角度倒角

小技巧：

在此操作提示中，“方式”选项用于确定倒角的方式，要求选择“距离倒角”或“角度倒角”。另外，系统变量“Chammode”控制着倒角的方式：当 Chammode=0，系统支持“距离倒角”；当 Chammode=1，系统支持“角度倒角”模式。

● 多段线倒角

“多段线”选项是用于为整条多段线的所有相邻元素边进行同时倒角操作，如图 4-65 所示。在为多段线进行倒角操作时，可以使用相同的倒角距离值，也可以使用不同的倒角距离值。多段线倒角过程如下：

Step 01 绘制如图 4-65（a）所示的多段线。

Step 02 单击“默认”选项卡→“修改”面板→“倒角”按钮，对多段线进行倒角。命令行操作如下：

```
命令： _chamfer
```

Note

```
(“修剪”模式) 当前倒角距离 1 = 0.0000，距离 2=0.0000
选择第一条直线或 [放弃(U)/多段线(P)/距离(D)/角度(A)/修剪(T)/方式(E)/多个(M)]:
                                        //d Enter，激活“距离”选项
指定第一个倒角距离 <0.0000>:              //50 Enter，设置第一倒角长度
指定第二个倒角距离 <50.0000>:             //30 Enter，设置第二倒角长度
选择第一条直线或 [放弃(U)/多段线(P)/距离(D)/角度(A)/修剪(T)/方式(E)/多个(M)]:
                                        //p Enter，激活“多段线”选项
选择二维多段线或 [距离(D)/角度(A)/方法(M)]:        //选择刚绘制的多段线
6 条直线已被倒角
```

Step 03 多段线倒角的结果如图 4-65（b）所示。

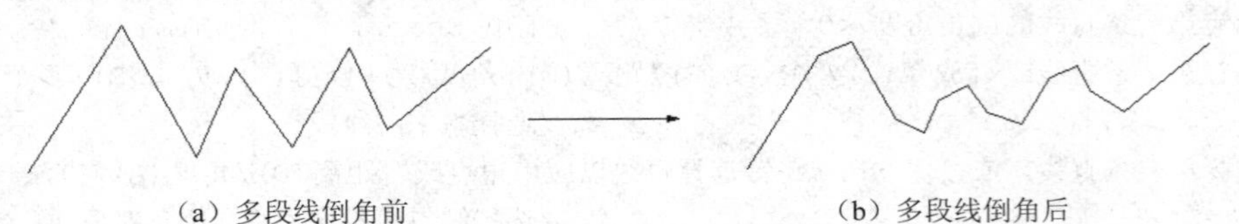

（a）多段线倒角前　　（b）多段线倒角后

图 4-65　多段线倒角

小技巧：

如果被倒角的两个对象同时处于一个图层上，那么倒角线将位于该图层。否则，倒角线将位于当前图层上。此规则同样适用于倒角的颜色、线型和线宽等。

- **设置倒角模式**

“修剪”选项用于设置倒角的修剪状态。系统提供了两种倒角边的修剪模式，即“修剪”和“不修剪”。当将倒角模式设置为“修剪”时，被倒角的两条直线被修剪到倒角的端点，系统默认的模式为“修剪模式”；当倒角模式设置为“不修剪”时，那么用于倒角的图线将不被修剪，如图 4-66 所示。

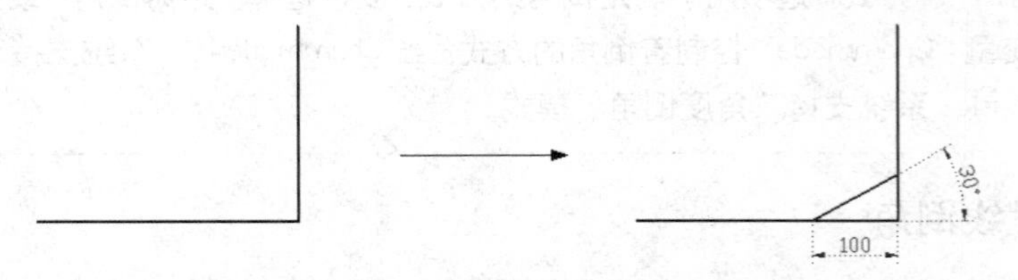

图 4-66　非修剪模式下的倒角

小技巧：

系统变量 Trimmode 控制倒角的修剪状态。当 Trimmode=0 时，系统保持对象不被修剪；当 Trimmode=1 时，系统支持倒角的修剪模式。

4.5.2　圆角对象

所谓“圆角对象”，指的就是使用一段给定半径的圆弧光滑连接两条图线，如图 4-67 所示。执行“圆角”命令主要有以下几种方式：

- ✧ 单击“默认”选项卡→“修改”面板→“圆角”按钮。
- ✧ 选择菜单栏中的“修改”→“圆角”命令。
- ✧ 单击“修改”工具栏→“圆角”按钮。
- ✧ 在命令行输入 Fillet 后按 Enter 键。
- ✧ 使用快捷键 F。

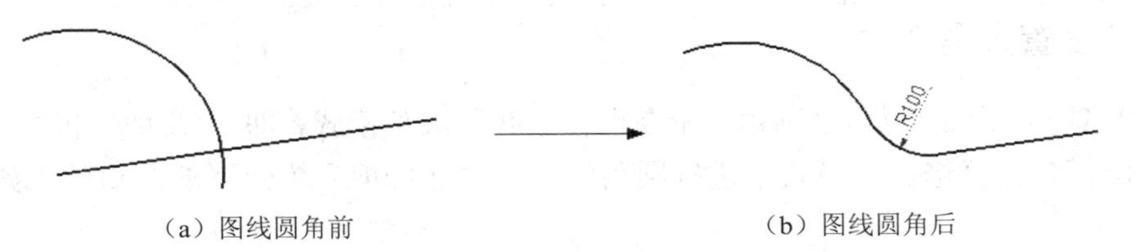

（a）图线圆角前　　（b）图线圆角后

图 4-67　圆角示例

小技巧：

一般情况下，用于圆角的图线有直线、多段线、样条曲线、构造线、射线、圆弧和椭圆弧等。

- **常规模式下的圆角**

Step 01 绘制图 4-67（a）所示的直线和圆弧。

Step 02 单击“默认”选项卡→“修改”面板→“圆角”按钮，对直线和圆弧进行圆角。命令行操作如下：

```
命令： _fillet
当前设置：模式 = 修剪，半径 = 0.0000
选择第一个对象或 [放弃(U)/多段线(P)/半径(R)/修剪(T)/多个(M)]:
//r Enter，激活“半径”选项
```

小技巧：

“多个”选项用于为多个对象进行圆角，不需要重复执行命令。如果用于圆角的图线处于同一图层中，那么圆角也处于同一图层上；如果圆角对象不在同一图层中，那么圆角将处于当前图层上。同样，圆角的颜色、线型和线宽也都遵守这一规则。

```
指定圆角半径 <0.0000>:                                        //100 Enter
选择第一个对象或 [放弃(U)/多段线(P)/半径(R)/修剪(T)/多个(M)]: //选择倾斜线段
选择第二个对象，或按住 Shift 键选择对象以应用角点或[半径(R)]:   //选择圆弧
```

Step 03 图线的圆角效果如图 4-67（b）所示。

小技巧：

“多段线”选项用于对多段线每相邻元素进行圆角处理，激活此选项后，AutoCAD 将以默认的圆角半径对整条多段线相邻各边进行圆角操作，如图 4-68 所示。

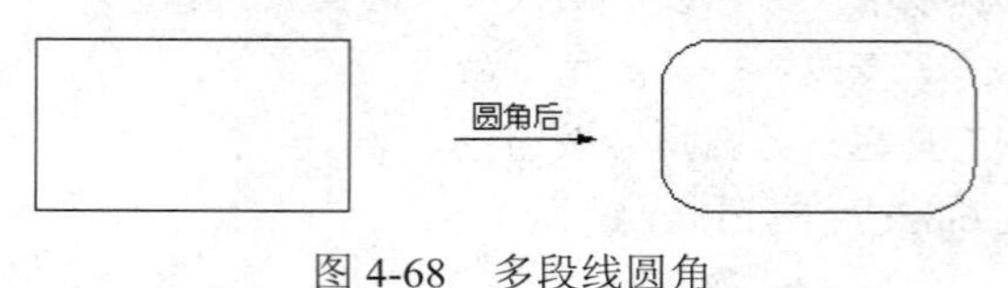

图 4-68　多段线圆角

- **设置圆角模式**

与“倒角”命令一样，“圆角”命令也存在两种圆角模式，即 “修剪”和“不修剪”，以上各例都是在“修剪”模式下进行圆角的，而“非修剪”模式下的圆角效果如图 4-69 所示。

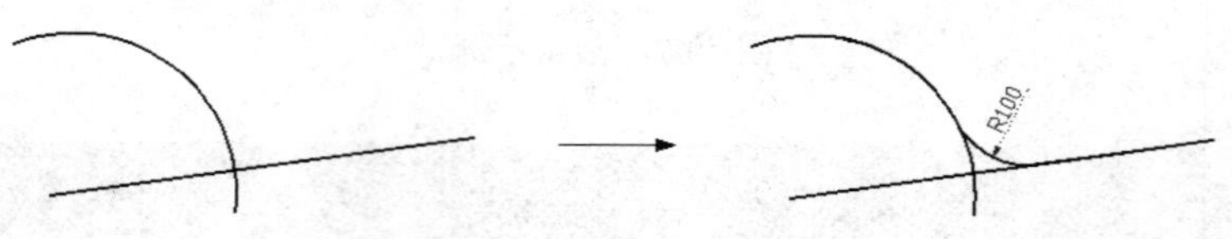

图 4-69　非修剪模式下的圆角

小技巧：

用户也可通过系统变量 Trimmode 设置圆角的修剪模式，当系统变量的值设为 0 时，保持对象不被修剪；当设置为 1 时，表示圆角后进行修剪对象。

- **平行线圆角**

如果用于圆角的图线是相互平行的，那么在执行“圆角”命令后，AutoCAD 将不考虑当前的圆角半径，而是自动使用一条半圆弧连接两条平行图线，半圆弧的直径为两条平行线之间的距离，如图 4-70 所示。

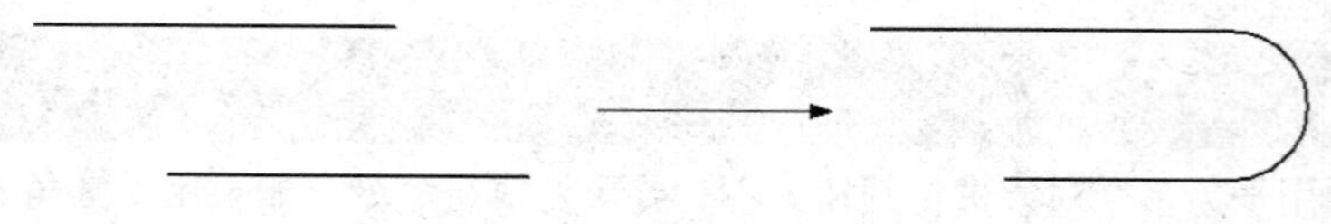

图 4-70　平行线圆角

4.6 更改位置与形状

本小节主要学习“移动”、“旋转”、“缩放”和“分解”四个命令，以方便更改图形

Note

的位置、形状和尺寸等。

4.6.1　移动对象

所谓“移动对象”，就是将目标对象从一个位置移动到另一个位置，源对象的尺寸及形状均不发生变化，改变的仅仅是对象的位置。执行“移动”命令主要有以下几种方式：

- ✧ 单击“默认”选项卡→“修改”面板→“移动”按钮。
- ✧ 选择菜单栏中的“绘图”→“移动”命令。
- ✧ 单击“绘图”工具栏→“移动”按钮。
- ✧ 在命令行输入 Move 后按 Enter 键。
- ✧ 使用快捷键 M。

在移动对象时，一般需要使用点的捕捉功能或点的输入功能，进行精确的位移对象。现将图 4-71（a）所示的矩形移动至图 4-71（b）所示的位置，学习使用“移动”命令。操作过程如下：

Step 01 绘制如图 4-71（a）所示的矩形和直线。

Step 02 单击“默认”选项卡→“修改”面板→“移动”按钮，对矩形进行位移。命令行操作如下：

```
    命令：_move
选择对象：                              //选择矩形
选择对象：                              //Enter，结束对象的选择
指定基点或 [位移(D)] <位移>：          //捕捉如图 4-72 所示的端点
指定第二个点或 <使用第一个点作为位移>：
                        //捕捉倾斜直线的上端点作为目标，同时结束命令
```

Step 03 位移结果如图 4-71（b）所示。

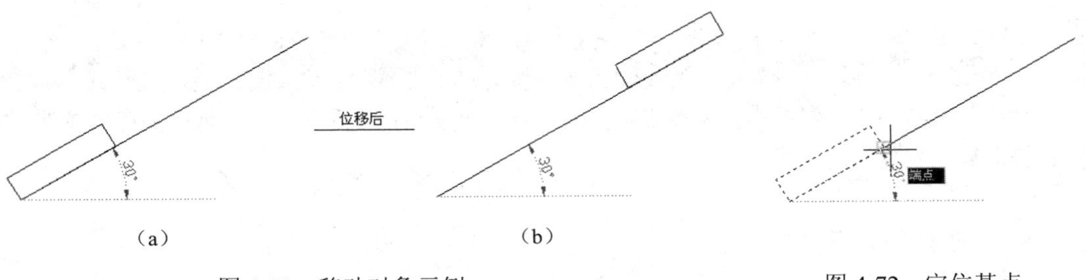

图 4-71　移动对象示例

图 4-72　定位基点

4.6.2　旋转对象

所谓“旋转对象”，指的就是将对象围绕指定的基点旋转一定的角度。执行“旋转”命令主要有以下几种方式：

- ✧ 单击“默认”选项卡→“修改”面板→“旋转”按钮。
- ✧ 选择菜单栏中的“修改”→“旋转”命令。
- ✧ 单击“修改”工具栏→“旋转”按钮。
- ✧ 在命令行输入 Rotate 后按 Enter 键。
- ✧ 使用快捷键 RO。

● 角度旋转对象

在旋转对象时，输入的角度为正值，系统将按逆时针方向旋转；输入的角度为负值，系统将按顺时针方向旋转。下面通过将某矩形顺时针旋转 30°，学习使用“旋转”命令。

Step 01 绘制一个矩形，如图 4-73（a）所示。

Step 02 单击“默认”选项卡→“修改”面板→“旋转”按钮，对矩形逆时针旋转。命令行操作如下：

```
命令: _rotate
UCS 当前的正角方向:  ANGDIR=逆时针   ANGBASE=0
选择对象:                                          //选择刚绘制的矩形
选择对象:                                          //Enter，结束选择
指定基点:                                          //捕捉矩形左下角点作为基点
指定旋转角度，或 [复制(C)/参照(R)] <0>:           //30 Enter，输入倾斜角度
```

Step 03 旋转结果如图 4-73（b）所示。

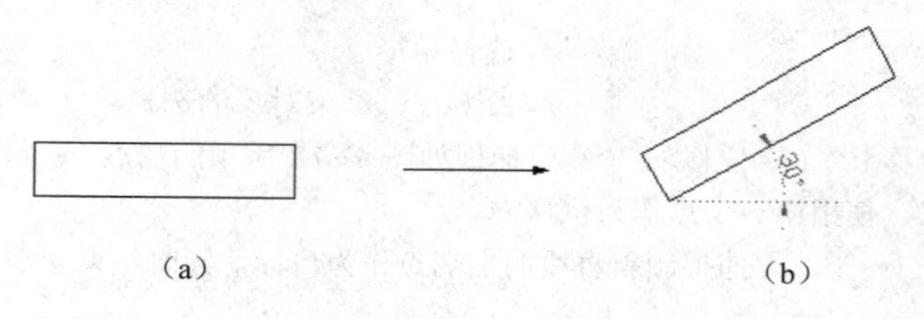

图 4-73　旋转示例

> **小技巧：**
>
> “参照”选项用于将对象进行参照旋转，即指定一个参照角度和新角度，两个角度的差值就是对象的实际旋转角度。

● 旋转复制对象

所谓“旋转复制对象”，指的是在旋转图形对象的同时将其复制，而源对象保持不变，如图 4-74 所示。旋转复制的操作过程如下：

Step 01 绘制如图 4-74（a）所示的矩形。

Step 02 单击“默认”选项卡→“修改”面板→“旋转”按钮，对矩形进行旋转复制。命令行操作如下：

```
命令: _rotate
UCS 当前的正角方向:  ANGDIR=逆时针   ANGBASE=0
选择对象:                                     //选择矩形
选择对象:                                     //Enter，结束选择
指定基点:                                     //捕捉矩形左下角点作为基点
指定旋转角度，或 [复制(C)/参照(R)] <0>:     //c Enter
旋转一组选定对象。
指定旋转角度，或 [复制(C)/参照(R)] <30>:   //30 Enter，输入倾斜角度
```

Step 03 旋转结果如图 4-74（b）所示。

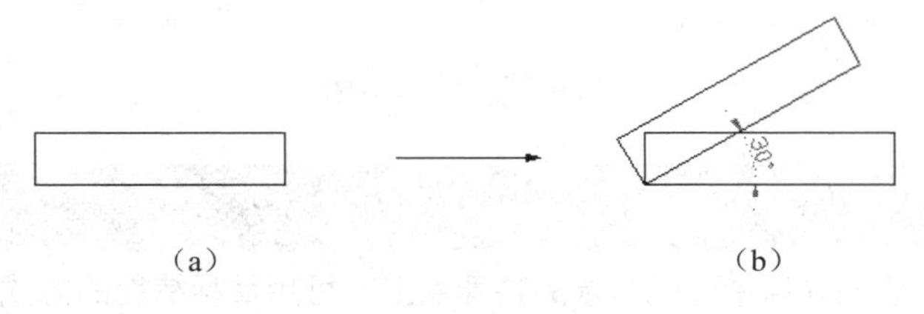

图 4-74 旋转复制示例

4.6.3 缩放对象

“缩放对象”指的就是将对象进行等比例放大或缩小，使用此命令可以创建形状相同、大小不同的图形结构。执行“缩放”命令主要有以下几种方式：

✧ 单击“默认”选项卡→“修改”面板→“缩放”按钮。
✧ 选择菜单栏中的“修改”→“缩放”命令。
✧ 单击“修改”工具栏→“缩放”按钮。
✧ 在命令行输入 Scale 后按 Enter 键。
✧ 使用快捷键 SC。

● 等比缩放对象

在等比例缩放对象时，如果输入的比例因子大于 1，对象将被放大；如果输入的比例小于 1，对象将被缩小。等比缩放的具体操作过程如下：

Step 01 打开随书光盘中的“\素材文件\缩放对象.dwg”，如图 4-75（a）所示。

Step 02 单击“默认”选项卡→“修改”面板→“缩放”按钮，将图形等比缩放 0.5 倍。命令行操作如下：

```
命令: _scale
选择对象:                                           //选择刚打开的图形
选择对象:                                           //Enter，结束对象的选择
指定基点:                                           //捕捉花瓶左下角点
指定比例因子或 [复制(C)/参照(R)] <1.0000>:   //0.5 Enter，输入缩放比例
```

Step 03 缩放结果如图 4-75（b）所示。

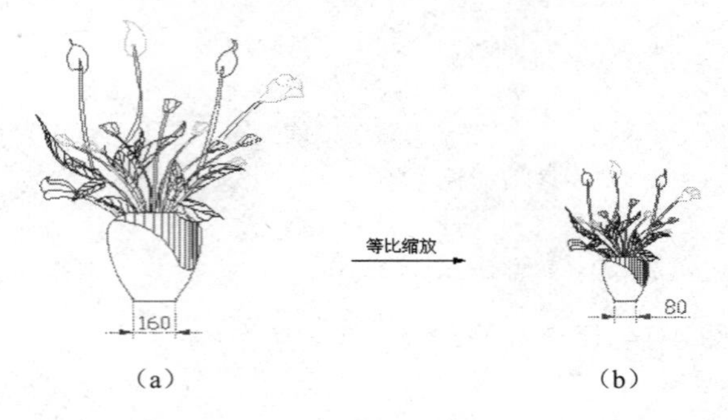

图 4-75　缩放示例

小技巧：

基点一般指定在对象的几何中心或对象的特殊点上，可用目标捕捉的方式来指定。

● 缩放复制对象

所谓“缩放复制对象”，指的就是在等比缩放对象的同时，将其进行复制，如图 4-76 所示。缩放复制的操作过程如下：

Step 01 打开如图 4-76（a）所示的图形素材文件。

Step 02 单击“默认”选项卡→“修改”面板→“缩放”按钮，将图形缩放复制。命令行操作如下：

```
命令： _scale
选择对象：                          //选择刚打开的图形
选择对象：                          //Enter，结束对象的选择
指定基点：                          //捕捉花瓶左下角点
指定比例因子或 [复制(C)/参照(R)] <1.0000>:    //c Enter
缩放一组选定对象。
指定比例因子或 [复制(C)/参照(R)] <0.6000>:    //1.5 Enter，输入缩放比例
```

Step 03 缩放复制的结果如图 4-76（b）所示。

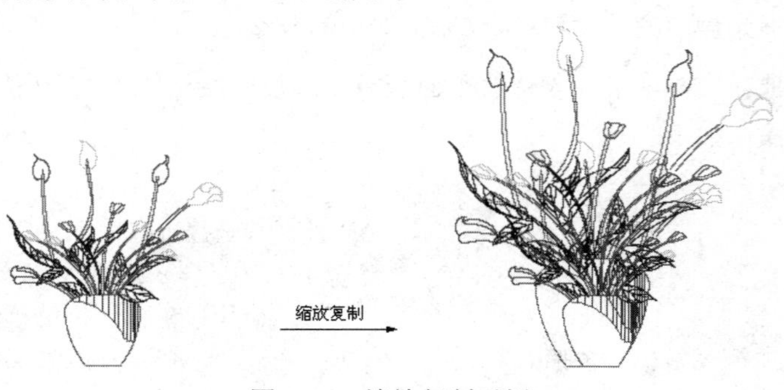

图 4-76　缩放复制示例

小技巧：

“参照”选项是使用参考值作为比例因子缩放对象。激活该选项后，需要用户分别指定一个参照长度和一个新长度，AutoCAD 将以参考长度和新长度的比值决定缩放的比例因子。

Note

4.6.4　分解对象

“分解对象”指的是将组合对象分解成各自独立的对象，以方便对分解后的各对象进行编辑。执行“分解”命令主要有以下几种方式：

- ✧ 单击“默认”选项卡→“修改”面板→“分解”按钮。
- ✧ 选择菜单栏中的“修改”→“分解”命令。
- ✧ 单击“修改”工具栏→“分解”按钮。
- ✧ 在命令行输入 Explode 后按 Enter 键。
- ✧ 使用快捷键 X。

小技巧：

常用于分解的组合对象有矩形、正多边形、多段线、边界以及一些图块等。例如，矩形是由四条直线元素组成的单个对象，如果用户需要对其中的一条边进行编辑，则首先将矩形分解还原为四条线对象，如图 4-77 所示。

（a）分解前　　（b）分解后

图 4-77　分解示例

在激活命令后，只需选择需要分解的对象按 Enter 键即可将对象分解。如果是对具有一定宽度的多段线分解，AutoCAD 将忽略其宽度并沿多段线的中心放置分解多段线，如图 4-78 所示。

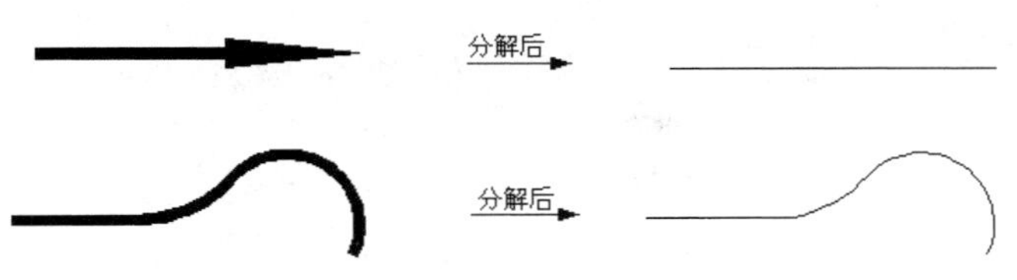

图 4-78　分解宽度多段线

4.7 上机实训二——绘制沙发组构件

Note

通过上述各小节的详细讲述，相信读者对各种修改工具有了一定的认识和操作能力，下面绘制如图 4-79 所示的沙发组平面图例，在综合巩固所学知识的前提下，对本章所讲知识进行综合练习和巩固。

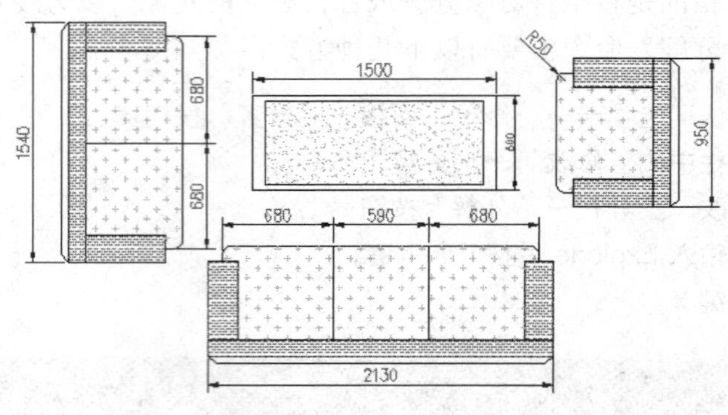

图 4-79　实例效果

操作步骤：

Step 01 单击“快速访问”工具栏→“新建”按钮，新建绘图文件。

Step 02 打开状态栏上的“对象捕捉”和“对象追踪”功能，并设置捕捉模式为中点捕捉和端点捕捉，如图 4-80 所示。

Step 03 选择菜单栏中的“视图”→“缩放”→“中心”命令，将视图高度调整为 2400 个单位。

Step 04 使用快捷键 REC 执行“矩形”命令，绘制长度为 950、宽度为 150 的矩形，作为沙发靠背轮廓线。命令行操作如下：

```
命令: _rectang
指定第一个角点或 [倒角(C)/标高(E)/圆角(F)/厚度(T)/宽度(W)]:
                                        //在绘图区拾取一点
指定另一个角点或 [面积(A)/尺寸(D)/旋转(R)]:
//@950,150 Enter，绘制结果如图 4-81 所示
```

☑启用对象捕捉 (F3)(O)
对象捕捉模式
□ ☑端点(E)
△ ☑中点(M)
○ □圆心(C)
⊠ □节点(D)
◇ □象限点(Q)
× □交点(I)
-- □延长线(X)

图 4-80　设置捕捉模式

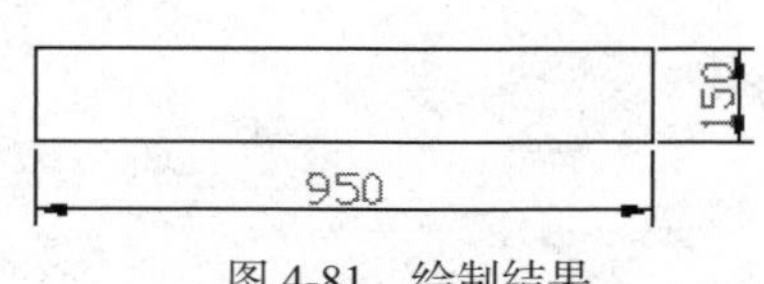

图 4-81　绘制结果

Step 05 重复执行“矩形”命令，配合“捕捉自”功能绘制扶手轮廓线。命令行操作如下：

```
    命令: _rectang
指定第一个角点或 [倒角(C)/标高(E)/圆角(F)/厚度(T)/宽度(W)]:
                                        //捕捉如图 4-82 所示的端点
指定另一个角点或 [面积(A)/尺寸(D)/旋转(R)]:     //@180,-500 Enter
命令:                                   //Enter
RECTANG 指定第一个角点或 [倒角(C)/标高(E)/圆角(F)/厚度(T)/宽度(W)]:
                                        //捕捉如图 4-83 所示的端点
指定另一个角点或 [面积(A)/尺寸(D)/旋转(R)]: //@-180,-500 Enter，结果如图 4-84
所示
```

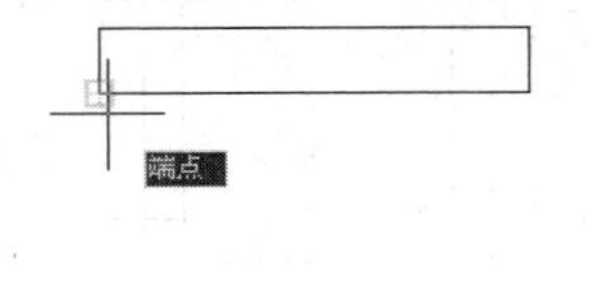

图 4-82　捕捉端点

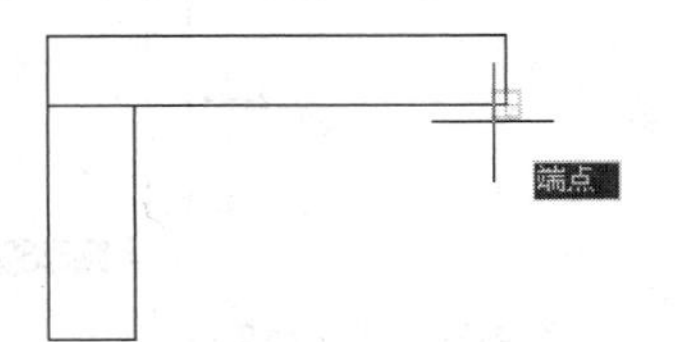

图 4-83　捕捉端点

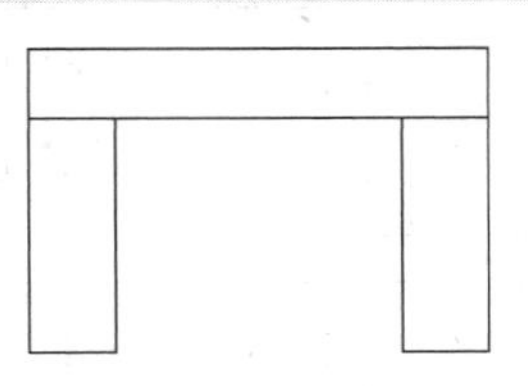
图 4-84　绘制结果

Step 06 选择菜单栏中的“修改”→“分解”命令，将三个矩形分解。

Step 07 选择菜单栏中的“修改”→“偏移”命令，将最上侧的水平轮廓线向下偏移 750 个单位，将两侧的垂直轮廓线向内偏移 90 个单位。命令行操作如下：

```
命令: _offset
当前设置: 删除源=否  图层=源  OFFSETGAPTYPE=0
指定偏移距离或 [通过(T)/删除(E)/图层(L)] <90.0000>:  //750 Enter
选择要偏移的对象，或 [退出(E)/放弃(U)] <退出>:         //选择最上侧的水平轮廓线
指定要偏移的那一侧上的点，或 [退出(E)/多个(M)/放弃(U)] <退出>:
                                                //在所选对象的下侧拾取点
选择要偏移的对象，或 [退出(E)/放弃(U)] <退出>:       //Enter
命令:                                           //Enter
OFFSET 当前设置: 删除源=否  图层=源  OFFSETGAPTYPE=0
指定偏移距离或 [通过(T)/删除(E)/图层(L)] <750.0000>://90 Enter
选择要偏移的对象，或 [退出(E)/放弃(U)] <退出>:       //选择最左侧的垂直轮廓线
指定要偏移的那一侧上的点，或 [退出(E)/多个(M)/放弃(U)] <退出>:
                                                //在所选对象的右侧拾取点
选择要偏移的对象，或 [退出(E)/放弃(U)] <退出>:      //选择最右侧的垂直轮廓线
指定要偏移的那一侧上的点，或 [退出(E)/多个(M)/放弃(U)] <退出>:
                                          //在所选对象的左侧拾取点
选择要偏移的对象，或 [退出(E)/放弃(U)] <退出>: //Enter，偏移结果如图 4-85 所示
```

Step 08 选择菜单栏中的“修改”→“延伸”命令，以最下侧的水平轮廓线作为界，对其他两条垂直边进行延伸。命令行操作如下：

```
    命令: _extend
当前设置:投影=UCS，边=延伸
```

```
选择边界的边...
选择对象或 <全部选择>:          //选择如图 4-86 所示的水平边作为边界
选择对象:                       //Enter
选择要延伸的对象，或按住 Shift 键选择要修剪的对象，或[栏选(F)/窗交(C)/投影(P)/边(E)/放弃(U)]:                    //在垂直轮廓边 1 的下端单击
选择要延伸的对象，或按住 Shift 键选择要修剪的对象，或[栏选(F)/窗交(C)/投影(P)/边(E)/放弃(U)]:                    //在垂直轮廓边 2 的下端单击
选择要延伸的对象，或按住 Shift 键选择要修剪的对象，或[栏选(F)/窗交(C)/投影(P)/边(E)/放弃(U)]:                    //Enter，结束命令，延伸结果如图 4-87 所示
```

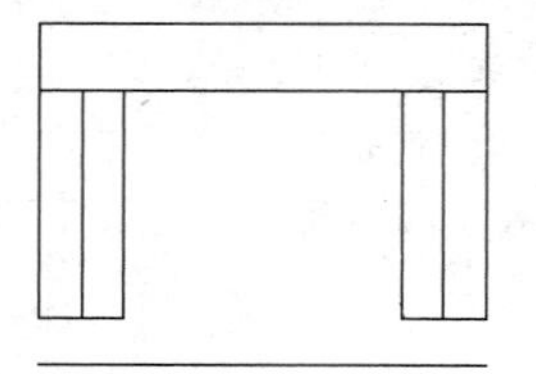

图 4-85　偏移结果

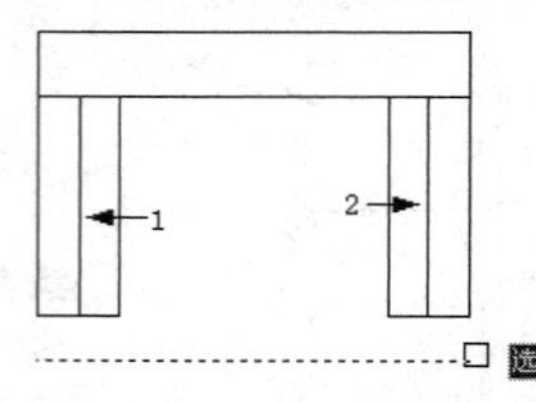

图 4-86　选择边界

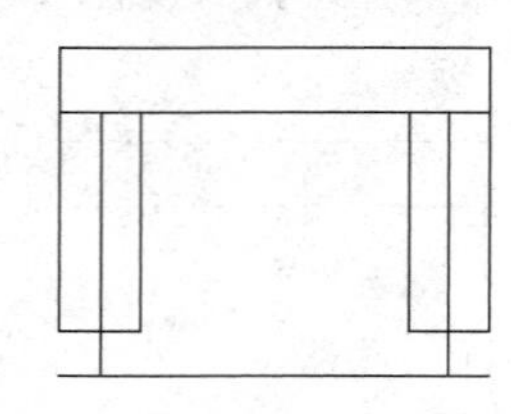

图 4-87　延伸结果

Step 09 选择菜单栏中的“修改”→“修剪”命令，对下侧的水平边进行修剪。命令行操作如下：

```
命令: _trim
当前设置:投影=UCS，边=延伸
选择剪切边...
选择对象或 <全部选择>:         //选择如图 4-88 所示的两条垂直边作为边界
选择对象:                      //Enter
选择要修剪的对象，或按住 Shift 键选择要延伸的对象，或[栏选(F)/窗交(C)/投影(P)/边(E)/删除(R)/放弃(U)]:        //在水平边 L 的左端单击
选择要修剪的对象，或按住 Shift 键选择要延伸的对象，或[栏选(F)/窗交(C)/投影(P)/边(E)/删除(R)/放弃(U)]:        //在水平边 L 的右端单击
选择要修剪的对象，或按住 Shift 键选择要延伸的对象，或[栏选(F)/窗交(C)/投影(P)/边(E)/删除(R)/放弃(U)]:        //Enter，修剪结果如图 4-89 所示
```

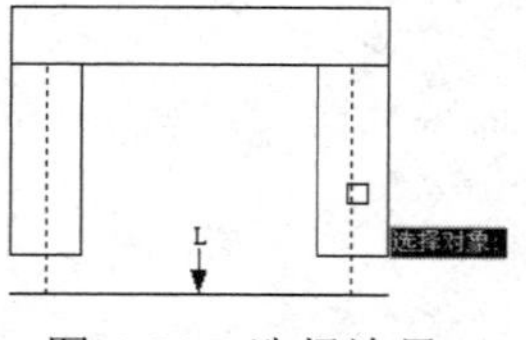

图 4-88　选择边界

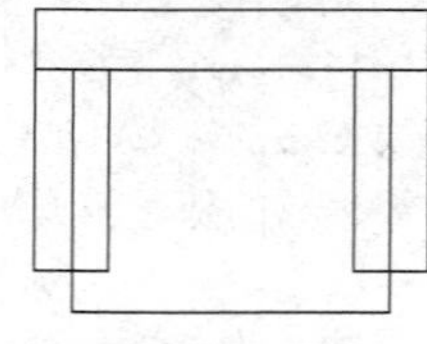

图 4-89　修剪结果

Step 10 选择菜单栏中的“修改”→“拉长”命令，对内部的两条垂直轮廓边进行编辑。命令行操作如下：

```
命令: _lengthen
选择对象或 [增量(DE)/百分数(P)/全部(T)/动态(DY)]:  //de Enter
输入长度增量或 [角度(A)] <10.0000>:                //-500 Enter
选择要修改的对象或 [放弃(U)]:                      //在如图 4-90 所示的位置单击
选择要修改的对象或 [放弃(U)]:                      //在如图 4-91 所示的位置单击
```

```
选择要修改的对象或 [放弃(U)]:        //Enter，结束命令，操作结果如图 4-92 所示
```

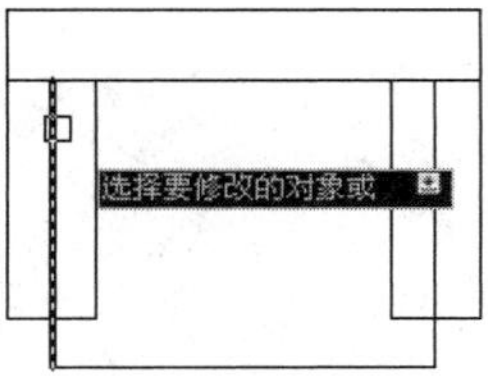

图 4-90　指定单击位置 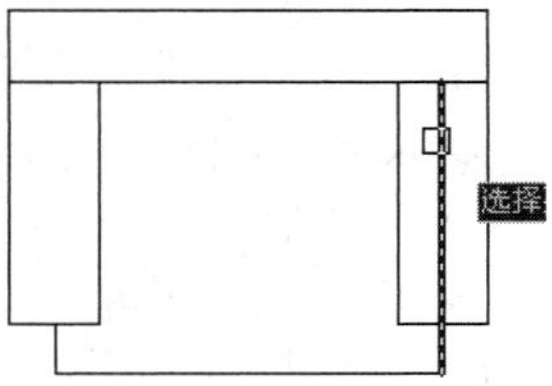　　图 4-91　指定单击位置 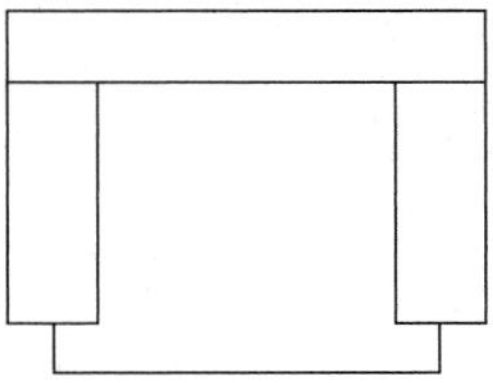　　图 4-92　操作结果

Step 11 选择菜单栏中的"修改"→"倒角"命令，对靠背轮廓边进行倒角编辑。命令行操作如下：

```
    命令: _chamfer
("修剪"模式) 当前倒角距离 1 = 0.0000，距离 2 = 0.0000
选择第一条直线或 [放弃(U)/多段线(P)/距离(D)/角度(A)/修剪(T)/方式(E)/多个(M)]:
//a Enter，激活"角度"选项
指定第一条直线的倒角长度 <0.0000>:     //50 Enter
指定第一条直线的倒角角度 <45>:          //45 Enter
选择第一条直线或 [放弃(U)/多段线(P)/距离(D)/角度(A)/修剪(T)/方式(E)/多个(M)]:
//m Enter，激活"多个"选项
选择第一条直线或 [放弃(U)/多段线(P)/距离(D)/角度(A)/修剪(T)/方式(E)/多个(M)]:
                                         //在图 4-93 所示轮廓边 1 的上端单击
选择第二条直线，或按住 Shift 键选择直线以应用角点或 [距离(D)/角度(A)/方法(M)]:
                                         //在轮廓边 2 的左端单击
选择第一条直线或 [放弃(U)/多段线(P)/距离(D)/角度(A)/修剪(T)/方式(E)/多个(M)]:
                                         //在轮廓边 2 的右端单击
选择第二条直线，或按住 Shift 键选择直线以应用角点或 [距离(D)/角度(A)/方法(M)]:
                                         //在轮廓边 3 的上端单击
选择第一条直线或 [放弃(U)/多段线(P)/距离(D)/角度(A)/修剪(T)/方式(E)/多个(M)]:
                                         //Enter，结束命令，倒角结果如图 4-94 所示
```

Step 12 使用快捷键 L 执行"直线"命令，配合端点捕捉功能，绘制如图 4-95 所示的水平轮廓边。

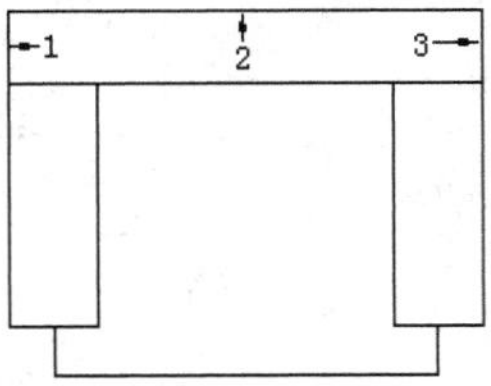

图 4-93　定位倒角边 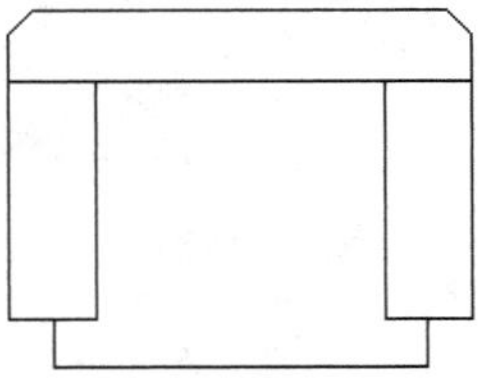　　图 4-94　倒角结果 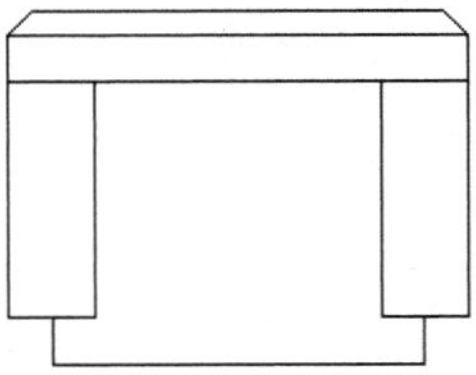　　图 4-95　绘制结果

Step 13 单击"默认"选项卡→"修改"面板→"圆角"按钮，对下侧的轮廓边进行圆角。命令行操作如下：

```
    命令: _fillet
当前设置: 模式 = 修剪，半径 = 0.0000
```

```
选择第一个对象或 [放弃(U)/多段线(P)/半径(R)/修剪(T)/多个(M)]:   //r Enter
指定圆角半径 <0.0000>:              //50 Enter
选择第一个对象或 [放弃(U)/多段线(P)/半径(R)/修剪(T)/多个(M)]:  //m Enter
选择第一个对象或 [放弃(U)/多段线(P)/半径(R)/修剪(T)/多个(M)]:
  //在如图 4-96 所示轮廓边 1 的下端单击
选择第二个对象，或按住 Shift 键选择对象以应用角点或 [半径(R)]::
  //在如图 4-96 所示轮廓边 2 的左端单击
选择第一个对象或 [放弃(U)/多段线(P)/半径(R)/修剪(T)/多个(M)]:
  //在如图 4-96 所示轮廓边 2 的右端单击
选择第二个对象，或按住 Shift 键选择对象以应用角点或 [半径(R)]::
  //在如图 4-96 所示轮廓边 3 的下端单击
选择第一个对象或 [放弃(U)/多段线(P)/半径(R)/修剪(T)/多个(M)]:
                         //Enter，结束命令，圆角结果如图 4-97 所示
```

Step 14 在无命令执行的前提下拉出如图 4-98 所示的窗交选择框，然后按住鼠标右键进行拖曳，当松开右键时，从弹出的菜单中选择“复制到此处”选项，如图 4-99 所示，对其进行复制。

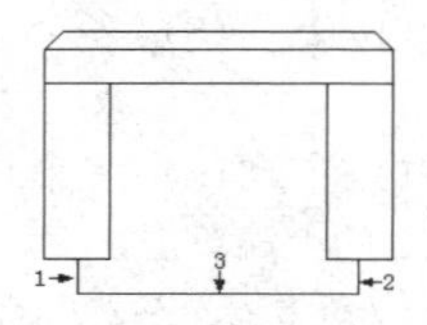

图 4-96 定位圆角边

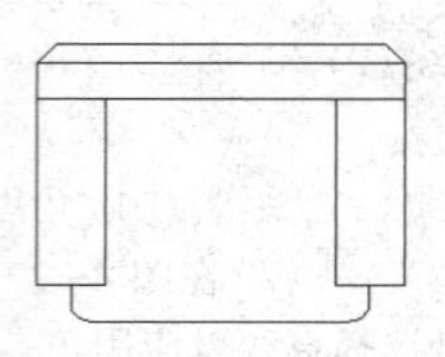
图 4-97 圆角结果

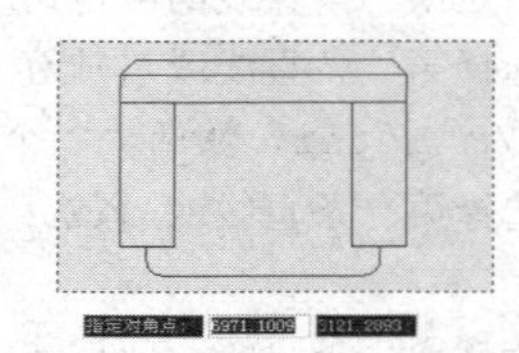

图 4-98 窗交选择

Step 15 重复上一步操作，将沙发图形再复制一份。

Step 16 单击“默认”选项卡→“修改”面板→“拉伸”按钮，配合“极轴追踪”功能，将复制出的沙发拉伸为双人沙发。命令行操作如下：

```
  命令: _stretch
以交叉窗口或交叉多边形选择要拉伸的对象...
选择对象:                    //拉出如图 4-100 所示的窗交选择框
选择对象:                    //Enter
指定基点或 [位移(D)] <位移>:   //在绘图区拾取一点
指定第二个点或 <使用第一个点作为位移>:
//水平向右引出如图 4-101 所示的极轴矢量，输入 590Enter，拉伸结果如图 4-102 所示
```

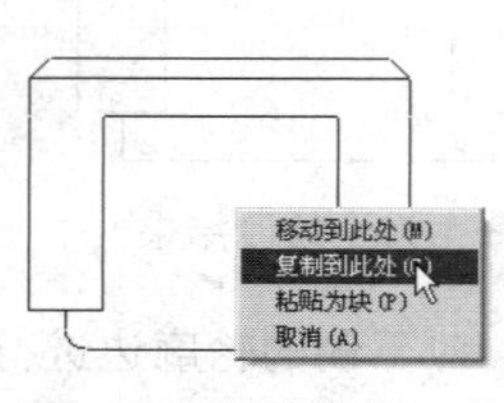

图 4-99 右键菜单

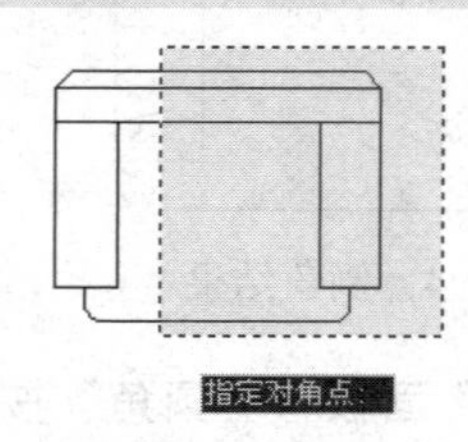

图 4-100 窗交选择

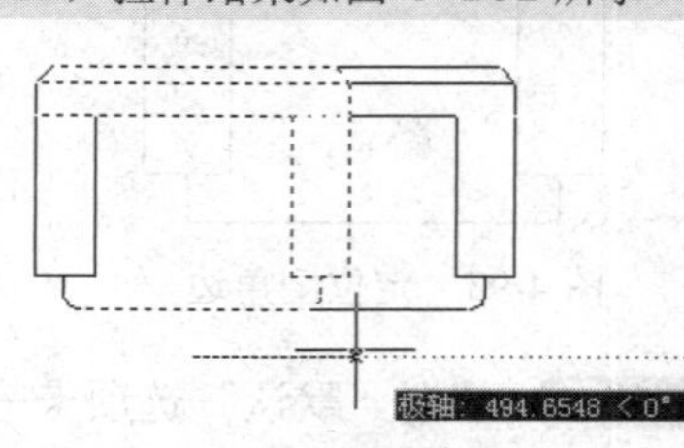

图 4-101 引出极轴矢量

Step 17 使用快捷键 L 执行“直线”命令，配合中点捕捉功能绘制如图 4-103 所示的分界线。

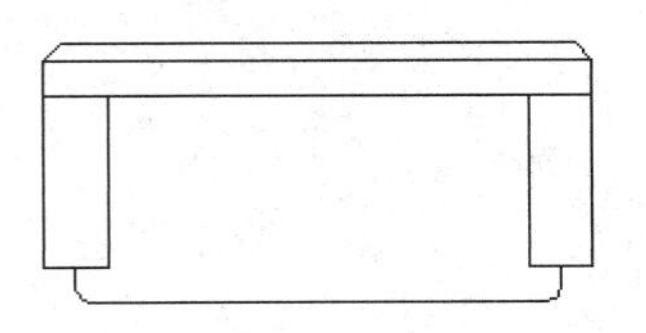

图 4-102　拉伸结果

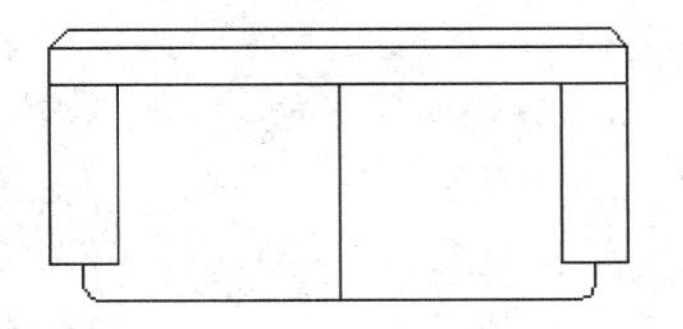

图 4-103　绘制结果

Step 18 重复执行“拉伸”命令，配合“极轴追踪”功能，将另一个沙发拉伸为三人沙发。命令行操作如下：

```
    命令: _stretch
以交叉窗口或交叉多边形选择要拉伸的对象...
选择对象:                          //拉出图 4-100 所示的窗交选择框
选择对象:                          //Enter
指定基点或 [位移(D)] <位移>:       //在绘图区拾取一点
指定第二个点或 <使用第一个点作为位移>:
//引出图 4-101 所示的极轴矢量，输入 1180Enter，拉伸结果如图 4-104 所示
```

Step 19 使用快捷键 L 执行“直线”命令，配合“对象捕捉”功能绘制如图 4-105 所示的两条分界线。

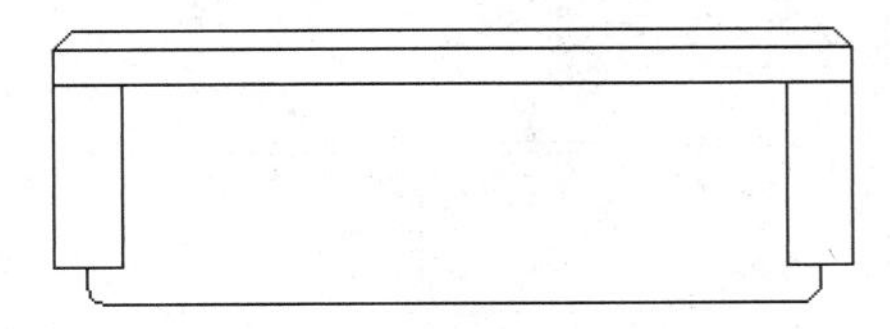

图 4-104　拉伸结果

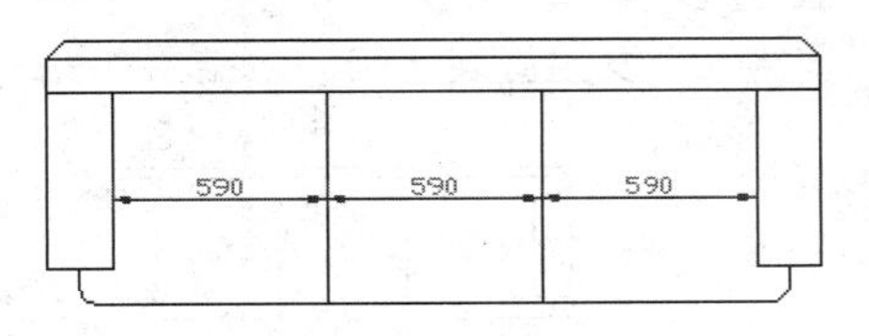

图 4-105　绘制结果

Step 20 单击“默认”选项卡→“修改”面板→“旋转”按钮，将双人沙发旋转 90°。命令行操作如下：

```
    命令: _rotate
UCS 当前的正角方向: ANGDIR=逆时针  ANGBASE=0
选择对象:            //拉出如图 4-106 所示的窗口选择框
选择对象:            //Enter
指定基点:            //拾取任一点
指定旋转角度，或 [复制(C)/参照(R)] <0>:    //90 Enter，旋转结果如图 4-107 所示
```

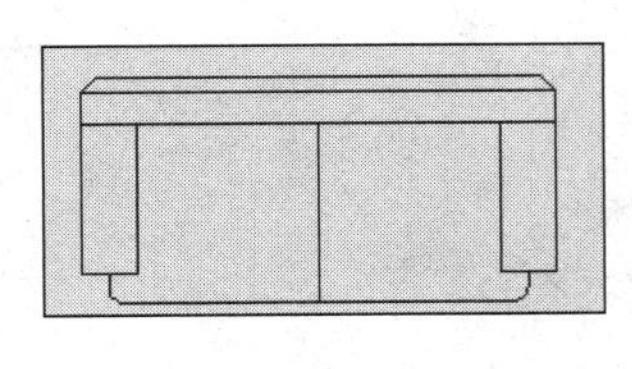

指定对角点

图 4-106　窗口选择

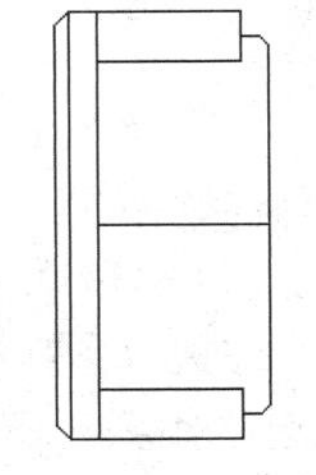

图 4-107　旋转结果

Step 21 重复执行“旋转”命令，将单人沙发旋转-90°。命令行操作如下：

```
命令: _rotate
UCS 当前的正角方向:  ANGDIR=逆时针  ANGBASE=0
选择对象:              //选择如图 4-108 所示的单人沙发
选择对象:              //Enter
指定基点:              //拾取任一点
指定旋转角度, 或 [复制(C)/参照(R)] <0>:   //-90 Enter, 旋转结果如图 4-109 所示
```

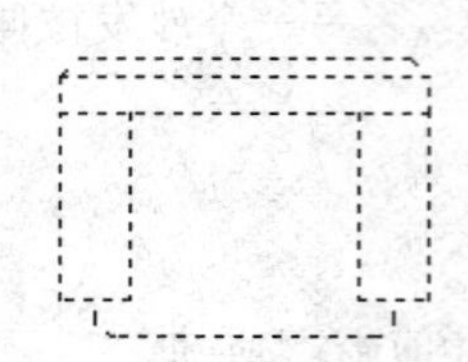

图 4-108　选择单人沙发

图 4-109　旋转结果

Step 22 使用快捷键 M 执行"移动"命令，将单人沙发、双人沙发和三人沙发进行位移，组合成沙发组。结果如图 4-110 所示。

Step 23 使用快捷键 REC 执行"矩形"命令，绘制如图 4-111 所示的矩形作为茶几。

Step 24 单击"默认"选项卡→"修改"面板→"旋转"按钮，选择图 4-111 所示的沙发组旋转 180°。结果如图 4-112 所示。

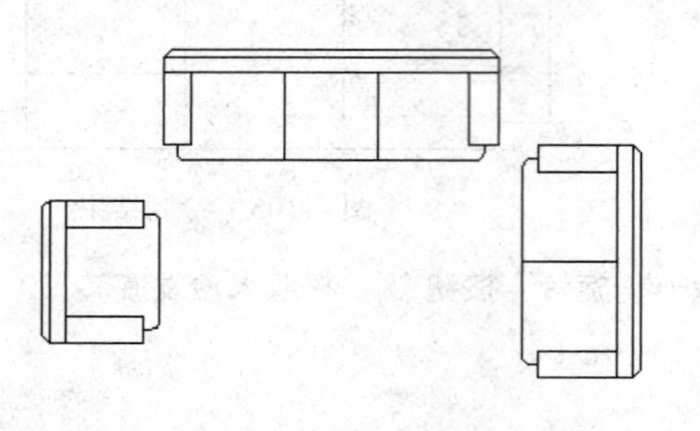

图 4-110　组合结果

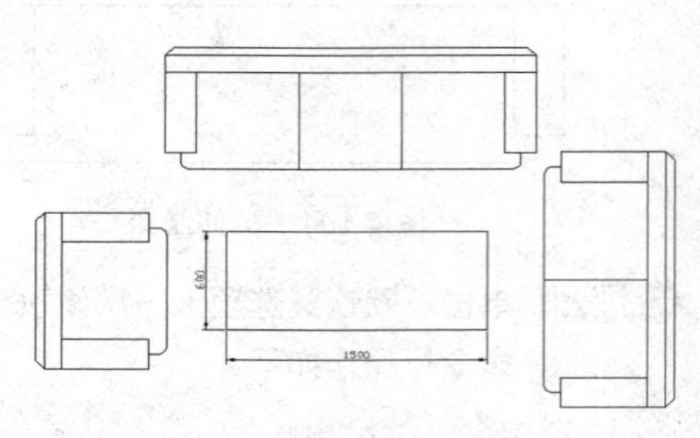

图 4-111　绘制结果

Step 25 执行"缩放"命令，配合"两点之间的中点"功能对茶几进行缩放并复制。命令行操作如下：

```
  命令: _scale
选择对象:                //选择方形茶几
选择对象:                //Enter
指定基点:                //激活"两点之间的中点"功能
_m2p 中点的第一点:       //捕捉矩形上侧水平边的中点
中点的第二点:            //捕捉矩形下侧水平边的中点
指定比例因子或 [复制(C)/参照(R)]:  //c Enter
缩放一组选定对象。
指定比例因子或 [复制(C)/参照(R)]:  //0.9 Enter, 结果如图 4-113 所示
```

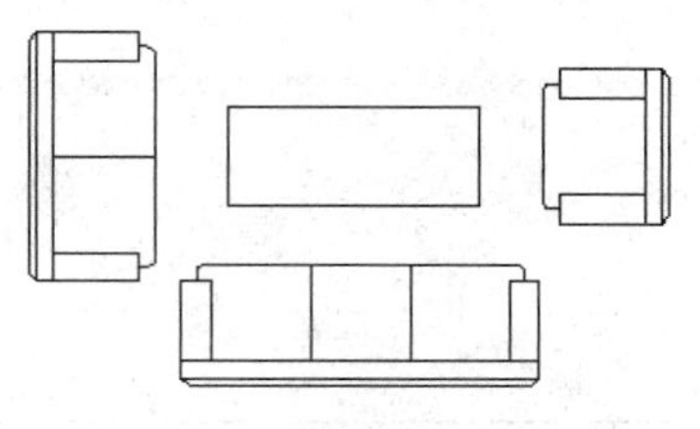

图 4-112　旋转结果

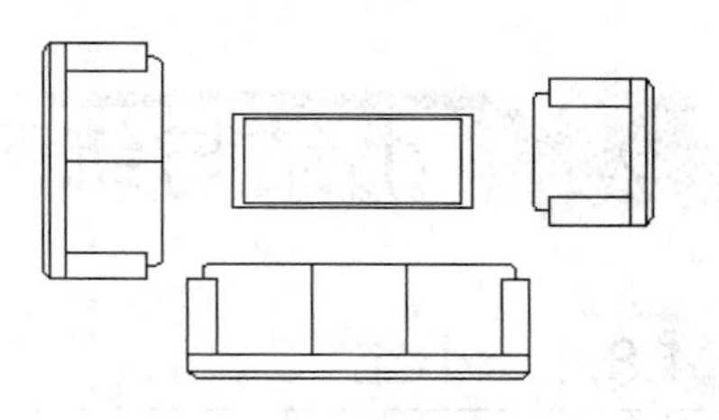

图 4-113　缩放并复制

Step 26 使用快捷键 H 执行“图案填充”命令，设置填充图案和填充参数，如图 4-114 所示，为茶几填充如图 4-115 所示的图案。

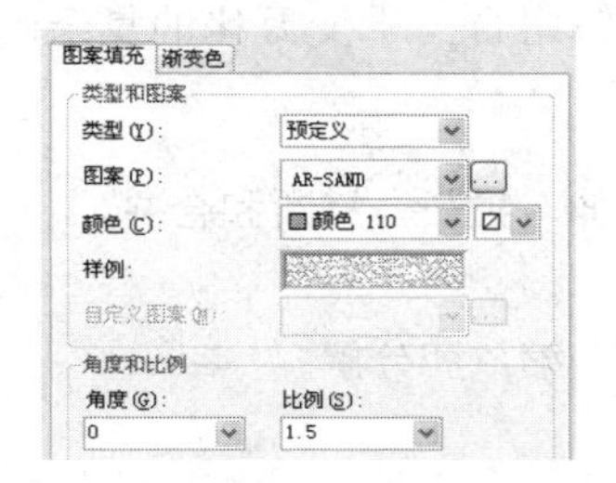

图 4-114　设置填充图案和填充参数

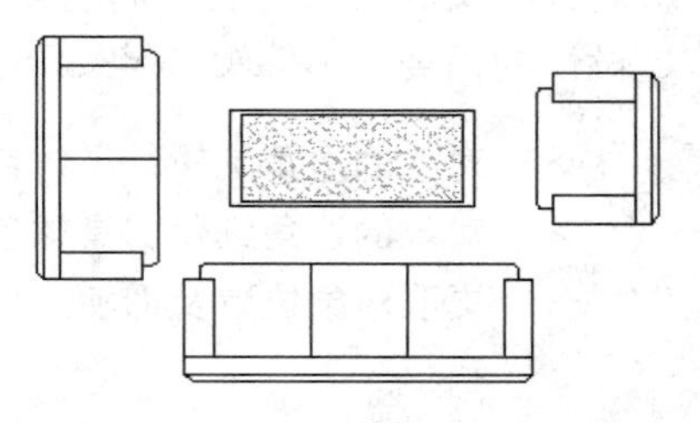

图 4-115　填充结果

Step 27 重复执行“图案填充”命令，设置填充图案和填充参数，如图 4-116 所示，为沙发填充如图 4-117 所示的图案。

图 4-116　设置填充图案和填充参数

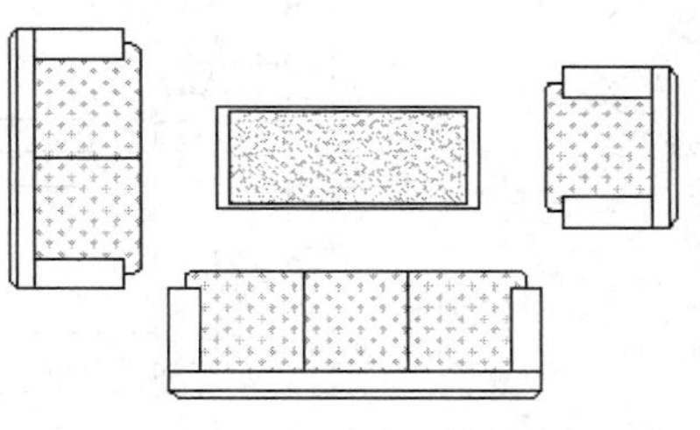

图 4-117　填充结果

Step 28 重复执行“图案填充”命令，设置填充图案和填充参数，如图 4-118 所示，为沙发填充如图 4-119 所示的图案。

图 4-118　设置填充图案和填充参数

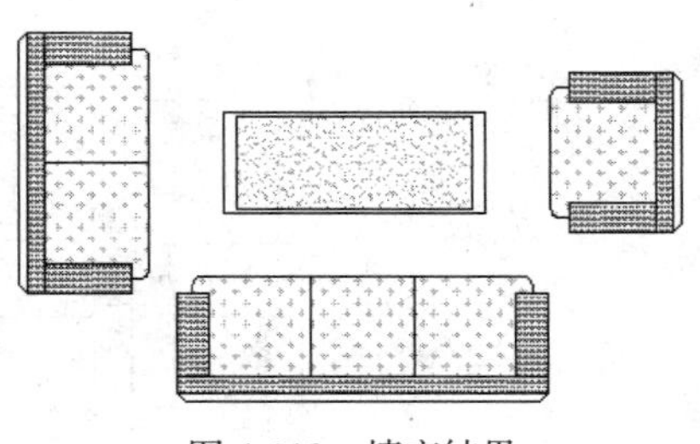

图 4-119　填充结果

Step 29 执行“保存”命令，将图形命名存储为“上机实训二.dwg”。

Note

4.8 小结与练习

Note

4.8.1 小结

本章集中讲解了 AutoCAD 的图形修改功能，如对象的边角编辑功能、边角细化功能、更改对象位置、形状及大小等功能，掌握这些基本的修改功能，可以方便用户对图形进行编辑和修饰完善，将有限的基本几何元素编辑组合为千变万化的复杂图形，以满足设计的需要。本章知识点如下：

- ✧ 对象的边角编辑。具体包括修剪、延伸、拉伸、拉长、打断和合并。
- ✧ 对象的边角细化。具体包括倒角和圆角。
- ✧ 更改对象位置及形状。具体包括移动、旋转、缩放和分解。

4.8.2 练习

1. 综合运用相关知识，绘制如图 4-120 所示的图形。

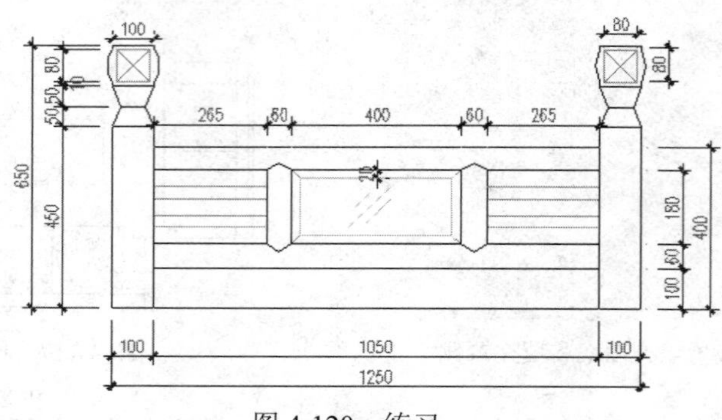

图 4-120　练习一

2. 综合运用相关知识，绘制如图 4-121 所示的图形。

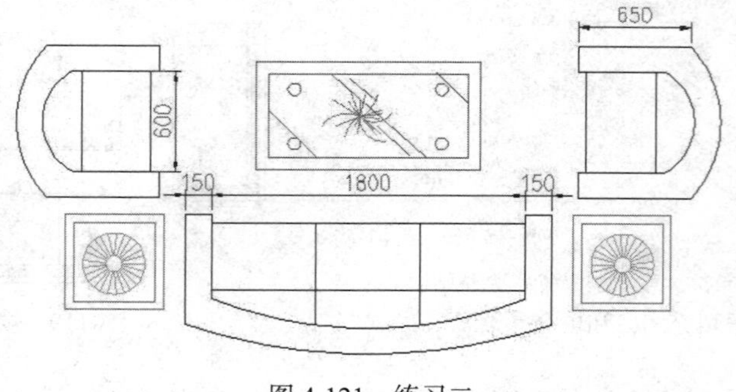

图 4-121　练习二

复合图形的绘制与编辑

上述两章学习了 AutoCAD 的常用绘图工具和图形修改工具，本章则重点学习复杂图形结构的快速创建与组合知识。通过本章的学习，应熟练掌握复合图形的快速创建工具，即复制、偏移、阵列和镜像；掌握多段线、多线等特殊对象的编辑技巧；理解和掌握图形夹点及夹点编辑功能的操作方法和技巧。巧妙运用这些高效制图功能，可以方便快速地创建与组合复杂的图形结构。

内容要点

- 绘制复合图形结构
- 绘制规则图形结构
- 特殊对象的编辑
- 对象的夹点编辑
- 上机实训一——绘制树桩平面图例
- 上机实训二——绘制橱柜立面图例

Note

5.1 绘制复合图形结构

本小节主要学习“复制”和“偏移”两个命令，以方便创建和组合多重的复合图形结构。

5.1.1 复制对象

“复制”命令用于将图形进行复制，复制出的图形尺寸、形状等保持不变，唯一发生改变的就是图形的位置，如图5-1所示。执行“复制”命令主要有以下几种方式：

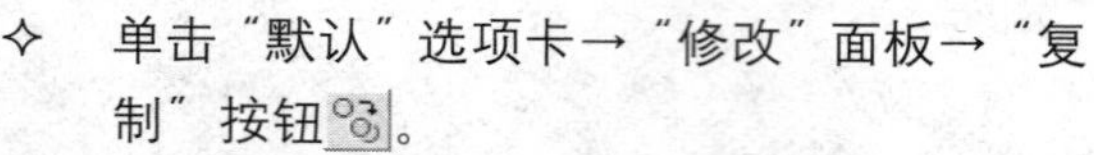

- ✧ 单击“默认”选项卡→“修改”面板→“复制”按钮。

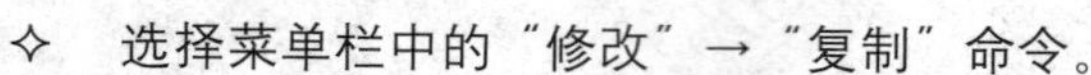

- ✧ 选择菜单栏中的“修改”→“复制”命令。

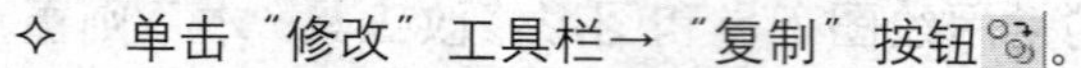

- ✧ 单击“修改”工具栏→“复制”按钮。
- ✧ 在命令行输入 Copy 按 Enter 键。
- ✧ 使用快捷键 CO。

(a)　　(b)

图5-1　复制示例

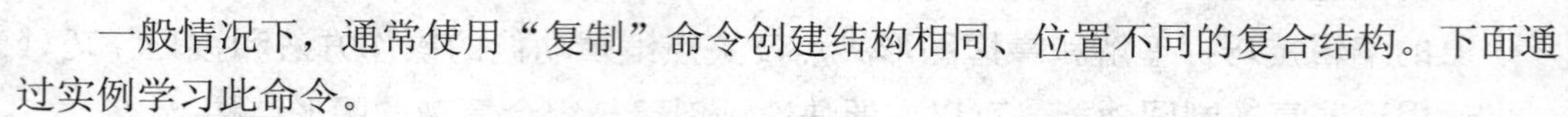

一般情况下，通常使用“复制”命令创建结构相同、位置不同的复合结构。下面通过实例学习此命令。

Step 01 打开随书光盘中的“\素材文件\5-1.dwg”，如图5-1（a）所示。

Step 02 单击“默认”选项卡→“修改”面板→“复制”按钮，配合点的输入功能，对栏杆进行多重复制。命令行操作如下：

```
命令: _copy
选择对象:                                  //拉出如图 5-2 所示的窗交选择框
选择对象:                                  //Enter，结束选择
当前设置:  复制模式 = 多个
指定基点或 [位移(D)/模式(O)] <位移>:                    //捕捉如图 5-3 所示的中点
指定第二个点或 [阵列(A)] <使用第一个点作为位移>:         //捕捉如图 5-4 所示的中点
```

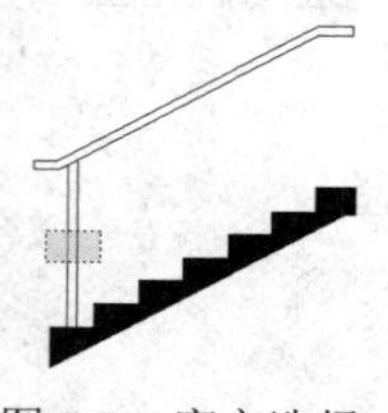

图5-2　窗交选择

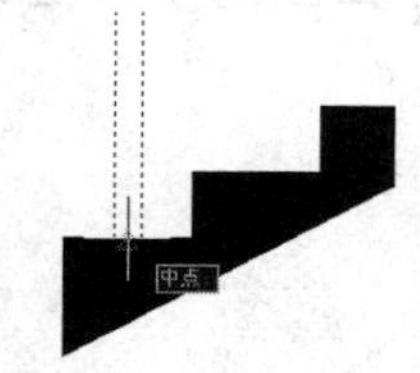

图5-3　捕捉中点

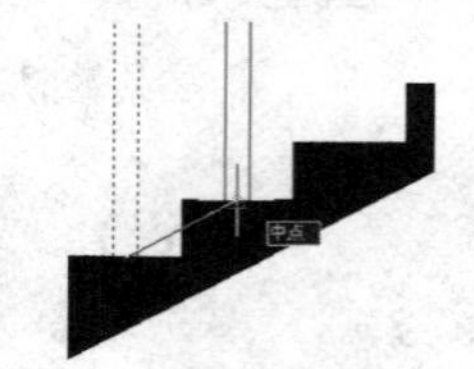

图5-4　捕捉中点

```
指定第二个点或 [阵列(A)/退出(E)/放弃(U)] <退出>:     //捕捉如图 5-5 所示的中点
指定第二个点或 [阵列(A)/退出(E)/放弃(U)] <退出>:     //捕捉如图 5-6 所示的中点
```

```
指定第二个点或 [阵列(A)/退出(E)/放弃(U)] <退出>:   //捕捉如图 5-7 所示的中点
```

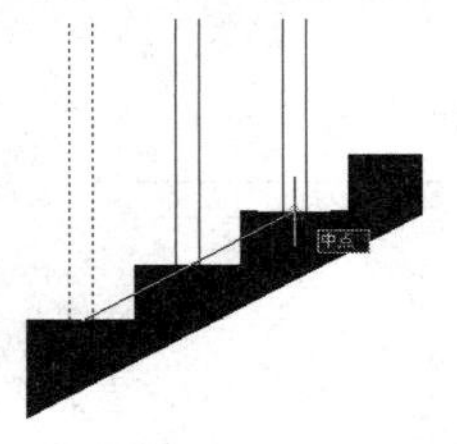

图 5-5　捕捉中点

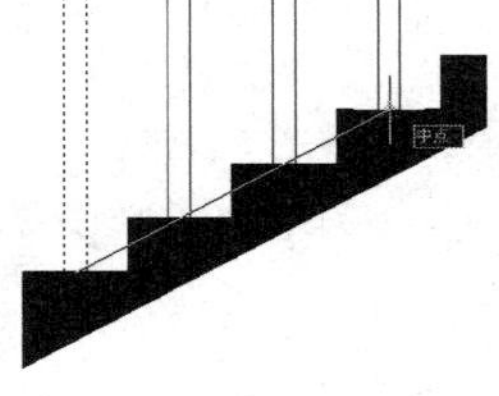

图 5-6　捕捉中点

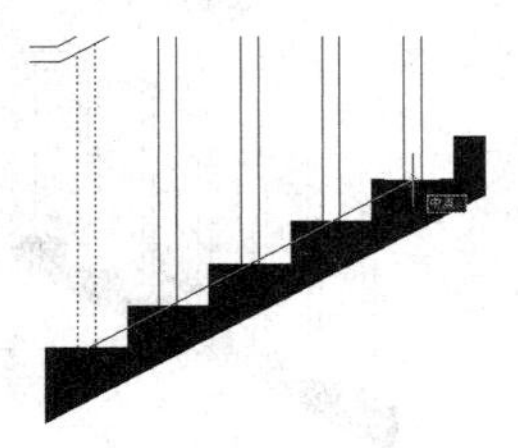

图 5-7　捕捉中点

```
指定第二个点或 [阵列(A)] <使用第一个点作为位移>:   //捕捉如图 5-8 所示的中点
指定第二个点或 [阵列(A)/退出(E)/放弃(U)] <退出>: //捕捉如图 5-9 所示的中点
指定第二个点或 [阵列(A)/退出(E)/放弃(U)] <退出>:  //Enter，复制结果如图 5-10 所示
```

Note

小技巧：

此命令只能在当前文件中复制对象，如果用户需要在多个文件之间复制对象，则必须启动菜单“编辑”→“复制”命令。

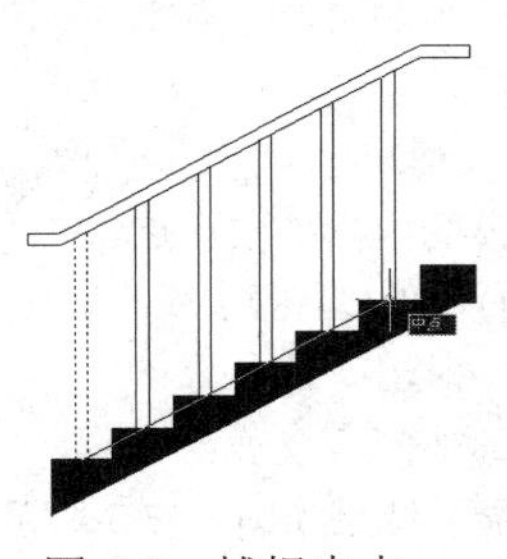

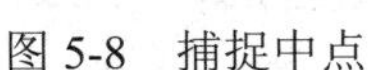

图 5-8　捕捉中点

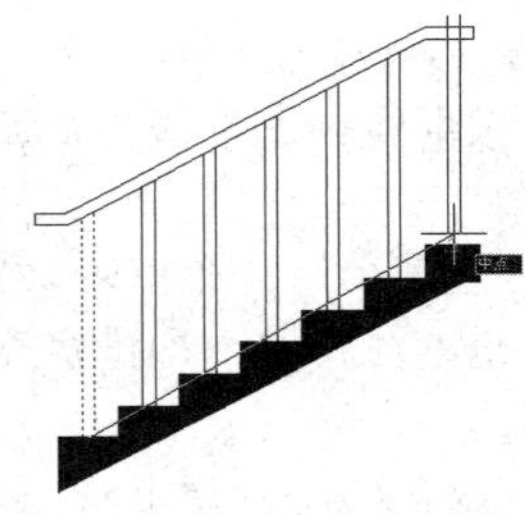

图 5-9　捕捉中点

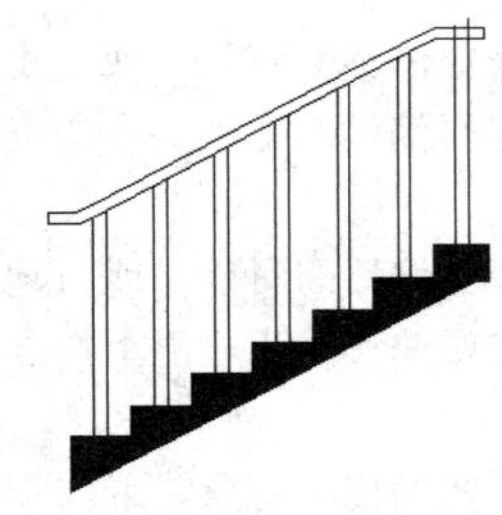

图 5-10　复制结果

Step 03 使用快捷键 TR 执行“修剪”命令，对最后复制出的栏杆轮廓线进行修剪。结果如图 5-11 所示。

5.1.2　偏移对象

“偏移”命令用于将图线按照一定的距离或指定的通过点进行偏移。执行“偏移”命令主要有以下几种方式：

- ✧ 单击“默认”选项卡→“修改”面板→“偏移”按钮。
- ✧ 选择菜单栏中的“修改”→“偏移”命令。
- ✧ 单击“修改”工具栏→“偏移”按钮。
- ✧ 在命令行输入 Offset 后按 Enter 键。
- ✧ 使用快捷键 O。

不同结构的对象，其偏移结果也不同。比如圆、椭圆等对象偏移后，对象的尺寸发生了变化，而直线偏移后，尺寸则保持不变。下面通过实例学习使用“偏移”命令。

Note

Step 01 打开随书光盘中的“\素材文件\5-2.dwg”，如图 5-12 所示。

图 5-11 修剪结果

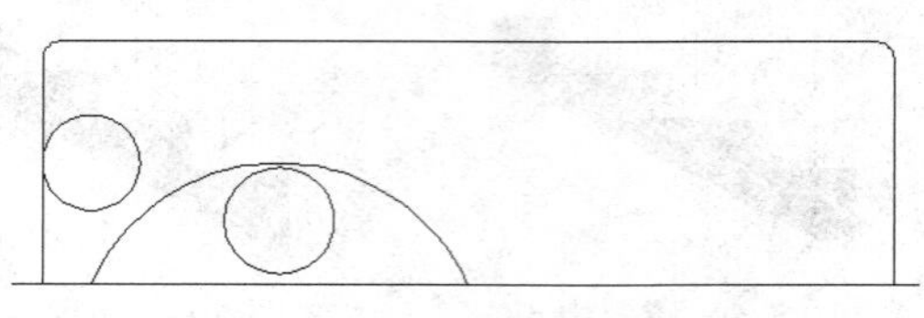
图 5-12 打开结果

Step 02 单击“默认”选项卡→“修改”面板→“偏移”按钮，对各图形进行距离偏移。命令行操作如下：

```
命令：_offset
当前设置：删除源=否  图层=源  OFFSETGAPTYPE=0
指定偏移距离或 [通过(T)/删除(E)/图层(L)] <10.0000>:  //20 Enter，设置偏移距离
选择要偏移的对象，或 [退出(E)/放弃(U)] <退出>:  //单击左侧的圆图形
指定要偏移的那一侧上的点，或 [退出(E)/多个(M)/放弃(U)] <退出>:
                                              //在圆的内侧拾取一点
选择要偏移的对象，或 [退出(E)/放弃(U)] <退出>: //单击圆弧
指定要偏移的那一侧上的点，或 [退出(E)/多个(M)/放弃(U)] <退出>:
                                              //在圆弧的内侧拾取一点
选择要偏移的对象，或 [退出(E)/放弃(U)] <退出>: //单击右侧的圆图形
指定要偏移的那一侧上的点，或 [退出(E)/多个(M)/放弃(U)] <退出>:
                                              //在圆的外侧拾取一点
选择要偏移的对象，或 [退出(E)/放弃(U)] <退出>: //Enter，结果如图 5-13 所示
```

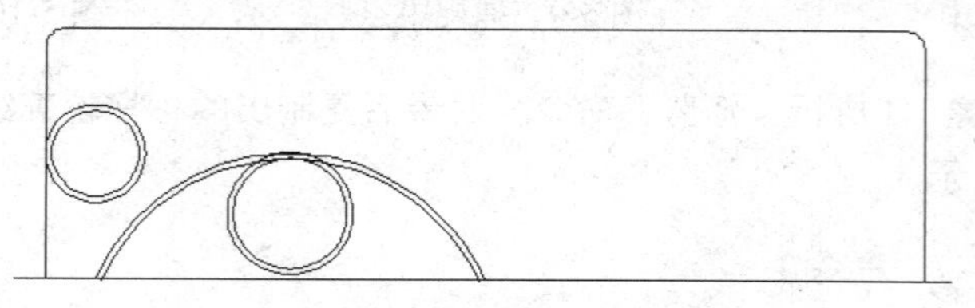
图 5-13 偏移结果

小技巧：

在执行“偏移”命令时，只能以点选的方式选择对象，且每次只能偏移一个对象。

Step 03 重复执行“偏移”命令，对水平直线和外侧的轮廓线进行偏移。命令行操作如下：

```
命令：_offset
当前设置：删除源=否  图层=源  OFFSETGAPTYPE=0
指定偏移距离或 [通过(T)/删除(E)/图层(L)] <20.0000>:  //40 Enter，设置偏移距离
选择要偏移的对象，或 [退出(E)/放弃(U)] <退出>:  //单击如图 5-14 所示的外轮廓线
指定要偏移的那一侧上的点，或 [退出(E)/多个(M)/放弃(U)] <退出>:
```

```
                                        //在外轮廓线的外侧拾取一点
选择要偏移的对象，或 [退出(E)/放弃(U)] <退出>: //单击下侧的水平直线
指定要偏移的那一侧上的点，或 [退出(E)/多个(M)/放弃(U)] <退出>:
                                        //在水平直线的下侧拾取一点
选择要偏移的对象，或 [退出(E)/放弃(U)] <退出>: //Enter，结果如图 5-15 所示
```

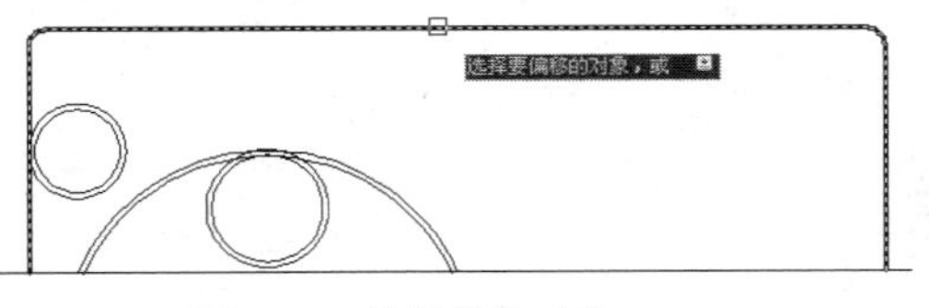

图 5-14　选择偏移对象

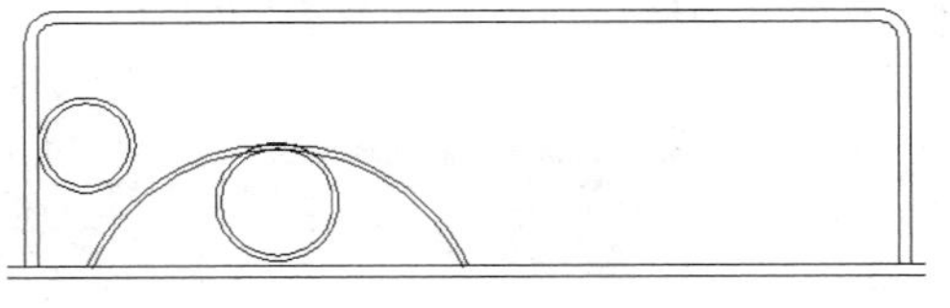

图 5-15　偏移结果

● **定点偏移**

在偏移对象时，除了根据事先指定的距离偏移外，还可以指定通过的目标点，进行偏移对象。下面通过偏移圆，使偏移出的圆通过椭圆的左象限点，如图 5-16 所示，学习定点偏移功能。具体操作如下：

Step 01 新建文件，并设置捕捉模式为象限点捕捉。

Step 02 随意绘制一个圆和一个椭圆，如图 5-17 所示。

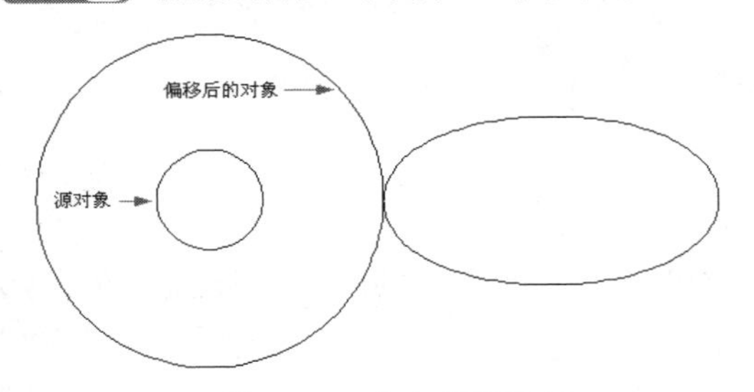

图 5-16　定点偏移示例

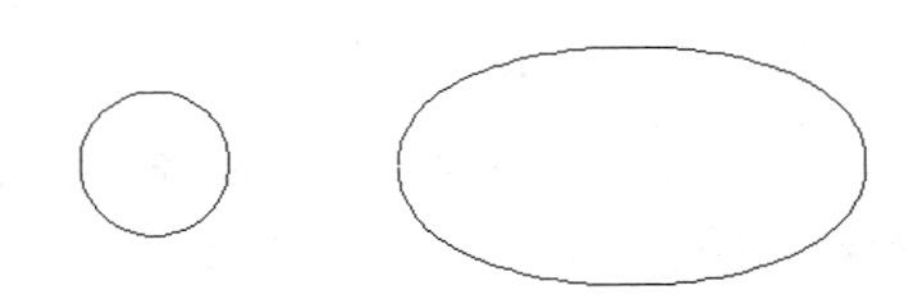

图 5-17　绘制圆与椭圆

Step 03 单击“默认”选项卡→“修改”面板→“偏移”按钮，对圆图形进行定点偏移。命令行操作如下：

```
命令: _offset
当前设置: 删除源=否  图层=源  OFFSETGAPTYPE=0
指定偏移距离或 [通过(T)/删除(E)/图层(L)] <20.0000>: //t Enter，激活“通过”选项
```

小技巧：

“通过”选项用于按照指定的通过点，进行偏移对象，所偏移出的对象将通过事先指定的目标点。

```
选择要偏移的对象，或 [退出(E)/放弃(U)] <退出>:      //单击圆作为偏移对象
指定通过点或 [退出(E)/多个(M)/放弃(U)] <退出>:     //捕捉椭圆的左象限点
选择要偏移的对象，或 [退出(E)/放弃(U)] <退出>:    //Enter，结束命令
```

Step 04 偏移结果如图 5-16 所示。

Note

小技巧：

“删除”选项用于将源偏移对象删除；“图层”选项用于设置偏移后的对象所在图层（有关图层的概念将在下一章详细讲述。

5.2 绘制规则图形结构

本小节主要学习“镜像”和“阵列”两个命令，以方便创建和组合规则的多重图形结构。

5.2.1 镜像对象

“镜像”命令用于将选择的图形对象沿着指定的两点进行对称复制。在镜像过程中，源对象可以保留，也可以删除。执行“镜像”命令主要有以下几种方式：

- ✧ 单击“默认”选项卡→“修改”面板→“镜像”按钮。
- ✧ 选择菜单栏中的“修改”→“镜像”命令。
- ✧ 单击“修改”工具栏→“镜像”按钮。
- ✧ 在命令行输入 Mirror 后按 Enter 键。
- ✧ 使用快捷键 MI。

“镜像”命令通常用于创建一些结构对称的图形，下面通过创建图 5-18 所示的图形结构，学习使用“镜像”命令。

图 5-18 镜像示例

操作步骤：

Step 01 打开随书光盘中的“\素材文件\5-3.dwg”，如图 5-15 所示。

Step 02 单击“默认”选项卡→“修改”面板→“镜像”按钮，对图形进行镜像。命令行操作如下：

```
命令： _mirror
选择对象：                        //拉出如图 5-19 所示的窗交选择框
选择对象：                        //Enter，结束对象的选择
指定镜像线的第一点：              //捕捉大圆弧的中点，如图 5-20 所示
指定镜像线的第二点：              //@1,0 Enter
```

```
要删除源对象吗？[是(Y)/否(N)] <N>:        //Enter，镜像结果如图 5-21 所示
```

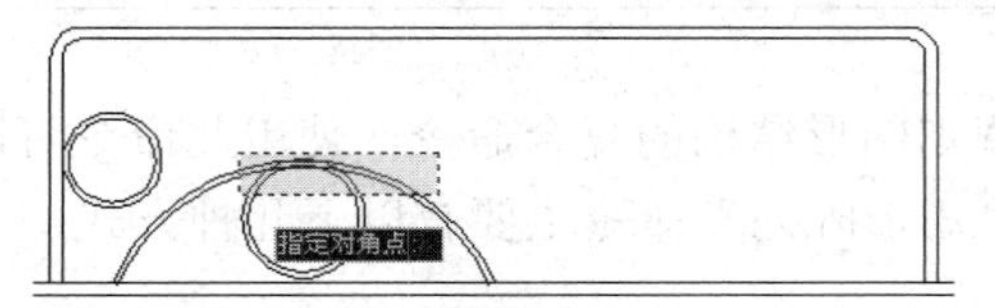

图 5-19　窗交选择

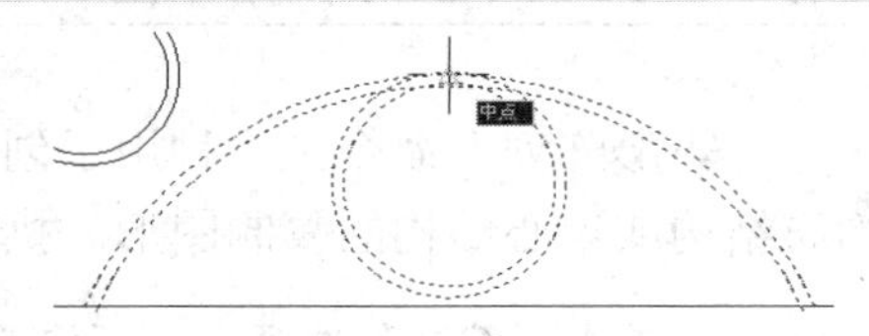

图 5-20　捕捉中点

Step 03 使用快捷键 TR 执行“修剪”命令，对图线进行修整完善。结果如图 5-22 所示。

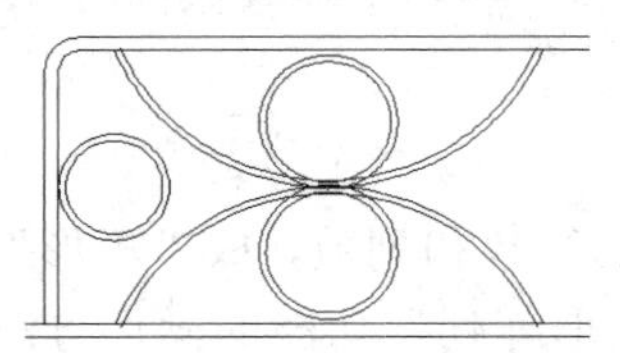

图 5-21　镜像结果

图 5-22　修剪结果

Step 04 单击“默认”选项卡→“修改”面板→“镜像”按钮，继续对内部的图形进行镜像。命令行操作如下：

```
命令: _mirror
选择对象:                          //拉出如图 5-23 所示的窗交选择框
选择对象:                          //Enter，结束对象的选择
指定镜像线的第一点:                //捕捉如图 5-24 所示的中点
```

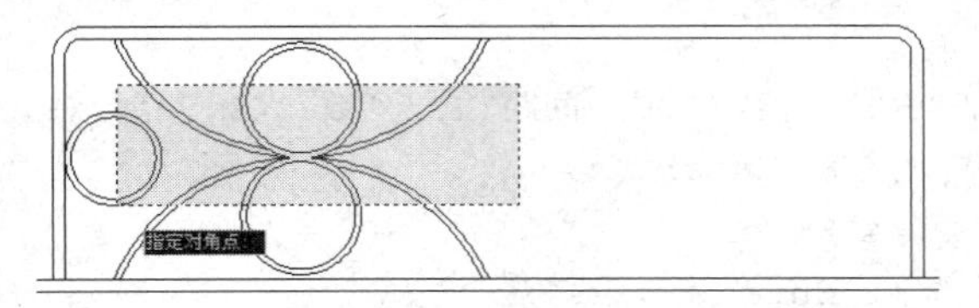

图 5-23　窗交选择

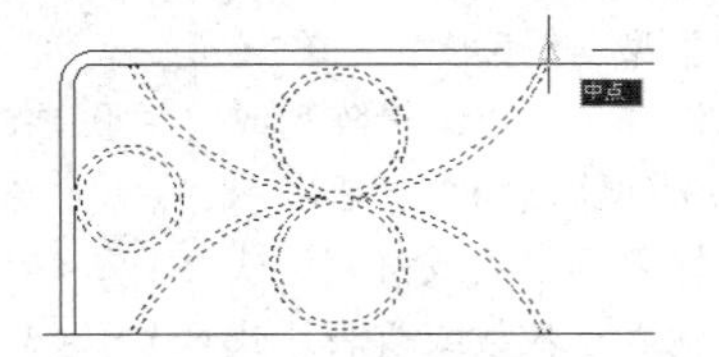

图 5-24　捕捉中点

```
指定镜像线的第二点: //向下引出如图 5-25 所示的极轴矢量，然后在矢量上拾取一点
要删除源对象吗？[是(Y)/否(N)] <N>:        //Enter，镜像结果如图 5-18 所示
```

小技巧：

对文字镜像时，镜像后文字可读性取决于系统变量 IRRTEXT 的值，当变量值为 1 时，镜像文字不具有可读性；当变量值为 0 时，镜像后的文字具有可读性，如图 5-26 所示。

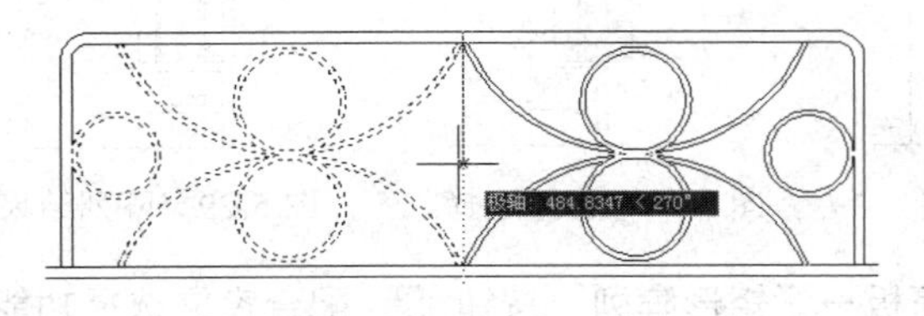

图 5-25　引出极轴矢量

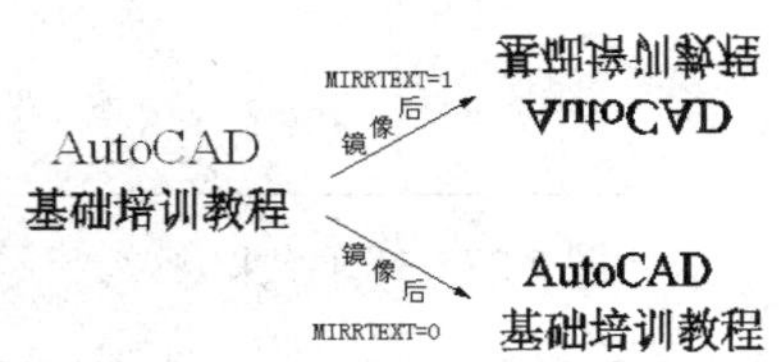

图 5-26　文字镜像示例

5.2.2 矩形阵列

Note

"矩形阵列"命令是一种用于创建规则图形结构的复合命令，使用此命令可以创建均布结构或聚心结构的复制图形。执行"矩形阵列"命令主要有以下几种方式：

- ✧ 单击"默认"选项卡→"修改"面板→"矩形阵列"按钮。
- ✧ 选择菜单栏中的"修改"→"阵列"→"矩形阵列"命令。
- ✧ 单击"修改"工具栏→"矩形阵列"按钮。
- ✧ 在命令行输入 Arrayrect 后按 Enter 键。
- ✧ 使用快捷键 AR。

所谓"矩形阵列"，指的就是将图形对象按照指定的行数和列数，成"矩形"的排列方式进行大规模复制。下面通过典型的小实例学习"矩形阵列"功能的操作方法和操作技巧。具体操作如下：

Step 01 打开随书光盘中的"\素材文件\5-4.dwg"，如图 5-27 所示。

Step 02 单击"默认"选项卡→"修改"面板→"矩形阵列"按钮，配合窗口选择功能对图形进行阵列。命令行操作如下：

```
命令: _arrayrect
选择对象:                    //选择如图 5-28 所示对象
选择对象:                    //Enter
类型 = 矩形  关联 = 是
选择夹点以编辑阵列或 [关联(AS)/基点(B)/计数(COU)/间距(S)/列数(COL)/行数(R)/层数(L)/退出(X)] <退出>:          //COU Enter
输入列数数或 [表达式(E)] <4>:     //4 Enter
输入行数数或 [表达式(E)] <3>:     //1 Enter
选择夹点以编辑阵列或 [关联(AS)/基点(B)/计数(COU)/间距(S)/列数(COL)/行数(R)/层数(L)/退出(X)] <退出>:          //S Enter
指定列之间的距离或 [单位单元(U)] <7610>:  //50 Enter
指定行之间的距离 <4369>:          //1 Enter
选择夹点以编辑阵列或 [关联(AS)/基点(B)/计数(COU)/间距(S)/列数(COL)/行数(R)/层数(L)/退出(X)] <退出>:          //Enter，阵列结果如图 5-29 所示
```

图 5-27 打开结果

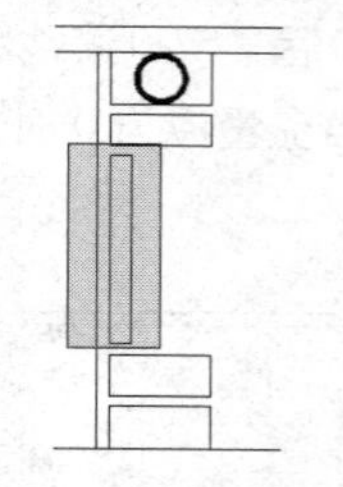
图 5-28 窗口选择

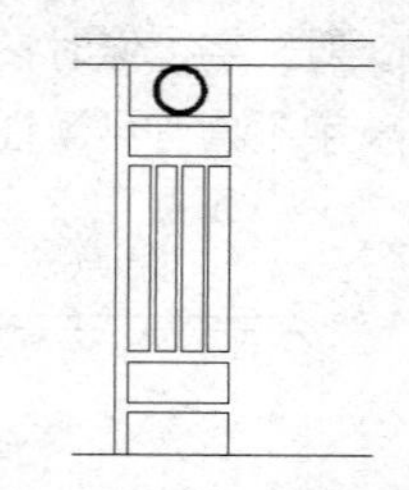
图 5-29 阵列结果

Step 03 单击"默认"选项卡→"修改"面板→"矩形阵列"按钮，配合窗交选择功能继续对图形进行阵列。命令行操作如下：

```
命令: _arrayrect
选择对象:                          //选择如图 5-30 所示对象
选择对象:                          //Enter
类型 = 矩形  关联 = 是
选择夹点以编辑阵列或 [关联(AS)/基点(B)/计数(COU)/间距(S)/列数(COL)/行数(R)/层数(L)/退出(X)] <退出>:                          //COU Enter
输入列数数或 [表达式(E)] <4>:      //8Enter
输入行数数或 [表达式(E)] <3>:      //1 Enter
选择夹点以编辑阵列或 [关联(AS)/基点(B)/计数(COU)/间距(S)/列数(COL)/行数(R)/层数(L)/退出(X)] <退出>:                          //S Enter
指定列之间的距离或 [单位单元(U)] <7610>:  //215ter
指定行之间的距离 <4369>:           //1 Enter
选择夹点以编辑阵列或 [关联(AS)/基点(B)/计数(COU)/间距(S)/列数(COL)/行数(R)/层数(L)/退出(X)] <退出>:                          //Enter，阵列结果如图 5-31 所示
```

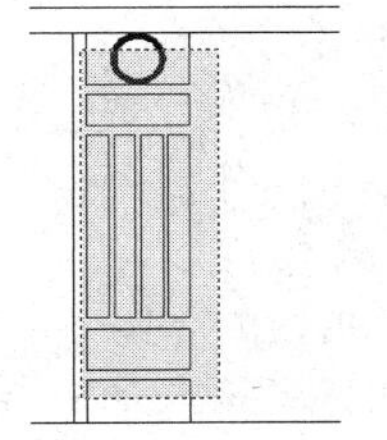

图 5-30　窗交选择

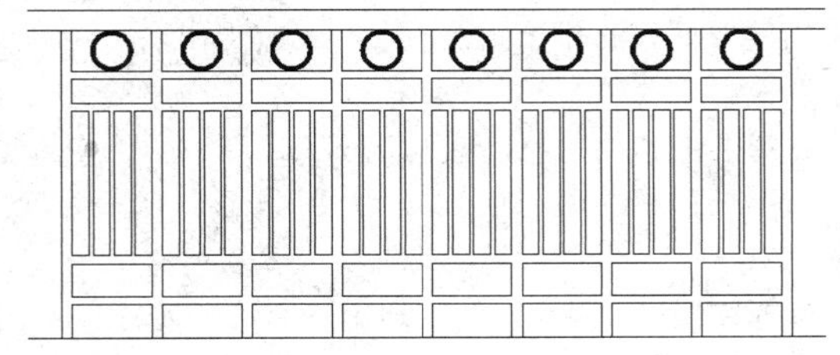

图 5-31　阵列结果

选项解析

✧ “关联”选项用于设置阵列后图形的关联性，如果为阵列图形设定了关联特性，那么阵列的图形和源图形一起，被作为一个独立的图形结构，与图块的性质类似。用户可以使用“分解”命令取消这种关联特性。

✧ “基点”选项用于设置阵列的基点。

✧ “计数”选项用设置阵列的行数、列数。

✧ “间距”选项用于设置对象的行偏移或阵列偏距离。

5.2.3 环形阵列

“环形阵列”命令用于将图形对象按照指定的中心点和阵列数目，成“圆形”排列阵列对象，以快速创建聚心结构图形，如图 5-32 所示。执行“环形阵列”命令主要有以下几种方式：

图 5-32　环形阵列示例

✧ 单击“默认”选项卡→“修改”面板→“环形阵列”按钮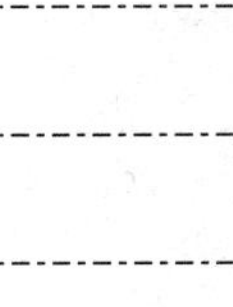。

✧ 选择菜单栏中的“修改”→“阵列”→“环形阵列”命令。

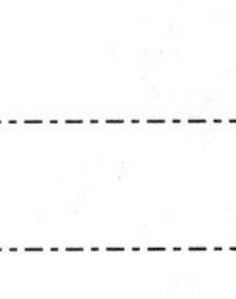

- ✧ 单击“修改”工具栏→“环形阵列”按钮。
- ✧ 在命令行输入 Arraypolar 后按 Enter 键。
- ✧ 使用快捷键 AR。

Note

下面通过创建图 5-32 所示的图形结构，学习“环形阵列”功能的操作方法和操作技巧。具体操作如下：

Step 01 打开随书光盘中的“\素材文件\5-5.dwg”，如图 5-33 所示。

Step 02 使用快捷键 O 执行“偏移”命令，将外侧的圆向外偏移 50 个单位，将内侧的圆向内偏移 50 个单位。命令行操作如下：

```
    命令：o                                              //Enter
OFFSET 当前设置：删除源=否   图层=源   OFFSETGAPTYPE=0
指定偏移距离或 [通过(T)/删除(E)/图层(L)] <通过>：   //50 Enter
选择要偏移的对象，或 [退出(E)/放弃(U)] <退出>：      //选择外侧的大圆
指定要偏移的那一侧上的点，或 [退出(E)/多个(M)/放弃(U)] <退出>：
                                                     //在大圆的外侧拾取一点
选择要偏移的对象，或 [退出(E)/放弃(U)] <退出>：     //选择内侧的小圆
指定要偏移的那一侧上的点，或 [退出(E)/多个(M)/放弃(U)] <退出>：
                                                   //在小圆的内侧拾取一点
选择要偏移的对象，或 [退出(E)/放弃(U)] <退出>：    //Enter，偏移结果如图 5-34 所示
```

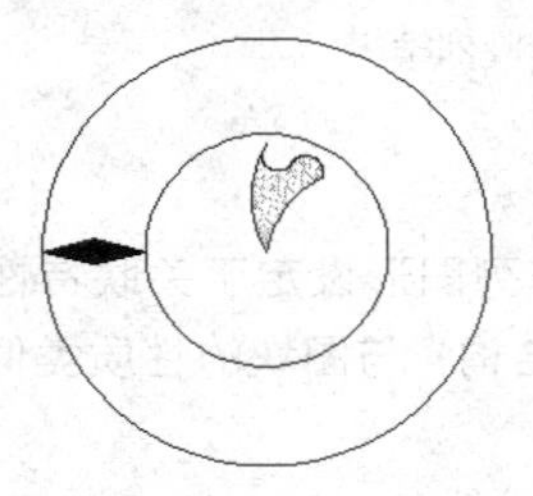

图 5-33　打开结果

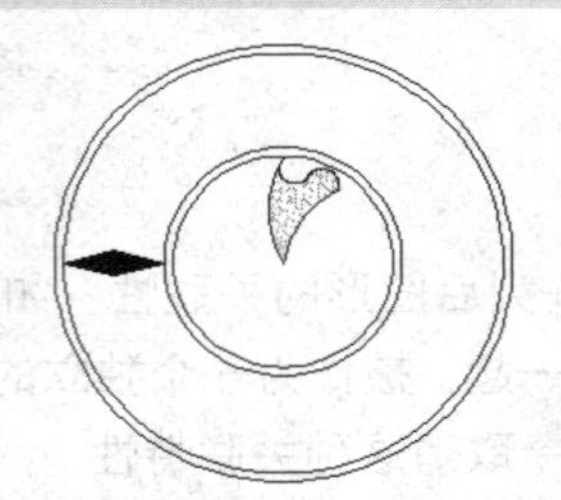

图 5-34　偏移结果

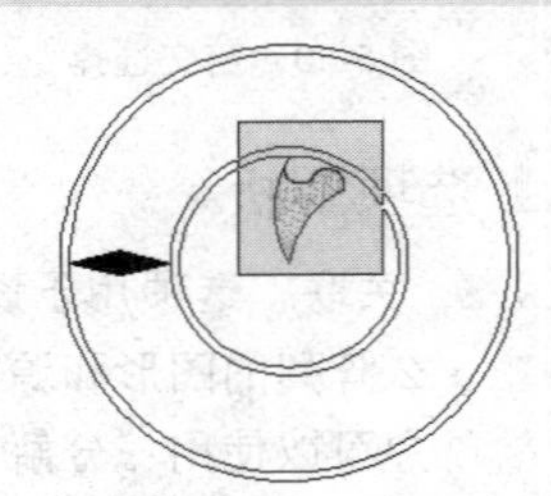

图 5-35　窗口选择

Step 03 单击“默认”选项卡→“修改”面板→“环形阵列”按钮，配合窗口选择功能对图形进行阵列。命令行操作如下：

```
    命令：_arraypolar
选择对象：                      //拉出如图 5-35 所示的窗口选择框
选择对象：                      //Enter
类型 = 极轴  关联 = 是
指定阵列的中心点或 [基点(B)/旋转轴(A)]：        //捕捉如图 5-36 所示的圆心
选择夹点以编辑阵列或 [关联(AS)/基点(B)/项目(I)/项目间角度(A)/填充角度(F)/行
(ROW)/层(L)/旋转项目(ROT)/退出(X)] <退出>：   //I Enter
输入阵列中的项目数或 [表达式(E)] <6>：         //6 Enter
选择夹点以编辑阵列或 [关联(AS)/基点(B)/项目(I)/项目间角度(A)/填充角度(F)/行
(ROW)/层(L)/旋转项目(ROT)/退出(X)] <退出>：   //F Enter
指定填充角度(+=逆时针、-=顺时针)或 [表达式(EX)] <360>：  // Enter
```

```
    选择夹点以编辑阵列或 [关联(AS)/基点(B)/项目(I)/项目间角度(A)/填充角度(F)/行(ROW)/层(L)/旋转项目(ROT)/退出(X)] <退出>:    //Enter，阵列结果如图 5-37 所示
```

Step 04 重复执行“环形阵列”命令，配合窗交选择功能继续对图形进行阵列。命令行操作如下：

```
    命令: _arraypolar
    选择对象:                    //拉出如图 5-38 所示的窗交选择框
    选择对象:                    //Enter
    类型 = 极轴  关联 = 是
    指定阵列的中心点或 [基点(B)/旋转轴(A)]:      //捕捉如图 5-36 所示的圆心
    选择夹点以编辑阵列或 [关联(AS)/基点(B)/项目(I)/项目间角度(A)/填充角度(F)/行(ROW)/层(L)/旋转项目(ROT)/退出(X)] <退出>:    //I Enter
    输入阵列中的项目数或 [表达式(E)] <6>:        //15 Enter
    选择夹点以编辑阵列或 [关联(AS)/基点(B)/项目(I)/项目间角度(A)/填充角度(F)/行(ROW)/层(L)/旋转项目(ROT)/退出(X)] <退出>:    //F Enter
    指定填充角度(+=逆时针、-=顺时针)或 [表达式(EX)] <360>:  // Enter
    选择夹点以编辑阵列或 [关联(AS)/基点(B)/项目(I)/项目间角度(A)/填充角度(F)/行(ROW)/层(L)/旋转项目(ROT)/退出(X)] <退出>:  //Enter，阵列结果如图 5-32 所示
```

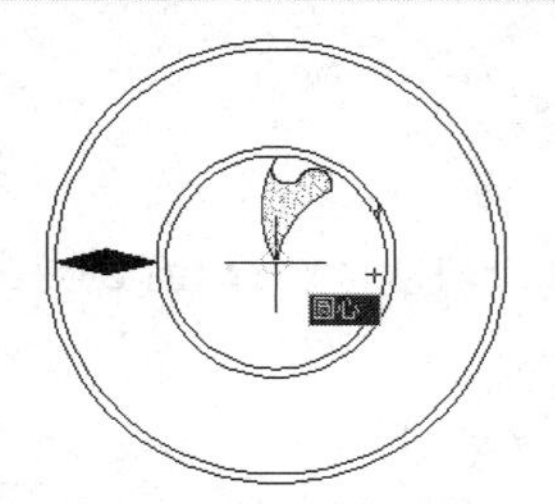

图 5-36　捕捉圆心

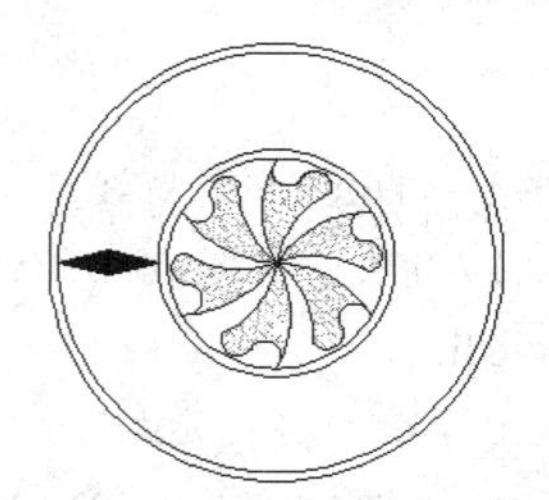

图 5-37　阵列结果

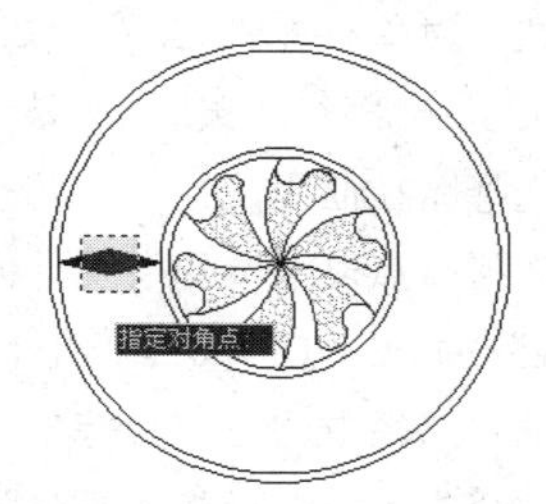

图 5-38　窗交选择

选项解析

- ✧ “基点”选项用于设置阵列对象的基点。
- ✧ “旋转轴”选项用于指定阵列对象的旋转轴。
- ✧ “项目”选项用于设置环形阵列的数目。
- ✧ “填充角度”选项用于输入设置环形阵列的角度，正值为逆时针阵列，负值为顺时针阵列。
- ✧ “项目间角度”选项用于设置每相邻阵列单元间的角度。
- ✧ “旋转项目”用于设置阵列对象的旋转角度。
- ✧ “关联”选项用于设置阵列图形的关联特性，当设置了阵列的关联性后，那么阵列出的所有对象被作为一个整体。

5.2.4　路径阵列

“路径阵列”命令用于将对象沿指定的路径或路径的某部分进行等距阵列。路径可

以是直线、多段线、三维多段线、样条曲线、螺旋线、圆、椭圆和圆弧等。

执行“路径阵列”命令主要有以下几种方式：

Note

- ✧ 单击“默认”选项卡→“修改”面板→“路径阵列”按钮。
- ✧ 选择菜单栏中的“修改”→“阵列”→“路径阵列”命令。
- ✧ 单击“修改”工具栏→“路径阵列”按钮。
- ✧ 在命令行输入 Arraypath 后按 Enter 键。
- ✧ 使用快捷键 AR。

下面通过典型的小实例学习“路径阵列”命令的使用方法和操作技巧。具体操作步骤如下：

Step 01 打开随书光盘中的“\素材文件\5-6.dwg”，如图 5-39 所示。

Step 02 单击“默认”选项卡→“修改”面板→“路径阵列”按钮，执行“路径阵列”命令，窗口选择楼梯栏杆进行阵列。命令行操作如下：

```
命令: _arraypath
选择对象:            //窗交选择如图 5-40 所示的栏杆
选择对象:            //Enter
类型 = 路径  关联 = 是
选择路径曲线:        //选择如图 5-41 所示的轮廓线
选择夹点以编辑阵列或 [关联(AS)/方法(M)/基点(B)/切向(T)/项目(I)/行(R)/层(L)/对齐项目(A)/Z 方向(Z)/退出(X)] <退出>:    //M Enter
输入路径方法 [定数等分(D)/定距等分(M)] <定距等分>:    //M Enter
选择夹点以编辑阵列或 [关联(AS)/方法(M)/基点(B)/切向(T)/项目(I)/行(R)/层(L)/对齐项目(A)/Z 方向(Z)/退出(X)] <退出>:    //I Enter
指定沿路径的项目之间的距离或 [表达式(E)] <75>:    //652 Enter
最大项目数 = 11
指定项目数或 [填写完整路径(F)/表达式(E)] <11>:    //11 Enter
选择夹点以编辑阵列或 [关联(AS)/方法(M)/基点(B)/切向(T)/项目(I)/行(R)/层(L)/对齐项目(A)/Z 方向(Z)/退出(X)] <退出>:              //A Enter
是否将阵列项目与路径对齐？[是(Y)/否(N)] <否>:    //N Enter
选择夹点以编辑阵列或 [关联(AS)/方法(M)/基点(B)/切向(T)/项目(I)/行(R)/层(L)/对齐项目(A)/Z 方向(Z)/退出(X)] <退出>:              //AS Enter
创建关联阵列 [是(Y)/否(N)] <是>:                  //N Enter
选择夹点以编辑阵列或 [关联(AS)/方法(M)/基点(B)/切向(T)/项目(I)/行(R)/层(L)/对齐项目(A)/Z 方向(Z)/退出(X)] <退出>:              //Enter，结束命令
```

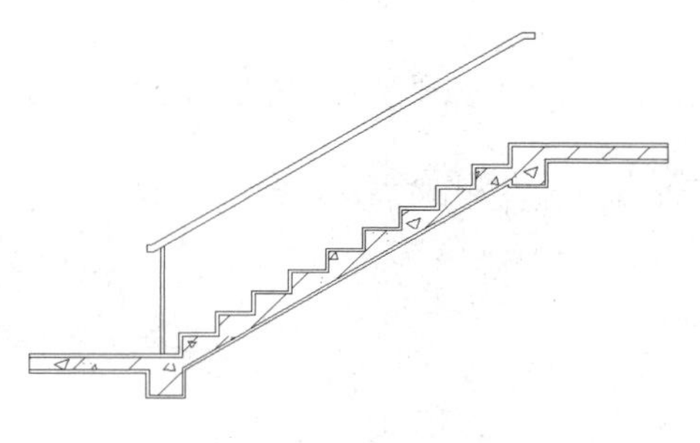

图 5-39　打开结果

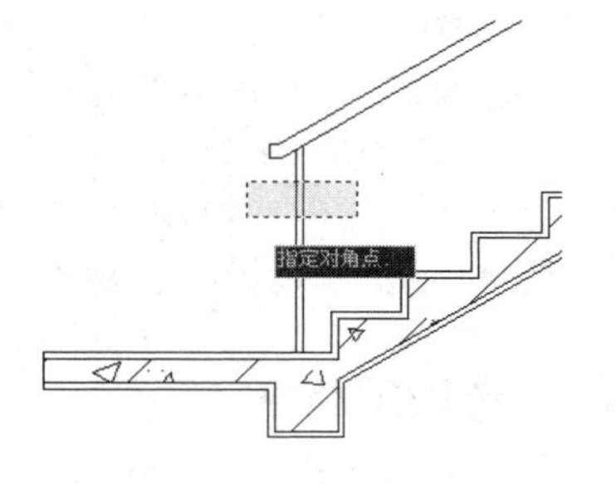

图 5-40　窗交选择

Step 03 路径阵列的结果如图 5-42 所示。

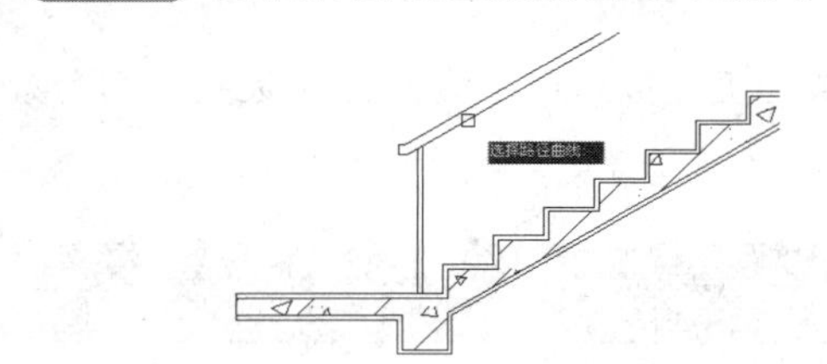

图 5-41　选择路径曲线

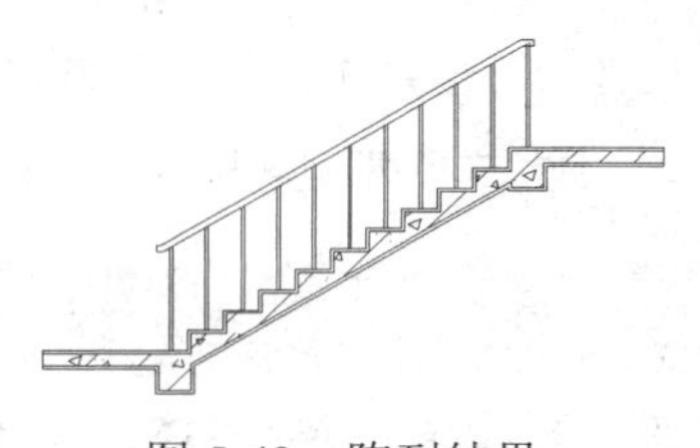

图 5-42　阵列结果

5.3 特殊对象的编辑

本小节主要学习"编辑多段线"、"多线编辑"和"光顺曲线"三个命令的使用方法和相关技能。

5.3.1 编辑多段线

"编辑多段线"命令用于编辑多段线或具有多段线性质的图形，如矩形、正多边形、圆环、三维多段线、三维多边形网格等。执行"多段线"命令主要有以下几种方式：

- ✧ 单击"默认"选项卡→"修改"面板→"编辑多段线"按钮。
- ✧ 选择菜单栏中的"修改"→"对象"→"多段线"命令。
- ✧ 单击"修改 II"工具栏→"编辑多段线"按钮。
- ✧ 在命令行输入 Pedit 后按 Enter 键。
- ✧ 使用快捷键 PE。

使用"编辑多段线"命令可以闭合、打断、拉直、拟合多段线，还可以增加、移动、删除多段线顶点等。执行"编辑多段线"命令后 AutoCAD 提示如下：

```
命令：Pedit
选择多段线或 [多条（M）]：系统提示选择需要编辑的多段线。如果用户选择了直线或圆弧，而不是多段线，系统出现如下提示：
```

选定的对象不是多段线。

是否将其转换为多段线？<Y>：输入"Y"，将选择的对象即直线或圆弧转换为多段线，再进行编辑。如果选择的对象是多段线，系统出现如下提示：

输入选项[闭合(C)/合并(J)/宽度(W)/编辑顶点(E)/拟合(F)/样条曲线(S)/非曲线化(D)/线型生成(L)/反转(R) /放弃(U)]

Note

选项解析

- "闭合"选项用于打开或闭合多段线。如果用户选择的多段线是非闭合的，使用该选项可使之封闭；如果用户选中的多段线是闭合的，该选项替换成"打开"，使用该选项可打开闭合的多段线。
- "合并"选项用于将其他的多段线、直线或圆弧连接到正在编辑的多段线上，形成一条新的多段线。

小技巧：

要往多段线上连接实体，与原多段线必须有一个共同的端点，即需要连接的对象必须首尾相连。

- "宽度"选项用于修改多段线的线宽，并将多段线的各段线宽统一变为新输入的线宽值。激活该选项后系统提示输入所有线段的新宽度。
- "拟合"选项用于对多段线进行曲线拟合，将多段线变成通过每个顶点的光滑连续的圆弧曲线，曲线经过多段线的所有顶点并使用任何指定的切线方向，如图 5-43 所示。

（a）曲线拟合前　　（b）曲线拟合后

图 5-43　对多段线进行曲线拟合

- "非曲线化"选项用于还原已被编辑的多段线。取消拟合、样条曲线以及"多段线"命令中"弧"选项所创建的圆弧段，将多段线中各段拉直，同时保留多段线顶点的所有切线信息。
- "线型生成"选项用于控制多段线为非实线状态时的显示方式。

小技巧：

当"线型生成"选项为 ON 状态时，虚线或中心线等非实线线型的多段线在角点处封闭；该项为 OFF 状态时，角点处是否封闭，取决于线型比例的大小。

- "样条曲线"选项将用 B 样条曲线拟合多段线，生成由多段线顶点控制的样条曲线。

✧ “编辑顶点”选项用于对多段线的顶点进行移动、插入新顶点、改变顶点的线宽及切线方向等。

5.3.2 多线编辑

“多线”是一种比较特殊的复合图线，AutoCAD 为此类图元提供了专门的编辑工具，如图 5-44 所示。使用对话框中的各功能，可以控制和编辑多线的交叉点、断开和增加顶点等。执行“多线”命令主要有以下几种方式：

✧ 选择菜单栏中的“修改”→“对象”→“多线”命令。
✧ 在命令行输入 Mledit。
✧ 在需要编辑的多线上双击左键。

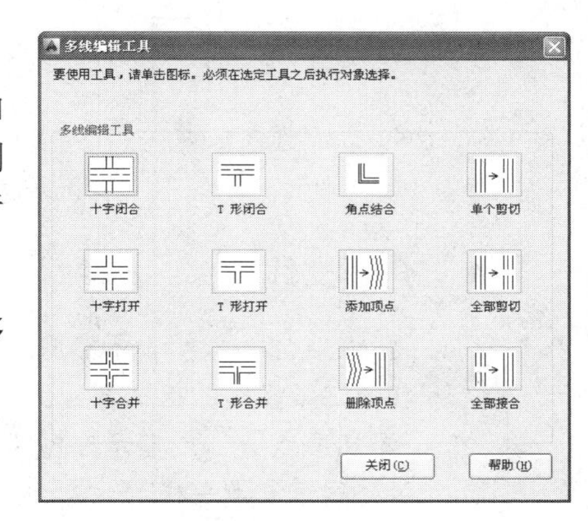

图 5-44　“多线编辑工具”对话框

执行“多线”命令后，可打开如图 5-44 的示的“多线编辑工具”对话框，用户可以根据需要选择一种选项功能进行多线编辑。

● 十字交线

✧ “十字闭合”：表示相交两多线的十字封闭状态，AB 分别代表选择多线的次序，水平多线为 A，垂直多线为 B。
✧ “十字打开”：表示相交两多线的十字开放状态，将两线的相交部分全部断开，第一条多线的轴线在相交部分也要断开。
✧ “十字合并”：表示相交两多线的十字合并状态，将两线的相交部分全部断开，但两条多线的轴线在相交部分相交。

十字编辑的效果如图 5-45 所示。

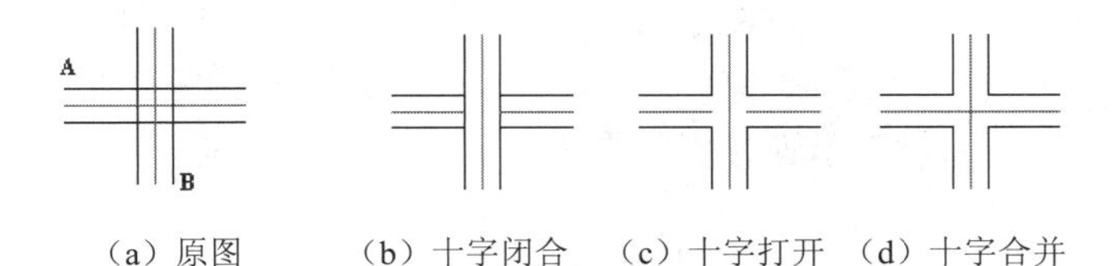

（a）原图　（b）十字闭合　（c）十字打开　（d）十字合并

图 5-45　十字编辑的效果

● T 形交线

✧ “T 形闭合”：表示相交两多线的 T 形封闭状态，将选择的第一条多线与第二条多线相交部分的修剪去掉，而第二条多线保持原样连通。
✧ “T 形打开”：表示相交两多线的 T 形开放状态，将两线的相交部分全部断开，但第一条多线的轴线在相交部分也断开。

Note

✧ “T 形合并”：表示相交两多线的 T 形合并状态，将两线的相交部分全部断开，但第一条与第二条多线的轴线在相交部分相交。

T 形编辑的效果如图 5-46 所示。

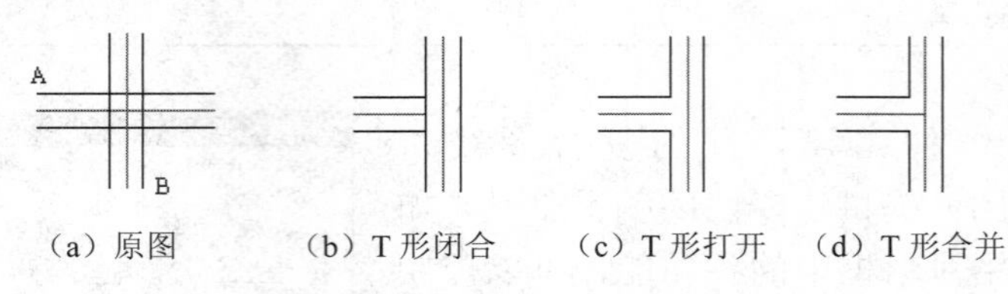

（a）原图　（b）T 形闭合　（c）T 形打开　（d）T 形合并

图 5-46　T 形编辑的效果

- **角形交线**

✧ “角点结合”：表示修剪或延长两条多线直到它们接触形成一相交角，将第一条和第二条多线的拾取部分保留，并将其相交部分全部断开剪去。

✧ “添加顶点”：表示在多线上产生一个顶点并显示出来，相当于打开显示连接开关，显示交点一样。

✧ “删除顶点”：表示删除多线转折处的交点，使其变为直线形多线。删除某顶点后，系统会将该顶点两边的另外两顶点连接成一条多线线段。

角形编辑的效果如图 5-47 所示。

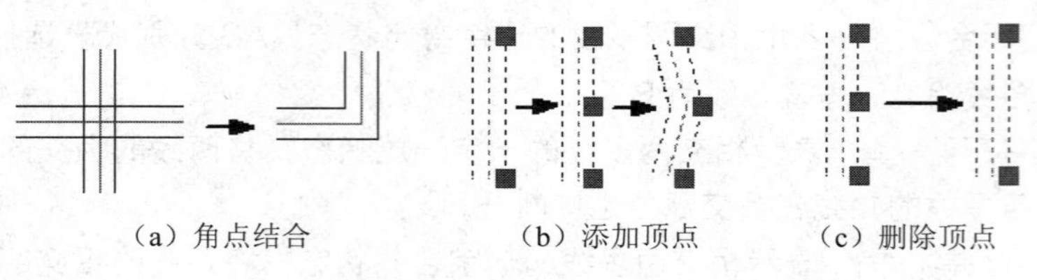

（a）角点结合　（b）添加顶点　（c）删除顶点

图 5-47　角形编辑的效果

- **切断交线**

✧ “单个剪切”：表示在多线中的某条线上拾取两个点从而断开此线。

✧ “全部剪切”：表示在多线上拾取两个点从而将此多线全部切断一截。

✧ “全部接合”：表示连接多线中的所有可见间断，但不能用来连接两条单独的多线。

多线的剪切与接合效果如图 5-48 所示。

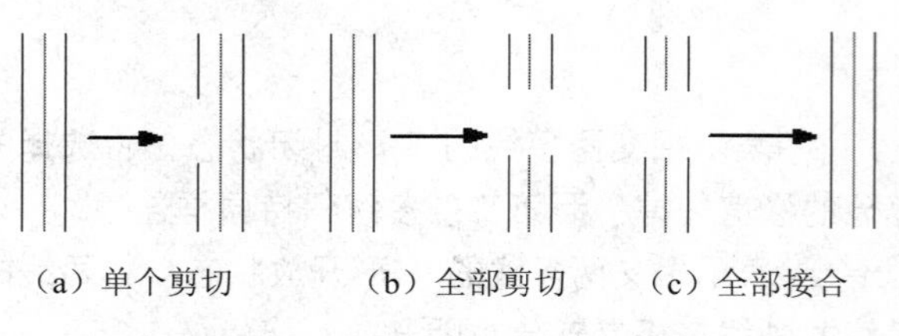

（a）单个剪切　（b）全部剪切　（c）全部接合

图 5-48　多线的剪切与接合效果

5.3.3　光顺曲线

“光顺曲线”命令用于在两条选定的直线或曲线之间创建样条曲线，如图 5-49 所示。使用此命令在两图线间创建样条曲线时，具体有两个过渡类型，分别是“相切”和“平滑”。执行“光顺曲线”命令主要有以下几种方式：

- ✧ 单击“默认”选项卡→“修改”面板→“光顺曲线”按钮。
- ✧ 选择菜单栏中的“修改”→“光顺曲线”命令。
- ✧ 单击“修改”工具栏→“光顺曲线”按钮。
- ✧ 在命令行输入 BLEND 后按 Enter 键。
- ✧ 使用快捷键 BL。

执行“光顺曲线”命令后，其命令行操作如下：

```
    命令: _BLEND
连续性 = 相切
选择第一个对象或 [连续性(CON)]:     //在图 5-49 (a) 所示的直线右上端点单击
选择第二个点:    //在样条曲线的左端单击，创建结果如图 5-49 (b) 所示
```

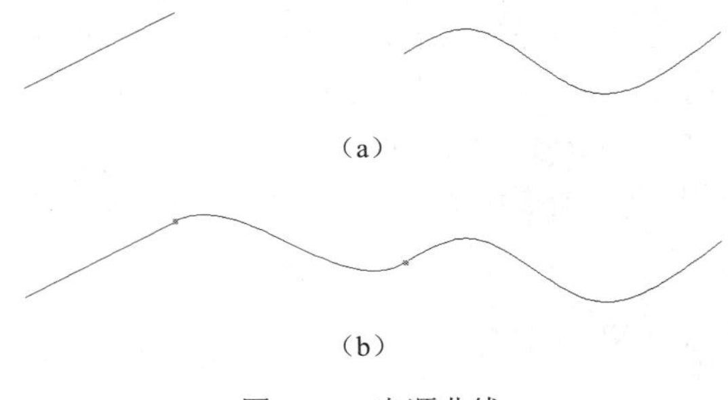

（a）

（b）

图 5-49　光顺曲线

5.4　对象的夹点编辑

AutoCAD 为用户提供了“夹点编辑”功能，使用此功能，可以非常方便地进行编辑图形。在学习此功能之前，首先了解两个概念，即“夹点”和“夹点编辑”。

5.4.1　了解“夹点”和“夹点编辑”概念

所谓“夹点”，指的就是在没有命令执行的前提下选择图形时，这些图形上会显示出一些蓝色实心的小方框，如图 5-50 所示，而这些蓝色小方框即为图形的夹点。不同的图形结构，其夹点个数及位置也会不同。

而所谓的“夹点编辑”功能，就是将多种修改工具组合在一起，通过编辑图形上的

这些夹点，来达到快速编辑图形的目的。用户只需单击图形上的任何一个夹点，即可进入夹点编辑模式，此时所单击的夹点以“红色”亮显，称为“热点”或者“夹基点”，如图 5-51 所示。

Note

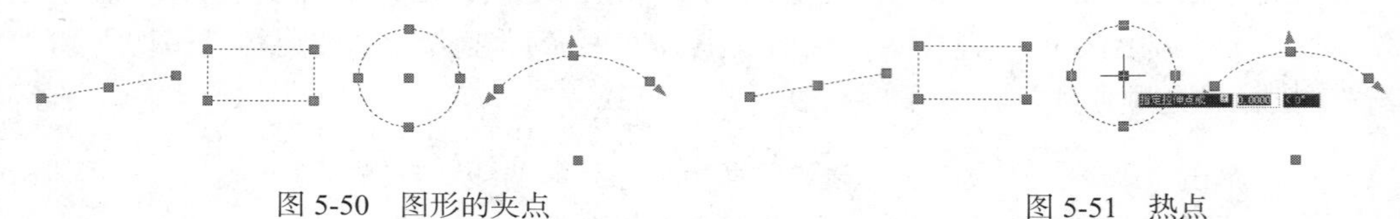

图 5-50　图形的夹点　　　　图 5-51　热点

5.4.2　启用“夹点编辑”功能

在进入夹点编辑模式后，用户可以通过两种方式启用“夹点编辑”功能，具体如下：

- **通过菜单启动夹点命令**

当用户进入夹点编辑模式后，单击鼠标右键，即可打开夹点菜单，如图 5-52 所示。在此菜单中共为用户提供了“移动”、“旋转”、“缩放”、“镜像”、“拉伸”等五种命令，这些命令是平级的，其操作功能与“修改”工具栏上的各工具相同，用户只需单击相应的菜单项，即可启动相应的夹点编辑工具。

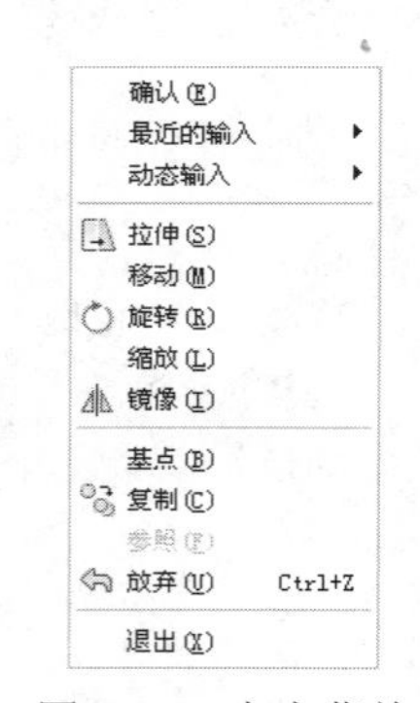

图 5-52　夹点菜单

在夹点菜单的下侧，是夹点命令中的一些选项功能，有“基点”、“复制”、“参照”、“放弃”等，不过这些选项菜单在一级修改命令的前提下才能使用。

- **通过命令行启动夹点命令**

当进入夹点编辑模式后，通过按 Enter 键，系统即会在“移动”、“旋转”、“缩放”、“镜像”、“拉伸”等五种命令中循环切换，用户可以根据命令行的步骤提示，选择相应的夹点命令及命令选项。

小技巧：

如果用户在按住 Shift 键的同时单击多个夹点，那么所单击的这些夹点都被看作“夹基点”；如果用户需要从多个夹基点的选择集中删除特定对象，也要按住 Shift 键。

5.5　上机实训——绘制树桩平面图例

本例通过绘制树桩平面图例，在综合巩固所学知识的前提下，主要学习夹点编辑功能的具体操作方法和使用技巧。树桩平面图例的最终绘制效果如图 5-53 所示。

操作步骤：

Step 01 单击"快速访问"工具栏→"新建"按钮，新建绘图文件。

Step 02 打开状态栏上的"对象捕捉"和"对象追踪"功能，并设置捕捉模式，如图 5-54 所示。

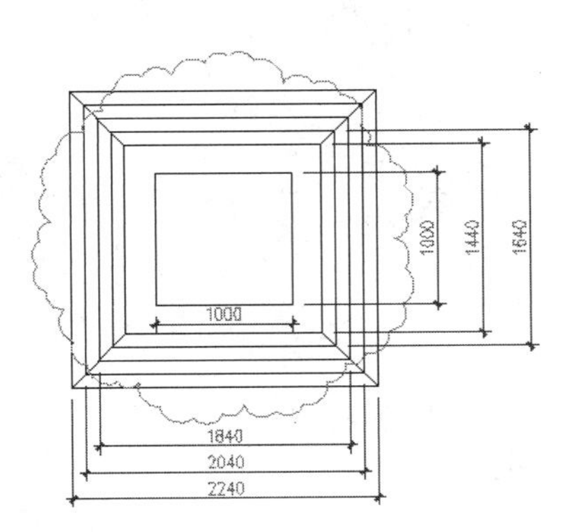

图 5-53　实例效果

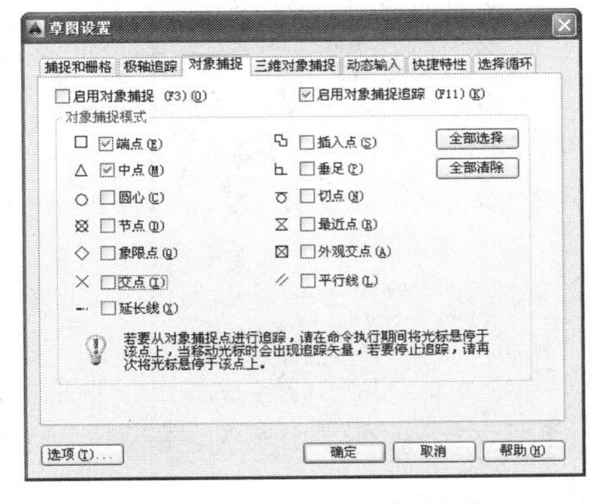

图 5-54　设置捕捉模式

Step 03 使用快捷键 Z 执行视窗的调整工具，将当前视口的高度调整为 4000 个绘图单位。

Step 04 选择菜单栏中的"绘图"→"矩形"命令，绘制边长为 1000 的正四边形，如图 5-55 所示。

Step 05 在无命令执行的前提下，选择刚绘制的正四边形，使其呈现夹点显示，如图 5-56 所示。

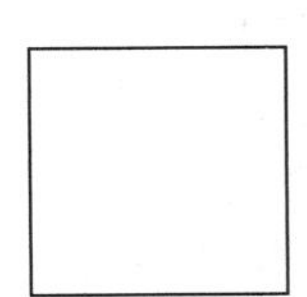

图 5-55　绘制结果

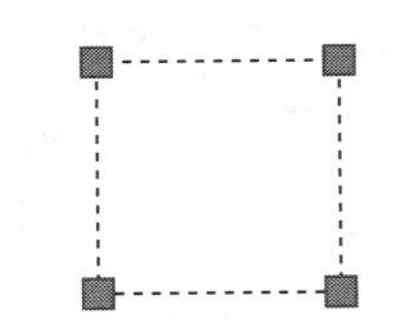

图 5-56　夹点显示

Step 06 单击其中的一个夹点，使其转换为夹基点，进入夹点编辑模式，使用夹点缩放功能，对其进行缩放复制。命令行操作如下：

```
命令:                                                      //单击夹点，打开夹点拉伸功能
** 拉伸 **
指定拉伸点或 [基点(B)/复制(C)/放弃(U)/退出(X)]:          //Enter，打开夹点移动功能
** 移动 **
指定移动点或 [基点(B)/复制(C)/放弃(U)/退出(X)]:          //Enter，打开夹点旋转功能
** 旋转 **
指定旋转角度或 [基点(B)/复制(C)/放弃(U)/参照(R)/退出(X)]:   //Enter
** 比例缩放 **
指定比例因子或 [基点(B)/复制(C)/放弃(U)/参照(R)/退出(X)]:   //B Enter
指定基点:                 //配合中点捕捉和对象追踪功能，分别通过两边中点，引出如图
5-57 所示的追踪虚线，然后捕捉追踪虚线的交点
```

Note

```
** 比例缩放 **
指定比例因子或 [基点(B)/复制(C)/放弃(U)/参照(R)/退出(X)]:  //c Enter
** 比例缩放 (多重) **
指定比例因子或 [基点(B)/复制(C)/放弃(U)/参照(R)/退出(X)]:  //1.44 Enter,
** 比例缩放 (多重) **
指定比例因子或 [基点(B)/复制(C)/放弃(U)/参照(R)/退出(X)]:  //1.64 Enter
** 比例缩放 (多重) **
指定比例因子或 [基点(B)/复制(C)/放弃(U)/参照(R)/退出(X)]:  //1.84 Enter
** 比例缩放 (多重) **
指定比例因子或 [基点(B)/复制(C)/放弃(U)/参照(R)/退出(X)]:  //2.04 Enter
** 比例缩放 (多重) **
指定比例因子或 [基点(B)/复制(C)/放弃(U)/参照(R)/退出(X)]:  //2.24 Enter
** 比例缩放 (多重) **
指定比例因子或 [基点(B)/复制(C)/放弃(U)/参照(R)/退出(X)]:
//Enter，退出夹点编辑模式，结果如图 5-58 所示
```

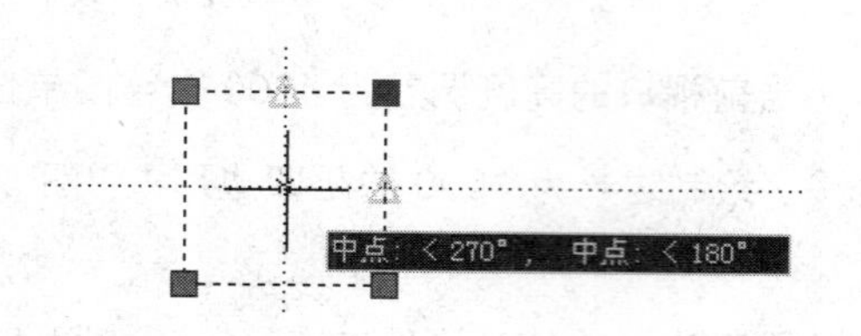

图 5-57　定位夹基点

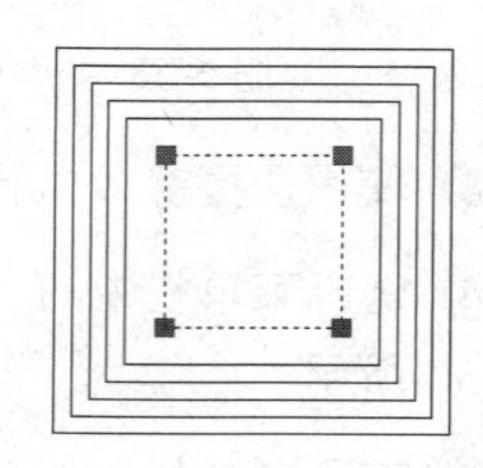

图 5-58　夹点缩放结果

Step 07 按下 Esc 键取消对象的夹点显示状态，结果如图 5-59 所示。

Step 08 选择菜单栏中的“绘图”→“直线”命令，配合端点捕捉功能绘制如图 5-60 所示的直线。

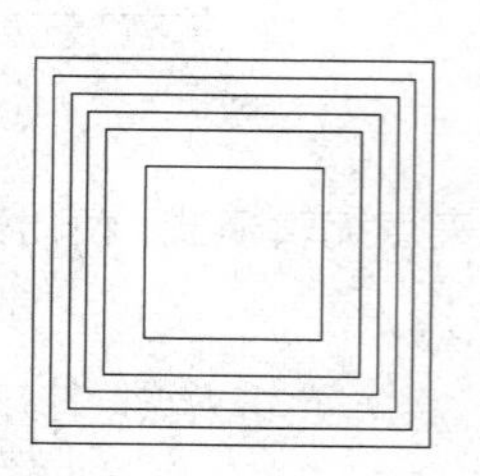

图 5-59　取消夹点

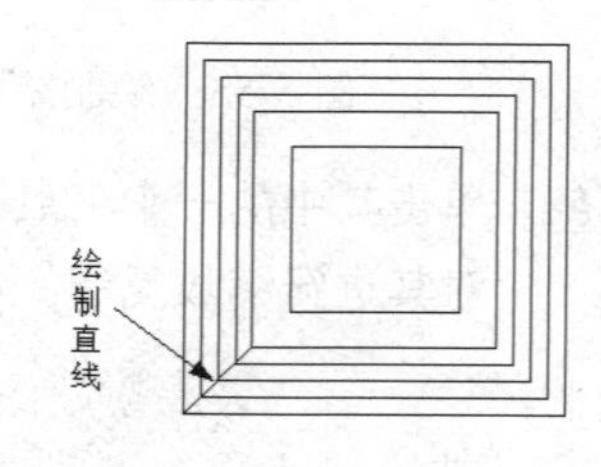

图 5-60　绘制直线

Step 09 单击刚绘制的直线，使其夹点显示，如图 5-61 所示。

Step 10 单击其中的一个夹点，进入夹点编辑模式。此时单击鼠标右键，打开夹点编辑菜单，选择“旋转”命令，激活夹点旋转功能。

Step 11 再次打开夹点编辑菜单，选择菜单中的“基点”选项，然后在命令行“指定基点：”提示下，捕捉如图 5-62 所示的正中心点。

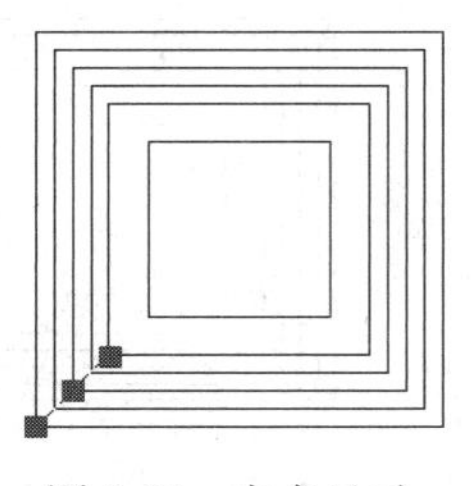

图 5-61　夹点显示

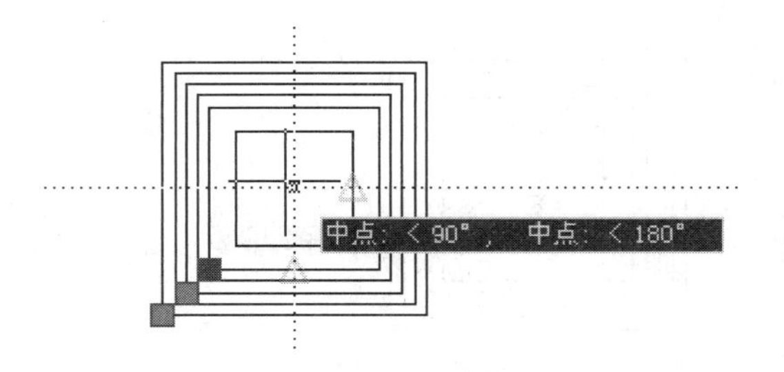

图 5-62　夹点旋转

Step 12 再次单击右键打开夹点编辑菜单，选择菜单中的“复制”选项，然后根据命令行的操作提示，进行夹点旋转复制直线。操作过程如下。

```
    ** 旋转 (多重) **
指定旋转角度或 [基点(B)/复制(C)/放弃(U)/参照(R)/退出(X)]:    //90 Enter
** 旋转 (多重) **
指定旋转角度或 [基点(B)/复制(C)/放弃(U)/参照(R)/退出(X)]:    //-90 Enter
** 旋转 (多重) **
指定旋转角度或 [基点(B)/复制(C)/放弃(U)/参照(R)/退出(X)]:    //180 Enter
** 旋转 (多重) **
指定旋转角度或 [基点(B)/复制(C)/放弃(U)/参照(R)/退出(X)]:
//Enter，退出夹点编辑模式，操作结果如图 5-63 所示
```

Step 13 按下 Esc 键取消对象的夹点显示状态，结果如图 5-64 所示。

Step 14 选择菜单栏中的“格式”→“颜色”命令，在打开的“选择颜色”对话框中修改当前颜色，如图 5-65 所示。

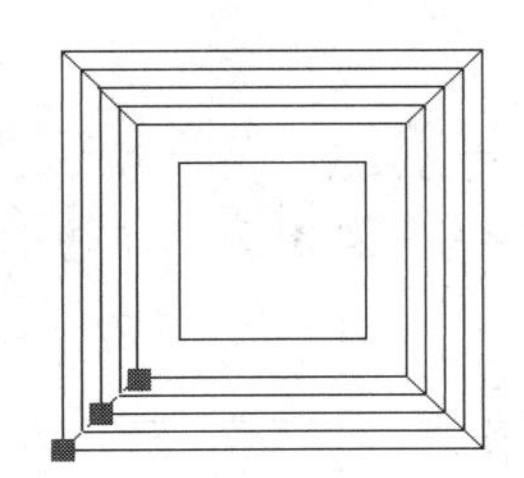
图 5-63　编辑结果

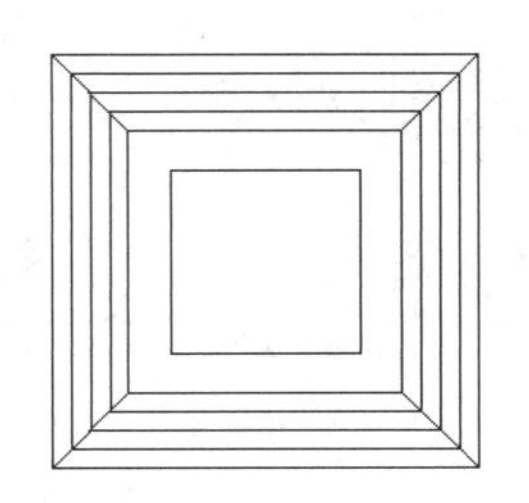
图 5-64　取消夹点

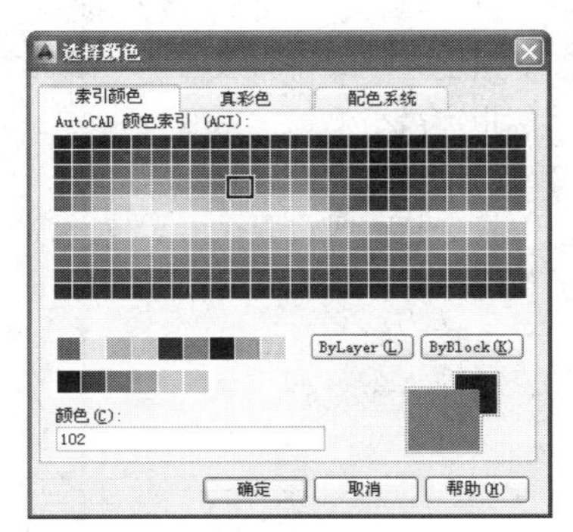

图 5-65　设置当前颜色

Step 15 选择菜单栏中的“绘图”→“圆”→“圆心、半径”命令，以正四边形的正中心点作为圆心，绘制半径为 1250 的圆。命令行操作如下：

```
    命令: _circle
指定圆的圆心或 [三点(3P)/两点(2P)/切点、切点、半径(T)]:
        //配合中点捕捉和对象追踪功能，捕捉如图 5-66 所示的追踪虚线交点，作为圆心
指定圆的半径或 [直径(D)] <1250>:  //1250 Enter，绘制结果如图 5-67 所示
```

Note

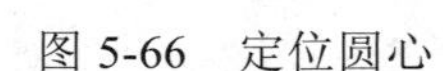

图 5-66 定位圆心

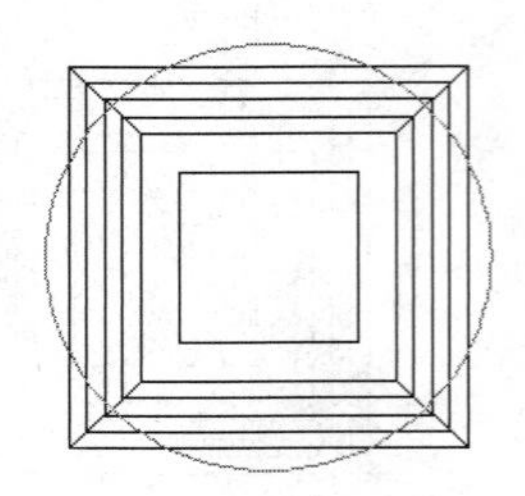

图 5-67 绘制结果

Step 16 单击“默认”选项卡→“绘图”面板→“修订云线”按钮，执行“修订云线”命令将刚绘制的圆转化为云线。命令行操作如下：

```
    命令: _revcloud
最小弧长: 150    最大弧长: 300    样式: 普通
指定起点或 [弧长(A)/对象(O)/样式(S)] <对象>:        //a Enter
指定最小弧长 <150>:                                //750 Enter
指定最大弧长 <750>:                                //750 Enter
指定起点或 [弧长(A)/对象(O)/样式(S)] <对象>:        //o Enter
选择对象:                                  //选择刚绘制的圆
反转方向 [是(Y)/否(N)] <否>:               //N Enter，结果如图 5-68 所示
修订云线完成。
```

Step 17 按 Enter 键，重复执行“修订云线”命令，继续对刚创建的云线进行编辑。命令行操作如下：

```
命令:_REVCLOUD
最小弧长: 750    最大弧长: 750    样式: 普通
指定起点或 [弧长(A)/对象(O)/样式(S)] <对象>:    //a Enter
指定最小弧长 <750>:                            //150 Enter
指定最大弧长 <150>:                            //300 Enter
指定起点或 [弧长(A)/对象(O)/样式(S)] <对象>:  //o Enter
选择对象:                                    //选择刚创建的云线
反转方向 [是(Y)/否(N)] <否>:                 //N Enter，结果如图 5-69 所示
修订云线完成。
```

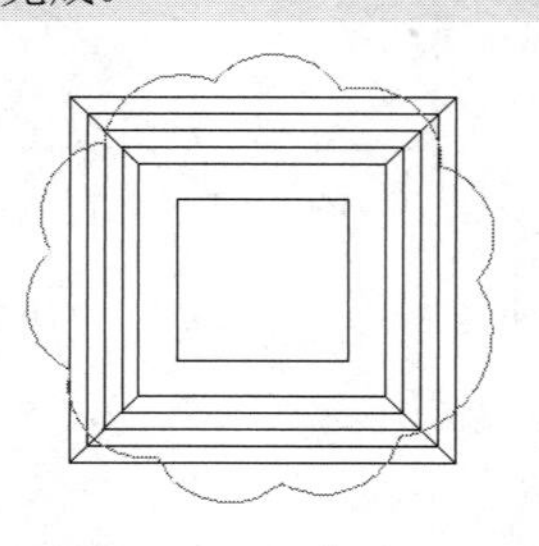

图 5-68 操作结果

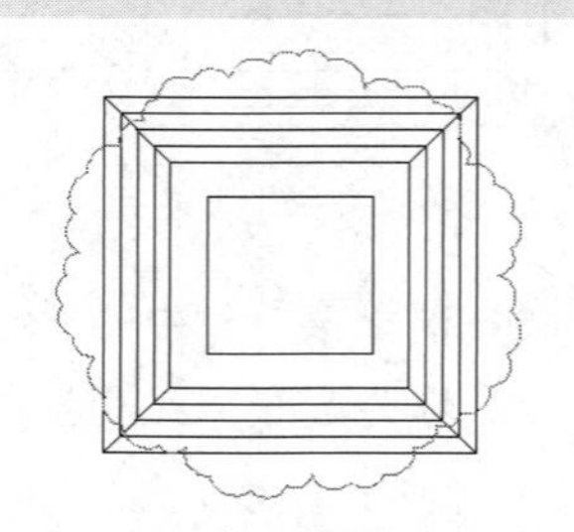

图 5-69 最终效果

Step 18 执行“保存”命令，将图形命名存储为“上机实训一.dwg”。

5.6 上机实训二——绘制橱柜立面图例

本例通过绘制橱柜立面图例，主要对本章所讲述的“复制”、“镜像”和“矩形阵列”等重点知识进行综合练习和巩固应用。橱柜立面图例的最终绘制效果如图 5-70 所示。

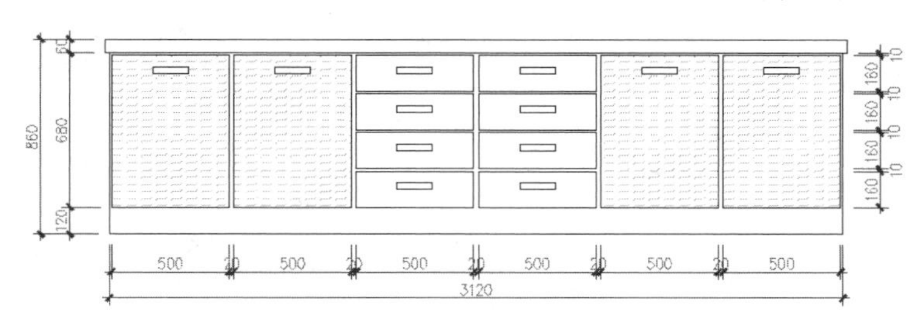

图 5-70　实例效果

操作步骤：

Step 01　单击“快速访问”工具栏→“新建”按钮，新建绘图文件。

Step 02　打开状态栏上的“对象捕捉”和“对象追踪”功能，并设置捕捉模式为端点、中点和交点。

Step 03　使用快捷键 Z 执行视窗的调整工具，将当前视口的高度调整为 1500 个绘图单位。

Step 04　使用快捷键 REC 执行“矩形”命令，绘制长度为 520、宽度为 800 的矩形。

Step 05　重复执行“矩形”命令，配合“捕捉自”功能，绘制长度为 500、宽度为 670 的矩形，如图 5-71 所示。

Step 06　重复执行“矩形”命令，配合“捕捉自”功能绘制长度为 150、宽度为 30 的矩形作为把手。命令行操作如下：

```
命令：RECTANG
指定第一个角点或 [倒角(C)/标高(E)/圆角(F)/厚度(T)/宽度(W)]：//激活“捕捉自”功能
_from 基点：                    //捕捉内矩形上侧水平边的中点
<偏移>:                         //@-75,-50 Enter
指定另一个角点或 [面积(A)/尺寸(D)/旋转(R)]：//@150,-30 Enter，结果如图 5-72 所示
```

Step 07　使用快捷键 CO 执行“复制”命令，对三个矩形进行复制，基点为大矩形左下角点，目标点为大矩形右下角点。复制结果如图 5-73 所示。

Step 08　使用快捷键 MI 执行“镜像”命令，配合“捕捉自”功能对图 5-73 所示的图形进行镜像。命令行操作如下：

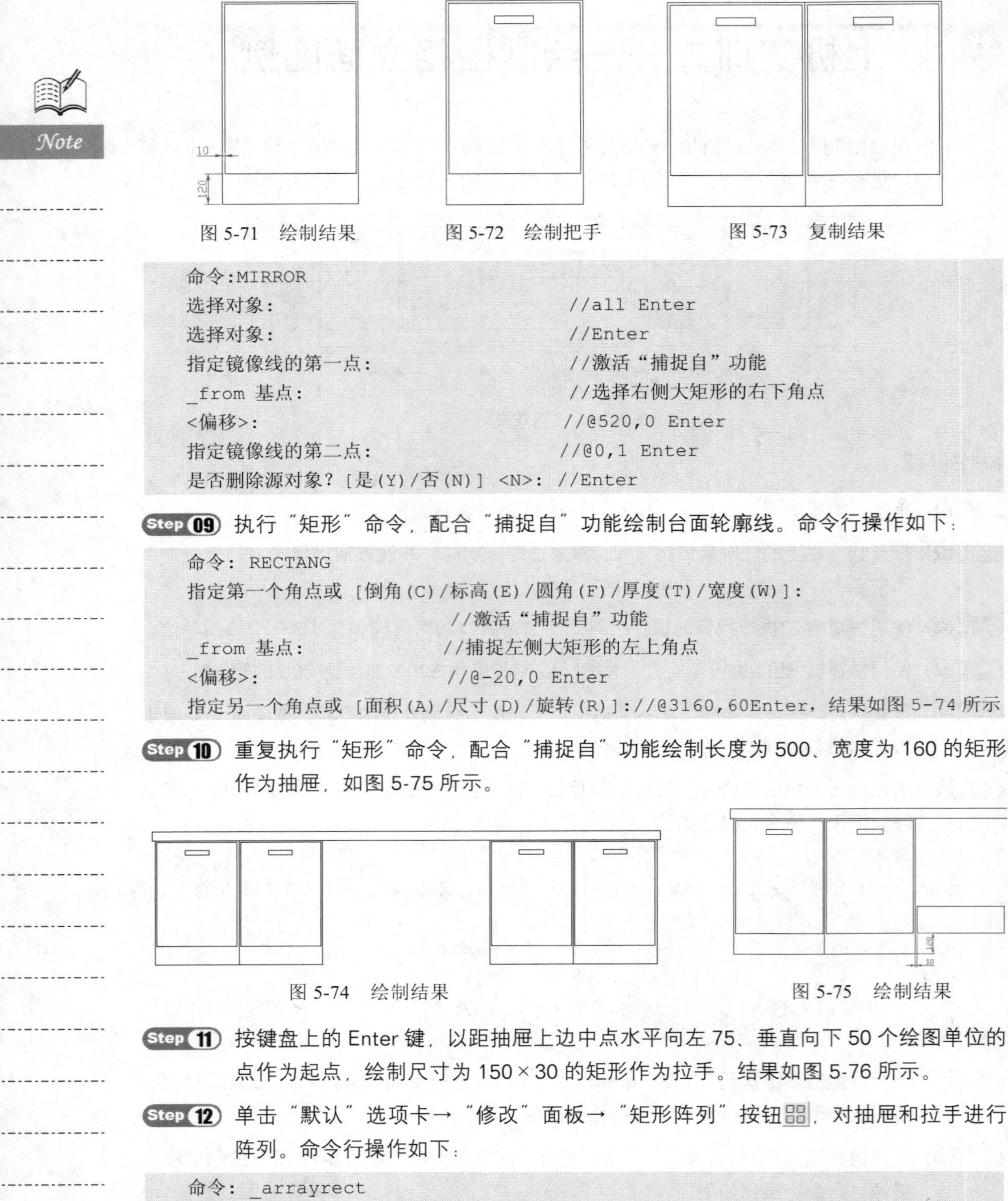

图 5-71　绘制结果　　图 5-72　绘制把手　　图 5-73　复制结果

```
命令:MIRROR
选择对象:                          //all Enter
选择对象:                          //Enter
指定镜像线的第一点:                 //激活“捕捉自”功能
_from 基点:                        //选择右侧大矩形的右下角点
<偏移>:                            //@520,0 Enter
指定镜像线的第二点:                 //@0,1 Enter
是否删除源对象? [是(Y)/否(N)] <N>: //Enter
```

Step 09 执行“矩形”命令，配合“捕捉自”功能绘制台面轮廓线。命令行操作如下：

```
命令: RECTANG
指定第一个角点或 [倒角(C)/标高(E)/圆角(F)/厚度(T)/宽度(W)]:
                        //激活“捕捉自”功能
_from 基点:             //捕捉左侧大矩形的左上角点
<偏移>:                 //@-20,0 Enter
指定另一个角点或 [面积(A)/尺寸(D)/旋转(R)]://@3160,60Enter，结果如图 5-74 所示
```

Step 10 重复执行“矩形”命令，配合“捕捉自”功能绘制长度为 500、宽度为 160 的矩形作为抽屉，如图 5-75 所示。

图 5-74　绘制结果　　图 5-75　绘制结果

Step 11 按键盘上的 Enter 键，以距抽屉上边中点水平向左 75、垂直向下 50 个绘图单位的点作为起点，绘制尺寸为 150 × 30 的矩形作为拉手。结果如图 5-76 所示。

Step 12 单击“默认”选项卡→“修改”面板→“矩形阵列”按钮，对抽屉和拉手进行阵列。命令行操作如下：

```
命令: _arrayrect
选择对象:                  //选择抽屉和拉手
选择对象:                  //Enter
```

```
    类型 = 矩形   关联 = 是
    选择夹点以编辑阵列或 [关联(AS)/基点(B)/计数(COU)/间距(S)/列数(COL)/行数(R)/层
数(L)/退出(X)] <退出>:              //COU Enter
    输入列数数或 [表达式(E)] <4>:    //2 Enter
    输入行数数或 [表达式(E)] <3>:    //4 Enter
    选择夹点以编辑阵列或 [关联(AS)/基点(B)/计数(COU)/间距(S)/列数(COL)/行数(R)/层
数(L)/退出(X)] <退出>:              //S Enter
    指定列之间的距离或 [单位单元(U)] <7610>:   //520 Enter
    指定行之间的距离 <4369>:          //170 Enter
    选择夹点以编辑阵列或 [关联(AS)/基点(B)/计数(COU)/间距(S)/列数(COL)/行数(R)/层
数(L)/退出(X)] <退出>:              //Enter，阵列结果如图 5-77 所示
```

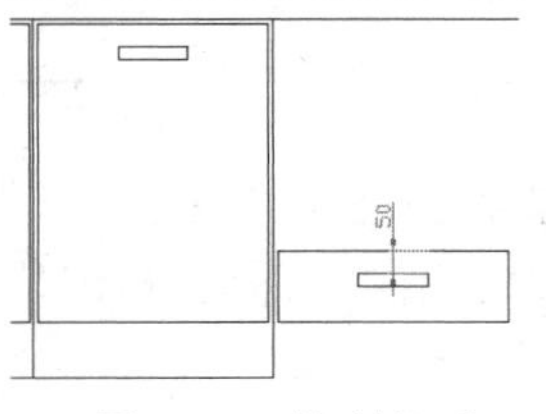

图 5-76　绘制拉手

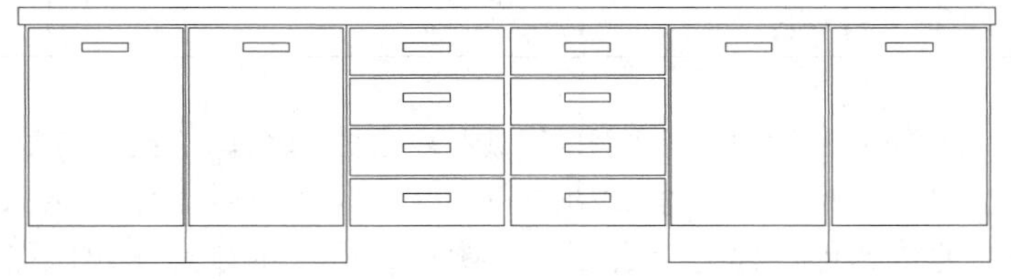

图 5-77　阵列结果

Step 13 使用快捷键 X 执行“分解”命令，将下侧的四个矩形分解。

Step 14 使用快捷键 E 执行“删除”命令，删除垂直的矩形边。结果如图 5-78 所示。

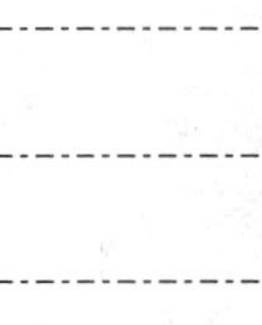

图 5-78　删除结果

Step 15 使用快捷键 J 执行“合并”命令，对下侧的两条直线进行合并。结果如图 5-79 所示。

图 5-79　合并结果

Step 16 使用快捷键 H 执行“图案填充”命令，设置填充图案和填充参数，如图 5-80 所示，为立面图填充如图 5-81 所示的图案。

Step 17 执行“保存”命令，将图形命名存储为“上机实训二.dwg”。

图 5-80 设置填充图案和填充参数

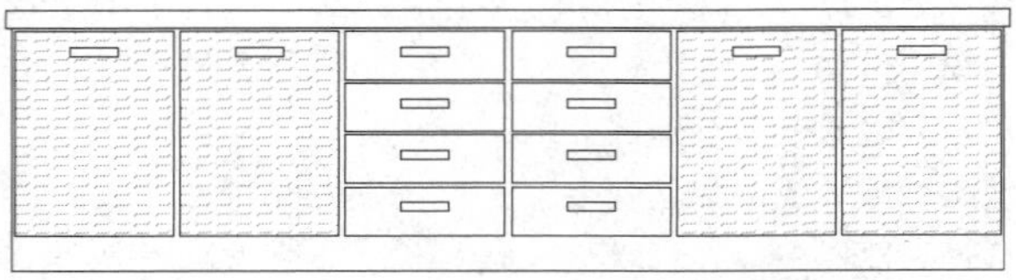

图 5-81 填充结果

5.7 小结与练习

5.7.1 小结

本章主要学习了规则和不规则复合图形结构的快速创建功能和快速组合功能。另外，还学习了图形的夹点编辑功能和特殊对象的编辑细化功能。巧妙运用本章所讲知识，可以方便快速地创建与组合复杂的图形结构。本章具体知识点如下：

（1）多重图形结构的创建功能，包括基点复制、距离偏移和定点偏移。

（2）规则图形结构的创建功能，包括矩形阵列、环形阵列、路径阵列和镜像复制，使用这些功能可以快速创建均布结构、聚心结构和对称结构的图形。

（3）图形的夹点编辑功能，包括夹点功能的概念、启用和快速的编辑技能等，以快速地创建与组合复杂的对象。

（4）特殊对象的编辑功能，包括编辑多段线和编辑多线，以对多段线和多线等对象进行编辑细化。

5.7.2 练习

1. 综合运用相关知识，绘制如图 5-82 所示的拼花图例（局部尺寸自定）。

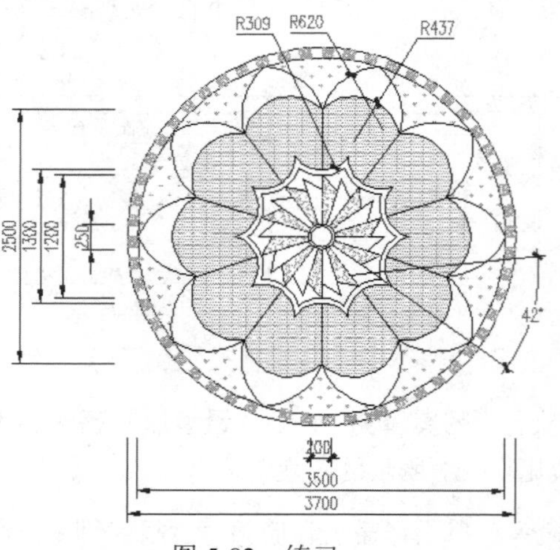

图 5-82 练习一

2. 综合运用相关知识，绘制如图 5-83 所示的组合柜立面图例（局部尺寸自定）。

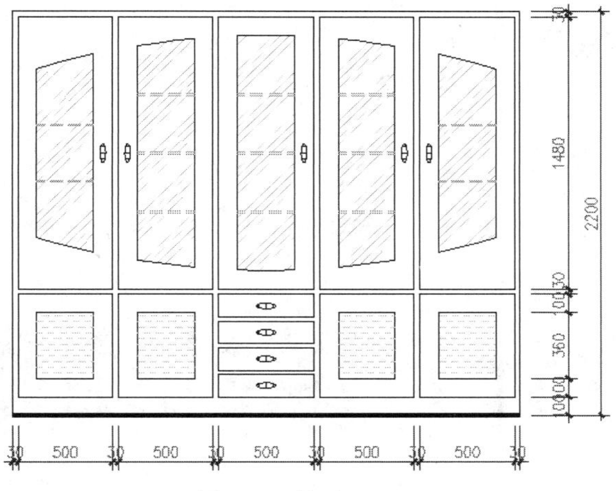

图 5-83　练习二

室内设计资源的组织与共享

通过前几章的学习，读者基本具备了图样的设计能力和绘图能力，为了方便读者能够快速、高效地绘制设计图样，还需要了解和掌握一些高级制图工具。为此，本章将集中讲述 AutoCAD 的高级制图工具，灵活掌握这些工具，能使读者更加方便地对图形资源进行综合组织、管理、共享和完善等。

内容要点

- 图块的定义与应用
- 属性的定义与管理
- 上机实训一——为屋面详图标注标高
- 图层的应用
- 设计中心
- 工具选项板
- 特性与快速选择
- 上机实训二——为户型平面图布置室内用具

6.1 图块的定义与应用

“图块”指的是将多个图形集合起来，形成一个单一的组合图元，以方便用户对其进行选择、应用和编辑等。图形被定义成块前后的夹点效果如图 6-1 所示。

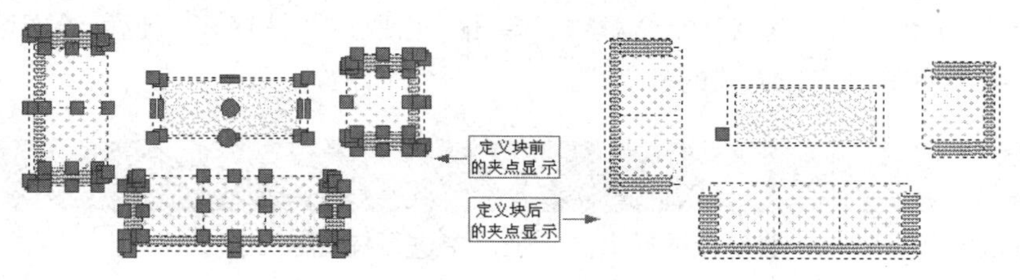

图 6-1　图形与图块的夹点显示

6.1.1 创建块

“创建块”命令主要用于将单个或多个图形集合成为一个整体图形单元，保存于当前图形文件内，以供当前文件重复使用。使用此命令创建的图块被称为“内部块”。执行“创建块”命令主要有以下几种方式：

- ✧ 单击“默认”选项卡→“块”面板→“创建”按钮。
- ✧ 选择菜单栏中的“绘图”→“块”→“创建”命令。
- ✧ 单击“绘图”工具栏→“创建块”按钮。
- ✧ 在命令行输入 Block 或 Bmake 后按 Enter 键。
- ✧ 使用快捷键 B。

下面通过典型的实例，学习“创建块”命令的使用方法和操作技巧。具体操作步骤如下：

Step 01 打开随书光盘中的“\素材文件\6-1.dwg”，如图 6-2 所示。

Step 02 单击“默认”选项卡→“块”面板→“创建”按钮，打开如图 6-3 所示的“块定义”对话框。

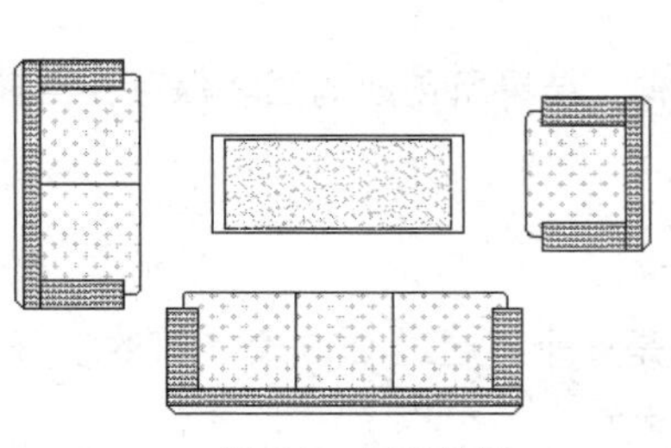

图 6-2　打开结果

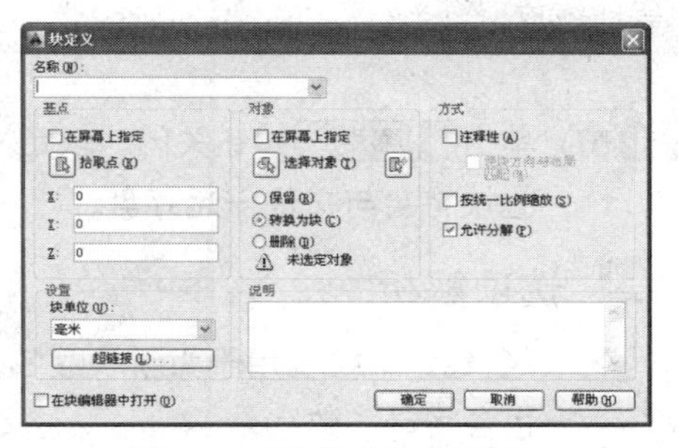

图 6-3　“块定义”对话框

Step 03 定义块名。在“名称”文本框内输入“沙发组”作为块的名称，在“对象”组合框激活“保留”单选按钮，其他参数采用默认设置。

Note

小技巧：

图块名是一个不超过 255 个字符的字符串，可包含字母、数字、“$”、“-”及“_”等符号。

Step 04 定义基点。在“基点”组合框中，单击“拾取点”按钮，返回绘图区捕捉如图 6-4 所示的中点作为块的基点。

小技巧：

在定位图块的基点时，一般是在图形上的特征点中进行捕捉。

Step 05 选择块对象。单击“选择对象”按钮，返回绘图区框选如图 6-2 所示的所有图形对象。

Step 06 预览效果。按 Enter 键返回到“块定义”对话框，则在此对话框内出现图块的预览图标，如图 6-5 所示。

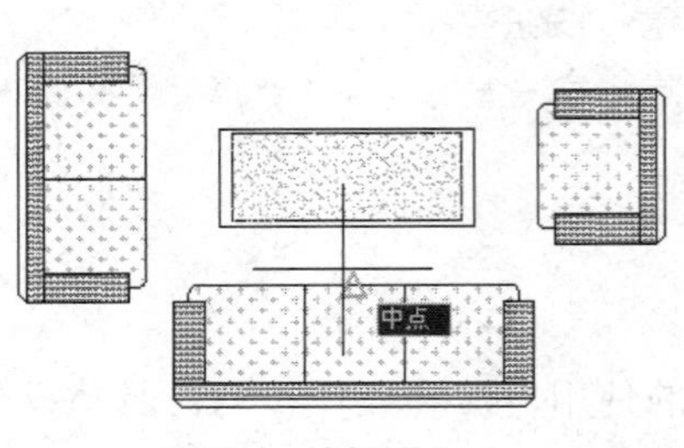

图 6-4　捕捉圆心

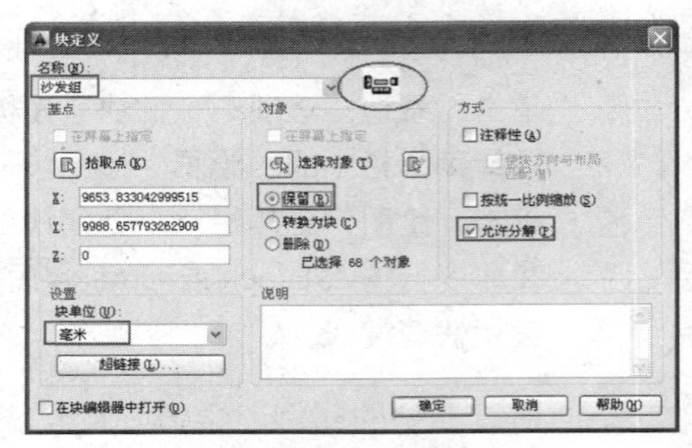

图 6-5　参数设置

小技巧：

如果在定义块时，勾选了“按统一比例缩放”复选框，那么在插入块时，仅可以对块进行等比缩放。

Step 07 单击 确定 按钮关闭“块定义”对话框，结果所创建的图块保存在当前文件内，此块将会与文件一起存盘。

选项解析

- “名称”下拉框用于为新块赋名。图块名是一个不超过 255 个字符的字符串，可以包含字母、数字、“$”、“-”及“_”等符号。
- “基点”选项组主要用于确定图块的插入基点。用户可以直接在 X、Y、Z 文本框中

输入基点坐标值，也可以在绘图区直接捕捉图形上的特征点。AutoCAD 默认基点为原点。

✧ 单击按钮 "快速选择"，将弹出"快速选择"对话框，用户可以按照一定的条件定义一个选择集。
✧ "转换为块"选项用于将创建块的源图形转化为图块。
✧ "删除"选项用于将组成图块的图形对象从当前绘图区中删除。
✧ "在块编辑器中打开"复选框用于定义完块后自动进入块编辑器窗口，以便对图块进行编辑管理。

6.1.2　写块

"内部块"仅供当前文件所引用，为了弥补内部块的这一缺陷，AutoCAD 为用户提供了"写块"命令，使用此命令创建的图块不但可以被当前文件所使用，还可以供其他文件进行重复引用。下面学习外部块的具体创建过程。

Step 01 继续上例操作。

Step 02 在命令行输入 Wblock 或 W 后按 Enter 键，激活"写块"命令，打开"写块"对话框。

Step 03 在"源"选项组内激活"块"选项，然后展开"块"下拉列表框，选择"沙发组"内部块，如图 6-6 所示。

Step 04 在"文件名和路径"文本框内，设置外部块的存盘路径、名称和单位，如图 6-7 所示。

图 6-6　选择块

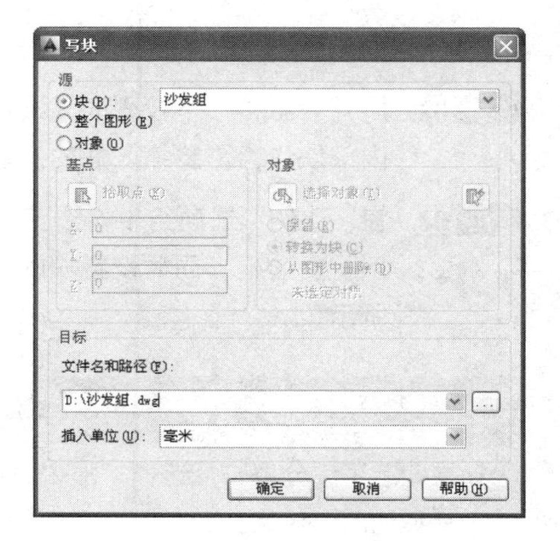

图 6-7　创建外部块

Step 05 单击 确定 按钮，结果"沙发组"内部块被转化为外部图块，以独立文件形式存盘。

Note

选项解析

✧ "块"单选按钮用于将当前文件中的内部图块转换为外部块，进行存盘。当激活该选项时，其右侧的下拉文本框被激活，可从中选择需要被写入块文件的内部图块。

✧ "整个图形"单选按钮用于将当前文件中的所有图形对象，创建为一个整体图块进行存盘。

✧ "对象"单选按钮是系统默认选项，用于有选择性地将当前文件中的部分图形或全部图形创建为一个独立的外部块。具体操作与创建内部块相同。

6.1.3 插入块

"插入块"命令用于将内部块、外部块和已存盘的 DWG 文件，引用到当前图形文件中，以组合更为复杂的图形结构。执行"插入块"命令主要有以下几种方式：

✧ 单击"默认"选项卡→"块"面板→"插入"按钮。

✧ 选择菜单栏中的"插入"→"块"命令。

✧ 单击"绘图"工具栏→"插入"按钮。

✧ 在命令行输入 Insert 后按 Enter 键。

✧ 使用快捷键 I。

下面通过典型的实例，学习"插入块"命令的使用方法和操作技巧。具体操作步骤如下：

Step 01 继续上节操作。单击"默认"选项卡→"块"面板→"插入"按钮，打开"插入"对话框。

Step 02 展开"名称"下拉列表，选择"组合组"内部块作为需要插入块的图块。

Step 03 在"比例"选项组中勾选下侧的"统一比例"复选框，同时设置块的参数如图 6-8 所示。

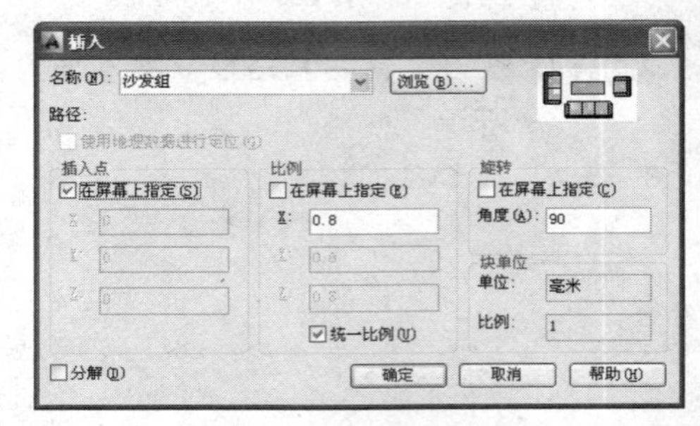

图 6-8 设置插入参数

小技巧：

如果勾选了"分解"复选框，那么插入的图块则不是一个独立的对象，而是被还原成一个个单独的图形对象。

Step 04 其他参数采用默认设置，单击 确定 按钮返回绘图区，在命令行"指定插入点或[基点(B)/比例(S)/旋转(R)]："提示下，拾取一点作为块的插入点。结果如图 6-9 所示。

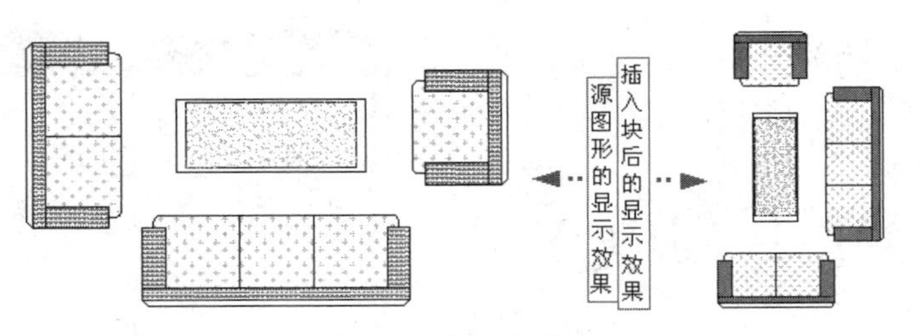

图 6-9　插入结果

选项解析

- ✧ “名称”文本框用于设置需要插入的内部块。
- ✧ 如果需要插入外部块或已存盘的图形文件，可以单击 浏览(B)... 按钮，从打开的“选择图形文件”对话框中选择相应外部块或文件。
- ✧ “插入点”选项组用于确定图块插入点的坐标。用户可以勾选”在屏幕上指定”选项，直接在屏幕绘图区拾取一点，也可以在 X、Y、Z 三个文本框中输入插入点的坐标值。
- ✧ “比例”选项组用于确定图块的插入比例。
- ✧ “旋转”选项组用于确定图块插入时的旋转角度。用户可以勾选“在屏幕上指定”复选框，直接在绘图区指定旋转的角度，也可以在“角度”文本框中输入图块的旋转角度。

6.1.4　编辑块

使用“块编辑器”命令，可以对当前文件中的图块进行编辑，以更新先前块的定义。执行“块编辑器”命令主要有以下几种方式：

- ✧ 单击“视图”选项卡→“块”面板→“块编辑器”按钮。
- ✧ 选择菜单栏中的“工具”→“块编辑器”命令。
- ✧ 在命令行输入 Bedit 后按 Enter 键。
- ✧ 使用快捷键 BE。

下面通过典型的实例，学习“块编辑器”命令的使用方法和操作技巧。具体操作步骤如下：

Step 01 打开随书光盘中的“\素材文件\6-2.dwg”，如图 6-10 所示。

Step 02 单击“视图”选项卡→“块”面板→“块编辑器”按钮，打开如图 6-11 所示的“编辑块定义”对话框。

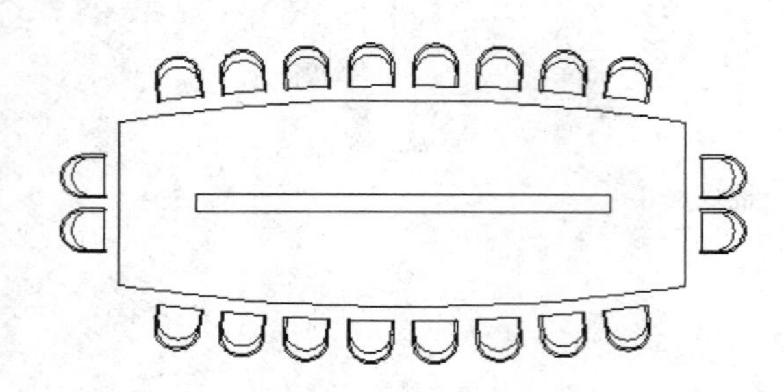

图 6-10　打开结果

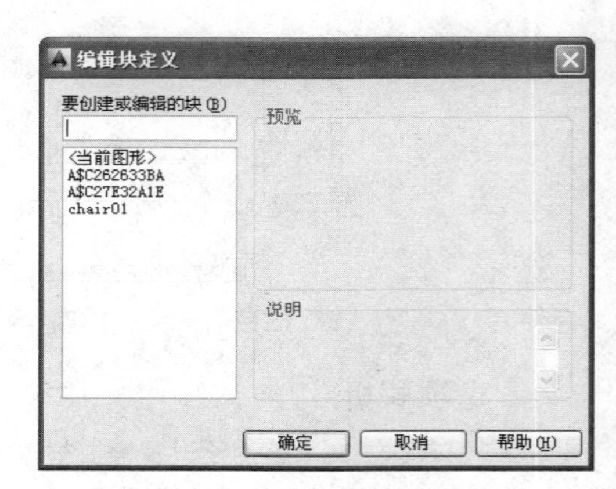

图 6-11　“编辑块定义”对话框

Step 03 在“编辑块定义”对话框中双击如图 6-12 所示的图块，打开如图 6-13 所示的块编辑窗口。

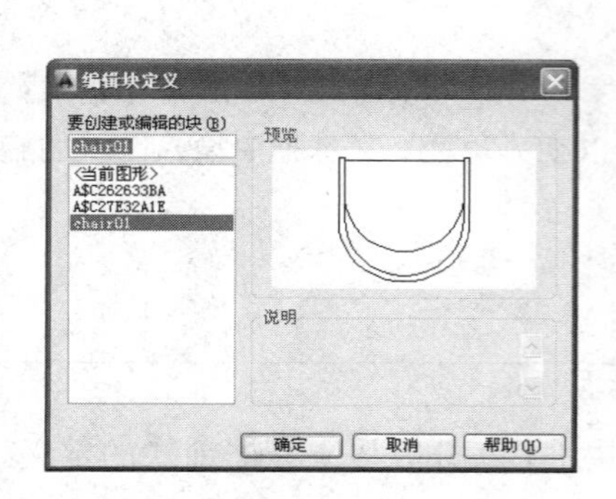

图 6-12　双击图块

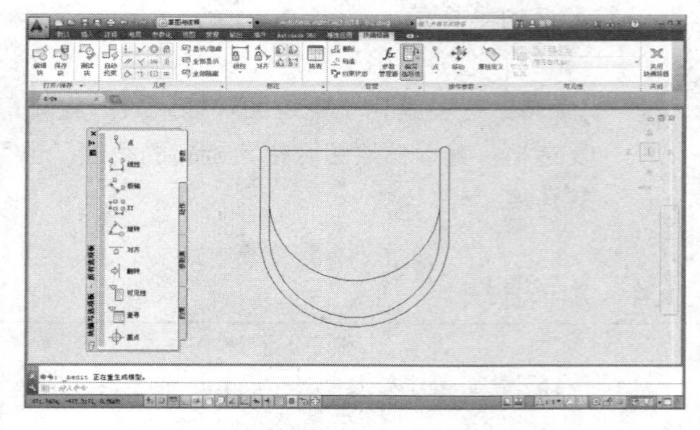

图 6-13　块编辑窗口

Step 04 使用快捷键 H 执行“图案填充”命令，设置填充图案与参数如图 6-14 所示，为椅子平面图填充如图 6-15 所示的图案。

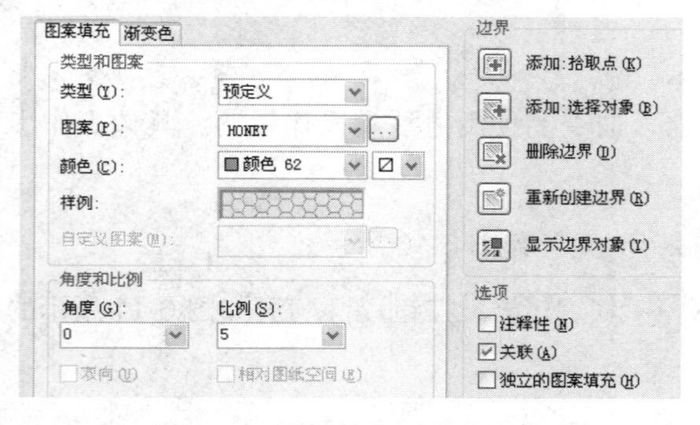

图 6-14　设置填充图案与参数

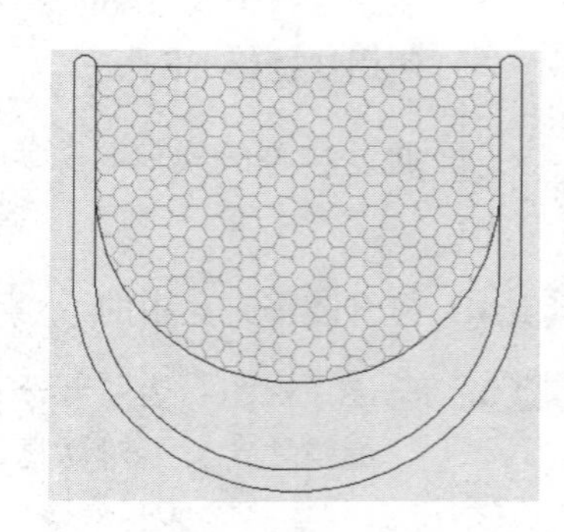

图 6-15　填充结果

小技巧：

在块编辑器窗口中还可以为块添加约束、参数及动作特征，也可以对块进行另名存储。

Note

Step 05 单击“块编辑器”选项卡“打开\保存”面板“保存块定义”按钮，将上述操作进行保存。

Step 06 关闭块编辑器，结果所有会议椅图块被更新，如图6-16所示。

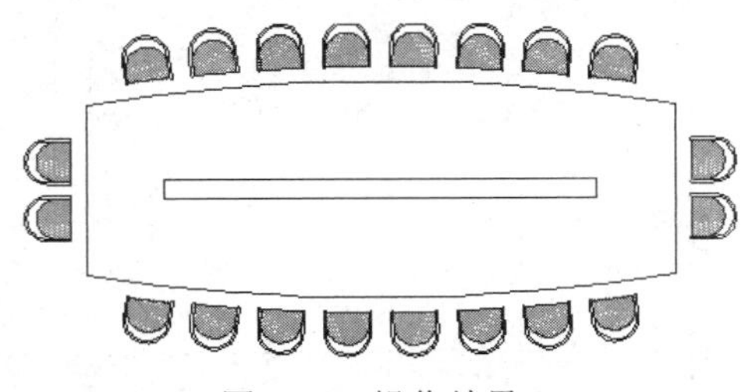

图6-16 操作结果

6.2 属性的定义与管理

“属性”实际上就是一种“块的文字信息”，属性不能独立存在，它是附属于图块的一种非图形信息，用于对图块进行文字说明。

6.2.1 定义属性

“定义属性”命令用于为几何图形定制文字属性，以表达几何图形无法表达的一些内容。执行“定义属性”命令主要有以下几种方式：

- ✧ 单击“默认”选项卡→“块”面板→“定义属性”按钮。
- ✧ 选择菜单栏中的“绘图”→“块”→“定义属性”命令。
- ✧ 在命令行输入Attdef后按Enter键。
- ✧ 使用快捷键ATT。

下面通过典型的小实例学习“定义属性”命令的使用方法和相关操作技能。具体操作如下：

Step 01 新建绘图文件，并绘制直径为8的圆，如图6-17所示。

Step 02 打开状态栏上的“对象捕捉”功能，并将捕捉模式设为圆心捕捉。

Step 03 单击“默认”选项卡→“块”面板→“定义属性”按钮，打开“属性定义”对话框，然后设置属性的标记名、提示说明、默认值、对正方式以及属性高度等参数，如图6-18所示。

Step 04 单击 确定 按钮返回绘图区，在命令行“指定起点：”提示下，捕捉圆心作为属性插入点。结果如图 6-19 所示。

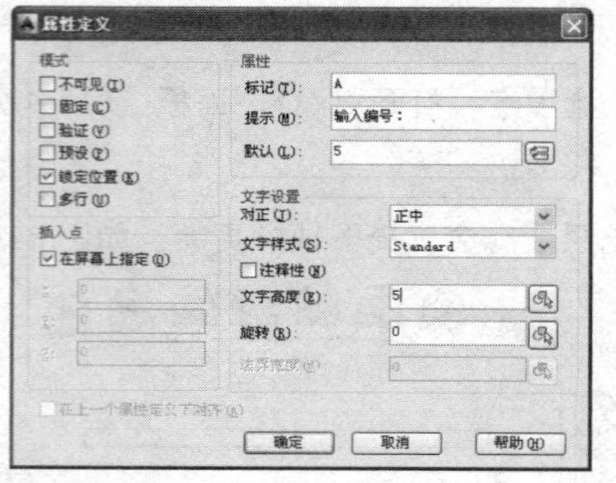

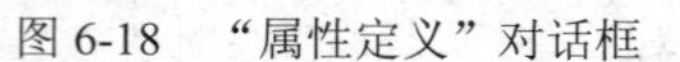

图 6-17　绘制结果　　图 6-18　“属性定义”对话框　　图 6-19　定义属性

> **小技巧：**
>
> 当用户需要重复定义对象的属性时，可以勾选“在上一个属性定义下对齐”复选框，系统将自动沿用上次设置的各属性的文字样式、对正方式以及高度等参数的设置。

属性的模式

“模式”选项组主要用于控制属性的显示模式，具体功能如下：

- ✧ “不可见”复选框用于设置插入属性块后是否显示属性值。
- ✧ “固定”复选框用于设置属性是否为固定值。
- ✧ “验证”复选框用于设置在插入块时提示确认属性值是否正确。
- ✧ “预设”复选框用于将属性值定为默认值。
- ✧ “锁定位置”复选框用于将属性位置进行固定。
- ✧ “多行”复选框用于设置多行的属性文本。

> **小技巧：**
>
> 用户可以运用系统变量 Attdisp 直接在命令行进行设置或修改属性的显示状态。

6.2.2　块属性管理器

“编辑属性”命令主要对含有属性的图块进行编辑和管理，如更改属性的值、特性等。执行“编辑属性”命令主要有以下几种方式：

- ✧ 单击“默认”选项卡→“块”面板→“定义属性”按钮。
- ✧ 选择菜单栏中的“修改”→“对象”→“属性”→“单个”命令。
- ✧ 单击“修改 II”工具栏→“定义属性”按钮。
- ✧ 在命令行输入 Eattedit 后按 Enter 键。

下面通过典型实例，学习“编辑属性”命令的使用方法和操作技巧。具体操作步骤如下：

Step 01 继续上例操作。执行“创建块”命令，将上例绘制圆及其属性一起创建为属性块，基点为圆心，其他参数设置如图 6-20 所示。

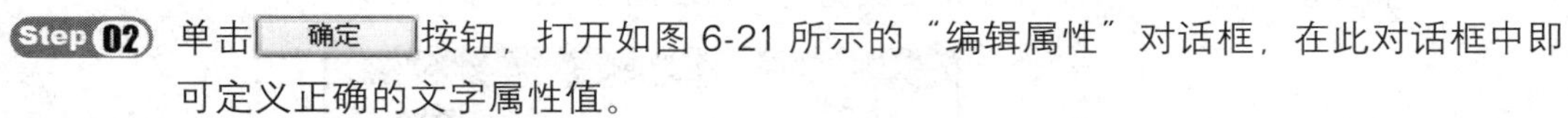

Step 02 单击 确定 按钮，打开如图 6-21 所示的“编辑属性”对话框，在此对话框中即可定义正确的文字属性值。

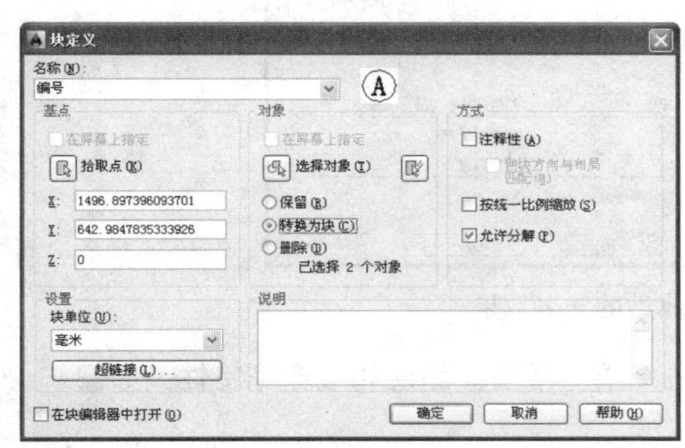

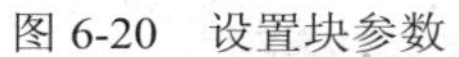

图 6-20　设置块参数

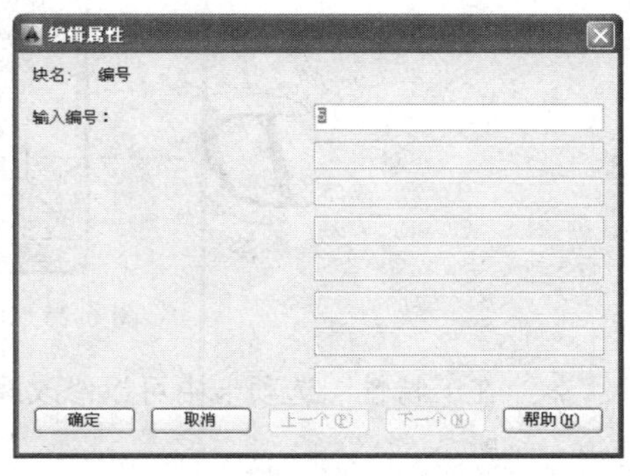

图 6-21　“编辑属性”对话框

Step 03 单击 确定 按钮，采用默认属性值，结果创建了一个属性值为 3 的属性块，如图 6-22 所示。

Step 04 选择菜单栏中的“修改”→“对象”→“属性”→“单个”命令，在命令行“选择块：”提示下，选择属性块，打开“增强属性编辑器”对话框，然后修改属性值为 D，如图 6-23 所示。

Step 05 单击 确定 按钮关闭“增强属性编辑器”对话框，结果属性值被修改，如图 6-24 所示。

图 6-22　定义属性块

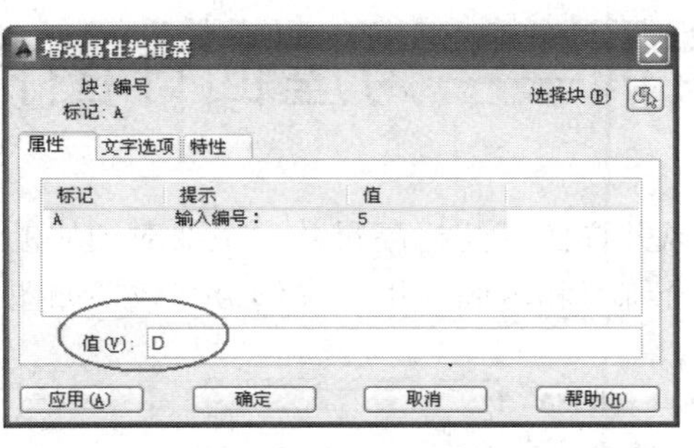

图 6-23　“增强属性编辑器”对话框

图 6-24　修改结果

选项解析

✧ “属性”选项卡用于显示当前文件中所有属性块的属性标记、提示和默认值，还可以修改属性块的属性值。

Note

小技巧：

通过单击右上角的“选择块”按钮，可以连续对当前图形中的其他属性块进行修改。

✧ “文字选项”选项卡用于修改属性的文字特性，如属性文字样式、对正方式、高度和宽度比例等。修改属性高度及宽度特性后的效果如图 6-25 所示。

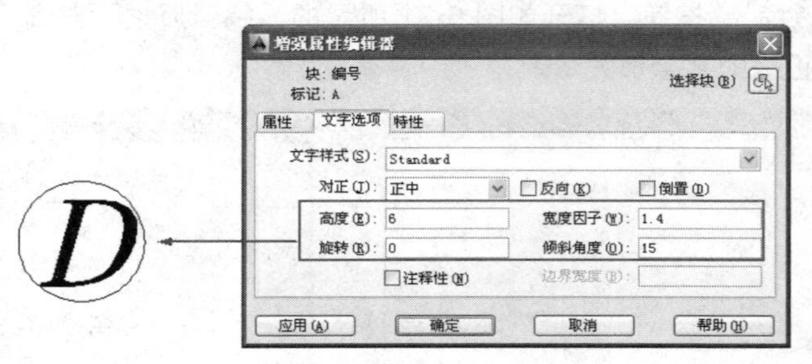

图 6-25　修改属性的文字效果

✧ 在“特性”选项卡中可以修改属性的图层、线型、颜色和线宽等特性，如图 6-26 所示。

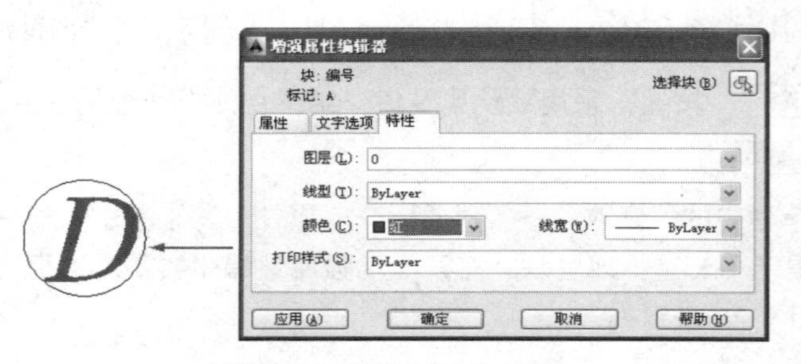

图 6-26　修改属性的特性

6.3 上机实训——为屋面详图标注标高

本例通过为某屋面风井详图标注标高尺寸，主要对图块的定义与应用、属性定义与编辑等重点知识进行综合练习和巩固应用。本例最终效果如图 6-27 所示。

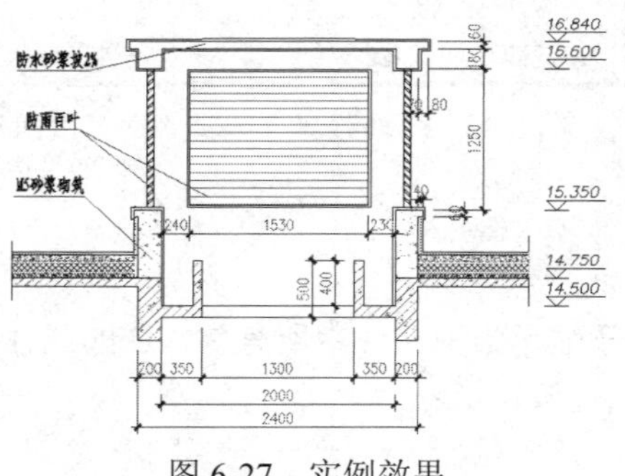

图 6-27　实例效果

操作步骤：

Step 01 打开随书光盘中的“\素材文件\6-3.dwg”，如图 6-28 所示。

Step 02 激活“极轴追踪”功能，并设置极轴角为 45°，如图 6-29 所示。

Note

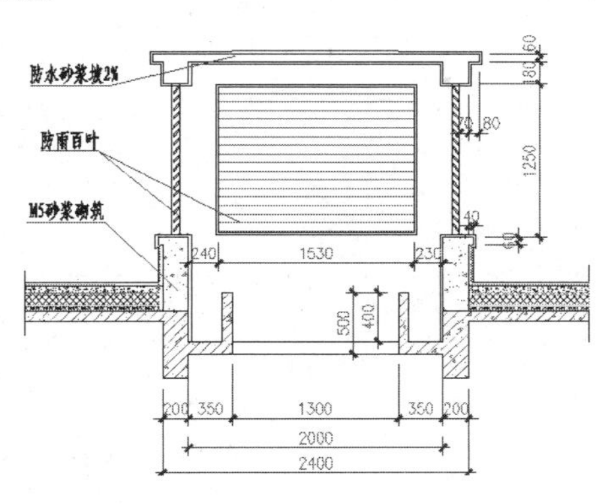

图 6-28　打开结果

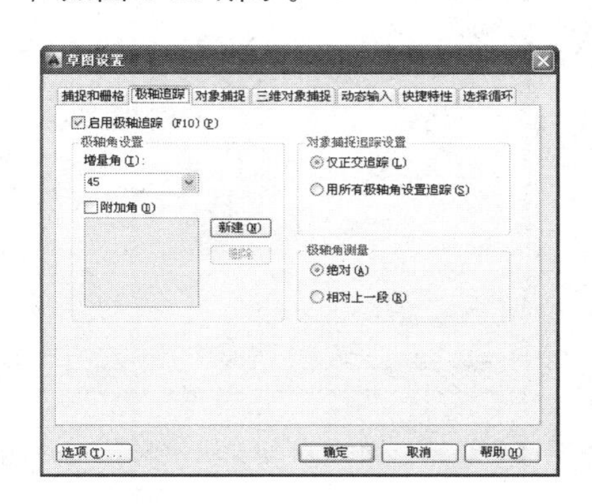

图 6-29　设置极轴参数

Step 03 使用快捷键 PL 执行“多段线”命令，参照图示尺寸绘制出标高符号，如图 6-30 所示。

Step 04 选择菜单栏中的“绘图”→“块”→“定义属性”命令，打开“属性定义”对话框，为标高符号定义文字属性，如图 6-31 所示。

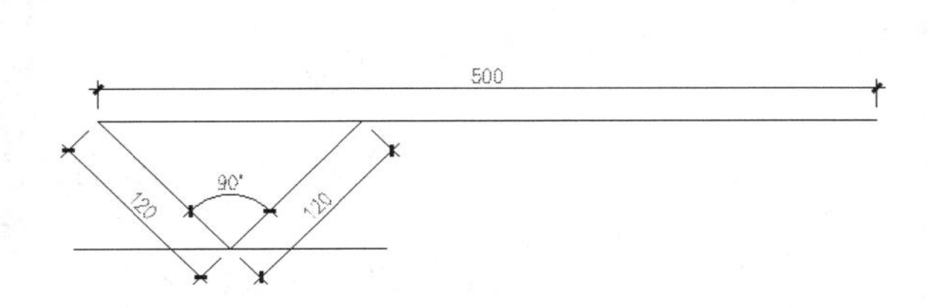

图 6-30　绘制标高

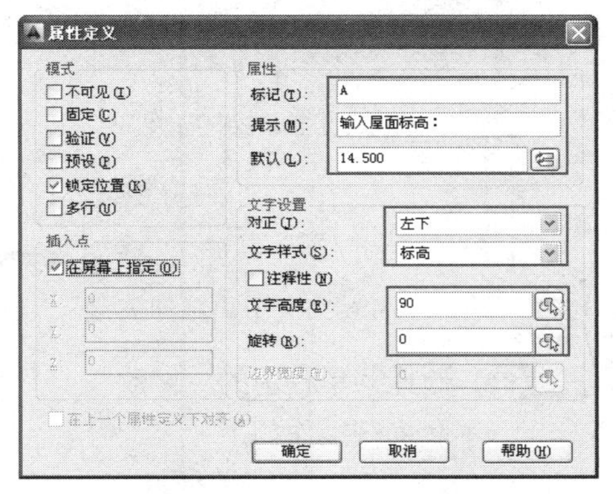

图 6-31　设置属性参数

Step 05 单击 确定 按钮，在命令行“指定起点：”提示下捕捉如图 6-32 所示的端点。结果如图 6-33 所示。

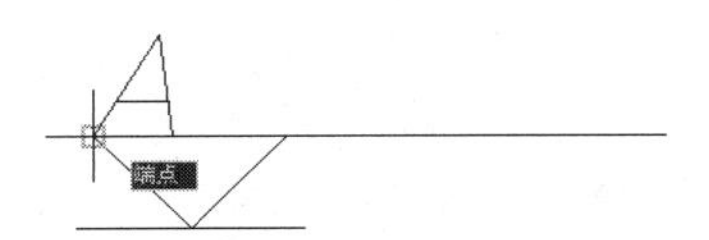

图 6-32　捕捉端点

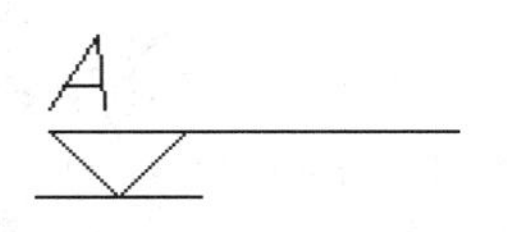

图 6-33　定义结果

Note

Step 06 使用快捷键 B 执行“创建块”命令，在打开的“块定义”对话框中设置参数，如图 6-34 所示，将标高符号和属性一起创建为内部块，图块的基点为图 6-35 所示的中点。

图 6-34 “块定义”对话框

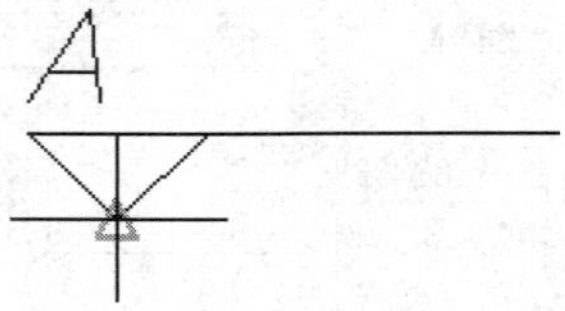

图 6-35 定位基点

Step 07 使用快捷键 I 执行“插入块”命令，以默认参数插入刚定制的“屋面标高”内部块，属性值为默认。

Step 08 在命令行“指定插入点或 [基点(B)/比例(S)/旋转(R)]:”提示下，引出如图 6-36 所示的延伸矢量，然后在此矢量上拾取一点作为插入点。插入结果如图 6-37 所示。

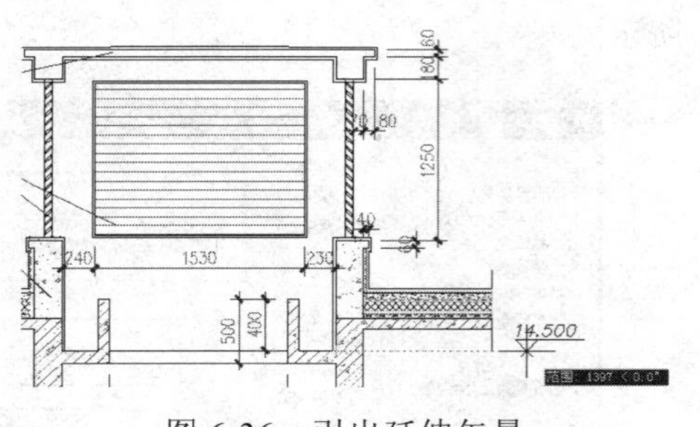

图 6-36 引出延伸矢量

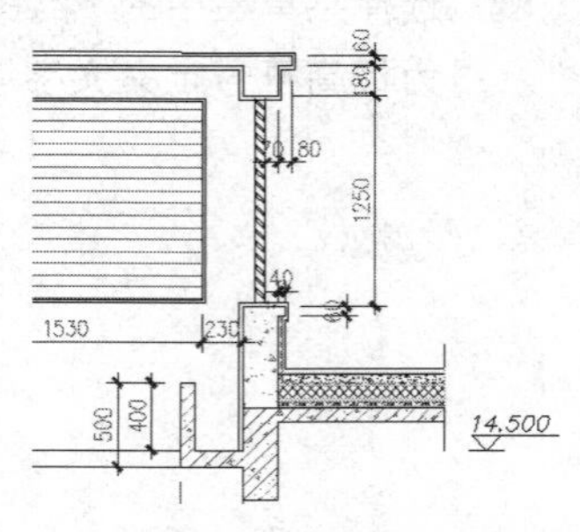

图 6-37 插入结果

Step 09 选择菜单栏中的“修改”→“复制”命令，将刚插入的屋面标高复制到其他位置。命令行操作如下：

```
    命令: _copy
选择对象:          //选择刚插入的屋面标高
选择对象:          //Enter
当前设置:  复制模式 = 多个
指定基点或 [位移(D)/模式(O)] <位移>:                    //Enter
指定第二个点或 [阵列(A)] <使用第一个点作为位移>:   //@0,250 Enter
指定第二个点或 [阵列(A)/退出(E)/放弃(U)] <退出>: //@0,850 Enter
指定第二个点或 [阵列(A)/退出(E)/放弃(U)] <退出>: //@0,2100 Enter
指定第二个点或 [阵列(A)/退出(E)/放弃(U)] <退出>: //@0,2340 Enter
指定第二个点或 [阵列(A)/退出(E)/放弃(U)] <退出>: //Enter，复制结果如图 6-38 所示
```

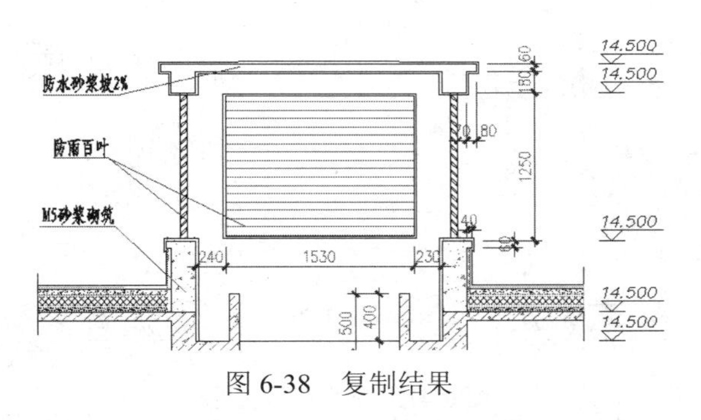

图 6-38　复制结果

Step 10 在复制出的标高属性块上双击左键，打开“增强属性编辑器”对话框，然后修改属性值，如图 6-39 所示。

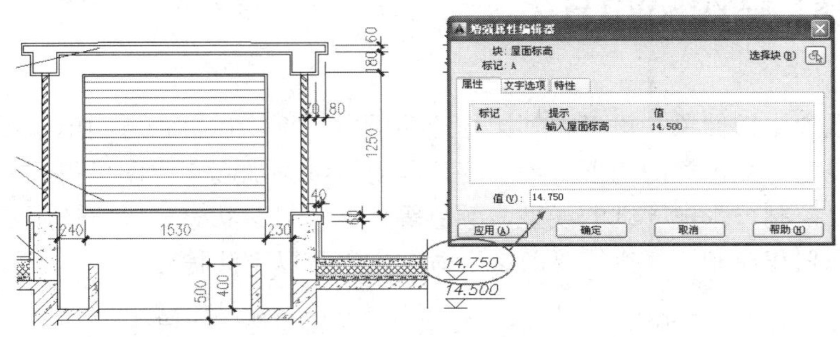

图 6-39　编辑属性值

Step 11 单击 应用(A) 按钮，然后单击“选择块”按钮，返回绘图区选择上侧的标高，修改其属性值如图 6-40 所示。

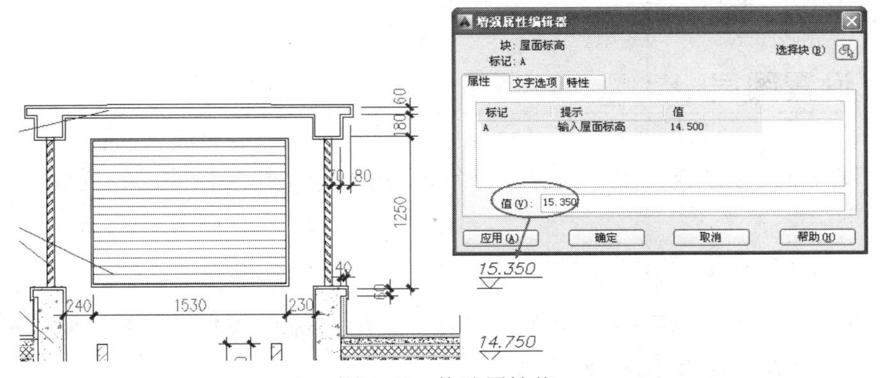

图 6-40　修改属性值

Step 12 重复上一操作步骤，分别修改其他位置的标高属性值。结果如图 6-41 所示。

Step 13 执行“保存为”命令，将图形另名存储为“上机实例一.dwg”。

Note

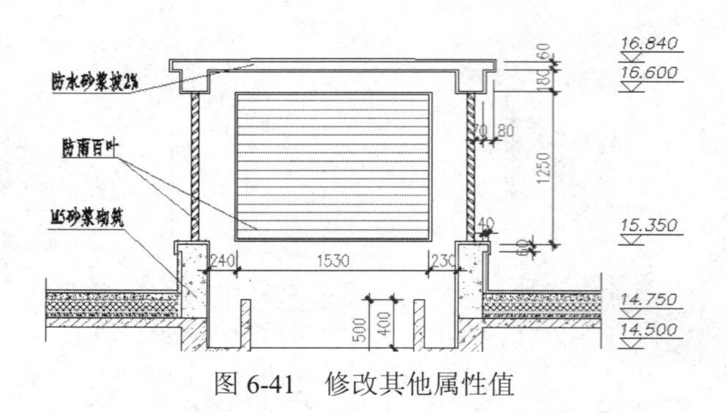

图 6-41　修改其他属性值

6.4 图层的应用

图层的概念比较抽象，可以将其比作透明的电子纸，在每张透明电子纸上可以绘制不同线型、线宽、颜色等的图形，最后将这些电子纸叠加起来，即可得到完整的图样。使用图层可以控制每张电子纸的线型、颜色等特性和显示状态，以方便用户对图形资源进行管理、规划和控制等。执行“图层”命令主要有以下几种方式：

- ✧ 单击“默认”选项卡→“图层”面板→“图层特性”按钮。
- ✧ 选择菜单栏中的“格式”→“图层”命令。
- ✧ 单击“图层”工具栏→“图层”按钮。
- ✧ 在命令行输入 Layer 后按 Enter 键。
- ✧ 使用快捷键 LA。

6.4.1 设置图层

默认设置下，系统仅为用户提供了一个 0 图层，下面学习图层的设置技能。具体操作步骤如下：

Step 01 新建绘图文件。

Step 02 单击“默认”选项卡→“图层”面板→“图层特性”按钮，打开如图 6-42 所示的“图层特性管理器”对话框。

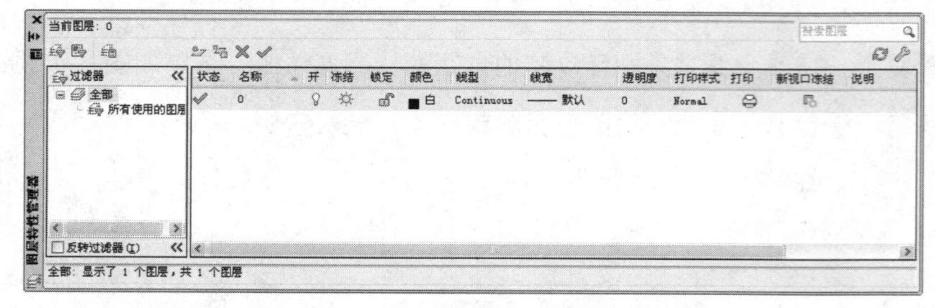

图 6-42　“图层特性管理器”对话框

Step 03 单击“图层特性管理器”对话框中的“新建图层”按钮，新图层将以临时名称“图层 1”显示在列表中，如图 6-43 所示。

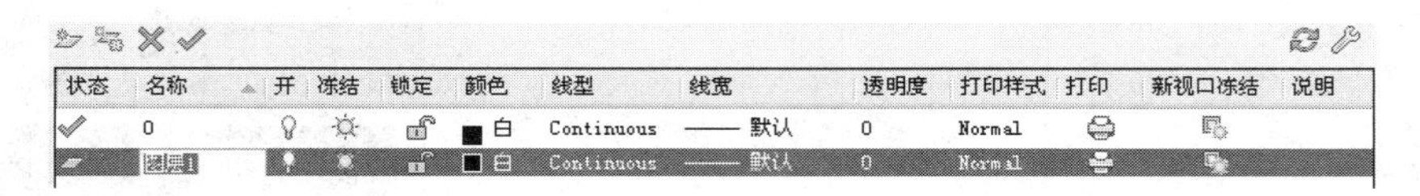

状态	名称	开	冻结	锁定	颜色	线型	线宽	透明度	打印样式	打印	新视口冻结	说明
	0				白	Continuous	—— 默认	0	Normal			
	图层1				白	Continuous	—— 默认	0	Normal			

图 6-43　新建图层

Step 04 用户在反白显示的“图层 1”区域输入新图层的名称，如图 6-44 所示，创建第一个新图层。

状态	名称	开	冻结	锁定	颜色	线型	线宽	透明度	打印样式	打印	新视口冻结	说明
	0				白	Continuous	—— 默认	0	Normal			
	隐藏线				白	Continuous	—— 默认	0	Normal			

图 6-44　输入图层名

小技巧：

图层名最长可达 255 个字符，可以是数字、字母或其他字符；图层名中不允许含有大于号（>）、小于号（<）、斜杠（/）、反斜杠（\）以及标点等符号等。另外，为图层命名时，必须确保图层名的唯一性。

Step 05 按 Alt+N 组合键，或再次单击按钮，创建另外两个图层。结果如图 6-45 所示。

状态	名称	开	冻结	锁定	颜色	线型	线宽	透明度	打印样式	打印	新视口冻结	说明
	0				白	Continuous	—— 默认	0	Normal			
	轮廓线				白	Continuous	—— 默认	0	Normal			
	细实线				白	Continuous	—— 默认	0	Normal			
	隐藏线				白	Continuous	—— 默认	0	Normal			

图 6-45　设置新图层

小技巧：

如果在创建新图层时选择了一个现有图层，或为新建图层指定了图层特性，那么以下创建的新图层将继承先前图层的一切特性（如颜色、线型等）。

6.4.2　设置特性

上一小节学习了图层的具体设置技能，本小节将学习图层颜色、线型和线宽特性的设置技能。

- **设置图层的颜色特性**

Step 01 继续上节操作。在“图层特性管理器”对话框中单击名为“隐藏线”的图层，使其处于激活状态，如图 6-46 所示。

Step 02 在如图 6-46 所示的颜色区域上单击左键，打开“选择颜色”对话框，然后选择如图 6-47 所示的颜色。

Note

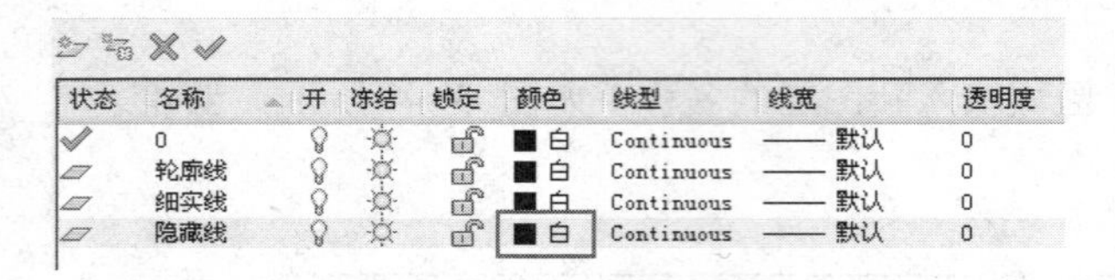

状态	名称	开	冻结	锁定	颜色	线型	线宽	透明度
	0				白	Continuous	—— 默认	0
	轮廓线				白	Continuous	—— 默认	0
	细实线				白	Continuous	—— 默认	0
	隐藏线				白	Continuous	—— 默认	0

图 6-46　修改图层颜色

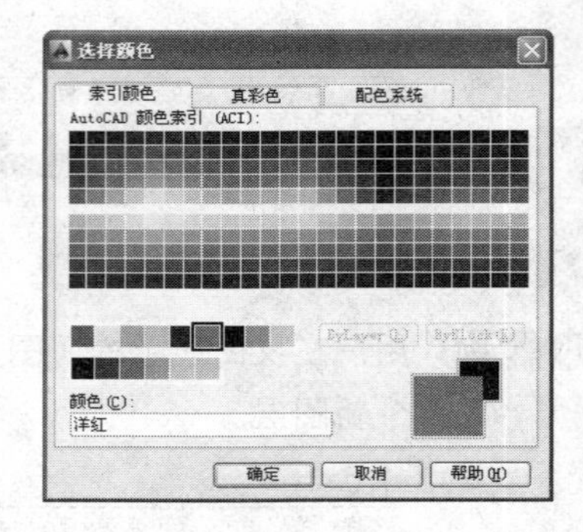

图 6-47　“选择颜色”对话框

Step 03 单击“选择颜色”对话框中的 确定 按钮，即可将图层的颜色设置为红色。结果如图 6-48 所示。

状态	名称	开	冻结	锁定	颜色	线型	线宽	透明度	打印样式	打印	新视口冻结	说明
	0				白	Continuous	—— 默认	0	Normal			
	轮廓线				白	Continuous	—— 默认	0	Normal			
	细实线				白	Continuous	—— 默认	0	Normal			
	隐藏线				洋红	Continuous	—— 默认	0	Normal			

图 6-48　设置颜色后的图层

Step 04 参照上述操作，将“细实线”图层的颜色设置为蓝色。结果如图 6-49 所示。

状态	名称	开	冻结	锁定	颜色	线型	线宽	透明度	打印样式	打印	新视口冻结	说明
	0				白	Continuous	—— 默认	0	Normal			
	轮廓线				白	Continuous	—— 默认	0	Normal			
	细实线				蓝	Continuous	—— 默认	0	Normal			
	隐藏线				洋红	Continuous	—— 默认	0	Normal			

图 6-49　设置结果

小技巧：

用户也可以单击对话框中的“真彩色”和“配色系统”两个选项卡，如图 6-50 和图 6-51 所示，以定义自己需要的色彩。

图 6-50　“真彩色”选项卡

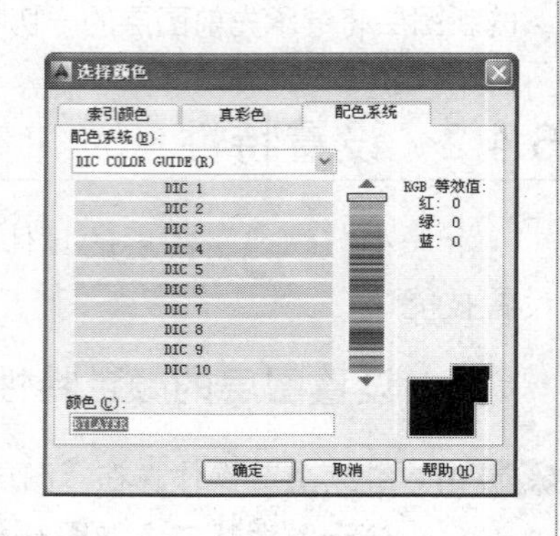

图 6-51　“配色系统”选项卡

Note

- ## 设置图层的线型特性

Step 01 继续上节操作。在"图层特性管理器"对话框中单击名为"隐藏线"的图层，使其处于激活状态，如图 6-52 所示。

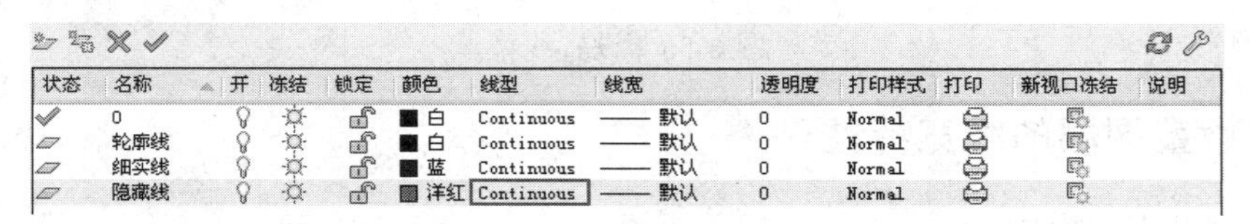

图 6-52　指定单击位置

Step 02 在如图 6-52 所示的图层位置上单击左键，打开如图 6-53 所示的"选择线型"对话框。

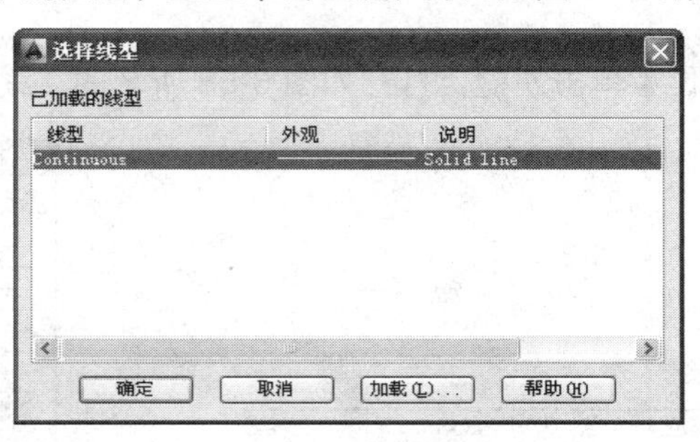

图 6-53　"选择线型"对话框

> **小技巧：**
>
> 在默认设置时，系统为用户提供一种 Continuous 线型，用户如果需要使用其他的线型，必须进行加载。

Step 03 在"选择线型"对话框中单击 加载(L)... 按钮，打开"加载或重载线型"对话框，选择 ACAD ISO04W100 线型，如图 6-54 所示。

Step 04 单击 确定 按钮，结果选择的线型被加载到"选择线型"对话框内，如图 6-55 所示。

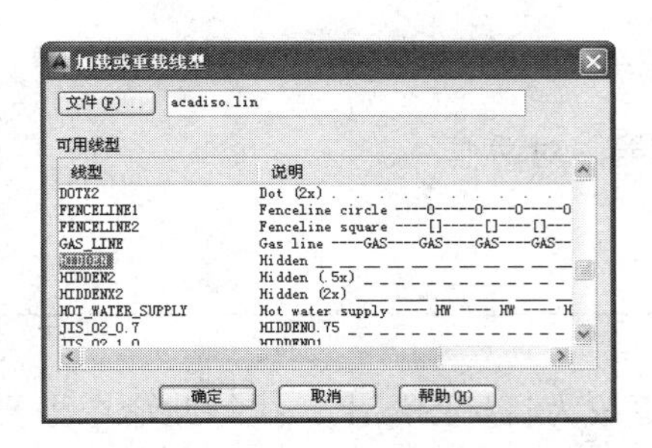

图 6-54　"加载或重载线型"对话框

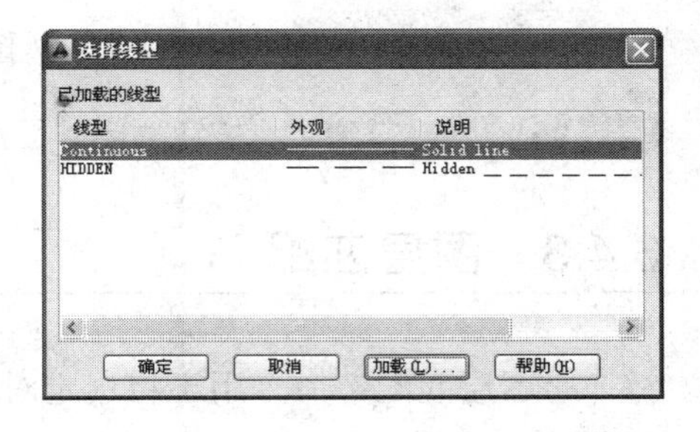

图 6-55　加载线型

Step 05 选择刚加载的线型单击 确定 按钮，即将此线型附加给当前被选择的图层。结果如图 6-56 所示。

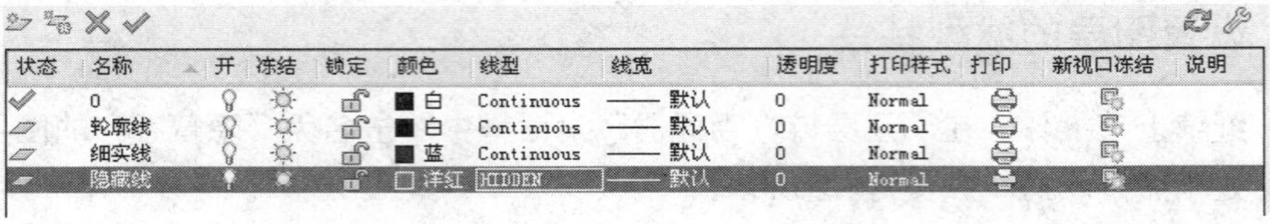

状态	名称	开	冻结	锁定	颜色	线型	线宽	透明度	打印样式	打印	新视口冻结	说明
✓	0				白	Continuous	—— 默认	0	Normal			
	轮廓线				白	Continuous	—— 默认	0	Normal			
	细实线				蓝	Continuous	—— 默认	0	Normal			
	隐藏线				洋红	HIDDEN	—— 默认	0	Normal			

图 6-56　设置线型

- **设置图层的线宽特性**

Step 01 继续上节操作。

Step 02 在“图层特性管理器”对话框中单击“轮廓线”图层，使其处于激活状态，如图 6-57 所示。

Step 03 在图 6-57 所示位置单击左键，打开如图 6-58 所示的“线宽”对话框。

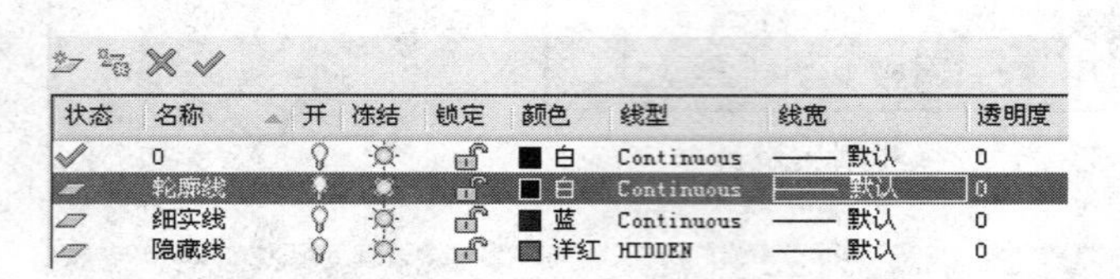

状态	名称	开	冻结	锁定	颜色	线型	线宽	透明度
✓	0				白	Continuous	—— 默认	0
	轮廓线				白	Continuous	—— 默认	0
	细实线				蓝	Continuous	—— 默认	0
	隐藏线				洋红	HIDDEN	—— 默认	0

图 6-57　指定图层位置

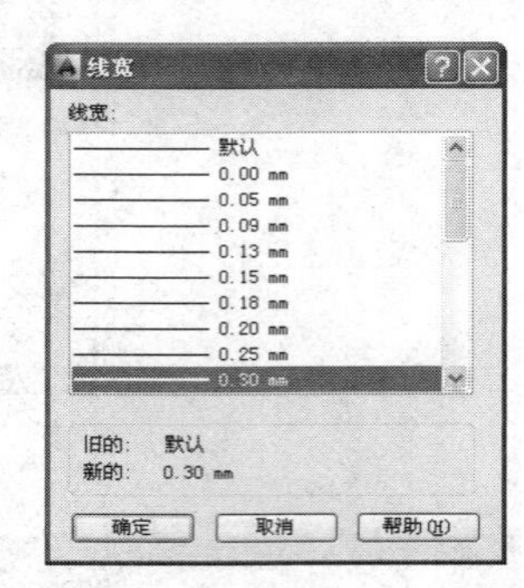

图 6-58　“线宽”对话框

Step 04 在“线宽”对话框中选择 0.30mm 线宽，然后单击 确定 按钮返回“图层特性管理器”对话框，结果“轮廓线”图层的线宽被设置为 0.30mm。结果如图 6-59 所示。

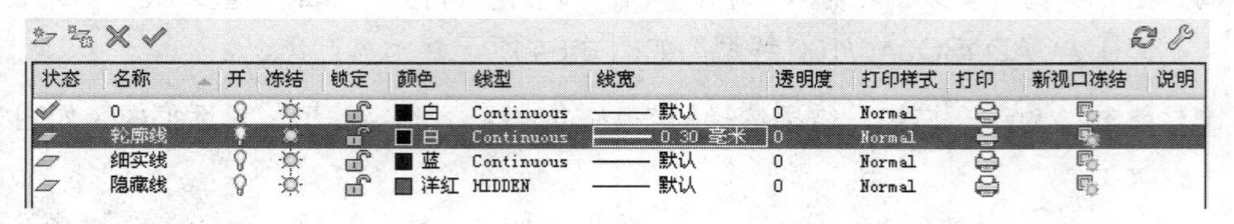

状态	名称	开	冻结	锁定	颜色	线型	线宽	透明度	打印样式	打印	新视口冻结	说明
✓	0				白	Continuous	—— 默认	0	Normal			
	轮廓线				白	Continuous	—— 0.30 毫米	0	Normal			
	细实线				蓝	Continuous	—— 默认	0	Normal			
	隐藏线				洋红	HIDDEN	—— 默认	0	Normal			

图 6-59　设置结果

Step 05 单击 确定 按钮关闭“图层特性管理器”对话框。

6.4.3　图层匹配

“图层匹配”命令用于将选定对象的图层更改为目标图层上。执行此命令主要有以下几种方式：

- ✧ 单击“常用”选项卡→“图层”面板→“图层匹配”按钮。
- ✧ 选择菜单栏中的“格式”→“图层工具”→“图层匹配”命令。

✧　单击“图层 II”工具栏→“图层匹配”按钮。
✧　在命令行输入 Laymch 后按 Enter 键。

下面通过小实例学习“图层匹配”命令的使用方法和相关技巧。具体操作步骤如下：

Step 01 继续上节操作。在 0 图层上绘制半径为 30 的圆，结果如图 6-60 所示。

Step 02 单击“常用”选项卡→“图层”面板→“图层匹配”按钮，将圆所在层更改为“点画线”。命令行操作如下：

```
命令: _laymch
选择要更改的对象:                          //选择圆
选择对象:                                  //Enter，结束选择
选择目标图层上的对象或 [名称(N)]:          //n Enter，打开如图 6-61 所示的“更改到图层”
对话框，然后双击“隐藏线”。
一个对象已更改到图层“隐藏线”上
```

Step 03 图层更改后的显示效果如图 6-62 所示。

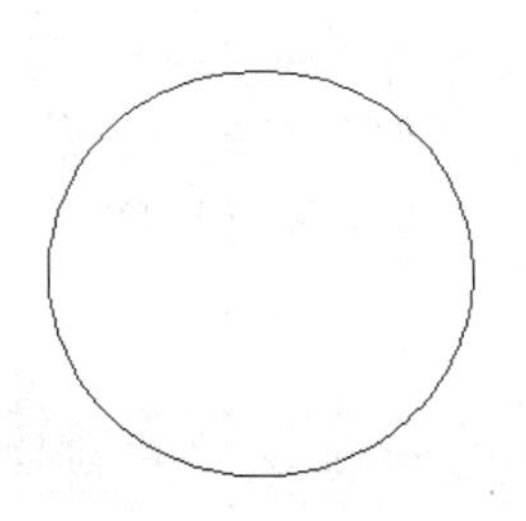

图 6-60　绘制圆

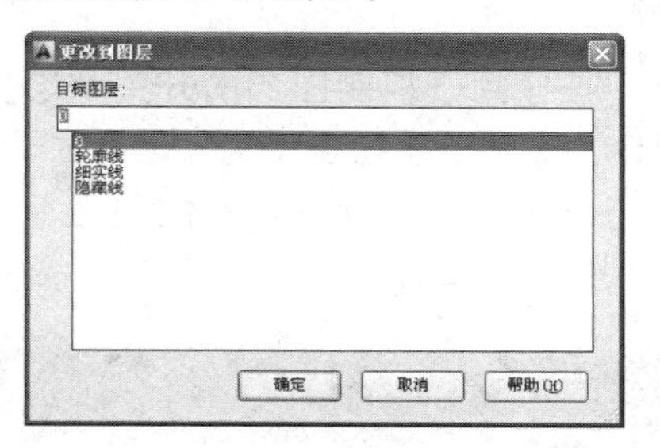

图 6-61　“更改到图层”对话框

图 6-62　图层更改后的效果

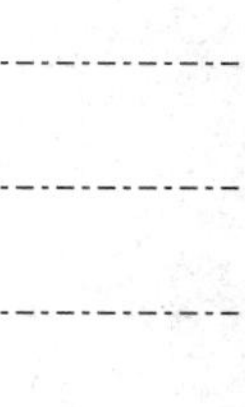

小技巧:

如果单击“更改为当前图层”按钮，可以将选定对象的图层更改为当前图层；如果单击“将对象复制到新图层”按钮，可以将选定的对象复制到其他图层。

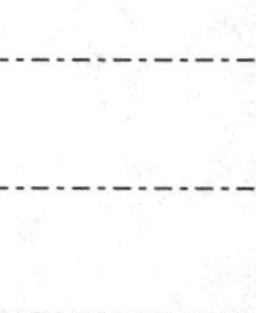

6.4.4　图层隔离

“图层隔离”命令用于将选定对象图层之外的所有图层都锁定，达到隔离图层的目的。执行此命令主要有以下几种方式：

✧　单击“常用”选项卡→“图层”面板→“图层隔离”按钮。
✧　选择菜单栏中的“格式”→“图层工具”→“图层隔离”命令。
✧　单击“图层 II”工具栏→“图层隔离”按钮。
✧　在命令行输入 Layiso 后按 Enter 键。

执行“图层隔离”命令后，其命令行操作如下：

```
命令: _layiso
```

```
当前设置：锁定图层，Fade=50
选择要隔离的图层上的对象或 [设置(S)]： //选择所需图形
选择要隔离的图层上的对象或 [设置(S)]：
//Enter，结果除所选图形所在层外的所有图层均被锁定
```

Note

小技巧：

单击“取消图层隔离”按钮，或在命令行输入 Layuniso，都可以取消图层的隔离，将被锁定的图层解锁。

6.4.5 图层控制

为了方便对图形进行规划和状态控制，AutoCAD 为用户提供了几种状态控制功能，具体有开关、冻结与解冻、锁定与解锁等，如图 6-63 所示。

图 6-63 状态控制图标

- ✧ 开关控制功能。/按钮用于控制图层的开关状态。默认状态下的图层都为打开的图层，按钮显示为。当按钮显示为时，位于图层上的对象都是可见的，并且可在该层上进行绘图和修改操作；在按钮上单击左键，即可关闭该图层，按钮显示为（按钮变暗）。

小技巧：

图层被关闭后，位于图层上的所有图形对象被隐藏，该层上的图形也不能被打印或由绘图仪输出，但重新生成图形时，图层上的实体仍将重新生成。

- ✧ 冻结与解冻。/按钮用于在所有视图窗口中冻结或解冻图层。默认状态下图层是被解冻的，按钮显示为；在该按钮上单击左键，按钮显示为，位于该层上的内容不能在屏幕上显示或由绘图仪输出，不能进行重生成、消隐、渲染和打印等操作。

小技巧：

关闭与冻结的图层都是不可见和不可以输出的。但被冻结图层不参加运算处理，可以加快视窗缩放、视窗平移和许多其他操作的处理速度，增强对象选择的性能并减少复杂图形的重生成时间。建议冻结长时间不用看到的图层。

- ✧ 在视口中冻结。按钮用于冻结或解冻当前视口中的图形对象，不过它在模型空间内是不可用的，只能在图纸空间内使用此功能。
- ✧ 锁定与解锁。/按钮用于锁定图层或解锁图层。默认状态下图层是解锁的，按钮显示为，在此按钮上单击，图层被锁定，按钮显示为，用户只能观察该层上

的图形，不能对其编辑和修改，但该层上的图形仍可以显示和输出。

● 状态控制功能的启动

状态控制功能的启动，主要有以下两种方式：

（1）展开“图层控制”列表 ，然后单击各图层左端的状态控制按钮。

（2）在“图层特性管理器”对话框中选择要操作的图层，然后单击相应控制按钮。

6.5 设计中心

“设计中心”命令与 Windows 的资源管理器界面功能相似，其窗口如图 6-64 所示。此命令主要用于对 AutoCAD 的图形资源进行管理、查看与共享等，是一个直观、高效的制图工具。执行“设计中心”命令主要有以下几种方式：

✧ 单击“视图”选项卡→“选项板”面板→“设计中心”按钮。
✧ 选择菜单栏中的“工具”→“选项板”→“设计中心”命令。
✧ 单击“标准”工具栏→“设计中心”按钮。
✧ 在命令行输入 Adcenter 后按 Enter 键。
✧ 使用快捷键 ADC 或按 Ctrl+2 组合键。

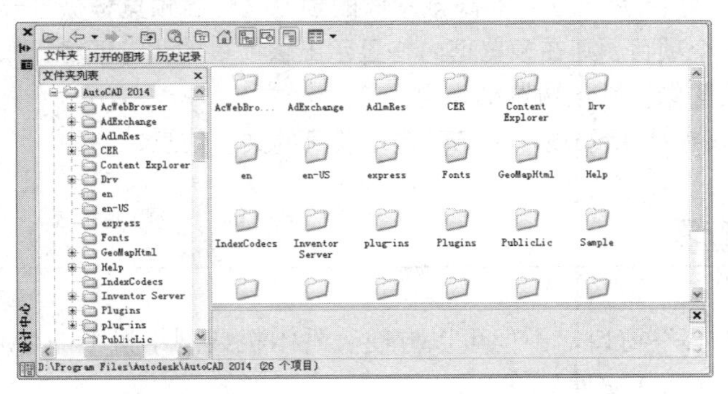

图 6-64 “设计中心”窗口

6.5.1 窗口概述

如图 6-64 所示为“设计中心”窗口，共包括“文件夹”、“打开的图形”、“历史记录”三个选项卡，分别用于显示计算机和网络驱动器上的文件与文件夹的层次结构、打开图形的列表、自定义内容等。具体如下：

✧ 在“文件夹”选项卡中，左侧为“树状管理视窗”，用于显示计算机或网络驱动器中文件和文件夹的层次关系；右侧为“控制面板”，用于显示在左侧树状视窗中选定文件的内容。

✧ "打开的图形"选项卡用于显示 AutoCAD 任务中当前所有打开的图形，包括最小化的图形。

✧ "历史记录"选项卡用于显示最近在设计中心打开的文件的列表。它可以显示"浏览 Web"对话框最近连接过的 20 条地址的记录。

选项解析

✧ 单击"加载"按钮，将弹出"加载"对话框，以方便浏览本地和网络驱动器或 Web 上的文件，然后选择内容加载到内容区域。

✧ 单击"上一级"按钮，将显示活动容器的上一级容器的内容。容器可以是文件夹也可以是一个图形文件。

✧ 单击"搜索"按钮，可弹出"搜索"对话框，用于指定搜索条件，查找图形、块以及图形中的非图形对象，如线型、图层等，还可以将搜索到的对象添加到当前文件中，为当前图形文件所使用。

✧ 单击"收藏夹"按钮，将在设计中心右侧窗口中显示 Autodesk Favorites 文件夹内容。

✧ 单击"主页"按钮，系统将设计中心返回到默认文件夹。安装时，默认文件夹被设置为 ...\Sample\DesignCenter。

✧ 单击"树状图切换"按钮，设计中心左侧将显示或隐藏树状管理视窗。如果在绘图区域中需要更多空间，可以单击该按钮隐藏树状管理视窗。

✧ "预览"按钮用于显示和隐藏图像的预览框。当预览框被打开时，在上部的面板中选择一个项目，则在预览框内将显示出该项目的预览图像。如果选定项目没有保存的预览图像，则该预览框为空。

✧ "说明"按钮用于显示和隐藏选定项目的文字信息。

6.5.2 资源查看

通过"设计中心"窗口，不但可以方便查看本机或网络机上的 AutoCAD 资源，还可以单独将选择的 CAD 文件打开。

Step 01 单击"视图"选项卡→"选项板"面板→"设计中心"按钮，执行"设计中心"命令，打开"设计中心"窗口。

Step 02 查看文件夹资源。在左侧树状窗口中定位并展开需要查看的文件夹，那么在右侧窗口中，即可查看该文件夹中的所有图形资源，如图 6-65 所示。

Step 03 查看文件内部资源。在左侧树状窗口中定位需要查看的文件，在右侧窗口中即可显示出文件内部的所有资源，如图 6-66 所示。

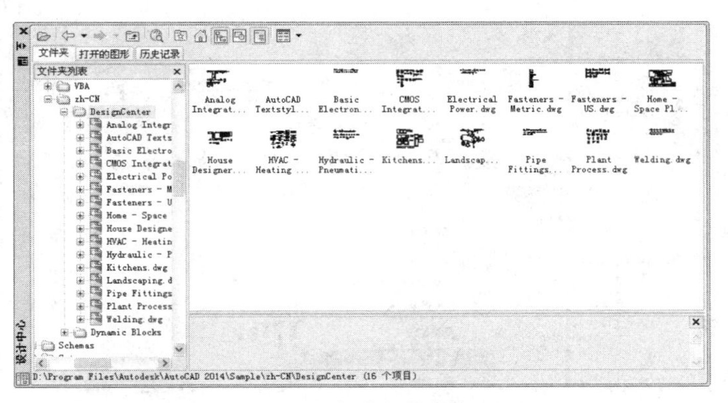

图 6-65　查看文件夹资源

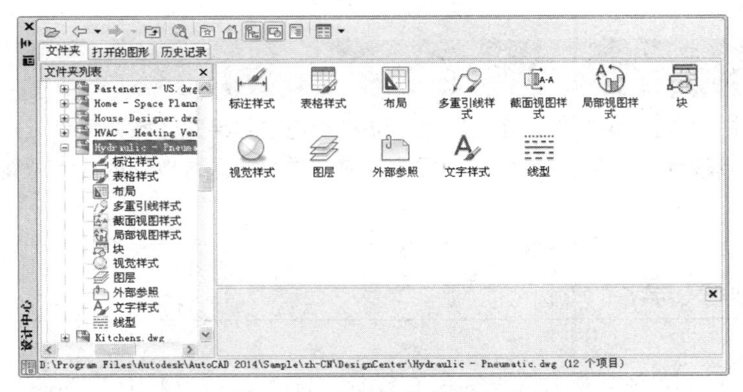

图 6-66　查看文件内部资源

Step 04 如果用户需要进一步查看某一类内部资源，如文件内部的所有图块，可以在右侧窗口中双击块的图标，即可显示出所有的图块，如图 6-67 所示。

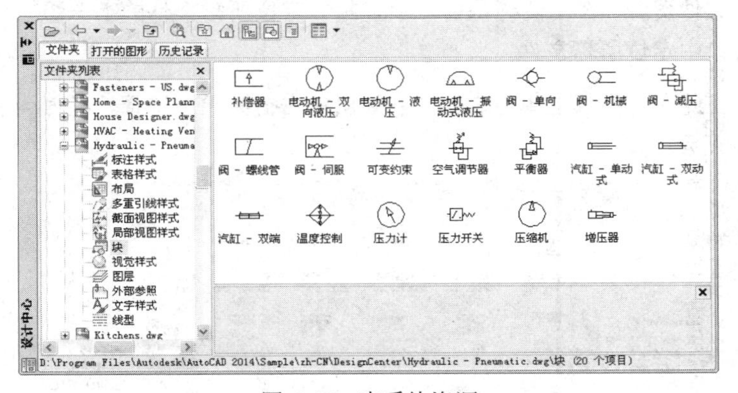

图 6-67　查看块资源

Step 05 打开 CAD 文件。如果用户需要打开某 CAD 文件，可以在该文件图标上单击右键，然后选择右键菜单上的“在应用程序窗口中打开”选项，即可打开此文件，如图 6-68 所示。

图 6-68　图标右键菜单

小技巧：

在窗口中按住 Ctrl 键定位文件，按住左键不动将其拖动到绘图区域，即可打开此图形文件；将图形图标从设计中心直接拖曳到应用程序窗口，或绘图区域以外的任何位置，即可打开此图形文件。

6.5.3　资源共享

用户不但可以随意查看本机上的所有设计资源，还可以将有用的图形资源以及图形的一些内部资源应用到自己的图纸中。

Step 01 继续上例操作。

Step 02 共享文件资源。在左侧树状窗口中查找并定位所需文件的上一级文件夹，然后在右侧窗口中定位所需文件。

Step 03 此时在此文件图标上单击右键，从弹出的右键菜单中选择“插入为块”选项，如图 6-69 所示。

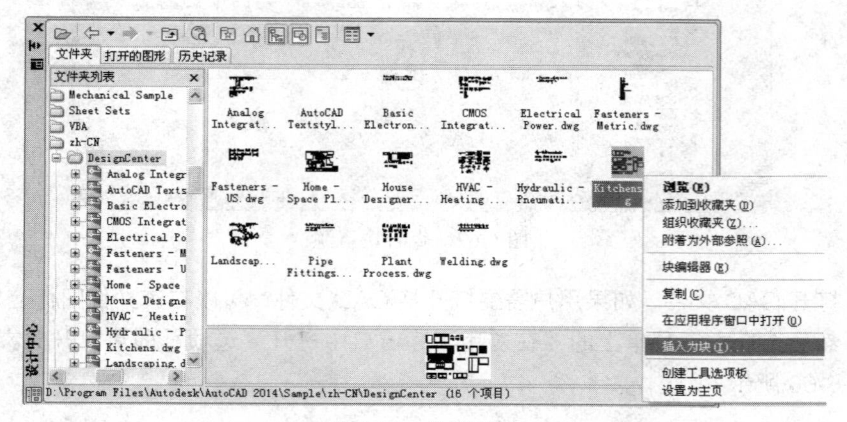

图 6-69　共享文件

Step 04 此时打开如图 6-70 所示的“插入”对话框，根据实际需要设置参数，然后单击 确定 按钮，即可将选择的图形以块的形式共享到当前文件中。

Step 05 共享文件内部资源。在“设计中心”左侧的树状窗口中定位并打开所需文件的内部资源，如图 6-71 所示。

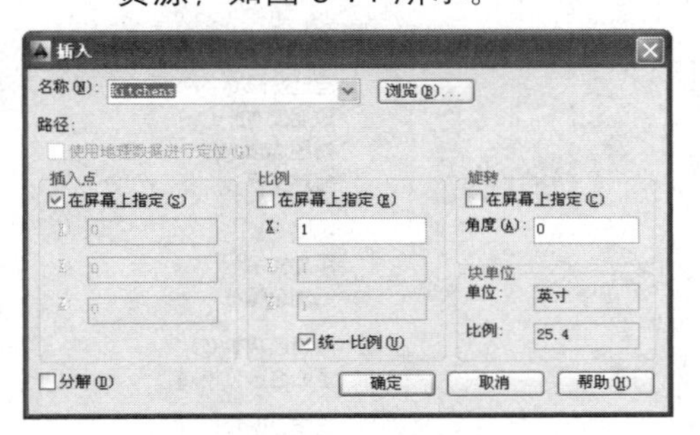

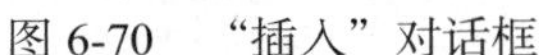

图 6-70　“插入”对话框

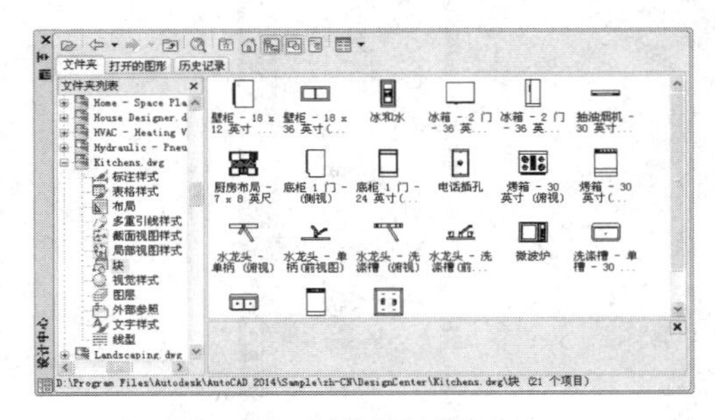

图 6-71　浏览图块资源

Step 06 在设计中心右侧窗口中选择某一图块，单击右键，从弹出的右键菜单中选择“插入块”选项，就可以将此图块插入到当前图形文件中。

> **小技巧：**
>
> 用户也可以共享图形文件内部的文字样式、尺寸样式、图层以及线型等资源。

6.6 工具选项板

“工具选项板”用于组织、共享图形资源和高效执行命令等，其窗口包含一系列选项板，这些选项板以选项卡的形式分布在“工具选项板”窗口中，如图 6-72 所示。

执行“工具选项板”命令主要有以下几种方式：

- ✧ 单击“视图”选项卡→“选项板”面板→“工具选项板”按钮。
- ✧ 选择菜单栏中的“工具”→“选项板”→“工具选项板”命令。
- ✧ 单击“标准”工具栏→“工具选项板”按钮。
- ✧ 在命令行输入 Toolpalettes 后按 Enter 键。
- ✧ 按 Ctrl+3 组合键。

执行“工具选项板”命令后，可打开图 6-72 所示的“工具选项板”窗口。该窗口主要由各选项卡和标题栏两部分组成，在窗口标题栏上单击右键，可打开标题栏菜单以控制窗口及工具选项卡的显示状态等。

在选项板中单击右键，可打开如图 6-73 所示的右键菜单。通过此右键菜单，也可以控制工具面板的显示状态、透明度，还可以很方便地创建、删除和重命名工具面板等。

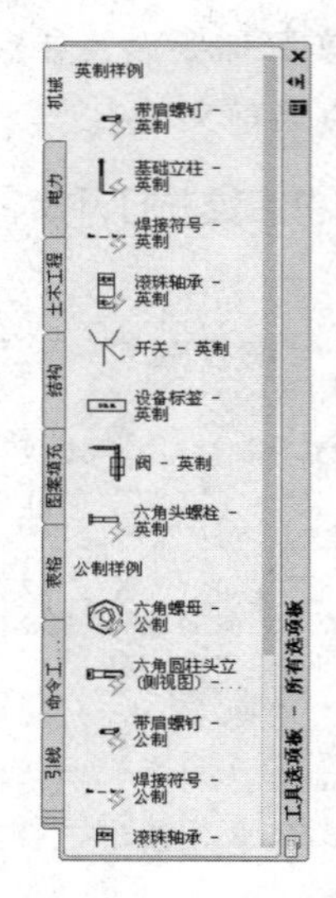

图 6-72 “工具选项板”窗口

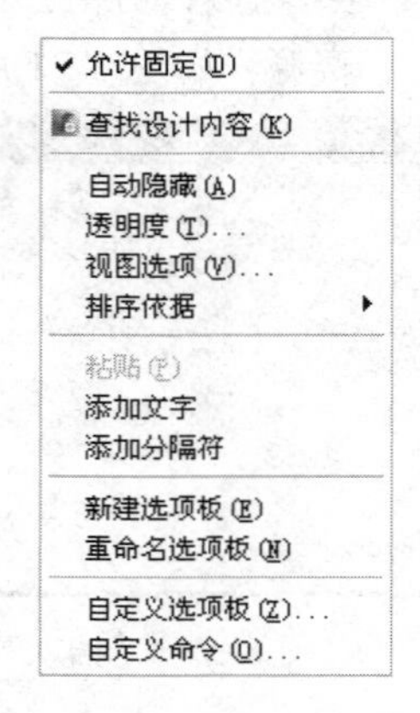

图 6-73 面板右键菜单

6.6.1 选项板定义

用户可以根据需要自定义选项板中的内容以及创建新的工具选项板，下面将通过具体实例学习此功能。

Step 01 打开“设计中心”窗口和“工具选项板”窗口。

Step 02 定义选项板内容。在设计中心窗口中定位需要添加到选项板中的图形、图块或图案填充等内容，然后按住左键不放，将选择的内容直接拖到选项板中，即可添加这些项目，如图 6-74 所示。添加结果如图 6-75 所示。

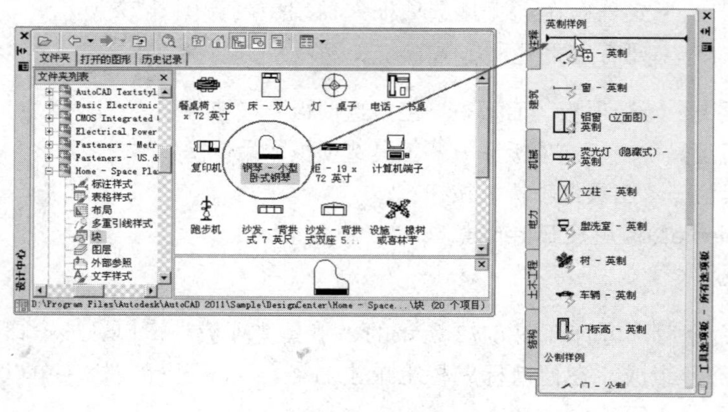

图 6-74 向工具选项板中添加内容

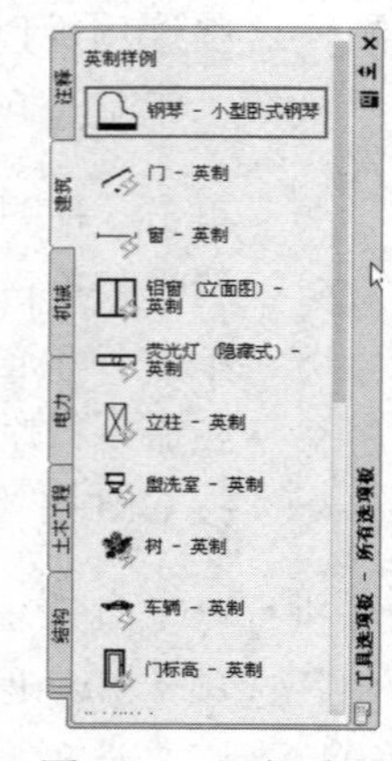

图 6-75 添加结果

Step 03 定义选项板。在“设计中心”左侧窗口中选择文件夹，然后单击右键，选择如图 6-76 所示的“创建块的工具选项板”选项。

Step 04 系统将此文件夹中的所有图形文件创建为新的工具选项板，选项板名称为文件的名称，如图 6-77 所示。

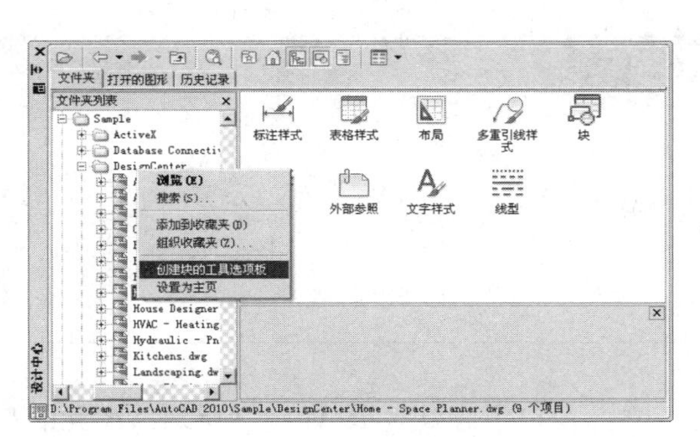

图 6-76　定位文件

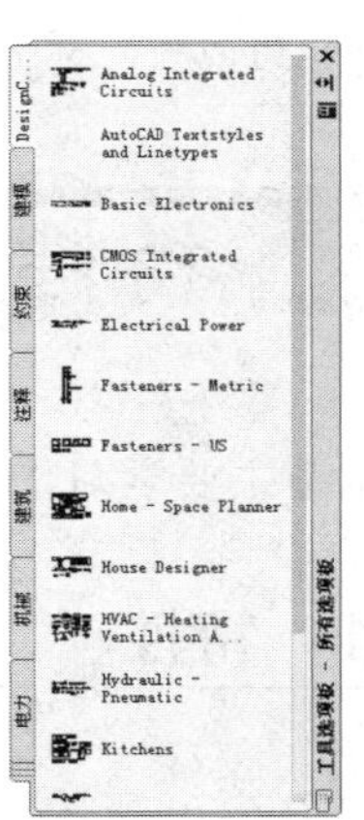

图 6-77　定义选项板

6.6.2　选项板的资源共享

下面通过向图形文件中插入图块及填充图案，学习“工具选项板”命令的使用方法和技巧。

Step 01 新建空白文件。

Step 02 单击“视图”选项卡→“选项板”面板→“工具选项板”按钮，打开“工具选项板”窗口，然后展开“建筑”选项卡。

Step 03 在选择的图例上单击左键，然后在命令行“指定插入点或 [基点(B)/比例(S)/X/Y/Z/旋转(R)]：”提示下，在绘图区拾取一点，将此图例插入到当前文件内。结果如图 6-78 所示。

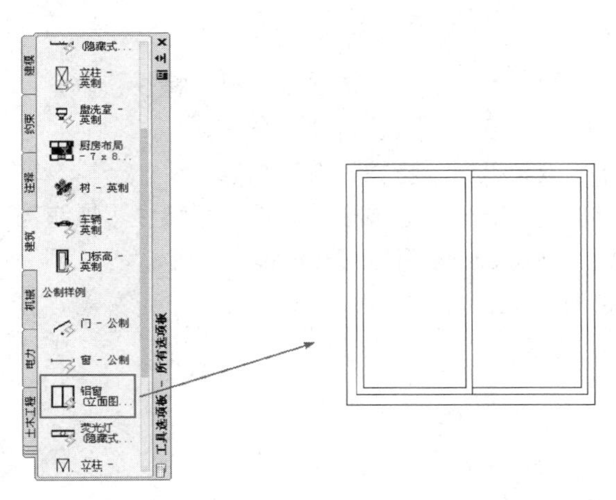

图 6-78　插入结果

Note

小技巧：

用户也可以将光标定位到所需图例上，然后按住左键不放，将其拖入到当前图形中。

6.7 特性与快速选择

本节主要学习“特性”、“特性匹配”和“快速选择”三个命令。

6.7.1 特性

如图 6-79 所示为“特性”窗口，在此窗口中可以显示出每一种 CAD 图元的基本特性、几何特性以及其他特性等，用户可以通过此窗口，查看和修改图形对象的内部特性。

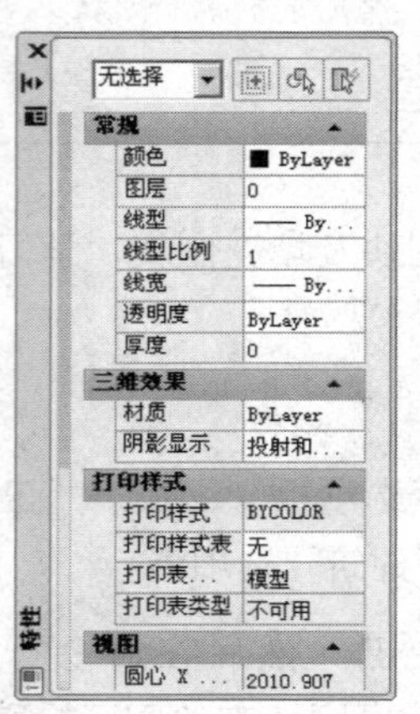

图 6-79 “特性”窗口

执行“特性”命令主要有以下几种方式：

- ✧ 选择菜单栏中的“工具”→“选项板”→“特性”命令。
- ✧ 选择菜单栏中的“修改”→“特性”命令。
- ✧ 单击“标准”工具栏→“特性”按钮。
- ✧ 单击“视图”选项卡→“选项板”面板→“特性”按钮。
- ✧ 在命令行输入 Properties 后按 Enter 键。
- ✧ 使用快捷键 PR。
- ✧ 按 Ctrl+1 组合键。

窗口概述

- ✧ 标题栏。标题栏位于窗口的一侧，其中按钮用于控制特性窗口的显示与隐藏状态；单击标题栏底端的按钮，可弹出一个按钮菜单，用于改变特性窗口的尺寸大小、

位置以及窗口的显示与否等。

✧ 工具栏。为特性窗口工具栏，用于显示被选择的图形名称，以及用于构建新的选择集。下拉列表框用于显示当前绘图窗口中所有被选择的图形名称；按钮用于切换系统变量 PICKADD 的参数值；“快速选择”按钮用于快速构造选择集；“选择对象”按钮用于在绘图区选择一个或多个对象，按 Enter 键，选择的图形对象名称及所包含的实体特性都显示在特性窗口内，以便对其进行编辑。

✧ 特性窗口。系统默认的特性窗口共包括“常规”、“三维效果”、“打印样式”、“视图”和“其他”五个组合框，分别用于控制和修改所选对象的各种特性。

● 对象的特性编辑

Step 01 新建文件，并绘制边长为 200 的正五边形。

Step 02 选择菜单栏中的“视图”→“三维视图”→“西南等轴测”命令，将视图切换为西南视图。

Step 03 在无命令执行的前提下，夹点显示正五边形，打开“特性”窗口，然后在“厚度”选项上单击左键，此时该选项以输入框形式显示，然后输入厚度值为 120，如图 6-80 所示。

Step 04 按 Enter 键，结果正五边形的厚度被修改为 100，如图 6-81 所示。

Step 05 在“全局宽度”选项框内单击左键，输入 20，修改边的宽度参数，如图 6-82 所示。

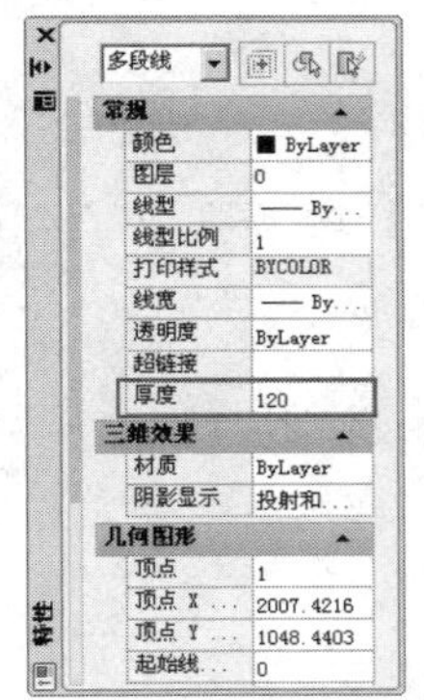

图 6-80　修改厚度特性

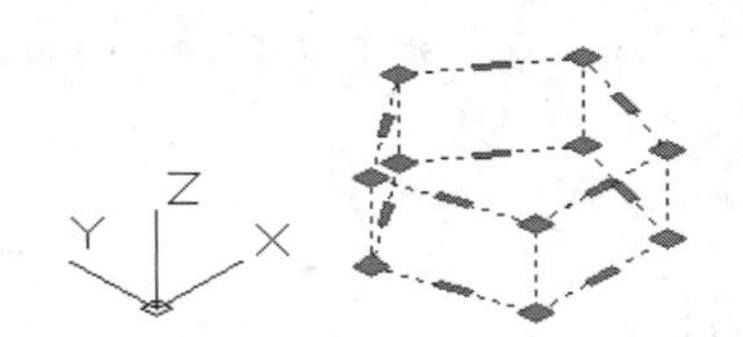

图 6-81　修改后的效果

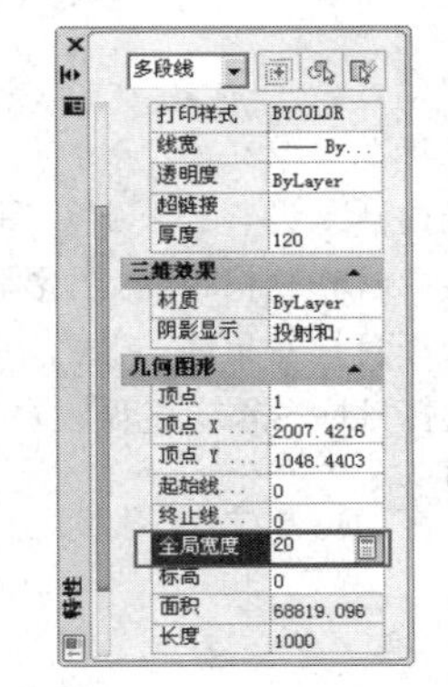

图 6-82　修改宽度特性

Step 06 关闭“特性”窗口，取消图形夹点。修改结果如图 6-83 所示。

Step 07 选择菜单栏中的“视图”→“消隐”命令，消隐效果如图 6-84 所示。

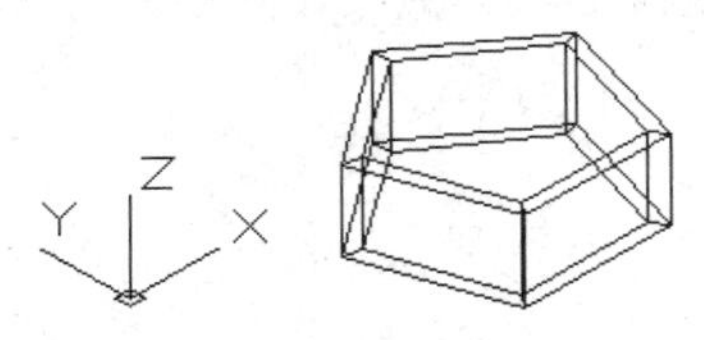

图 6-83　修改结果

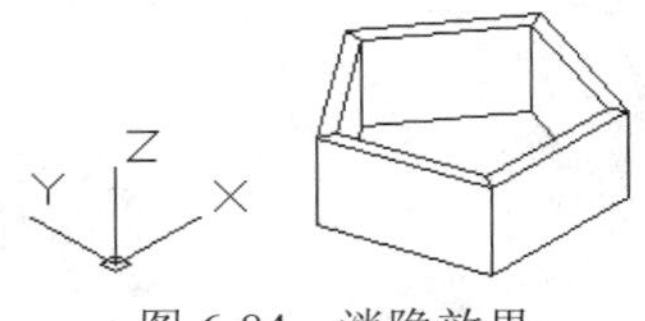

图 6-84　消隐效果

6.7.2 特性匹配

“特性匹配”命令用于将图形的特性复制给另外一个图形，使这些图形拥有相同的特性。执行“特性匹配”命令主要有以下几种方式：

- ✧ 单击“默认”选项卡→“剪贴板”面板→“特性匹配”按钮。
- ✧ 选择菜单栏中的“修改”→“特性匹配”命令。
- ✧ 单击“标准”工具栏→“特性匹配”按钮。
- ✧ 在命令行输入 Matchprop 后按 Enter 键。
- ✧ 使用快捷键 MA。

● 匹配对象的内部特性

Step 01 继续上例操作。

Step 02 使用“矩形”命令绘制长度为 500、宽度为 200 矩形，如图 6-85 所示。

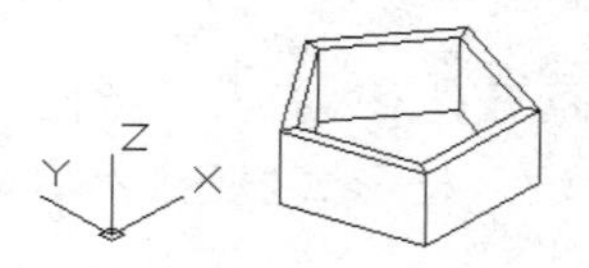

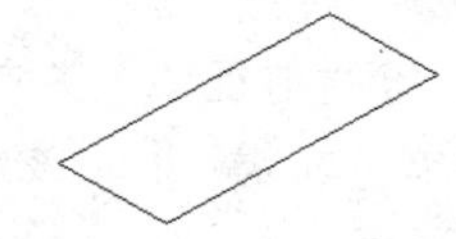

图 6-85　绘制结果

Step 03 单击“默认”选项卡→“剪贴板”面板→“特性匹配”按钮，匹配宽度和厚度特性。命令行操作如下：

```
命令：'_matchprop
选择源对象：                    //选择左侧的正五边形
当前活动设置： 颜色 图层 线型 线型比例 线宽 透明度 厚度 打印样式 标注 文字 填充图案 多段线 视口 表格材质 阴影显示 多重引线
选择目标对象或 [设置(S)]：  //选择右侧的矩形
选择目标对象或 [设置(S)]：  //Enter，结果正五边形的宽度和厚度特性复制给矩形，如图 6-86 所示
```

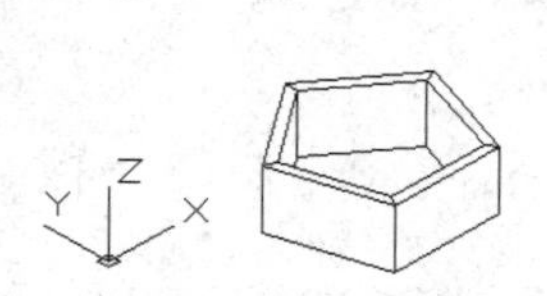

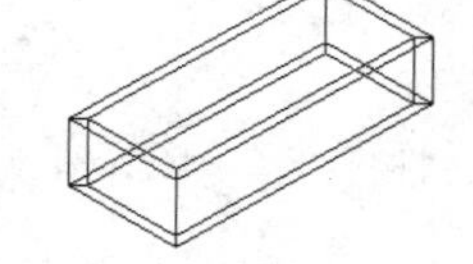

图 6-86　匹配结果

Step 04 选择菜单栏中的“视图”→“消隐”命令，图形的显示效果如图 6-87 所示。

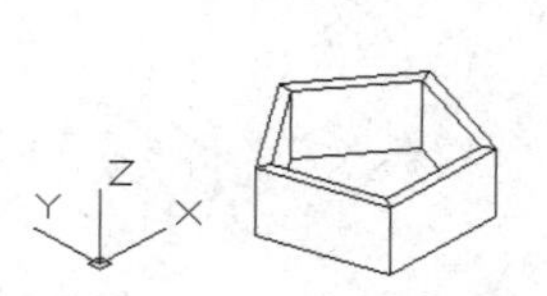

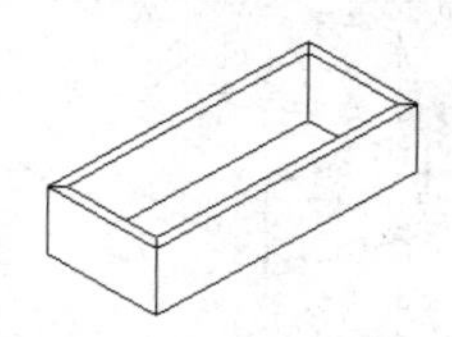

图 6-87　消隐效果

选项解析

“设置”选项用于设置需要匹配的对象特性。在命令行“选择目标对象或 [设置 (S)]：”提示下，输入 S 并按 Enter 键，可打开如图 6-88 所示的“特性设置”对话框，用户可以根据自己的需要选择需要匹配的基本特性和特殊特性。

在默认设置下，AutoCAD 将匹配此对话框中的所有特性，如果用户需要有选择性地匹配某些特性，可以在此对话框内进行设置。其中，“颜色”和“图层”选项适用于除 OLE（对象链接嵌入）对象之外的所有对象；“线型”选项适用于除了属性、图案填充、多行文字、OLE 对象、点和视口之外的所有对象；“线型比例”选项适用于除了属性、图案填充、多行文字、OLE 对象、点和视口之外的所有对象。

6.7.3　快速选择

“快速选择”命令用于根据图形的类型、图层、颜色、线型、线宽等属性设定过滤条件，AutoCAD 将自动进行筛选，最终过滤出符合设定条件的所有图形对象，是一个快速构造选择集的高效制图工具。执行“快速选择”命令主要有以下几种方式：

- ✧ 单击“默认”选项卡→“实用工具”面板→“快速选择”按钮。
- ✧ 选择菜单栏中的“工具”→“快速选择”命令。
- ✧ 在命令行输入 Qselect 后按 Enter 键。

执行“快速选择”命令后，可打开如图 6-89 所示的“快速选择”对话框。在此对话框内可以根据图形的内部特性或对象类型，快速选择具有某一共性的所有图形对象。

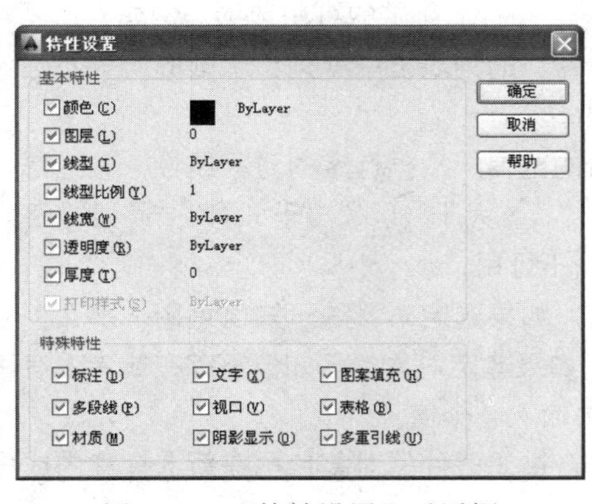

图 6-88　“特性设置”对话框

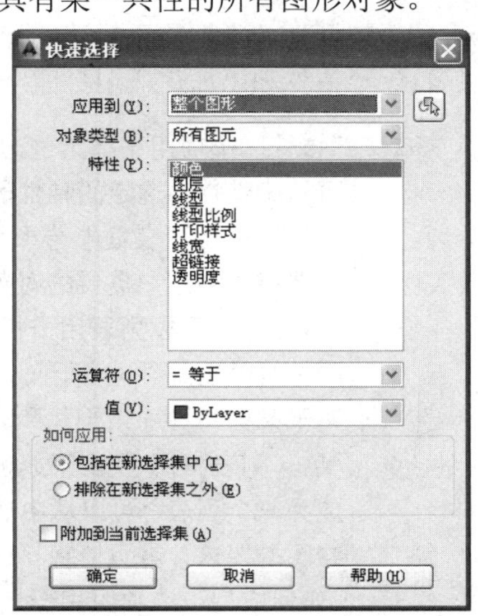

图 6-89　“快速选择”对话框

Note

● 一级过滤功能

在“快速选择”对话框中，“应用到”列表框属于一级过滤功能，用于指定是否将过滤条件应用到整个图形或当前选择集（如果存在的话），此时使用“选择对象”按钮完成对象选择后，按 Enter 键重新显示该对话框。AutoCAD 将“应用到”设置为“当前选择”，对当前已有的选择集进行过滤，只有当前选择集中符合过滤条件的对象才能被选择。

小技巧：

如果已选定对话框下方的“附加到当前选择集”，那么 AutoCAD 将该过滤条件应用到整个图形，并将符合过滤条件的对象添加到当前选择集中。

● 二级过滤功能

“对象类型”列表框属于快速选择的二级过滤功能，用于指定要包含在过滤条件中的对象类型。如果过滤条件正应用于整个图形，那么“对象类型”列表包含全部的对象类型，包括自定义；否则，该列表只包含选定对象的对象类型。

小技巧：

默认是指整个图形或当前选择集的“所有图元”，用户也可以选择某一特定的对象类型，如“直线”或“圆”等，系统将根据选择的对象类型来确定选择集。

● 三级过滤功能

“特性”文本框属于快速选择的三级过滤功能，三级过滤功能共包括“特性”、“运算符”、“值”和“如何应用”四个选项。

- ✧ “特性”选项用于指定过滤器的对象特性。在此文本框内包括选定对象类型的所有可搜索特性，选定的特性确定“运算符”和“值”中的可用选项。例如，在“对象类型”下拉列表框中选择圆，“特性”窗口的列表框中就列出了圆的所有特性，从中选择一种用户需要的对象的共同特性。
- ✧ “运算符”下拉列表用于控制过滤器值的范围。根据选定的对象属性，其过滤的值的范围分别是“=等于”、“<>不等于”、“>大于”、“<小于”和“*通配符匹配”。对于某些特性“大于”和“小于”选项不可用。
- ✧ “值”列表框用于指定过滤器的特性值。如果选定对象的已知值可用，那么“值”成为一个列表，可以从中选择一个值；如果选定对象的已知值不存在或者没有达到绘图的要求，就可以在“值”文本框中输入一个值。
- ✧ “如何应用”选项组用于指定是否将符合过滤条件的对象包括在新选择集内或排除在新选择集之外。

6.8 上机实训二——为户型平面图布置室内用具

本例通过为某小区户型平面图布置室内用具图块，主要对“插入块”、“设计中心”、“工具选项板”等重点知识进行综合练习和巩固应用。本例最终绘制效果如图 6-90 所示。

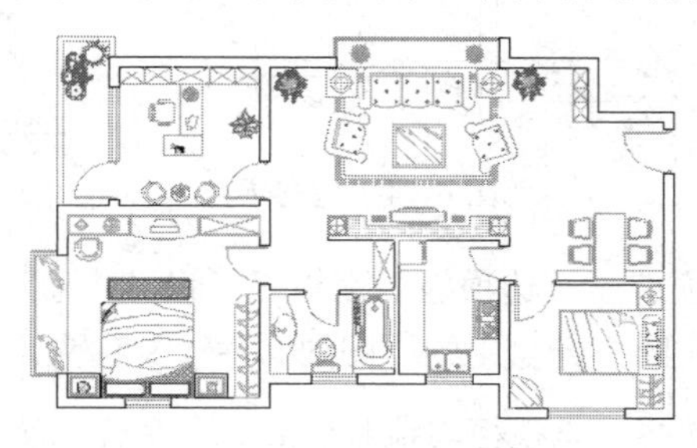

图 6-90　实例效果

操作步骤：

Step 01 执行“打开”命令，打开随书光盘中的“\素材文件\6-4.dwg”文件，如图 6-91 所示。

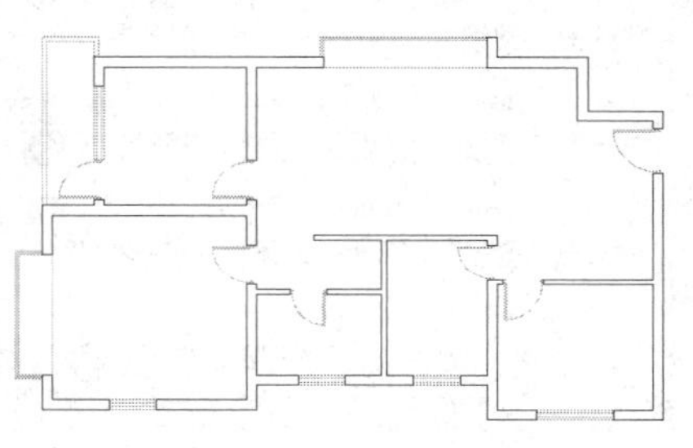

图 6-91　打开结果

Step 02 设置“家具层”为当前操作层，然后单击“默认”选项卡→“块”面板→“插入”按钮，在打开的“插入”对话框中单击 浏览(B)... 按钮，然后选择随书光盘中的“\图块文件\双人床 01.dwg”。

Step 03 返回“插入”对话框，设置块参数如图 6-92 所示，将其插入到客厅平面图中，插入点为图 6-93 所示的端点。

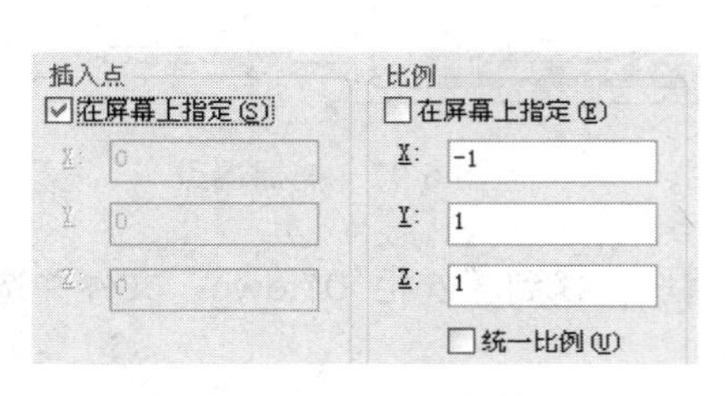

图 6-92　设置参数

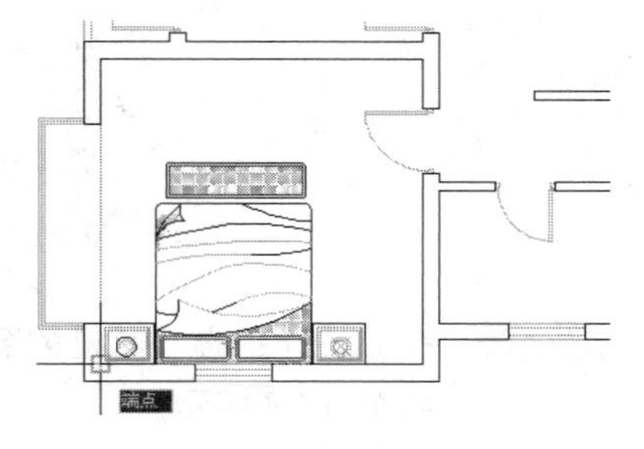

图 6-93　捕捉端点

Note

Step 04 重复执行“插入块”命令，采用默认参数设置插入光盘中的“\图块文件\电视与电视柜.dwg”文件，插入点为图 6-94 所示的中点。

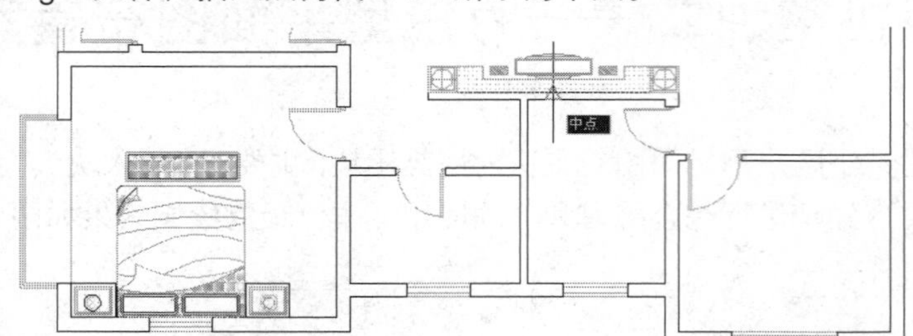

图 6-94　捕捉中点

Step 05 单击“视图”选项卡→“选项板”面板→“设计中心”按钮，在打开的“设计中心”窗口中定位随书光盘中的“图块文件”文件夹。

Step 06 在右侧的窗口中选择“电视柜与梳妆台.dwg”文件，然后单击右键，选择“插入为块”选项，如图 6-95 所示，将此图形以块的形式共享到平面图中。

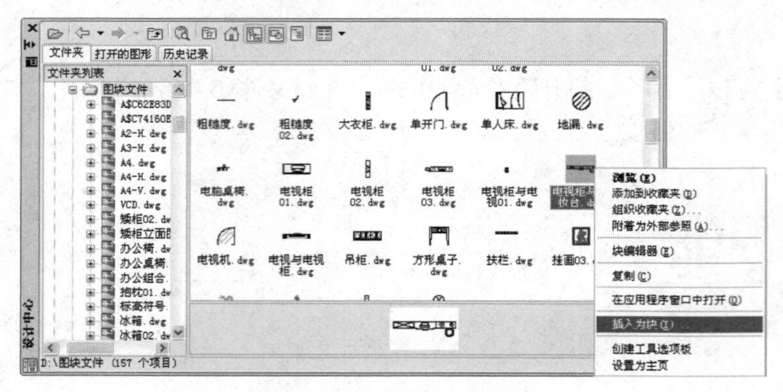

图 6-95　选择文件

Step 07 此时系统打开“插入”对话框，设置块参数如图 6-96 所示，将该图块插入到平面图中，插入点为图 6-97 所示的端点。

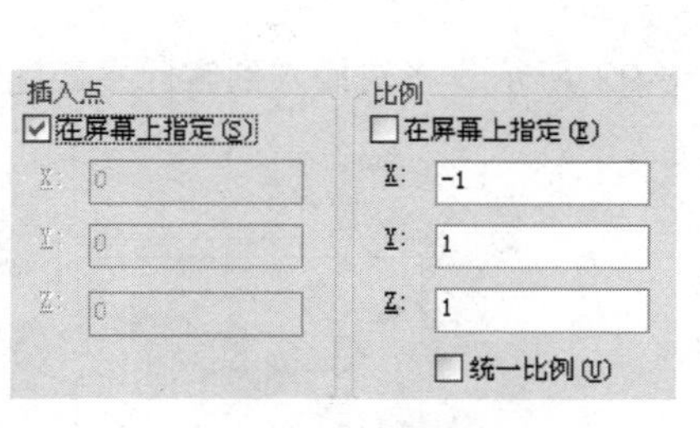

图 6-96　设置参数

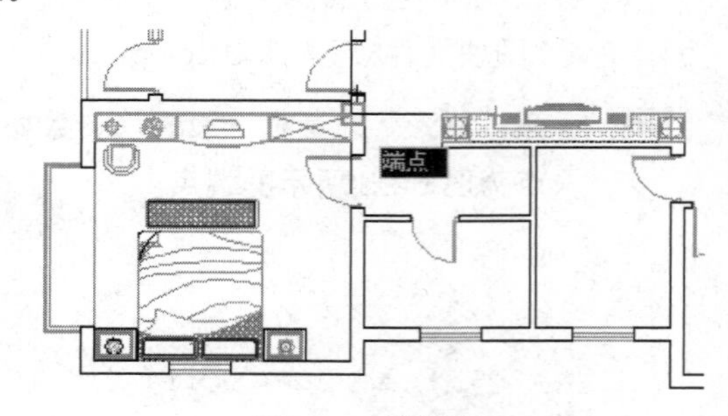

图 6-97　捕捉端点

Step 08 在“设计中心”右侧的窗口中向下移动滑块，找到“衣柜 01.dwg”文件并选择，如图 6-98 所示。

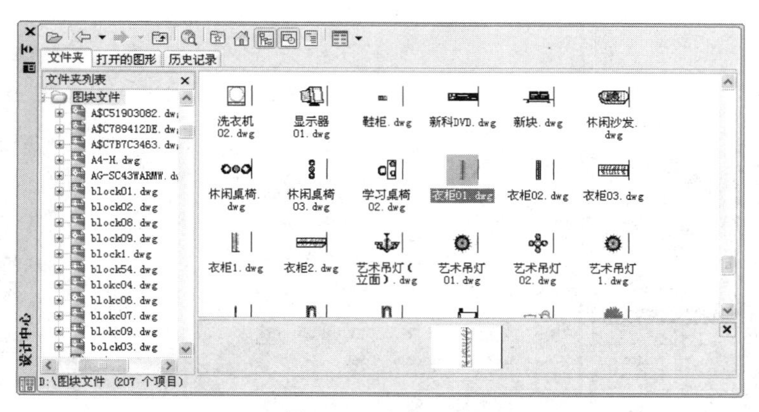

图 6-98　定位文件

Step 09 按住左键不放将其拖曳至平面图中，配合端点捕捉功能将图块插入到平面图中。命令行操作如下：

```
    命令: _INSERT 输入块名或 [?]
单位: 毫米    转换:        1.0
指定插入点或 [基点(B)/比例(S)/X/Y/Z/旋转(R)]:    //x Enter
指定 X 比例因子 <1>:                            //-1 Enter
指定插入点或 [基点(B)/比例(S)/X/Y/Z/旋转(R)]:    //捕捉如图 6-99 所示的端点
指定旋转角度 <0.0>:     //Enter，结果如图 6-100 所示
```

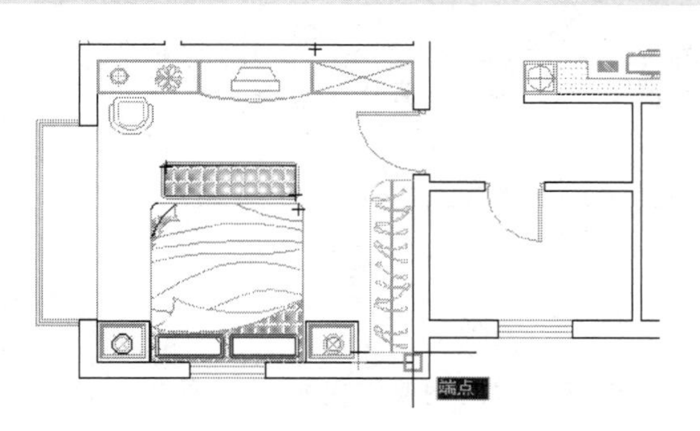

图 6-99　捕捉端点

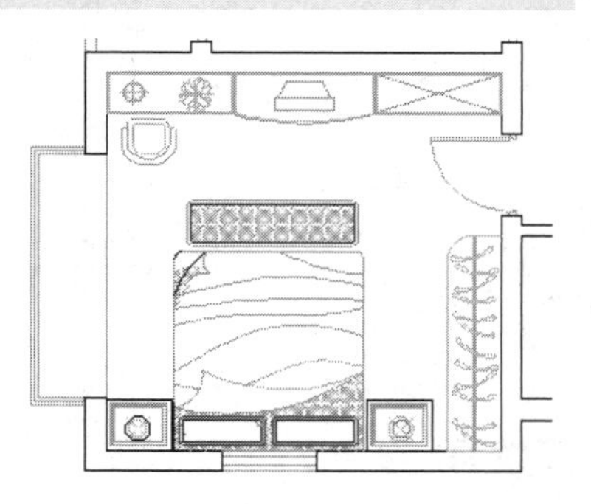

图 6-100　插入结果

Step 10 在“设计中心”左侧树状列表中定位光盘“图块文件”文件夹，然后在文件夹上单击右键，打开文件夹快捷菜单，单击“创建块的工具选项板”选项，如图 6-101 所示。

Step 11 此时系统自动将此文件夹创建为块的工具选项板，同时自动打开所创建的块的工具选项板。

Step 12 在工具选项板中向下拖动滑块，然后定位并单击选项板上的“浴盘 02”图块，如图 6-102 所示。

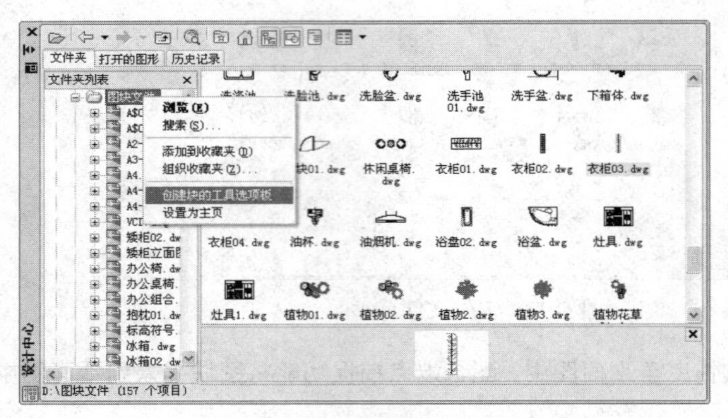

图 6-101　打开文件夹快捷菜单

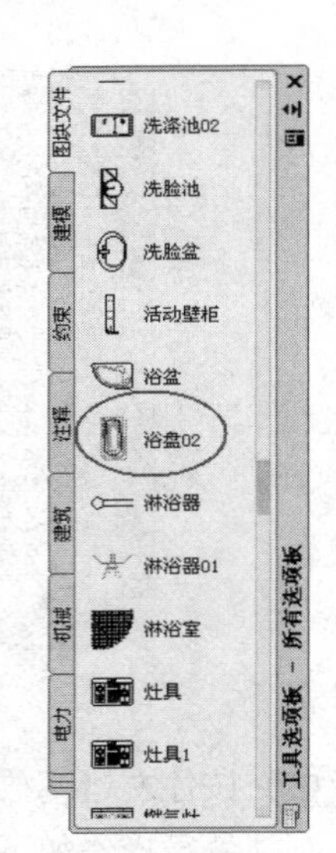

图 6-102　定位共享文件

Step 13 在命令行“指定插入点或 [基点(B)/比例(S)/X/Y/Z/旋转(R)]：”提示下，捕捉如图 6-103 所示的端点。

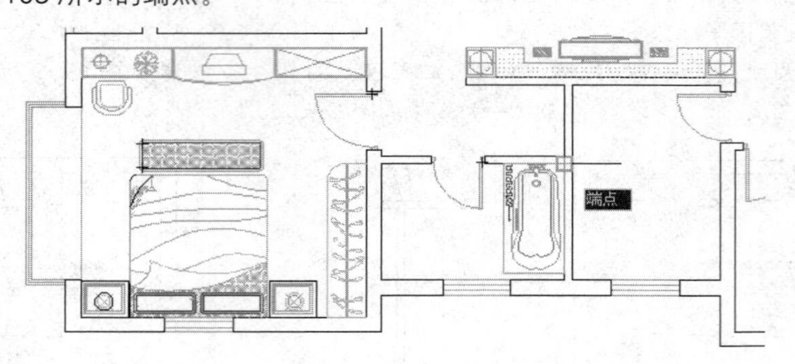

图 6-103　捕捉端点

Step 14 参照上述各种方式，分别为平面图布置其他室内用具图例和绿化植物。结果如图 6-104 所示。

Step 15 使用“多段线”命令，配合坐标输入功能绘制厨房操作台轮廓线。结果如图 6-105 所示。

图 6-104　布置其他图例

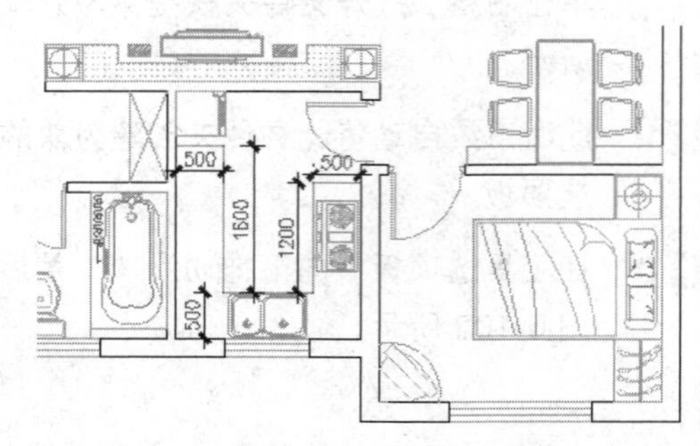

图 6-105　绘制结果

Step 16 执行“另存为”命令，将图形另名保存为“上机实训二.dwg”。

6.9 小结与练习

Note

6.9.1 小结

为了方便读者能快速组合、管理和应用 AutoCAD 图形资源，本章集中讲述几个 CAD 资源的综合组织和高级管理工具，具体有“图层”、“图块”、“特性”、“设计中心”、“工具选项板”等。这些命令都是 AutoCAD 的高级制图工具，灵活掌握这些工具，能使读者更加方便地对 AutoCAD 资源进行综合管理、共享和修改编辑等。

6.9.2 练习

1. 综合运用相关知识，为别墅立面图标注如图 6-106 所示的标高尺寸和轴标号

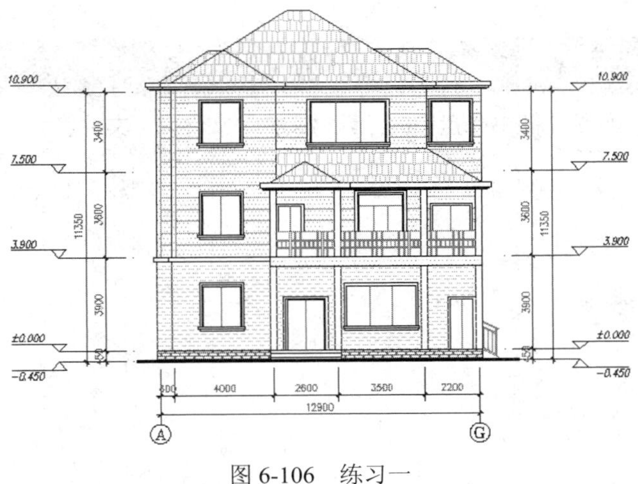

图 6-106　练习一

操作提示：

本练习所需素材文件，位于随书光盘中的“素材文件”文件夹，文件名为“6-5.dwg”。

2. 综合运用相关知识，为别墅平面图布置室内用具图例并编写墙体序号。最终效果如图 6-107 所示。

Note

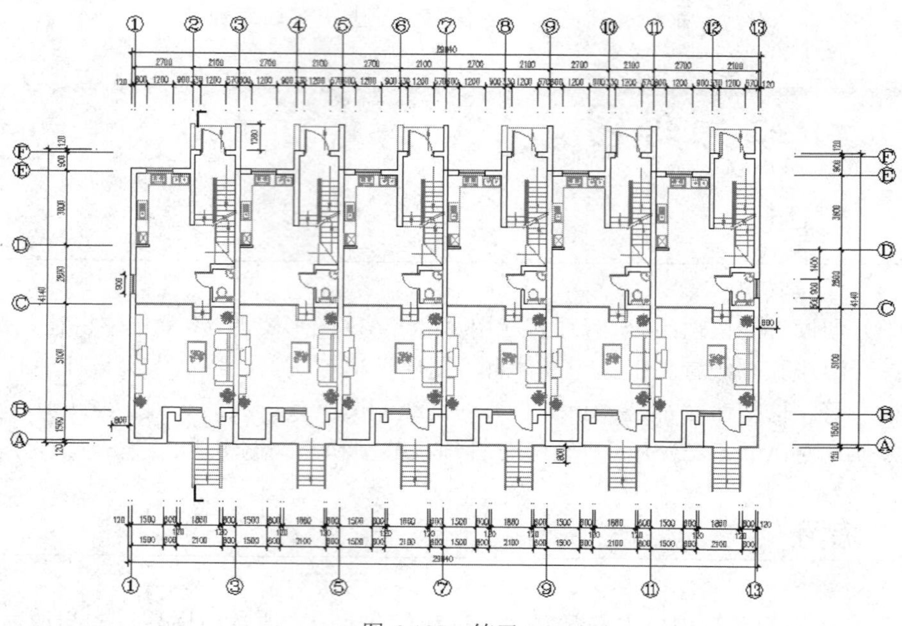

图 6-107 练习二

操作提示：

本练习所需素材文件位于随书光盘中的“素材文件”文件夹，文件名为“6-6.dwg”。

室内设计中的文字标注

前几章都是通过各种基本几何图元的相互组合，来表达作者的设计思想和设计意图的，但是有些图形信息是不能仅仅通过几何图元就能完整表达出来的，为此，本章将讲述 AutoCAD 的文字创建功能和图形信息的查询功能，以详细向读者表达图形无法传递的一些图纸信息，使图纸更直观，更容易交流。

内容要点

- 单行文字注释
- 多行文字注释
- 引线文字注释
- 查询图形信息
- 表格与表格样式
- 上机实训一——标注户型图房间功能
- 上机实训二——标注户型图房间面积

Note

7.1 单行文字注释

在 AutoCAD 中，文字注释包括单行文字、多行文字和引线文字，本节学习单行文字注释。

7.1.1 设置文字样式

在标注文字注释之前，首先需要设置文字样式，使其更符合文字标注的要求。文字样式的设置是通过“文字样式”命令来完成的，通过该命令，可以控制文字的外观效果，如字体、字号以及其他的特殊效果等。相同内容的文字，如果使用不同的文字样式，其外观效果也不相同，如图 7-1 所示。

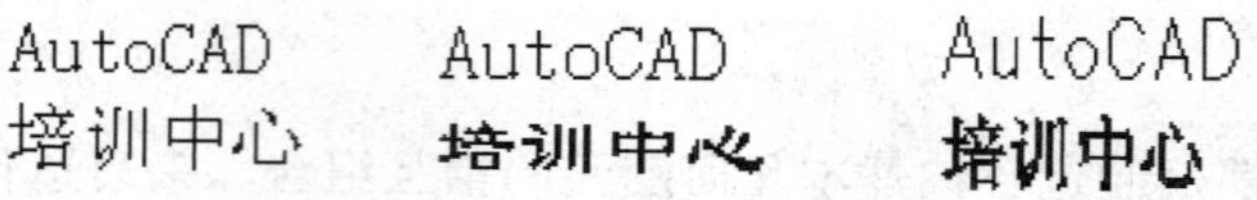

AutoCAD 培训中心　　AutoCAD 培训中心　　AutoCAD 培训中心

图 7-1　文字示例

执行“文字样式”命令主要有以下几种方式：

- ✧ 单击“默认”选项卡→“注释”面板→“文字样式”按钮。
- ✧ 选择菜单栏中的“格式”→“文字样式”命令。
- ✧ 单击“样式”工具栏→“文字样式”按钮。
- ✧ 在命令行输入 Style 后按 Enter 键。
- ✧ 使用快捷键 ST。

下面通过设置名为“仿宋”的文字样式，学习“文字样式”命令的使用方法和技巧。

Step 01 单击“默认”选项卡→“注释”面板→“文字样式”按钮，执行“文字样式”命令，打开“文字样式”对话框，如图 7-2 所示。

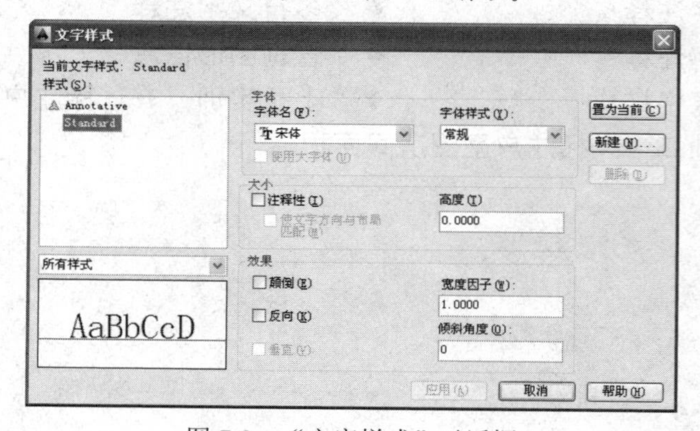

图 7-2　“文字样式”对话框

Step 02 单击[新建(N)...]按钮，在打开的“新建文字样式”对话框中为新样式赋名，如图 7-3 所示。

Step 03 设置字体。在“字体”选项组中展开“字体名”下拉列表框，选择所需的字体，如图 7-4 所示。

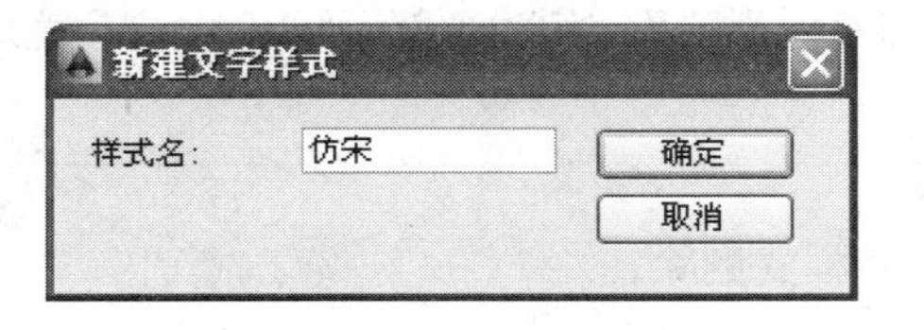

图 7-3　“新建文字样式”对话框

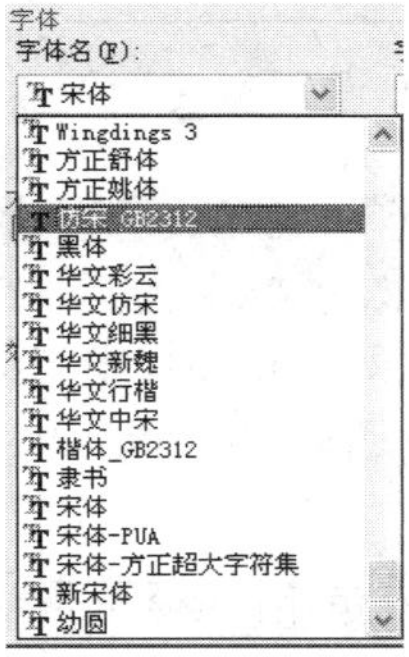

图 7-4　“字体名”下拉列表框

小技巧：

如果取消“使用大字体”复选框，结果所有（.SHX）和 TrueType 字体都显示在列表框内以供选择；若选择 TrueType 字体，那么在右侧“字体样式”列表框中可以设置当前字体样式，如图 7-5 所示；若选择了编译型（.SHX）字体，且勾选了“使用大字体”复选框，则右端的列表框变为如图 7-6 所示的状态，此时用于选择所需的大字体。

图 7-5　选择 TrueType 字体

图 7-6　选择编译型（.SHX）字体

Step 04 设置字体高度。在“高度”文本框中设置文字的高度。

小技巧：

如果设置了高度，那么当创建文字时，命令行就不会再提示输入文字的高度。建议在此不设置字体的高度；“注释性”复选框用于为文字添加注释特性。

Step 05 设置文字效果。在“颠倒”复选框中可以设置文字为倒置状态；在“反向”复选框中可以设置文字为反向状态；在“垂直”复选框中可以控制文字呈垂直排列状态；“倾斜角度”文本框用于控制文字的倾斜角度，如图 7-7 所示。

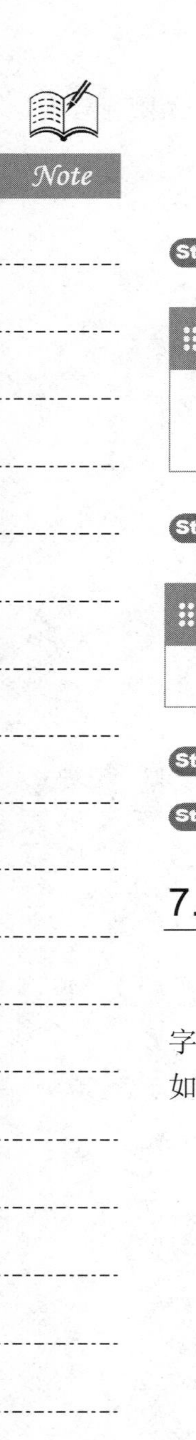

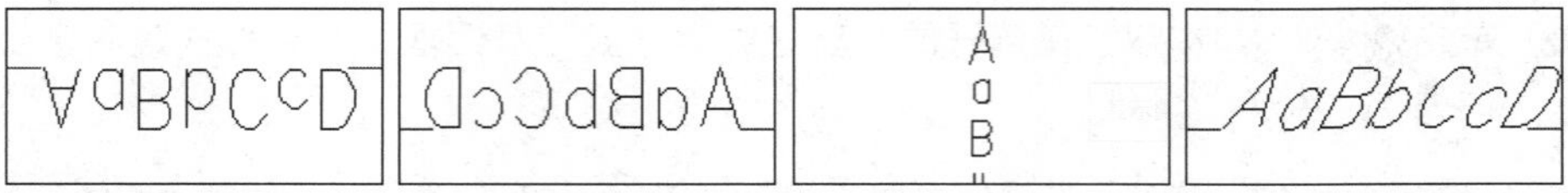

(a) 颠倒状态 (b) 反向状态 (c) 垂直状态 (d) 倾斜状态

图 7-7 设置字体效果

Step 06 设置宽度比例。在“宽度比例”文本框内设置字体的宽高比。

小技巧：

国标规定工程图样中的汉字应采用长仿宋体，宽高比为 0.7，当此比值大于 1 时，文字宽度放大，否则将缩小。

Step 07 单击 删除(D) 按钮，可以将多余的文字样式删除。

小技巧：

默认的 Standard 样式、当前文字样式以及在当前文件中已使用过的文字样式，都不能被删除。

Step 08 单击 应用(A) 按钮，结果设置的文字样式被看作当前样式。

Step 09 单击 关闭(C) 按钮，关闭“文字样式”对话框。

7.1.2 标注单行文字

“单行文字”命令用于通过命令行创建单行或多行的文字对象，所创建的每一行文字，都被看作一个独立的对象，如图 7-8 所示。执行“单行文字”命令主要有以下几种方式：

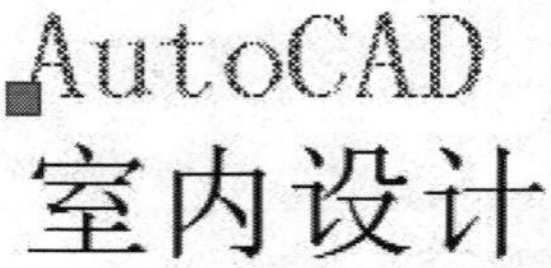

AutoCAD
室内设计

图 7-8 单行文字示例

- ✧ 单击“默认”选项卡→“注释”面板→“单行文字”按钮 AI。
- ✧ 选择菜单栏中的“绘图”→“文字”→“单行文字”命令。
- ✧ 单击“文字”工具栏→“单行文字”按钮 AI。
- ✧ 在命令行输入 Dtext 后按 Enter 键。
- ✧ 使用快捷键 DT。

下面通过简单的实例，主要学习“单行文字”命令的使用方法和技巧。具体操作步骤如下：

Step 01 打开随书光盘中的“\素材文件\7-1.dwg”，如图 7-9 所示。

Step 02 使用快捷键 L 执行“直线”命令，配合捕捉或追踪功能绘制如图 7-10 所示的指示线。

Step 03 选择菜单栏中的“绘图”→“圆环”命令，配合最近点捕捉功能绘制外径为 100 的实心圆环，如图 7-11 所示。

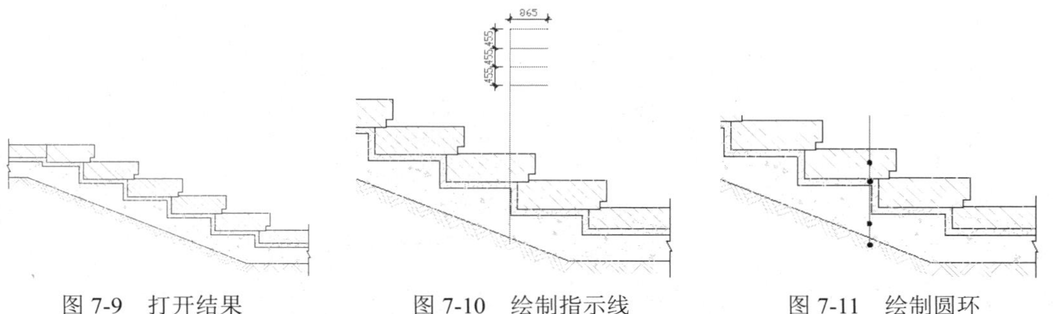

图 7-9　打开结果　　图 7-10　绘制指示线　　图 7-11　绘制圆环

Step 04 单击“默认”选项卡→“注释”面板→“单行文字”按钮，根据 AutoCAD 命令行的操作提示标注文字注释。命令行操作如下：

```
命令：_dtext
当前文字样式：  仿宋体  当前文字高度：  0
指定文字的起点或 [对正(J)/样式(S)]:                    //j Enter
输入选项 [对齐(A)/布满(F)/居中(C)/中间(M)/右对齐(R)/左上(TL)/中上(TC)/右上(TR)/左中(ML)/正中(MC)/右中(MR)/左下(BL)/中下(BC)/右下(BR)]:  //ML Enter
指定文字的左中点：          //捕捉最上端水平指示线的右端点，如图 7-12 所示
指定高度 <0>:               //285 Enter，结束对象的选择
指定文字的旋转角度 <0>:     //Enter，采用当前参数设置
```

Step 05 此时系统在指定的起点处出现一单行文字输入框，如图 7-13 所示，然后在此文字输入框内输入文字内容，如图 7-14 所示。

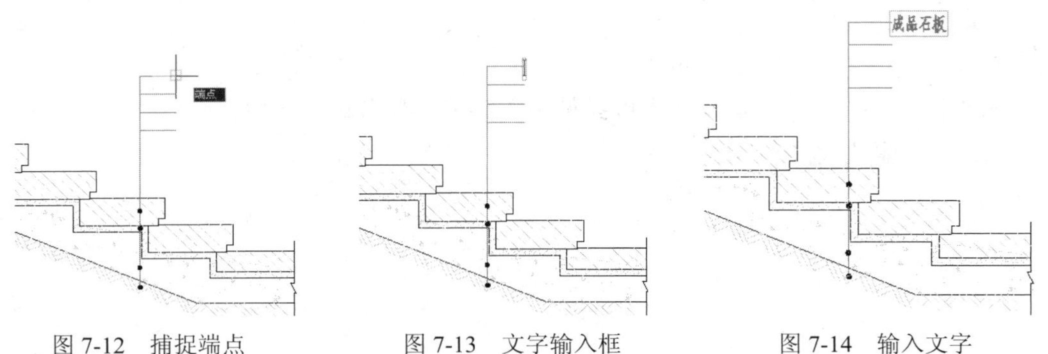

图 7-12　捕捉端点　　图 7-13　文字输入框　　图 7-14　输入文字

Step 06 通过按 Enter 键进行换行，然后输入第二行文字内容，如图 7-15 所示。

Step 07 通过按键盘上的 Enter 键进行换行，然后分别输入第三行和第四行文字内容，如图 7-16 所示。

Step 08 连续两次按 Enter 键，结束“单行文字”命令。结果如图 7-17 所示。

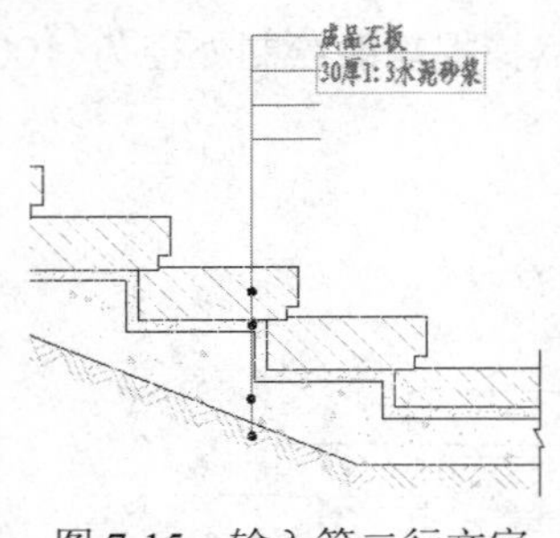

图 7-15　输入第二行文字

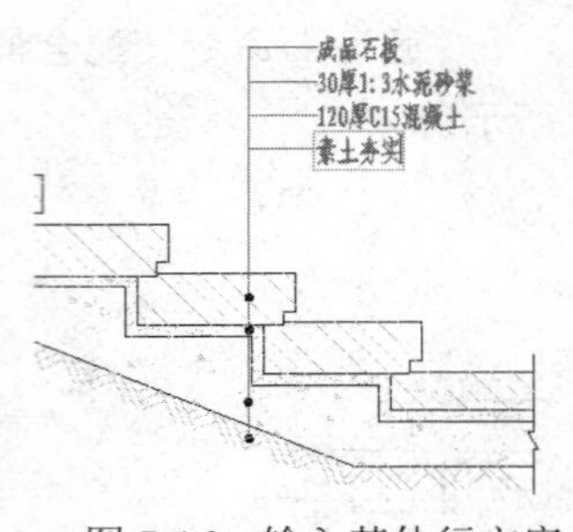

图 7-16　输入其他行文字

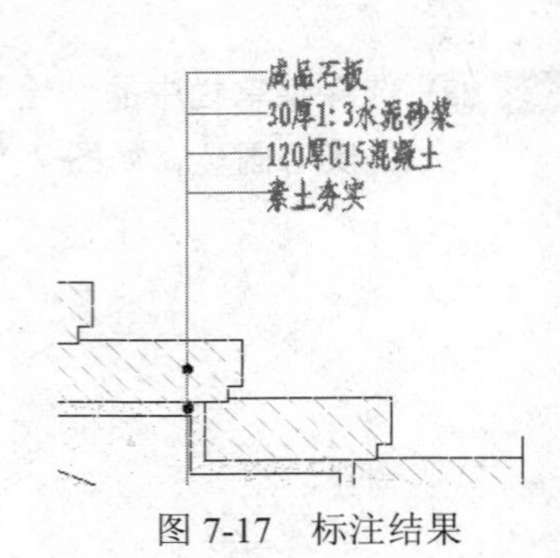

图 7-17　标注结果

7.1.3　文字的对正

“文字的对正”指的是文字的哪一位置与插入点对齐，它是基于如图 7-18 所示的四条参考线而言的，这四条参考线分别为顶线、中线、基线、底线。其中，“中线”是大写字符高度的水平中心线（即顶线至基线的中间），不是小写字符高度的水平中心线。

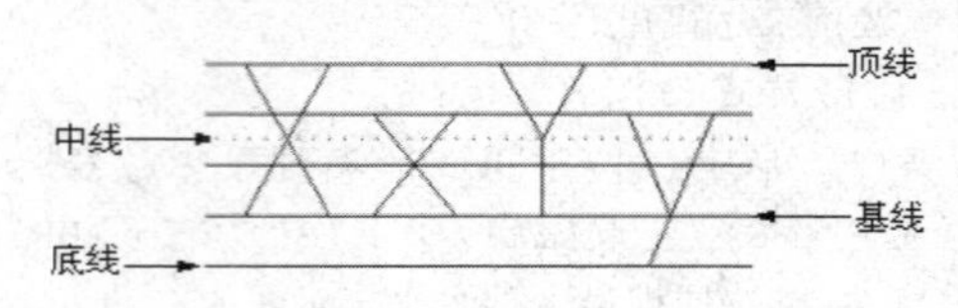

图 7-18　文字对正参考线

执行“单行文字”命令后，在命令行“指定文字的起点或 [对正(J)/样式(S)]:”提示下激活“对正”选项，可打开如图 7-19 所示的选项菜单，同时命令行将显示如下操作提示：

“输入选项 [左(L)/居中(C)/右(R)/对齐(A)/中间(M)/布满(F)/左上(TL)/中上(TC)/右上(TR)/左中(ML)/正中(MC)/右中(MR)/左下(BL)/中下(BC)/右下(BR)]:”

另外，文字的各种对正方式也可参见图 7-20。各种对正方式如下：

输入选项 [左 (
左(L)
居中(C)
右(R)
对齐(A)
中间(M)
布满(F)
左上(TL)
中上(TC)
右上(TR)
左中(ML)
正中(MC)
右中(MR)
左下(BL)
中下(BC)
右下(BR)

图 7-19　对正选项菜单

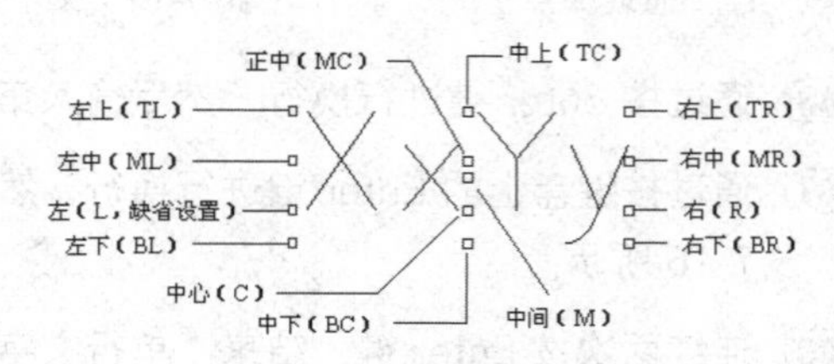

图 7-20　文字的对正方式

✧　“左”选项用于提示用户拾取一点作为文字串基线的左端点，以基线的左端点对齐

文字。此方式为默认方式。

✧ “居中”选项用于提示用户拾取文字的中心点，此中心点就是文字串基线的中点，即以基线的中点对齐文字。
✧ “右”选项用于提示用户拾取一点作为文字串基线的右端点，以基线的右端点对齐文字。
✧ “对齐”选项用于提示拾取文字基线的起点和终点，系统会根据起点和终点的距离自动调整字高。
✧ “中间”选项用于提示用户拾取文字的中间点，此中间点就是文字串基线的垂直中线和文字串高度的水平中线的交点。
✧ “布满”选项用于提示用户拾取文字基线的起点和终点，系统会以拾取的两点之间的距离自动调整宽度系数，但不改变字高。
✧ “左上”选项用于提示用户拾取文字串的左上点，此左上点就是文字串顶线的左端点，即以顶线的左端点对齐文字。
✧ “中上”选项用于提示用户拾取文字串的中上点，此中上点就是文字串顶线的中点，即以顶线的中点对齐文字。
✧ “右上”选项用于提示用户拾取文字串的右上点，此右上点就是文字串顶线的右端点，即以顶线的右端点对齐文字。
✧ “左中”选项用于提示用户拾取文字串的左中点，此左中点就是文字串中线的左端点，即以中线的左端点对齐文字。
✧ “正中”选项用于提示用户拾取文字串的中间点，此中间点就是文字串中线的中点，即以中线的中点对齐文字。
✧ “右中”选项用于提示用户拾取文字串的右中点，此右中点就是文字串中线的右端点，即以中线的右端点对齐文字。
✧ “左下”选项用于提示用户拾取文字串的左下点，此左下点就是文字串底线的左端点，即以底线的左端点对齐文字。
✧ “中下”选项用于提示用户拾取文字串的中下点，此中下点就是文字串底线的中点，即以底线的中点对齐文字。
✧ “右下”选项用于提示用户拾取文字串的右下点，此右下点就是文字串底线的右端点，即以底线的右端点对齐文字。

7.2 多行文字注释

“多行文字”命令用于标注较为复杂的文字注释，如段落性文字。与单行文字不同，多行文字无论创建的文字包含多少行、多少段，AutoCAD 都将其作为一个独立的对象。执行“多行文字”命令主要有以下几种方式：

✧ 单击“默认”选项卡→“注释”面板→“多行文字”按钮A。
✧ 选择菜单栏中的“绘图”→“文字”→“多行文字”命令。

✧ 单击“绘图”工具栏→“多行文字”按钮A。
✧ 在命令行输入 Mtext 后按 Enter 键。
✧ 使用快捷键 T。

Note

7.2.1 创建段落性文字注释

下面通过创建如图 7-21 所示的段落文字，学习“多行文字”的使用方法和技巧。具体操作步骤如下：

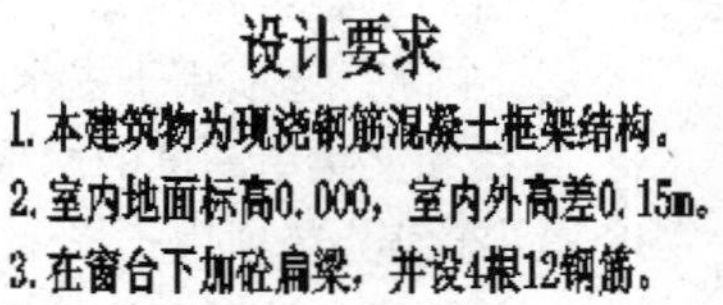

设计要求
1. 本建筑物为现浇钢筋混凝土框架结构。
2. 室内地面标高0.000，室内外高差0.15m。
3. 在窗台下加砼扁梁，并设4根12钢筋。

图 7-21 多行文字示例

Step 01 新建绘图文件，然后执行“多行文字”命令，在命令行“指定第一角点:”提示下在绘图区拾取一点。

Step 02 继续在命令行“指定对角点或 [高度(H)/对正(J)/行距(L)/旋转(R)/样式(S)/宽度(W)/栏(C)]]:”提示下拾取对角点，打开如图 7-22 所示的“文字格式”编辑器。

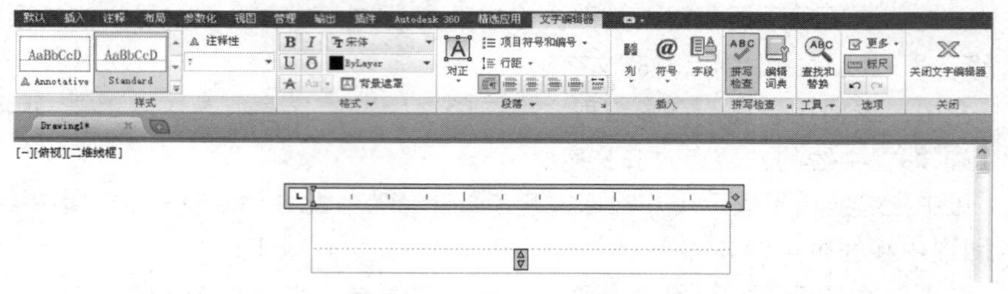

图 7-22 “文字格式”编辑器

Step 03 在“文字格式”编辑器中设置字高为 12，然后在下侧文字输入框内单击左键，指定文字的输入位置，然后输入如图 7-23 所示标题文字。

Step 04 向下拖曳输入框下侧的下三角按钮，调整列高。

Step 05 按 Enter 键换行，更改文字的高度为 9，然后输入第一行文字。结果如图 7-24 所示。

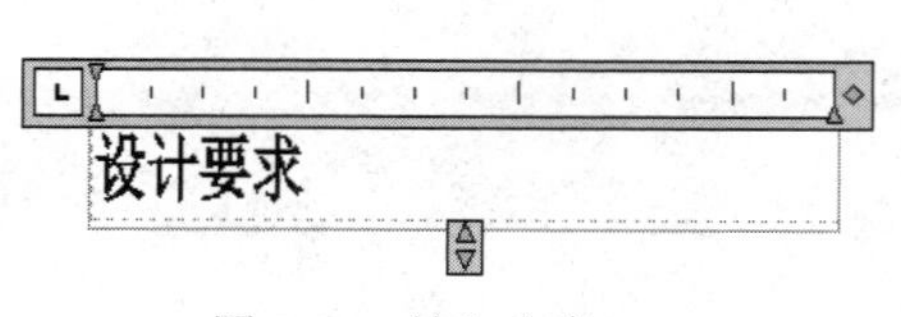

图 7-23 输入文字

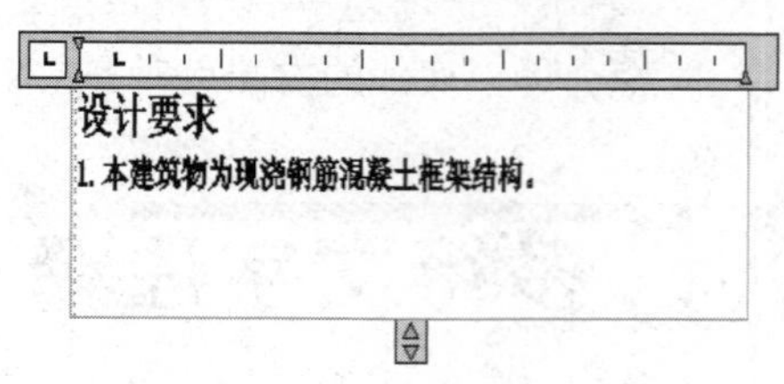

图 7-24 输入第一行文字

Step 06 按 Enter 键，分别输入其他两行文字对象，如图 7-25 所示。

Step 07 将光标移至标题前，然后按 Enter 键添加空格。结果如图 7-26 所示。

Step 08 关闭文字编辑器，结束“多行文字”命令。

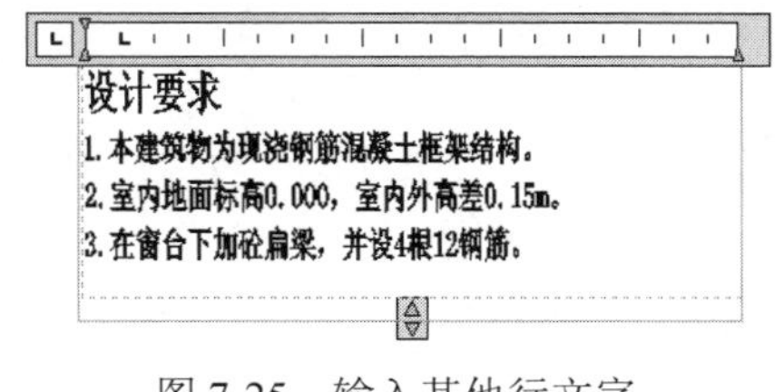

图 7-25　输入其他行文字

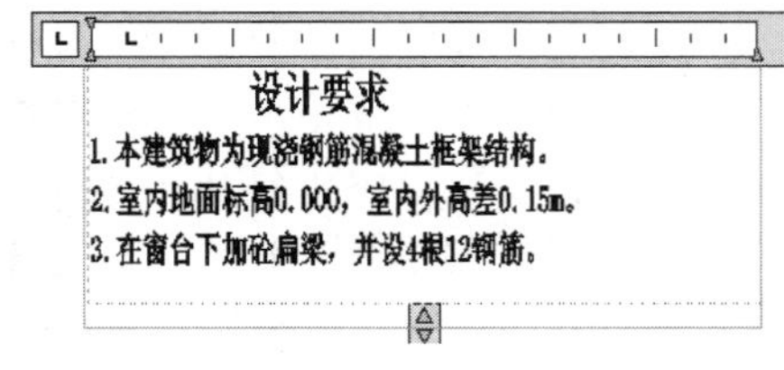

图 7-26　添加空格

7.2.2　文字格式编辑器

在“文字格式”编辑器中，包括工具栏、顶部带标尺的文本输入框两部分。各组成部分重要功能如下。

- **工具栏**

工具栏主要用于控制多行文字对象的文字样式和选定文字的各种字符格式、对正方式、项目编号等。其中：

- ✧ Standard 下拉列表用于设置当前的文字样式。
- ✧ 宋体 下拉列表用于设置或修改文字的字体。
- ✧ 2.5 下拉列表用于设置新字符高度或更改选定文字的高度。
- ✧ ByLayer 下拉列表用于为文字指定颜色或修改选定文字的颜色。
- ✧ “粗体”按钮 B 用于为输入的文字对象或所选定文字对象设置粗体格式。“斜体”按钮 I 用于为新输入文字对象或所选定文字对象设置斜体格式。这两个选项仅适用于使用 TrueType 字体的字符。
- ✧ “下划线”按钮 U 用于为文字或所选定的文字对象设置下划线格式。
- ✧ “上划线”按钮 O 用于为文字或所选定的文字对象设置上划线格式。
- ✧ “堆叠”按钮用于为输入的文字或选定的文字设置堆叠格式。要使文字堆叠，文字中须包含插入符（^）、正向斜杠（/）或磅符号（#），堆叠字符左侧的文字将堆叠在字符右侧的文字之上。
- ✧ “标尺”按钮用于控制文字输入框顶端标心的开关状态。
- ✧ “栏数”按钮用于为段落文字进行分栏排版。
- ✧ “多行文字对正”按钮用于设置文字的对正方式。
- ✧ “段落”按钮用于设置段落文字的制表位、缩进量、对齐、间距等。
- ✧ “左对齐”按钮用于设置段落文字为左对齐方式。
- ✧ “居中”按钮用于设置段落文字为居中对齐方式。
- ✧ “右对齐”按钮用于设置段落文字为右对齐方式。
- ✧ “对正”按钮用于设置段落文字为对正方式。
- ✧ “分布”按钮用于设置段落文字为分布排列方式。
- ✧ “行距”按钮用于设置段落文字的行间距。
- ✧ “编号”按钮用于为段落文字进行编号。

- ✧ "插入字段"按钮用于为段落文字插入一些特殊字段。
- ✧ "全部大写"按钮 Aa 用于修改英文字符为大写。
- ✧ "全部小写"按钮 aA 用于修改英文字符为小写。
- ✧ "符号"按钮 @ 用于添加一些特殊符号。
- ✧ "倾斜角度"按钮 0/ 0.0000 用于修改文字的倾斜角度。
- ✧ "追踪"微调按钮 a-b 1.0000 用于修改文字间的距离。
- ✧ "宽度因子"按钮 1.0000 用于修改文字的宽度比例。

● 多行文字输入框

如图 7-27 所示的文本输入框位于工具栏下侧，主要用于输入和编辑文字对象，它由标尺和文本框两部分组成，在文本输入框内单击右键，可弹出如图 7-28 所示的快捷菜单，用于对输入的多行文字进行调整。各选项功能如下：

- ✧ "全部选择"选项用于选择多行文字输入框中的所有文字。
- ✧ "改变大小写"选项用于改变选定文字对象的大小写。
- ✧ "查找和替换"选项用于搜索指定的文字串并使用新的文字将其替换。
- ✧ "自动大写"选项用于将新输入的文字或当前选择的文字转换成大写。
- ✧ "删除格式"选项用于删除选定文字的粗体、斜体或下划线等格式。
- ✧ "合并段落"用于将选定的段落合并为一段并用空格替换每段的回车。
- ✧ "符号"选项用于在光标所在的位置插入一些特殊符号或不间断空格。
- ✧ "输入文字"选项用于向多行文本编辑器中插入 TXT 格式的文本、样板等文件或插入 RTF 格式的文件。

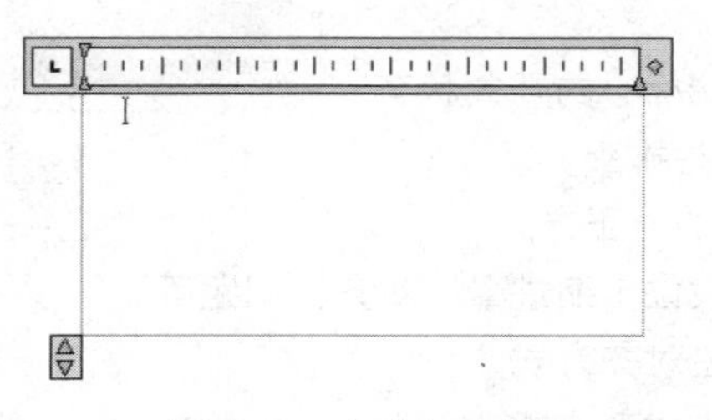

图 7-27　文字输入框

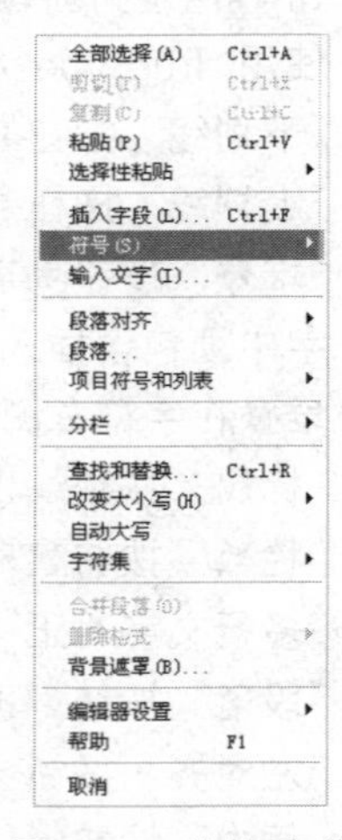

图 7-28　快捷菜单

7.2.3　编辑单行与多行文字

"编辑文字"命令主要用于修改编辑现有的文字对象内容，或者为文字对象添加前缀或后缀等内容。执行"编辑文字"命令主要有以下几种方式：

- ✧ 选择菜单栏中的"修改"→"对象"→"文字"→"编辑"命令。
- ✧ 单击"文字"工具栏→"编辑文字"按钮。
- ✧ 在命令行输入 Ddedit 后按 Enter 键。
- ✧ 使用快捷键 ED。

Note

如果需要编辑的文字是使用"单行文字"命令创建的，那么在执行"编辑文字"命令后，命令行会出现"选择注释对象或 [放弃（U）]"的操作提示，此时用户只需要单击需要编辑的单行文字，系统即可弹出如图 7-29 所示的单行文字编辑框。在此编辑框中输入正确的文字内容即可。

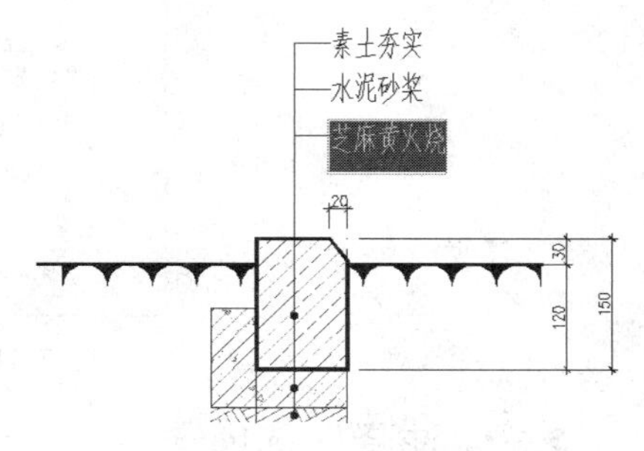

图 7-29 单行文字编辑框

如果编辑的文字是使用"多行文字"命令创建的，那么在执行"编辑文字"命令后，命令行出现"选择注释对象或 [放弃（U）]"的操作提示，此时用户单击需要编辑的文字对象，将会打开"文字格式"编辑器。在此编辑器内不但可以修改文字的内容，而且还可以修改文字的样式、字体、字高以及对正方式等特性。

7.3 引线文字注释

除了前面所讲的单行文字注释与多行文字注释之外，还有引线文字注释。这种文字注释是一种带有引线的文字注释，引线文字注释包括"快速引线"和"多重引线"。下面学习这两种文字注释。

7.3.1 快速引线

"快速引线"命令用于创建一端带有箭头、另一端带有文字注释的引线尺寸，其中，引线可以为直线段，也可以为平滑的样条曲线，如图 7-30 所示。

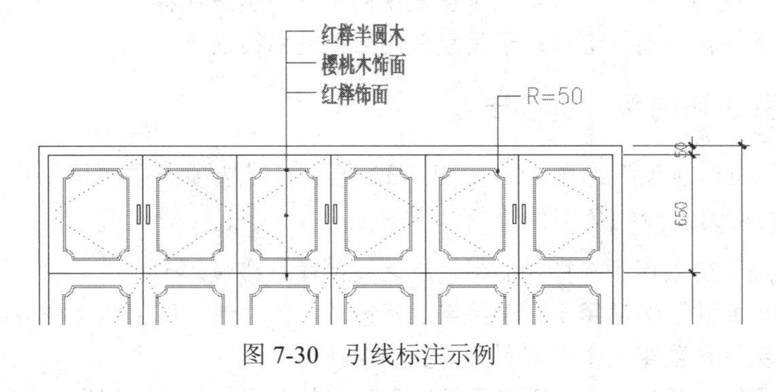

图 7-30 引线标注示例

在命令行输入 Qleader 或 LE 后按 Enter 键，执行"快速引线"命令，然后在命令行

“指定第一个引线点或 [设置(S)] <设置>：”提示下，执行“设置”选项，打开“引线设置”对话框，如图 7-31 所示，在该对话框中设置引线参数。

Note

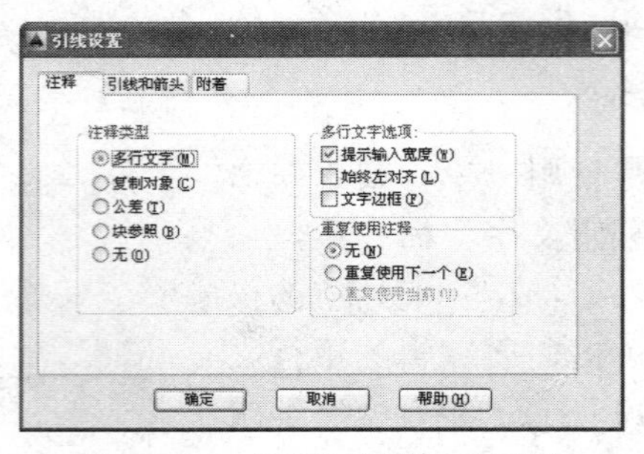

图 7-31 “引线设置”对话框

● “注释”选项卡

在“引线设置”对话框中展开“注释”选项卡，如图 7-31 所示。此选项卡主要用于设置引线文字的注释类型及其相关的一些选项功能。

“注释类型”选项组

- ✧ “多行文字”选项用于在引线末端创建多行文字注释。
- ✧ “复制对象”选项用于复制已有引线注释作为需要创建的引线注释。
- ✧ “公差”选项用于在引线末端创建公差注释。
- ✧ “块参照”选项用于以内部块作为注释对象；而“无”选项表示创建无注释的引线。

“多行文字选项”选项组

- ✧ “提示输入宽度”选项用于提示用户，指定多行文字注释的宽度。
- ✧ “始终左对齐”选项用于自动设置多行文字使用左对齐方式。
- ✧ “文字边框”选项主要用于为引线注释添加边框。

“重复使用注释”选项组

- ✧ “无”选项表示不对当前所设置的引线注释进行重复使用。
- ✧ “重复使用下一个”选项用于重复使用下一个引线注释。
- ✧ “重复使用当前”选项用于重复使用当前的引线注释。

● “引线和箭头”选项卡

进入“引线和箭头”选项卡，如图 7-32 所示。该选项卡主要用于设置引线的类型、点数、箭头以及引线段的角度约束等参数。

- ✧ “直线”选项用于在指定的引线点之间创建直线段。
- ✧ “样条曲线”选项用于在引线点之间创建样条曲线，即引线为样条曲线。
- ✧ “箭头”选项组用于设置引线箭头的形式。
- ✧ “无限制”复选框表示系统不限制引线点的数量，用户可以通过按 Enter 键，手动结束引线点的设置过程。

Note

✧ “最大值”选项用于设置引线点数的最多数量。

✧ “角度约束”选项组用于设置第一条引线与第二条引线的角度约束。

● “附着”选项卡

进入“附着”选项卡，如图 7-33 所示。该选项卡主要用于设置引线和多行文字注释之间的附着位置，只有在“注释”选项卡内勾选了“多行文字”选项时，此选项卡才可用。

✧ “第一行顶部”选项用于将引线放置在多行文字第一行的顶部。

✧ “第一行中间”选项用于将引线放置在多行文字第一行的中间。

✧ “多行文字中间”选项用于将引线放置在多行文字的中部。

✧ “最后一行中间”选项用于将引线放置在多行文字最后一行的中间。

✧ “最后一行底部”选项用于将引线放置在多行文字最后一行的底部。

✧ “最后一行加下划线”选项用于为最后一行文字添加下划线。

图 7-32　“引线和箭头”选项卡

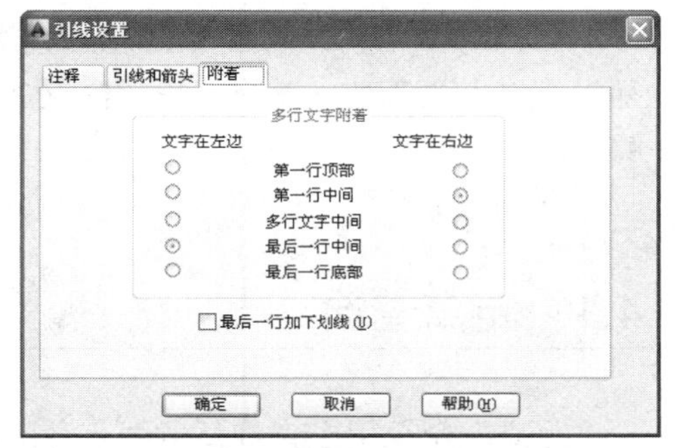

图 7-33　“附着”选项卡

7.3.2　多重引线

与快速引线相同，“多重引线”命令也可以创建具有多个选项的引线对象，只是其选项没有快速引线那么直观，需要通过命令行进行设置。执行“多重引线”命令主要有以下几种方式：

✧ 单击“默认”选项卡→“注释”面板→“多重引线”按钮。

✧ 选择菜单栏中的“标注”→“多重引线”命令。

✧ 单击“多重引线”工具栏→“多重引线”按钮。

✧ 在命令行输入 Mleader 后按 Enter 键。

执行“多重引线”命令后，其命令行操作如下：

```
命令: _mleader
指定引线基线的位置或 [引线箭头优先(H)/内容优先(C)/选项(O)] <选项>:  //Enter
```

```
输入选项 [引线类型(L)/引线基线(A)/内容类型(C)/最大节点数(M)/第一个角度(F)/第二个角度(S)/退出选项(X)] <退出选项>:                //输入一个选项
指定引线基线的位置或 [引线箭头优先(H)/内容优先(C)/选项(O)] <选项>:  //指定基线位置
指定引线箭头的位置:
        //指定箭头位置，此时系统打开“文字格式”编辑器，用于输入注释内容
```

7.4 查询图形信息

查询图形信息是文字标注中不可缺少的操作，选择菜单栏中的“工具”→“查询”菜单，其中有多种查询图形信息的相关命令，如图 7-34 所示。

下面只对常用的几种图形信息的查询方法进行讲解，其他查询内容不太常用，在此不做讲解。

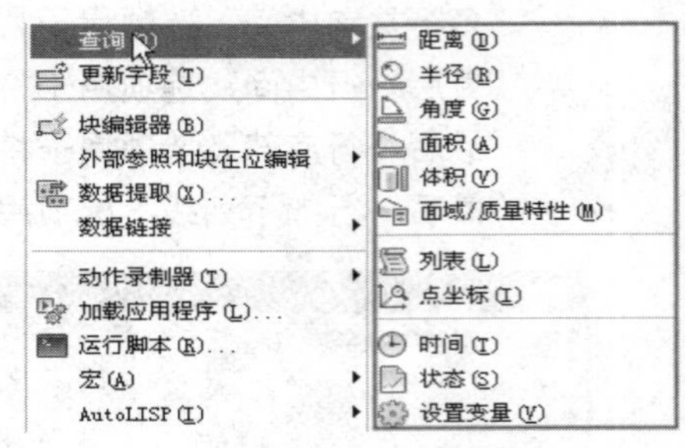

图 7-34　查询命令

7.4.1　距离查询

“距离”命令用于查询任意两点之间的距离，还可以查询两点的连线与 X 轴或 XY 平面的夹角等参数信息。执行“距离”命令主要有以下几种方式：

- ✧ 单击“默认”选项卡→“实用工具”面板→“距离”按钮。
- ✧ 选择菜单栏中的“工具”→“查询”→“距离”命令。
- ✧ 单击“查询”工具栏→“距离”按钮。
- ✧ 在命令行输入 Dist 或 Measuregeom 后按 Enter 键。
- ✧ 使用快捷键 DI。

执行“距离”命令后，即可查询出线段的相关几何信息。其命令行操作如下：

```
命令: _MEASUREGEOM
输入选项 [距离(D)/半径(R)/角度(A)/面积(AR)/体积(V)] <距离>: _distance
指定第一点:                    //捕捉线段的下端点
指定第二个点或 [多个点(M)]:    //捕捉线段的上端点
查询结果:
距离 = 200.0000, XY 平面中的倾角 = 30,    与 XY 平面的夹角 = 0
X 增量 = 173.2051,    Y 增量 = 100.0000,    Z 增量 = 0.0000
输入选项 [距离(D)/半径(R)/角度(A)/面积(AR)/体积(V)/退出(X)] <距离>:
//X Enter，退出命令
```

其中：

✧ “距离”表示所拾取的两点之间的实际长度。
✧ “XY 平面中的倾角”表示所拾取的两点连线 X 轴正方向的夹角。
✧ “与 XY 平面的夹角”表示所拾取的两点连线与当前坐标系 XY 平面的夹角。
✧ “X 增量”表示所拾取的两点在 X 轴方向上的坐标差。
✧ “Y 增量”表示所拾取的两点在 Y 轴方向上的坐标差。

选项解析

✧ “半径”选项用于查询圆弧或圆的半径、直径等。
✧ “角度”选项用于设置圆弧、圆或直线等对象的角度。
✧ “面积”选项用于查询单个封闭对象或由若干点围成区域的面积及周长。
✧ “体积”选项用于查询对象的体积。

7.4.2 面积查询

“面积”命令主要用于查询单个对象或由多个对象所围成的闭合区域的面积及周长。执行“面积”命令主要有以下几种方式：

✧ 单击“默认”选项卡→“实用工具”面板→“面积”按钮。
✧ 选择菜单栏中的“工具”→“查询”→“面积”命令。
✧ 单击“查询”工具栏→“面积”按钮。
✧ 在命令行输入 Measuregeom 或 Area 后按 Enter 键。

下面通过查询正六边形的面积和周长，学习“面积”命令使用方法和操作技巧。具体操作如下：

Step 01 新建文件，并绘制边长为 150 的正六边形。

Step 02 单击“查询”工具栏上的按钮，执行“面积”命令，查询正六边形的面积和周长。操作过程如下：

```
命令: _MEASUREGEOM
输入选项 [距离(D)/半径(R)/角度(A)/面积(AR)/体积(V)] <距离>: _area
指定第一个角点或 [对象(O)/增加面积(A)/减少面积(S)/退出(X)] <对象(O)>:
//捕捉正六边形左上角点
指定下一个点或 [圆弧(A)/长度(L)/放弃(U)]:    //捕捉正六边形左角点
指定下一个点或 [圆弧(A)/长度(L)/放弃(U)]:    //捕捉正六边形左下角点
指定下一个点或 [圆弧(A)/长度(L)/放弃(U)/总计(T)] <总计>: //捕捉正六边形右下角点
指定下一个点或 [圆弧(A)/长度(L)/放弃(U)/总计(T)] <总计>: //捕捉正六边形右角点
指定下一个点或 [圆弧(A)/长度(L)/放弃(U)/总计(T)] <总计>: //捕捉正六边形右上角点
指定下一个点或 [圆弧(A)/长度(L)/放弃(U)/总计(T)] <总计>:
//Enter，结束面积的查询过程
```

```
查询结果:
面积 = 58456.7148，周长 = 900.0000
```

Note

Step 03 在命令行“输入选项 [距离(D)/半径(R)/角度(A)/面积(AR)/体积(V)/退出(X)] <面积>:提示下，输入 x 并按 Enter 键，结束命令。

选项解析

- ✧ “对象”选项用于查询单个闭合图形的面积和周长，如圆、椭圆、矩形、多边形、面域等。另外，使用此选项也可以查询由多段线或样条曲线所围成的区域的面积和周长。
- ✧ “增加面积”选项主要用于将新选图形实体的面积加入总面积中，此功能属于“面积的加法运算”。另外，如果用户需要执行面积的加法运算，必需先要将当前的操作模式转换为加法运算模式。
- ✧ “减少面积”选项用于将所选实体的面积从总面积中减去，此功能属于“面积的减法运算”。另外，如果用户需要执行面积的减法运算，必需先要将当前的操作模式转换为减法运算模式。

7.4.3 列表查询

“列表”命令用于查询图形所包含的众多的内部信息，如图层、面积、点坐标以及其他的空间等特性参数。执行“列表”命令主要有以下几种方式：

- ✧ 选择菜单栏中的“工具”→“查询”→“列表”命令。
- ✧ 单击“查询”工具栏→“列表”按钮。
- ✧ 在命令行输入 List 后按 Enter 键。
- ✧ 使用快捷键 LI 或 LS。

当执行“列表”命令后，选择需要查询信息的图形对象，AutoCAD 会自动切换到文本窗口，并滚动显示所有选择对象的有关特性参数。下面学习使用“列表”命令。具体操作如下：

Step 01 新建文件并绘制半径为 100 的圆。

Step 02 单击“查询”工具栏→“列表”按钮，执行“列表”命令。

Step 03 在命令行“选择对象:”提示下，选择刚绘制的圆。

Step 04 继续在命令行“选择对象：”提示下，按 Enter 键，系统将以文本窗口的形式直观显示所查询出的信息，如图 7-35 所示。

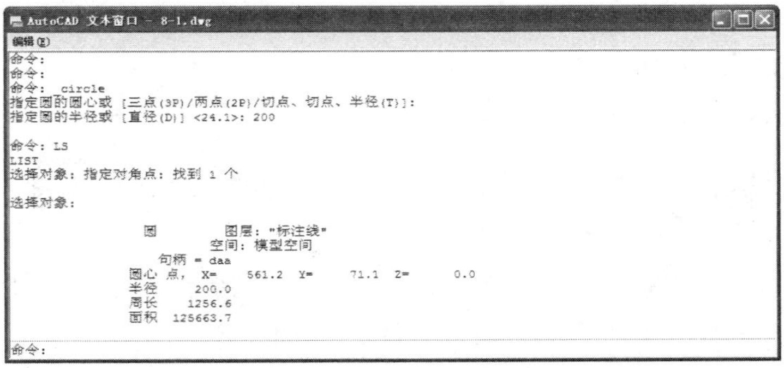

AutoCAD 文本窗口 - 8-1.dwg
编辑(E)
命令:
命令:
命令: circle
指定圆的圆心或 [三点(3P)/两点(2P)/切点、切点、半径(T)]:
指定圆的半径或 [直径(D)] <24.1>: 200
命令: LS
LIST
选择对象: 指定对角点: 找到 1 个
选择对象:
圆　图层: "标注线"
空间: 模型空间
句柄 = daa
圆心 点, X= 561.2 Y= 71.1 Z= 0.0
半径 200.0
周长 1256.6
面积 125663.7
命令:

图 7-35　列表查询结果

Note

7.5 表格与表格样式

本节主要学习“表格样式”与“插入表格”两个命令的使用方法和相关操作，以快速设置表格样式并创建和填充表格等。

7.5.1　表格样式

“表格样式”命令用于新建表格样式、修改现在表格样式和删除当前文件中无用的表格样式，执行命令后可打开如图 7-36 所示的“表格样式”对话框。

表格样式
当前表格样式: Standard
样式(S):
Standard
预览: Standard
置为当前(U)
新建(N)...
修改(M)...
删除(D)
列出(L):
所有样式
关闭
帮助(H)

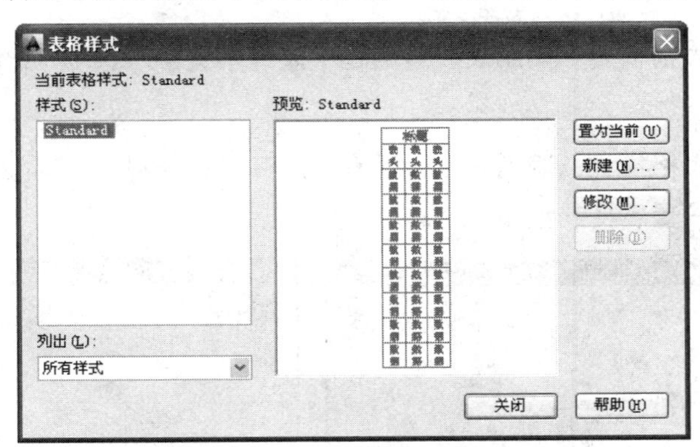

图 7-36　“表格样式”对话框

执行“表格样式”命令主要有以下几种方式：

- ✧ 单击“默认”选项卡→“注释”面板→“表格样式”按钮。
- ✧ 选择菜单栏中的“格式”→“表格样式”命令。
- ✧ 单击“样式”工具栏→“表格样式”按钮。
- ✧ 在命令行输入 Tablestyle 后按 Enter 键。
- ✧ 使用快捷键 TS。

下面通过设置名为“明细表”的表格样式，学习“表格样式”命令的使用方法和相关操作。具体操作步骤如下：

Step 01 新建空白文件。

Step 02 单击“默认”选项卡→“注释”面板→“表格样式”按钮，执行“表格样式”命令，打开“表格样式”对话框。

Step 03 单击 新建(N)... 按钮，打开“创建新的表格样式”对话框，在“新样式名”文本框内输入“明细表”作为新表格样式的名称，如图 7-37 所示。

Step 04 单击 继续 按钮，打开“新建表格样式：明细表”对话框，设置数据参数如图 7-38 所示。

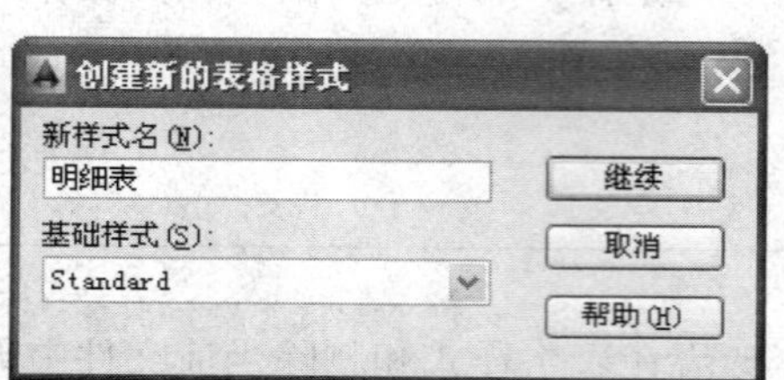

图 7-37　为样式赋名

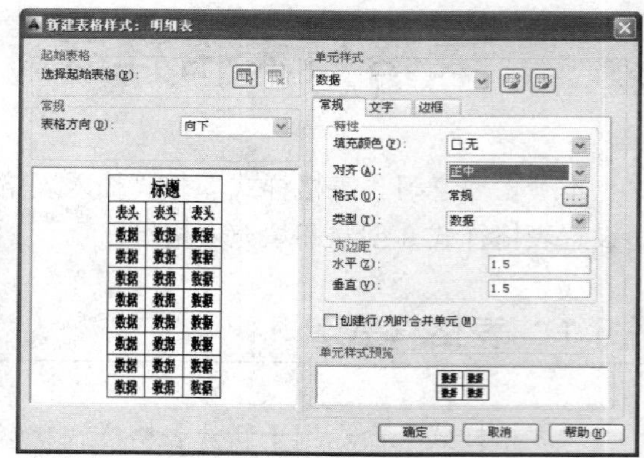

图 7-38　设置数据参数

Step 05 在“新建表格样式：明细表”对话框中展开“文字”选项卡，设置字体高度参数，如图 7-39 所示。

Step 06 在“新建表格样式：明细表”对话框中展开“单元样式”下拉列表，选择“表头”选项，并设置表格参数如图 7-40 所示。

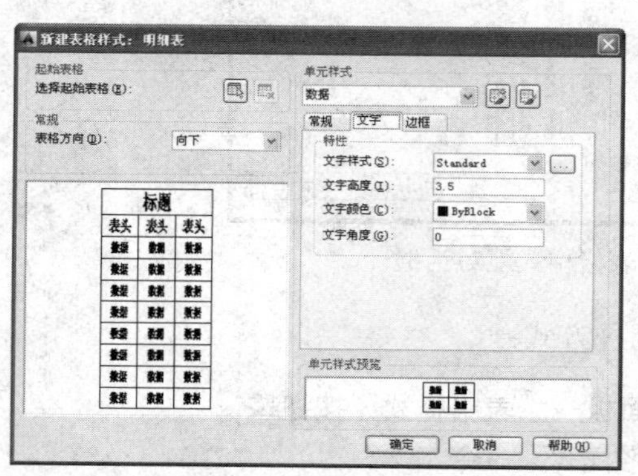

图 7-39　设置文字参数

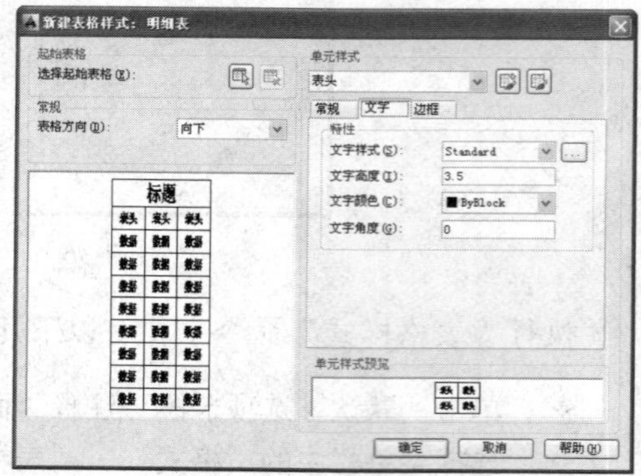

图 7-40　设置表头参数

Step 07 在“新建表格样式：明细表”对话框中展开“文字”选项卡，设置文字的高度参数，如图 7-41 所示。

Step 08 在“新建表格样式：明细表”对话框中展开“单元样式”下拉列表，选择“标题”选项，并设置标题参数如图 7-42 所示。

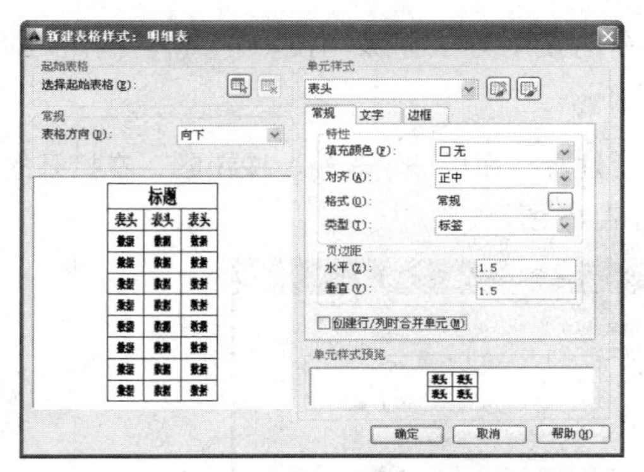

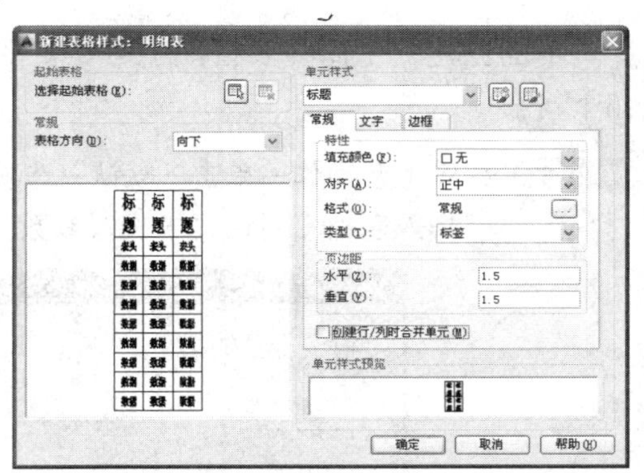

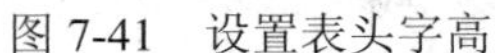

图 7-41　设置表头字高　　图 7-42　设置标题参数

Step 09 在“新建表格样式：明细表”对话框中展开“文字”选项卡，设置文字的高度参数，如图 7-43 所示。

Step 10 单击 确定 按钮返回“表格样式”对话框，将新设置的表格样式置为当前，如图 7-44 所示。

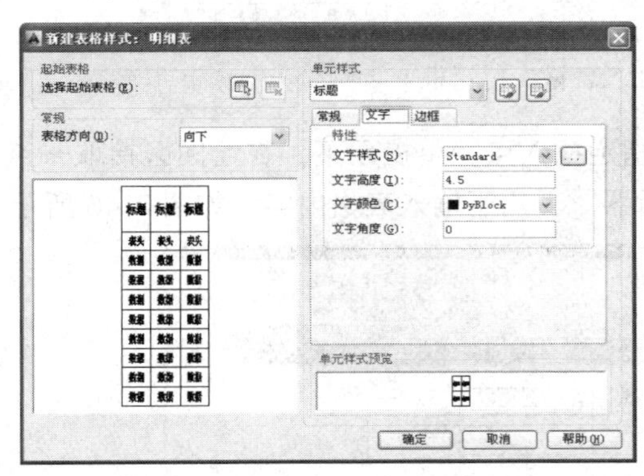

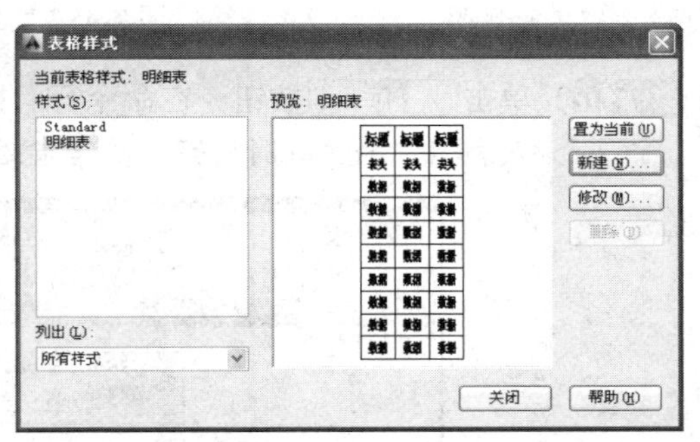

图 7-43　设置字高　　图 7-44　“表格样式”对话框

Step 11 单击 关闭 按钮，关闭“表格样式”对话框。

7.5.2　创建表格

AutoCAD 为用户提供了表格的创建与填充功能，使用“表格”命令不但可以创建表格，填充表格，还可以将表格链接至 Microsoft Excel 电子表格中的数据。执行“表格”命令主要有以下几种方式：

- ✧ 单击“默认”选项卡→“注释”面板→“表格”按钮▦。
- ✧ 选择菜单栏中的“绘图”→“表格”命令。
- ✧ 单击“绘图”工具栏→“表格”按钮▦。

✧ 在命令行输入 Table 后按 Enter 键。

✧ 使用快捷键 TB。

下面创建一个简易表格，学习“表格”命令的使用方法和操作技巧。具体操作步骤如下：

Step 01 继续上节操作。单击“默认”选项卡→“注释”面板→“表格”按钮▦，在打开的“插入表格”对话框中设置参数，如图 7-45 所示。

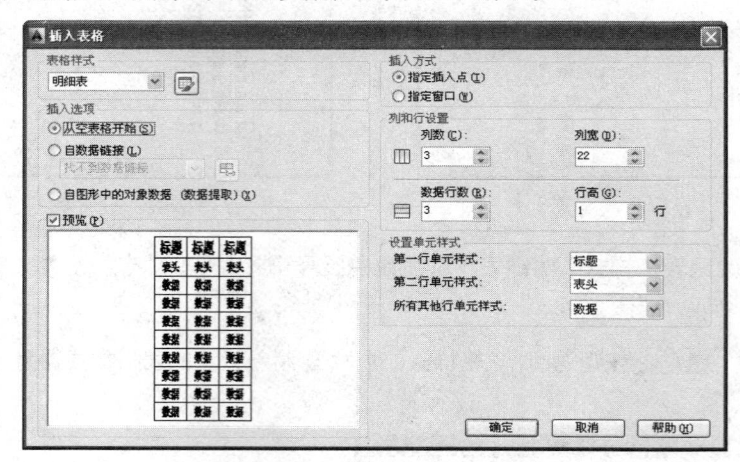

图 7-45 “插入表格”对话框

Step 02 单击 确定 按钮，在命令行“指定插入点：”提示下，在绘图区拾取一点，插入表格，系统同时打开“文字编辑器”，用于输入表格内容，如图 7-46 所示。

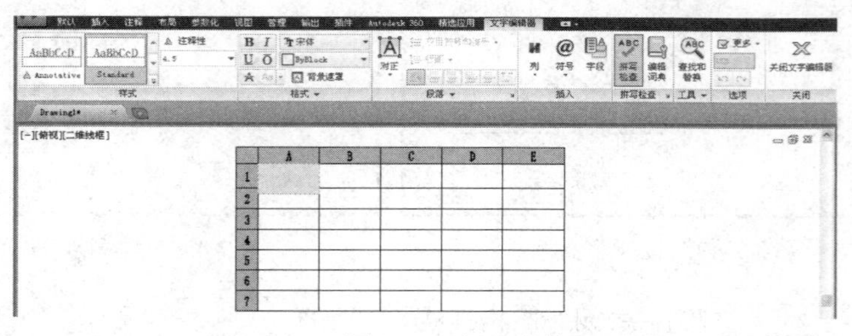

图 7-46 插入表格

Step 03 在反白显示的表格内输入“序号”，如图 7-47 所示。

Step 04 按下键盘上的 Tab 键或右方向键，在右侧的表格内输入“代号”，如图 7-48 所示。

	A	B	C	D	E
1	序号				
2					
3					
4					
5					
6					
7					

图 7-47 输入表格文字

	A	B	C	D	E
1	序号	代号			
2					
3					
4					
5					
6					
7					

图 7-48 输入表格文字

Step 05 按下 Tab 键，分别在其他表格内输入文字内容。结果如图 7-49 所示。

Step 06 关闭“文字编辑器”，所创建的明细表及表格列表题内容如图 7-50 所示。

	A	B	C	D	E
1	序号	代号	名称	数量	材料
2					
3					
4					
5					
6					
7					

图 7-49　输入列表题内容

序号	代号	名称	数量	材料

图 7-50　创建明细表

Note

选项解析

- ✧ “表格样式”选项组用于设置、新建或修改当前表格样式，还可以对样式进行预览。
- ✧ “插入选项”选项组用于设置表格的填充方式，具体有“从空表格开始”、“自数据链接”和“自图形中的对象数据（数据提取）”三种方式。
- ✧ “插入方式”选项组用于设置表格的插入方式。统共提供了“指定插入点”和“指定窗口”两种方式，默认方式为“指定插入点”方式。
- ✧ “列和行设置”选项组用于设置表格的列参数、行参数以及列宽和行宽参数。系统默认的列参数为 5、行参数为 1。
- ✧ “设置单元样式”选项组用于设置第一行、第二行或其他行的单元样式。
- ✧ 单击 Standard 右侧的按钮，打开“表格样式”对话框，此对话框用于设置、修改表格样式，或设置当前表格样式。

7.6 上机实训——标注户型图房间功能

本例通过为室内户型装修图标注房间功能，对本章所讲知识进行综合练习和巩固应用。户型图房间功能的最终标注效果如图 7-51 所示。

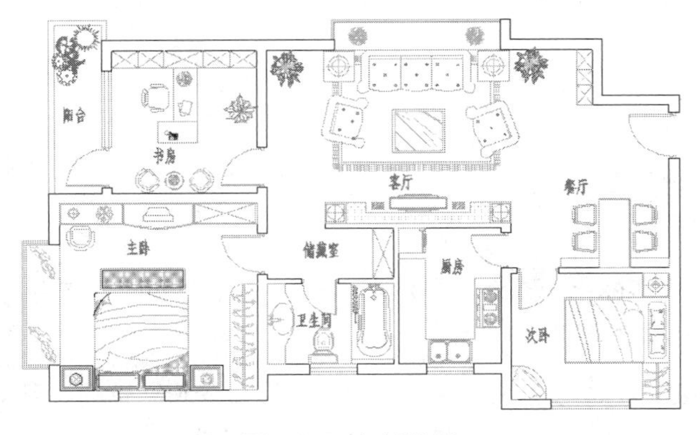

图 7-51　实例效果

操作步骤：

Note

Step 01 打开随书光盘中的“\素材文件\7-2.dwg”文件。

Step 02 单击“默认”选项卡→“注释”面板→“文字样式”按钮，在打开的“文字样式”对话框中设置名为“仿宋体”的新样式，如图 7-52 所示。

Step 03 单击“默认”选项卡→“注释”面板→“单行文字”按钮，在命令行“指定文字的起点或 [对正(J)/样式(S)]：”的提示下，在厨房房间内的适当位置上单击左键，拾取一点作为文字的起点。在命令行“指定高度<200.0>:”提示下输入 240，然后按 Enter 键。

Step 04 在“指定文字的旋转角度<0.00>：”提示下按 Enter 键，表示不旋转文字。此时绘图区会出现一个单行文字输入框，如图 7-53 所示。

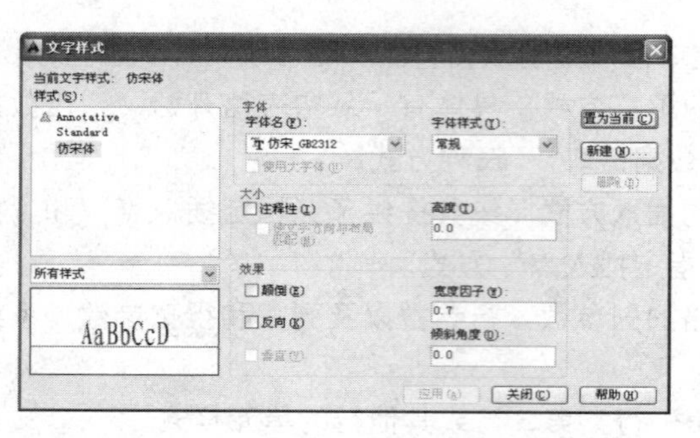

图 7-52　设置文字样式

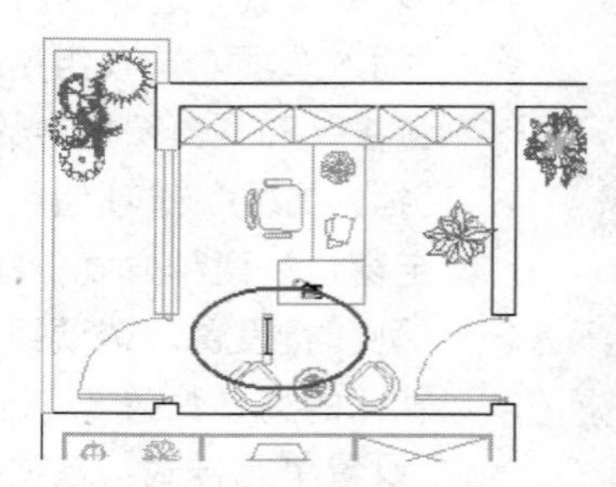

图 7-53　单行文字输入框

Step 05 在单行文字输入框内输入“书房”，此时所输入的文字出现在单行文字输入框内，如图 7-54 所示。

Step 06 按两次 Enter 键结束操作，标注结果如图 7-55 所示。

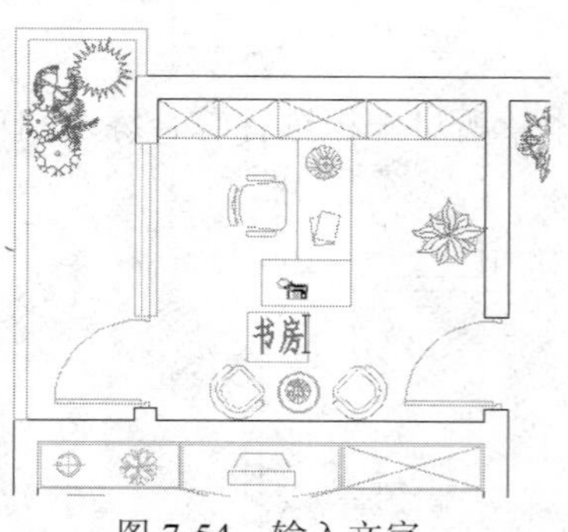

图 7-54　输入文字

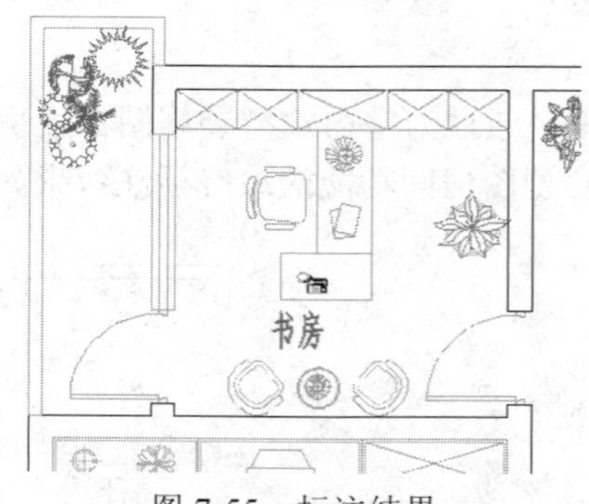

图 7-55　标注结果

Step 07 选择菜单栏中的“修改”→“复制”命令，将标注的单行文字注释分别复制到其他房间内。结果如图 7-56 所示。

Step 08 使用快捷键 ED 执行“编辑文字”命令，在命令行“选择注释对象或 [放弃(U)]:”提示下，选择阳台位置的文字，此时选择的文件反白显示，如图 7-57 所示。

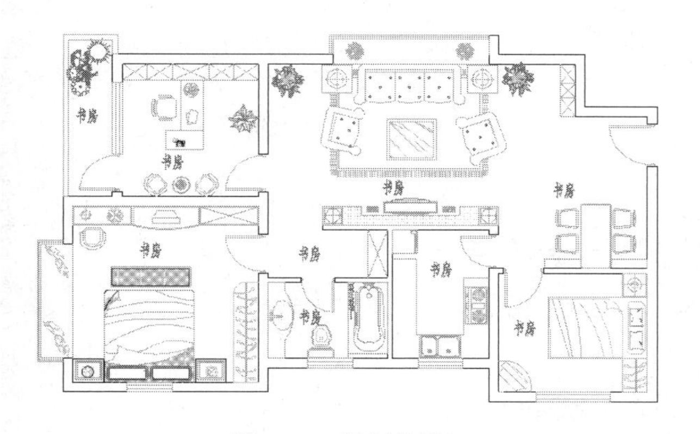

图 7-56 复制结果

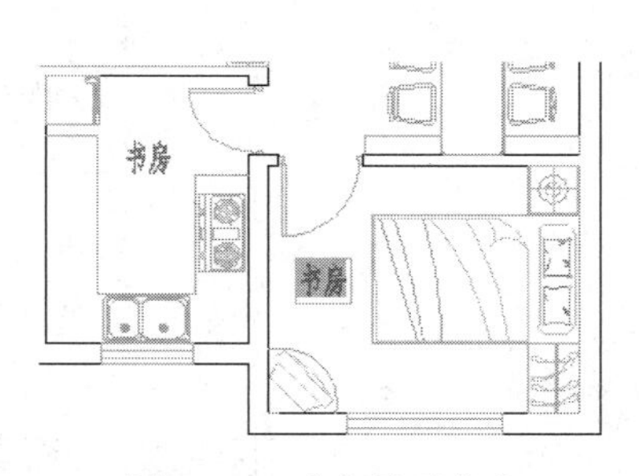

图 7-57 反白显示状态

Step 09 在反白显示的文字上输入正确的文字内容，如图 7-58 所示。

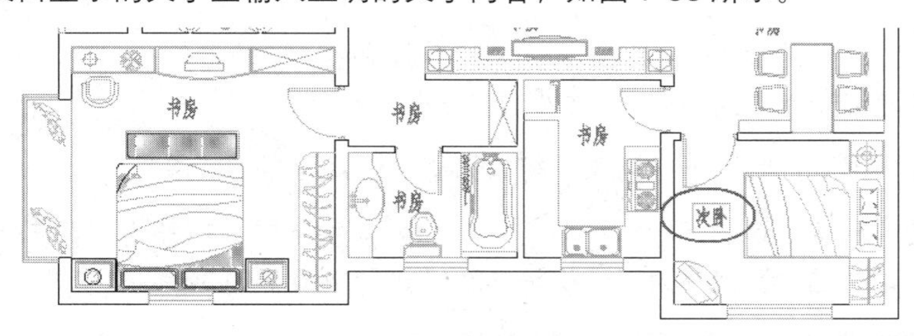

图 7-58 输入文字

Step 10 按 Enter 键，继续在命令行"选择注释对象或 [放弃(U)]:"提示下，分别选择其他位置的文字注释，输入正确的文字内容。结果如图 7-59 所示。

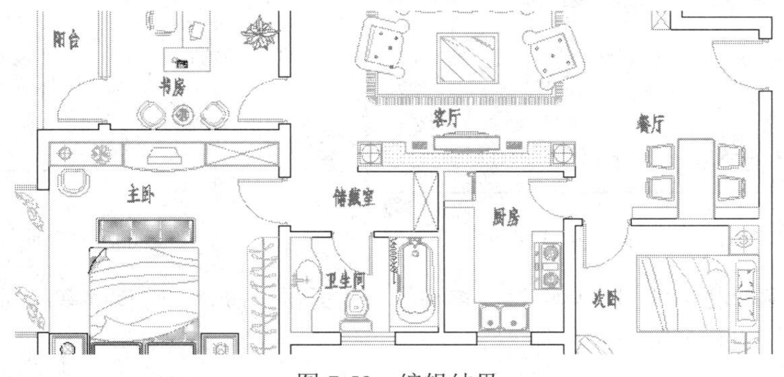

图 7-59 编辑结果

Step 11 执行"另存为"命令，将图形另名存储为"上机实训一.dwg"。

7.7 上机实训二——标注户型图房间面积

本例通过为室内户型装修图标注房间使用面积，对本章所讲知识进行综合练习和巩固应用。户型图房间面积的最终标注效果如图 7-60 所示。

图 7-60　实例效果

操作步骤：

Step 01 打开随书光盘中的“\素材文件\7-3.dwg”文件。

Step 02 展开“图层控制”下拉列表，将“面积”设置为当前图层。

Step 03 单击“默认”选项卡→“注释”面板→“文字样式”按钮，在打开的“文字样式”对话框中设置名为“面积”的新样式，如图 7-61 所示。

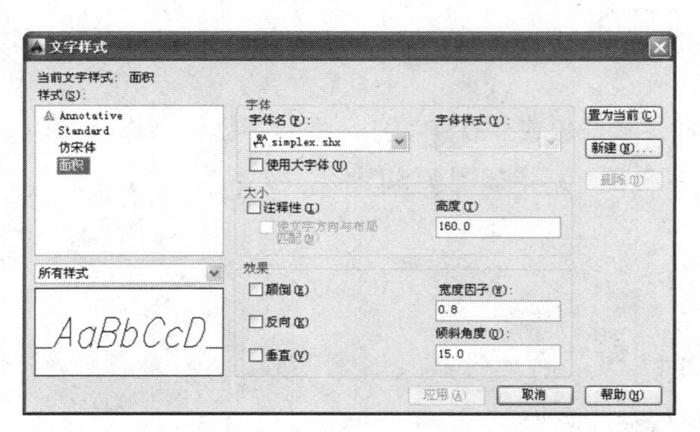

图 7-61　设置文字样式

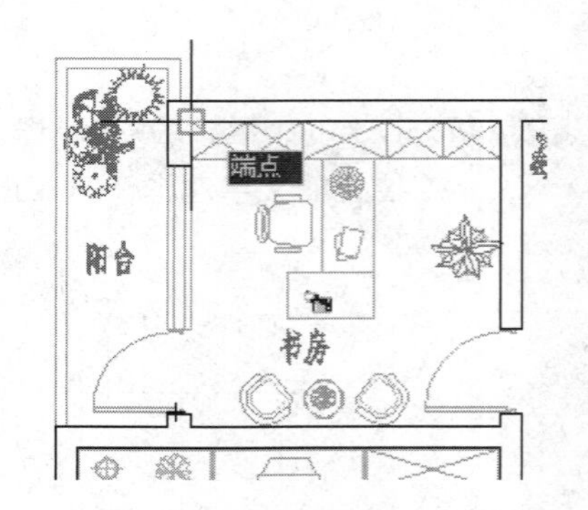

图 7-62　捕捉端点

Step 04 选择菜单栏中的“工具”→“查询”→“面积”命令，查询卧室房间的使用面积。命令行操作如下：

```
命令：_MEASUREGEOM
输入选项 [距离(D)/半径(R)/角度(A)/面积(AR)/体积(V)] <距离>：_area
指定第一个角点或 [对象(O)/增加面积(A)/减少面积(S)/退出(X)] <对象(O)>：
                                                    //捕捉如图 7-62 所示的端点
指定下一个点或 [圆弧(A)/长度(L)/放弃(U)]：          //捕捉如图 7-63 所示的端点
指定下一个点或 [圆弧(A)/长度(L)/放弃(U)]：          //捕捉如图 7-64 所示的端点
指定下一个点或 [圆弧(A)/长度(L)/放弃(U)/总计(T)] <总计>：
 //捕捉如图 7-65 所示的端点
指定下一个点或 [圆弧(A)/长度(L)/放弃(U)/总计(T)] <总计>://Enter
```

```
区域 = 7700000.0，周长 = 11100.0
输入选项 [距离(D)/半径(R)/角度(A)/面积(AR)/体积(V)/退出(X)] <面积>: //X Enter
```

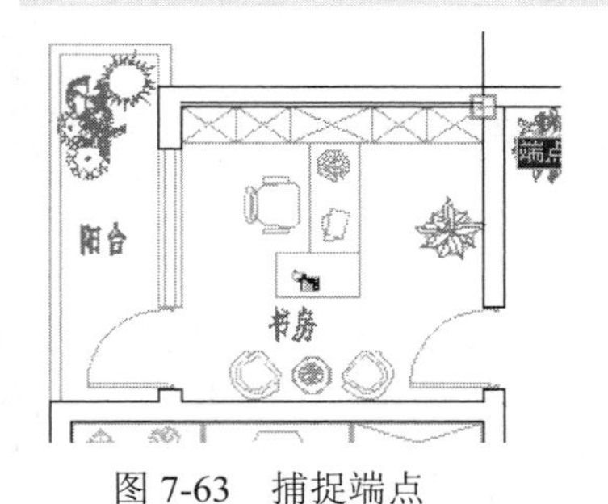

图 7-63　捕捉端点

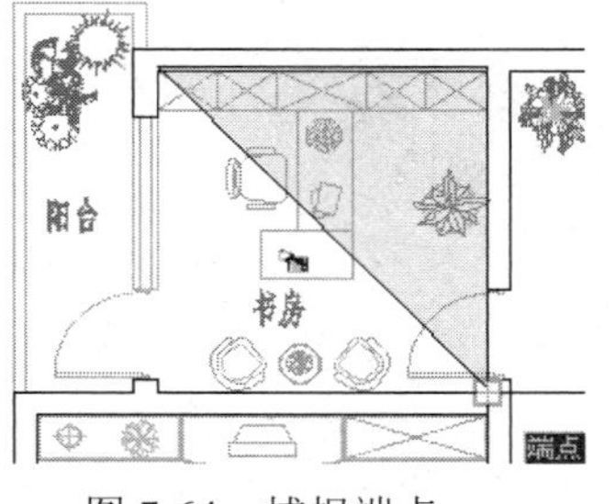

图 7-64　捕捉端点

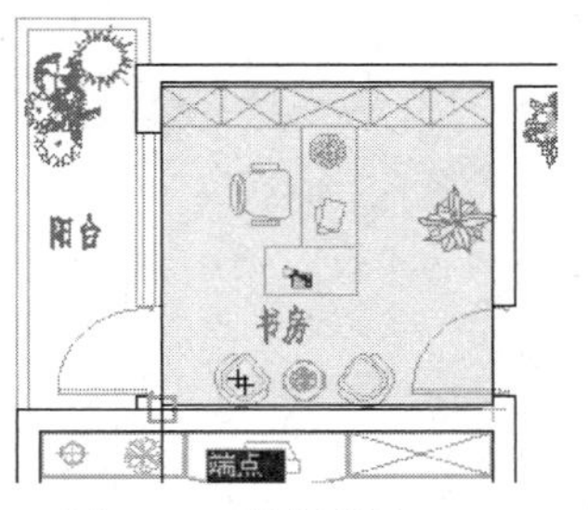

图 7-65　捕捉端点

Step 05 重复执行“面积”命令，配合端点捕捉或交点捕捉功能分别查询其他房间的使用面积。

Step 06 单击“默认”选项卡→“注释”面板→“多行文字”按钮 A，拉出如图 7-66 所示的矩形选择框，打开“文字编辑器”。

Step 07 在“文字编辑器”内输入阳台位置的使用面积，如图 7-67 所示。

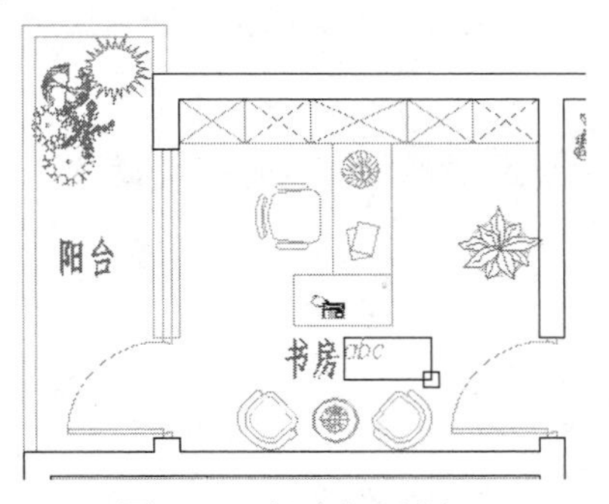

图 7-66　拉出矩形框

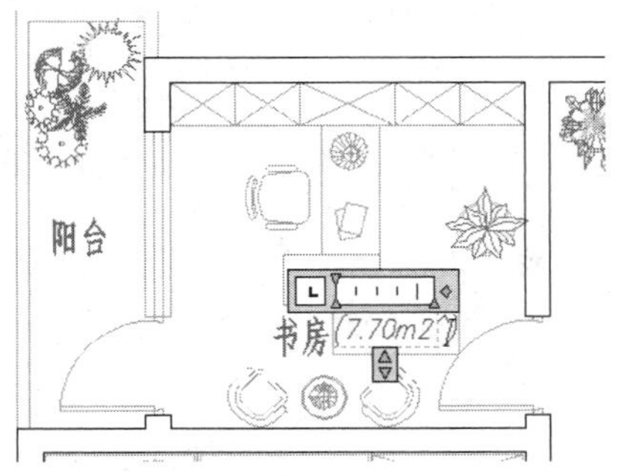

图 7-67　输入使用面积

Step 08 在下侧的多行文字输入框内选择“2^”，然后单击“文字编辑器”中的“堆叠”按钮，对数字 2 进行堆叠。结果如图 7-68 所示。

Step 09 单击“文字编辑器”选项卡→“关闭文字编辑器”按钮，结束“多行文字”命令。标注结果如图 7-69 所示。

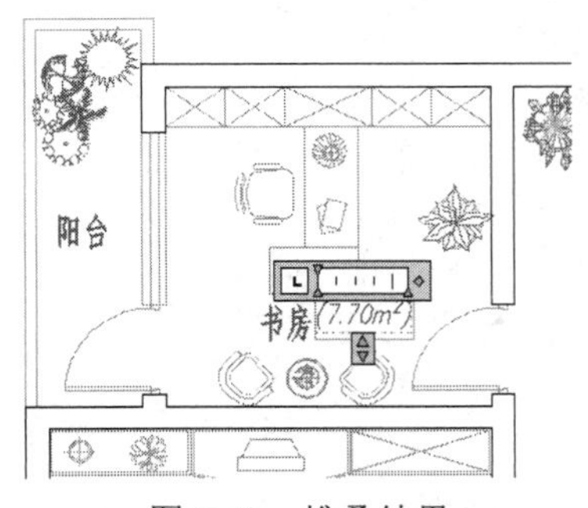

图 7-68　堆叠结果

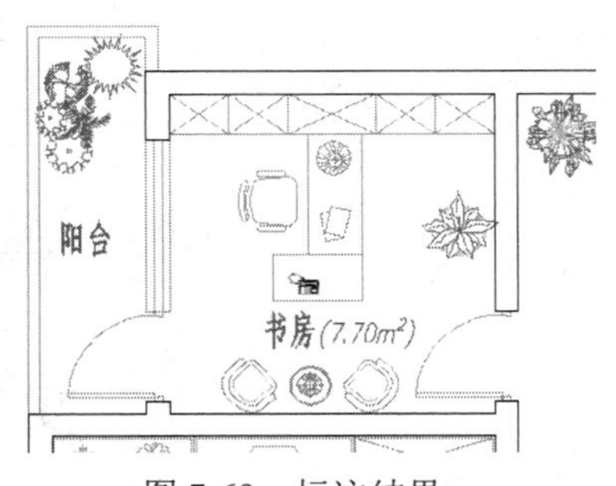

图 7-69　标注结果

Note

Step 10 选择菜单栏中的“修改”→“复制”命令，将标注的面积分别复制到其他房间内。结果如图 7-70 所示。

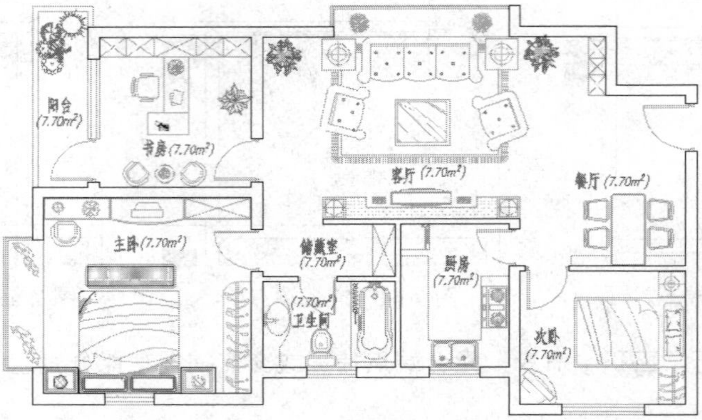

图 7-70　复制结果

Step 11 选择菜单栏中的“修改”→“对象”→“文字”→“编辑”命令，或在需要编辑的文字对象上双击左键，打开如图 7-71 所示的“文字编辑器”。

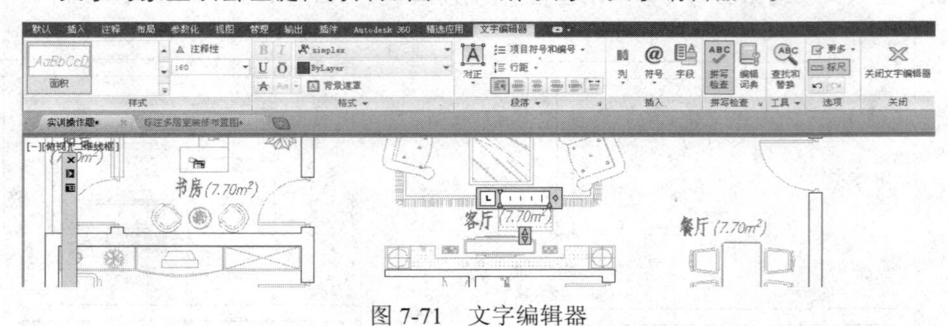

图 7-71　文字编辑器

Step 12 在多行文字输入框内输入正确的文字内容，如图 7-72 所示。

Step 13 单击“文字编辑器”选项卡→“关闭文字编辑器”按钮，结束“多行文字”命令。标注结果如图 7-73 所示。

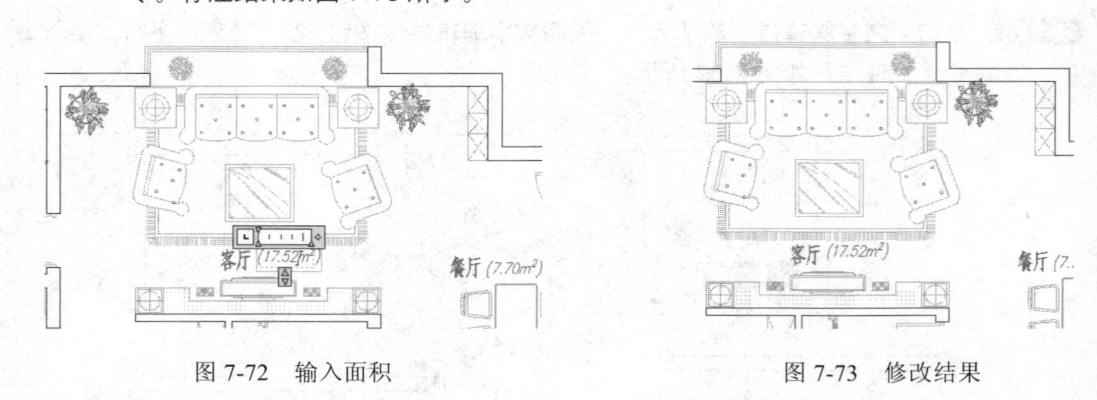

图 7-72　输入面积　　　　图 7-73　修改结果

Step 14 参照 11～13 操作步骤，分别修改其他位置的使用面积。结果如图 7-74 所示。

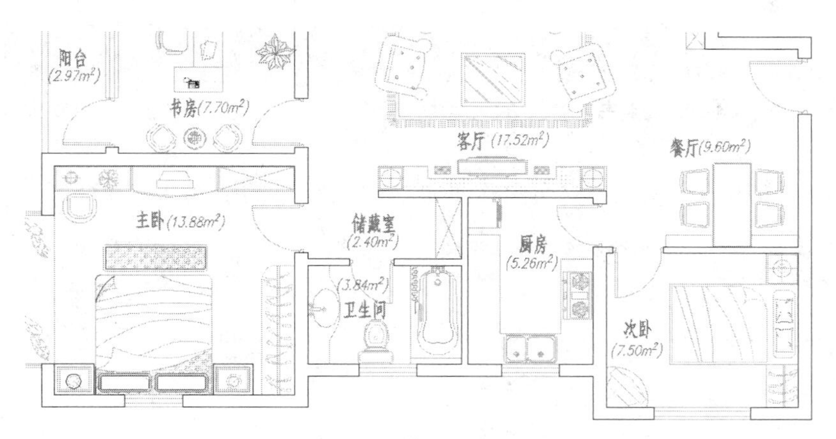

图 7-74 修改其他面积

Step 15 执行“另存为”命令，将图形另名存储为“上机实训二.dwg”。

7.8 小结与练习

7.8.1 小结

本章主要集中讲述了 AutoCAD 的文字、表格、字符等的创建功能和图形信息的查询功能，通过本章的学习，读者应了解和掌握单行文字与多行文字的区别、创建方式及修改技巧；掌握文字样式的设置及特殊字符的输入技巧。除此之外，还需要熟练掌握表格的设置、创建、填充以及一些图形信息的查询功能。

7.8.2 练习

1. 结合运用相关知识，为户型图标注如图 7-75 所示的文字注释。

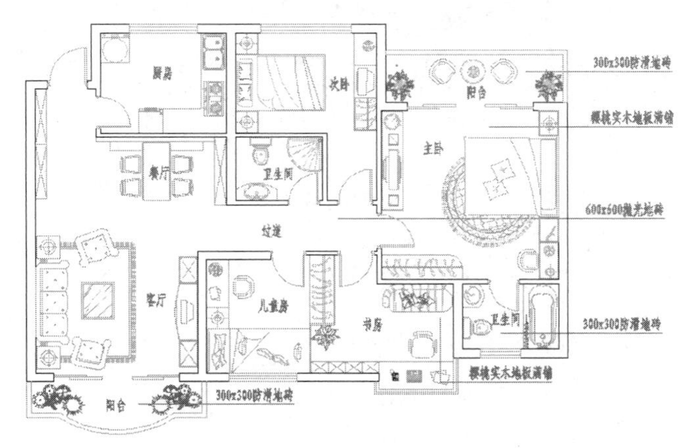

图 7-75 练习一

操作提示：

本练习所需素材文件位于随书光盘中的“素材文件”文件夹，文件名为“7-4.dwg”。

Note

2. 结合运用相关知识，为立面图标注如图 7-76 所示的引线文字注释。

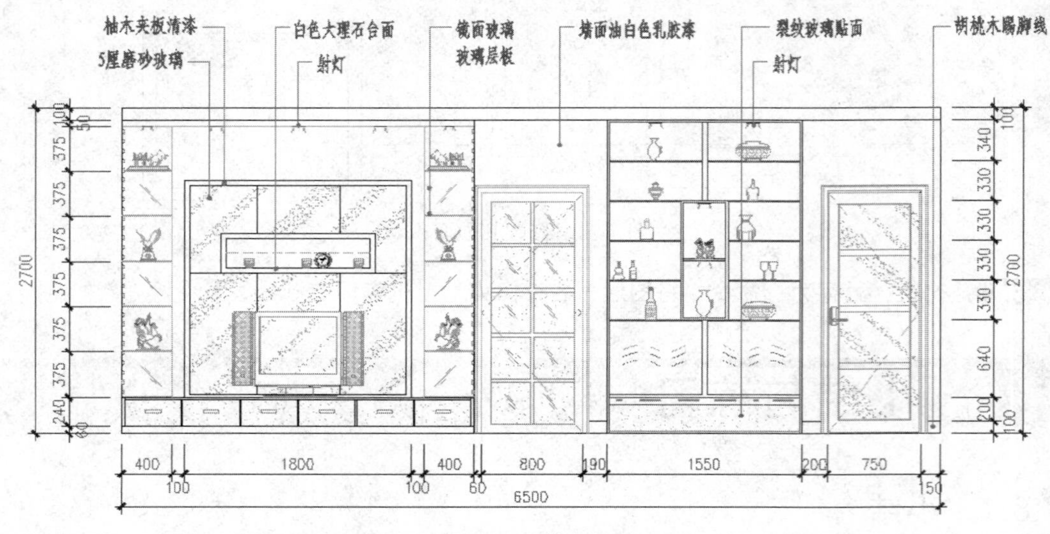

图 7-76 练习二

操作提示：

本练习所需素材文件位于随书光盘中的“素材文件”文件夹，文件名为“7-5.dwg”。

室内设计中的尺寸标注

尺寸标注也是图纸的重要组成部分，是指导施工员现场施工的重要依据，它能将图形间的相互位置关系以及形状等进行数字化、参数化，以更直观地表达图形的尺寸。本章将学习 AutoCAD 庞大的尺寸标注功能和尺寸编辑功能。

内容要点

- ♦ 标注直线尺寸
- ♦ 标注曲线尺寸
- ♦ 标注复合尺寸
- ♦ 尺寸样式管理器
- ♦ 尺寸编辑与更新
- ♦ 上机实训——标注户型布置图尺寸
- ♦ 小结与练习

Note

8.1 标注直线尺寸

根据不同的图形结构，AutoCAD 为用户提供了不同的尺寸标注工具，这些尺寸标注工具都被组织在图 8-1 所示的菜单栏上和图 8-2 所示的工具栏上。本节主要学习直线型尺寸的标注工具，具体有“线性”、“对齐”、“角度”、“坐标”四个标注命令。

快速标注(Q)
线性(L)
对齐(G)
弧长(H)
坐标(O)
半径(R)
折弯(J)
直径(D)
角度(A)
基线(B)
连续(C)
标注间距(P)
标注打断(K)
多重引线(E)
公差(T)...
圆心标记(M)
检验(I)
折弯线性(J)
倾斜(Q)
对齐文字(X)
标注样式(S)...
替代(V)
更新(U)
重新关联标注(N)

样式

图 8-1　标注菜单图　　图 8-2　标注工具栏

8.1.1 标注线性尺寸

“线性”命令主要用于标注两点之间的水平尺寸或垂直尺寸，是一种比较常用的标注工具。执行“线性”命令主要有以下几种方式：

- ✧ 单击“注释”选项卡→“标注”面板→“线性”按钮。
- ✧ 选择菜单栏中的“标注”→“线性”命令。
- ✧ 单击“标注”工具栏→“线性”按钮。
- ✧ 在命令行输入 Dimlinear 或 Dimlin 后按 Enter 键。

下面通过标注如图 8-3 所示的长度尺寸和垂直尺寸，学习使用“线性”命令。具体操作过程如下：

Step 01 打开随书光盘中的“\素材文件\8-1.dwg”，如图 8-4 所示。

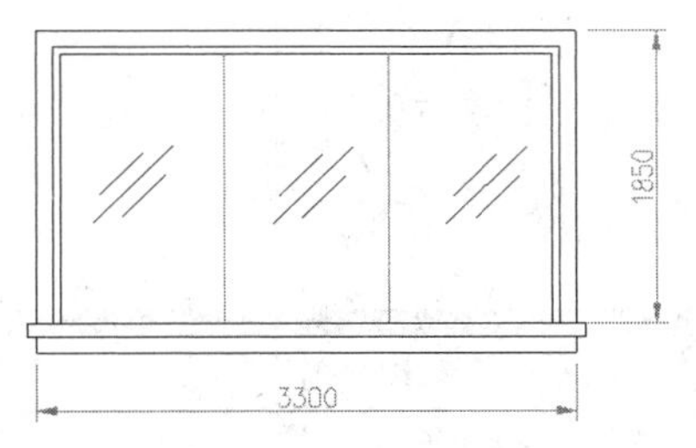

图 8-3　线性尺寸示例

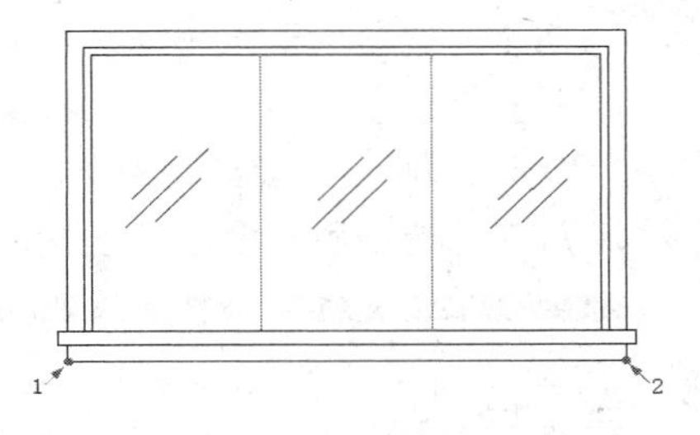

图 8-4　打开结果

Step 02 单击“注释”选项卡→“标注”面板→“线性”按钮，配合端点捕捉功能标注下侧的长度尺寸。命令行操作如下：

```
命令: _dimlinear
指定第一个尺寸界线原点或 <选择对象>:      //捕捉图 8-4 所示的端点 1
指定第二条尺寸界线原点:                  //捕捉图 8-4 所示的端点 2
指定尺寸线位置或[多行文字(M)/文字(T)/角度(A)/水平(H)/垂直(V)/旋转(R)]:
//向下移动光标，在适当位置拾取一点，以定位尺寸线的位置，标注结果如图 8-5 所示
标注文字 = 3300
```

Step 03 重复执行“线性”命令，配合端点捕捉功能标注宽度尺寸。命令行操作如下：

```
命令:                                    //Enter，重复执行“线性”命令
DIMLINEAR 指定第一个尺寸界线原点或 <选择对象>:   //Enter
选择标注对象:                              //单击如图 8-6 所示的垂直边
指定尺寸线位置或[多行文字(M)/文字(T)/角度(A)/水平(H)/垂直(V)/旋转(R)]:
//水平向右移动光标，然后在适当位置指定尺寸线位置，标注结果如图 8-3 所示
标注文字 = 1850
```

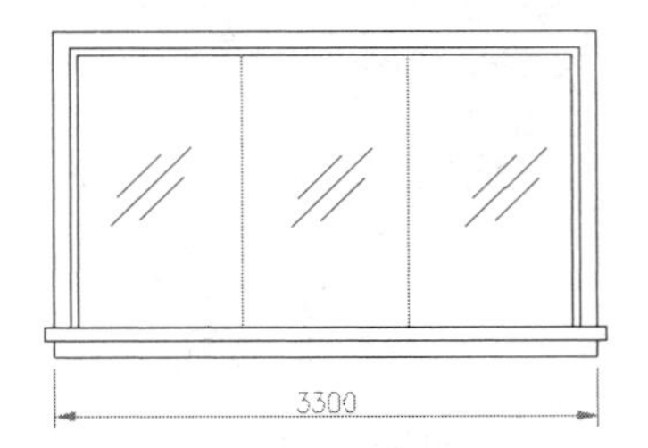

图 8-5　标注长度尺寸

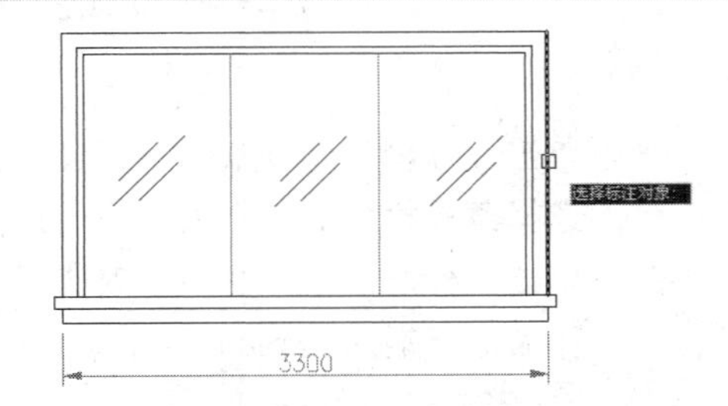

图 8-6　选择垂直边

选项解析

- ✧ “多行文字”选项主要是在如图 8-7 所示的“文字格式”编辑器内，手动输入尺寸的文字内容，或者为尺寸文字添加前后缀等。
- ✧ “文字”选项主要是通过命令行，手动输入尺寸文字的内容。
- ✧ “角度”选项用于设置尺寸文字的旋转角度，如图 8-8 所示。激活该选项后，命令行出现“指定标注文字的角度:”的提示，用户可根据此提示，输入标注角度值来放置尺寸文本。

Note

- ✧ “水平”选项用于标注两点之间的水平尺寸。
- ✧ “垂直”选项主要用于标注两点之间的垂直尺寸，当激活该选项后，无论如何移动光标，所标注的始终是对象的垂直尺寸。
- ✧ “旋转”选项用于设置尺寸线的旋转角度。

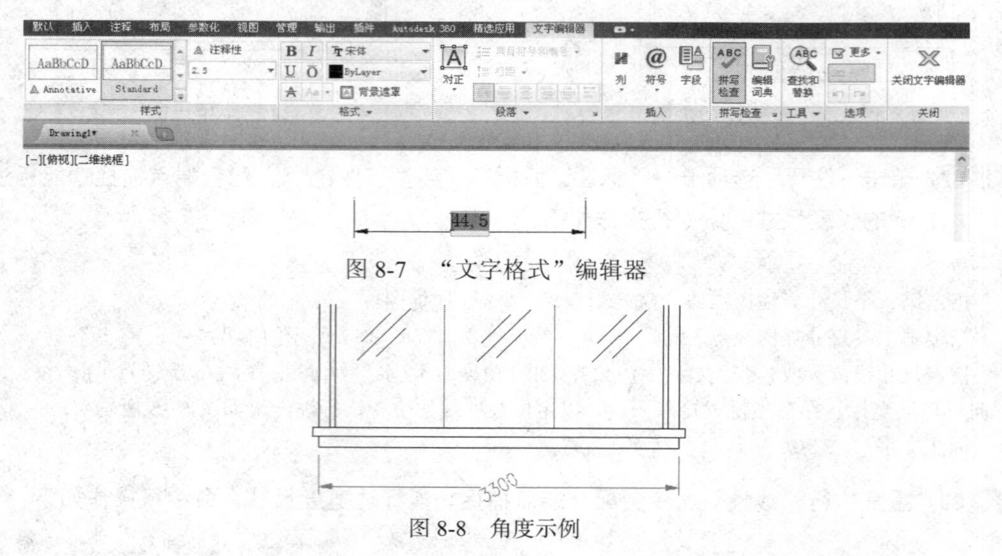

图 8-7 “文字格式”编辑器

图 8-8 角度示例

8.1.2 标注对齐尺寸

“对齐”命令主要用于标注平行于所选对象或平行于两尺寸界线原点连线的直线型尺寸，此命令比较适合标注倾斜图线的尺寸。执行“对齐”命令主要有以下几种方式：

- ✧ 单击“注释”选项卡→“标注”面板→“对齐”按钮。
- ✧ 选择菜单栏中的“标注”→“对齐”命令。
- ✧ 单击“标注”工具栏→“对齐”按钮。
- ✧ 在命令行输入 Dimaligned 或 Dimali 后按 Enter 键。

下面通过标注对齐尺寸，主要学习“对齐”命令的使用方法和技巧。操作步骤如下：

Step 01 打开随书光盘中的“\素材文件\8-2.dwg”文件。

Step 02 单击“注释”选项卡→“标注”面板→“对齐”按钮，配合端点捕捉功能标注对齐线尺寸。命令行操作如下：

```
命令: _dimaligned
指定第一个尺寸界线原点或 <选择对象>:    //捕捉如图 8-9 所示的端点
指定第二条尺寸界线原点:                  //捕捉如图 8-10 所示的端点
指定尺寸线位置或[多行文字(M)/文字(T)/角度(A)]:    //在适当位置指定尺寸线位置
标注文字 = 13600
```

Step 03 标注结果如图 8-11 所示。

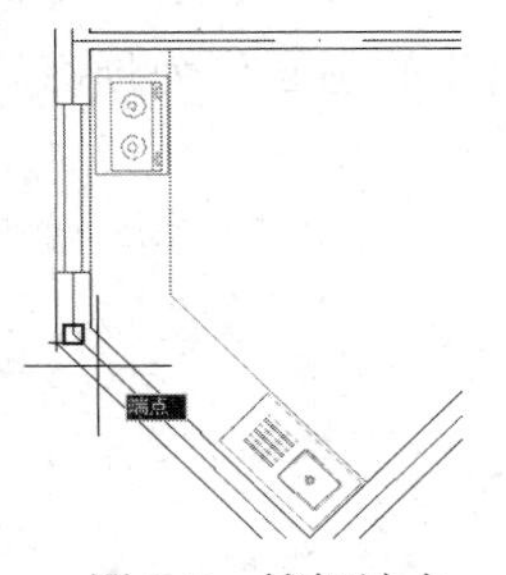
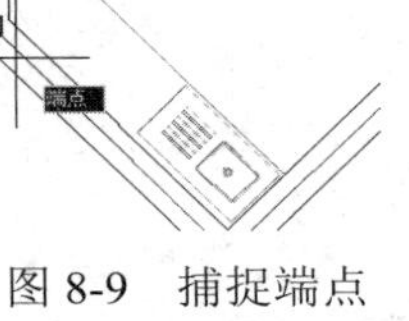

图 8-9　捕捉端点

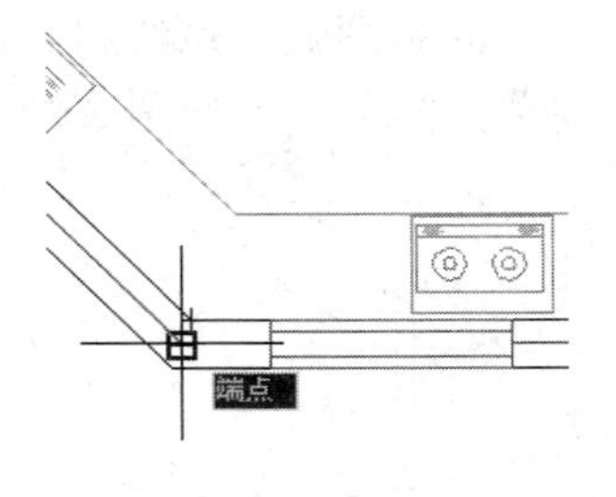

图 8-10　捕捉端点

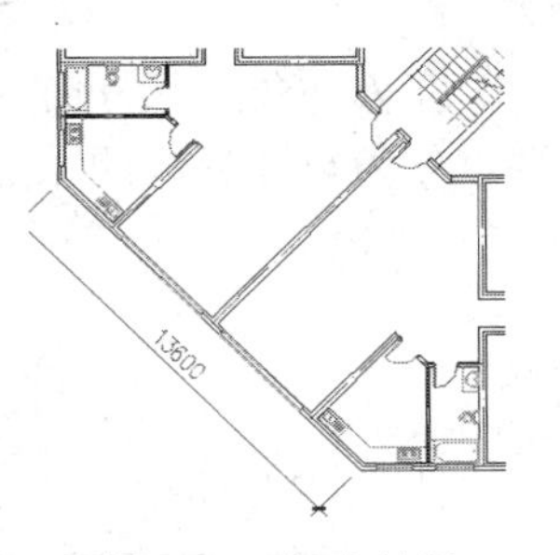

图 8-11　标注结果

8.1.3　标注角度尺寸

“角度”命令主要用于标注图线间的角度尺寸或者是圆弧的圆心角等，执行“角度”命令主要有以下几种方式：

- ✧ 单击“注释”选项卡→“标注”面板→“角度”按钮。
- ✧ 选择菜单栏中的“标注”→“角度”命令。
- ✧ 单击“标注”工具栏→“角度”按钮。
- ✧ 在命令行输入 Dimangular 或 Dimang 后按 Enter 键。

下面通过标注矩形对角线与水平边的角度尺寸，学习使用“角度”命令。具体操作过程如下：

Step 01 打开随书光盘中的“\素材文件\8-3.dwg”，如图 8-12 所示。

Step 02 单击“注释”选项卡→“标注”面板→“角度”按钮，配合端点捕捉功能标注角度尺寸。命令行操作如下：

```
    命令: _dimangular
选择圆弧、圆、直线或 <指定顶点>:        //单击矩形的对角线
选择第二条直线:                        //单击矩形的下侧水平边
指定标注弧线位置或 [多行文字(M)/文字(T)/角度(A) /象限点(Q)]:
                                      //在适当位置拾取一点，定位尺寸线位置
标注文字 = 33
```

Step 03 标注结果如图 8-13 所示。

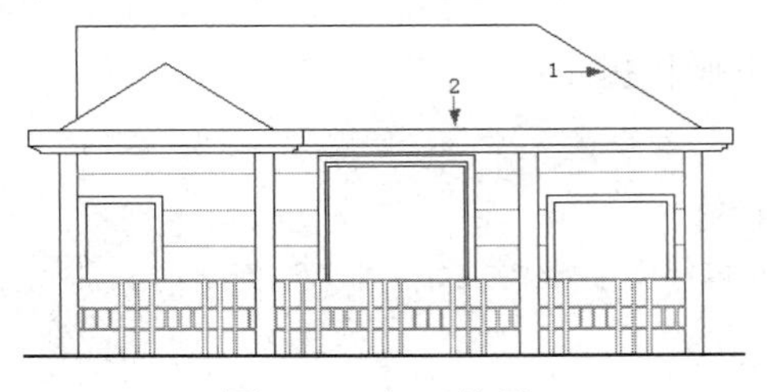

图 8-12　打开结果

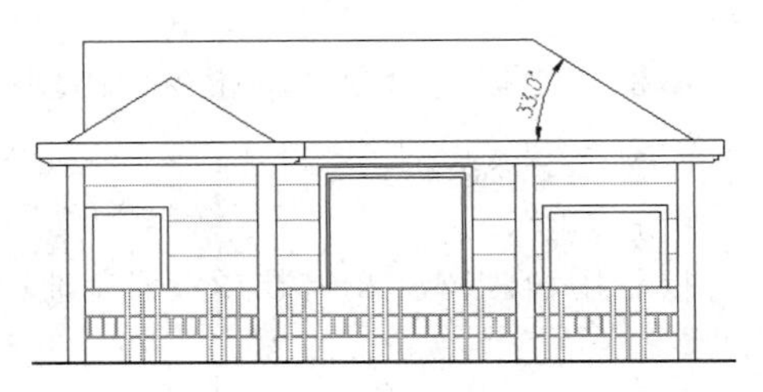

图 8-13　标注结果

Step 04 重复执行“角度”命令，标注左侧的角度尺寸。结果如图 8-14 所示。

在标注角度尺寸时，如果选择的是圆弧，系统将自动以圆弧的圆心作为顶点，圆弧端点作为尺寸界线的原点，标注圆弧的角度，如图 8-15 所示。

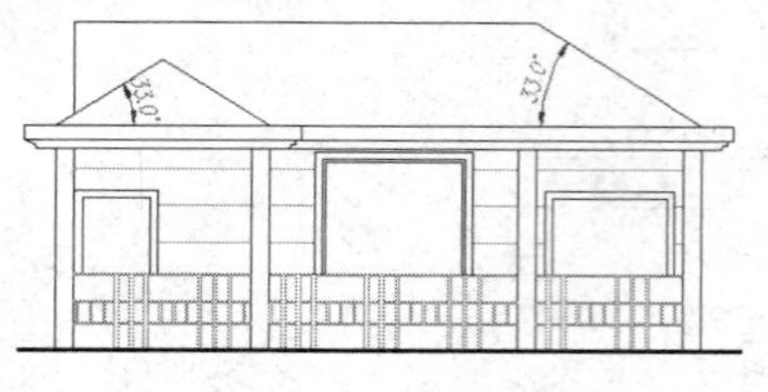

图 8-14　标注结果

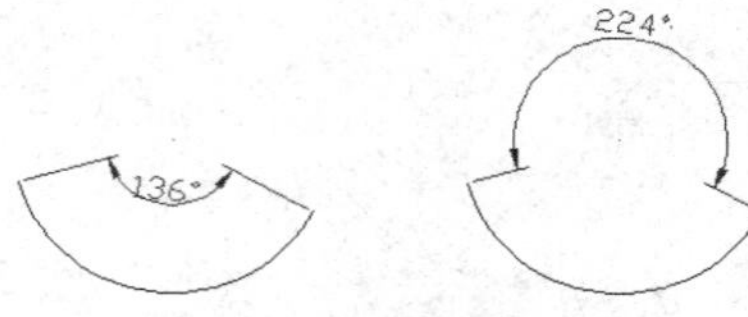

图 8-15　圆弧标注示例

小技巧：

如果选择的对象为圆，系统将以选择的点作为第一个尺寸界线的原点，以圆心作为顶点，第二条尺寸界线的原点可以位于圆上，也可以在圆外或圆内，如图 8-16 所示。

8.1.4　标注点的坐标

“坐标”命令用于标注点的 X 坐标值和 Y 坐标值，所标注的坐标为点的绝对坐标，如图 8-17 所示。执行“坐标”命令主要有以下几种方式：

- ✧　单击“注释”选项卡→“标注”面板→“坐标”按钮。
- ✧　选择菜单栏中的“标注”→“坐标”命令。
- ✧　单击“标注”工具栏→“坐标”按钮。
- ✧　在命令行输入 Dimordinate 或 Dimord 后按 Enter 键。

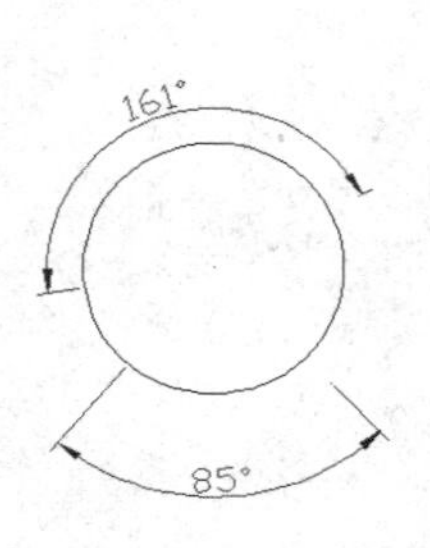

图 8-16　圆标注示例

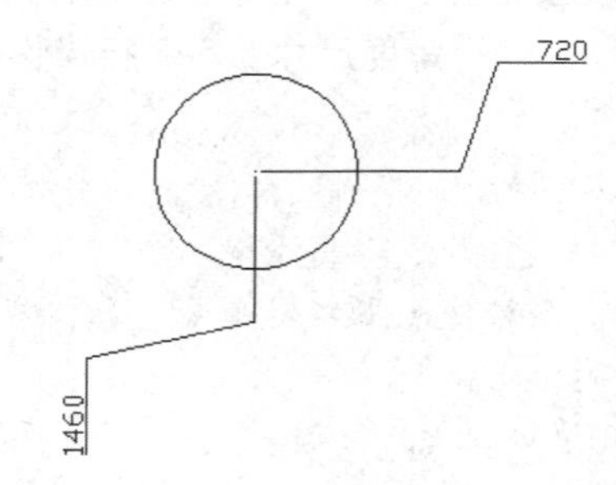

图 8-17　点坐标标注示例

激活“坐标”命令后，命令行出现如下操作提示：

```
命令: _dimordinate
指定点坐标:                              //捕捉点
指定引线端点或 [X 基准(X)/Y 基准(Y)/多行文字(M)/文字(T)/角度(A)]: //定位引线端点
```

小技巧：

上下移动光标，则可以标注点的 X 坐标值；左右移动光标，则可以标注点的 Y 坐标值。另外，使用“X 基准”选项，可以强制性地标注点的 X 坐标，不受光标引导方向的限制；使用“Y 基准”选项可以标注点的 Y 坐标。

8.2 标注曲线尺寸

本节学习“半径”、“直径”、“弧长”、“折弯”等命令的操作方法和操作技巧。

8.2.1 标注半径尺寸

“半径”命令用于标注圆、圆弧的半径尺寸，所标注的半径尺寸由一条指向圆或圆弧的带箭头的半径尺寸线组成，当用户采用系统的实际测量值标注文字时，系统会在测量数值前自动添加“R”，如图 8-18 所示。

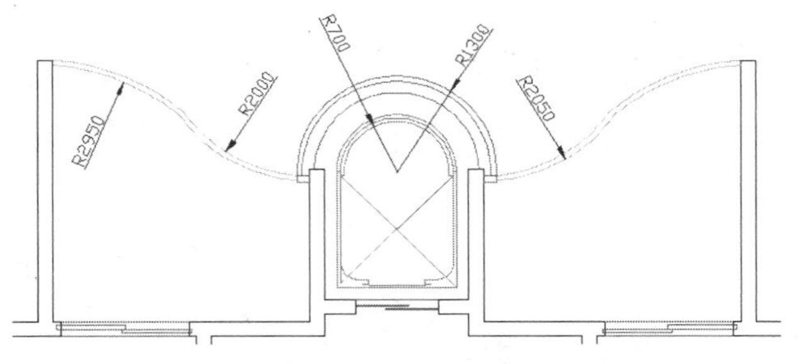

图 8-18　半径尺寸示例

执行“半径”命令主要有以下几种方式：

- ✧ 单击“注释”选项卡→“标注”面板→“半径”按钮。
- ✧ 选择菜单栏中的“标注”→“半径”命令。
- ✧ 单击“标注”工具栏→“半径”按钮。
- ✧ 在命令行输入 Dimradius 或 Dimrad 后按 Enter 键。

激活“半径”命令后，AutoCAD 命令行会出现如下操作提示：

```
命令: _dimradius
选择圆弧或圆:                    //选择需要标注的圆或弧对象
标注文字 = 55
指定尺寸线位置或 [多行文字(M)/文字(T)/角度(A)]:   //指定尺寸的位置
```

8.2.2　标注直径尺寸

“直径”命令用于标注圆或圆弧的直径尺寸，如图 8-19 所示。当用户采用系统的实际测量值标注文字时，系统会在测量数值前自动添加“Ø”。

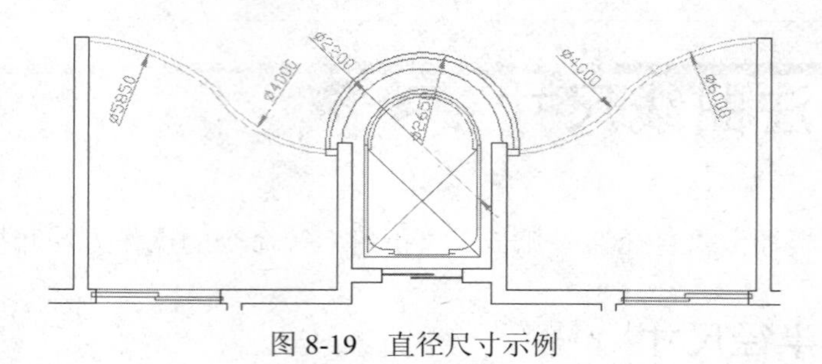

图 8-19　直径尺寸示例

执行“直径”命令主要有以下几种方式：

- ✧ 单击“注释”选项卡→“标注”面板→“直径”按钮。
- ✧ 选择菜单栏中的“标注”→“直径”命令。
- ✧ 单击“标注”工具栏→“直径”按钮。
- ✧ 在命令行输入 Dimdiameter 或 Dimdia。

激活“直径”命令后，AutoCAD 命令行会出现如下操作提示：

```
命令: _dimdiameter
选择圆弧或圆:                                          //选择需要标注的圆或圆弧
标注文字 = 110
指定尺寸线位置或 [多行文字(M)/文字(T)/角度(A)]:         //指定尺寸的位置
```

8.2.3　标注弧长尺寸

“弧长”命令主要用于标注圆弧或多段线弧的长度尺寸，默认设置下，会在尺寸数字的一端添加弧长符号，如图 8-20 所示。

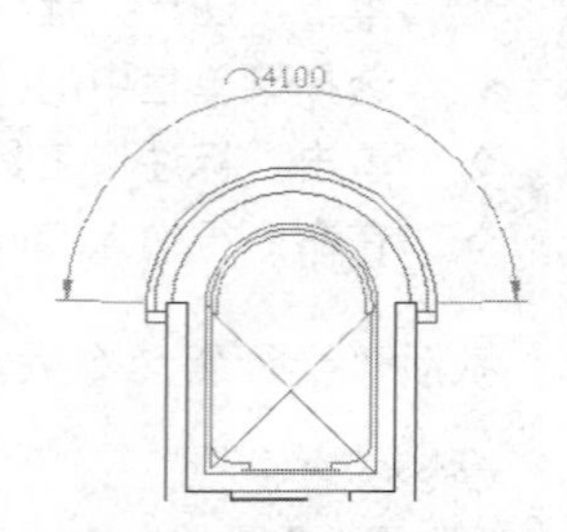

图 8-20　弧长标注示例

执行“弧长”命令主要有以下几种方式：

- ✧ 单击“注释”选项卡→“标注”面板→“弧长”按钮。
- ✧ 选择菜单栏中的“标注”→“弧长”命令。
- ✧ 单击“标注”工具栏→“弧长”按钮。
- ✧ 在命令行输入 Dimarc 后按 Enter 键。

激活“弧长”命令后，AutoCAD 命令行会出现如下操作提示：

```
命令: _dimarc
```

```
选择弧线段或多段线弧线段:              //选择需要标注的弧线段
指定弧长标注位置或 [多行文字(M)/文字(T)/角度(A)/部分(P)/引线(L)]:
                                      //指定弧长尺寸的位置
标注文字 = 160
```

Note

● 标注部分弧长

使用命令中的“部分”选项功能，可以标注圆弧或多段线弧上的部分弧长。下面通过具体的实例，学习此种标注功能。

Step 01 绘制一段圆弧，如图 8-21 所示。

Step 02 执行“弧长”命令，根据命令行提示标注弧的部分弧长。命令行操作如下：

```
命令: _dimarc
选择弧线段或多段线弧线段:          //选择需要标注的弧线段
指定弧长标注位置或 [多行文字(M)/文字(T)/角度(A)/部分(P)/引线(L)]:
                                  //P Enter，执行“部分”选项
指定圆弧长度标注的第一个点:        //捕捉圆弧的中点
指定圆弧长度标注的第二个点:        //捕捉圆弧端点
指定弧长标注位置或 [多行文字(M)/文字(T)/角度(A)/部分(P)/]:
  //在弧的上侧拾取一点，以指定尺寸位置
```

Step 03 标注结果如图 8-22 所示。

● “引线”选项

“引线”选项用于为圆弧的弧长尺寸添加指示线，如图 8-23 所示。指示线的一端指向所选择的圆弧对象，另一端连接弧长尺寸。

图 8-21 绘制圆弧

图 8-22 标注结果

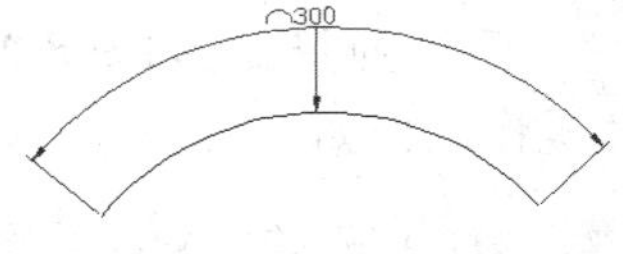

图 8-23 引线选项示例

8.2.4 标注折弯尺寸

“折弯”命令主要用于标注含有折弯的半径尺寸，其中，引线的折弯角度可以根据需要进行设置，如图 8-24 所示。执行“折弯”命令主要有以下几种方式：

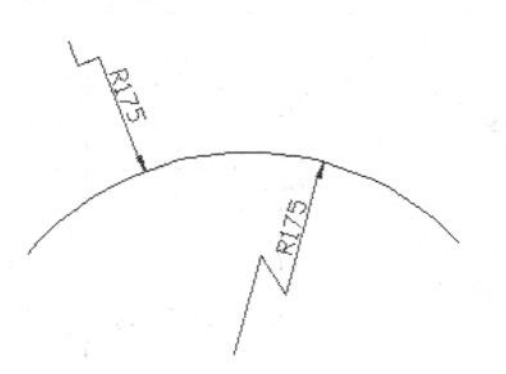

图 8-24 折弯尺寸

- ✧ 单击“注释”选项卡→“标注”面板→“折弯”按钮。
- ✧ 选择菜单栏中的“标注”→“折弯”命令。
- ✧ 单击“标注”工具栏→“折弯”按钮。
- ✧ 在命令行输入 Dimjogged 后按 Enter 键。

激活“折弯”命令后，AutoCAD 命令行有如下操作提示：

Note

```
命令： _dimjogged
选择圆弧或圆：                                    //选择弧或圆作为标注对象
指定图示中心位置：                                //指定中心线位置
标注文字 = 175
指定尺寸线位置或 [多行文字(M)/文字(T)/角度(A)]：  //指定尺寸线位置
指定折弯位置：                                    //定位折弯位置
```

8.3 标注复合尺寸

本节将学习“基线”、“连续”、“快速标注”等命令的操作方法和操作技巧。

8.3.1 标注基线尺寸

“基线”命令属于一个复合尺寸工具，此工具需要在现有尺寸的基础上，以所选择的尺寸界限作为基线尺寸的尺寸界限创建基线尺寸，如图 8-25 所示。执行“基线”命令主要有以下几种方式：

- ✧ 单击“注释”选项卡→“标注”面板→“基线”按钮。
- ✧ 选择菜单栏中的“标注”→“基线”命令。
- ✧ 单击“标注”工具栏→“基线”按钮。
- ✧ 在命令行输入 Dimbaseline 或 Dimbase 后按 Enter 键。

下面通过标注如图 8-25 所示的基线尺寸，学习“基线”命令的使用方法和技巧。具体操作过程如下：

Step 01 打开随书光盘中的“\素材文件\8-4.dwg”，如图 8-26 所示。

Step 02 展开“图层控制”下拉列表，打开“轴线层”。结果如图 8-27 所示。

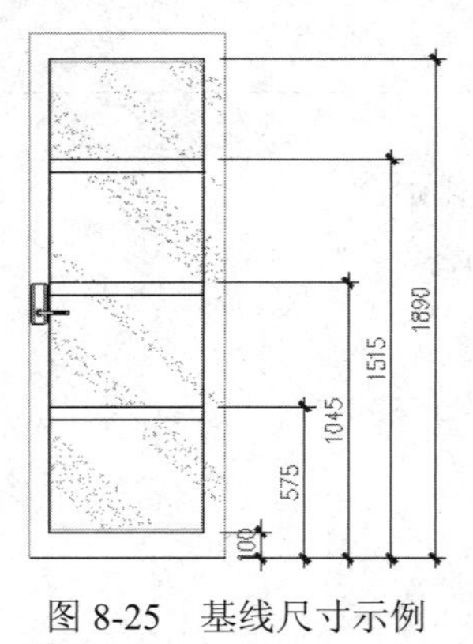

图 8-25　基线尺寸示例

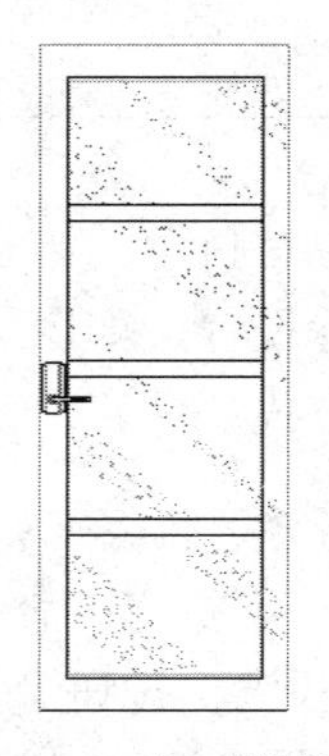

图 8-26　打开结果

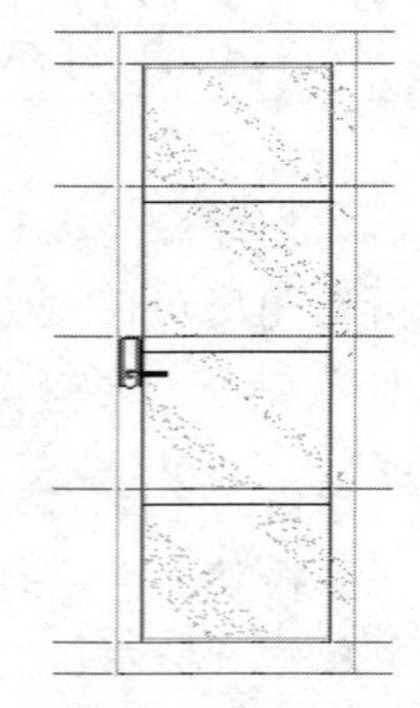

图 8-27　打开“轴线层”

Step 03 执行“线性”命令，配合端点捕捉或交点捕捉功能，标注如图 8-28 所示的线性尺寸作为基准尺寸。

Step 04 单击“注释”选项卡→“标注”面板→“基线”按钮，配合端点捕捉功能标注基线尺寸。命令行操作如下：

```
    命令: _dimbaseline
指定第二条尺寸界线原点或 [放弃(U)/选择(S)] <选择>:    //捕捉图 8-29 所示的端点
标注文字 =575
指定第二条尺寸界线原点或 [放弃(U)/选择(S)] <选择>:    //捕捉图 8-30 所示的端点
标注文字 = 1045
指定第二条尺寸界线原点或 [放弃(U)/选择(S)] <选择>:    //捕捉图 8-31 所示的端点
标注文字 = 1515
指定第二条尺寸界线原点或 [放弃(U)/选择(S)] <选择>:    //捕捉图 8-32 所示的端点
标注文字 = 1890
```

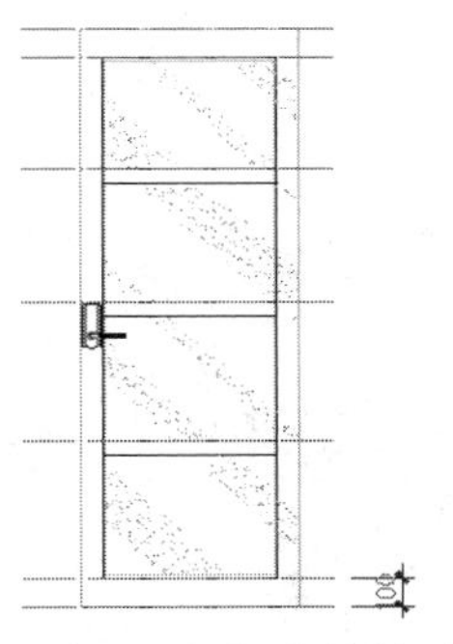

图 8-28　标注结果

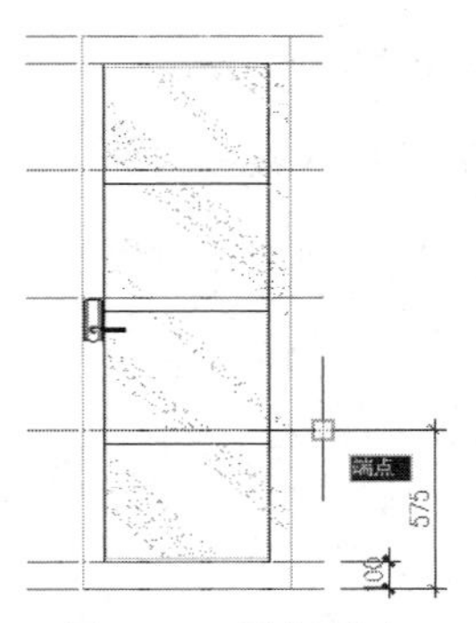

图 8-29　捕捉端点

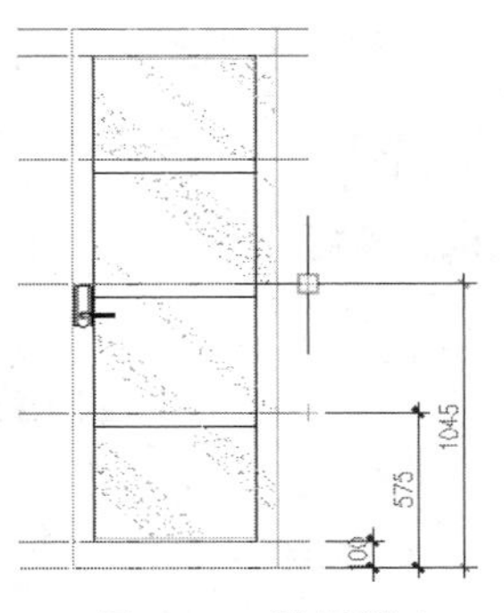

图 8-30　捕捉端点

小技巧：

当激活“基线”命令后，AutoCAD 会自动以刚创建的线性尺寸作为基准尺寸，进入基线尺寸的标注状态。

```
指定第二条尺寸界线原点或 [放弃(U)/选择(S)] <选择>:    //Enter，退出基线标注状态
选择基准标注:                                         //Enter，退出命令
```

Step 05 标注结果如图 8-33 所示。

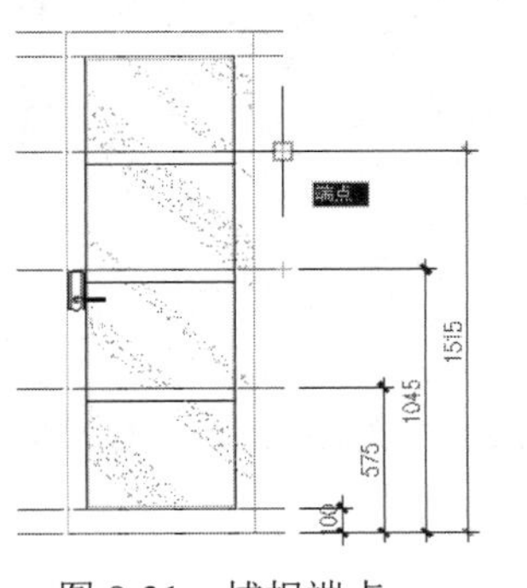

图 8-31　捕捉端点

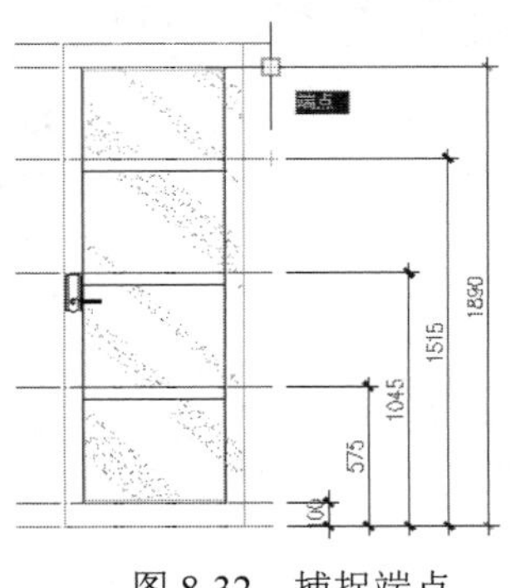

图 8-32　捕捉端点

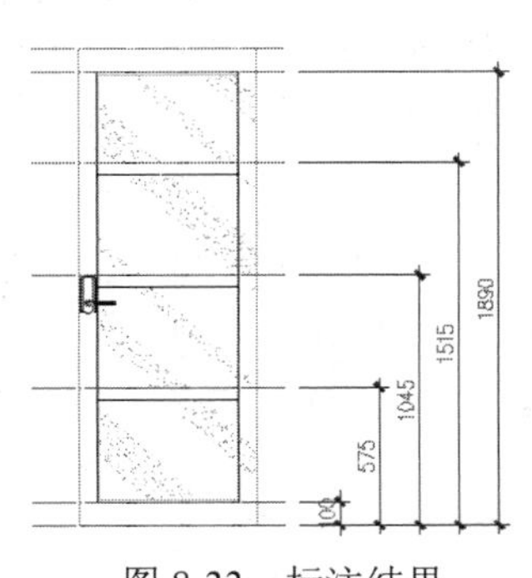

图 8-33　标注结果

8.3.2 标注连续尺寸

Note

“连续”命令也需要在现有的尺寸基础上创建连续的尺寸对象，所创建的连续尺寸位于同一个方向矢量上，如图 8-34 所示。执行“连续”命令主要有以下几种方式：

- ✧ 单击“注释”选项卡→“标注”面板→“连续”按钮。
- ✧ 选择菜单栏中的“标注”→“连续”命令。
- ✧ 单击“标注”工具栏→“连续”按钮。
- ✧ 在命令行输入 Dimcontinue 或 Dimcont 后按 Enter 键。

下面通过标注如图 8-34 所示的连续尺寸，学习“连续”命令的使用方法和操作技巧。具体操作过程如下：

Step 01 打开随书光盘中的“\素材文件\8-5.dwg”。

Step 02 展开“图层控制”下拉列表，打开被关闭的“轴线层”。

Step 03 执行“线性”命令，配合交点捕捉功能，标注如图 8-35 所示的线性尺寸。

图 8-34 连续尺寸示例

图 8-35 标注结果

Step 04 单击“注释”选项卡→“标注”面板→“连续”按钮，根据命令行的提示标注连续尺寸。命令行操作如下：

```
命令: _dimcontinue
指定第二条尺寸界线原点或 [放弃(U)/选择(S)] <选择>:  //捕捉如图 8-36 所示的交点
标注文字 = 3500
指定第二条尺寸界线原点或 [放弃(U)/选择(S)] <选择>:  //捕捉如图 8-37 所示的交点
标注文字 = 2600
```

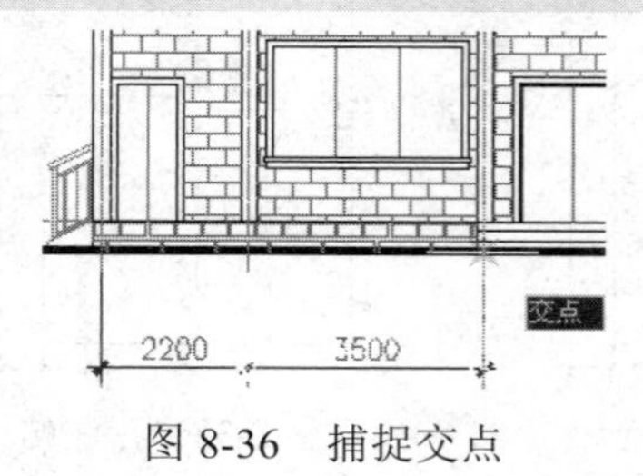

图 8-36 捕捉交点

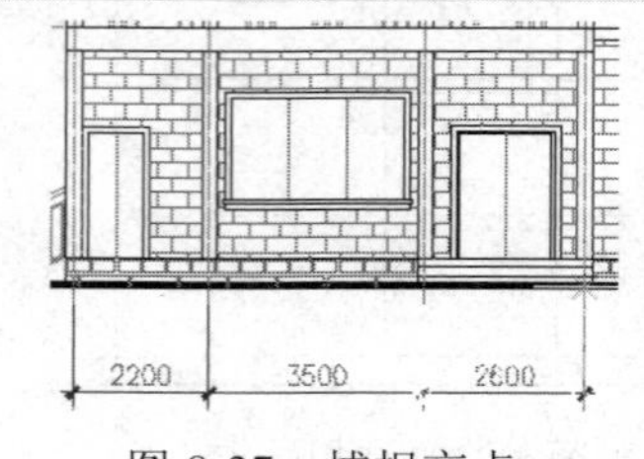

图 8-37 捕捉交点

```
指定第二条尺寸界线原点或 [放弃(U)/选择(S)] <选择>:  //捕捉如图 8-38 所示的交点
标注文字 = 4000
指定第二条尺寸界线原点或 [放弃(U)/选择(S)] <选择>:  //捕捉如图 8-39 所示的交点
标注文字 = 600
```

图 8-38 捕捉交点

图 8-39 捕捉交点

```
指定第二条尺寸界线原点或 [放弃(U)/选择(S)] <选择>: //Enter，退出连续尺寸状态
选择连续标注:            //Enter，退出命令，标注结果如图 8-40 所示
```

Step 05 参照上述操作，综合使用“线性”和“连续”命令，标注右侧的连续尺寸，结果如图 8-41 所示。

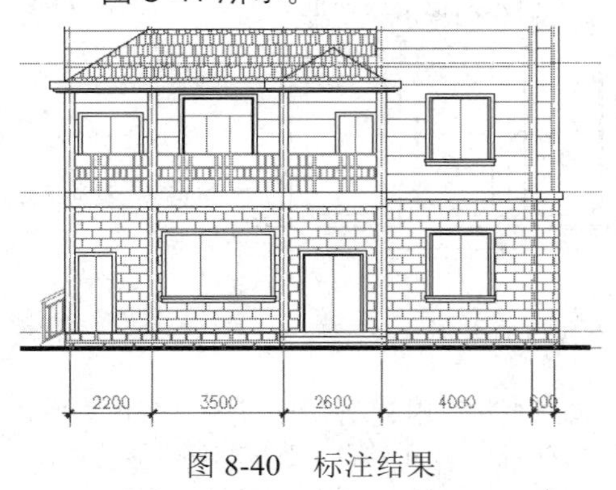

图 8-40 标注结果

图 8-41 标注右侧尺寸

Step 06 展开“图层控制”下拉列表，关闭“轴线层”。标注结果如图 8-34 所示。

8.3.3 快速标注尺寸

“快速标注”命令用于一次标注多个对象间的水平尺寸或垂直尺寸，如图 8-47 所示。执行“快速标注”命令主要有以下几种方式：

- ✧ 单击“注释”选项卡→“标注”面板→“快速标注”按钮。
- ✧ 选择菜单栏中的“标注”→“快速标注”命令。
- ✧ 单击“标注”工具栏→“快速标注”按钮。
- ✧ 在命令行输入 Qdim 后按 Enter 键。

下面通过标注如图 8-42 所示的尺寸，学习“快速标注”命令的使用方法和操作技巧。具体操作过程如下：

Step 01 打开随书光盘中的“\素材文件\8-6.dwg”，如图 8-43 所示。

Note

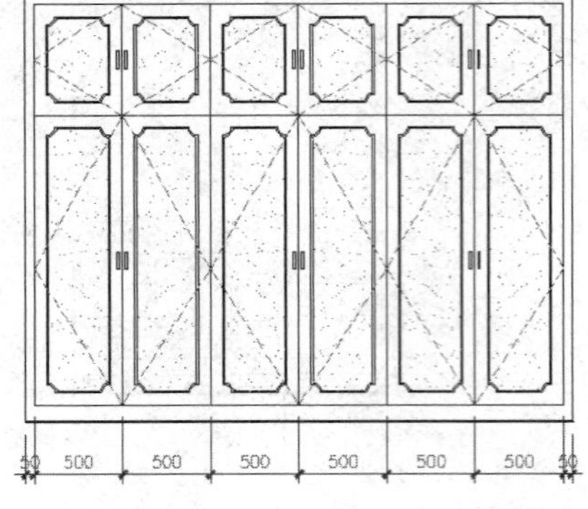

图 8-42　快速标注示例

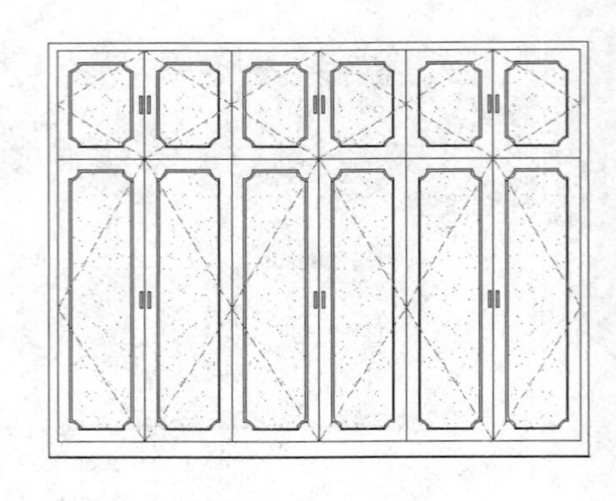
图 8-43　打开结果

Step 02 执行“快速标注”命令后，根据命令行的提示快速标注对象间的水平尺寸。命令行操作如下：

```
命令：_qdim
选择要标注的几何图形：            //拉出图 8-44 所示的窗交选择框
```

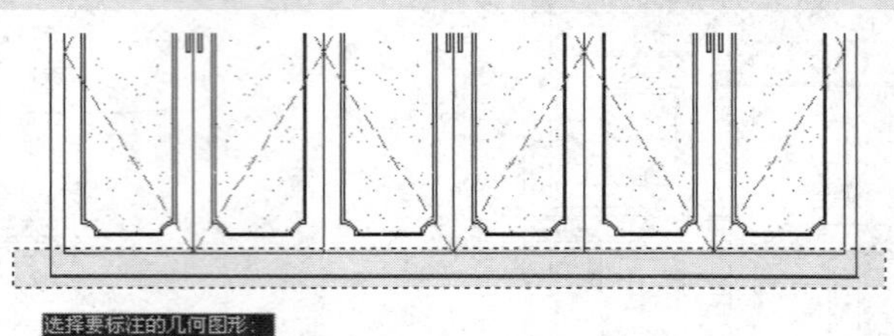

图 8-44　窗交选择框

```
选择要标注的几何图形：   //Enter，结束选择，此时出现图 8-45 所示的快速标注状态
指定尺寸线位置或 [连续(C)/并列(S)/基线(B)/坐标(O)/半径(R)/直径(D)/基准点(P)/编辑(E)/设置(T)] <连续>:            //向下引导光标，在适当位置指定尺寸线位置
```

Step 03 标注结果如图 8-46 所示。

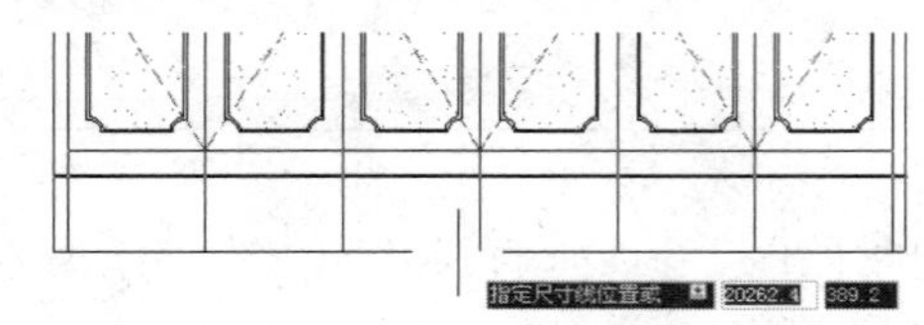

图 8-45　选择结果

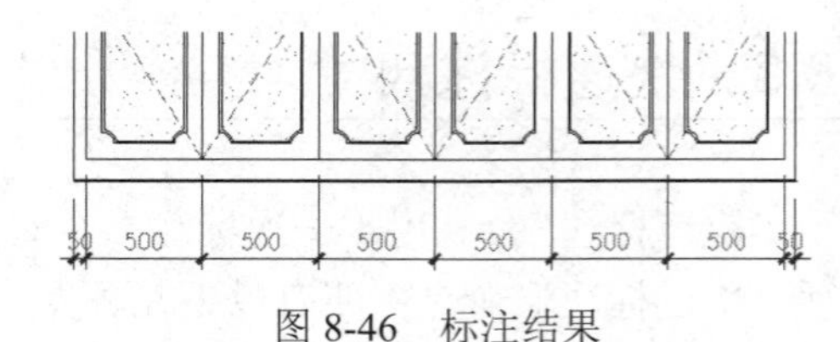

图 8-46　标注结果

选项解析

- ✧ “连续”选项用于创建一系列连续标注；“并列”选项用于快速生成并列的尺寸标注。
- ✧ “基线”选项用于对选择的各个对象以基线标注的形式快速标注；“坐标”选项用于对选择的多个对象快速生成坐标标注。
- ✧ “半径”选项用于对选择的多个对象快速生成半径标注；“直径”选项用于对选择的多个对象快速生成直径标注。

✧　“基准点”选项用于为基线标注和连续标注确定一个新的基准点；“编辑”选项用于对快速标注的选择集进行修改。

✧　“设置”选项用于设置关联标注的优先级，即为指定尺寸界线原点设置默认对象捕捉。

Note

8.4 尺寸样式管理器

一般情况下，尺寸对象包括尺寸文字、尺寸线、尺寸界线和箭头等元素，在这些尺寸元素内包含了众多的尺寸变量，不同的尺寸变量决定了不同的尺寸外观形态，而所有尺寸变量的设置与调整，都是通过“标注样式”命令来实现的。执行“标注样式”命令主要有以下几种方式：

✧　选择菜单栏中的“标注”→“标注样式”命令。

✧　单击“标注”或“样式”工具栏上的按钮。

✧　在命令行输入 Dimstyle 后按 Enter 键。

✧　使用快捷键 D。

激活“标注样式”命令后，系统打开“标注样式管理器”对话框，如图 8-47 所示。在此对话框中，用户不仅可以设置尺寸的样式，还可以修改、替代和比较尺寸的样式。

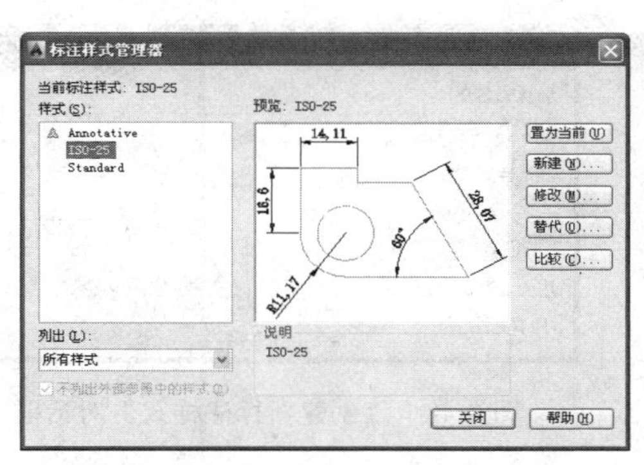

图 8-47　“标注样式管理器”对话框

选项解析

✧　“当前标注样式”文本框用于显示当前文件中的所有尺寸样式，并且当前样式被亮显。选择一种样式处单击右键，在右键菜单中可以设置当前样式、重命名样式和删除样式。

小技巧：

当前标注样式和当前文件中已使用的样式不能被删除。默认样式为 ISO—25。

✧　“列出”下拉列表框中提供了两个显示标注样式的选项，即“所有样式”和“正在使用的样式”。前一个选项用于显示当前图形中的所有标注样式；后一个选项仅用于显示被当前图形中的标注引用过的样式。

✧　“预览”区域主要显示“样式”区中选定的尺寸样式的标注效果。

✧　[置为当前(U)]按钮用于把选定的标注样式设置为当前标注样式。

✧　[修改(M)...]按钮用于修改当前选择的标注样式。当用户修改了标注样式后，当前图形中的所有尺寸标注都会自动改变为所修改的尺寸样式。

Note

- ✧ 替代(O)... 按钮用于设置当前使用的标注样式的临时替代值。当用户创建了替代样式后，当前标注样式将被应用到以后所有尺寸标注中，直到用户删除替代样式为止，而不会改变替代样式之前的标注样式。
- ✧ 比较(C)... 按钮用于比较两种标注样式的特性或浏览一种标注样式的全部特性，并将比较结果输出到 Windows 剪贴板上，然后再粘贴到其他 Windows 应用程序中。
- ✧ 新建(N)... 按钮用于设置新的尺寸样式。单击此按钮后，系统将弹出如图 8-48 所示的“创建新标注样式”对话框。其中，“新样式名”文本框用以为新样式赋名；“基础样式”下拉列表框用于设置新样式的基础样式；“注释性”复选框用于为新样式添加注释；“用于”下拉列表框用于创建一种仅适用于特定标注类型的样式。

在“创建新标注样式”对话框中单击 继续 按钮，打开如图 8-49 所示的“新建标注样式：副本 ISO-25”对话框。此对话框包括“线”、“符号和箭头”、“文字”、“调整”、“主单位”、“换算单位”和“公差”七个选项卡，具体内容如下。

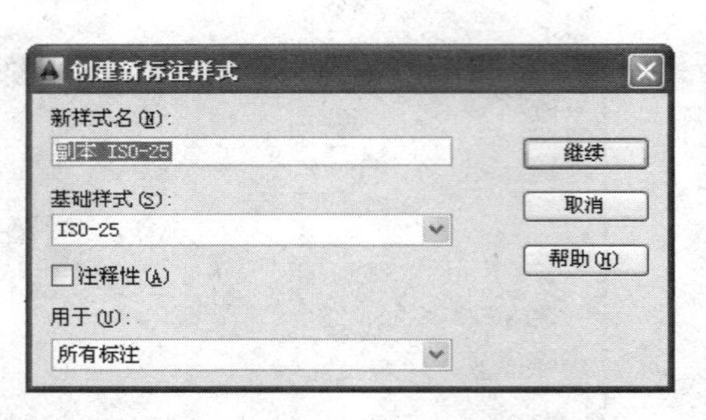

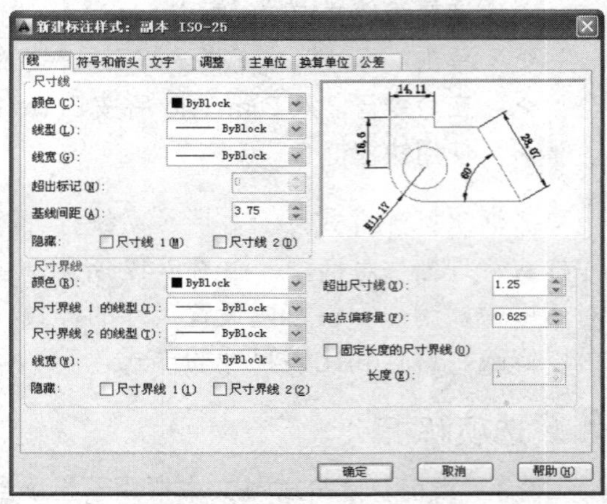

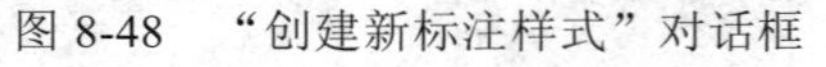

图 8-48 “创建新标注样式”对话框　　图 8-49 “新建标注样式：副本 ISO-25”对话框

8.4.1 “线”选项卡

如图 8-49 所示“线”选项卡主要用于设置尺寸线、尺寸界线的格式和特性等变量，具体如下：

- **“尺寸线”选项组**

- ✧ “颜色”下拉列表框用于设置尺寸线的颜色。
- ✧ “线宽”下拉列表框用于设置尺寸线的线宽。
- ✧ “超出标记”微调按钮用于设置尺寸线超出尺寸界限的长度。在默认状态下，该选项处于不可用状态，当用户只有在选择建筑标记箭头时，此微调按钮才处于可用状态。
- ✧ “基线间距”微调按钮用于设置在基线标注时两条尺寸线之间的距离。

- **“尺寸界线”选项组**

- ✧ “颜色”下拉列表框用于设置尺寸界线的颜色。

Note

✧ "线宽"下拉列表框用于设置尺寸界线的线宽。
✧ "尺寸界线 1 的线型"下拉列表框用于设置尺寸界线 1 的线型。
✧ "尺寸界线 2 的线型"下拉列表框用于设置尺寸界线 2 的线型。
✧ "超出尺寸线"微调按钮用于设置尺寸界线超出尺寸线的长度。
✧ "起点偏移量"微调按钮用于设置尺寸界线起点与被标注对象间的距离。
✧ 勾选"固定长度的尺寸界线"复选框后，可在下侧的"长度"文本框内设置尺寸界线的固定长度。

8.4.2 "符号和箭头"选项卡

如图 8-50 所示为"符号和箭头"选项卡，主要用于设置箭头、圆心标记、弧长符号和半径标注等参数。

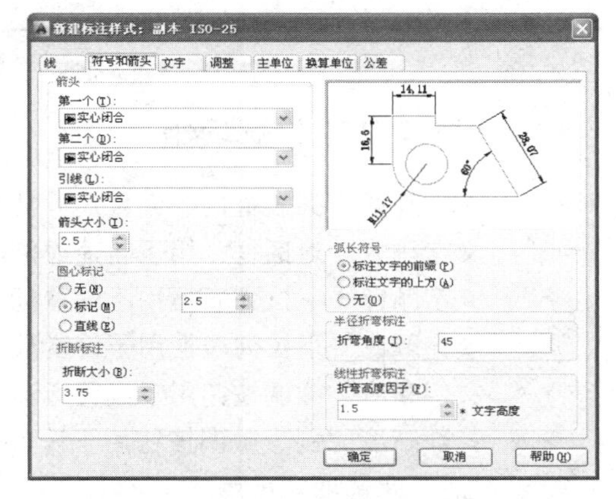

图 8-50　"符号和箭头"选项卡

● "箭头"选项组

✧ "第一个/第二个"下拉列表框用于设置箭头的形状。
✧ "引线"下拉列表框用于设置引线箭头的形状。
✧ "箭头大小"微调按钮用于设置箭头的大小。

● "圆心标记"选项组

✧ "无"单选按钮表示不添加圆心标记。
✧ "标记"单选按钮用于为圆添加十字形标记。
✧ "直线"单选按钮用于为圆添加直线型标记。
✧ 2.5 微调按钮用于设置圆心标记的大小。

● "弧长符号"选项组

✧ "标注文字的前缀"单选按钮用于为弧长标注添加前缀。
✧ "标注文字的上方"单选按钮用于设置标注文字的位置。
✧ "无"单选按钮表示在弧长标注上不出现弧长符号。
✧ "半径折弯标注"选项组用于设置半径折弯的角度。
✧ "线性折弯标注"选项组用于设置线性折弯的高度因子。

8.4.3 "文字"选项卡

如图 8-51 所示为"文字"选项卡，主要用于设置尺寸文字的样式、颜色、位置及对齐方式等变量。

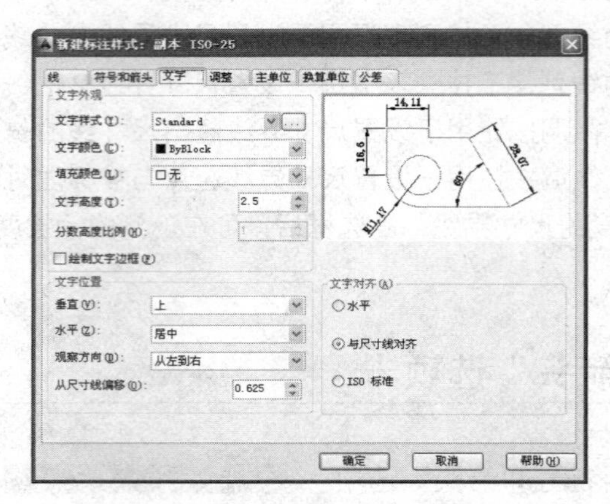

图 8-51　“文字”选项卡

- **“文字外观”选项组**

✧ “文字样式”列表框用于设置尺寸文字的样式。单击列表框右端的…按钮，将弹出“文字样式”对话框，用于新建或修改文字样式。

✧ “文字颜色”下拉列表框用于设置标注文字的颜色。

✧ “填充颜色”下拉列表框用于设置尺寸文本的背景色。

✧ “文字高度”微调按钮用于设置标注文字的高度。

✧ “分数高度比例”微调按钮用于设置标注分数的高度比例。只有在选择分数标注单位时，此选项才可用。

✧ “绘制文字边框”复选框用于设置是否为标注文字加上边框。

- **“文字位置”选项组**

✧ “垂直”列表框用于设置尺寸文字相对于尺寸线垂直方向的放置位置。

✧ “水平”列表框用于设置标注文字相对于尺寸线水平方向的放置位置。

✧ “从尺寸线偏移”微调按钮用于设置标注文字与尺寸线之间的距离。

- **“文字对齐”选项组**

✧ “水平”单选按钮用于设置标注文字以水平方向放置。

✧ “与尺寸线对齐”单选按钮用于设置标注文字以与尺寸线平行的方向放置。

✧ “ISO 标准”单选按钮用于根据 ISO 标准设置标注文字。它是“水平”与“与尺寸线对齐”两者的综合。当标注文字在尺寸界线中时，就会采用“与尺寸线对齐”对齐方式；当标注文字在尺寸界线外时，就会采用“水平”对齐方式。

8.4.4 “调整”选项卡

如图 8-52 所示为“调整”选项卡，主要用于设置尺寸文字与尺寸线、尺寸界线等之间的位置。

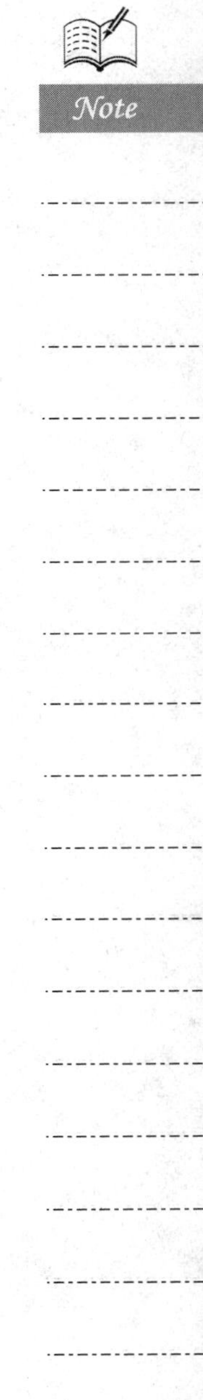

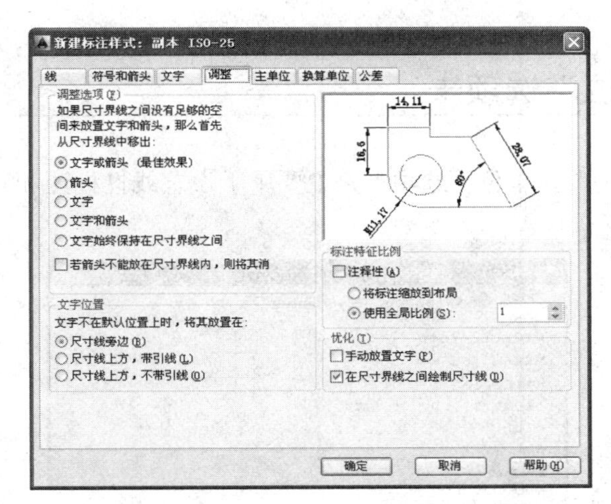

图 8-52 “调整”选项卡

● “调整选项”选项组

✧ “文字或箭头（最佳效果）”单选按钮用于自动调整文字与箭头的位置，使二者达到最佳效果。

✧ “箭头”单选按钮用于将箭头移到尺寸界线外。

✧ “文字”单选按钮用于将文字移到尺寸界线外。

✧ “文字和箭头”单选按钮用于将文字与箭头都移到尺寸界线外。

✧ “文字始终保持在尺寸界线之间”单选按钮用于将文字始终放置在尺寸界线之间。

● “文字位置”选项组

✧ “尺寸线旁边”单选按钮用于将文字放置在尺寸线旁边。

✧ “尺寸线上方，加引线”单选按钮用于将文字放置在尺寸线上方，并加引线。

✧ “尺寸线上方，不带引线”单选按钮用于将文字放置在尺寸线上方，但不加引线引导。

● “标注特征比例”选项组

✧ “注释性”复选框用于设置标注为注释性标注。

✧ “使用全局比例”单选按钮用于设置标注的比例因子。

✧ “将标注缩放到布局”单选按钮用于根据当前模型空间的视口与布局空间的大小来确定比例因子。

● “优化”选项组

✧ “手动放置文字”复选框用于手动放置标注文字。

✧ “在尺寸界线之间绘制尺寸线”复选框：在标注圆弧或圆时，尺寸线始终在尺寸界线之间。

8.4.5 “主单位”选项卡

如图 8-53 所示为“主单位”选项卡，主要用于设置线性标注和角度标注的单位格式以及精确度等参数变量。

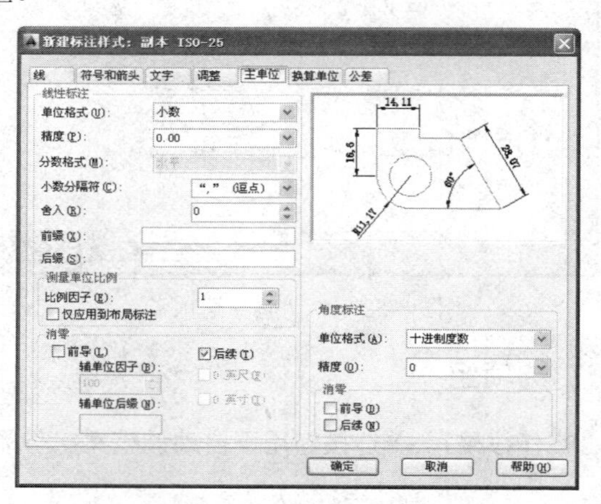

图 8-53 “主单位”选项卡

● “线性标注”选项组

✧ “单位格式”下拉列表框用于设置线性标注的单位格式，默认值为小数。
✧ “精度”下拉列表框用于设置尺寸的精度。
✧ “分数格式”下拉列表框用于设置分数的格式。
✧ “小数分隔符”下拉列表框用于设置小数的分隔符号。
✧ “舍入”微调按钮用于设置除了角度之外的标注测量值的四舍五入规则。
✧ “前缀”文本框用于设置尺寸文字的前缀，可以为数字、文字、符号。
✧ “后缀”文本框用于设置尺寸文字的后缀，可以为数字、文字、符号。
✧ “比例因子”微调按钮用于设置除了角度之外的标注比例因子。
✧ “仅应用到布局标注”复选框仅对在布局里创建的标注应用线性比例值。
✧ “前导”复选框用于消除小数点前面的 0。当尺寸文字小于 1 时，如为“0.5”，勾选此复选框后，此“0.5”将变为“.5，前面的 0 已消除。
✧ “后续”复选框用于消除小数点后面的 0。
✧ “0 英尺”复选框用于消除零英尺前的 0。如“0′-1/2″”表示为“1/2″”。
✧ “0 英寸”复选框用于消除英寸后的 0。如“2′-1.400″”表示为“2′-1.4″”。

● “角度标注”选项组

✧ “单位格式”下拉列表用于设置角度标注的单位格式。
✧ “精度”下拉列表用于设置角度的小数位数。
✧ “前导”复选框消除角度标注前面的 0。
✧ “后续”复选框消除角度标注后面的 0。

8.4.6 “换算单位”选项卡

如图 8-54 所示为“换算单位”选项卡，主要用于显示和设置尺寸文字的换算单位、精度等变量。只有勾选了“显示换算单位”复选框，才可激活“换算单位”选项卡中所有的选项组。

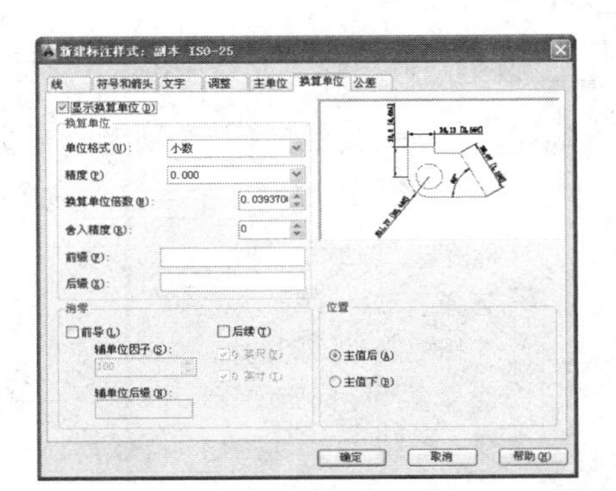

图 8-54　“换算单位”选项卡

- **“换算单位”选项组**

✧ “单位格式”下拉列表用于设置换算单位格式。
✧ “精度”下拉列表用于设置换算单位的小数位数。
✧ “换算单位倍数”下拉列表用于设置主单位与换算单位间的换算因子的倍数。
✧ “舍入精度”下拉列表用于设置换算单位的四舍五入规则。
✧ “前缀”文本框输入的值将显示在换算单位的前面。
✧ “后缀”文本框输入的值将显示在换算单位的后面。

- **“消零”与“位置”选项组**

✧ “消零”选项组用于消除换算单位的前导和后继零以及英尺、英寸前后的零。其作用与“主单位”选项卡中的“消零”选项组相同。
✧ “主值后”单选按钮将换算单位放在主单位之后。
✧ “主值下”单选按钮将换算单位放在主单位之下。

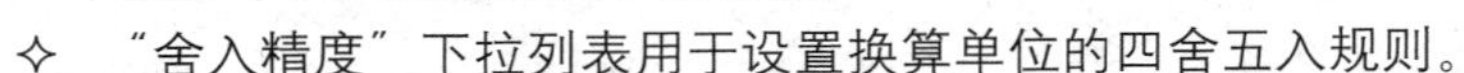

8.5 尺寸编辑与更新

本节主要学习几个尺寸的编辑命令，主要有“标注间距”、“标注打断”、“编辑标注”、“标注更新”和“编辑标注文字”等。

8.5.1 标注间距

“标注间距”命令用于自动调整平行的线性标注和角度标注之间的间距，或根据指定的间距值进行调整。执行“标注间距”命令主要有以下几种方式：

✧ 单击“注释”选项卡→“标注”面板→“调整间距”按钮。
✧ 选择菜单栏中的“标注”→“标注间距”命令。
✧ 单击“标注”工具栏→“调整间距”按钮。
✧ 在命令行输入 Dimspace 后按 Enter 键。

下面通过典型的小实例学习使用“标注间距”命令的操作方法和技巧。具体操作过程如下：

Note

Step 01 调用随书光盘中的“\素材文件\8-7.dwg”，如图 8-55 所示。

Step 02 单击“注释”选项卡→“标注”面板→“调整间距”按钮，将各尺寸线间的距离调整为 10 个单位。命令行操作如下：

```
命令： _DIMSPACE
选择基准标注：                        //选择尺寸文字为 16.0 的尺寸对象
选择要产生间距的标注：:                //选择其他三个尺寸对象
选择要产生间距的标注：                 //Enter，结束对象的选择
输入值或 [自动(A)] <自动>：           //10 Enter
```

Step 03 调整结果如图 8-56 所示。

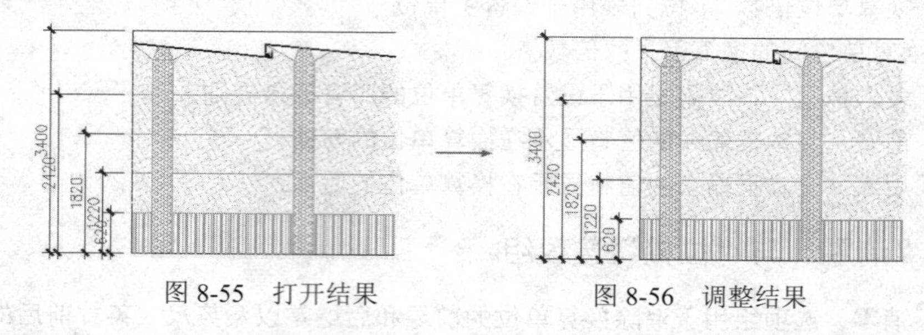

图 8-55 打开结果　　图 8-56 调整结果

小技巧：

“自动”选项用于根据现有尺寸位置，自动调整各尺寸对象的位置，使之间隔相等。

8.5.2 标注打断

“标注打断”命令可以在尺寸线、尺寸界线与几何对象或其他标注相交的位置将其打断。执行“标注打断”命令主要有以下几种方式：

- ✧ 单击“注释”选项卡→“标注”面板→“打断”按钮。
- ✧ 选择菜单栏中的“标注”→“标注打断”命令。
- ✧ 单击“标注”工具栏→“打断”按钮。
- ✧ 在命令行输入 Dimbreak 后按 Enter 键。

下面通过实例学习使用“标注打断”命令的操作方法和技巧。具体操作过程如下：

Step 01 调用随书光盘中的“\素材文件\8-8.dwg”，如图 8-57 所示。

Step 02 执行“标注打断”命令，根据命令行提示，对尺寸对象进行打断。命令行操作如下：

```
    命令： _DIMBREAK
选择要添加/删除折断的标注或 [多个(M)]：    //选择如图 8-58 所示的尺寸
选择要折断标注的对象或 [自动(A)/手动(M)/删除(R)] <自动>：
```

```
    //选择最下侧的水平轮廓线
选择要折断标注的对象:                //Enter，结束命令
1 个对象已修改
```

Step 03 打断结果如图 8-59 所示。

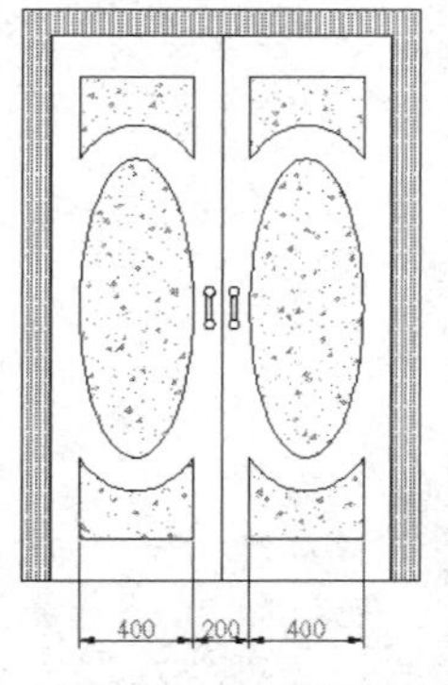

图 8-57 打开结果

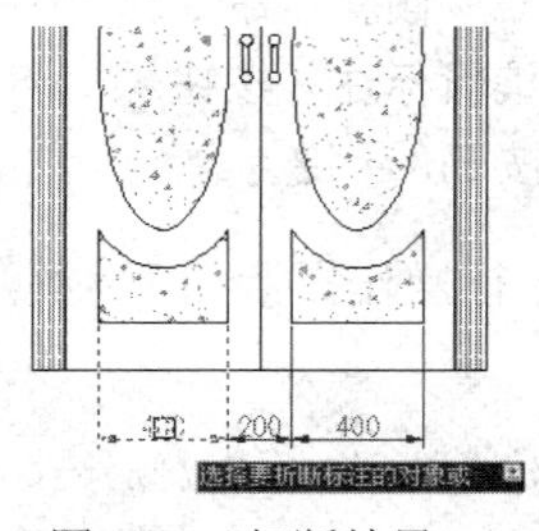

图 8-58 打断结果

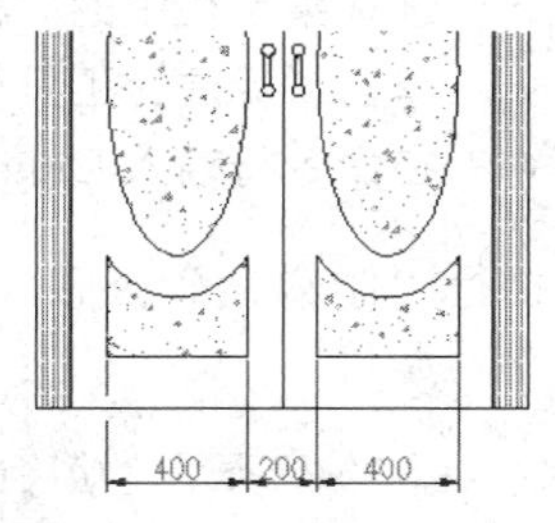

图 8-59 打断结果

小技巧:

“手动”选项用于手动定位打断位置;“删除”选项用于恢复被打断的尺寸对象。

Step 04 重复执行“标注打断”命令，分别对其他两个尺寸进行打断。命令行操作如下:

```
  命令: _DIMBREAK
选择要添加/删除折断的标注或 [多个(M)]:      //m Enter
选择标注:                  //拉出如图 8-60 所示的窗交选择框
选择标注:                  //Enter
选择要折断标注的对象或 [自动(A)/删除(R)] <自动>:
                           //选择如图 8-61 所示的水平图线
选择要折断标注的对象:      //Enter，结束命令
2 个对象已修改
```

Step 05 打断结果如图 8-62 所示。

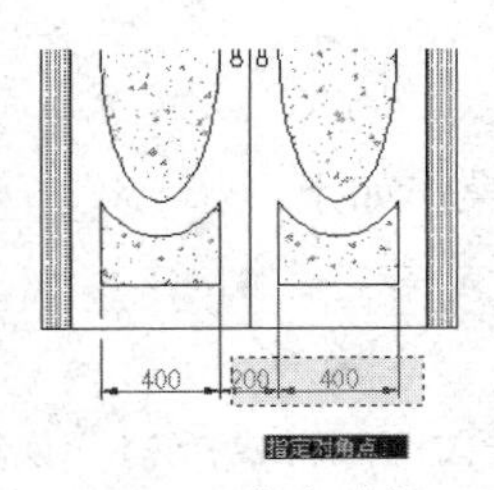

图 8-60 窗交选择

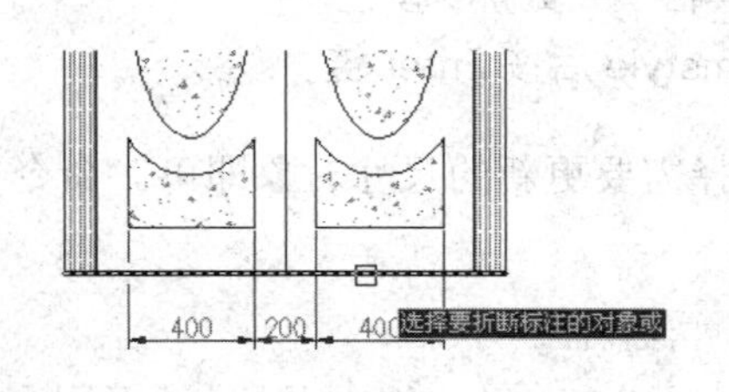

图 8-61 选择水平图线

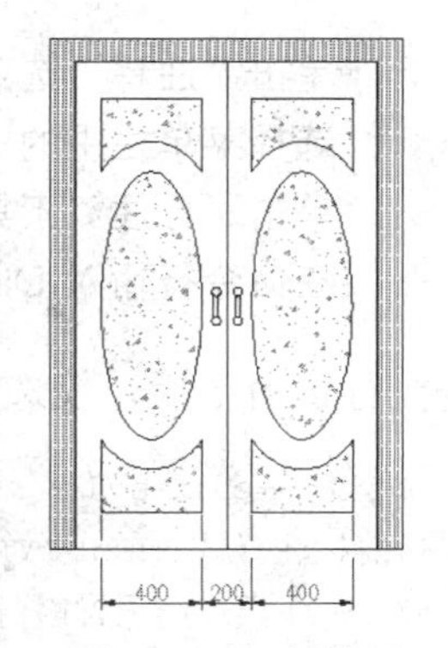

图 8-62 打断结果

8.5.3 编辑标注

Note

"编辑标注"命令用于修改尺寸文字的内容、旋转角度以及尺寸界线的倾斜角度等。执行此命令主要有以下几种方式：

- ✧ 单击"注释"选项卡→"标注"面板→"倾斜"按钮。
- ✧ 选择菜单栏中的"标注"→"倾斜"命令。
- ✧ 单击"标注"工具栏→"编辑标注"按钮。
- ✧ 在命令行输入 Dimedit 后按 Enter 键。

执行"倾斜"命令后，其命令行操作提示如下：

```
命令: _dimedit
输入标注编辑类型 [默认(H)/新建(N)/旋转(R)/倾斜(O)] <默认>: _o
选择对象:                              //选择图 8-63 (a) 所示的尺寸
选择对象::                             //Enter
输入倾斜角度 (按 ENTER 表示无):        //-45 Enter，结果如图 8-63 (b) 所示
```

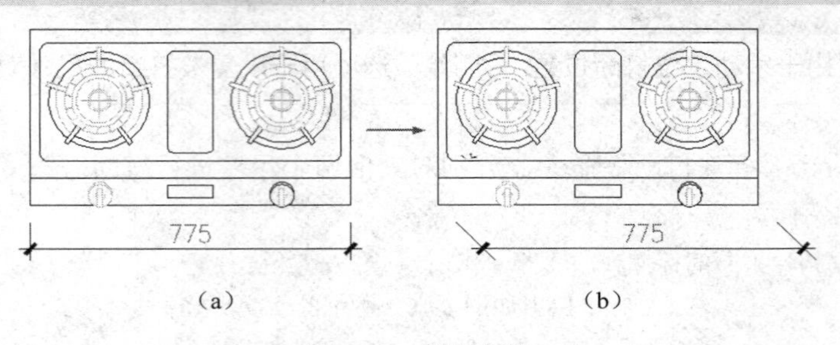

图 8-63 倾斜标注

8.5.4 标注更新

"更新"命令用于将尺寸对象的标注样式更新为当前尺寸标注样式，还可以将当前的标注样式保存起来，以供随时调用。执行"更新"命令主要有以下几种方式：

- ✧ 单击"注释"选项卡→"标注"面板→"更新"按钮。
- ✧ 选择菜单栏中的"标注"→"更新"命令。
- ✧ 单击"标注"工具栏→"更新"按钮。
- ✧ 在命令行输入-Dimstyle 后按 Enter 键。

执行该命令后，仅选择需要更新的尺寸对象即可。命令行操作如下：

```
命令: _-dimstyle
当前标注样式:NEWSTYLE 注释性: 否
输入标注样式选项[注释性(AN)/保存(S)/恢复(R)/状态(ST)/变量(V)/应用(A)/?] <恢复>:
选择对象:                    //选择需要更新的尺寸
```

```
选择对象:                    //Enter，结束命令
```

选项解析

Note

- ✧ “状态”选项用于以文本窗口的形式显示当前标注样式的各设置数据。
- ✧ “应用”选项将选择的标注对象自动更换为当前标注样式。
- ✧ “保存”选项用于将当前标注样式存储为用户定义的样式。
- ✧ “恢复”选项。选择该项后，用户在系统提示后输入已定义过的标注样式名称，即可用此标注样式更换当前的标注样式。
- ✧ “变量”选项。选择该项后，命令行提示用户选择一个标注样式，选定后，系统打开文本窗口，并在窗口中显示所选样式的设置数据。

8.5.5 编辑标注文字

“编辑标注文字”命令主要用于编辑尺寸文字的放置位置及旋转角度。执行“编辑标注文字”命令主要有以下几种方式：

- ✧ 单击“注释”选项卡→“标注”面板→“文字角度”按钮。
- ✧ 选择菜单栏中的“标注”→“对齐文字”级联菜单中的各命令。
- ✧ 单击“标注”工具栏→“编辑标注文字”按钮。
- ✧ 在命令行输入 Dimtedit 后按 Enter 键。

下面通过更改某尺寸标注文字的位置及角度，学习“编辑标注文字”命令的使用方法和技巧。具体操作过程如下：

Step 01 任意标注一个线性尺寸，如图 8-64 所示。

Step 02 执行“编辑标注文字”命令，根据命令行提示编辑尺寸文字。命令行操作如下：

```
    命令: _dimtedit
选择标注:                              //选择刚标注的尺寸对象
为标注文字指定新位置或 [左对齐(L)/右对齐(R)/居中(C)/默认(H)/角度(A)]:
                                       //a Enter，执行"角度"选项
指定标注文字的角度:                    //15 Enter，结果如图 8-65 所示
```

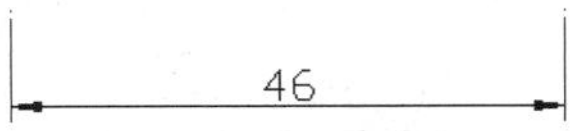

46

图 8-64　标注尺寸

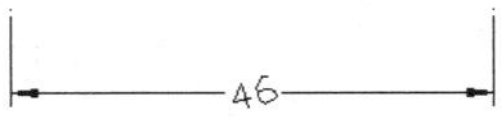

46

图 8-65　更改尺寸文字的角度

Step 03 重复“编辑标注文字”命令，修改尺寸文字的位置。命令行操作如下：

```
    命令: _dimtedit
选择标注:                    //选择如图 8-64 所示的尺寸
为标注文字指定新位置或 [左对齐(L)/右对齐(R)/居中(C)/默认(H)/角度(A)]:
                             //L Enter，修改结果如图 8-66 所示
```

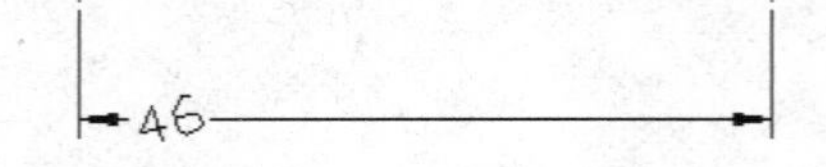

图 8-66 修改尺寸文字位置

Note

选项解析

- ✧ “左对齐”选项用于沿尺寸线左端放置标注文字。
- ✧ “右对齐”选项用于沿尺寸线右端放置标注文字。
- ✧ “居中”选项用于把标注文字放在尺寸线的中心。
- ✧ “默认”选项用于将标注文字移回默认位置。
- ✧ “角度”选项用于按照输入的角度放置标注文字。

8.6 上机实训——标注户型布置图尺寸

本例通过为室内户型布置图标注尺寸，对本章所讲述的尺寸标注与编辑等重点知识进行综合练习和巩固应用。室内户型布置图最终的标注效果如图 8-67 所示。

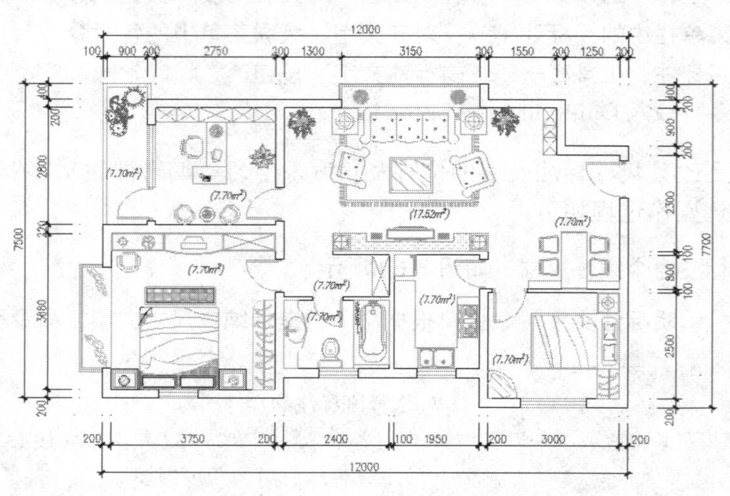

图 8-67 实例效果

操作步骤：

Step 01 执行“打开”命令，打开随书光盘中的“\素材文件\8-9.dwg”文件。

Step 02 展开“图层控制”列表，关闭“文本层”，同时设置“尺寸层”为当前图层。

Step 03 选择菜单栏中的“标注”→“标注样式”命令，在打开的“标注样式管理器”对话框中单击 修改(M)... 按钮修改当前样式的线参数以及符号和箭头，如图 8-68 和图 8-69 所示。

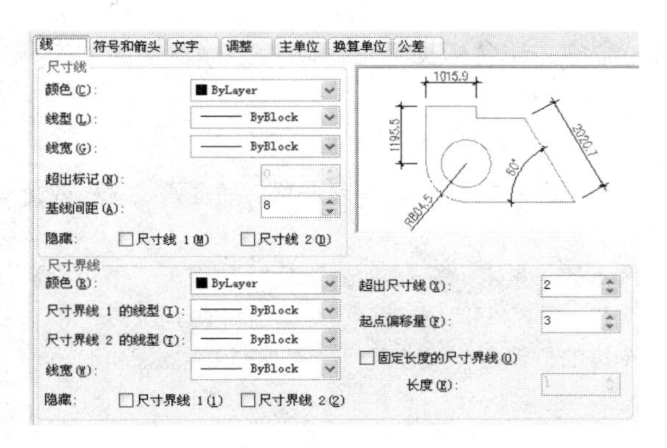

图 8-68　修改线参数

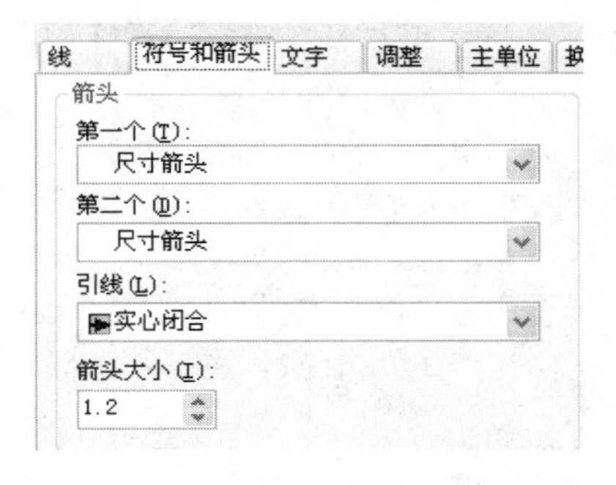

图 8-69　修改符号和箭头

Step 04 分别展开“文字”选项卡和“调整”选项卡，修改尺寸文字的样式、大小、位置以及其他参数，如图 8-70 和图 8-71 所示。

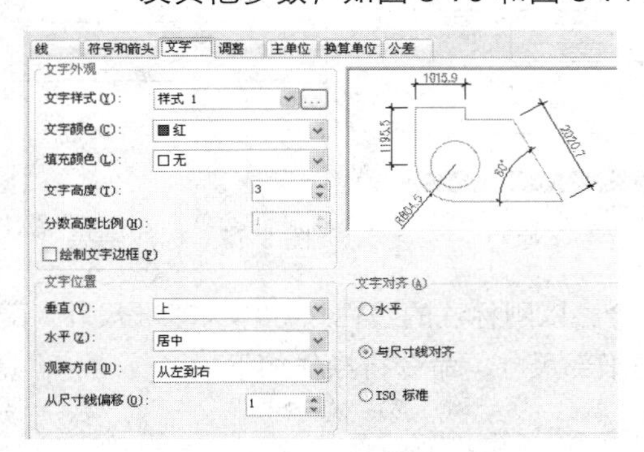

图 8-70　修改文字参数

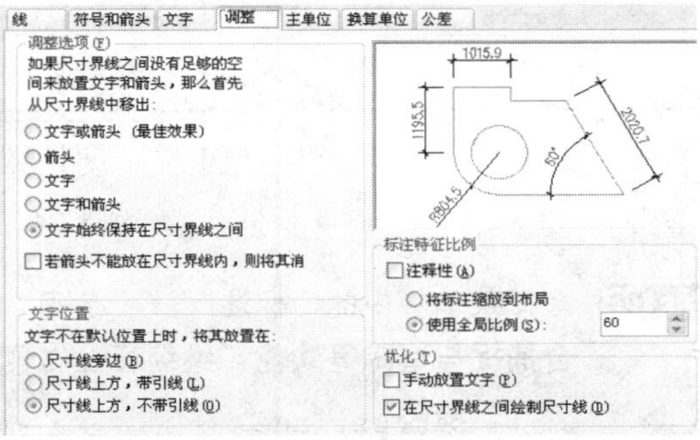

图 8-71　调整标注元素

Step 05 返回“标注样式管理器”对话框，将修改后的标注样式置为当前样式。

Step 06 使用快捷键 XL 执行“构造线”命令，分别在平面图四侧绘制四条构造线作为尺寸定位线，如图 8-72 所示。

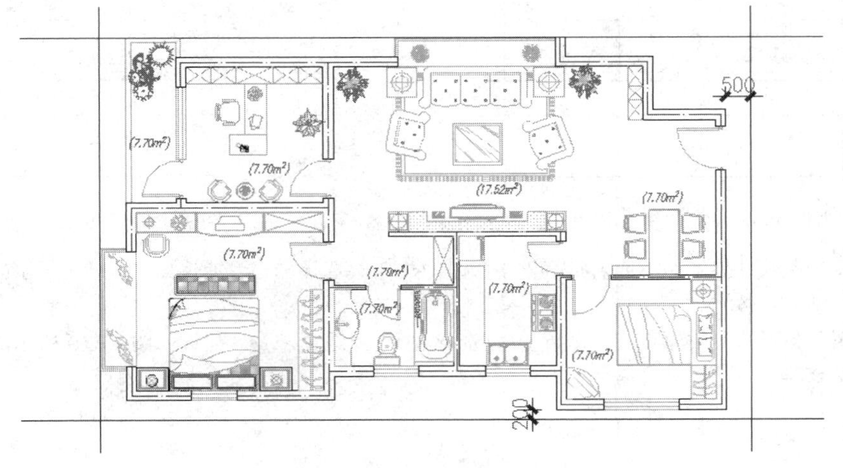

图 8-72　绘制结果

Note

Step 07 选择菜单栏中的“标注”→“线性”命令，配合捕捉与追踪功能，标注平面图左侧的尺寸。命令行操作如下：

命令：_dimlinear
指定第一个尺寸界线原点或 <选择对象>：//引出图 8-73 所示的矢量，然后捕捉虚线与构造线的交点作为第一界线点
指定第二条尺寸界线原点：//引出图 8-74 所示的矢量，捕捉虚线与构造线交点
指定尺寸线位置或[多行文字(M)/文字(T)/角度(A)/水平(H)/垂直(V)/旋转(R)]：
//200Enter，在距离辅助线下侧 200 个单位的位置定位尺寸线，结果如图 8-75 所示

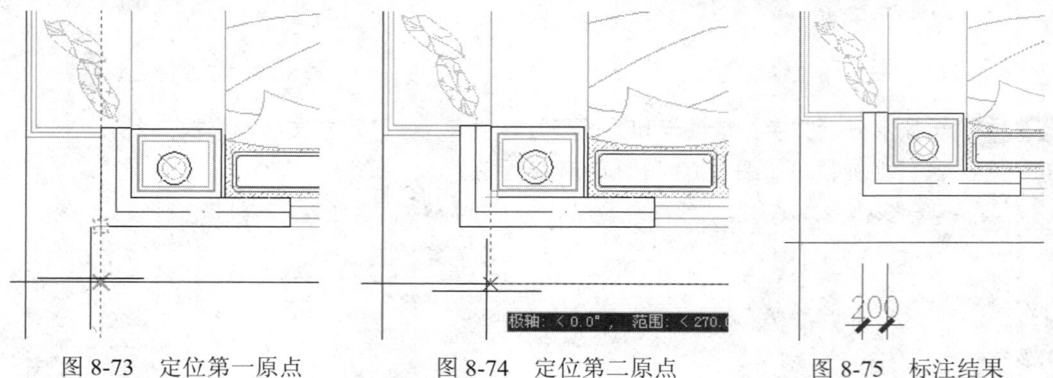

图 8-73　定位第一原点　　图 8-74　定位第二原点　　图 8-75　标注结果

Step 08 选择菜单栏中的“标注”→“连续”命令，以刚标注的线性尺寸作为基准尺寸，配合捕捉与追踪等功能，继续标注右侧的细部尺寸。命令行操作如下：

命令：_dimcontinue
指定第二条尺寸界线原点或 [放弃(U)/选择(S)] <选择>://捕捉如图 8-76 所示的交点
标注文字 = 3750
指定第二条尺寸界线原点或 [放弃(U)/选择(S)] <选择>：//捕捉如图 8-77 所示的交点
标注文字 = 200

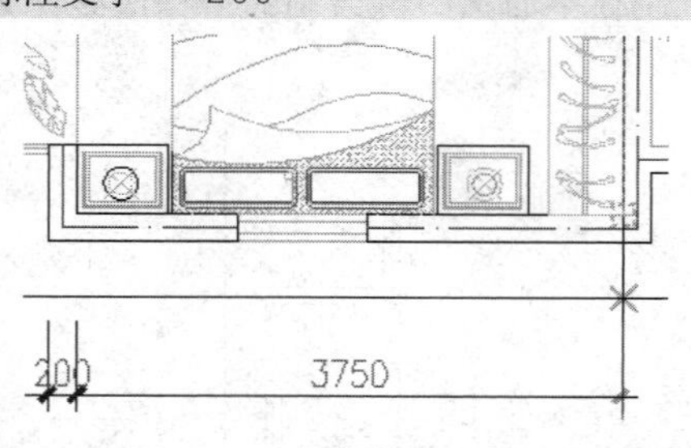

图 8-76　定位第二界线点

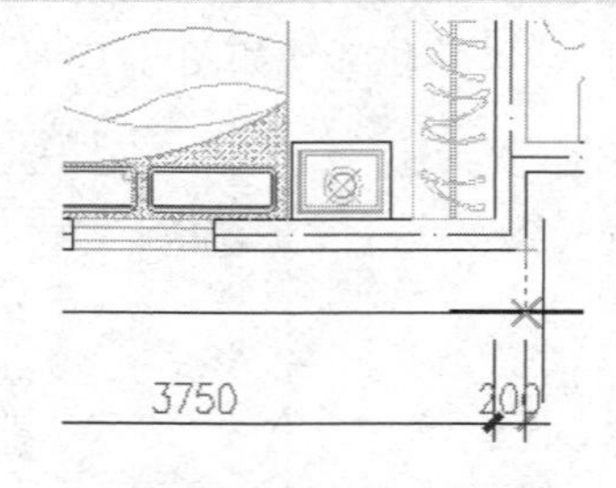

图 8-77　定位第二界线点

指定第二条尺寸界线原点或 [放弃(U)/选择(S)] <选择>：//捕捉如图 8-78 所示的交点
标注文字 = 2400
指定第二条尺寸界线原点或 [放弃(U)/选择(S)] <选择>：//捕捉如图 8-79 所示的交点
标注文字 = 100

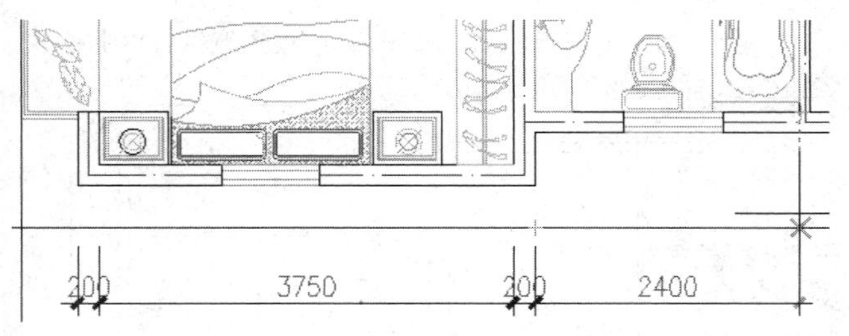

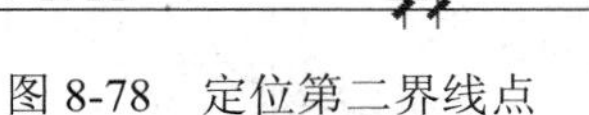
图 8-78　定位第二界线点

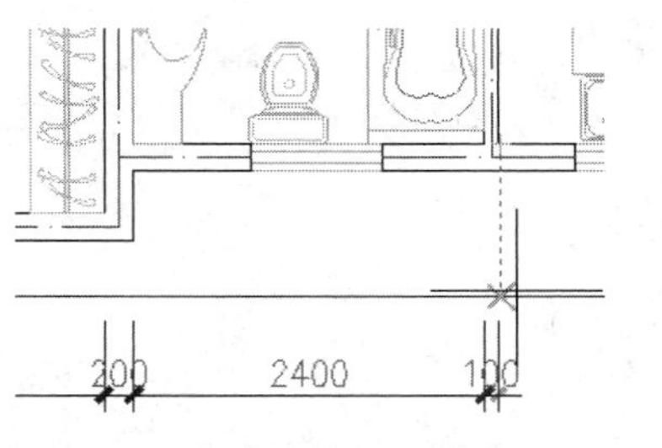

图 8-79　定位第二界线点

```
指定第二条尺寸界线原点或 [放弃(U)/选择(S)] <选择>: //捕捉如图 8-80 所示的交点
标注文字 = 1950
指定第二条尺寸界线原点或 [放弃(U)/选择(S)] <选择>: //捕捉如图 8-81 所示的交点
标注文字 = 200
```

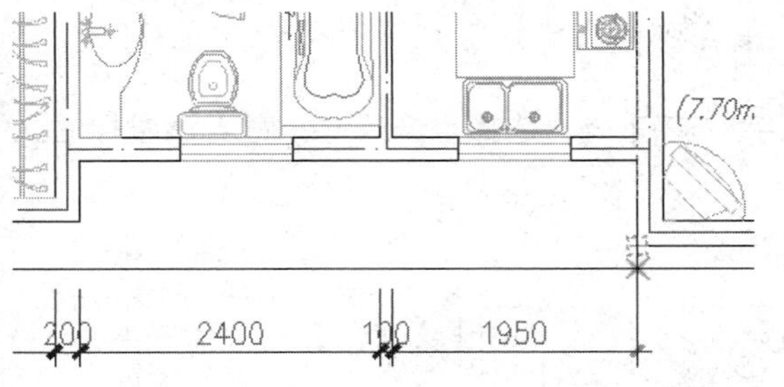

图 8-80　定位第二界线点

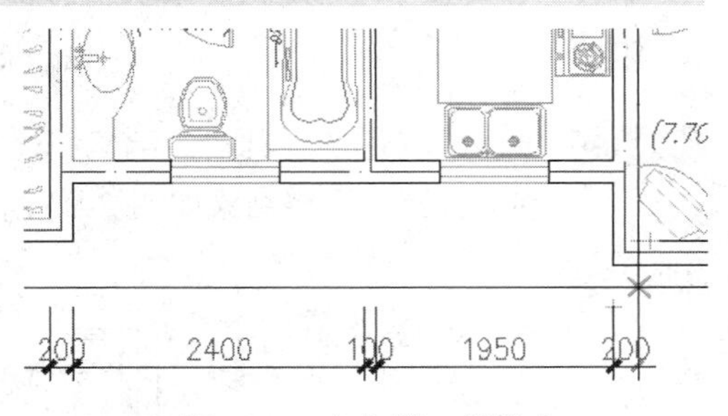

图 8-81　定位第二界线点

```
指定第二条尺寸界线原点或 [放弃(U)/选择(S)] <选择>: //捕捉如图 8-82 所示的交点
标注文字 = 3000
```

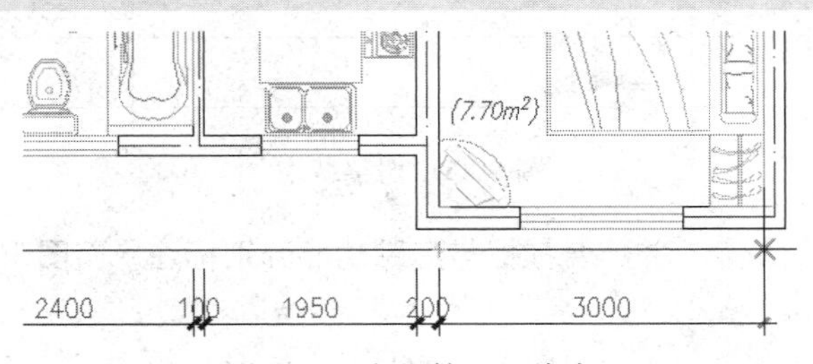

图 8-82　定位第二界线点

```
指定第二条尺寸界线原点或 [放弃(U)/选择(S)] <选择>: //捕捉如图 8-83 所示的交点
标注文字 = 200
```

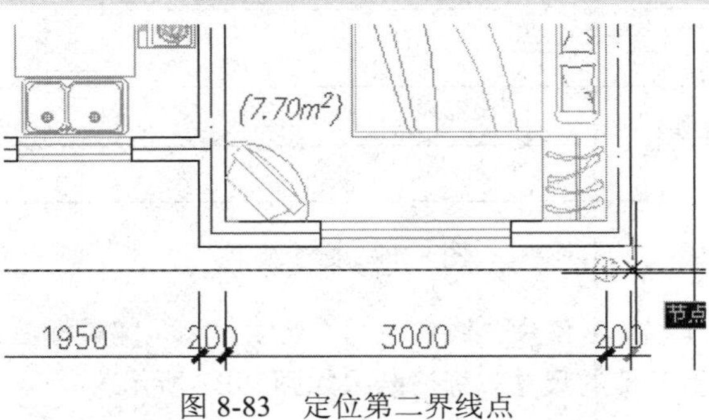

图 8-83　定位第二界线点

Note

```
指定第二条尺寸界线原点或 [放弃(U)/选择(S)] <选择>:  //Enter，退出连续标注状态
选择连续标注:                    //Enter，标注结果如图 8-84 所示
```

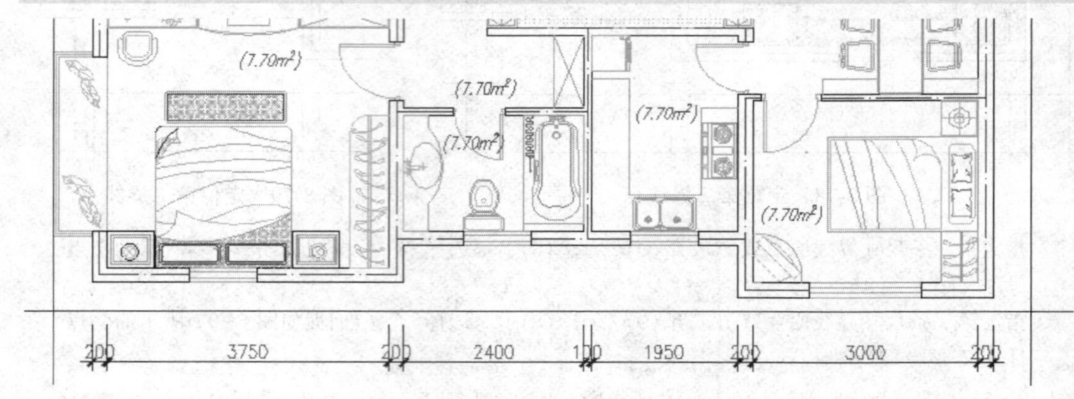

图 8-84　标注结果

Step 09 单击“标注”工具栏“编辑标注文字”按钮，选择重叠尺寸，适当调整标注文字的位置。调整结果如图 8-85 所示。

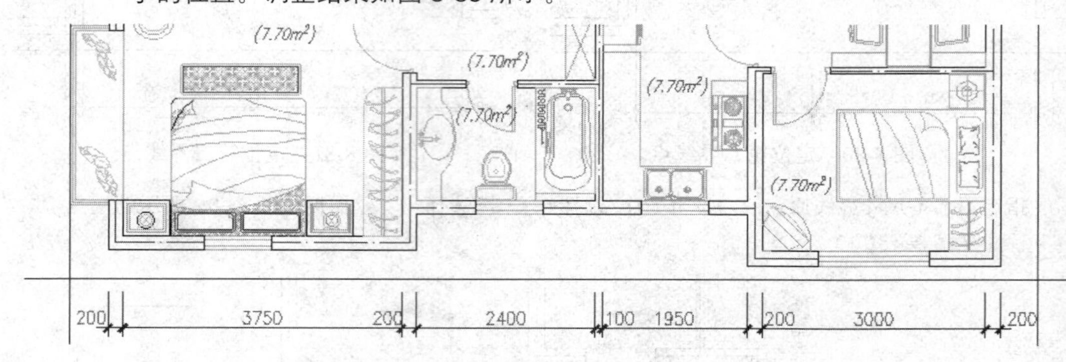

图 8-85　调整结果

Step 10 使用“线性”命令，并配合捕捉与追踪功能分别标注平面图下侧的总尺寸。标注结果如图 8-86 所示。

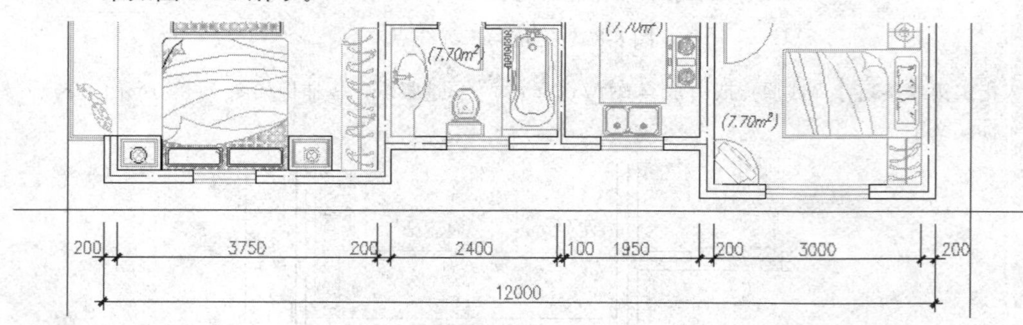

图 8-86　标注结果

Step 11 参照上述操作，综合使用“线性”、“连续”和“编辑标注文字”等命令，分别标注平面图其他三侧的尺寸。标注结果如图 8-87 所示。

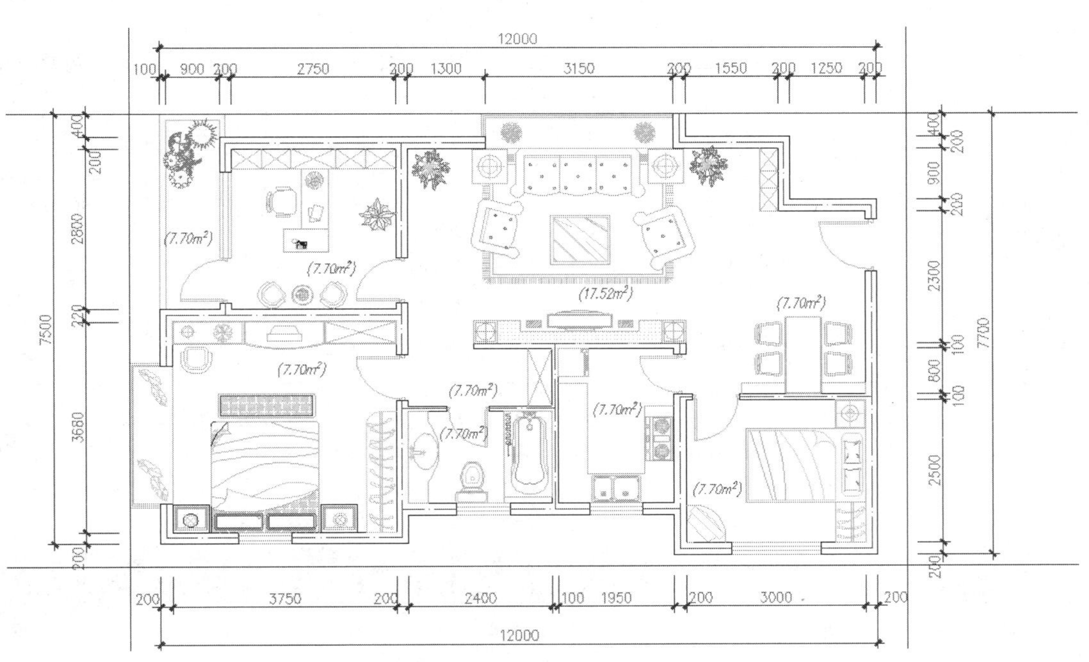

图 8-87　标注其他侧尺寸

Step 12 使用快捷键 E 执行“删除”命令，删除四条构造线，并打开“文本层”。最终结果如图 8-67 所示。

Step 13 执行“另存为”命令，将图形另名存储为“上机实训.dwg”。

8.7 小结与练习

8.7.1 小结

尺寸是施工图参数化的最直接表现，是施工人员现场施工的主要依据，也是绘制施工图重要的一个操作环节。本章集中讲述了直线型尺寸、曲线型尺寸、复合型尺寸等各类常用尺寸的具体标注方法和技巧，同时还学习了尺寸样式的设置与协调、尺寸标注的修改与完善等工具，最后通过为某单元户型图标注施工尺寸，对所讲知识进行了综合巩固和实际应用。

8.7.2 练习

1. 综合运用相关知识，为室内立面图标注如图 8-88 所示的尺寸。

Note

Note

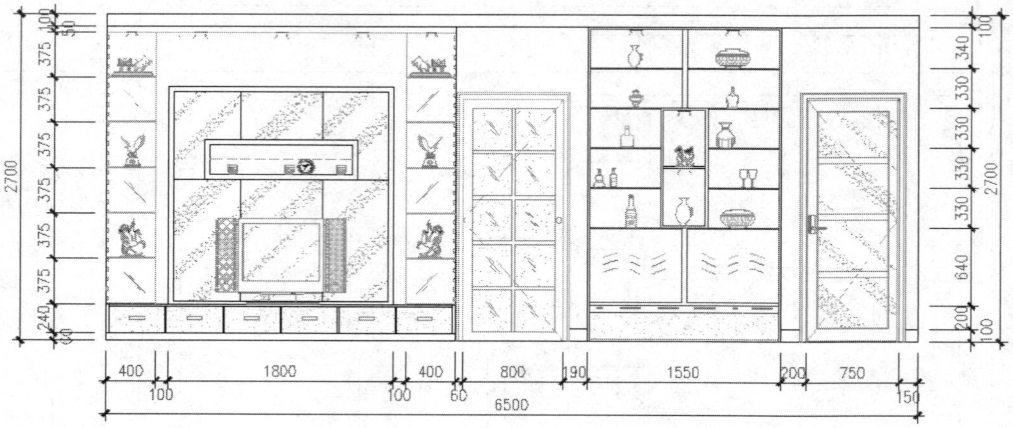

图 8-88　练习一

操作提示：

本练习所需素材文件位于随书光盘中的“素材文件”文件夹，文件名为“8-10.dwg”。

2. 综合运用相关知识，为别墅平面图标注如图 8-89 所示的尺寸。

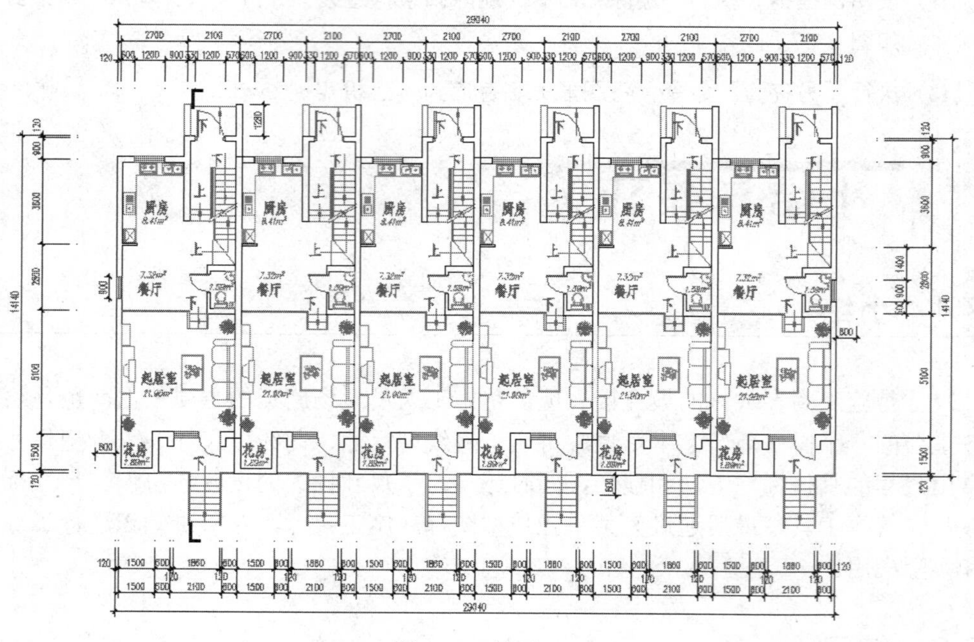

图 8-89　练习二

操作提示：

本练习所需素材文件位于随书光盘中的“素材文件”文件夹，文件名为“8-11.dwg”。

室内设计理论与绘图样板

本章主要简单概述室内设计的基础理论知识以及绘图样板的制作过程。所谓“绘图样板”，指的就是包含一定的绘图环境、参数变量、绘图样式、页面设置等内容，但并未绘制图形的空白文件，在此类文件的基础上绘图可以避免许多参数的重复性设置，使绘制的图形更符合规范。

内容要点

- ♦ 室内设计理论概述
- ♦ 室内设计制图规范
- ♦ 上机实训一——设置室内绘图环境
- ♦ 上机实训二——设置室内常用层及特性
- ♦ 上机实训三——设置室内常用绘图样式
- ♦ 上机实训四——绘制室内设计标准图框
- ♦ 上机实训五——室内样板图的页面布局

9.1 室内设计理论概述

Note

“室内设计”是指包含人们一切生活空间的内部设计。从狭义上讲，“室内设计”可以理解为满足人们不同行为需求的建筑内部空间的设计，又或者在建筑环境中实现某些功能而进行的内部空间组织和创造性的活动。

具体来说，室内设计就是根据建筑物的使用性质、所处环境、相应标准以及使用者需求，运用一定的物质技术手段和建筑美学原理，根据使用对象的特殊性以及他们所处的特定环境，对建筑内部空间进行的规划、组织和空间再造，从而营造出功能合理、舒适优美、满足人们物质生活和精神生活需要的室内环境。

本节主要简单讲述室内设计的一般步骤、设计原则、设计内容以及室内设计的常见风格等内容。

9.1.1 室内设计的一般步骤

室内设计一般可以分为准备阶段、分析阶段、设计阶段和实施阶段四个步骤，具体内容如下。

- **准备阶段**

设计准备阶段主要是接受委托任务书，明确设计期限并制定设计计划进度安排，明确设计任务和要求，熟悉设计有关的规范和定额标准，收集分析必要的资料和信息，包括对现场的查勘以及对同类型实例的参观等。在签订合同或制定投标文件时，还包括设计进度安排、设计费率标准。

- **分析阶段**

此阶段是在准备阶段的基础上，进一步收集、分析、运用与设计任务有关的资料与信息，构思立意，进行初步方案设计，以及方案的分析与比较，确定初步设计方案，提供设计文件。室内初步方案的文件通常包括：

✧ 平面图，常用比例 1:50、1:100。
✧ 室内立面展开图，常用比例 1:20、1:50。
✧ 平顶图或仰视图，常用比例 1:50、1:100。
✧ 室内透视图。
✧ 室内装饰材料实样版面。
✧ 设计意图说明和造价概算。

初步设计方案需经审定后，方可进行施工图设计。

● 设计阶段

设计应以满足使用功能为根本，造型应以完善视觉追求为目的，按照“功能决定形式”的先后顺序进行设计，当设计方案成熟以后按比例绘出正式图纸，绘制施工所必要的有关平面布置、室内立面和平顶等图纸，还需包括构造节点详细、细部大样图以及设备管线图，编制施工说明和造价预算。

● 实施阶段

根据设计阶段所完成的图纸，确定具体施工方案，室内工程在施工前，设计人员应向施工单位进行设计意图说明及图纸的技术交底；工程施工期间需按图纸要求核对施工实况，有时还需根据现场实况提出对图纸的局部修改或补充；施工结束时，会同质检部门和建设单位进行工程验收。

9.1.2 室内设计的一般原则

由于住宅空间一般多为单层、别墅（双层或三层）、公寓（双层或错层）的空间结构，住宅室内设计就是根据不同的功能需求，采用众多的手法进行空间的再创造，使居室内部环境具有科学性、实用性、审美性，在视觉效果、比例尺度、层次美感、虚实关系、个性特征等方面达到完美的结合，体现出“家”的主题，使业主在生理及心理上获得团聚、舒适、温馨、和睦的感受。为此，住宅室内设计在整体上一般该遵循以下原则。

● 功能布局

住宅的功能是基于人的行为活动特征而展开的。要创造理想的生活环境，首先应树立“以人为本”的思想，从环境与人的行为关系研究这一最根本的课题入手，全方位地深入了解和分析人的居住和行为需求。

住宅室内环境在建筑设计时只提供了最基本的空间条件，如面积大小、平面关系、设备管井、厨房浴厕等位置，这并不能制约室内空间的整体再创造，更深、更广的功能空间内涵还需设计师去分析、探讨。住宅室内环境所涉及的功能构想有基本功能与平面布局两方面的内容。

基本功能包括睡眠、休息、饮食、家庭团聚、会客、视听、娱乐以及学习、工作等。这些功能因素又形成环境的静—闹、群体—私密、外向—内敛等不同特点的分区。

群体生活区（闹）及其功能主要体现为：

✧ 起居室——谈聚、音乐、电视、娱乐、会客等。
✧ 餐室——用餐、交流等。
✧ 休闲室——游戏、健身、琴棋、电视等。

私密生活区（静）及其功能主要有：

✧ 卧室（分主卧室、次卧室、客房）——睡眠、梳妆、阅读、视听、嗜好等。
✧ 儿女室——睡眠、书写、嗜好等。

Note

✧ 书房（工作间）——阅读、书写、嗜好等。

家务活动区及其功能主要有：

✧ 厨房——配膳清洗、储藏物品、烹调等。
✧ 贮藏间——储藏物品、洗衣等。

● 平面布局

平面布局包括各功能区域之间的关系，各房室之间的组合关系，各平面功能所需家具及设施、交通流线、面积分配、平面与立面用材的关系、风格与造型特征的定位、色彩与照明的运用等。住宅室内空间的合理利用，在于不同功能区域的合理分割、巧妙布局、疏密有致，充分发挥居室的使用功能。

● 面积标准

因人口数量、年龄结构、性格类型、活动需要、社交方式、经济条件诸因素的变化，在现实生活中，很难建立理想的面积标准，只能采用最低标准作依据。以下面积标准分别是国家住宅设计标准（GB50096-1999，简称 G）和上海住宅设计标准（DGJ08-20-2001，简称 S）中的住宅最低面积标准。

✧ 户型总面积—G：一类 34m^2（2 居室），二类 45m^2（3 居室），一类 56m^2（3 居室），一类 68m^2（4 居室）；S：小套 2 居室，中套 3 居室，大套 4~5 居室，无总面积标准。
✧ 起居室—G：12m^2；S 小套 12m^2，大套 14m^2。
✧ 餐室—无最低标准。
✧ 主卧室（双人卧室）——G：10m^2；S：12m^2。
✧ 单人卧室—G：6m^2；S：6m^2。
✧ 浴室—G：3m^2；S：4m^2。
✧ 厨房—G：一二类 4m^2，三四类 5m^2；S：小套 4.5m^2；中套 5m^2，大套 5.5m^2。
✧ 储藏室—S：大套 1.5m^2。

确定居室面积前考虑与空间面积有密切关系的因素：

✧ 家庭人口愈多，单位人口所需空间相对愈小。
✧ 兴趣广泛、性格活跃、好客的家庭，单位人口需给予较大空间。
✧ 偏爱较大群体空间或私人空间的家庭，可减少房间数量。
✧ 偏爱较多独立空间的家庭，每个房间相对狭小一点也无妨。

● 平面空间设计

住宅平面空间设计，是直接建立室内生活价值的基础工作，包括区域划分和交通流线两个内容。住宅平面空间设计，是直接建立室内生活价值的基础工作，包括区域划分和交通流线两个内容。区域划分是以家庭活动需要为划分依据，将家庭活动需要与功能使用特征有机地结合，以取得合理的空间划分与组织；而交通流线能使家庭活动得以自由流畅地进行。另外还需注意：

- ✧ 合理的交通路线以介于各个活动区域之间为宜，若任意穿过独立活动区域将严重影响其空间效用和活动效果。
- ✧ 尽量使室内每一生活空间能与户外阳台、家庭直接联系。
- ✧ 群体活动或公共活动空间宜与其它生活区域保持密切关系。
- ✧ 室内房门宜紧靠墙角开设，使家具陈设获得有利空间，各房门之间的距离不宜太长，尽量缩短交通路线。

另外，还需注意：

- ✧ 合理的交通路线以介于各个活动区域之间为宜，若任意穿过独立活动区域将严重影响其空间效用和活动效果。
- ✧ 尽量使室内每一生活空间能与户外阳台、家庭直接联系。
- ✧ 群体活动或公共活动空间宜与其他生活区域保持密切关系。
- ✧ 室内房门宜紧靠墙角开设，使家具陈设获得有利空间，各房门之间的距离不宜太长，尽量缩短交通路线。

● 立面空间设计

室内空间泛指高度与长度，高度与长度所共同构成的垂直空间，包括以墙为主的实立面和介于天花板与地板之间的虚立面。它是多方位、多层次、有时还是互相交错融合的实与虚的立体。

立体空间塑造有两个方面的内容：一是贮藏、展示的空间布局；二是通过风、调温、采光、设施的处理。其手法上可以采用隔、围、架、透、封、上升、下降、凸出、凹进等手法以及可活动的家具、陈设等，辅以色、材质、光照等虚拟手法的综合组织与处理，以达到空间的高效利用，增进室内的自然与人为生活要素的功效。例如，有时建筑本身的墙、柱、设备管井等占据空间，设计上应将其利用或隐去，真假并举，或单独处理，或成双成对，或形成序列，运用色、光、材等造型手法使其有机而自然地成为空间塑造的组成部分。在实施时应注意以下几点：

- ✧ 墙面实体垂直空间要保留必要部分作通风、调温和采光，其他部分则按需要作贮藏展示之空间。
- ✧ 墙面有立柱时可用壁橱架予以隐蔽。
- ✧ 立面空间要以平面空间活动需要为先决条件。
- ✧ 在平面空间设计的同时，对活动形态、家具配置详作安排。
- ✧ 在立面设计中调整平面空间布局。

9.1.3　室内设计的具体内容

现代家庭室内设计必须满足人在视觉、听觉、体感、触觉、嗅觉等多方面的要求，营造出人们生理和心理双向需要的室内环境。从家具造型到陈设挂件，从采光到照明，从室内到室外，来重视整体布置，创造一个共享空间，满足不同经济条件和文化层次的人们生活与精神的需要。所以在室内设计中需考虑与室内设计有关的基本要素来进行室内设计与装饰，这些基本因素主要表现在空间、界面、色彩、线条、质感、采光与照明、家具与陈设、绿化等方面。

Note

- **空间与界面**

室内建筑主要包括室内空间的组织和建筑界面的处理，它是确定室内环境基本形体和线形的设计，设计时以物质功能和精神功能为依据，考虑相关的客观环境因素和主观的身心感受。

室内空间组织，包括平面布置，首先需要对原有建筑设计的意图充分理解，对建筑物的总体布局、功能分析、人流动向以及结构体系等有深入的了解，在室内设计时对室内空间和平面布置予以完善、调整或再创造。

室内界面处理，是指对室内空间的各个围合，包括地面、墙面、隔断、平顶等各界的使用功能和特点，界面的形状、图形线脚、肌理构成的设计，以及界面和结构的连接构造，界面和风、水、电等管线设施的协调配合等方面的设计。室内界面设计应从物质和人的精神审美方面来综合考虑。

- **室内内含物**

室内内含物主要包括家具、装饰品和各类日用生活用品等，通过这些内含物，使室内空间得到合理的分配和运用，给人们带来舒适和方便，同时又得到美的熏陶和享受。

✧ 在室内设计中，家具有着举足轻重的作用，根据人体工程学的原理生产的家具，能科学地满足人类生活各种行为的需要，用较少的时间、较低的消耗来完成各种动作，从而组成高度适用而紧凑的空间，使人感到亲切。陈设系统指除固定于室内墙、地、顶及建筑构体、设备外一切适用的，或供观赏的陈设物品。家具是室内陈设的主要部分，还包括室内纺织物、家用电器、日用品和工艺品等。

✧ 室内织物包括窗帘、床单、台布、沙发面料、靠垫以及地毯、挂毯等。在选用纺织品时，其色彩、质感、图案等除考虑室内整体的效果外，还可以作为点缀。室内如缺少纺织品，就会缺少温暖的感觉。

✧ 家用电器主要包括电视机、音响、电冰箱、录像机、洗衣机等在内的各种家用电器用品。

✧ 日用品的品种多而杂，陈设中主要有陶瓷器皿、玻璃器皿、文具等。

✧ 工艺品包括书画、雕塑、盆景、插花、剪纸、刺绣、漆器等都能美化空间，供人欣赏。

✧ 作为陈设艺术，有着广泛的社会基础，人们按自己的知识、经历、爱好、身份以及经济条件等安排生活，选择各类陈设品。

- **采光与照明**

在室内空间中光也是很重要的，室内空间通过光来表现，光能改变空间的个性。室内空间的光源有自然光和人工光两大类，室内照明是指室内环境的自然光和人工照明，光照除了能满足正常的工作生活环境的采光，照明要求外，光照和光影效果还能有效地起到烘托室内环境气氛的作用。没有光也就没有空间、没有色彩、没有造型，光可以使室内的环境得以显现和突出。

- ✧ 自然光可以向人们提供室内环境中时空变化的信息气氛，可以消除人们在六面体内的窒息感，它随着季节、昼夜的不断变化，使室内生机勃勃；人工照明可以恒定地描述室内环境和随心所欲地变换光色明暗，光影给室内带来了生命，加强了空间的容量和感觉，同时，光影的质和量也对空间环境和人的心理产生影响。
- ✧ 人工照明在室内设计中主要有光源组织空间、塑造光影效果、利用光突出重点、光源演绎色彩等作用，其照明方式主要有整体（普通）照明、局部（重点）照明、装饰照明、综合（混合）照明；其安装方式可分为台灯、落地灯、吊灯、吸顶灯、壁灯、嵌入式灯具、投射灯等。

- **线条与质感**

线条是统一室内各部分或房间相互联系起来的一种媒介。垂直线条常给人以高耸、挺拔的感觉，水平线条常使人感到活泼、流畅。在现代家庭室内空间中，用通长的水平窗台、窗帘和横向百页以及低矮的家具，来形成宁静的休息环境。

材料质地的不同，常给人不同的感觉，质感粗糙的往往使人感觉稳重、沉着或粗犷，细滑的则感觉轻巧、精致。材料的质感还会给人以高贵或简陋的感觉。成功地运用材质的变化，往往能加强室内设计的艺术表现力。

- **室内织物**

当代织物已渗透到室内设计的各个方面，其种类主要有地毯、窗帘、家具的蒙面织物、陈设覆盖织物、靠垫、壁挂等。

由于织物在室内的覆盖面积较大，所以对室内的气氛、格调、意境等起很大的作用，主要体现在实用性、分隔性、装饰性三方面。

- **室内色彩**

色彩是室内设计中最为生动、最为活跃的因素，室内色彩往往给人们留下室内环境的第一印象。色彩最具表现力，通过人们的视觉感受产生的生理、心理和类似物理的效应，形成丰富的联想、深刻的寓意和象征。色彩对人们的视知觉生理特性的作用是第一位的。不同的色彩色相会使人心理产生不同的联想。不同的色彩在人的心理上会产生不同的物理效应，如冷热、远近、轻重、大小等；感情刺激，如兴奋、消沉、热情、抑郁、镇静等；象征意义，如庄严、轻快、刚柔、富丽、简朴等。

室内色彩除对视觉环境产生影响外，还直接影响人们的情绪和心理。室内色彩不仅仅局限于地面、墙面与天棚，而且还包括房间里的一切装修、家具、设备、陈设等。所以，室内设计中心须在色彩上进行全面认真的推敲，科学地运用色彩，使室内空间里的墙纸、窗帘、地毯、沙发罩、家具、陈设、装修等色彩相互协调，才能取得令人满意的室内效果，不仅有利于工作、有助于生活健康，同时又能取得美的效果。

- **室内绿化**

室内设计中绿化已成为改善室内环境的重要手段，在室内设计中具有不能代替的特

Note

殊作用。室内绿化可调节温湿度、净化室内环境、组织空间构成，使室内空间更有活力，以自然美增强内部环境表现力。更为主要的是，室内绿化使室内环境生机勃勃，带来自然气息，令人赏心悦目，起到柔化室内人工环境，在高节奏的现代生活中具有协调人们心理使之平衡的作用。

在运用室内绿化时，首先应考虑室内空间主题气氛等的要求，通过室内绿化的布置，充分发挥其强烈的艺术感染力，加强和深化室内空间所要表达的主要思想；其次，还要充分考虑使用者的生活习惯和审美情趣。

9.1.4 室内设计的常见风格

室内设计的风格主要可分为传统风格、乡土风格、现代风格、后现代风格、自然风格以及混合型风格等。

- **传统风格**

中国传统崇尚庄重和优雅，传统风格的室内设计是在室内布置、线形、色调以及家具、陈设的造型等方面，吸取中国传统木构架构筑室内藻井天棚、屏风、隔扇等装饰。多采用对称的空间构图方式，笔彩庄重而简练，空间气氛宁静、雅致而简朴。传统风格常给人们以历史延续和地域文脉的感受，使室内环境突出了民族文化渊源的形象特征。

- **乡土风格**

乡土风格主要表现为尊重民间的传统习惯、风土人情，保持民间特色，注意运用地方建筑材料或利用当地的传说故事等作为装饰的主题。在室内环境中力求表现悠闲、舒畅的田园生活情趣，创造自然、质朴、高雅的空间气氛。

- **现代风格**

广义的现代风格可泛指造型简洁新颖，具有当今时代感的建筑形象和室内环境。以简洁明快为主要特点，重视室内空间的使用效能，强调室内布置按功能区分的原则进行，家具布置与空间密切配合，主张废弃多余的、烦琐的附加装饰，使质和神韵。另外，装饰色彩和造型追随流行时尚。

- **后现代风格**

后现代风格是对现代风格中纯理性主义倾向的批判，后现代风格强调建筑及室内装潢应具有历史的延续性，但又不拘泥于传统的逻辑思维方式，探索创新造型手法，讲究人情味，常在室内设置夸张、变形的柱式和断裂的拱券，或把古典构件的抽象形式以新的手法组合在一起，即采用非传统的混合、叠加、错位、裂变等手法和象征、隐喻等手段，以期创造一种融感性与理性、集传统与现代、揉大众与行家于一体的即“亦此亦彼”的建筑形象与室内环境。

- **自然风格**

自然风格倡导“返朴归真、回归自然”，美学上推崇自然、结合自然，才能在当今高科技、高节奏的社会生活中，使人们能取得生理和心理的平衡，因此室内多用木料、织物、石材等天然材料，显示材料的纹理，清新淡雅。

Note

此外，由于其宗旨和手法的类同，也可把田园风格归入自然风格一类。田园风格在室内环境中力求表现悠闲、舒畅、自然的田园生活情趣，也常运用天然木、石、藤、竹等材质质朴的纹理。巧于设置室内绿化，创造自然、简朴、高雅的氛围。

- **混合型风格**

混合型风格指的是在空间结构上既讲求现代实用，又吸取传统的特征，在装饰与陈设中融中西为一体。近年来，建筑设计和室内设计在总体上呈现多元化、兼容并蓄的状况。室内布置中也有既趋于现代实用，又吸取传统的特征，在装潢与陈设中融古今中西于一体，例如传统的屏风、摆设和茶几，配以现代风格的墙面及门窗装修、新型的沙发；欧式古典的琉璃灯具和壁面装饰，配以东方传统的家具和埃及的陈设、装饰小品等。

混合型风格虽然在设计中不拘一格，运用多种体例，但设计中仍然是匠心独具，深入推敲形体、色彩、材质等方面的总体构图和视觉效果。

9.2 室内设计制图规范

室内装修施工图与建筑施工图一样，一般都是按照正投影原理以及视图、剖视和断面等的基本图示方法绘制的，其制图规范，也应遵循建筑制图和家具制图中的图标规定，具体如下。

9.2.1 常用图纸幅面

AutoCAD 工程图要求图纸的大小必须按照规定图纸幅面和图框尺寸裁剪，常用到的图纸幅面和图框尺寸如表 9-1 所示。

表 9-1　图纸幅面和图框尺寸（mm）

尺寸代号	A0	A1	A2	A3	A4
L×B	1188×841	841×594	594×420	420×297	297×210
c	10			5	
a	25				
e	20			10	

表 9-1 中的 L 表示图纸的长边尺寸，B 为图纸的短边尺寸，图纸的长边尺寸 L 等于短边尺寸 B 的 $\sqrt{2}$ 倍。当图纸带有装订边时，a 为图纸的装订边，尺寸为 25mm；c 为非

装订边，A0~A2 号图纸的非装订边边宽为 10mm，A3、A4 号图纸的非装订边边宽为 5mm；当图纸为无装订边图纸时，e 为图纸的非装订边，A0~A2 号图纸边宽尺寸为 20mm，A3、A4 号图纸边宽为 10mm。各种图纸图框尺寸如图 9-1 所示。

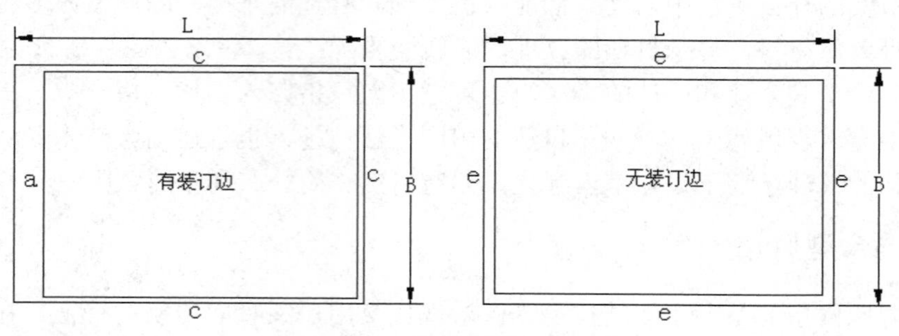

图 9-1　图纸图框尺寸

提示：

图纸的长边可以加长，短边不可以加长，但长边加长时须符合标准：对于 A0、A2 和 A4 幅面可按 A0 长边的 1/8 的倍数加长，对于 A1 和 A3 幅面可按 A0 短边的 1/4 的整数倍进行加长。

9.2.2　标题栏与会签栏

在一张标准的工程图纸上，总有一个特定的位置用来记录该图纸的有关信息资料，这个特定的位置就是标题栏。标题栏的尺寸是有规定的，但是各行各业却可以有自己的规定和特色。一般来说，常见的 CAD 工程图纸标题栏有四种形式，如图 9-2 所示。

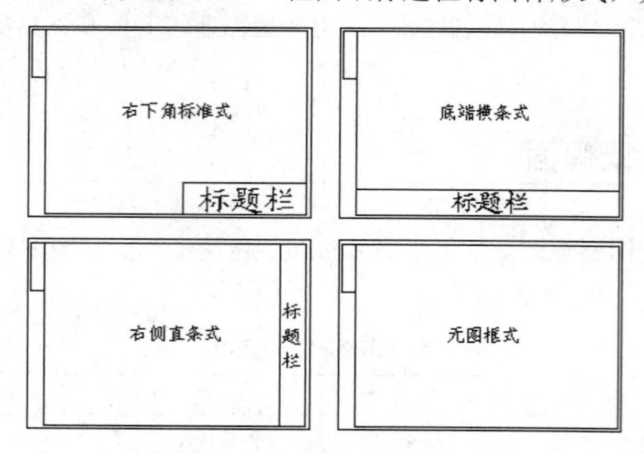

图 9-2　图纸标题栏格式

一般从零号图纸到四号图纸的标题栏尺寸均为 40mm×180mm，也可以是 30mm×180mm 或 40mm×180mm。另外，需要会签栏的图纸要在图纸规定的位置绘制出会签栏，作为图纸会审后签名使用。会签栏的尺寸一般为 20mm×75mm，如图 9-3 所示。

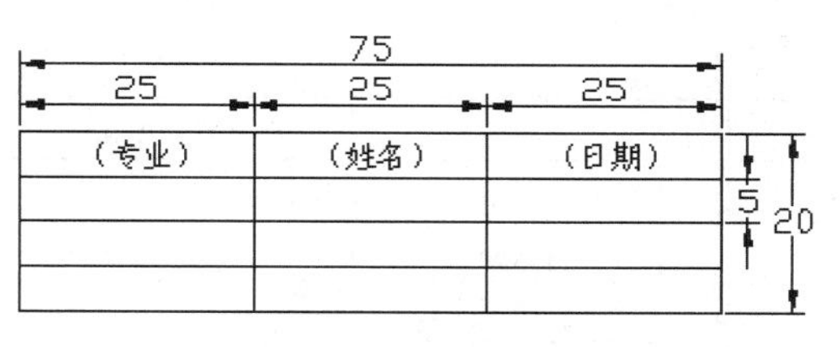

图 9-3　会签栏

9.2.3　比例

建筑物形体庞大，必须采用不同的比例来绘制。对于整幢建筑物、构筑物的局部和细部结构都分别予以缩小绘出，特殊细小的线脚等有时不缩小，甚至需要放大绘出。建筑施工图中，各种图样常用的比例如表 9-2 所示。

表 9-2　施工图比例

图名	常用比例	备注
总平面图	1:500、1:1000、1:2000	
平面图 立面图 剖视图	1:50、1:100、1:200	
次要平面图	1:300、1:400	次要平面图指屋面平面图、工具建筑的地面平面图等
详图	1:1、1:2、1:5、1:10、1:20、1:25、1:50	1:25 仅适用于结构构件详图

9.2.4　图线

在施工图中为了表明不同的内容并使层次分明，须采用不同线型和线宽的图线绘制。每个图样，应根据复杂程度与比例大小，首先确定基本线宽 b，然后再根据制图需要，确定各种线型的线宽。图线的线型、线宽及用途如表 9-3 所示，可据此说明来选用。

表 9-3　图线的线型、线宽及用途

线型	线宽	用途
粗实线	b	① 平面图、剖视图中被剖切的主要建筑构造（包括构配件）的轮廓线 ② 建筑立面图的外轮廓线 ③ 建筑构造详图中被剖切的主要部分的轮廓线 ④ 建筑构配件详图中的构配件的外轮廓线
中实线	0.5b	① 平面图、剖视图中被剖切的次要建筑构造（包括构配件）的轮廓线 ② 建筑平面图、立面图、剖视图中建筑构配件的轮廓线 ③ 建筑构造详图及建筑构配件详图中的一般轮廓线
细实线	0.35b	小于 0.5b 的图形线、尺寸线、尺寸界线、图例线、索引符号、标高符号等
中虚线	0.5b	① 建筑构造及建筑构配件不可见的轮廓线 ② 平面图中的起重机轮廓线 ③ 拟扩建的建筑物轮廓线

Note

续表

线型	线宽	用途
细实线	0.35b	图例线、小于 0.5b 的不可见轮廓线
粗点画线	b	起重机轨道线
细点画线	0.35b	中心线、对称线、定位轴线
折断线	0.35b	不需绘制全的断开界线
波浪线	0.35b	不需绘制全的断开界线、构造层次的断开界线

9.2.5 字体与尺寸

图纸上所标注的文字、字符和数字等，应做到排列整齐、清楚正确，尺寸大小要协调一致。当汉字、字符和数字并列书写时，汉字的字高要略高于字符和数字；汉字应采用国家标准规定的矢量汉字，汉字的高度应不小于 2.5mm，字母与数字的高度应不小于 1.8mm；图纸及说明中汉字的字体应采用长仿宋体，图名、大标题、标题栏等可选用长仿宋体、宋体、楷体或黑体等；汉字的最小行距应不小于 2mm，字符与数字的最小行距应不小于 1mm，当汉字与字符数字混合时，最小行距应根据汉字的规定使用。

图纸上的尺寸应包括尺寸界线、尺寸线、尺寸起止符号和尺寸数字等。尺寸界线是表示所度量图形尺寸的范围边限，应用细实线标注；尺寸线是表示图形尺寸度量方向的直线，它与被标注的对象之间的距离不宜小于 10mm，且互向平行的尺寸线之间的距离要保持一致，一般为 7~10mm；尺寸数字一律使用阿拉伯数字注写，在打印出图后的图纸上，字高一般为 2.5~3.5mm，同一张图纸上的尺寸数字大小应一致，并且图样上的尺寸单位，除建筑标高和总平面图等建筑图纸以 m 为单位之外，均应以 mm 为单位。

9.3 上机实训——设置室内绘图环境

本章以设置一个 A2-H 幅面的室内绘图样板文件为例，学习室内绘图样板文件的详细制作过程和技巧。下面对室内设计绘图环境进行设置，具体包括绘图单位、图形界限、捕捉模数、追踪功能以及常用变量等。

- **设置单位与精度**

Step 01 单击“快速访问”工具栏→“新建”按钮，打开“选择样板”对话框。

Step 02 在“选择样板”对话框中选择 acadISO -Named Plot Styles 作为基础样板，新建空白文件，如图 9-4 所示。

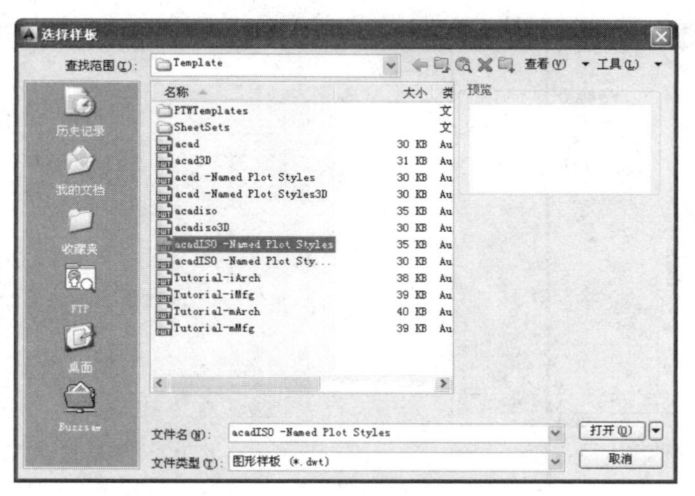

图 9-4　“选择样板”对话框

小技巧：

acadISO—Named Plot Styles 是一个命令打印样式样板文件，如果用户需要使用“颜色相关打印样式”作为样板文件的打印样式，可以选择 acadiso 基础样式文件。

Step 03 选择菜单栏中的“格式”→“单位”命令，或使用快捷键 UN 激活“单位”命令，打开“图形单位”对话框。

Step 04 在“图形单位”对话框中设置长度类型、角度类型以及单位、精度等参数，如图 9-5 所示。

- **设置绘图区域**

Step 01 选择菜单栏中的“格式”→“图形界限”命令，设置默认作图区域为 59400×42000。命令行操作如下：

```
命令: '_limits
重新设置模型空间界限:
指定左下角点或 [开(ON)/关(OFF)] <0.0,0.0>: //Enter
指定右上角点 <420.0,297.0>:              //59400,42000Enter
```

Step 02 选择菜单栏中的“视图”→“缩放”→“全部”命令，将设置的图形界限最大化显示。

小技巧：

如果用户想直观地观察到设置的图形界限，可按下按 F7 功能键，打开“栅格”功能，通过坐标的栅格线或栅格点，直观形象地显示出图形界限，如图 9-6 所示。

Note

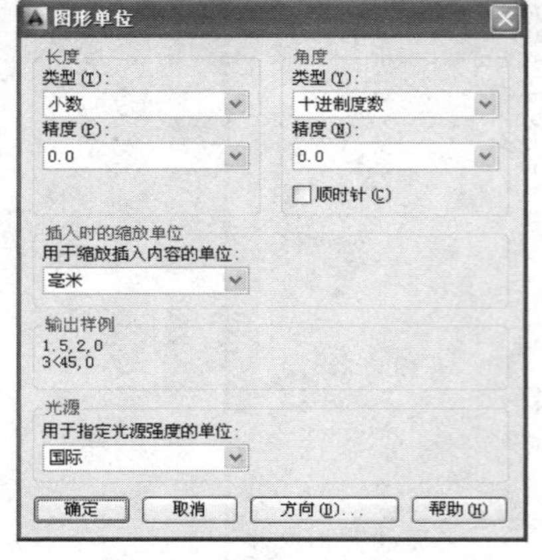

图 9-5　设置单位与精度

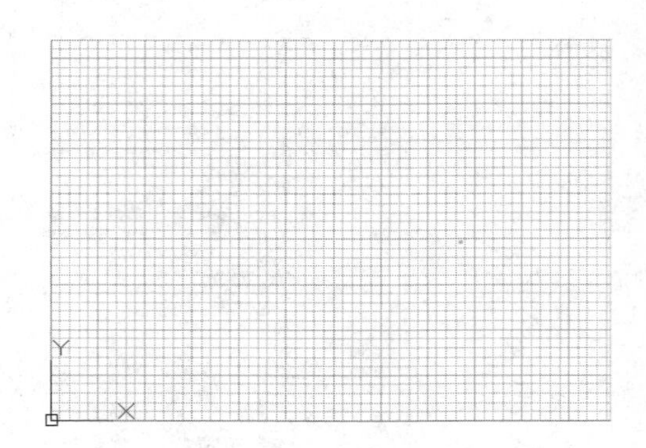

图 9-6　栅格显示界限

- **设置捕捉与追踪**

Step 01 选择菜单栏中的“工具”→“绘图设置”命令，或使用快捷键 DS 激活“草图设置”命令，打开“草图设置”对话框。

Step 02 在“草图设置”对话框中展开“对象捕捉”选项卡，启用和设置一些常用的对象捕捉功能，如图 9-7 所示。

Step 03 展开“极轴追踪”选项卡，设置追踪角参数如图 9-8 所示。

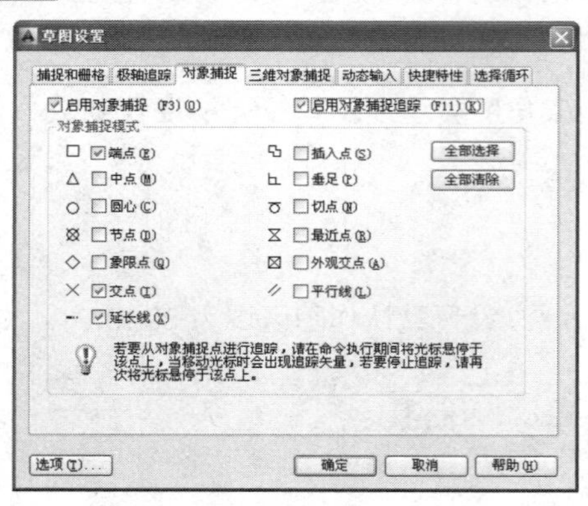

图 9-7　设置捕捉参数

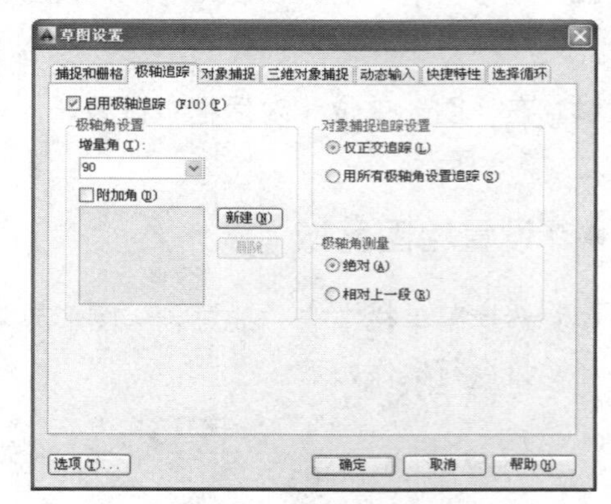

图 9-8　设置追踪参数

Step 04 单击 确定 按钮，关闭“草图设置”对话框。

> **提示：**
>
> 在此设置的捕捉和追踪参数，并不是绝对的，用户可以在实际操作过程中随时更改。

Step 05 按下 12 功能键，打开状态栏上的“动态输入”功能。

- **设置常用系统变量**

Step 01 在命令行输入系统变量 LTSCALE，以调整线型的显示比例。命令行操作如下：

```
命令: LTSCALE                    //Enter
输入新线型比例因子 <1.0000>:       //100 Enter
正在重生成模型。
```

Step 02 使用系统变量 DIMSCALE 设置和调整尺寸标注样式的比例。命令行操作如下：

```
命令: DIMSCALE                   //Enter
输入 DIMSCALE 的新值 <1>:         //100 Enter
```

提示：

将尺寸比例调整为 100，并不是绝对参数值，用户也可根据实际情况进行修改设置。

Step 03 系统变量 MIRRTEXT 用于设置镜像文字的可读性。当变量值为 0 时，镜像后的文字具有可读性；当变量值为 1 时，镜像后的文字不可读。命令行设置如下：

```
命令: MIRRTEXT                   //Enter
输入 MIRRTEXT 的新值 <1>:         //0 Enter
```

Step 04 由于属性块的引用一般有“对话框”和“命令行”两式，可以使用系统变量 ATTDIA 控制属性值的输入方式。命令行操作如下：

```
命令: ATTDIA                     //Enter
输入 ATTDIA 的新值 <1>:           //0 Enter
```

小技巧：

当变量 ATTDIA=0 时，系统将以“命令行”形式提示输入属性值；为 1 时，以“对话框”形式提示输入属性值。

Step 05 使用“保存”命令，将当前文件命名存储为“设置室内绘图环境.dwg”。

9.4 上机实训二——设置室内常用层及特性

下面通过为样板文件设置常用的图层及图层特性，学习层及层特性的设置方法和技巧，以方便用户对各类图形资源进行组织和管理。

- **设置常用图层**

Step 01 打开上例存储的“设置室内绘图环境.dwg”，或直接从随书光盘中的“\效果文件\第 9 章\”目录下调用此文件。

Step 02 单击“常用”选项卡→“图层”面板→“图层特性”按钮，打开“图层特性管理器”对话框。

Note

Step 03 在“图层特性管理器”对话框中单击“新建图层”按钮，创建一个名为“墙线层”的新图层，如图 9-9 所示。

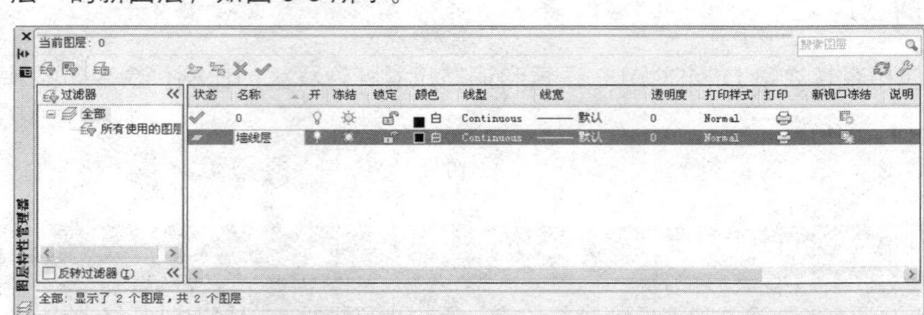

图 9-9 新建图层

Step 04 连续按 Enter 键，分别创建灯具层、吊顶层、家具层、轮廓线等图层，如图 9-10 所示。

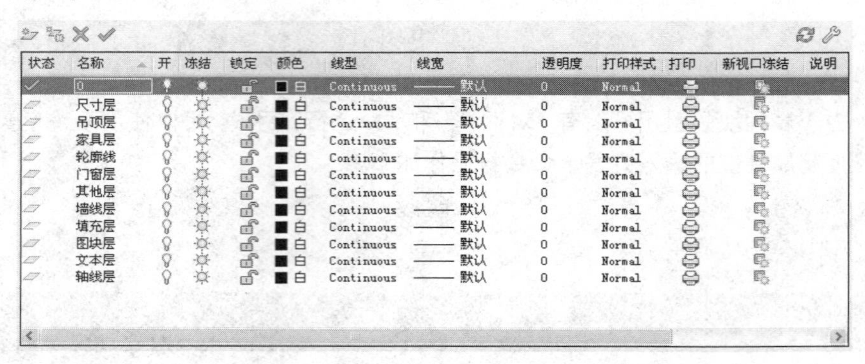

图 9-10 设置图层

小技巧：

连续两次按键盘上的 Enter 键，也可以创建多个图层。在创建新图层时，所创建出的新图层将继承先前图层的一切特性（如颜色、线型等）。

- ### 设置颜色特性

Step 01 选择“尺寸层”，在如图 9-11 所示的颜色图标上单击左键，打开“选择颜色”对话框。

Step 02 在“选择颜色”对话框的“颜色”文本框中输入蓝，为所选图层设置颜色值，如图 9-12 所示。

Step 03 单击 确定 按钮返回“图层特性管理器”对话框，结果“尺寸层”的颜色被设置为“蓝色”，如图 9-13 所示。

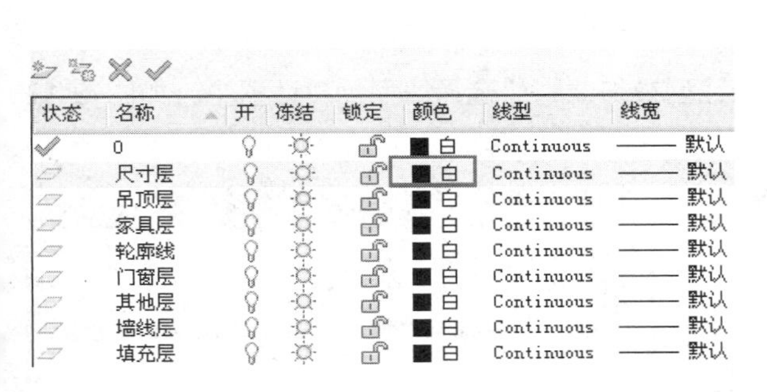

状态	名称	开	冻结	锁定	颜色	线型	线宽
	0				白	Continuous	默认
	尺寸层				白	Continuous	默认
	吊顶层				白	Continuous	默认
	家具层				白	Continuous	默认
	轮廓线				白	Continuous	默认
	门窗层				白	Continuous	默认
	其他层				白	Continuous	默认
	墙线层				白	Continuous	默认
	填充层				白	Continuous	默认

图 9-11　定位图层

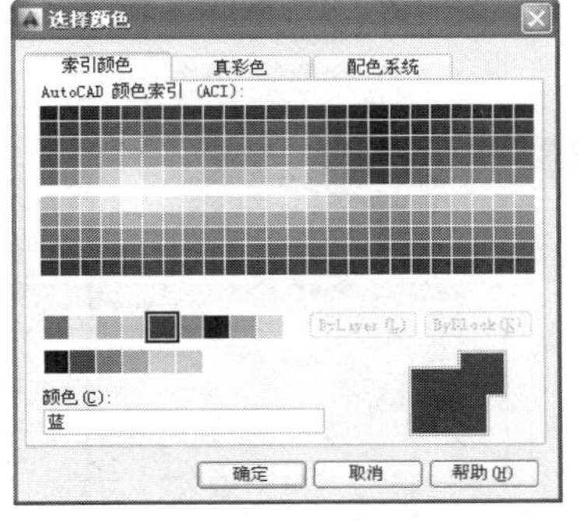

图 9-12　“选择颜色”对话框

状态	名称	开	冻结	锁定	颜色	线型	线宽	透明度	打印样式	打印	新视口冻结	说明
	0				白	Continuous	默认	0	Normal			
	尺寸层				蓝	Continuous	默认	0	Normal			
	吊顶层				白	Continuous	默认	0	Normal			
	家具层				白	Continuous	默认	0	Normal			
	轮廓线				白	Continuous	默认	0	Normal			
	门窗层				白	Continuous	默认	0	Normal			

图 9-13　设置结果

Step 04 参照第 1~3 操作步骤，分别为其他图层设置颜色特性。设置结果如图 9-14 所示。

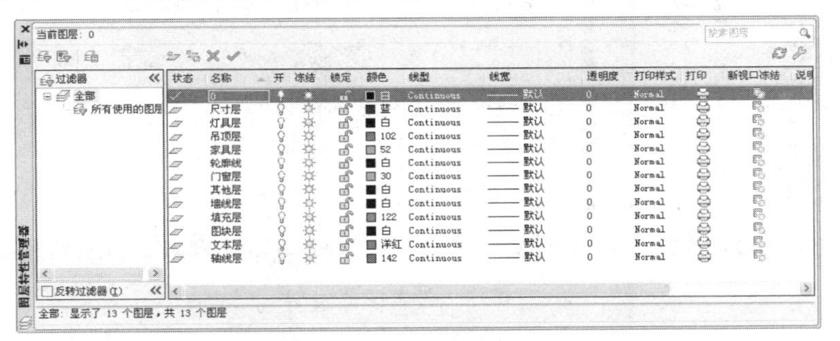

状态	名称	开	冻结	锁定	颜色	线型	线宽	透明度	打印样式	打印	新视口冻结	说明
	0				白	Continuous	默认	0	Normal			
	尺寸层				蓝	Continuous	默认	0	Normal			
	灯具层				白	Continuous	默认	0	Normal			
	吊顶层				102	Continuous	默认	0	Normal			
	家具层				52	Continuous	默认	0	Normal			
	轮廓线				白	Continuous	默认	0	Normal			
	门窗层				30	Continuous	默认	0	Normal			
	其他层				白	Continuous	默认	0	Normal			
	墙线层				白	Continuous	默认	0	Normal			
	填充层				122	Continuous	默认	0	Normal			
	图块层				白	Continuous	默认	0	Normal			
	文本层				洋红	Continuous	默认	0	Normal			
	轴线层				142	Continuous	默认	0	Normal			

图 9-14　设置颜色特性

● 设置线型特性

Step 01 选择“轴线层”，在如图 9-15 所示的 Continuous 位置上单击左键，打开“选择线型”对话框。

状态	名称	开	冻结	锁定	颜色	线型	线宽	透明度	打印样式	打印	新视口冻结	说明
	0				白	Continuous	默认	0	Normal			
	尺寸层				蓝	Continuous	默认	0	Normal			
	灯具层				白	Continuous	默认	0	Normal			
	吊顶层				102	Continuous	默认	0	Normal			
	家具层				52	Continuous	默认	0	Normal			
	轮廓线				白	Continuous	默认	0	Normal			
	门窗层				30	Continuous	默认	0	Normal			
	其他层				白	Continuous	默认	0	Normal			
	墙线层				白	Continuous	默认	0	Normal			
	填充层				122	Continuous	默认	0	Normal			
	图块层				白	Continuous	默认	0	Normal			
	文本层				洋红	Continuous	默认	0	Normal			
	轴线层				142	Continuous	默认	0	Normal			

图 9-15　指定位置

Note

Note

Step 02 在“选择线型”对话框中单击 加载(L)... 按钮，从打开的“加载或重载线型”对话框中选择如图 9-16 所示的 ACAD_ISO04W100 线型。

Step 03 单击 确定 按钮，结果选择的线型被加载到“选择线型”对话框中，如图 9-17 所示。

加载或重载线型

文件(F)... acadiso.lin

可用线型

线型	说明
ACAD_ISO02W100	ISO dash __ __ __ __
ACAD_ISO03W100	ISO dash space __ __
ACAD_ISO04W100	ISO long-dash dot ___ . ___ .
ACAD_ISO05W100	ISO long-dash double-dot ___ .. ___
ACAD_ISO06W100	ISO long-dash triple-dot ___ ... ___
ACAD_ISO07W100	ISO dot . . . . . .
ACAD_ISO08W100	ISO long-dash short-dash ___ _ ___
ACAD_ISO09W100	ISO long-dash double-short-dash ___ _ _
ACAD_ISO10W100	ISO dash dot __ . __ .
ACAD_ISO11W100	ISO double-dash dot

确定 取消 帮助(H)

图 9-16 选择线型

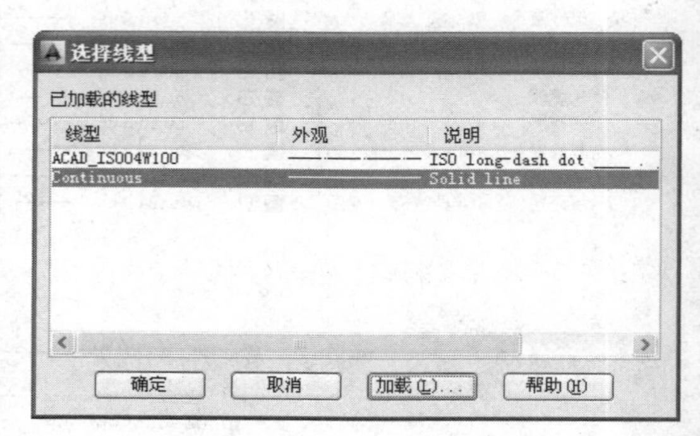

图 9-17 加载线型

Step 04 选择刚加载的线型单击 确定 按钮，将加载的线型附给当前被选择的“轴线层”，结果如图 9-18 所示。

状态	名称	开	冻结	锁定	颜色	线型	线宽	透明度	打印样式	打印	新视口冻结
✓	0				白	Continuous	—— 默认	0	Normal		
	尺寸层				蓝	Continuous	—— 默认	0	Normal		
	灯具层				白	Continuous	—— 默认	0	Normal		
	吊顶层				102	Continuous	—— 默认	0	Normal		
	家具层				52	Continuous	—— 默认	0	Normal		
	轮廓线				白	Continuous	—— 默认	0	Normal		
	门窗层				30	Continuous	—— 默认	0	Normal		
	其他层				白	Continuous	—— 默认	0	Normal		
	墙线层				白	Continuous	—— 默认	0	Normal		
	填充层				122	Continuous	—— 默认	0	Normal		
	图块层				白	Continuous	—— 默认	0	Normal		
	文本层				洋红	Continuous	—— 默认	0	Normal		
	轴线层				142	ACAD_ISO04W100	—— 默认	0	Normal		

图 9-18 设置图层线型

● 设置线宽特性

Step 01 选择“墙线层”，在如图 9-19 所示的位置上单击左键，以对其设置线宽。

状态	名称	开	冻结	锁定	颜色	线型	线宽	透明度	打印样式	打印	新视口冻结
✓	0				白	Continuous	—— 默认	0	Normal		
	尺寸层				蓝	Continuous	—— 默认	0	Normal		
	灯具层				白	Continuous	—— 默认	0	Normal		
	吊顶层				102	Continuous	—— 默认	0	Normal		
	家具层				52	Continuous	—— 默认	0	Normal		
	轮廓线				白	Continuous	—— 默认	0	Normal		
	门窗层				30	Continuous	—— 默认	0	Normal		
	其他层				白	Continuous	—— 默认	0	Normal		
	墙线层				白	Continuous	—— 默认	0	Normal		
	填充层				122	Continuous	—— 默认	0	Normal		
	图块层				白	Continuous	—— 默认	0	Normal		
	文本层				洋红	Continuous	—— 默认	0	Normal		
	轴线层				142	ACAD_ISO04W100	—— 默认	0	Normal		

图 9-19 指定单击位置

Step 02 此时系统打开“线宽”对话框，然后选择 1.00mm 的线宽，如图 9-20 所示。

Step 03 单击 确定 按钮返回“图层特性管理器”对话框，结果“墙线层”的线宽被设置为 0.35mm，如图 9-21 所示。

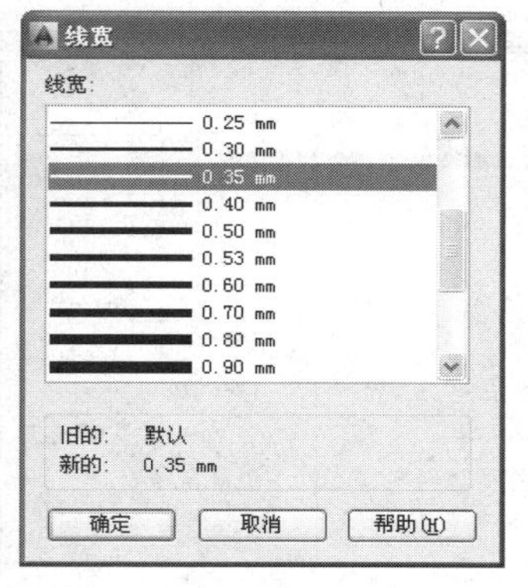

图 9-20　选择线宽

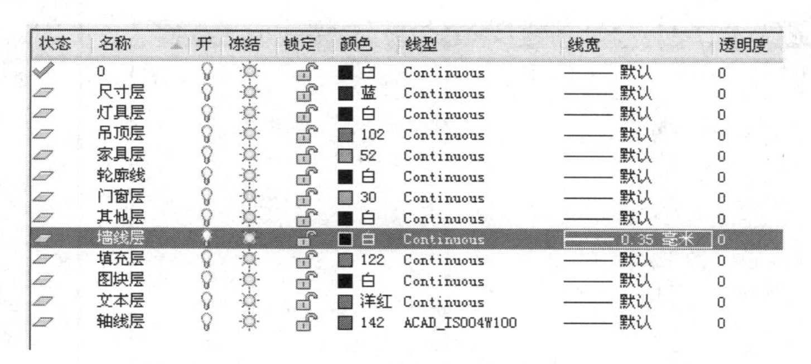

图 9-21　设置线宽

Step 04 在“图层特性管理器”对话框中单击✖按钮，关闭对话框。

Step 05 执行“另存为”命令，将文件另名存储为“设置室内常用图层及特性.dwg”。

9.5 上机实训三——设置室内常用绘图样式

本节主要学习室内设计样板图中，各种常用样式的具体设置过程和设置技巧，如文字样式、尺寸样式、墙线样式、窗线样式等。

- **设置墙窗线样式**

Step 01 打开上例存储的“设置室内常用图层及特性.dwg”，或直接从随书光盘中的“\效果文件\第 9 章\”目录下调用此文件。

Step 02 选择菜单栏中的“格式”→“多线样式”命令，或在命令行输入 mlstyle，打开“多线样式”对话框。

Step 03 单击 新建(N)... 按钮，打开“创建新的多线样式”对话框，为新样式赋名，如图 9-22 所示。

图 9-22　为新样式赋名

Step 04 单击 继续 按钮，打开“新建多线样式：墙线样式”对话框，设置多线样式的封口形式，如图 9-23 所示。

Note

Note

Step 05 单击 确定 按钮返回“多线样式”对话框，结果设置的新样式显示在预览框内，如图 9-24 所示。

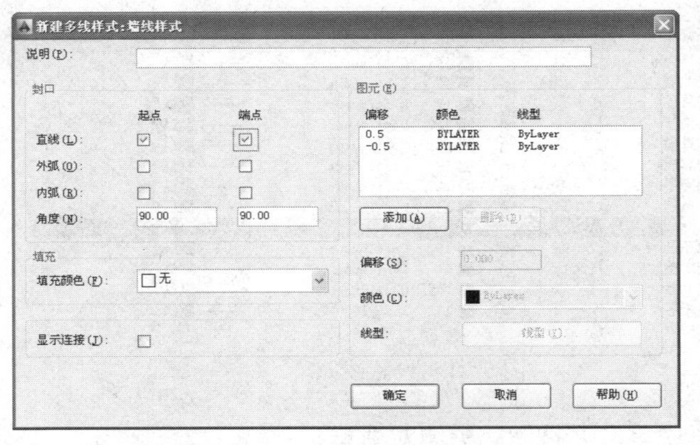

图 9-23 设置封口形式

图 9-24 设置墙线样式

Step 06 参照上述操作步骤，设置“窗线样式”样式，其参数设置和效果预览分别如图 9-25 和图 9-26 所示。

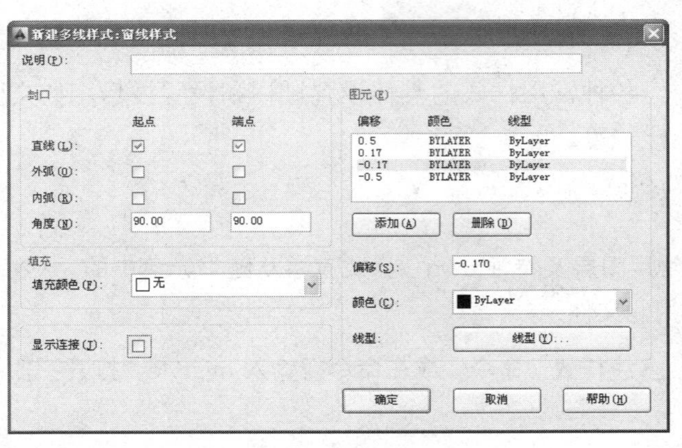

图 9-25 设置参数

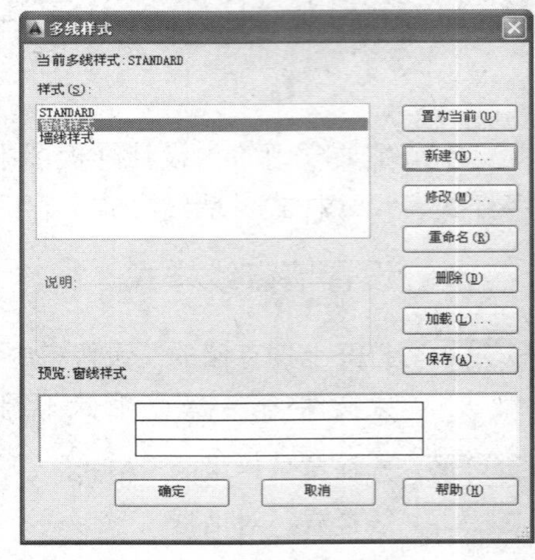

图 9-26 设置窗线样式

小技巧：

如果用户需要将新设置的样式应用在其他图形文件中，可以单击 保存(A)... 按钮，在弹出的对话框中以“*mln”的格式进行保存，在其他文件中使用时，仅需要加载即可。

Step 07 在“多线样式管理器”对话框中选择“墙线样式”，单击 置为当前(U) 按钮，将其设为当前样式，并关闭对话框。

- **设置文字样式**

Step 01 单击“常用”选项卡→“注释”面板→“文字样式”按钮A，打开“文字样式”对话框。

Step 02 在打开的“文字样式”对话框中单击 新建(N)... 按钮，打开“新建文字样式”对话框，为新样式赋名，如图 9-27 所示。

Step 03 单击 确定 按钮返回“文字样式”对话框，设置新样式的字体、字高以及宽度比例等参数，如图 9-28 所示。

新建文字样式
样式名：仿宋体
确定
取消

图 9-27　设置样式名

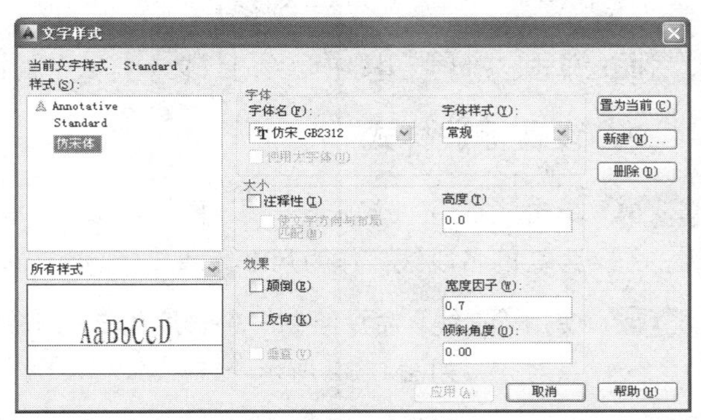

图 9-28　设置“仿宋体”样式

Step 04 单击 应用(A) 按钮，至此创建了一种名为“仿宋体”的文字样式。

Step 05 参照第 1~4 操作步骤，设置一种名为“宋体”的文字样式。其参数设置如图 9-29 所示。

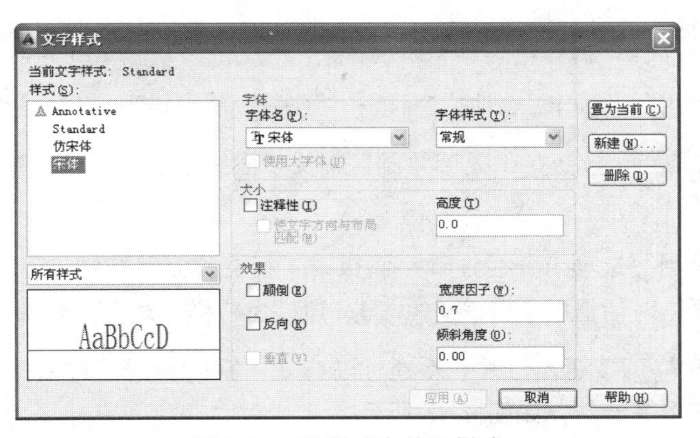

图 9-29　设置“宋体”样式

Step 06 参照第 1~4 操作步骤，设置一种名为 COMPLEX 的轴号字体样式。其参数设置如图 9-30 所示。

Step 07 参照第 1~4 操作步骤，设置一种名为 SIMPLEX 的文字样式。其参数设置如图 9-31 所示。

Note

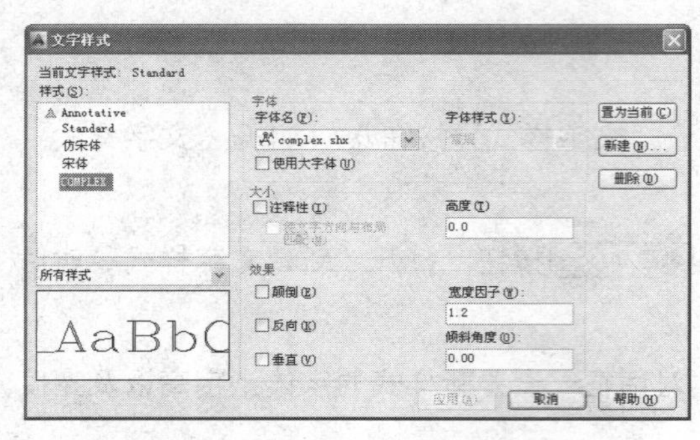

图 9-30　设置 COMPLEX 样式

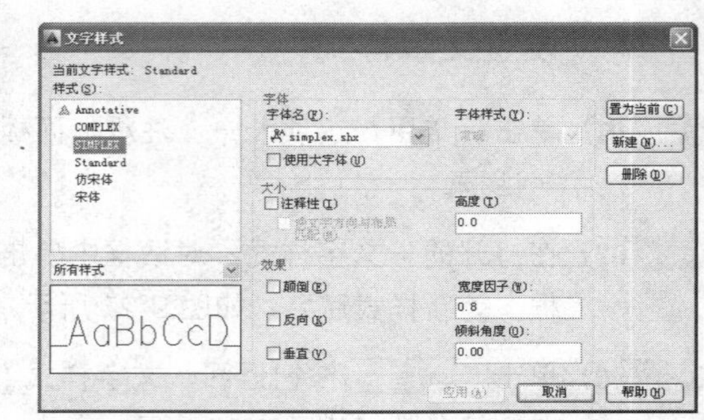

图 9-31　设置 SIMPLEX 样式

Step 08 单击 关闭(C) 按钮，关闭“文字样式”对话框。

● 设置标注样式

Step 01 单击“常用”选项卡→“绘图”面板→“多段线”按钮，绘制宽度为 0.5、长度为 2 的多段线，作为尺寸箭头。

Step 02 使用“直线”命令绘制一条长度为 3 的水平线段，并使直线段的中点与多段线的中点对齐，如图 9-32 所示。

Step 03 单击“常用”选项卡→“修改”面板→“旋转”按钮，将箭头旋转 45°，如图 9-33 所示。

图 9-32　绘制细线　　图 9-33　旋转结果

Step 04 单击“常用”选项卡→“块”面板→“创建”按钮，打开“块定义”对话框。

Step 05 单击“拾取点”按钮，返回绘图区捕捉多段线中点作为块的基点，然后将其创建为图块。

Step 06 单击“常用”选项卡→“注释”面板→“标注样式”按钮，在打开的“标注样式管理器”对话框中单击 新建(N)... 按钮，为新样式赋名，如图 9-34 所示。

Step 07 单击 继续 按钮，打开“新建标注样式：室内标注”对话框，设置基线间距、起点偏移量等参数，如图 9-35 所示。

Step 08 展开“符号和箭头”选项卡，然后单击“箭头”组合框中的“第一个”列表框，选择列表中的“用户箭头”选项，如图 9-36 所示。

Step 09 此时系统弹出“选择自定义箭头块”对话框，然后选择“尺寸箭头”块作为尺寸箭头，如图 9-37 所示。

Step 10 单击 确定 按钮返回“符号和箭头”选项卡，然后设置参数，如图 9-38 所示。

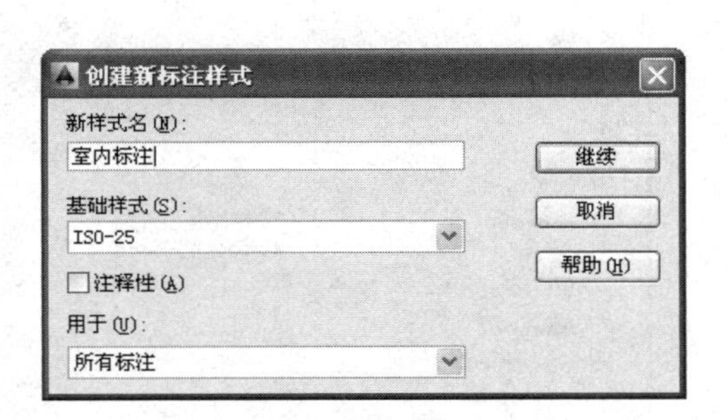

图 9-34　“创建新标注样式”对话框

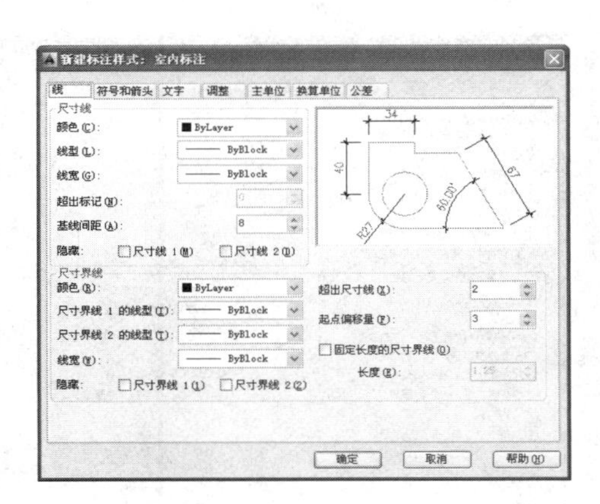

图 9-35　设置“线”参数

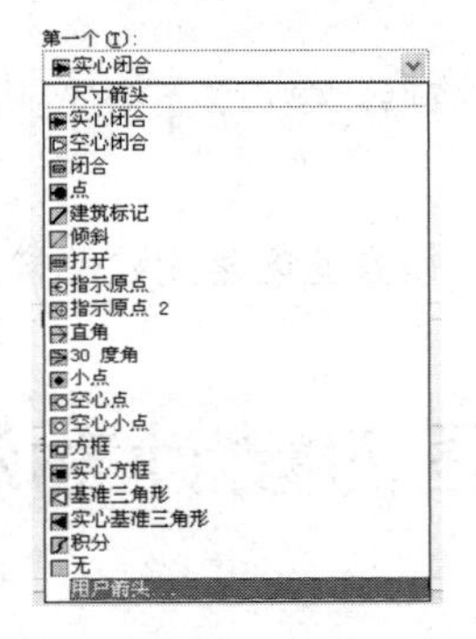

图 9-36　箭头下拉列表框

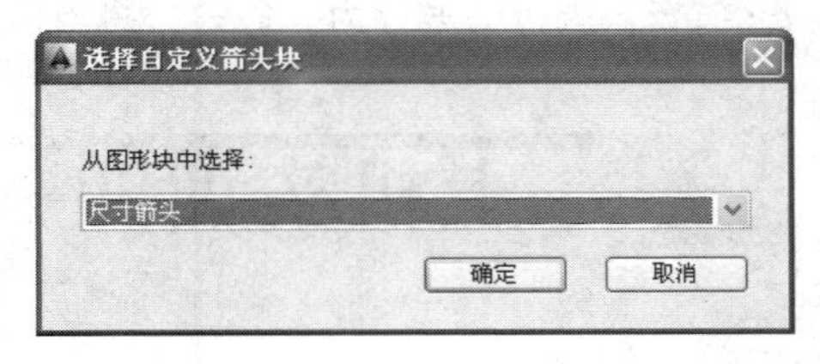

图 9-37　设置尺寸箭头

Step 11 在对话框中展开“文字”选项卡，设置尺寸文本的样式、颜色、大小等参数，如图 9-39 所示。

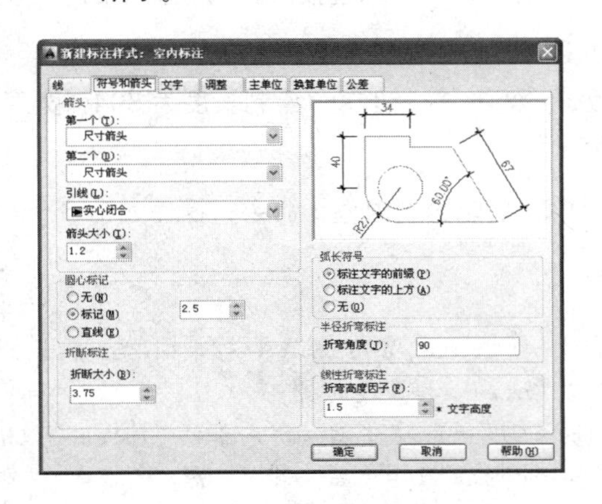

图 9-38　设置符号和箭头参数

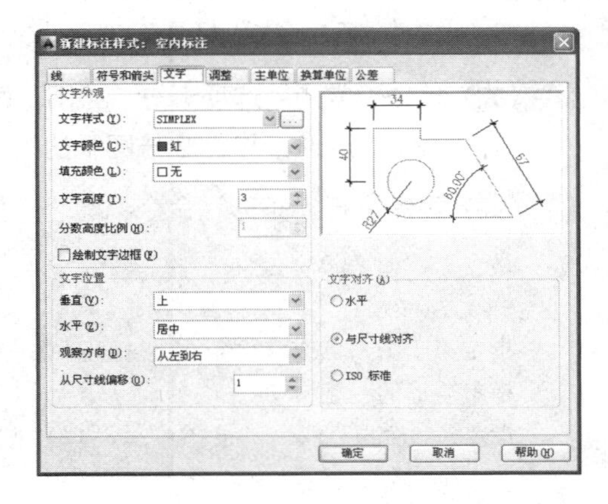

图 9-39　设置文字参数

Step 12 在对话框中展开“调整”选项卡，调整文字、箭头与尺寸线等的位置，如图 9-40 所示。

Step 13 在对话框中展开“主单位”选项卡，设置线型参数和角度标注参数，如图 9-41 所示。

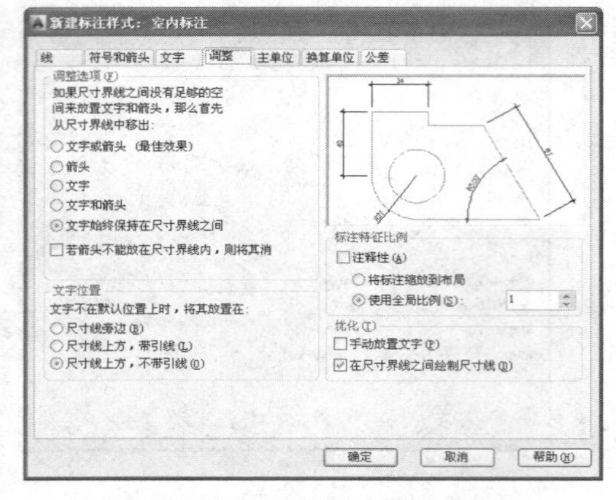

图 9-40　“调整”选项卡

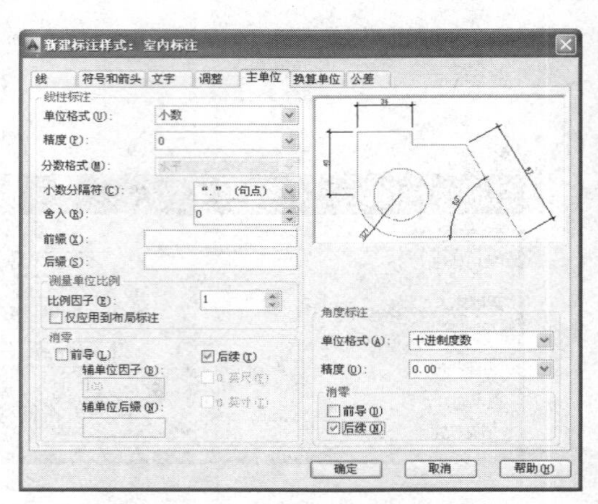

图 9-41　“主单位”选项卡

Step 14 单击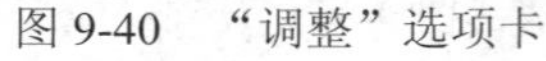按钮返回“标注样式管理器”对话框，单击“置为当前(U)”按钮，将“室内标注”设置为当前样式。

Step 15 执行“另存为”命令，将当前文件另名存储为“设置室内常用绘图样式.dwg”。

9.6 上机实训四——绘制室内设计标准图框

本节主要学习样板图中，2 号图纸标准图框的绘制技巧以及图框标题栏的文字填充技巧。具体操作如下：

Step 01 打开上例存储的“设置室内常用绘图样式.dwg”，或直接从随书光盘中的“\效果文件\第 9 章\”目录下调用此文件。

Step 02 单击“常用”选项卡→“绘图”面板→“矩形”按钮，绘制长度为 594、宽度为 420 的矩形，作为 2 号图纸的外边框。

Step 03 重复执行“矩形”命令，配合“捕捉自”功能绘制内框。命令行操作如下：

```
命令:                                    //Enter
RECTANG
指定第一个角点或 [倒角(C)/标高(E)/圆角(F)/厚度(T)/宽度(W)]: //w Enter
指定矩形的线宽 <0>:                       //2 Enter，设置线宽
指定第一个角点或 [倒角(C)/标高(E)/圆角(F)/厚度(T)/宽度(W)]: //激活“捕捉自”功能
_from 基点:                              //捕捉外框的左下角点
<偏移>:                                  //@25,10 Enter
指定另一个角点或 [面积(A)/尺寸(D)/旋转(R)]:             //激活“捕捉自”功能
_from 基点:                   //捕捉外框右上角点
<偏移>:                       //@-10,-10 Enter，绘制结果如图 9-42 所示
```

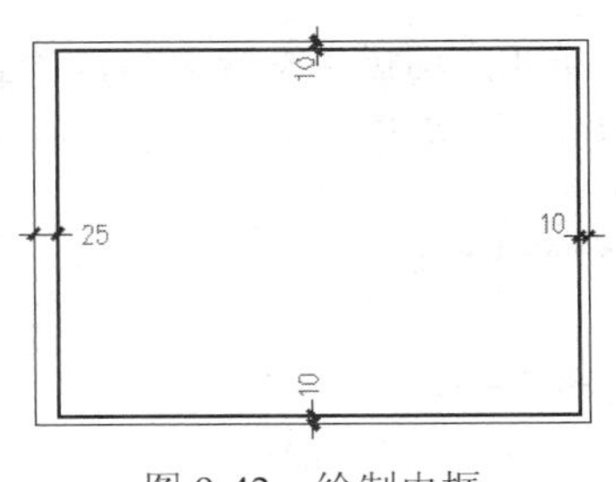

图 9-42 绘制内框

Step 04 重复执行“矩形”命令，配合“端点捕捉”功能绘制标题栏外框。命令行操作如下：

```
    命令: _rectang
当前矩形模式:  宽度=2.0
指定第一个角点或 [倒角(C)/标高(E)/圆角(F)/厚度(T)/宽度(W)]: // w Enter
指定矩形的线宽 <2.0>:            //1.5 Enter，设置线宽
指定第一个角点或 [倒角(C)/标高(E)/圆角(F)/厚度(T)/宽度(W)]: //捕捉内框右下角点
指定另一个角点或 [面积(A)/尺寸(D)/旋转(R)]:
 //@-240,50 Enter，绘制结果如图 9-43 所示
```

Step 05 重复执行“矩形”命令，配合“端点捕捉”功能绘制会签栏的外框。命令行操作如下：

```
命令: _rectang
当前矩形模式:  宽度=1.5
指定第一个角点或 [倒角(C)/标高(E)/圆角(F)/厚度(T)/宽度(W)]:
                          //捕捉内框的左上角点
指定另一个角点或 [面积(A)/尺寸(D)/旋转(R)]:
//@-20,-100 Enter，绘制结果如图 9-44 所示
```

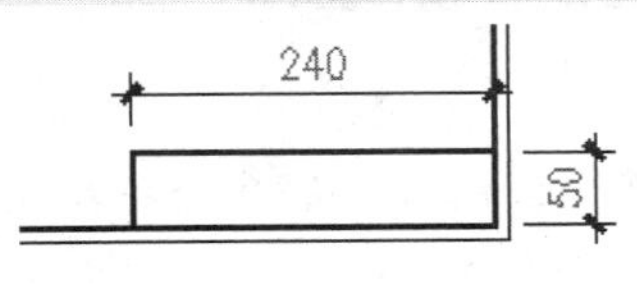

图 9-43 标题栏外框

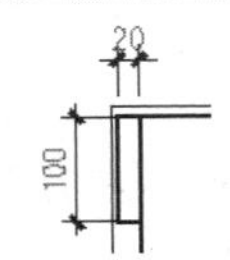

图 9-44 会签栏外框

Step 06 使用快捷键 L 激活“直线”命令，参照所示尺寸绘制标题栏和会签栏内部的分格线，如图 9-45 和图 9-46 所示。

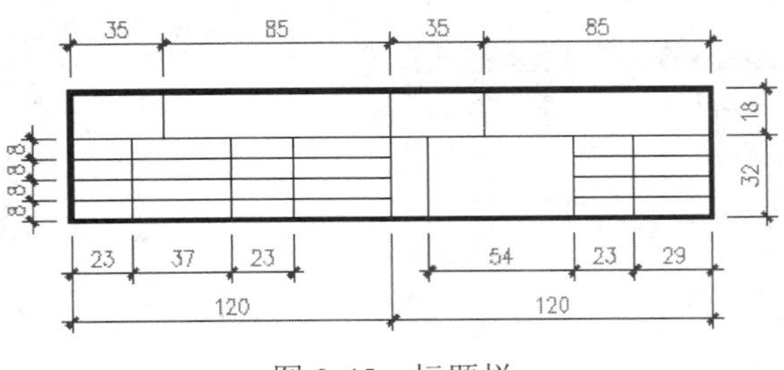

图 9-45 标题栏

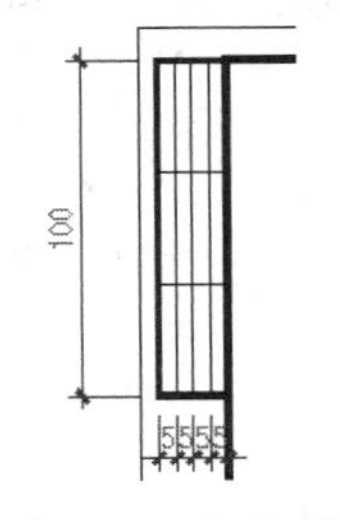

图 9-46 会签栏

Step 07 单击“常用”选项卡→“注释”面板→“多行文字”按钮 A，分别捕捉如图 9-47 所示的方格对角点 A 和 B，打开“文字编辑器”选项卡。

Note

Step 08 在“文字编辑器”选项卡相应面板中设置文字的对正方式为正中，设置文字样式为“宋体”、字体高度为 8，然后填充如图 9-48 所示的文字。

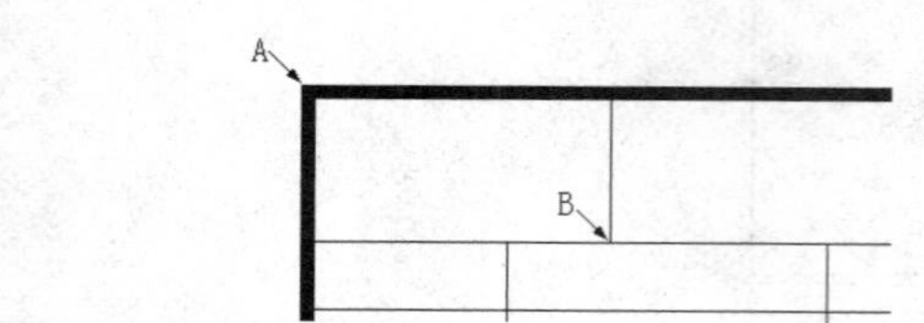

图 9-47 定位捕捉点

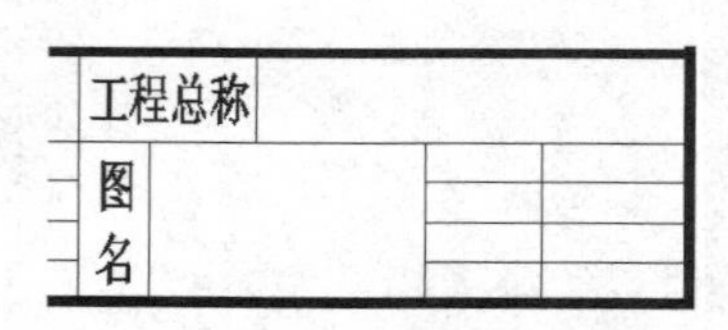

图 9-48 填充结果

Step 09 重复执行“多行文字”命令，设置字体样式为“宋体”、字体高度为 4.6、对正方式为“正中”，填充标题栏其他文字，如图 9-49 所示。

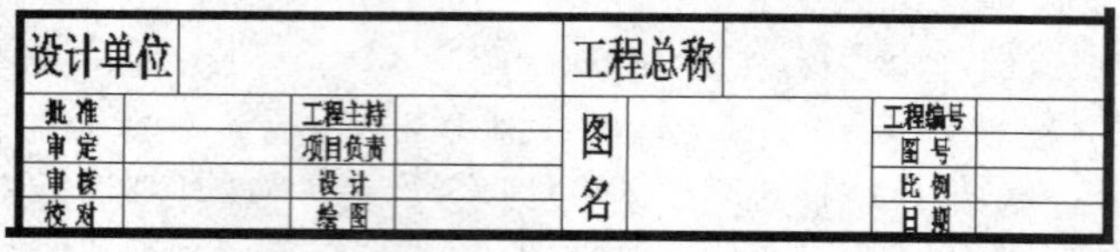

设计单位				工程总称			
批 准		工程主持		图名		工程编号	
审 定		项目负责				图 号	
审 核		设 计				比 例	
校 对		绘 图				日 期	

图 9-49 填充结果

Step 10 单击“常用”选项卡→“修改”面板→“旋转”按钮，选择会签栏旋转-90°。

Step 11 使用快捷键 T 激活“多行文字”命令，设置样式为“宋体”、高度为 2.5、对正方式为“正中”，为会签栏填充文字。结果如图 9-50 所示。

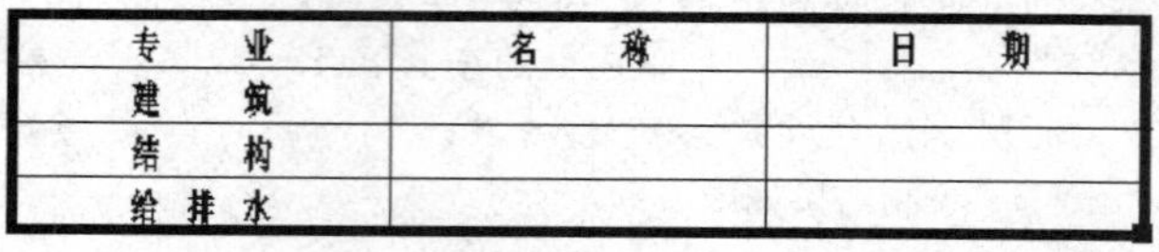

专 业	名 称	日 期
建 筑		
结 构		
给 排 水		

图 9-50 填充文字

Step 12 单击“常用”选项卡→“修改”面板→“旋转”按钮，将会签栏及填充的文字旋转-90°，基点不变。

Step 13 单击“常用”选项卡→“块”面板→“创建”按钮，打开“块定义”对话框。

Step 14 在“块定义”对话框中设置块名为 A2-H，基点为外框左下角点，其他块参数如图 9-51 所示，将图框及填充文字创建为内部块。

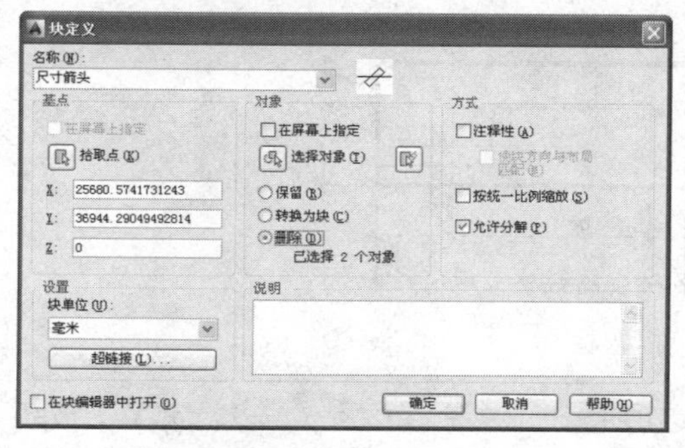

图 9-51 设置块参数

Step 15　执行“另存为”命令，将当前文件另名存储为“绘制室内设计标准图框.dwg”。

9.7 上机实训五——室内样板图的页面布局

Note

本节主要学习室内设计样板图的页面设置、图框配置以及样板文件的存储方法和具体的操作过程等内容。

- **设置图纸打印页面**

Step 01　打开上例存储的“绘制室内设计标准图框.dwg”，或直接从随书光盘中的“\效果文件\第 9 章\”目录下调用此文件。

Step 02　单击绘图区底部的“布局 1”标签，进入到如图 9-52 所示的布局空间，系统自动打开“页面设置管理器”对话框。

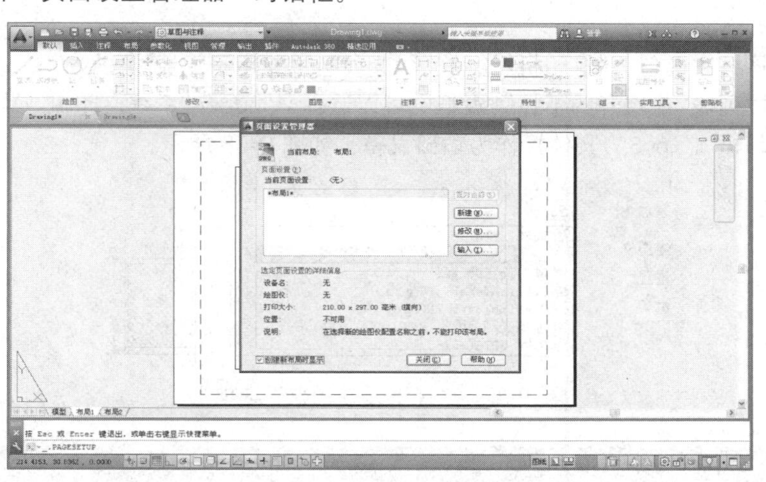

图 9-52　布局空间

小技巧：

使用“页面设置管理器”命令可以设置、修改和管理图形的打印页面。选择菜单栏中的“文件”→“页面设置管理器”命令或在模型或布局标签右键菜单上选择“页面设置管理器”命令或在命令行输入 Pagesetup 后按 Enter 键，或单击“输出”选项卡→“打印”面板→“页面设置管理器”按钮，都可以执行该命令。

Step 03　在“页面设置管理器”对话框中单击 新建(N)... 按钮，打开“新建页面设置”对话框，为新页面赋名，如图 9-53 所示。

Step 04　单击 确定(O) 按钮进入“页面设置-布局 1”对话框，然后设置打印设备、图纸尺寸、打印样式、打印比例等各页面参数，如图 9-54 所示。

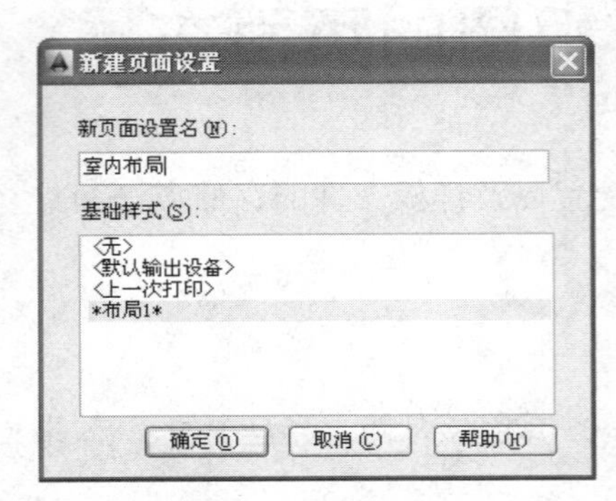

图 9-53　为新页面赋名

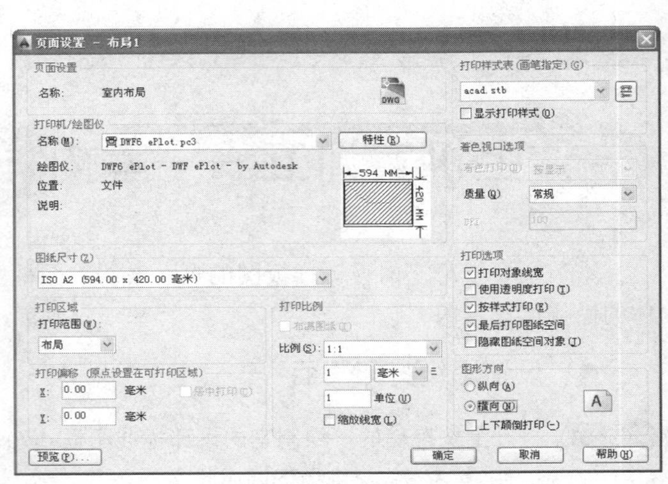

图 9-54　设置页面参数

选项解析

✧ 选择打印设备。"打印机/绘图仪"选项组主要用于配置绘图仪设备，单击"名称"下拉列表，在展开的下拉列表框中可以选择 Windows 系统打印机或 AutoCAD 内部打印机（".pc3"文件）作为输出设备，如图 9-55 所示。

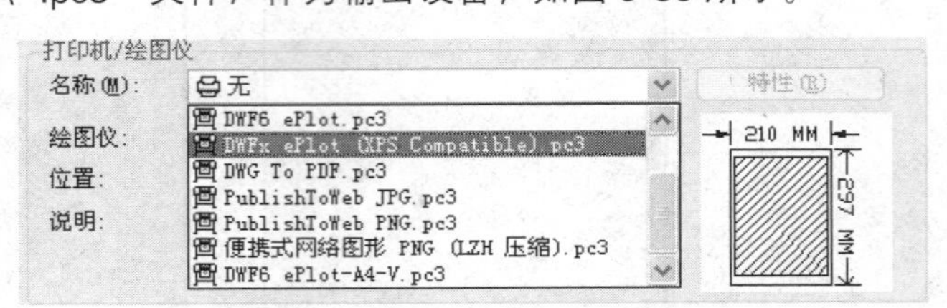

图 9-55　"打印机/绘图仪"选项组

小技巧：

如果用户在此选择了".pc3"文件打印设备，AutoCAD 则会创建出电子图纸，即将图形输出并存储为 Web 上可用的".dwf"格式的文件。AutoCAD 提供了两类用于创建".dwf"文件的".pc3"文件，分别是"ePlot.pc3"和"eView.pc3"。前者生成的".dwf"文件较适合打印，后者生成的文件则适合观察。

✧ 配置图纸幅面。如图 9-56 所示的"图纸尺寸"下拉列表，主要用于配置图纸幅面，展开此下拉列表，在此下拉列表框内包含了选定打印设备可用的标准图纸尺寸。当选择了某种幅面的图纸时，该列表右上角则出现所选图纸及实际打印范围的预览图像，将光标移到预览区中，光标位置处会显示出精确的图纸尺寸以及图纸的可打印区域的尺寸。

✧ 指定打印区域。在"打印区域"选项组中，可以设置需要输出的图形范围。展开"打印范围"下拉列表，如图 9-57 所示，在此下拉列表框中包含三种打印区域的设置方式，具体有显示、窗口、图形界限等。

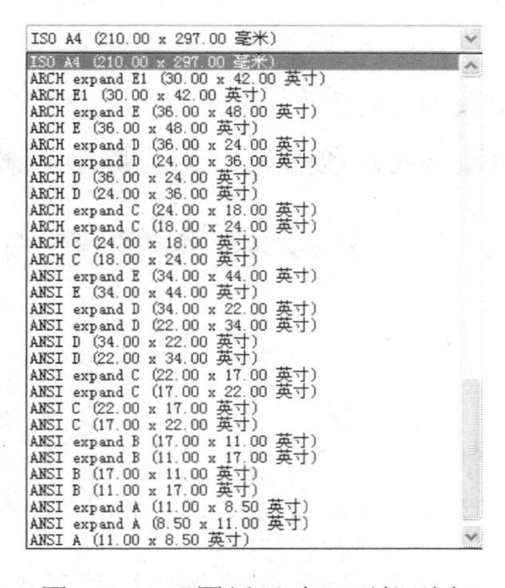

图 9-56　“图纸尺寸”下拉列表

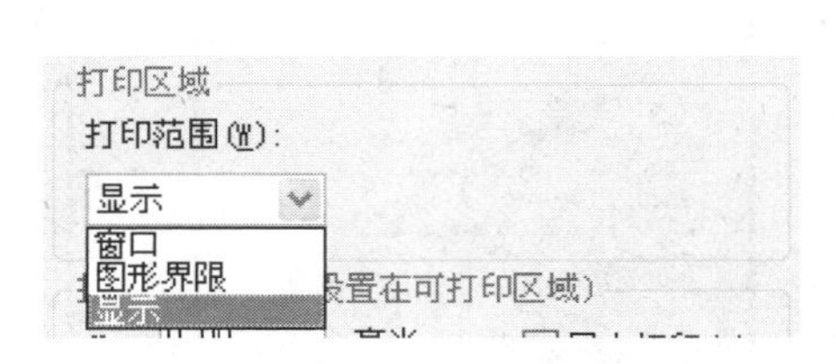

图 9-57　“打印范围”下拉列表

✧　设置打印比例。“打印比例”选项组用于设置图形的打印比例，如图 9-58 所示。其中，“布满图纸”复选框仅能适用于模型空间中的打印，当勾选该复选框后，AutoCAD 将缩放自动调整图形，与打印区域和选定的图纸等相匹配，使图形取最佳位置和比例。

✧　“着色视口选项”选项组。在此选项组中可以将需要打印的三维模型设置为着色、线框或以渲染图的方式进行输出，如图 9-59 所示。

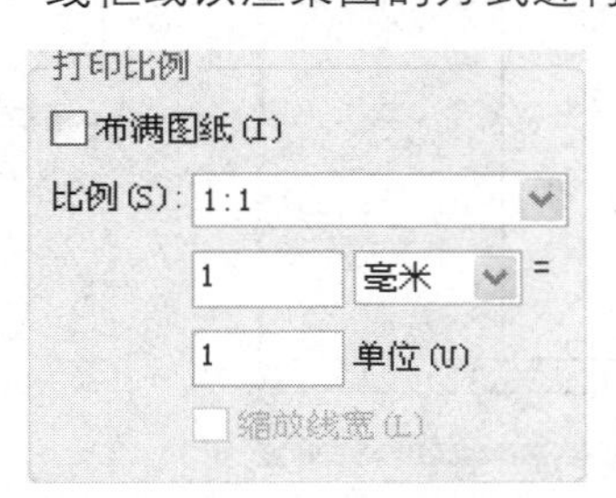

图 9-58　“打印比例”选项组

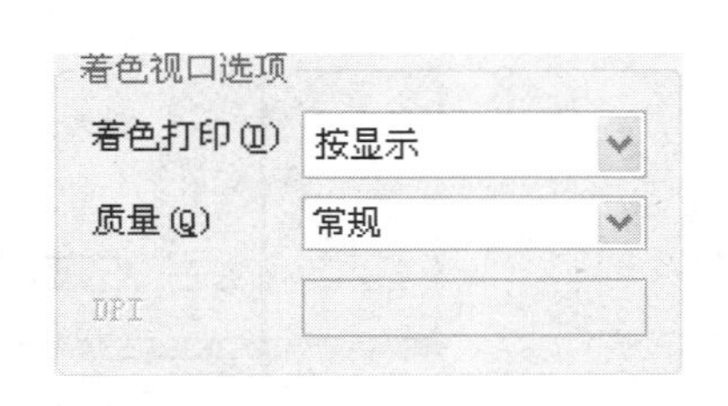

图 9-59　着色视口选项

✧　调整打印方向。如图 9-60 所示的“图形方向”选项组可以调整图形在图纸上的打印方向。在右侧图标中，图标代表图纸的放置方向，图标中的字母 A 代表图形在图纸上的打印方向，共有纵向和横向两种方式。

✧　打印偏移。在如图 9-61 所示的选项组中，可以设置图形在图纸上的打印位置。默认设置下，AutoCAD 从图纸左下角打印图形。打印原点处在图纸左下角，坐标是（0,0），用户可以在此选项组中，重新设定新的打印原点，这样图形在图纸上将沿 x 轴和 y 轴移动。

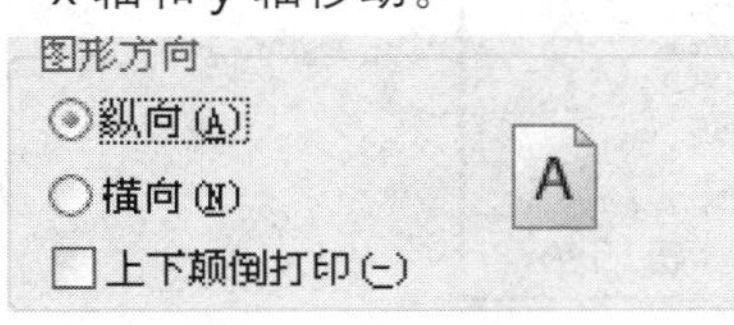

图 9-60　调整出图方向

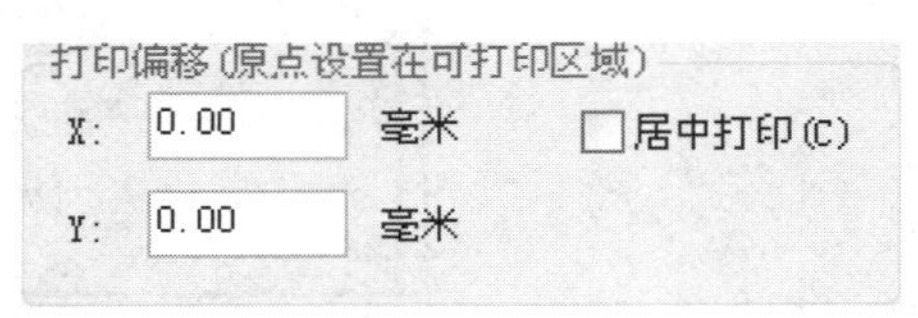

图 9-61　打印偏移

Note

Step 05 单击 确定 按钮返回“页面设置管理器”对话框，将刚设置的新页面设置为当前，如图 9-62 所示。

Step 06 单击 关闭(C) 按钮，页面设置后的效果如图 9-63 所示。

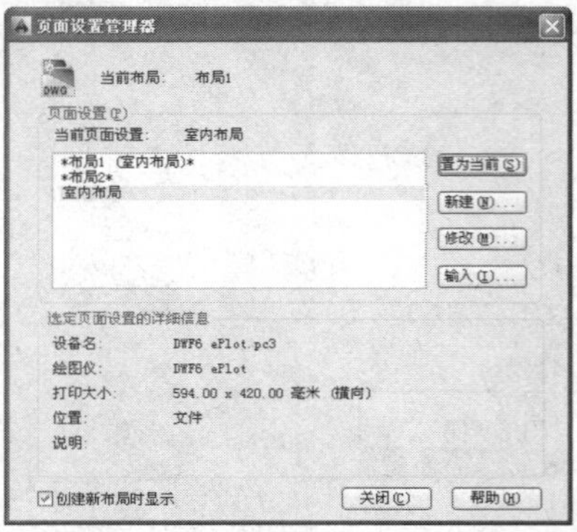

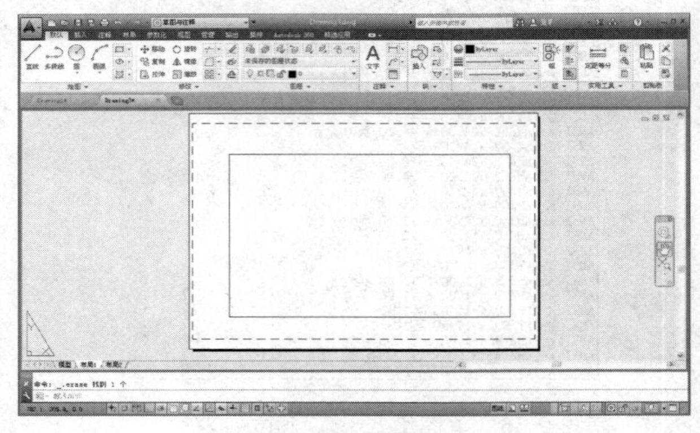

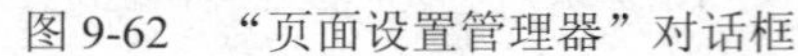

图 9-62 “页面设置管理器”对话框

图 9-63 页面设置效果

Step 07 使用快捷键 E 激活“删除”命令，选择布局内的矩形视口边框进行删除。新布局的页面设置效果如图 9-64 所示。

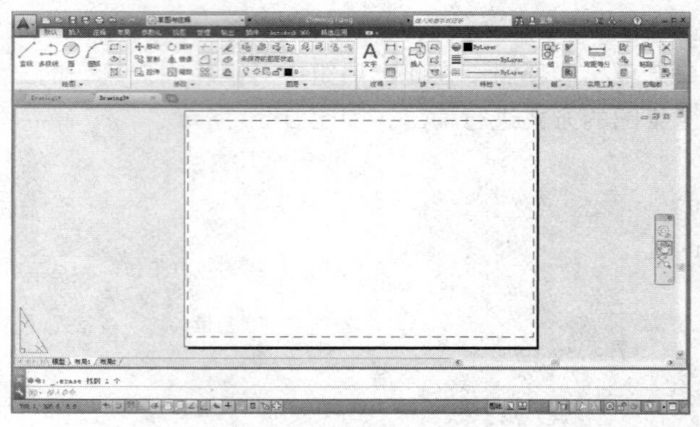

图 9-64 页面设置效果

- **配置标准图纸边框**

Step 01 单击“常用”选项卡→“绘图”面板→“插入块”按钮，打开“插入”对话框。

Step 02 在“插入”对话框中设置插入点、缩放比例等参数，如图 9-65 所示。

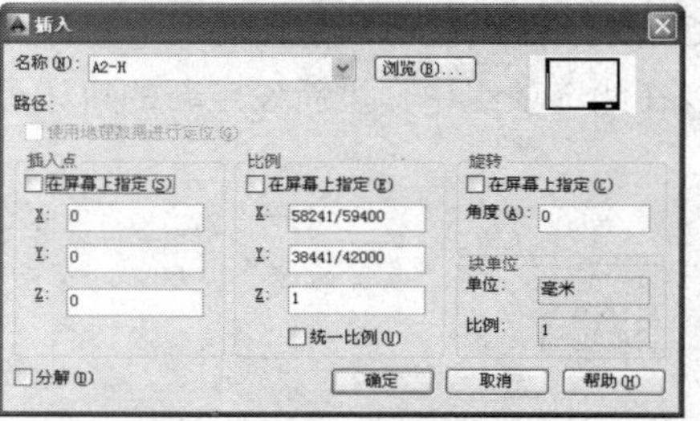

图 9-65 设置块参数

Step 03 单击 确定 按钮，结果 A2-H 图表框被插入到当前布局中的原点位置上，如图 9-66 所示。

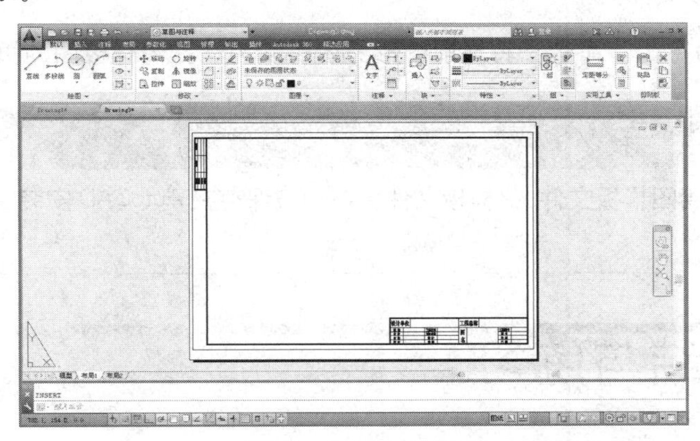

图 9-66 插入结果

● 室内样板图的存储

Step 01 单击状态栏上的 图纸 ，返回模型空间，

Step 02 按 Ctrl+Shift+S 组合键，打开“图形另存为”对话框。

Step 03 在“图形另存为“对话框中设置文件的存储类型为“AutoCAD 图形样板（*dwt）”，如图 9-67 所示。

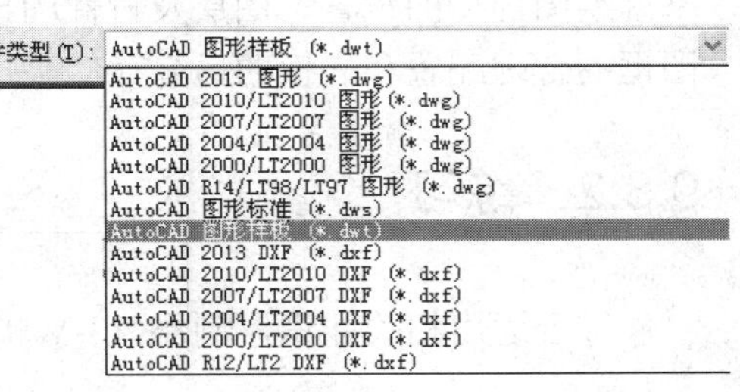

图 9-67 “文件类型”下拉列表框

Step 04 在“图形另存为”对话框下部的“文件名”文本框内输入“室内设计样板.dwt”，如图 9-68 所示。

Step 05 单击 保存(S) 按钮，打开“样板选项”对话框，输入“A2 幅面的室内设计样板文件”，如图 9-69 所示。

图 9-68 样板文件的存储

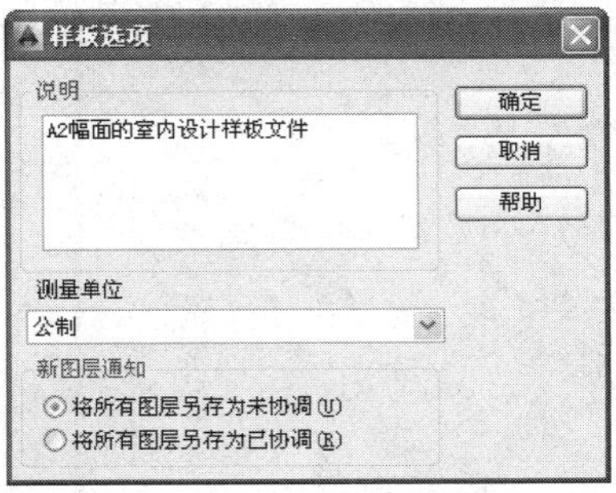

图 9-69 “样板选项”对话框

Note

Step 06 单击 确定 按钮，结果创建了制图样板文件，保存于 AutoCAD 安装目录下的 Template 文件夹下。

Step 07 执行“另存为”命令，将当前图形另名存储为“室内样板图的页面布局.dwg”。

提示：

用户一旦定制了绘图样板文件，此样板文件会自动被保存在 AutoCAD 安装目录下的 Template 文件夹下。

9.8 小结与练习

9.8.1 小结

本章在概述室内设计理念知识的基础上，学习了室内设计绘图样板文件的具体制作过程和相关技巧，为以后绘制施工图纸做好了充分的准备。在具体的制作过程中，需要掌握绘图环境的设置、图层及特性的设置、各类绘图样式的设置以及打印页面的布局、图框的合理配置和样板的另名存储等技能。

9.8.2 练习

综合运用相关知识，制作 A3-V 幅面的设计样板。

室内装修布置图设计

室内布置图是装修行业中的一种重要的图纸，本章在概述室内布置图相关理论知识的前提下，通过绘制某居室户型装修图，主要学习 AutoCAD 在室内布置图设计方面的具体应用技能和相关技巧。

内容要点

- 室内装修布置图概述
- 上机实训一——绘制居室户型轴线图
- 上机实训二——绘制居室户型墙体图
- 上机实训三——绘制居室户型家具图
- 上机实训四——绘制居室户型材质图
- 上机实训五——标注居室户型图文字
- 上机实训六——标注居室户型图面积
- 上机实训七——标注居室户型图尺寸

10.1 室内装修布置图概述

Note

本小节主要简单概述室内布置图的形成方式、表达功能以及布置图表达要点等理论知识。

10.1.1 布置图的形成

室内布置图是假想使用一个水平的剖切平面，在窗台上方位置，将经过室内外装修的房屋整个剖开，移去以上部分向下所作的水平投影图，主要用于表明室内外装修布置的平面形状、具体位置、大小和所用材料，表明这些布置与建筑主体结构之间，以及这些布置之间的相互位置及关系等。

10.1.2 布置图的功能

平面布置图是装修行业中的一种重要的图纸，主要用于表明建筑室内外种种装修布置的平面形状、位置、大小和所用材料，表明这些布置与建筑主体结构之间，以及这些布置与布置之间的相互关系等。

要绘制平面布置图，除了要表明楼地面、门窗、楼梯、隔断、装饰柱、护壁板或墙裙等装饰结构的平面形式和位置外，还要标明室内家具、陈设、绿化和室外水池、装饰小品等配套设置体的平面形状、数量和位置等。

10.1.3 布置图表达要点

在具体设计时，需要兼顾以下几个表达要点：

- 功能布局

住宅室内空间的合理利用，在于不同功能区域的合理分割、巧妙布局，充分发挥居室的使用功能。例如，卧室、书房要求静，可设置在靠里边一些的位置以不被其他室内活动干扰；起居室、客厅是对外接待、交流的场所，可设置靠近入口的位置；卧室、书房与起居室、客厅相连处又可设置过渡空间或共享空间，起间隔调节作用。此外，厨房应紧靠餐厅，卧室与卫生间贴近。

- 空间设计

平面空间设计主要包括区域划分和交通流线两个内容。区域划分是指室内空间的组成，交通流线是指室内各活动区域之间以及室内外环境之间的联系，它包括有形和无形两种，有形的指门厅、走廊、楼梯、户外的道路等；无形的指其他可能供作交通联系的空间。设计时应尽量减少有形的交通区域，增加无形的交通区域，以达到空间充分利用且自由、灵活和缩短距离的效果。

另外，区域划分与交通流线是居室空间整体组合的要素，区域划分是整体空间的合理分配，交通流线寻求的是个别空间的有效连接。惟有两者相互协调作用，才能取得理想的效果。

- **内含物的布置**

室内内含物主要包括家具、陈设、灯具、绿化等设计内容，这些室内内含物通常要处于视觉中显著的位置，它可以脱离界面布置于室内空间内，不仅具有实用和观赏的作用，对烘托室内环境气氛、形成室内设计风格等方面也起到举足轻重的作用。

- **整体上的统一**

"整体上的统一"指的是将同一空间的许多细部，以一个共同的有机因素统一起来，使它变成一个完整而和谐的视觉系统。设计构思时，就需要根据业主的职业特点、文化层次、个人爱好、家庭成员构成、经济条件等做综合的设计定位。

10.1.4　布置图设计思路

在设计并绘制室内平面布置图时，具体可以参照如下思路：

（1）根据测量出的数据绘制出户型图的墙体结构图。

（2）根据墙体结构图进行室内内含物的合理布置，如家具与陈设的布局以及室内陈设和环境的绿化等。

（3）对室内地面、柱等进行装饰设计，分别以线条图案和文字注解的形式，表达出设计的内容。

（4）为室内布置图标注必要的文字注解，以直观地表达出所选材料及装修要求等内容。

（5）为室内布置图标注必要的尺寸及室内墙面的投影符号等。

10.2　上机实训——绘制居室户型轴线图

本例在综合所学知识的前提下，主要学习居室户型墙体轴线图的具体绘制过程和绘制技巧。居室户型墙体轴线图的最终绘制效果如图 10-1 所示。

Note

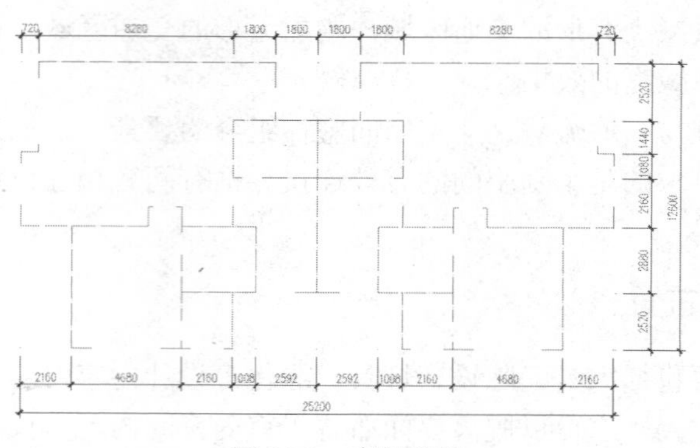

图 10-1　实例效果

操作步骤：

Step 01 执行“新建”命令，选择随书光盘中的“\绘图样板\室内设计样板.dwt”，作为基础样板，新建绘图文件。

Step 02 使用快捷键 LT 执行“线型”命令，在打开的“线型管理器”对话框中将线型比例设置为 1，如图 10-2 所示。

Step 03 展开“图层”工具栏或面板上的“图层控制”下拉列表，将“轴线层”设置为当前图层，如图 10-3 所示。

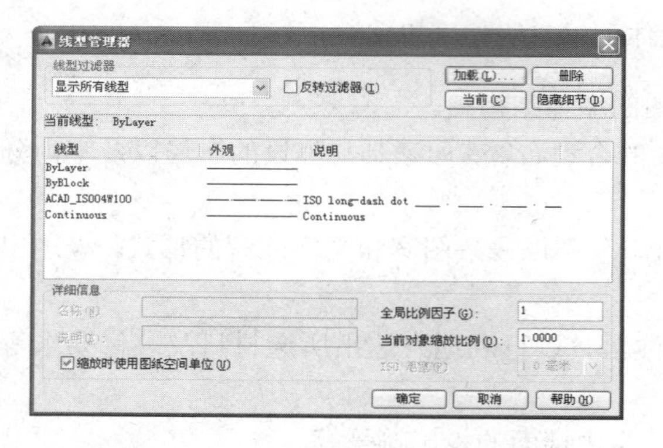

图 10-2　“线型管理器”对话框

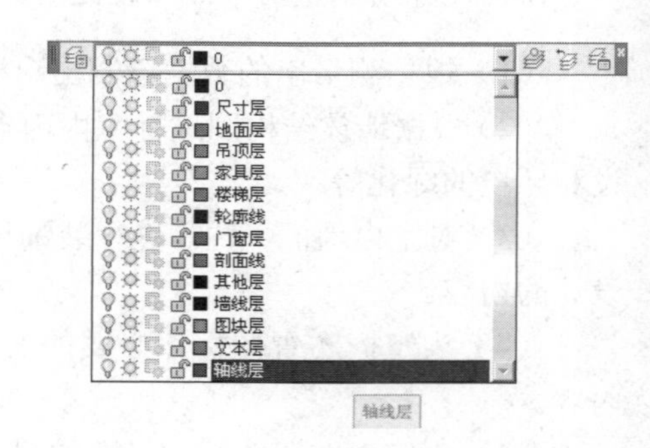

图 10-3　设置当前层

Step 04 执行“矩形”命令，绘制长度为 12600、宽度为 12600 的矩形作为基准轴线。命令行操作如下：

```
命令: _rectang
指定第一个角点或 [倒角(C)/标高(E)/圆角(F)/厚度(T)/宽度(W)]:
                                        //在绘图左下方拾取一点
指定另一个角点或 [面积(A)/尺寸(D)/旋转(R)]:    //d Enter
指定矩形的长度 <10.0>:                       //12600 Enter
指定矩形的宽度 <10.0>:                       //12600 Enter
指定另一个角点或 [面积(A)/尺寸(D)/旋转(R)]:  //Enter，绘制结果如图 10-4 所示
```

Step 05 使用快捷键 X 执行“分解”命令，将矩形分解为四条独立的线段。

Step 06 选择菜单栏中的“修改”→“偏移”命令，偏移矩形下侧的水平边。命令行操作如下：

```
    命令： _offset
当前设置：删除源=否  图层=源  OFFSETGAPTYPE=0
指定偏移距离或 [通过(T)/删除(E)/图层(L)] <通过>:   //2520 Enter
选择要偏移的对象，或 [退出(E)/放弃(U)] <退出>:      //单击下侧的水平边
指定要偏移的那一侧上的点，或 [退出(E)/多个(M)/放弃(U)] <退出>:
                                                   //在所选轴线的上侧单击
选择要偏移的对象，或 [退出(E)/放弃(U)] <退出>:      //Enter
命令:                                              //Enter
OFFSET 当前设置：删除源=否  图层=源  OFFSETGAPTYPE=0
指定偏移距离或 [通过(T)/删除(E)/图层(L)] <25200.0>:  //2880 Enter
选择要偏移的对象，或 [退出(E)/放弃(U)] <退出>:         //选择刚偏移出的轴线
指定要偏移的那一侧上的点，或 [退出(E)/多个(M)/放弃(U)] <退出>:
                                                   //在所选轴线的上侧单击
选择要偏移的对象，或 [退出(E)/放弃(U)] <退出>:     //Enter，偏移结果如图 10-5 所示
```

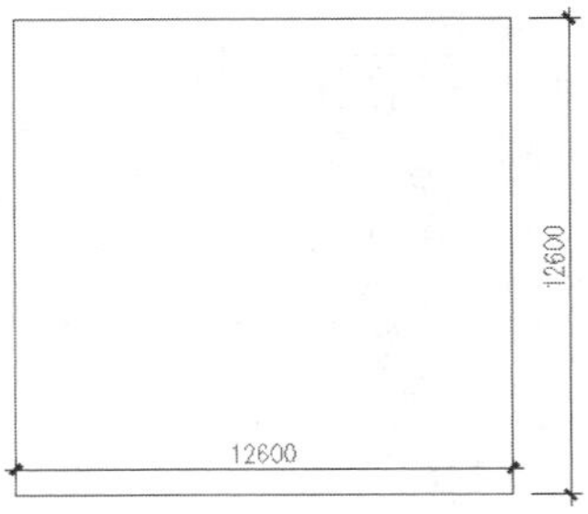

图 10-4　绘制矩形

图 10-5　偏移结果

Step 07 重复执行“偏移”命令，继续对下侧的水平边进行偏移。偏移结果及偏移距离如图 10-6 所示。

Step 08 重复执行“偏移”命令，对两侧垂直边向中间偏移。偏移结果及偏移距离如图 10-7 所示。

图 10-6　偏移水平边

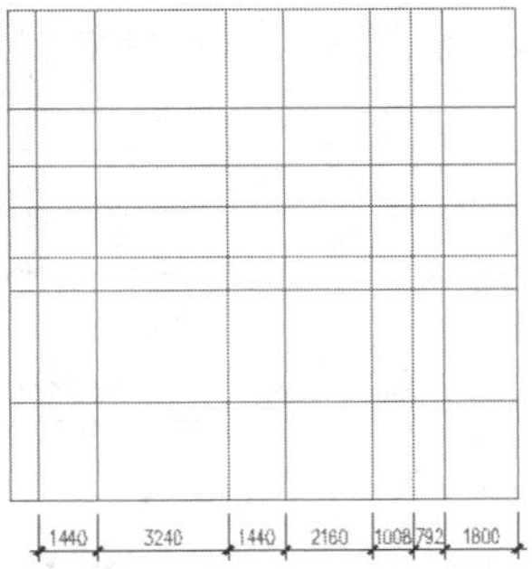

图 10-7　偏移垂直边

Step 09 在无命令执行的前提下夹点显示上侧的水平轴线，如图 10-8 所示。

Note

Step 10 使用夹点拉伸功能，将两侧的夹点拉伸至如图 10-9 所示的状态。

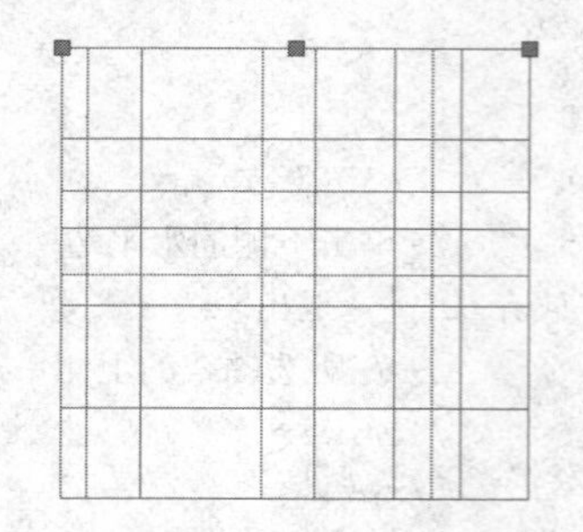

图 10-8　夹点效果

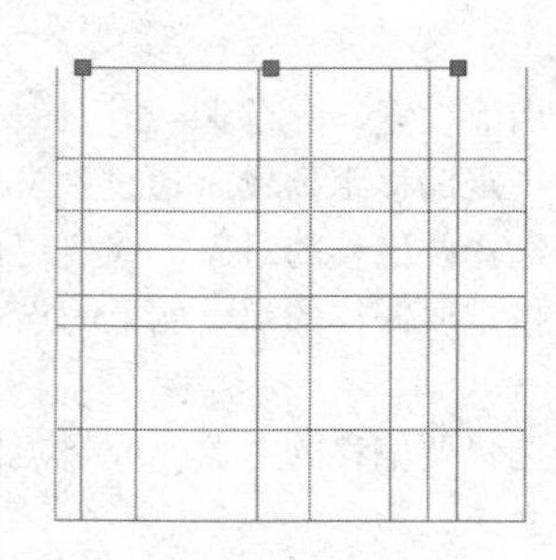

图 10-9　夹点拉伸

Step 11 取消轴线的夹点显示，然后重复执行夹点拉伸功能，分别对其他位置的轴线进行夹点拉伸。结果如图 10-10 所示。

Step 12 单击“默认”选项卡→“修改”面板→“偏移”按钮，将最上侧的水平轴线向右偏移 720 和 3600 个单位。偏移结果如图 10-11 所示。

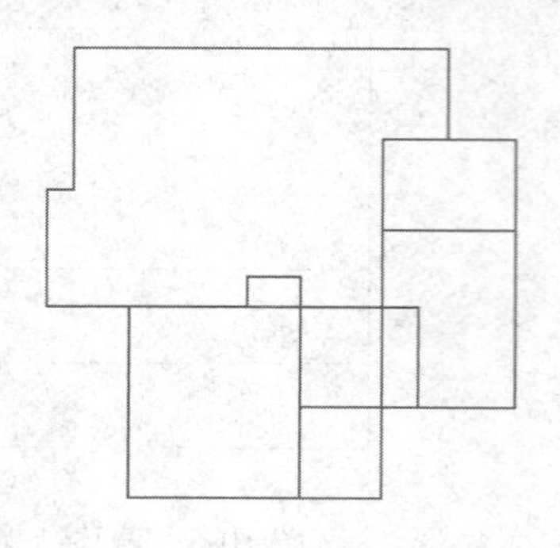

图 10-10　编辑结果

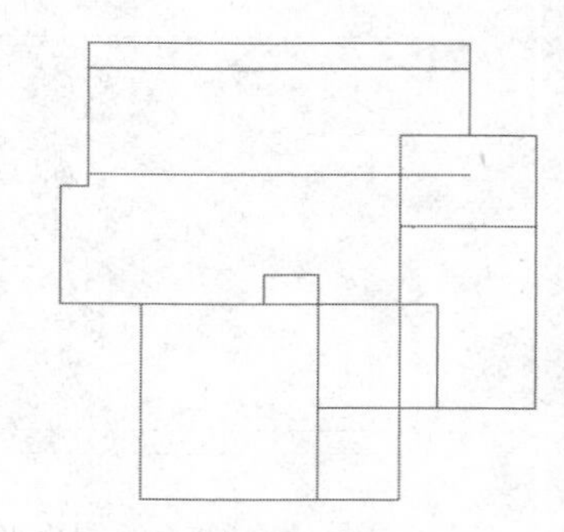

图 10-11　偏移结果

Step 13 单击“默认”选项卡→“修改”面板→“修剪”按钮，以刚偏移出的两条辅助轴线作为边界，对垂直轴线进行修剪，以创建宽度为 2880 的窗洞。修剪结果如图 10-12 所示。

Step 14 单击“默认”选项卡→“修改”面板→“删除”按钮，删除刚偏移出的两条水平辅助线。结果如图 10-13 所示。

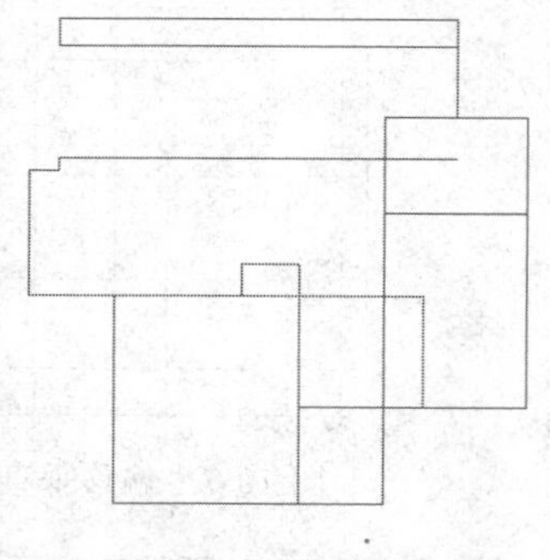

图 10-12　修剪结果

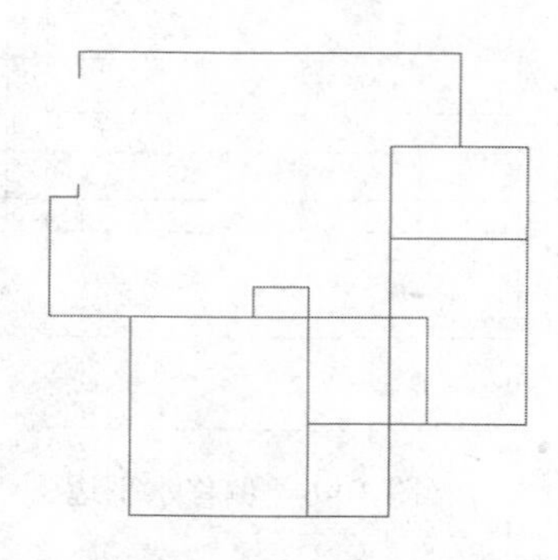

图 10-13　删除结果

Step 15 单击“默认”选项卡→“修改”面板→“打断”按钮，在最下侧的水平轴线上创建宽度为 2880 的窗洞。命令行操作如下：

```
命令: _break
选择对象:                              //选择最下侧的水平轴线
指定第二个打断点 或 [第一点(F)]:         //F 按 Enter，重新指定第一断点
指定第一个打断点:                       //激活“捕捉自”功能
_from 基点:                            //捕捉最下侧水平轴线的左端点
<偏移>:                                //@900,0 Enter
指定第二个打断点:                       //@2880,0Enter，打断结果如图 10-14 所示
```

Step 16 参照上述打洞方法，综合使用“偏移”、“修剪”和“打断”命令，分别创建其他位置的门洞和窗洞。结果如图 10-15 所示。

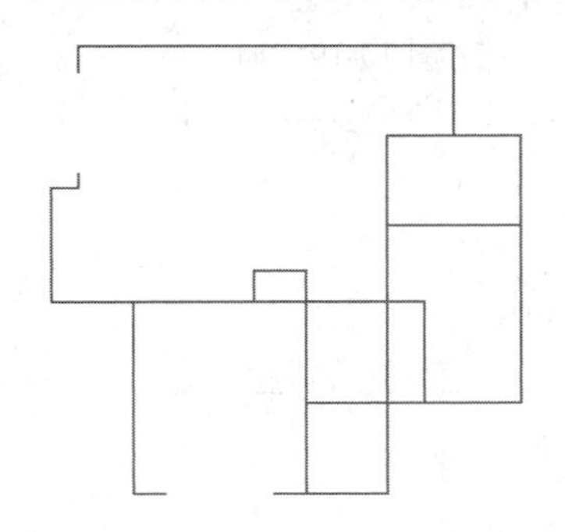

图 10-14　打断结果

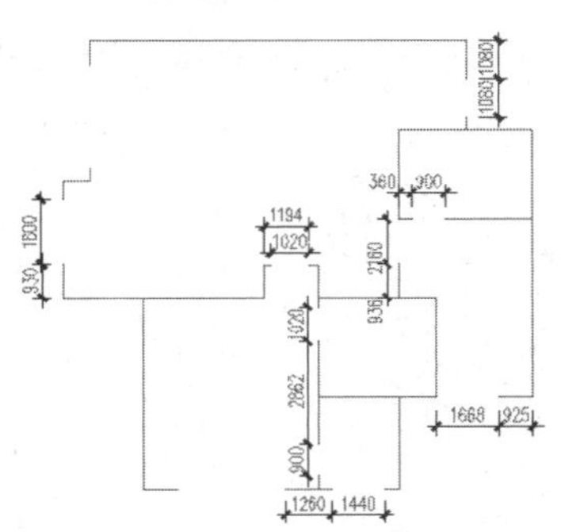

图 10-15　创建其他洞口

Step 17 使用快捷键 LT 执行“线型”命令，设置线型比例如图 10-16 所示，此时轴线的显示效果如图 10-17 所示。

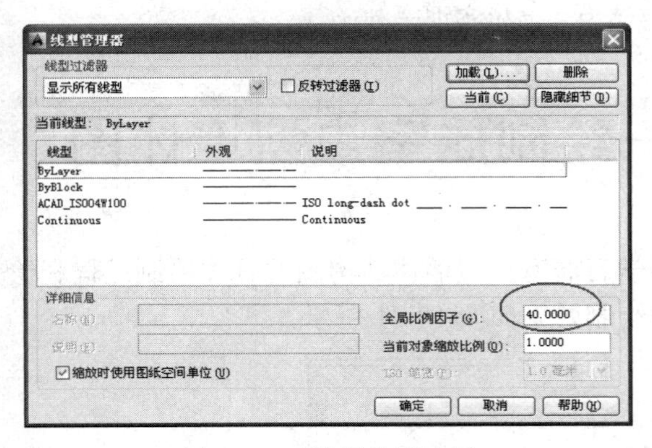

图 10-16　设置线型比例

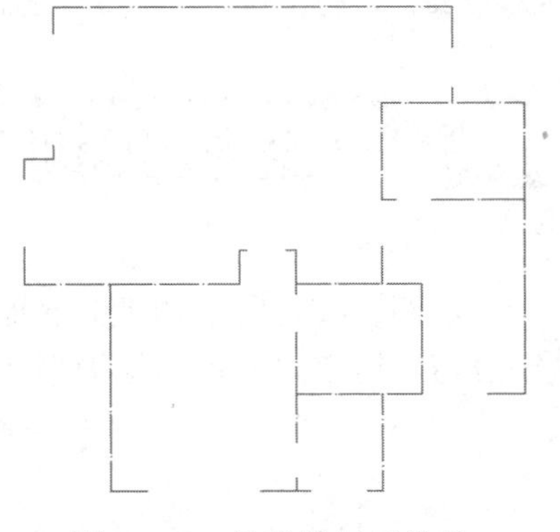

图 10-17　轴线的显示效果

Step 18 使用快捷键 MI 执行“镜像”命令，窗交选择如图 10-18 所示的轴线进行镜像。命令行操作如下：

```
命令: MI
MIRROR 选择对象:                        //窗交选择如图 10-18 所示的轴线
选择对象:                               //Enter
```

```
指定镜像线的第一点:                      //捕捉如图 10-19 所示的端点
指定镜像线的第二点:                      //@0,1Enter
要删除源对象吗? [是(Y)/否(N)] <N>:       //Enter, 镜像结果如图 10-20 所示
```

Note

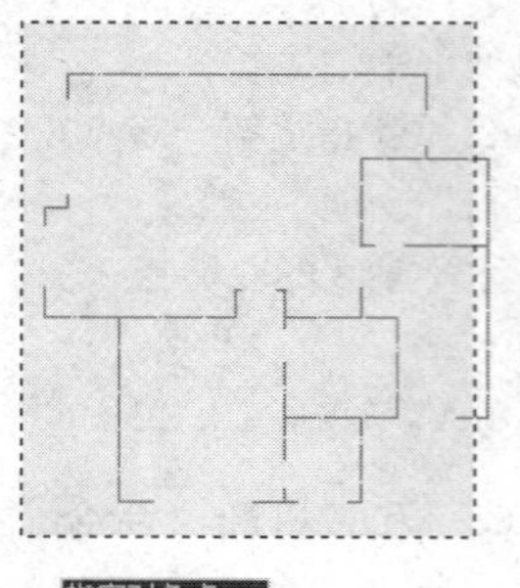

图 10-18　窗交选择

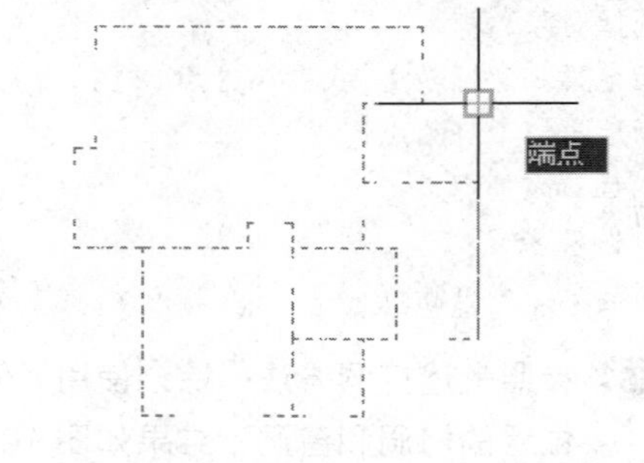

图 10-19　捕捉端点

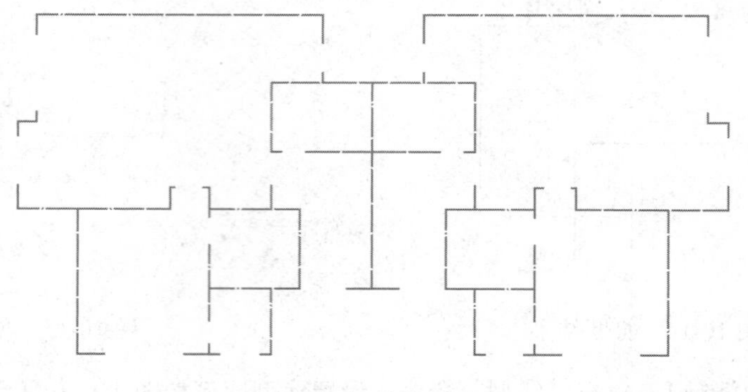
图 10-20　镜像结果

Step 19 执行“保存”命令，将图形命名存储为“上机实训一.dwg”。

10.3 上机实训二——绘制居室户型墙体图

本例在综合所学知识的前提下，主要学习居室户型墙体结构图的具体绘制过程和绘制技巧。居室户型墙体结构平面图的最终绘制效果如图 10-21 所示。

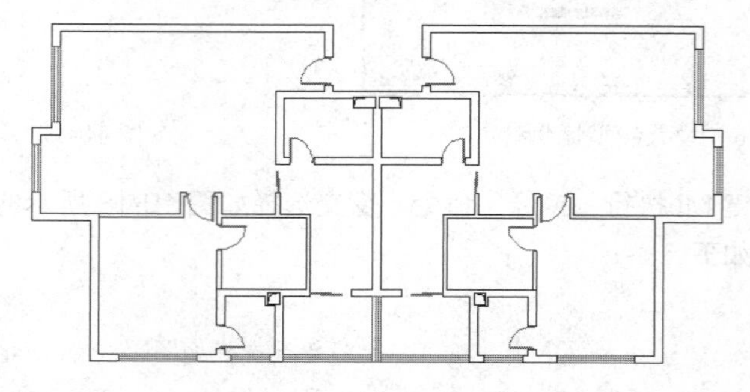
图 10-21　实例效果

操作步骤：

Step 01 继续上例操作，或直接打开随书光盘中的“\效果文件\第 10 章\上机实训一.dwg”文件。

Step 02 打开状态栏上的“对象捕捉”功能，并设置捕捉模式为端点捕捉和交点捕捉。

Step 03 展开“图层控制”下拉列表，选择“墙线层”为当前层，如图 10-22 所示。

Step 04 选择菜单栏中的“格式”→“多线样式”命令，将“墙线样式”设为当前多线样式，如图 10-23 所示。

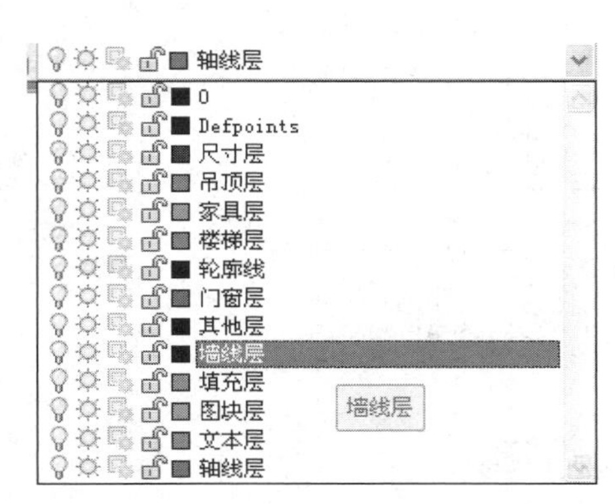

图 10-22　“图层控制”下拉列表

图 10-23　设置多线样式

Step 05 选择菜单栏中的“绘图”→“多线”命令，绘制宽度为 290 的主墙体。命令行操作如下：

```
    命令：_mline
当前设置：对正 = 上，比例 = 20.00，样式 = 墙线样式
指定起点或 [对正(J)/比例(S)/样式(ST)]：      //s Enter
输入多线比例 <20.00>：                      //290 Enter
当前设置：对正 = 上，比例 = 290.00，样式 = 墙线样式
指定起点或 [对正(J)/比例(S)/样式(ST)]：      //j Enter
输入对正类型 [上(T)/无(Z)/下(B)] <上>：     //z Enter
当前设置：对正 = 无，比例 = 290.00，样式 = 墙线样式
指定起点或 [对正(J)/比例(S)/样式(ST)]：     //捕捉如图 10-24 所示的端点 1
指定下一点：                                //捕捉交点 2
指定下一点或 [放弃(U)]：                    //捕捉交点 3
指定下一点或 [闭合(C)/放弃(U)]：            //捕捉端点 4
指定下一点或 [闭合(C)/放弃(U)]：            //Enter，绘制结果如图 10-25 所示
```

Step 06 重复执行“多线”命令，按照当前的参数设置，配合端点捕捉和交点捕捉功能，分别绘制其他位置的主墙线。绘制结果如图 10-26 所示。

Note

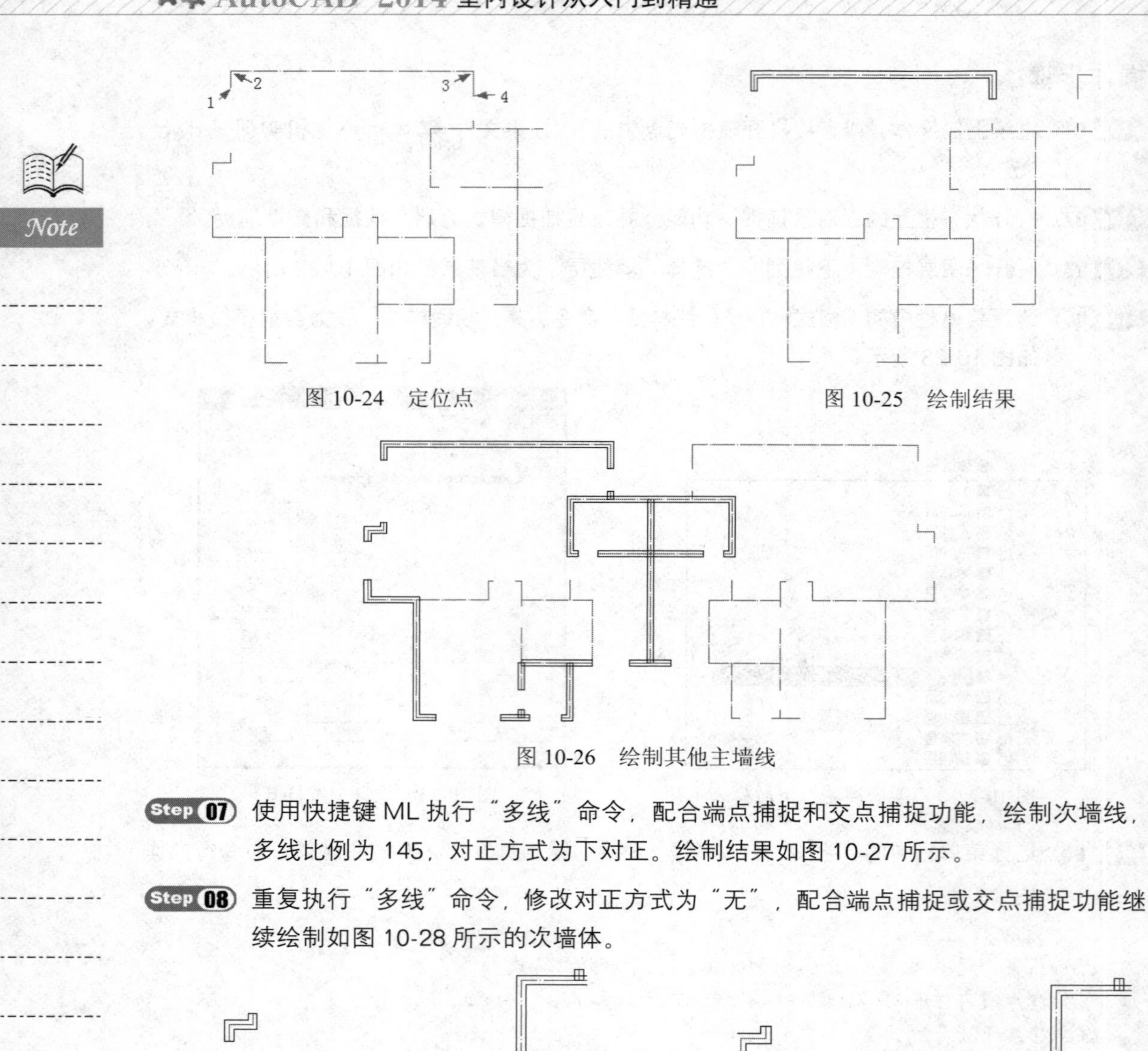

图 10-24　定位点

图 10-25　绘制结果

图 10-26　绘制其他主墙线

Step 07 使用快捷键 ML 执行“多线”命令，配合端点捕捉和交点捕捉功能，绘制次墙线，多线比例为 145，对正方式为下对正。绘制结果如图 10-27 所示。

Step 08 重复执行“多线”命令，修改对正方式为“无”，配合端点捕捉或交点捕捉功能继续绘制如图 10-28 所示的次墙体。

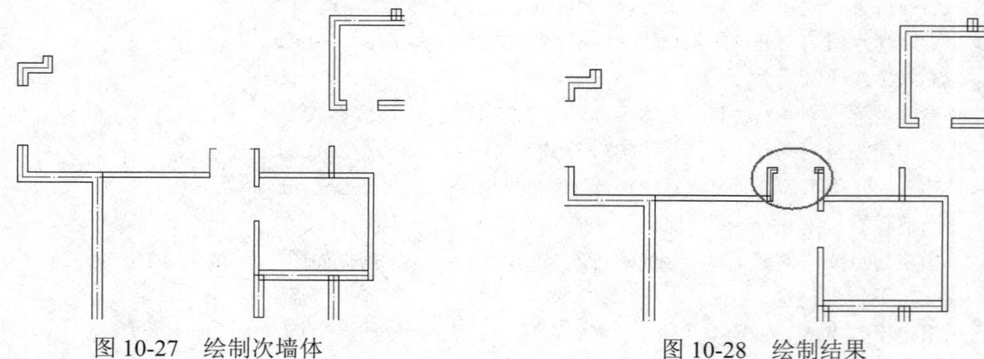

图 10-27　绘制次墙体

图 10-28　绘制结果

Step 09 展开“图层控制”下拉列表，关闭“轴线层”，此时平面图的显示效果如图 10-29 所示。

Step 10 在绘制的多线上双击左键，从打开的“多线编辑工具”对话框中单击如图 10-30 所示的 ∟ 按钮，然后返回绘图区，分别选择拐角处的墙线进行编辑。结果如图 10-31 所示。

Note

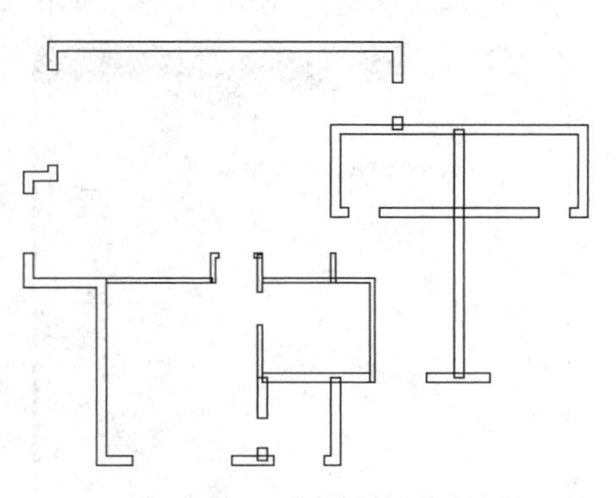

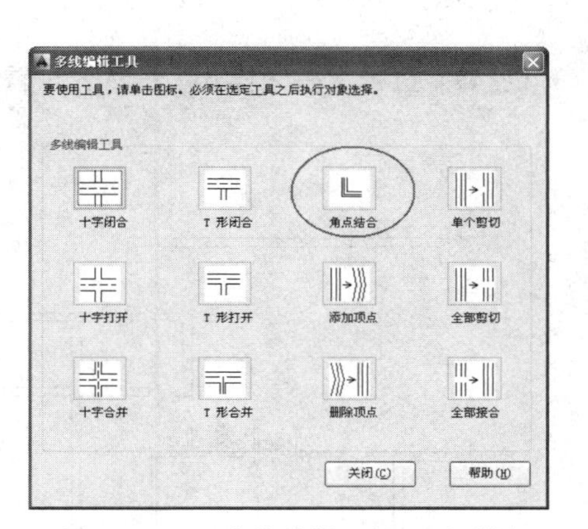

图 10-29　平面图的显示效果　　　　图 10-30　“多线编辑工具”对话框

Step 11 继续在绘制的多线上双击左键，从打开的“多线编辑工具”对话框中单击如图 10-32 所示的按钮，然后返回绘图区，分别选择 T 形相交的墙线进行编辑。结果如图 10-33 所示。

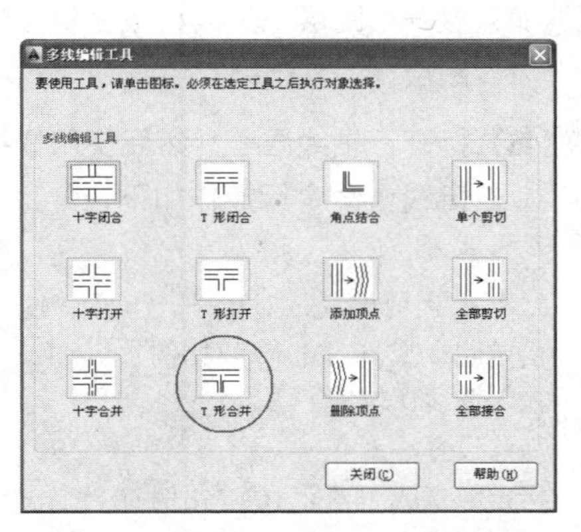

图 10-31　编辑结果　　　　图 10-32　“多线编辑工具”对话框

Step 12 继续在绘制的多线上双击左键，从打开的“多线编辑工具”对话框中单击如图 10-34 所示的按钮，然后返回绘图区，分别选择十形相交的墙线进行编辑。结果如图 10-35 所示。

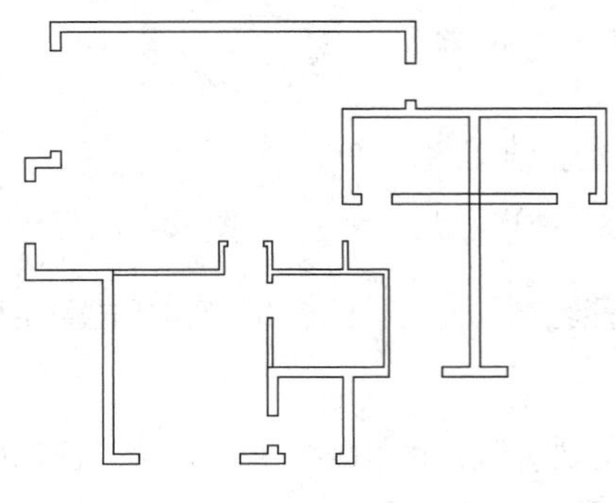

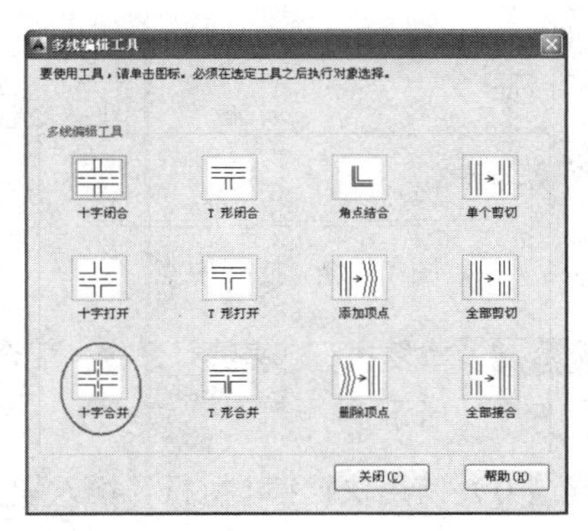

图 10-33　编辑结果　　　　图 10-34　“多线编辑工具”对话框

Note

Step 13 执行"多线样式"命令，设置"窗线样式"为当前多线样式，如图 10-36 所示。

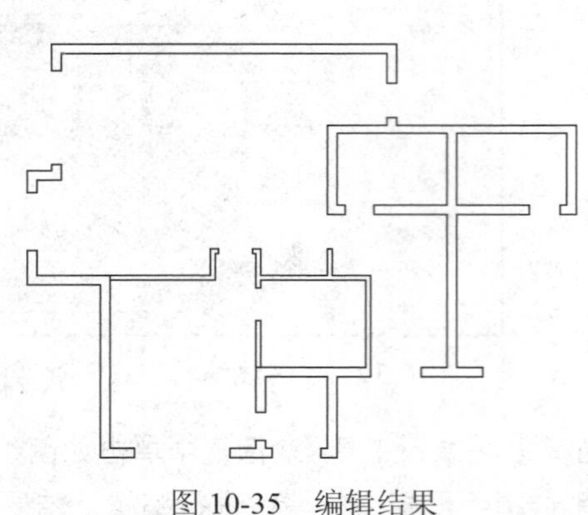

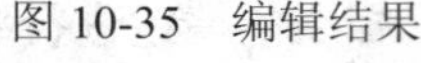

图 10-35　编辑结果

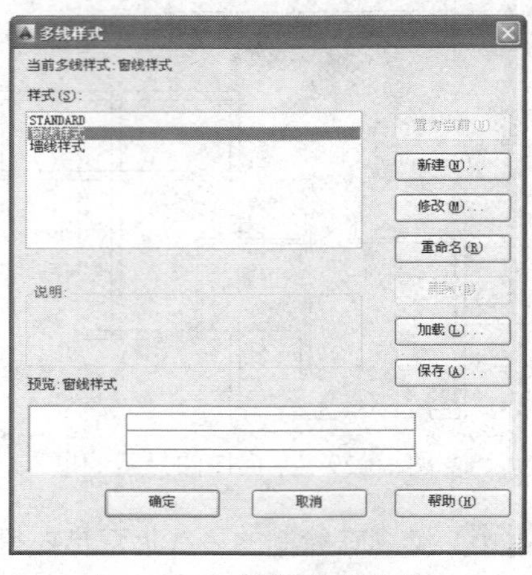

图 10-36　设置当前样式

Step 14 展开"图层"工具栏或面板上的"图层控制"下拉列表，将"门窗层"设置为当前图层。

Step 15 打开"轴线层"，然后使用快捷键 ML 执行"多线"命令，配合中点捕捉功能绘制窗线。命令行操作如下：

```
    命令: ml                                        //Enter
MLINE 当前设置: 对正 = 无, 比例 = 145.00, 样式 = 窗线样式
指定起点或 [对正(J)/比例(S)/样式(ST)]:             //s Enter
输入多线比例 <145.00>:                              //290 Enter
当前设置: 对正 = 无, 比例 = 290.00, 样式 = 窗线样式
指定起点或 [对正(J)/比例(S)/样式(ST)]:             //捕捉如图 10-37 所示的中点
指定下一点:                                        //捕捉如图 10-38 所示的中点
指定下一点或 [放弃(U)]:                            //Enter, 绘制结果如图 10-39 所示
```

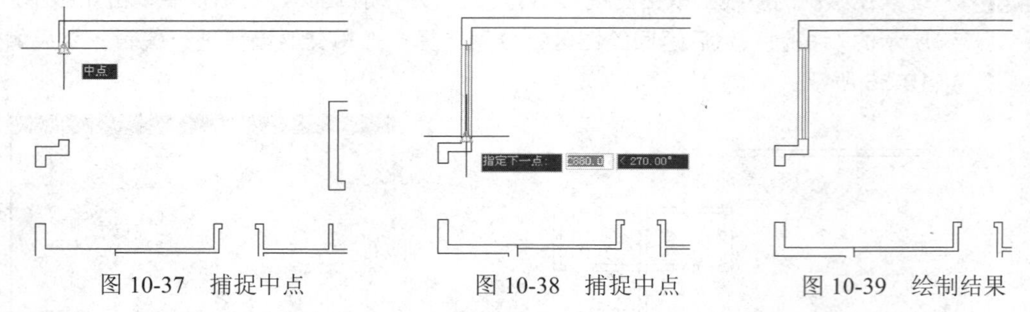

图 10-37　捕捉中点　　图 10-38　捕捉中点　　图 10-39　绘制结果

Step 16 重复执行"多线"命令，配合中点捕捉功能绘制其他位置的窗线。绘制结果如图 10-40 所示。

Step 17 使用快捷键 I 执行"插入块"命令，设置块参数如图 10-41 所示，插入随书光盘中的"\图块文件\单开门.dwg"，插入点为图 10-42 所示的中点，插入结果如图 10-43 所示。

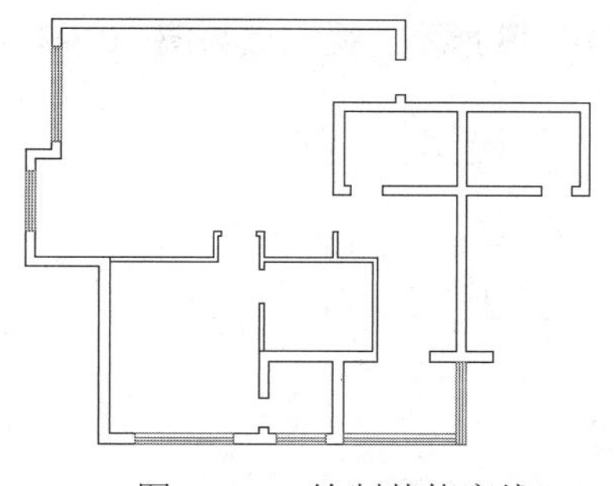

图 10-40　绘制其他窗线

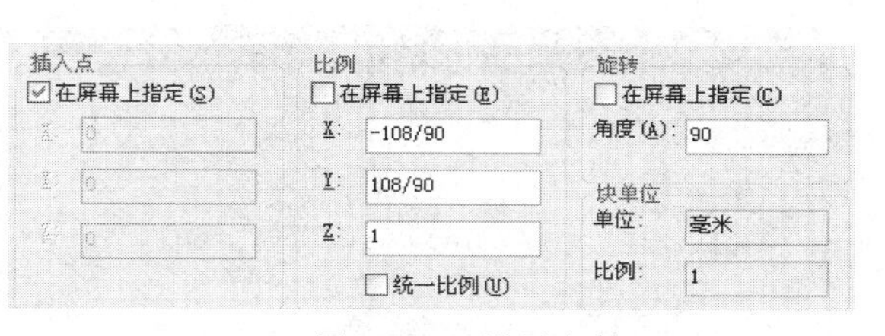

图 10-41　设置参数

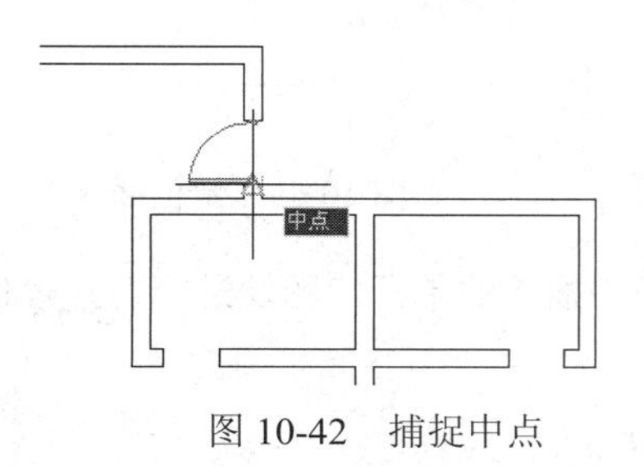

图 10-42　捕捉中点

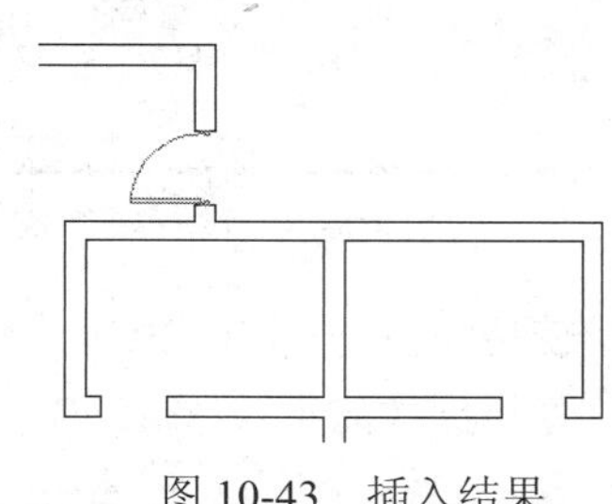

图 10-43　插入结果

Step 18 重复执行“插入块”命令，设置块参数如图 10-44 所示，插入点为图 10-45 所示的中点。

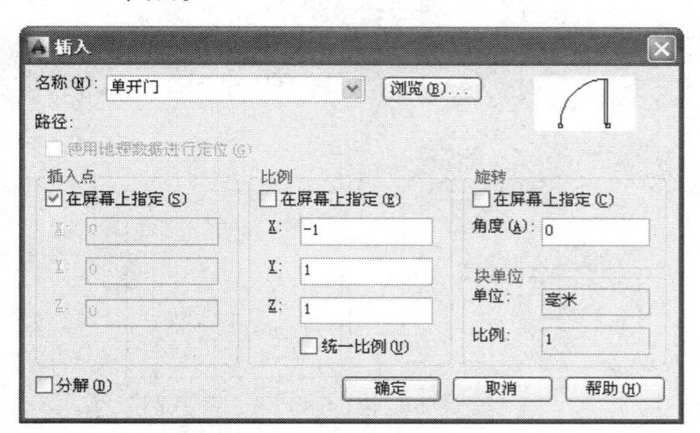

图 10-44　设置块参数

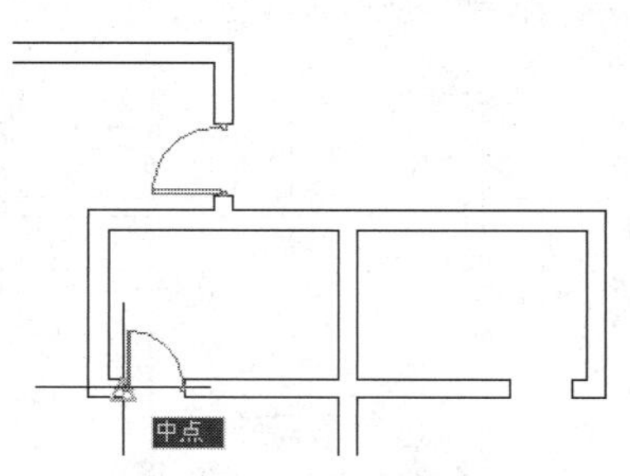

图 10-45　定位插入点

Step 19 重复执行“插入块”命令，设置块参数如图 10-46 所示，插入点为图 10-47 所示的中点。

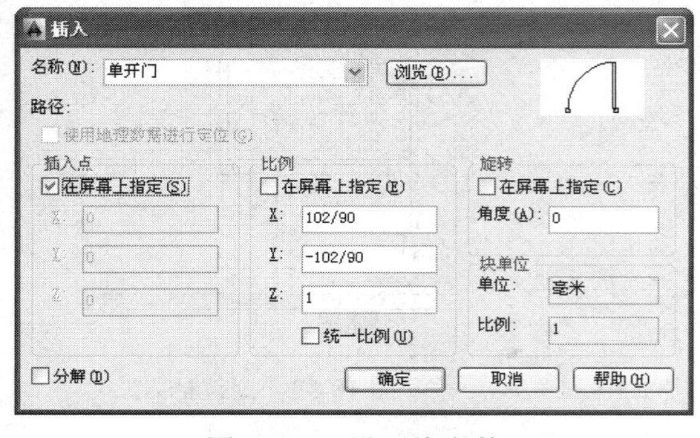

图 10-46　设置块参数

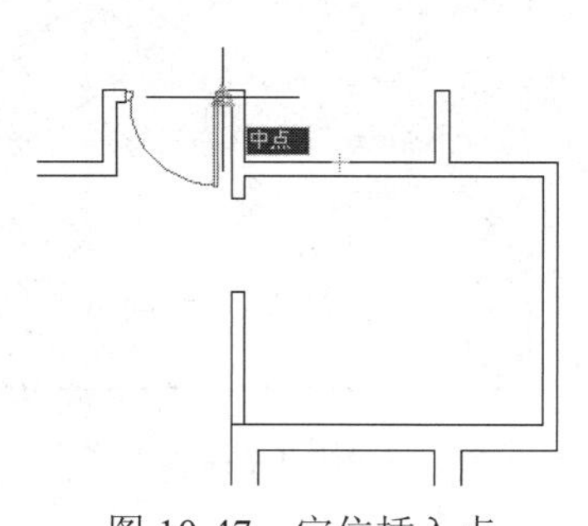

图 10-47　定位插入点

Note

Step 20 重复执行“插入块”命令，设置块参数如图 10-48 所示，插入点为图 10-49 所示的中点。

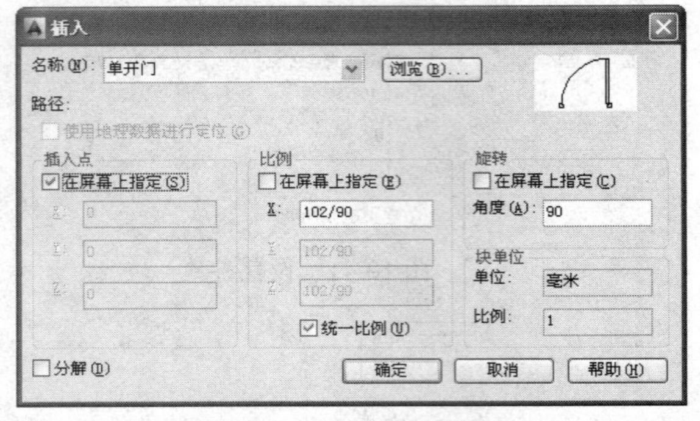

图 10-48　设置块参数

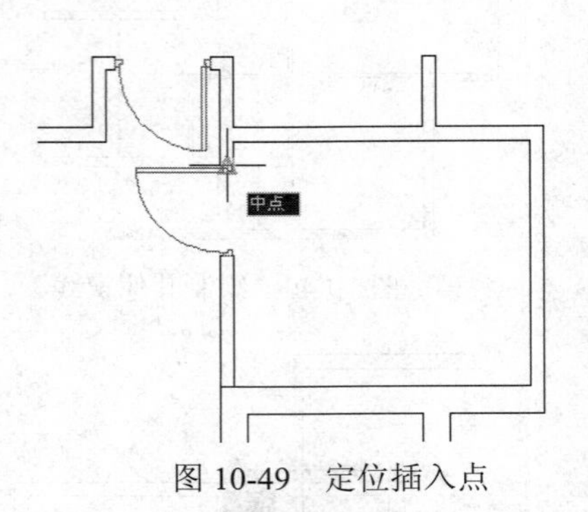

图 10-49　定位插入点

Step 21 使用快捷键“MI”执行“镜像”命令，选择刚插入的单开门图块进行　　镜像，命令行操作如下：

```
    命令：MI
MIRROR 选择对象：                                  //选择刚插入的单开门图块
选择对象：                                         //Enter，结束选择
指定镜像线的第一点：                               //捕捉如图 10-50 所示的中点
指定镜像线的第二点：                               //@0,1 Enter
要删除源对象吗？[是(Y)/否(N)] <N>:                 //Y Enter，镜像结果如图 10-51 所示。
```

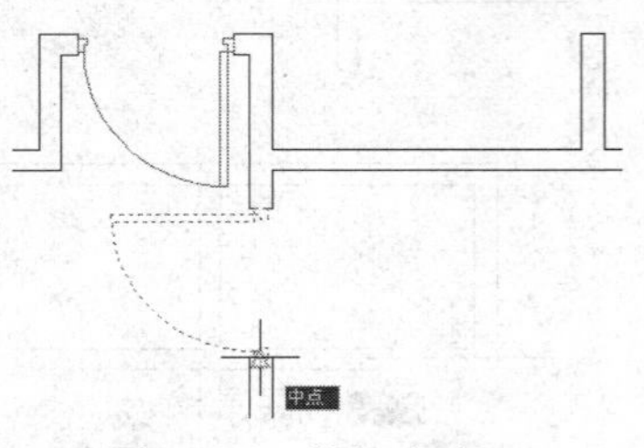

图 10-50　捕捉中点

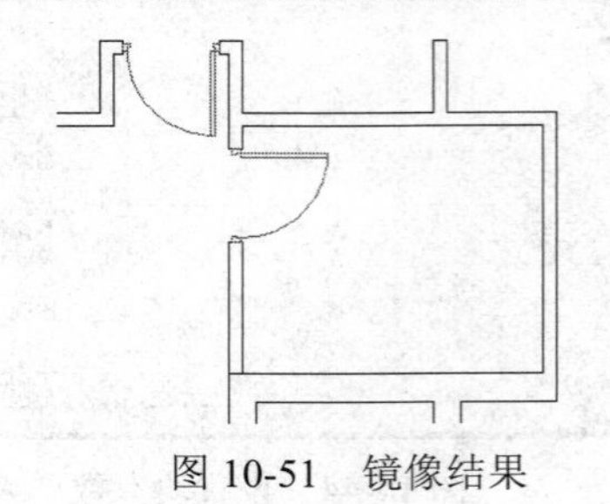

图 10-51　镜像结果

Step 22 重复执行“插入块”命令，设置块参数如图 10-52 所示，插入点为图 10-53 所示的中点。

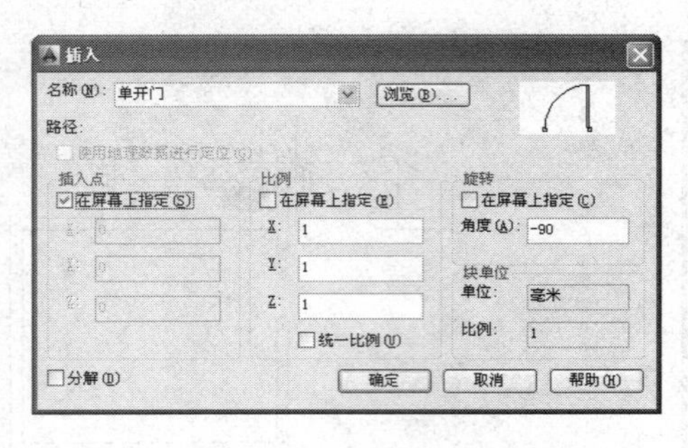

图 10-52　设置块参数

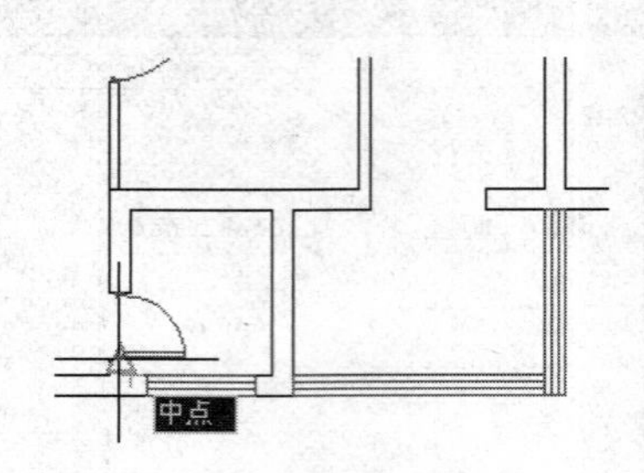

图 10-53　定位插入点

Step 23 执行“矩形”命令，捕捉如图 10-54 所示的中点，绘制长度为 50、宽度为 550 的矩形作为推拉门，如图 10-55 所示。

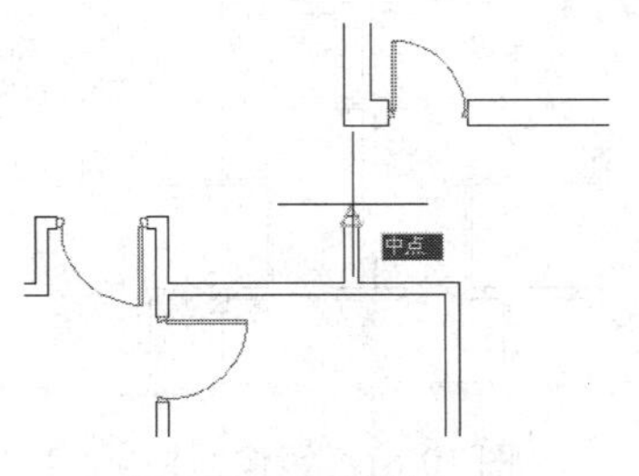

图 10-54 捕捉中点

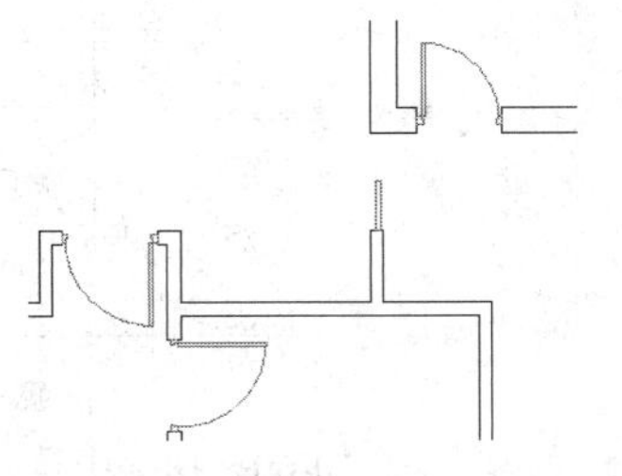

图 10-55 绘制结果

Step 24 使用快捷键 CO 执行“复制”命令，配合中点捕捉功能对矩形进行复制。结果如图 10-56 所示。

Step 25 参照上两操作步骤，使用“矩形”和“复制”命令绘制下侧的推拉门，矩形的长度为 780、宽度为 50。结果如图 10-57 所示。

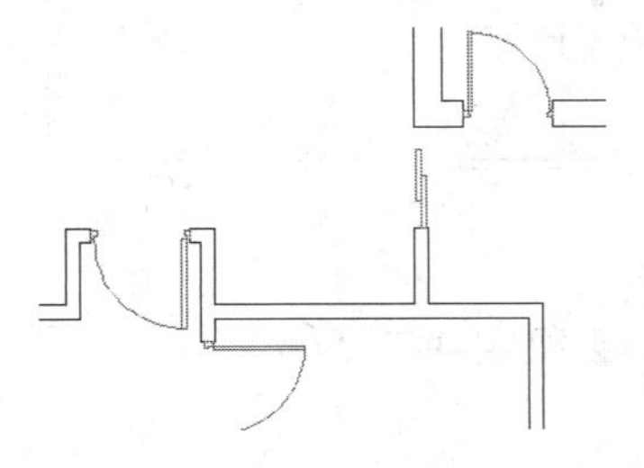

图 10-56 复制结果

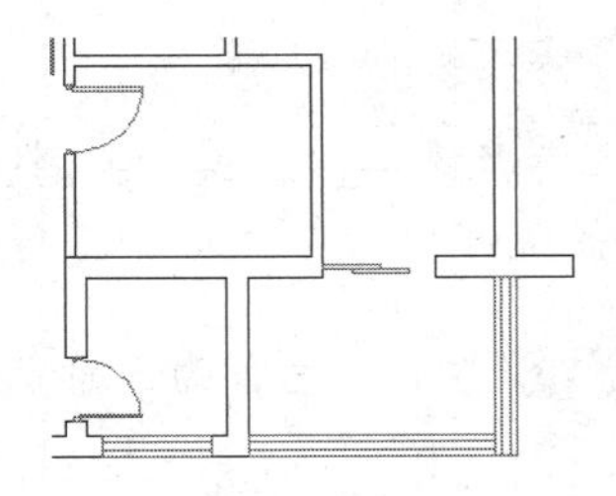

图 10-57 绘制结果

Step 26 综合使用“分解”、“直线”、“修剪”等命令，绘制如图 10-58 所示的示意图。

Step 27 使用快捷键 MI 执行“镜像”命令，选择如图 10-59 所示的图线进行镜像。命令行操作如下：

```
    命令: MI
MIRROR 选择对象:                          //选择如图 10-59 所示的图线
选择对象:                                 //Enter
指定镜像线的第一点:                       //捕捉如图 10-60 所示的中点
指定镜像线的第二点:                       //@0,1Enter
要删除源对象吗? [是(Y)/否(N)] <N>:       //Enter，镜像结果如图 10-61 所示
```

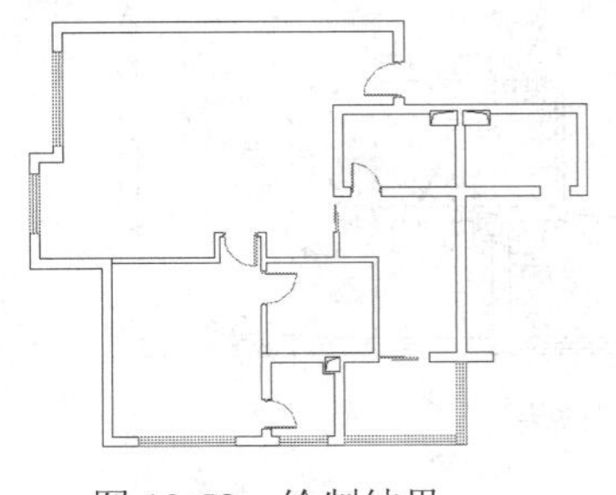

图 10-58 绘制结果

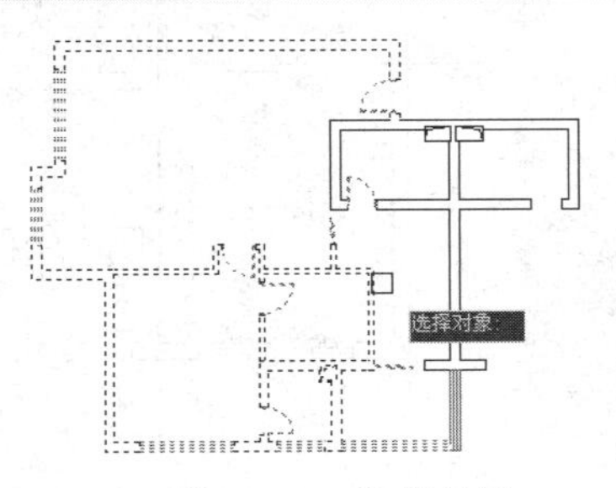

图 10-59 选择结果

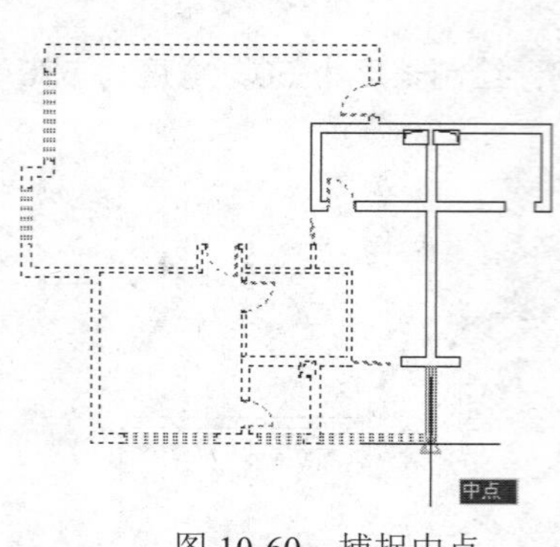

图 10-60 捕捉中点

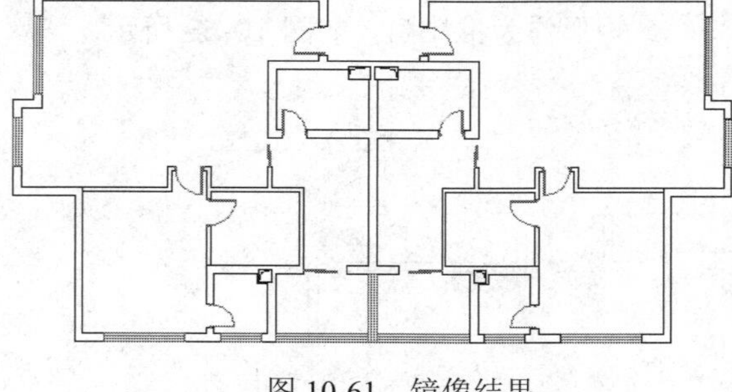

图 10-61 镜像结果

Step 28 使用快捷键 TR 执行“修剪”命令，对墙线进行修整完善。结果如图 10-62 所示。

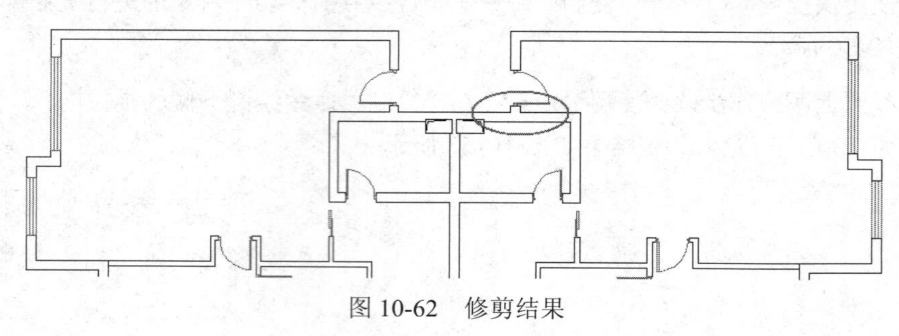

图 10-62 修剪结果

Step 29 执行“另存为”命令，将图形命名存储为“上机实训二.dwg”。

10.4 上机实训三——绘制居室户型家具图

本例在综合所学知识的前提下，主要学习居室户型家具布置图的具体绘制过程和绘制技巧。居室户型家具布置图的最终绘制效果如图 10-63 所示。

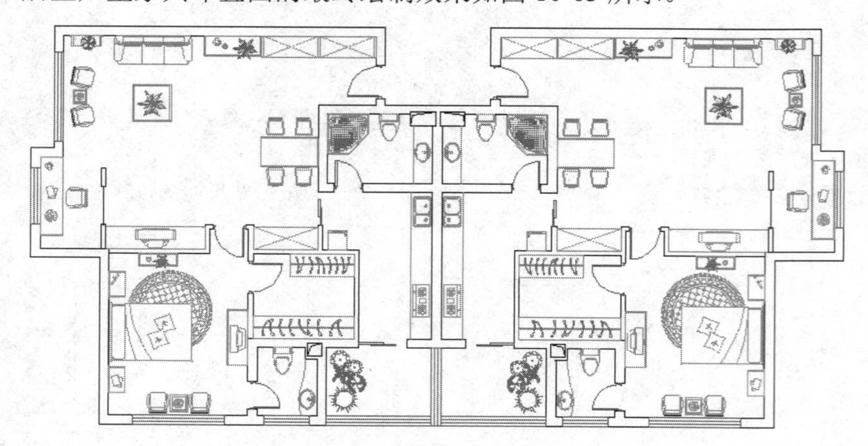

图 10-63 实例效果

操作步骤：

Step 01 继续上例操作，或直接打开随书光盘中的“\效果文件\第 10 章\上机实训二.dwg”文件。

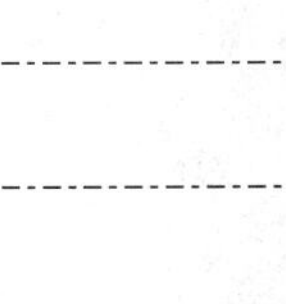

Step 02 使用快捷键 LA 执行“图层”命令，在打开的对话框中将“图块层”设置为当前层。

Step 03 使用快捷键 I 执行“插入块”命令，插入随书光盘中的“\图块文件\沙发与茶几.dwg”文件。块参数设置如图 10-64 所示。

Step 04 返回绘图区在命令行“指定插入点或 [基点(B)/比例(S)/旋转(R)]:”提示下，在适当位置指定插入点，将其插入到平面图中。插入结果如图 10-65 所示。

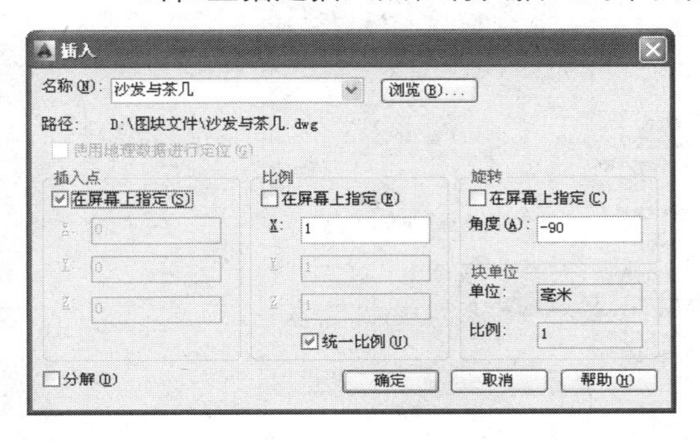

图 10-64　设置块参数

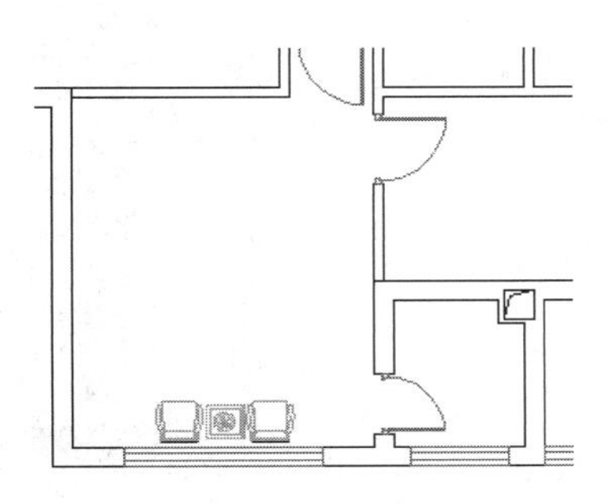

图 10-65　插入结果

Step 05 使用快捷键 I 重复执行“插入块”命令，插入随书光盘中的“\素材文件\床柜组合 02.dwg”文件，参数设置如图 10-66 所示，插入点为图 10-67 所示的中点。

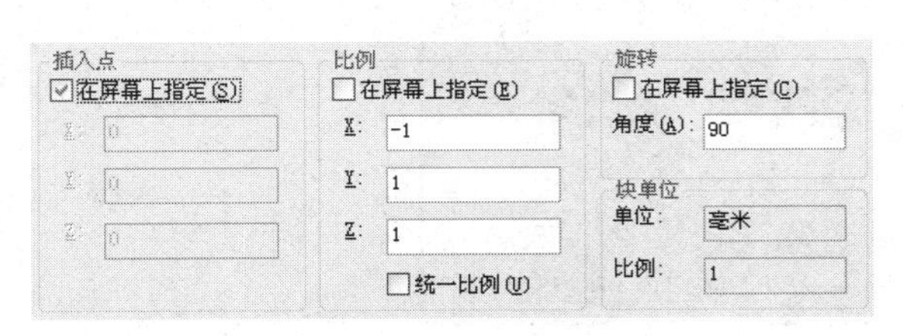

图 10-66　设置块参数

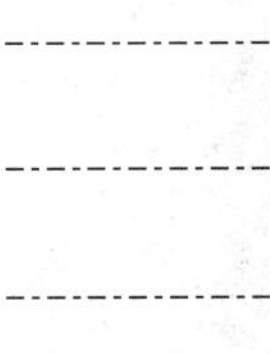

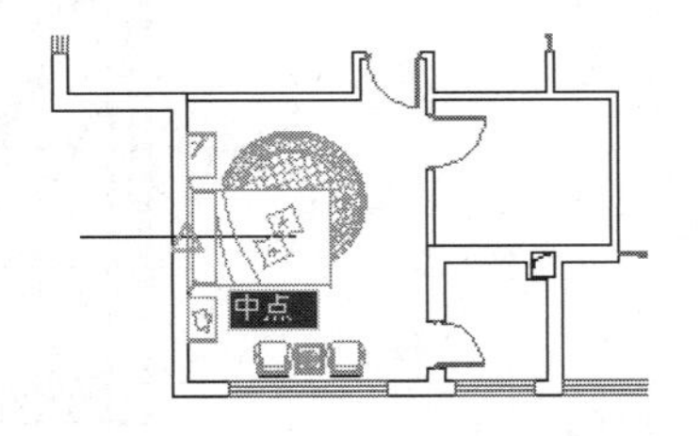

图 10-67　插入结果

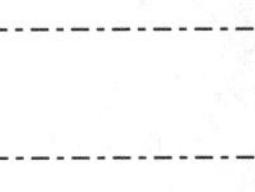

Step 06 单击“视图”选项卡→“选项板”面板→“设计中心”按钮，定位随书光盘中的“图块文件”文件夹，如图 10-68 所示。

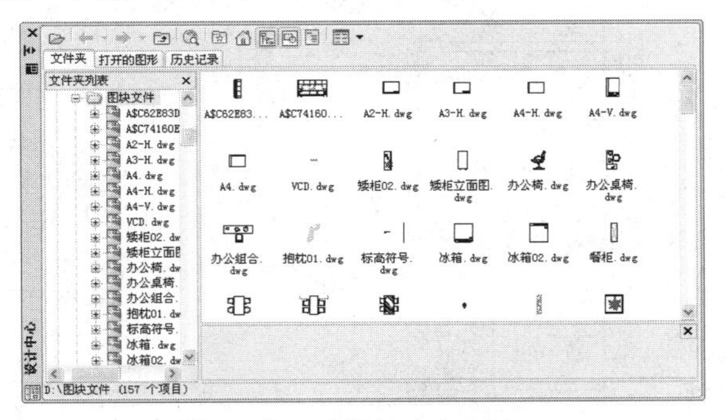

图 10-68　“设计中心”窗口

小技巧：

用户可以事先将随书光盘中的“图块文件”复制至用户机 AutoCAD 安装目录下的 Template 文件夹下。

Note

Step 07 在设计中心右侧的窗口中，选择“电视柜 01.dwg”文件，然后单击右键，从弹出的右键菜单上选择“插入为块”选项，如图 10-69 所示，将此图形以块的形式共享到平面图中。

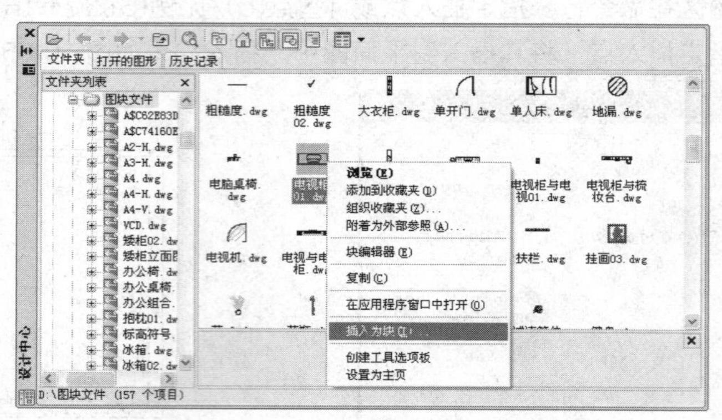

图 10-69　选择共享文件

Step 08 此时系统打开“插入”对话框，在此对话框内设置图块的参数，如图 10-70 所示。

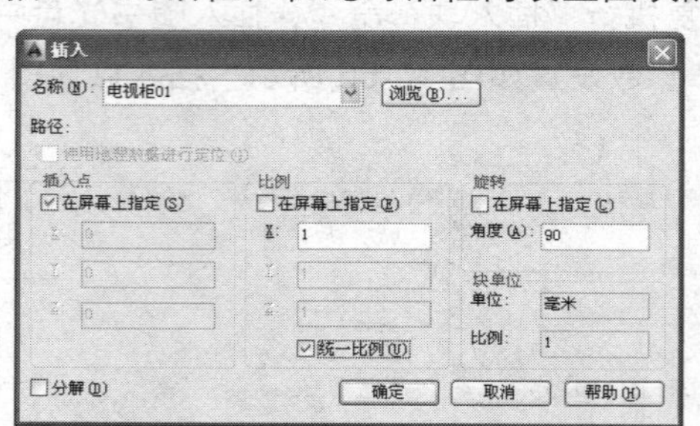

图 10-70　设置块参数

Step 09 返回绘图区，根据命令行的提示捕捉如图 10-71 所示位置的交点，将电视柜图例插入到平面图中。插入结果如图 10-72 所示。

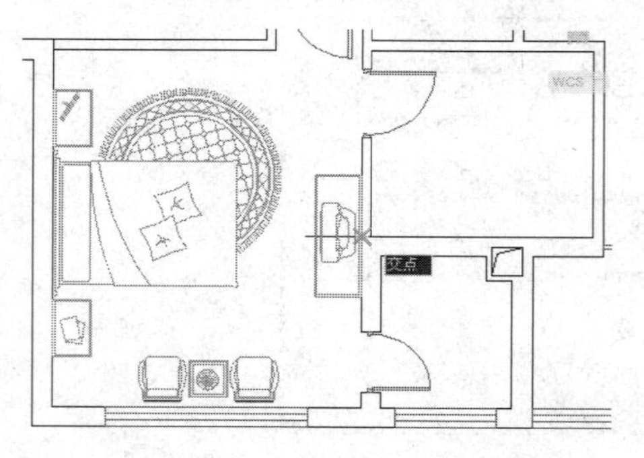

图 10-71　定位插入点

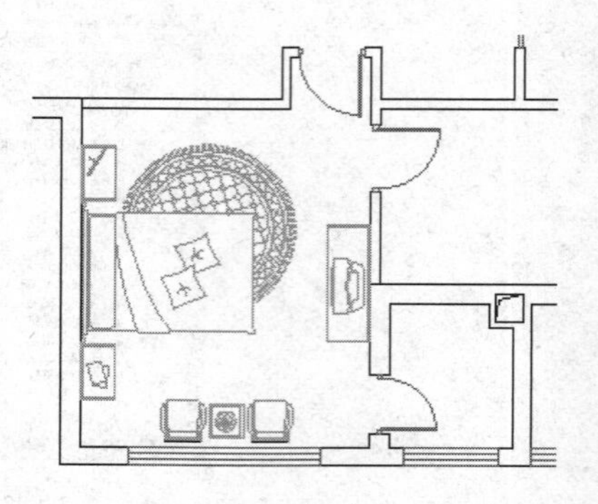

图 10-72　插入结果

Step 10 在“设计中心”右侧的窗口中向下移动滑块，找到“梳妆镜 02.dwg”文件并选择，如图 10-73 所示。

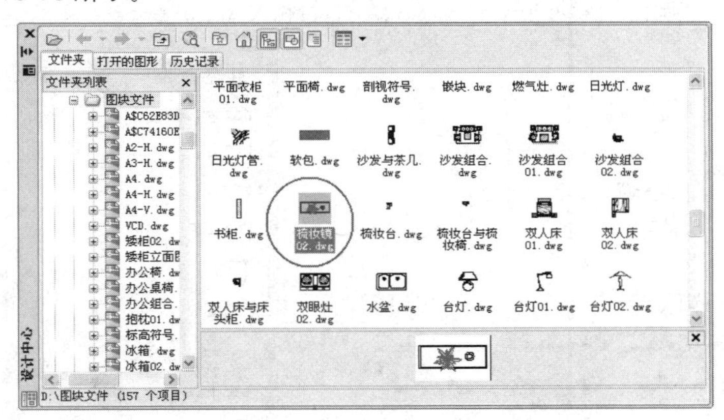

图 10-73　定位文件

Step 11 按住左键不放，将其拖曳至平面图文件中，将组合沙发插入到平面图中。命令行操作如下：

```
命令: _-INSERT
输入块名或 [?] <梳妆镜 02>: "D:\素材文件\梳妆镜 02.dwg"
单位: 毫米    转换:        1.0
指定插入点或 [基点(B)/比例(S)/X/Y/Z/旋转(R)]:  //X Enter
指定 X 比例因子 <1>:                          //-1 Enter
指定插入点或 [基点(B)/比例(S)/X/Y/Z/旋转(R)]:  //捕捉如图 10-74 所示的中点
指定旋转角度 <0.00>:                         //Enter，插入结果如图 10-75 所示
```

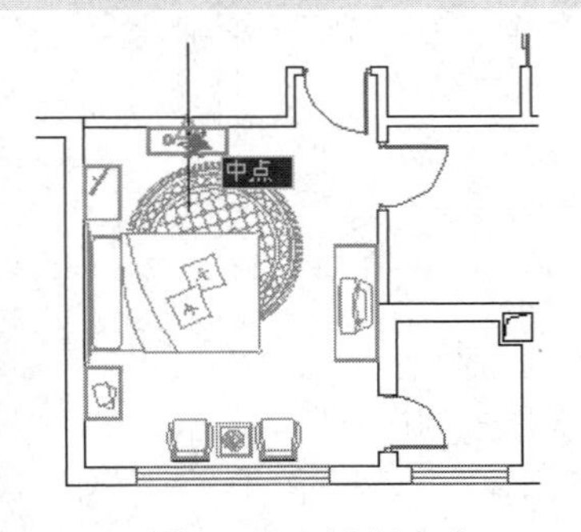

图 10-74　捕捉中点

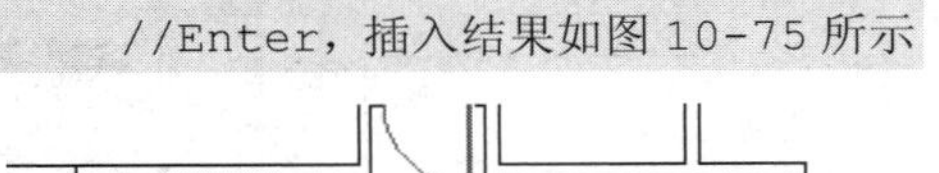
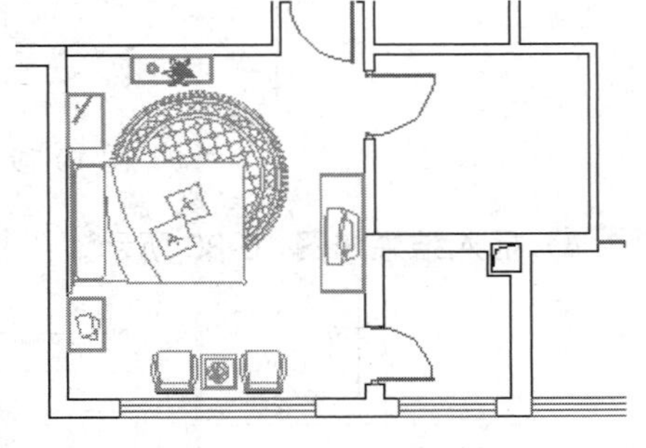

图 10-75　插入结果

Step 12 在“设计中心”左侧窗口的“素材文件”目录上单击右键，选择“创建块的工具选项板”命令，如图 10-76 所示，将此文件夹创建为选项板。结果如图 10-77 所示。

Step 13 在如图 10-78 所示的“电视柜 02”图块上单击左键，然后根据命令行的提示，将此图块共享到平面图中。命令行操作如下：

```
    命令: 忽略块 尺寸箭头 的重复定义。
忽略块 电视柜 02 的重复定义。
指定插入点或 [基点(B)/比例(S)/X/Y/Z/旋转(R)]:   //r Enter
```

```
指定旋转角度 <0.00>:                                //-90 Enter
指定插入点或 [基点(B)/比例(S)/X/Y/Z/旋转(R)]:
//水平向左引出如图 10-79 所示的端点追踪矢量，输入 3120 Enter
```

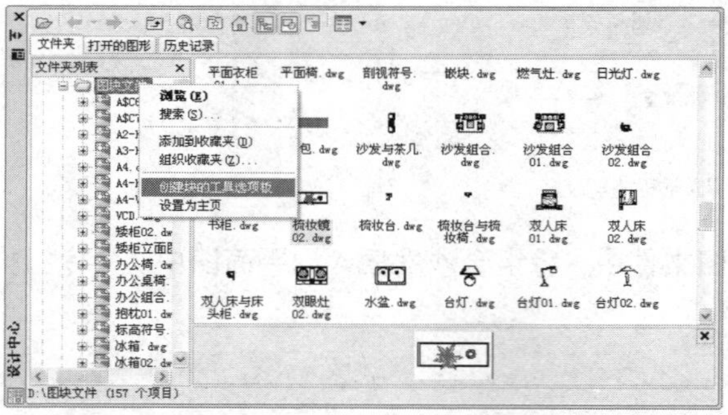

图 10-76 “设计中心”窗口

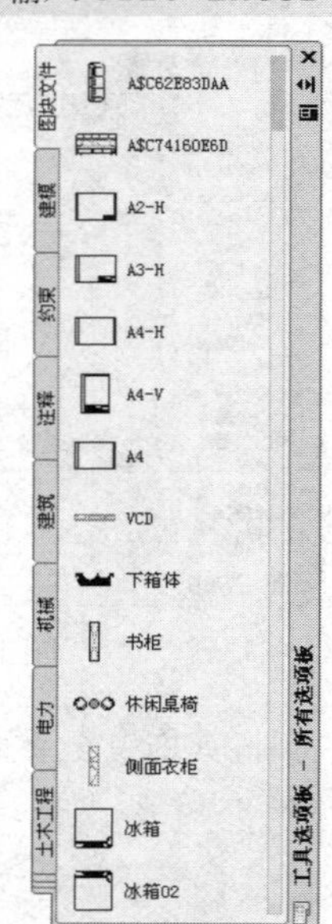

图 10-77 创建块的选项板

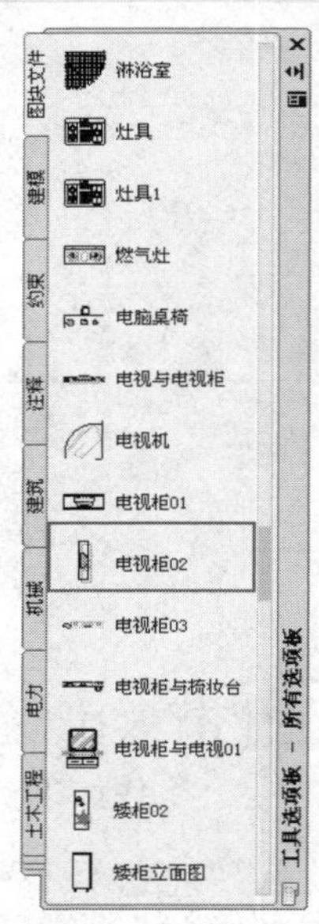

图 10-78 选择图块

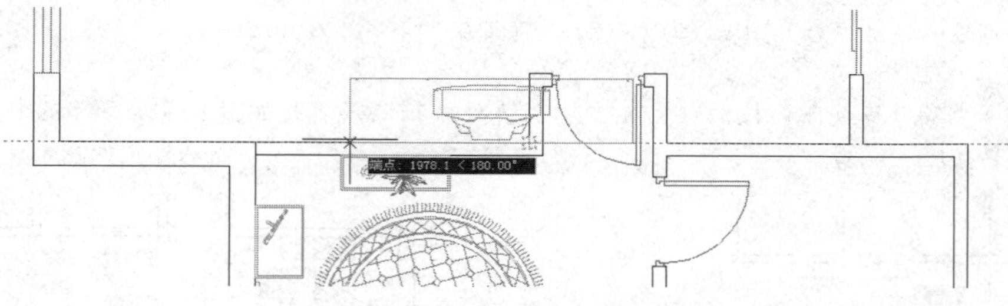

图 10-79 引出端点追踪矢量

Step 14 插入结果如图 10-80 所示。

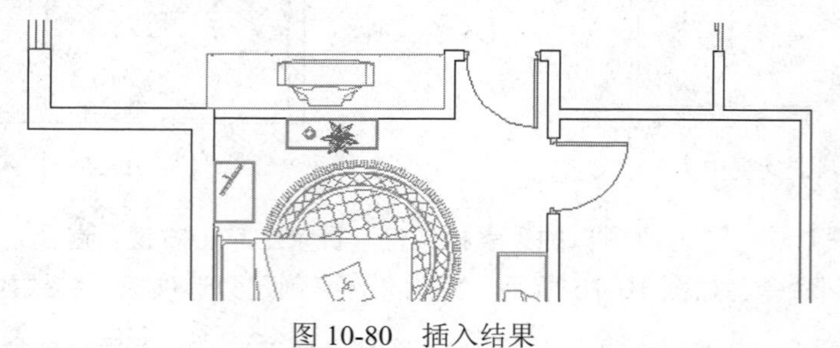

图 10-80 插入结果

Step 15 在“工具选项板”窗口中定位“面盆 01”图块，然后按住左键不放将其拖至绘图区，如图 10-81 所示。

Step 16 综合使用“旋转”、“镜像”和“移动”命令，对“面盆 01”图块调整位置和角度。结果如图 10-82 所示。

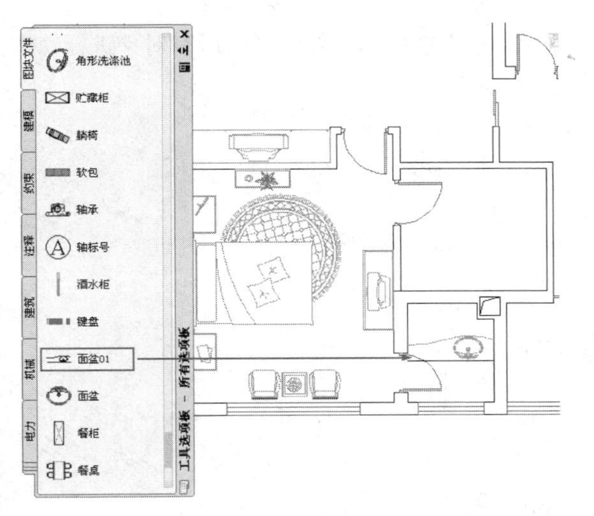

图 10-81　拖曳结果

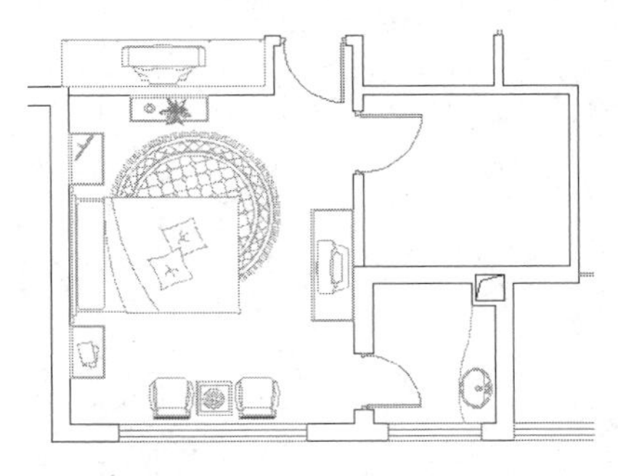

图 10-82　编辑结果

Step 17 参照上述操作步骤，分别使用“插入块”、“设计中心”、“工具选项板”等多种命令，为其他房间布置室内用具及其绿化植物。结果如图 10-83 所示。

Step 18 使用画线命令，配合捕捉和追踪功能绘制如图 10-84 所示的洗手池台面轮廓线和厨房操作台轮廓线，宽度分别为 600 和 660 个绘图单位。

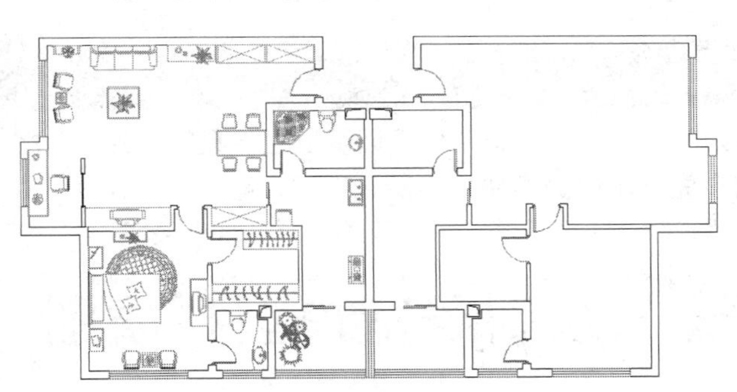

图 10-83　布置结果

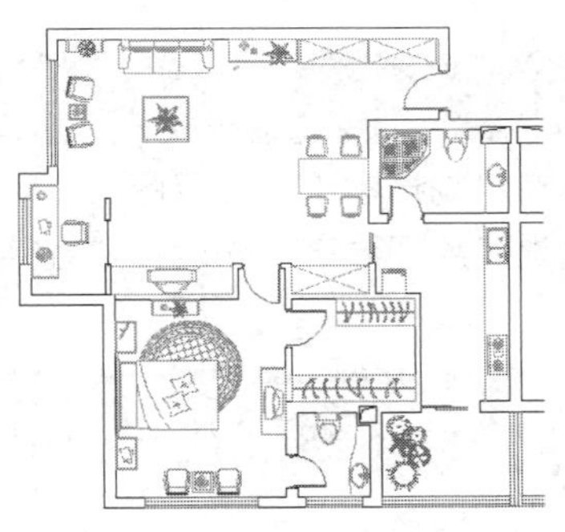

图 10-84　绘制结果

Step 19 执行“快速选择”命令，设置过滤参数如图 10-85 所示，选择“图块层”上的所有对象，如图 10-86 所示。

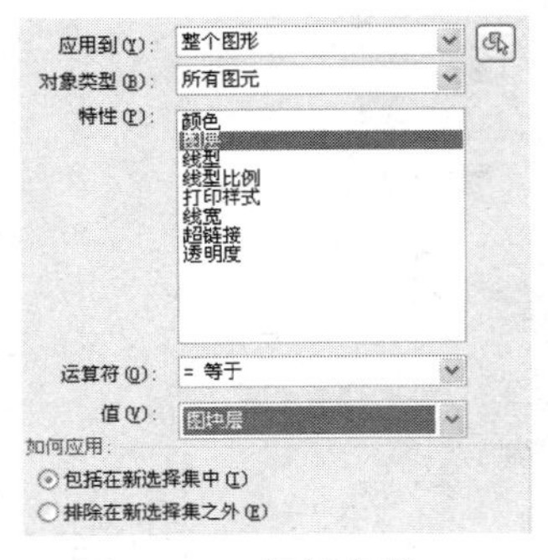

图 10-85　设置参数

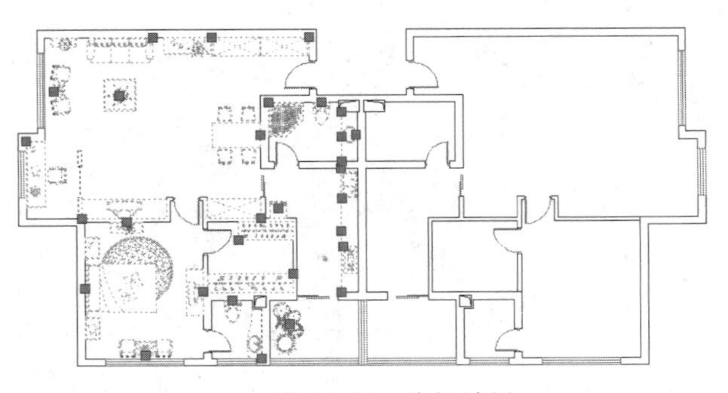

图 10-86　选择结果

Step 20 使用快捷键 MI 执行“镜像”命令，配合中点捕捉功能对选择的所有对象进行镜像。命令行操作如下：

Note

```
命令： MI                                  //Enter
MIRROR 指定镜像线的第一点：                 //捕捉如图 10-87 所示的中点
指定镜像线的第二点：                        //@0,1Enter
要删除源对象吗？[是(Y)/否(N)] <N>:          //Enter，镜像结果如图 10-63 所示
```

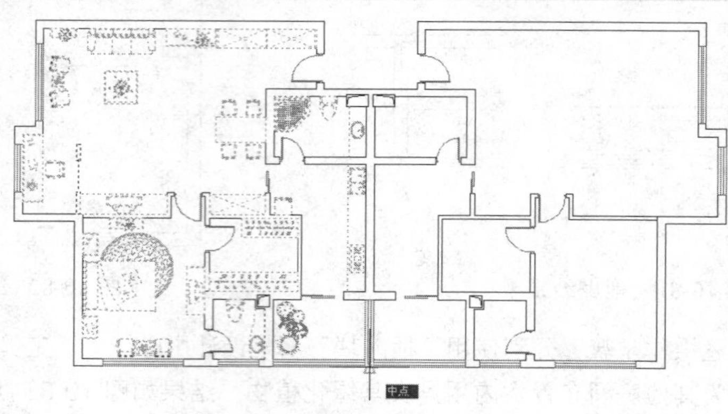

图 10-87　捕捉中点

Step 21 执行“另存为”命令，将图形另名存储为“上机实训三.dwg”。

小技巧：

在绘制居室平面布置图时，对于室内的家具陈设、花草植物以及卫生洁具等图形，为了提高绘图效率，一般都是直接调用事先准备好的图块，并不是现用现画。

10.5 上机实训四——绘制居室户型材质图

本例在综合所学知识的前提下，主要学习居室户型地面材质图的具体绘制过程和绘制技巧。居室户型地面材质图的最终绘制效果如图 10-88 所示。

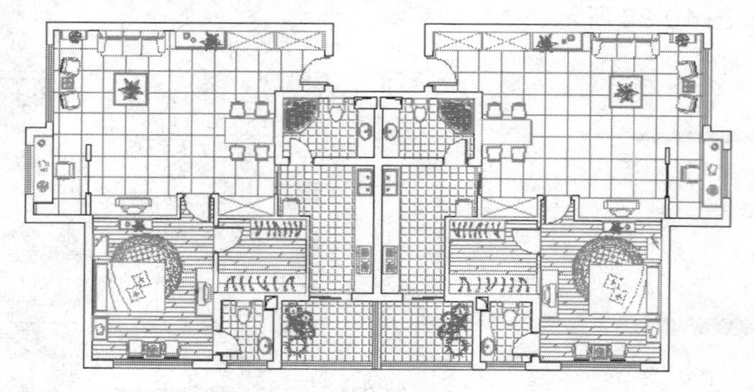

图 10-88　实例效果

操作步骤：

Step 01 继续上例操作，或直接打开随书光盘中的“\效果文件\第 10 章\上机实训三.dwg”文件。

Step 02 激活“对象捕捉”功能，并设置捕捉模式为端点捕捉和最近点捕捉。

Step 03 单击“图层”工具栏上的“图层控制”列表，在展开的下拉列表内，将“填充层”设为当前图层。

Step 04 使用快捷键 L 执行“直线”命令，配合端点捕捉功能，分别将各房间两侧门洞连接起来，以形成封闭区域，如图 10-89 所示。

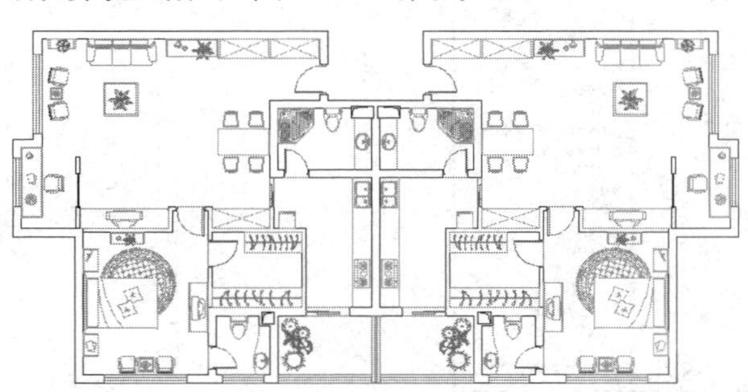

图 10-89 绘制结果

Step 05 在无命令执行的前提下，夹点显示卫生间、厨房位置的内含物图块，如图 10-90 所示。

Step 06 在“默认”选项卡→“图层”面板中，将夹点显示的对象暂时放置在“0 图层”上。

Step 07 取消对象的夹点显示，然后在“默认”选项卡→“图层”面板中冻结“图块”，此时平面图的显示效果如图 10-91 所示。

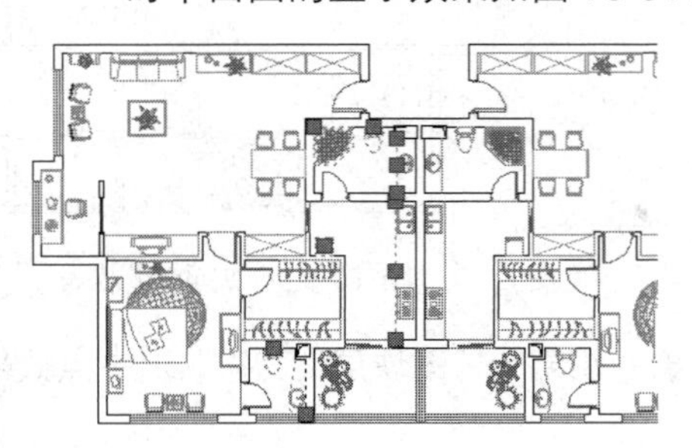

图 10-90 夹点效果

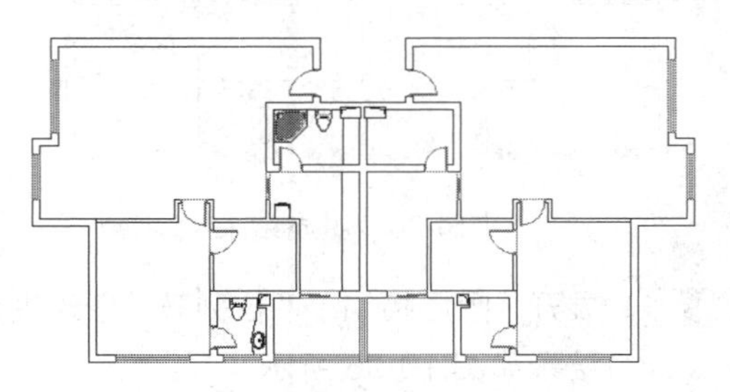

图 10-91 显示效果

Step 08 单击“默认”选项卡→“绘图”面板→“图案填充”按扭，执行“图案填充”命令，然后在命令行“拾取内部点或 [选择对象(S)/设置(T)]:”提示下，激活“设置”选项，打开“图案填充和渐变色”对话框。

小技巧：

更改图层及冻结“家具层”的目的就是方便地面图案的填充，如果不关闭图块层，由于图块太多，会大大影响图案的填充速度。

Note

Step 09 在“图案填充和渐变色”对话框中选择填充图案并设置填充比例、角度、关联特性等，如图 10-92 所示。

Step 10 单击“图案填充”选项卡→“边界”面板→“拾取点”按钮，返回绘图区在主卧室房间内单击左键，系统自动分析出如图 10-93 所示的填充边界并按照当前的图案设置进行填充，填充如图 10-94 所示图案。

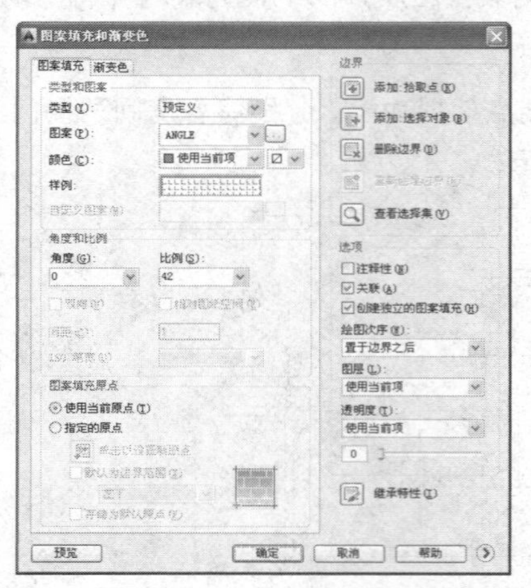

图 10-92　设置填充图案与参数

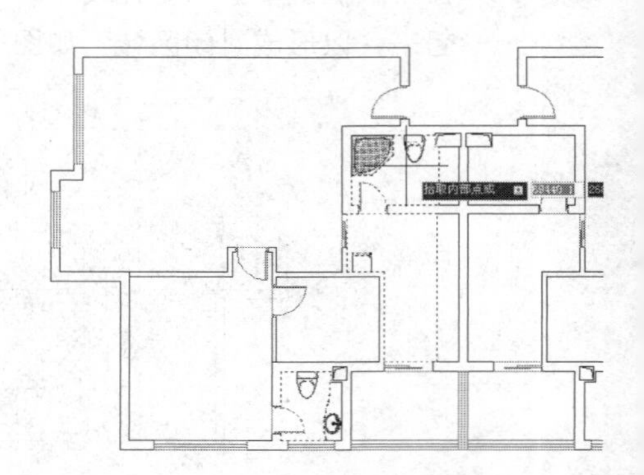

图 10-93　填充结果

Step 11 在无命令执行的前提下夹点显示卫生间及厨房图例，如图 10-95 所示。

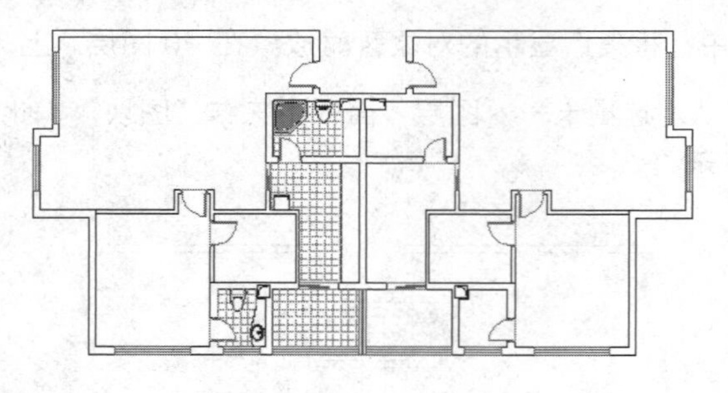

图 10-94　填充结果

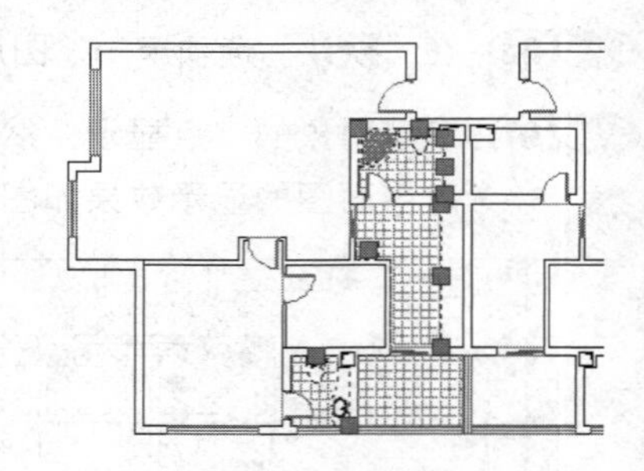

图 10-95　夹点效果

Step 12 展开“图层控制”下拉列表，修改夹点对象的图层为“图块层”，并取消夹点效果。结果如图 10-96 所示。

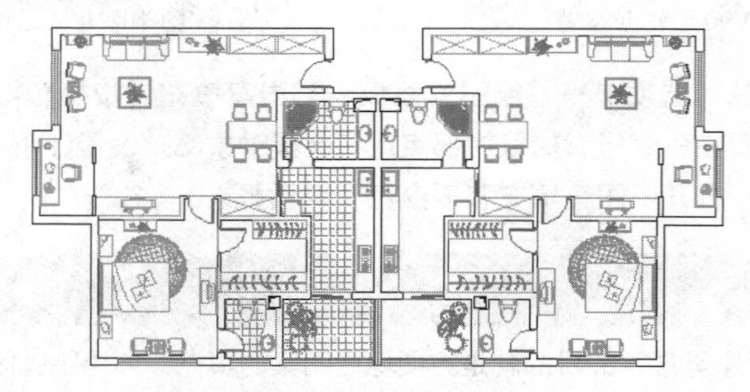

图 10-96　解冻图层后的效果

Step 13 展开“图层”工具栏或面板上的“图层控制”下拉列表，将“0 图层”设为当前层。

Step 14 使用快捷键 PL 执行“多段线”命令，配合端点捕捉和最近点捕捉功能，在卧室、更衣室等房间内，沿着各家具图例的外边缘，绘制闭合的边界，然后冻结“图块层”。结果如图 10-97 所示。

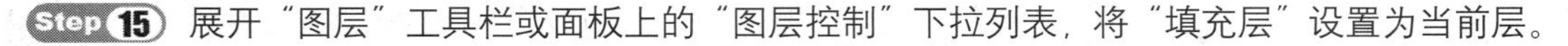

Step 15 展开“图层”工具栏或面板上的“图层控制”下拉列表，将“填充层”设置为当前层。

Step 16 单击“默认”选项卡→“绘图”面板→“图案填充”按扭，执行“图案填充”命令，设置填充图案及填充参数，如图 10-98 所示，指定如图 10-99 所示的填充边界，为卧室填充地板图案。填充结果如图 10-100 所示。

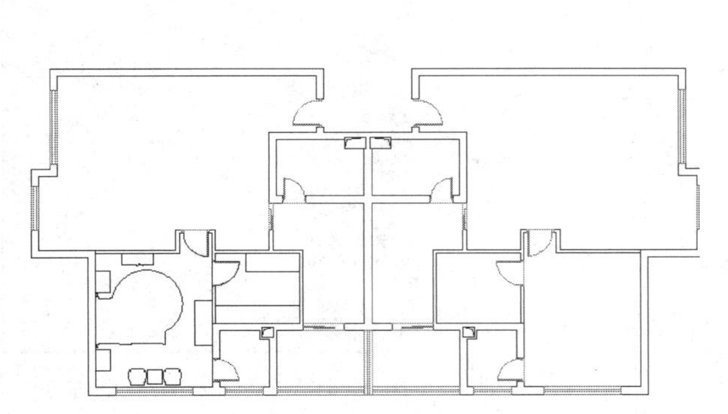

图 10-97　绘制结果

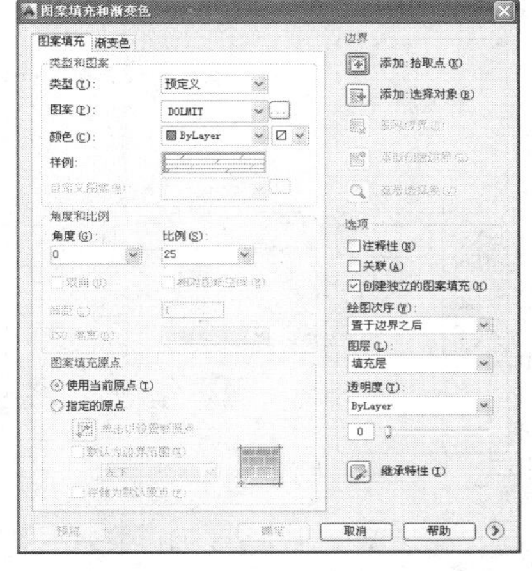

图 10-98　设置填充图案与参数

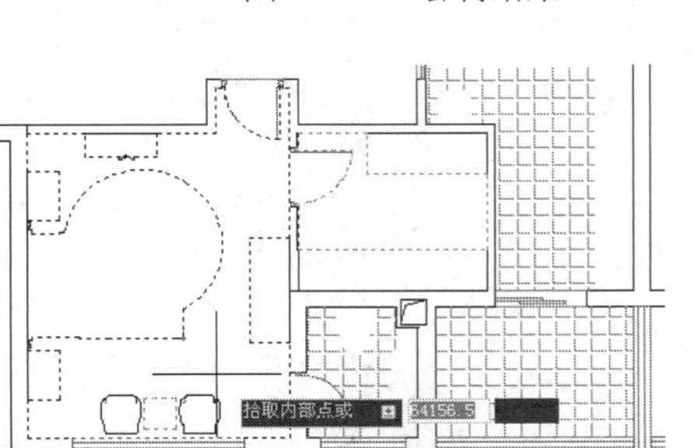

图 10-99　指定填充边界

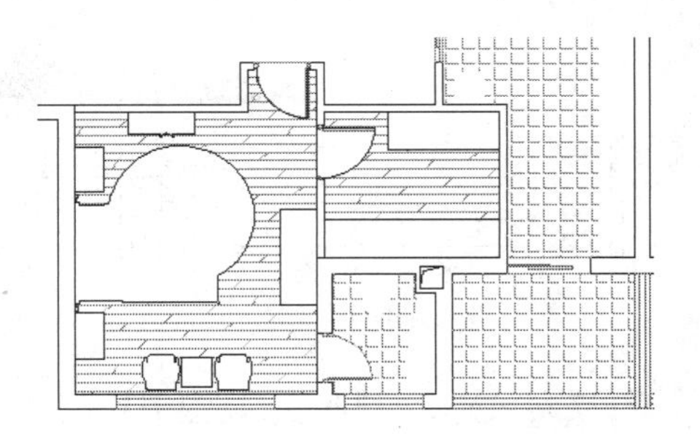

图 10-100　填充结果

Step 17 删除绘制的家具图例外边界，然后打开被冻结的“图块层”，设置“0 图层”为当前层。此时平面图的显示结果如图 10-101 所示。

Step 18 执行“多段线”命令，配合端点捕捉和最近点捕捉功能，在客厅房间内，沿着各家具图例的外边缘，绘制闭合的边界，然后冻结“图块层”。结果如图 10-102 所示。

Step 19 将“填充层”设为当前层，然后使用快捷键 H 执行“图案填充”命令，设置填充图案和填充参数，如图 10-103 所示，再使用“选择对象”功能指定填充边界，如图 10-104 所示，为客厅填充地砖图案。填充结果如图 10-105 所示。

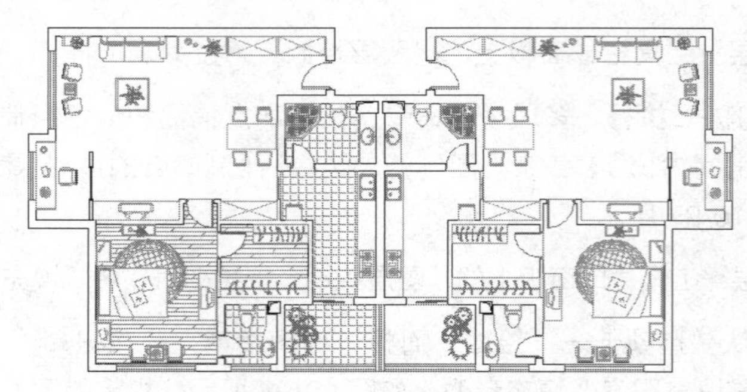

图 10-101　解冻图层后的效果

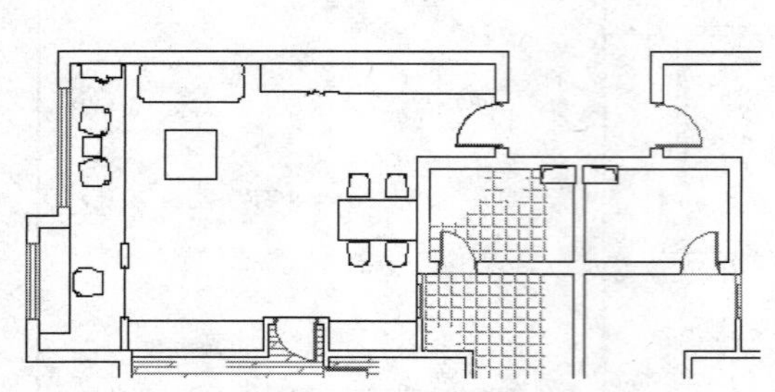

图 10-102　平面图的显示效果

图 10-103　冻结图层后的显示

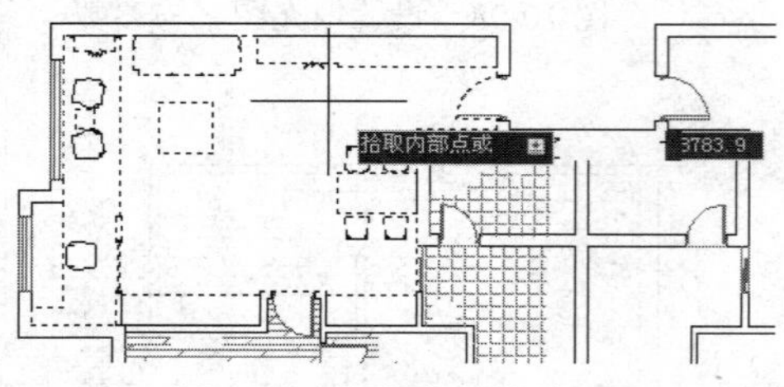

图 10-104　指定填充边界

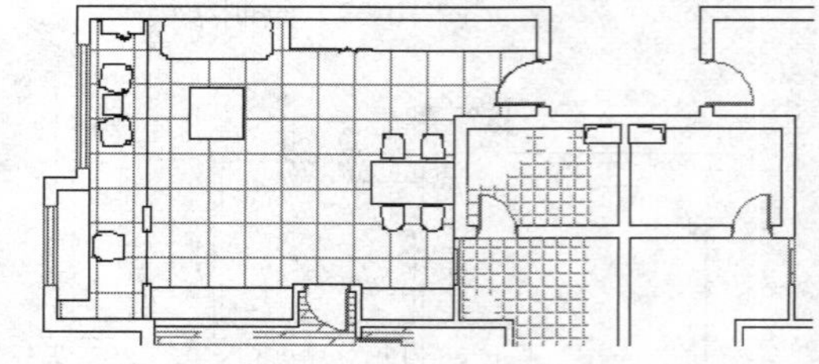

图 10-105　填充结果

Step 20 删除绘制的家具图例外边界，然后打开被冻结的“图块层”，并调整视图。平面图的显示效果如图 10-106 所示。

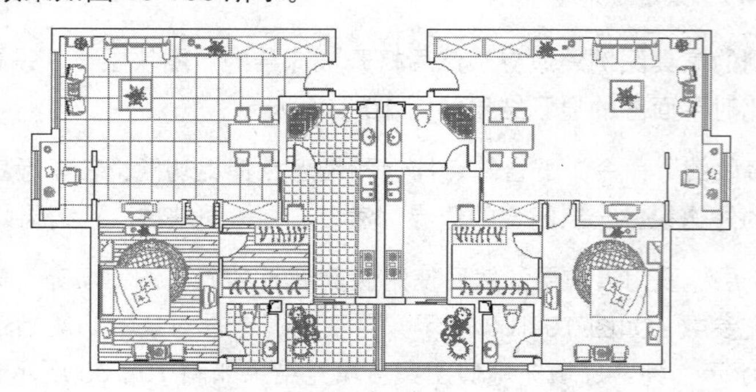

图 10-106　平面图的显示效果

Step 21 选择菜单栏中的“工具”→“快速选择”命令，选择“填充层”上的所有对象，如图 10-107 所示。

Step 22 执行“镜像”命令，配合中点捕捉功能对夹点显示的对象进行镜像。命令行操作如下：

```
    命令：_mirror 找到 13 个
指定镜像线的第一点：        //捕捉如图 10-108 所示的中点
指定镜像线的第二点：        //捕捉如图 10-109 所示的中点
要删除源对象吗？[是(Y)/否(N)] <N>: //Enter，镜像结果如图 10-88 所示
```

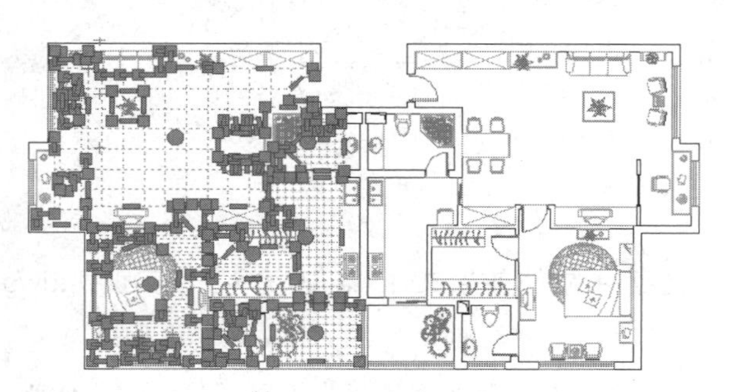

图 10-107　选择结果

图 10-108　捕捉中点

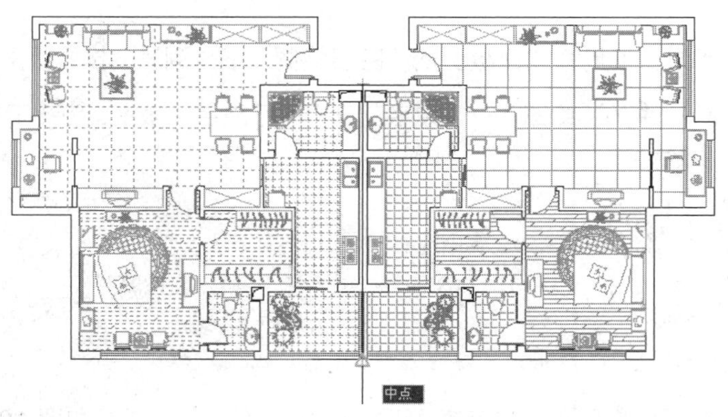

图 10-109　捕捉中点

Step 23 执行“另存为”命令，将图形另名存储为“上机实训四.dwg”。

10.6 上机实训五——标注居室户型图文字

本例在综合所学知识的前提下，主要学习居室户型装修图文字注释的具体绘制过程和技巧。居室户型装修图文字的最终标注效果如图 10-110 所示。

Note

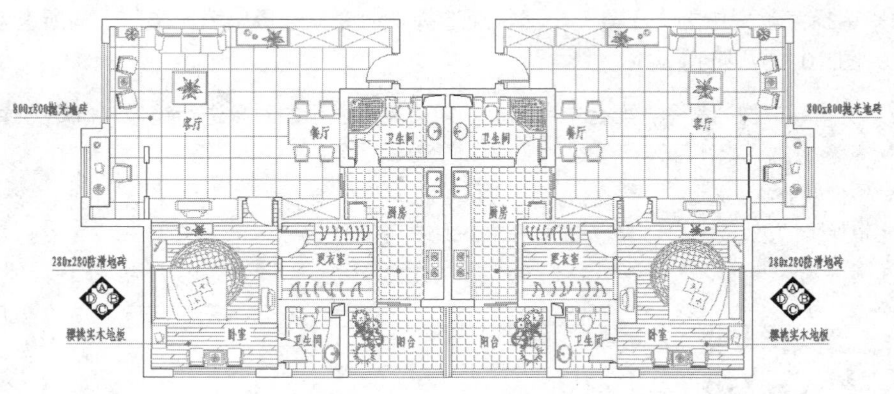

图 10-110　实例效果

操作步骤：

Step 01 继续上例操作，或直接打开随书光盘中的"\效果文件\第 10 章\上机实训四.dwg"文件。

Step 02 使用快捷键 ST 执行"文字样式"命令，在打开的对话框中设置"仿宋体"作为当前样式。

Step 03 展开"图层"工具栏或面板上的"图层控制"下拉列表，设置"文本层"为当前层。

Step 04 选择菜单栏中的"绘图"→"文字"→"单行文字"命令，为平面图标注房间功能。命令行操作如下：

```
    命令: _dtext
当前文字样式: "仿宋体"  文字高度: 2.5  注释性: 否
指定文字的起点或 [对正(J)/样式(S)]:        //在客厅位置拾取一点
指定高度 <2.5>:                          //360Enter
指定文字的旋转角度 <0.00>:                //Enter
```

Step 05 此时在绘图区出现单行文字输入框，输入"客厅"字样，如图 10-111 所示。

Step 06 分别将光标移至其他房间内，输入各房间功能注解，并两次按 Enter 键结束命令。结果如图 10-112 所示。

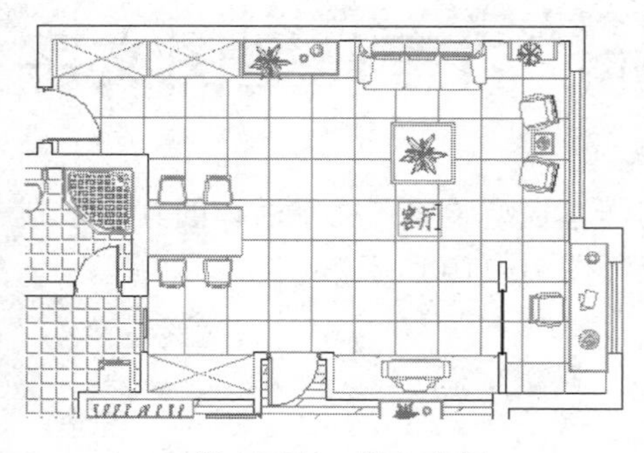

图 10-111　输入文字

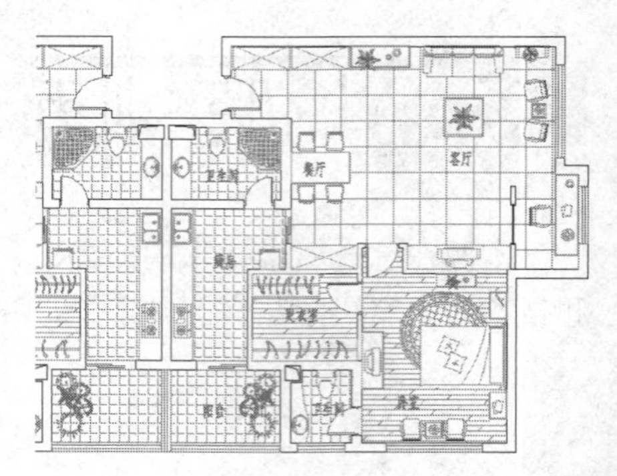

图 10-112　输入其他文字

Note

Step 07 使用快捷键 D 执行“标注样式”命令，在打开的对话框中单击 替代(O)... 按钮，替代当前标注样式，如图 10-113 和图 10-114 所示。

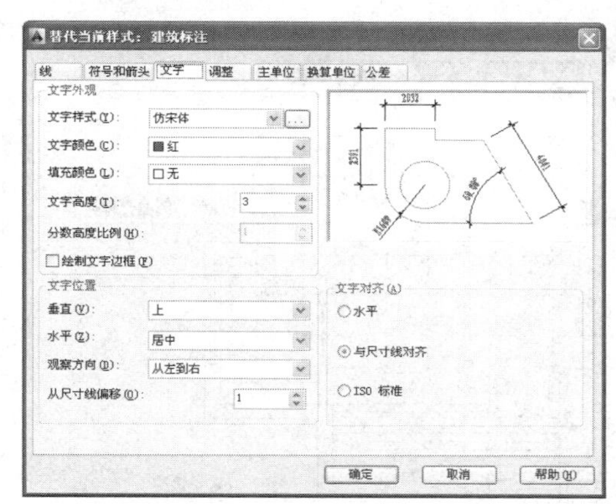

图 10-113　“文字”选项卡

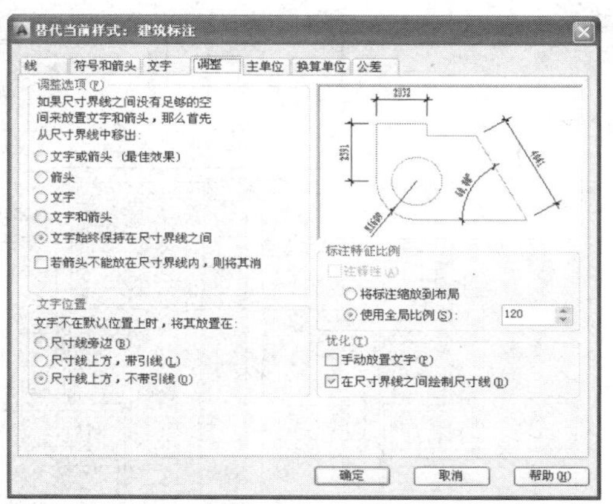

图 10-114　“调整”选项卡

Step 08 返回“标注样式管理器”对话框，当前样式被替代后的效果如图 10-115 所示。

Step 09 使用快捷键 LE 执行“快速引线”命令，设置引线参数如图 10-116 和图 10-117 所示。

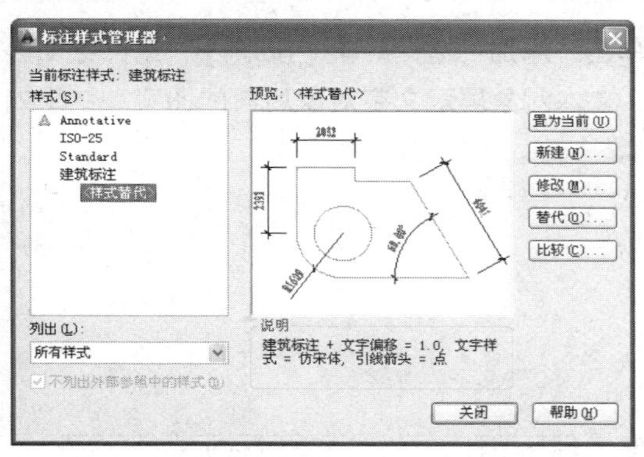

图 10-115　替代效果

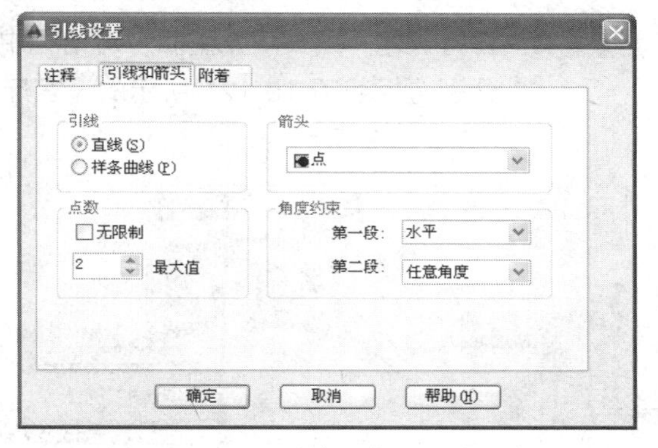

图 10-116　“引线和箭头”选项卡

Step 10 单击 确定 按钮，然后根据命令行的提示，标注如图 10-118 所示的引线注释。

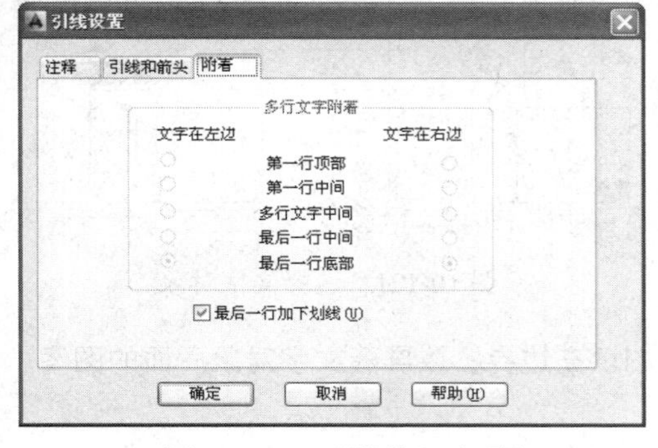

图 10-117　“附着”选项卡

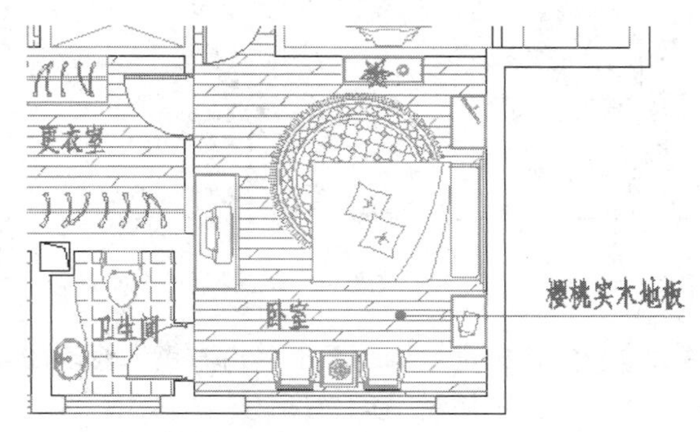

图 10-118　标注结果

Step 11 重复执行“快速引线”命令，标注平面图其他位置的引线注释。结果如图 10-119 所示。

Note

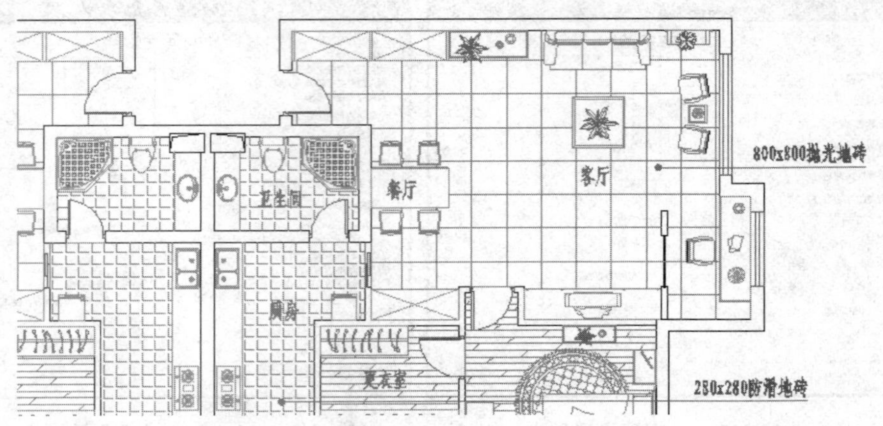

图 10-119　标注其他引线注释

Step 12 在客厅地砖图案上单击右键，选择右键菜单中的“图案填充编辑”命令，如图 10-120 所示。

Step 13 在打开的“图案填充编辑”对话框中单击“添加：选择对象”按钮，返回绘图区分别选择如图 10-121 所示的“客厅”文本对象屏蔽文字对象后面的图案。结果如图 10-122 所示。

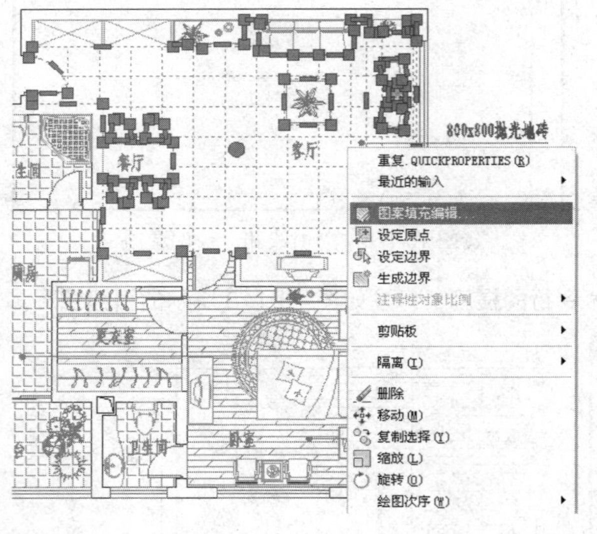

图 10-120　图案填充右键菜单

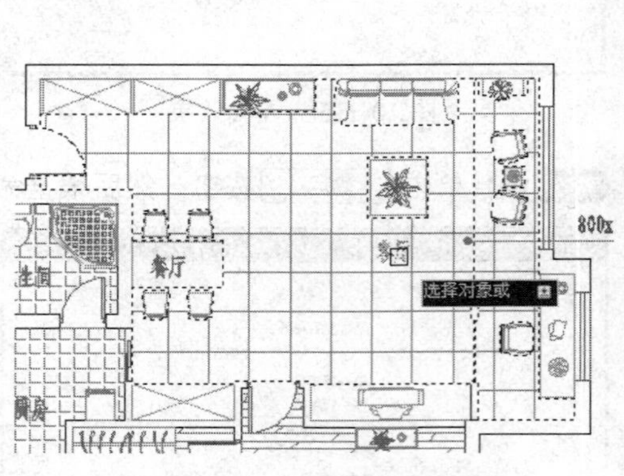

图 10-121　选择文字对象

Step 14 在卧室地板图案上单击右键，修改图案的填充边界，以屏蔽文字对象后面的图案。结果如图 10-123 所示。

Step 15 参照上述操作，分别修改其他房间内的填充图案，以屏蔽文字对象后面的图案。结果如图 10-124 所示。

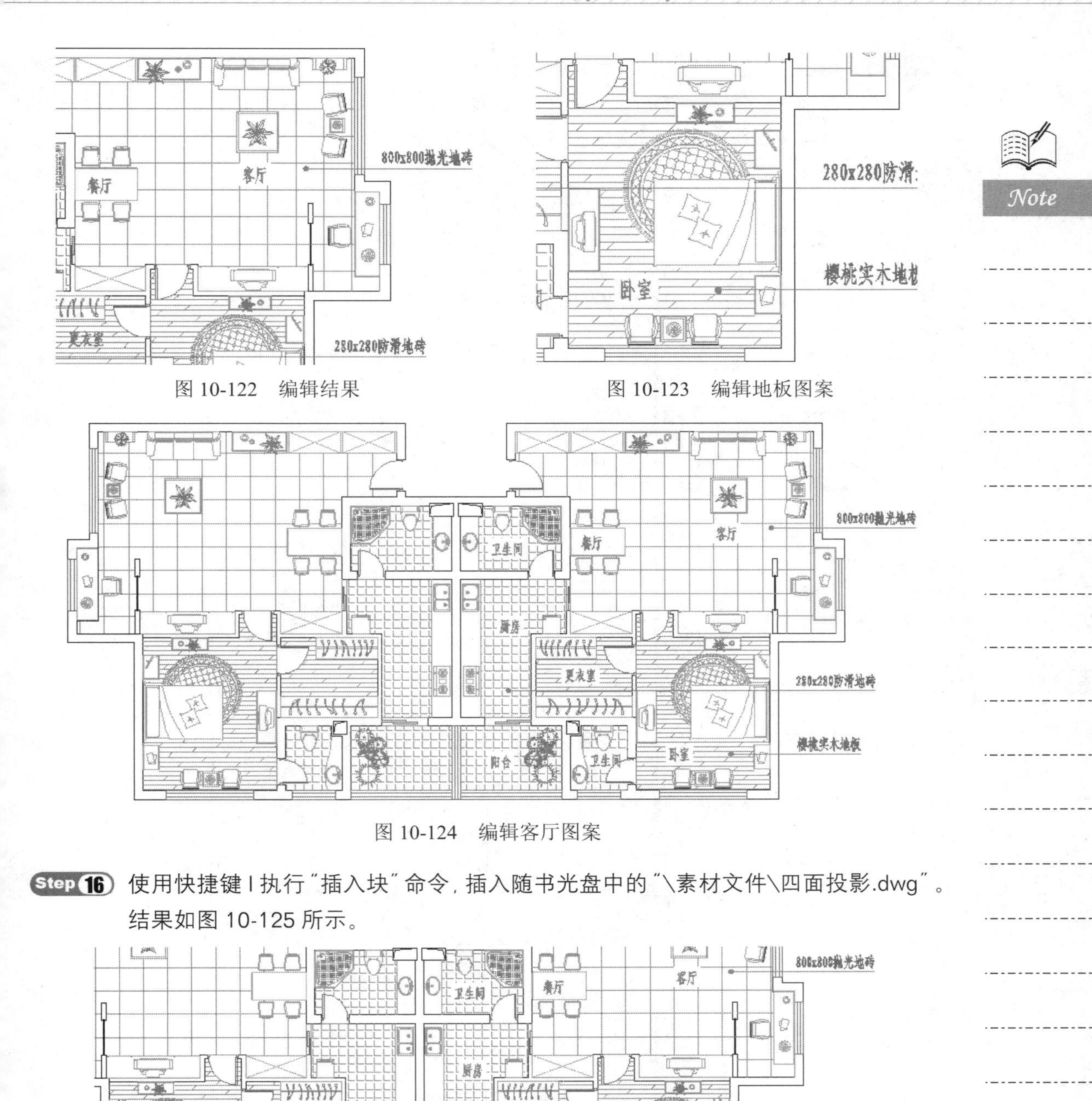

图 10-122　编辑结果

图 10-123　编辑地板图案

图 10-124　编辑客厅图案

Step 16 使用快捷键 I 执行"插入块"命令，插入随书光盘中的"\素材文件\四面投影.dwg"。结果如图 10-125 所示。

图 10-125　插入结果

Step 17 选择菜单栏中的"工具"→"快速选择"命令，选择"文本层"上的所有对象，如图 10-126 所示。

Note

Step 18 单击投影符号图块，将其添加到当前选择集中，然后单击“默认”选项卡→“修改”面板→“镜像”按钮，执行“镜像”命令，配合中点捕捉功能对夹点显示的文字与投影等对象进行镜像。命令行操作如下：

```
命令: _mirror
指定镜像线的第一点:        //捕捉如图 10-127 所示的中点
指定镜像线的第二点:        //捕捉如图 10-128 所示的中点
要删除源对象吗? [是(Y)/否(N)] <N>:
//Enter，结束命令，镜像结果如图 10-129 所示
```

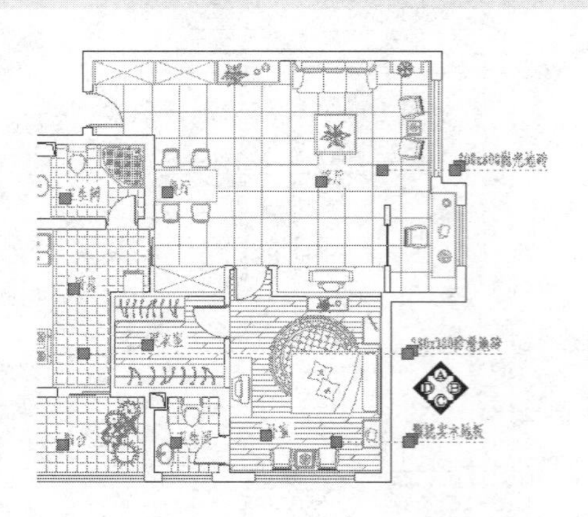

图 10-126　选择结果

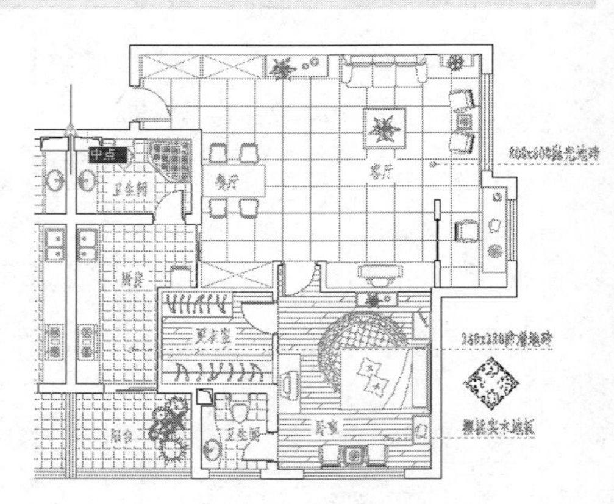

图 10-127　捕捉中点

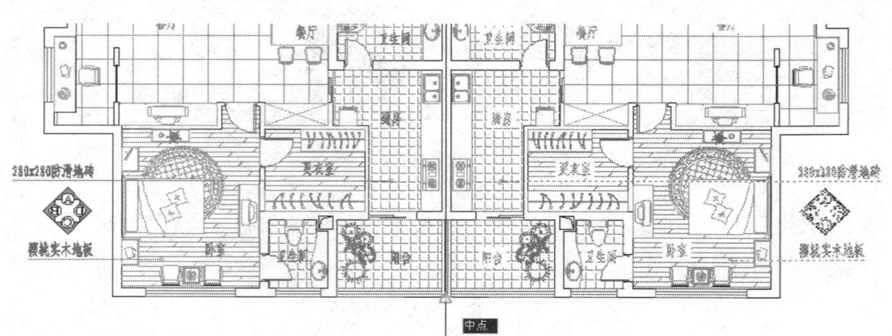

图 10-128　捕捉中点

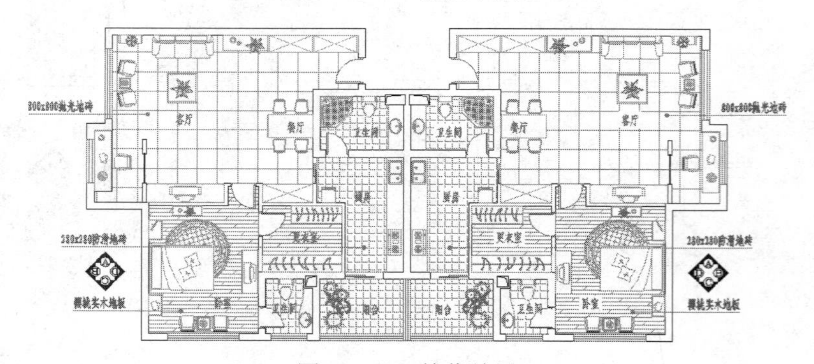

图 10-129　镜像结果

Note

Step 19 单击“默认”选项卡→“修改”面板→“镜像”按钮，重复执行“镜像”命令，对镜像出的投影符号块再次进行镜像，并删除源对象。结果如图 10-130 所示。

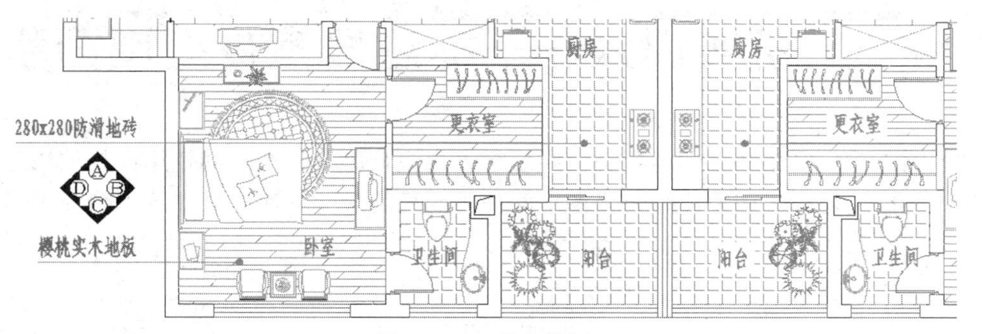

图 10-130　镜像结果

Step 20 在更衣室房间地板图案上单击右键，从弹出的夹点图案右键菜单上选择如图 10-131 所示的“图案填充编辑”命令，编辑该房间内的填充图案。编辑结果如图 10-132 所示。

小技巧：

在创建左侧的四面投影符号时，也可以使用“复制”命令，将右侧的四面投影符号直接复制到指定位置上。

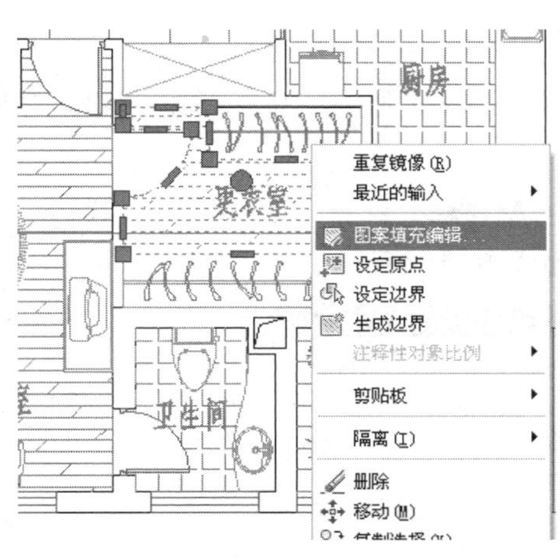

图 10-131　图案右键菜单

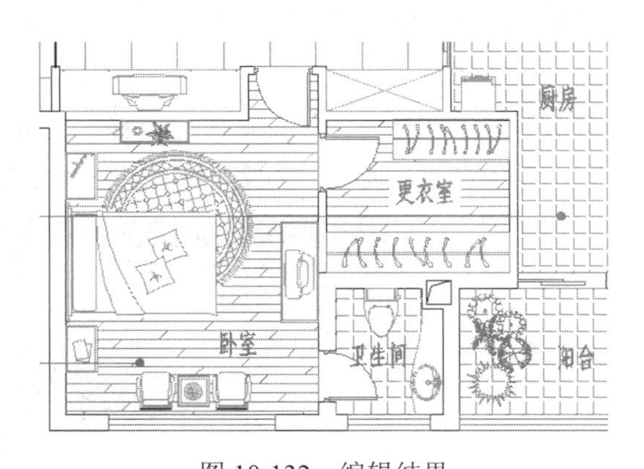

图 10-132　编辑结果

小技巧：

也可以使用“绘图”菜单栏中的“区域覆盖”命令，以文字的周围绘制与文字范围相应的区域，覆盖文字对象后面的填充图案。

Step 21 参照上一操作步骤，分别修改其他房间内的填充图案。最终效果如图 10-110 所示。

Step 22 执行“另存为”命令，将图形另名存储为“上机实训五.dwg”。

Note

10.7 上机实训六——标注居室户型图面积

本例在综合所学知识的前提下，主要学习居室户型装修图房间使用面积的快速查询和具体的标注过程。居室户型装修图房间使用面积的最终标注效果如图 10-133 所示。

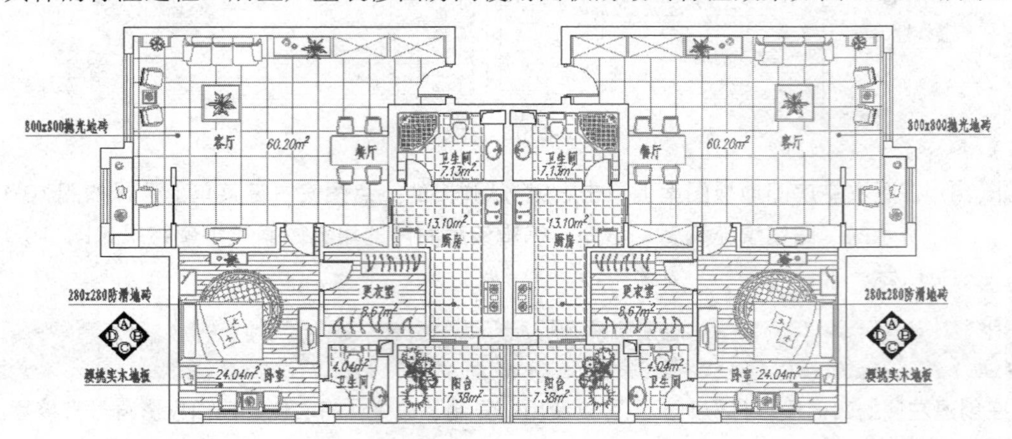

图 10-133 实例效果

操作步骤：

Step 01 继续上例操作，或直接打开随书光盘中的“\效果文件\第 10 章\上机实训五.dwg”文件。

Step 02 单击“样式”工具栏或“注释”面板上的 A 按钮，打开“文字样式”对话框，创建名为“面积”的文字样式。参数设置如图 10-134 所示。

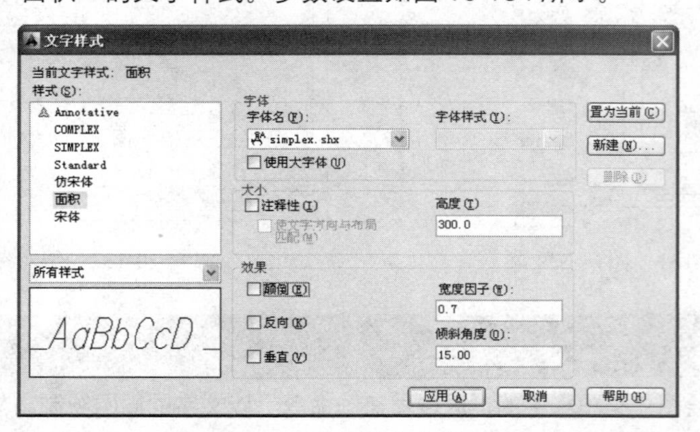

图 10-134 设置文字样式

Step 03 使用快捷键 LA 执行“图层”命令，创建名为“面积”的新图层，并将其设为当前层，如图 10-135 所示。

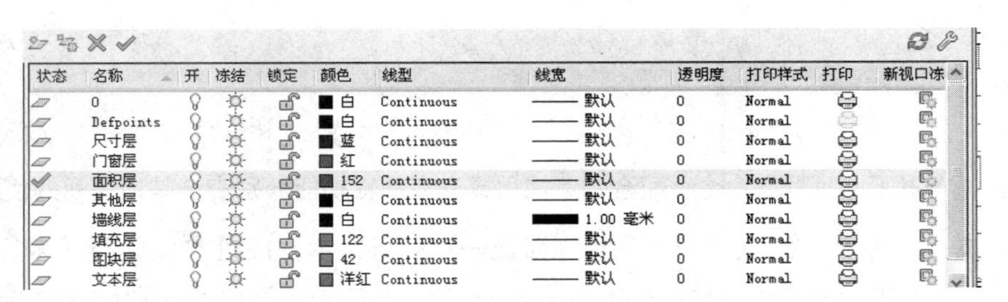

状态	名称	开	冻结	锁定	颜色	线型	线宽	透明度	打印样式	打印	新视口冻
	0				白	Continuous	默认	0	Normal		
	Defpoints				白	Continuous	默认	0	Normal		
	尺寸层				蓝	Continuous	默认	0	Normal		
	门窗层				红	Continuous	默认	0	Normal		
	面积层				152	Continuous	默认	0	Normal		
	其他层				白	Continuous	默认	0	Normal		
	墙线层				白	Continuous	1.00 毫米	0	Normal		
	填充层				122	Continuous	默认	0	Normal		
	图块层				42	Continuous	默认	0	Normal		
	文本层				洋红	Continuous	默认	0	Normal		

图 10-135　设置新图层

Step 04 选择菜单栏中的“工具”→“查询”→“面积”命令，查询卧室房间的使用面积。命令行操作如下：

```
    命令：_MEASUREGEOM
输入选项 [距离(D)/半径(R)/角度(A)/面积(AR)/体积(V)] <距离>: _area
指定第一个角点或 [对象(O)/增加面积(A)/减少面积(S)/退出(X)] <对象(O)>:
                                            //捕捉如图 10-136 所示的端点
指定下一个点或 [圆弧(A)/长度(L)/放弃(U)]:      //捕捉如图 10-137 所示的端点
指定下一个点或 [圆弧(A)/长度(L)/放弃(U)]:      //捕捉如图 10-138 所示的端点
```

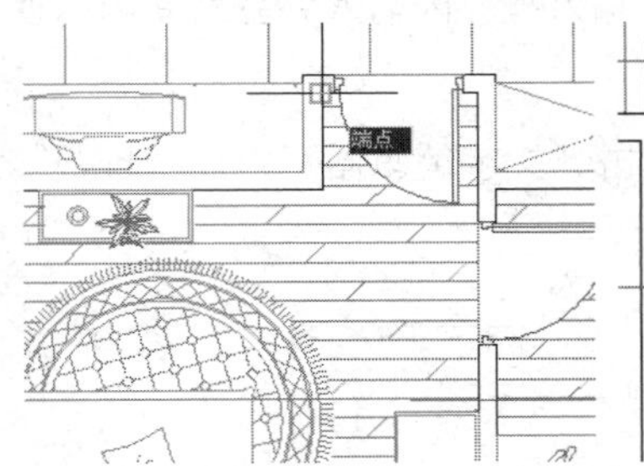

图 10-136　捕捉端点

图 10-137　捕捉端点

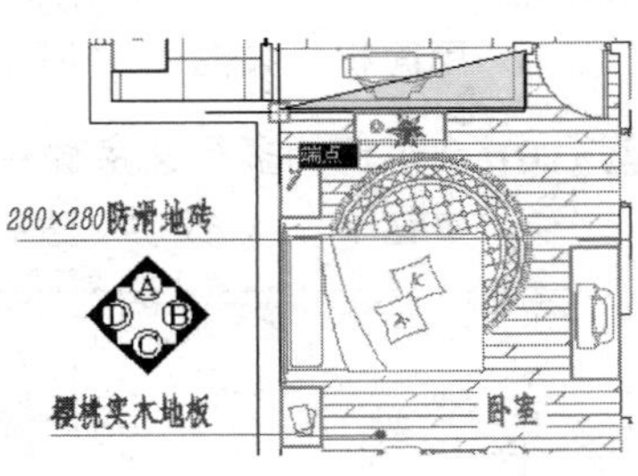

图 10-138　捕捉端点

```
指定下一个点或 [圆弧(A)/长度(L)/放弃(U)/总计(T)] <总计>:
//捕捉如图 10-139 所示的端点
指定下一个点或 [圆弧(A)/长度(L)/放弃(U)/总计(T)] <总计>:
//捕捉如图 10-140 所示的端点
指定下一个点或 [圆弧(A)/长度(L)/放弃(U)/总计(T)] <总计>:
//捕捉如图 10-141 所示的端点
```

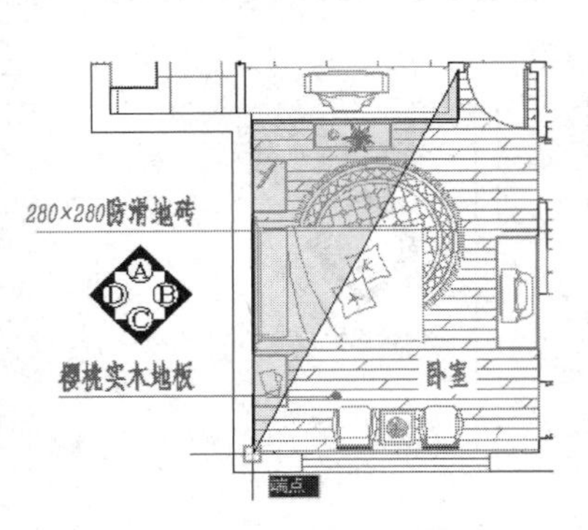

图 10-139　捕捉端点

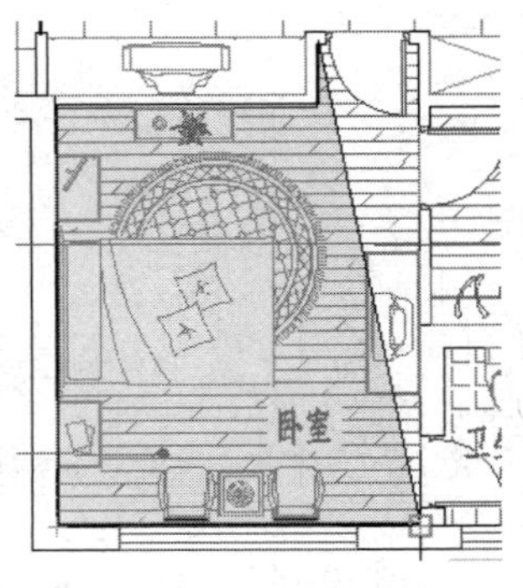

图 10-140　捕捉端点

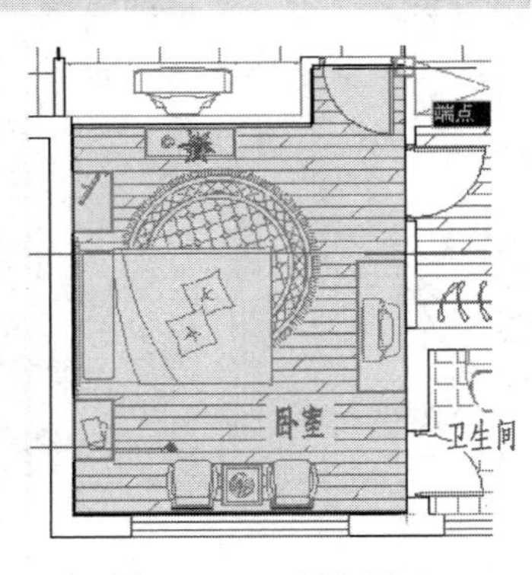

图 10-141　捕捉端点

```
指定下一个点或 [圆弧(A)/长度(L)/放弃(U)/总计(T)] <总计>:                //Enter
区域 = 24037058.8，周长 = 20873.0
输入选项 [距离(D)/半径(R)/角度(A)/面积(AR)/体积(V)/退出(X)] <面积>: //X Enter
```

Note

Step 05 重复执行“面积”命令，配合端点捕捉或交点捕捉功能分别查询其他房间的使用面积。

Step 06 单击“默认”选项卡→“注释”面板→“多行文字”按钮A，执行“多行文字”命令，根据命令行的提示拉出如图 10-142 所示的矩形选择框，打开“文字编辑器”。

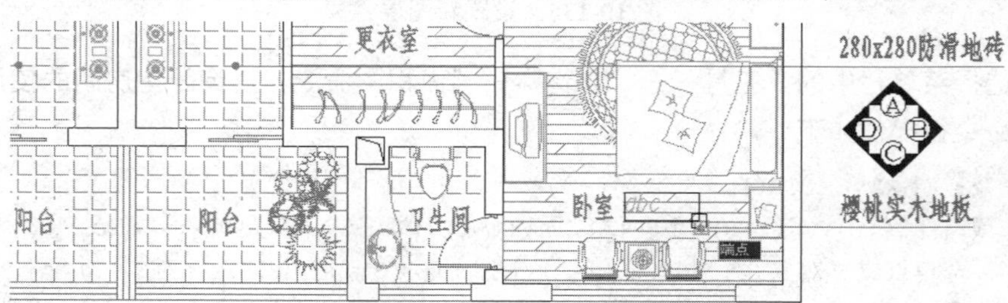

图 10-142　拉出矩形框

Step 07 将“面积”设为当前文字样式，然后在“多行文字输入框”内输入卧室房间内的使用面积，如图 10-143 所示。

Step 08 在下侧的多行文字输入框内选择“2^”，然后单击“文字编辑器”中的“堆叠”按钮，对数字 2 进行堆叠。结果如图 10-144 所示。

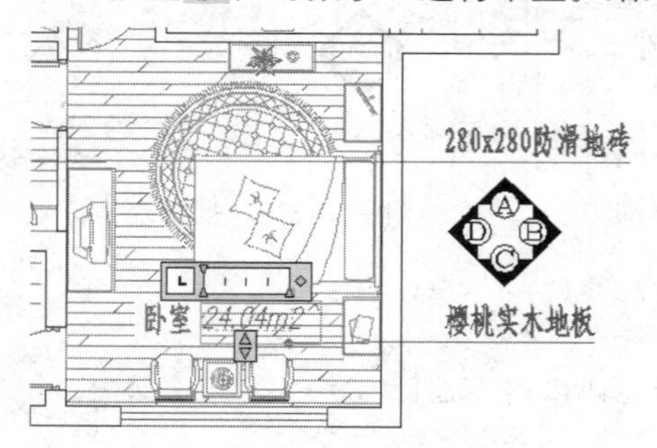

图 10-143　输入使用面积

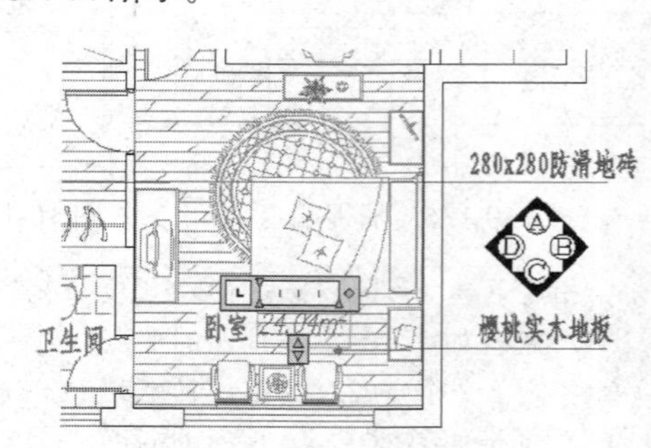

图 10-144　堆叠结果

Step 09 单击“文字编辑器”选项卡→“关闭文字编辑器”按钮，结束“多行文字”命令。标注结果如图 10-145 所示。

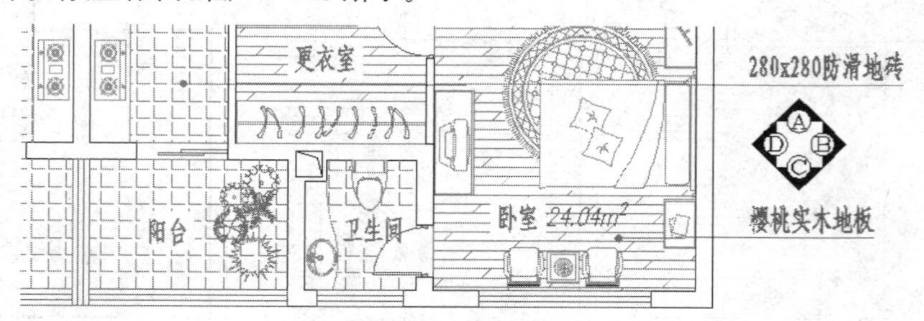

图 10-145　标注结果

Step 10 暂时关闭“对象捕捉”功能，然后单击“默认”选项卡→“修改”面板→“复制”按钮，执行“复制”命令，将标注的面积分别复制到其他房间内。结果如图 10-146 所示。

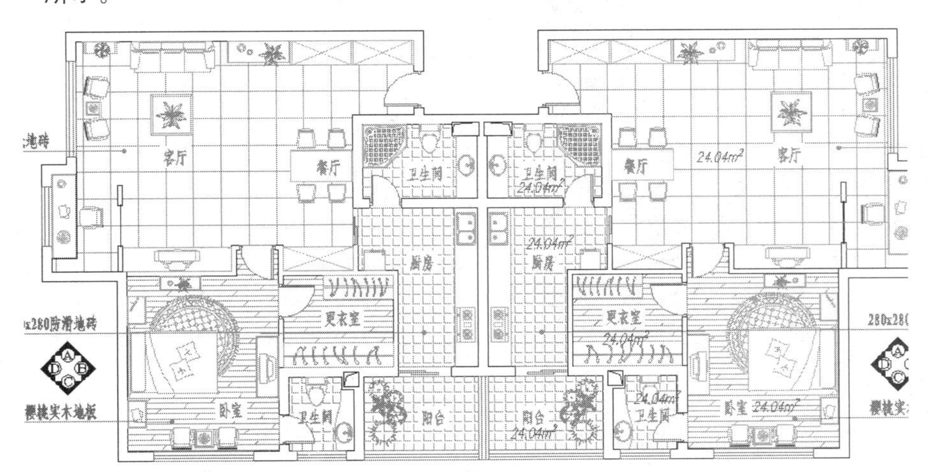

图 10-146 复制结果

Step 11 选择菜单栏中的“修改”→“对象”→“文字”→“编辑”命令，或在需要编辑的文字对象上双击左键，打开“文字编辑器”。

Step 12 在多行文字输入框内反白需要编辑的面积对象，然后输入正确的文字内容，如图 10-147 所示。

Step 13 单击“文字编辑器”选项卡→“关闭文字编辑器”按钮，结束“多行文字”命令。标注结果如图 10-148 所示。

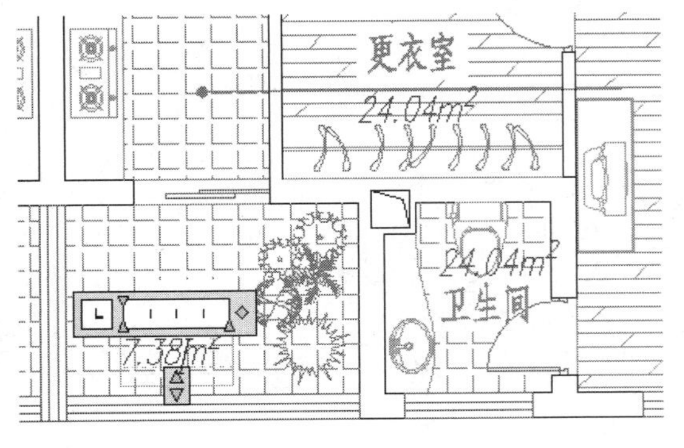

图 10-147 输入面积

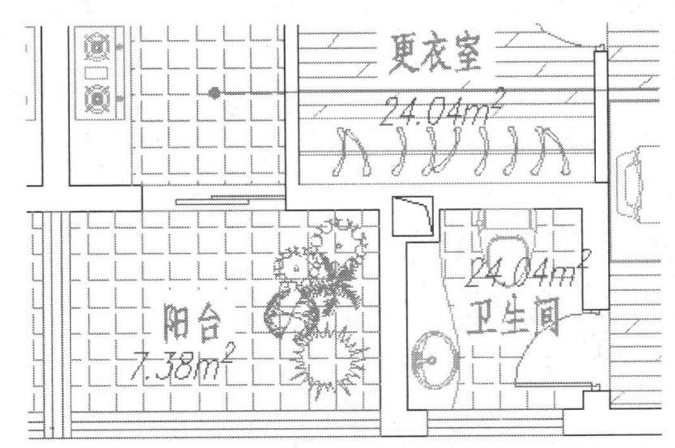

图 10-148 修改结果

Step 14 参照 11～13 操作步骤，分别修改其他位置的房间使用面积。结果如图 10-149 所示。

小技巧：

在修改房间使用面积时，只需反白显示前面的面积数值，快速输入正确的面积，而后面的平方不需要反白显示。

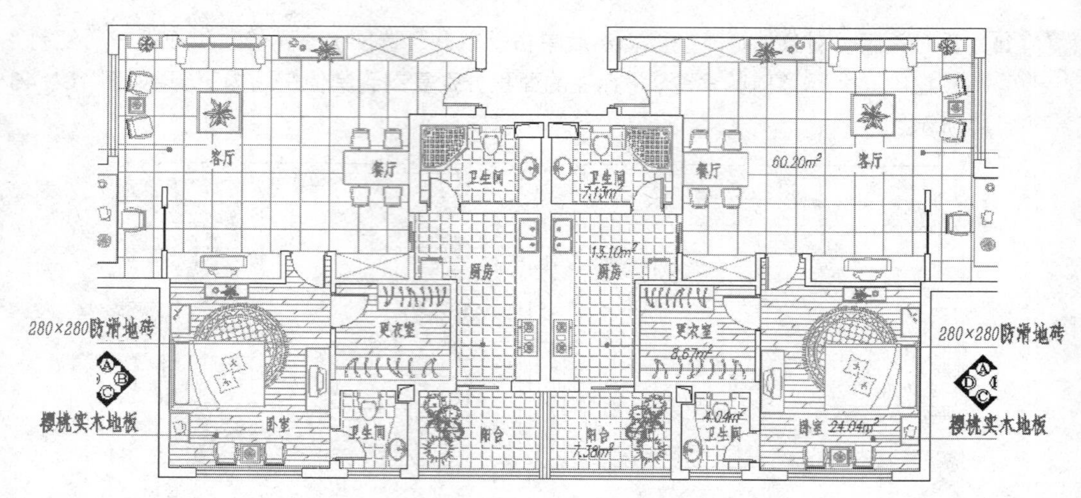

图 10-149　修改其他面积

Step 15 选择菜单栏中的"工具"→"快速选择"命令，在打开的"快速选择"对话框中以"图层"作为过滤条件，选择"面积层"上的所有对象，如图 10-150 所示。

Step 16 使用快捷键 MI 执行"镜像"命令，配合中点捕捉功能对夹点显示的面积对象进行镜像。命令行操作如下：

```
命令：MI
MIRROR
指定镜像线的第一点：          //捕捉如图 10-151 所示的中点
指定镜像线的第二点：          //@0,1Enter
要删除源对象吗？[是(Y)/否(N)] <N>:
  //Enter，结束命令，镜像结果如图 10-152 所示
```

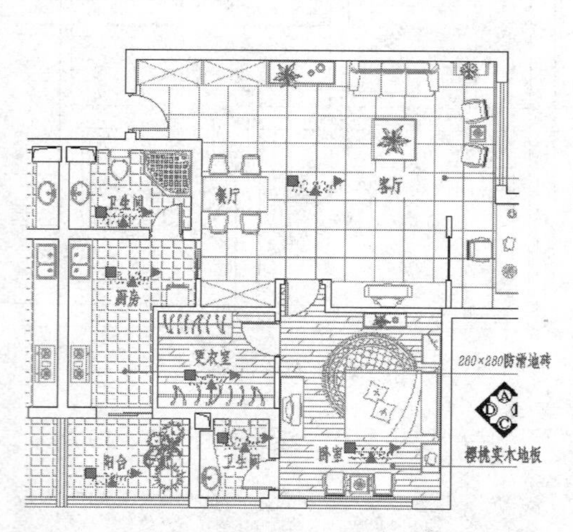

图 10-150　选择结果

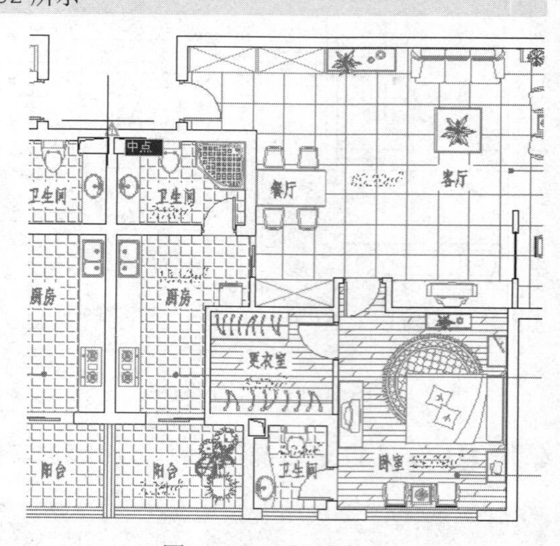

图 10-151　捕捉中点

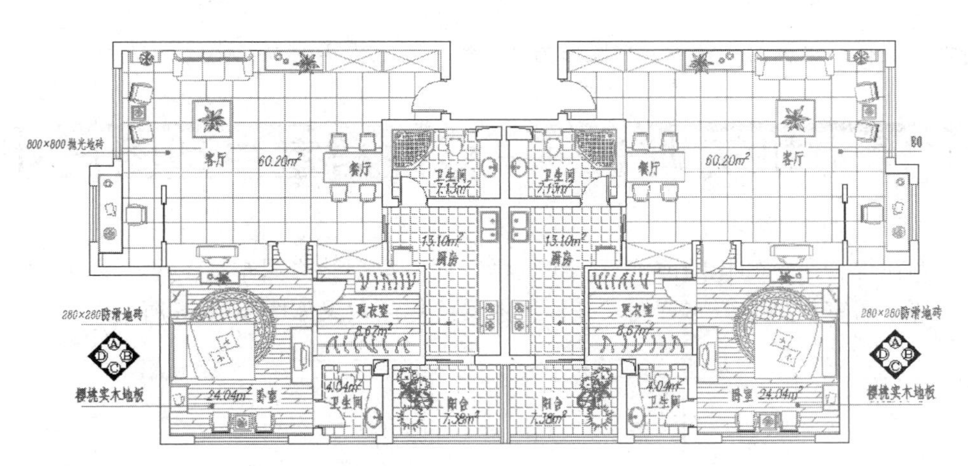

图 10-152　镜像结果

Step 17 在无命令执行的前提下夹点显示卧室房间内的地板填充图案，然后在此图案上单击右键，选择右键菜单中的“图案填充编辑”命令，如图 10-153 所示。

Step 18 此时系统打开“图案填充编辑”对话框，在此对话框中单击“添加：选择对象”按钮，返回绘图区根据命令行的操作提示，选择如图 10-154 所示的房间面积对象，屏蔽面积对象后面的地板填充图案。操作后的结果如图 10-155 所示。

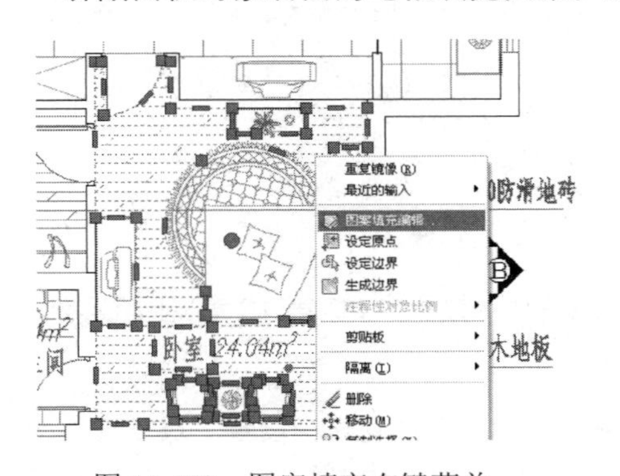

图 10-153　图案填充右键菜单

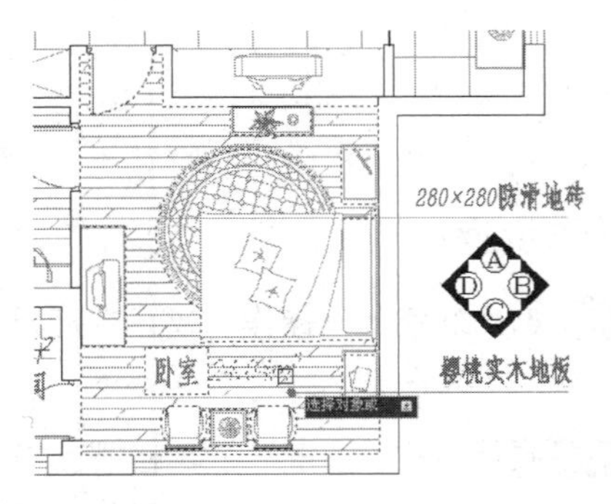

图 10-154　选择面积

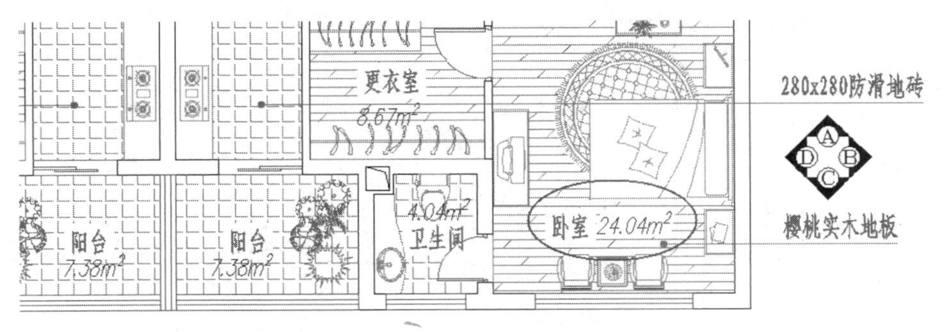

图 10-155　编辑结果

Step 19 参照上一步操作，分别修改其他房间内的填充图案，以屏蔽面积对象后面的图案。最终结果如图 10-133 所示。

Step 20 执行“另存为”命令，将图形另名存储为“上机实训六.dwg”。

Note

10.8 上机实训七——标注居室户型图尺寸

本例在综合所学知识的前提下，主要学习居室户型装修图布置图尺寸的具体绘制过程和技巧。居室户型装修布置图尺寸面积的最终标注效果如图 10-156 所示。

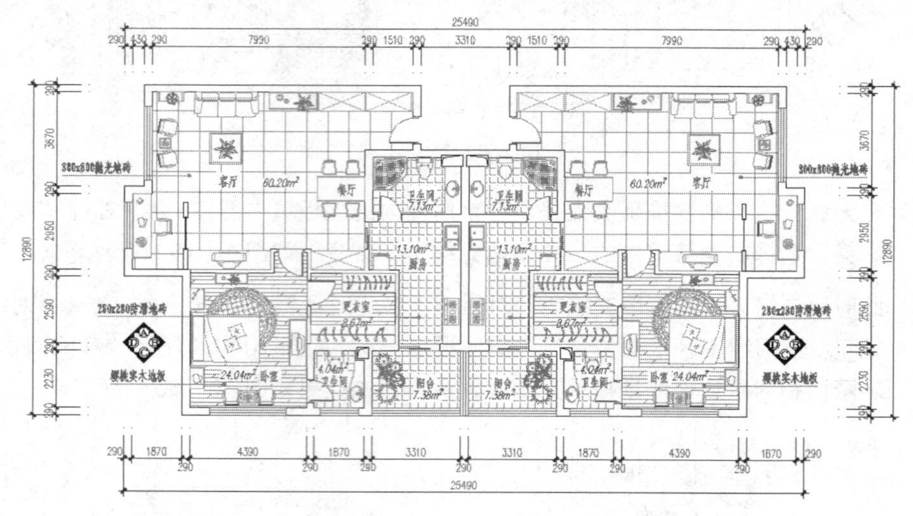

图 10-156 实例效果

操作步骤：

Step 01 继续上例操作，或直接打开随书光盘中的“\效果文件\第 10 章\上机实训六.dwg”文件。

Step 02 展开“图层”工具栏或面板上的“图层控制”下拉列表，设置“尺寸层”为当前图层，并关闭“文本层”、“填充层”、“图块层”和“其他层”，此时平面图的显示效果如图 10-157 所示。

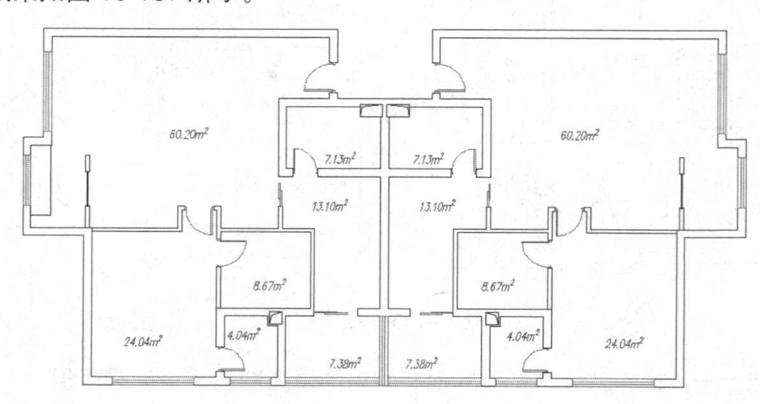

图 10-157 平面图的显示效果

Note

Step 03 选择菜单栏中的“标注”→“标注样式”命令，在打开的“标注样式管理器”对话框中将“建筑标注”设置为当前标注样式，同时修改标注比例，如图 10-158 所示。

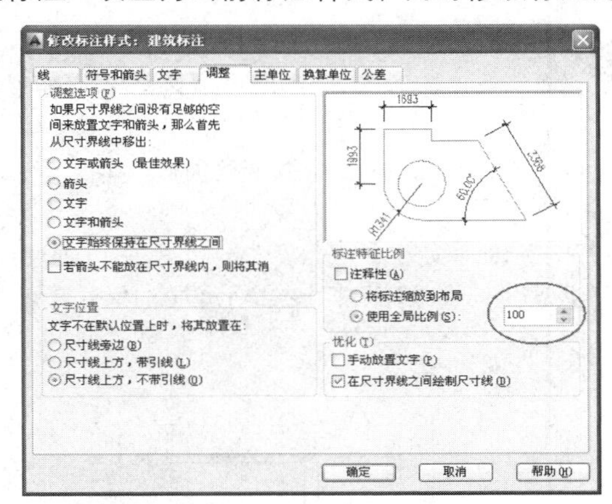

图 10-158　设置当前样式与比例

Step 04 使用快捷键 XL 执行“构造线”命令，在平面图的外侧绘制如图 10-159 所示的四条垂直构造线，作为尺寸定位辅助线。

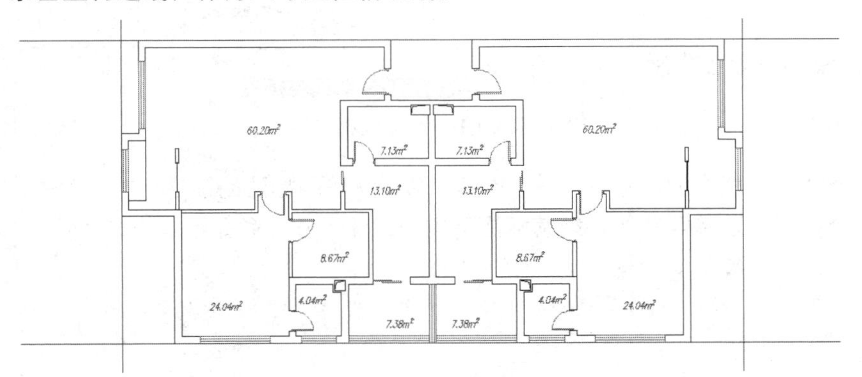

图 10-159　绘制构造线

Step 05 使用快捷键 O 执行“偏移”命令，将四条构造线分别向外侧偏移 500 个单位，并删除源构造线。结果如图 10-160 所示。

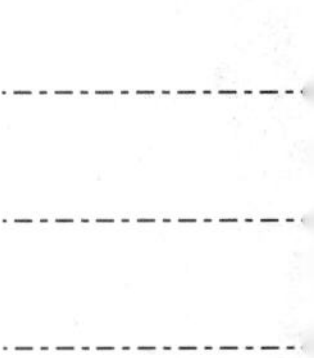

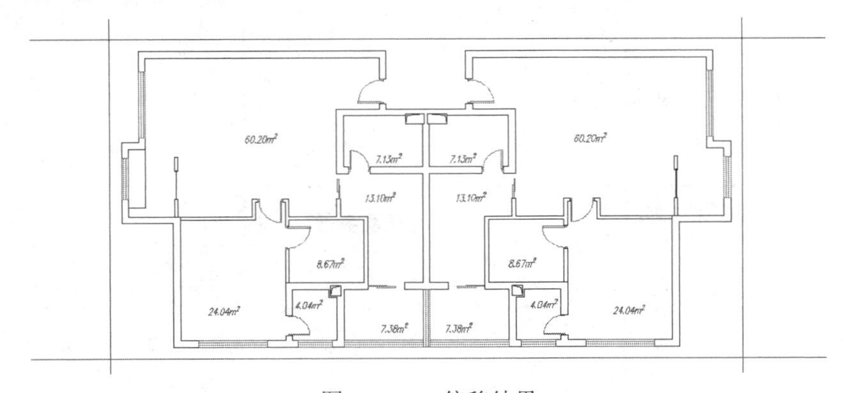

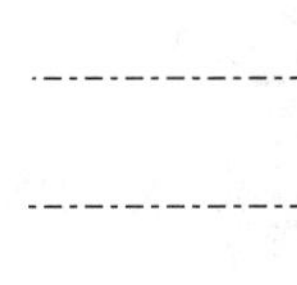

图 10-160　偏移结果

Note

Step 06 选择菜单栏中的“标注”→“线性”命令，配合捕捉与追踪功能，标注平面图下侧的尺寸。命令行操作如下：

命令：_dimlinear

指定第一个尺寸界线原点或 <选择对象>：//引出图 10-161 所示的矢量，然后捕捉虚线与构造线的交点作为第一界线点

指定第二条尺寸界线原点：//引出图 10-162 所示的矢量，捕捉虚线与构造线交点作为第二界线点

指定尺寸线位置或[多行文字(M)/文字(T)/角度(A)/水平(H)/垂直(V)/旋转(R)]：

//1200 Enter，在距离辅助线垂直向下 1200 个单位的位置定位尺寸线，结果如图 10-163 所示

标注文字 = 290

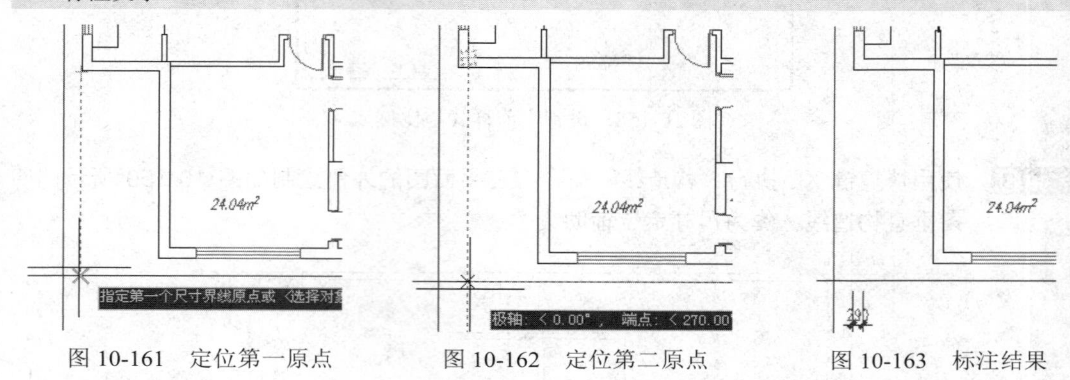

图 10-161　定位第一原点　　图 10-162　定位第二原点　　图 10-163　标注结果

Step 07 选择菜单栏中的“标注”→“连续”命令，以刚标注的线性尺寸作为基准尺寸，配合捕捉与追踪等功能，继续标注下侧的细部尺寸。命令行操作如下：

命令：_dimcontinue

指定第二条尺寸界线原点或 [放弃(U)/选择(S)] <选择>：//捕捉如图 10-164 所示的交点

标注文字 =1870

指定第二条尺寸界线原点或 [放弃(U)/选择(S)] <选择>：//捕捉如图 10-165 所示的交点

标注文字 = 290

指定第二条尺寸界线原点或 [放弃(U)/选择(S)] <选择>：//捕捉如图 10-166 所示的交点

标注文字 = 4390

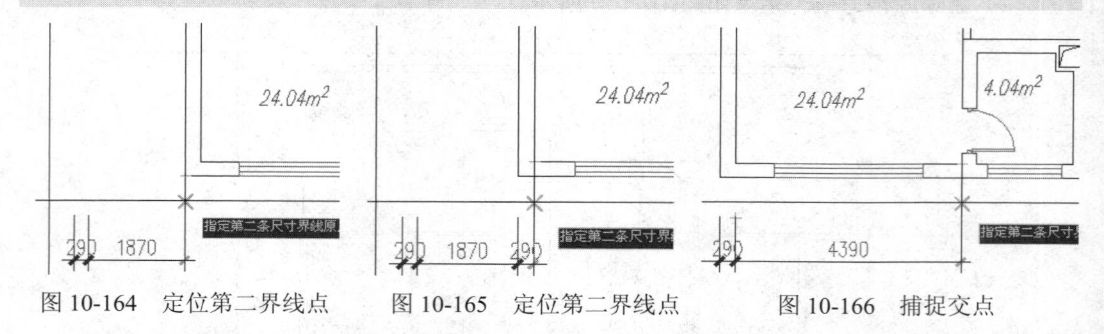

图 10-164　定位第二界线点　　图 10-165　定位第二界线点　　图 10-166　捕捉交点

指定第二条尺寸界线原点或 [放弃(U)/选择(S)] <选择>：//捕捉如图 10-167 所示的交点

标注文字 = 290

```
指定第二条尺寸界线原点或 [放弃(U)/选择(S)] <选择>: //捕捉如图 10-168 所示的交点
标注文字 = 1870
指定第二条尺寸界线原点或 [放弃(U)/选择(S)] <选择>: //捕捉如图 10-169 所示的交点
标注文字 = 290
```

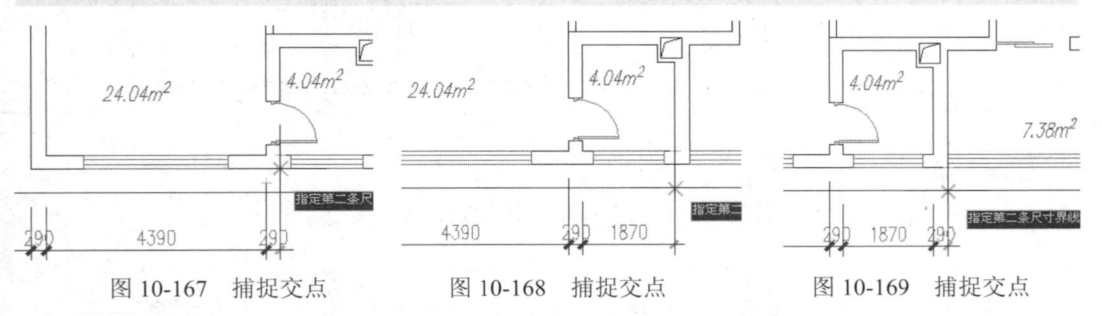

图 10-167　捕捉交点　　图 10-168　捕捉交点　　图 10-169　捕捉交点

```
指定第二条尺寸界线原点或 [放弃(U)/选择(S)] <选择>: //捕捉如图 10-170 所示的交点
标注文字 = 3310
指定第二条尺寸界线原点或 [放弃(U)/选择(S)] <选择>: //捕捉如图 10-171 所示的交点
标注文字 = 290
```

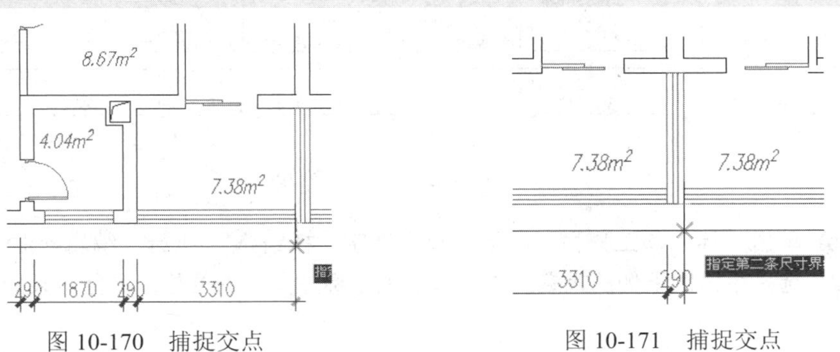

图 10-170　捕捉交点　　图 10-171　捕捉交点

```
指定第二条尺寸界线原点或 [放弃(U)/选择(S)] <选择>: //Enter，退出连续标注状态
选择连续标注:                    //Enter，标注结果如图 10-172 所示
```

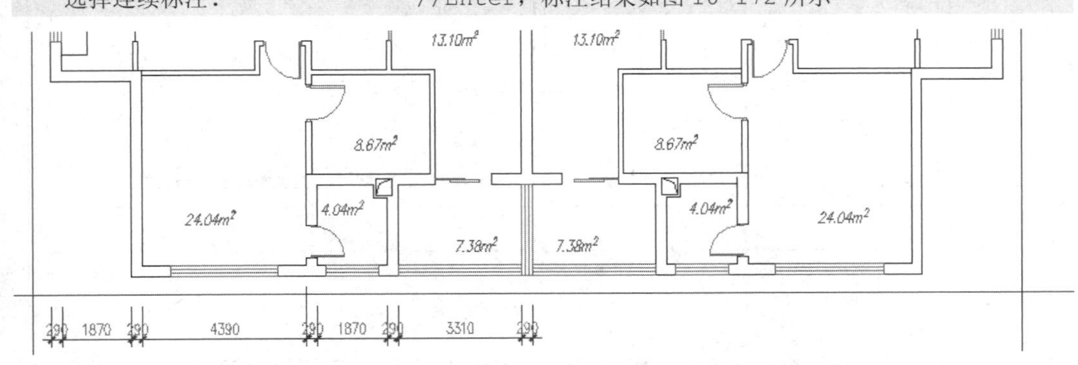

图 10-172　标注结果

Step 08 使用快捷键 MI 执行“镜像”命令，窗交选择如图 10-173 所示的细部尺寸进行镜像。镜像结果如图 10-174 所示。

Note

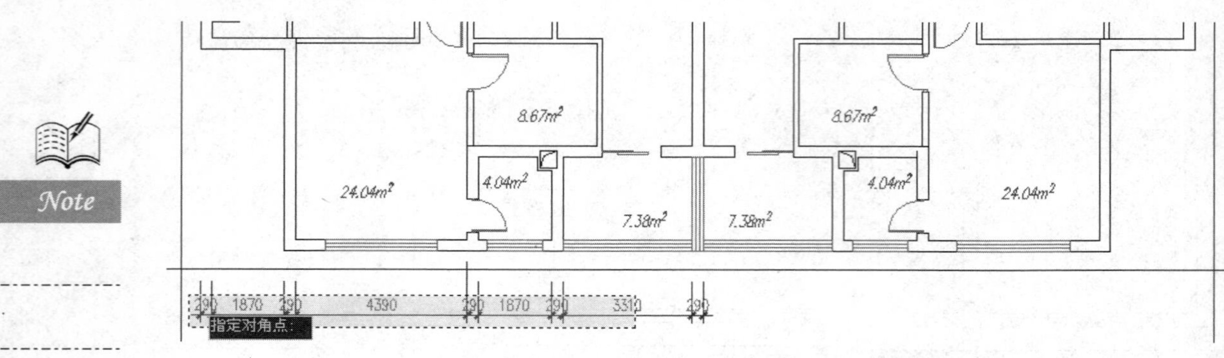

图 10-173　窗交选择

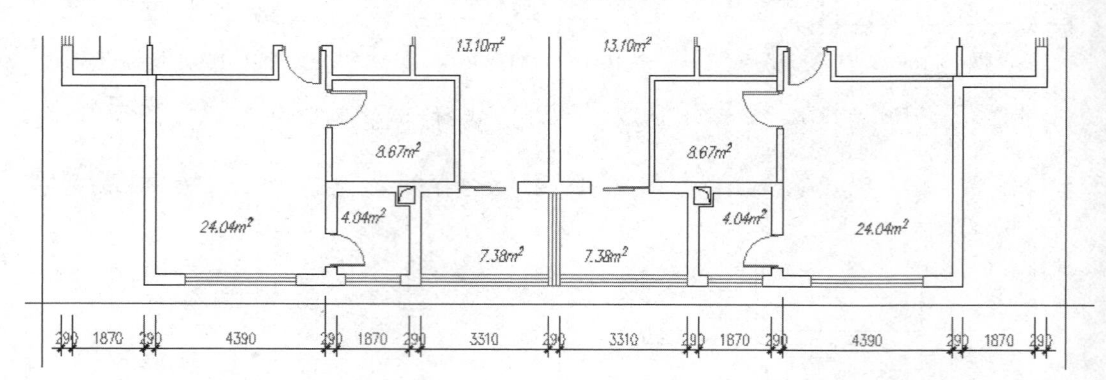

图 10-174　镜像结果

Step 09 单击“标注”工具栏→“编辑标注文字”按钮，执行“编辑标注文字”命令，选择平面图下侧的重叠尺寸，适当调整标注文字的位置。调整结果如图 10-175 所示。

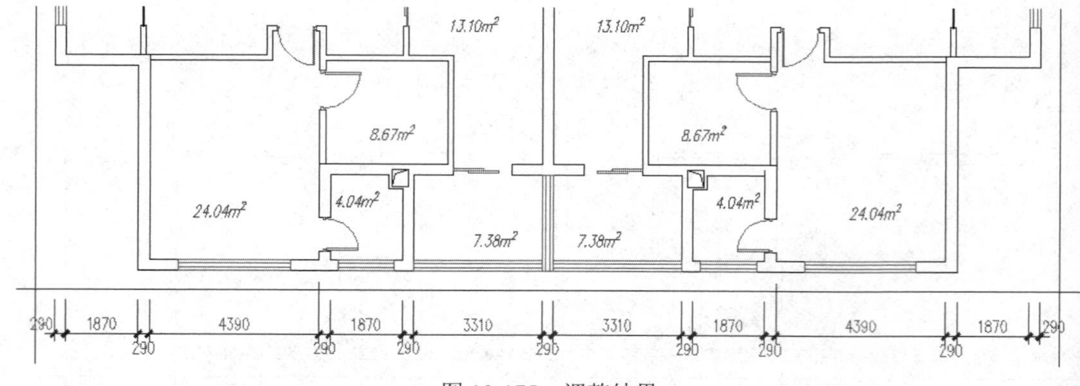

图 10-175　调整结果

Step 10 执行“线性”命令，配合捕捉或追踪功能标注平面图下侧的总尺寸。标注结果如图 10-176 所示。

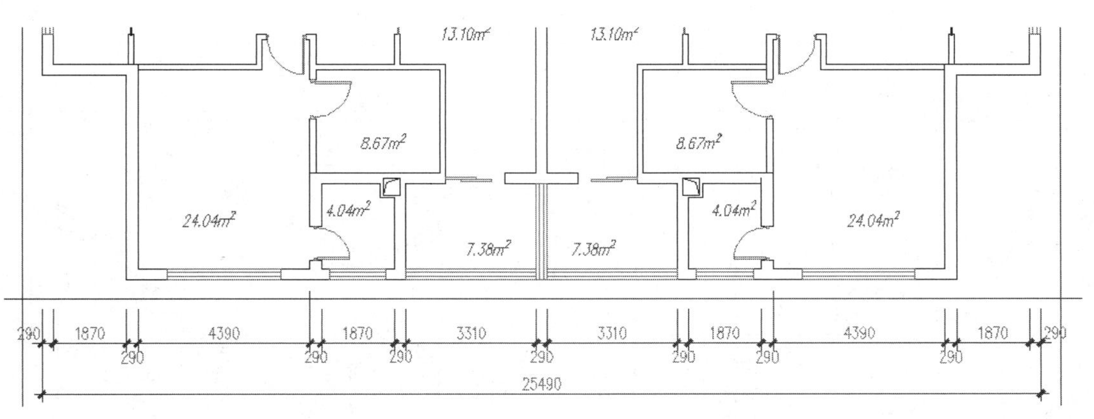

图 10-176 标注结果

Note

Step 11 参照上述操作，综合使用“线性”、“连续”、“编辑标注文字”与“镜像”命令，配合捕捉与追踪功能分别标注平面图其他侧的尺寸。结果如图 10-177 所示。

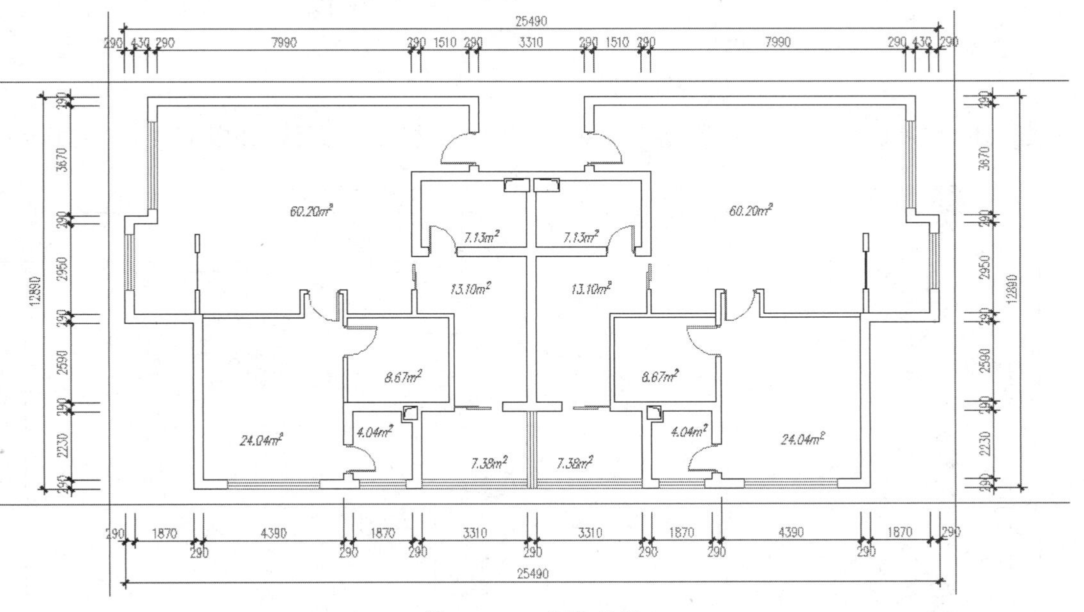

图 10-177 标注结果

Step 12 展开“图层控制”下拉列表，打开除“轴线层”外的所有图层，此时平面图的显示效果如图 10-178 所示。

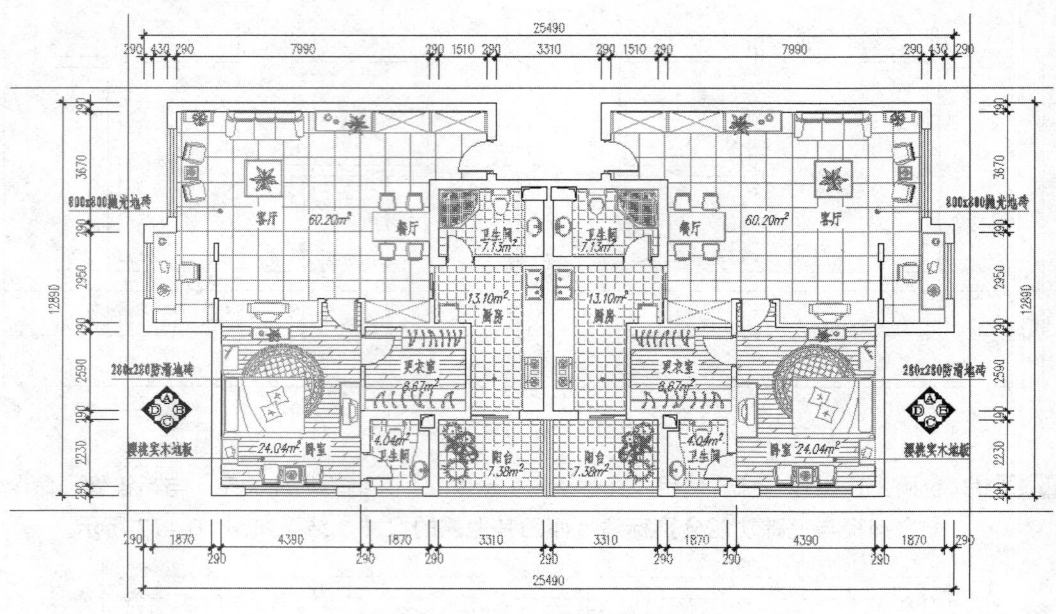

图 10-178　打开图层后的效果

Step 13 使用快捷键 E 执行“删除”命令，删除四条构造线。最终结果如图 10-179 所示。

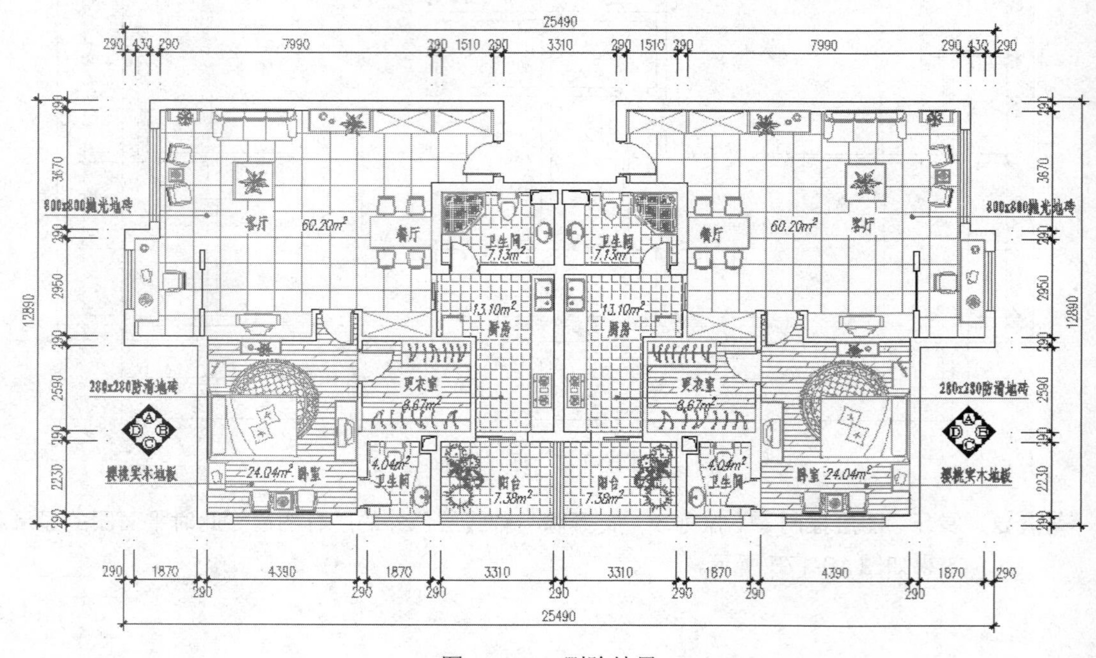

图 10-179　删除结果

Step 14 使用快捷键 M 执行“移动”命令，适当调整平面图左右两侧的尺寸位置。最终结果如图 10-156 所示。

Step 15 执行“另存为”命令，将图形另名存储为“上机实训七.dwg”。

10.9 小结与练习

10.9.1　小结

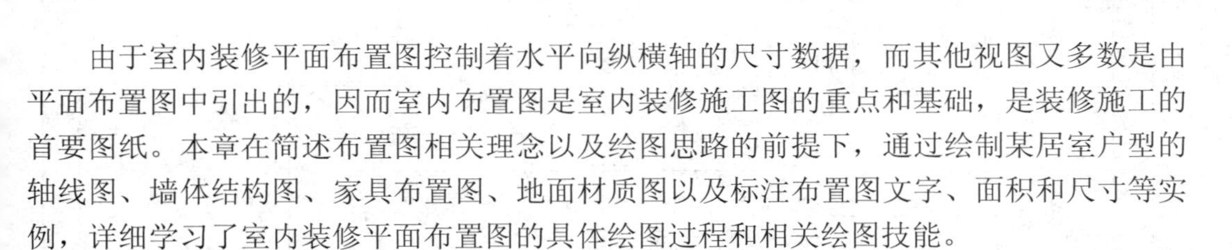

由于室内装修平面布置图控制着水平向纵横轴的尺寸数据，而其他视图又多数是由平面布置图中引出的，因而室内布置图是室内装修施工图的重点和基础，是装修施工的首要图纸。本章在简述布置图相关理念以及绘图思路的前提下，通过绘制某居室户型的轴线图、墙体结构图、家具布置图、地面材质图以及标注布置图文字、面积和尺寸等实例，详细学习了室内装修平面布置图的具体绘图过程和相关绘图技能。

希望读者通过本章的学习，在理解和掌握布置图形成、功能等知识的前提下，掌握平面布置图方案的表达内容、完整的绘图过程和相关图纸的表达技巧。

10.9.2　练习

1. 综合运用所学知识，绘制如图 10-180 所示的会议室平面布置图（局部尺寸自定）。

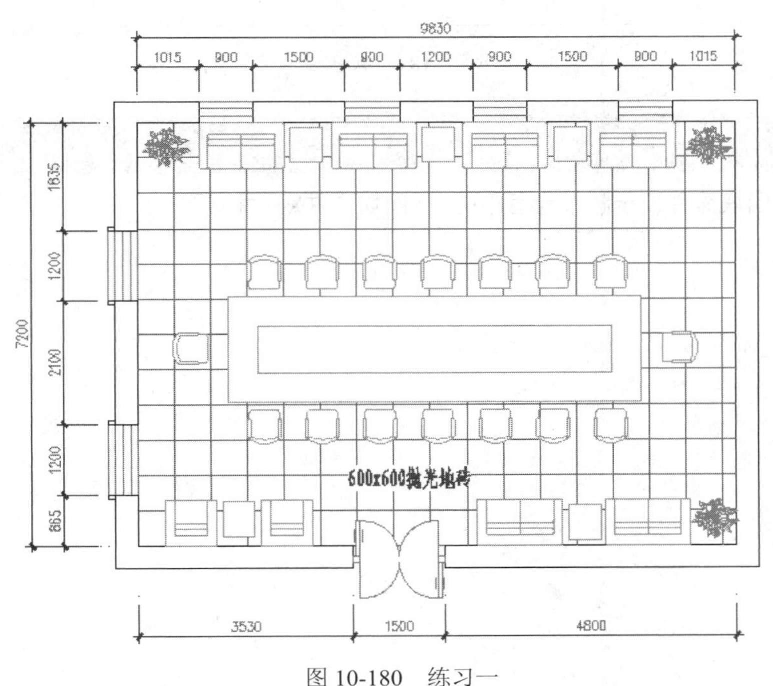

图 10-180　练习一

操作提示：

本练习所需图块文件位于随书光盘中的“\图块文件\”目录下。

Note

2. 综合运用所学知识，绘制并标注如图 10-181 所示的多居室户型装修布置图（局部尺寸自定）。

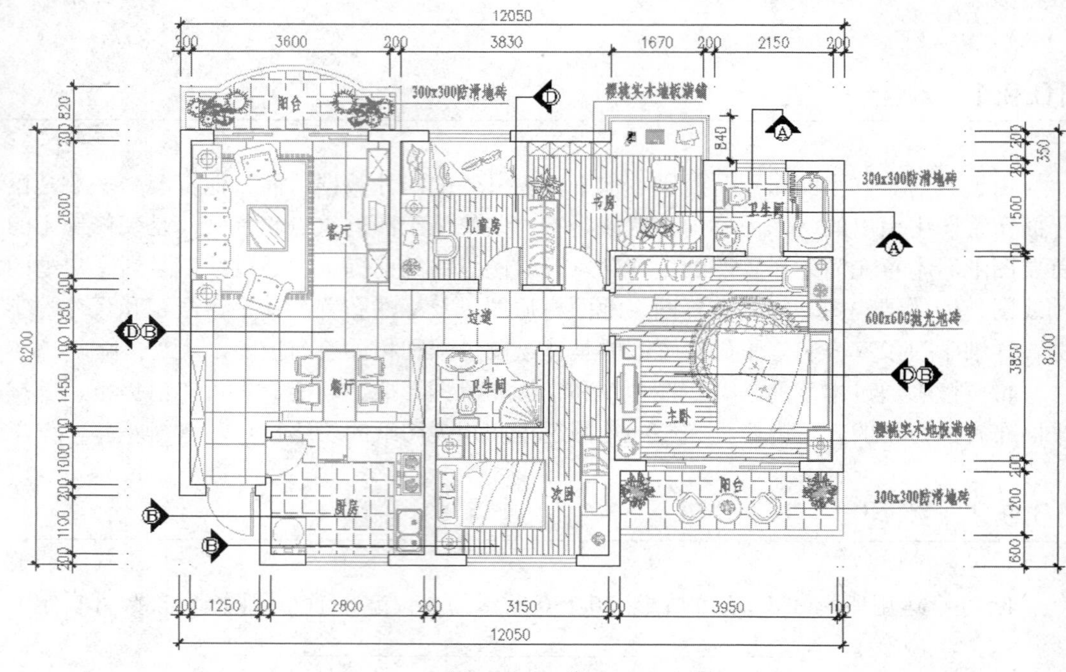

图 10-181　练习二

操作提示：

本练习所需图块文件位于随书光盘中的“\图块文件\”目录下。

室内装修吊顶图设计

与室内布置图一样，吊顶图也是室内装修行业中的一种举足轻重的设计图纸，本章在概述室内吊顶功能概念及常用类型等基本理论知识的前提下，通过绘制某居室户型装修吊顶图，主要学习 AutoCAD 在室内吊顶设计方面的具体应用技能和相关技巧。

内容要点

- 吊顶图理论概述
- 上机实训一——绘制居室吊顶墙体图
- 上机实训二——绘制居室吊顶构件图
- 上机实训三——绘制卧室造型吊顶图
- 上机实训四——绘制居室简易吊顶图
- 上机实训五——绘制居室吊顶灯具图
- 上机实训六——绘制吊顶辅助灯具图
- 上机实训七——标注吊顶图文字与尺寸

11.1 吊顶图理论概述

Note

本小节主要简单概述室内吊顶图的基本概念、形成方式、主要用途以及常见的室内吊顶类型等设计理论知识。

11.1.1 吊顶图的基本概念

吊顶也称天花、天棚、顶棚、天花板等，它是室内装饰的重要组成部分，也是室内空间装饰中最富有变化、最引人注目的界面，其透视感较强。

吊顶是室内设计中经常采用的一种手法，人们的视线往往与它接触的时间较多，因此吊顶的形状及艺术处理很明显地影响着空间效果。

11.1.2 吊顶的形成及用途

吊顶平面图一般采用镜像投影法绘制，它主要是根据室内的结构布局进行天花板的设计，再配以合适的灯具造型，与室内其他内容构成一个有机联系的整体，让人们从光、色、形体等方面综合地感受室内环境。通过不同界面的处理，能增强空间的感染力，使顶面造型丰富多彩、新颖美观。

一般情况下，吊顶的设计常常要从审美要求、物理功能、建筑照明、设备安装管线敷设、防火安全等多方面进行综合考虑。

11.1.3 室内吊顶常见类型

归纳起来，吊顶一般可分为平板吊顶、异型吊顶、局部吊顶、格栅式吊顶、藻井式吊顶等五大类型，具体如下：

- ✧ 平板吊顶。此种吊顶一般是以 PVC 板、铝扣板、石膏板、矿棉吸音板、玻璃纤维板、玻璃等作为主要装修材料，照明灯卧于顶部平面之内或吸于顶上。此种类型的吊顶多适用于卫生间、厨房、阳台和玄关等空间。
- ✧ 异型吊顶。异型吊顶是局部吊顶的一种，使用平板吊顶的形式，把顶部的管线遮挡在吊顶内，顶面可嵌入筒灯或内藏日光灯，使装修后的顶面形成两个层次，不会产生压抑感。异型吊顶采用的云型波浪线或不规则弧线，一般不超过整体顶面面积的1/3，超过或小于这个比例，就难以达到好的效果。
- ✧ 格栅式吊顶。此种吊顶需要使用木材作成框架，镶嵌上透光或磨沙玻璃，光源在玻璃上面。这也属于平板吊顶的一种，但是造型要比平板吊顶生动和活泼，装饰的效果比较好。一般适用于餐厅、门厅、中厅或大厅等大空间，它的优点是光线柔和、轻松自然。

✧　藻井式吊顶。藻井式吊顶是在房间的四周进行局部吊顶，可设计成一层或两层，装修后的效果有增加空间高度的感觉，还可以改变室内的灯光照明效果。这类吊顶需要室内空间具有一定的高度，而且房间面积较大。

✧　局部吊顶。局部吊顶是为了避免室内的顶部有水、暖、气管道，而且空间的高度又不允许进行全部吊顶的情况下，采用的一种局部吊顶的方式。

✧　无吊顶装修。由于城市的住房普遍较低，吊顶后会使人感到压抑和沉闷。随着装修的时尚，无顶装修开始流行起来。所谓无顶装修，就是在房间顶面不加修饰的装修。无吊顶装修的方法是，顶面做简单的平面造型处理，采用现代的灯饰灯具，配以精致的角线，也给人一种轻松自然的怡人风格。

什么样的室内空间选用相应的吊顶，不但可以弥补室内空间的缺陷，还可以给室内增加个性色彩。

11.1.4　吊顶图的绘制流程

在绘制室内吊顶平面图时，具体可以遵循如下思路：

（1）初步准备墙体平面图。

（2）补画室内吊顶图的细部构件，具体有门洞、窗洞、窗帘和窗帘盒等细节构件。

（3）为吊顶平面图绘制吊顶轮廓、灯池及灯带等内容。

（4）为吊顶平面图布置艺术吊顶、吸顶灯以及其他灯具等。

（5）为吊顶平面图布置辅助灯具，如筒灯、射灯等。

（6）为吊顶平面图标注尺寸及必要的文字注释。

11.2　上机实训——绘制居室吊顶墙体图

本例在综合巩固所学知识的前提下，主要学习居室吊顶墙体结构平面图的具体绘制过程和绘图技巧。居室吊顶墙体结构平面图的最终绘制效果如图 11-1 所示。

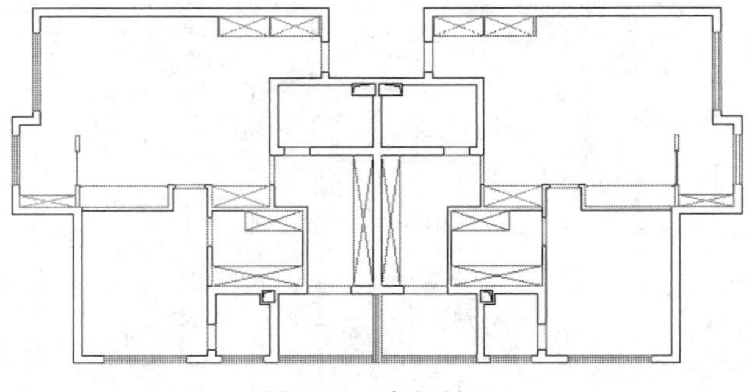

图 11-1　实例效果

Note

操作步骤：

Step 01 打开随书光盘中的“\素材文件\户型布置图.dwg”文件。

Step 02 使用快捷键 LA 执行“图层”命令，在打开的“图层特性管理器”对话框中关闭“尺寸层”和“图块层”，冻结“填充层”、“面积层”和“其他层”，并设置“吊顶层”为当前图层，如图 11-2 所示。

状态	名称	开	冻结	锁定	颜色	线型	线宽	透明度	打印样式	打印	新视口冻结
	0				白	Continuous	默认	0	Normal		
	Defpoints				白	Continuous	默认	0	Normal		
	尺寸层				蓝	Continuous	默认	0	Normal		
✓	吊顶层				102	Continuous	默认	0	Normal		
	门窗层				红	Continuous	默认	0	Normal		
	面积层				180	Continuous	默认	0	Normal		
	其他层				白	Continuous	默认	0	Normal		
	墙线层				白	Continuous	1.00 毫米	0	Normal		
	填充层				122	Continuous	默认	0	Normal		
	图块层				42	Continuous	默认	0	Normal		
	文本层				洋红	Continuous	默认	0	Normal		
	轴线层				124	ACAD_ISO04W100	默认	0	Normal		

图 11-2　“图层特性管理器”对话框

Step 03 关闭“图层特性管理器”对话框，结果与作图无关的图形对象都被隐藏。图形的显示效果如图 11-3 所示。

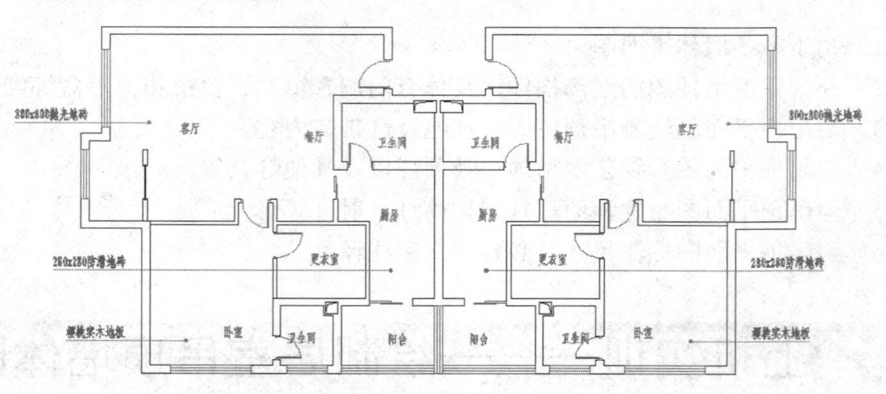

图 11-3　平面图的显示效果

Step 04 执行“快速选择”命令，设置图层为过滤条件，选择“文本层”上的所有对象，如图 11-4 所示。

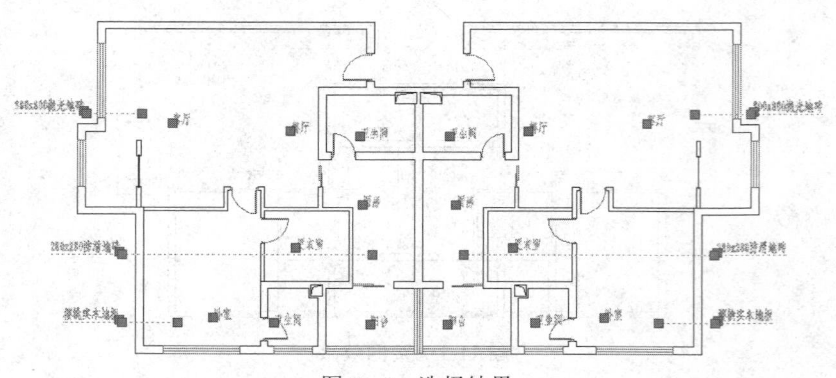

图 11-4　选择结果

Note

Step 05 单击“默认”选项卡→“修改”面板→“删除”按钮，将选择的文字对象进行删除。结果如图 11-5 所示。

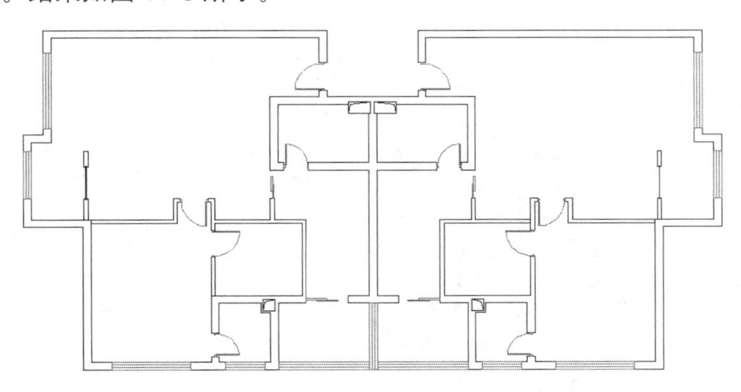

图 11-5　删除结果

Step 06 重复执行“删除”命令，选择所有位置的单开门和推拉门进行删除。结果如图 11-6 所示。

Step 07 选择菜单栏中的“绘图”→“直线”命令，配合端点捕捉功能，分别连接左侧户型图各门洞位置的墙线端点，绘制如图 11-7 所示的图线，表示门洞。

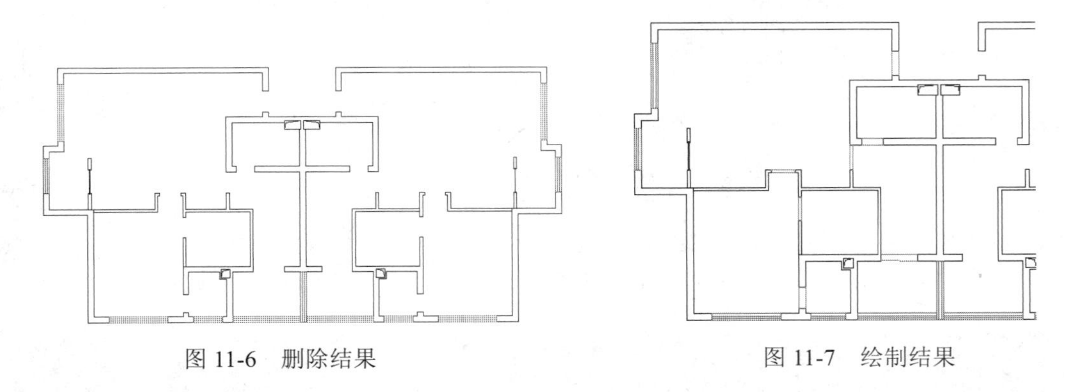

图 11-6　删除结果　　　图 11-7　绘制结果

Step 08 在无命令执行的前提下夹点显示如图 11-8 所示的平面窗与阳台等轮廓线。

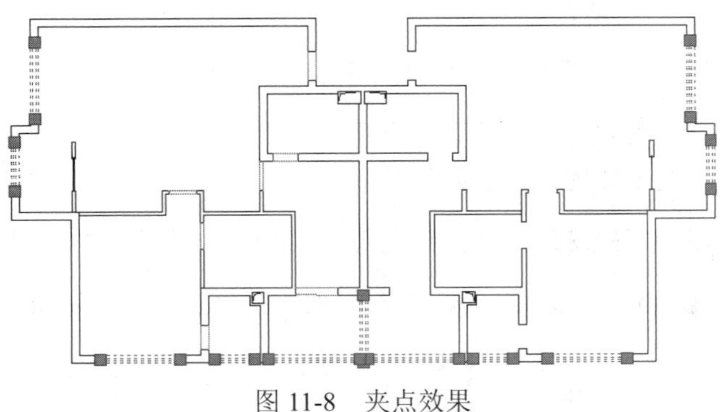

图 11-8　夹点效果

Step 09 展开“图层”工具栏或面板上的“图层控制”下拉列表，更改夹点对象的所在层为

"吊顶层"。取消夹点后的效果如图 11-9 所示。

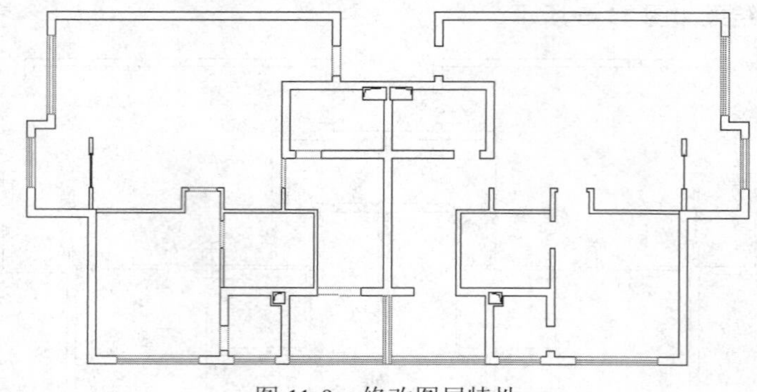

图 11-9　修改图层特性

Step 10 展开"图层"工具栏或面板上的"图层控制"下拉列表，打开被关闭的"图块层"，如图 11-10 所示。

Step 11 单击"默认"选项卡→"修改"面板→"删除"按钮，删除与当前操作无关的对象。结果如图 11-11 所示。

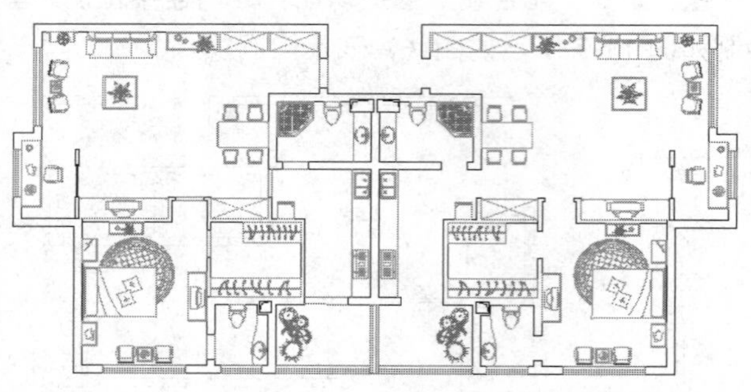

图 11-10　打开图块层后的效果

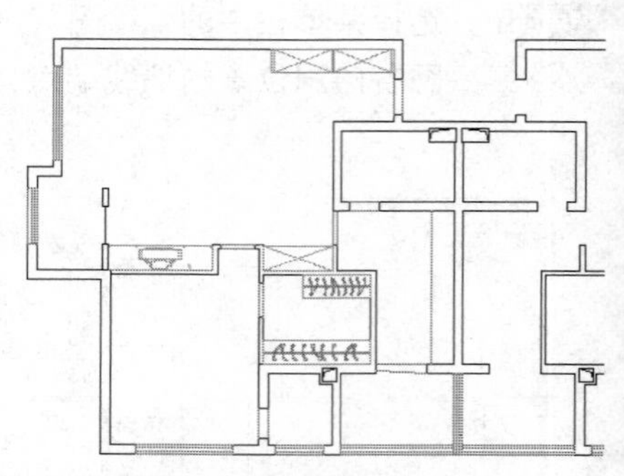

图 11-11　删除结果

小技巧：

在此也可以使用"特性"命令或"图层匹配"等命令，快速匹配对象的图层特性。

Step 12 使用快捷键 X 执行"分解"命令，将各位置的图块分解。

Step 13 单击"默认"选项卡→"修改"面板→"删除"按钮，再次删除分解后无用的图形对象。结果如图 11-12 所示。

Step 14 选择删除后余下的图形对象，展开"图层控制"下拉列表，将其放到"吊顶层"上。

Step 15 使用快捷键 L 执行"直线"命令，配合对象捕捉功能绘制如图 11-13 所示的柜子示意线。

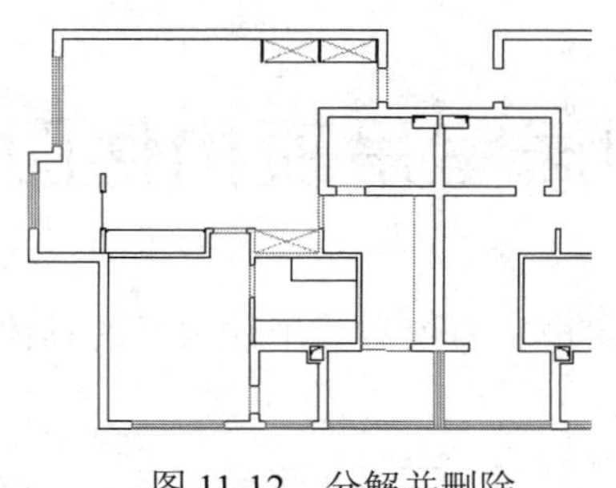

图 11-12　分解并删除

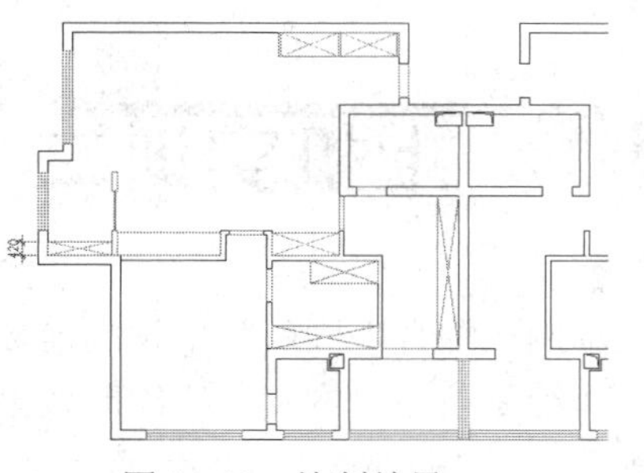

图 11-13　绘制结果

Note

Step 16 展开“图层”工具栏或面板上的“图层控制”下拉列表，关闭“墙线层”。平面图的显示效果如图 11-14 所示。

Step 17 使用快捷键 MI 执行“镜像”命令，窗交选择如图 11-15 所示的对象进行镜像。命令行操作如下：

```
命令：MI
MIRROR 选择对象:                          //窗交选择如图 11-15 所示的对象
选择对象:                                 //Enter
指定镜像线的第一点:                       //捕捉如图 11-16 所示的中点
指定镜像线的第二点:                       //@0,1Enter
要删除源对象吗？[是(Y)/否(N)] <N>:        //Enter，镜像结果如图 11-17 所示
```

图 11-14　显示效果　　图 11-15　窗交选择

图 11-16　捕捉中点

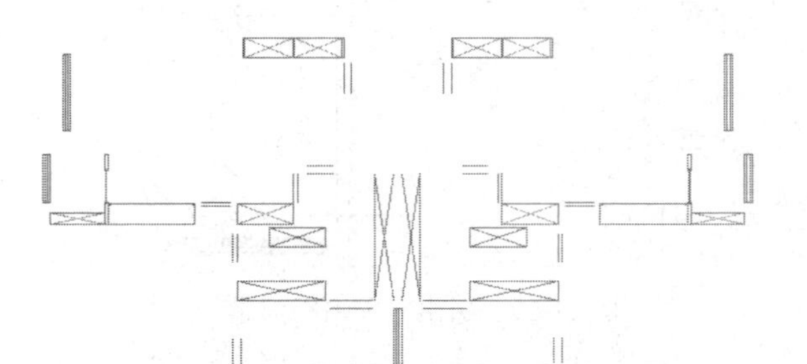

图 11-17　镜像结果

Step 18 展开“图层”工具栏或面板上的“图层控制”下拉列表，打开被关闭的“墙线层”。最终效果如图 11-1 所示。

Step 19 执行“保存”命令，将图形命名存储为“上机实训一.dwg”。

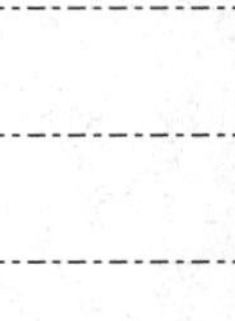
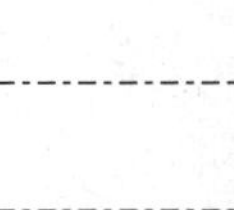
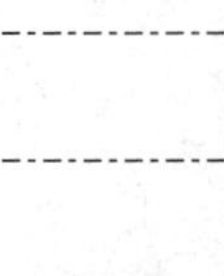
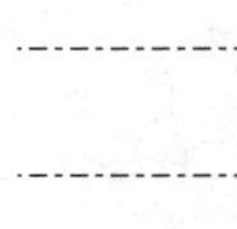

Note

11.3 上机实训二——绘制居室吊顶构件图

本例在综合巩固所学知识的前提下，主要学习窗帘、窗帘盒等吊顶构件的具体绘制过程和绘制技巧。本例最终绘制效果如图 11-18 所示。

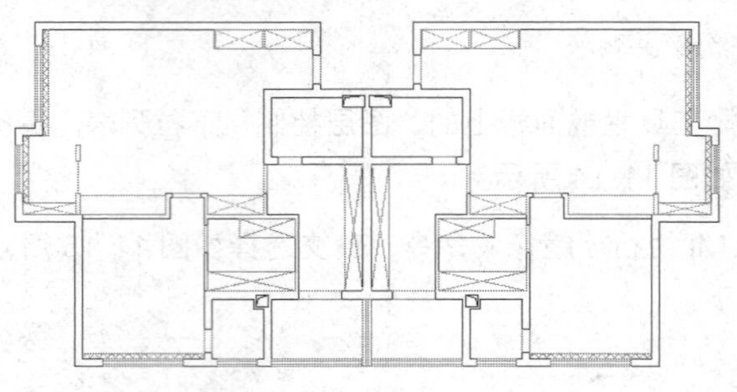

图 11-18　实例效果

操作步骤：

Step 01 继续上例操作，也可打开随书光盘中的"\效果文件\第 11 章\上机实训一.dwg"。

Step 02 使用快捷键 L 执行"直线"命令，配合"对象追踪"和"极轴追踪"功能绘制窗帘盒轮廓线。命令行操作如下：

```
命令: _line
指定第一点:          //垂直向上引出如图 11-19 所示的方向矢量，然后输入 200 Enter
指定下一点或 [放弃(U)]://水平向左引出极轴追踪矢量，然后捕捉追踪虚线与墙线的交点，如图 11-20 所示
指定下一点或 [放弃(U)]:       //Enter，绘制结果如图 11-21 所示
```

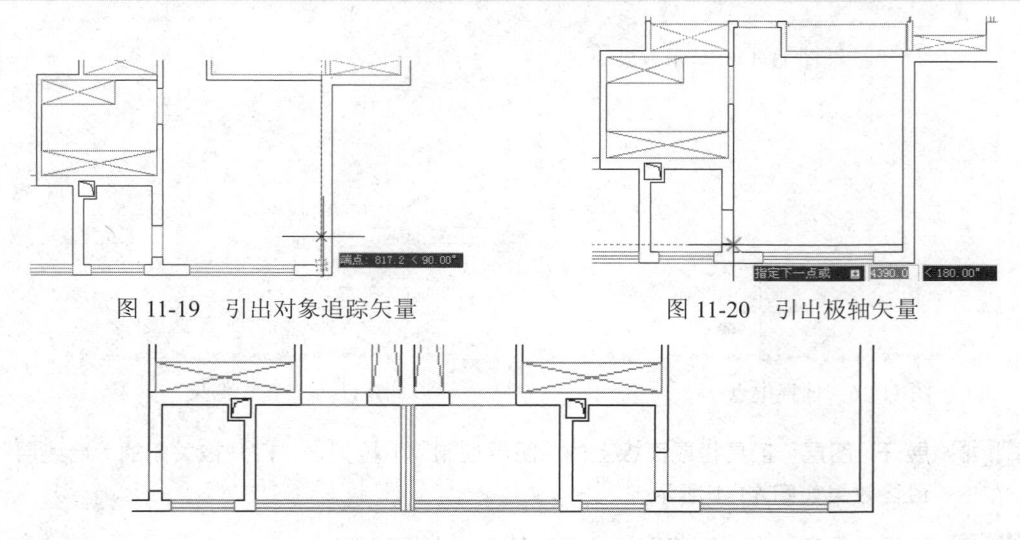

图 11-19　引出对象追踪矢量

图 11-20　引出极轴矢量

图 11-21　绘制结果

Note

Step 03 使用快捷键 O 执行“偏移”命令选择刚绘制的窗帘盒轮廓线，将其向下偏移 100 个绘图单位，作为窗帘轮廓线。结果如图 11-22 所示。

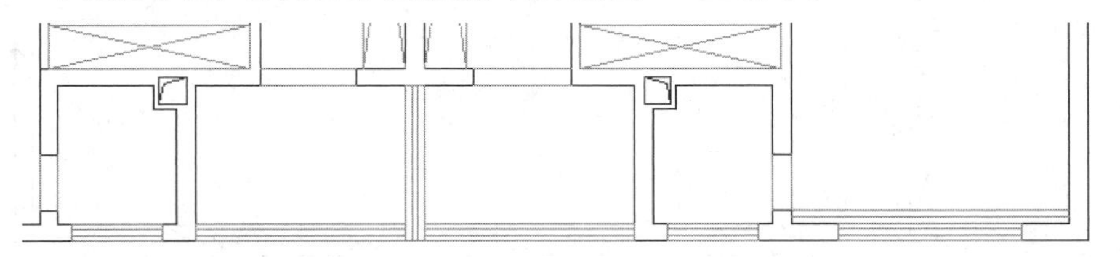

图 11-22　偏移结果

Step 04 选择菜单栏中的“格式”→“线型”命令，打开“线型管理器”对话框，使用此对话框中的“加载”功能，选择如图 11-23 所示的 ZIGZAG 线型进行加载。

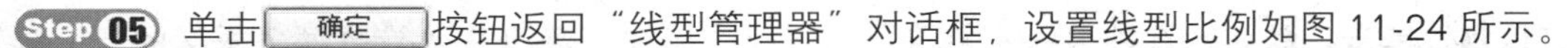

Step 05 单击 确定 按钮返回“线型管理器”对话框，设置线型比例如图 11-24 所示。

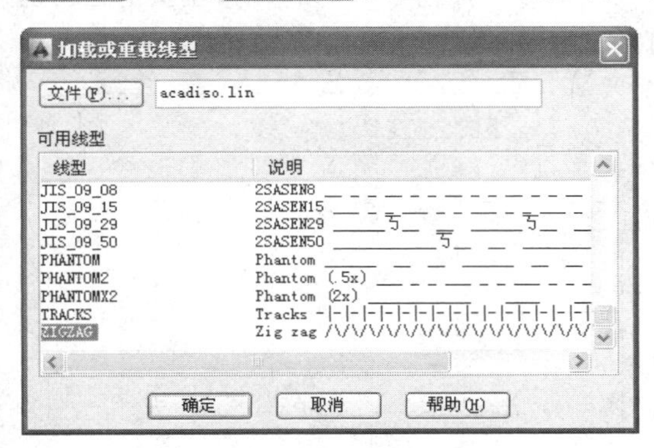

图 11-23　加载线型

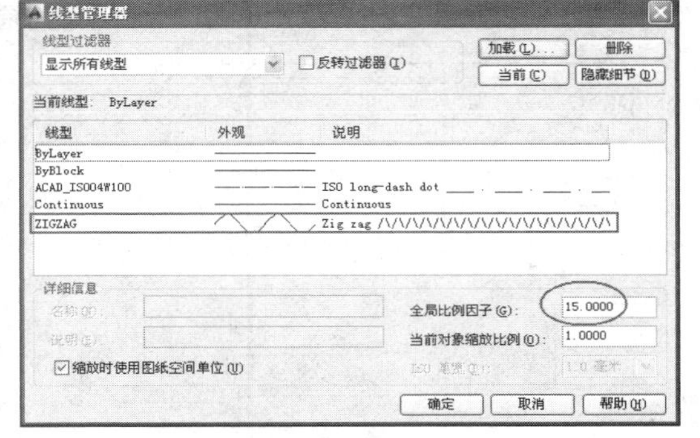

图 11-24　设置线型比例

Step 06 在无命令执行的前提下夹点显示窗帘轮廓线，然后按 Ctrl+1 组合键，执行“特性”命令，在打开的“特性”窗口中修改窗帘轮廓线的线型，如图 11-25 所示。

Step 07 在“特性”窗口中展开“颜色”下拉列表，修改窗帘轮廓线的颜色特性，如图 11-26 所示。

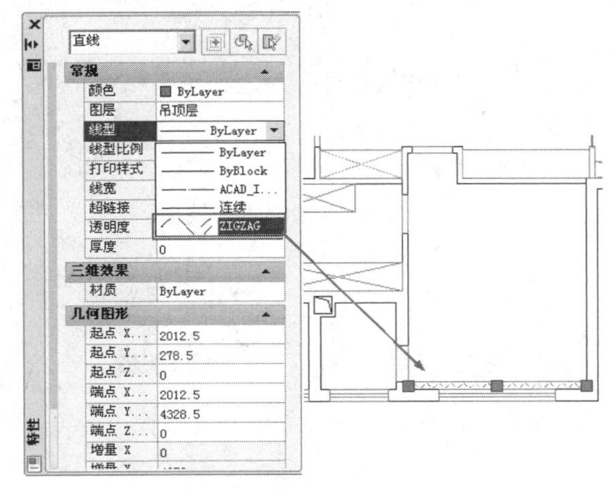

图 11-25　修改线型

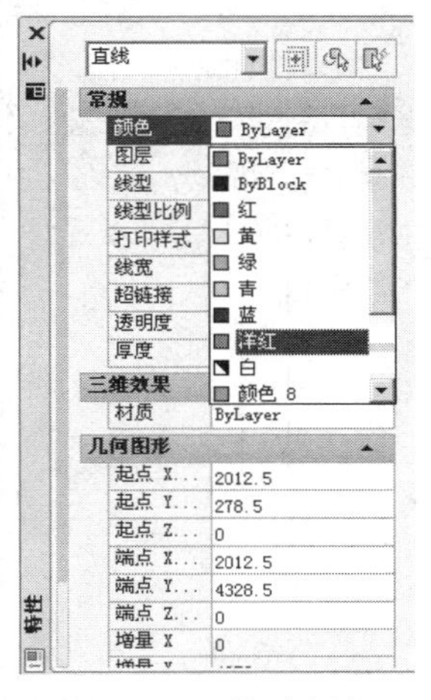

图 11-26　修改颜色

Note

Step 08 关闭“特性”窗口，然后按Esc键，取消对象的夹点显示状态，观看线型特性修改后的效果，如图11-27所示。

图11-27　操作结果

Step 09 使用快捷键L执行“直线”命令，配合“对象捕捉”和“对象追踪”功能绘制客厅位置的窗帘盒轮廓线。结果如图11-28所示。

Step 10 单击“默认”选项卡→“修改”面板→“偏移”按钮，选择两条垂直的窗帘盒轮廓线向右偏移100个单位，作为窗帘轮廓线。偏移结果如图11-29所示。

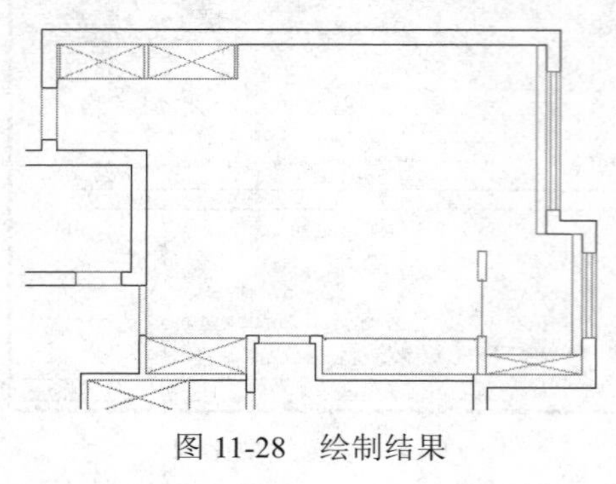
图11-28　绘制结果

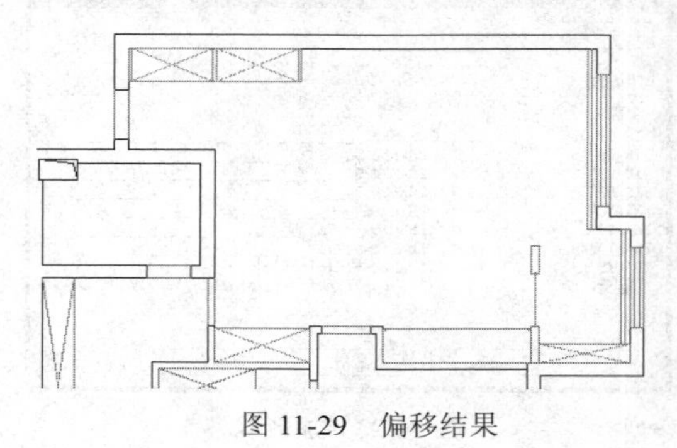
图11-29　偏移结果

Step 11 选择菜单栏中的“修改”→“特性匹配”命令，将卧室窗帘轮廓线的线型匹配给卧室窗帘。命令行操作如下：

```
命令：'_matchprop
选择源对象：                    //选择如图11-30所示的窗帘
当前活动设置： 颜色 图层 线型 线型比例 线宽 透明度 厚度 打印样式 标注 文字 图案填充 多段线 视口 表格材质 阴影显示 多重引线
选择目标对象或 [设置(S)]：    //选择如图11-31所示的窗帘
选择目标对象或 [设置(S)]：    //选择如图11-32所示的窗帘
选择目标对象或 [设置(S)]：    //Enter，匹配结果如图11-33所示
```

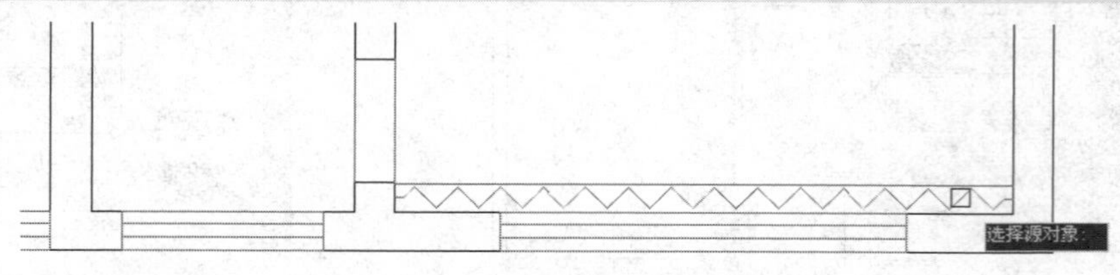

图11-30　选择匹配源对象

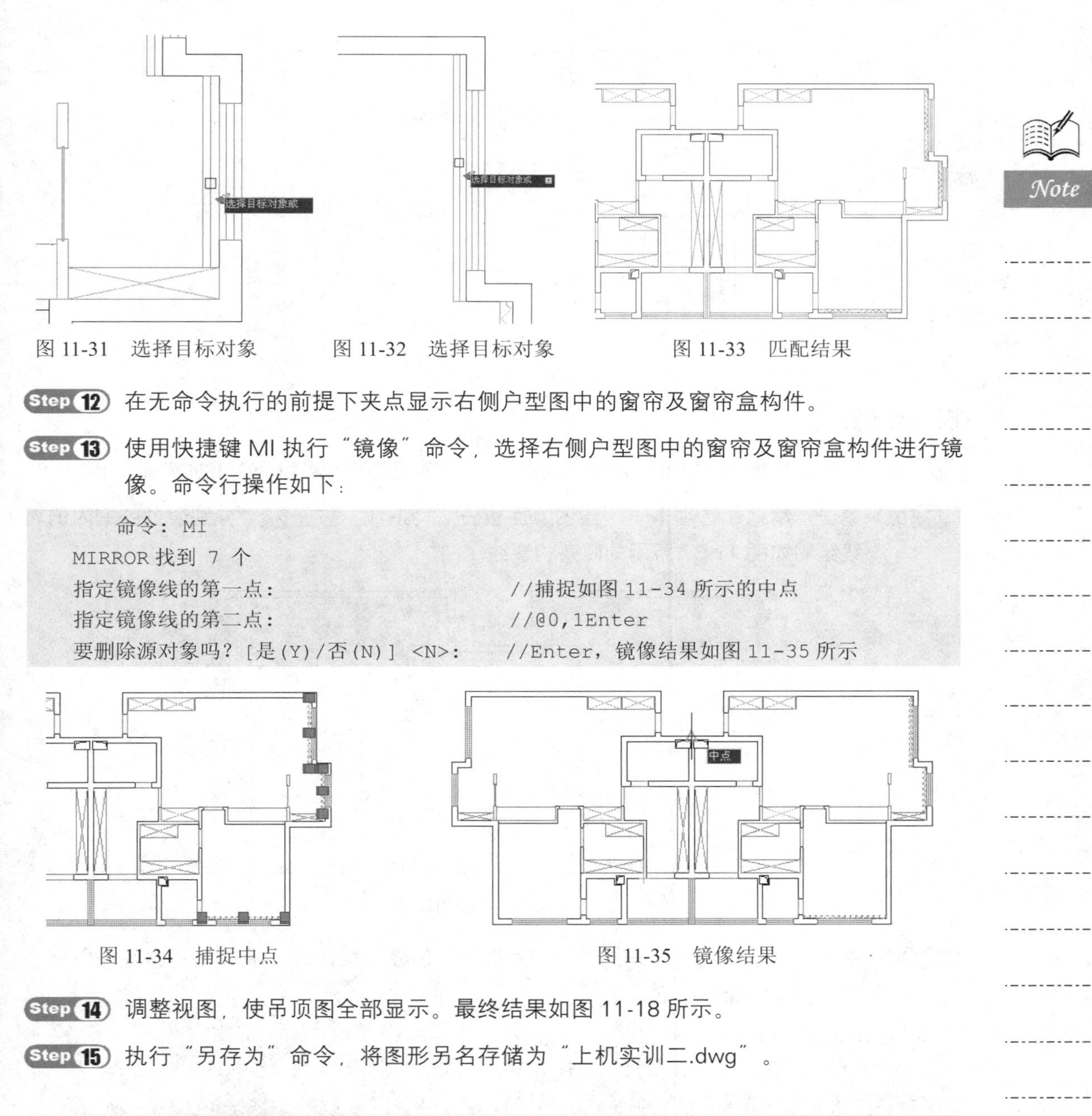

图 11-31 选择目标对象　　图 11-32 选择目标对象　　图 11-33 匹配结果

Step 12 在无命令执行的前提下夹点显示右侧户型图中的窗帘及窗帘盒构件。

Step 13 使用快捷键 MI 执行“镜像”命令，选择右侧户型图中的窗帘及窗帘盒构件进行镜像。命令行操作如下：

```
命令: MI
MIRROR 找到 7 个
指定镜像线的第一点:                       //捕捉如图 11-34 所示的中点
指定镜像线的第二点:                       //@0,1Enter
要删除源对象吗? [是(Y)/否(N)] <N>:       //Enter，镜像结果如图 11-35 所示
```

图 11-34 捕捉中点　　图 11-35 镜像结果

Step 14 调整视图，使吊顶图全部显示。最终结果如图 11-18 所示。

Step 15 执行“另存为”命令，将图形另名存储为“上机实训二.dwg”。

11.4 上机实训三——绘制卧室造型吊顶图

本例在综合所学知识的前提下，主要学习卧室造型吊顶图的具体绘制过程和绘制技巧。卧室造型吊顶图的最终绘制效果如图 11-36 所示。

Note

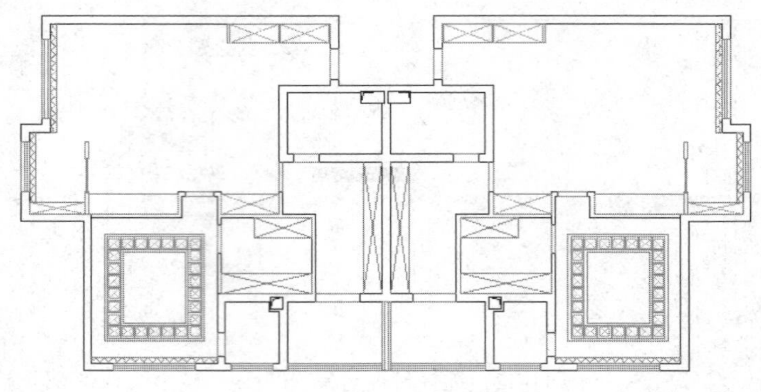

图 11-36　实例效果

操作步骤：

Step 01 继续上例操作，也可打开随书光盘中的"\效果文件\第 11 章\上机实训二.dwg "。

Step 02 单击"默认"选项卡→"绘图"面板→"构造线"按钮，分别通过卧室内侧墙线绘制如图 11-37 所示的四条构造线。

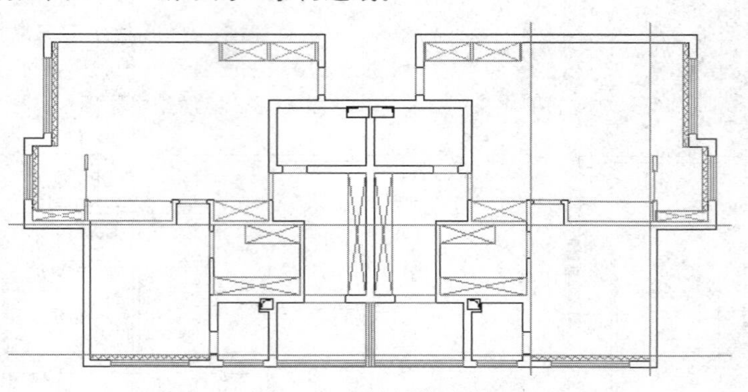

图 11-37　绘制构造线

Step 03 单击"默认"选项卡→"修改"面板→"偏移"按钮，将四条构造线向内侧偏移。命令行操作如下：

```
命令：_offset
当前设置：删除源=否　图层=源　OFFSETGAPTYPE=0
指定偏移距离或 [通过(T)/删除(E)/图层(L)] <100.0>:        //E Enter
要在偏移后删除源对象吗？[是(Y)/否(N)] <否>:              //Y Enter
指定偏移距离或 [通过(T)/删除(E)/图层(L)] <100.0>:        //600 Enter
选择要偏移的对象，或 [退出(E)/放弃(U)] <退出>:            //选择上侧的水平构造线
指定要偏移的那一侧上的点，或 [退出(E)/多个(M)/放弃(U)] <退出>:
 //在所选构造线的下侧拾取点
选择要偏移的对象，或 [退出(E)/放弃(U)] <退出>:            //选择下侧的水平构造线
指定要偏移的那一侧上的点，或 [退出(E)/多个(M)/放弃(U)] <退出>:
 //在所选构造线的上侧拾取点
选择要偏移的对象，或 [退出(E)/放弃(U)] <退出>:            //Enter
```

```
命令：                  //Enter
OFFSET 当前设置：删除源=是   图层=源   OFFSETGAPTYPE=0
指定偏移距离或 [通过(T)/删除(E)/图层(L)] <600.0>:    //E Enter
要在偏移后删除源对象吗？[是(Y)/否(N)] <否>:           //Y Enter
指定偏移距离或 [通过(T)/删除(E)/图层(L)] <600.0>:    //600 Enter
选择要偏移的对象，或 [退出(E)/放弃(U)] <退出>:         //选择左侧的垂直构造线
指定要偏移的那一侧上的点，或 [退出(E)/多个(M)/放弃(U)] <退出>:
 //在所选构造线的右侧拾取点
选择要偏移的对象，或 [退出(E)/放弃(U)] <退出>:         //选择右侧的垂直构造线
指定要偏移的那一侧上的点，或 [退出(E)/多个(M)/放弃(U)] <退出>:
 //在所选构造线的左侧拾取点
选择要偏移的对象，或 [退出(E)/放弃(U)] <退出>: //Enter，偏移结果如图 11-38 所示
```

Step 04 单击“默认”选项卡→“修改”面板→“修剪”按钮，对偏移出的构造线进行修剪。结果如图 11-39 所示。

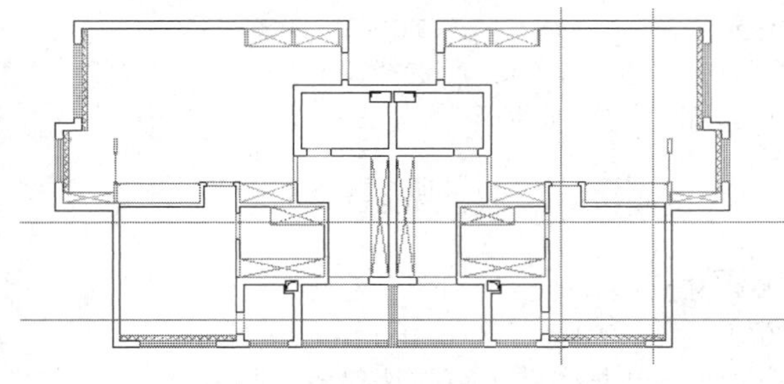

图 11-38　偏移结果

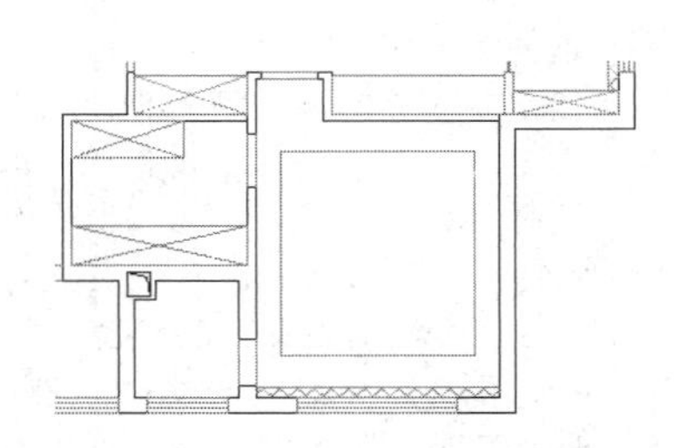

图 11-39　修剪结果

Step 05 使用快捷键 PE 执行“编辑多段线”命令，将修剪后的四条图线编辑为一条闭合的多段线。命令行操作如下：

```
命令：PE                        //Enter
PEDIT
选择多段线或 [多条(M)]:         //m Enter
选择对象：                      //窗交选择如图 11-40 所示的四条图线
选择对象：                      //Enter
是否将直线、圆弧和样条曲线转换为多段线？[是(Y)/否(N)]? <Y>
输入选项 [闭合(C)/打开(O)/合并(J)/宽度(W)/拟合(F)/样条曲线(S)/非曲线化(D)/线型生成(L)/反转(R)/放弃(U)]:    //J Enter
合并类型 = 延伸
输入模糊距离或 [合并类型(J)] <0.0>:        //Enter
多段线已增加 3 条线段
输入选项 [闭合(C)/打开(O)/合并(J)/宽度(W)/拟合(F)/样条曲线(S)/非曲线化(D)/线型生成(L)/反转(R)/放弃(U)]:    //Enter，结束命令，编辑后的图线夹点效果如图 11-41 所示
```

Note

图 11-40　窗交选择

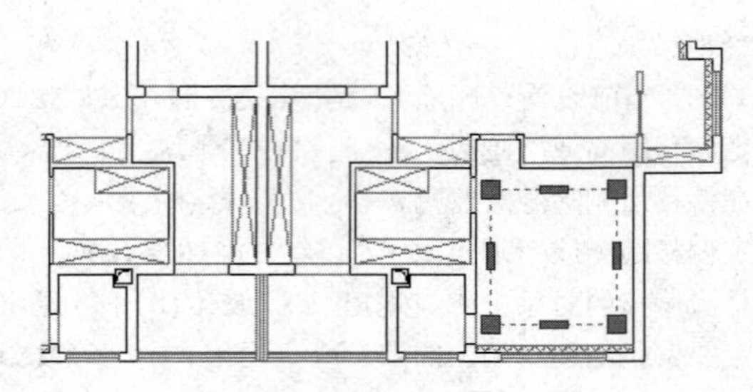

图 11-41　夹点效果

Step 06 单击"默认"选项卡→"修改"面板→"偏移"按钮，将绘制的矩形向内偏移。命令行操作如下：

```
命令: _offset
当前设置: 删除源=是　图层=源　OFFSETGAPTYPE=0
指定偏移距离或 [通过(T)/删除(E)/图层(L)] <450.0>:  //E Enter
要在偏移后删除源对象吗? [是(Y)/否(N)] <是>:          //N Enter
指定偏移距离或 [通过(T)/删除(E)/图层(L)] <450>:   //100 Enter
选择要偏移的对象, 或 [退出(E)/放弃(U)] <退出>:       //选择编辑出的闭合多段线
指定要偏移的那一侧上的点, 或 [退出(E)/多个(M)/放弃(U)] <退出>:
//在所选多段线边界的内侧拾取点
选择要偏移的对象, 或 [退出(E)/放弃(U)] <退出>:    //Enter
命令:
OFFSET 当前设置: 删除源=否　图层=源　OFFSETGAPTYPE=0
指定偏移距离或 [通过(T)/删除(E)/图层(L)] <100>: //450 Enter
选择要偏移的对象, 或 [退出(E)/放弃(U)] <退出>:   //选择刚偏移出的多段线
指定要偏移的那一侧上的点, 或 [退出(E)/多个(M)/放弃(U)] <退出>:
//在所选多段线的内侧拾取点
选择要偏移的对象, 或 [退出(E)/放弃(U)] <退出>:   //Enter
命令:
OFFSET 当前设置: 删除源=否　图层=源　OFFSETGAPTYPE=0
指定偏移距离或 [通过(T)/删除(E)/图层(L)] <450>: //100 Enter
选择要偏移的对象, 或 [退出(E)/放弃(U)] <退出>:   //选择刚偏移出的多段线
指定要偏移的那一侧上的点, 或 [退出(E)/多个(M)/放弃(U)] <退出>:
//在所选多段线的内侧拾取点
选择要偏移的对象, 或 [退出(E)/放弃(U)] <退出>: //Enter, 偏移结果如图 11-42 所示
```

Step 07 使用快捷键 L 执行"直线"命令，配合端点捕捉功能绘制如图 11-43 所示的分隔线。

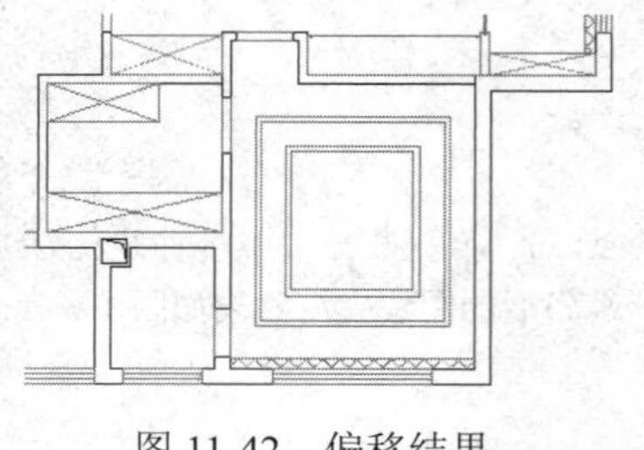

图 11-42　偏移结果

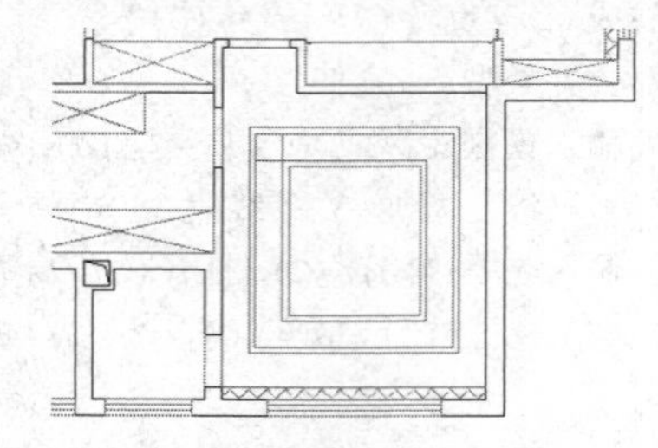

图 11-43　绘制结果

Step 08 单击“默认”选项卡→“绘图”面板→“边界”按钮，在打开的“边界创建”对话框中设置参数，如图 11-44 所示。

Step 09 在“边界创建”对话框中单击“拾取点”按钮，返回绘图区在命令行“拾取内部点:”提示下，在如图 11-45 所示的区域单击左键，创建一条闭合的多段线边界。边界的夹点效果如图 11-46 所示。

Note

图 11-44　“边界创建”对话框

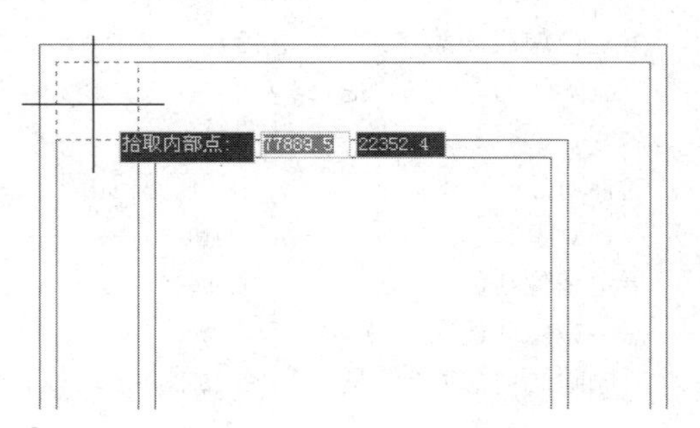

图 11-45　指定区域

Step 10 使用快捷键 O 执行“偏移”命令，将刚创建的多段线边界向内偏移 50 个单位，并修改偏移图线的颜色为 140 号色。结果如图 11-47 所示。

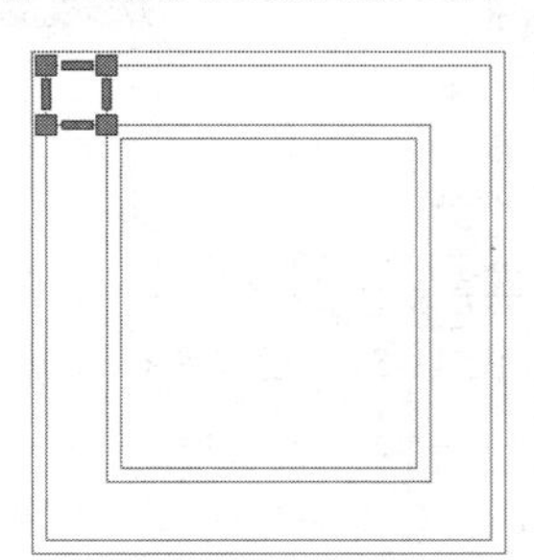

图 11-46　边界的夹点效果

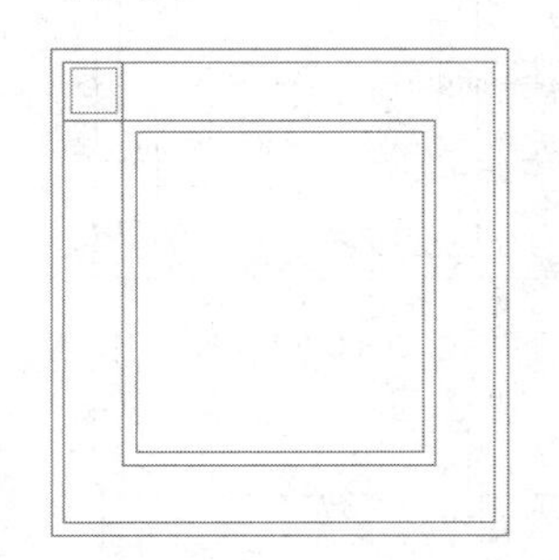

图 11-47　偏移结果

Step 11 单击“默认”选项卡→“绘图”面板→“直线”按钮，配合端点捕捉和交点捕捉功能绘制两条倾斜轮廓线，图线的颜色为 211 号色。绘制结果如图 11-48 所示。

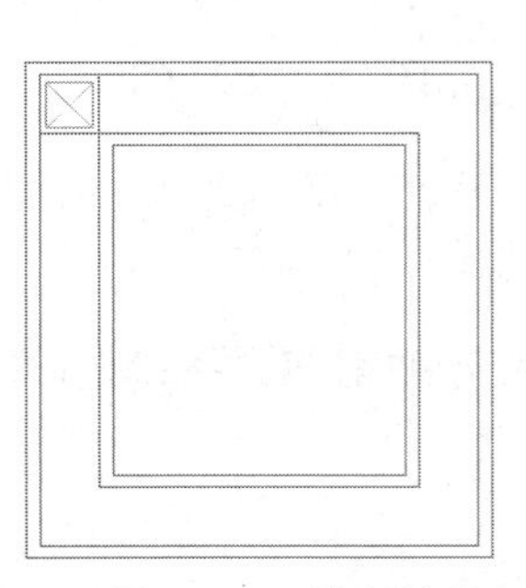

图 11-48　绘制结果

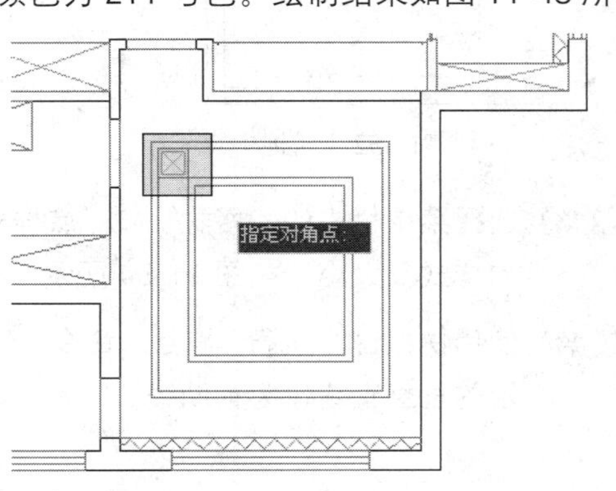

图 11-49　窗交选择

Note

Step 12 单击“默认”选项卡→“修改”面板→“镜像”按钮，窗交选择如图 11-49 所示的图形进行镜像。命令行操作如下：

```
命令: _mirror
选择对象:              //窗交选择如图 11-49 所示的图形
选择对象:              //Enter
指定镜像线的第一点:    //捕捉如图 11-50 所示的中点
指定镜像线的第二点:    //@1,0 Enter
要删除源对象吗? [是(Y)/否(N)] <N>: //Enter
命令: _mirror
选择对象:              //窗口选择如图 11-51 所示的图形
选择对象:              //Enter
指定镜像线的第一点:    //捕捉如图 11-52 所示的中点
指定镜像线的第二点:    //@1,0 Enter
要删除源对象吗? [是(Y)/否(N)] <N>: //Enter，镜像结果如图 11-53 所示
```

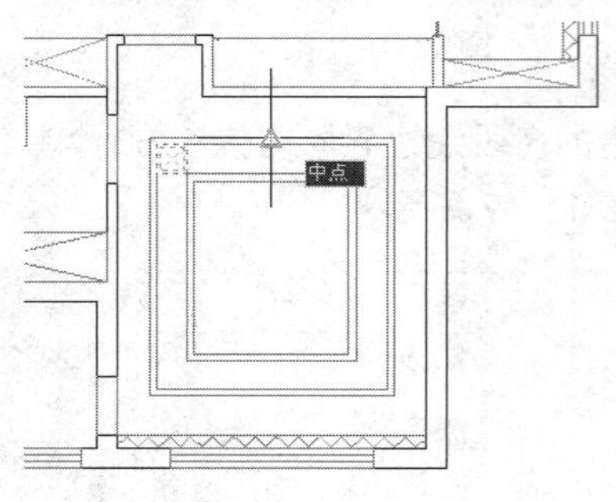

图 11-50　捕捉中点

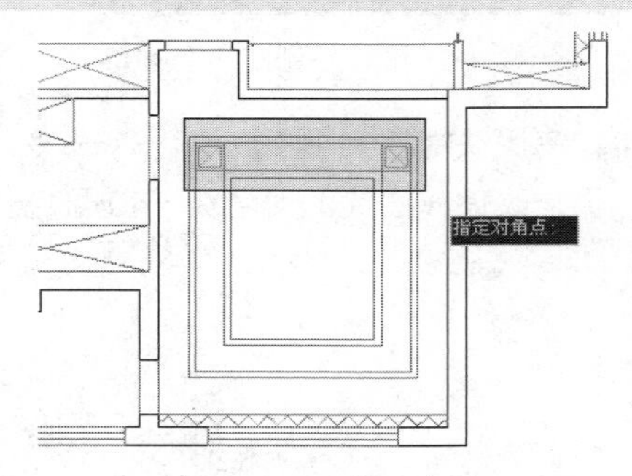

图 11-51　窗口选择

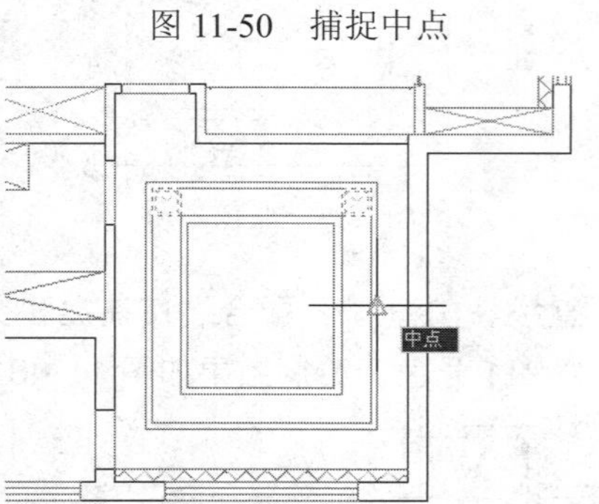

图 11-52　捕捉中点

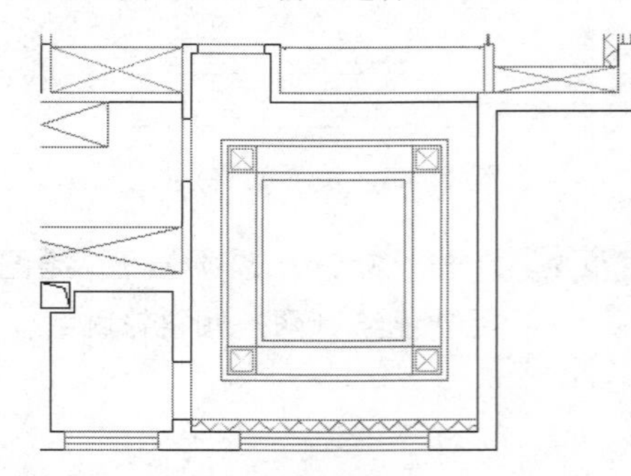
图 11-53　镜像结果

Step 13 选择菜单栏中的“格式”→“点样式”命令，在打开的“点样式”对话框中设置点的样式及大小，如图 11-54 所示。

Step 14 使用快捷键 L 执行“直线”命令，配合端点捕捉或交点捕捉功能绘制如图 11-55 所示的垂直直线作为辅助线。

Note

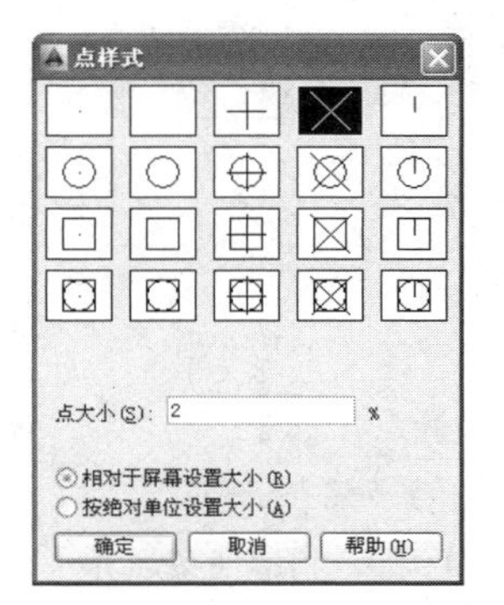

图 11-54　设置点的样式

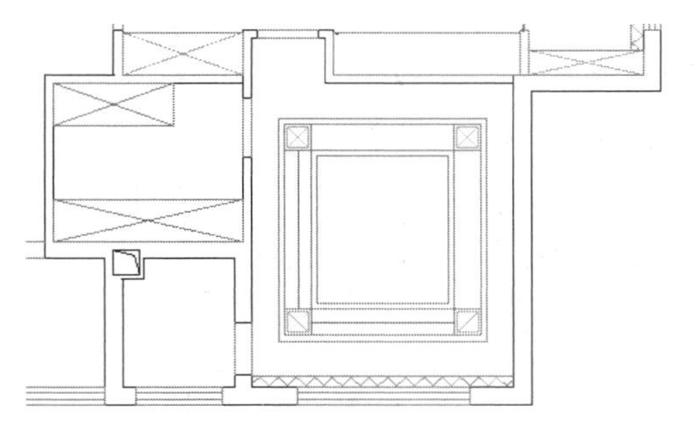

图 11-55　绘制辅助线

Step 15 使用快捷键 DIV 执行“定数等分”命令，对辅助线进行等分。命令行操作如下：

```
    命令: DIV                                //Enter
DIVIDE 选择要定数等分的对象:                  //选择垂直的辅助线
输入线段数目或 [块(B)]:                       //6 Enter
命令:                                         //Enter
DIVIDE 选择要定数等分的对象:                  //选择水平的辅助线
输入线段数目或 [块(B)]:                       //5 Enter，等分结果如图 11-56 所示。
```

Step 16 执行“直线”命令，配合节点捕捉、交点捕捉以及对象追踪等多种功能绘制如图 11-57 所示的两条轮廓线。

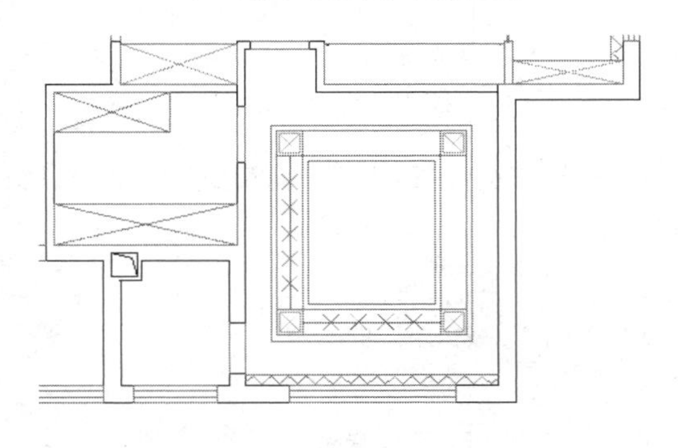

图 11-56　等分结果

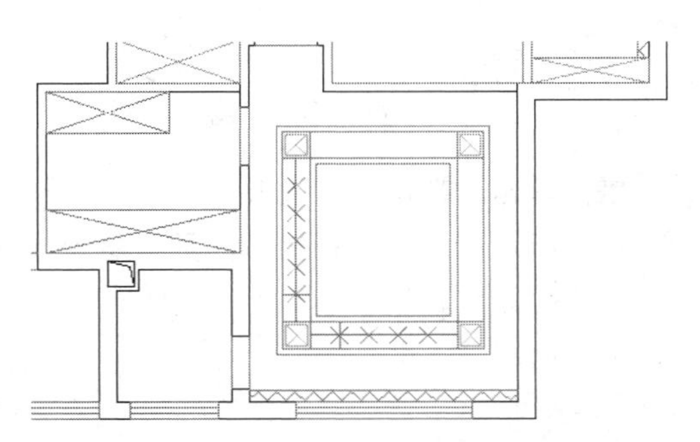

图 11-57　绘制结果

Step 17 使用快捷键 E 执行“删除”命令，删除所有等分出的点标记和两条辅助线。结果如图 11-58 所示。

Step 18 单击“默认”选项卡→“绘图”面板→“边界”按钮，在打开的“边界创建”对话框中设置参数，如图 11-44 所示。

Step 19 在“边界创建”对话框中单击“拾取点”按钮，返回绘图区在命令行“拾取内部点:”提示下，分别提取如图 11-59 所示两条边界。

Note

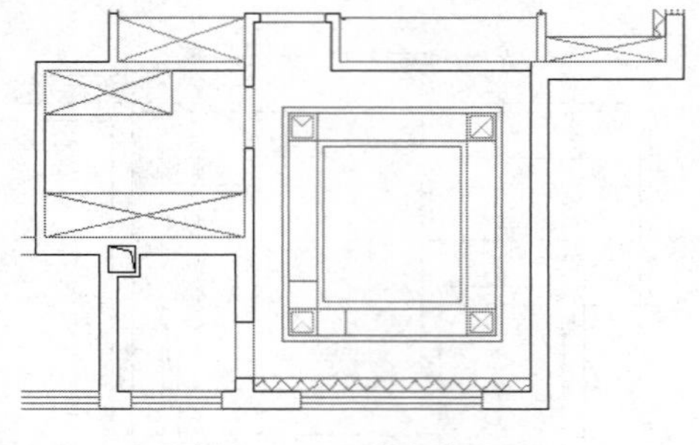

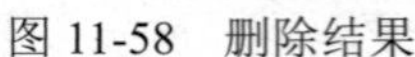

图 11-58 删除结果

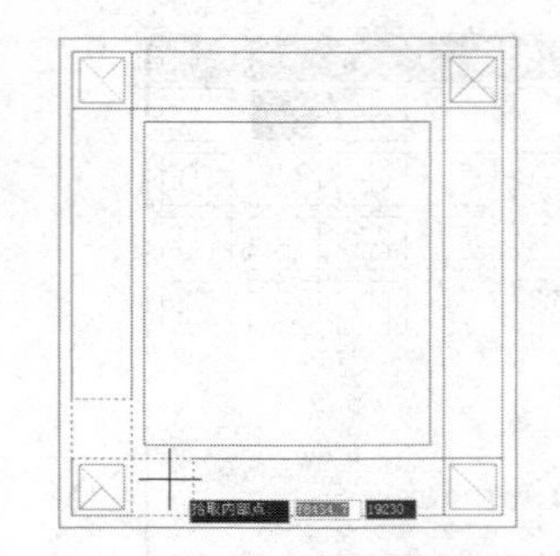

图 11-59 拾取两条边界

Step 20 使用快捷键 O 执行"偏移"命令，将刚创建的两条多段线边界向内偏移 50 个单位，并修改偏移图线的颜色为 140 号色。结果如图 11-60 所示。

Step 21 使用快捷键 L 执行"直线"命令，配合交点捕捉功能绘制如图 11-61 所示的轮廓线，图线的颜色为 211 号色。

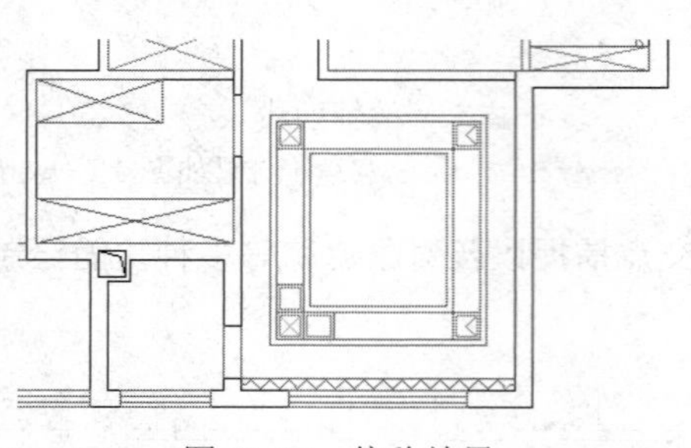

图 11-60 偏移结果

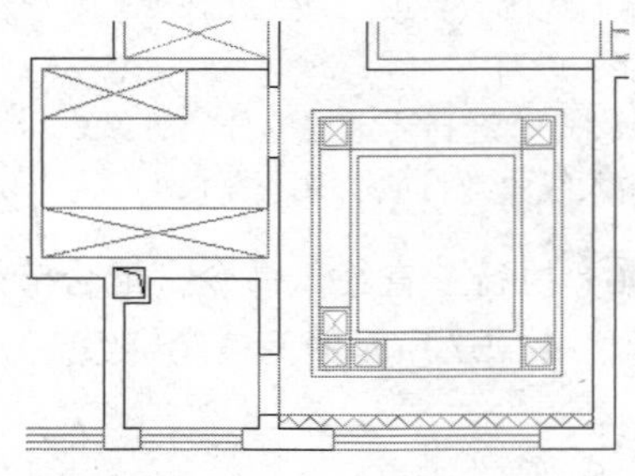

图 11-61 绘制结果

Step 22 单击"默认"选项卡→"修改"面板→"矩形阵列"按钮，窗交选择如图 11-62 所示的对象进行矩形阵列。命令行操作如下：

```
命令: _arrayrect
选择对象:                          //窗交选择如图 11-62 所示的对象
选择对象:                          //Enter
类型 = 矩形  关联 = 是
选择夹点以编辑阵列或 [关联(AS)/基点(B)/计数(COU)/间距(S)/列数(COL)/行数(R)/层数(L)/退出(X)] <退出>:                  //COU Enter
输入列数数或 [表达式(E)] <4>:    //5 Enter
输入行数数或 [表达式(E)] <3>:    //2 Enter
选择夹点以编辑阵列或 [关联(AS)/基点(B)/计数(COU)/间距(S)/列数(COL)/行数(R)/层数(L)/退出(X)] <退出>:                                //S Enter
指定列之间的距离或 [单位单元(U)] <401.1296>:   //418 Enter
指定行之间的距离 <517.6271>:                   //3205 Enter
选择夹点以编辑阵列或 [关联(AS)/基点(B)/计数(COU)/间距(S)/列数(COL)/行数(R)/层数(L)/退出(X)] <退出>:                                //AS Enter
创建关联阵列 [是(Y)/否(N)] <是>:    //N Enter
选择夹点以编辑阵列或 [关联(AS)/基点(B)/计数(COU)/间距(S)/列数(COL)/行数(R)/层数(L)/退出(X)] <退出>:                      //Enter，阵列结果如图 11-63 所示
```

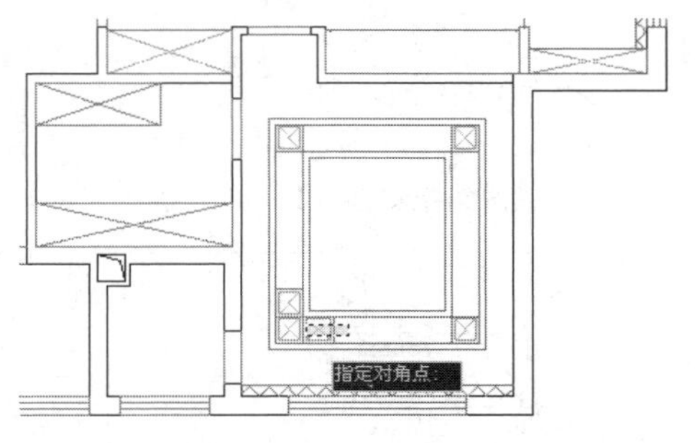

图 11-62 窗交选择

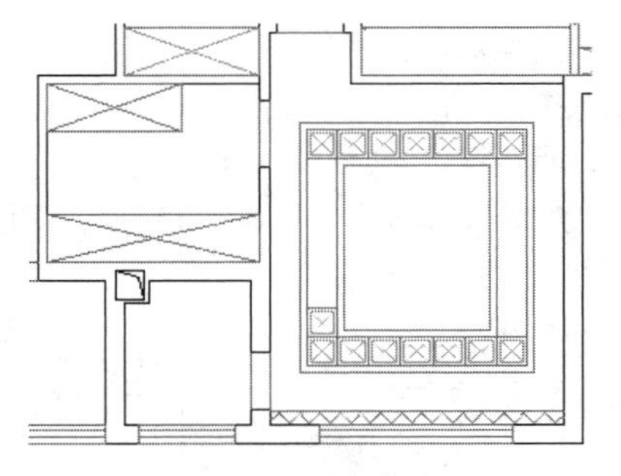
图 11-63 阵列结果

Step 23 重复执行"矩形阵列"命令，窗口选择如图 11-64 所示的对象进行矩形阵列。命令行操作如下：

```
命令: _arrayrect
选择对象:                              //窗口选择如图 11-64 所示的对象
选择对象:                              //Enter
类型 = 矩形  关联 = 是
选择夹点以编辑阵列或 [关联(AS)/基点(B)/计数(COU)/间距(S)/列数(COL)/行数(R)/层
数(L)/退出(X)] <退出>:                 //COU Enter
输入列数数或 [表达式(E)] <4>:          //2 Enter
输入行数数或 [表达式(E)] <3>:          //6 Enter
选择夹点以编辑阵列或 [关联(AS)/基点(B)/计数(COU)/间距(S)/列数(COL)/行数(R)/层
数(L)/退出(X)] <退出>:                                //S Enter
指定列之间的距离或 [单位单元(U)] <401.1296>:          //2540 Enter
指定行之间的距离 <517.6271>:                          //2755/6 Enter
选择夹点以编辑阵列或 [关联(AS)/基点(B)/计数(COU)/间距(S)/列数(COL)/行数(R)/层
数(L)/退出(X)] <退出>:                                //AS Enter
创建关联阵列 [是(Y)/否(N)] <是>:                     //N Enter
选择夹点以编辑阵列或 [关联(AS)/基点(B)/计数(COU)/间距(S)/列数(COL)/行数(R)/层
数(L)/退出(X)] <退出>:                               //Enter，阵列结果如图 11-65 所示
```

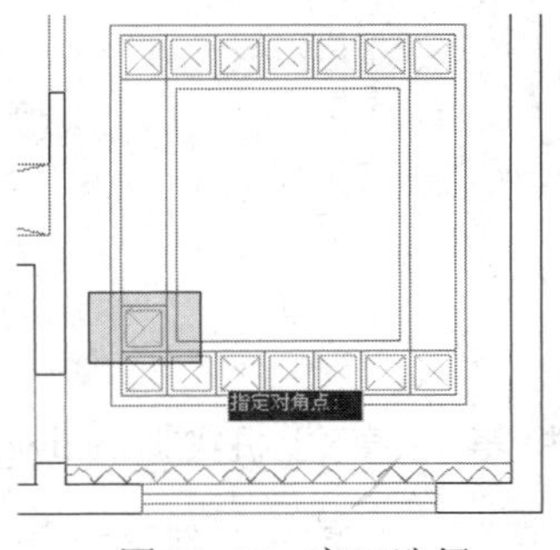

图 11-64 窗口选择

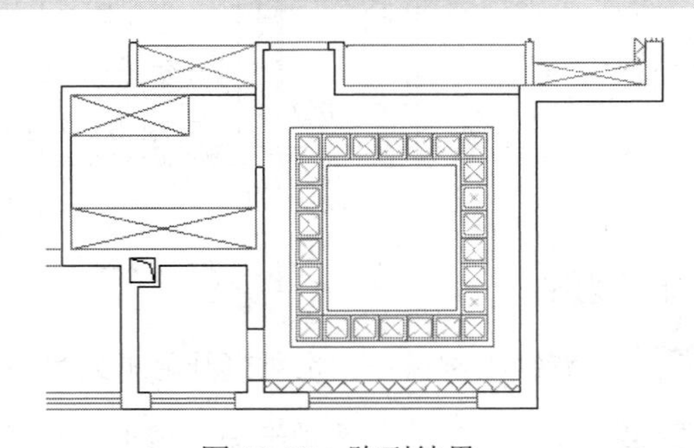
图 11-65 阵列结果

Step 24 使用快捷键 MI 执行"镜像"命令，选择卧室造型吊顶进行镜像。命令行操作如下：

```
命令: MI
MIRROR
选择对象:                    //窗口选择如图 11-66 所示的对象
```

```
选择对象:                    //Enter
指定镜像线的第一点:                    //捕捉如图 11-67 所示的中点
指定镜像线的第二点:                    //@0,1Enter
要删除源对象吗? [是(Y)/否(N)] <N>:    //Enter，镜像结果如图 11-36 所示
```

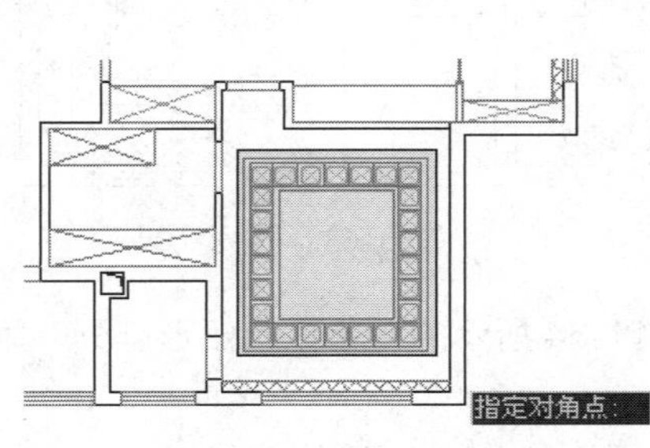

图 11-66 窗口选择

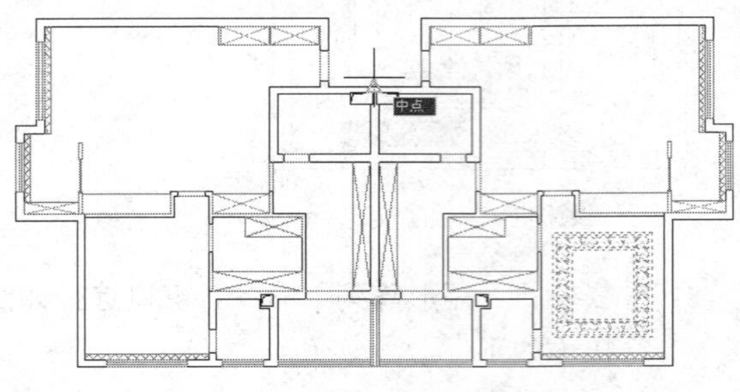

图 11-67 捕捉中点

Step 25 执行“另存为”命令，将图形另名存储为“上机实训三.dwg”。

11.5 上机实训四——绘制居室简易吊顶图

本例在综合所学知识的前提下，主要学习居室其他房间造型吊顶图以及吊顶灯带的具体绘制过程和绘制技巧。本例的最终绘制效果如图 11-68 所示。

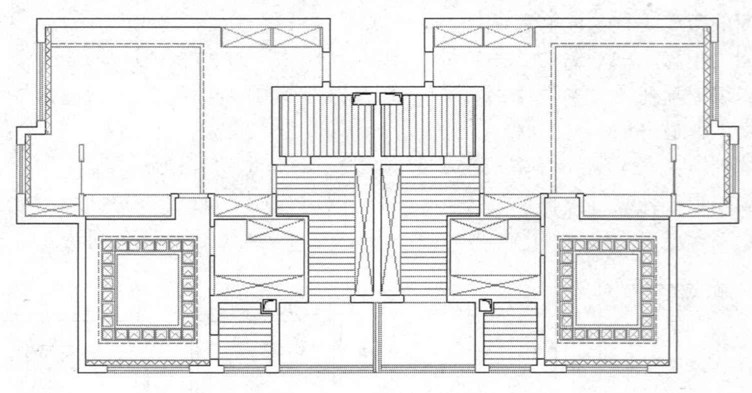

图 11-68 实例效果

操作步骤：

Step 01 继续上例操作，也可打开随书光盘中的“\效果文件\第 11 章\上机实训三.dwg”。

Step 02 单击“默认”选项卡→“修改”面板→“多段线”按钮，配合“对象追踪”和“极轴追踪”功能绘制吊顶轮廓线。命令行操作如下：

```
命令: _pline
指定起点:                //引出如图 11-69 所示的端点追踪虚线，输入 720 Enter
当前线宽为 0.0
指定下一个点或 [圆弧(A)/半宽(H)/长度(L)/放弃(U)/宽度(W)]:
```

Note

```
  //@-5270,0 Enter，定位第二点
指定下一点或 [圆弧(A)/闭合(C)/半宽(H)/长度(L)/放弃(U)/宽度(W)]:
                              //捕捉如图 11-70 所示的交点
指定下一点或 [圆弧(A)/闭合(C)/半宽(H)/长度(L)/放弃(U)/宽度(W)]:
                              //Enter，结束命令，绘制结果如图 11-71 所示
```

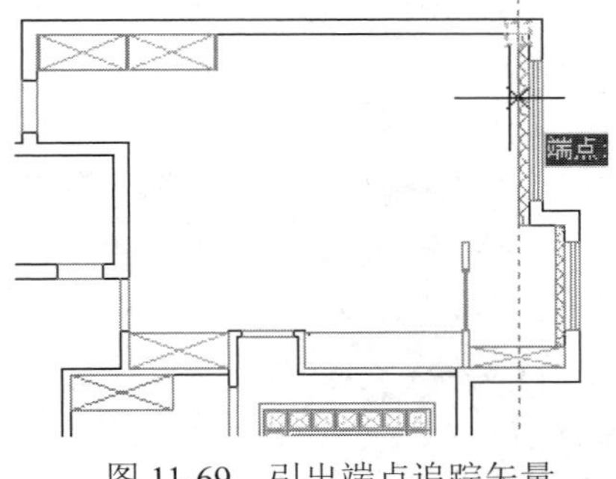

图 11-69　引出端点追踪矢量

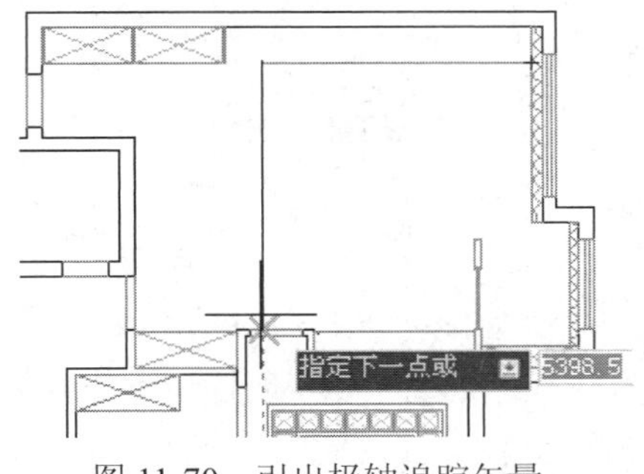

图 11-70　引出极轴追踪矢量

Step 03 使用快捷键 O 执行“偏移”命令，将刚创建的多段线边界向上偏移 120 个单位作为灯带。结果如图 11-72 所示。

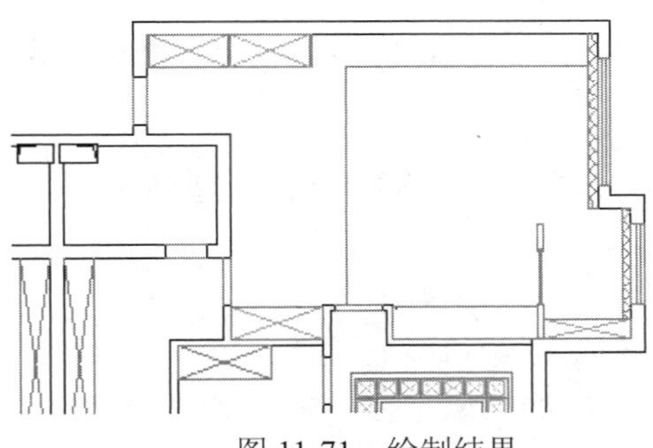
图 11-71　绘制结果

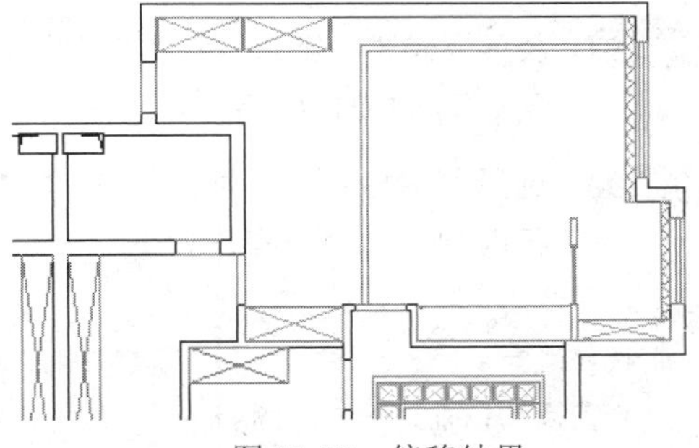
图 11-72　偏移结果

Step 04 使用快捷键 LT 执行“线型”命令，使用“线型管理器”对话框中的“加载”功能，加载如图 11-73 所示的线型。

Step 05 在无命令执行的前提下夹点显示如图 11-74 所示的轮廓线。

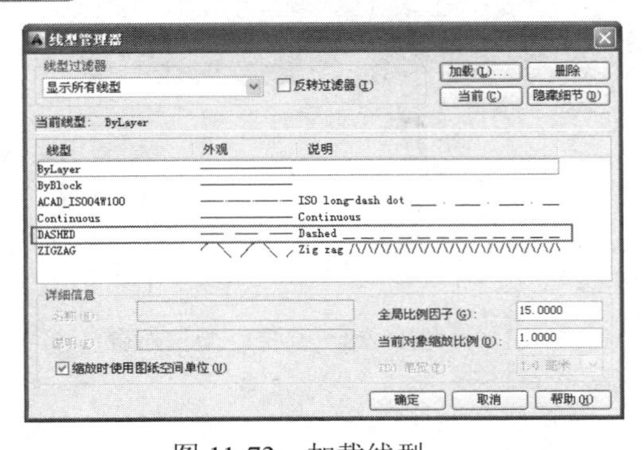

图 11-73　加载线型

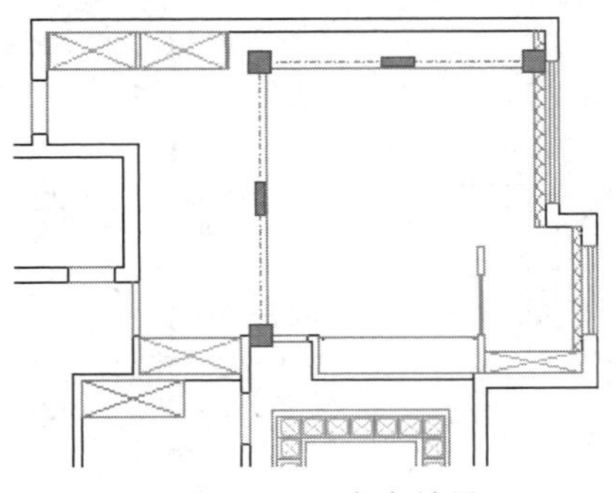
图 11-74　夹点效果

Note

Step 06 执行“特性”命令，在打开的“特性”窗口中修改轮廓线的线型如图 11-75 所示，修改轮廓线颜色如图 11-76 所示。

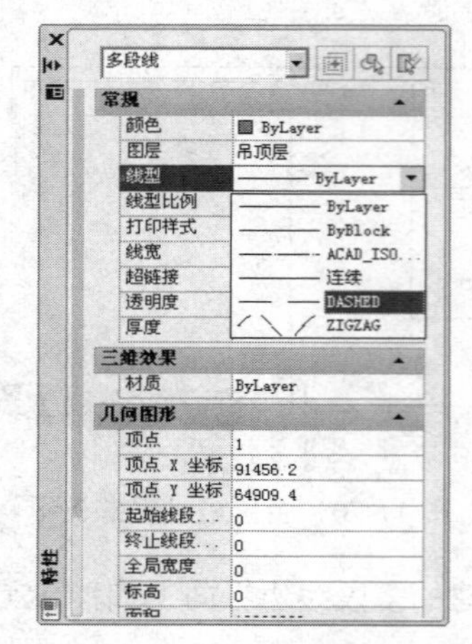

图 11-75 修改线型

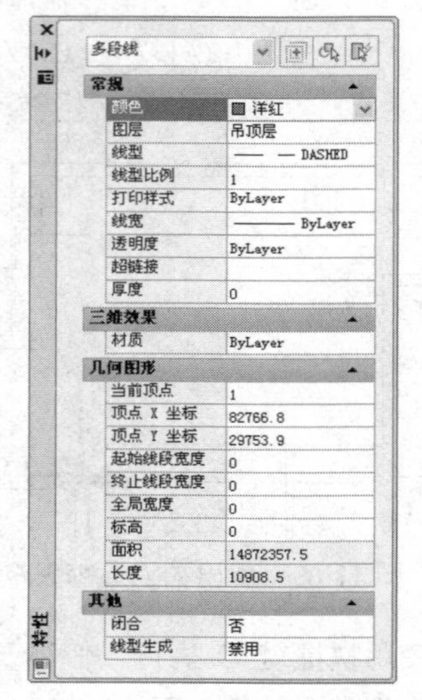

图 11-76 修改颜色特性

Step 07 关闭“特性”窗口，然后按 Esc 键取消对象的夹点显示。修改线型比例后的显示效果如图 11-77 所示。

Step 08 选择菜单栏中的“修改”→“特性匹配”命令，对灯带轮廓线的线型和颜色特性进行匹配。命令行操作如下：

```
命令：'_matchprop
选择源对象：                    //选择如图 11-78 所示的灯带轮廓线
当前活动设置： 颜色 图层 线型 线型比例 线宽 透明度 厚度 打印样式 标注 文字 图案填充 多段线 视口 表格材质 阴影显示 多重引线
选择目标对象或 [设置(S)]：    //选择如图 11-79 所示的灯带
选择目标对象或 [设置(S)]：    //选择如图 11-80 所示的灯带
选择目标对象或 [设置(S)]：    //Enter，匹配结果如图 11-81 所示
```

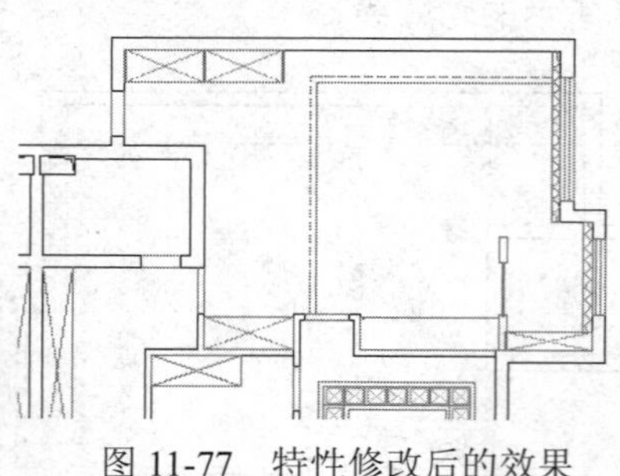

图 11-77 特性修改后的效果

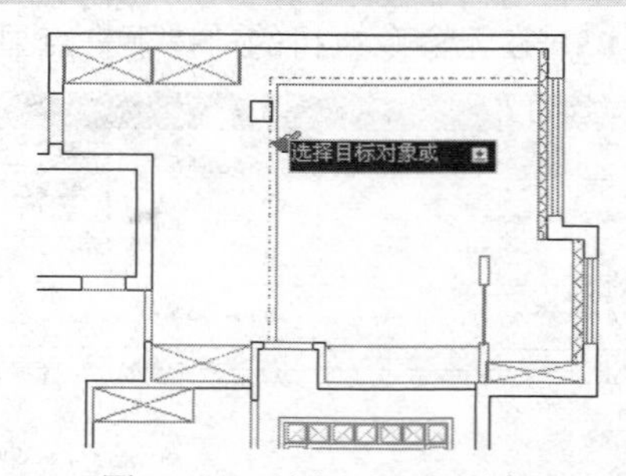

图 11-78 选择匹配源对象

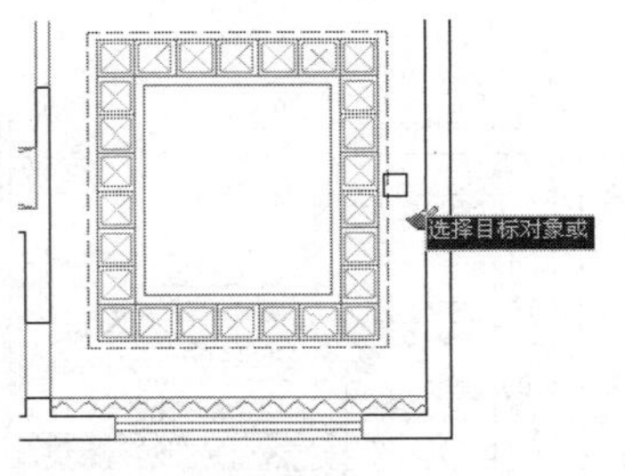

图 11-79 选择目标对象

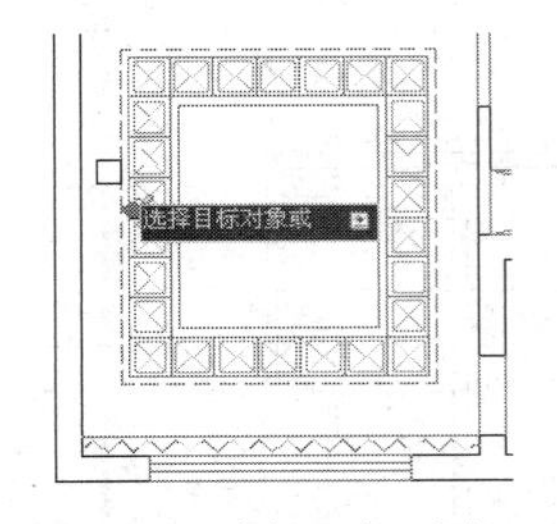

图 11-80 选择目标对象

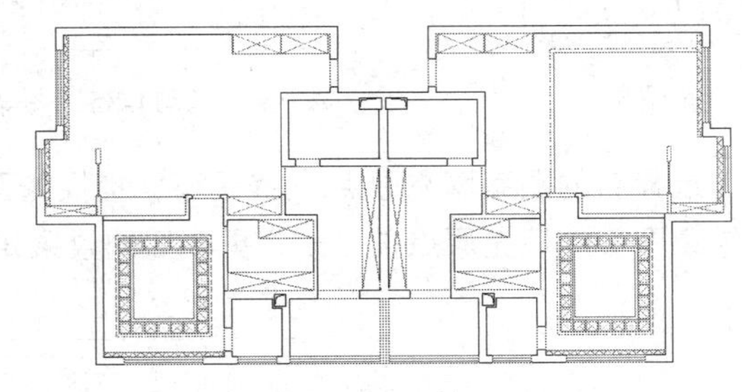

图 11-81 匹配结果

Step 09 使用快捷键 H 执行“图案填充”命令，打开“图案填充和渐变色”对话框。

Step 10 在“图案填充和渐变色”对话框中选择“用户定义”图案，同时设置图案的填充角度及填充间距参数，如图 11-82 所示。

Step 11 在“图案填充和渐变色”对话框中单击“添加：拾取点”按钮，然后返回绘图区分别在厨房和卫生间内单击左键，拾取填充边界，如图 11-83 所示。

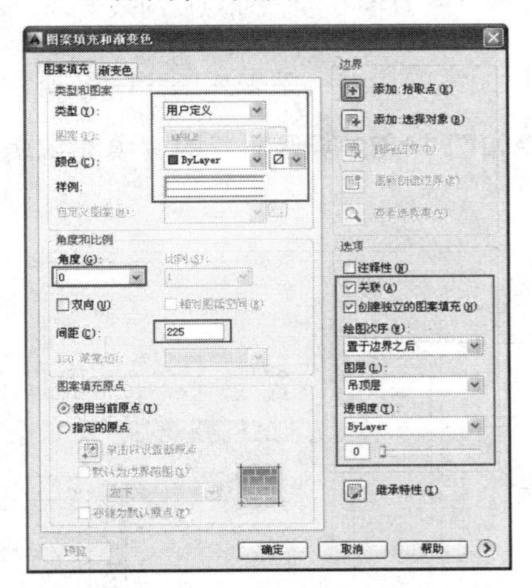

图 11-82 设置填充图案与参数

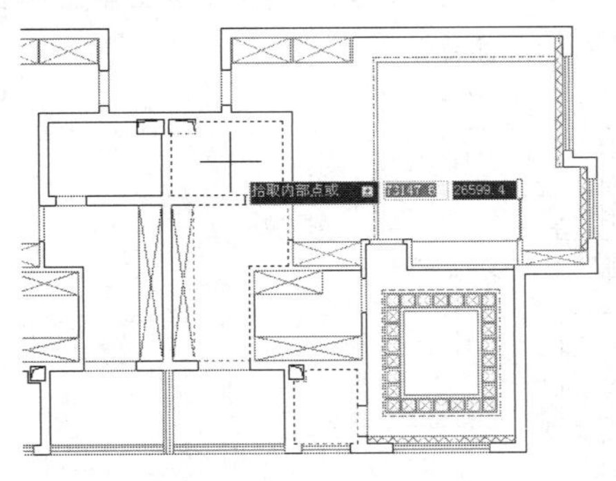

图 11-83 拾取填充边界

Step 12 返回“图案填充和渐变色”对话框后单击 确定 按钮，结束命令。填充后的结果如图 11-84 所示。

Step 13 在填充的图案上单击右键，选择右键菜单中的“设定原点”命令，如图 11-85 所示，重新设置图案的填充原点。

Note

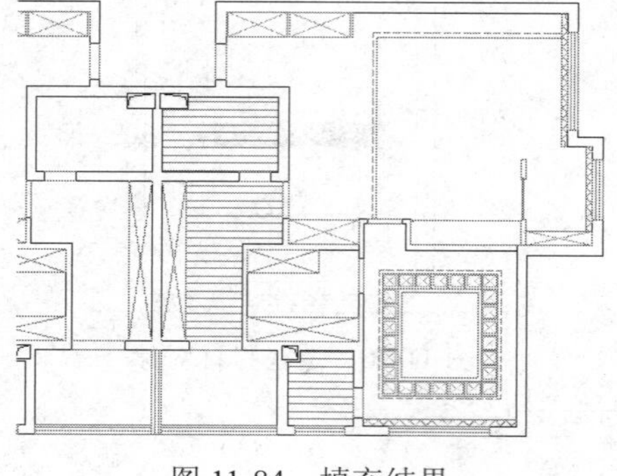

图 11-84　填充结果

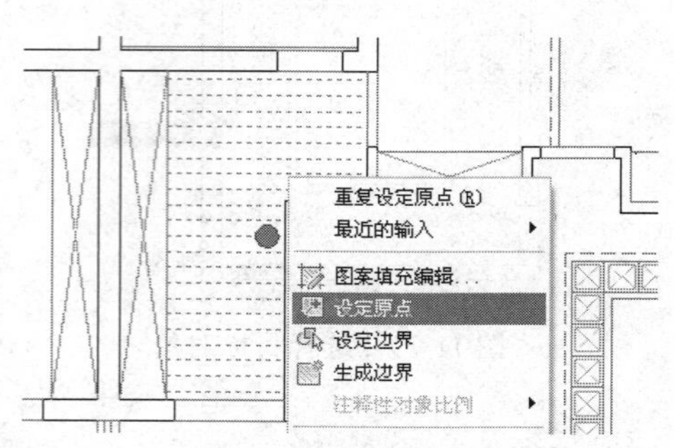

图 11-85　图案填充右键菜单

Step 14 此时在命令行“选择新的图案填充原点:”提示下，捕捉如图 11-86 所示的端点作为填充原点，结果图案的填充原点被更改。更改后的效果如图 11-87 所示。

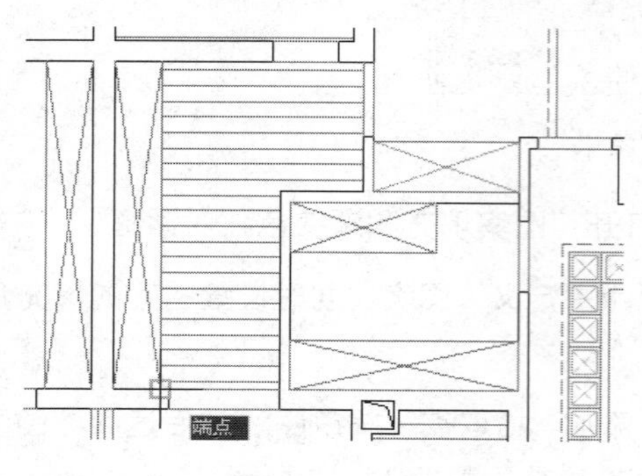

图 11-86　捕捉中点

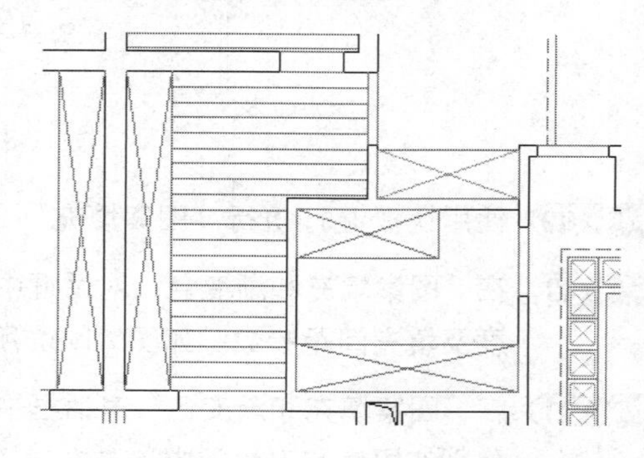

图 11-87　更改原点后的效果

Step 15 参照 13、14 操作步骤，更改卫生间内的吊顶图案的原点。结果如图 11-88 所示。

Step 16 在上侧的卫生间吊顶图案上单击右键，选择如图 11-89 所示的“图案填充编辑”命令。

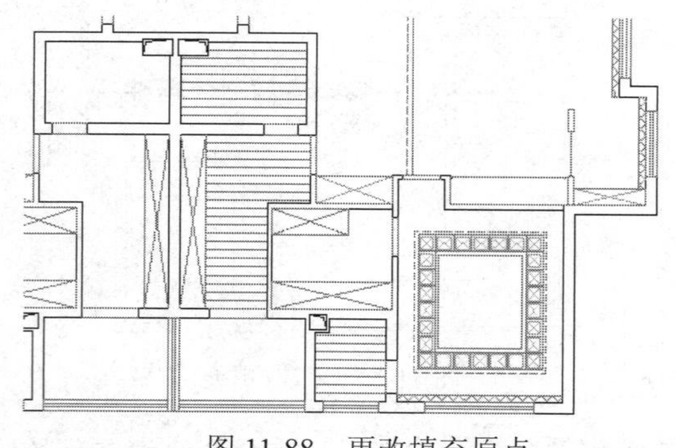

图 11-88　更改填充原点

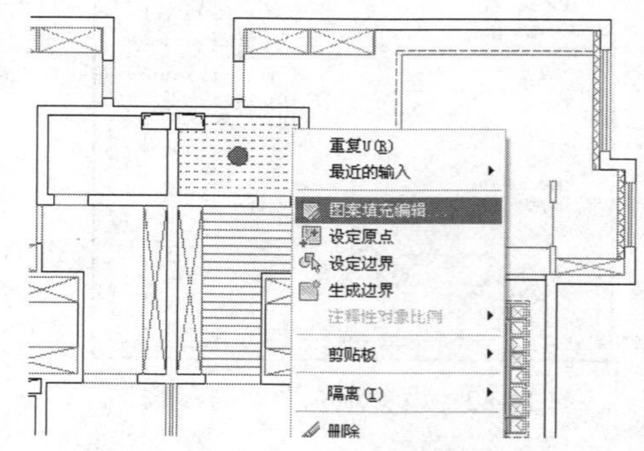

图 11-89　图案右键菜单

Step 17 在打开的“图案填充编辑”对话框中修改图案的填充角度为 90，如图 11-90 所示。修改后的图案效果如图 11-91 所示。

图案填充 渐变色
类型和图案
类型(Y): 用户定义
图案(P): DOLMIT
颜色(C): ByLayer
样例:
自定义图案(M):
角度和比例
角度(G): 90
比例(S): 1
双向(U)
相对图纸空间(E)
间距(C): 225

图 11-90　修改填充角度

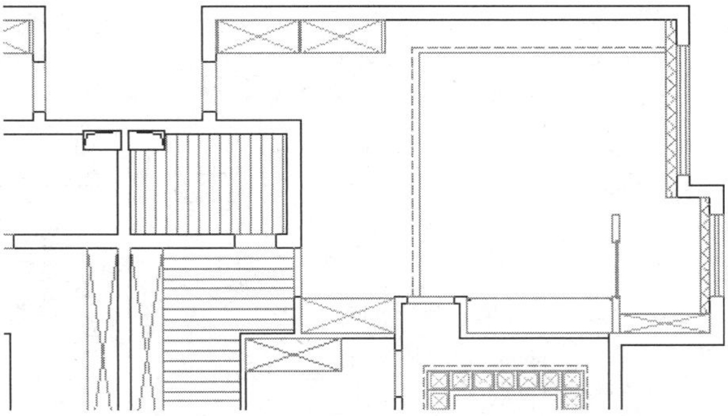

图 11-91　修改效果

Note

Step 18 使用快捷键 MI 执行“镜像”命令，对吊顶图案进行镜像。命令行操作如下：

```
    命令: MI
MIRROR 选择对象:                                //选择如图 11-92 所示的对象
选择对象:                                       //Enter
指定镜像线的第一点:                             //捕捉如图 11-93 所示的中点
指定镜像线的第二点:                             //@0,1Enter
要删除源对象吗? [是(Y)/否(N)] <N>:              //Enter，镜像结果如图 11-68 所示
```

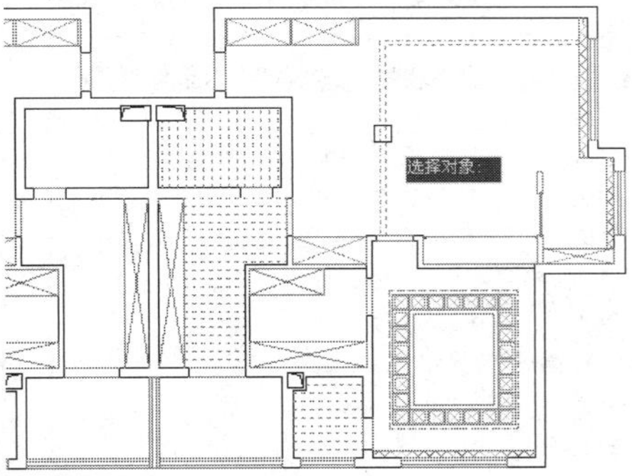

选择对象:

图 11-92　选择对象

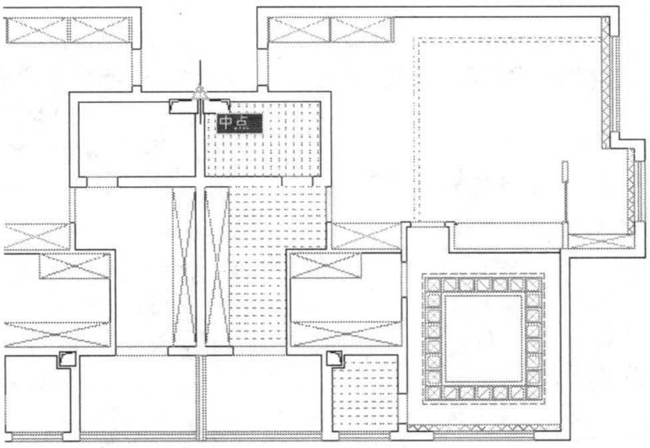

中点

图 11-93　捕捉中点

Step 19 执行“另存为”命令，将图形另名存储为“上机实训四.dwg”。

11.6 上机实训五——绘制居室吊顶灯具图

本例在综合所学知识的前提下，主要学习居室吊顶灯具图的具体绘制过程和绘制技巧。居室吊顶灯具图的最终绘制效果如图 11-94 所示。

Note

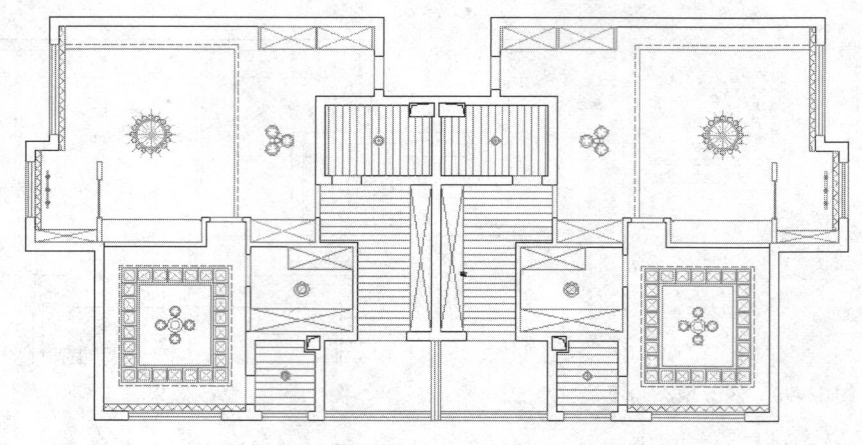

图 11-94　实例效果

操作步骤：

Step 01 继续上例操作，也可打开随书光盘中的"\效果文件\第 11 章\上机实训四.dwg"。

Step 02 执行"图层"命令，创建名为"灯具层"的新图层，图层颜色为 220 号色，并将其设置为当前图层，如图 11-95 所示。

状态	名称	开	冻结	锁定	颜色	线型	线宽	透明度	打印样式	打印	新视口冻
	0				白	Continuous	—— 默认	0	Normal		
✓	灯具层				220	Continuous	—— 默认	0	Normal		
	Defpoints				白	Continuous	—— 默认	0	Normal		
	尺寸层				蓝	Continuous	—— 默认	0	Normal		
	吊顶层				102	Continuous	—— 默认	0	Normal		
	门窗层				红	Continuous	—— 默认	0	Normal		
	面积层				180	Continuous	—— 默认	0	Normal		
	其他层				白	Continuous	—— 默认	0	Normal		
	墙线层				白	Continuous	1.00 毫米	0	Normal		
	天花层				92	Continuous	—— 默认	0	Normal		
	填充层				122	Continuous	—— 默认	0	Normal		

图 11-95　设置新图层

Step 03 打开状态栏上的"对象捕捉"与"对象追踪"功能，然后使用快捷键 I 执行"插入块"命令，打开"插入"对话框。

Step 04 在"插入"对话框中单击 浏览(B)... 按钮，打开"选择图形文件"对话框，选择随书光盘中的"\图块文件\艺术吊灯 02.dwg"，如图 11-96 所示。

Step 05 返回"插入"对话框，以默认的参数插入到客厅吊顶位置处。在命令行"指定插入点或 [基点(B)/比例(S)/旋转(R)]:"提示下，配合"对象捕捉"和"对象追踪"功能，引出如图 11-97 所示的两条中点追踪矢量。

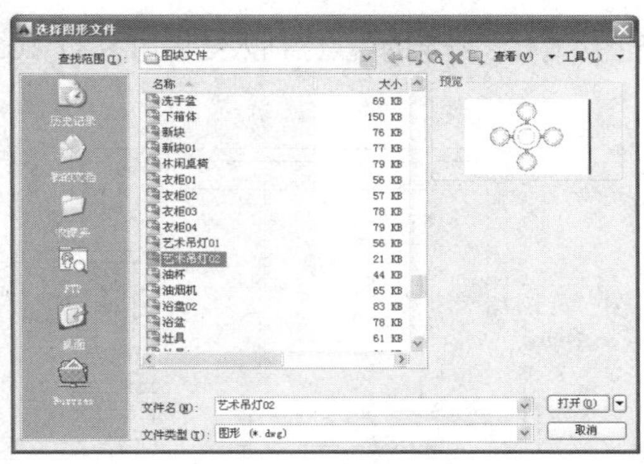
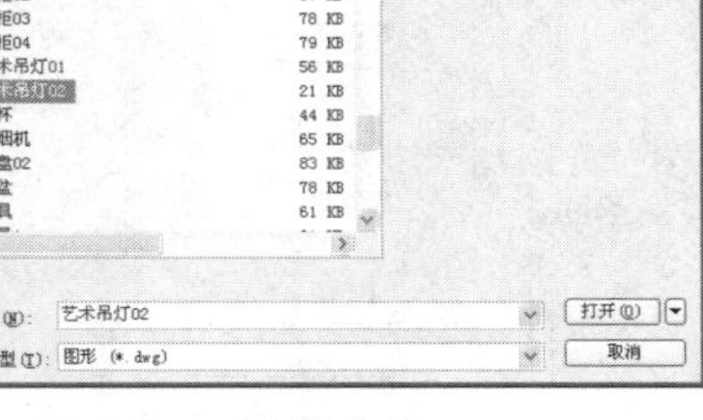

图 11-96　选择文件　　图 11-97　引出对象追踪矢量

Step 06 返回绘图区捕捉两条对象追踪虚线的交点作为插入点，插入结果如图 11-98 所示。

Step 07 重复执行“插入块”命令，在打开的“插入”对话框中单击 浏览(B)... 按钮，选择随书光盘中的“\图块文件\艺术吊灯 01.dwg”，如图 11-99 所示。

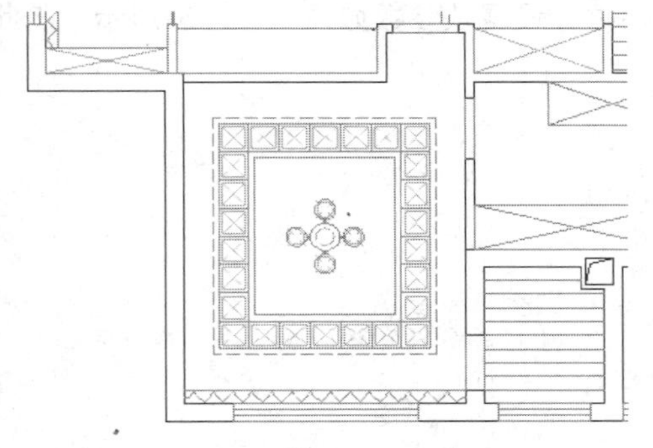

图 11-98　插入结果

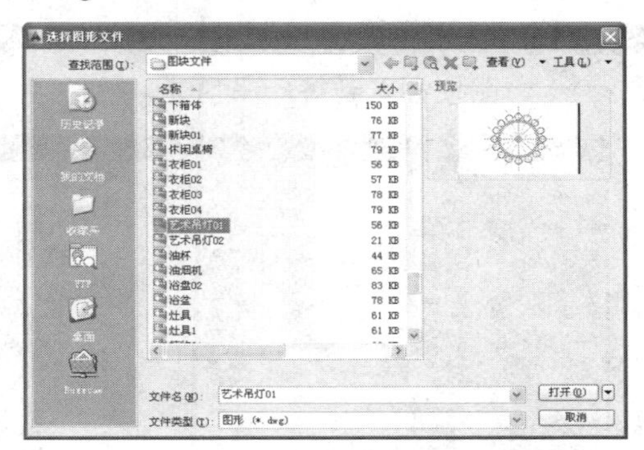

图 11-99　选择文件

Step 08 单击 打开(O) 按钮，返回“插入”对话框，设置块参数如图 11-100 所示，将此图块插入到客厅吊顶处。

Step 09 在命令行“指定插入点或 [基点(B)/比例(S)/旋转(R)]：”提示下，激活“两点之间的中点”功能。

Step 10 在命令行“_m2p 中点的第一点：”提示下捕捉如图 11-101 所示的中点。

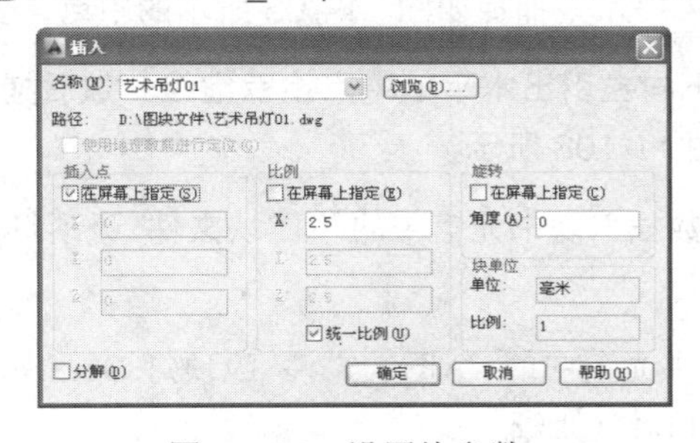

图 11-100　设置块参数

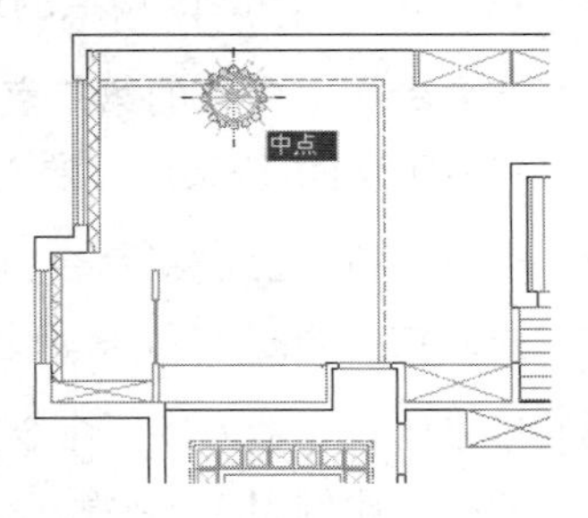

图 11-101　捕捉中点

Note

Step 11 在命令行“中点的第二点:”提示下捕捉如图 11-102 所示的中点，插入结果如图 11-103 所示。

图 11-102　捕捉中点

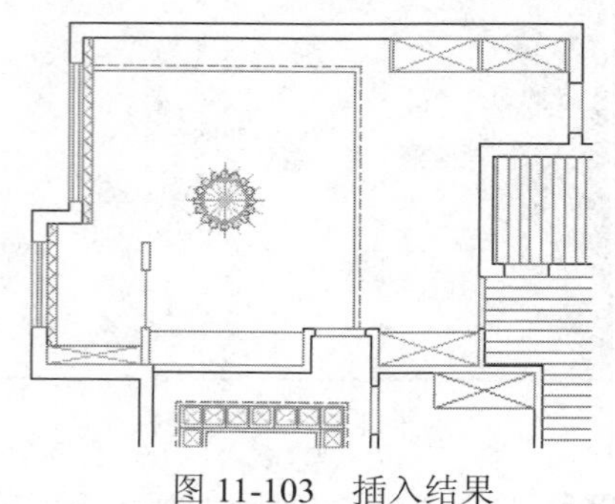

图 11-103　插入结果

Step 12 重复执行“插入块”命令，选择随书光盘中的“\图块文件\吊灯 01.dwg”，如图 11-104 所示。

Step 13 单击 打开(O) 按钮，返回“插入”对话框，设置块参数如图 11-105 所示，将此图块插入到餐厅吊顶处。

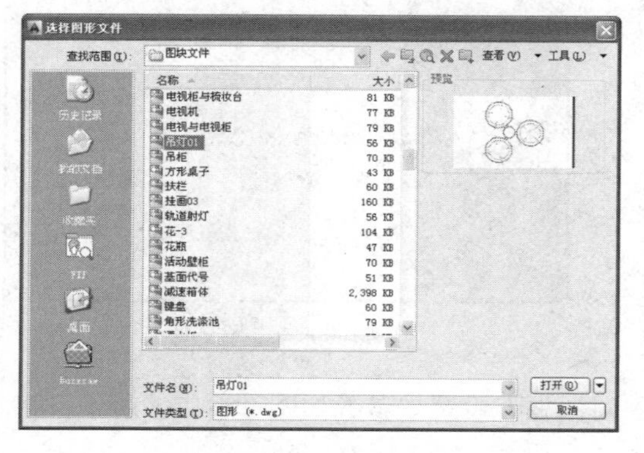

图 11-104　选择文件

图 11-105　设置块参数

Step 14 在命令行“指定插入点或 [基点(B)/比例(S)/旋转(R)]:”提示下，激活“两点之间的中点”功能。

Step 15 在命令行“_m2p 中点的第一点:”提示下捕捉如图 11-106 所示的中点。

Step 16 在命令行“中点的第二点:”提示下向左引出水平的中点追踪虚线，然后捕捉如图 11-107 所示的交点。插入结果如图 11-108 所示。

Step 17 重复执行“插入块”命令，以默认参数插入随书光盘中的“\图块文件\吸顶灯.dwg”。插入结果如图 11-109 所示。

Step 18 重复执行“插入块”命令，插入随书光盘中的“\图块文件\吸顶灯 03.dwg”，块的缩放比例为 1.2。插入结果如图 11-110 所示。

Step 19 使用快捷键 CO 执行“复制”命令，配合“插入点”和“两点之间的中点”功能对刚插入的吸顶灯进行复制。结果如图 11-111 所示。

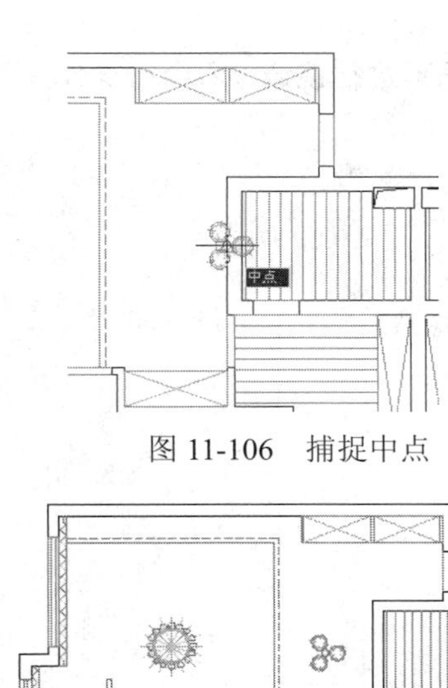

图 11-106　捕捉中点

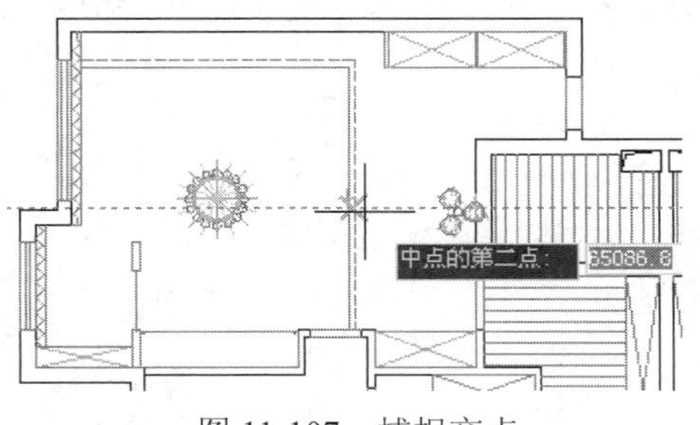

图 11-107　捕捉交点

图 11-108　插入结果

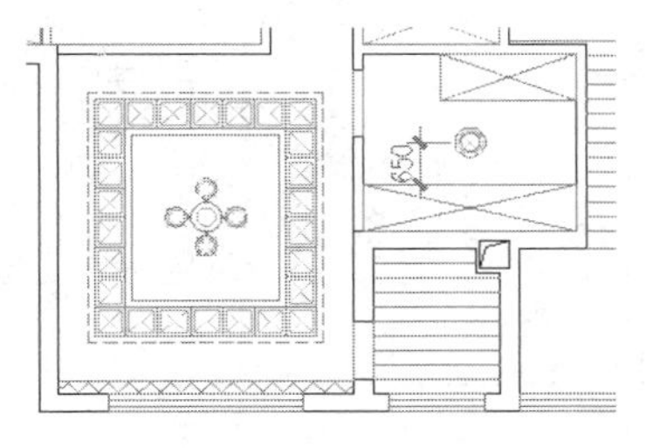

图 11-109　插入结果

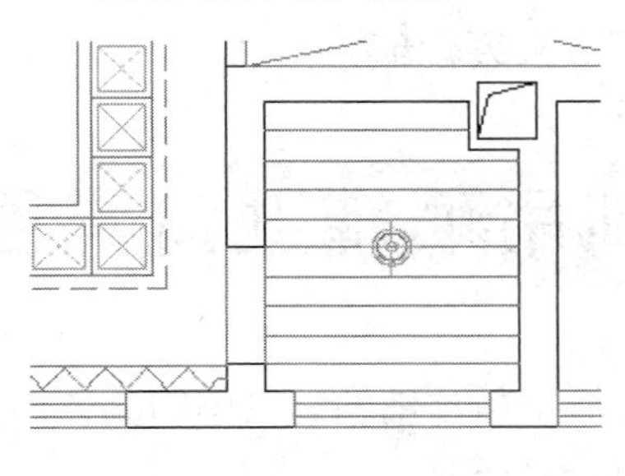

图 11-110　插入结果

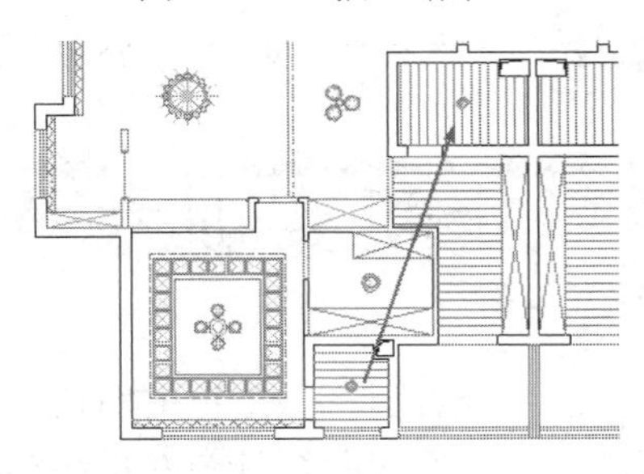

图 11-111　复制结果

Step 20 重复执行“插入块”命令，以默认参数插入随书光盘中的“\图块文件\轨道射灯.dwg”，在命令行“指定插入点或 [基点(B)/比例(S)/旋转(R)]: ”提示下，引出如图 11-112 所示的中点追踪虚线，然后输入 200 并按 Enter 键。插入结果如图 11-113 所示。

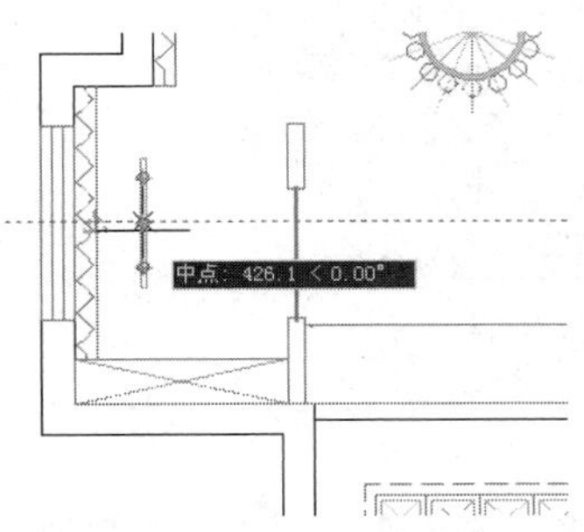

图 11-112　引出中点追踪虚线

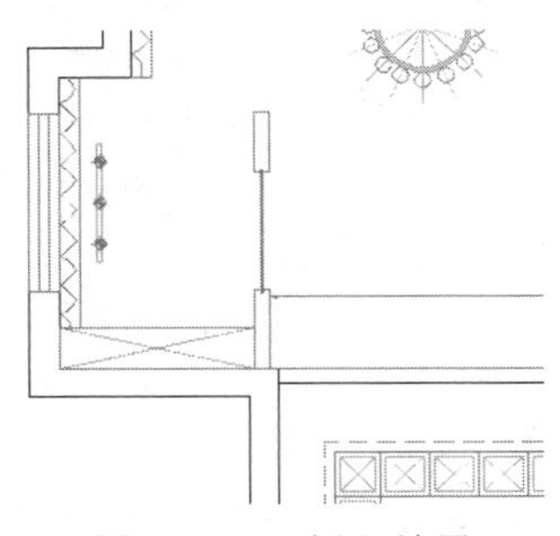

图 11-113　插入结果

Step 21 执行“快速选择”命令，以“图层”作为过滤条件，选择“灯具层”上的所有对象，如图 11-114 所示。

Note

Step 22 使用快捷键 MI 执行“镜像”命令，选择卧室造型吊顶进行镜像。命令行操作如下：

```
    命令：MI
MIRROR 找到 7 个
指定镜像线的第一点：                    //捕捉如图 11-115 所示的中点
指定镜像线的第二点：                    //@0,1Enter
要删除源对象吗？[是(Y)/否(N)] <N>：    //Enter，镜像结果如图 11-94 所示
```

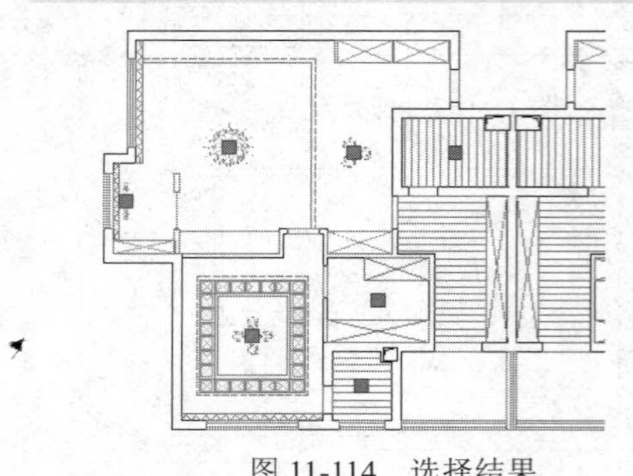

图 11-114　选择结果

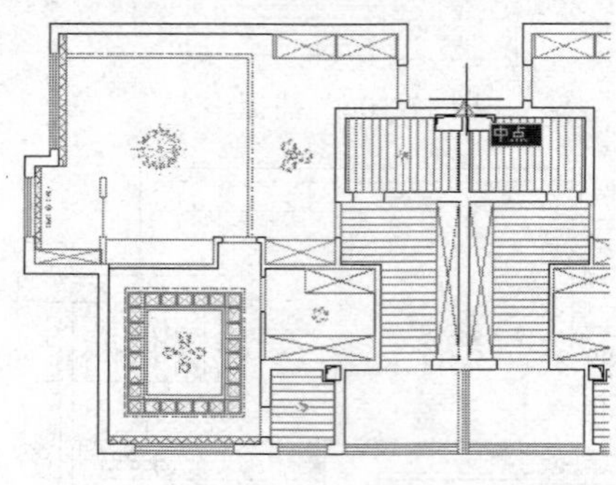

图 11-115　捕捉中点

Step 23 执行“另存为”命令，将图形另名存储为“上机实训五.dwg”。

11.7 上机实训六——绘制吊顶辅助灯具图

本例在综合巩固所学知识的前提下，主要学习居室吊顶辅助灯具图的具体绘制过程和绘制技巧。吊顶辅助灯具图的最终绘制效果如图 11-116 所示。

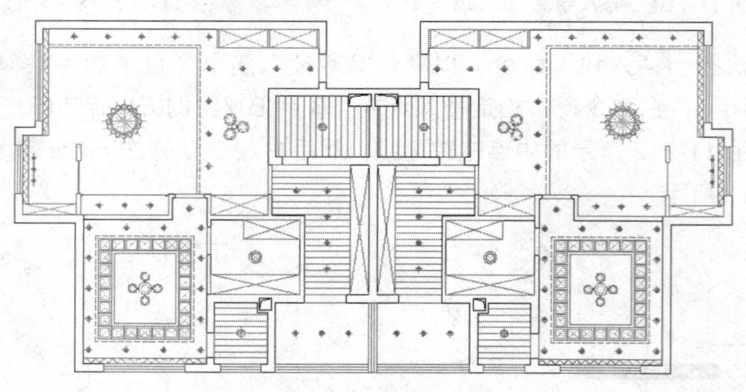

图 11-116　实例效果

操作步骤：

Step 01 继续上例操作，也可打开随书光盘中的“\效果文件\第 11 章\上机实训五.dwg”。

Step 02 执行“图层”命令，创建名为“灯具层”的新图层，图层颜色为 220 号色，并将其设置为当前图层，如图 11-117 所示。

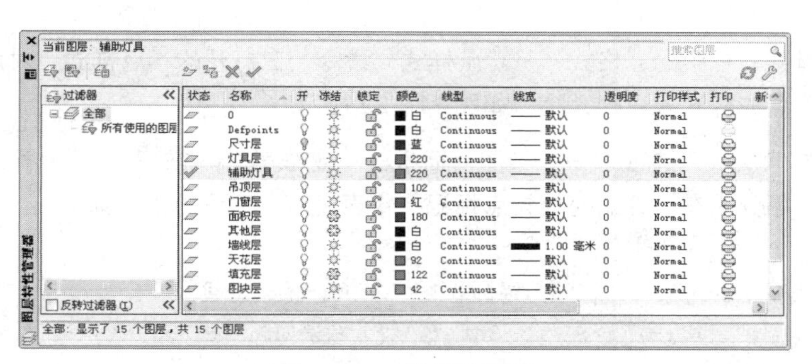

图 11-117　设置新图层

Step 03 单击“默认”选项卡→“修改”面板→“偏移”按钮，选择客厅位置的灯带轮廓线向上侧偏移 300 个单位。结果如图 11-118 所示。

Step 04 选择菜单栏中的“绘图”→“矩形”命令，配合“捕捉自”功能绘制卧室位置的灯具定位辅助线。命令行操作如下：

```
    命令：_rectang
指定第一个角点或 [倒角(C)/标高(E)/圆角(F)/厚度(T)/宽度(W)]：  //激活“捕捉自”功能
 _from 基点：         //捕捉如图 11-119 所示的端点
<偏移>：              //@200,300
指定另一个角点或 [面积(A)/尺寸(D)/旋转(R)]：
//@3990,4455，结束命令，绘制结果如图 11-120 所示
```

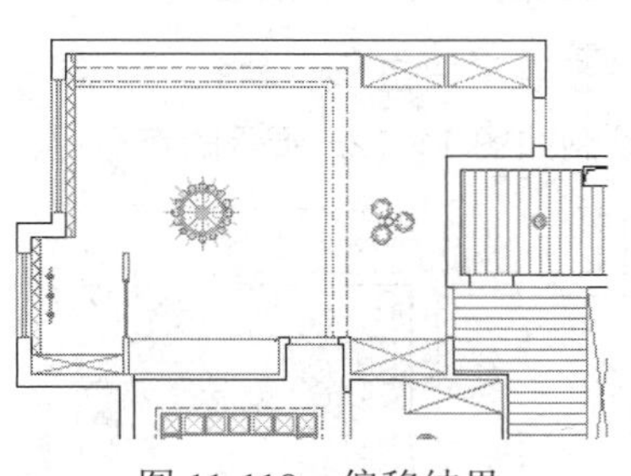

图 11-118　偏移结果

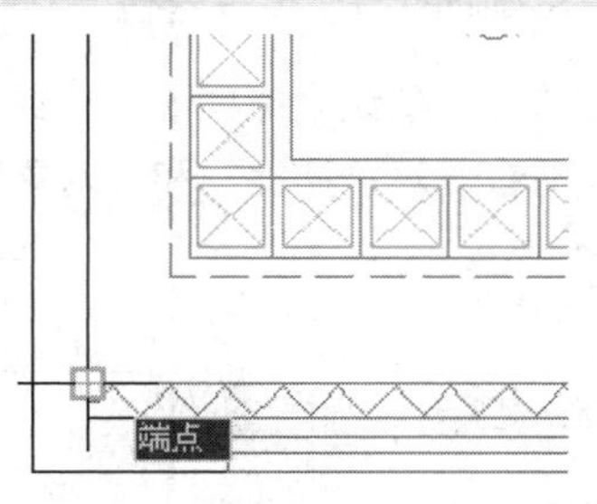

图 11-119　捕捉端点

Step 05 使用快捷键 X 执行“分解”命令，将偏移出的多段线和刚绘制的矩形分解。

Step 06 选择菜单栏中的“绘图”→“直线”命令，配合捕捉和追踪捕捉功能绘制其他位置的灯具定位辅助线。结果如图 11-121 所示。

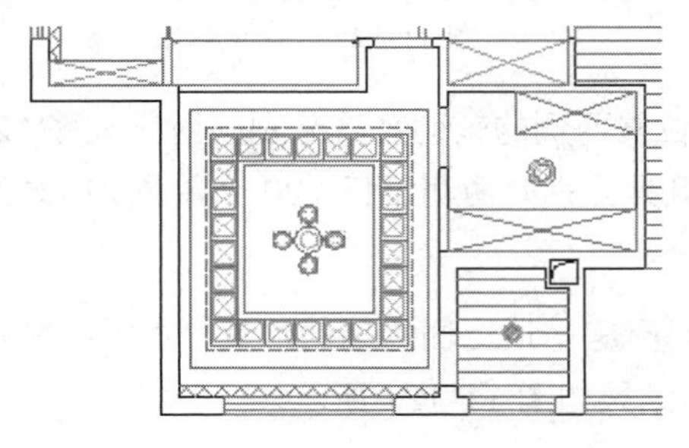

图 11-120　绘制结果

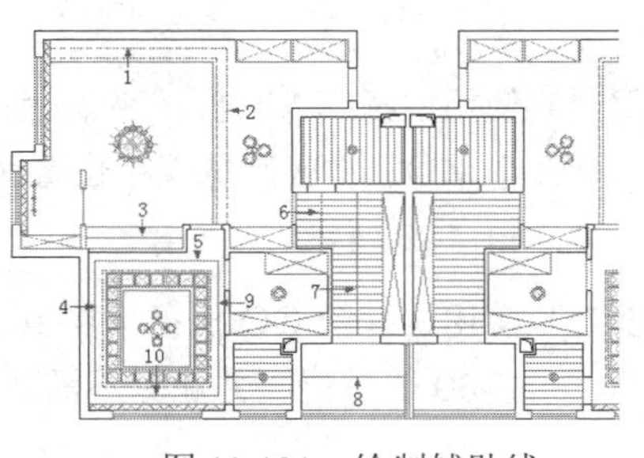

图 11-121　绘制辅助线

Note

Step 07 选择菜单栏中的“格式”→“点样式”命令，在打开的“点样式”对话框中，设置当前点的样式和点的大小，如图 11-122 所示。

Step 08 单击“默认”选项卡→“绘图”面板→“定数等分”按钮，为餐厅灯具定位线进行等分，在等分点处放置点标记，代表筒灯。命令行操作如下：

```
    命令：_divide
选择要定数等分的对象：        //选择图 11-121 所示的辅助线 5
输入线段数目或 [块(B)]：      //3 Enter，等分结果如图 11-123 所示
```

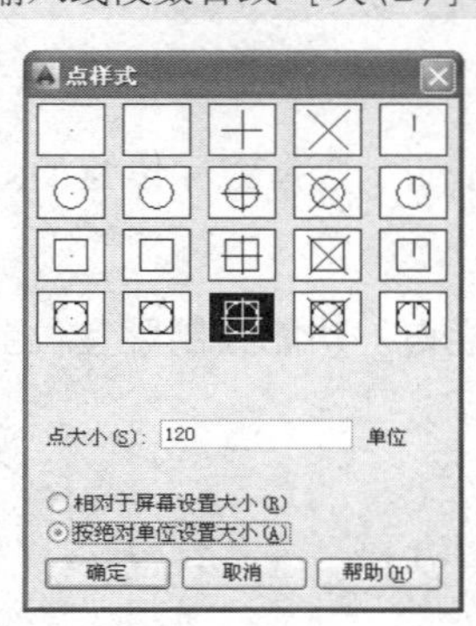

图 11-122　设置点样式

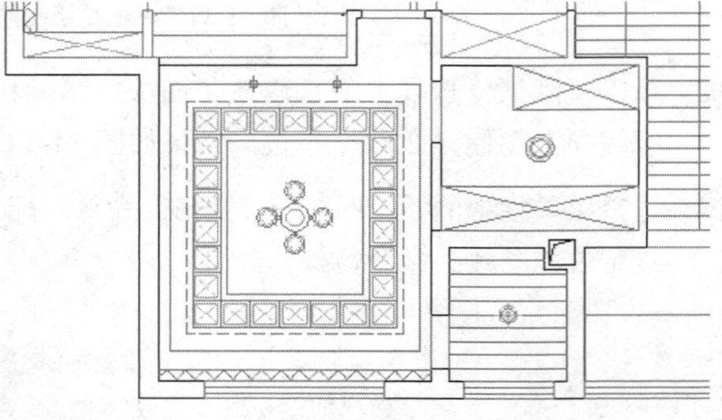

图 11-123　等分结果

Step 09 重复执行“定数等分”命令，将图 11-121 所示的辅助线 3、4、8、9 等分四份，将辅助线 10 等分三份，将辅助线 7 等分五份。等分结果如图 11-124 所示。

Step 10 单击“默认”选项卡→“绘图”面板→“多点”按钮，执行“多点”命令，然后配合“对象捕捉”和“对象追踪”功能绘制如图 11-125 所示的点标记，作为筒灯。

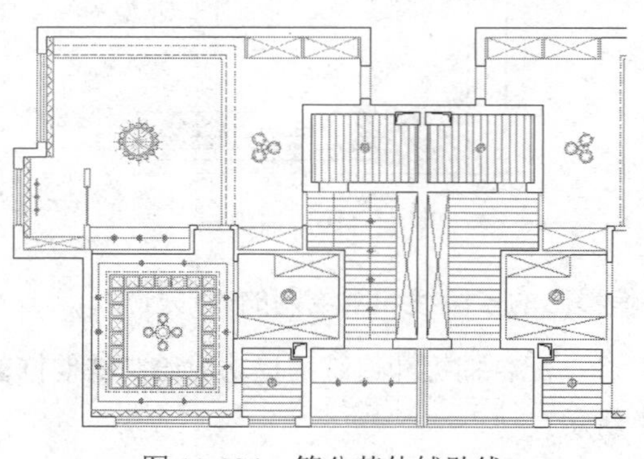

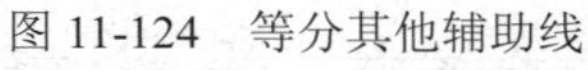

图 11-124　等分其他辅助线

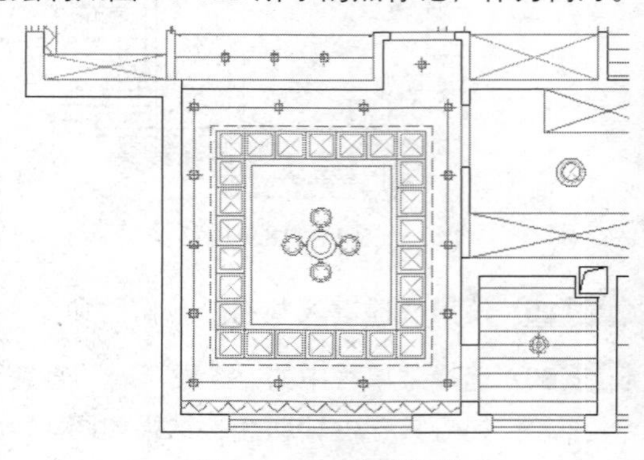

图 11-125　绘制结果

Step 11 使用快捷键 M 执行“移动”命令，将阳台位置两侧的辅助灯具分别向两侧位移 122.5 个单位，将客厅电视柜位置两侧的辅助灯具分别向两侧位移 120 个单位。结果如图 11-126 所示。

Step 12 使用快捷键 CO 执行“复制”命令，选择厨房吊顶上侧的辅助灯具，水平向左复制 1100 个单位，并删除不需要的辅助线。结果如图 11-127 所示。

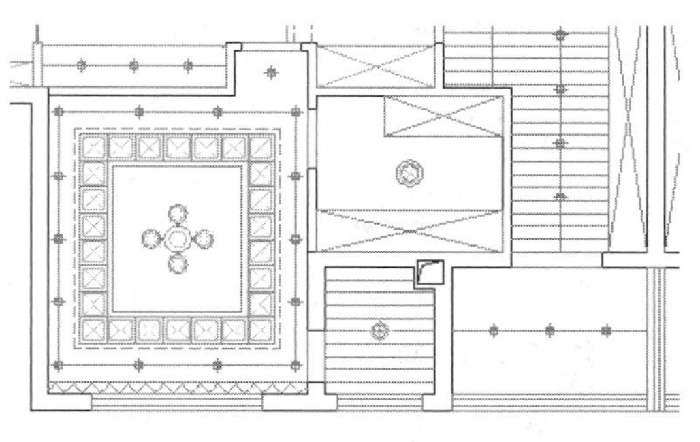

图 11-126　位移结果

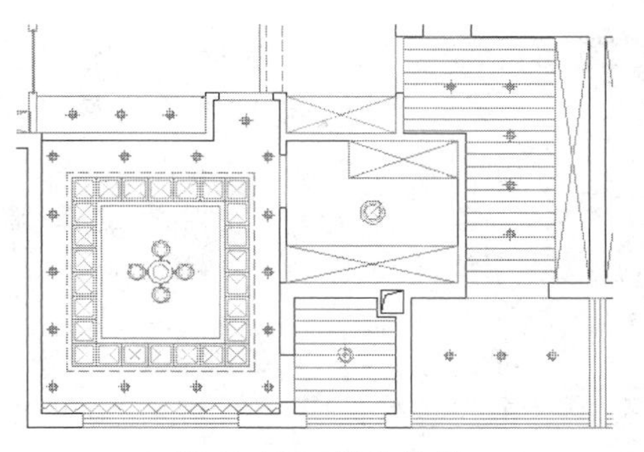

图 11-127　操作结果

Step 13 单击“默认”选项卡→“绘图”面板→“定距等分”按钮，执行“定距等分”命令，为辅助线进行定距等分，在等分点处放置点标记代表筒灯。命令行操作如下：

```
    命令: _measure
选择要定距等分的对象:        //在如图 11-128 所示的位置单击
指定线段长度或 [块(B)]:     //1200 Enter
  命令: _measure
选择要定距等分的对象:        //在如图 11-129 所示的位置单击
指定线段长度或 [块(B)]:     //1200 Enter，等分结果如图 11-130 所示
```

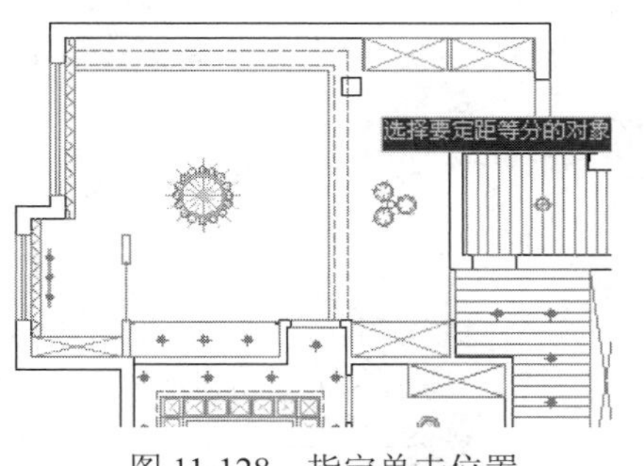

图 11-128　指定单击位置

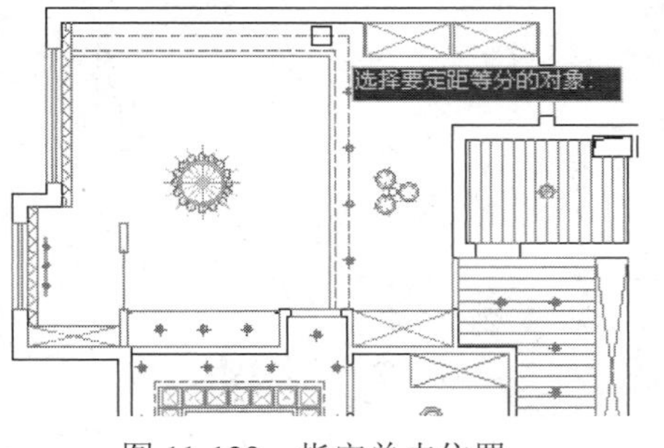

图 11-129　指定单击位置

Step 14 选择菜单栏中的“绘图”→“点”→“单点”命令，配合端点捕捉或交点捕捉功能绘制如图 11-131 所示的点作为辅助灯具。

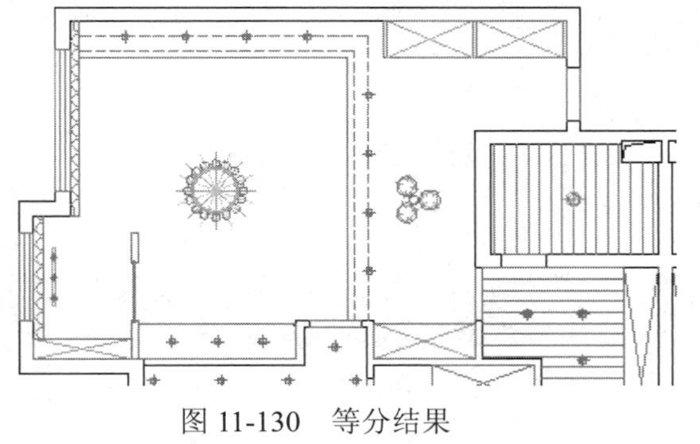

图 11-130　等分结果

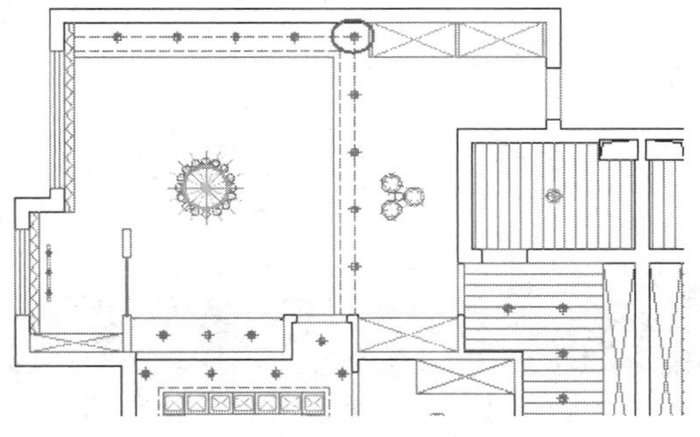

图 11-131　绘制结果

Step 15 使用快捷键 E 执行“删除”命令，删除灯具定位辅助线。结果如图 11-132 所示。

Step 16 单击“默认”选项卡→“修改”面板→“矩形阵列”按钮▦，配合窗口选择工具对筒灯进行阵列。命令行操作如下：

```
    命令: _arrayrect
  选择对象:               //窗口选择如图 11-133 所示的筒灯
  选择对象:               //Enter
  类型 = 矩形  关联 = 是
  选择夹点以编辑阵列或 [关联(AS)/基点(B)/计数(COU)/间距(S)/列数(COL)/行数(R)/层数(L)/退出(X)] <退出>:              //COU Enter
  输入列数数或 [表达式(E)] <4>:   //4 Enter
  输入行数数或 [表达式(E)] <3>:   //1 Enter
  选择夹点以编辑阵列或 [关联(AS)/基点(B)/计数(COU)/间距(S)/列数(COL)/行数(R)/层数(L)/退出(X)] <退出>:                        //S Enter
  指定列之间的距离或 [单位单元(U)] <401.1296>:   //1200 Enter
  指定行之间的距离 <517.6271>:                  //1 Enter
  选择夹点以编辑阵列或 [关联(AS)/基点(B)/计数(COU)/间距(S)/列数(COL)/行数(R)/层数(L)/退出(X)] <退出>:                  //Enter，阵列结果如图 11-134 所示
```

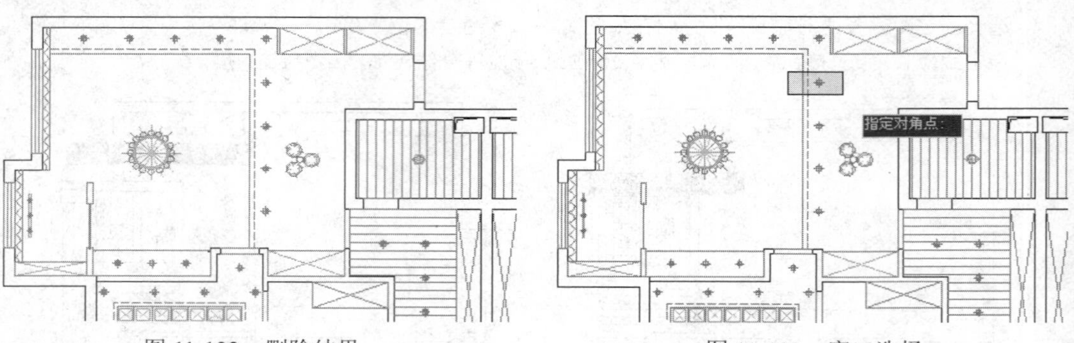

图 11-132　删除结果　　　　图 11-133　窗口选择

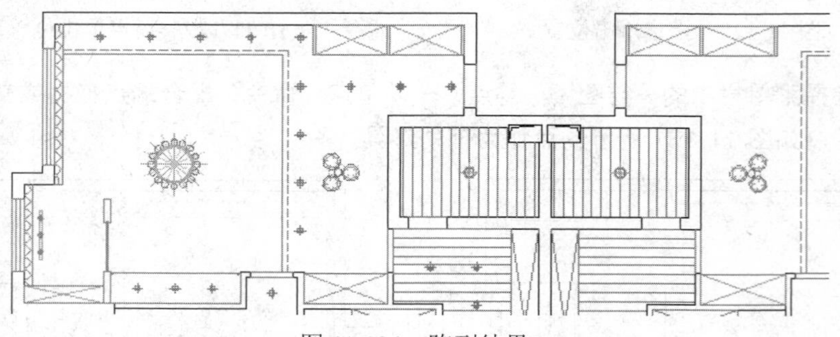

图 11-134　阵列结果

小技巧：

在此也可以使用“复制”命令中的“阵列”功能，快速创建其他位置的灯具。

Step 17 执行“快速选择”命令，以“图层”作为过滤条件，选择“辅助灯具”上的所有对

象，如图 11-135 所示。

Step 18 使用快捷键 MI 执行“镜像”命令，选择卧室造型吊顶进行镜像。命令行操作如下：

```
  命令：MI
MIRROR 找到 38 个
指定镜像线的第一点：                        //捕捉如图 11-136 所示的中点
指定镜像线的第二点：                        //@0,1Enter
要删除源对象吗？[是(Y)/否(N)] <N>:         //Enter，镜像结果如图 11-116 所示
```

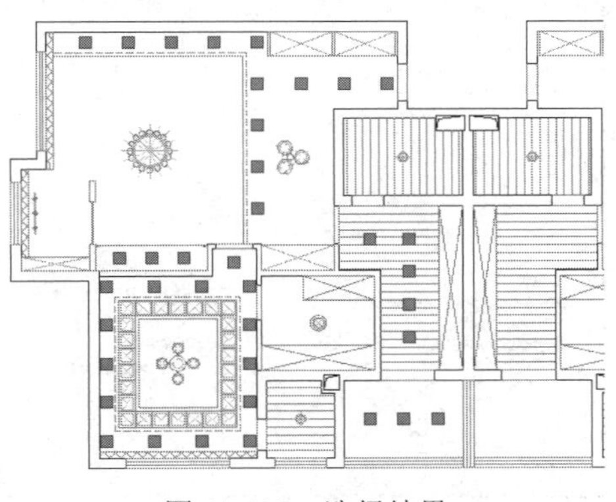

图 11-135　选择结果

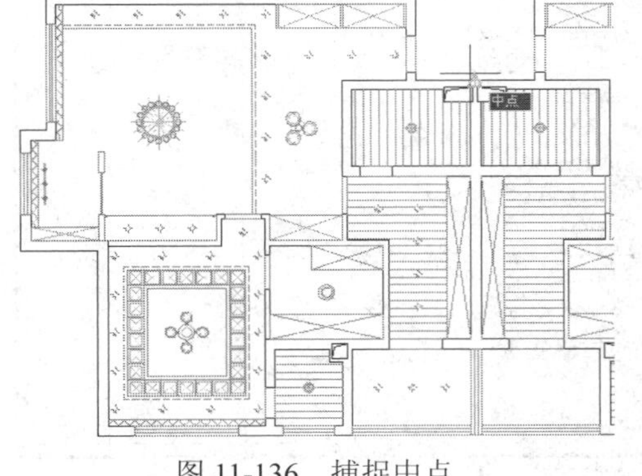

图 11-136　捕捉中点

Step 19 执行“另存为”命令，将图形另名存储为“上机实训六.dwg”。

11.8 上机实训七——标注吊顶图文字与尺寸

本例在综合巩固所学知识的前提下，主要学习居室吊顶图引线注释、尺寸的快速标注过程和标注技巧。居室吊顶图引线注释和尺寸的最终标注效果如图 11-137 所示。

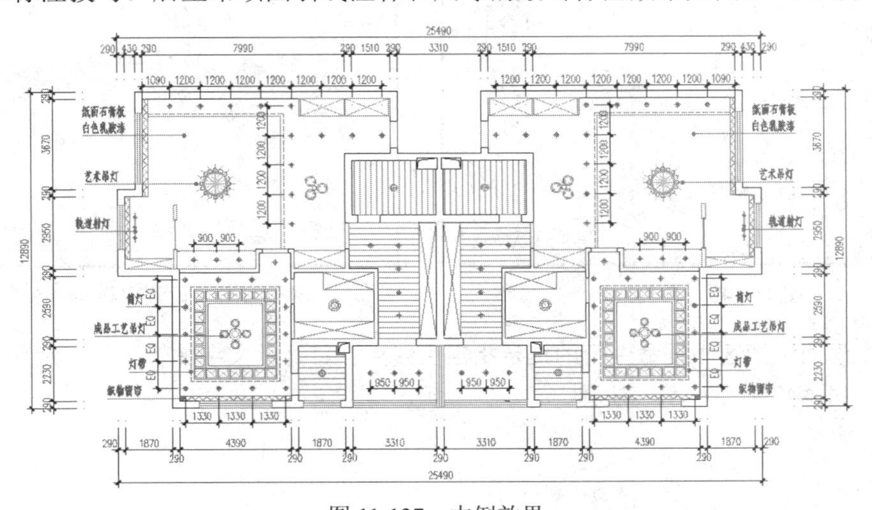

图 11-137　本例效果

Note

操作步骤：

Step 01 继续上例操作，也可打开随书光盘中的“\效果文件\第 11 章\上机实训六.dwg ”。

Step 02 使用快捷键 LA 执行“图层”命令，将“文本层”设置为当前图层。

Step 03 使用快捷键 D 执行“标注样式”命令，在打开的“标注样式管理器”对话框内替代当前标注样式，如图 11-138 和图 11-139 所示。

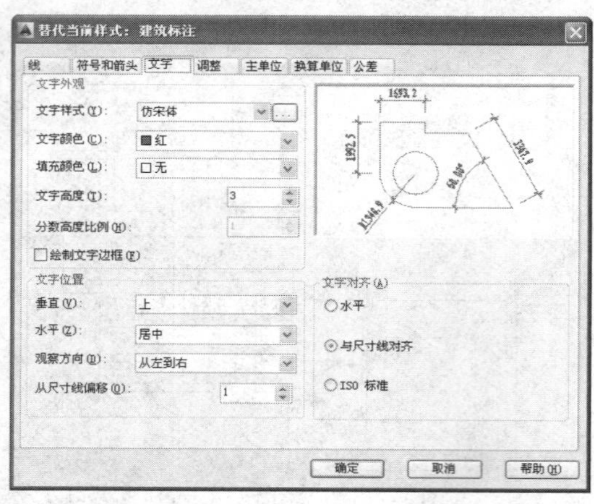

图 11-138　替代文字参数

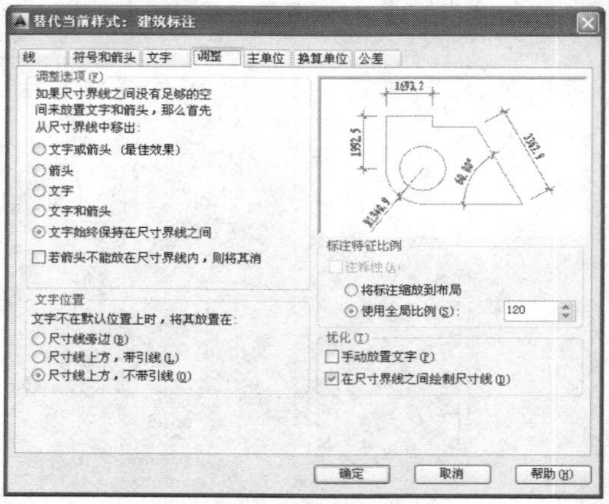

图 11-139　替代调整选项

Step 04 单击 确定 按钮返回“标注样式管理器”对话框，标注样式的替代效果如图 11-140 所示。

Step 05 使用快捷键 LE 执行“快速引线”命令，根据命令行的提示激活“设置”选项。设置引线参数如图 11-141 和图 11-142 所示。

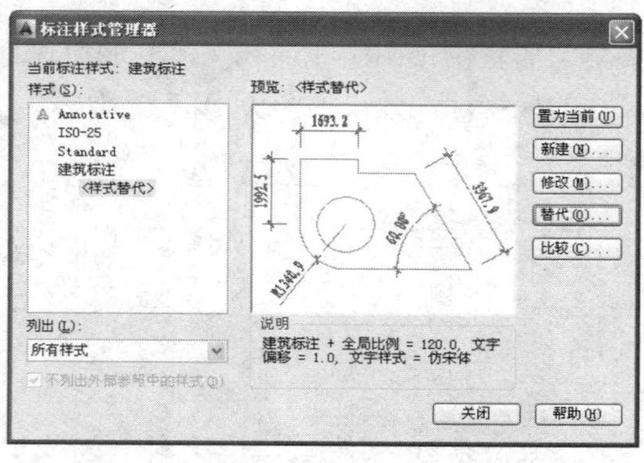

图 11-140　替代效果

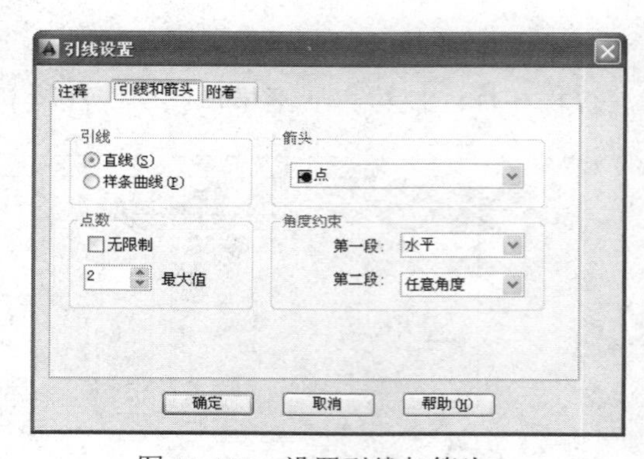

图 11-141　设置引线与箭头

Step 06 返回绘图区根据命令行的提示指定引线点，打开“文字编辑器”，然后输入如图 11-143 所示的引线注释。

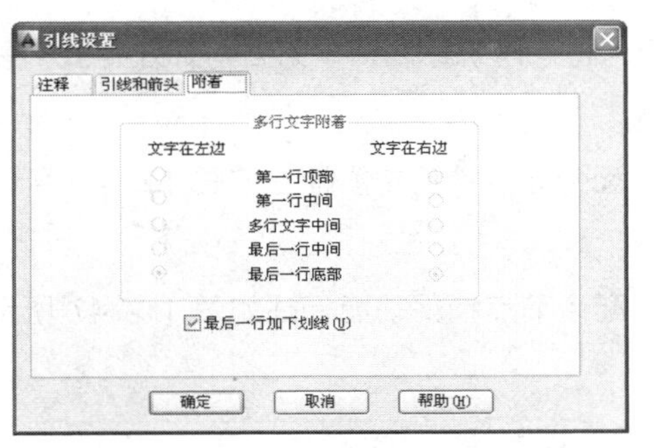

图 11-142　设置附着方式

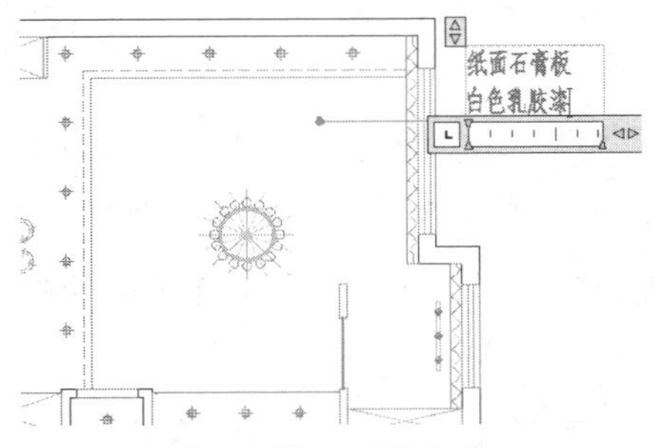

图 11-143　输入引线注释

Step 07 重复执行“快速引线”命令，分别标注其他位置的引线注释。结果如图 11-144 所示。

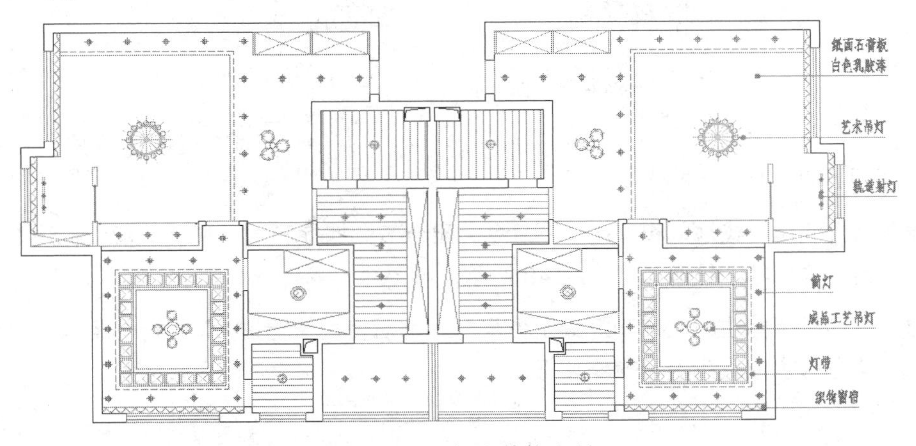

图 11-144　标注其他注释

Step 08 展开“图层控制”下拉列表，打开“尺寸层”，并将其设置为当前图层。吊顶图的显示结果如图 11-145 所示。

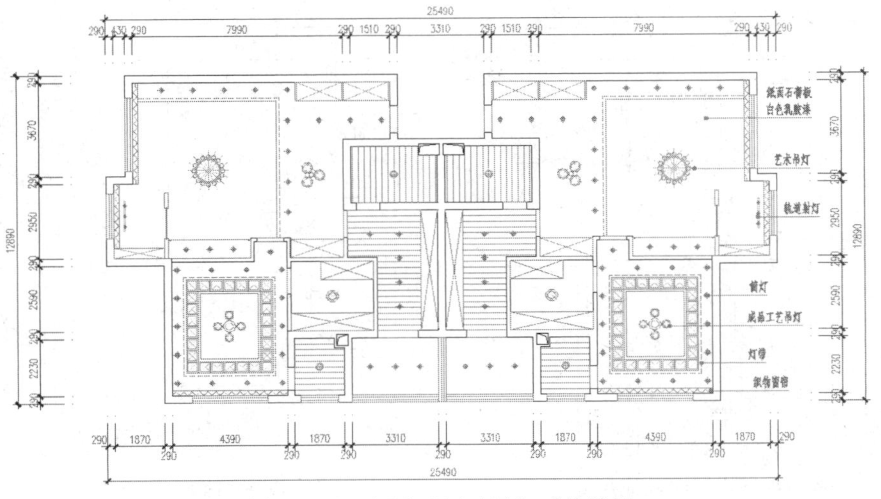

图 11-145　解冻“尺寸层”后的效果

Note

Step 09 使用快捷键 D 执行"标注样式"命令，将"建筑标注"设为当前标注样式，并删除替代标注样式。

Step 10 单击"标注"菜单中的"线性"命令，配合节点捕捉功能标注如图 11-146 所示的定位尺寸。

Step 11 单击"标注"菜单中的"连续"命令，配合节点捕捉功能标注如图 11-147 所示的连续尺寸。

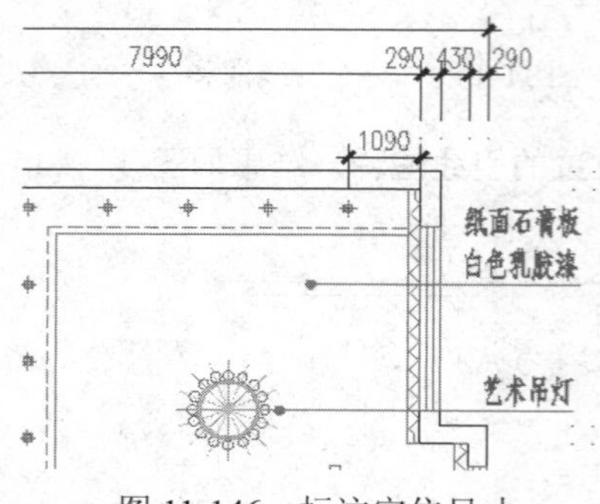

图 11-146　标注定位尺寸

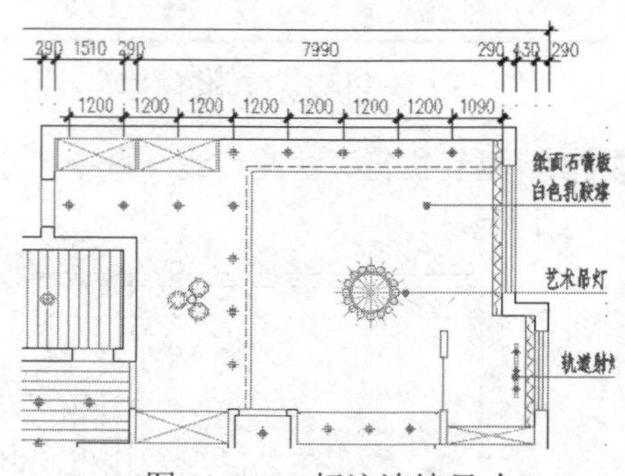

图 11-147　标注连续尺寸

Step 12 综合使用"线性"和"连续"命令，配合节点捕捉和端点捕捉功能，标注其他位置的定位尺寸。结果如图 11-148 所示。

Step 13 夹点显示标注的文字和灯具定位尺寸，然后使用快捷键 MI 执行"镜像"命令，对其进行镜像。命令行操作如下：

```
命令：MI
MIRROR 找到 37 个
指定镜像线的第一点：                    //捕捉如图 11-149 所示的中点
指定镜像线的第二点：                    //@0,1Enter
要删除源对象吗？[是(Y)/否(N)] <N>：     //Enter，镜像结果如图 11-137 所示
```

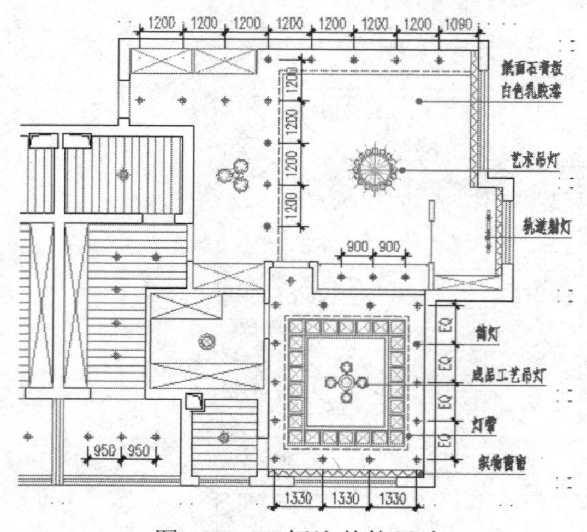

图 11-148　标注其他尺寸

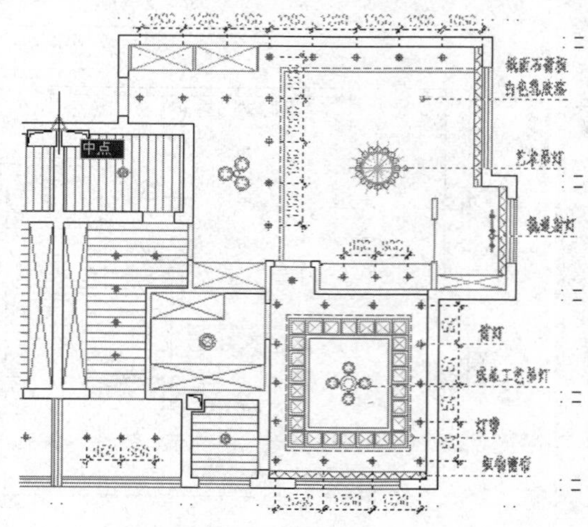

图 11-149　捕捉中点

Step 14 执行“另存为”命令，并将图形另名存储为“上机实训七.dwg”。

11.9 小结与练习

11.9.1 小结

本章主要学习了居室吊顶平面图的绘制过程和绘制技巧。在具体的绘制过程中，主要分为吊顶墙体图、吊顶构件图、造型吊顶图、吊顶灯具图以及吊顶图文字尺寸的标注等操作流程。在绘制吊顶平面图时，巧妙使用了“图案填充”工具中的用户定义图案，快速创建出卫生间吊顶图案，此种技巧有极强的代表性；在布置灯具时，则综合使用了“插入块”、“点等分”等多种工具，以绘制点标记来代表吊顶筒灯，这种操作技法简单直接，巧妙方便。

希望读者通过本章的学习，在学习应用相关命令工具的基础上，理解和掌握吊顶平面图的表达内容、绘制思路和具体的绘制过程。

11.9.2 练习

1. 综合运用所学知识，绘制如图 11-150 所示的会议室吊顶布置图（局部尺寸自定）。

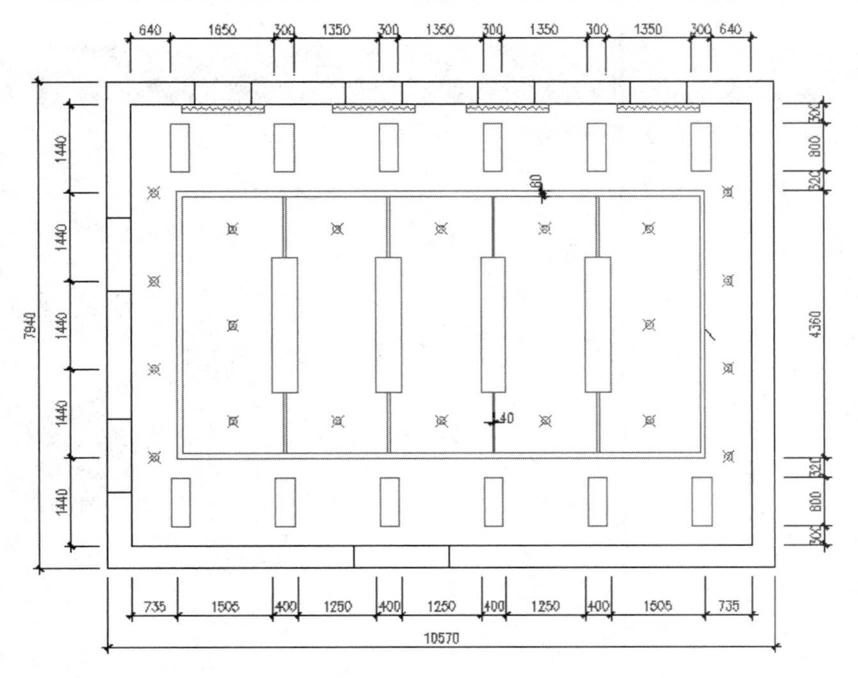

图 11-150　练习一

Note

2. 综合运用所学知识，绘制并标注如图 11-151 所示的多居室户型吊顶装修图（局部尺寸自定）。

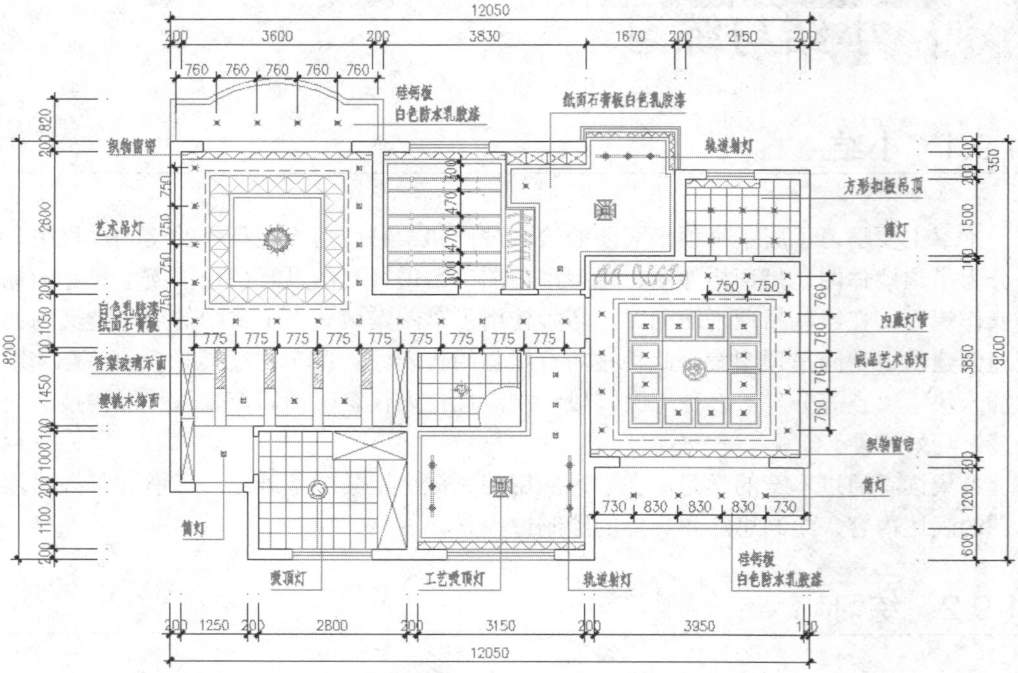

图 11-151　练习二

操作提示：

本练习所需图块文件位于随书光盘中的“\图块文件\”目录下。

室内装修立面图设计

本章在简单了解室内装修立面图表达内容及形成特点等相关理论知识的前提下，主要学习客厅、卧室、厨房、书房里居室空间立面图的绘制过程和相关绘图技能。

内容要点

- 立面图理论概述
- 上机实训一——绘制客厅立面图
- 上机实训二——标注客厅立面图
- 上机实训三——绘制卧室立面图
- 上机实训四——标注卧室立面图
- 上机实训五——绘制厨房立面图
- 上机实训六——标注厨房立面图
- 上机实训七——绘制书房立面图

Note

12.1 立面图理论概述

本小节主要简单概述室内立面图的功能内容、形成方式、表达内容以及绘图思路等设计理论知识。

12.1.1 立面图的功能内容

建筑立面图主要用于表明建筑内部某一装修空间的立面形式、尺寸及室内配套布置等内容，其图示内容如下：

- ✧ 在居室立面图中，具体需要表现出室内空间立面上的各种装饰品，如壁画、壁挂、金属等的式样、位置和大小尺寸。
- ✧ 在居室立面图上还需要体现出门窗、花格、装修隔断等构件的高度尺寸和安装尺寸，以及家具和室内配套产品的安放位置和尺寸等内容。
- ✧ 如果采用剖面图形表示居室立面图，还要表明顶棚的选级变化以及相关的尺寸。
- ✧ 必要时需配合文字说明其饰面材料的品名、规格、色彩和工艺要求等。

12.1.2 立面图的形成方式

居室立面图的形成方式主要有以下三种方式：

- ✧ 假想将室内空间垂直剖开，移去剖切平面前的部分，对余下的部分作正投影而成。这种立面图实质上是带有立面图示的剖面图。它所示图像的进深感比较强，并能同时反映顶棚的选级变化。但此种形式的缺点是剖切位置不明确（在平面布置上没有剖切符号，仅用投影符号表明视向），其剖面图示安排较难与平面布置图和顶棚平面图相对应。
- ✧ 假想将室内各墙面沿面与面相交处拆开，移去暂时不予图示的墙面，将剩下的墙面及其装饰布置，向铅直投影面作投影而成。这种立面图不出现剖面图像，只出现相邻墙面及其上装饰构件与该墙面的表面交线。
- ✧ 设想将室内各墙面沿某轴阴角拆开，依次展开，直至都平等于同一铅直投影面，形成立面展开图。这种立面图能将室内各墙面的装饰效果连贯地展示在人们眼前，以便人们研究各墙面之间的统一与反差及相互衔接关系，对室内装饰设计与施工有着重要作用。

12.1.3　立面图的绘制流程

在设计并绘制室内立面图时，具体可以参照如下思路：

（1）根据布置图定位出需要投影的立面，并绘制主体轮廓线。
（2）绘制立面内部构件定位线。
（3）为立面图布置各种装饰家具和装饰图块。
（4）填充立面装饰图案。
（5）标注立面图墙面材质注释。
（6）标注立面图墙面尺寸以及各构件的安装尺寸。

12.2　上机实训——绘制客厅立面图

本例在综合巩固所学知识的前提下，主要学习居室客厅装修立面图的具体绘制过程和绘图技巧。客厅装修立面图的最终绘制效果如图 12-1 所示。

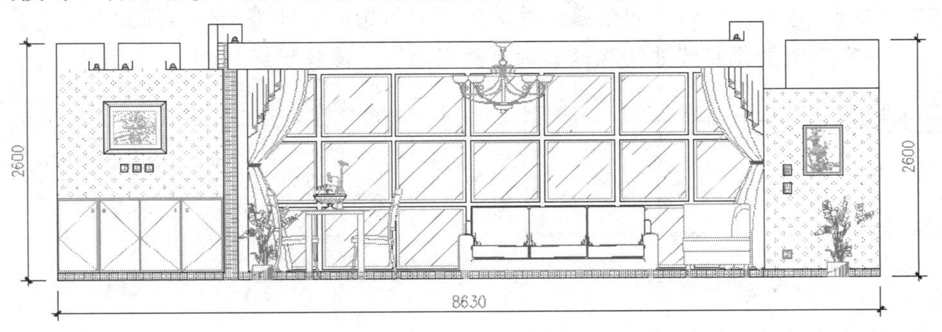

图 12-1　实例效果

操作步骤：

Step 01 执行"新建"命令，选择随书光盘中的"\绘图样板\室内设计样板.dwt"作为基础样板，新建绘图文件。

Step 02 使用快捷键 LA 执行"图层"命令，在打开的"图层特性管理器"对话框中将"轮廓线"设置为当前图层。

Step 03 选择菜单栏中的"绘图"→"直线"命令，配合"正交"功能绘制如图 12-2 所示的墙面轮廓线。

Step 04 重复执行"直线"命令，以 O 点作为起点，配合"正交"功能绘制如图 12-3 所示的顶部轮廓线。

图 12-2　绘制结果

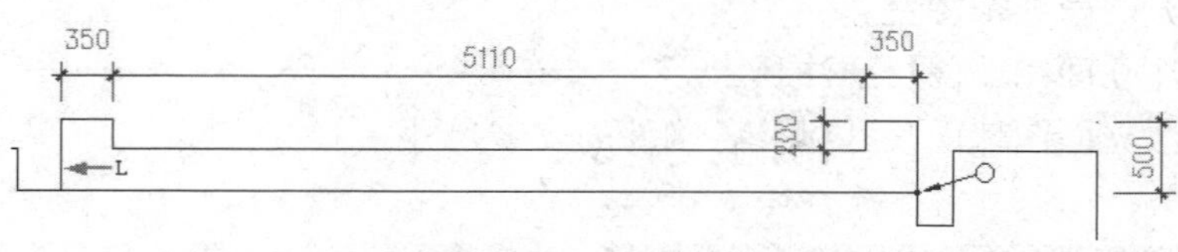

图 12-3　绘制结果

Step 05 执行“偏移”命令，将轮廓线 L 分别向右偏移 100 和 200 个单位；将最下侧的水平轮廓线向上偏移 80、2060；将最左侧的垂直轮廓线分别向右偏移 1750、1900、2000、7410。结果如图 12-4 所示。

Step 06 执行“修剪”命令，对偏移出的轮廓线进行修剪延伸等操作，删除多余的轮廓线，并在下侧的踢脚线处绘制两条垂直的示意线。操作结果如图 12-5 所示。

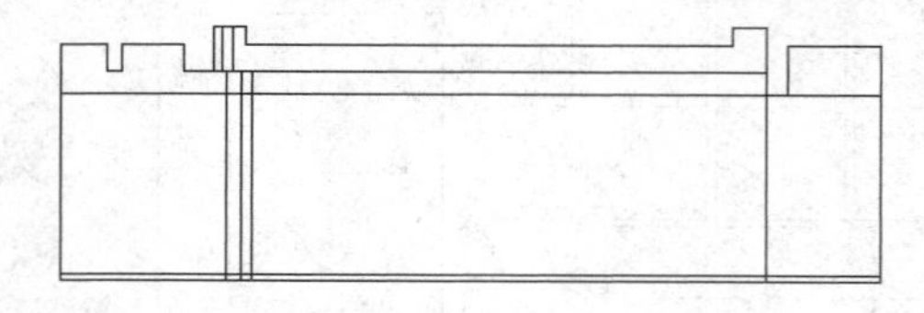

图 12-4　偏移操作

图 12-5　修剪操作

Step 07 使用快捷键 L 执行“直线”命令，在墙面轮廓线的顶部分别绘制宽度为 150、高度为 100 的灯槽轮廓线，如图 12-6 所示。

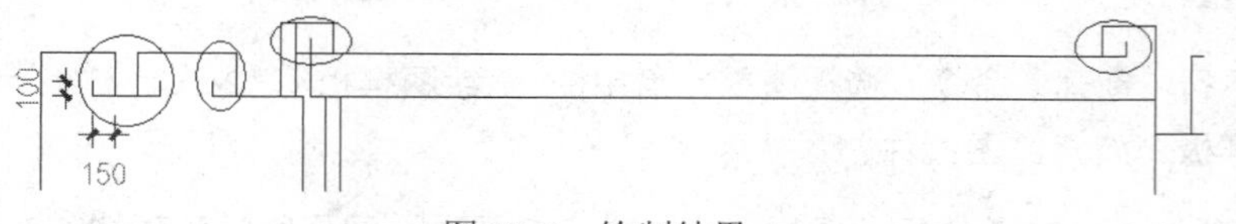

图 12-6　绘制结果

Step 08 展开“图层”工具栏或面板上的“图层控制”下拉列表，将“其他层”设置为当前图层。

Step 09 使用快捷键 REC 执行“矩形”命令，以交点 W 作为参照点，以点@0,-60 作为矩形左上角点绘制长度为 730、宽度为 680 的矩形，如图 12-7 所示。

Step 10 使用快捷键 O 执行“偏移”命令，将刚绘制的矩形向内偏移 30 个绘图单位，将偏移出的矩形颜色修改为绿色，如图 12-8 所示。

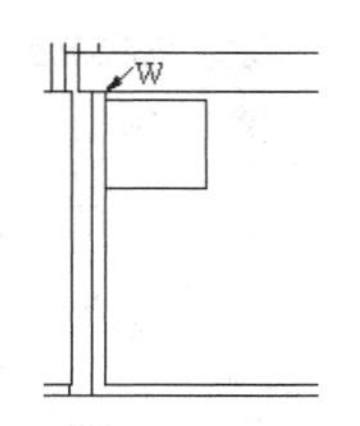

图 12-7　绘制矩形

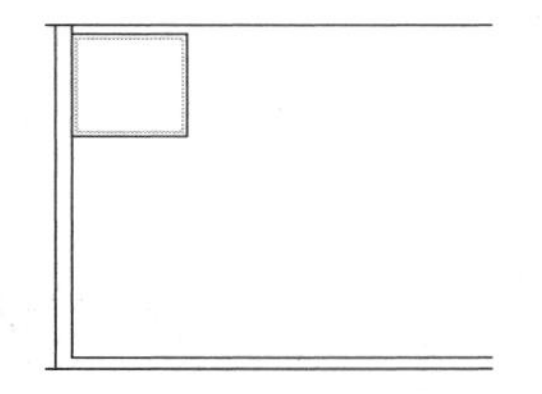

图 12-8　偏移结果

Step 11 单击“默认”选项卡→“修改”面板→“矩形阵列”按钮，窗交选择两个矩形进行阵列。命令行操作如下：

```
    命令: _arrayrect
  选择对象:        //窗交选择两个矩形窗格
  选择对象:        //Enter
  类型 = 矩形  关联 = 是
  选择夹点以编辑阵列或 [关联(AS)/基点(B)/计数(COU)/间距(S)/列数(COL)/行数(R)/层
数(L)/退出(X)] <退出>:                  //COU Enter
  输入列数数或 [表达式(E)] <4>:    //7 Enter
  输入行数数或 [表达式(E)] <3>:    //3 Enter
  选择夹点以编辑阵列或 [关联(AS)/基点(B)/计数(COU)/间距(S)/列数(COL)/行数(R)/层
数(L)/退出(X)] <退出>:                                //S Enter
  指定列之间的距离或 [单位单元(U)] <401.1296>:   //780 Enter
  指定行之间的距离 <517.6271>:                  //-730 Enter
  选择夹点以编辑阵列或 [关联(AS)/基点(B)/计数(COU)/间距(S)/列数(COL)/行数(R)/层
数(L)/退出(X)] <退出>:                      //AS Enter
  创建关联阵列 [是(Y)/否(N)] <是>:    //N Enter
  选择夹点以编辑阵列或 [关联(AS)/基点(B)/计数(COU)/间距(S)/列数(COL)/行数(R)/层
数(L)/退出(X)] <退出>:                       //Enter，阵列结果如图 12-9 所示
```

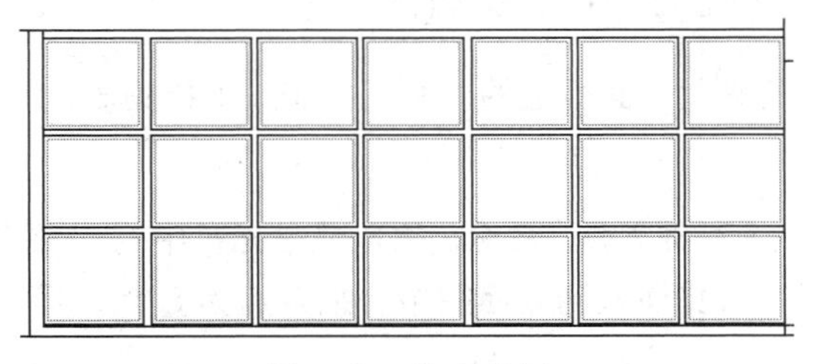

图 12-9　阵列结果

Step 12 综合运用“直线”和“修剪”等命令，绘制如图 12-10 所示的玻璃示意性线条，将所绘制的示意线放置在“填充层”图层上。

Step 13 展开“图层”工具栏或面板上的“图层控制”下拉列表，将“填充层”设置为当前图层。

Step 14 使用快捷键 H 执行“图案填充”命令，设置填充类型和填充比例如图 12-11 所示，填充如图 12-12 所示的图案作为圆柱的横向示意分格线。

Note

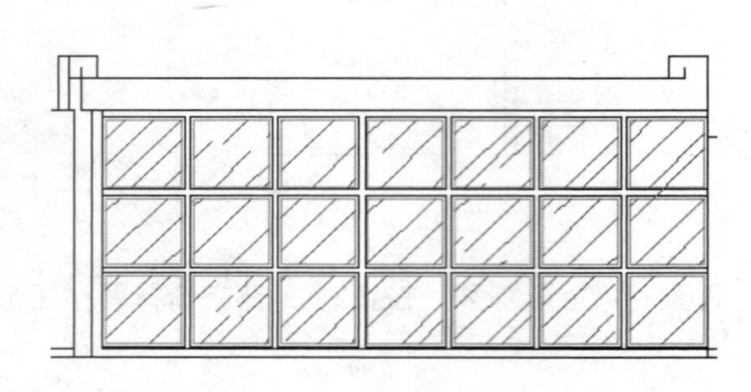
图 12-10　绘制示意线

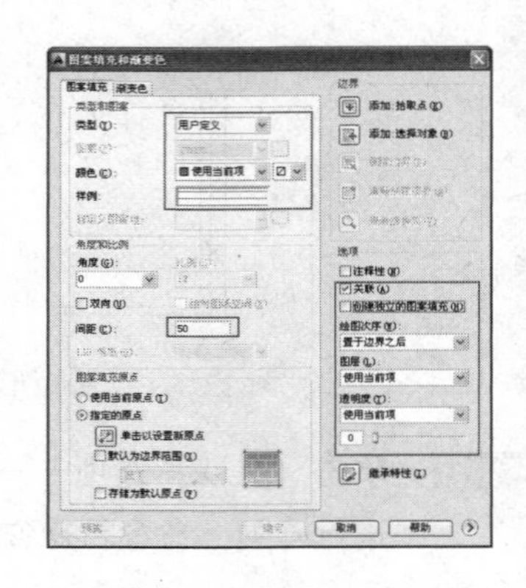
图 12-11　设置填充参数

Step 15 使用快捷键 O 执行“偏移”命令，选择圆柱右侧的垂直轮廓线 Q，向左偏移复制，间距为 15、17、21、30、26、18、15，并将偏移出的示意线颜色修改为 30 号色。结果如图 12-13 所示。

Step 16 执行“修改”菜单中的“延伸”命令，以轮廓线 W 作为延伸边界，分别延伸左侧的三条示意线。结果如图 12-14 所示。

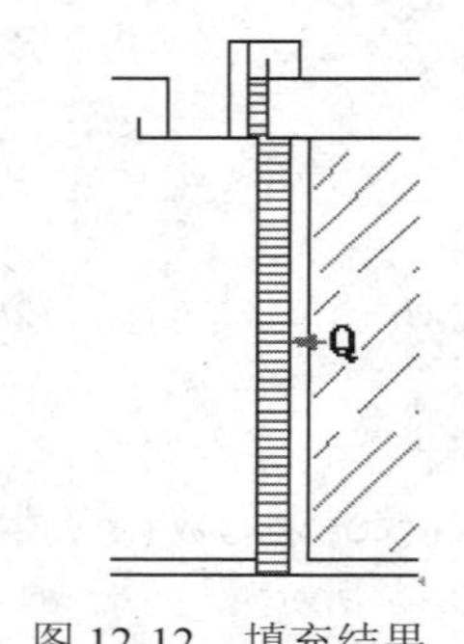

图 12-12　填充结果

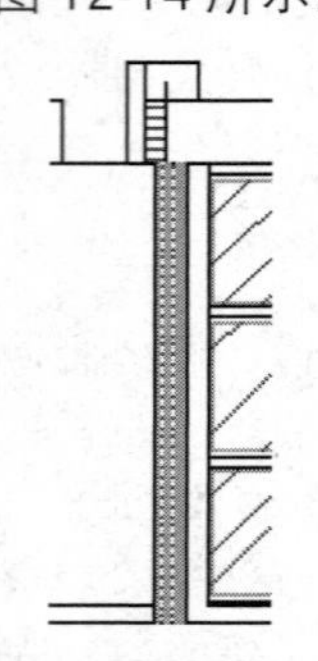
图 12-13　创建垂直示意线

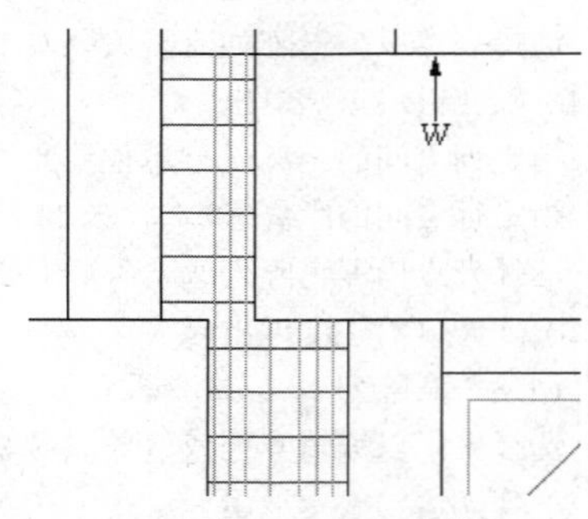

图 12-14　延伸结果

Step 17 展开“图层”工具栏或面板上的“图层控制”下拉列表，设置“图块层”作为当前图层。

Step 18 使用快捷键 I 执行“插入块”命令，插入随书光盘中的“\图块文件\窗帘 02.dwg”，使用默认设置，将其插入到立面图中，插入点为 S 点。插入结果如图 12-15 所示。

Step 19 使用快捷键 MI 执行“镜像”命令，配合“中点捕捉”功能，将窗帘图块进行镜像。结果如图 12-16 所示。

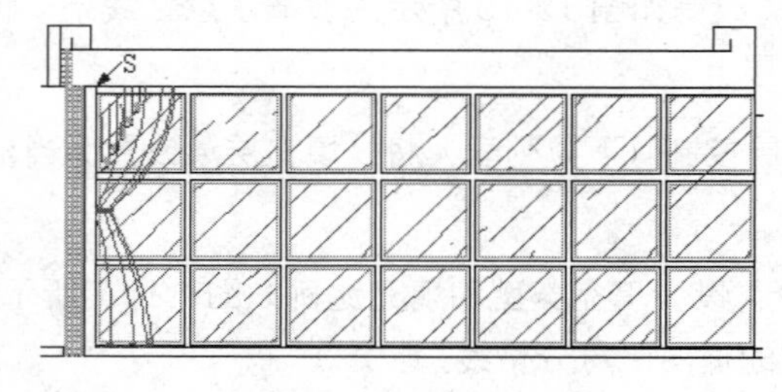

图 12-15　插入结果

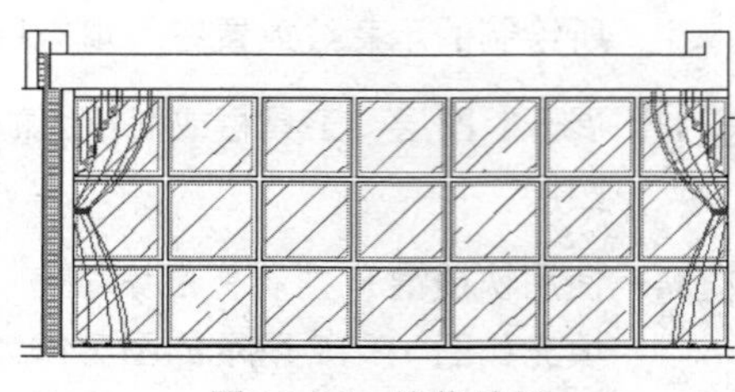
图 12-16　镜像结果

Step 20 重复执行"插入块"命令，插入随书光盘中的"\图块文件\"目录下的"画 01.dwg、画 02.dwg、开关.dwg、开关 02.dwg、装饰植物 02.dwg、插座.dwg、餐桌立面图块 01.dwg、立面沙发组 01.dwg、立面沙发 01.dwg 和日光灯.dwg"图块。结果如图 12-17 所示。

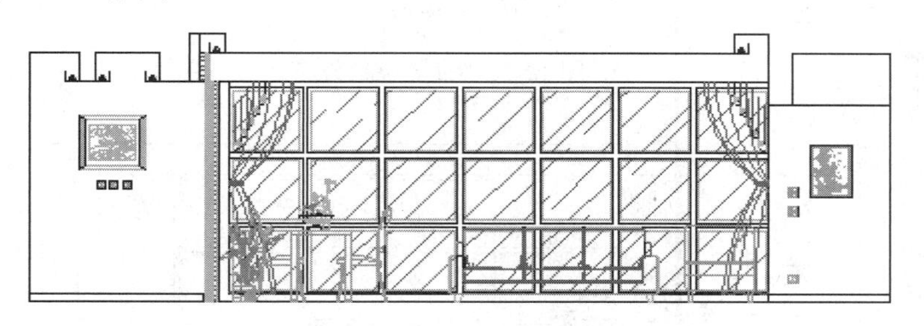

图 12-17　布置立面装饰图块

Step 21 使用快捷键 X 执行"分解"命令，将左右两侧的窗帘图块进行分解。

Step 22 综合"修剪"、"删除"命令，将被遮挡住的窗帘、窗格、玻璃示意线以及墙面踢脚线等进行修剪和删除。编辑结果如图 12-18 所示。

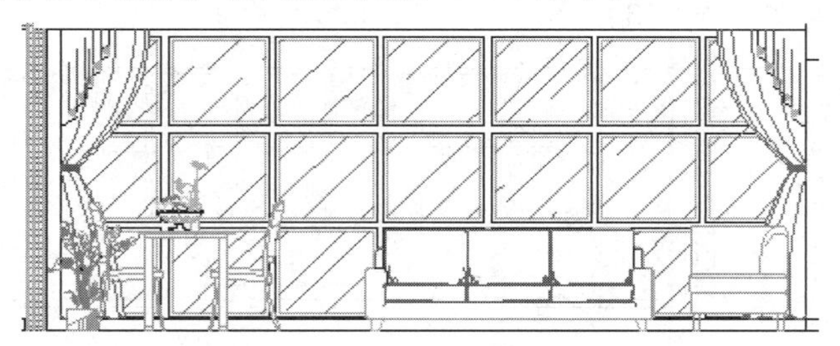

图 12-18　修剪结果

Step 23 使用快捷键 I 执行"插入块"命令，以默认参数插入随书光盘中的"\图块文件\鞋柜.dwg"，插入点为图 12-19 所示的端点。插入结果如图 12-20 所示。

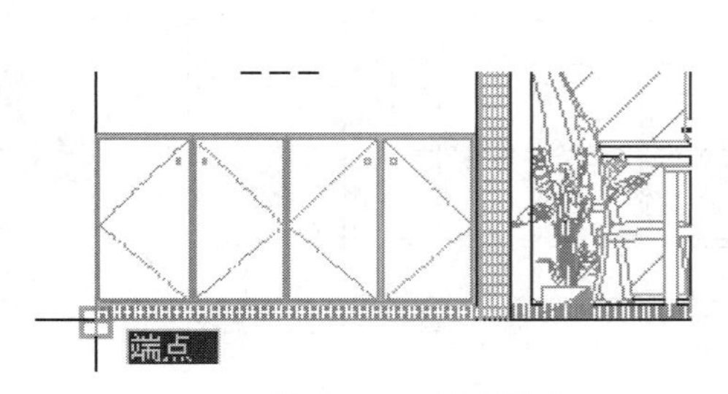

图 12-19　捕捉端点

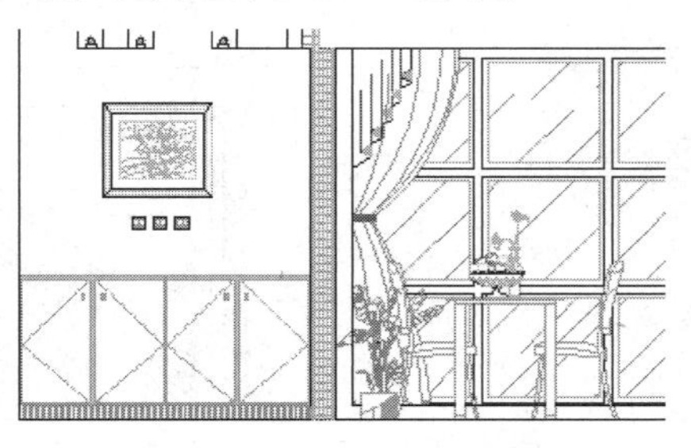

图 12-20　插入结果

Step 24 重复执行"插入块"命令，配合"对象捕捉"和"对象追踪"功能，插入随书光盘中的"\图块文件\艺术吊灯（立面）.dwg"。块参数设置如图 12-21 所示，插入结果如图 12-22 所示。

插入点 ☑在屏幕上指定(S) X: 0 Y: 0 Z: 0
比例 □在屏幕上指定(E) X: 1.5 Y: 1.5 Z: 1.5 ☑统一比例(U)
旋转 □在屏幕上指定(C) 角度(A): 0
块单位 单位: 毫米 比例: 1

图 12-21　设置块参数

图 12-22　插入结果

Step 25 使用快捷键 CO 执行“复制”命令，选择立面植物图块水平向右复制 6030 个绘图单位。结果如图 12-23 所示。

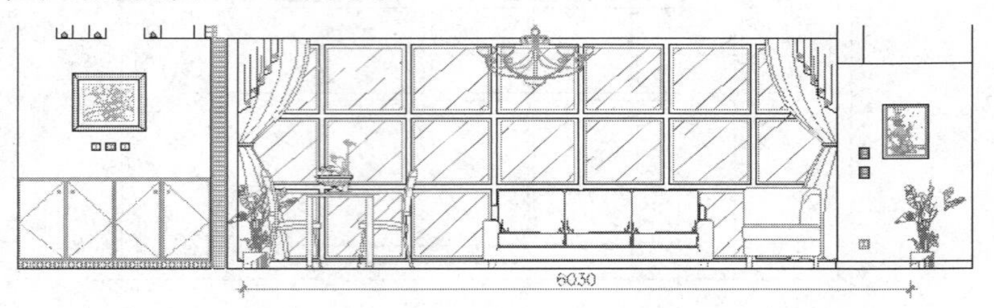

图 12-23　复制结果

Step 26 执行“修剪”命令，以插入的灯具、柜子和复制出的植物外边缘作为边界，对立面轮廓线进行修整完善。结果如图 12-24 所示。

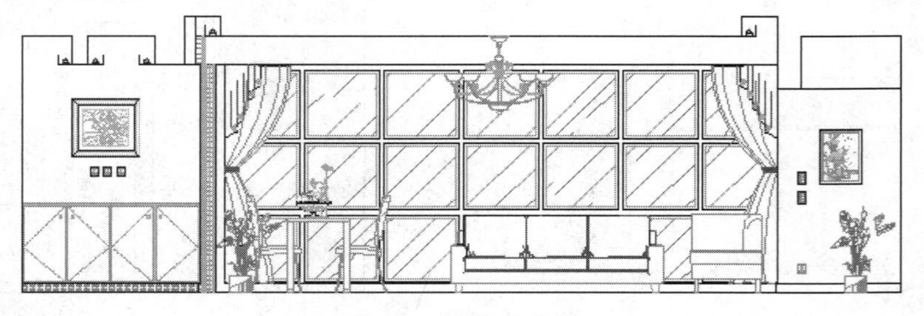

图 12-24　修整结果

Step 27 在无命令执行的前提下夹点显示如图 12-25 所示的图块，然后展开“图层控制”下拉列表，修改其图层为“0 图层”。

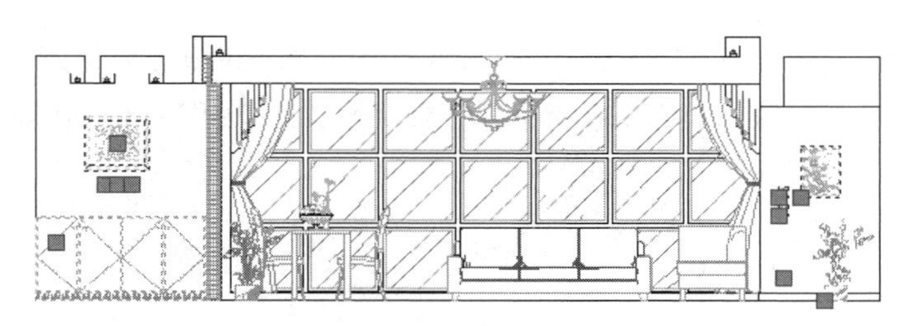

图 12-25　夹点效果

Step 28 再次展开“图层控制”下拉列表，冻结“图块层”，并设置“填充层”为当前图层，此时立面图的显示效果如图 12-26 所示。

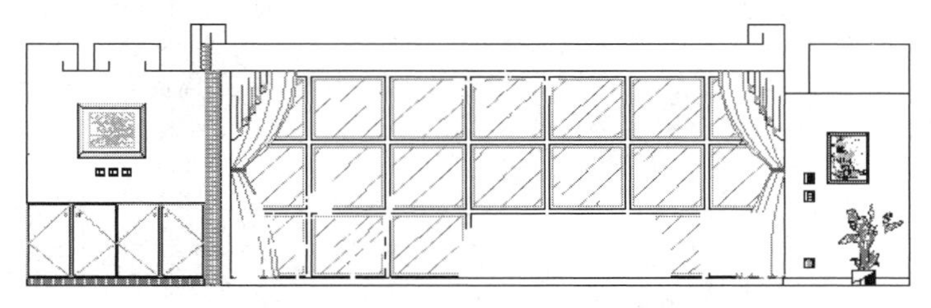

图 12-26　冻结图层后的效果

Step 29 使用快捷键 XL 执行“构造线”命令，配合端点捕捉功能绘制两条水平构造线，如图 12-27 所示。

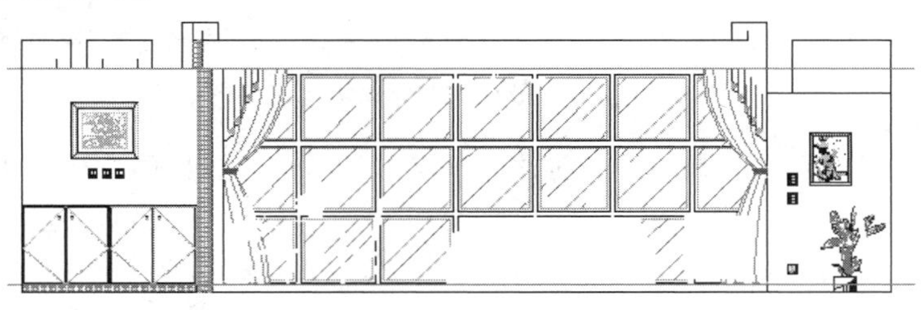

图 12-27　绘制构造线

Step 30 使用快捷键 H 执行“图案填充”命令，在打开的“图案填充和渐变色”对话框中设置填充图案和填充参数如图 12-28 所示，为立面图填充如图 12-29 所示的图案。

图 12-28　设置填充图案与参数

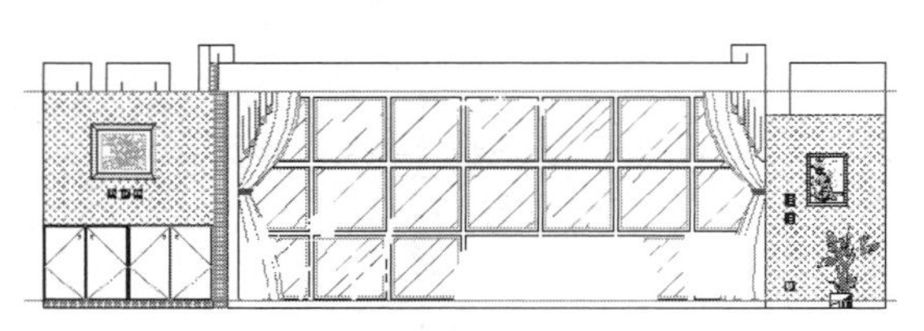

图 12-29　填充结果

Note

Step 31 重复执行“图案填充”命令，在打开的“图案填充和渐变色”对话框中时设置填充图案和填充参数如图 12-30 所示，为立面图填充如图 12-31 所示的图案。

图 12-30　设置填充图案与参数

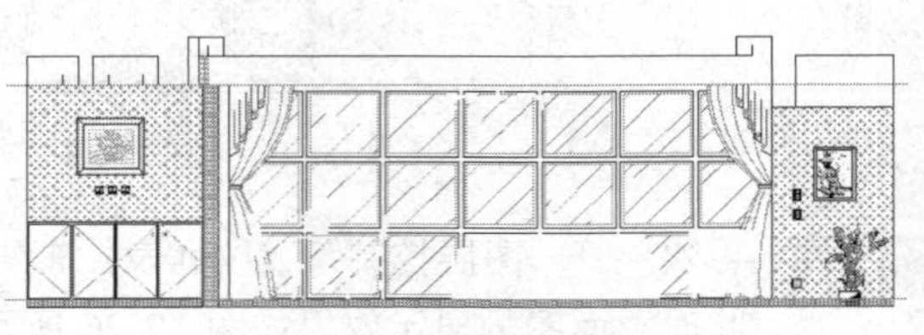

图 12-31　填充结果

Step 32 删除两条构造线，然后夹点显示如图 12-32 所示的立面图块，展开“图层控制”下拉列表，将其放到“图块层”上。

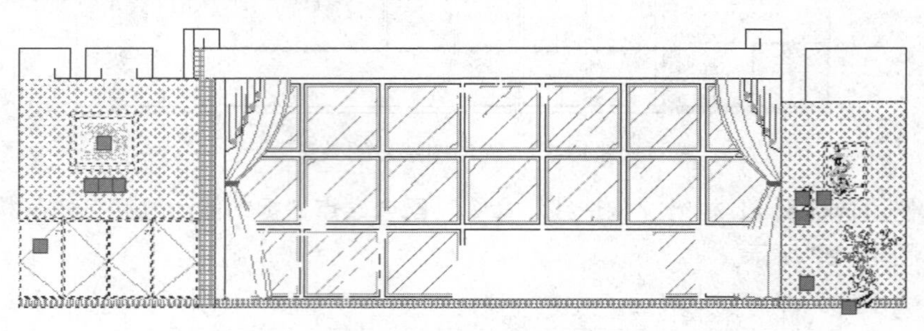

图 12-32　夹点效果

Step 33 再次展开“图层控制”下拉列表，解冻“图块层”，此时立面图的显示效果如图 12-33 所示。

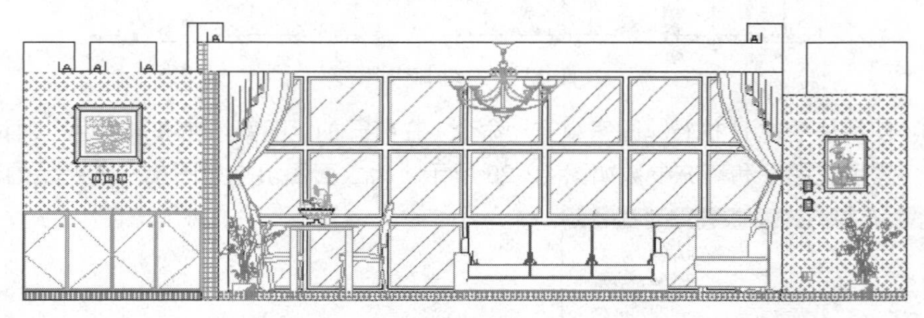

图 12-33　解冻图层后的效果

Step 34 使用快捷键 LT 执行“线型”命令，在打开的“线型管理器”对话框中加载名为 DOT 的线型，并设置线型比例，如图 12-34 所示。

Step 35 在无命令执行的前提下夹点显示如图 12-35 所示的填充图案，然后展开“线型控制”下拉列表，修改其线型为 DOT 线型。

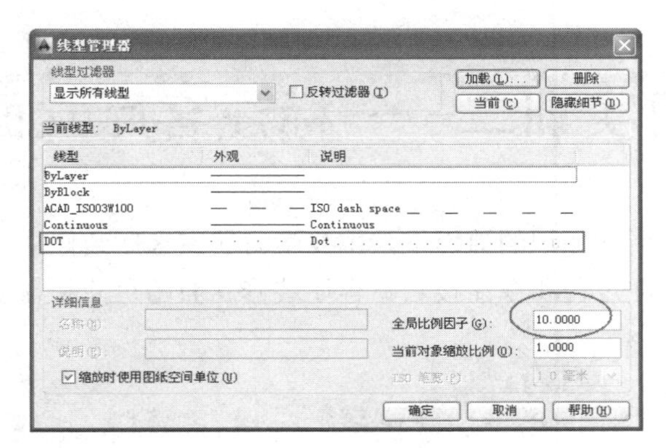

图 12-34　加载线型

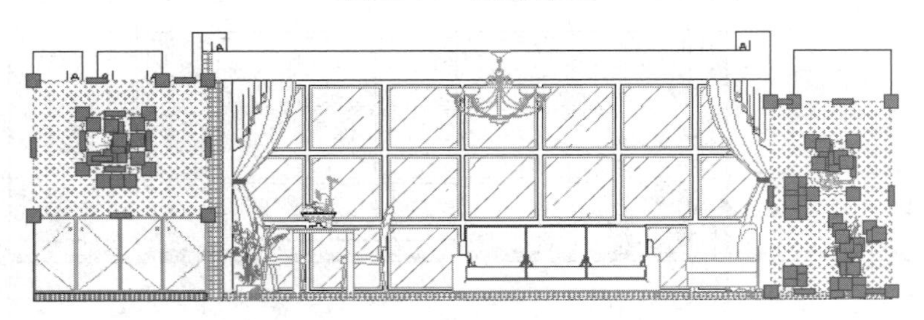

图 12-35　夹点效果

Step 36 按 Esc 键取消图案的夹点显示，修改后的立面图显示效果如图 12-36 所示。

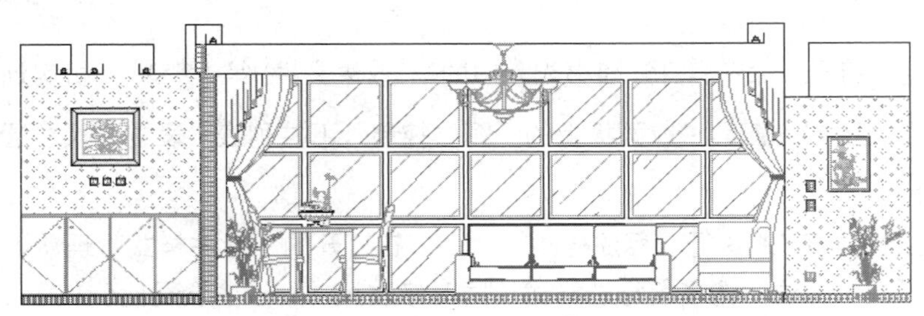

图 12-36　显示效果

Step 37 执行“分解”命令，将最下侧的踢脚线图案分解，然后执行“修剪”和“删除”命令，对立面图进行修整和完善。结果如图 12-37 所示。

图 12-37　修整结果

Step 38 执行“保存”命令，将图形命名存储为“上机实训一.dwg”。

12.3 上机实训二——标注客厅立面图

Note

本例在综合巩固所学知识的前提下，主要学习居室客厅装修立面图尺寸和墙面材质注释等内容的具体标注过程和标注技巧。客厅装修立面图尺寸和材质的最终标注效果如图 12-38 所示。

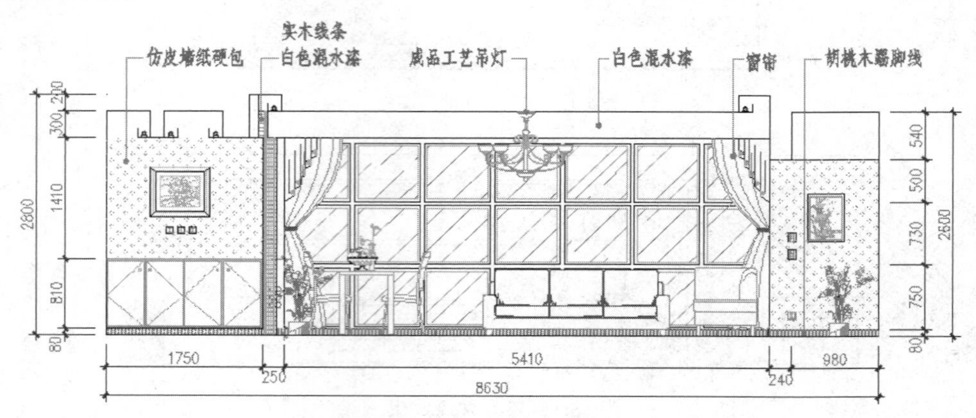

图 12-38　实例效果

操作步骤：

Step 01 执行“打开”命令，打开随书光盘中的“\效果文件\第 12 章\上机实训一.dwg ”。

Step 02 展开“图层”工具栏或面板上的“图层控制”下拉列表，设置“尺寸层”为当前图层。

Step 03 使用快捷键 D 执行“标注样式”命令，在打开的“标注样式管理器”对话框中设置“建筑标注”为当前标注样式，同时修改尺寸标注的全局比例如图 12-39 所示。

Step 04 单击“注释”选项卡→“标注”面板→“线性”按钮，配合端点或交点捕捉功能标注如图 12-40 所示的线性尺寸。

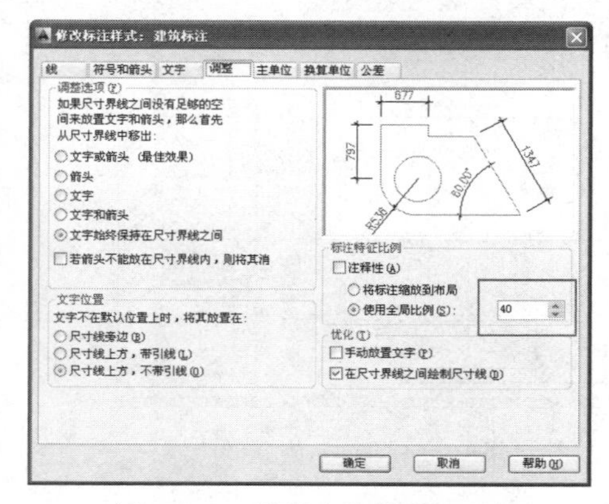

图 12-39　设置当前样式与比例

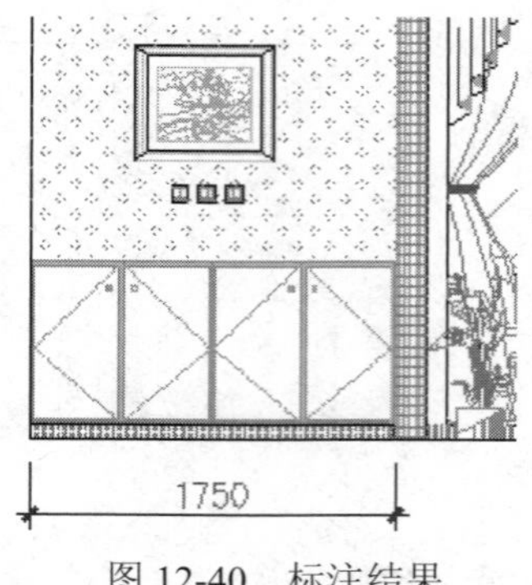

图 12-40　标注结果

Note

Step 05 单击“注释”选项卡→“标注”面板→“连续”按钮，配合端点或交点捕捉功能标注如图 12-41 所示的细部尺寸。

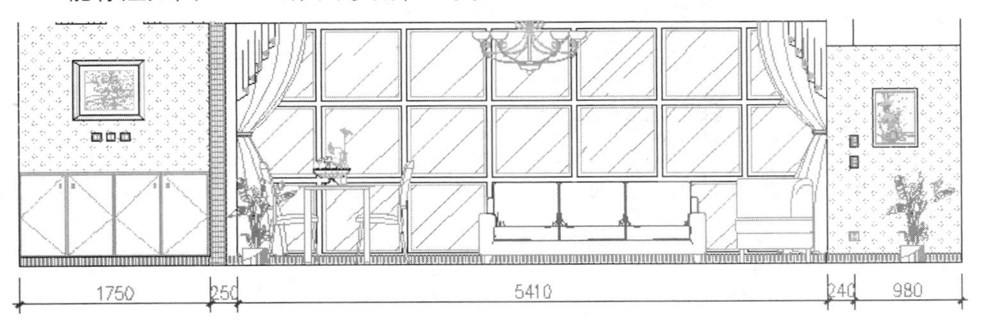

图 12-41　标注连续尺寸

Step 06 单击“标注”工具栏→“编辑标注文字”按钮，执行“编辑标注文字”命令，对重叠尺寸适当调整标注文字的位置。调整结果如图 12-42 所示。

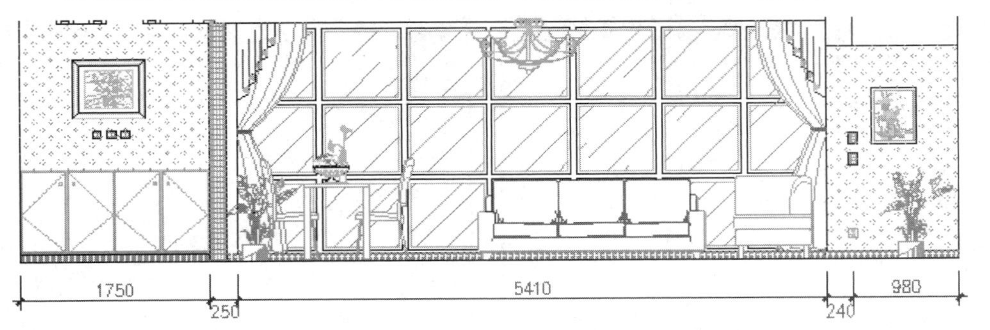

图 12-42　调整标注文字

Step 07 执行“线性”命令，配合端点捕捉功能标注立面图下侧的总尺寸。结果如图 12-43 所示。

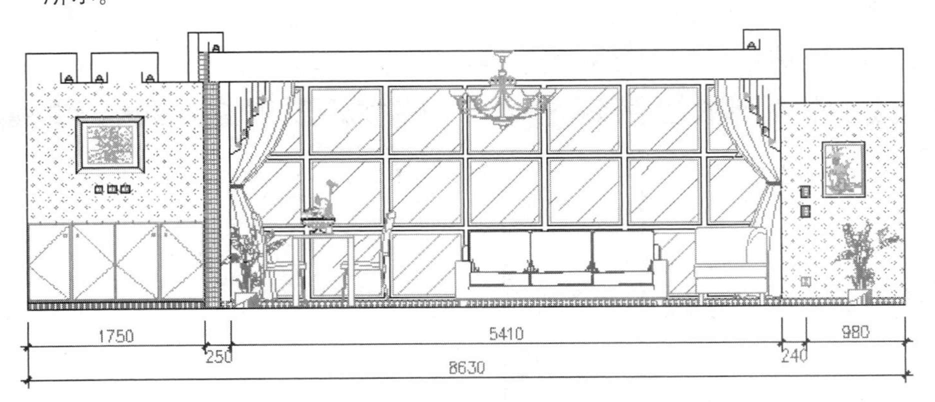

图 12-43　标注结果

Step 08 重复执行“线性”、“连续”和“编辑标注文字”等命令，标注立面图两侧的高度尺寸。标注结果如图 12-44 所示。

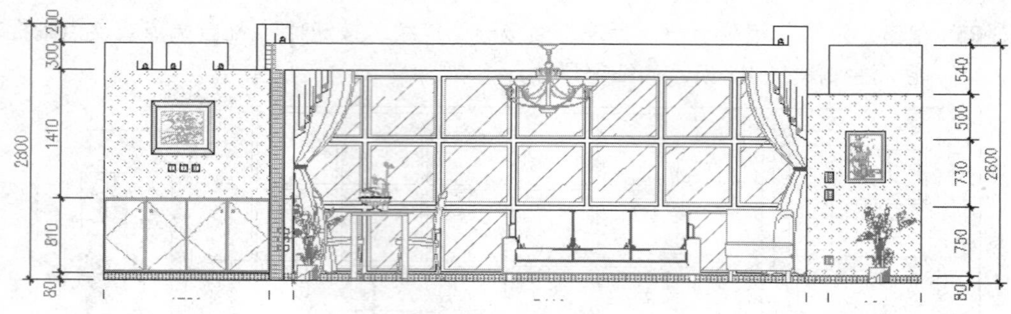

图 12-44　标注结果

Step 09 展开“图层”工具栏或面板上的“图层控制”下拉列表，将“文本层”设置为当前图层。

Step 10 使用快捷键 D 执行“标注样式”命令，在打开的“标注样式管理器”对话框中替代当前尺寸样式，如图 12-45 和图 12-46 所示。

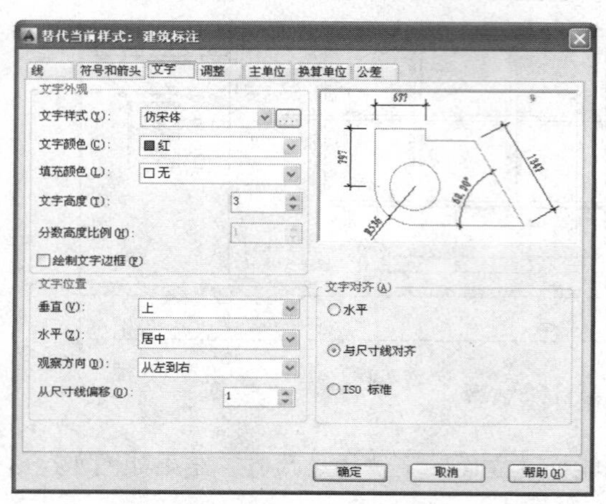

图 12-45　“文字”选项卡

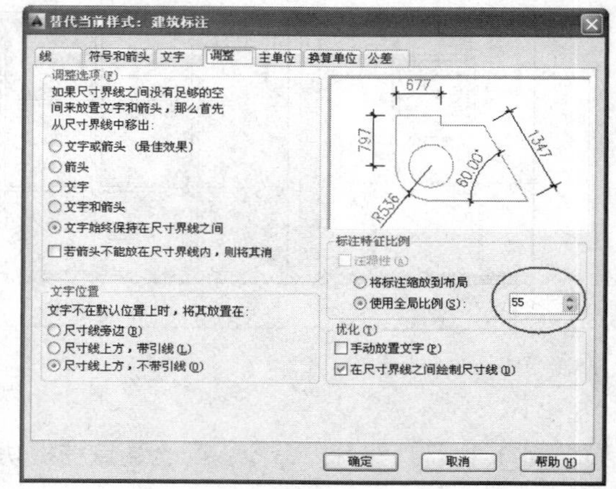

图 12-46　“调整”选项卡

Step 11 使用快捷键 LE 执行“快速引线”命令，设置引线参数如图 12-47 和图 12-48 所示。

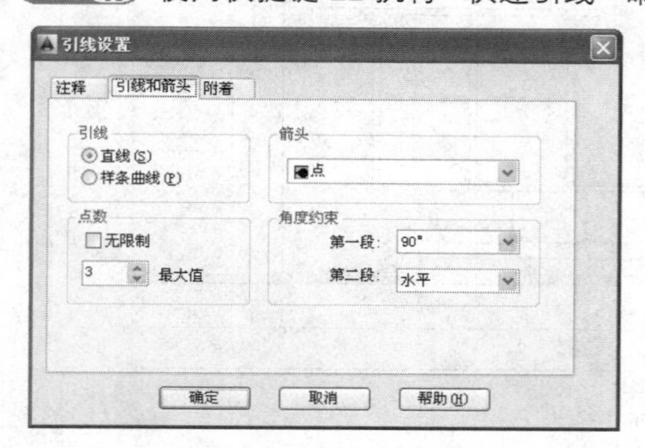

图 12-47　设置引线和箭头

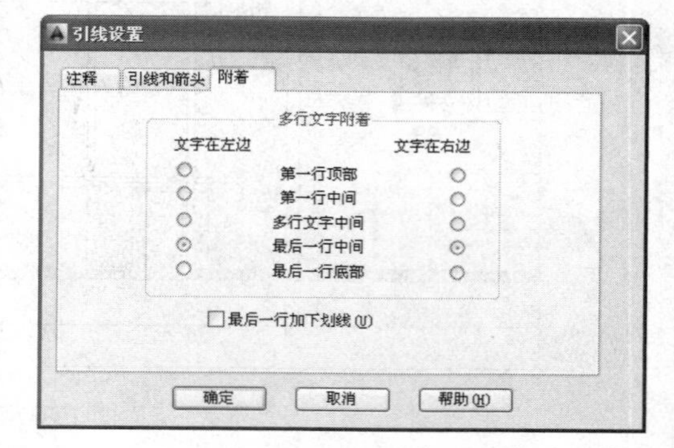

图 12-48　设置附着方式

Step 12 根据命令行的提示分别在绘图区指定三个引线点，输入“仿皮墙纸硬包”文本，标注位置及标注结果如图 12-49 所示。

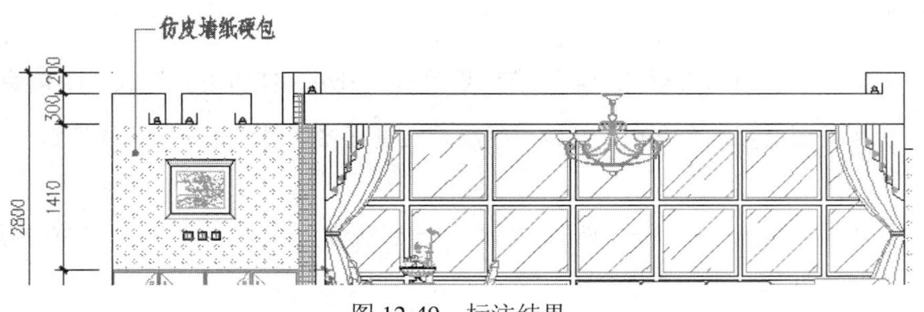

图 12-49　标注结果

Step 13 重复执行“引线”命令，采用当前的参数设置，分别标注其他位置的引线注释。标注结果如图 12-50 所示。

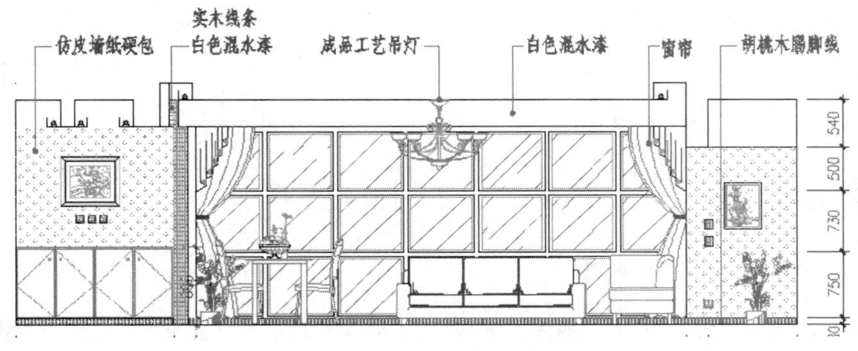

图 12-50　标注结果

Step 14 执行“另存为”命令，将图形另名存储为“上机实训二.dwg”。

12.4 上机实训三——绘制卧室立面图

本例在综合巩固所学知识的前提下，主要学习卧室装修立面图的具体绘制过程和绘图技巧。卧室装修立面图的最终绘制效果如图 12-51 所示。

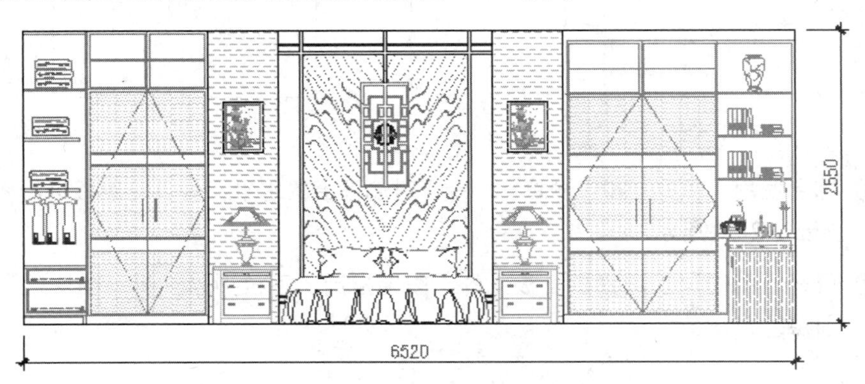

图 12-51　实例效果

操作步骤：

Step 01 以随书光盘中的"\绘图样板\室内设计样板.dwt"作为基础样板，新建绘图文件。

Step 02 执行"图层"命令，在打开的"图层特性管理器"对话框中将"轮廓线"设置为当前图层。

Step 03 使用快捷键 REC 执行"矩形"命令，绘制长度为 6520、宽度为 2550 的矩形，并将矩形分解。

Step 04 选择菜单栏中的"修改"→"偏移"命令，将两侧的垂直边向内偏移。结果如图 12-52 所示。

Step 05 重复执行"偏移"命令，对矩形水平边进行偏移，创建横向定位轮廓线。结果如图 12-53 所示。

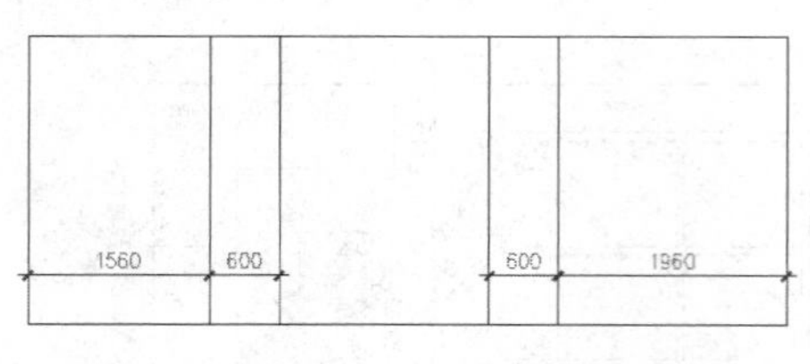

图 12-52　偏移垂直边

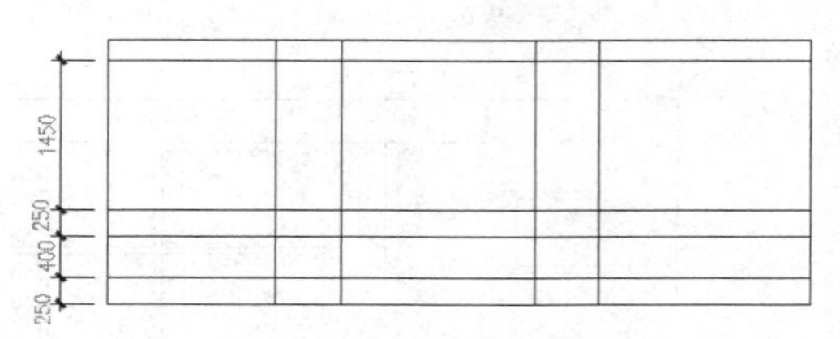

图 12-53　偏移水平边

Step 06 综合使用"修剪"和"删除"命令，对偏移出的水平和垂直轮廓线进行修剪编辑。结果如图 12-54 所示。

Step 07 使用快捷键 O 执行"偏移"命令，将轮廓线 1 向上偏移 20、50 和 70，向下偏移 250；将轮廓线 2 向下偏移 20、50 和 70；将轮廓线 3 向右偏移 180、200 和 890；将轮廓线 4 向左偏移 180、200 和 890，并修改线的颜色为 192 号色。结果如图 12-55 所示。

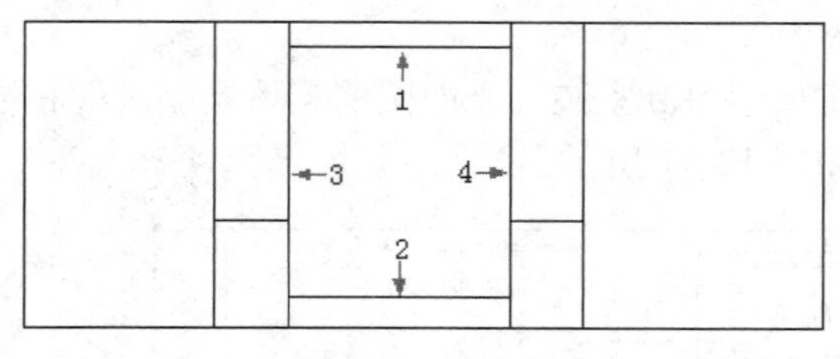

图 12-54　修剪结果

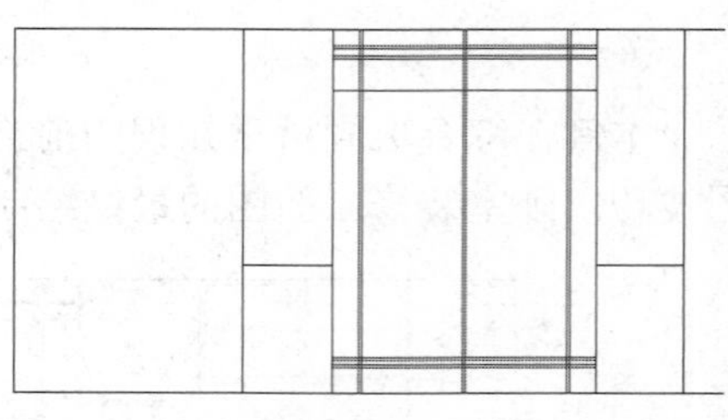

图 12-55　偏移结果

Step 08 综合使用"修剪"和"删除"命令，对偏移出的水平和垂直轮廓线进行修剪。结果如图 12-56 所示。

Step 09 展开"图层"工具栏或面板上的"图层控制"下拉列表，将"图块层"设置为当前层。

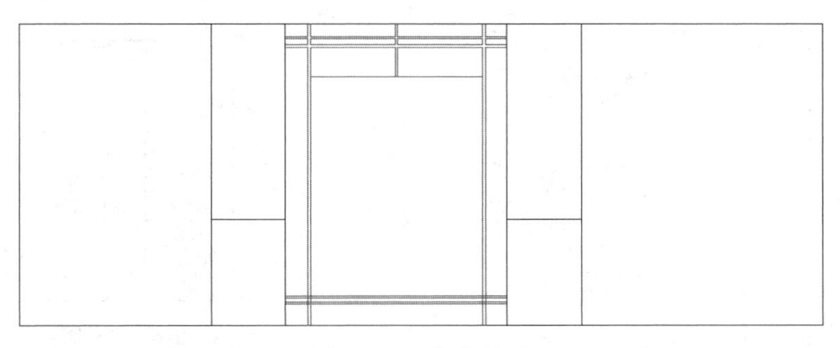

图 12-56　修剪结果

Step 10 使用快捷键 I 执行“插入块”命令，选择随书光盘中的“\图块文件\床头柜与台灯01.dwg”文件，如图 12-57 所示。

Step 11 返回绘图区在命令行“指定插入点或 [基点(B)/比例(S)/旋转(R)]:”提示下，水平向右引出如图 12-58 所示的端点追踪虚线。

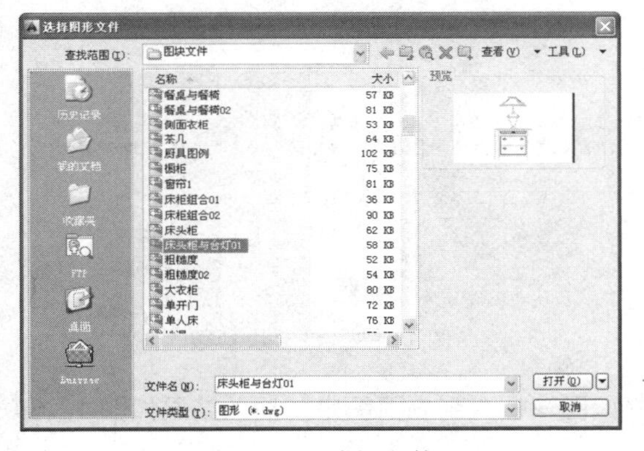

图 12-57　选择文件

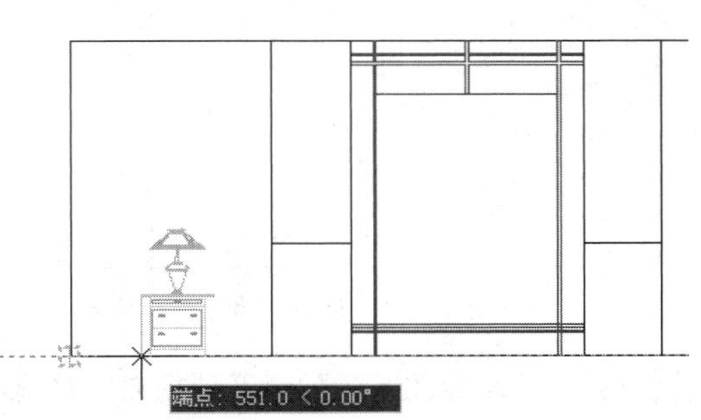

图 12-58　引出端点追踪虚线

Step 12 在引出的追踪矢量上输入 1610 后按 Enter 键，定位插入点。插入结果如图 12-59 所示。

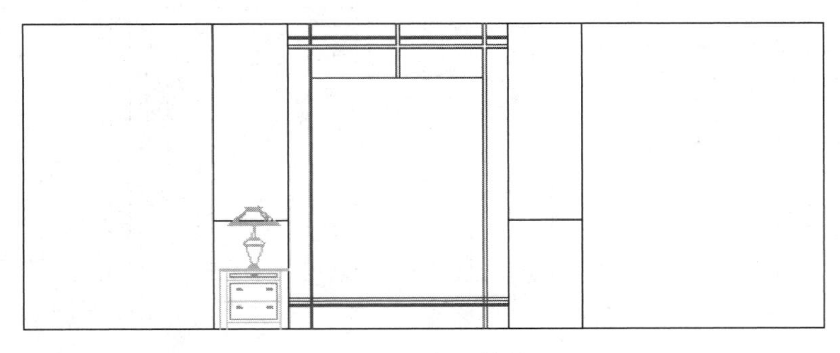

图 12-59　插入结果

Step 13 选择菜单栏中的“修改”→“镜像”命令，捕捉如图 12-60 所示的中点作为镜像线上的点，对床头柜及台灯图例进行镜像。镜像结果如图 12-61 所示。

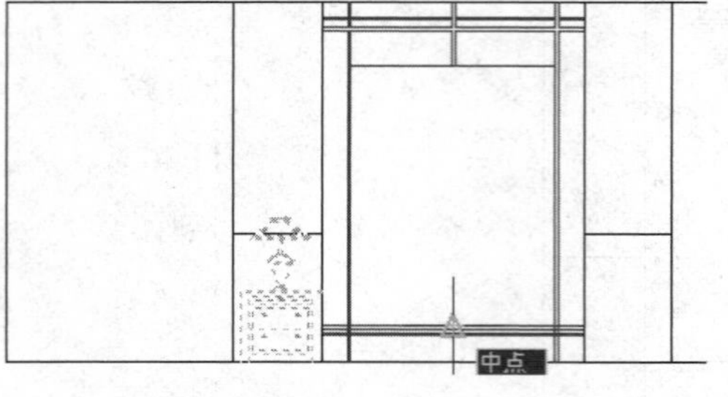

图 12-60 捕捉中点

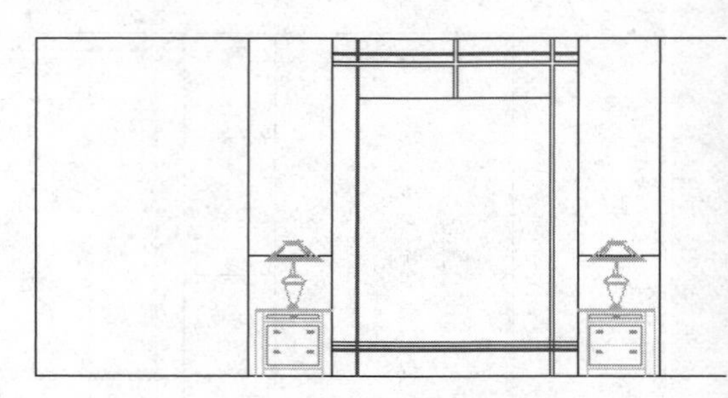

图 12-61 镜像结果

Step 14 使用快捷键 I 重复执行“插入块”命令，以默认参数插入随书光盘中的“\图块文件\内视立面柜.dwg”文件，插入点为左侧垂直轮廓线下端点。插入结果如图 12-62 所示。

Step 15 重复执行“插入块”命令，插入随书光盘中的“\图块文件\画 02.dwg”文件。块参数设置如图 12-63 所示。

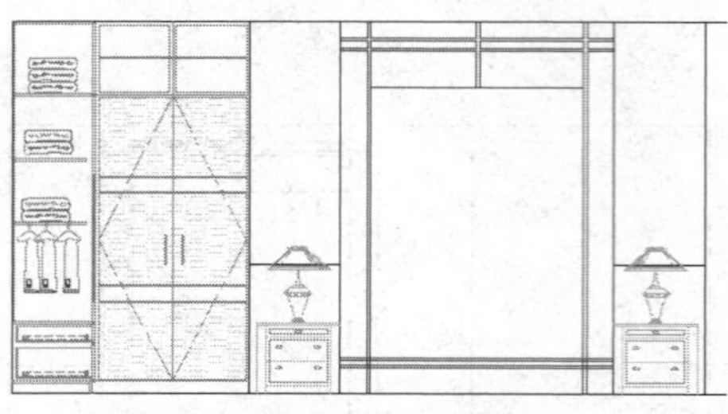

图 12-62 插入结果

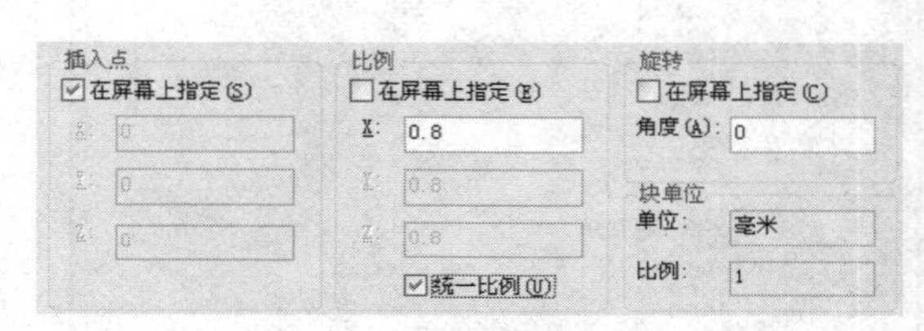

图 12-63 设置块参数

Step 16 返回绘图区，配合“捕捉自”功能将此图块插入到立面图中。插入结果如图 12-64 所示。

Step 17 选择菜单栏中的“修改”→“镜像”命令，配合中点捕捉功能对画图块进行镜像。镜像结果如图 12-65 所示。

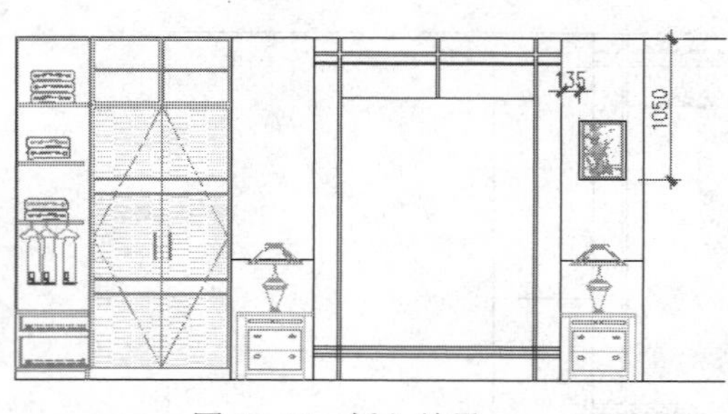

图 12-64 插入结果

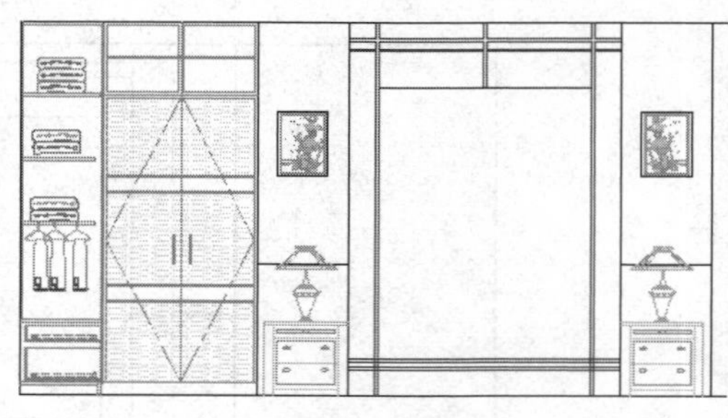

图 12-65 镜像结果

Step 18 重复执行“插入块”命令，插入随书光盘中的“\图块文件\”目录下的“立面柜 02.dwg”、“双人床（侧立）.dwg”、“装饰物.dwg”和“填充层.dwg”等图例。结果如图 12-66 所示。

Step 19 使用快捷键 TR 执行“修剪”命令，将被遮挡住的轮廓线修剪掉，并删除多余图线。

结果如图 12-67 所示。

图 12-66　插入其他图例

图 12-67　修剪结果

Step 20 展开“图层”工具栏或面板上的“图层控制”下拉列表，将“填充层”设置为当前图层。

Step 21 使用快捷键 H 执行“图案填充”命令，在打开的“图案填充和渐变色”对话框中设置填充图案和填充参数如图 12-68 所示，为立面图填充如图 12-69 所示的图案。

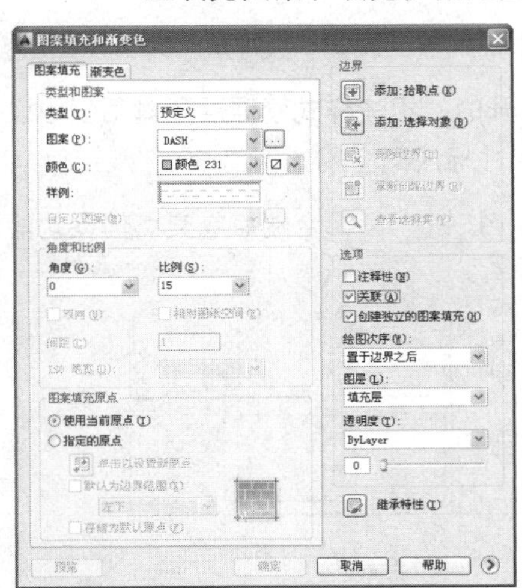

图 12-68　设置填充图案与参数

图 12-69　填充结果

Step 22 执行“保存”命令，将图形命名存储为“上机实训三.dwg”。

Note

12.5 上机实训四——标注卧室立面图

本例在综合巩固所学知识的前提下，主要学习卧室装修立面图尺寸和墙面材质注释等内容的具体标注过程和标注技巧。卧室装修立面图尺寸和材质的最终标注效果如图12-70所示。

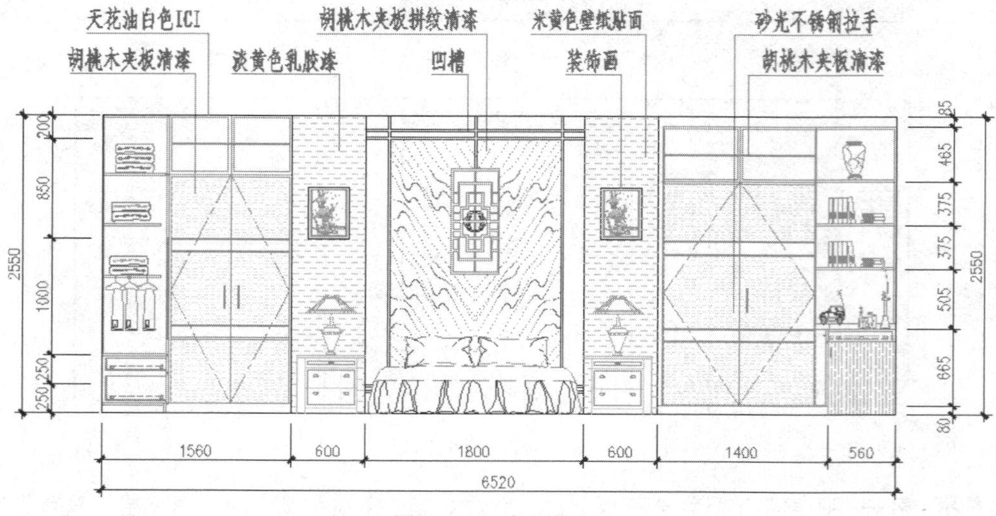

图 12-70 实例效果

操作步骤：

Step 01 执行“打开”命令，打开随书光盘中的“\效果文件\第12章\上机实训三.dwg”。

Step 02 展开“图层”工具栏或面板上的“图层控制”下拉列表，设置“尺寸层”为当前图层。

Step 03 使用快捷键D执行“标注样式”命令，在打开的“标注样式管理器”对话框中设置“建筑标注”为当前标注样式，同时修改尺寸标注的全局比例为30。

Step 04 单击“注释”选项卡→“标注”面板→“线性”按钮，配合端点或交点捕捉功能标注如图12-71所示的线性尺寸。

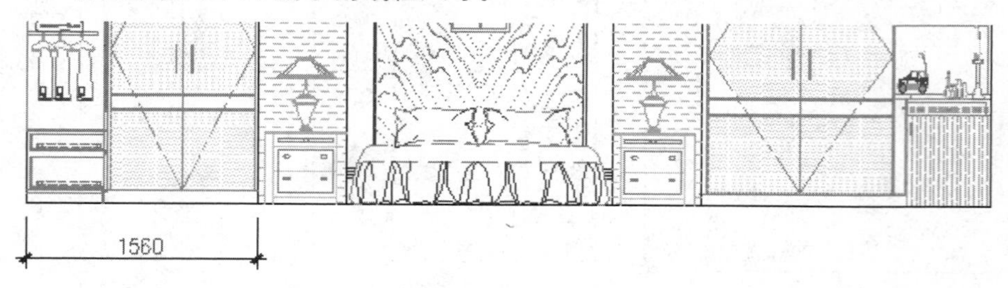

图 12-71 标注结果

Note

Step 05 单击“注释”选项卡→“标注”面板→“连续”按钮，配合端点或交点捕捉功能标注如图 12-72 所示的细部尺寸。

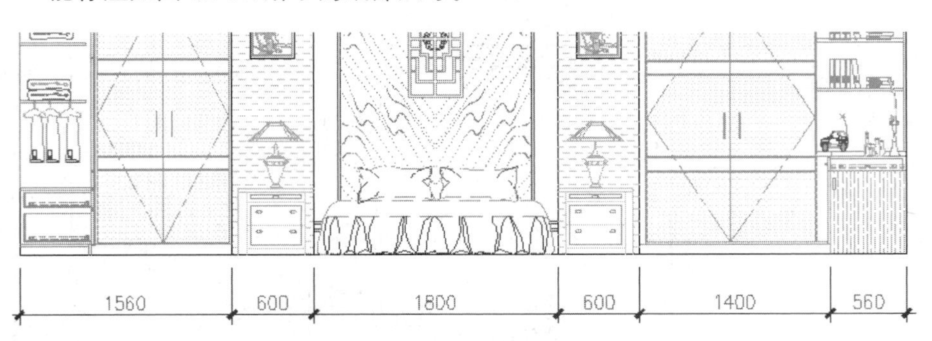

图 12-72　标注连续尺寸

Step 06 执行“线性”命令，配合端点捕捉功能标注立面图下侧的总尺寸。结果如图 12-73 所示。

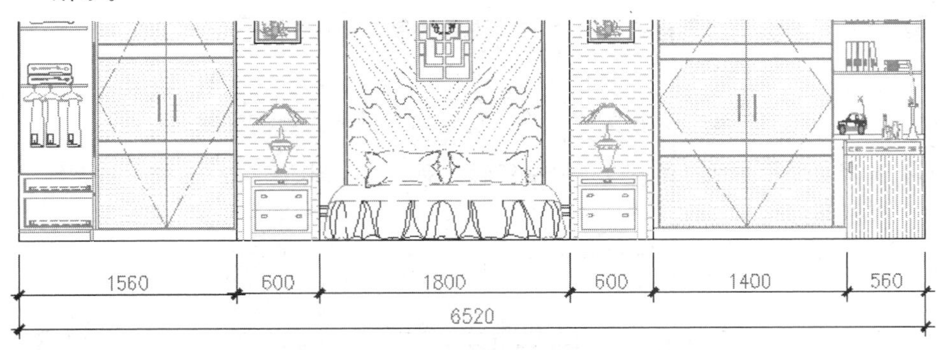

图 12-73　标注结果

Step 07 重复执行“线性”、“连续”命令，标注立面图两侧的高度尺寸。标注结果如图 12-74 所示。

图 12-74　标注结果

Step 08 单击“标注”工具栏→“编辑标注文字”按钮，执行“编辑标注文字”命令，对重叠尺寸适当调整标注文字的位置。调整结果如图 12-75 所示。

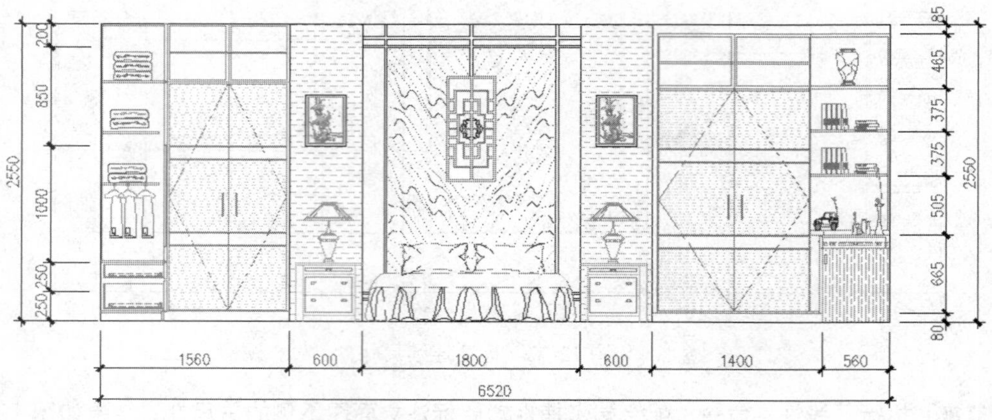

图 12-75　调整标注文字

Step 09 展开“图层”工具栏或面板上的“图层控制”下拉列表，将“文本层”设置为当前图层。

Step 10 展开“样式控制”下拉列表，将“仿宋体”设置为当前样式。

Step 11 选择菜单栏中的“绘图”→“多段线”命令，绘制如图 12-76 所示的直线，作为文字指示线。

图 12-76　绘制指示线

Step 12 选择菜单栏中的“绘图”→“文字”→“单行文字”命令，将文字高度设置为 150，标注如图 12-77 所示的单行文字注释。

Step 13 执行“另存为”命令，将图形另名存储为“上机实训四.dwg”。

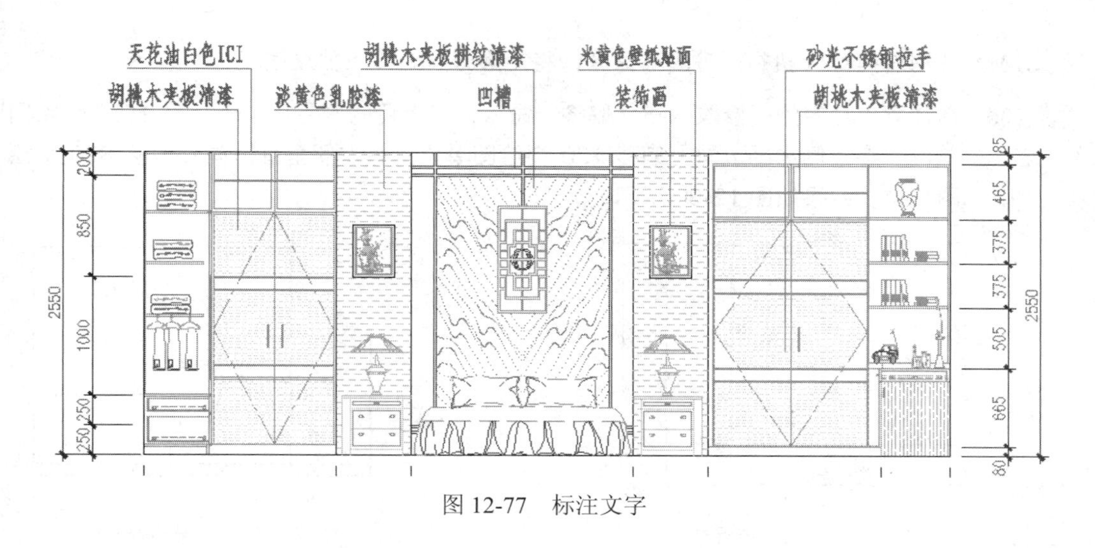

图 12-77　标注文字

12.6 上机实训五——绘制厨房立面图

本例在综合巩固所学知识的前提下，主要学习厨房装修立面图的具体绘制过程和绘图技巧。厨房装修立面图的最终绘制效果如图 12-78 所示。

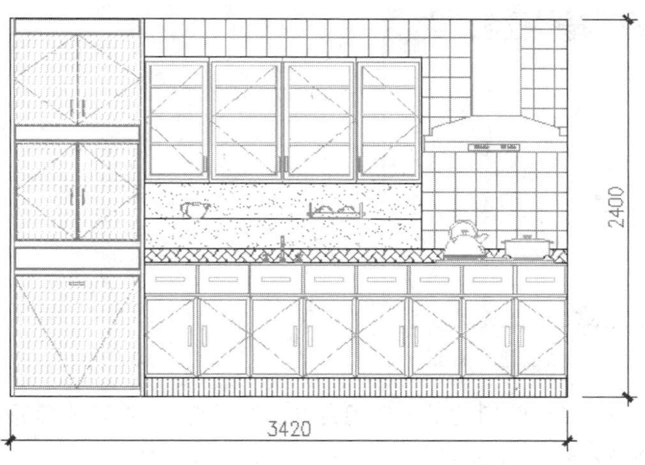

图 12-78　实例效果

操作步骤：

Step 01 以随书光盘中的"\绘图样板\室内设计样板.dwt"作为基础样板，新建绘图文件。

Step 02 单击"图层"工具栏上的"图层控制"列表，在展开的下拉列表中设置"轮廓线"为当前图层。

Step 03 使用快捷键 REC 执行"矩形"命令，绘制长度为 3420、宽度为 2400 的矩形，作为外轮廓，如图 12-79 所示。

Step 04 使用快捷键 X 执行“分解”命令，将矩形分解为四条独立线段。

Step 05 选择菜单栏中的“修改”→“偏移”命令，将上侧的水平边向下偏移 1550 个绘图单位，将下侧水平边向上偏移 120 个绘图单位，将左侧垂直边向右偏移 820 个绘图单位。结果如图 12-80 所示。

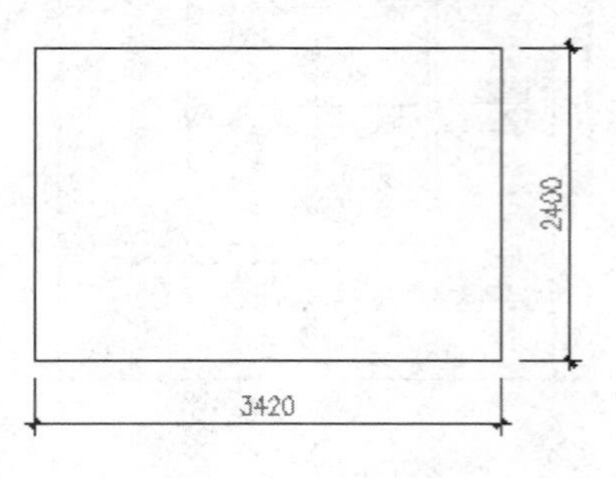

图 12-79　绘制外轮廓

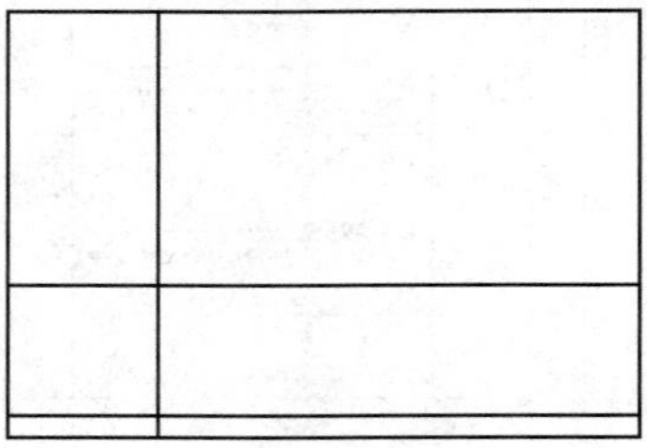

图 12-80　偏移操作

Step 06 选择菜单栏中的“绘图”→“边界”命令，打开如图 12-81 所示的“边界创建”对话框。

Step 07 对话框中的参数采用默认设置，单击“拾取点”按钮，返回绘图区，在刚偏移出三条线段与左侧的垂直边所围成的区域内单击左键，拾取一点，此时系统自动分析出一条虚线显示的闭合边界，如图 12-82 所示。

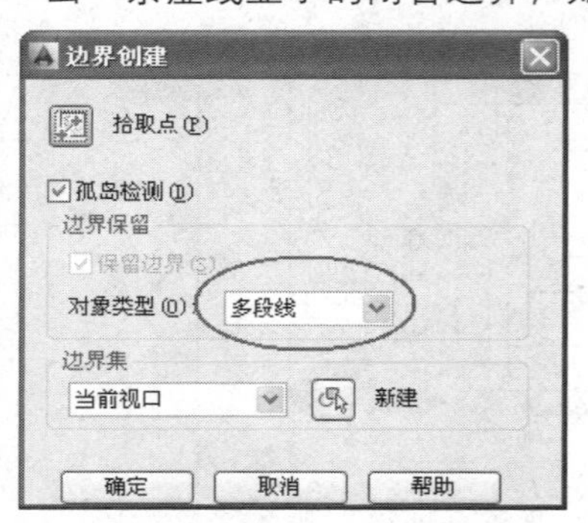

图 12-81　“边界创建”对话框

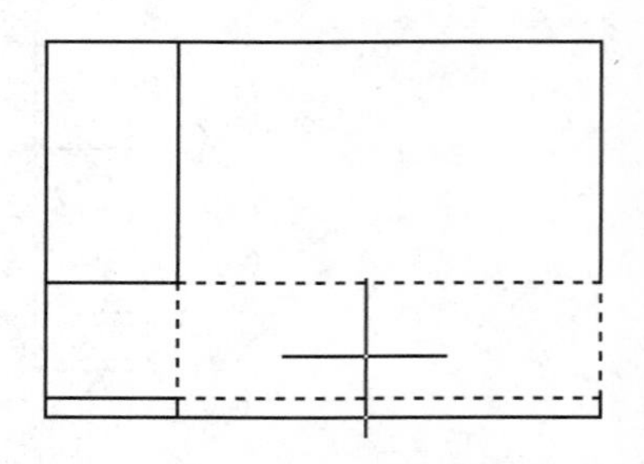

图 12-82　系统分析出的虚线边界

Step 08 按 Enter 键，结果就创建了一条闭合的多段线边界，删除刚偏移出的两条水平线段。结果如图 12-83 所示。

Step 09 使用快捷键 O 执行“偏移”命令，将右侧的垂直边向左偏移 900；将上侧的水平边分别向下偏移 250、1050、1280 和 1470 个绘图单位。结果如图 12-84 所示。

Step 10 单击“修改”工具栏或面板上的按钮，执行“修剪”命令，对各图线进行修剪编辑。结果如图 12-85 所示。

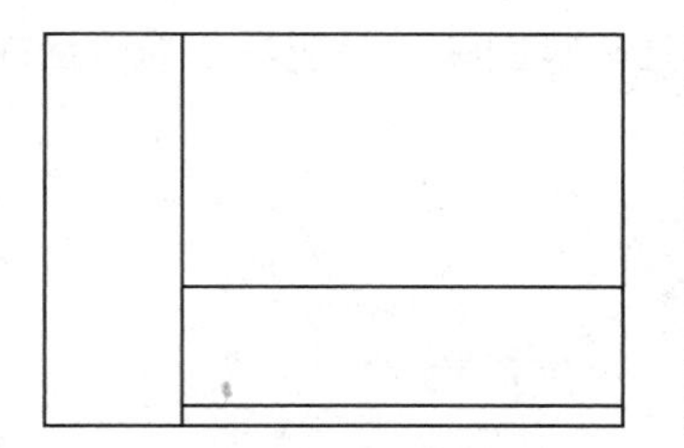

图 12-83　创建边界

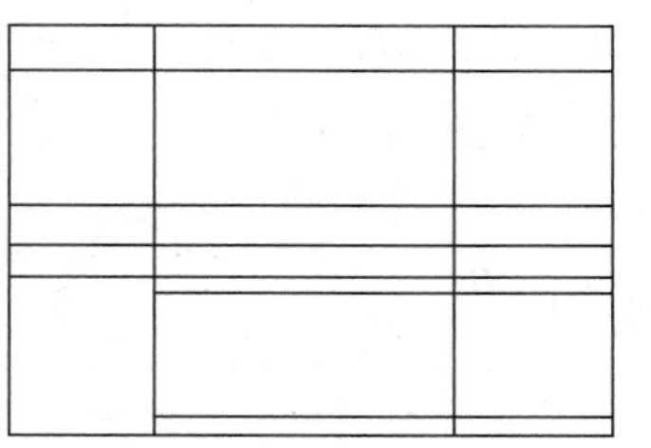

图 12-84　偏移结果

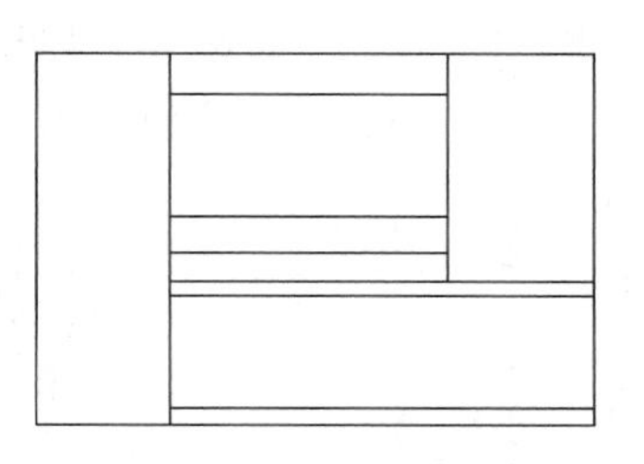

图 12-85　修剪结果

Step 11 展开“图层”工具栏或面板上的“图层控制”下拉列表，将“图块层”设置为当前层。

Step 12 使用快捷键 I 执行“插入块”命令，在打开的对话框中单击 浏览(B)... 按扭，选择随书光盘中的“\图块文件\壁柜.dwg”，如图 12-86 所示。

Step 13 采用系统的默认设置，将其插入到立面图中，插入点为图 12-87 所示端点。

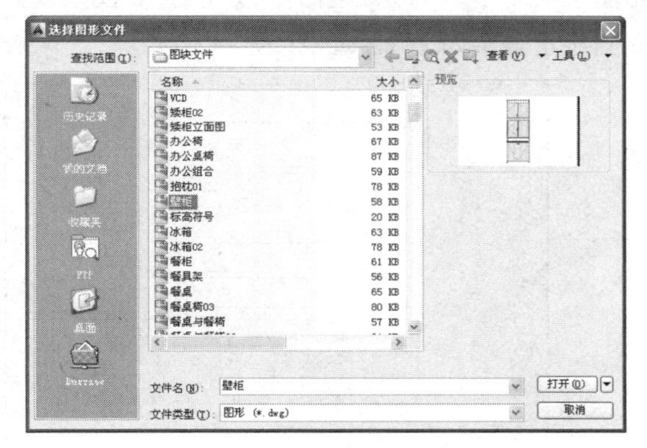

图 12-86　选择文件

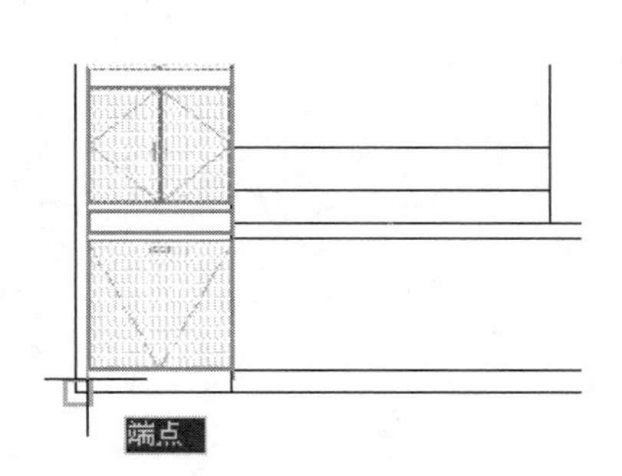

图 12-87　定位插入点

Step 14 使用快捷键 M 执行“移动”命令，将插入的壁纸图块水平右移 20 个单位。结果如图 12-88 所示。

Step 15 使用快捷键 I 再次激活“插入块”命令，插入随书光盘“\图块文件\”目录下的“橱柜 02.dwg、立面窗.dwg、抽油烟机.dwg、水笼头.dwg、灶具.dwg”等立面构件。结果如图 12-89 所示。

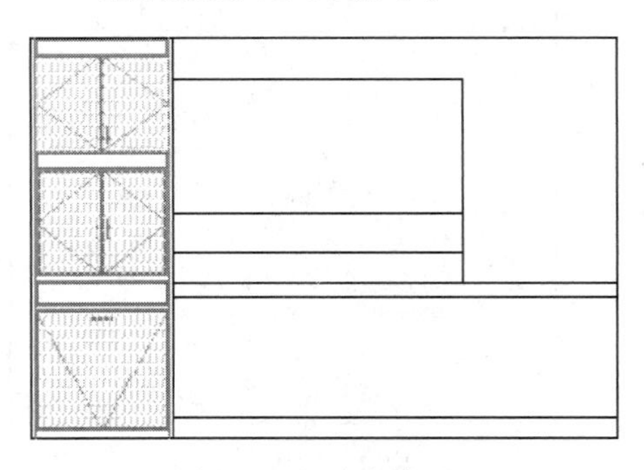

图 12-88　移动结果

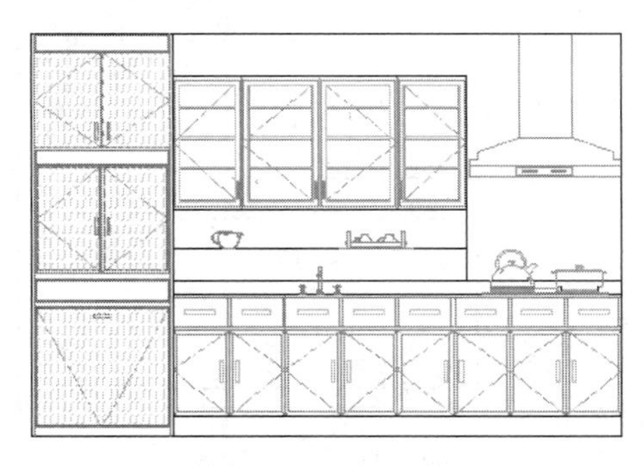

图 12-89　插入结果

Step 16 使用快捷键 TR 执行“修剪”命令，以插入的碗、灶具等图块作为边界，对立面轮廓线进行修剪。修剪结果如图 12-90 所示。

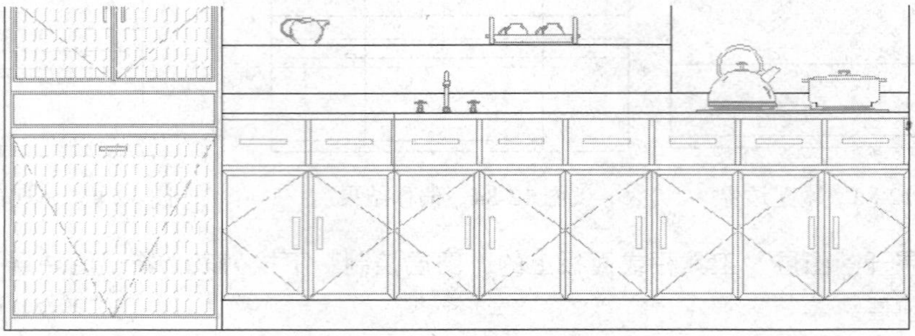

图 12-90　修剪结果

Step 17 展开“图层”工具栏或面板上的“图层控制”下拉列表，设置“填充层”为当前图层。

Step 18 在无命令执行的前提下夹点显示如图 12-91 所示的立面图例，放置到“0 图层”上，然后冻结“图块层”，此时立面图的显示效果如图 12-92 所示。

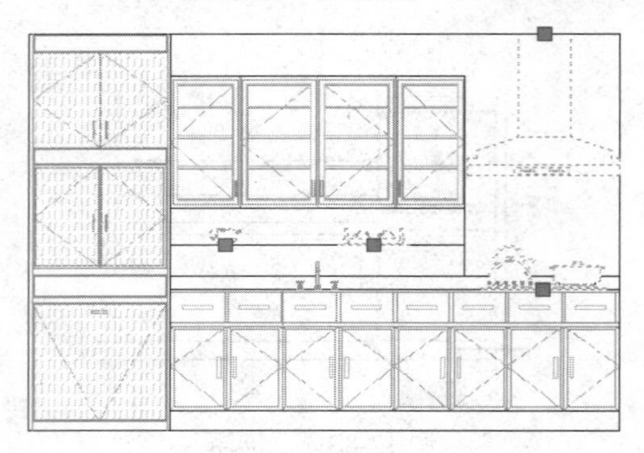

图 12-91　夹点效果

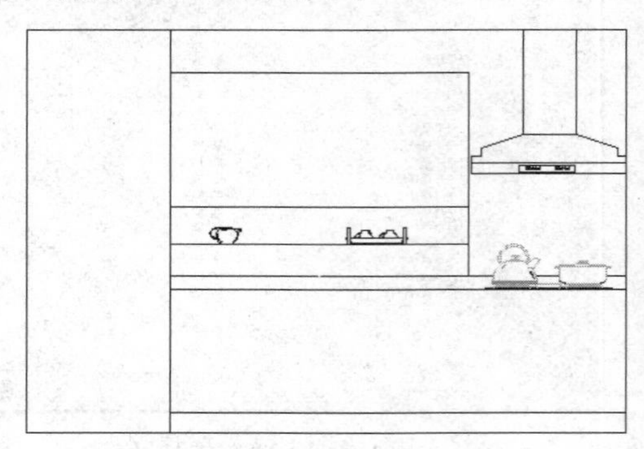

图 12-92　立面图的显示效果

Step 19 使用快捷键 L 执行“直线”命令，封闭填充区域。结果如图 12-93 所示。

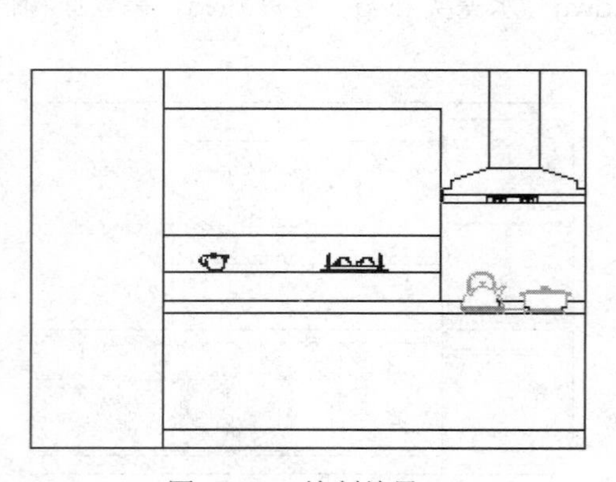

图 12-93　绘制结果

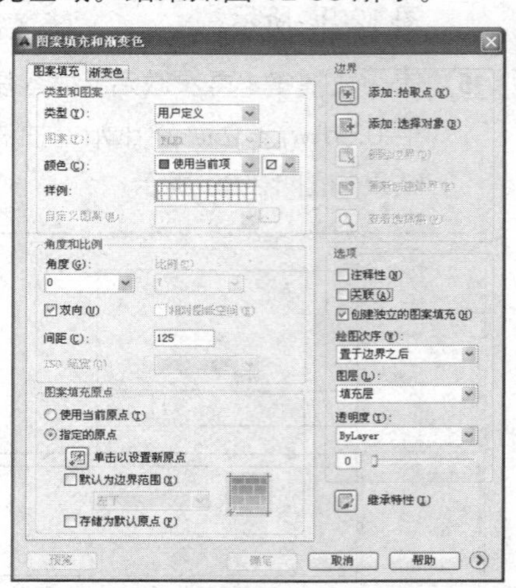

图 12-94　设置填充参数

Note

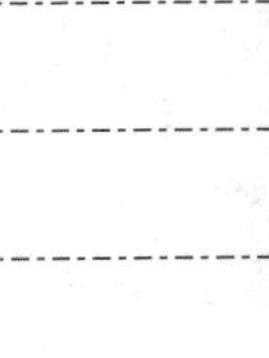

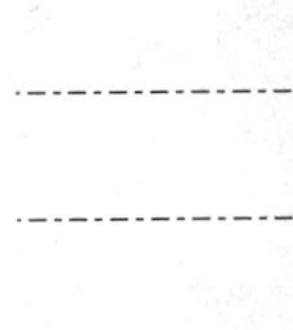

Step 20 选择菜单栏中的“绘图”→“图案填充”命令，在打开的“图案填充和渐变色”对话框中设置填充的图案类型和填充参数如图 12-94 所示，返回绘图区拾取如图 12-95 所示的区域，为立面图填充如图 12-96 所示的墙砖图案。

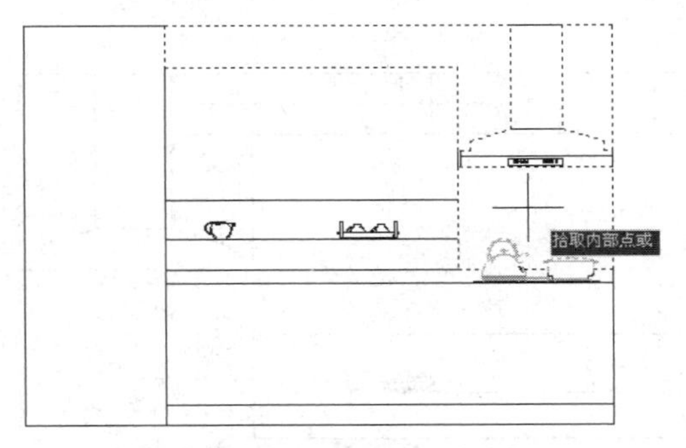

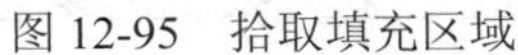

图 12-95　拾取填充区域

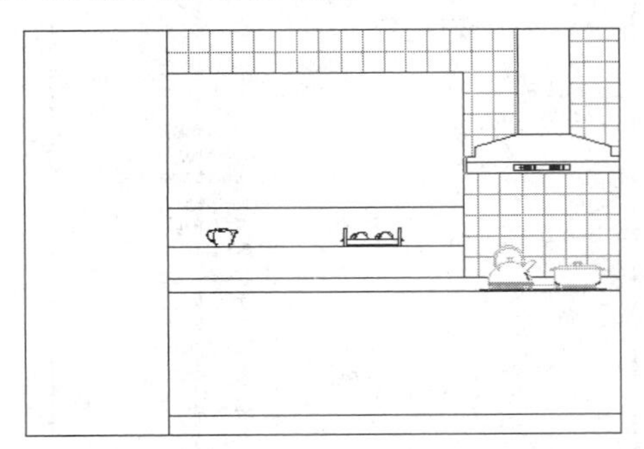

图 12-96　填充结果

Step 21 重复执行“图案填充”命令，在打开的“图案填充和渐变色”对话框中设置填充的图案类型和填充参数如图 12-97 所示，为立面图填充如图 12-98 所示的图案。

图 12-97　设置填充参数

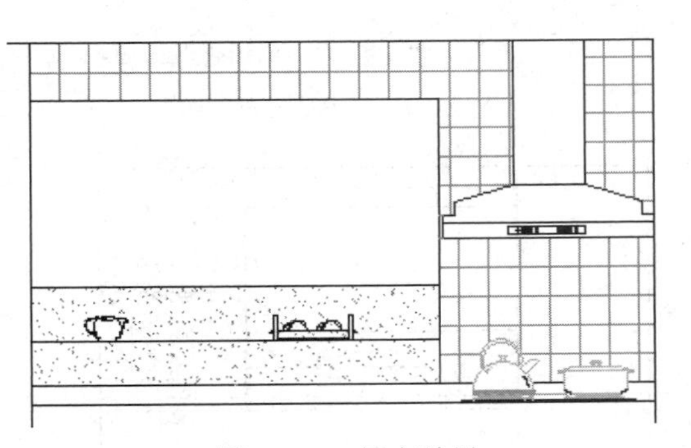

图 12-98　填充结果

Step 22 重复执行“图案填充”命令，在打开的“图案填充和渐变色”对话框中设置填充的图案类型和填充参数如图 12-99 所示，为立面图填充如图 12-100 所示的图案。

Step 23 重复执行“图案填充”命令，在打开的“图案填充和渐变色”对话框中设置填充的图案类型和填充参数如图 12-101 所示，为立面图填充如图 12-102 所示的图案。

Step 24 在无命令执行的前提下夹点显示如图 12-103 所示的图块，然后展开“图层控制”下拉列表，将图块放到“图块层”上，同时解冻该图层，此时立面图的显示效果如图 12-104 所示。

Note

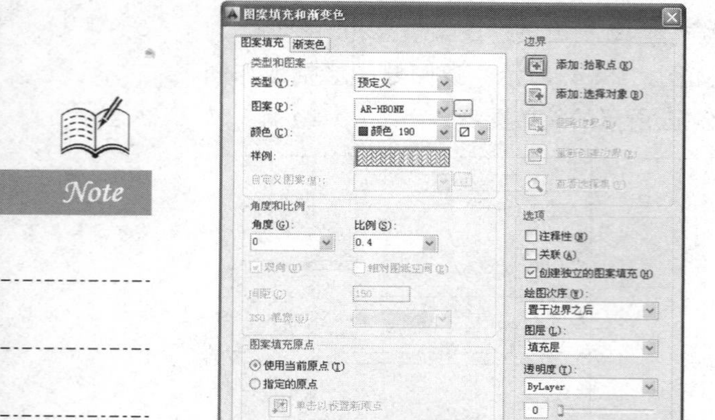

图 12-99　设置填充参数

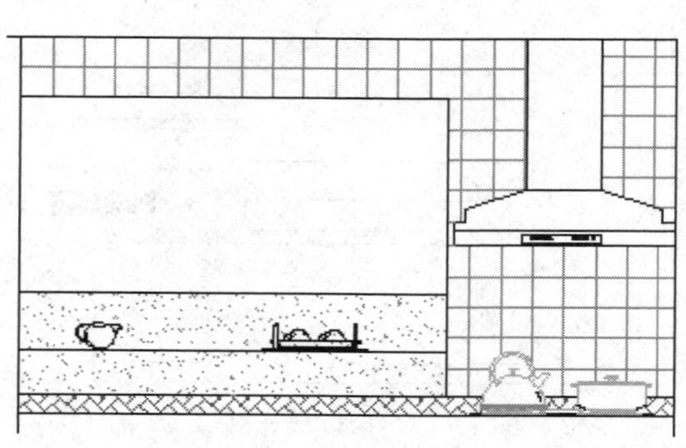

图 12-100　填充结果

图 12-101　设置填充参数

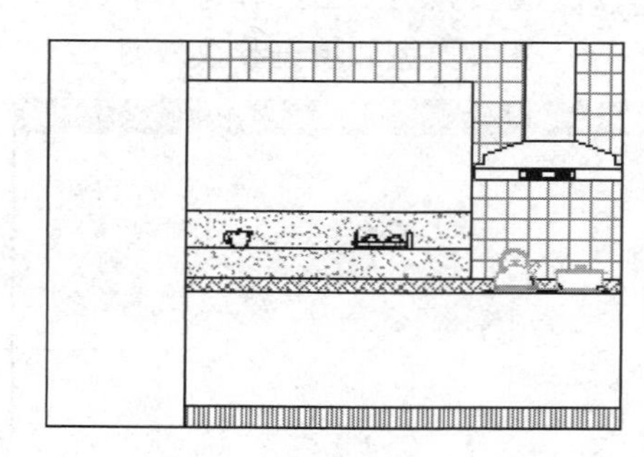

图 12-102　填充结果

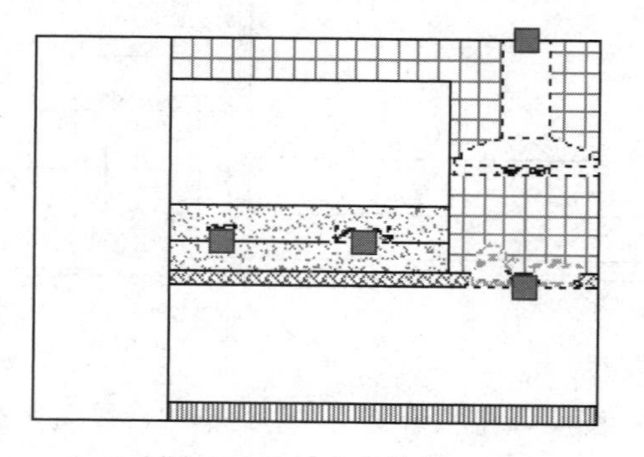

图 12-103　夹点效果

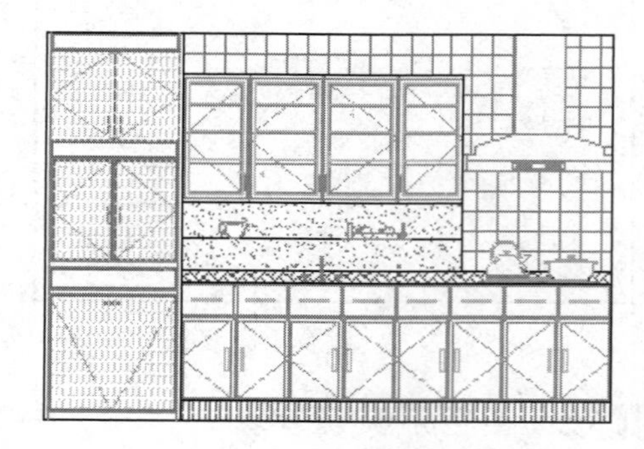

图 12-104　解冻图层后的效果

Step 25 执行"保存"命令，将图形命名存储为"上机实训五.dwg"。

12.7 上机实训六——标注厨房立面图

本例在综合巩固所学知识的前提下，主要学习居室厨房装修立面图尺寸和墙面材质注释等内容的具体标注过程和标注技巧。厨房装修立面图尺寸和材质的最终标注效果如图 12-105 所示。

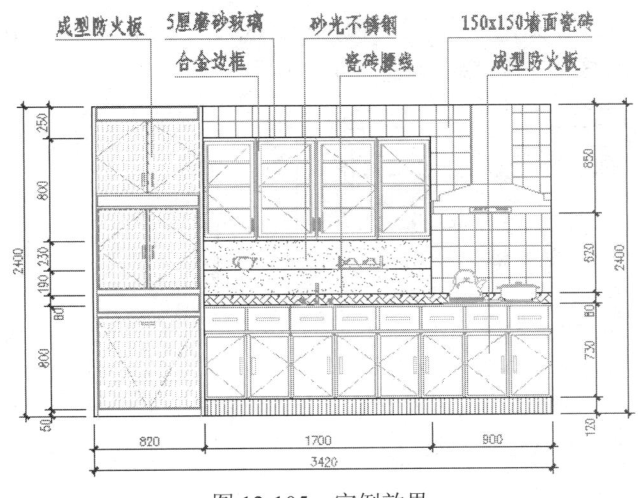

图 12-105　实例效果

操作步骤：

Step 01 执行“打开”命令，打开随书光盘中的“\效果文件\第 12 章\上机实训五.dwg ”。

Step 02 展开“图层”工具栏或面板上的“图层控制”下拉列表，将“尺寸层”设置为当前图层。

Step 03 使用快捷键 D 执行“标注样式”命令，设置“建筑标注”为当前样式，并修改样式比例为 22。

Step 04 单击“注释”选项卡→“标注”面板→“线性”按钮，配合捕捉功能标注如图 12-106 所示的线性尺寸，作为基准尺寸。

Step 05 单击“注释”选项卡→“标注”面板→“连续”按钮，以刚标注的线性尺寸作为基准尺寸，标注如图 12-107 所示的连续尺寸，作为立面图的细部尺寸。

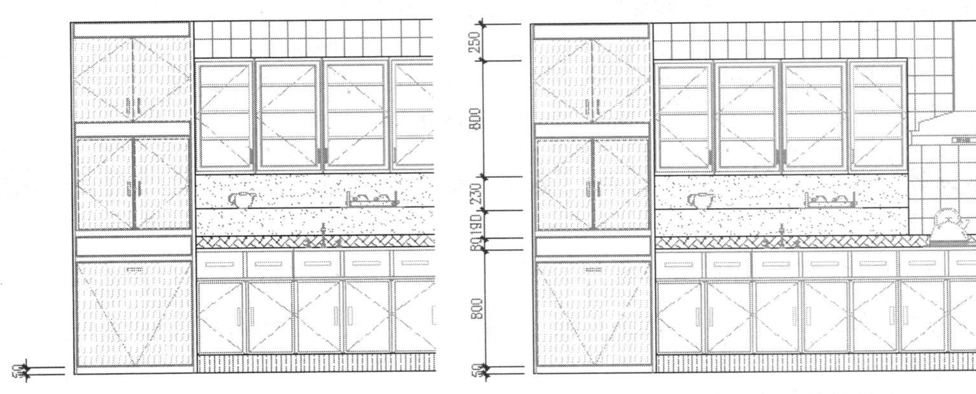

图 12-106　标注基准尺寸　　图 12-107　标注连续尺寸

Step 06 单击“标注”工具栏→“编辑标注文字”按钮，执行“编辑标注文字”命令，对重叠尺寸适当调整标注文字的位置。调整结果如图 12-108 所示。

Step 07 单击“注释”选项卡→“标注”面板→“线性”按钮，配合端点捕捉功能标注立面图左侧的总尺寸。结果如图 12-109 所示。

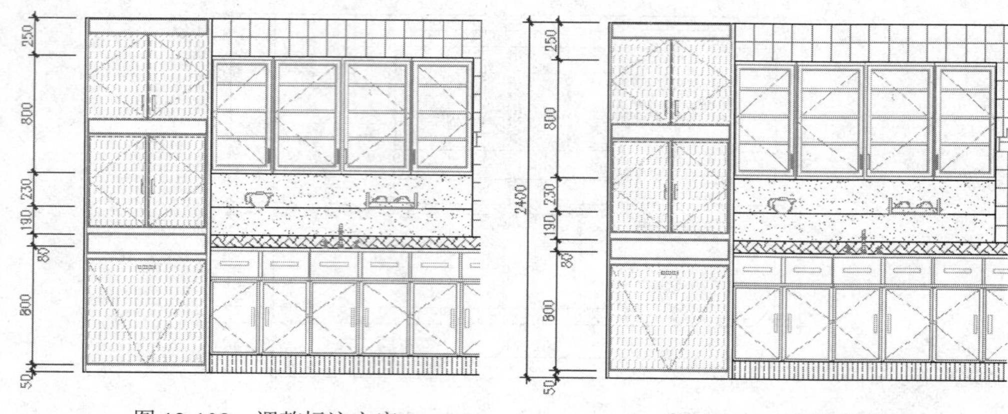

图 12-108　调整标注文字　　　　图 12-109　标注结果

Step 08 重复执行“线性”、“连续”和“编辑标注文字”等命令，标注立面图其他侧的尺寸。标注结果如图 12-110 所示。

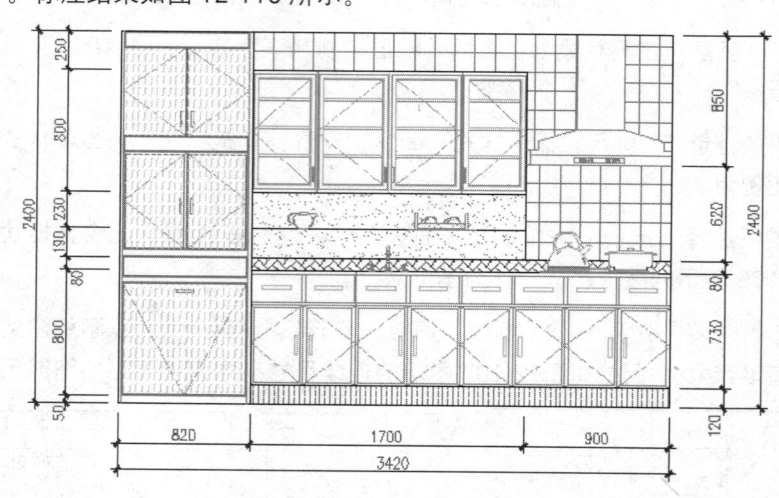

图 12-110　标注结果

Step 09 展开“图层”工具栏或面板上的“图层控制”下拉列表，将“文本层”设置为当前图层。

Step 10 使用快捷键 ST 执行“文字样式”命令，设置“仿宋体”为当前文字样式。

Step 11 使用快捷键 PL 执行“多段线”命令，绘制如图 12-111 所示的直线作为文本注释的指示线。

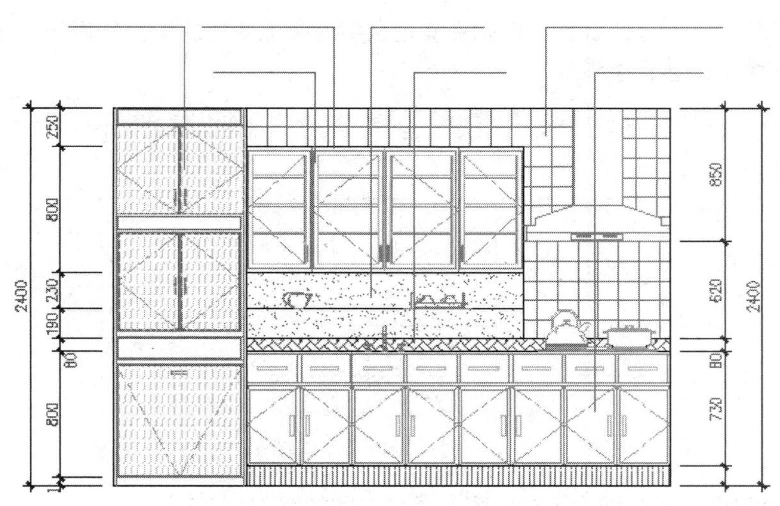

图 12-111　绘制指示线

Step 12 选择菜单栏中的"绘图"→"文字"→"单行文字"命令，将文字高度设置为 120，标注如图 12-112 所示的文字注释。

Step 13 使用快捷键 CO 执行"复制"命令，将刚标注的文本注释分别复制到其他指示线的外端点。结果如图 12-113 所示。

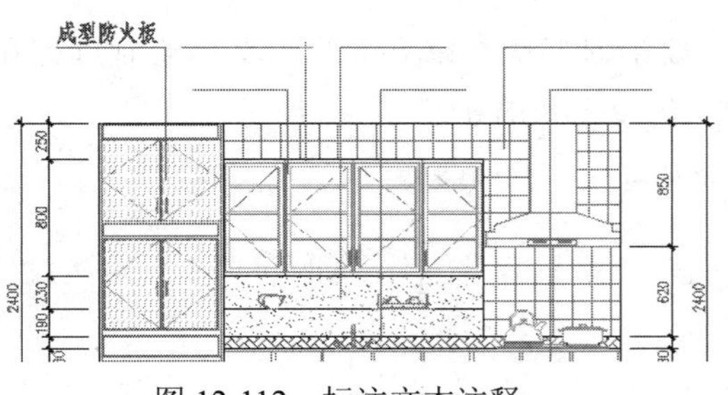

图 12-112　标注文本注释

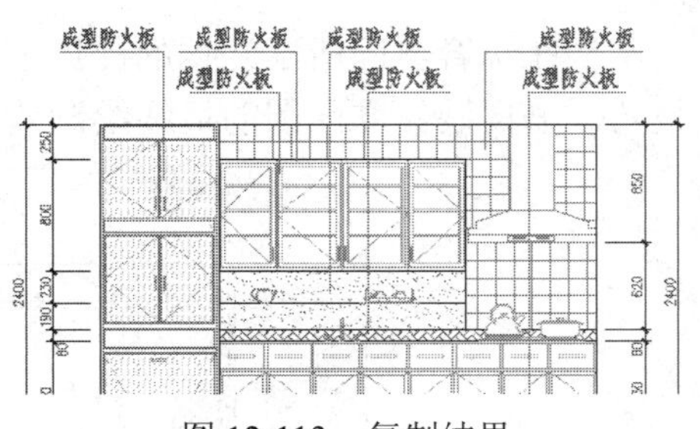

图 12-113　复制结果

Step 14 在复制出的文字对象上双击左键，此时文字反白显示，并出现一文字输入框，如图 12-114 所示。

Step 15 在此文本框内输入正确的文本"5 厘磨砂玻璃"，按 Enter 键，结果如图 12-115 所示。

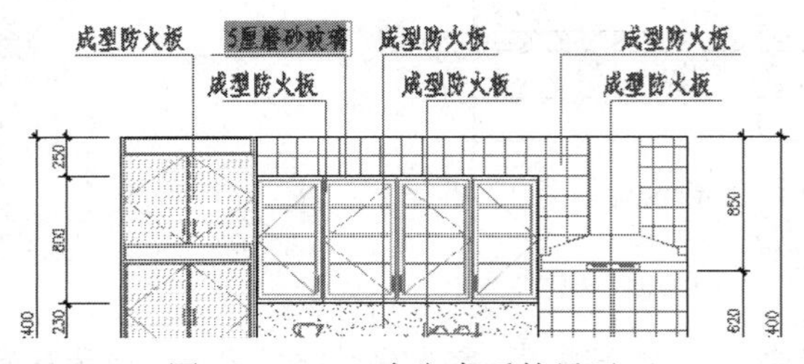

图 12-114　双击文字后的显示

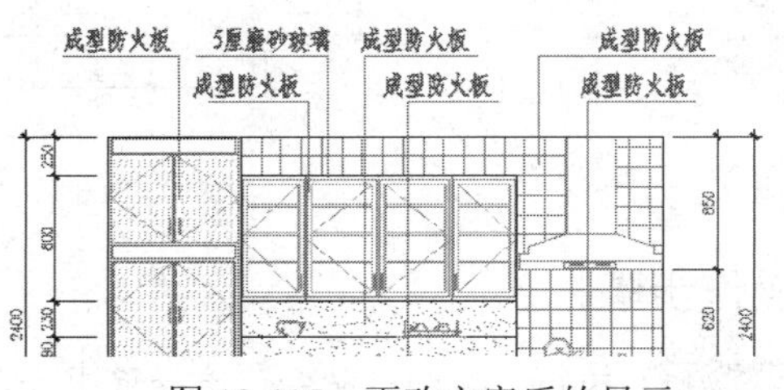

图 12-115　更改文字后的显示

Step 16 参照第 14、15 步操作，分别在其他文字对象上双击左键，然后输入正确的文本，结果如图 12-116 所示。

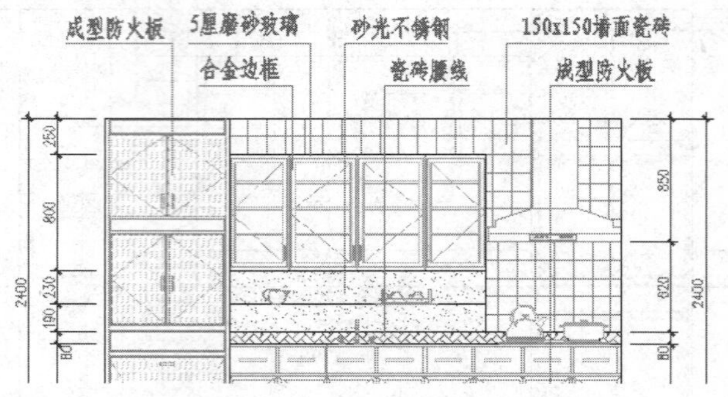

图 12-116 编辑文本的结果

Step 17 调整视图，以全部显示立面图。最终结果如图 12-105 所示。

Step 18 执行“另存为”命令，将图形另名存储为“上机实训六.dwg”。

12.8 上机实训七——绘制书房立面图

本例在综合巩固所学知识的前提下，主要学习书房装修立面图的具体绘制过程和绘图技巧。书房装修立面图的最终绘制效果如图 12-117 所示。

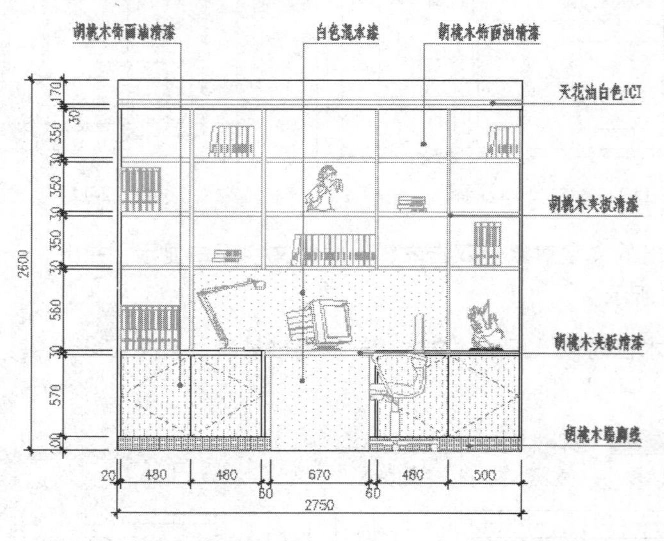

图 12-117 实例效果

操作步骤：

Step 01 执行“新建”命令，选择随书光盘中的“\绘图样板\室内设计样板.dwt”作为基础样板，新建绘图文件。

Step 02 单击“图层”工具栏上的“图层控制”列表，在展开的下拉列表中设置“轮廓线”为当前图层。

Step 03 选择菜单栏中的“绘图”→“矩形”命令，绘制长度为 2750、宽度为 2600 的矩形作为主体轮廓。

Step 04 选择菜单栏中的“修改”→“分解”命令，将矩形分解为四条独立的线段。

Step 05 选择菜单栏中的“修改”→“偏移”命令，将矩形的水平边向上偏移。命令行操作如下：

```
命令: _offset
当前设置: 删除源=否  图层=源  OFFSETGAPTYPE=0
指定偏移距离或 [通过(T)/删除(E)/图层(L)] <通过>:      //100 Enter, 设置偏移间距
选择要偏移的对象或 [退出(E)/放弃(U)] <退出>:          //选择矩形下侧水平边
指定要偏移的那一侧上的点, 或 [退出(E)/多个(M)/放弃(U)] <退出>:
                                                    //在水平边的上侧单击左键
选择要偏移的对象, 或 [退出(E)/放弃(U)] <退出>:      //Enter, 结束命令
命令:                                               //Enter, 重复执行命令
OFFSET 当前设置: 删除源=否  图层=源  OFFSETGAPTYPE=0
指定偏移距离或 [通过(T)/删除(E)/图层(L)] <100>: //570 Enter
选择要偏移的对象或 [退出(E)/放弃(U)] <退出>:       //选择刚偏移出的水平边
指定要偏移的那一侧上的点, 或 [退出(E)/多个(M)/放弃(U)] <退出>:
                                                    //在水平边的上侧单击左键
选择要偏移的对象, 或 [退出(E)/放弃(U)] <退出>:  //Enter, 偏移结果如图 12-118 所示
```

Step 06 重复执行“偏移”命令，将上侧的水平边向下偏移 140、170、200 和 1900 个绘图单位。结果如图 12-119 所示。

570
100

图 12-118　偏移结果

图 12-119　偏移上侧水平边

Step 07 重复执行“偏移”命令，将两侧的垂直边向内偏移 20、980 和 1000 个绘图单位。结果如图 12-120 所示。

Step 08 使用快捷键 TR 执行“修剪”命令，对偏移出的图线进行修剪。结果如图 12-121 所示。

图 12-120　偏移结果

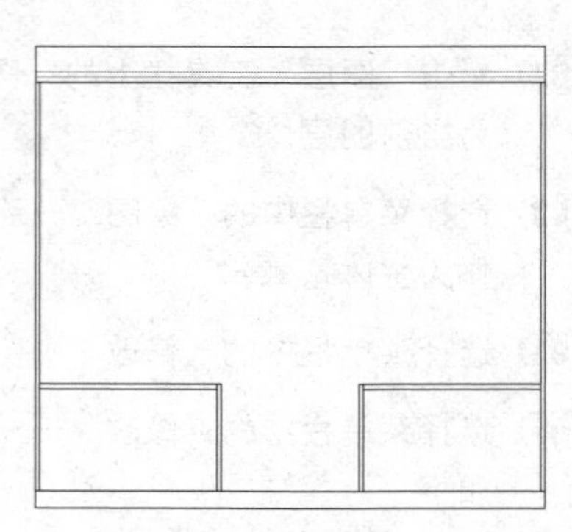

图 12-121　修剪结果

Step 09 使用快捷键 L 执行“直线”命令，配合“两点之间的中点”和中点捕捉功能绘制如图 12-122 所示的垂直轮廓线和方向线。

Step 10 使用快捷键 LT 执行“线型”命令，在打开的“线型管理器”对话框中加载如图 12-123 所示的线型，然后设置线型比例如图 12-124 所示。

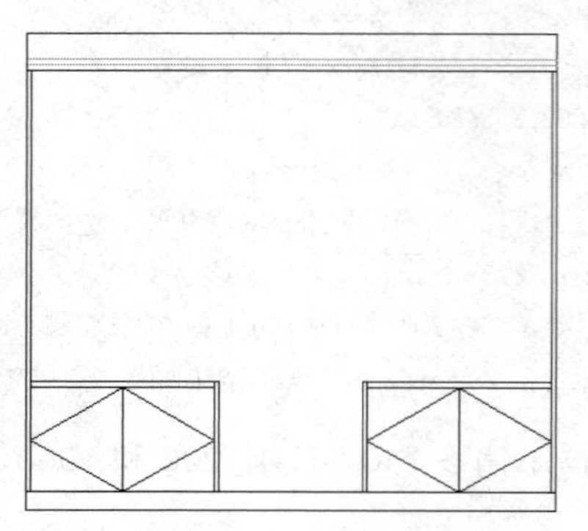

图 12-122　绘制结果

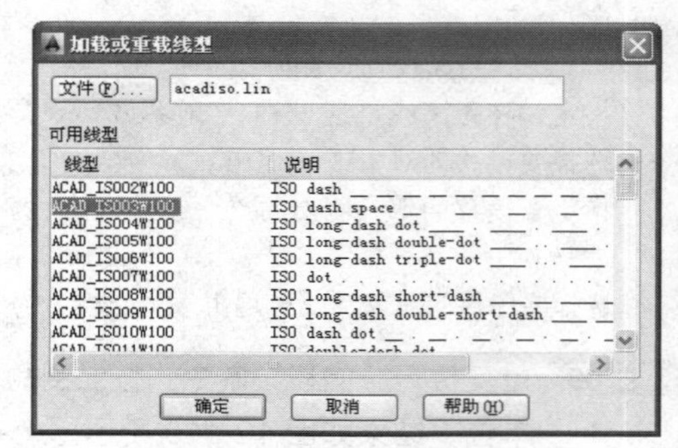

图 12-123　加载线型

Step 11 在无命令执行的前提下夹点显示如图 12-125 所示的方向线，然后打开“特性”窗口，修改线型如图 12-126 所示，修改后的效果如图 12-127 所示。

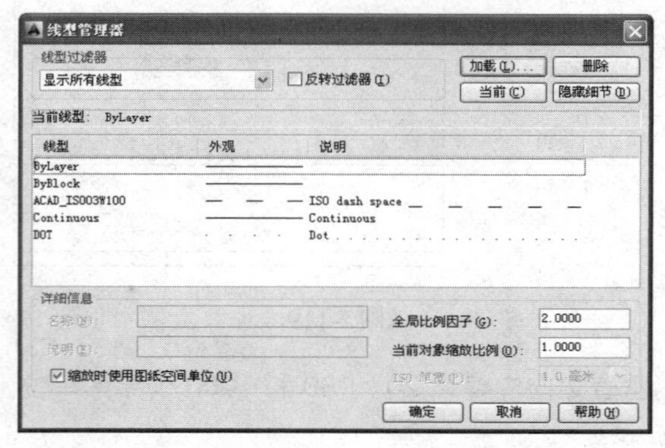

图 12-124　加载线型并设置线型比例

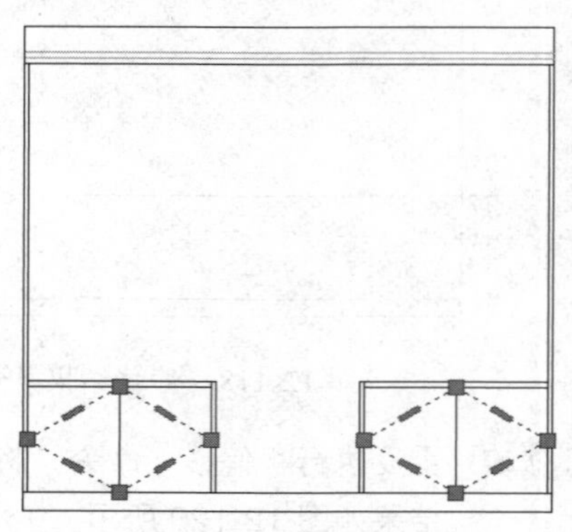

图 12-125　夹点效果

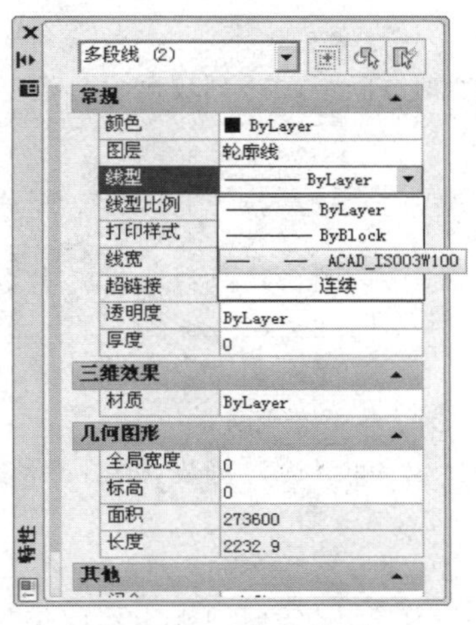

图 12-126　修改线型

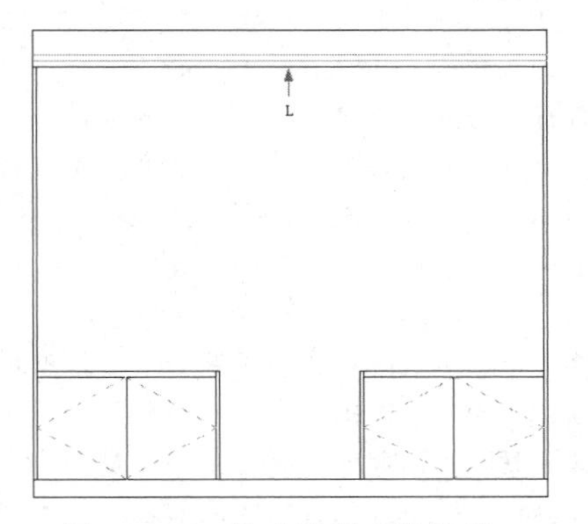

图 12-127　修改线型后的效果

Note

Step 12 展开“图层”工具栏或面板上的“图层控制”下拉列表，将“图块层”设置为当前操作层。

Step 13 选择菜单栏中的“修改”→“偏移”命令，对内部的水平轮廓线 L 进行偏移。命令行操作如下：

```
命令: _offset
当前设置: 删除源=否　图层=源　OFFSETGAPTYPE=0
指定偏移距离或 [通过(T)/删除(E)/图层(L)] <1000.0>:   //l Enter
输入偏移对象的图层选项 [当前(C)/源(S)] <源>:         //c Enter
指定偏移距离或 [通过(T)/删除(E)/图层(L)] <1000.0>:   //350 Enter
选择要偏移的对象，或 [退出(E)/放弃(U)] <退出>:      //选择图 12-127 所示的轮廓线 L
指定要偏移的那一侧上的点，或 [退出(E)/多个(M)/放弃(U)] <退出>:
                                                    //在所选轮廓线的下端单击
选择要偏移的对象，或 [退出(E)/放弃(U)] <退出>:      //Enter
命令:                                               //Enter
OFFSET 当前设置: 删除源=否　图层=当前　OFFSETGAPTYPE=0
指定偏移距离或 [通过(T)/删除(E)/图层(L)] <350.0>:    //30 Enter
选择要偏移的对象，或 [退出(E)/放弃(U)] <退出>:      //选择刚偏移出的轮廓线
指定要偏移的那一侧上的点，或 [退出(E)/多个(M)/放弃(U)] <退出>:
                                                //在所选轮廓线的下端单击
选择要偏移的对象，或 [退出(E)/放弃(U)] <退出>: //Enter，结果如图 12-128 所示
```

Step 14 重复执行“偏移”命令，将两侧的内垂直边 1 和 2 分别向内侧偏移 470、490、960 和 980 个单位。结果如图 12-129 所示。

Step 15 单击“默认”选项卡→“修改”面板→“矩形阵列”按钮，对刚偏移出的两条水平轮廓线进行阵列。命令行操作如下：

```
命令: _arrayrect
选择对象:      //窗交选择如图 12-130 所示的图形
选择对象:      //Enter
```

Note

```
    类型 = 矩形  关联 = 是
    选择夹点以编辑阵列或 [关联(AS)/基点(B)/计数(COU)/间距(S)/列数(COL)/行数(R)/层
数(L)/退出(X)] <退出>:                  //COU Enter
    输入列数数或 [表达式(E)] <4>:    //1 Enter
    输入行数数或 [表达式(E)] <3>:    //3 Enter
    选择夹点以编辑阵列或 [关联(AS)/基点(B)/计数(COU)/间距(S)/列数(COL)/行数(R)/层
数(L)/退出(X)] <退出>:                                //S Enter
    指定列之间的距离或 [单位单元(U)] <401.1296>:   //1 Enter
    指定行之间的距离 <517.6271>:                   //-380 Enter
    选择夹点以编辑阵列或 [关联(AS)/基点(B)/计数(COU)/间距(S)/列数(COL)/行数(R)/层
数(L)/退出(X)] <退出>:                                //AS Enter
    创建关联阵列 [是(Y)/否(N)] <是>:                //N Enter
    选择夹点以编辑阵列或 [关联(AS)/基点(B)/计数(COU)/间距(S)/列数(COL)/行数(R)/层
数(L)/退出(X)] <退出>:                       //Enter，阵列结果如图 12-131 所示
```

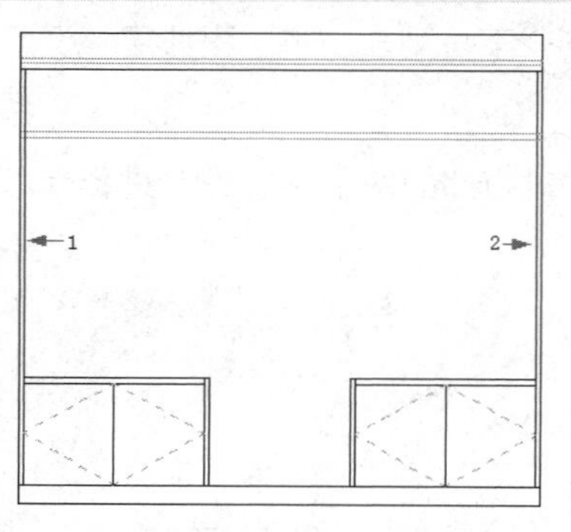

图 12-128　偏移水平边

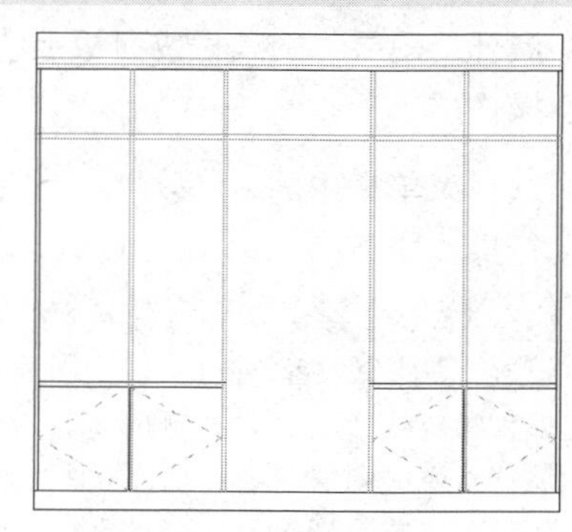

图 12-129　偏移垂直边

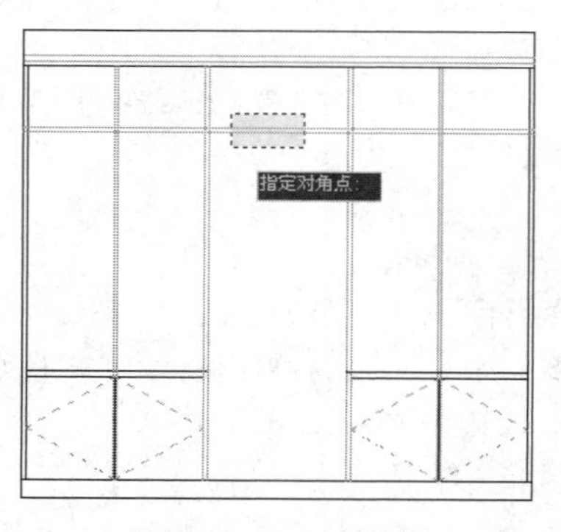

图 12-130　窗交选择

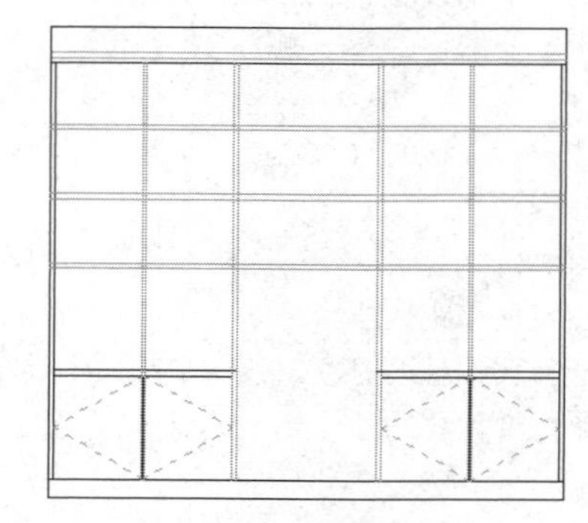

图 12-131　阵列结果

Step 16 在无命令执行的前提下夹点显示如图 12-132 所示的关联对象，然后执行“分解”命令进行分解。

Step 17 使用快捷键 TR 执行“修剪”命令，对内部的垂直轮廓线进行修剪。结果如图 12-133 所示。

Step 18 展开“图层”工具栏或面板上的“图层控制”下拉列表，将“图块层”设置为当前层。

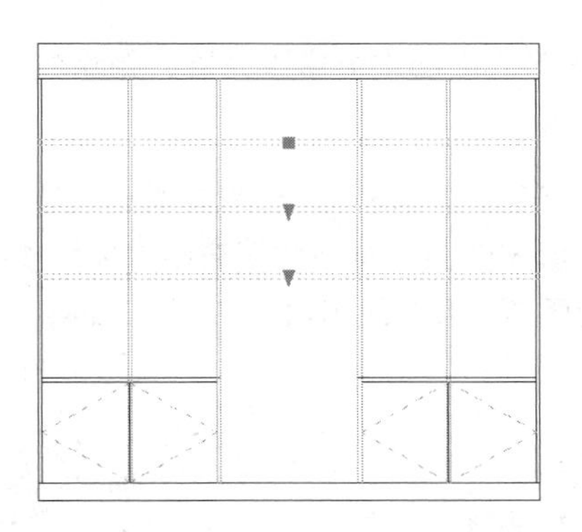

图 12-132　夹点效果

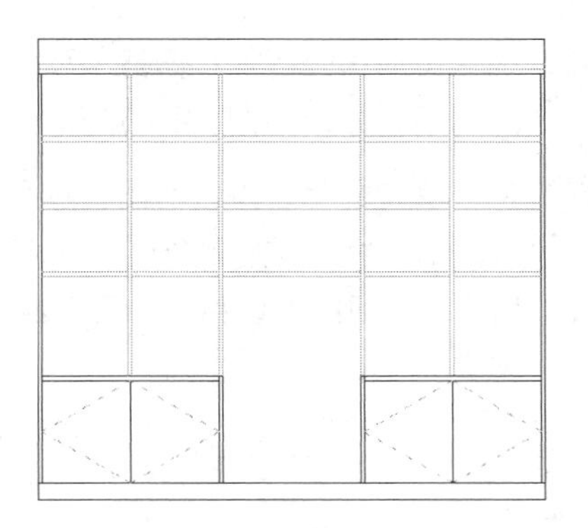

图 12-133　修剪结果

Step 19 使用快捷键 I 执行"插入块"命令，在打开的对话框中单击 浏览(B)... 按扭，选择随书光盘中的"\图块文件\立面办公桌椅 01.dwg"，如图 12-134 所示。

Step 20 采用系统的默认设置，将其插入到立面图中，插入点为图 12-135 所示的轮廓线的中点。

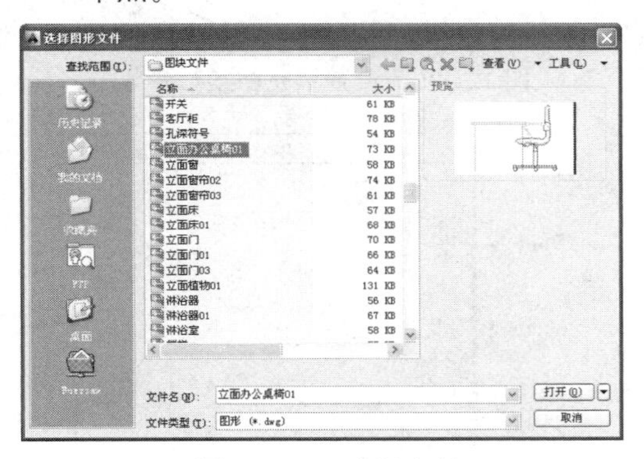

图 12-134　选择文件

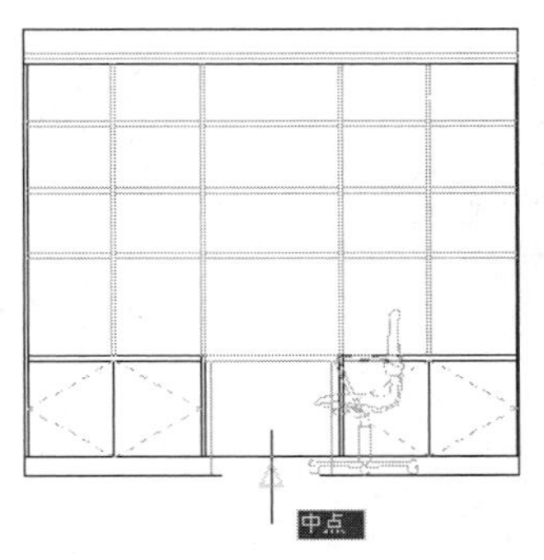

图 12-135　定位插入点

Step 21 重复执行"插入块"命令，采用系统的默认设置，插入随书光盘中的"\图块文件\显示器 01.dwg"。插入结果如图 12-136 所示。

Step 22 重复执行"插入块"命令，采用默认参数插入随书光盘中的"\图块文件\"目录下的"block08.dwg、立面台灯 01.dwg、block09.dwg"等构件。结果如图 12-137 所示。

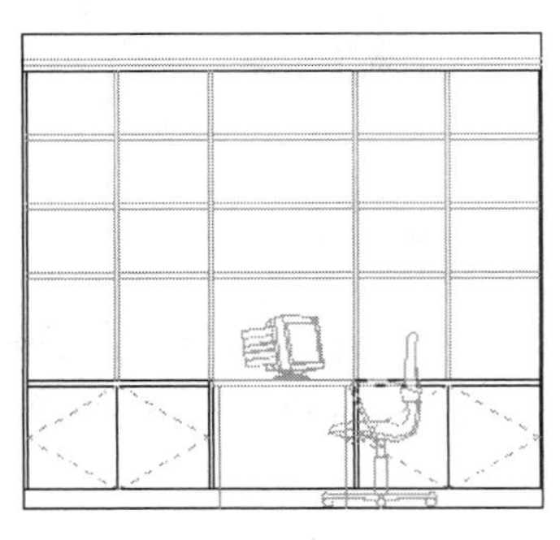

图 12-136　插入结果

图 12-137　插入其他构件

Step 23 综合使用“分解”、“修剪”和“删除”命令对立面图进行修整完善，删除被遮挡住的图线。结果如图 12-138 所示。

Step 24 将“填充层”设为当前图，然后选择菜单栏中的“绘图”→“图案填充”命令，在打开的“图案填充和渐变色”对话框中设置填充的图案类型和填充参数如图 12-139 所示，返回绘图区拾取如图 12-140 所示的区域，为立面图填充如图 12-141 所示的图案。

图 12-138　编辑结果

图 12-139　设置填充图案与参数

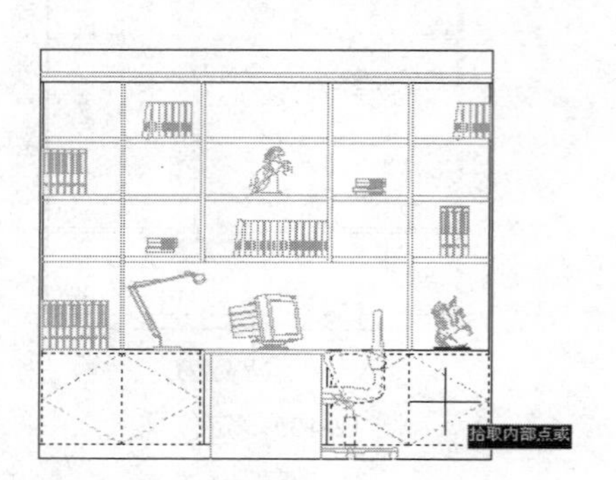

图 12-140　拾取填充区域

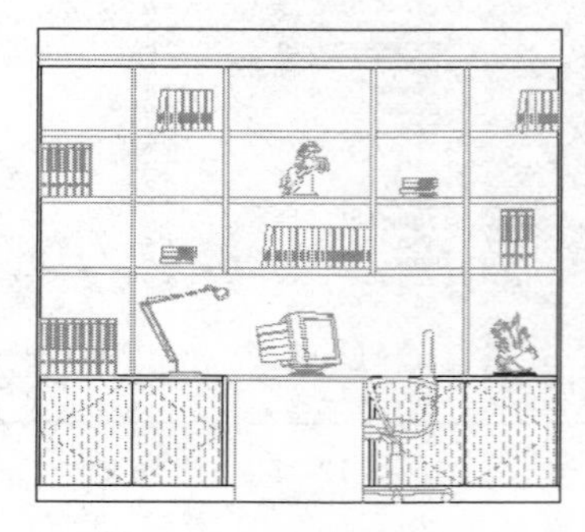

图 12-141　填充结果

Step 25 重复执行“图案填充”命令，设置填充的图案类型和填充参数如图 12-142 所示，为立面图填充如图 12-143 所示的图案。

图 12-142　设置填充参数

图 12-143　填充结果

Step 26　重复执行“图案填充”命令，在打开的“图案填充和渐变色”对话框中设置填充的图案类型和填充参数如图 12-144 所示，为立面图填充如图 12-145 所示的图案。

图 12-144　设置填充参数

图 12-145　填充结果

Note

Step 27　使用快捷键 LT 执行“线型”命令，在打开的“线型管理器”对话框中加载名为 DOT 的线型，如图 12-146 所示。

Step 28　在无命令执行的前提下夹点显示如图 12-147 所示的图案，然后展开“图层控制”下拉列表，修改其线型为 DOT 线型。

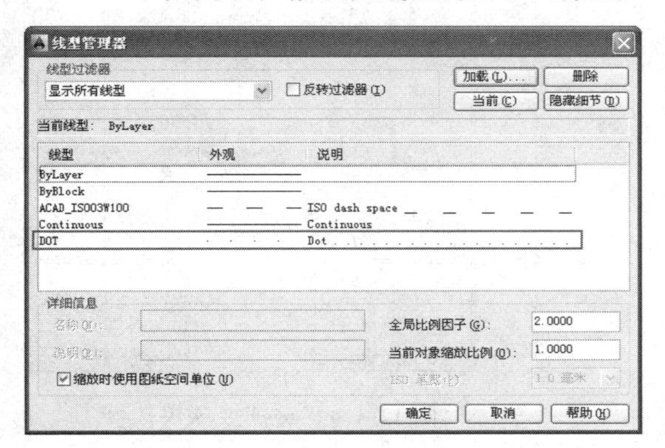

图 12-146　加载线型

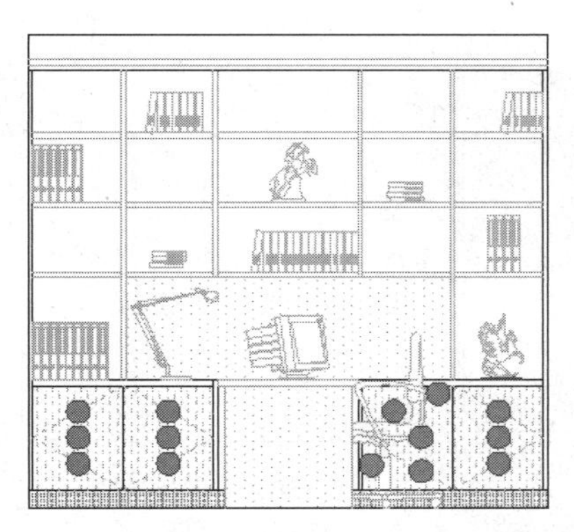

图 12-147　图案的夹点效果

Step 29　按 Esc 键取消图案的夹点显示状态，图案线型修改后的效果如图 12-148 所示。

Step 30　展开“图层”工具栏或面板上的“图层控制”下拉列表，将“尺寸层”设置为当前图层。

Step 31　单击“样式”工具栏中的“标注样式控制”表，将“建筑标注”设置为当前尺寸样式，并调整标注比例如图 12-149 所示。

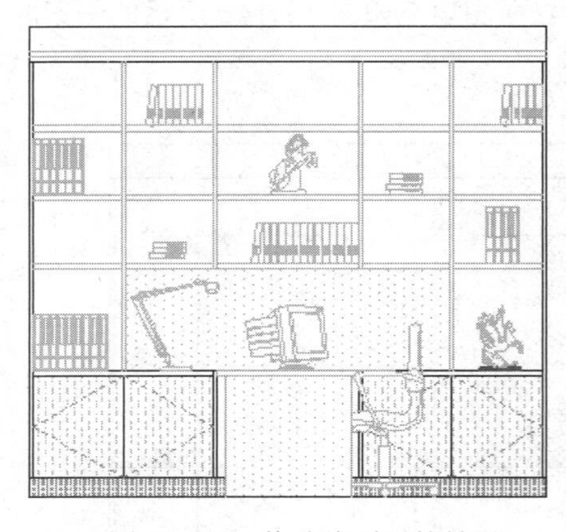

图 12-148　修改线型后的效果

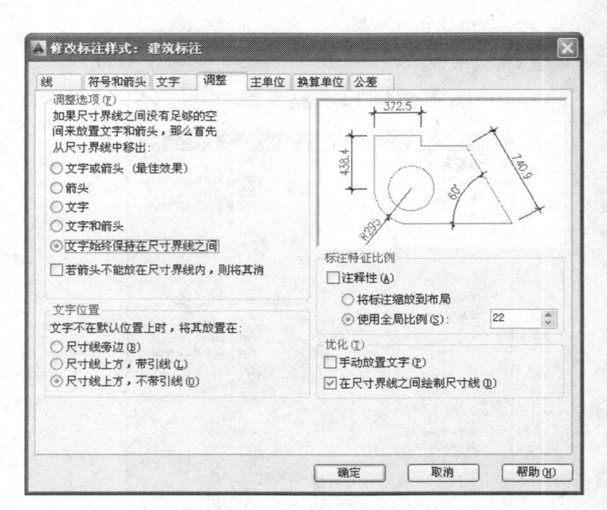

图 12-149　设置当前样式与比例

Step 32 选择菜单栏中的“标注”→“线性”命令，配合捕捉与追踪功能标注如图 12-150 所示的线性尺寸作为基准尺寸。

Step 33 选择菜单栏中的“标注”→“连续”命令，配合捕捉功能标注如图 12-151 所示连续尺寸。

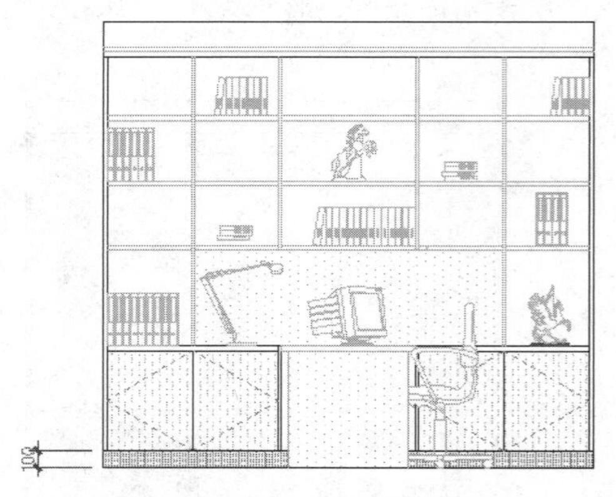

图 12-150　标注线性尺寸

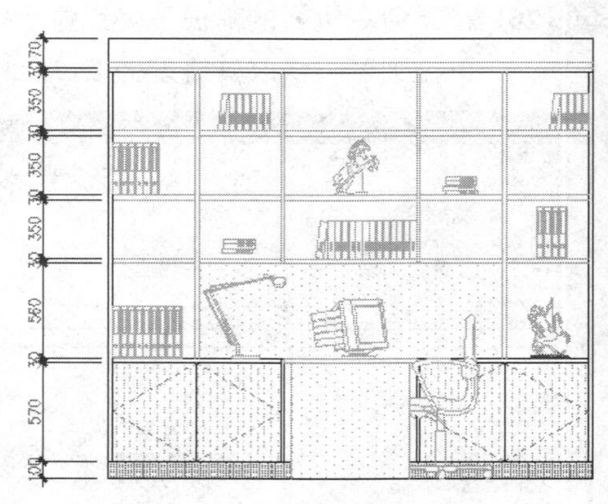

图 12-151　标注连续尺寸

Step 34 单击“标注”工具栏中的按钮，激活“编辑标注文字”命令，对重叠的尺寸文字进行编辑。结果如图 12-152 所示。

Step 35 选择菜单栏中的“标注”→“线性”命令，标注立面图左侧的总尺寸。结果如图 12-153 所示。

Step 36 参照上述操作，综合使用“线性”、“连续”和“编辑标注文字”命令，标注立面图下侧的细部尺寸和总尺寸。结果如图 12-154 所示。

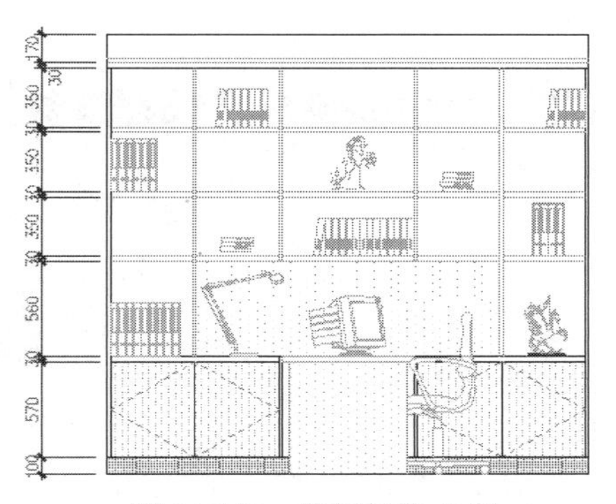

图 12-152　编辑标注文字

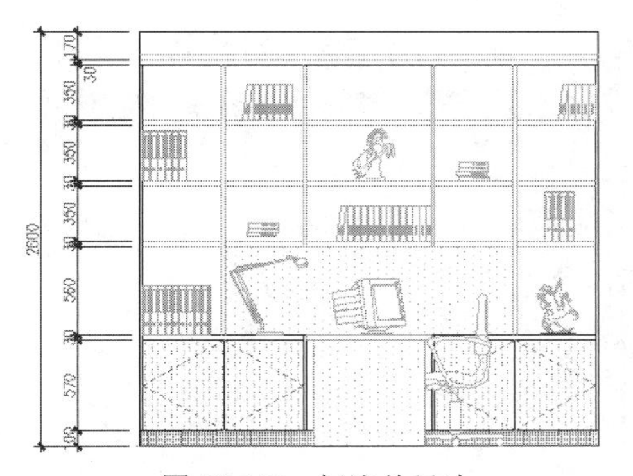

图 12-153　标注总尺寸

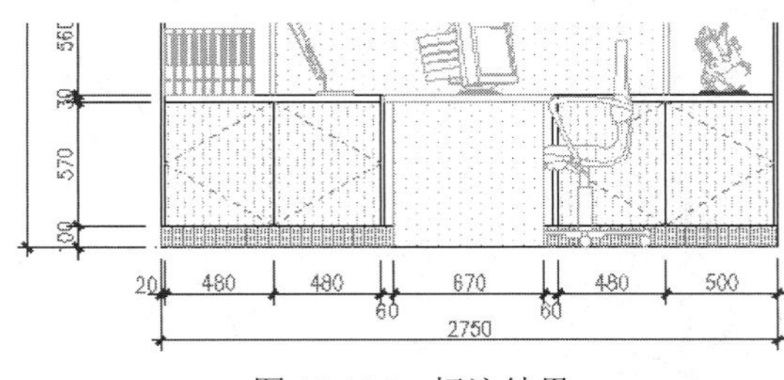

图 12-154　标注结果

Step 37 展开“图层”工具栏或面板上的“图层控制”下拉列表，将“文本层”设置为当前图层。

Step 38 选择菜单栏中的“标注”→“标注样式”命令，替代“建筑标注”样式的文字参数和调整选项如图 12-155 和图 12-156 所示。

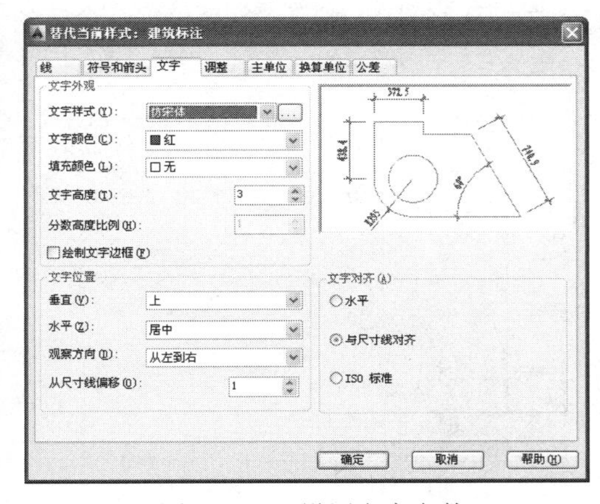

图 12-155　设置文字参数

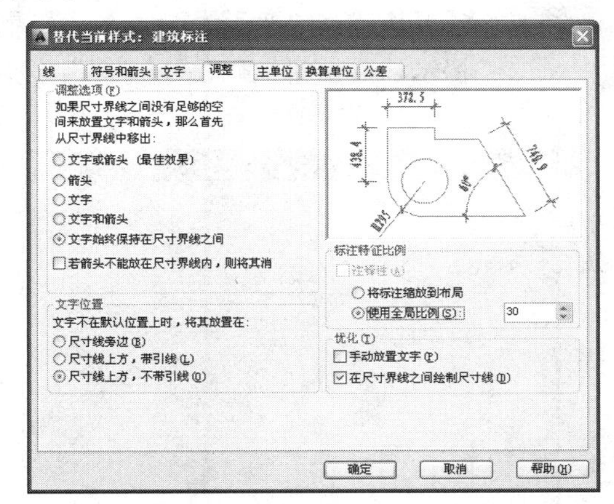

图 12-156　设置标注比例

Step 39 使用快捷键 LE 执行“快速引线”命令，使用命令中的“设置”选项，设置引线参数如图 12-157 和图 12-158 所示。

Step 40 返回绘图区，根据命令行的提示指定引线点绘制引线，并输入引线注释。标注结果如图 12-159 所示。

Step 41 重复执行“快速引线”命令，按照当前的引线参数设置，分别标注其他位置的引线

注释。标注结果如图 12-160 所示。

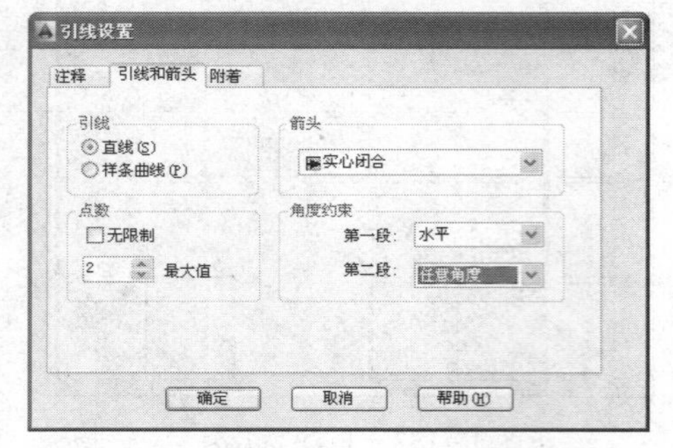

图 12-157 “引线和箭头”选项卡

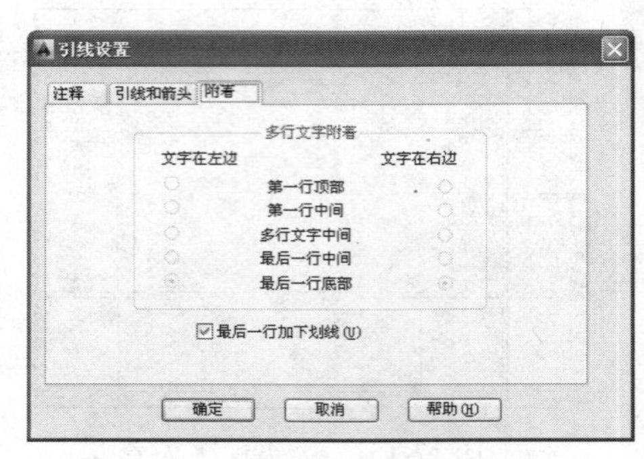

图 12-158 “附着”选项卡

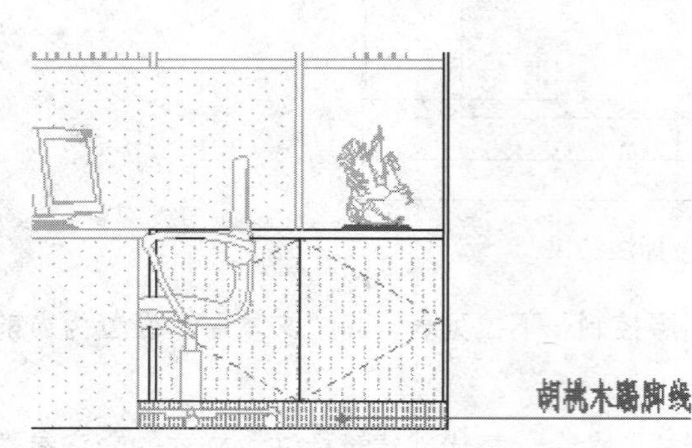

图 12-159 标注结果

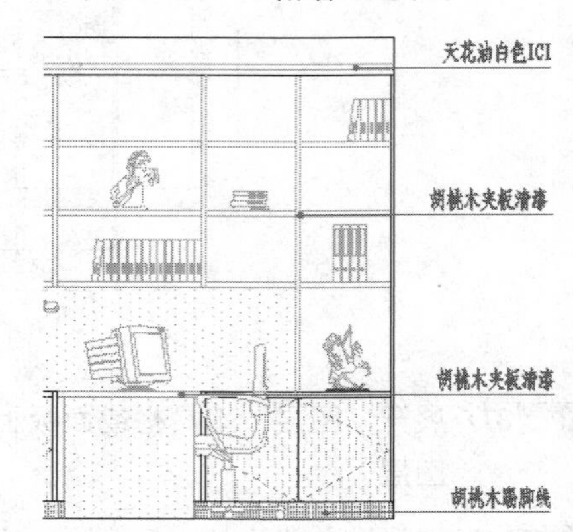

图 12-160 标注其他注释

Step 42 重复执行“快速引线”命令，设置引线参数如图 12-161 所示，然后根据命令行的提示标注如图 12-162 所示的引线注释。

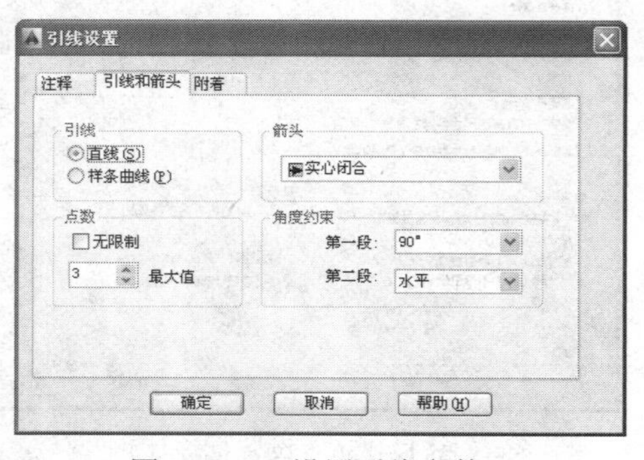

图 12-161 设置引线参数

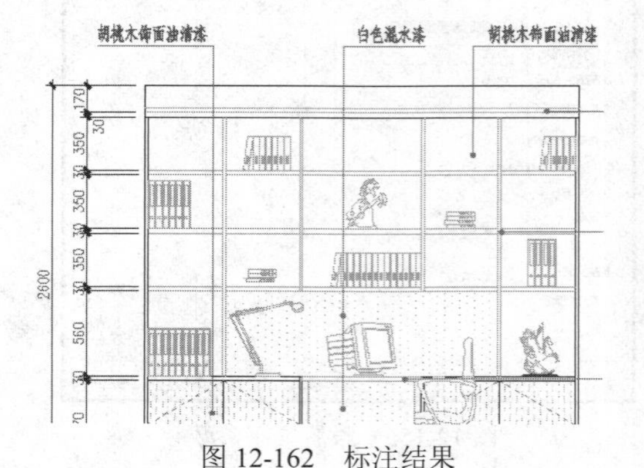

图 12-162 标注结果

Step 43 调整视图，使立面图全部显示，最终结果如图 12-117 所示。

Step 44 执行“保存”命令，将图形命名存储为“上机实训七.dwg”。

12.9 小结与练习

12.9.1 小结

本章在简单介绍居室立面详图的形成特点和功能内容等的前提下，通过绘制客厅立面图、卧室立面图、厨房立面图和书房立面图等空间代表实例，详细学习了居室装修立面图的绘制方法、绘制技巧和具体的绘制过程。相信读者通过本章的学习，不仅能轻松学会居室立面图的绘制方法，而且还能学习并体会到各种常用的绘制技法，使用最少的时间来完成图形的绘制过程。

12.9.2 练习

1. 综合运用所学知识，绘制并标注如图 12-163 所示的客厅空间立面图（局部尺寸自定）。

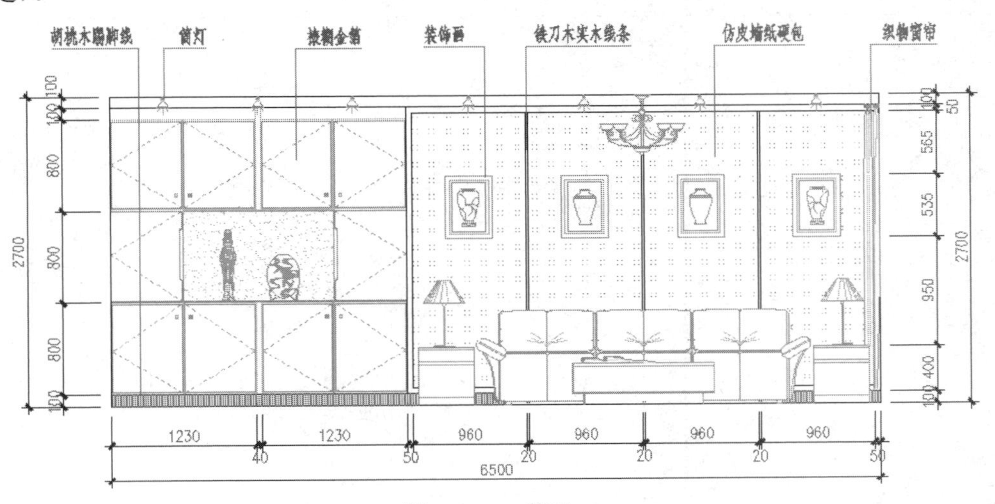

图 12-163 练习一

操作提示：

本练习所需图块文件位于随书光盘中的"\图块文件\"目录下。

2. 综合运用所学知识，绘制并标注如图 12-164 所示的客厅与餐厅空间立面图（局部尺寸自定）。

Note

柚木夹板清漆
5厘磨砂玻璃
白色大理石台面
射灯
镜面玻璃
玻璃层板
墙面油白色乳胶漆
裂纹玻璃贴面
射灯
胡桃木踢脚线

图 12-164　练习二

操作提示：

本练习所需图块文件位于随书光盘中的“\图块文件\”目录下。

室内详图与大样设计

本章在简单了解详图的表达内容及功能特点等相关理论知识的前提下，主要学习室内装修详图与节点大样图的具体绘制过程和相关绘图技能。

内容要点

- 室内详图理论概述
- 上机实训一——绘制吧台详图
- 上机实训二——绘制卫生间详图
- 上机实训三——标注卫生间详图
- 上机实训四——绘制电视墙详图
- 上机实训五——标注电视墙详图
- 上机实训六——绘制壁镜节点图

Note

13.1 室内详图理论概述

本小节主要简单概述室内装修详图的基本概念、主要用途以及图示特点等设计理论知识。

13.1.1 什么是详图

对于一幢建筑物来说，光有建筑平、立、剖面图还是不能顺利施工的，因为平、立、剖面等图的图样比例较小，建筑物的某些细部及构配件的详细构造和尺寸无法表示清楚，不能满足施工需求。所以，在一套施工图中，除了有全局性的基本图样外，还必须有许多比例较大的图形，对建筑物细部的形状、大小、材料和做法等加以补充说明，这种图样称为建筑详图。

13.1.2 详图的用途

建筑详图包括的主要图样有墙身详图、楼梯详图、门窗详图及厨房、卫生间等详图。建筑详图主要用于表示建筑构配件（如门、窗、楼梯、阳台、各种装饰等）的详细构造及连接关系；表示建筑细部及剖面节点（如檐口、窗台、明沟、楼梯扶手、踏步、楼地面、屋面等）的形式、层次、做法、用料、规格及详细尺寸；表示施工要求及制作方法。

13.1.3 详图的图示特点

- ✧ 比例较大，常用比例为 1:20、1:10、1:5、1:2、1:1 等。
- ✧ 尺寸标注齐全、准确。
- ✧ 文字说明详细、清楚。
- ✧ 详图与其他图的联系主要采用索引符号和详图符号，有时也用轴线编号、剖切符号等。
- ✧ 对于采用标准图或通用详图的建筑构配件和剖面节点，只注明所有图集名称、编号或页次，而不画出详图。

13.2 上机实训——绘制吧台详图

本例在综合巩固所学知识的前提下，主要学习吧台详图的具体绘制过程和绘图技巧。吧台详图的最终绘制效果如图 13-1 所示。

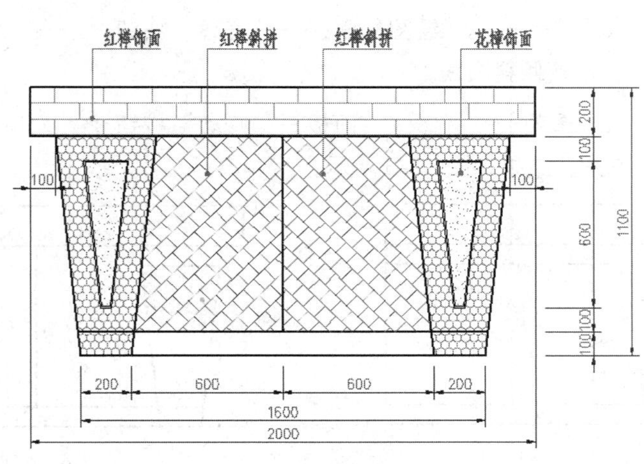

图 13-1　实例效果

操作步骤：

Step 01 执行“新建”命令，选择随书光盘中的“\绘图样板\室内设计样板.dwt”作为基础样板，新建绘图文件。

Step 02 使用快捷键 Z 执行“视图缩放”命令，将当前视图高度调整为 2000 个单位。

Step 03 单击“默认”选项卡→“绘图”面板→“矩形”按钮，绘制长为 2000、宽为 1100 的矩形，作为外轮廓线，如图 13-2 所示。

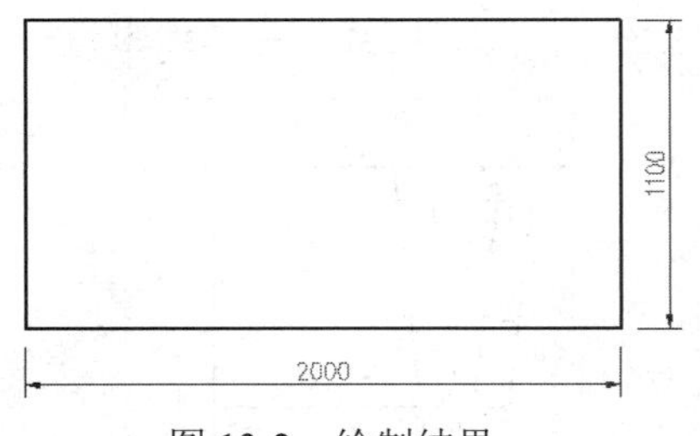

图 13-2　绘制结果

Step 04 使用快捷键 X 执行“分解”命令，将刚绘制的矩形分解。

Step 05 单击“默认”选项卡→“修改”面板→“偏移”按钮，执行“偏移”命令，将分解后的矩形上侧水平边向下偏移 200 和 300 个单位，将下侧的水平边向上偏移 100 个单位，如图 13-3 所示。

Step 06 重复执行“偏移”命令，将左侧的垂直边分别向右偏移 100、200、400、500 和 1000 个绘图单位。结果如图 13-4 所示。

图 13-3　偏移水平边

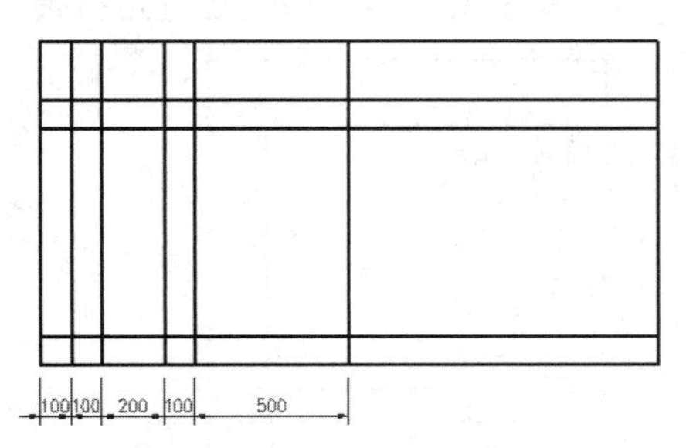

图 13-4　偏移垂直边

Note

Step 07 单击“默认”选项卡→“绘图”面板→“直线”按钮，配合交点捕捉，绘制图13-5所示的两条倾斜图线。

Step 08 单击“默认”选项卡→“修改”面板→“修剪”按钮，对图线进行修剪，并删除掉多余图线。结果如图13-6所示。

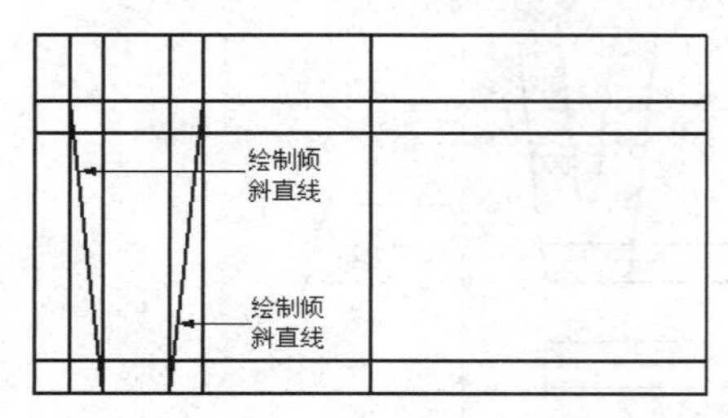

图13-5 绘制结果

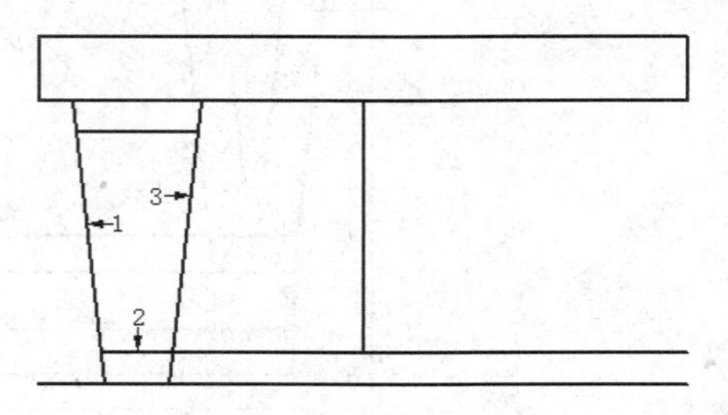

图13-6 修剪结果

Step 09 单击“默认”选项卡→“修改”面板→“偏移”按钮，执行“偏移”命令，将图线1、2、3向内偏移100，如图13-7所示。

Step 10 单击“默认”选项卡→“修改”面板→“修剪”按钮，执行“修剪”命令，对偏移出的各图线进行修剪。结果如图13-8所示。

Step 11 单击“默认”选项卡→“绘图”面板→“多段线”按钮，框选如图13-9所示的四条图线，将其编辑为一条闭合的多段线。

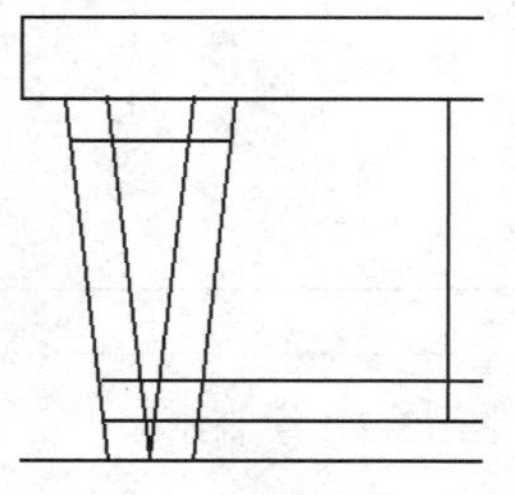

图13-7 偏移结果

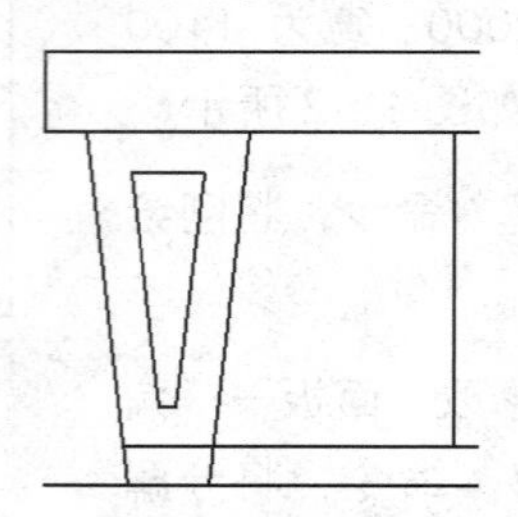

图13-8 修剪结果

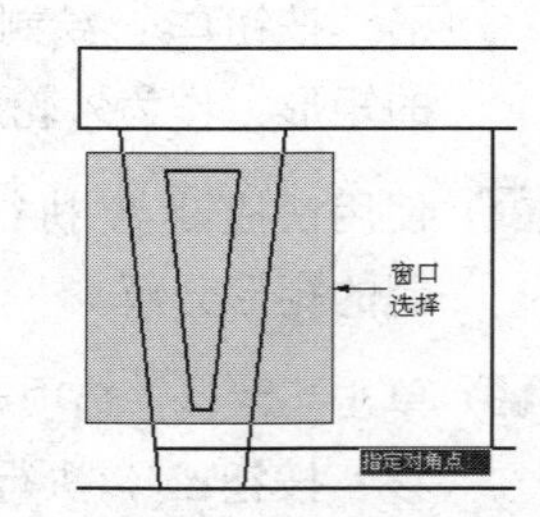

图13-9 窗口选择框

Step 12 选择刚编辑的闭合多段线，修改线宽为“默认”。结果如图13-10所示。

Step 13 单击“默认”选项卡→“修改”面板→“偏移”按钮，将其向内偏移5个单位，然后对两条多段线边界进行镜像。结果如图13-11所示。

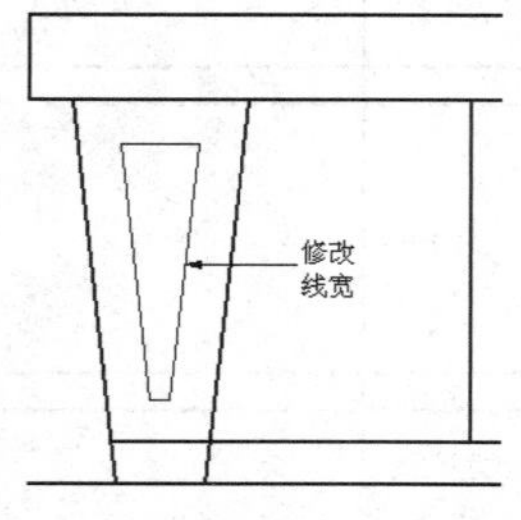

图13-10 修改线宽

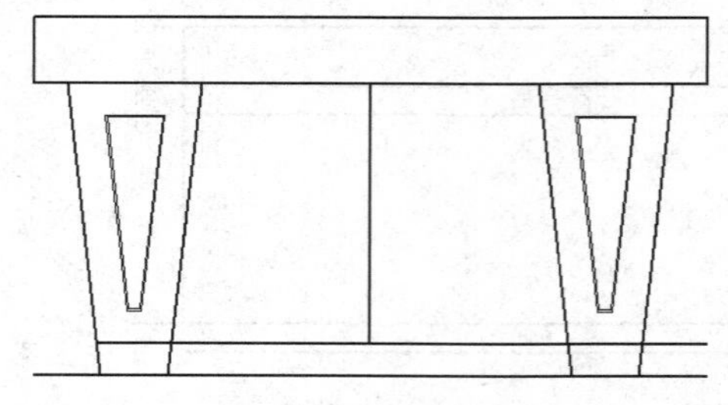

图13-11 偏移并镜像

Note

Step 14 单击“默认”选项卡→“修改”面板→“修剪”按钮，对下侧的水平轮廓线进行修整。结果如图 13-12 所示。

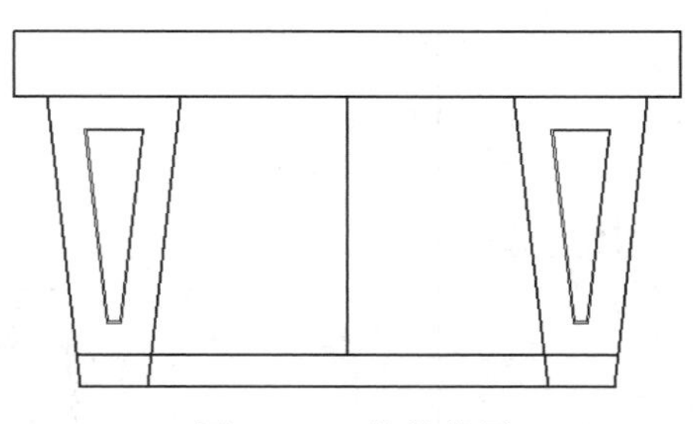

图 13-12　修剪结果

Step 15 单击“默认”选项卡→“绘图”面板→“图案填充”按钮，在打开的“图案填充和渐变色”对话框中设置填充图案与参数如图 13-13 所示，为图形填充如图 13-14 所示的图案。

图 13-13　设置填充图案与参数

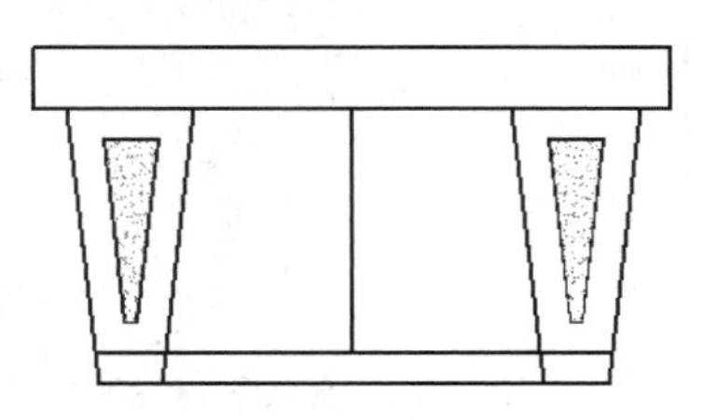

图 13-14　填充结果

Step 16 重复执行“图案填充”命令，在打开的“图案填充和渐变色”对话框中设置填充图案和填充参数如图 13-15 所示，为图形填充如图 13-16 所示的图案。

图 13-15　设置填充图案与参数

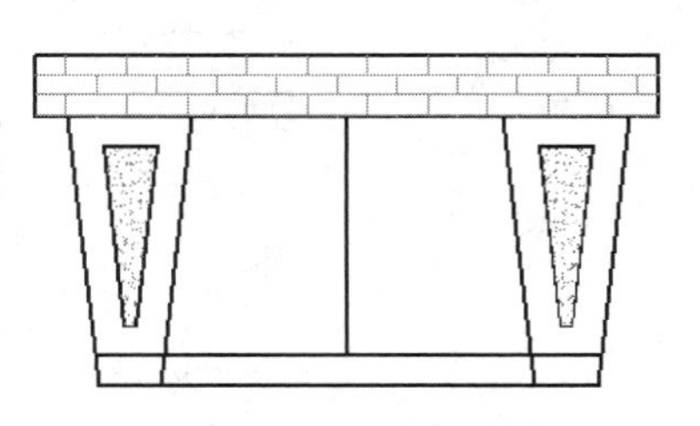

图 13-16　填充结果

Step 17 重复执行“图案填充”命令，在打开的“图案填充和渐变色”对话框中设置填充图案与参数如图 13-17 所示，为图形填充如图 13-18 所示的图案。

Note

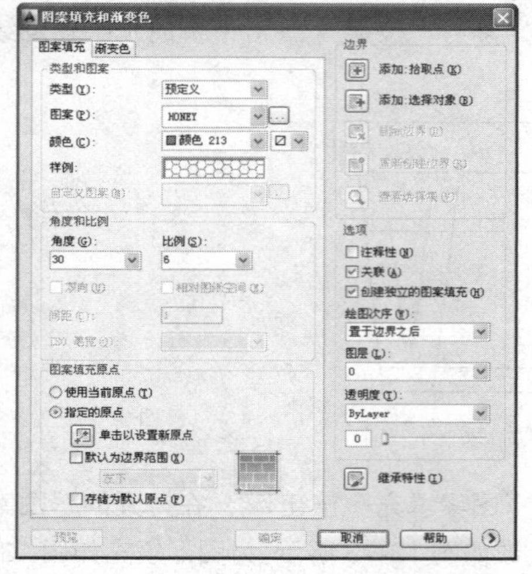

图 13-17　设置填充图案与参数

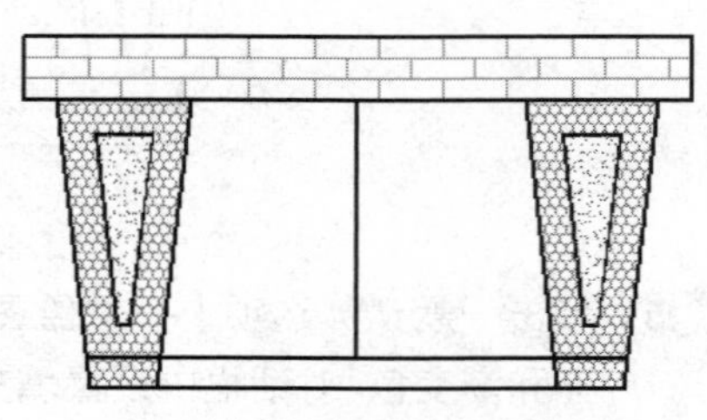

图 13-18　填充结果

Step 18 重复执行"图案填充"命令，在打开的"图案填充和渐变色"对话框中设置填充图案与参数如图 13-19 所示，为图形填充如图 13-20 所示的图案。

图 13-19　设置填充图案与参数

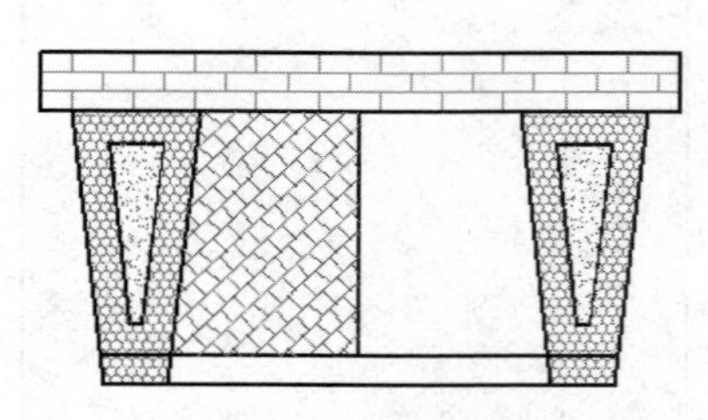

图 13-20　填充结果

Step 19 重复执行"图案填充"命令，在打开的"图案填充和渐变色"对话框中设置填充图案与参数如图 13-21 所示，为图形填充如图 13-22 所示的图案。

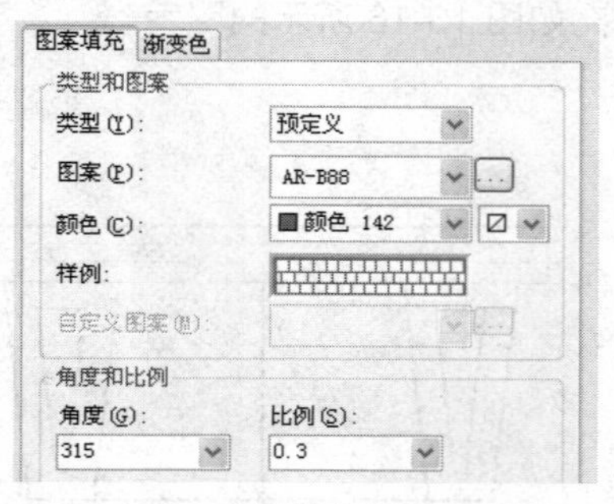

图 13-21　设置填充图案与参数

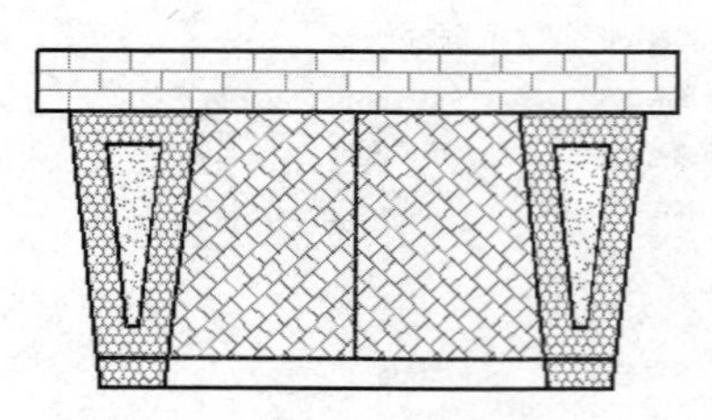

图 13-22　填充结果

Step 20 展开"图层"工具栏或面板上的"图层控制"下拉列表，将"尺寸层"设置为当前图层。

Step 21 使用快捷键 D 执行“标注样式”命令，设置“建筑标注”为当前样式，并修改样式比例为 14。

Step 22 单击“注释”选项卡→“标注”面板→“线性”按钮，配合捕捉功能标注如图 13-23 所示的线性尺寸，作为基准尺寸。

Step 23 单击“注释”选项卡→“标注”面板→“连续”按钮，以刚标注的线性尺寸作为基准尺寸，标注如图 13-24 所示的连续尺寸，作为细部尺寸。

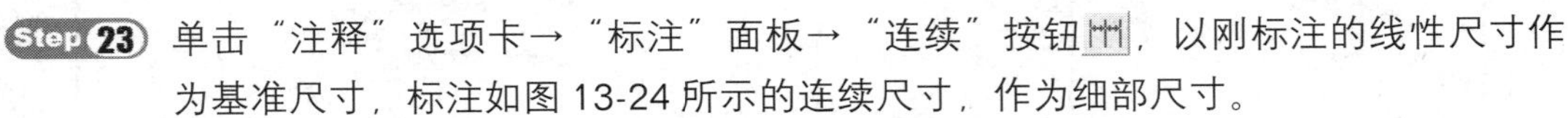

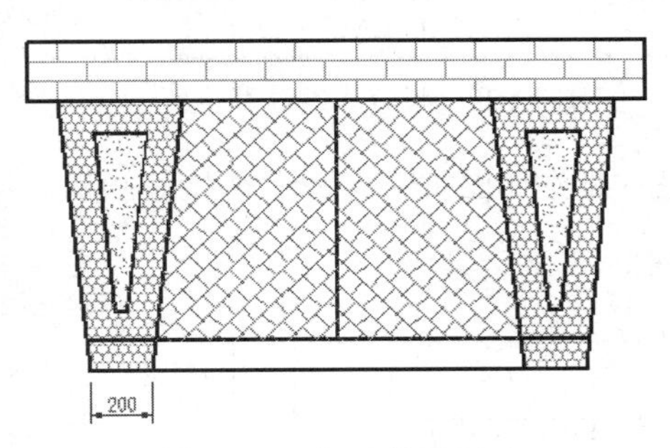

图 13-23　标注基准尺寸

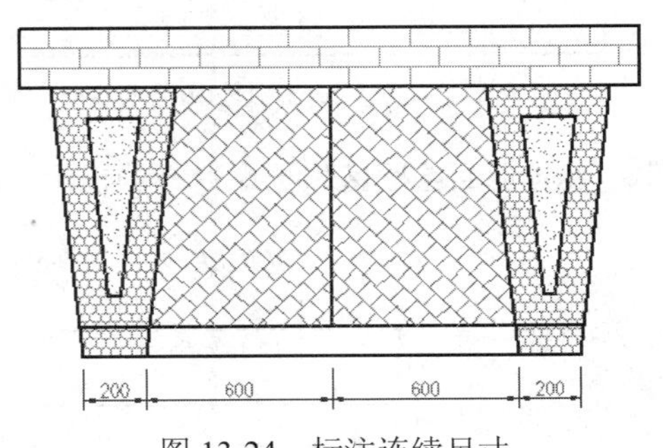

图 13-24　标注连续尺寸

Step 24 综合使用“线性”和“连续”命令，分别标注其他位置的细部尺寸。结果如图 13-25 所示。

Step 25 单击“注释”选项卡→“标注”面板→“线性”按钮，标注详图两侧的总尺寸。结果如图 13-26 所示。

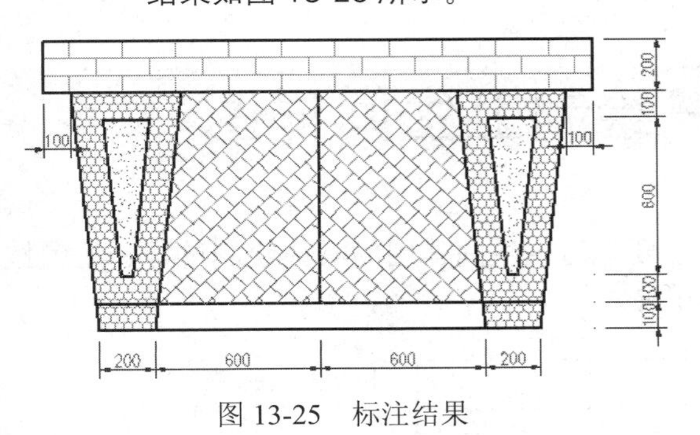

图 13-25　标注结果

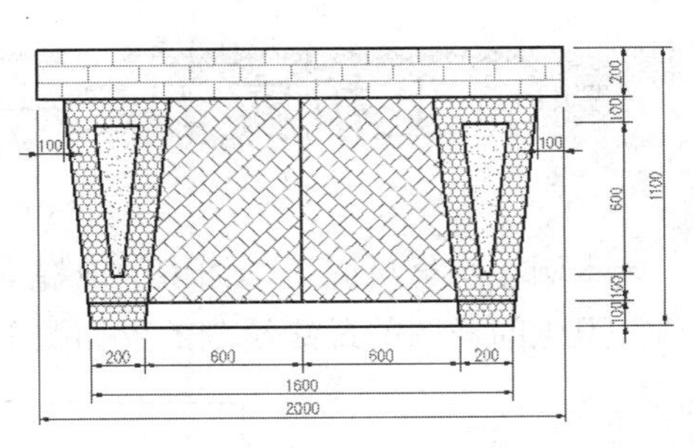

图 13-26　标注总尺寸

Step 26 展开“图层”工具栏或面板上的“图层控制”下拉列表，将“文本层”设置为当前图层。

Step 27 执行“标注样式”命令，替代当前标注样式的比例为 18、标注文字的样式为“仿宋体”。

Step 28 使用快捷键 LE 执行“快速引线”命令，设置引线参数如图 13-27 和图 13-28 所示。

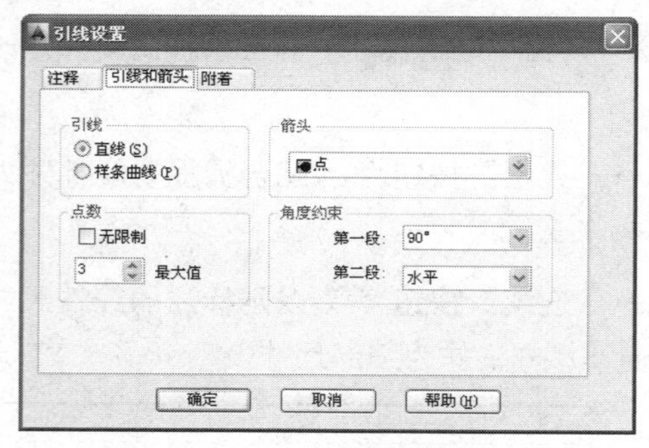

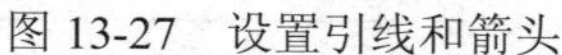
图 13-27 设置引线和箭头

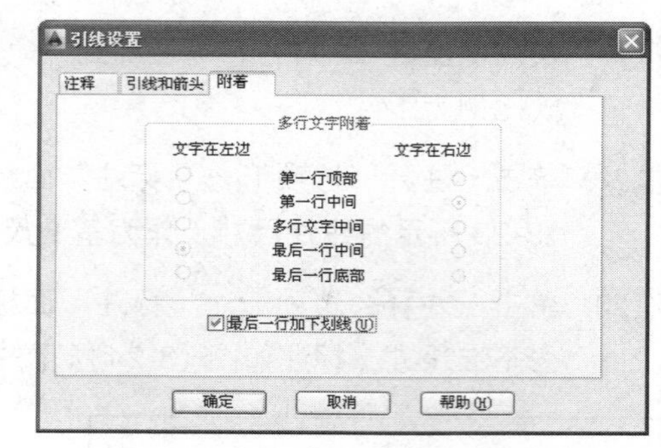

图 13-28 设置引线注释位置

Step 29 返回绘图区根据命令行的提示，绘制引线并标注如图 13-29 所示的引线注释。

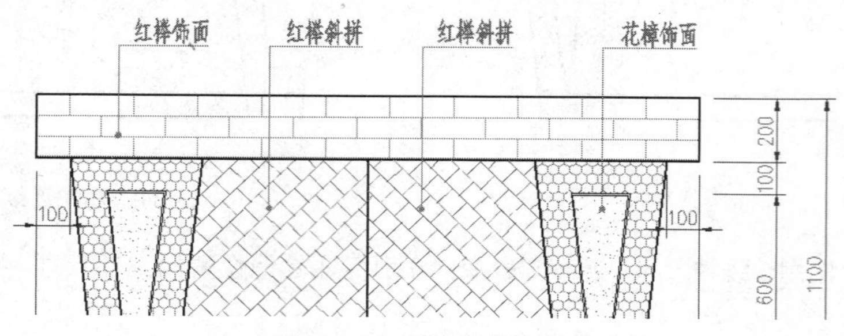

图 13-29 标注其他注释

Step 30 执行“保存”命令，将图形命名存储为“上机实训一.dwg”。

13.3 上机实训二——绘制卫生间详图

本例在综合巩固所学知识的前提下，主要学习卫生间详图的具体绘制过程和绘图技巧。卫生间详图的最终绘制效果如图 13-30 所示。

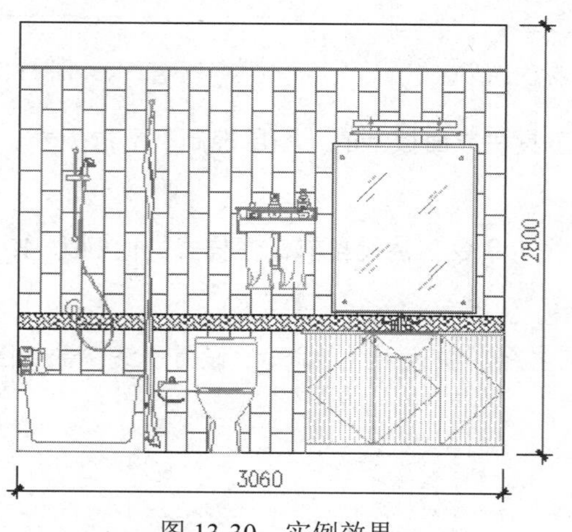

图 13-30 实例效果

Note

操作步骤：

Step 01 以随书光盘中的“\绘图样板\室内设计样板.dwt”作为基础样板，新建绘图文件。

Step 02 单击“图层”工具栏上的“图层控制”列表，在展开的下拉列表中设置“轮廓线”为当前图层。

Step 03 单击“默认”选项卡→“绘图”面板→“矩形”按钮，绘制长度为 3060、宽度为 2800 的矩形，作为外轮廓。

Step 04 单击“默认”选项卡→“修改”面板→“分解”按钮，将矩形分解为四条独立线段。

Step 05 使用快捷键 O 执行“偏移”命令，将矩形上侧的水平边向下偏移 300 和 288 个单位，创建吊顶轮廓线。结果如图 13-31 所示。

Step 06 在无命令执行的前提下夹点显示偏移出的两条水平边，然后展开“颜色控制”下拉列表，更改其颜色为 112 号色。

Step 07 单击“默认”选项卡→“修改”面板→“偏移”按钮，执行“偏移”命令，将最下侧的水平边分别向上偏移 800 和 900 个绘图单位。结果如图 13-32 所示。

图 13-31　操作结果

图 13-32　偏移结果

Step 08 单击“图层”工具栏上的“图层控制”列表，在展开的下拉列表中设置“填充层”为当前图层。

Step 09 单击“默认”选项卡→“绘图”面板→“图案填充”按钮，在打开的“图案填充和渐变色”对话框中设置填充图案与参数如图 13-33 所示，为立面详图填充如图 13-34 所示的墙砖图案。

图 13-33　设置填充图案与参数

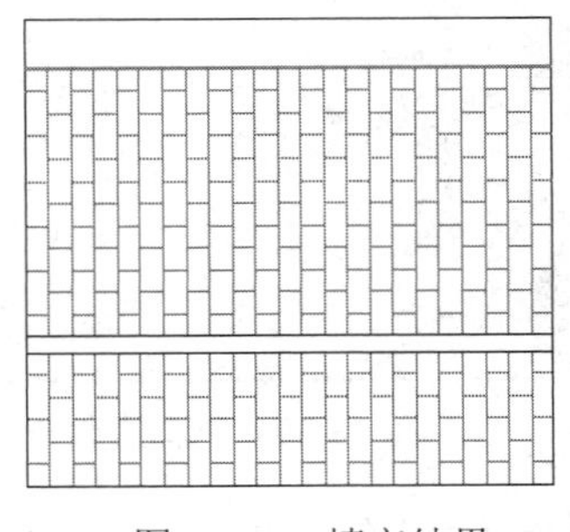

图 13-34　填充结果

Note

Step 10 重复执行"图案填充"命令，在打开的"图案填充和渐变色"对话框中设置图案填充类型及参数如图 13-35 所示，为立面详图填充如图 13-36 所示的墙砖图案。

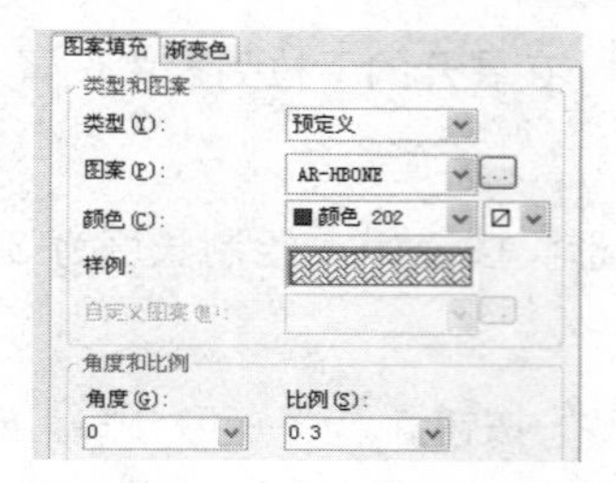

图 13-35 设置填充图案与参数

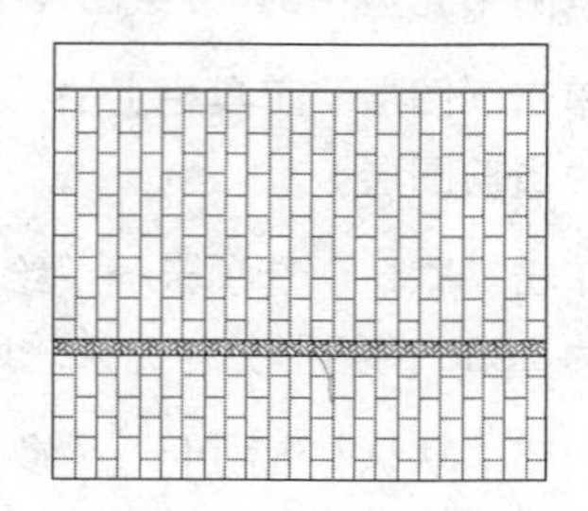

图 13-36 填充结果

Step 11 展开"图层控制"下拉列表，将"图块层"设置为当前层。

Step 12 使用快捷键 I 执行"插入块"命令，选择随书光盘中的"\图块文件\浴盆 02.dwg"，如图 13-37 所示。

Step 13 采用系统的默认设置，将其插入到立面图中，插入点为左侧垂直轮廓线的下端点。插入结果如图 13-38 所示。

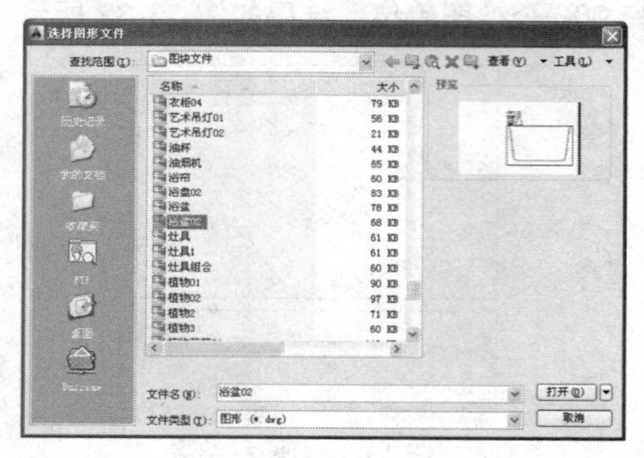

图 13-37 选择文件

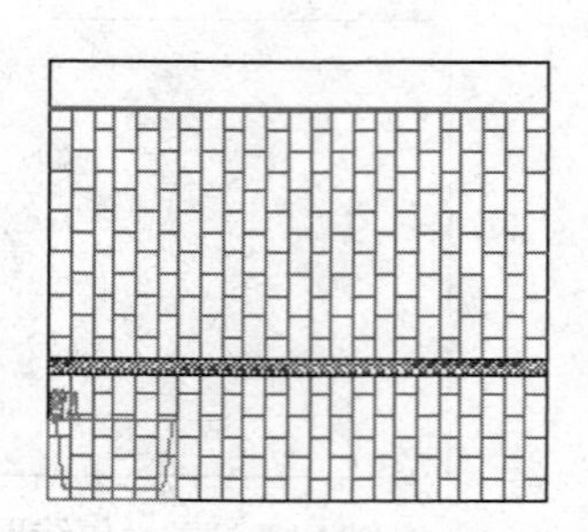

图 13-38 定位插入点

Step 14 重复执行"插入块"命令，选择随书光盘中的"\图块文件\立面马桶 01.dwg"，如图 13-39 所示。

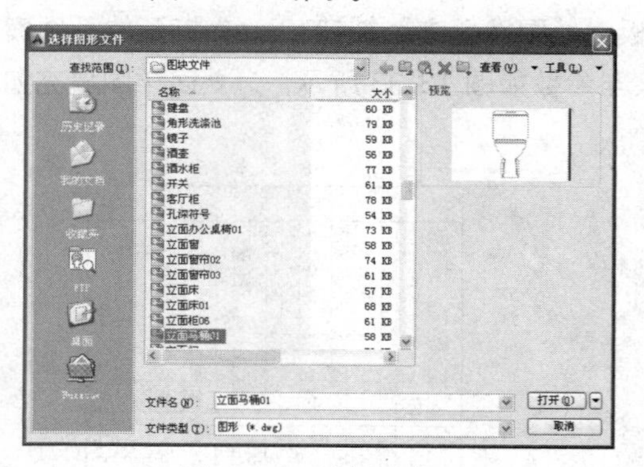

图 13-39 选择文件

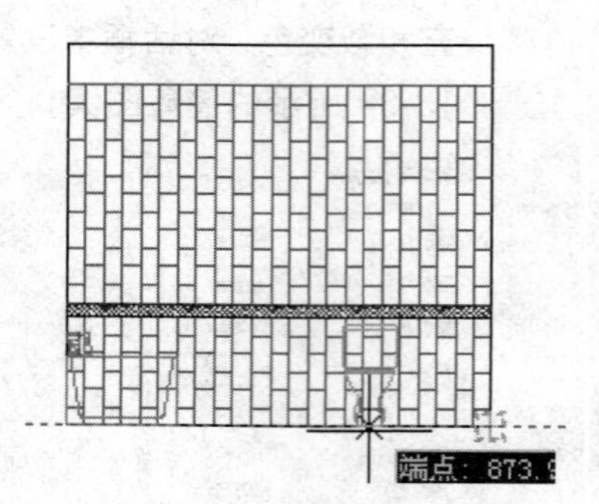

图 13-40 引出端点追踪虚线

Step 15 采用系统的默认设置，在命令行"指定插入点或 [基点(B)/比例(S)旋转(R)]:"提示下，向左引出如图 13-40 所示的端点追踪虚线，然后输入 1750 后按 Enter 键。插入结果如图 13-41 所示。

Step 16 重复执行"插入块"命令，插入随书光盘中的"\图块文件\"目录下的"立面柜06.dwg、镜子.dwg、挂物架.dwg、手纸盒.dwg、浴帘.dwg、淋浴头.dwg"等用具图例。结果如图 13-42 所示。

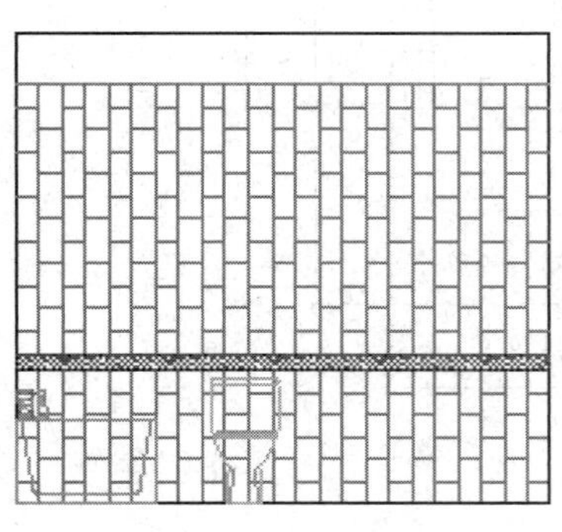

图 13-41　插入结果

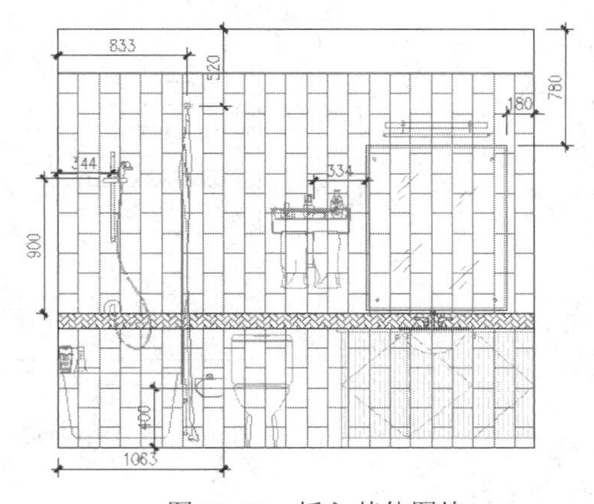

图 13-42　插入其他图块

Step 17 夹点显示如图 13-43 所示的填充图案，然后使用快捷键 X 执行"分解"命令，将填充图案分解。

Step 18 单击"默认"选项卡→"修改"面板→"修剪"按钮 ，插入的立面图块作为边界，对墙面装饰进行修剪，并删除被遮挡住的图线。结果如图 13-44 所示。

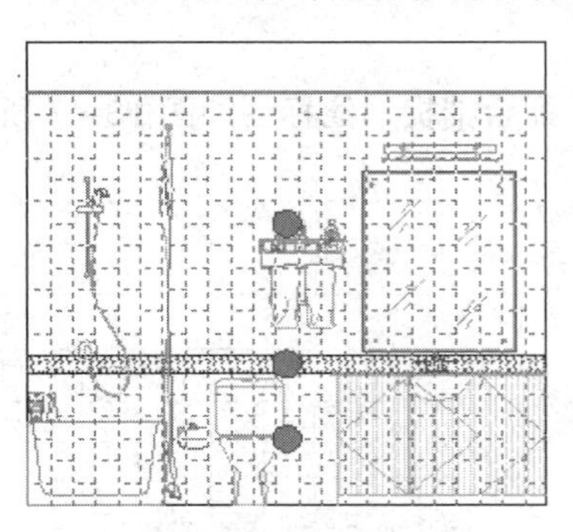

图 13-43　夹点效果

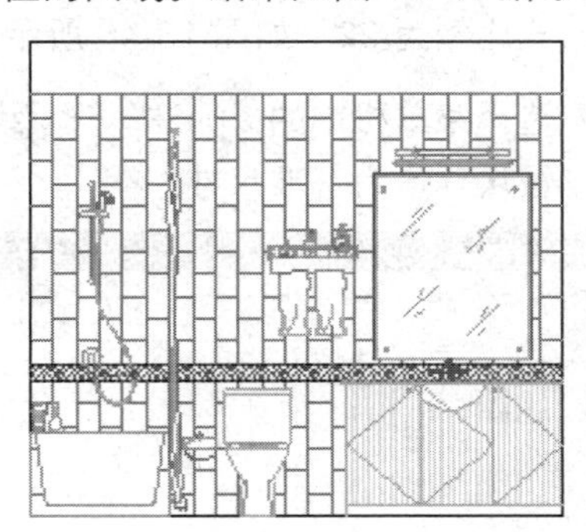

图 13-44　编辑结果

Step 19 执行"保存"命令，将图形命名存储为"上机实训二.dwg"。

13.4 上机实训三——标注卫生间详图

本例在综合巩固所学知识的前提下，主要学习卫生间详图尺寸和墙面材质注释等内容的具体标注过程和标注技巧。卫生间详图尺寸和材质的最终标注效果如图 13-45 所示。

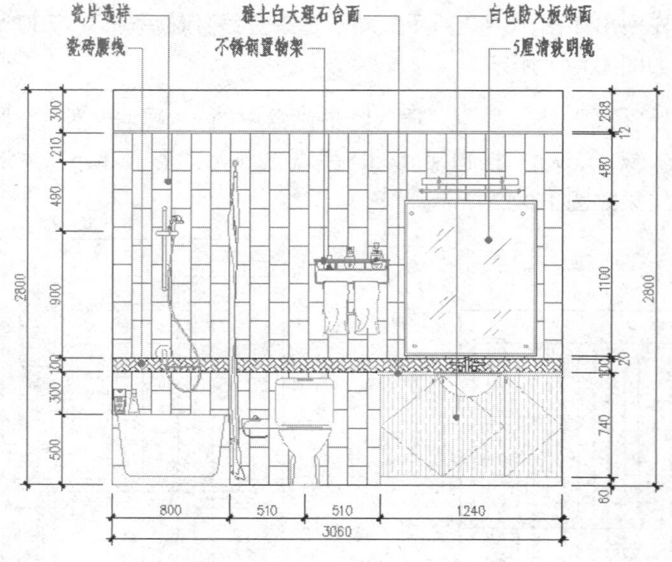

图 13-45　实例效果

操作步骤：

Step 01 执行“打开”命令，打开随书光盘中的“\效果文件\第 13 章\上机实训二.dwg ”。

Step 02 展开“图层”工具栏或面板上的“图层控制”下拉列表，将“尺寸层”设置为当前图层。

Step 03 使用快捷键 D 执行“标注样式”命令，设置“建筑标注”为当前样式，并修改样式比例为 22，如图 13-46 所示。

Step 04 选择菜单栏中的“标注”→“线性”命令，配合捕捉功能标注如图 13-47 所示的线性尺寸作为基准尺寸。

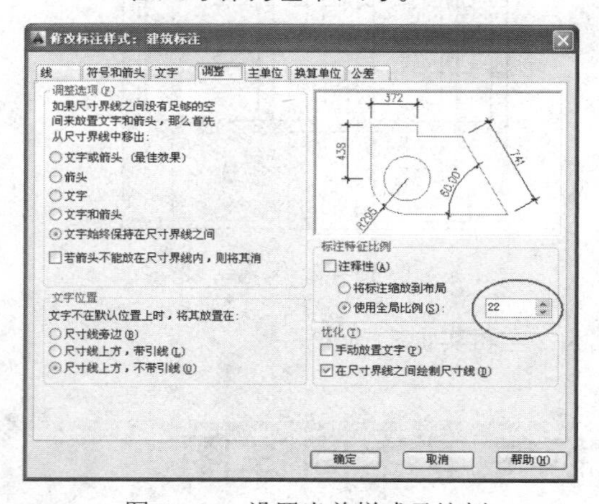

图 13-46　设置当前样式及比例

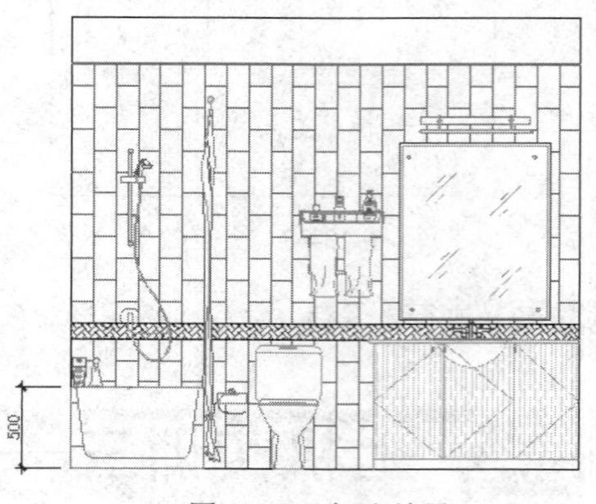

图 13-47　标注结果

Step 05 单击“标注”菜单中的“连续”命令，以刚标注的线性尺寸作为基准尺寸，标注如图 13-48 所示的连续尺寸，作为立面图的细部尺寸。

Step 06 重复执行“线性”命令，分别标注立面图左侧的总尺寸。结果如图 13-49 所示。

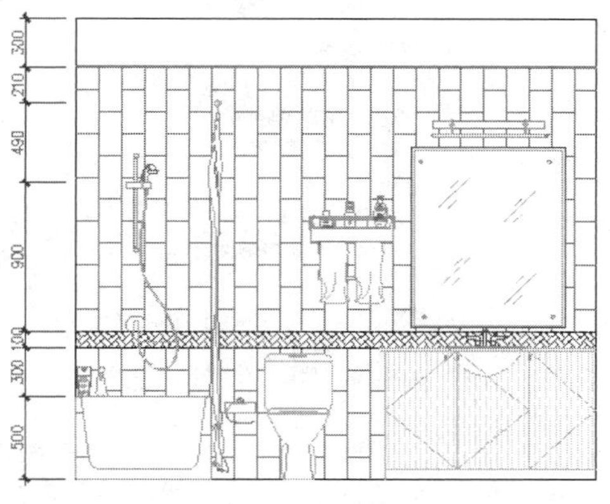

图 13-48　标注细部尺寸

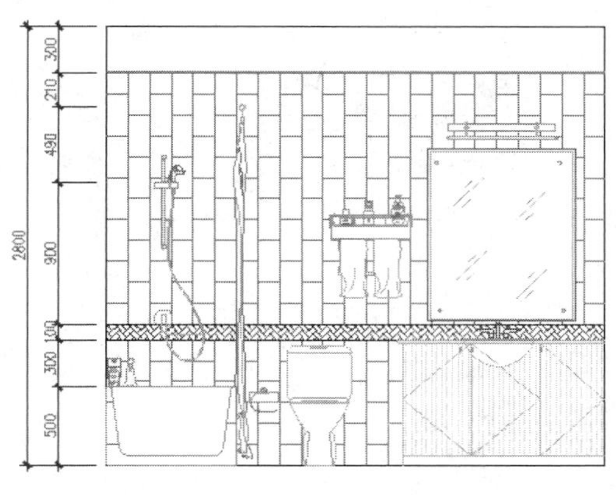

图 13-49　标注总尺寸

Step 07 综合使用“线性”和“连续”命令，标注立面图其他位置的细部尺寸和总尺寸。标注结果如图 13-50 所示。

Step 08 单击“标注”工具栏→“编辑标注文字”按钮，执行“编辑标注文字”命令，对重叠尺寸适当调整标注文字的位置。调整结果如图 13-51 所示。

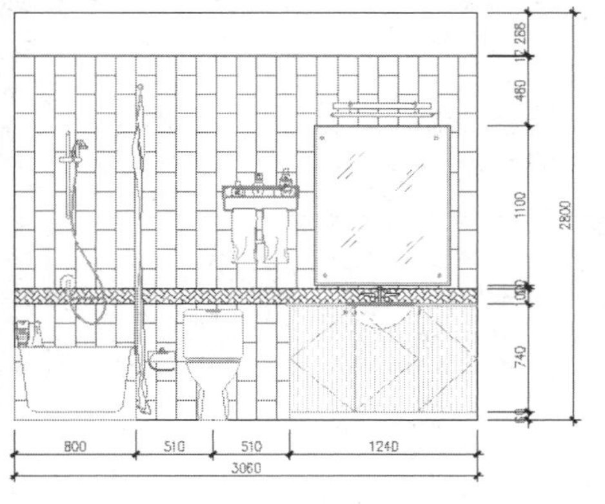

图 13-50　标注其他尺寸

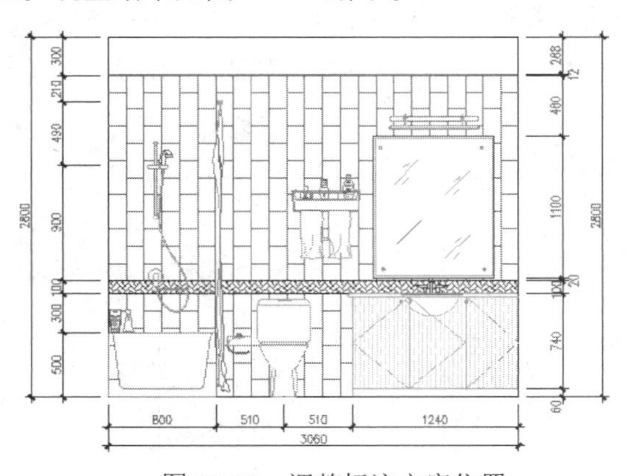

图 13-51　调整标注文字位置

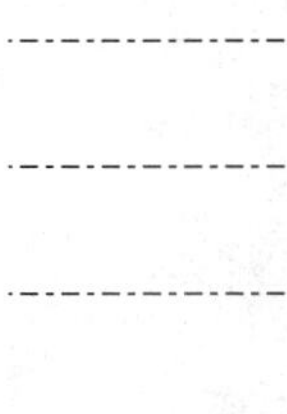

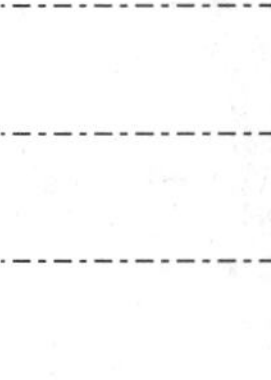

Step 09 展开“图层”工具栏或面板上的“图层控制”下拉列表，将“文本层”设置为当前图层。

Step 10 单击“标注”菜单中的“标注样式”命令，替代当前尺寸样式如图 13-52 所示。

Step 11 在“替代当前样式：建筑标注”对话框中展开“调整”选项卡，设置标注比例如图 13-53 所示。

Step 12 使用快捷键 LE 执行“快速引线”命令，使用命令中的“设置”选项，设置引线参数如图 13-54 和图 13-55 所示。

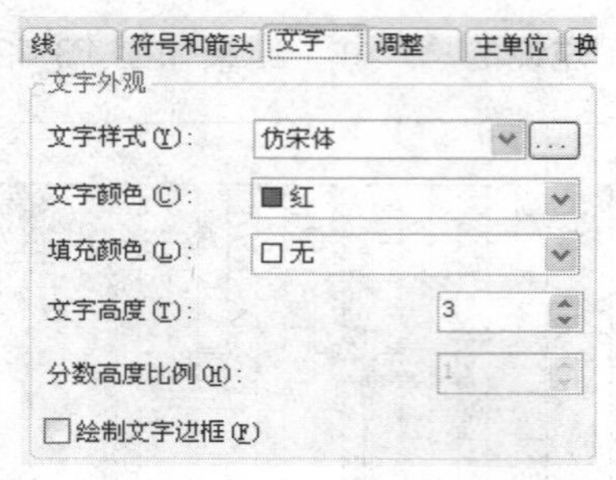

图 13-52　替代文字样式

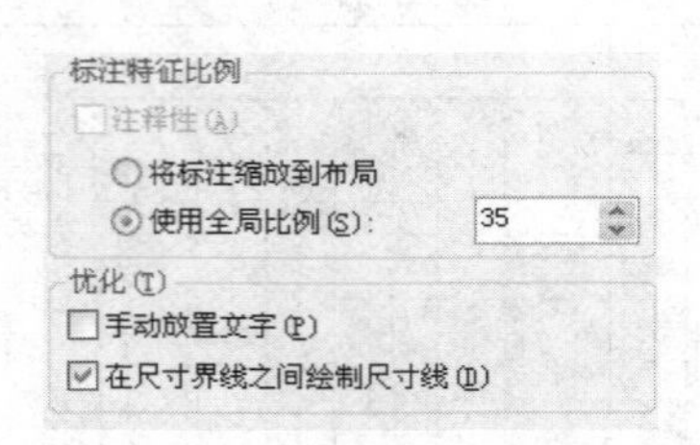

图 13-53　替代标注比例

注释　引线和箭头　附着

引线：直线(S)　样条曲线(P)

箭头：点

点数：无限制　3　最大值

角度约束：第一段: 90°　第二段: 水平

图 13-54　“引线和箭头”选项卡

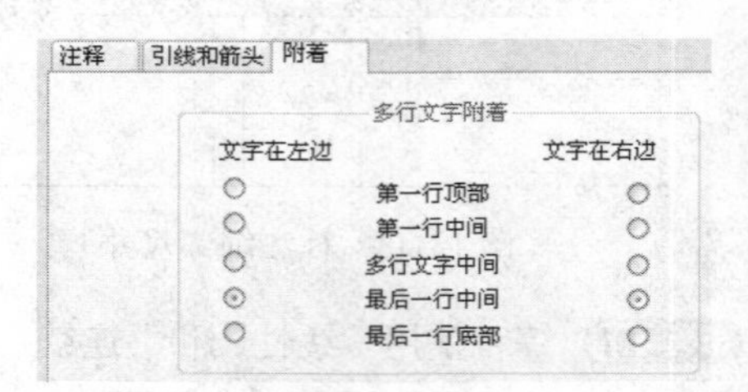

图 13-55　“附着”选项卡

Step 13 返回绘图区，根据命令行的提示绘制引线并输入引线注释。结果如图 13-56 所示。

Step 14 重复执行“快速引线”命令，按照当前的引线参数设置，分别标注其他位置的引线注释。标注结果如图 13-57 所示。

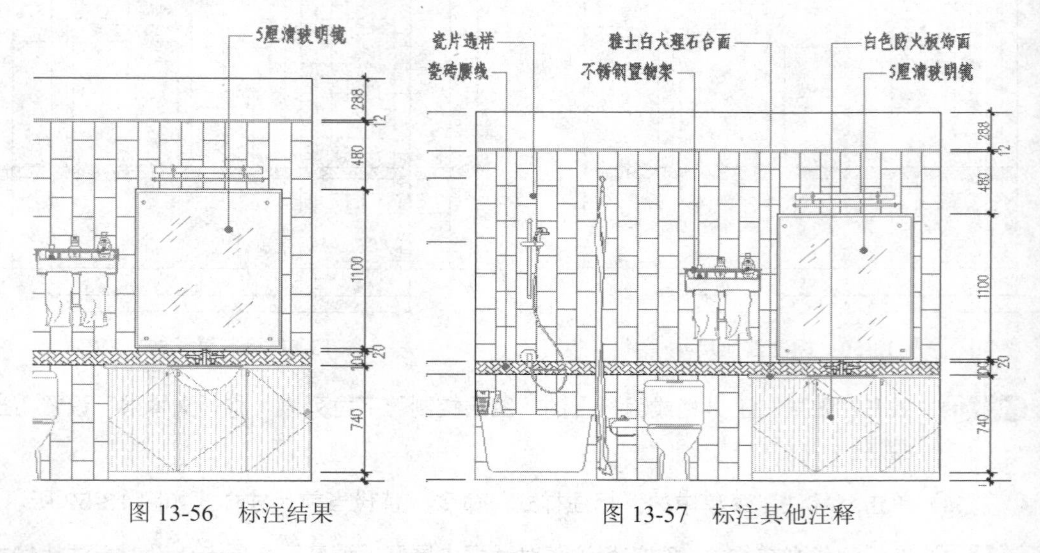

图 13-56　标注结果　　图 13-57　标注其他注释

Step 15 执行“另存为”命令，将图形另名存储为“上机实训三.dwg”。

13.5 上机实训四——绘制电视墙详图

本例在综合巩固所学知识的前提下，主要学习电视墙详图的具体绘制过程和绘图技

巧。电视墙详图的最终绘制效果如图 13-58 所示。

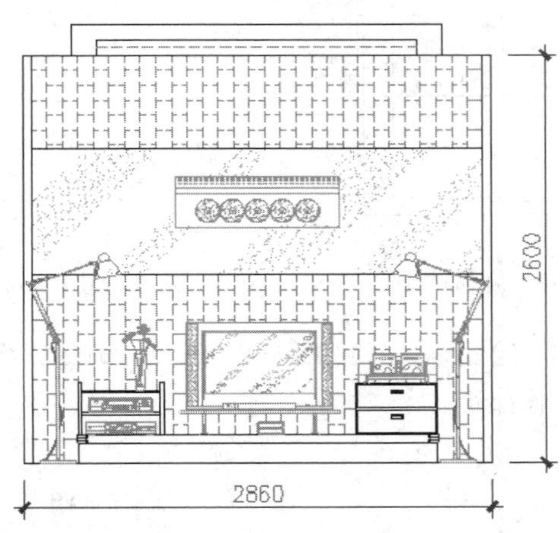

图 13-58 实例效果

操作步骤：

Step 01 以随书光盘中的“\绘图样板\室内设计样板.dwt”作为基础样板，新建绘图文件。

Step 02 展开“图层”工具栏或面板上的“图层控制”下拉列表，设置“轮廓线”作为当前图层，然后绘制如图 13-59 所示矩形轮廓。

Step 03 使用快捷键 X 执行“分解”命令，将矩形分解。

Step 04 单击“默认”选项卡→“修改”面板→“偏移”按钮，将左侧垂直边向右偏移 50 和 2810 个绘图单位，将上侧的水平边向下偏移 600 和 1400 个绘图单位，如图 13-60 所示。

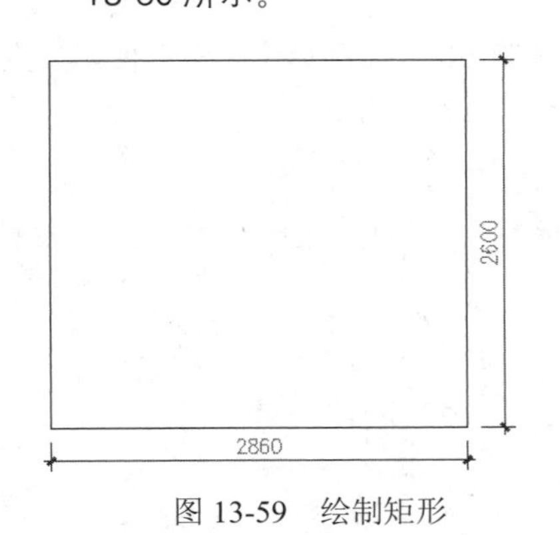

图 13-59 绘制矩形

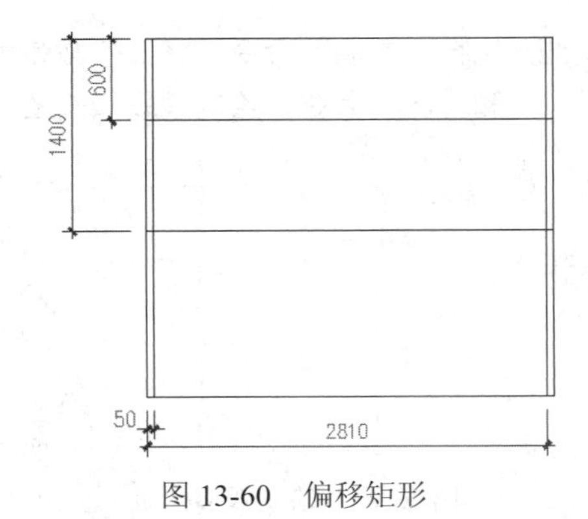

图 13-60 偏移矩形

Step 05 重复执行“偏移”命令，将最外侧的两条垂直边向内偏移 330，将最下侧的水平边向上偏移 130 和 180 个绘图单位。结果如图 13-61 所示。

Step 06 单击“默认”选项卡→“修改”面板→“修剪”按钮，对偏移出的线段进行修剪，删除多余的线段。修剪结果如图 13-62 所示。

Note

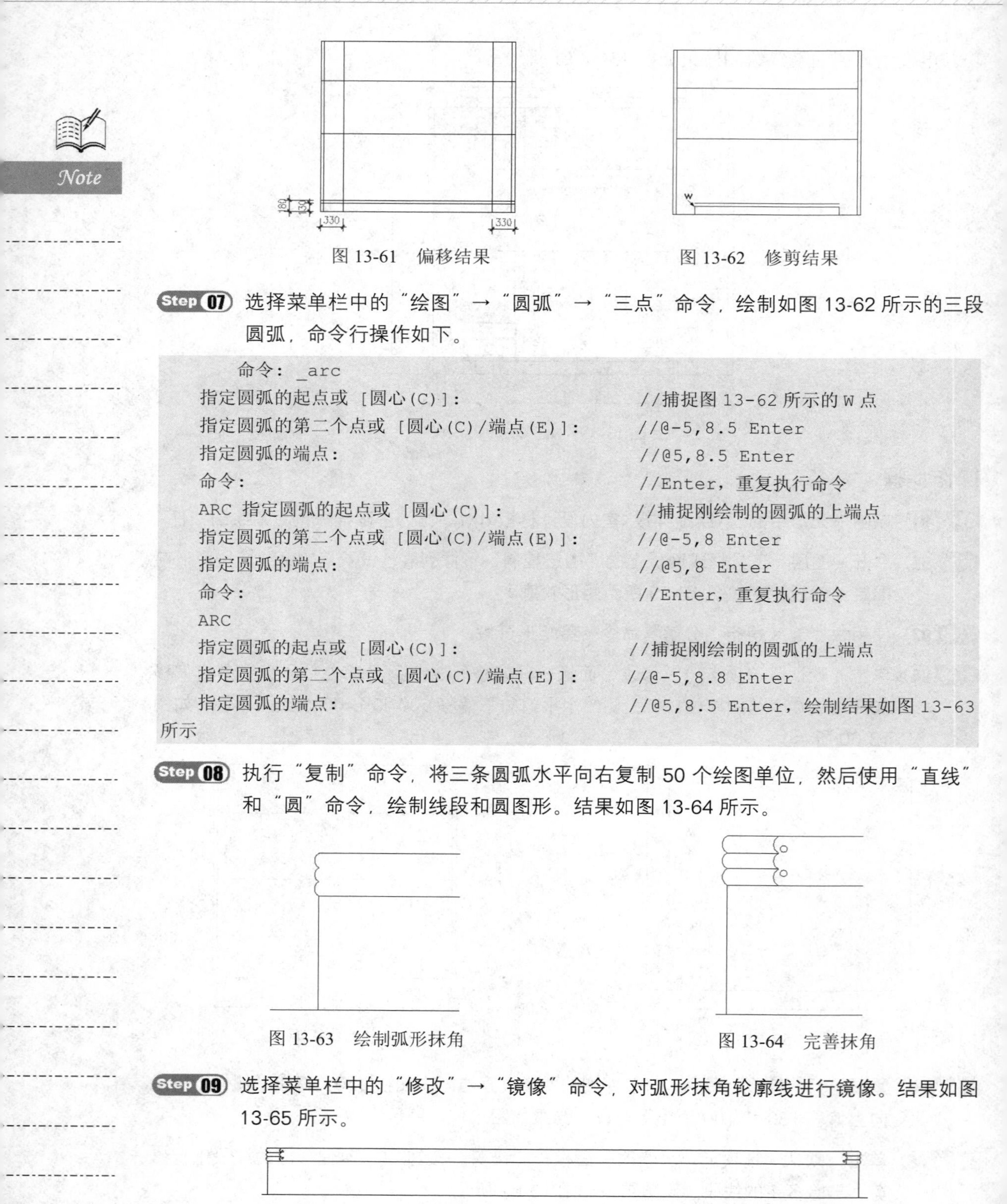

图 13-61　偏移结果

图 13-62　修剪结果

Step 07 选择菜单栏中的“绘图”→“圆弧”→“三点”命令，绘制如图 13-62 所示的三段圆弧，命令行操作如下。

```
    命令：_arc
指定圆弧的起点或 [圆心(C)]:                       //捕捉图 13-62 所示的 W 点
指定圆弧的第二个点或 [圆心(C)/端点(E)]:           //@-5,8.5 Enter
指定圆弧的端点:                                   //@5,8.5 Enter
命令:                                             //Enter，重复执行命令
ARC 指定圆弧的起点或 [圆心(C)]:                   //捕捉刚绘制的圆弧的上端点
指定圆弧的第二个点或 [圆心(C)/端点(E)]:           //@-5,8 Enter
指定圆弧的端点:                                   //@5,8 Enter
命令:                                             //Enter，重复执行命令
ARC
指定圆弧的起点或 [圆心(C)]:                       //捕捉刚绘制的圆弧的上端点
指定圆弧的第二个点或 [圆心(C)/端点(E)]:           //@-5,8.8 Enter
指定圆弧的端点:                                   //@5,8.5 Enter，绘制结果如图 13-63
所示
```

Step 08 执行“复制”命令，将三条圆弧水平向右复制 50 个绘图单位，然后使用“直线”和“圆”命令，绘制线段和圆图形。结果如图 13-64 所示。

图 13-63　绘制弧形抹角

图 13-64　完善抹角

Step 09 选择菜单栏中的“修改”→“镜像”命令，对弧形抹角轮廓线进行镜像。结果如图 13-65 所示。

图 13-65　镜像结果

Note

Step 10 选择菜单栏中的“格式”→“多线样式”命令，将“墙线样式”设置为当前多线样式。

Step 11 使用快捷键 ML 执行“多线”命令，绘制宽度为 22 和 10 的多线。命令行操作如下：

```
命令: ml                                          //Enter，激活命令
MLINE
当前设置: 对正 = 下，比例 = 10.00，样式 = STANDARD
指定起点或 [对正(J)/比例(S)/样式(ST)]:            //j Enter，激活对正功能
输入对正类型 [上(T)/无(Z)/下(B)] <下>:            //t Enter，设置上对正方式
当前设置: 对正 = 上，比例 = 10.00，样式 = STANDARD
指定起点或 [对正(J)/比例(S)/样式(ST)]:            //s Enter
输入多线比例 <10.00>:                             //22 Enter，设置多线比例
当前设置: 对正 = 上，比例 = 22.00，样式 = STANDARD
指定起点或 [对正(J)/比例(S)/样式(ST)]:            //捕捉图 13-66 所示的 A 点
指定下一点:                                       //@0,330 Enter
指定下一点或 [放弃(U)]:                           //Enter，结束命令
命令:                                             //Enter，重复执行命令
MLINE
当前设置: 对正 = 上，比例 = 22.00，样式 = STANDARD
指定起点或 [对正(J)/比例(S)/样式(ST)]:            //j Enter，激活对正功能
输入对正类型 [上(T)/无(Z)/下(B)] <上>:            //b Enter，设置下对正方式
当前设置: 对正 = 下，比例 = 22.00，样式 = STANDARD
指定起点或 [对正(J)/比例(S)/样式(ST)]:            //s Enter
输入多线比例 <22.00>:                             //10 Enter，设置多线比例
当前设置: 对正 = 下，比例 = 10.00，样式 = STANDARD
指定起点或 [对正(J)/比例(S)/样式(ST)]:            //以图 13-66 所示的 B 点作为追踪点，捕
捉其垂直上方向 130 个单位的点
指定下一点:                                       //@480,0 Enter
指定下一点或 [放弃(U)]:                           //Enter，绘制结果如图 13-66 所示
```

Step 12 使用快捷键 CO 执行“复制”命令，将水平多线垂直向上复制 140，将垂直多线水平向右复制 502 个绘图单位。结果如图 13-67 所示。

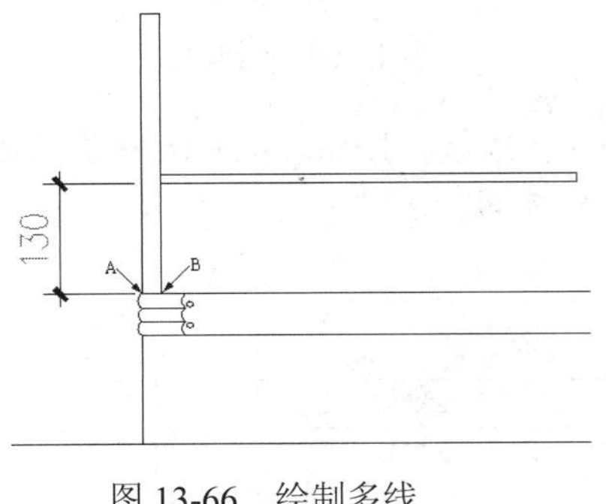

图 13-66 绘制多线

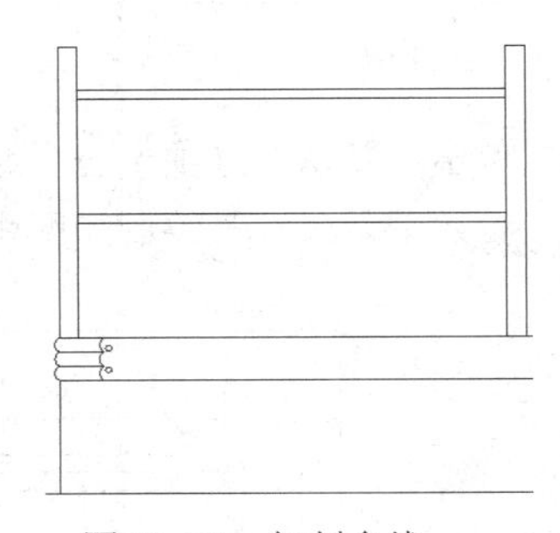

图 13-67 复制多线

Step 13 执行“多线”命令，配合正交功能绘制如图13-68所示的闭合多线和水平多线。命令行操作如下：

Note

```
命令：ml                                        //Enter，激活命令
MLINE
当前设置：对正 = 下，比例 = 10.00，样式 = STANDARD
指定起点或 [对正(J)/比例(S)/样式(ST)]：         //捕捉图13-68所示的S点
指定下一点：                                    //向上引导光标，输入324 Enter
指定下一点或 [放弃(U)]：                        //向左引导光标，输入500 Enter
指定下一点或 [闭合(C)/放弃(U)]：                //向下引导光标，输入324 Enter
指定下一点或 [闭合(C)/放弃(U)]：                //c Enter，结束命令
命令：                                          //Enter，重复执行命令
MLINE
当前设置：对正 = 下，比例 = 10.00，样式 = STANDARD
指定起点或 [对正(J)/比例(S)/样式(ST)]：         //j Enter，激活对正功能
输入对正类型 [上(T)/无(Z)/下(B)] <下>：         // z Enter，设置中心对正
当前设置：对正 = 无，比例 = 10.00，样式 = STANDARD
指定起点或 [对正(J)/比例(S)/样式(ST)]：       //捕捉左侧垂直多线的中点
指定下一点：                                  //捕捉右侧垂直多线的中点
指定下一点或 [放弃(U)]：                      //Enter，绘制结果如图13-68所示
```

Step 14 将T形相交多线进行合交，然后单击“默认”选项卡→“绘图”面板→“矩形”按钮，绘制如图13-69所示的矩形作为把手，其中大矩形的长宽尺寸分别为73和24；小矩形的长宽尺寸分别为65和16。

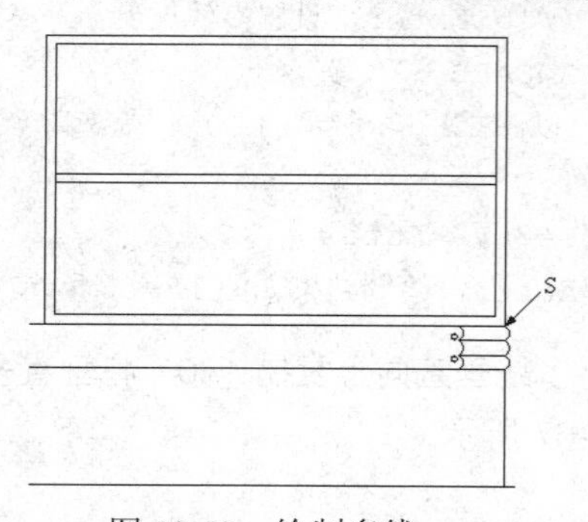

图13-68　绘制多线

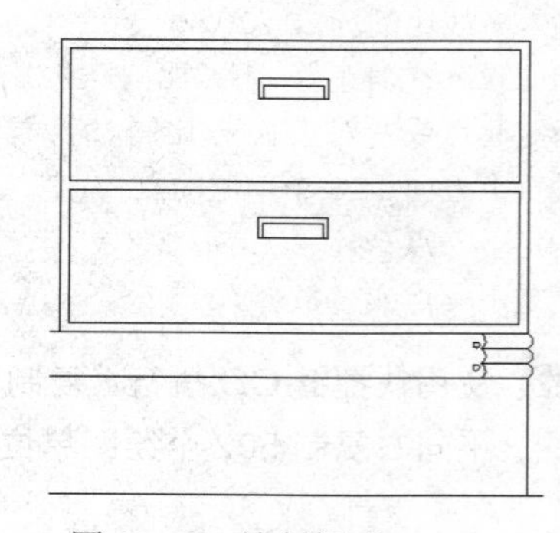

图13-69　绘制把手

Step 15 单击“默认”选项卡→“绘图”面板→“多段线”按钮，配合捕捉与追踪功能，参照图示尺寸，绘制如图13-70所示的轮廓线。

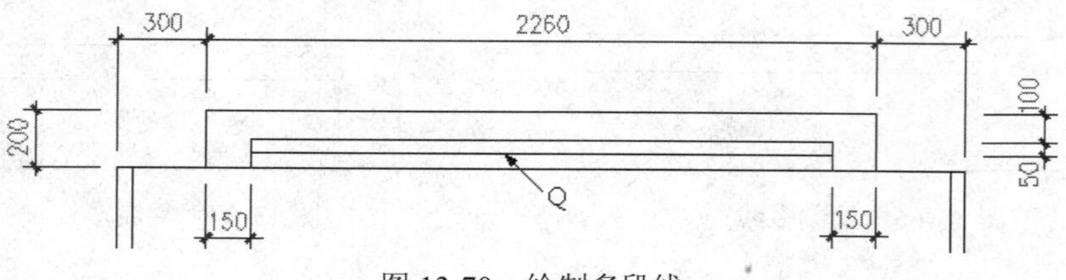

图13-70　绘制多段线

Note

Step 16 选择菜单栏中的“格式”→“线型”命令，在打开的“线型管理器”对话框中加载名为 DASHED2 的线型，并设置线型如图 13-71 所示。

Step 17 选择图 13-70 所示的水平轮廓线 Q，打开“特性”窗口，修改其线型为 DASHED2、颜色为 84 号色。

Step 18 展开“图层”工具栏或面板上的“图层控制”下拉列表，将“图块层”设置为当前图层。

Step 19 使用快捷键 I 执行“插入块”命令，以默认参数插入随书光盘中的“\图块文件\落地灯.dwg”，如图 13-72 所示。

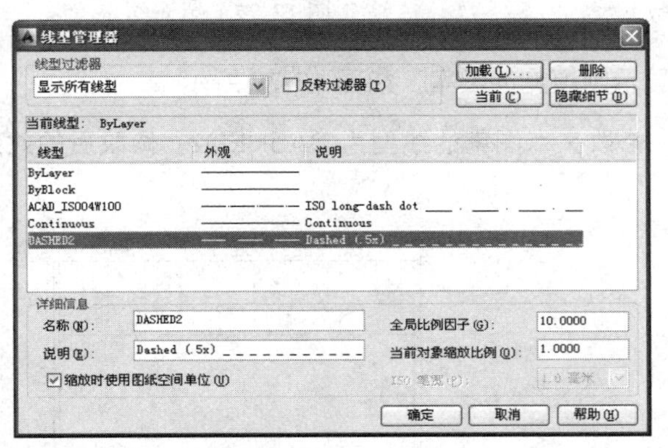

图 13-71　加载线型并设置线型比例

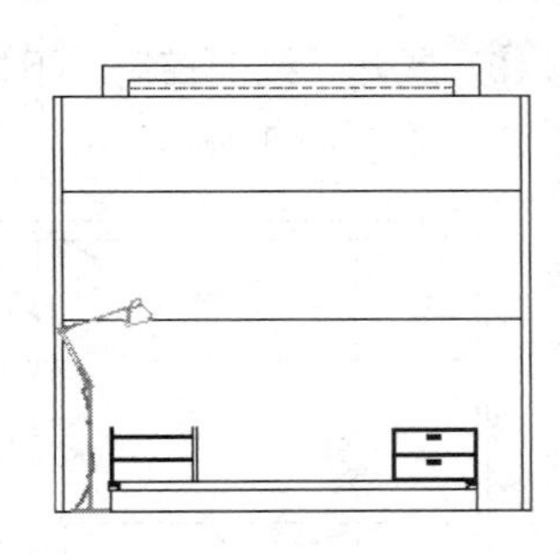

图 13-72　插入结果

Step 20 使用快捷键 MI 执行“镜像”命令，将插入的落地灯图块进行镜像。结果如图 13-73 所示。

Step 21 重复执行“插入块”命令，分别将“CD 机.dwg”、“纯平电视.dwg”、“装饰植物 02.dwg”、“新科 DVD.dwg”、“MP3 播放器.dwg”、“CD 包.dwg”、“新块.dwg”等图例插入到立面图中。结果如图 13-74 所示。

Step 22 展开“图层”工具栏或面板上的“图层控制”下拉列表，设置“填充层”为当前图层，同时冻结“图块层”，此时立面图的显示效果如图 13-75 所示。

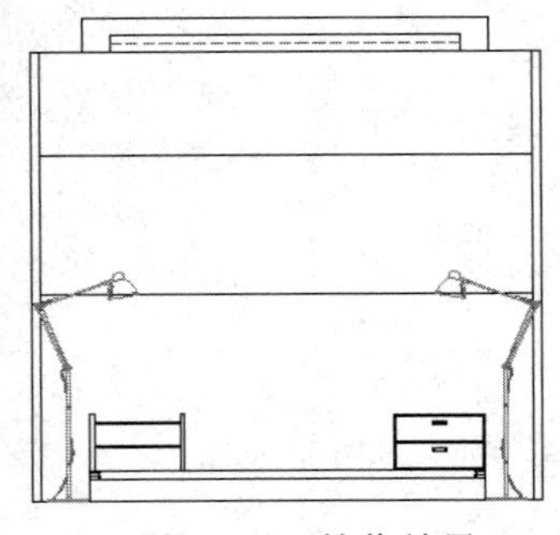

图 13-73　镜像结果

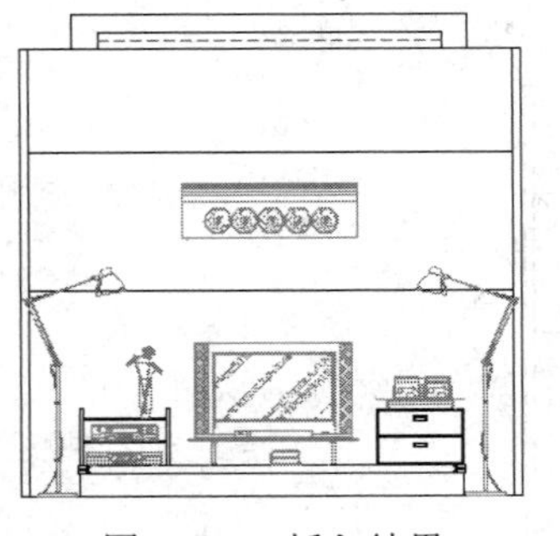

图 13-74　插入结果

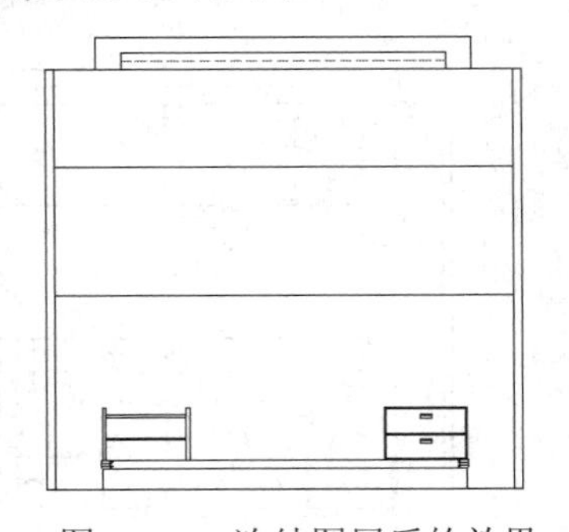

图 13-75　冻结图层后的效果

Step 23 单击“默认”选项卡→“绘图”面板→“图案填充”按钮，在打开的“图案填充和渐变色”对话框中设置填充图案与填充参数如图 13-76 所示，填充如图 13-77

所示的图案。

图 13-76　设置填充参数

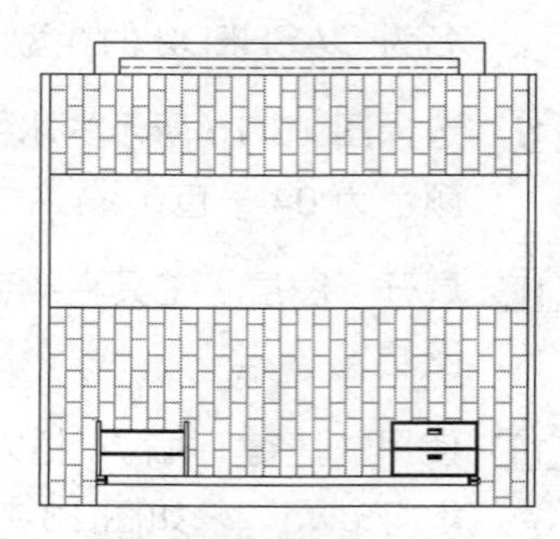

图 13-77　填充结果

Step 24 在无命令执行的前提下夹点显示刚填充的图案，如图 13-78 所示。

Step 25 展开“线型控制”下拉列表，修改夹点图案的线型为 DASHED2。修改后的效果如图 13-79 所示。

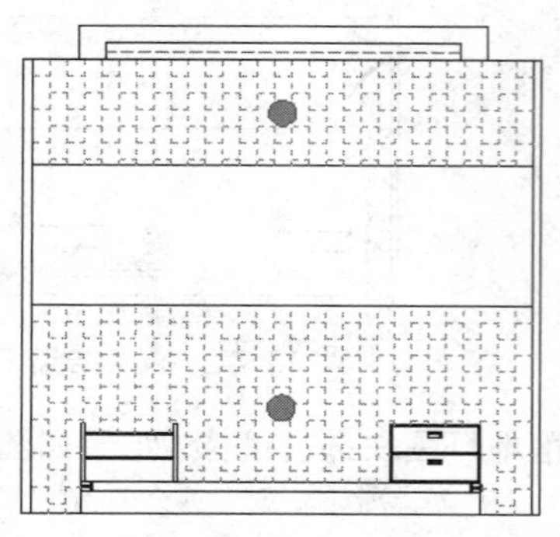

图 13-78　夹点效果

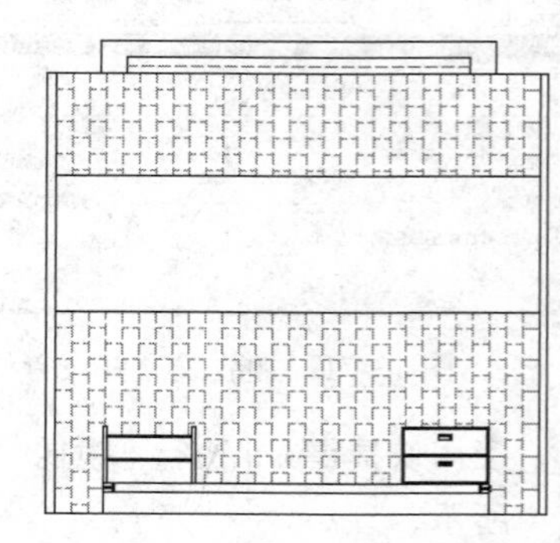

图 13-79　修改线型后的效果

Step 26 使用快捷键 XL 执行“构造线”命令，绘制角度为 45 的构造线作为示意辅助线。结果如图 13-80 所示。

Step 27 单击“默认”选项卡→“绘图”面板→“图案填充”按钮，设置填充参数如图 13-81 所示，拾取如图 13-82 所示的区域进行填充，填充结果如图 13-83 所示。

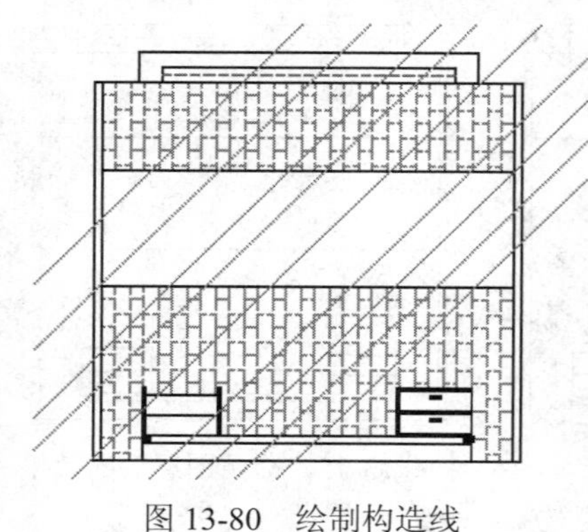

图 13-80　绘制构造线

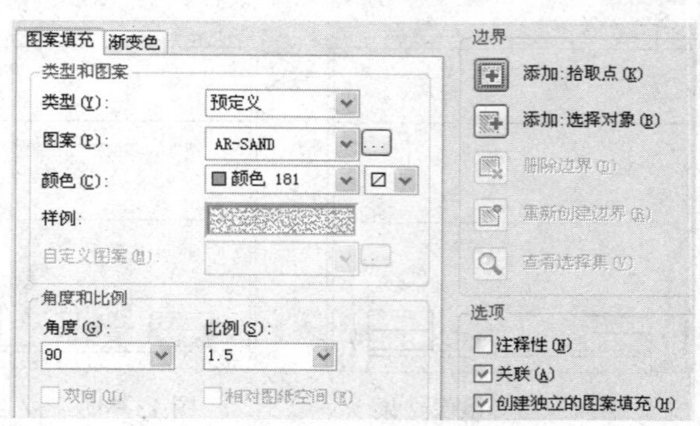

图 13-81　设置填充图案与参数

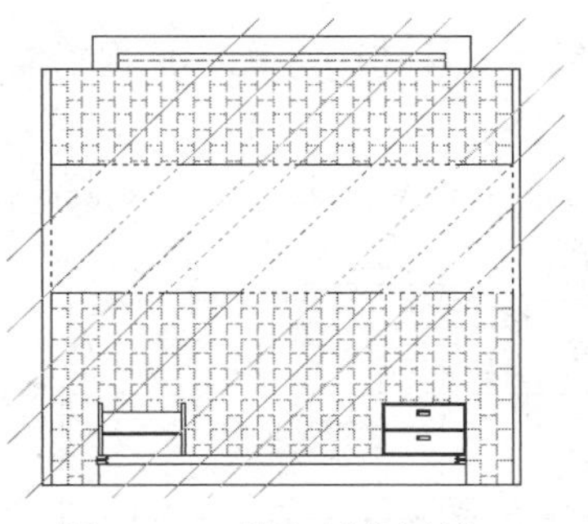
图 13-82　拾取填充区域

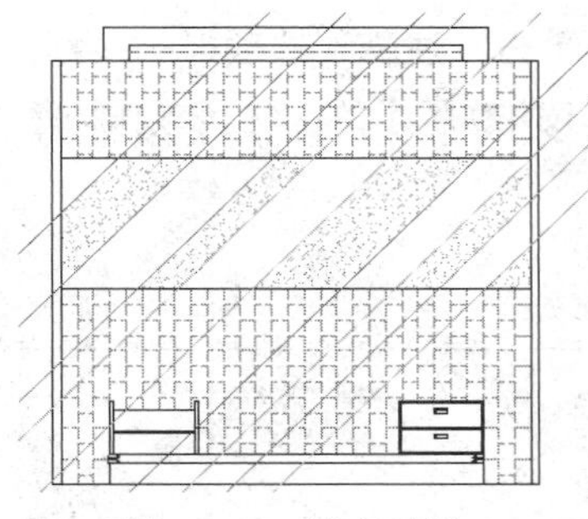
图 13-83　填充结果

Step 28 使用快捷键 E 执行“删除”命令，删除构造线。结果如图 13-84 所示。

Step 29 展开“图层”工具栏或面板上的“图层控制”下拉列表，解冻“图块层”，图形的显示如图 13-85 所示。

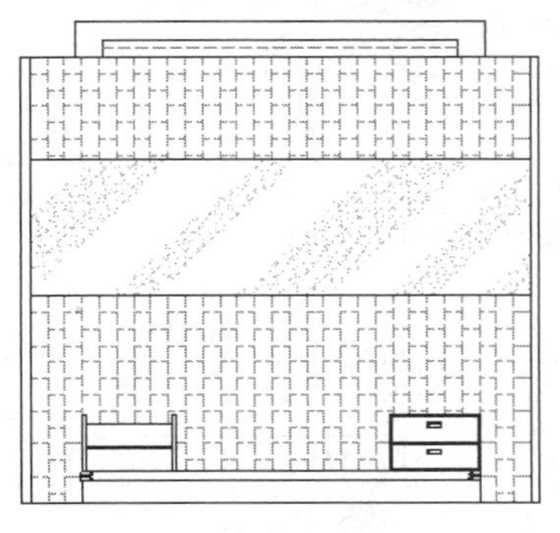
图 13-84　删除结果

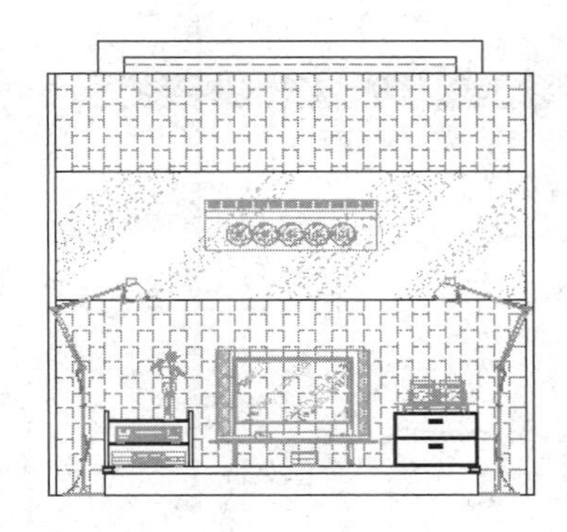
图 13-85　解冻图层后的效果

Step 30 将填充的图案分解为各个独立的对象，然后综合使用“修剪”和“删除”命令，删除被图例遮挡住的图案。结果如图 13-86 所示。

Step 31 执行“保存”命令，将图形命名存储为“上机实训四.dwg”。

13.6 上机实训五——标注电视墙详图

本例在综合巩固所学知识的前提下，主要学习电视墙详图尺寸和墙面材质注释等内容的具体标注过程和标注技巧。电视墙详图尺寸和材质的最终标注效果如图 13-87 所示。

操作步骤：

Step 01 执行“打开”命令，打开随书光盘中的“\效果文件\第 13 章\上机实训四.dwg”。

Step 02 展开“图层”工具栏或面板上的“图层控制”下拉列表，将“尺寸层”设置为当前图层。

Step 03 使用快捷键 D 执行“标注样式”命令，将“建筑标注”设置为当前样式，并修改标注比例，如图 13-88 所示。

Step 04 单击“注释”选项卡→“标注”面板→“线性”按钮，配合捕捉功能标注如图 13-89 所示的线性尺寸作为基准尺寸。

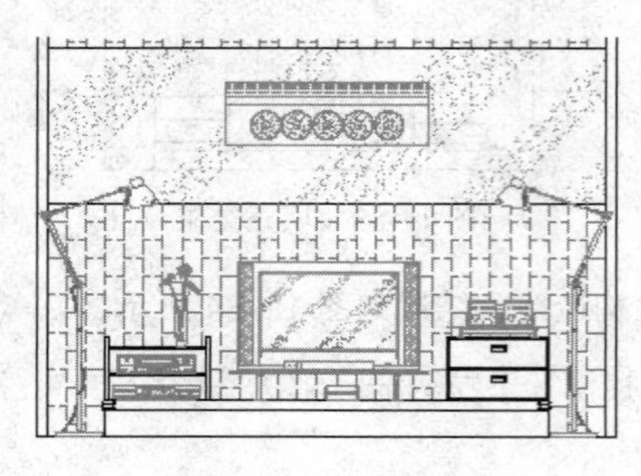

图 13-86　编辑结果

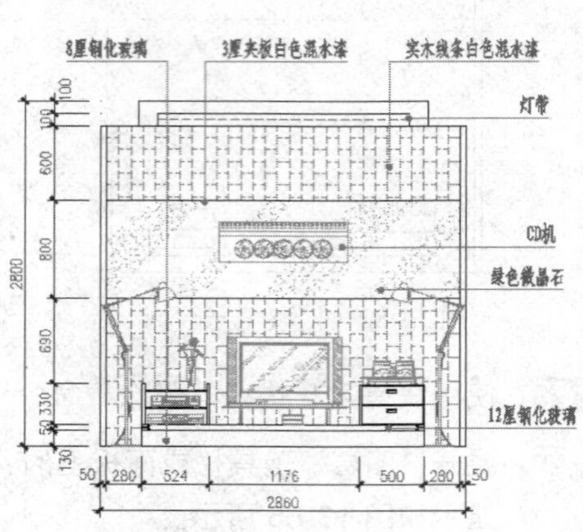

图 13-87　实例效果

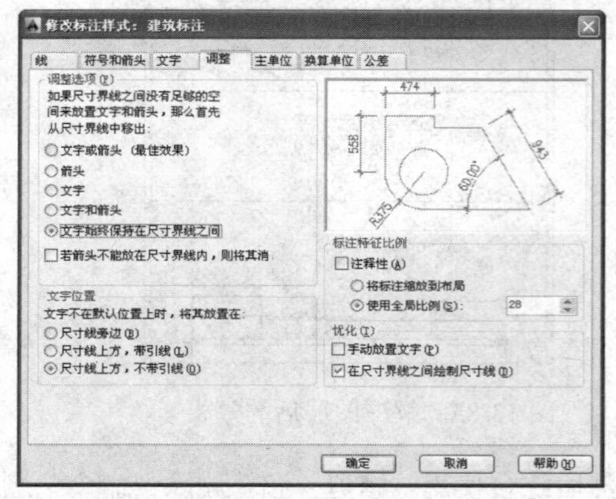

图 13-88　设置当前样式与比例

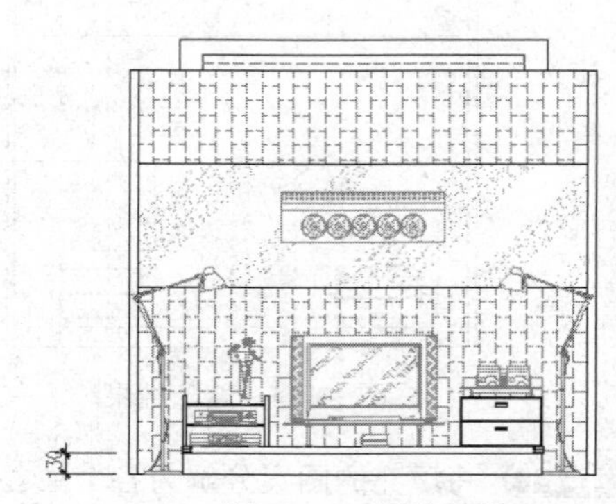

图 13-89　标注结果

Step 05 单击“注释”选项卡→“标注”面板→“连续”按钮，以刚标注的线性尺寸作为基准尺寸，标注如图 13-90 所示的连续尺寸作为立面图的细部尺寸。

Step 06 单击“标注”工具栏→“编辑标注文字”按钮，执行“编辑标注文字”命令，对重叠尺寸适当调整标注文字的位置。调整结果如图 13-91 所示。

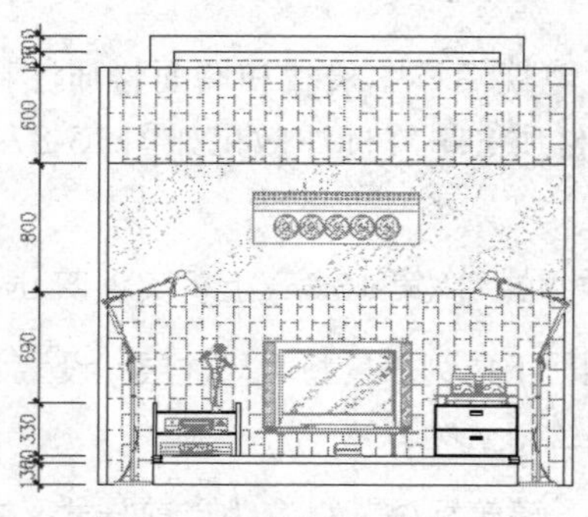

图 13-90　标注连续尺寸

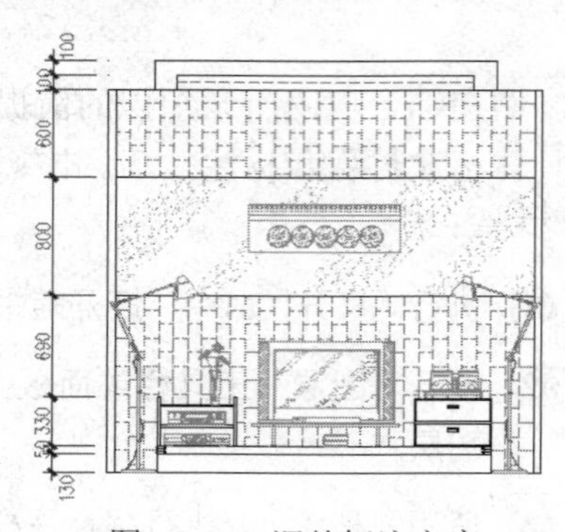

图 13-91　调整标注文字

Step 07 单击“注释”选项卡→“标注”面板→“线性”按钮，配合端点捕捉功能标注立面图左侧的总尺寸。结果如图 13-92 所示。

Step 08 综合使用“线性”和“连续”命令，标注图形下侧的尺寸，并对标注的尺寸进行协调。结果如图 13-93 所示。

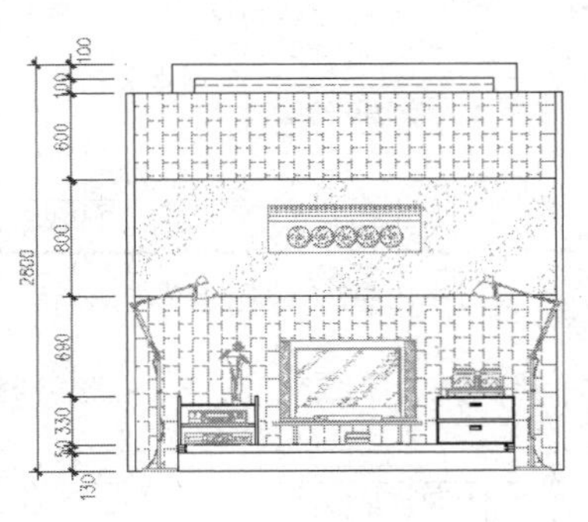

图 13-92　标注总尺寸

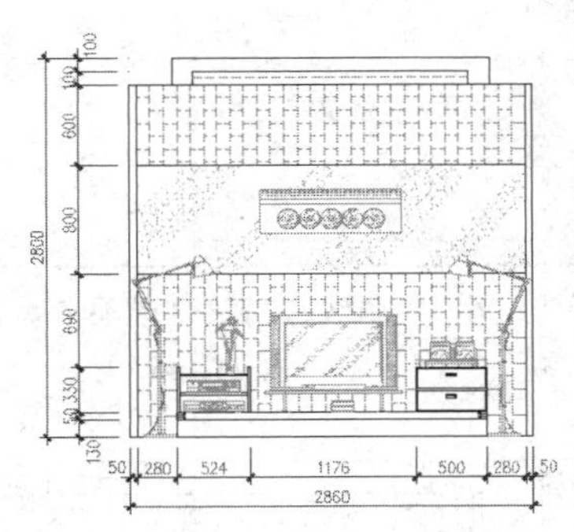

图 13-93　标注其他尺寸

Step 09 展开“图层”工具栏或面板上的“图层控制”下拉列表，将“文本层”设置为当前图层。

Step 10 单击“标注”菜单中的“标注样式”命令，替代当前尺寸样式如图 13-94 所示。

Step 11 在“替代当前样式：建筑标注”对话框中展开“调整”选项卡，设置标注比例如图 13-95 所示。

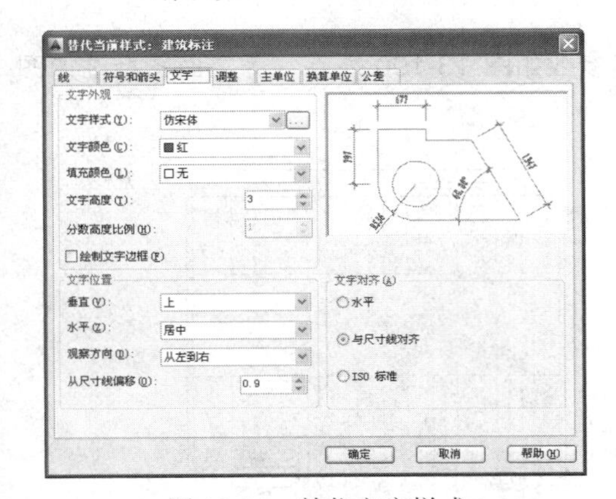

图 13-94　替代文字样式

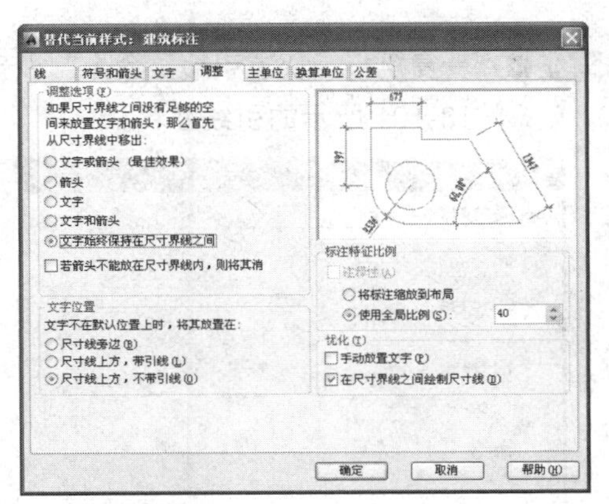

图 13-95　替代标注比例

Step 12 使用快捷键 LE 执行“快速引线”命令，使用命令中的“设置”选项，设置引线参数如图 13-96 和图 13-97 所示。

Step 13 返回绘图区，根据命令行的提示绘制引线并输入引线注释。结果如图 13-98 所示。

Step 14 重复执行“快速引线”命令，按照当前的引线参数设置，分别标注其他位置的引线注释。标注结果如图 13-99 所示。

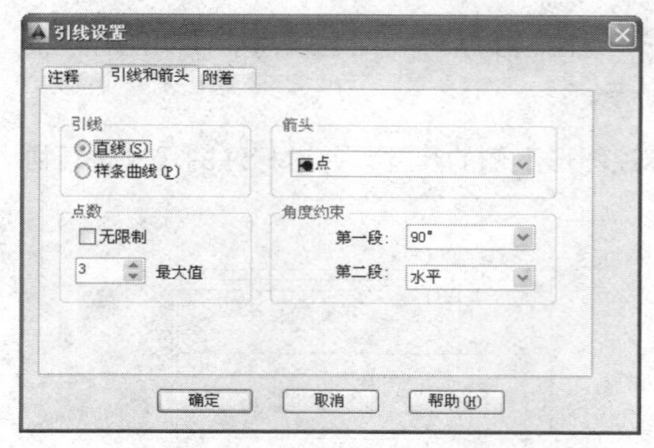

图 13-96 “引线和箭头”选项卡

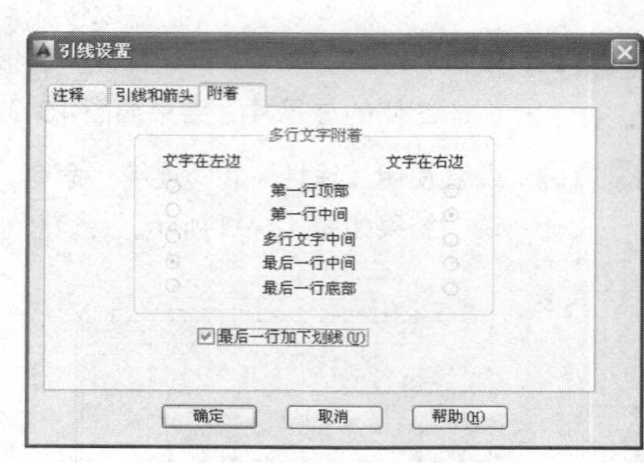

图 13-97 “附着”选项卡

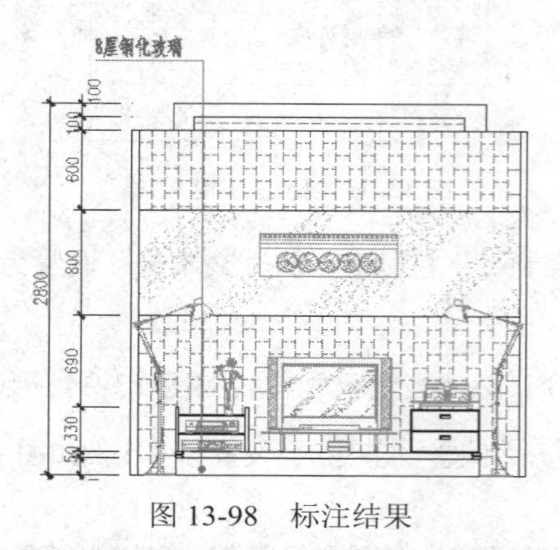

图 13-98 标注结果

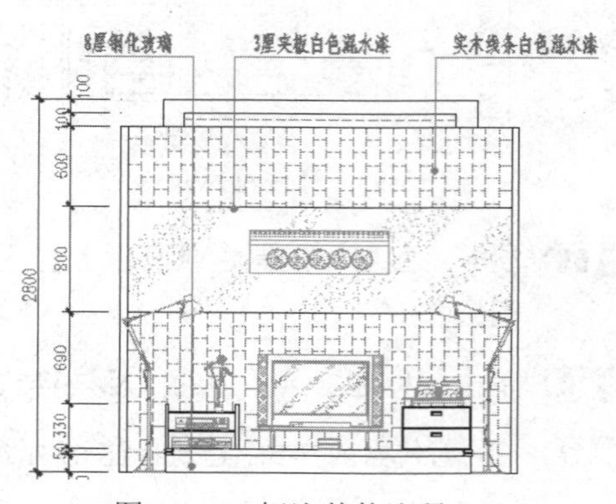

图 13-99 标注其他注释

Step 15 重复执行“快速引线”命令，设置引线参数如图 13-100 所示，为立面图标注如图 13-101 所示的引线注释。

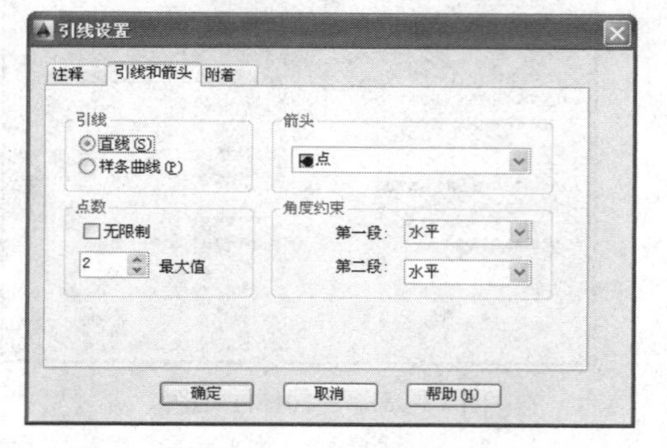

图 13-100 设置引线参数

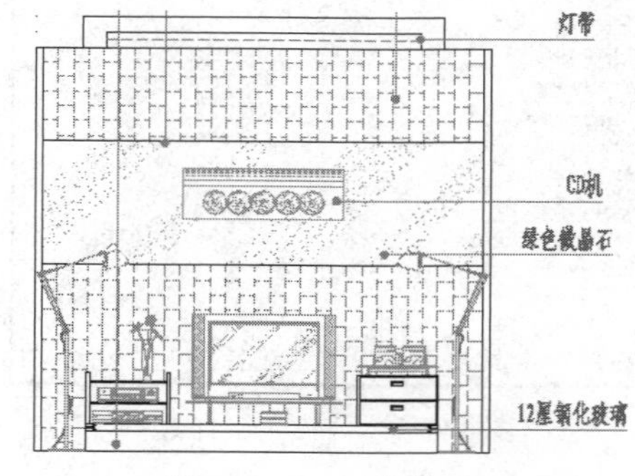

图 13-101 标注结果

Step 16 执行“另存为”命令，将图形另名存储为“上机实训五.dwg”。

13.7 上机实训六——绘制壁镜节点图

本例在综合巩固所学知识的前提下，主要学习洗手间壁镜节点大样图的具体绘制过程和绘图技巧。洗手间壁镜节点大样图的最终绘制效果如图 13-102 所示。

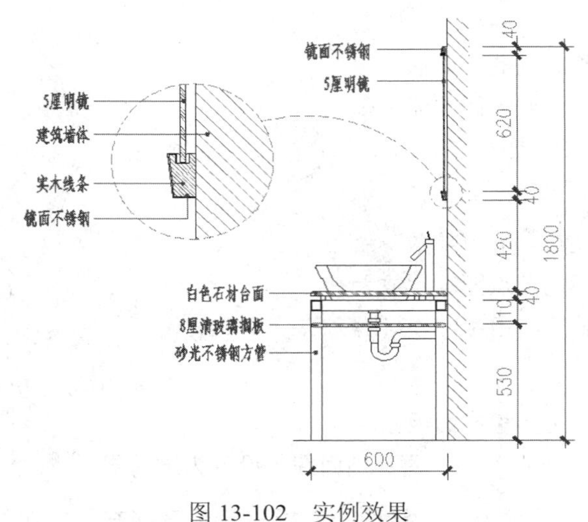

图 13-102 实例效果

操作步骤：

Step 01 打开随书光盘中的“\素材文件\剖面详图.dwg”，如图 13-103 所示。

Step 02 单击“默认”选项卡→“修改”面板→“复制”按钮，执行“复制”命令，将图 13-103 所示的剖面详图复制一份。

Step 03 展开“图层”工具栏或面板上的“图层控制”下拉列表，将“轮廓线”设置为当前图层。

Step 04 在复制出的剖面详图上绘制直径为 213 的圆，以定位出节点大样图的位置，如图 13-104 所示。

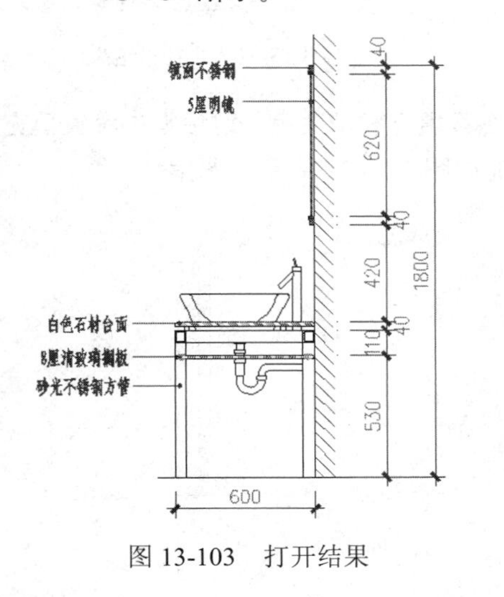

图 13-103 打开结果

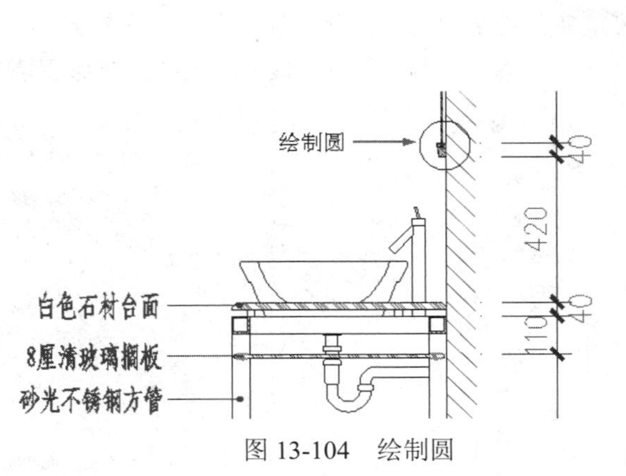

图 13-104 绘制圆

Step 05 单击“默认”选项卡→“修改”面板→“复制”按钮，将绘制的圆复制到另一个剖面详图中的同一位置上。

Note

Step 06 单击“默认”选项卡→“修改”面板→“修剪”按钮，以圆作为边界，将圆内的图形从源图中分离出来，同时分解并删除多余图线，结果如图 13-105（a）所示。

Step 07 使用快捷键 SC 执行“缩放”命令，将分离后的节点图等比放大五倍显示，结果如图 13-105（b）所示。

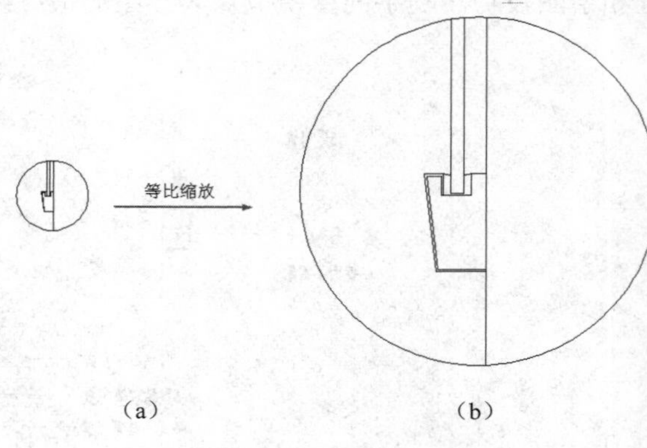

图 13-105　分离结果

Step 08 展开“图层”工具栏或面板上的“图层控制”下拉列表，将“剖面线”设置为当前层。

Step 09 单击“默认”选项卡→“绘图”面板→“图案填充”按钮，在打开的“图案填充和渐变色”对话框中设置填充图案与参数如图 13-106 所示，为节点图填充如图 13-107 所示的图案。

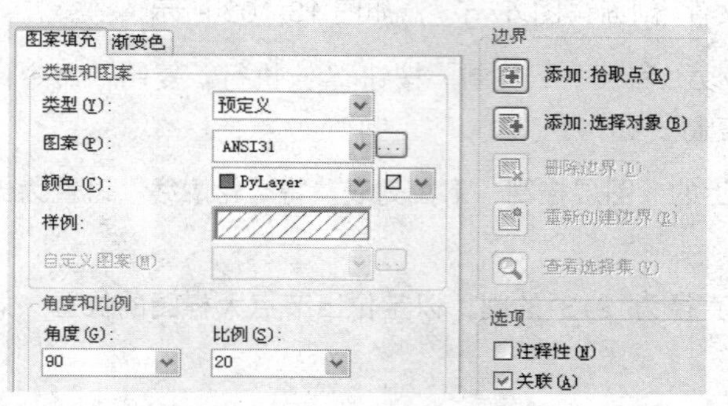

图 13-106　设置填充图案与参数

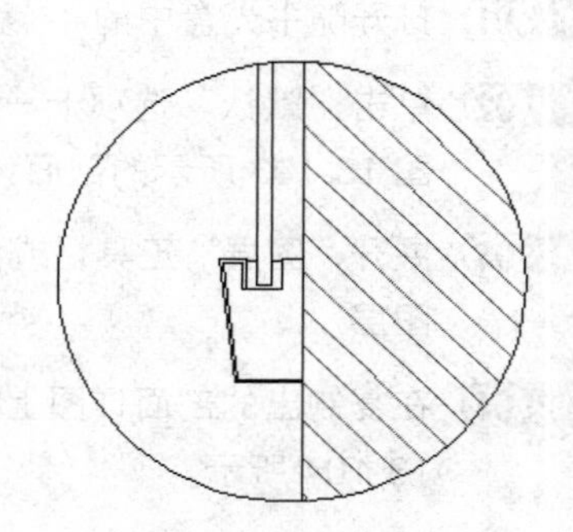

图 13-107　填充结果

Step 10 重复执行“图案填充”命令，在打开的“图案填充和渐变色”对话框中设置填充图案与参数如图 13-108 所示，为节点图填充如图 13-109 所示的图案。

图 13-108　设置填充图案与参数

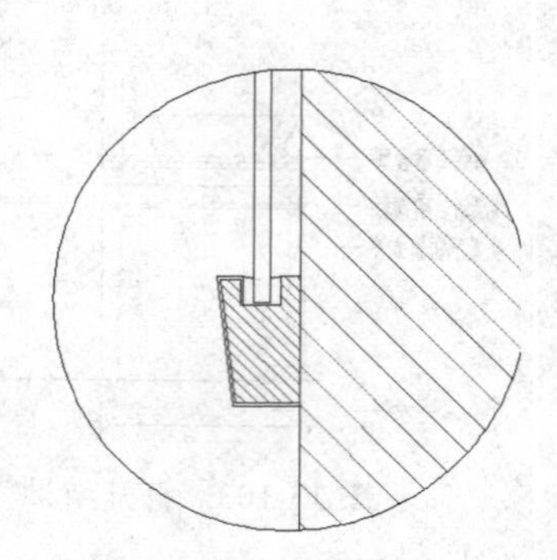

图 13-109　填充结果

Note

Step 11 重复执行“图案填充”命令，在打开的“图案填充和渐变色”对话框中设置填充图案与参数如图 13-110 所示，为节点图填充如图 13-111 所示的图案。

图 13-110　设置填充图案与参数

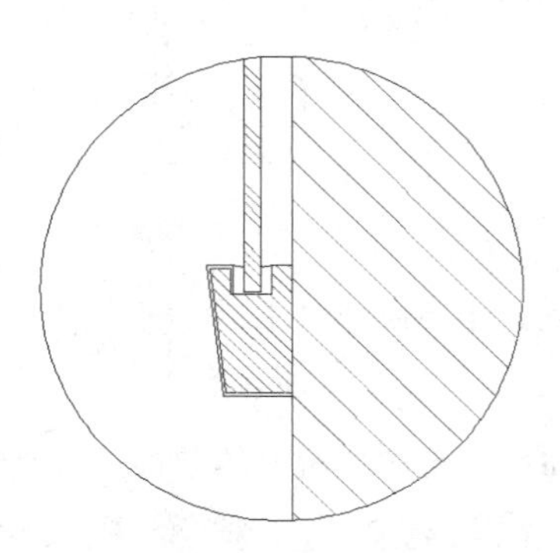

图 13-111　填充结果

Step 12 重复执行“图案填充”命令，在打开的“图案填充和渐变色”对话框中设置填充图案与参数如图 13-112 所示，为节点图填充如图 13-113 所示的图案。

图 13-112　设置填充图案与参数

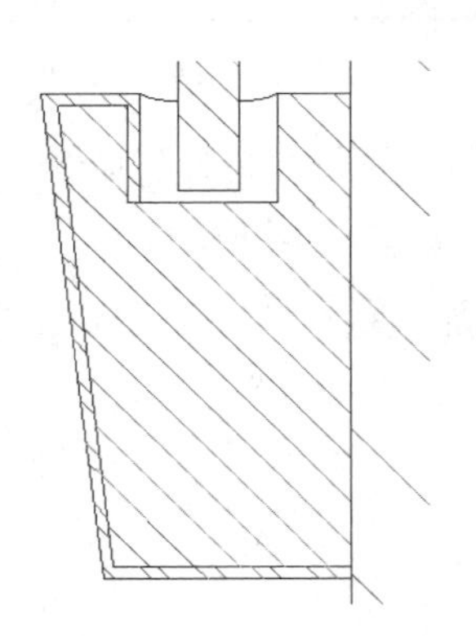

图 13-113　填充结果

Step 13 使用快捷键 M 执行“移动”命令，对缩放后的图形进行适当的位移。结果如图 13-114 所示。

Step 14 使用快捷键 A 执行“圆弧”命令，配合最近点捕捉功能绘制如图 13-115 所示的弧形指示线。

Note

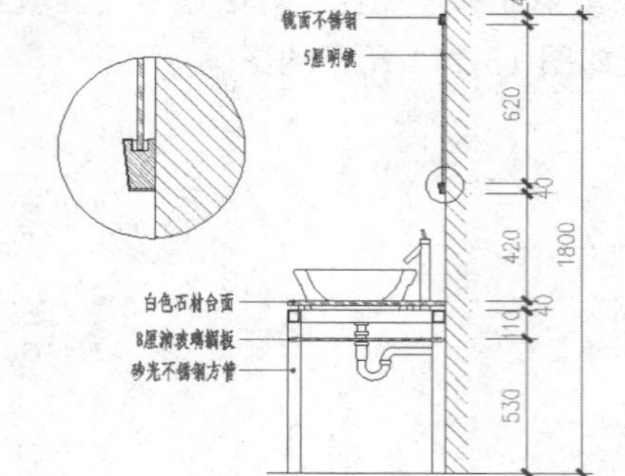

图 13-114　位移结果

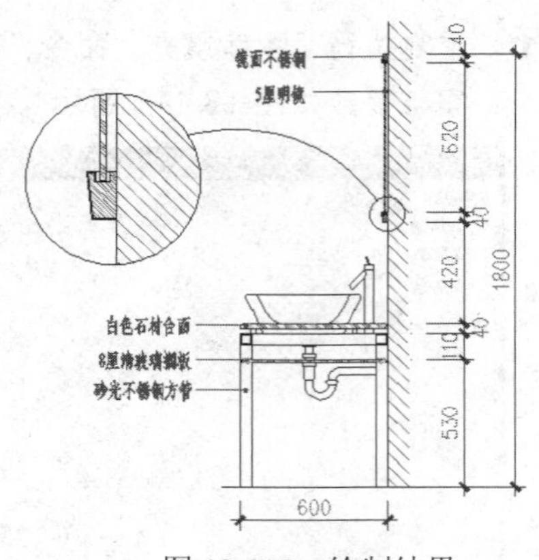

图 13-115　绘制结果

Step 15 使用快捷键 LT 执行“线型”命令，加载 DASHED 线型，并设置线型比例参数如图 13-116 所示。

Step 16 在无命令执行的前提下夹点显示如图 13-117 所示的两圆以及圆弧指示线。

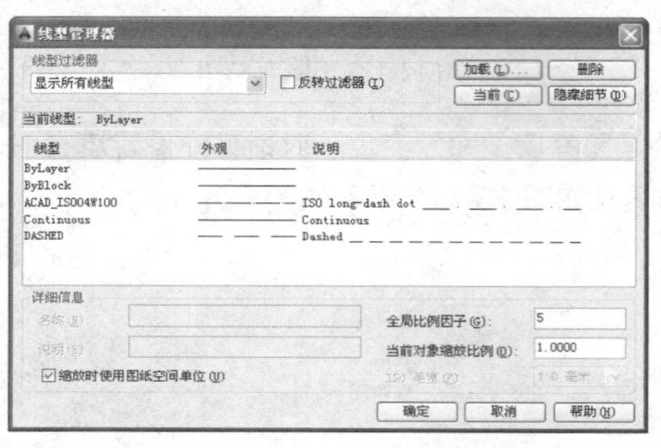

图 13-116　加载线型并设置比例

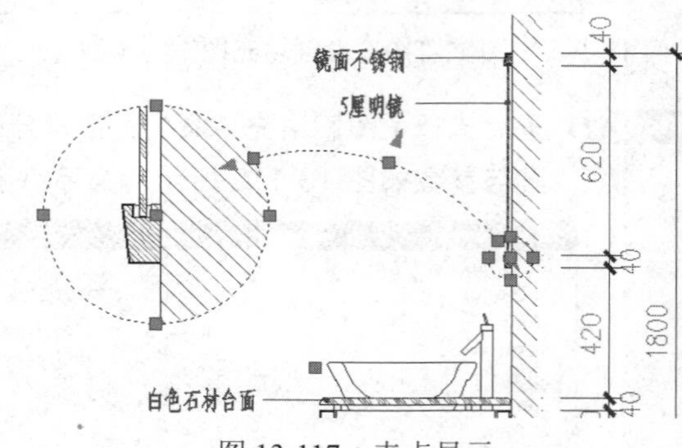

图 13-117　夹点显示

Step 17 执行“特性”命令，在打开的“特性”窗口中修改夹点图线的线型及颜色，如图 13-118 所示。

Step 18 关闭“特性”窗口，然后按 Esc 键取消图线的夹点。线型修改后的结果如图 13-119 所示。

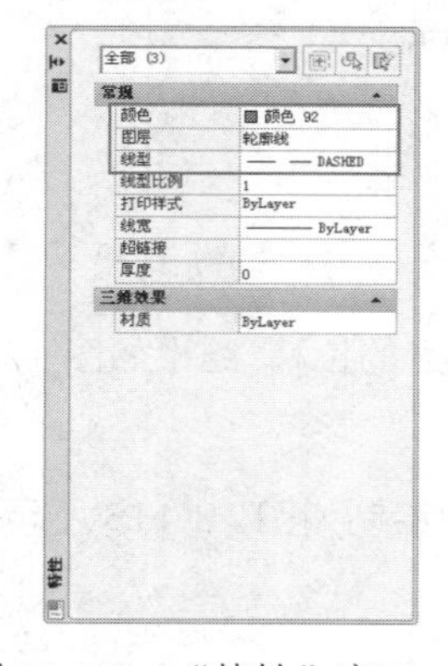

图 13-118　“特性”窗口

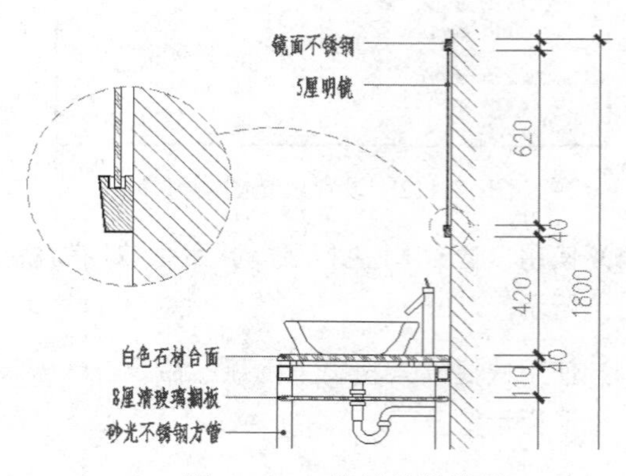

图 13-119　特性编辑结果

Step 19　将“文本层”设置为当前图层，然后使用快捷键 LE 执行“快速引线”命令，在打开的“引线设置”对话框中设置引线参数如图 13-120 和图 13-121 所示。

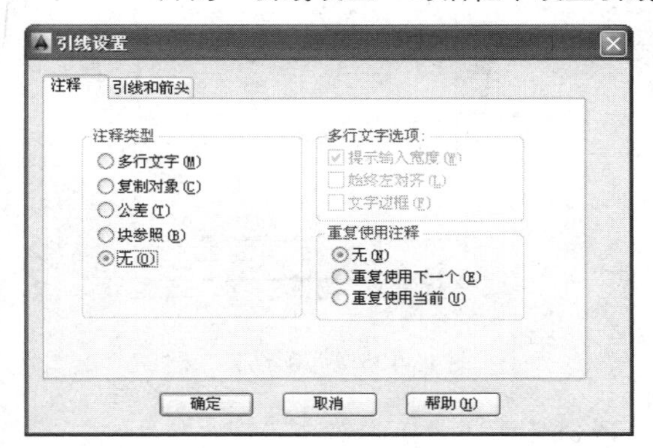

图 13-120　设置注释参数

图 13-121　设置引线和箭头

Step 20　单击“引线设置”对话框中的 确定 按钮，根据命令行的提示绘制如图 13-122 所示的四条引线。

Step 21　使用快捷键 MA 执行“特性匹配”命令，对四条引线进行匹配特性。命令行操作如下。

```
命令：ma                         //Enter
MATCHPROP
选择源对象：                       //选择如图 13-123 所示的引线
当前活动设置： 颜色 图层 线型 线型比例 线宽 透明度 厚度 打印样式 标注 文字 填充图案 多段线 视口 表格材质 阴影显示 多重引线
选择目标对象或 [设置(S)]:          //拉出如图 13-124 所示的窗交选择框，选择对象
选择目标对象或 [设置(S)]:          //Enter，匹配结果如图 13-125 所示
```

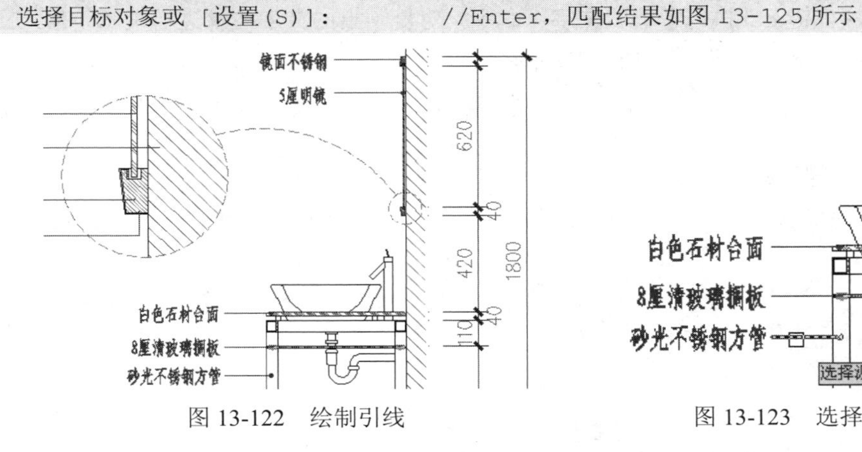

图 13-122　绘制引线

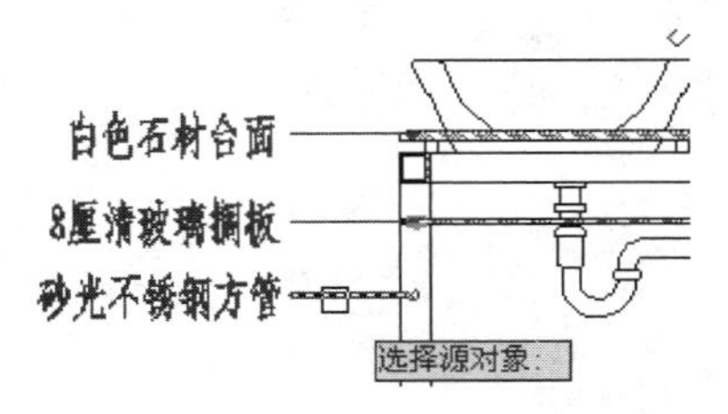

图 13-123　选择源对象

Step 22　单击“默认”选项卡→“修改”面板→“复制”按钮，将剖面详图中的某个文字注释复制到大样图中。结果如图 13-126 所示。

Note

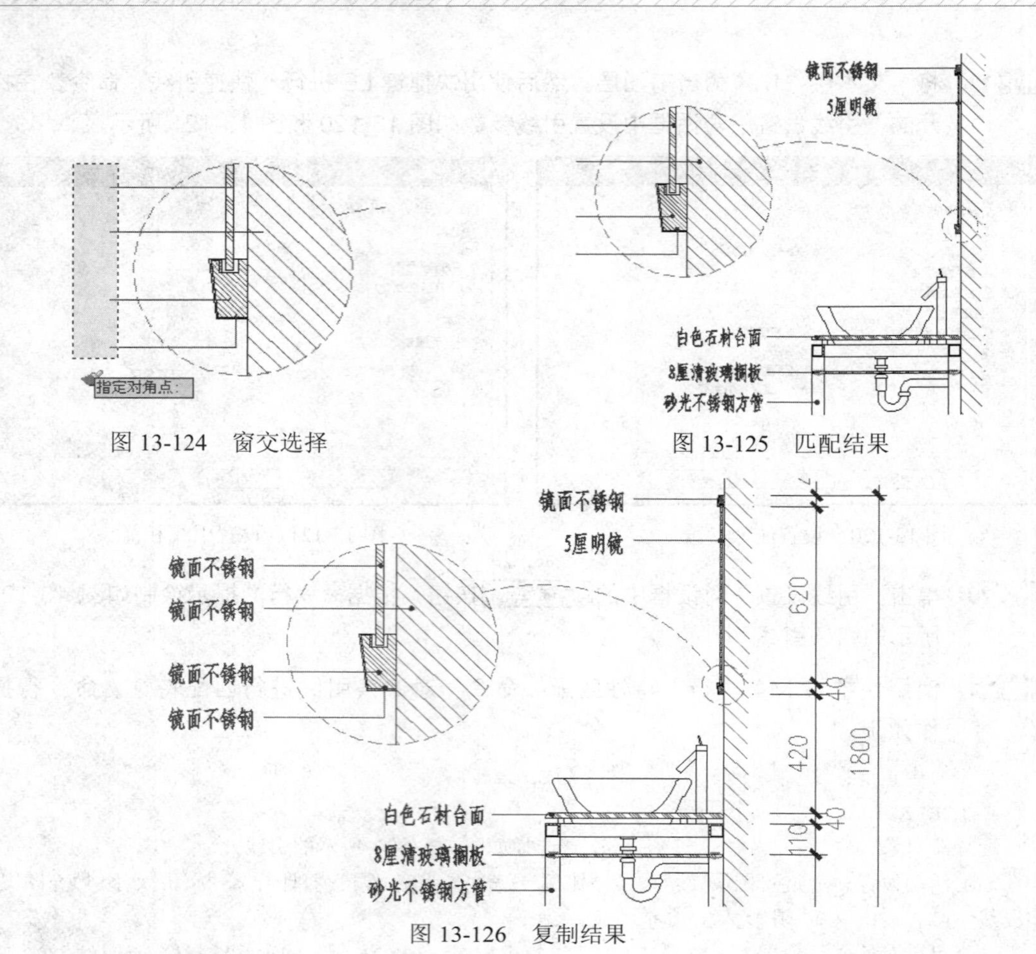

图 13-124　窗交选择

图 13-125　匹配结果

图 13-126　复制结果

Step 23 使用快捷键 ED 执行"编辑文字"命令，对复制出的文字注释进行编辑，输入正确的文字内容。结果如图 13-127 所示。

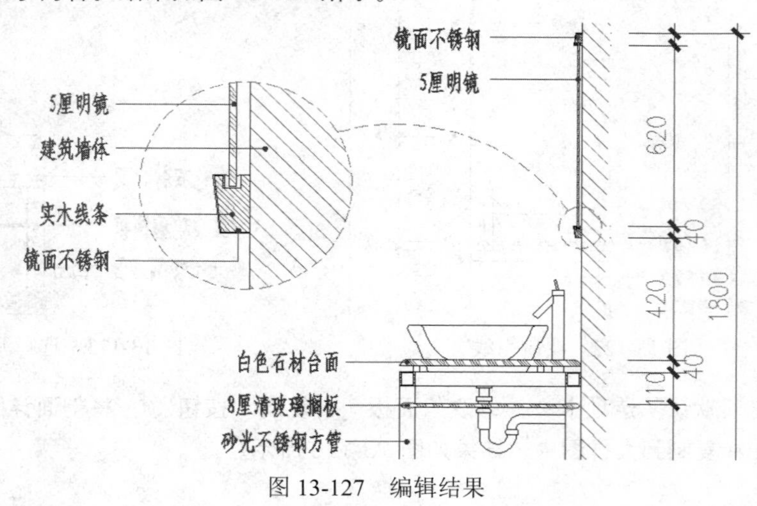

图 13-127　编辑结果

Step 24 执行"另存为"命令，将图形另名存储为"上机实训六.dwg"。

13.8 小结与练习

13.8.1 小结

本章在简单介绍居室立面详图的形成特点和功能内容等的前提下，通过绘制吧台详图、卫生间详图、电视墙详图和壁镜节点大样图等典型代表实例，详细学习了居室立面详图与节点大样图的绘制方法、绘制技巧和具体的绘制过程。通过本章的学习，要重点掌握详图与节点图的表达方法和具体的绘制技能。

13.8.2 练习

1. 综合运用所学知识，绘制并标注如图 13-128 所示的玄关立面详图（局部尺寸自定）。

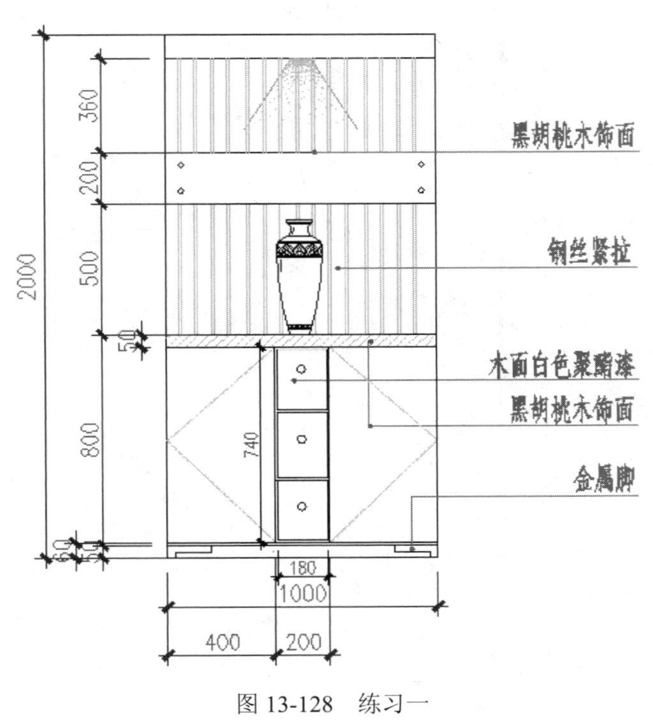

图 13-128 练习一

2. 综合运用所学知识，绘制并标注如图 13-129 所示的卫生间平面详图（局部尺寸自定）。

Note

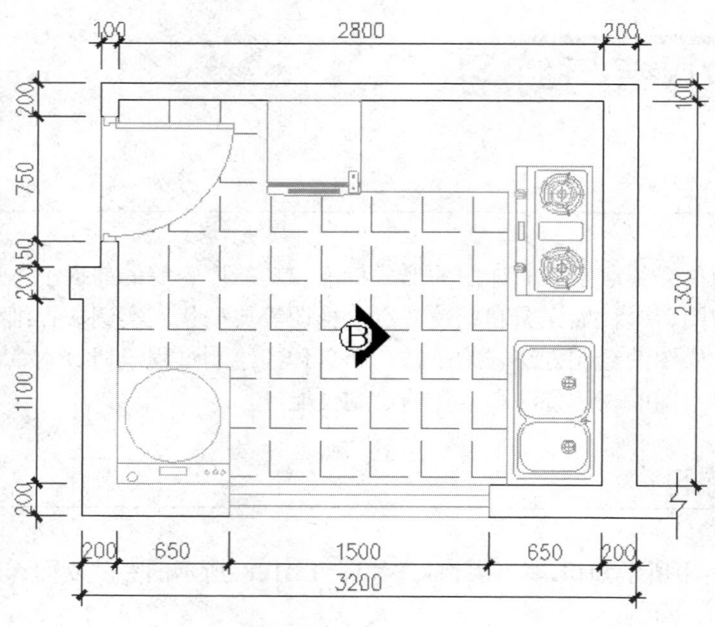
100
2800
200
200
750
150
200
1100
200
100
2300
B
200
650
1500
650
200
3200

图 13-129　练习二

KTV包厢空间设计

本章在简单了解KTV包厢表达内容及功能特点等相关理论知识的前提下，通过绘制包厢布置图、吊顶图以及立面装修图，主要学习KTV包厢装修施工图的具体绘制过程和相关绘图技能。

内容要点

- KTV包厢设计理论概述
- 上机实训一——绘制包厢墙体结构图
- 上机实训二——绘制包厢装修布置图
- 上机实训三——标注包厢装修布置图
- 上机实训四——绘制包厢吊顶装修图
- 上机实训五——标注包厢吊顶装修图
- 上机实训六——绘制包厢B向立面图
- 上机实训七——绘制包厢D向立面图

Note

14.1 KTV 包厢设计理论概述

本小节主要简单概述 KTV 包厢用途、类型、设计要点以及包厢设计的具体思路等理论知识。

14.1.1 KTV 包厢概述

KTV 包厢是为了满足顾客团体的需要，提供相对独立、无拘无束、畅饮畅叙的环境。KTV 包厢的布置，应为客人提供一个以围为主，围中有透的空间；KTV 包厢的空间是以 KTV 经营内容为基础，一般分为小包厢、中包厢、大包厢三种类型，必要时可提供特大包厢。小包厢设计面积一般为 8~12m^2，中包厢设计一般为 15~20m^2，大包厢一般为 24~30m^2，特大包厢在一般在 55m^2 以上为宜。

14.1.2 包厢设计要点

KTV 包厢的装修不仅涉及建筑、结构、声学、通风、暖气、照明、音响、视频等多种方面，而且还涉及安全、实用、环保、文化等多方面问题。在装修设计时，一般要兼顾以下几点：

✧ 房间结构。根据建筑学和声学原理、人体工程学和舒适度来考虑，KTV 房间的长和宽的黄金比例为 0.618，也就是说如果设计为长度 1m，宽度至少应考虑在 0.6m 偏上。

✧ 房间家具。在 KTV 包厢内除包含电视、电视柜、点歌器、麦克风等视听设备外，还应配置沙发、茶几等基本家具，若 KTV 包厢内设有舞池，还应提供舞台和灯光空间。

✧ 房间陈设。除包厢必备家具之外，在家具本身上面需要放置的东西有点歌本、摆放的花瓶和花、话筒托盘、宣传广告等陈设品。这些东西对有些是吸音的，有些是反射的，而有些又是扩散的，这种不规则的东西对于声音而言起到了很好的帮助作用。

✧ 空间尺寸。在装修设计 KTV 时，还应考虑客人座位与电视荧幕的最短距离，一般最小不得小于 3~4m。

✧ 房间的隔音。隔音是解决“串音”的最好办法，从理论上讲材料的硬度越高隔音效果就越好。最常见的装修方法是轻钢龙骨石膏板隔断墙，在石膏板的外面附加一层硬度比较高的水泥板；或者 2/4 红砖墙，两边水泥墙面。

除此之外，在装修 KTV 时，还要兼顾到房间的混响、房间的装修材料以及房间的声学要求等。总之， KTV 的空间应具有封闭、隐秘、温馨的特征。

14.1.3　包厢设计思路

在绘制并设计 KTV 包厢方案图时，可以参照如下思路：

（1）根据原有建筑平面图或测量数据，绘制并规划 KTV 包厢墙体平面图。

（2）根据绘制出的 KTV 包厢墙体平面图，绘制 KTV 包厢布置图和地面材质图。

（3）根据 KTV 包厢布置图绘制 KTV 包厢的吊顶方案图，要注意吊顶轮廓线的表达以及吊顶各灯具的布局。

（4）根据 KTV 包厢的平面布置图，绘制包厢墙面的投影图，重点是 KTV 包厢有墙面装饰轮廓图案的表达以及装修材料的说明等。

14.2　上机实训——绘制包厢墙体结构图

本例在综合巩固所学知识的前提下，主要学习 KTV 包厢墙体结构图的具体绘制过程和绘图技巧。KTV 包厢墙体结构图的最终绘制效果如图 14-1 所示。

操作步骤：

Step 01 以随书光盘中的“\绘图样板\室内设计样板.dwt”作为基础样板，新建绘图文件。

Step 02 使用快捷键 LA 执行“图层”命令，在打开的“图层特性管理器”对话框中双击“墙线层”，将其设置为当前图层，如图 14-2 所示。

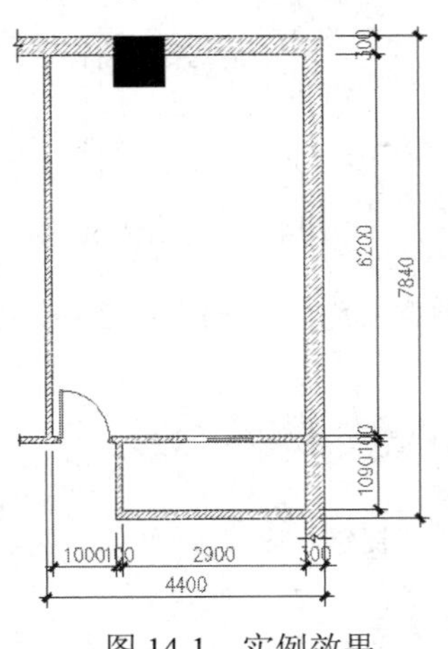

图 14-1　实例效果

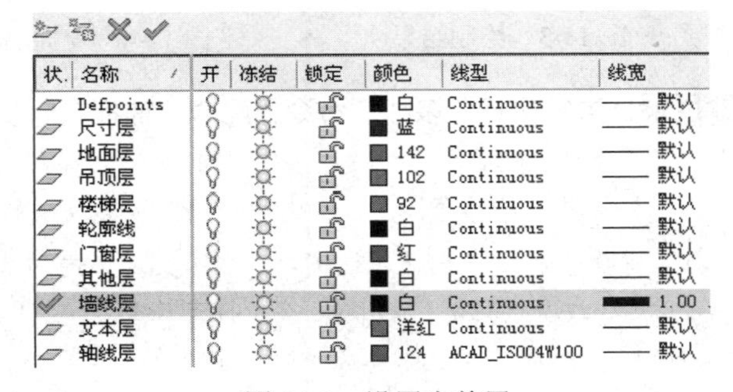

图 14-2　设置当前层

Step 03 按下 F3 功能键，打开状态栏上的“对象捕捉”功能。

Step 04 选择菜单栏中的“绘图”→“多线”命令，绘制外墙线。命令行操作过程如下：

```
    命令: _mline
当前设置: 对正 = 上, 比例 = 20.00, 样式 = 墙线样式
指定起点或 [对正(J)/比例(S)/样式(ST)]:    //s Enter
```

```
输入多线比例 <20.00>:                          //300 Enter
当前设置: 对正 = 上, 比例 = 300.00, 样式 = 墙线样式
指定起点或 [对正(J)/比例(S)/样式(ST)]:     //在绘图区拾取一点
指定下一点:                              //@4820,0 Enter
指定下一点或 [放弃(U)]:                   //@0,-8150 Enter
指定下一点或 [闭合(C)/放弃(U)]:           //Enter, 绘制结果如图 14-3 所示
```

Note

Step 05 重复执行“多线”命令，配合“捕捉自”功能，绘制宽度为 100 的垂直墙线。命令行操作如下：

```
  命令: _mline
当前设置: 对正 = 上, 比例 = 300.00, 样式 = 墙线样式
指定起点或 [对正(J)/比例(S)/样式(ST)]:     //s Enter
输入多线比例 <300.00>:                        //100 Enter
当前设置: 对正 = 上, 比例 = 100.00, 样式 = 墙线样式
指定起点或 [对正(J)/比例(S)/样式(ST)]:     //激活“捕捉自”功能
_from 基点:                       //捕捉如图 14-4 所示的端点
<偏移>:                           //@-4000,0 Enter
指定下一点:                       //@0,-6200 Enter
指定下一点或 [放弃(U)]:    //Enter, 结束命令, 绘制结果如图 14-5 所示
```

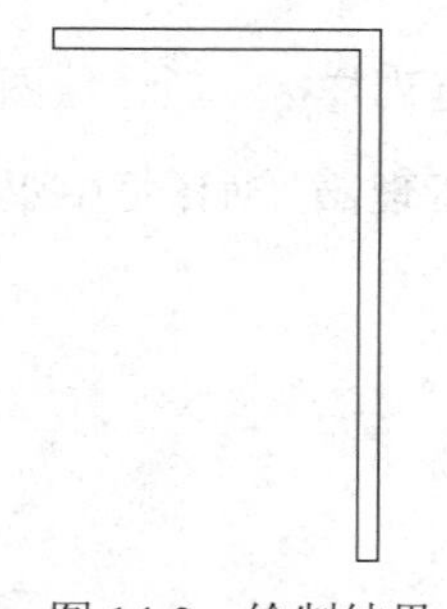
图 14-3　绘制结果

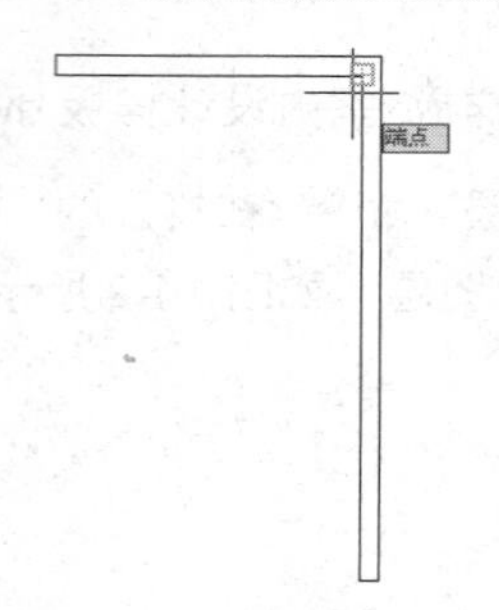

图 14-4　捕捉端点

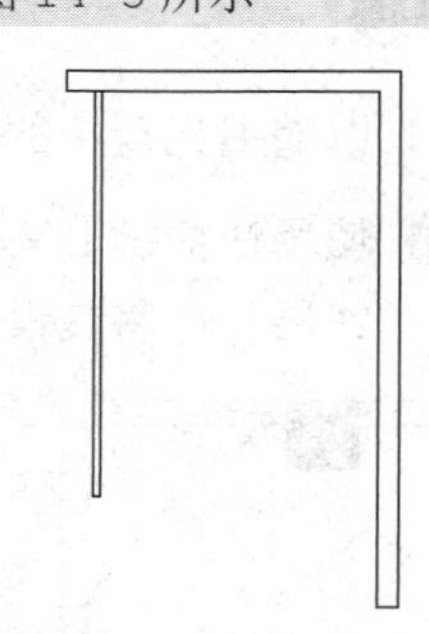
图 14-5　绘制结果

Step 06 重复执行“多线”命令，配合“捕捉自”功能，绘制宽度为 100 的水平墙线。命令行操作如下：

```
  命令: _mline
当前设置: 对正 = 上, 比例 = 100.00, 样式 = 墙线样式
指定起点或 [对正(J)/比例(S)/样式(ST)]:        //激活“捕捉自”功能
_from 基点:                       //捕捉如图 14-6 所示的端点
<偏移>:                           //@0,-6300 Enter
指定下一点:                       //@-3070,0 Enter
指定下一点或 [放弃(U)]:    //Enter, 结束命令
命令:
MLINE
当前设置: 对正 = 上, 比例 = 100.00, 样式 = 墙线样式
指定起点或 [对正(J)/比例(S)/样式(ST)]:        //激活“捕捉自”功能
_from 基点:                       //捕捉如图 14-7 所示的端点
```

```
<偏移>:                      //@-850,0 Enter
指定下一点:                  //@-600,0 Enter
指定下一点或 [放弃(U)]:      //Enter，绘制结果如图 14-8 所示
```

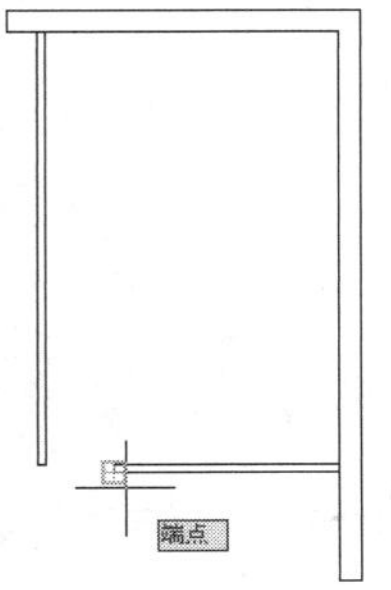

图 14-6　捕捉端点 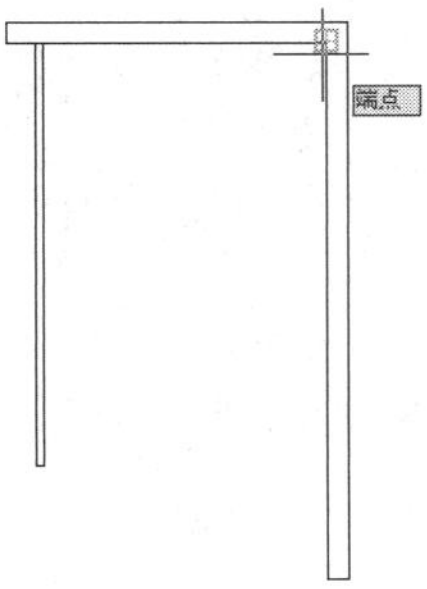　　图 14-7　捕捉端点 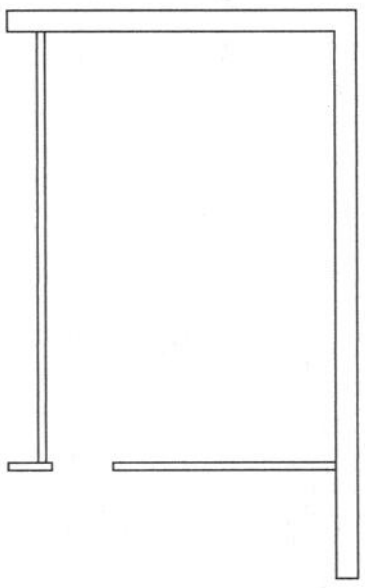　　图 14-8　绘制结果

Step 07 重复执行“多线”命令，配合“捕捉自”功能，绘制卫生间墙线。命令行操作如下：

```
   命令: _mline
当前设置: 对正 = 上，比例 = 100.00，样式 = 墙线样式
指定起点或 [对正(J)/比例(S)/样式(ST)]:     //s Enter
输入多线比例 <100.00>:                     //150 Enter
当前设置: 对正 = 上，比例 = 150.00，样式 = 墙线样式
指定起点或 [对正(J)/比例(S)/样式(ST)]:     //激活“捕捉自”功能
_from 基点:                  //捕捉如图 14-9 所示的端点
<偏移>:                      //@0,-1240 Enter
指定下一点:                  //@-3000,0 Enter
指定下一点或 [放弃(U)]:      //Enter，结束命令
命令:
MLINE
当前设置: 对正 = 上，比例 = 150.00，样式 = 墙线样式
指定起点或 [对正(J)/比例(S)/样式(ST)]:  //s Enter
输入多线比例 <150.00>:                     //100 Enter
当前设置: 对正 = 上，比例 = 100.00，样式 = 墙线样式
指定起点或 [对正(J)/比例(S)/样式(ST)]: //捕捉如图 14-10 所示的端点
指定下一点:                  //@0,1090 Enter
指定下一点或 [放弃(U)]:  //Enter，绘制结果如图 14-11 所示
```

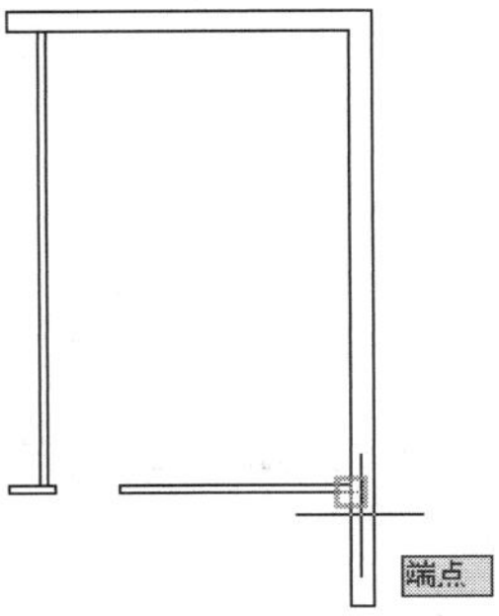

图 14-9　捕捉端点 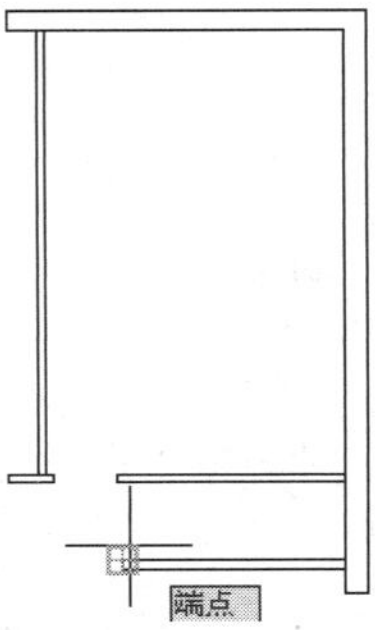　　图 14-10　捕捉端点 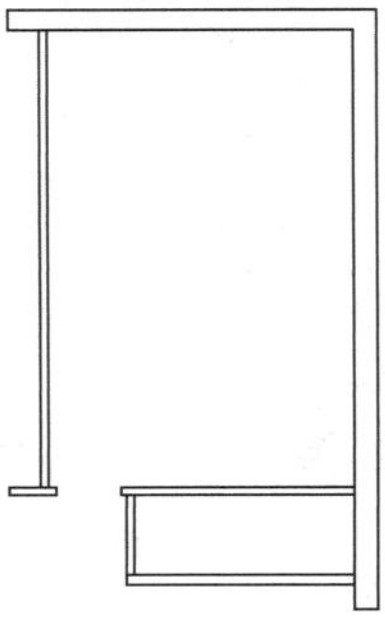　　图 14-11　绘制结果

Step 08 单击“默认”选项卡→“绘图”面板→“矩形”按钮▭，绘制长宽都为 800 的柱子轮廓线。命令行操作如下：

```
    命令: _rectang
指定第一个角点或 [倒角(C)/标高(E)/圆角(F)/厚度(T)/宽度(W)]:
                        //激活“捕捉自”功能
_from 基点:            //捕捉如图 14-12 所示的端点
<偏移>:                //@-2500,0 Enter
指定另一个角点或 [面积(A)/尺寸(D)/旋转(R)]:
//@-800,-800 Enter, 绘制结果如图 14-13 所示
```

Step 09 单击“默认”选项卡→“绘图”面板→“图案填充”按钮，为矩形柱填充如图 14-14 所示的实体图案。

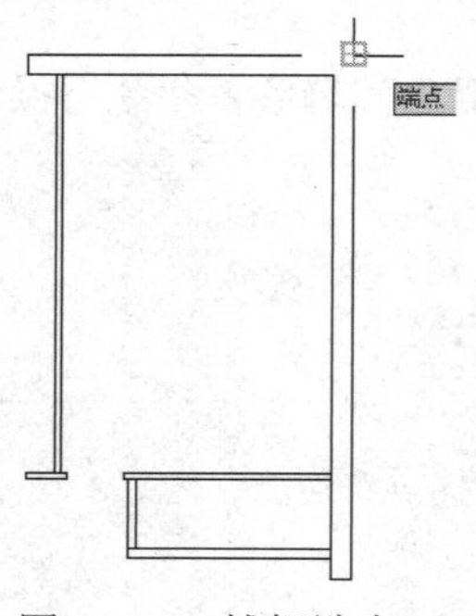

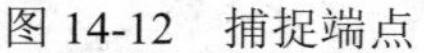
图 14-12　捕捉端点

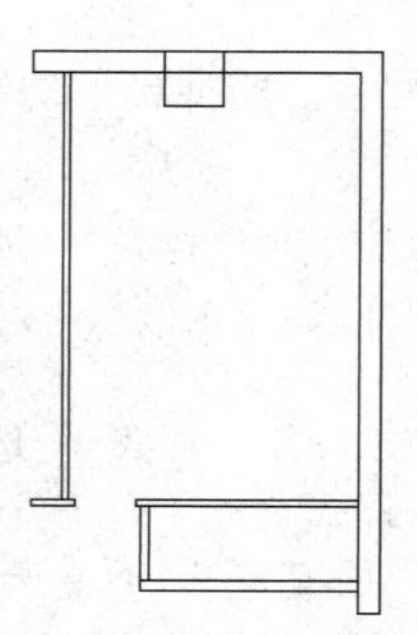
图 14-13　绘制结果

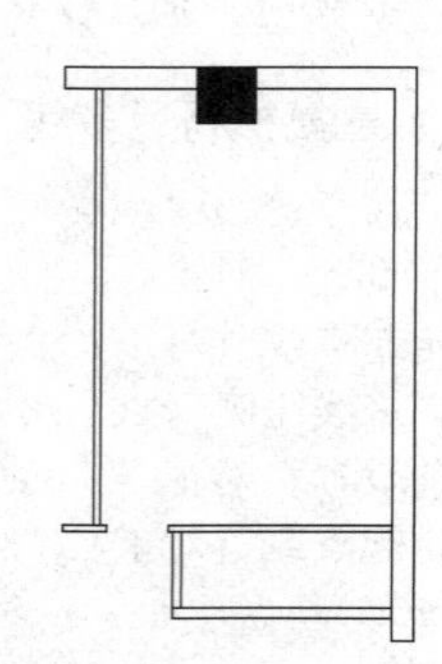
图 14-14　填充结果

Step 10 在绘制的多线上双击左键，打开“多线编辑工具”对话框，选择如图 14-15 所示的“T 形合并”功能，对墙线进行编辑。结果如图 14-16 所示。

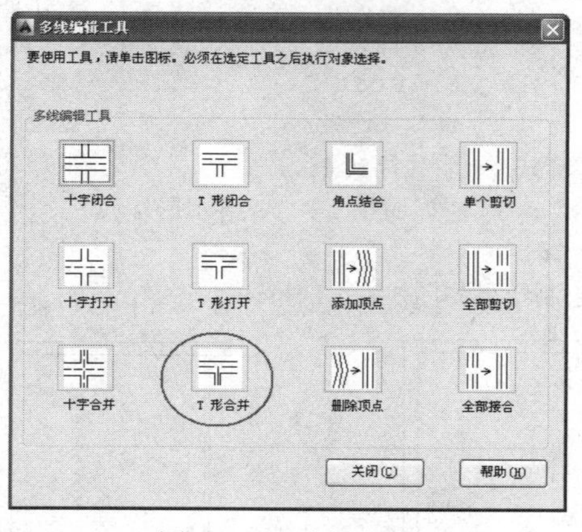

图 14-15　选择工具

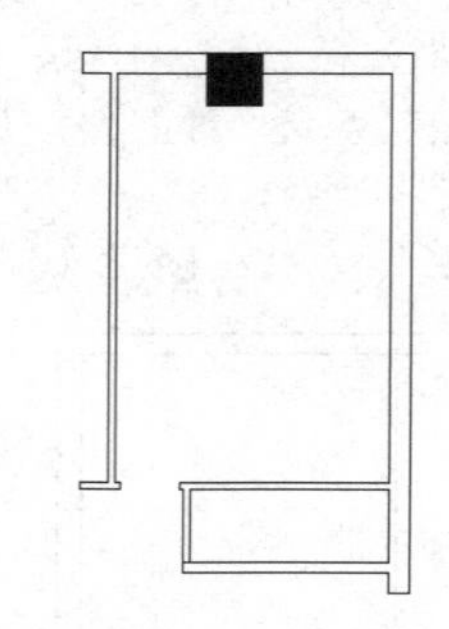
图 14-16　编辑结果

Step 11 再次打开“多线编辑工具”对话框，选择如图 14-17 所示的功能，继续对墙线进行编辑。编辑结果如图 14-18 所示。

Step 12 展开“图层”工具栏或面板上的“图层控制”下拉列表，将“门窗层”设置为当前图层。

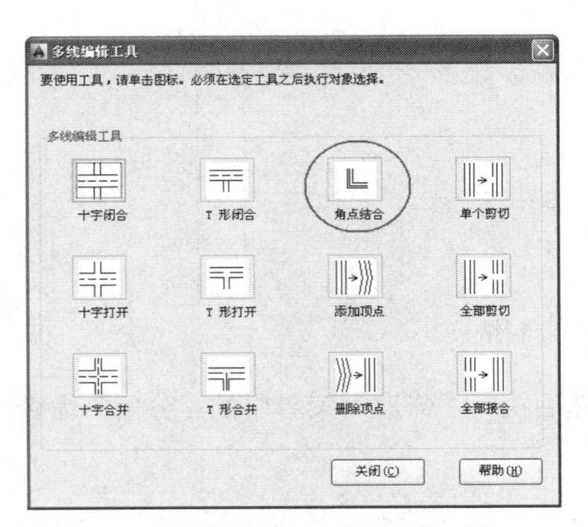

图 14-17　选择工具

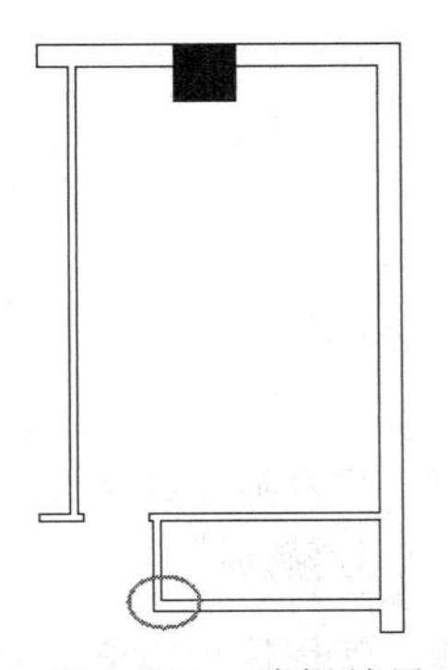

图 14-18　编辑结果

Step 13 单击“默认”选项卡→“块”面板→“插入”按钮，插入随书光盘中的“\图块文件\单开门.dwg”，绘制结果如图 14-19 所示，插入结果如图 14-20 所示。

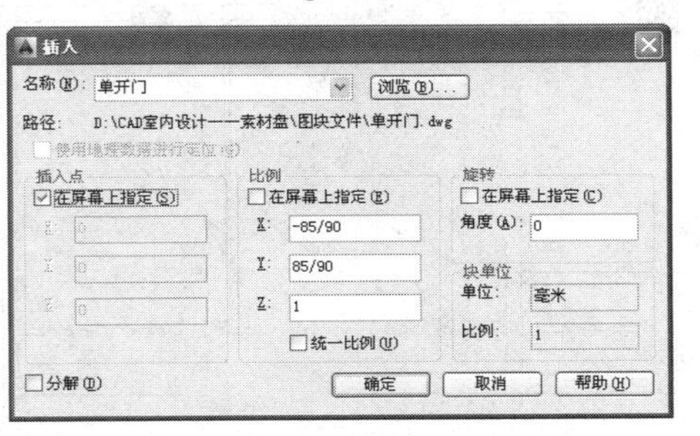

图 14-19　绘制结果

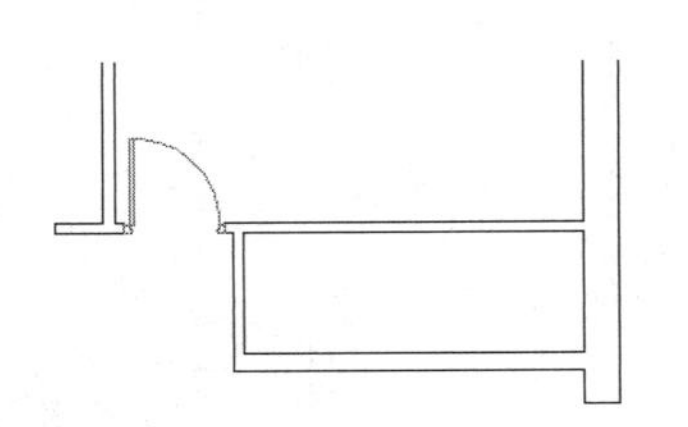

图 14-20　插入单开门

Step 14 单击“默认”选项卡→“绘图”面板→“矩形”按钮，配合“捕捉自”功能绘制卫生间门洞。命令行操作如下：

```
    命令: _rectang
指定第一个角点或 [倒角(C)/标高(E)/圆角(F)/厚度(T)/宽度(W)]:
                    //激活“捕捉自”功能
_from 基点:          //捕捉如图 14-21 所示的端点
<偏移>:              //@-1190,0 Enter
指定另一个角点或 [面积(A)/尺寸(D)/旋转(R)]:
//@-700,100 Enter，绘制结果如图 14-22 所示
```

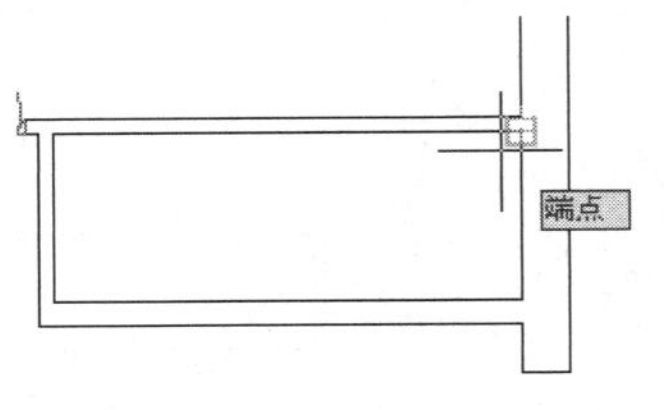

图 14-21　捕捉端点

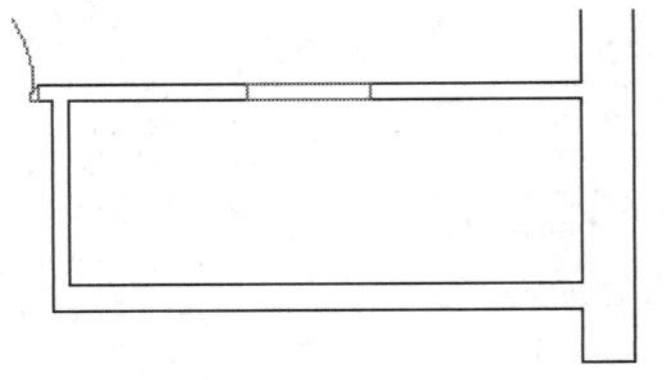

图 14-22　绘制结果

Step 15 重复执行“矩形”命令，绘制长度为 700、宽度为 40 的矩形，作为推拉门轮廓线，并对其进行位移。结果如图 14-23 所示。

图 14-23　绘制结果

Step 16 夹点显示如图 14-24 所示的墙线，然后执行“修改”菜单中的“分解”命令，将其分解。

Step 17 使用快捷键 E 执行“删除”命令，删除前端的墙线。结果如图 14-25 所示。

Step 18 单击“默认”选项卡→“绘图”面板→“直线”按钮，绘制如图 14-26 所示的折断线。

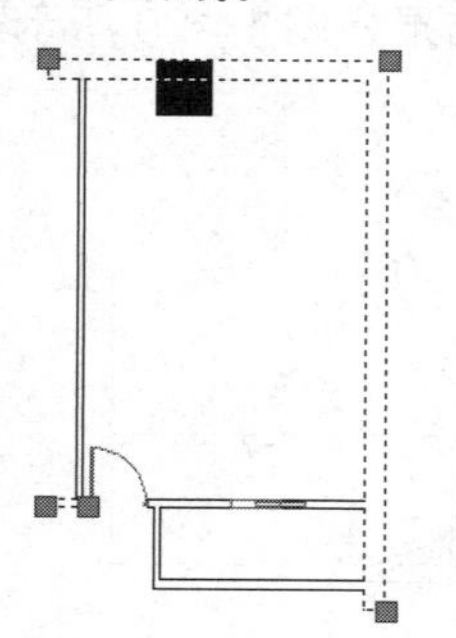

图 14-24　夹点显示

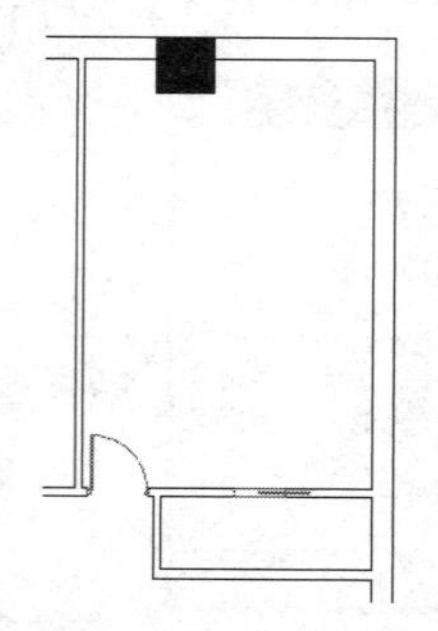

图 14-25　删除结果

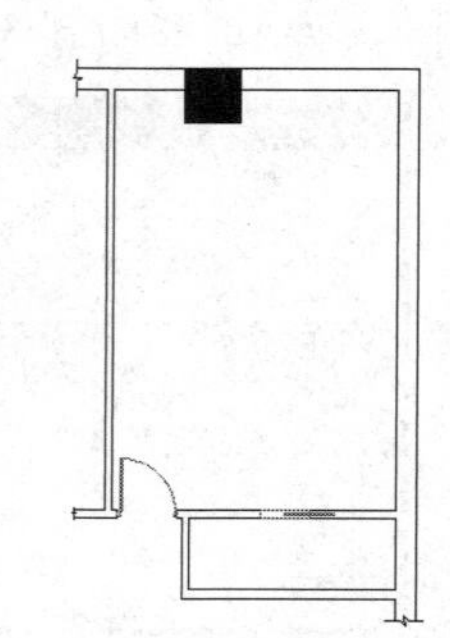

图 14-26　绘制结果

Step 19 单击“默认”选项卡→“绘图”面板→“图案填充”按钮，设置填充图案及参数如图 14-27 所示，为墙体填充如图 14-28 所示的图案。

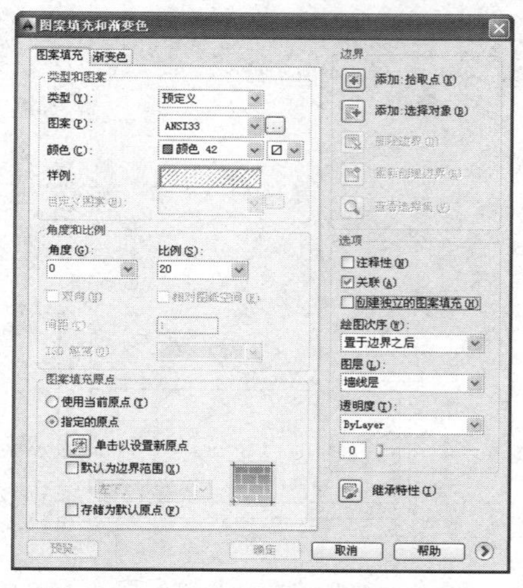

图 14-27　设置填充图案及参数

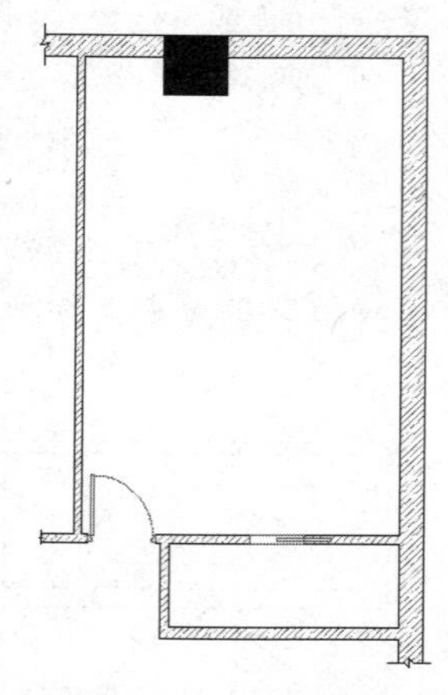

图 14-28　填充结果

Step 20 执行“保存”命令，将图形命名存储为“上机实训一.dwg”。

14.3 上机实训二——绘制包厢装修布置图

Note

本例在综合巩固所学知识的前提下，主要学习KTV包厢装修布置图的具体绘制过程和绘图技巧。KTV包厢装修布置图的最终绘制效果如图14-29所示。

操作步骤：

Step 01 执行“打开”命令，打开随书光盘中的“\效果文件\第14章\上机实训一.dwg ”。

Step 02 展开“图层”工具栏或面板上的“图层控制”下拉列表，将“图块层”设置为当前图层。

Step 03 单击“默认”选项卡→“块”面板→“插入”按钮，以默认参数插入随书光盘中的“\图块文件\block06.dwg”。插入结果如图14-30所示。

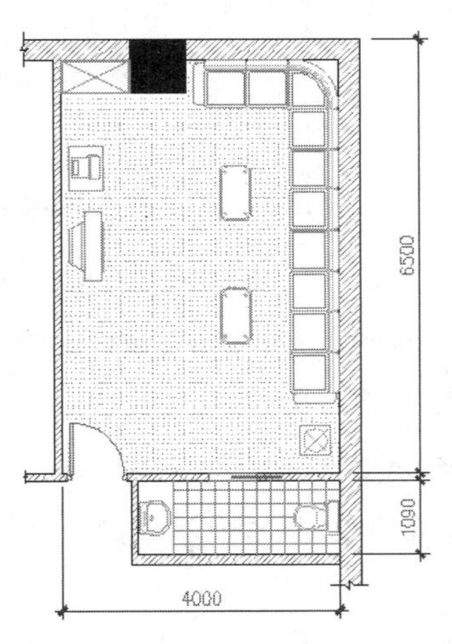

图14-29　实例效果

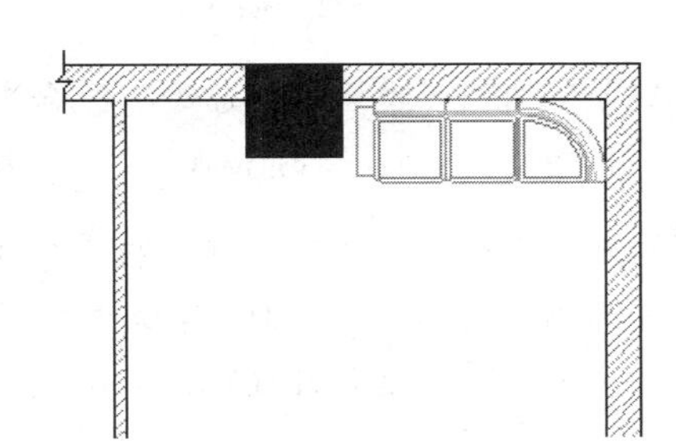

图14-30　插入结果

Step 04 重复执行“插入块”命令，配合中点捕捉和对象追踪功能，插入随书光盘中的“\图块文件\ block04.dwg”文件。插入结果如图14-31所示。

Step 05 单击“默认”选项卡→“修改”面板→“矩形阵列”按钮，对刚插入的沙发图块进行阵列。命令行操作如下：

```
命令: _arrayrect
选择对象:          //选择最后插入的沙发图块
选择对象:          // Enter
类型 = 矩形  关联 = 否
选择夹点以编辑阵列或 [关联(AS)/基点(B)/计数(COU)/间距(S)/列数(COL)/行数(R)/层数(L)/退出(X)] <退出>:        //COU Enter
输入列数数或 [表达式(E)] <4>:       //1 Enter
输入行数数或 [表达式(E)] <3>:       //6 Enter
```

Note

```
    选择夹点以编辑阵列或 [关联(AS)/基点(B)/计数(COU)/间距(S)/列数(COL)/行数(R)/层
数(L)/退出(X)] <退出>:                          //s Enter
    指定列之间的距离或 [单位单元(U)] <17375>:   //1 Enter
    指定行之间的距离 <11811>:                   //-610 Enter
    选择夹点以编辑阵列或 [关联(AS)/基点(B)/计数(COU)/间距(S)/列数(COL)/行数(R)/层
数(L)/退出(X)] <退出>:                          //AS Enter
    创建关联阵列 [是(Y)/否(N)] <否>:            //Enter
    选择夹点以编辑阵列或 [关联(AS)/基点(B)/计数(COU)/间距(S)/列数(COL)/行数(R)/层
数(L)/退出(X)] <退出>:                          //Enter，阵列结果如图 14-32 所示
```

图 14-31　插入结果

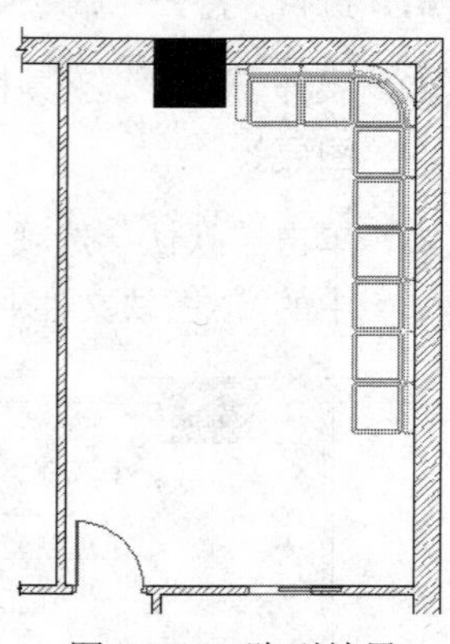

图 14-32　阵列结果

Step 06 重复执行“插入块”命令，配合中点捕捉和对象追踪功能，插入随书光盘中的“\图块文件\ block05.dwg”文件。插入结果如图 14-33 所示。

Step 07 重复执行“插入块”命令，插入随书光盘“图块文件”目录下的“block1.dwg、block02.dwg、block03.dwg、block07.dwg、面盆 1.dwg、block09.dwg 和马桶 3.dwg”文件。插入结果如图 14-34 所示。

Step 08 单击“默认”选项卡→“修改”面板→“复制”按钮，选择茶几图块沿 Y 轴负方向复制 1840 个单位。结果如图 14-35 所示。

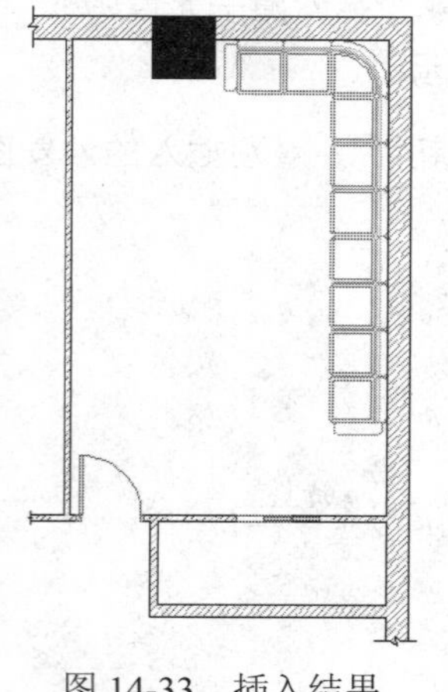

图 14-33　插入结果

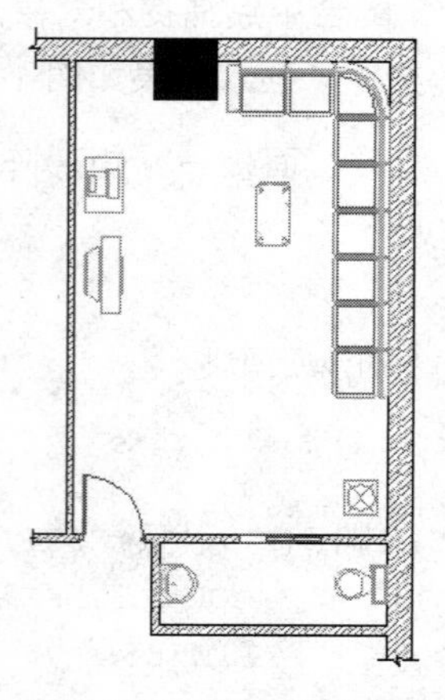

图 14-34　插入其他图块

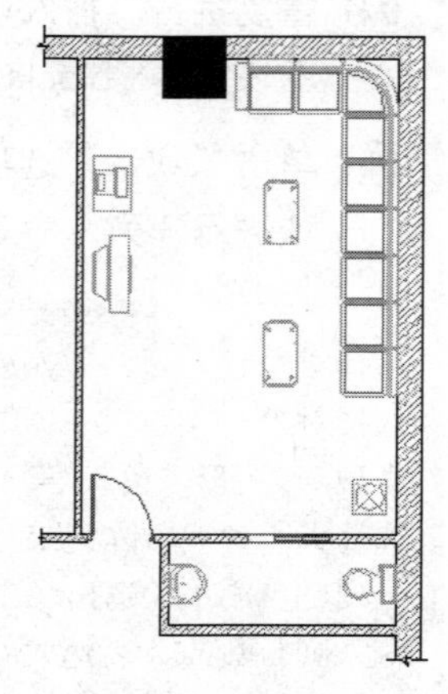

图 14-35　复制结果

Note

Step 09 单击“默认”选项卡→“绘图”面板→“直线”按钮，配合延伸捕捉和交点捕捉功能绘制洗手池台面轮廓线。结果如图 14-36 所示。

Step 10 单击“默认”选项卡→“绘图”面板→“矩形”按钮，绘制长度为 100、宽度为 500 的矩形作为衣柜外轮廓线，并将绘制的矩形向内偏移 20 个单位。结果如图 14-37 所示。

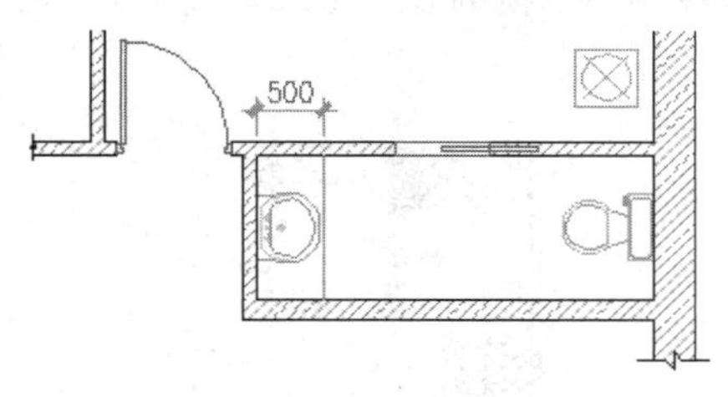

图 14-36　绘制结果

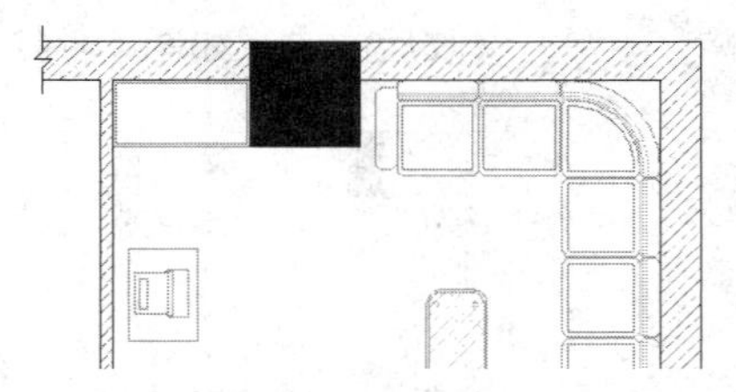

图 14-37　绘制结果

Step 11 单击“默认”选项卡→“绘图”面板→“直线”按钮，配合端点捕捉功能绘制内侧矩形的对角线。结果如图 14-38 所示。

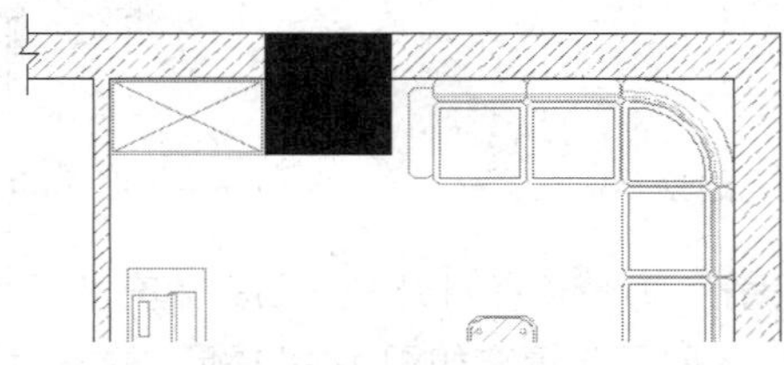

图 14-38　绘制结果

Step 12 展开“图层”工具栏或面板上的“图层控制”下拉列表，将“填充层”设置为当前图层。

Step 13 单击“默认”选项卡→“绘图”面板→“图案填充”按钮，打开“图案填充和渐变色”对话框，然后设置填充图案及参数如图 14-39 所示。

Step 14 单击“图案填充和渐变色”对话框中的“添加：拾取点”按钮，返回绘图区拾取填充边界，如图 14-40 所示。

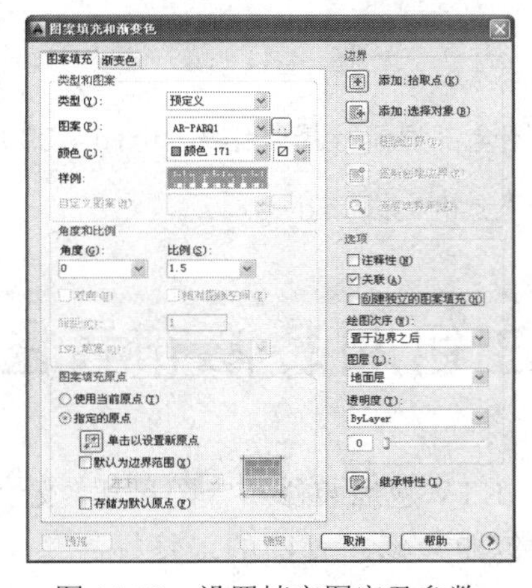

图 14-39　设置填充图案及参数

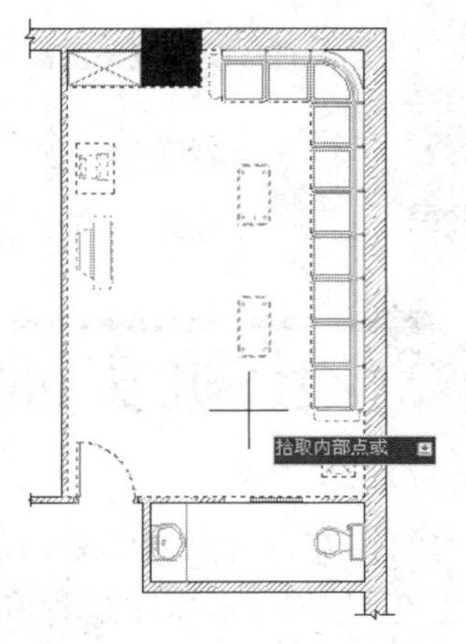

图 14-40　拾取填充边界

Note

Step 15 返回"图案填充和渐变色"对话框后单击 确定 按钮，填充后的结果如图 14-41 所示。

Step 16 使用快捷键 LT 执行"线型"命令，加载名为 DOT 的线型，并设置线型比例为 10。

Step 17 夹点显示刚填充的地板图案，展开"线型控制"下拉列表，修改其线型为 DOT 线型。修改后的效果如图 14-42 所示。

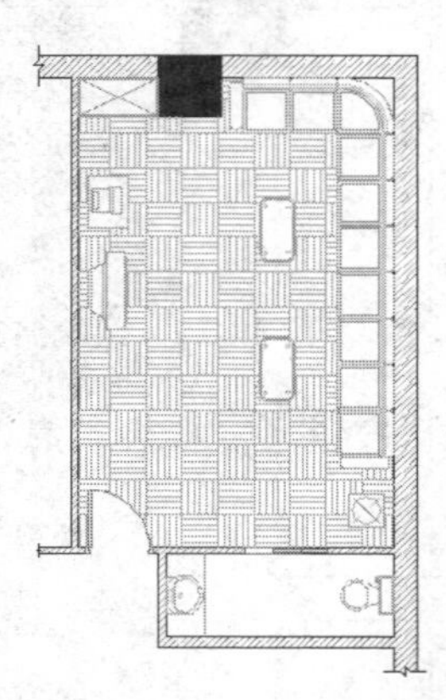

图 14-41　填充结果

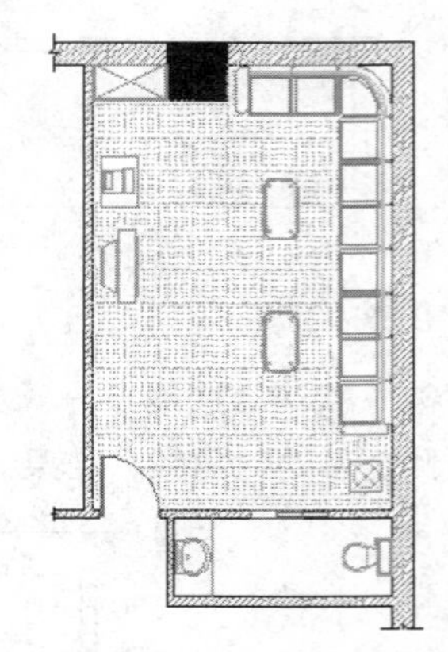

图 14-42　修改效果

Step 18 重复执行"图案填充"命令，在打开的"图案填充和渐变色"对话框中设置填充图案及参数如图 14-43 所示，填充如图 14-44 所示的图案。

图 14-43　设置填充图案与参数

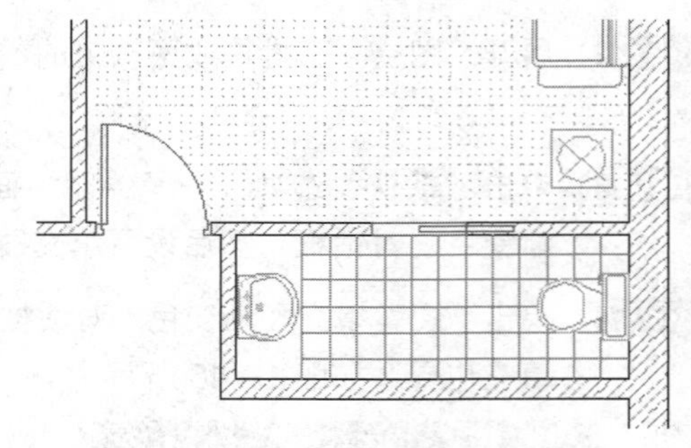

图 14-44　填充结果

Step 19 执行"范围缩放"命令调整视图，使平面图全部显示。最终结果如图 14-29 所示。

Step 20 执行"另存为"命令，将图形另名存储为"上机实训二.dwg"。

14.4 上机实训三——标注包厢装修布置图

本例在综合巩固所学知识的前提下，主要学习 KTV 包厢装修布置图尺寸、文字和墙面投影符号的具体标注过程和标注技巧。KTV 包厢装修布置图的最终标注效果如图 14-45 所示。

Note

操作步骤：

Step 01 执行“打开”命令，打开随书光盘中的“\效果文件\第 14 章\上机实训二.dwg ”。

Step 02 展开“图层”工具栏或面板上的“图层控制”下拉列表，选择“尺寸层”，将其设置为当前图层。

Step 03 单击“标注”菜单栏中的“标注样式”命令，打开“标注样式管理器”对话框，修改“建筑标注”样式的标注比例如图 14-46 所示，同时将此样式设置为当前尺寸样式。

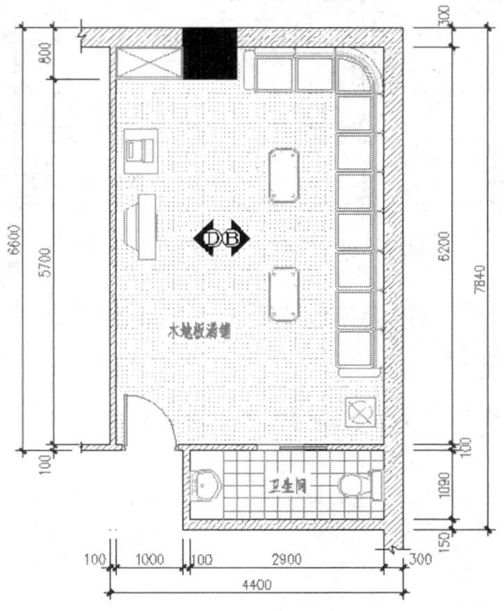

图 14-45　实例效果

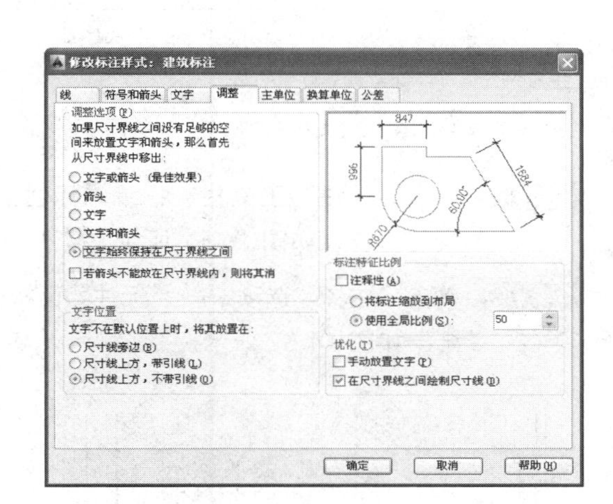

图 14-46　修改标注比例

Step 04 单击“注释”选项卡→“标注”面板→“线性”按钮，在“指定第一个尺寸界线原点或 <选择对象>：”提示下，配合捕捉与追踪功能，捕捉如图 14-47 所示的追踪虚线的交点作为第一条延界线的起点。

Step 05 在命令行“指定第二条尺寸界线原点:”提示下，捕捉如图 14-48 所示的追踪虚线的交点。

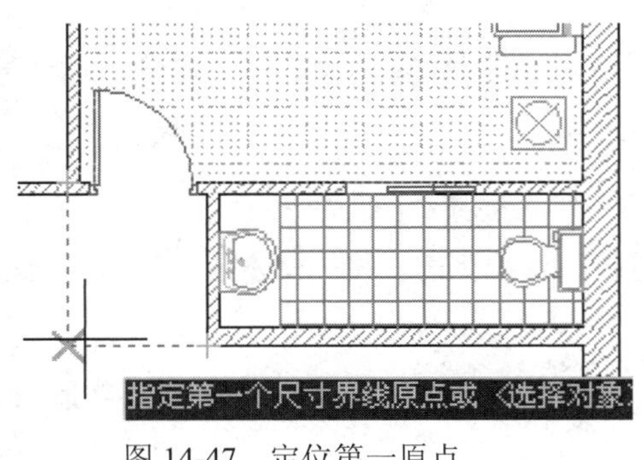

图 14-47　定位第一原点

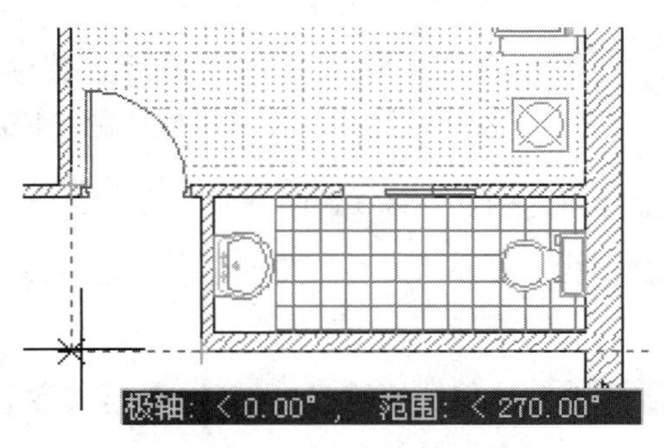

图 14-48　定位第二原点

Step 06 在“指定尺寸线位置或 [多行文字(M)/文字(T)/角度(A)/水平(H)/垂直(V)/旋转

(R)]：”提示下，在适当位置指定尺寸线位置。标注结果如图 14-49 所示。

Step 07 单击“注释”选项卡→“标注”面板→“连续”按钮，标注结果如图 14-50 所示的连续尺寸作为细部尺寸。

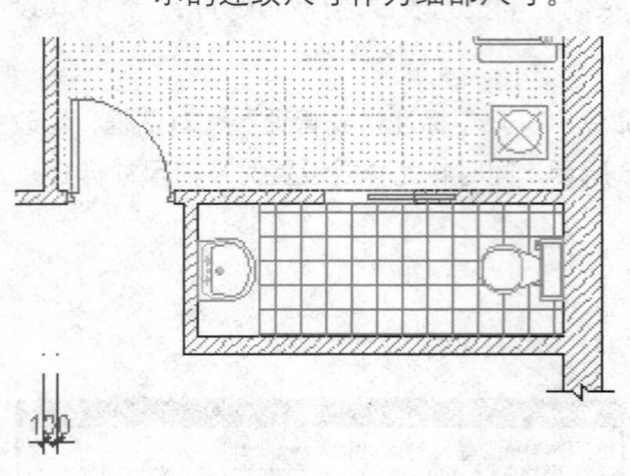

图 14-49　标注结果

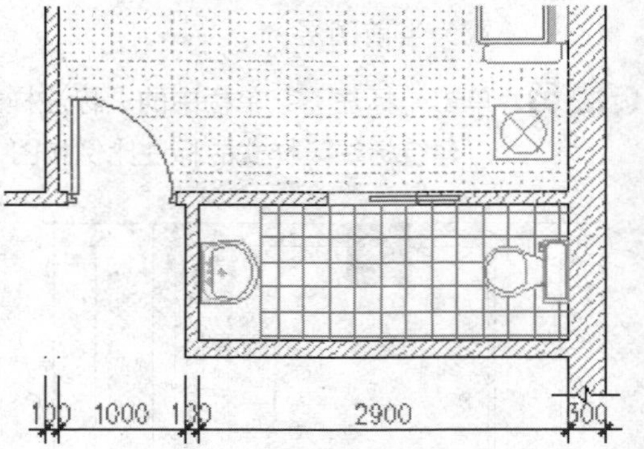

图 14-50　标注连续尺寸

Step 08 单击“标注”工具栏→“编辑标注文字”按钮，对尺寸文字的位置进行适当的调整。结果如图 14-51 所示。

Step 09 单击“注释”选项卡→“标注”面板→“线性”按钮，标注上侧的总尺寸。标注结果如图 14-52 所示。

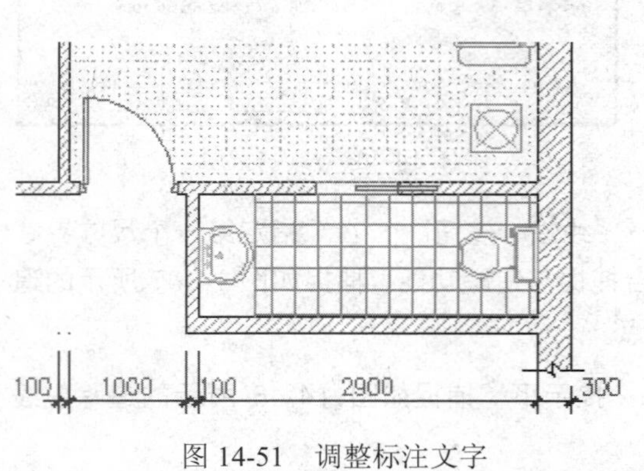

图 14-51　调整标注文字

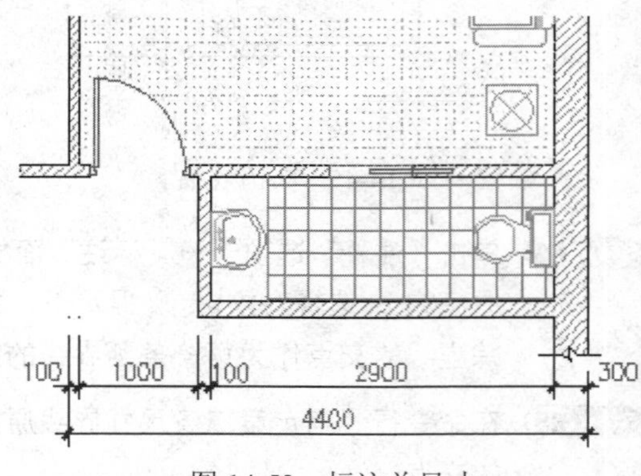

图 14-52　标注总尺寸

Step 10 参照上述操作，重复使用“线性”、“连续”和“编辑标注文字”命令，标注其他侧的尺寸。标注结果如图 14-53 所示。

Step 11 展开“文字样式控制”下拉列表，将“仿宋体”设置为当前样式。

Step 12 展开“图层”工具栏或面板上的“图层控制”下拉列表，将“文本层”设置为当前图层。

Step 13 使用快捷键 DT 执行“单行文字”命令，设置字高为 200，标注如图 14-54 所示的文字注释。

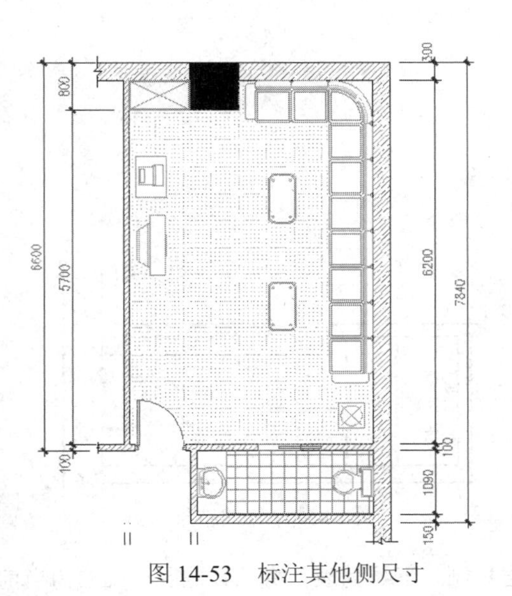

图 14-53 标注其他侧尺寸

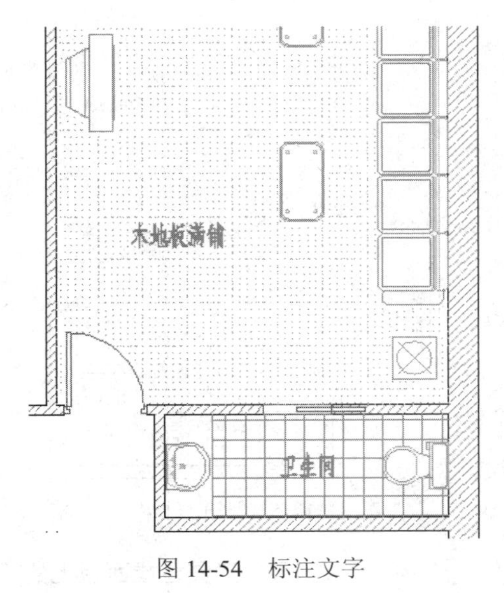

图 14-54 标注文字

Step 14 在地板填充图案上单击右键，选择右键菜单中的"图案填充编辑"命令，如图 14-55 所示。

Step 15 在打开的"图案填充编辑"对话框中单击"添加：选择对象"按钮，返回绘图区，在"选择对象或 [拾取内部点(K)/删除边界(B)]:"提示下，选择"木地板满铺"对象，如图 14-56 所示。

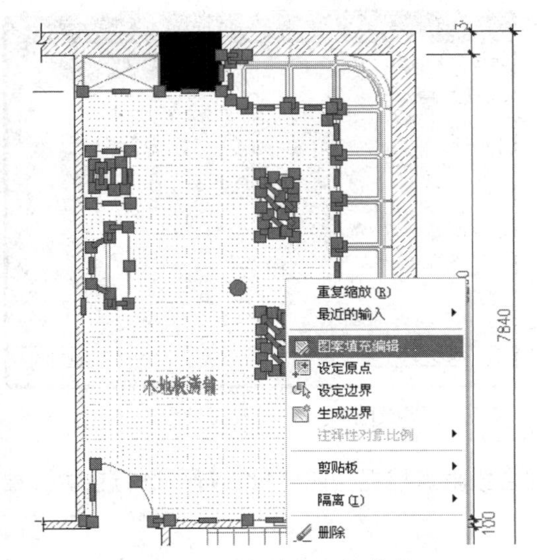

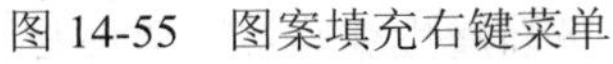

图 14-55 图案填充右键菜单

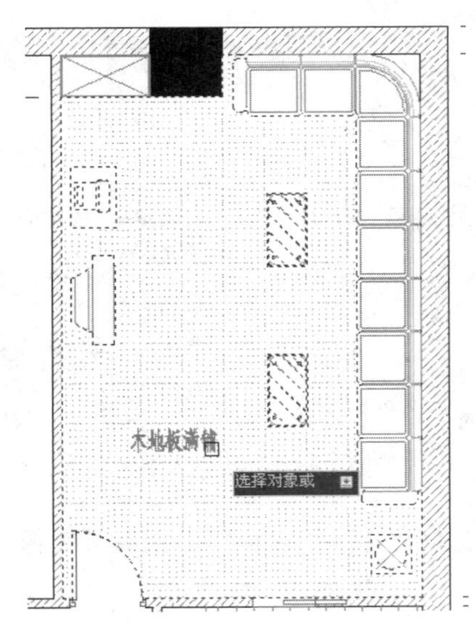

图 14-56 选择文字对象

Step 16 按 Enter 键，结果文字后面的填充图案被删除，如图 14-57 所示。

Step 17 参照 14~16 操作步骤，修改卫生间内的填充图案。修改结果如图 14-58 所示。

Note

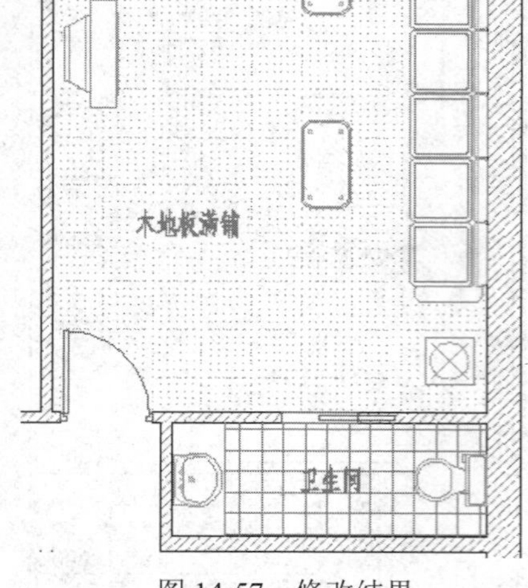

图 14-57　修改结果

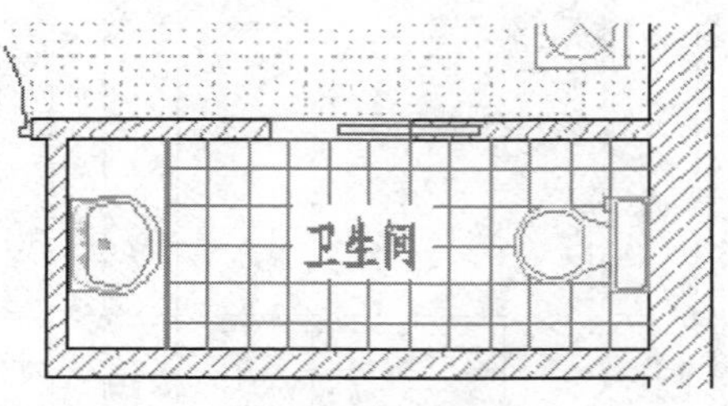

图 14-58　修改结果

Step 18 展开“图层”工具栏或面板上的“图层控制”下拉列表，将“其他层”设置为当前图层。

Step 19 使用快捷键 I 执行“插入块”命令，插入随书光盘中的“\图块文件\投影符号.dwg”，设置块的缩放比例和旋转角度如图 14-59 所示。

Step 20 返回绘图区指定插入点，在打开的“编辑属性”对话框中输入属性值，如图 14-60 所示。插入结果如图 14-61 所示。

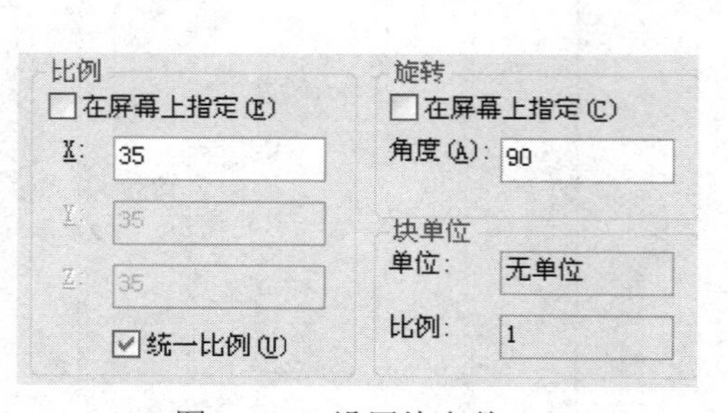

图 14-59　设置块参数

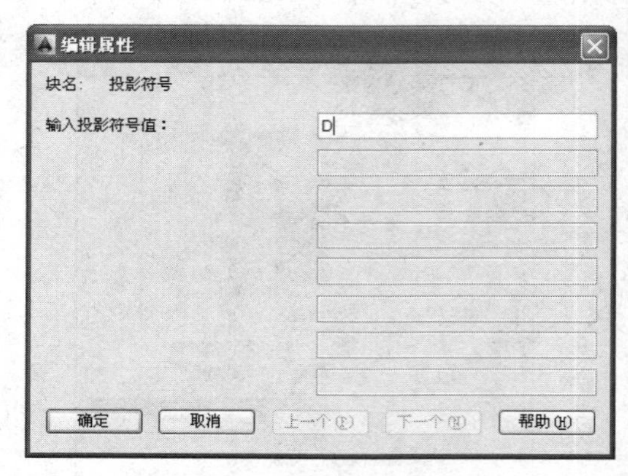

图 14-60　输入属性

Step 21 使用快捷键 MI 执行“镜像”命令，配合象限点捕捉功能将投影符号进行镜像。结果如图 14-62 所示。

Step 22 在镜像出的投影符号属性块上双击左键，打开“增强属性编辑器”对话框，然后修改属性值如图 14-63 所示。

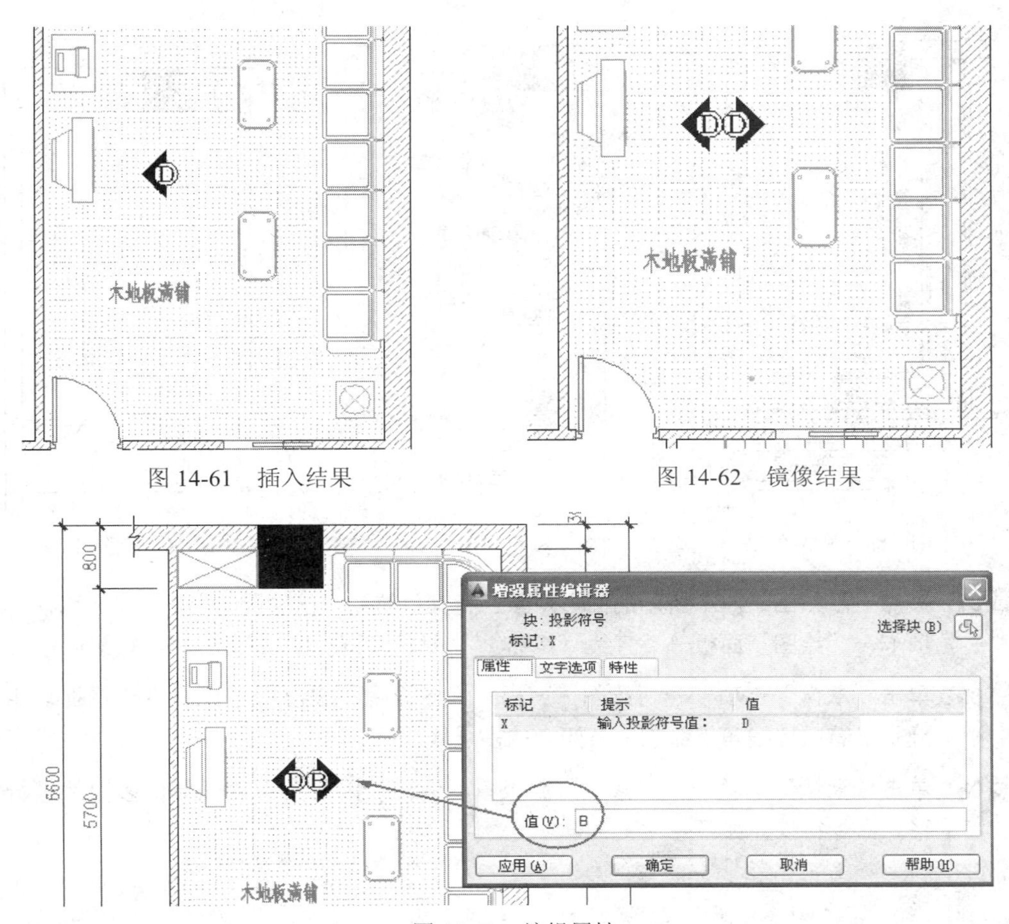

图 14-61　插入结果

图 14-62　镜像结果

图 14-63　编辑属性

Note

Step 23 执行“范围缩放”命令调整视图，使平面图全部显示。最终结果如图 14-45 所示。

Step 24 执行“另存为”命令，将图形另名存储为“上机实训三.dwg”。

14.5 上机实训四——绘制包厢吊顶装修图

本例在综合巩固所学知识的前提下，主要学习 KTV 包厢吊顶装修图的具体绘制过程和绘图技巧。KTV 包厢吊顶图的最终绘制效果如图 14-64 所示。

操作步骤：

Step 01 打开随书光盘中的“\效果文件\第 14 章\上机实训三.dwg”。

Step 02 使用快捷键 LA 执行“图层”命令，设置“吊顶层”为当前图层，然后冻结“尺寸层”，此时平面图的显示效果如图 14-65 所示。

Step 03 使用快捷键 E 执行“删除”命令，删除不需要的图形对象。结果如图 14-66 所示。

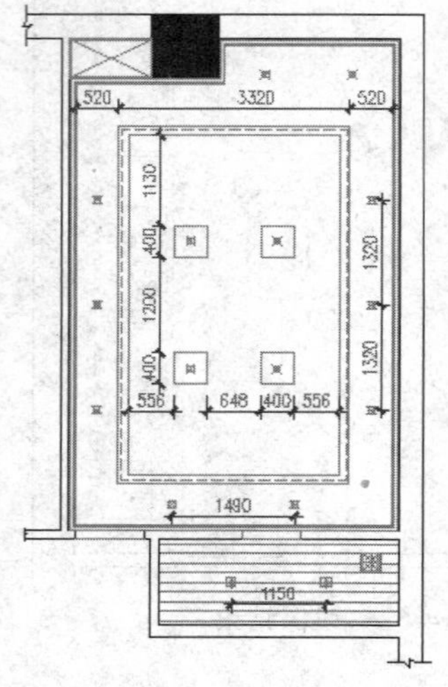

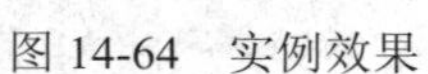
图 14-64 实例效果

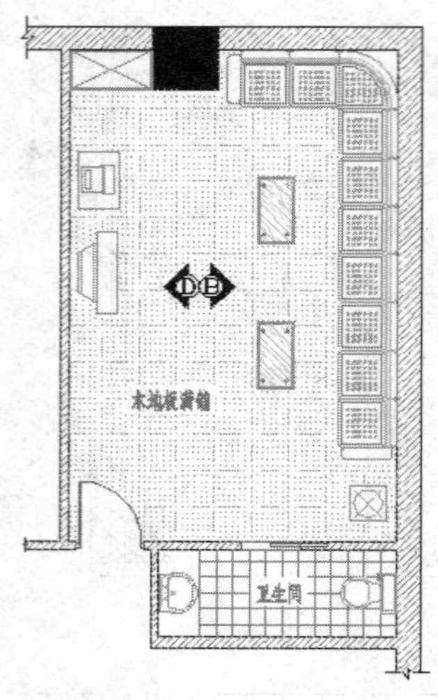

图 14-65 图形的显示

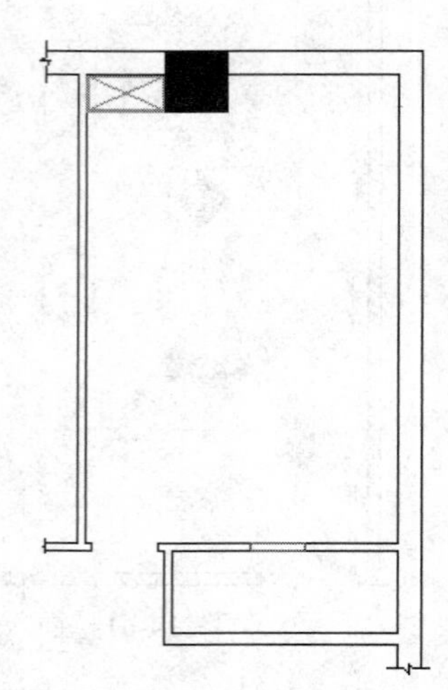

图 14-66 删除结果

Step 04 夹点显示如图 14-67 所示的图形对象，将其放置到“吊顶层”上，单击“默认”选项卡→“绘图”面板→“直线”按钮，封闭门洞。结果如图 14-68 所示。

Step 05 单击“默认”选项卡→“绘图”面板→“多段线”按钮，配合端点捕捉功能，分别沿着内墙线角点绘制一条闭合的多段线。

Step 06 单击“默认”选项卡→“修改”面板→“偏移”按钮，对绘制的多段线进行偏移。命令行操作如下：

```
    命令: _offset
当前设置: 删除源=否   图层=源   OFFSETGAPTYPE=0
指定偏移距离或 [通过(T)/删除(E)/图层(L)] <20.0>:      //e Enter
要在偏移后删除源对象吗? [是(Y)/否(N)] <否>:          //y Enter
指定偏移距离或 [通过(T)/删除(E)/图层(L)] <20.0>:      //18 Enter
选择要偏移的对象, 或 [退出(E)/放弃(U)] <退出>: //选择刚绘制的多段线
指定要偏移的那一侧上的点, 或 [退出(E)/多个(M)/放弃(U)] <退出>:
                          //在多段线内侧拾取点
选择要偏移的对象, 或 [退出(E)/放弃(U)] <退出>:        //Enter
命令:
OFFSET
当前设置: 删除源=是   图层=源   OFFSETGAPTYPE=0
指定偏移距离或 [通过(T)/删除(E)/图层(L)] <18.0>:      //e Enter
要在偏移后删除源对象吗? [是(Y)/否(N)] <是>:          //n Enter
指定偏移距离或 [通过(T)/删除(E)/图层(L)] <18.0>:      //44 Enter
选择要偏移的对象, 或 [退出(E)/放弃(U)] <退出>://选择偏移出的多段线
指定要偏移的那一侧上的点, 或 [退出(E)/多个(M)/放弃(U)] <退出>:
                          //在多段线内侧拾取点
选择要偏移的对象, 或 [退出(E)/放弃(U)] <退出>:        //Enter
```

Step 07 重复执行“偏移”命令，将最后一次偏移出的多段线向内侧偏移 18 个单位。结果如图 14-69 所示。

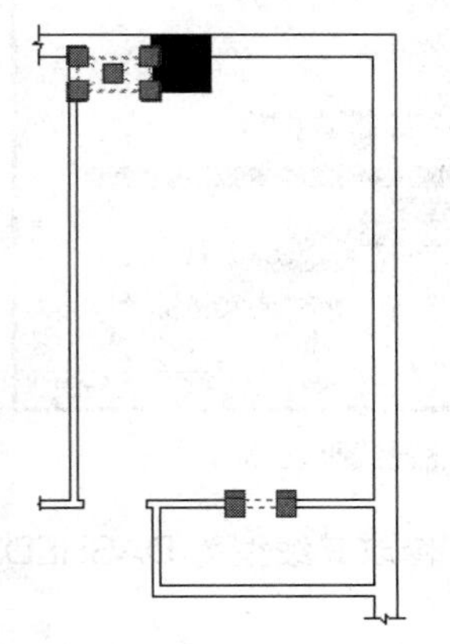

图 14-67　夹点显示

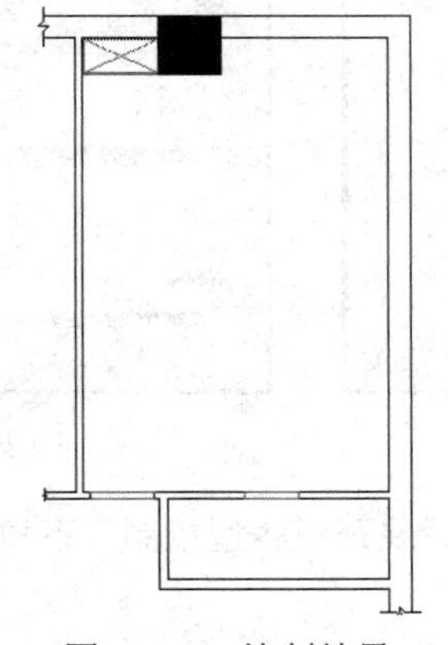

图 14-68　绘制结果

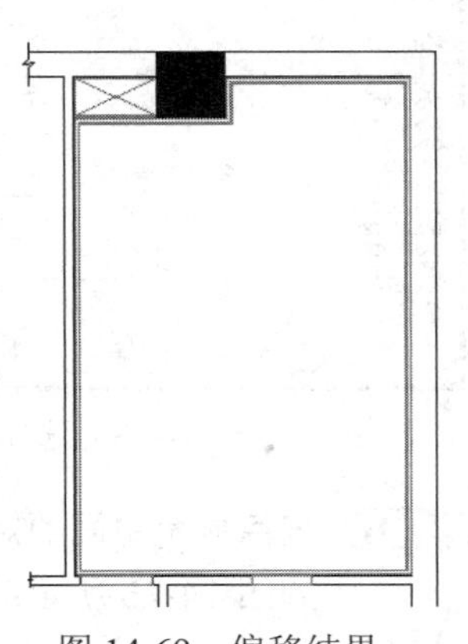

图 14-69　偏移结果

Step 08 单击“默认”选项卡→“绘图”面板→“矩形”按钮，配合“捕捉自”功能绘制长度为 2800、宽度为 4500 的矩形吊顶。命令行操作如下：

```
    命令: _rectang
指定第一个角点或 [倒角(C)/标高(E)/圆角(F)/厚度(T)/宽度(W)]:
                    //激活“捕捉自”功能
_from 基点:          //捕捉如图 14-70 所示的端点
<偏移>:              //@520,520 Enter
指定另一个角点或 [面积(A)/尺寸(D)/旋转(R)]:
//@2800,4500 Enter，绘制结果如图 14-71 所示
```

Step 09 单击“默认”选项卡→“修改”面板→“偏移”按钮，将绘制矩形向内偏移 40 和 120 个单位。结果如图 14-72 所示。

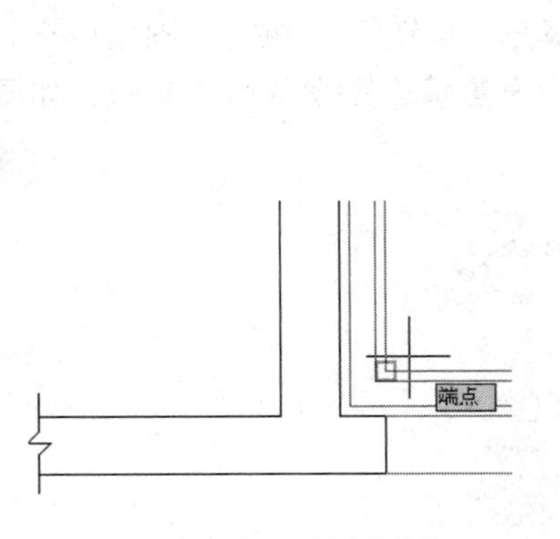

图 14-70　捕捉端点

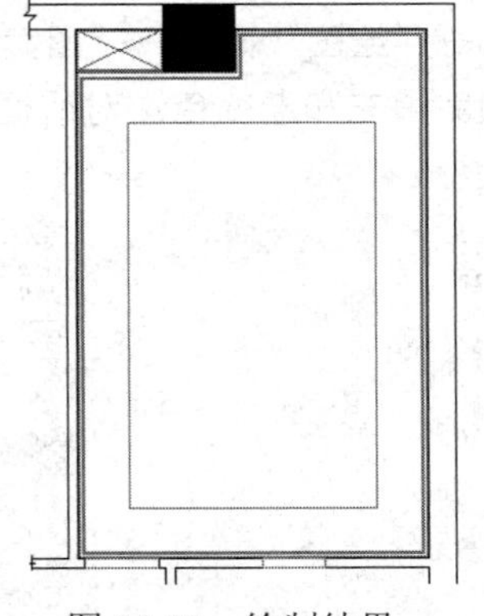

图 14-71　绘制结果

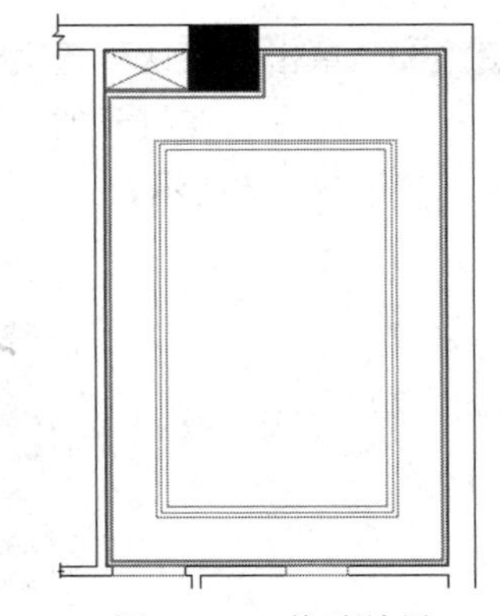

图 14-72　偏移结果

Step 10 执行“线型”命令，选择如图 14-73 所示的线型进行加载，然后设置线型比例参数，如图 14-74 所示。

图 14-73　选择线型

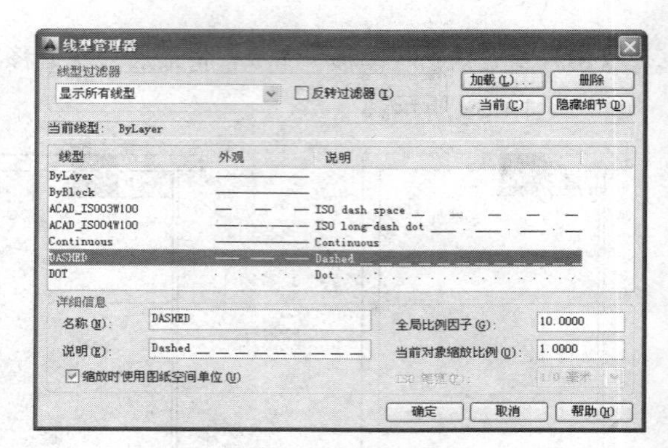

图 14-74　设置线型比例

Step 11 夹点显示中间的矩形，然后展开“线型控制”下拉列表，修改其线型为 DASHED，如图 14-75 所示。

Step 12 按下键盘上的 Esc 键，取消图形的夹点显示，观看显示效果，如图 14-76 所示。

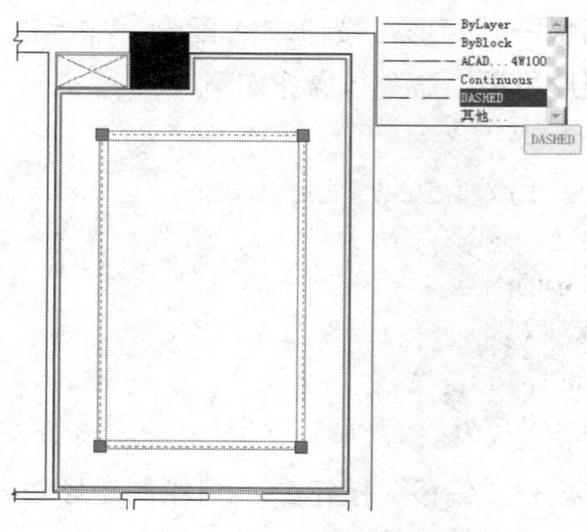

图 14-75　修改线型

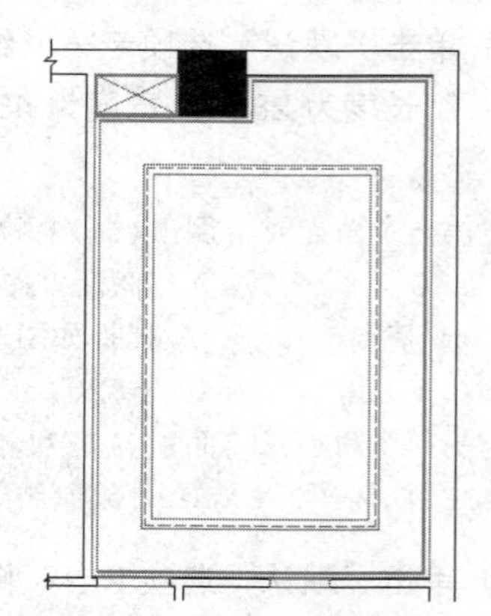

图 14-76　修改线型后的显示效果

Step 13 单击“默认”选项卡→“绘图”面板→“图案填充”按钮，执行“图案填充”命令，在打开的“图案填充和渐变色”对话框中设置填充图案及填充参数，如图 14-77 所示。

图 14-77　设置填充图案及参数

Step 14 返回绘图区，根据命令行的提示拾取如图 14-78 所示的填充区域，为卫生间填充如图 14-79 所示的吊顶图案。

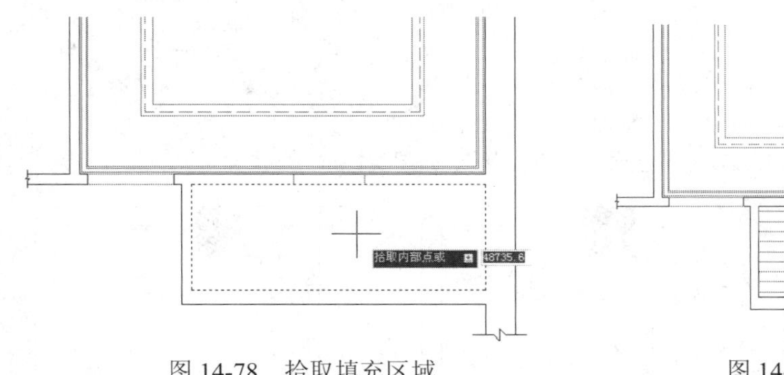

图 14-78　拾取填充区域

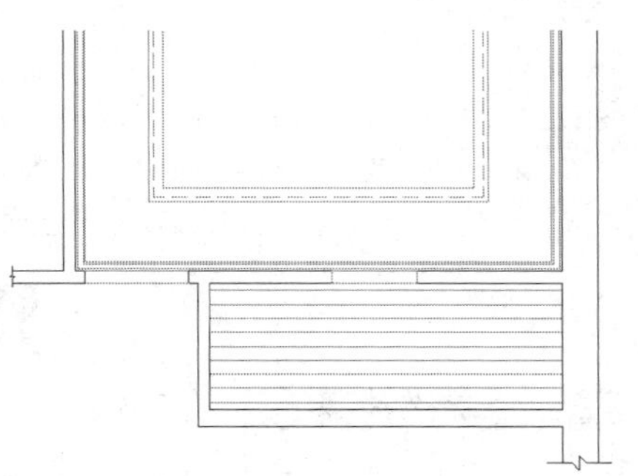

图 14-79　填充结果

Note

Step 15 展开“颜色控制”下拉列表，修改当前颜色为“洋红”。

Step 16 单击“默认”选项卡→“修改”面板→“偏移”按钮，选择如图 14-80 所示的矩形，将其向外偏移 260 个单位。结果如图 14-81 所示。

Step 17 单击“默认”选项卡→“绘图”面板→“直线”按钮，配合中点捕捉功能，绘制如图 14-82 所示的两条定位辅助线。

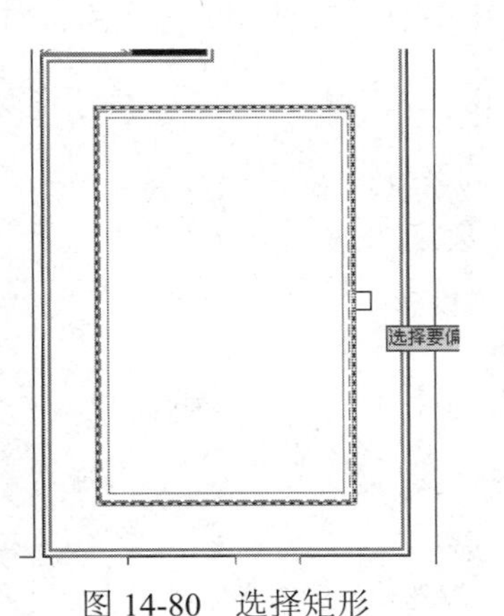

图 14-80　选择矩形

图 14-81　偏移结果

图 14-82　绘制辅助线

Step 18 选择菜单栏中的“格式”→“点样式”命令，在打开的“点样式”对话框中设置当前点的样式和点的大小，如图 14-83 所示。

Step 19 单击“默认”选项卡→“绘图”面板→“多点”按钮，配合中点捕捉功能，绘制如图 14-84 所示的四个点，作为射灯。

Step 20 单击“默认”选项卡→“修改”面板→“复制”按钮，选择中间的两个点，对其进行对称复制。命令行操作如下：

```
    命令： _copy
选择对象：                //选择中间的两个点
```

Note

```
选择对象:                //Enter，结束选择
当前设置:  复制模式 = 多个
指定基点或 [位移(D)/模式(O)] <位移>:                //捕捉任一点
指定第二个点或 [阵列(A)] <使用第一个点作为位移>:  //@0,1320 Enter
指定第二个点或 [阵列(A)/退出(E)/放弃(U)] <退出>: //@0,-1320 Enter
指定第二个点或 [阵列(A)/退出(E)/放弃(U)] <退出>:
                    //Enter，结束命令，复制结果如图 14-85 所示
```

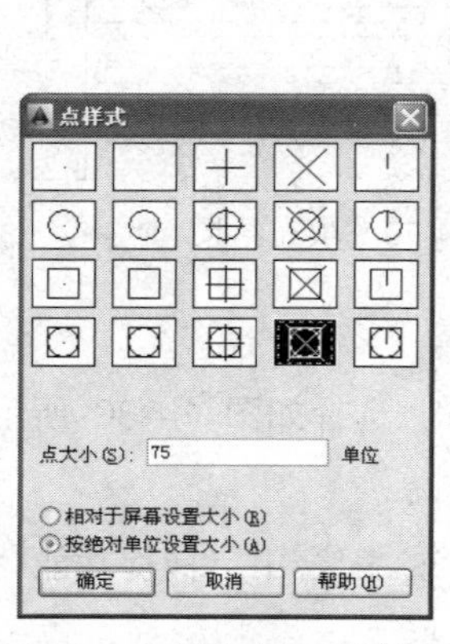

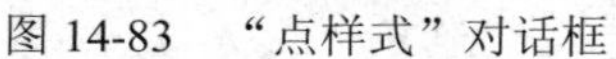
图 14-83 “点样式”对话框

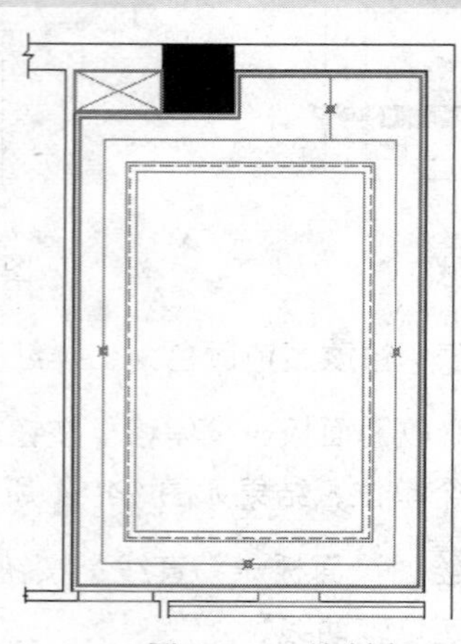
图 14-84 绘制点

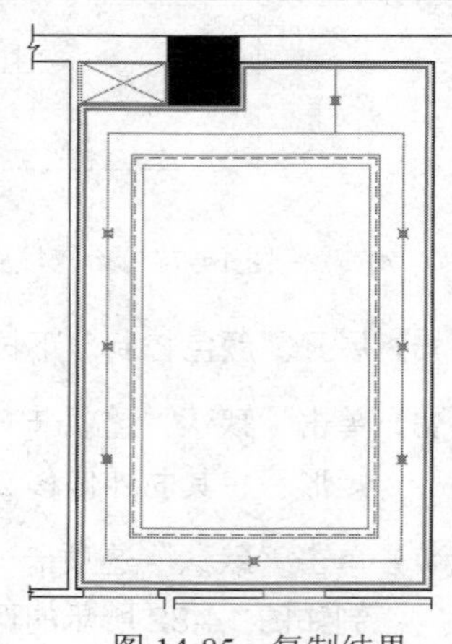
图 14-85 复制结果

Step 21 单击“默认”选项卡→“修改”面板→“复制”按钮，选择两侧的两个点，对其进行对称复制。命令行操作如下：

```
  命令: _copy
选择对象:                                          //选择上侧的点标记
选择对象:                                          //Enter
当前设置:  复制模式 = 多个
指定基点或 [位移(D)/模式(O)] <位移>:               //拾取任一点
指定第二个点或 [阵列(A)] <使用第一个点作为位移>:   //@525,0 Enter
指定第二个点或 [阵列(A)/退出(E)/放弃(U)] <退出>:   //@-525,0 Enter
指定第二个点或 [阵列(A)/ 退出(E)/放弃(U)] <退出>:  //Enter
命令:
COPY 选择对象:                                     //选择下侧的点标记
选择对象:                                          //Enter
当前设置:  复制模式 = 多个
指定基点或 [位移(D)/模式(O)] <位移>:               //拾取任一点
指定第二个点或 [阵列(A)] <使用第一个点作为位移>:   //@745,0 Enter
指定第二个点或 [阵列(A)/退出(E)/放弃(U)] <退出>:   //@-745,0 Enter
指定第二个点或 [阵列(A)/ 退出(E)/放弃(U)] <退出>:  //Enter，结果如图 14-86 所示
```

Step 22 使用快捷键 E 执行“删除”命令，删除不需要的点以及定位辅助线。结果如图 14-87 所示。

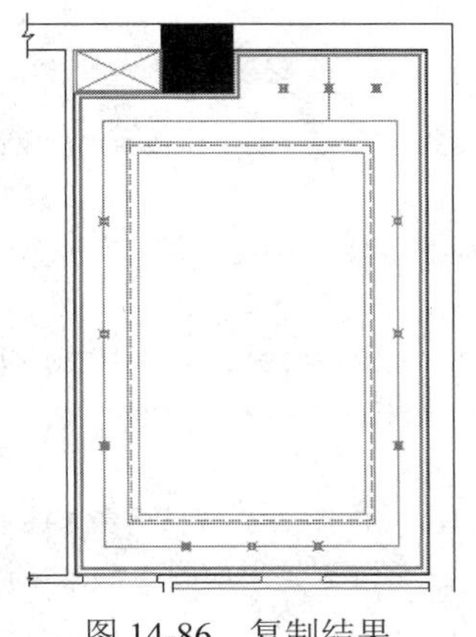

图 14-86　复制结果

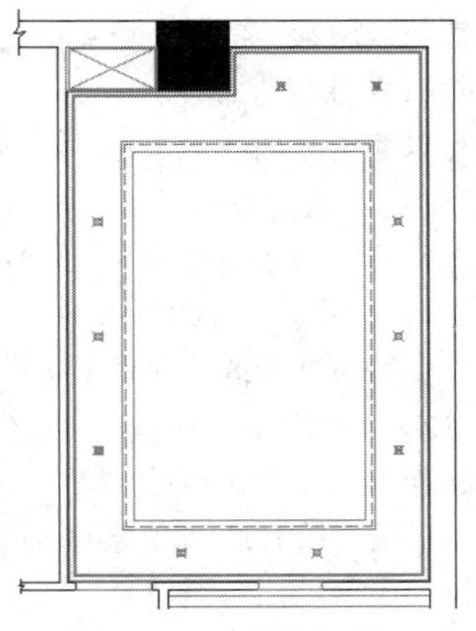

图 14-87　删除结果

Note

Step 23 单击“默认”选项卡→“绘图”面板→“矩形”按钮▭，配合“捕捉自”功能绘制长度为 400、宽度为 400 的矩形灯池。命令行操作如下：

```
命令: _rectang
指定第一个角点或 [倒角(C)/标高(E)/圆角(F)/厚度(T)/宽度(W)]:
                    //激活“捕捉自”功能
_from 基点:         //捕捉如图 14-88 所示的端点
<偏移>:             //@556,1130 Enter
指定另一个角点或 [面积(A)/尺寸(D)/旋转(R)]:
//@400,400 Enter，绘制结果如图 14-89 所示
```

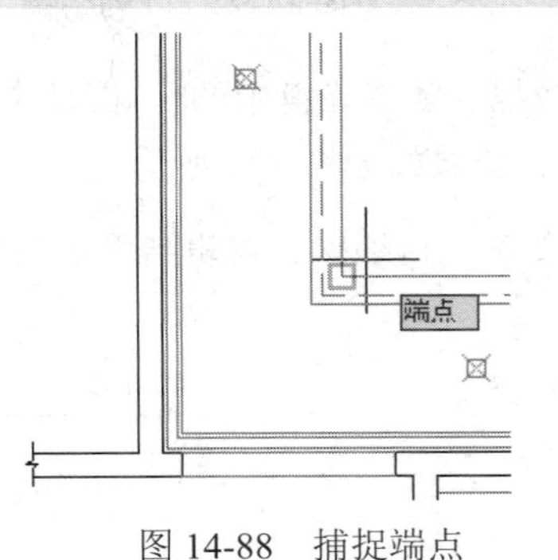

图 14-88　捕捉端点

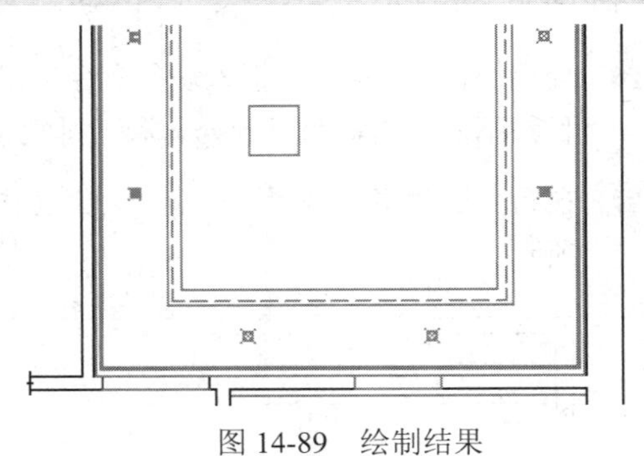

图 14-89　绘制结果

Step 24 单击“默认”选项卡→“修改”面板→“复制”按钮，配合中点捕捉、节点捕捉以及追踪功能，将任一位置的点复制到矩形正中心处。结果如图 14-90 所示。

Step 25 选择菜单栏中的“修改”→“阵列”→“矩形阵列”命令，框选如图 14-91 所示的矩形和点标记进行阵列。命令行操作如下：

```
命令: _arrayrect
选择对象:           //选择如图 14-91 所示的对象
选择对象:           //Enter
类型 = 矩形  关联 = 否
选择夹点以编辑阵列或 [关联(AS)/基点(B)/计数(COU)/间距(S)/列数(COL)/行数(R)/层
数(L)/退出(X)] <退出>:  //COU Enter
```

Note

```
输入列数数或 [表达式(E)] <4>:      //2 Enter
输入行数数或 [表达式(E)] <3>:      //2 Enter
选择夹点以编辑阵列或 [关联(AS)/基点(B)/计数(COU)/间距(S)/列数(COL)/行数(R)/层数(L)/退出(X)] <退出>:         //s Enter
指定列之间的距离或 [单位单元(U)] <17375>:  //1 048Enter
指定行之间的距离 <11811>:        //1600 Enter
选择夹点以编辑阵列或 [关联(AS)/基点(B)/计数(COU)/间距(S)/列数(COL)/行数(R)/层数(L)/退出(X)] <退出>:         //AS Enter
创建关联阵列 [是(Y)/否(N)] <否>://Enter
选择夹点以编辑阵列或 [关联(AS)/基点(B)/计数(COU)/间距(S)/列数(COL)/行数(R)/层数(L)/退出(X)] <退出>:         //Enter，阵列结果如图 14-92 所示
```

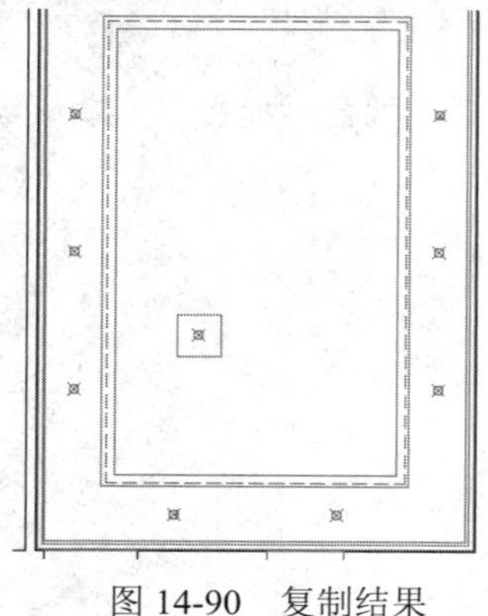

图 14-90 复制结果

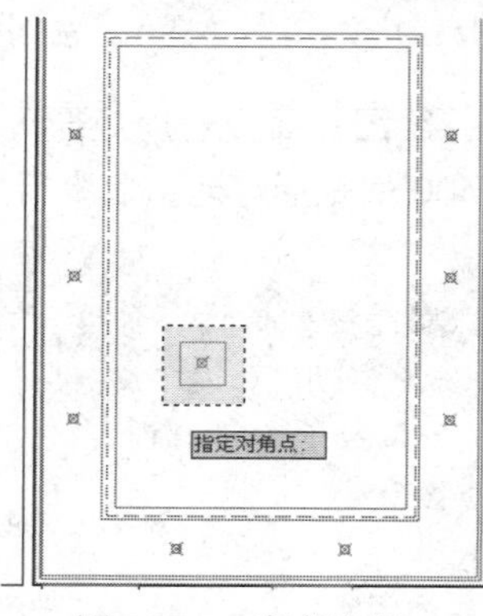

图 14-91 窗交选择

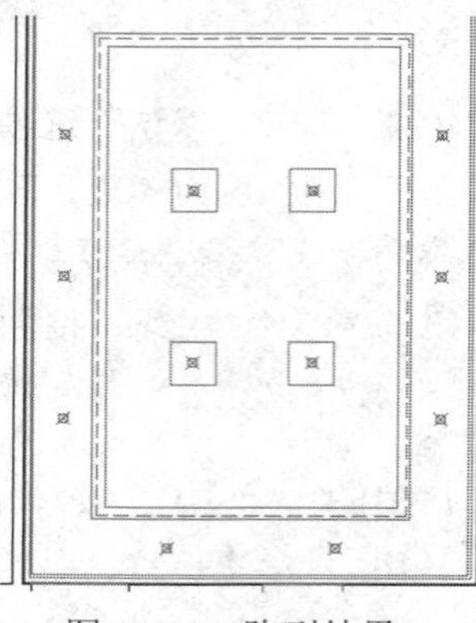

图 14-92 阵列结果

Step 26 使用快捷键 I 执行“插入块”命令，以默认参数插入随书光盘中的“\图块文件\”目录下的“防雾筒灯.dwg”和“排气扇.dwg”。结果如图 14-93 所示。

Step 27 执行“图案填充编辑”命令，对卫生内的吊顶图案进行编辑。编辑结果如图 14-94 所示。

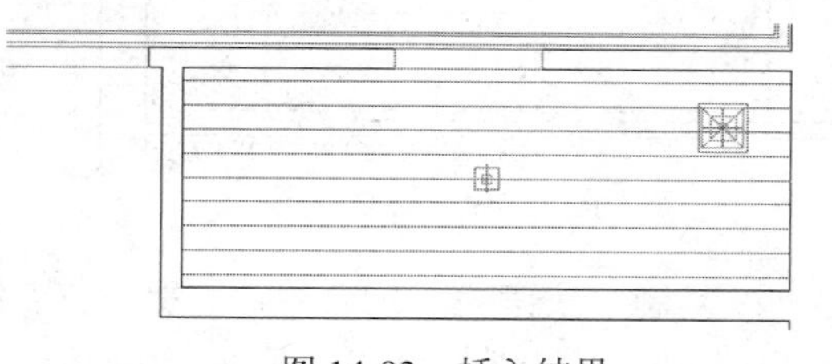

图 14-93 插入结果

图 14-94 编辑结果

Step 28 单击“默认”选项卡→“修改”面板→“复制”按钮，对刚插入的筒灯进行对称复制。命令行操作如下：

```
命令: _copy
选择对象:        //选择刚插入的筒灯
选择对象:        //Enter
当前设置:  复制模式 = 多个
指定基点或 [位移(D)/模式(O)] <位移>:              //拾取任一点
```

```
指定第二个点或 [阵列(A)] <使用第一个点作为位移>:  //@575,0 Enter
指定第二个点或 [阵列(A)/退出(E)/放弃(U)] <退出>: //@-575,0 Enter
指定第二个点或 [阵列(A)/ 退出(E)/放弃(U)] <退出>://Enter
                            //Enter，复制结果如图 14-95 所示
```

Step 29 使用快捷键 E 执行"删除"命令，删除定位辅助线和中间的点标记。结果如图 14-96 所示。

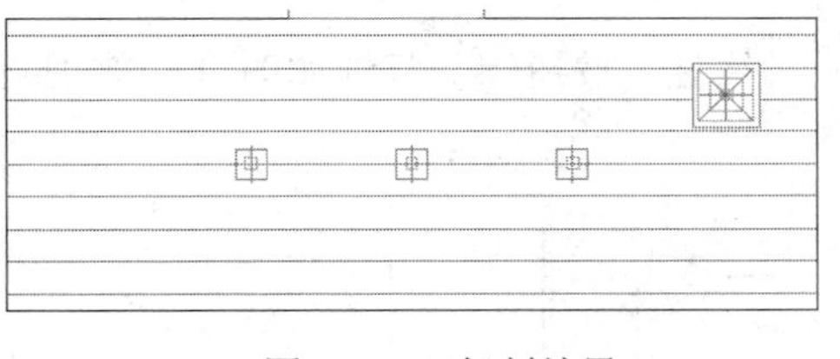

图 14-95　复制结果

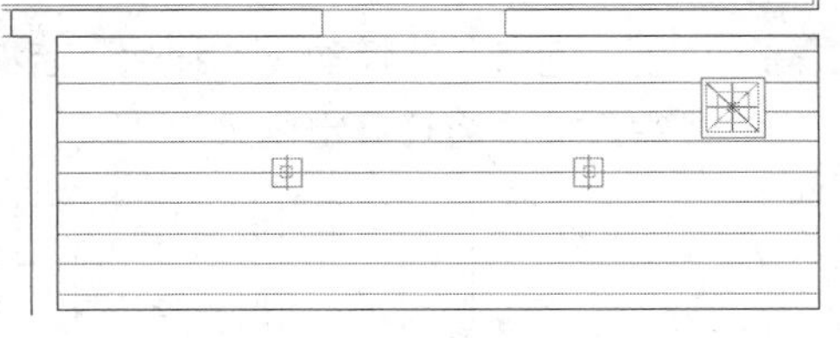

图 14-96　删除结果

Step 30 执行"另存为"命令，将图形另名存储为"上机实训四.dwg"。

14.6 上机实训五——标注包厢吊顶装修图

本例在综合巩固所学知识的前提下，主要学习 KTV 包厢吊顶图尺寸和文字的具体标注过程和标注技巧。KTV 包厢吊顶图的最终标注效果如图 14-97 所示。

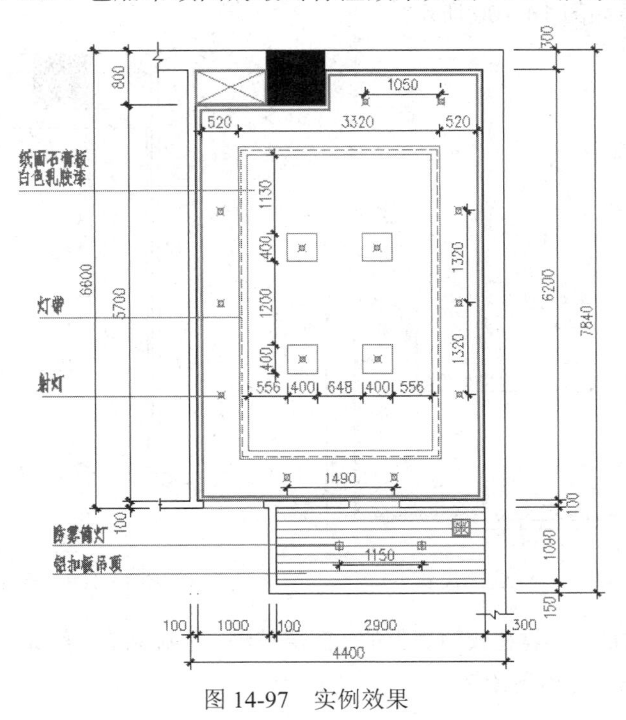

图 14-97　实例效果

Note

操作步骤：

Step 01 打开随书光盘中的"\效果文件\第 14 章\上机实训四.dwg"。

Step 02 展开"图层控制"下拉列表，解冻"尺寸层"，并将其设置为当前图层。

Step 03 展开"颜色控制"下拉列表，将当前颜色设置为随层。

Step 04 打开"对象捕捉"功能，并启用节点捕捉和插入点捕捉功能。

Step 05 单击"注释"选项卡→"标注"面板→"线性"按钮，标注如图 14-98 所示的线性尺寸作为灯具定位尺寸。

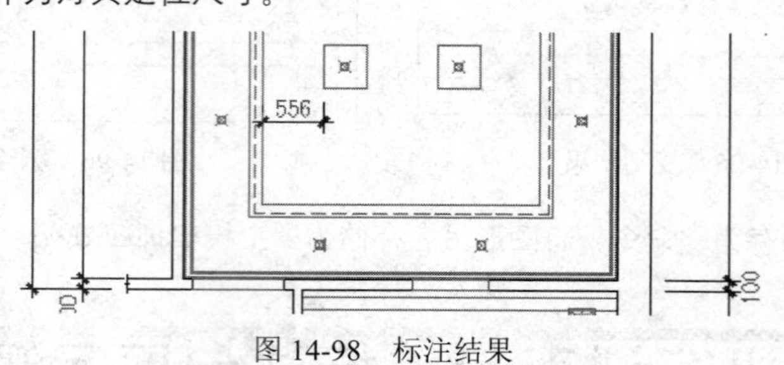

图 14-98　标注结果

Step 06 单击"注释"选项卡→"标注"面板→"连续"按钮，配合交点捕捉或端点捕捉功能标注如图 14-99 所示的连续尺寸。

Step 07 综合使用"线性"和"连续"命令，配合节点捕捉等功能，标注其他位置的定位尺寸。结果如图 14-100 所示。

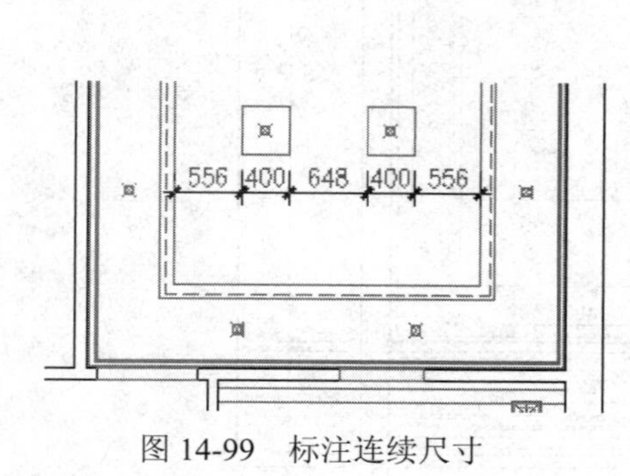

图 14-99　标注连续尺寸

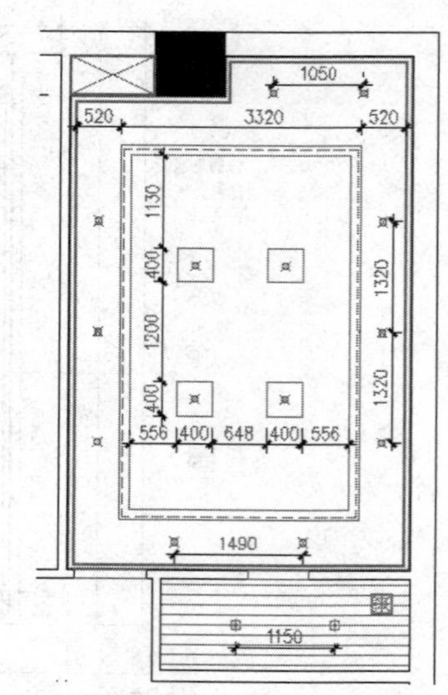

图 14-100　标注其他定位尺寸

Step 08 展开"图层"工具栏或面板上的"图层控制"下拉列表，解冻"文本层"，并将"文本层"设置为当前图层。

Step 09 展开"文字样式控制"下拉列表，将"仿宋体"设置为当前文字样式。

Step 10 暂时关闭状态栏上的“对象捕捉”功能，然后单击“默认”选项卡→“绘图”面板→“直线”按钮，绘制如图 14-101 所示的文字指示线。

Step 11 使用快捷键 DT 执行“单行文字”命令，设置字体高度为 200，为天花图标注如图 14-102 所示的文字注释。

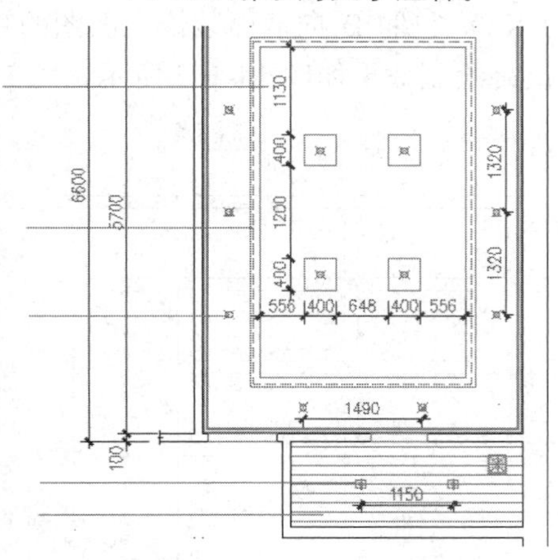

图 14-101　绘制文字指示线

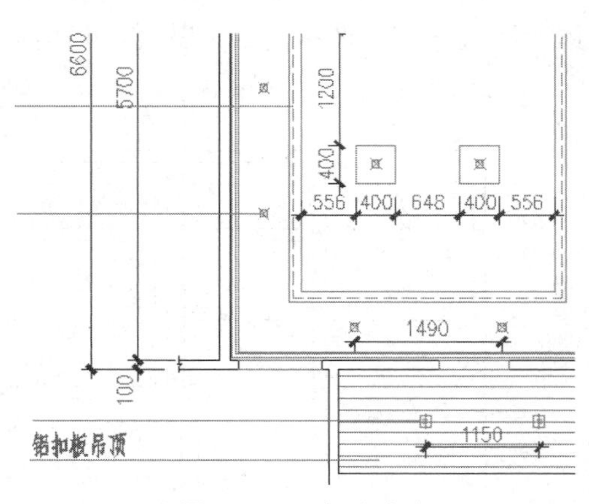

图 14-102　标注文字

Step 12 单击“默认”选项卡→“修改”面板→“复制”按钮，将标注的文字注释分别复制到其他指示线位置上。结果如图 14-103 所示。

Step 13 使用快捷键 ED 执行“编辑文字”命令，对复制出的文字注释进行编辑修改。结果如图 14-104 所示。

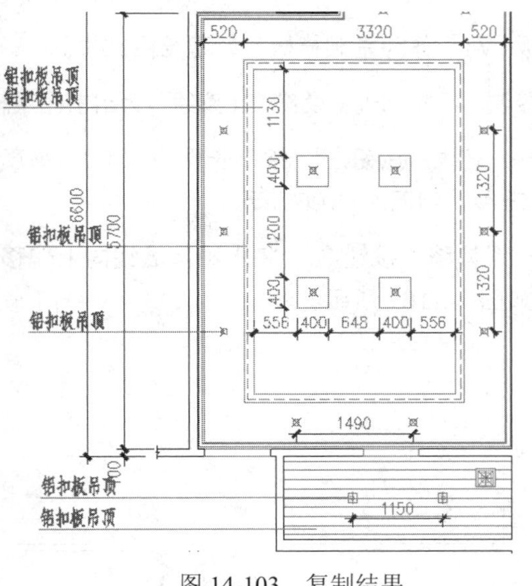

图 14-103　复制结果

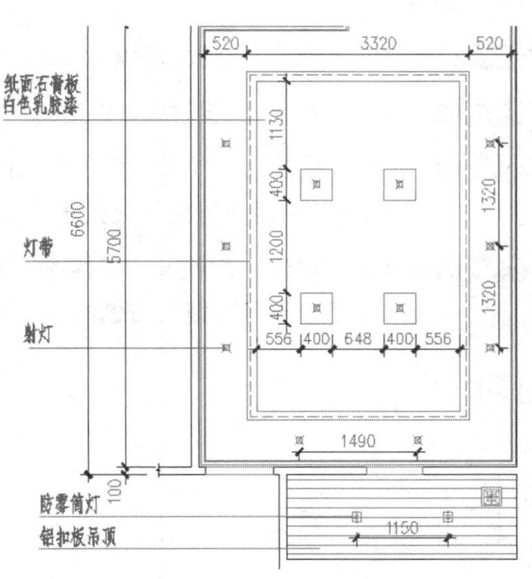

图 14-104　编辑结果

Step 14 执行“范围缩放”命令调整视图，使平面图全部显示。最终结果如图 14-97 所示。

Step 15 执行“另存为”命令，将图形另名存储为“上机实训五.dwg”。

Note

14.7 上机实训六——绘制包厢 B 向立面图

本例在综合巩固所学知识的前提下，主要学习 KTV 包厢 B 向墙面装修立面图的具体绘制过程和绘图技巧。KTV 包厢 B 向立面图的最终绘制效果如图 14-105 所示。

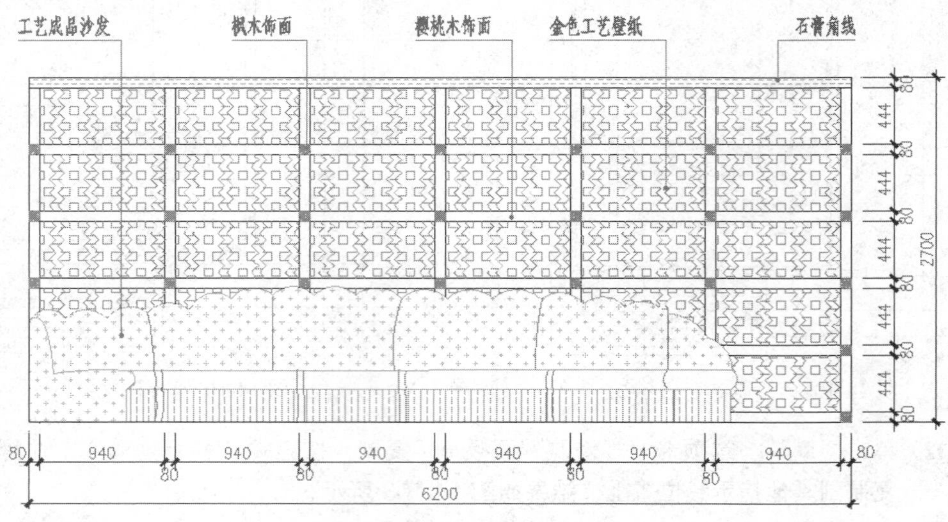

图 14-105　实例效果

操作步骤：

Step 01 以随书光盘“\绘图样板\室内设计样板.dwt”作为基础样板，新建绘图文件。

Step 02 展开“图层”工具栏或面板上的“图层控制”下拉列表，设置“轮廓线”为当前图层。

Step 03 单击“默认”选项卡→“绘图”面板→“直线”按钮，绘制长度为 6200、高度为 2700 的两条垂直相交的直线作为基准线，如图 14-106 所示。

Step 04 单击“默认”选项卡→“修改”面板→“偏移”按钮，将水平基准线向上偏移 80，将垂直基准线向右偏移 80。结果如图 14-107 所示。

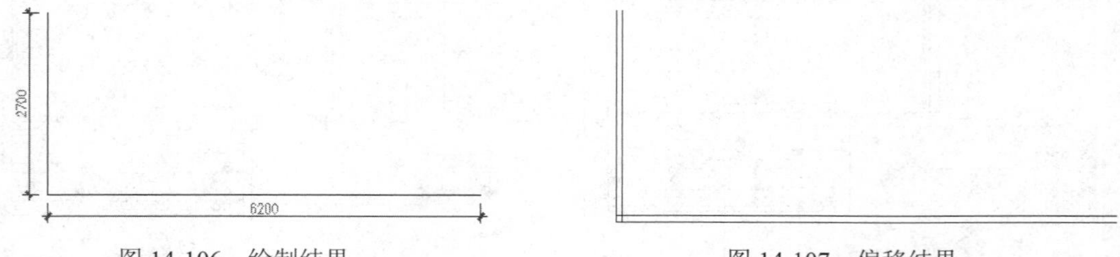

图 14-106　绘制结果　　图 14-107　偏移结果

Step 05 单击“默认”选项卡→“修改”面板→“矩形阵列”按钮，对两条水平轮廓线进行阵列。命令行操作如下：

```
命令: _arrayrect
```

```
    选择对象:                             //选择两条水平轮廓线
    选择对象:                             //Enter
    类型 = 矩形  关联 = 否
    选择夹点以编辑阵列或 [关联(AS)/基点(B)/计数(COU)/间距(S)/列数(COL)/行数(R)/层
数(L)/退出(X)] <退出>:                     //COU Enter
    输入列数数或 [表达式(E)] <4>:          //1 Enter
    输入行数数或 [表达式(E)] <3>:          //6 Enter
    选择夹点以编辑阵列或 [关联(AS)/基点(B)/计数(COU)/间距(S)/列数(COL)/行数(R)/层
数(L)/退出(X)] <退出>:                    //s Enter
    指定列之间的距离或 [单位单元(U)] <1071>:       //1 Enter
    指定行之间的距离 <900>:                //524 Enter
    选择夹点以编辑阵列或 [关联(AS)/基点(B)/计数(COU)/间距(S)/列数(COL)/行数(R)/层
数(L)/退出(X)] <退出>:                    //Enter，结束命令，阵列结果如图 14-108 所示
```

Note

Step 06 重复执行“矩形阵列”命令，对两条垂直轮廓线进行阵列。命令行操作过程如下：

```
        命令: _arrayrect
    选择对象:                          //选择两条水平轮廓线
    选择对象:                          //Enter
    类型 = 矩形  关联 = 否
    选择夹点以编辑阵列或 [关联(AS)/基点(B)/计数(COU)/间距(S)/列数(COL)/行数(R)/层
数(L)/退出(X)] <退出>:                  //COU Enter
    输入列数数或 [表达式(E)] <4>:        //7 Enter
    输入行数数或 [表达式(E)] <3>:        //1Enter
    选择夹点以编辑阵列或 [关联(AS)/基点(B)/计数(COU)/间距(S)/列数(COL)/行数(R)/层
数(L)/退出(X)] <退出>:                  //s Enter
    指定列之间的距离或 [单位单元(U)] <1071>:       //1020 Enter
    指定行之间的距离 <900>:             //1 Enter
    选择夹点以编辑阵列或 [关联(AS)/基点(B)/计数(COU)/间距(S)/列数(COL)/行数(R)/层
数(L)/退出(X)] <退出>:                 //Enter，结束命令，阵列结果如图 14-109 所示
```

图 14-108　阵列水平轮廓线

图 14-109　阵列垂直轮廓线

Step 07 展开“图层”工具栏或面板上的“图层控制”下拉列表，设置“图块层”为当前图层。

Step 08 使用快捷键 I 执行“插入块”命令，配合延伸捕捉功能，以默认设置插入随书光盘中的“\图块文件\大型沙发组.dwg”。插入结果如图 14-110 所示。

Step 09 单击“默认”选项卡→“修改”面板→“修剪”按钮，以立面图块外边缘作为边界，对内部的墙面分格线进行修剪。结果如图 14-111 所示。

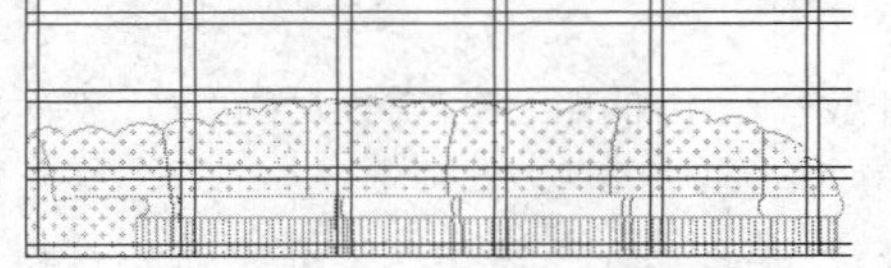

图 14-110　插入结果

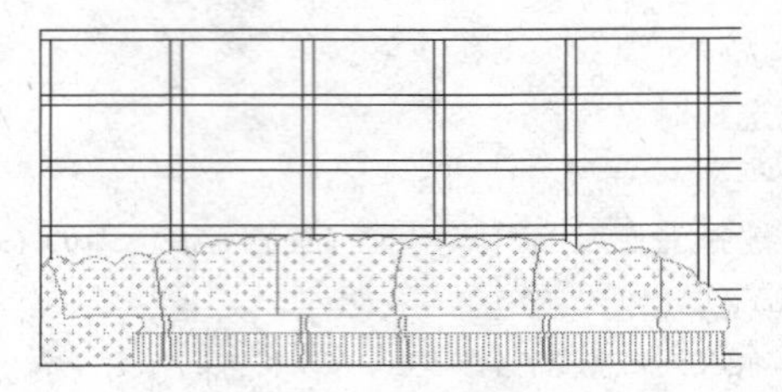

图 14-111　修剪结果

Step 10 展开“图层”工具栏或面板上的“图层控制”下拉列表，将“填充层”的图层设置为当前图层。

Step 11 单击“默认”选项卡→“绘图”面板→“图案填充”按钮，设置填充图案及填充参数如图 14-112 所示，为立面图填充如图 14-113 所示的图案。

图 14-112　设置填充图案及参数

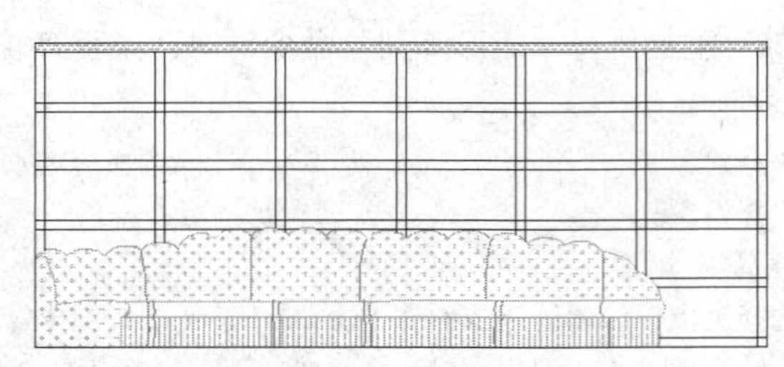

图 14-113　填充结果

Step 12 重复执行“图案填充”命令，设置填充图案及填充参数如图 14-114 所示，为立面图填充如图 14-115 所示的图案。

图 14-114　设置填充图案及参数

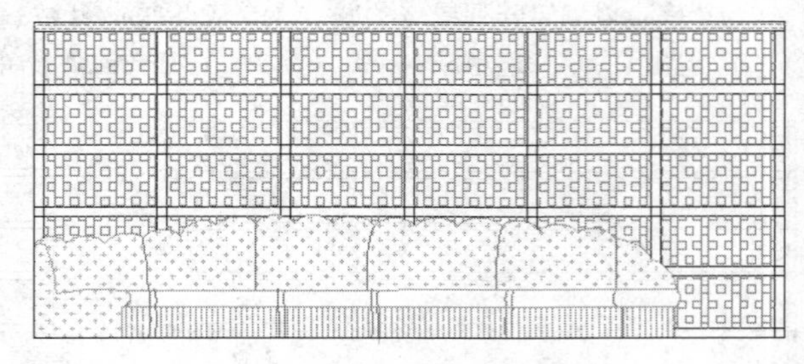

图 14-115　填充结果

Step 13 使用快捷键 LT 执行“线型”命令，使用“线型管理器”对话框中的“加载”功能，选择如图 14-116 所示的线型进行加载，并设置线型比例如图 14-117 所示。

Step 14 在无命令执行的前提下夹点显示如图 14-118 所示的墙面图案，然后展开“线型控制”下拉列表，修改其线型为刚加载的线型。

Step 15 按 Esc 键取消填充图案的夹点效果，线型修改后的显示效果如图 14-119 所示。

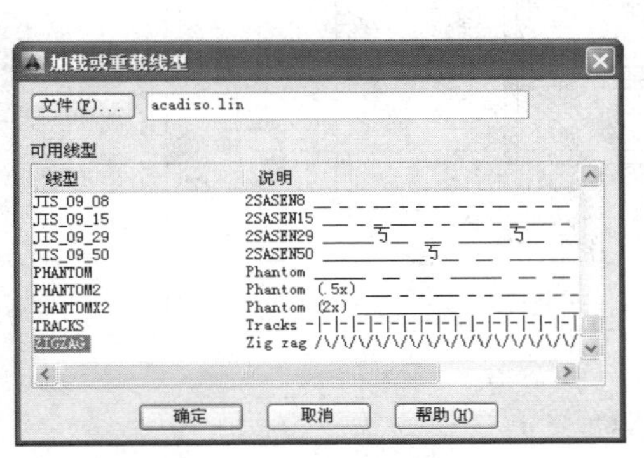

图 14-116　选择线型

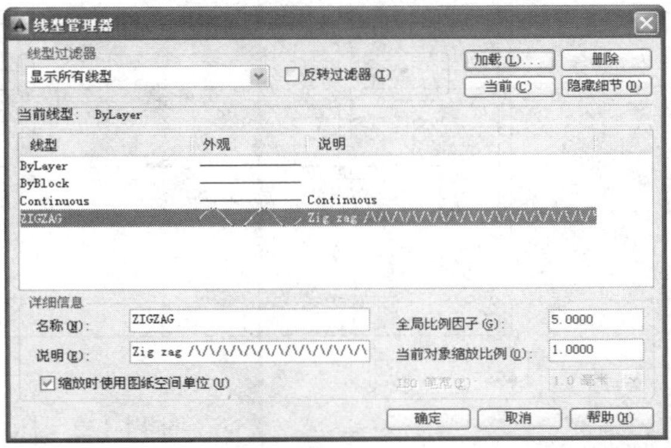

图 14-117　加载线型并设置比例

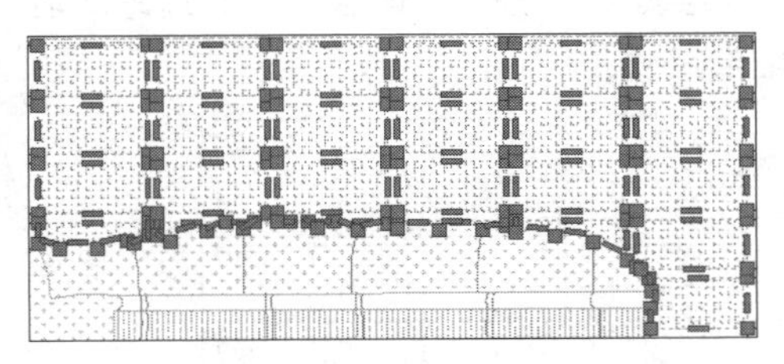

图 14-118　夹点效果

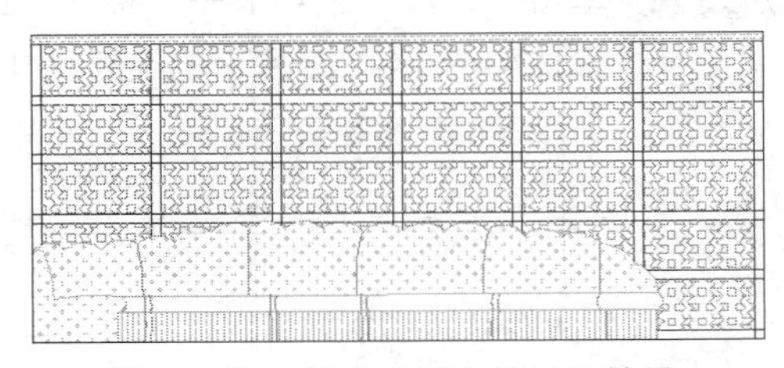

图 14-119　修改线型后的显示效果

Step 16 单击“默认”选项卡→“绘图”面板→“图案填充”按钮，设置填充图案及参数如图 14-120 所示，为立面图填充如图 14-121 所示的图案。

图 14-120　设置填充图案及参数

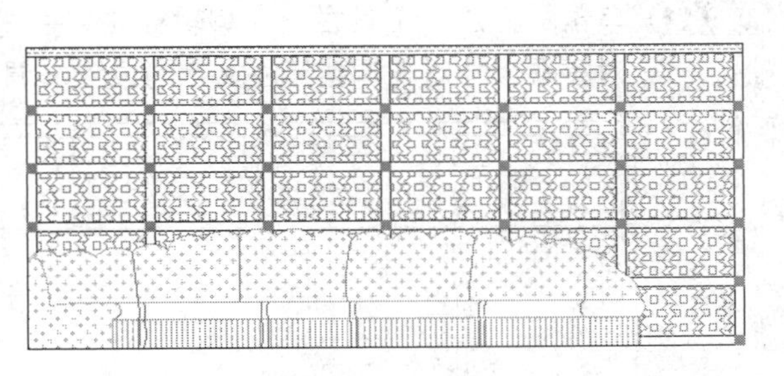

图 14-121　填充结果

Step 17 展开“图层”工具栏或面板上的“图层控制”下拉列表，将“尺寸层”设置为当前图层。

Step 18 使用快捷键 D 执行“标注样式”命令，将“建筑标注”设置为当前标注样式，并修改标注比例为 30。

Step 19 单击“注释”选项卡→“标注”面板→“线性”按钮，配合端点捕捉功能标注如图 14-122 所示的线性尺寸作为基准尺寸。

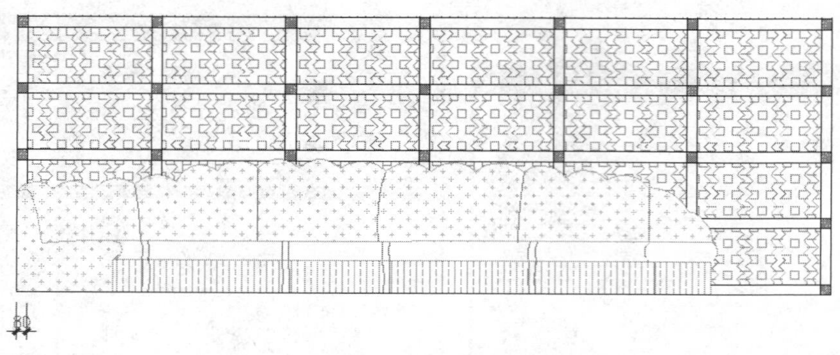

图 14-122　标注基准尺寸

Step 20 单击“注释”选项卡→“标注”面板→“连续”按钮，配合捕捉和追踪功能，标注如图 14-123 所示的连续尺寸作为细部尺寸。

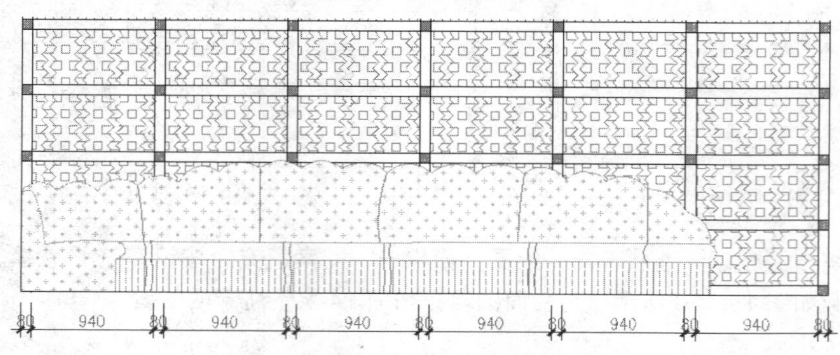

图 14-123　标注细部尺寸

Step 21 单击“标注”工具栏→“编辑标注文字”按钮，执行“编辑标注文字”命令，对重叠尺寸适当调整标注文字的位置。调整结果如图 14-124 所示。

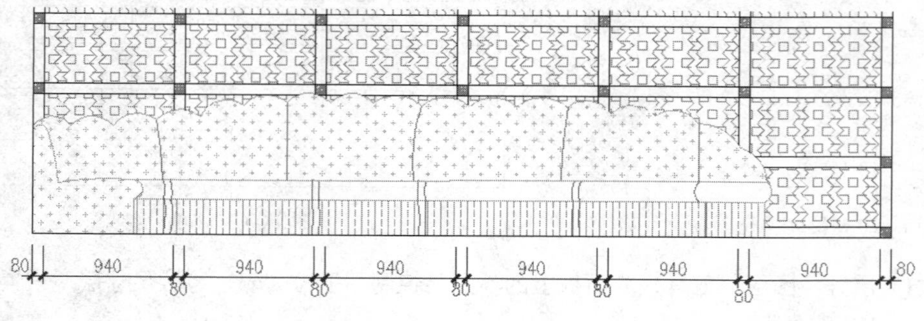

图 14-124　调整标注文字

Step 22 单击“注释”选项卡→“标注”面板→“线性”按钮，配合捕捉功能标注总尺寸。标注结果如图 14-125 所示。

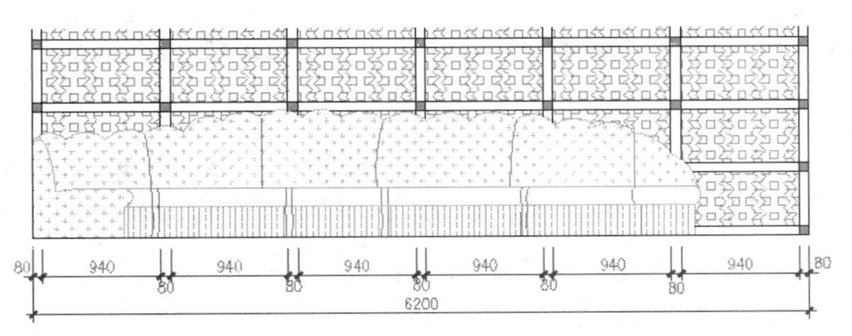

图 14-125　标注总尺寸

Step 23 参照上述操作，综合使用“线性”、“连续”和“编辑标注文字”命令，配合端点捕捉功能标注立面图右侧的尺寸。标注结果如图 14-126 所示。

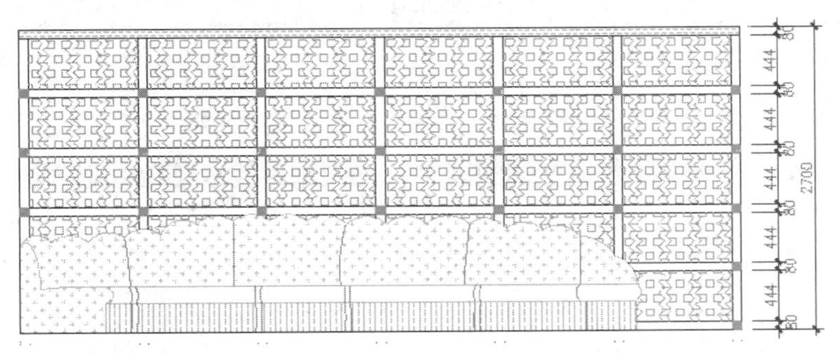

图 14-126　标注结果

Step 24 展开“图层”工具栏或面板上的“图层控制”下拉列表，将“文本层”设置为当前图层。

Step 25 使用快捷键 D 执行“标注样式”命令，对“建筑标注”样式进行替代。替代参数如图 14-127 和图 14-128 所示。

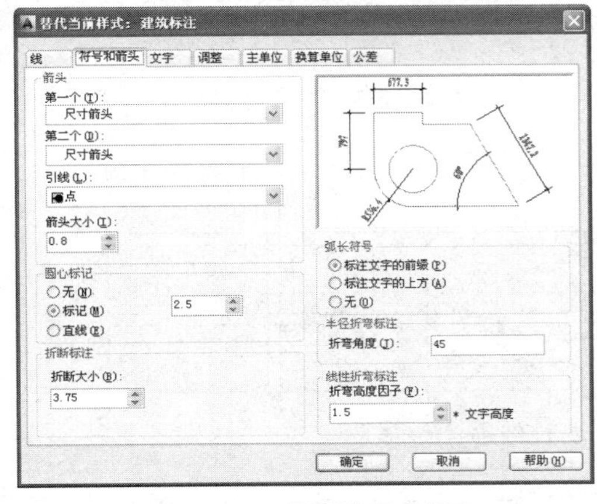

图 14-127　设置符号和箭头

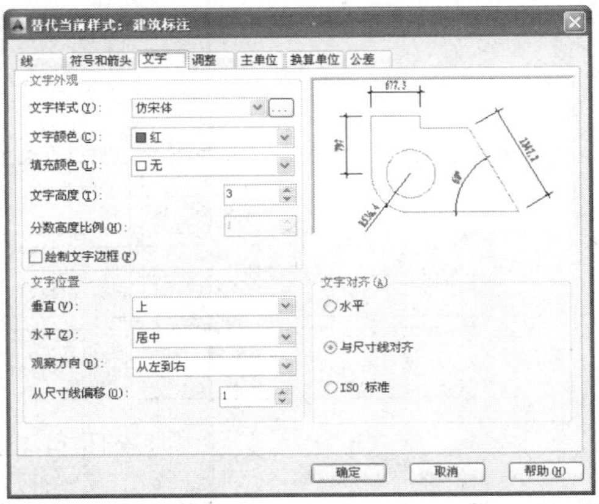

图 14-128　设置文字样式

Step 26 展开“调整”选项卡，修改标注比例如图 14-129 所示。

Step 27 返回“标注样式管理器”对话框，样式替代后的效果如图 14-130 所示。

Note

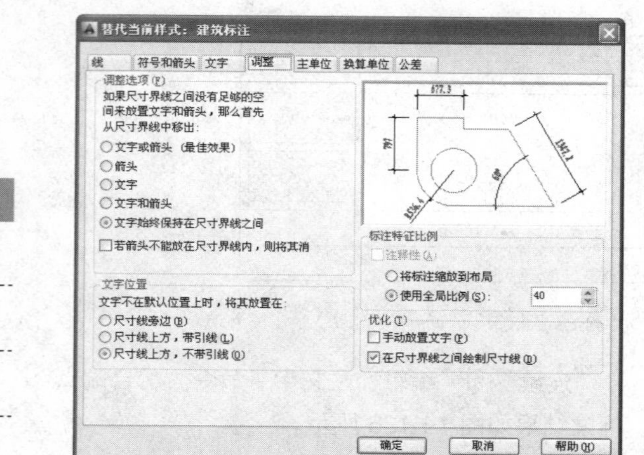

图 14-129　设置标注比例

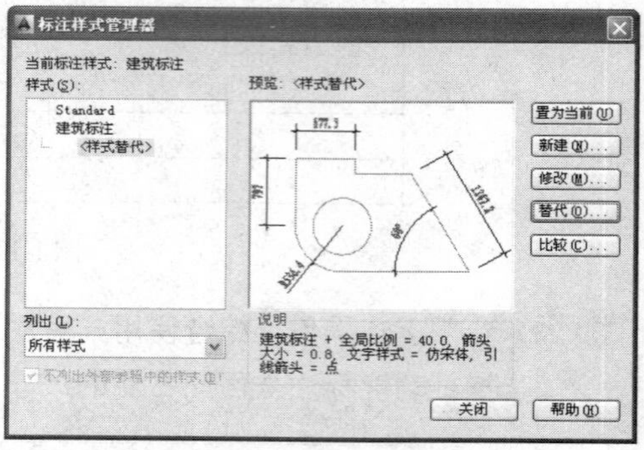

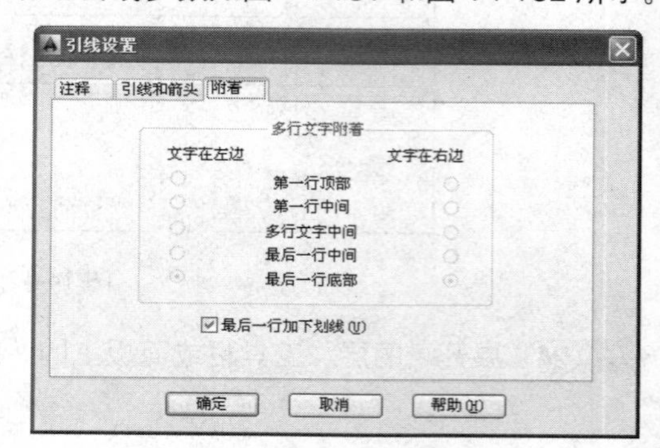

图 14-130　替代效果

Step 28 使用快捷键 LE 执行"快速引线"命令，设置引线参数如图 14-131 和图 14-132 所示。

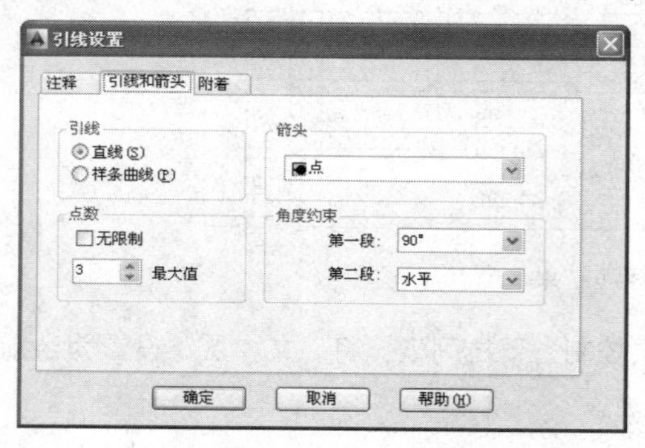

图 14-131　设置引线参数

图 14-132　设置附着位置

Step 29 返回绘图区根据命令行的提示指定引线点绘制引线，并输入引线注释。标注结果如图 14-133 所示。

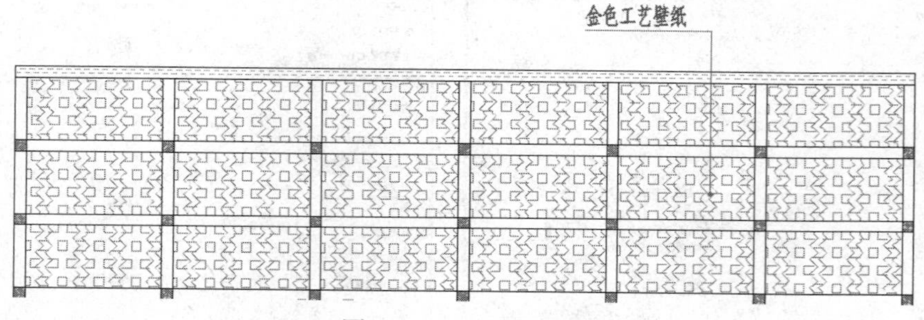

图 14-133　标注结果

Step 30 重复执行"快速引线"命令，按照当前的引线参数设置，标注其他位置的引线注释。结果如图 14-134 所示。

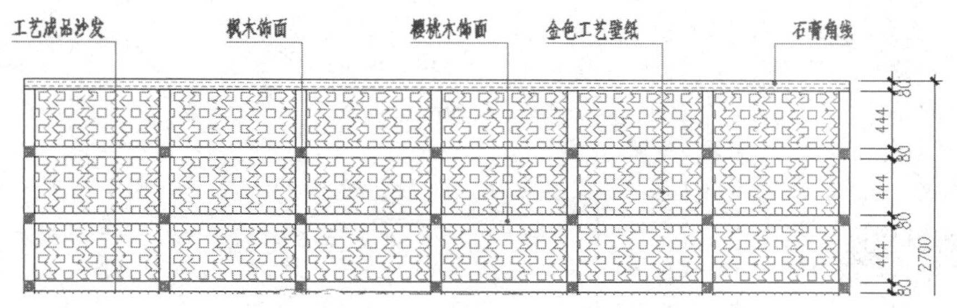

图 14-134　标注其他引线注释

Step 31 执行"保存"命令，将图形命名存储为"上机实训六.dwg"。

14.8 上机实训七——绘制包厢 D 向立面图

本例在综合巩固所学知识的前提下，主要学习 KTV 包厢 D 向墙面装修立面图的具体绘制过程和绘图技巧。KTV 包厢 D 向立面图的最终绘制效果如图 14-135 所示。

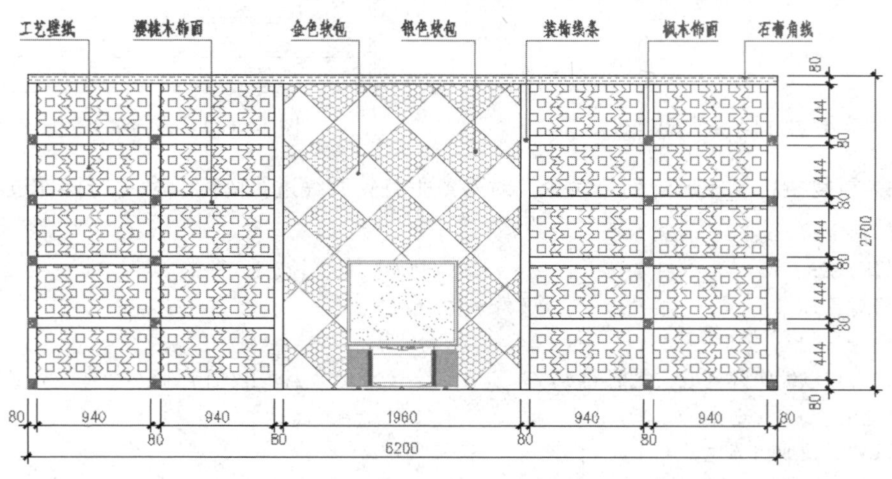

图 14-135　实例效果

操作步骤：

Step 01 以随书光盘中的"\绘图样板\室内设计样板.dwt"作为基础样板，新建绘图文件。

Step 02 展开"图层"工具栏或面板上的"图层控制"下拉列表，设置"轮廓线"为当前图层。

Step 03 单击"默认"选项卡→"绘图"面板→"直线"按钮，绘制长度为 6200、高度为 2700 的两条垂直相交的直线作为基准线。

Step 04 单击"默认"选项卡→"修改"面板→"偏移"按钮，将水平基准线向下偏移 80，将垂直基准层向右偏移 80。结果如图 14-136 所示。

Step 05 单击"默认"选项卡→"修改"面板→"矩形阵列"按钮，对两条水平轮廓线进行阵列。命令行操作如下：

Note

```
    命令: _arrayrect
选择对象:                              //选择两条水平轮廓线
选择对象:                              //Enter
类型 = 矩形  关联 = 否
选择夹点以编辑阵列或 [关联(AS)/基点(B)/计数(COU)/间距(S)/列数(COL)/行数(R)/层数(L)/退出(X)] <退出>:                              //COU Enter
输入列数数或 [表达式(E)] <4>:        //1 Enter
输入行数数或 [表达式(E)] <3>:        //6 Enter
选择夹点以编辑阵列或 [关联(AS)/基点(B)/计数(COU)/间距(S)/列数(COL)/行数(R)/层数(L)/退出(X)] <退出>:                              //s Enter
指定列之间的距离或 [单位单元(U)] <1071>:        //1 Enter
指定行之间的距离 <900>:                  //-524 Enter
选择夹点以编辑阵列或 [关联(AS)/基点(B)/计数(COU)/间距(S)/列数(COL)/行数(R)/层数(L)/退出(X)] <退出>:                  //Enter，结束命令，阵列结果如图 14-137 所示
```

图 14-136　偏移结果

图 14-137　阵列水平轮廓线

Step 06 重复执行“矩形阵列”命令，对两条垂直轮廓线进行阵列。命令行操作过程如下：

```
    命令: _arrayrect
选择对象:                              //选择两条垂直轮廓线
选择对象:                              //Enter
类型 = 矩形  关联 = 否
选择夹点以编辑阵列或 [关联(AS)/基点(B)/计数(COU)/间距(S)/列数(COL)/行数(R)/层数(L)/退出(X)] <退出>:                              //COU Enter
输入列数数或 [表达式(E)] <4>:        //7 Enter
输入行数数或 [表达式(E)] <3>:        //1Enter
选择夹点以编辑阵列或 [关联(AS)/基点(B)/计数(COU)/间距(S)/列数(COL)/行数(R)/层数(L)/退出(X)] <退出>:                              //s Enter
指定列之间的距离或 [单位单元(U)] <1071>:        //1020 Enter
指定行之间的距离 <900>:                  //1 Enter
选择夹点以编辑阵列或 [关联(AS)/基点(B)/计数(COU)/间距(S)/列数(COL)/行数(R)/层数(L)/退出(X)] <退出>:                  //Enter，结束命令，阵列结果如图 14-138 所示
```

Step 07 单击“默认”选项卡→“修改”面板→“修剪”按钮，对偏移出的图形进行修剪。结果如图 14-139 所示。

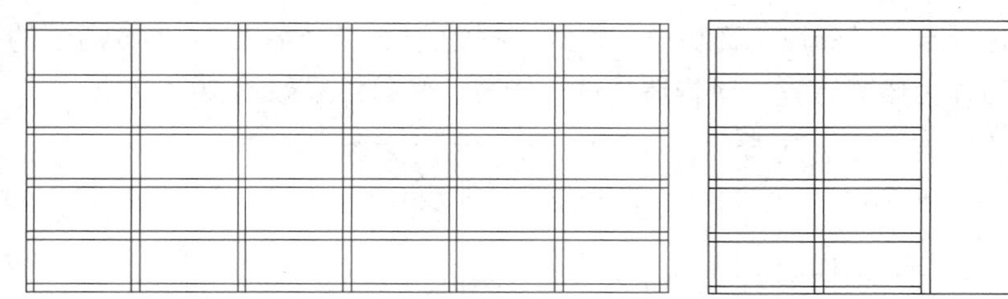

图 14-138　阵列垂直轮廓线

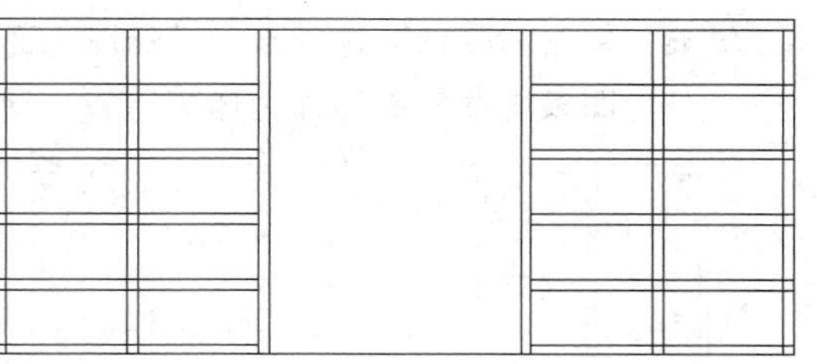

图 14-139　修剪结果

Step 08 展开“图层”工具栏或面板上的“图层控制”下拉列表，设置“图块层”为当前图层。

Step 09 使用快捷键 I 执行“插入块”命令，选择随书光盘中的“\图块文件\立面电视02.dwg”，如图 14-140 所示。

Step 10 返回绘图区，以默认参数插入文件，插入点为下侧水平边的中点。插入结果如图 14-141 所示。

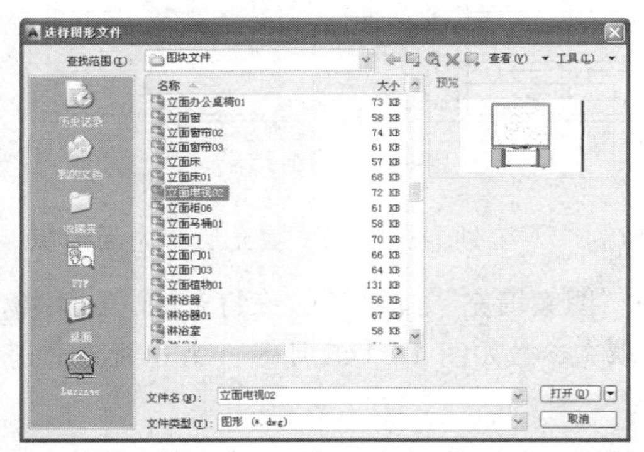

图 14-140　选择文件

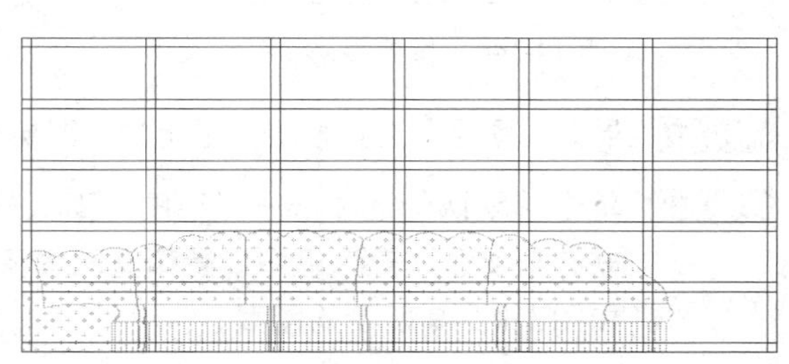

图 14-141　插入结果

Step 11 单击“格式”菜单中的“颜色”命令，将当前颜色设置为绿色。

Step 12 单击“默认”选项卡→“绘图”面板→“构造线”按钮，配合中点捕捉功能绘制角度分别为 45 和 135 的两条构造线。结果如图 14-142 所示。

Step 13 单击“默认”选项卡→“修改”面板→“偏移”按钮，将两条构造线向上偏移两次，偏移距离为 400，偏移结果如图 14-143 所示。

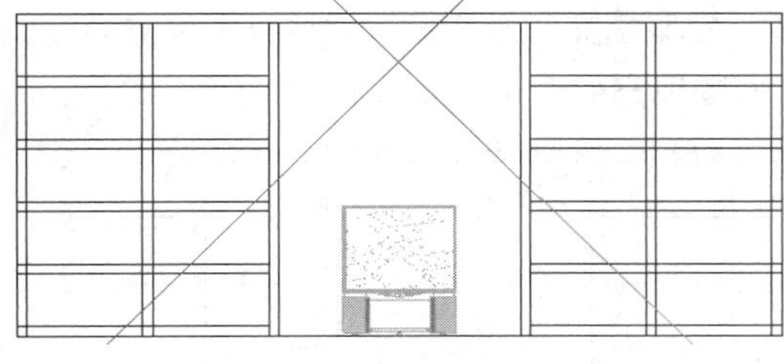

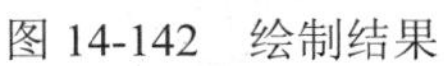

图 14-142　绘制结果

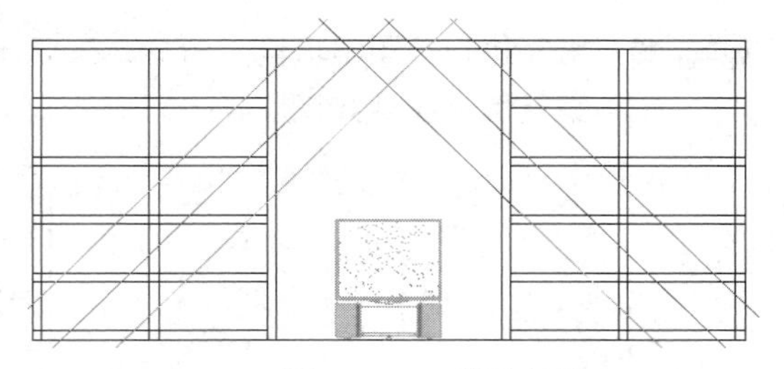

图 14-143　偏移结果

Step 14 重复执行“偏移”命令，再次将两条构造线向下侧偏移 5 次，间距为 400。结果如图 14-144 所示。

Step 15 单击“默认”选项卡→“修改”面板→“修剪”按钮，选择如图 14-145 所示的四条虚线轮廓边作为修剪边界，对构造线进行修剪。修剪结果如图 14-146 所示。

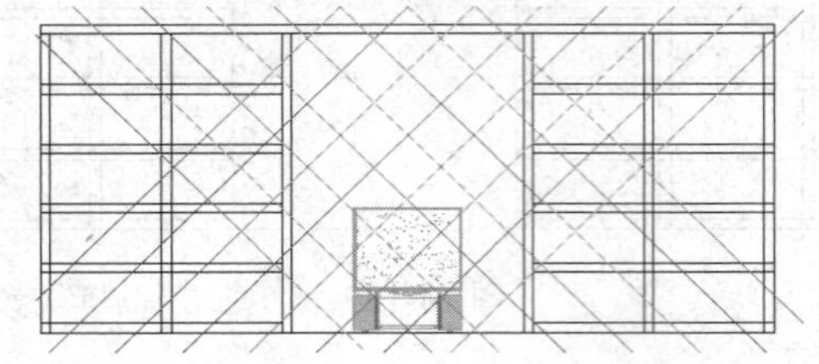

图 14-144　偏移结果

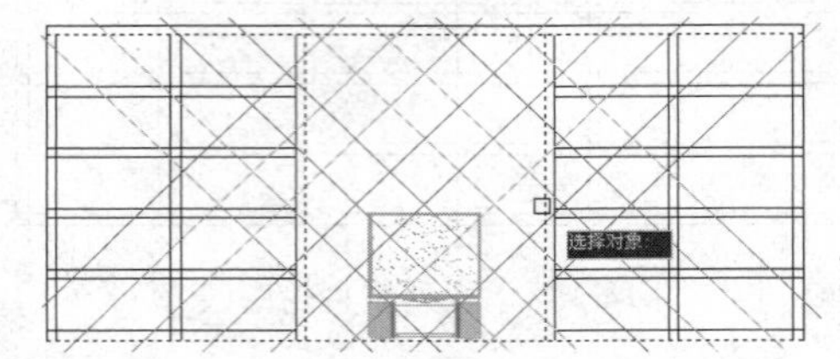

图 14-145　选择边界

Step 16 重复执行“修剪”命令，继续对轮廓线进行修剪完善。结果如图 14-147 所示。

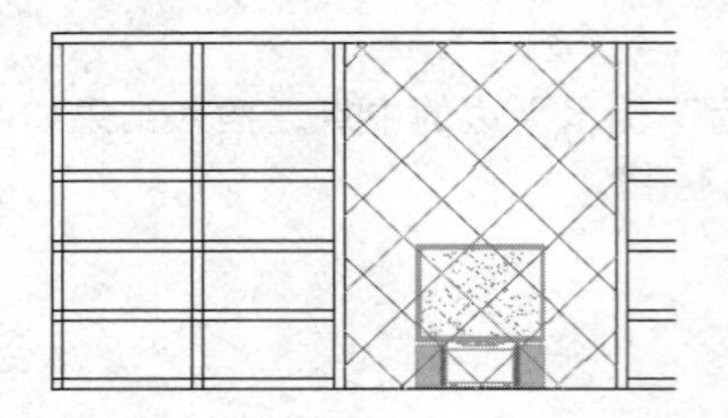

图 14-146　修剪结果

图 14-147　修剪结果

Step 17 展开“图层”工具栏或面板上的“图层控制”下拉列表，设置“填充层”为当前层。

Step 18 单击“默认”选项卡→“绘图”面板→“图案填充”按钮，在打开的“图案填充和渐变色”对话框中设置填充图案及填充参数如图 14-148 所示，为立面图填充如图 14-149 所示的图案。

图 14-148　设置填充图案及参数

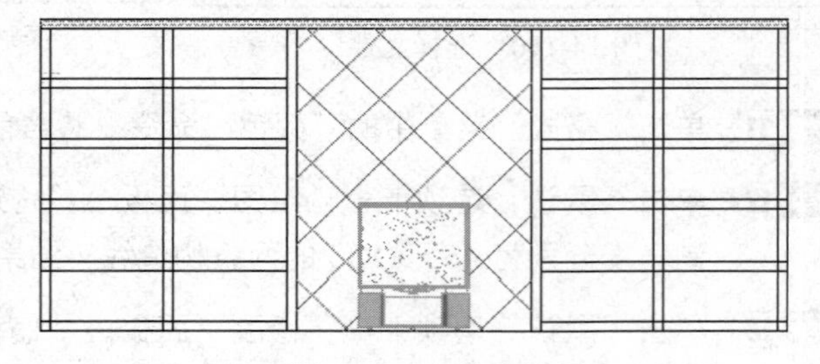

图 14-149　填充结果

Step 19 重复执行“图案填充”命令，在打开的“图案填充和渐变色”对话框中设置填充图案及填充参数如图 14-150 所示，为立面图填充如图 14-151 所示的图案。

图 14-150　设置填充图案及参数

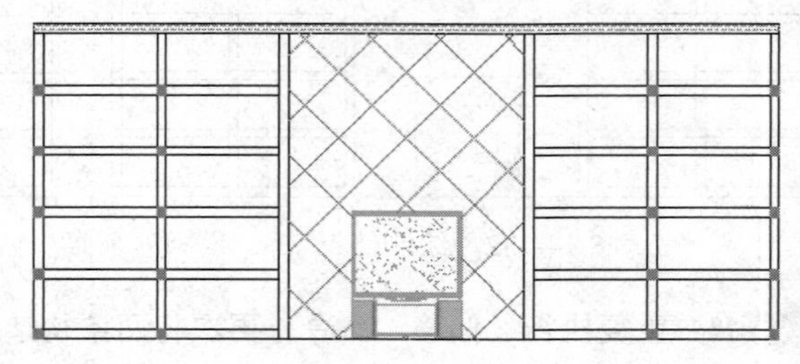

图 14-151　填充结果

Step 20 重复执行“图案填充”命令，在打开的“图案填充和渐变色”对话框中设置填充图案及填充参数如图 14-152 所示，为立面图填充如图 14-153 所示的图案。

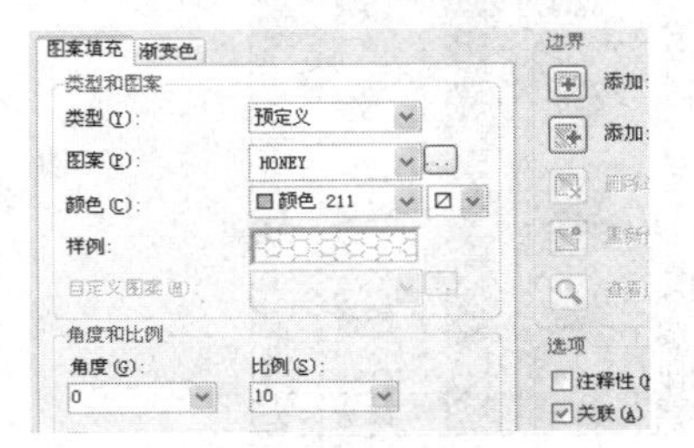

图 14-152　设置填充图案及参数

图 14-153　填充结果

Step 21 重复执行“图案填充”命令，在打开的“图案填充和渐变色”对话框中设置填充图案及填充参数如图 14-154 所示，为立面图填充如图 14-155 所示的图案。

图 14-154　设置填充图案及参数

图 14-155　填充结果

Step 22 使用快捷键 LT 执行“线型”命令，打开“线型管理器”对话框，加载并设置线型比例如图 14-156 所示。

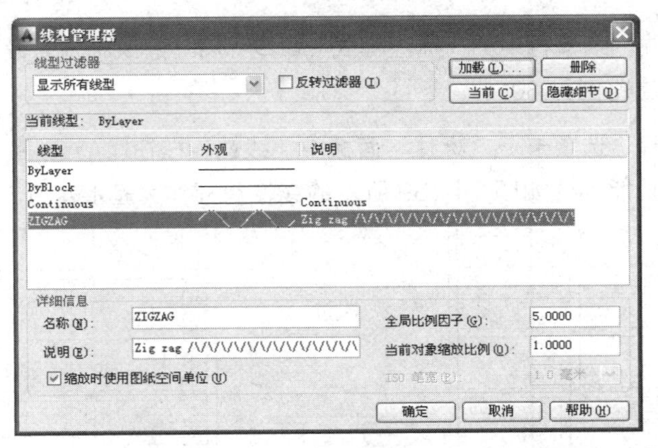

图 14-156　加载线型并设置比例

Step 23 在无命令执行的前提下夹点显示如图 14-157 所示的墙面图案，然后展开“线型控制”下拉列表，修改其线型为刚加载的线型。

Note

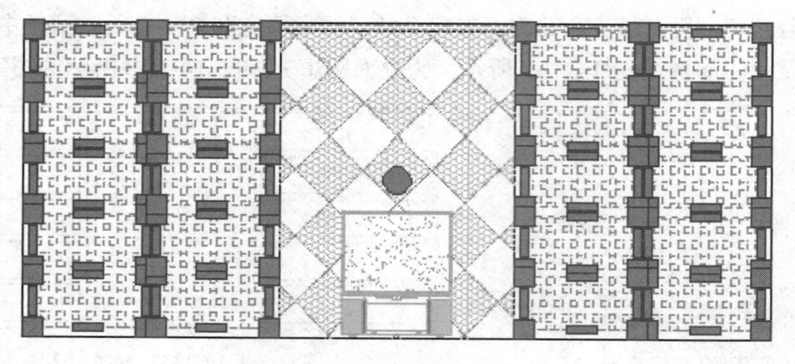

图 14-157 夹点效果

Step 24 按 Esc 键取消填充图案的夹点效果，线型修改后的显示效果如图 14-158 所示。

图 14-158 修改后的效果

Step 25 单击“图层”工具栏中的“图层控制”列表，将“尺寸层”设置为当前图层。

Step 26 单击“标注”菜单栏中的“标注样式”命令，将“建筑标注”设置为当前标注样式，并修改标注比例为 30。

Step 27 单击“注释”选项卡→“标注”面板→“线性”按钮，激活“线性”命令，配合端点捕捉功能标注如图 14-159 所示的线性尺寸作为基准尺寸。

图 14-159 标注结果

Step 28 单击“注释”选项卡→“标注”面板→“连续”按钮，配合捕捉和追踪功能，标注如图 14-160 所示的连续尺寸作为细部尺寸。

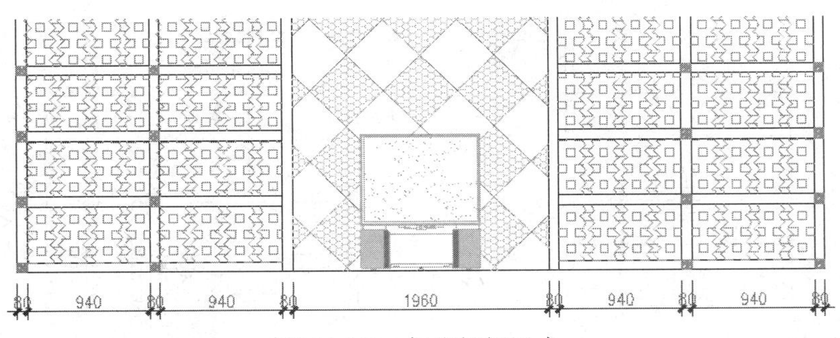

图 14-160　标注细部尺寸

Step 29 单击“标注”工具栏→“编辑标注文字”按钮，对下侧的细部尺寸文字进行协调位置。结果如图 14-161 所示。

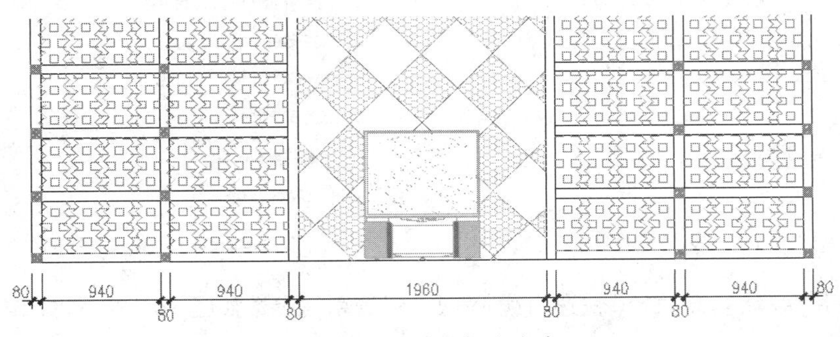

图 14-161　编辑标注文字

Step 30 单击“注释”选项卡→“标注”面板→“线性”按钮，配合捕捉功能标注总尺寸。标注结果如图 14-162 所示。

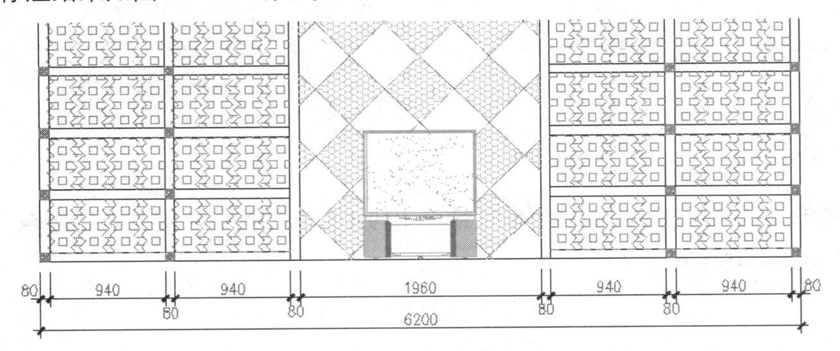

图 14-162　标注总尺寸

Step 31 参照上述操作，综合使用“线性”和“连续”命令，配合端点捕捉功能标注立面图右侧的尺寸。标注结果如图 14-163 所示。

Step 32 展开“图层”工具栏或面板上的“图层控制”下拉列表，将“文本层”设置为当前图层。

Step 33 使用快捷键 D 执行“标注样式”命令，在打开的“标注样式管理器”对话框中对“建筑标注”样式进行替代，参数设置如图 14-164 和图 14-165 所示，标注比例为 40。

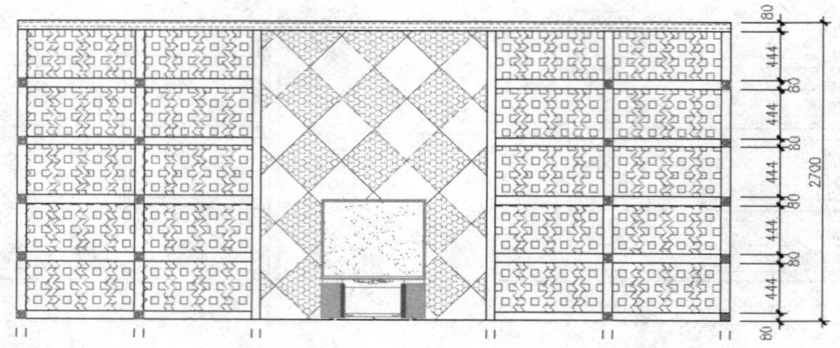

图 14-163　标注右侧尺寸

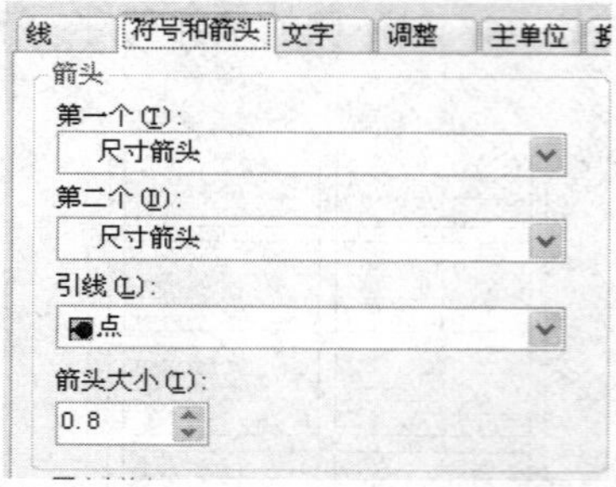

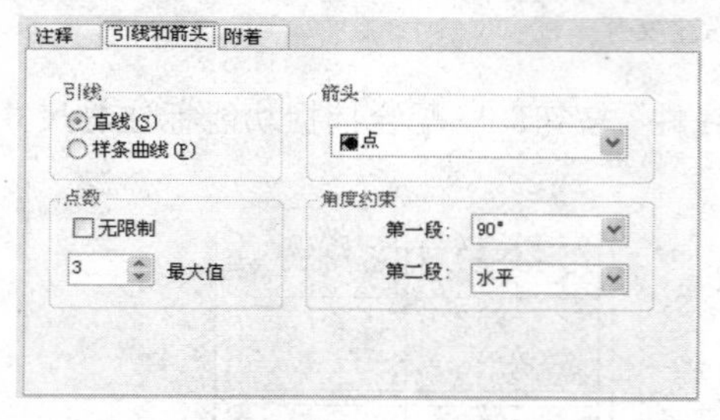

图 14-164　设置符号和箭头

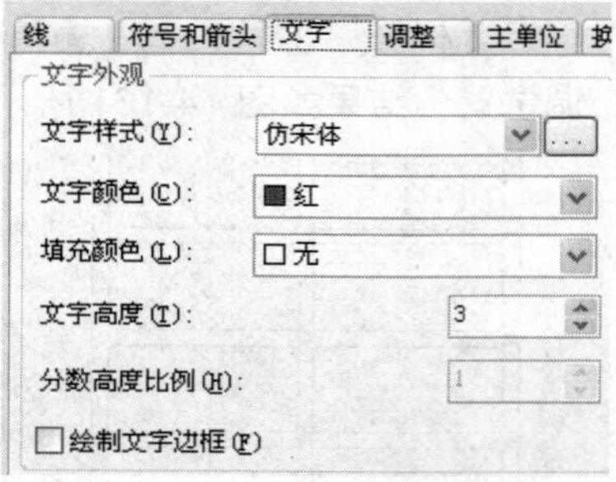

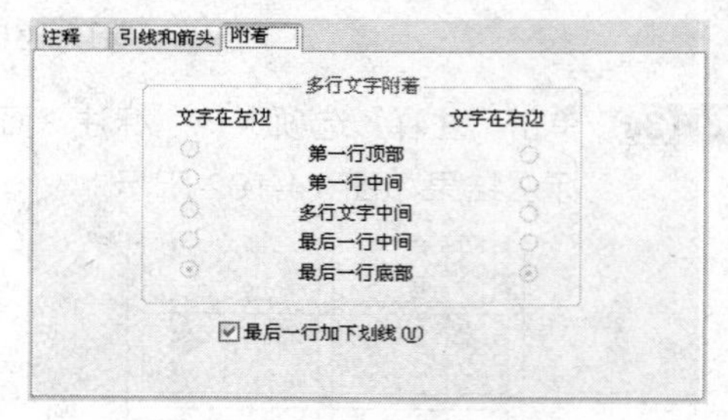

图 14-165　设置文字样式

Step 34　使用快捷键 LE 执行"快速引线"命令，设置引线参数如图 14-166 和图 14-167 所示。

图 14-166　设置引线参数

图 14-167　设置附着位置

Step 35　返回绘图区，根据命令行的提示指定引线点绘制引线，并输入引线注释。标注结果如图 14-168 所示。

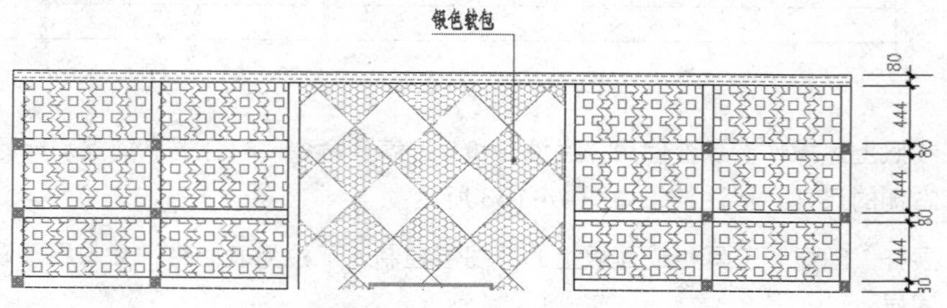

图 14-168　标注结果

Step 36　重复执行"快速引线"命令，按照当前的引线参数设置，标注其他位置的引线注释。结果如图 14-169 所示。

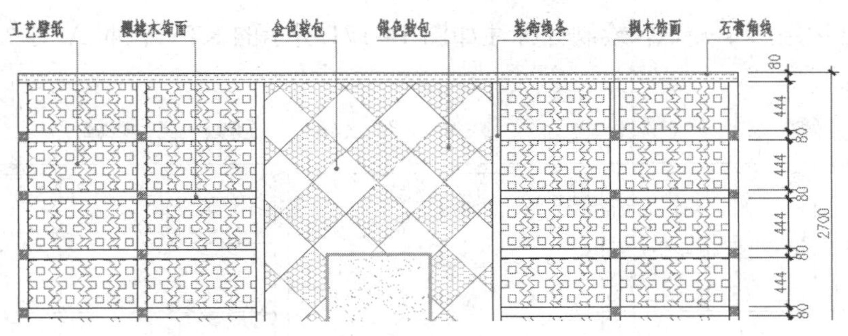

图 14-169　标注其他注释

Step 37 执行“保存”命令，将图形命名存储为“上机实训七.dwg”。

14.9 小结与练习

14.9.1　小结

本章在概述 KTV 包厢理论知识的前提下，通过绘制 KTV 包厢装修布置图、包厢吊顶图、包厢 B 向立面图和包厢 D 向立面图等典型案例，详细而系统地讲述了 KTV 包厢装修图的绘制思路、表达内容、具体绘制过程以及绘制技巧。

希望读者通过本章的学习，在理解和掌握相关设计理念和设计技巧的前提下，了解和掌握 KTV 包厢装修方案需要表达的内容、表达思路及具体的设计过程等。

14.9.2　练习

1. 综合运用所学知识，绘制并标注如图 14-170 所示的 KTV 包厢装修布置图（局部尺寸自定）。

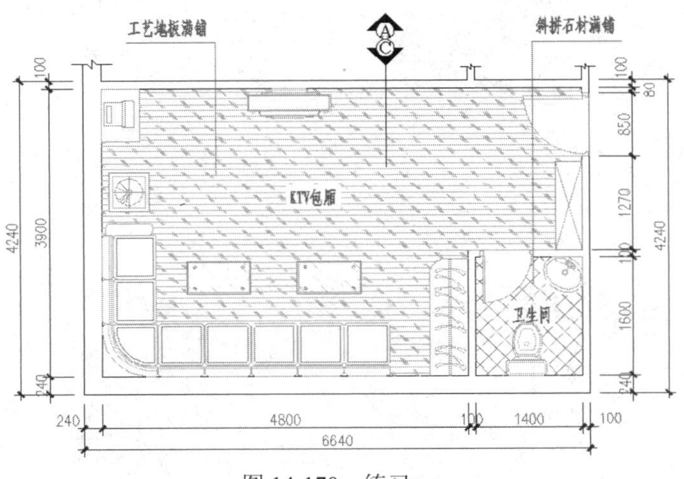

图 14-170　练习一

2. 综合运用所学知识，绘制并标注如图 14-171 所示的 KTV 包厢 A 向立面图（局部尺寸自定）。

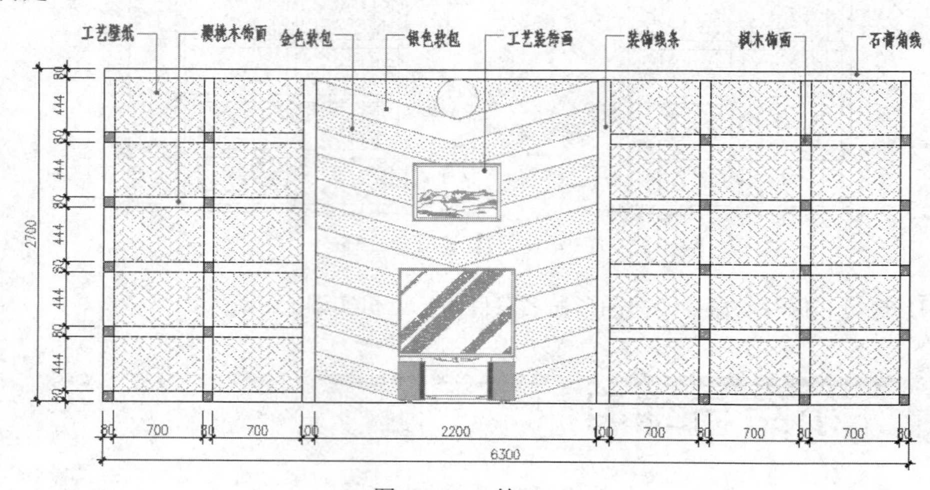

图 14-171　练习二

办公家具空间设计

本章在概念办公空间装修设计的基本要求、设计特点等相关理论知识的前提下，通过绘制某市场部办公家具图，主要学习 AutoCAD 在办公家具方面的具体应用技能。

内容要点

- ♦ 办公空间理论概述
- ♦ 上机实训一——绘制市场剖空间轴线图
- ♦ 上机实训二——绘制市场剖空间墙体图
- ♦ 上机实训三——绘制屏风工作位造型
- ♦ 上机实训四——绘制办公资料柜造型
- ♦ 上机实训五——绘制办公家具布置图
- ♦ 上机实训六——标注办公家具布置图

Note

15.1 办公空间理论概述

一个完整、统一、美观的办公室形象，不但可以增加客户的信任感，同时也是企业整体形象的体现。对于企业管理人员、行政人员、技术人员而言，办公室是主要的工作场所。办公室装修、布置得怎样，对置身其中的工作人员从生理到心理都有一定的影响，并会在某种程度上直接影响企业决策、管理的效果和工作效率。

15.1.1 设计要求

现代办公装修设计都应符合下述基本要求：

- ✧ 符合企业实际，不要一味追求办公室的高档豪华气派。
- ✧ 符合行业特点。例如，五星级饭店和校办科技企业由于分属不同的行业，因而办公室在装修、家具、用品、装饰品、声光效果等方面都应有显著的不同。
- ✧ 符合使用要求。例如，总经理（厂长）办公室在楼层安排、使用面积、室内装修、配套设备等方面都与一般职员的办公室不同，主要并非总经理、厂长与一般职员身份不同，而是取决于他们的办公室具有不同的使用要求。
- ✧ 符合工作性质。例如，技术部门的办公室需要配备微机、绘图仪器、书架（柜）等技术工作必需的设备，而公共关系部门则显然更需要电话、传真机、沙发、茶几等与对外联系和接待工作相应的设备和家具。

15.1.2 设计特点

从办公空间的特征和使用功能要求来看，办公空间有以下几个基本设计特点：

- ✧ 秩序感。秩序感指的是形的反复、形的节奏、形的完整和形的简洁。办公室设计也正是运用这一特点来创造一种安静、平和与整洁的办公环境的，这种特点在办公室设计中起着最为关键性的作用。
- ✧ 明快感。办公环境的明快感指的就是办公环境的色调干净明亮、灯光布置合理、有充足的光线等，是办公设计的一种基本要求。在装饰中明快的色调可使人心情愉快，给人一种洁净之感，同时明快的色调也可在白天增加室内的采光度。目前，有许多设计师将明度较高的绿色引入办公室，这类设计往往给人一种良好的视觉冲击效果，从而创造一种春意，这也是一种明快感在室内的创意手段。
- ✧ 现代感。现代办公室设计还注重于办公环境的研究，将自然环境引入室内，绿化室内外的环境，给办公环境带来一派生机，这也是现代办公室的另一特征。现代人机学的出现，使办公设备在适合人机学的要求下日益增多与完善，办公的科学化、自动化给人类工作带来了极大方便。在设计中应充分利用人机学的知识，按特定的功能与尺寸要求来进行设计，这些都是设计的基本要素。

另外，办公空间的设计，还需要注意家具样式与色彩的统一、平面布置的规整、隔断高低与色彩材料的统一、天花的平整性与墙面的装饰、合理的室内色调及人流的导向等。

15.1.3　设计思路

在设计并绘制办公类方案图纸时，可以参照如下思路：

（1）调用绘图样板，并简单设置绘图环境。

（2）绘制定位轴线。使用“矩形”、“偏移”、“修剪”等命令绘制纵横向定位线。

（3）绘制墙体结构图。使用“多线”、“多线编辑”等命令绘制墙线，使用“插入块”、“多线”等命令绘制门、窗构件。

（4）制作办公家具立体造型。使用“多段线”、“拉伸”、“长方体”、“圆柱体”等命令制作办公家具立体造型。

（5）办公家具的合理布局。使用“镜像”、“复制”、“插入块”、“移动”等命令布局办公家具。

（6）标注房间功能。使用“单行文字”、“复制”、“编辑文字”等命令为图形标注房间功能。

（7）标注内外尺寸。使用“线性”、“连续”等命令标注外部尺寸和内部尺寸。

15.2　上机实训——绘制市场部空间轴线图

本例在综合巩固所学知识的前提下，主要学习市场部办公空间墙体结构轴线图的绘制过程和绘制技巧。市场部办公空间墙体轴线图的最终绘制效果如图 15-1 所示。

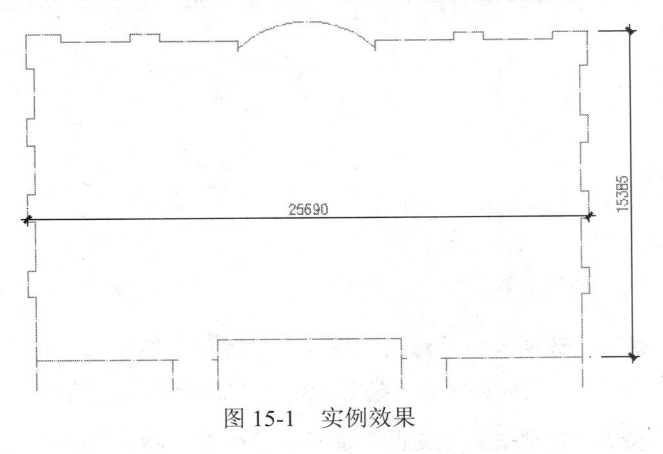

图 15-1　实例效果

操作步骤：

Step 01 单击“快速访问”工具栏→“新建”按钮，调用随书光盘中的“\绘图样板\室内设计样板.dwt”，新建绘图文件。

Note

Step 02 展开“图层”工具栏或面板上的“图层控制”下拉列表，将“轴线层”设置为当前图层。

Step 03 使用快捷键 LT 执行“线型”命令，将线型比例设置为 40，在打开的“线型管理器”对话框中设置线型比例，如图 15-2 所示。

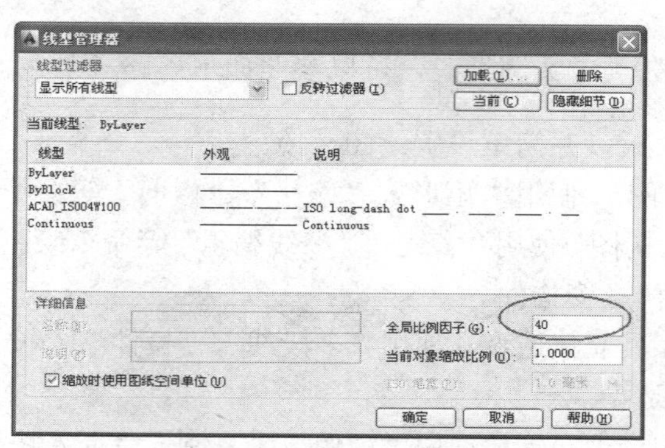

图 15-2　设置线型比例

Step 04 单击“默认”选项卡→“绘图”面板→“矩形”按钮，绘制长度为 24950、宽度为 16515 的矩形作为基准轴线。

Step 05 单击“默认”选项卡→“修改”面板→“分解”按钮，将矩形分解。

Step 06 单击“默认”选项卡→“修改”面板→“偏移”按钮，将矩形两条垂直边向内偏移 6250 和 8275 个绘图单位，将矩形下侧的水平边向上偏移 1500 和 2400 个单位。结果如图 15-3 所示。

Step 07 单击“默认”选项卡→“修改”面板→“修剪”按钮，执行“修剪”命令对偏移出的轴线进行修剪，并删除最下侧的水平轴线。结果如图 15-4 所示。

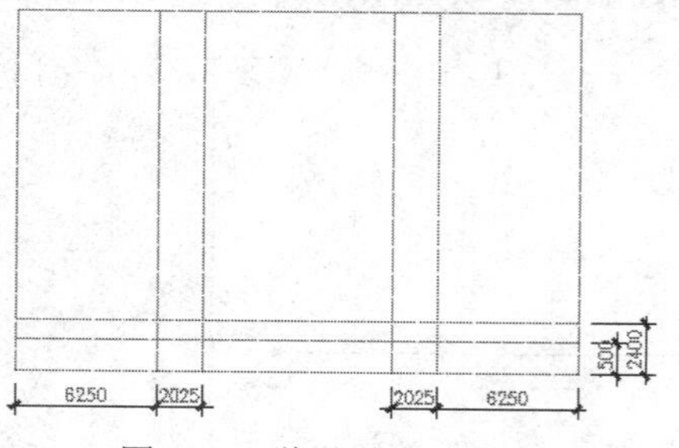

图 15-3　偏移结果

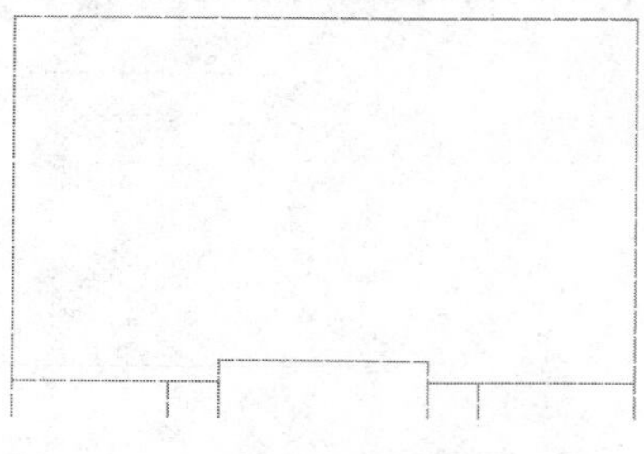

图 15-4　修剪结果

Step 08 单击“默认”选项卡→“修改”面板→“偏移”按钮，执行“偏移”命令，将两侧的矩形垂直边向内偏移 6462.5 和 8062.5 个单位。结果如图 15-5 所示。

Step 09 单击“默认”选项卡→“修改”面板→“修剪”按钮，以偏移出的轴线作为边界，对水平轴线进行修剪，创建宽度为 1600 的门洞。结果如图 15-6 所示。

Step 10 单击“默认”选项卡→“修改”面板→“删除”按钮，删除偏移出的四条垂直轴线。结果如图 15-7 所示。

Note

Step 11 单击“默认”选项卡→“修改”面板→“偏移”按钮，执行“偏移”命令，将上侧的水平轴线和两侧的垂直轴线分别向外侧偏移 370 个单位。结果如图 15-8 所示。

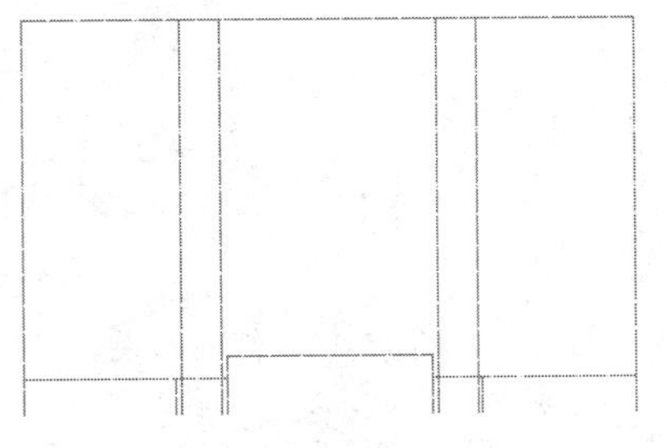
图 15-5　偏移结果

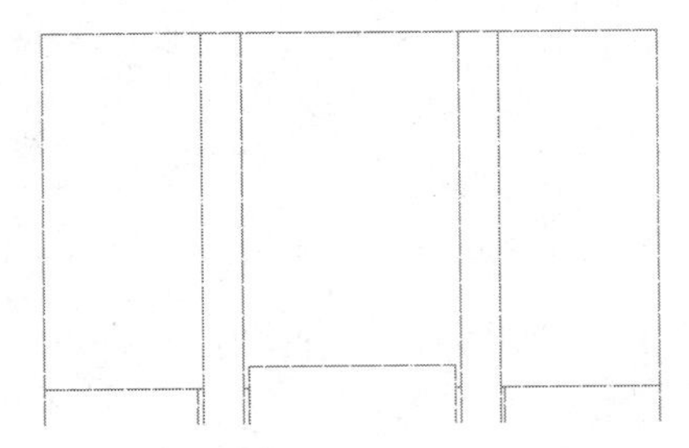
图 15-6　修剪结果

图 15-7　删除结果

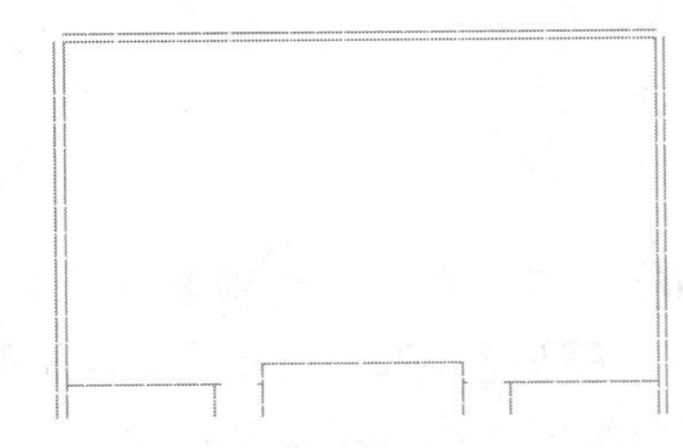
图 15-8　偏移结果

Step 12 重复执行“偏移”命令，根据图示尺寸对水平轴线进行多次偏移。结果如图 15-9 所示。

Step 13 重复执行“偏移”命令，根据图示尺寸对两侧的垂直轴线进行多次偏移。结果如图 15-10 所示。

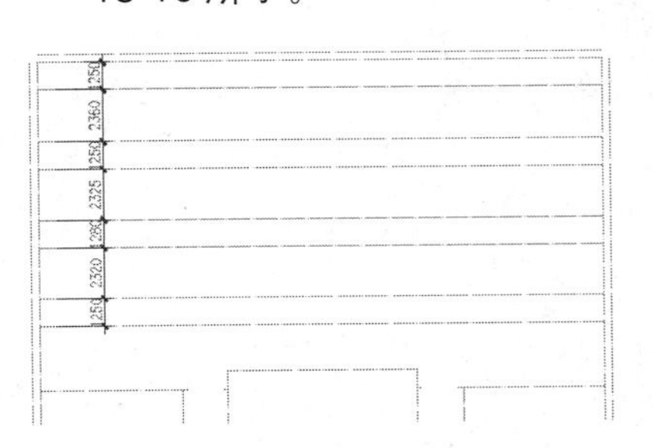
图 15-9　偏移水平轴线

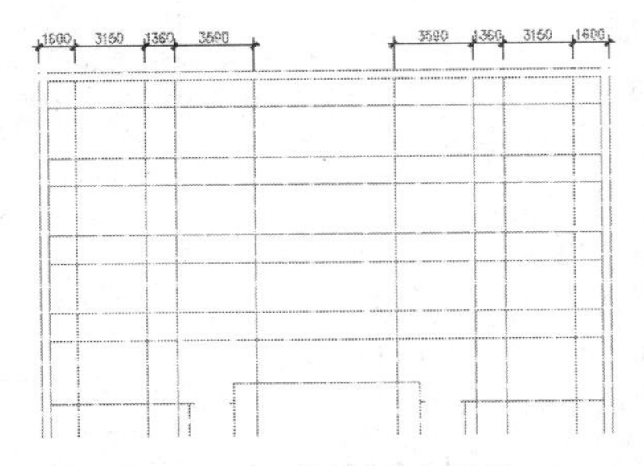
图 15-10　偏移垂直轴线

Step 14 单击“默认”选项卡→“修改”面板→“延伸”按钮，执行“延伸”命令，选择最上侧的轴线和刚偏移出的两条轴线作为边界，对内部的轴线进行延伸。结果如图 15-11 所示。

Step 15 单击“默认”选项卡→“修改”面板→“修剪”按钮，对纵横轴线进行编辑。结果如图 15-12 所示。

Step 16 单击“默认”选项卡→“修改”面板→“圆角”按钮，将圆角半径设置为 0，创

建左上和右上位置的倒直角。结果如图 15-13 所示。

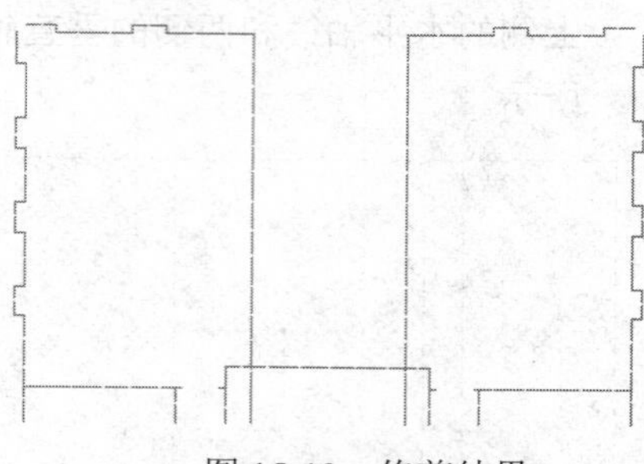

图 15-11　延伸结果　　图 15-12　修剪结果

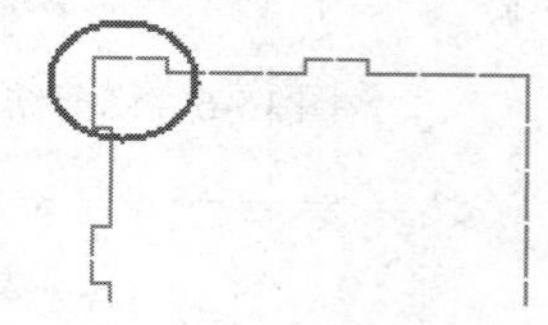

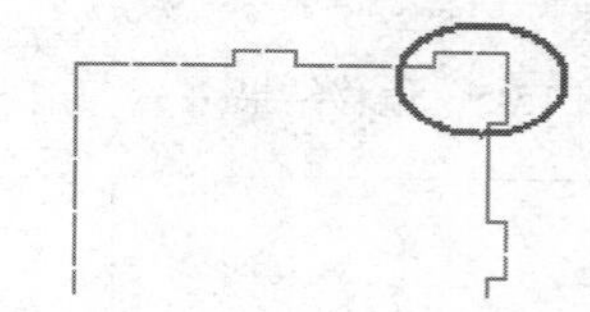

图 15-13　圆角结果

Step 17 单击"默认"选项卡→"修改"面板→"拉长"按钮，将内部的两条垂直轴线缩短为 500。命令行操作如下：

```
命令: _lengthen
选择对象或 [增量(DE)/百分数(P)/全部(T)/动态(DY)]:  //t Enter
指定总长度或 [角度(A)] <0.0)>:  //500 Enter
选择要修改的对象或 [放弃(U)]:     //在图 15-14 所示轴线 1 的下端单击
选择要修改的对象或 [放弃(U)]:     //在轴线 2 的下端单击
选择要修改的对象或 [放弃(U)]:     //Enter，拉长结果如图 15-15 所示
```

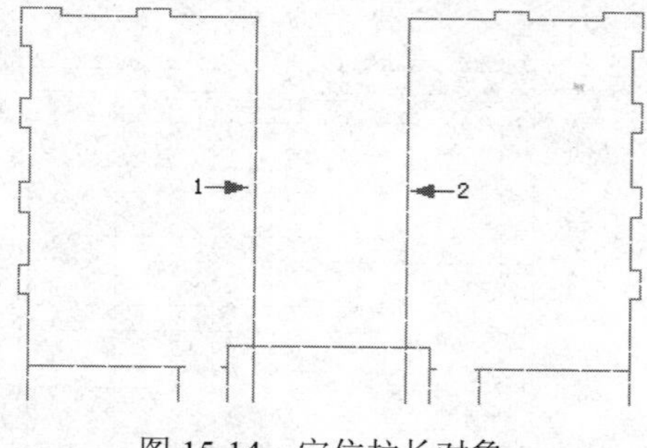

图 15-14　定位拉长对象

图 15-15　拉长结果

Step 18 使用快捷键 A 执行"圆弧"命令，配合"捕捉自"功能绘制弧形轴线。命令行操作如下：

```
命令: a                  //Enter
ARC 指定圆弧的起点或 [圆心(C)]:            //激活"捕捉自"功能
_from 基点:            //捕捉图 15-14 所示的轴线 1 的上端点
<偏移>:               //@0,-370 Enter
指定圆弧的第二个点或 [圆心(C)/端点(E)]:  //@3145,1250 Enter
指定圆弧的端点:        //@3145,-1250 Enter，绘制结果如图 15-16 所示
```

图 15-16　绘制结果

Step 19 执行“保存”命令，将图形命名存储为“上机实训一.dwg”。

15.3 上机实训二——绘制市场部空间墙体图

本例在综合巩固所学知识的前提下，主要学习市场部办公空间墙体结构平面图的绘制过程和绘制技巧。市场部办公空间墙体结构平面图的最终绘制效果如图 15-17 所示。

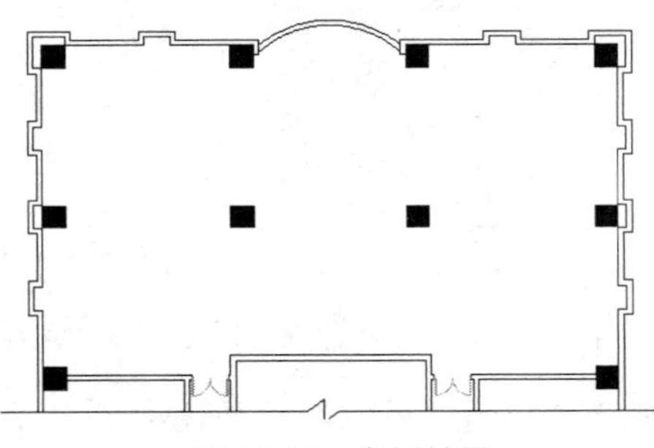

图 15-17　实例效果

操作步骤：

Step 01 执行“打开”命令，打开随书光盘中的“\效果文件\第 15 章\上机实训一.dwg”。

Step 02 展开“图层”工具栏或面板上的“图层控制”下拉列表，将“墙线层”设为当前图层。

Step 03 选择菜单栏中的“绘图”→“多线”命令，配合“端点捕捉”功能绘制玻璃幕墙墙线。命令行操作如下：

```
    命令: _mline
当前设置: 对正 = 上, 比例 = 20.00, 样式 =墙线样式
指定起点或 [对正(J)/比例(S)/样式(ST)]:  //J Enter
输入对正类型 [上(T)/无(Z)/下(B)] <上>:  //Z Enter
当前设置: 对正 = 无, 比例 = 20.00, 样式 =墙线样式
指定起点或 [对正(J)/比例(S)/样式(ST)]:  //S Enter
输入多线比例 <20.00>:                    //230 Enter
指定起点或 [对正(J)/比例(S)/样式(ST)]:  //捕捉图 15-18 所示的端点 1
指定下一点:                              //捕捉端点 2
指定下一点或 [放弃(U)]:                  //捕捉端点 3
指定下一点或 [闭合(C)/放弃(U)]:          //捕捉端点 4
指定下一点或 [闭合(C)/放弃(U)]:          //Enter, 绘制结果如图 15-19 所示
```

Note

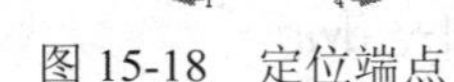

图 15-18　定位端点

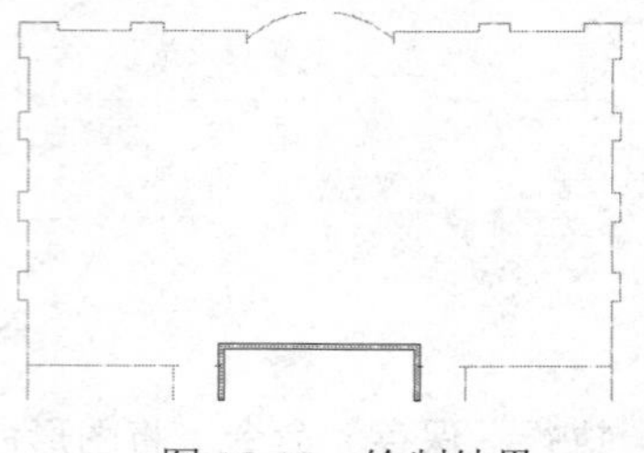

图 15-19　绘制结果

Step 04 重复执行“多线”命令，设置多线样式，对正方式和多线比例不变，绘制其他位置的墙线。结果如图 15-20 所示。

Step 05 单击“默认”选项卡→“修改”面板→“镜像”按钮，对后续绘制的墙线进行镜像。结果如图 15-21 所示。

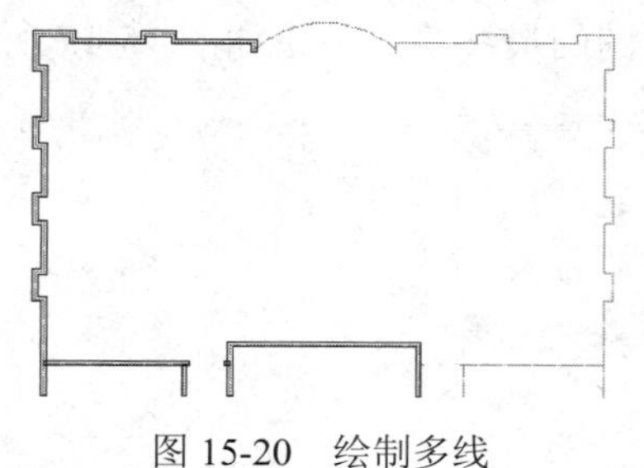

图 15-20　绘制多线

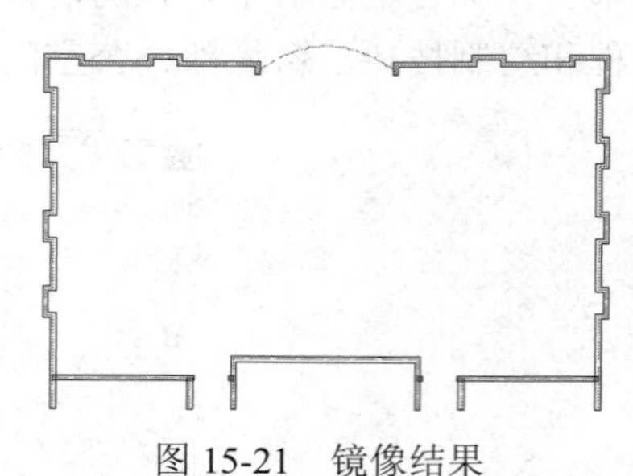

图 15-21　镜像结果

Step 06 单击“默认”选项卡→“修改”面板→“偏移”按钮，创建弧形墙线。命令行操作如下：

```
    命令: _offset
当前设置: 删除源=否　图层=源　OFFSETGAPTYPE=0
指定偏移距离或 [通过(T)/删除(E)/图层(L)] <1250.0>:    //l Enter
输入偏移对象的图层选项 [当前(C)/源(S)] <源>:            //C Enter
指定偏移距离或 [通过(T)/删除(E)/图层(L)] <1250.0>:    //115 Enter
选择要偏移的对象, 或 [退出(E)/放弃(U)] <退出>:          //选择弧形轴线
指定要偏移的那一侧上的点, 或 [退出(E)/多个(M)/放弃(U)] <退出>:
 //在弧形轴线的上侧拾取点
选择要偏移的对象, 或 [退出(E)/放弃(U)] <退出>:          //选择弧形轴线
指定要偏移的那一侧上的点, 或 [退出(E)/多个(M)/放弃(U)] <退出>:
 //在弧形轴线的下侧拾取点
选择要偏移的对象, 或 [退出(E)/放弃(U)] <退出>:
 //Enter, 结束命令, 偏移结果如图 15-22 所示
```

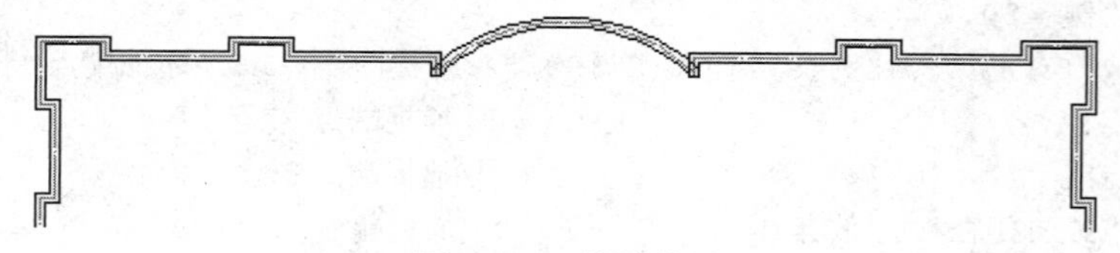

图 15-22　偏移结果

Step 07 单击“默认”选项卡→“修改”面板→“修剪”按钮，对偏移出的墙线进行修剪。结果如图 15-23 所示。

Step 08 展开“图层控制”下拉列表，然后关闭“轴线层”。图形的显示结果如图 15-24 所示。

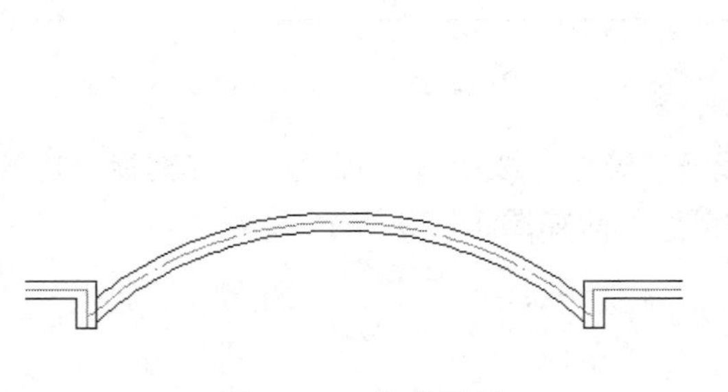

图 15-23 修剪结果

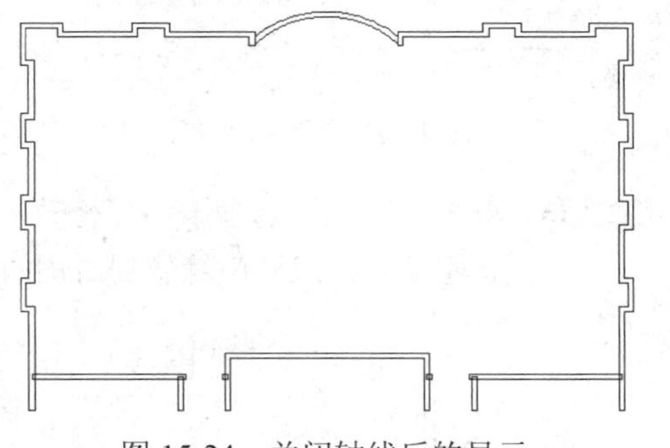

图 15-24 关闭轴线后的显示

Step 09 选择菜单栏中的“修改”→“对象”→“多线”命令，在打开的“多线编辑工具”对话框内单击“T 形合并”按钮。

Step 10 返回绘图区，根据命令行的提示对下侧的 T 形墙线进行合并。结果如图 15-25 所示。

Step 11 单击“默认”选项卡→“绘图”面板→“多段线”按钮，配合平行线捕捉功能或极轴追踪功能绘制如图 15-26 所示的折断线。

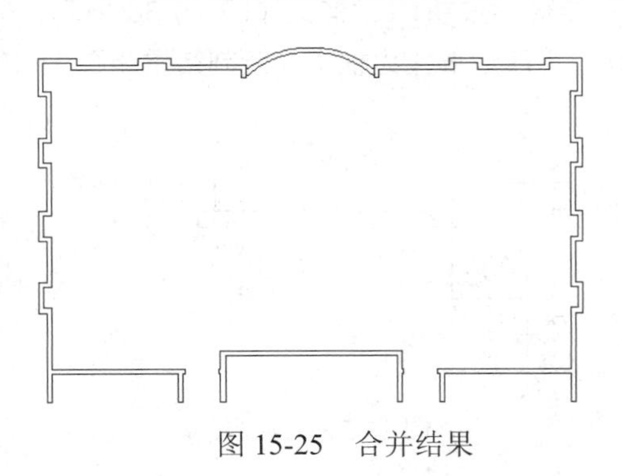

图 15-25 合并结果

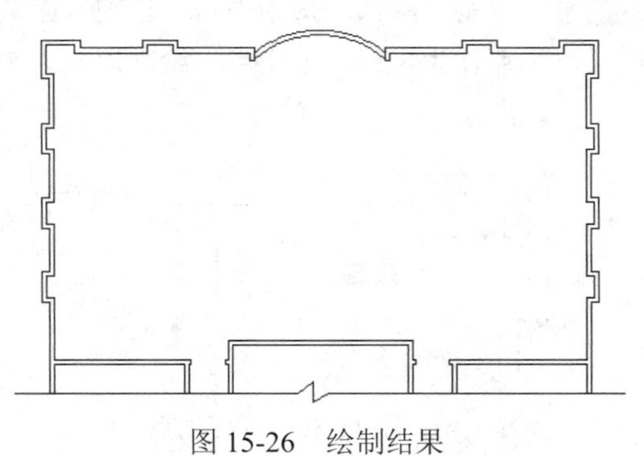

图 15-26 绘制结果

Step 12 展开“图层”工具栏或面板上的“图层控制”下拉列表，将“门窗层”设置为当前图层。

Step 13 执行“插入块”命令，插入随书光盘中的“\图块文件\双开门.dwg”，设置块参数如图 15-27 所示。

Step 14 在命令行“指定插入点或 [基点(B)/比例(S)/X/Y/Z/旋转(R)]: ”提示下，配合“中点捕捉”功能将双开门图块插入到平面图中。插入结果如图 15-28 所示。

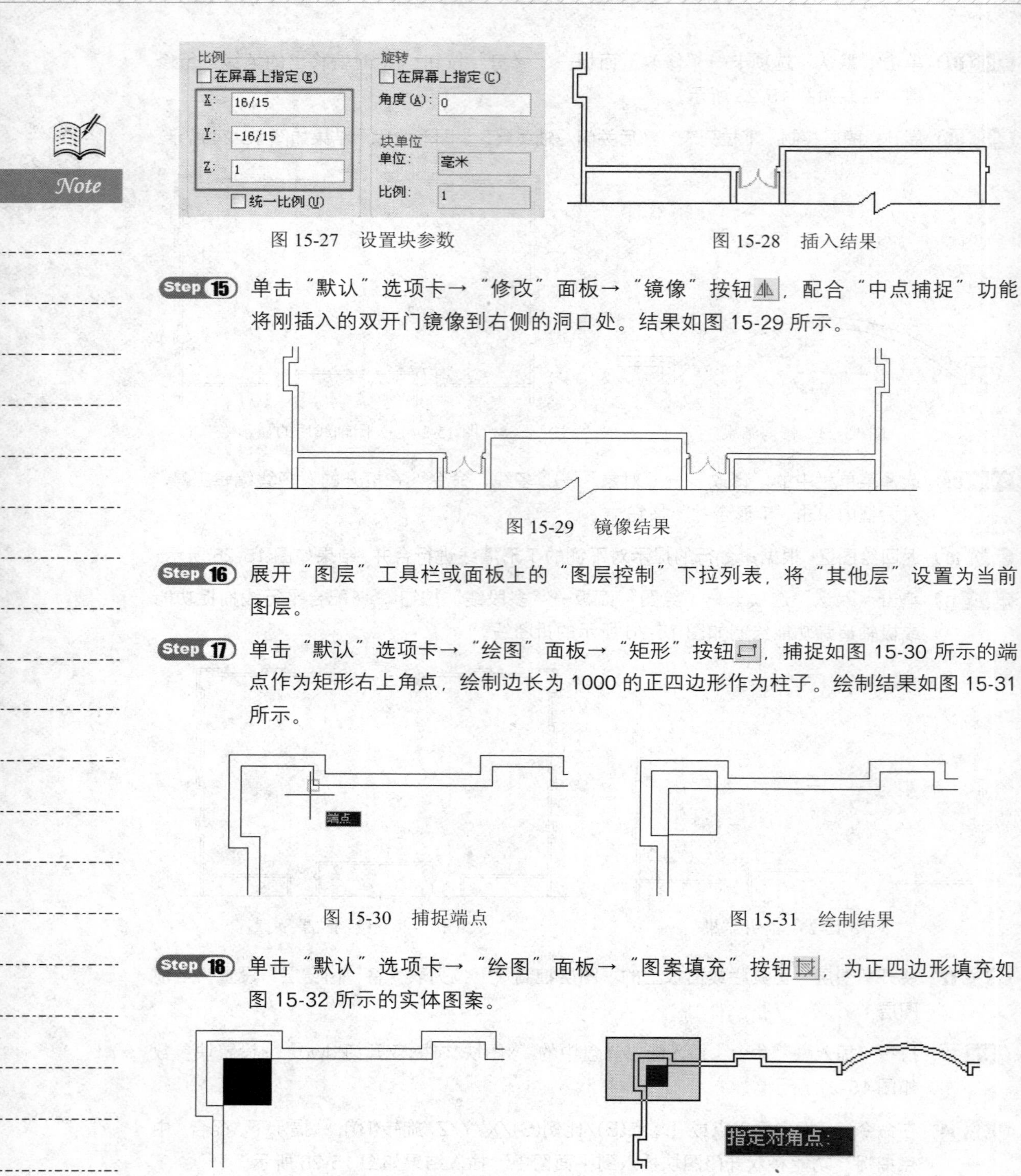

图 15-27　设置块参数

图 15-28　插入结果

Step 15 单击“默认”选项卡→“修改”面板→“镜像”按钮，配合“中点捕捉”功能将刚插入的双开门镜像到右侧的洞口处。结果如图 15-29 所示。

图 15-29　镜像结果

Step 16 展开“图层”工具栏或面板上的“图层控制”下拉列表，将“其他层”设置为当前图层。

Step 17 单击“默认”选项卡→“绘图”面板→“矩形”按钮，捕捉如图 15-30 所示的端点作为矩形右上角点，绘制边长为 1000 的正四边形作为柱子。绘制结果如图 15-31 所示。

图 15-30　捕捉端点

图 15-31　绘制结果

Step 18 单击“默认”选项卡→“绘图”面板→“图案填充”按钮，为正四边形填充如图 15-32 所示的实体图案。

图 15-32　填充结果

图 15-33　窗口选择

Step 19 单击“默认”选项卡→“修改”面板→“矩形阵列”按钮，将柱子平面图进行矩形阵列。命令行操作如下：

```
命令: _arrayrect
选择对象:                          //拉出如图 15-33 所示的窗口选择框
选择对象:                          //Enter
类型 = 矩形  关联 = 否
选择夹点以编辑阵列或 [关联(AS)/基点(B)/计数(COU)/间距(S)/列数(COL)/行数(R)/层数(L)/退出(X)] <退出>:                //COU Enter
输入列数数或 [表达式(E)] <4>:    //2 Enter
输入行数数或 [表达式(E)] <3>:    //3 Enter
选择夹点以编辑阵列或 [关联(AS)/基点(B)/计数(COU)/间距(S)/列数(COL)/行数(R)/层数(L)/退出(X)] <退出>:                //s Enter
指定列之间的距离或 [单位单元(U)] <1500>:   //8100 Enter
指定行之间的距离 <1500>:            //-7200 Enter
选择夹点以编辑阵列或 [关联(AS)/基点(B)/计数(COU)/间距(S)/列数(COL)/行数(R)/层数(L)/退出(X)] <退出>:                 //Enter，阵列结果如图 15-34 所示。
```

Step 20 单击“默认”选项卡→“修改”面板→“删除”按钮，删除右下侧的柱子平面图。

Step 21 单击“默认”选项卡→“修改”面板→“镜像”按钮，执行“镜像”命令，配合“中点捕捉”功能对其他五个柱子平面图进行镜像。镜像结果如图 15-35 所示。

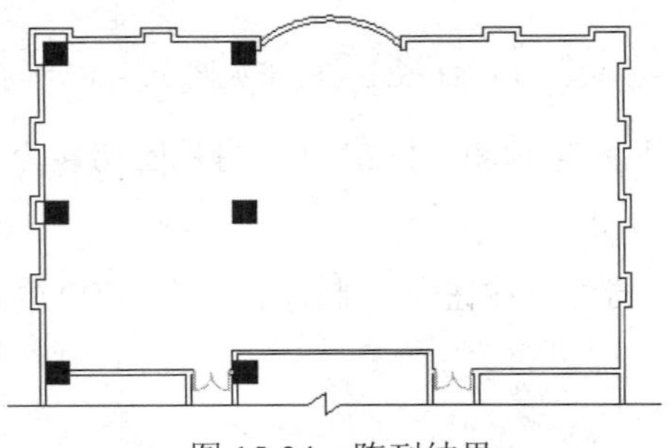

图 15-34　阵列结果

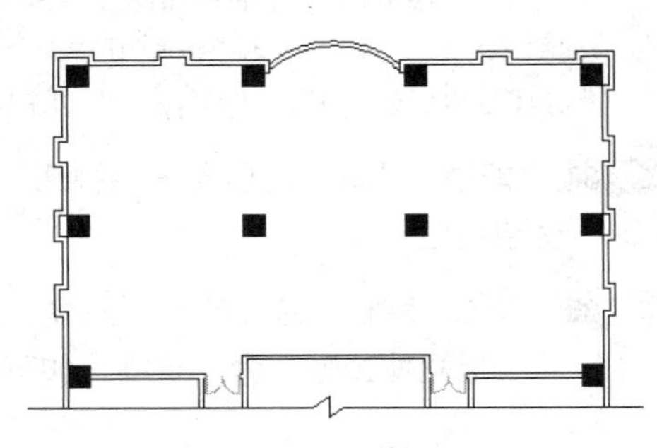

图 15-35　镜像结果

Step 22 执行“另存为”命令，将图形另名存储为“上机实训二.dwg”。

15.4 上机实训三——绘制屏风工作位造型

本例在综合巩固所学知识的前提下，主要学习市场部办公空间屏风工作位造型的具体制作过程和相关技巧。市场部办公空间屏风工作位造型的最终绘制效果如图 15-36 所示。

操作步骤：

Step 01 执行“打开”命令，打开随书光盘中的“\效果文件\第 15\上机实训二.dwg”。

Note

Step 02 展开“图层”工具栏或面板上的“图层控制”下拉列表，将“0 图层”设置为当前图层。

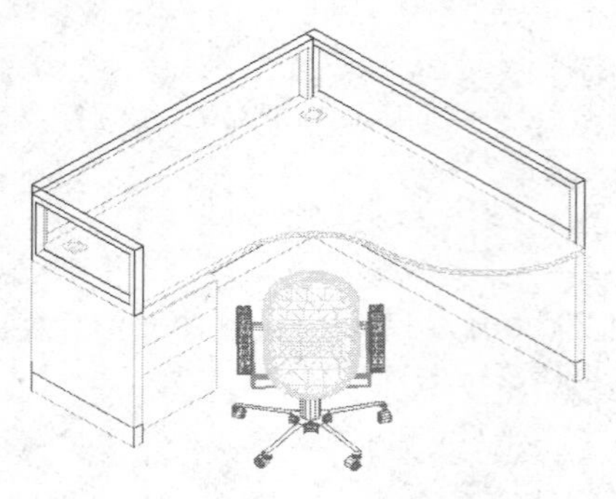

图 15-36　实例效果

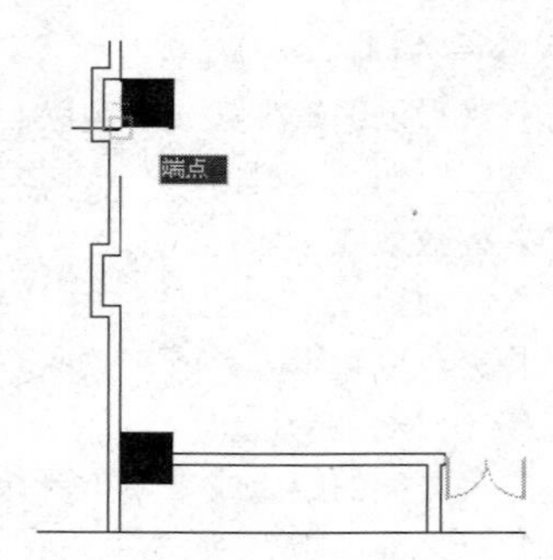

图 15-37　捕捉端点

Step 03 单击“默认”选项卡→“建模”面板→“长方体”按钮，制作踢脚板造型。命令行操作如下：

```
命令: _box
指定第一个角点或 [中心(C)]:          //激活“捕捉自”功能
_from 基点:          //捕捉如图 15-37 所示的柱子平面图左下角点
<偏移>:             //@50,-400 Enter
指定其他角点或 [立方体(C)/长度(L)]: //@50,-600,100 Enter，结果如图 15-38 所示
```

Step 04 单击“视图”选项卡→“视图”面板→“西南等轴测”按钮，将视图切换为西南视图。

Step 05 单击“默认”选项卡→“建模”面板→“长方体”按钮，制作长度为 1600 的踢脚板立体造型。命令行操作如下：

```
命令: _box
指定第一个角点或 [中心(C)]:              //捕捉如图 15-39 所示的端点
指定其他角点或 [立方体(C)/长度(L)]:  //@1600,50,100 Enter，结果如图 15-40 所示
```

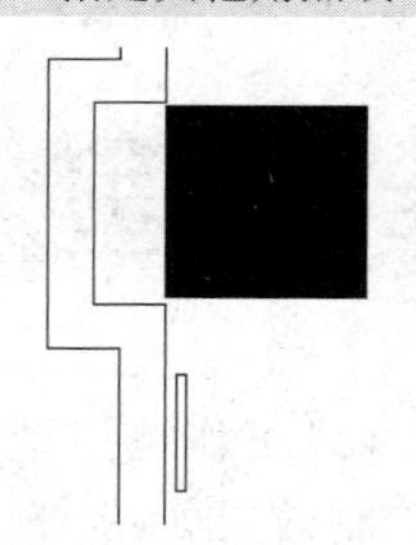

图 15-38　绘制结果

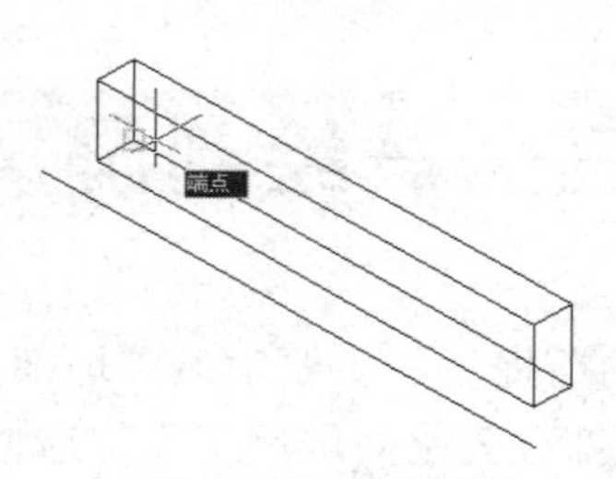

图 15-39　捕捉端点

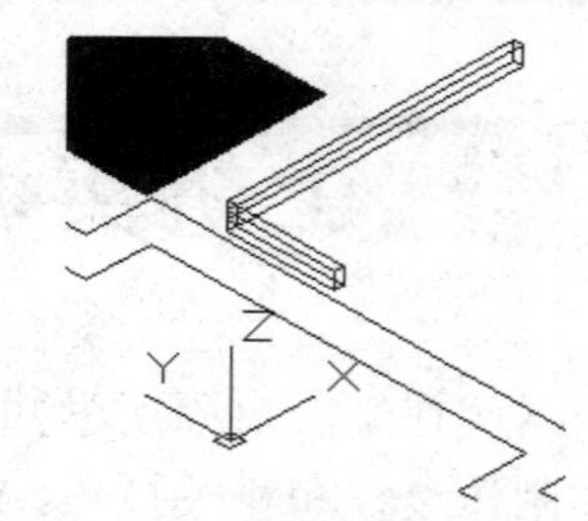

图 15-40　绘制结果

Step 06 重复执行“长方体”命令，捕捉端点捕捉和坐标输入功能继续绘制踢脚板立体造型。命令行操作如下：

```
命令: _box
指定第一个角点或 [中心(C)]:              //捕捉如图 15-41 所示的端点
指定其他角点或 [立方体(C)/长度(L)]: //@50,-1600,100 Enter，结果如图 15-42 所示
```

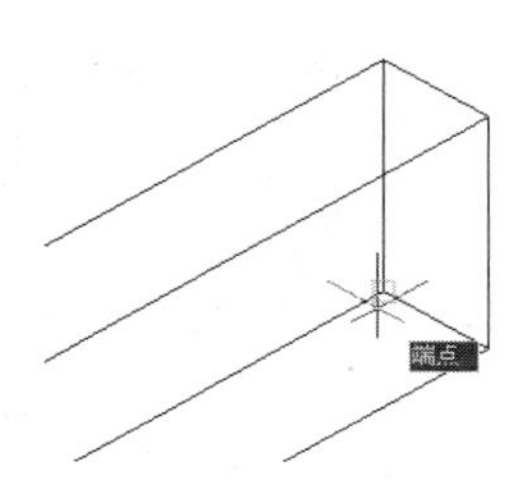

图 15-41　捕捉端点

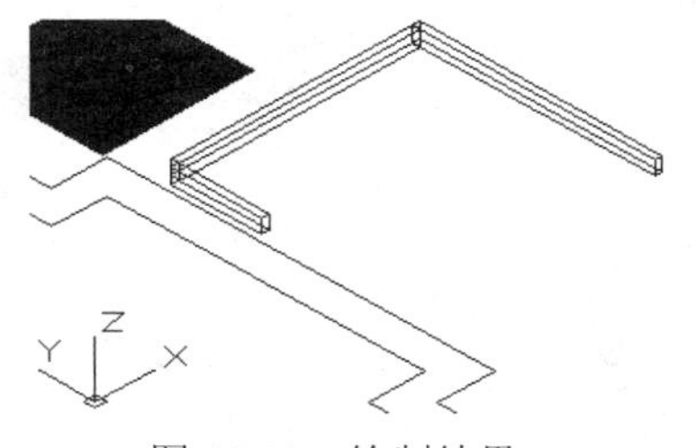

图 15-42　绘制结果

Step 07 夹点显示三个长方体，展开“颜色控制”下拉列表，修改其颜色为红色。

Step 08 单击“默认”选项卡→“修改”面板→“复制”按钮，将踢脚板造型沿 Z 轴正方向复制 100 个单位作为屏风造型。结果如图 15-43 所示。

Step 09 夹点显示复制出的屏风造型，然后展开“颜色控制”下拉列表，修改其颜色为青色，如图 15-44 所示。

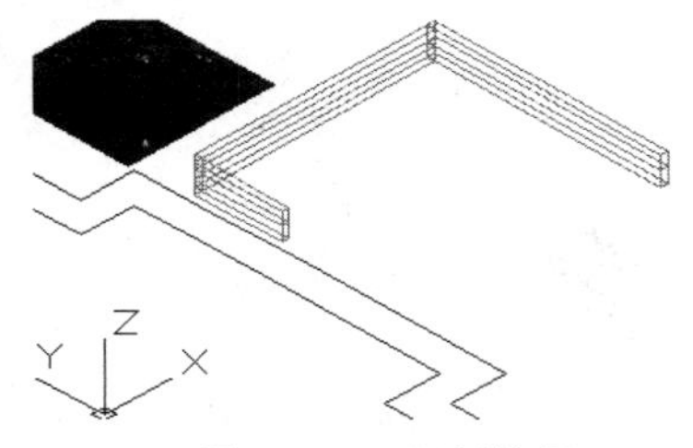

图 15-43　复制结果

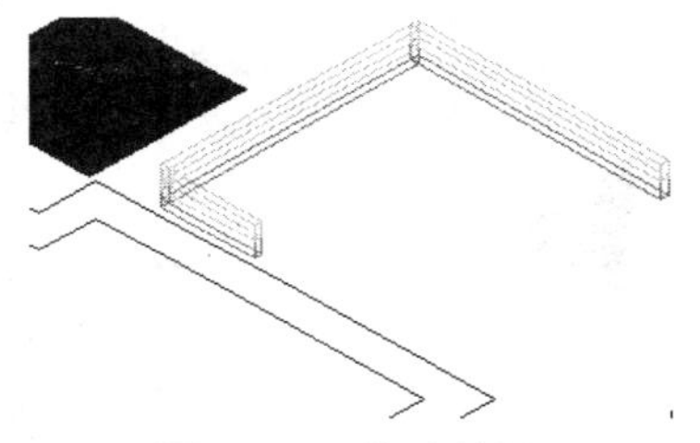

图 15-44　修改结果

Step 10 单击“实体”选项卡→“实体编辑”面板→“拉伸面”按钮，对屏风上表面进行拉伸。命令行操作如下：

```
命令: _solidedit
实体编辑自动检查:  SOLIDCHECK=1
输入实体编辑选项 [面(F)/边(E)/体(B)/放弃(U)/退出(X)] <退出>: _face
输入面编辑选项[拉伸(E)/移动(M)/旋转(R)/偏移(O)/倾斜(T)/删除(D)/复制(C)/颜色(L)/材质(A)/放弃(U)/退出(X)] <退出>: _extrude
选择面或 [放弃(U)/删除(R)]:                //选择如图 15-45 所示的屏风上表面
选择面或 [放弃(U)/删除(R)/全部(ALL)]: //Enter
指定拉伸高度或 [路径(P)]:    //550 Enter
指定拉伸的倾斜角度 <0.0>:    //Enter
已开始实体校验。
已完成实体校验。
输入面编辑选项[拉伸(E)/移动(M)/旋转(R)/偏移(O)/倾斜(T)/删除(D)/复制(C)/颜色(L)/材质(A)/放弃(U)/退出(X)] <退出>:           //Enter
实体编辑自动检查:  SOLIDCHECK=1
输入实体编辑选项 [面(F)/边(E)/体(B)/放弃(U)/退出(X)] <退出>:
//Enter，结束命令，拉伸结果如图 15-46 所示
```

Note

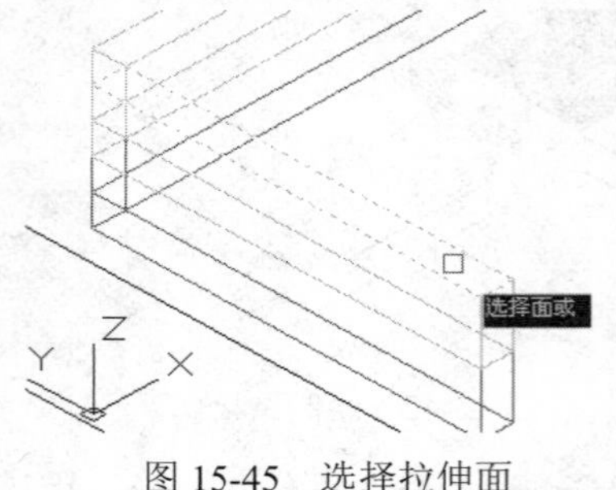

图 15-45　选择拉伸面

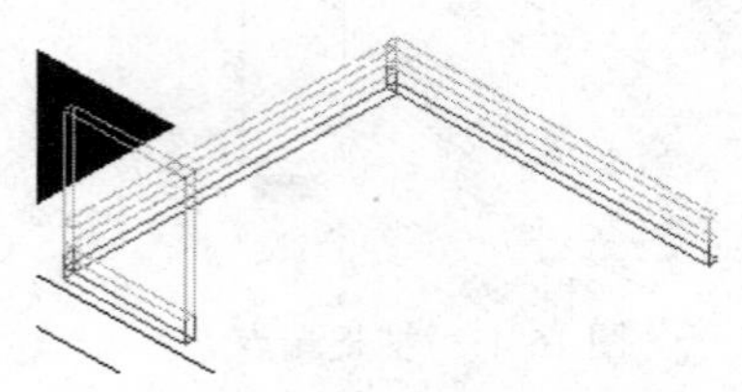

图 15-46　拉伸结果

Step 11 重复执行“拉伸面”命令，对另外两个屏风沿 Z 轴正方向拉伸 550 个单位。结果如图 15-47 所示。

Step 12 使用快捷键 CO 执行“复制”命令，将屏风造型沿 Z 轴正方向复制 650 个单位。结果如图 15-48 所示。

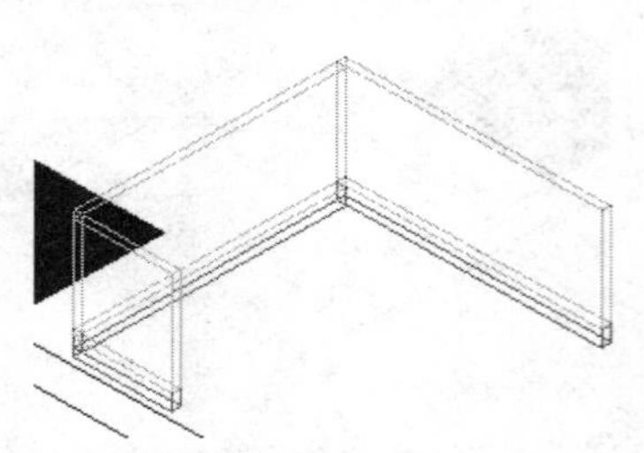

图 15-47　拉伸其他表面

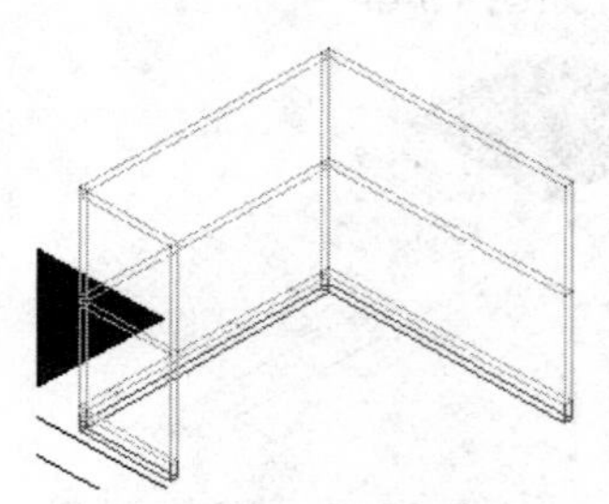

图 15-48　复制结果

Step 13 单击“实体”选项卡→“实体编辑”面板→“拉伸面”按钮，将复制出的屏风上表面沿 Z 轴负方向拉伸 300 个单位。结果如图 15-49 所示。

Step 14 夹点显示拉伸后的三个屏风造型，然后展开“颜色控制”下拉列表，修改其颜色为黑色。结果如图 15-50 所示。

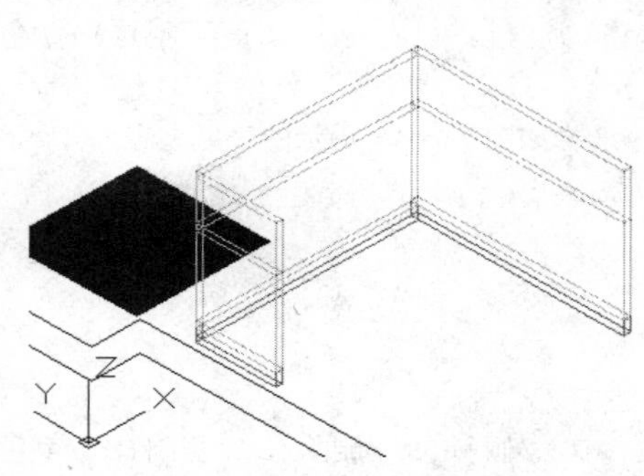

图 15-49　拉伸结果

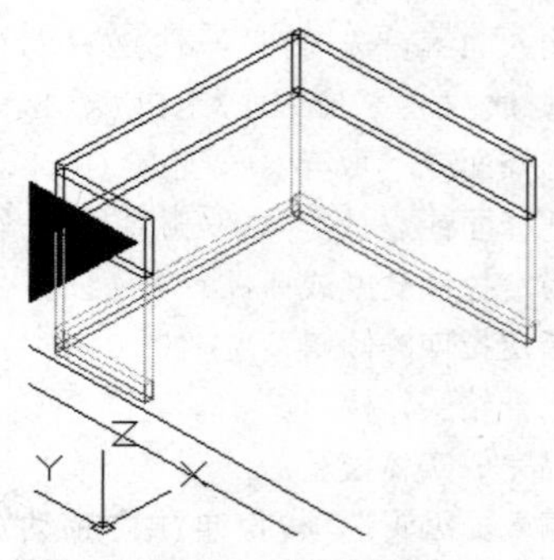

图 15-50　修改结果

Step 15 关闭“其他层”，然后单击“默认”选项卡→“建模”面板→“长方体”按钮，配合“捕捉自”功能绘制辅助长方体造型。命令行操作如下：

```
    命令: _box
指定第一个角点或 [中心(C)]:      //激活“捕捉自”功能
```

```
_from 基点:           //捕捉如图 15-51 所示的端点
<偏移>:              //@-40,0,-40 Enter
指定其他角点或 [立方体(C)/长度(L)]:
//@-1520,-50,-270 Enter，绘制结果如图 15-52 所示
```

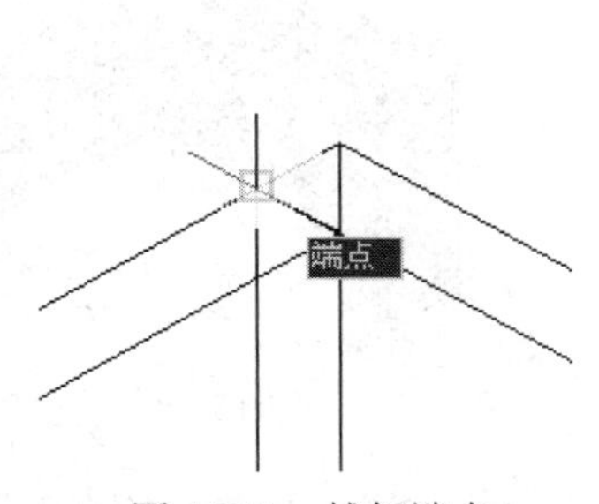

图 15-51　捕捉端点

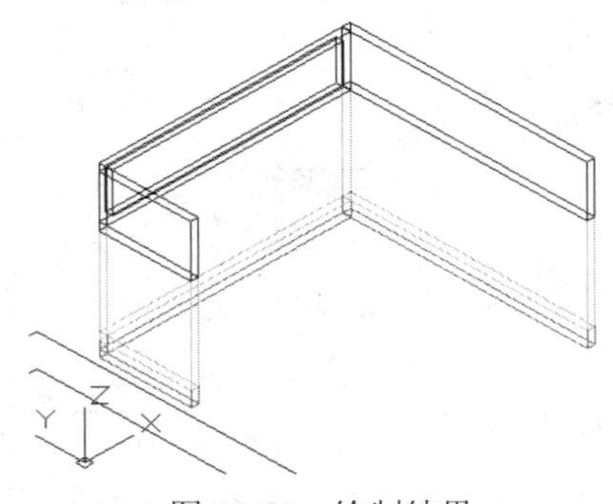

图 15-52　绘制结果

Step 16 重复执行“长方体”命令，配合“捕捉自”功能分别绘制其他位置的长方体。命令行操作如下：

```
  命令: _box
指定第一个角点或 [中心(C)]:      //激活“捕捉自”功能
_from 基点:           //捕捉如图 15-53 所示的端点
<偏移>:              //@0,-40,-40 Enter
指定其他角点或 [立方体(C)/长度(L)]: //@-50,-1520,-270 Enter
  命令: _box
指定第一个角点或 [中心(C)]:      //激活“捕捉自”功能
_from 基点:           //捕捉如图 15-54 所示的端点
<偏移>:              //@0,40,-40 Enter
指定其他角点或 [立方体(C)/长度(L)]: //@50,520,-270 Enter，结果如图 15-55 所示
```

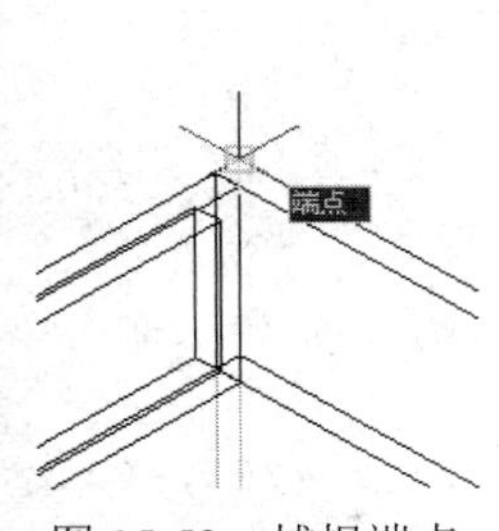

图 15-53　捕捉端点

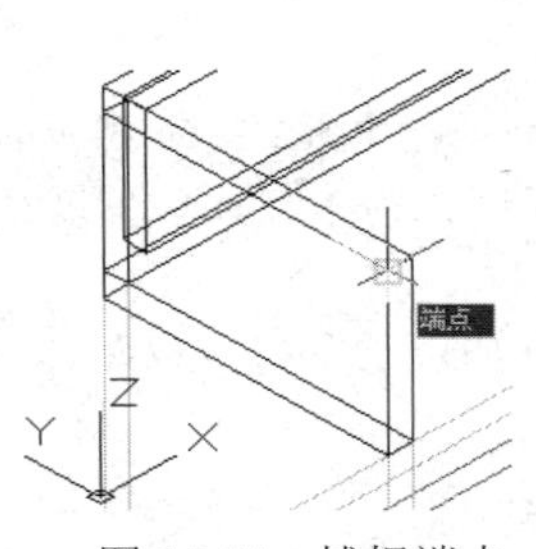

图 15-54　捕捉端点

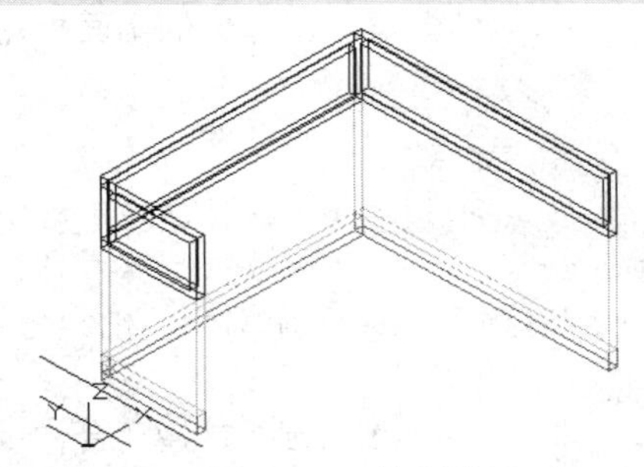

图 15-55　绘制结果

Step 17 使用快捷键 SU 执行“差集”命令，对屏风工作位进行差集。命令行操作如下：

```
  命令: Su
SUBTRACT
选择要从中减去的实体、曲面和面域...
选择对象:       //选择如图 15-56 所示的长方体
选择对象:       //Enter
```

```
选择要减去的实体、曲面和面域...
选择对象:        //选择如图 15-57 所示的长方体
选择对象:        //Enter，差集后的灰度着色效果如图 15-58 所示
```

Note

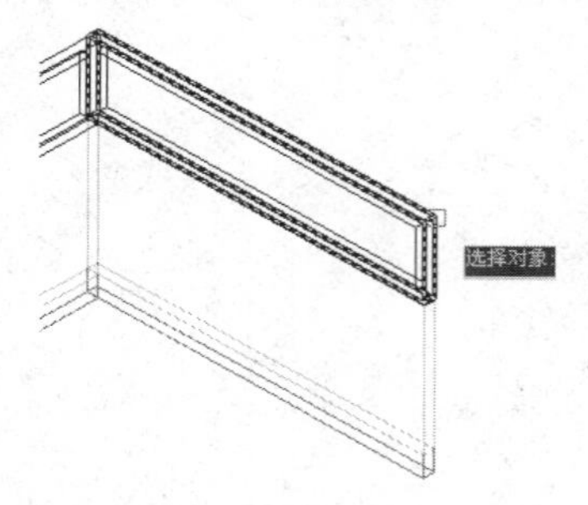

图 15-56　选择被减实体

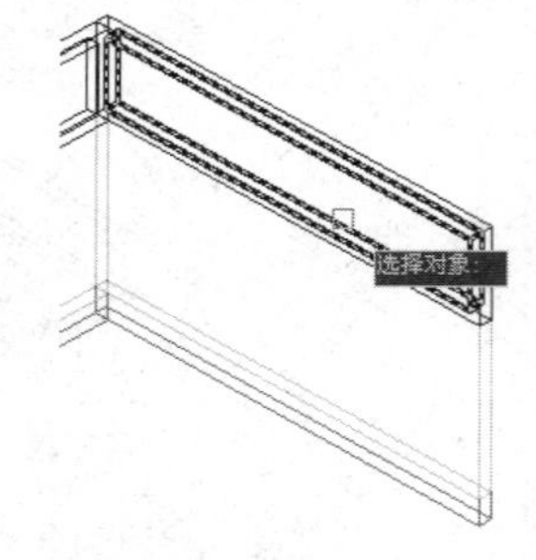

图 15-57　选择减去实体

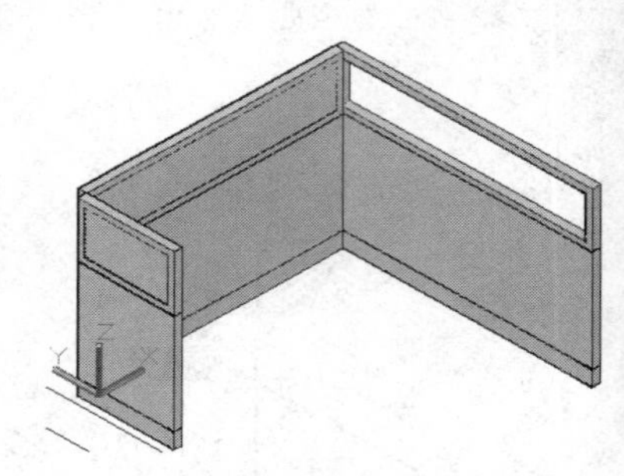

图 15-58　着色效果

Step 18 重复执行“差集”命令，分别对另外两侧的屏风进行差集。差集后的视图消隐效果如图 15-59 所示，灰度着色效果如图 15-60 所示。

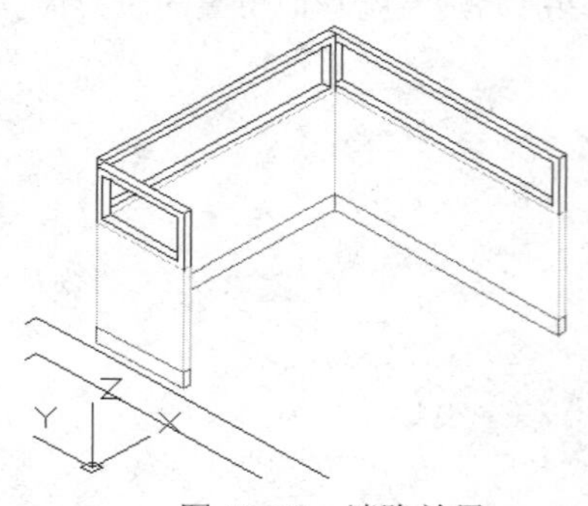

图 15-59　消隐效果

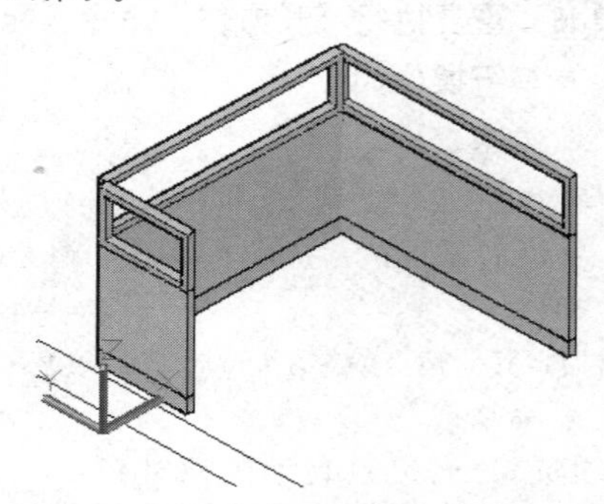

图 15-60　灰度着色效果

Step 19 单击“默认”选项卡→“绘图”面板→“多段线”按钮，配合坐标输入功能，绘制屏风工作位的桌面板轮廓线。命令行操作如下：

```
命令: _pline
指定起点:                    //捕捉如图 15-61 所示的端点
指定下一个点或 [圆弧(A)/半宽(H)/长度(L)/放弃(U)/宽度(W)]:        //@0,1600 Enter
指定下一点或 [圆弧(A)/闭合(C)/半宽(H)/长度(L)/放弃(U)/宽度(W)]: //@-1600,0 Enter
指定下一点或 [圆弧(A)/闭合(C)/半宽(H)/长度(L)/放弃(U)/宽度(W)]: //@0,-600 Enter
指定下一点或 [圆弧(A)/闭合(C)/半宽(H)/长度(L)/放弃(U)/宽度(W)]: //@600,0 Enter
指定下一点或 [圆弧(A)/闭合(C)/半宽(H)/长度(L)/放弃(U)/宽度(W)]: //a Enter
指定圆弧的端点或[角度(A)/圆心(CE)/闭合(CL)/方向(D)/半宽(H)/直线(L)/半径(R)/第二个点(S)/放弃(U)/宽度(W)]:    //@400,-400 Enter
指定圆弧的端点或[角度(A)/圆心(CE)/闭合(CL)/方向(D)/半宽(H)/直线(L)/半径(R)/第二个点(S)/放弃(U)/宽度(W)]:    //CL Enter，绘制结果如图 15-62 所示
```

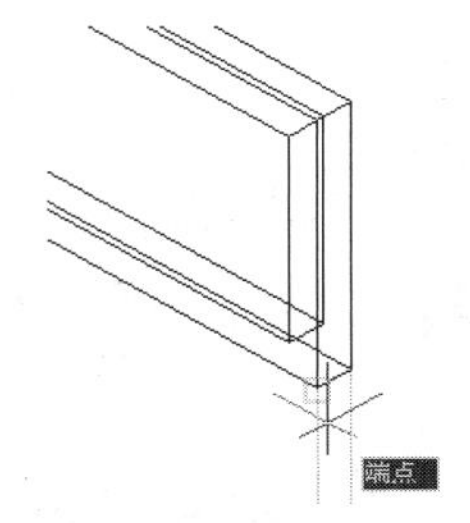

图 15-61 捕捉端点

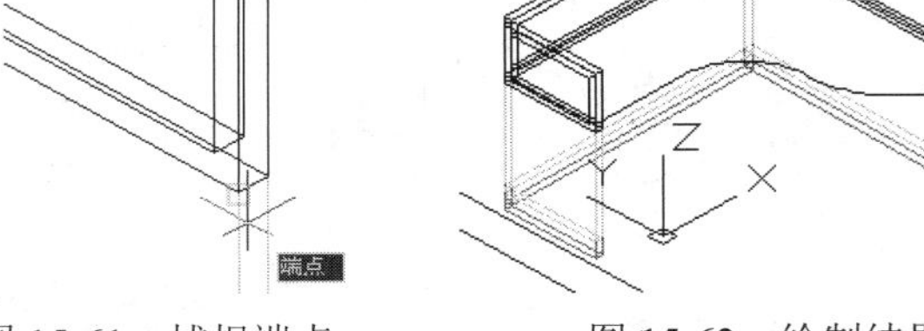

图 15-62 绘制结果

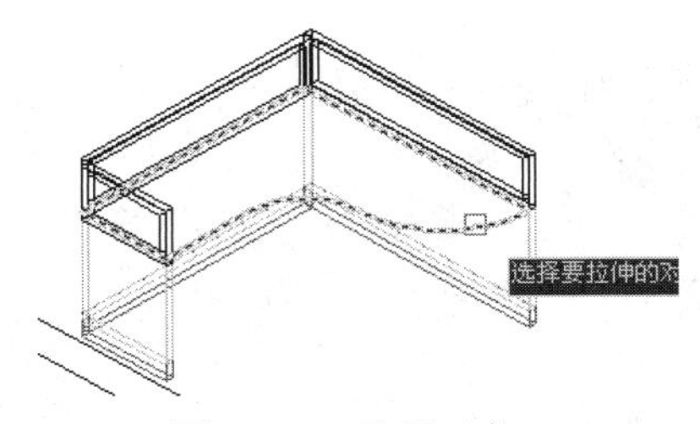

图 15-63 选择对象

Step 20 夹点显示刚绘制的桌面板轮廓线，修改颜色为青色。

Step 21 单击“默认”选项卡→“建模”面板→“拉伸”按钮，将刚绘制多段线拉伸为三维实体。命令行操作如下：

```
    命令: _extrude
  当前线框密度:  ISOLINES=4，闭合轮廓创建模式 = 实体
  选择要拉伸的对象或 [模式(MO)]: _MO 闭合轮廓创建模式 [实体(SO)/曲面(SU)] <实体>:
_SO
  选择要拉伸的对象或 [模式(MO)]:      //选择桌面板轮廓线，如图 15-63 所示
  选择要拉伸的对象或 [模式(MO)]:      // Enter
  指定拉伸的高度或 [方向(D)/路径(P)/倾斜角(T)/表达式(E)] <-270.0>:
  //@0,0,-25 Enter，拉伸结果如图 15-64 所示
```

Step 22 选择菜单栏中的“视图”→“消隐”命令，对视图进行消隐。效果如图 15-65 所示。

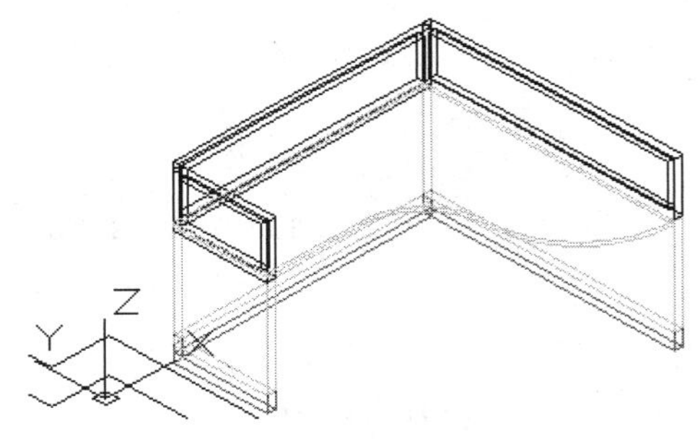

图 15-64 拉伸结果

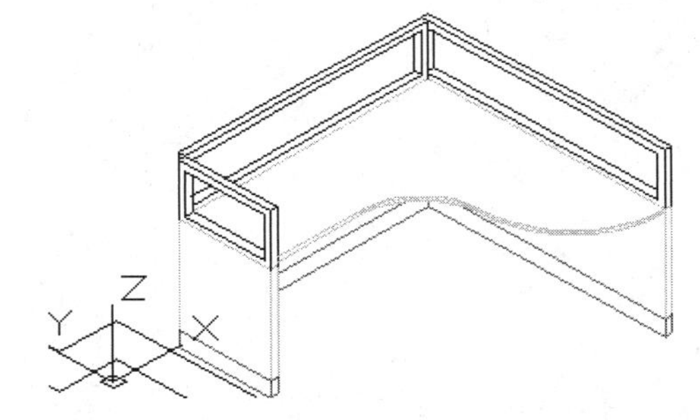

图 15-65 消隐效果

Step 23 单击“默认”选项卡→“绘图”面板→“矩形”按钮，配合“捕捉自”功能绘制走线孔。命令行操作如下：

```
    命令: _rectang
  指定第一个角点或 [倒角(C)/标高(E)/圆角(F)/厚度(T)/宽度(W)]:
   //激活“捕捉自”功能
  _from 基点:          //捕捉如图 15-66 所示的端点
  <偏移>:              //@-60,-55 Enter
  指定另一个角点或 [面积(A)/尺寸(D)/旋转(R)]:
  //@-90,-90 Enter，绘制结果如图 15-67 所示
```

Note

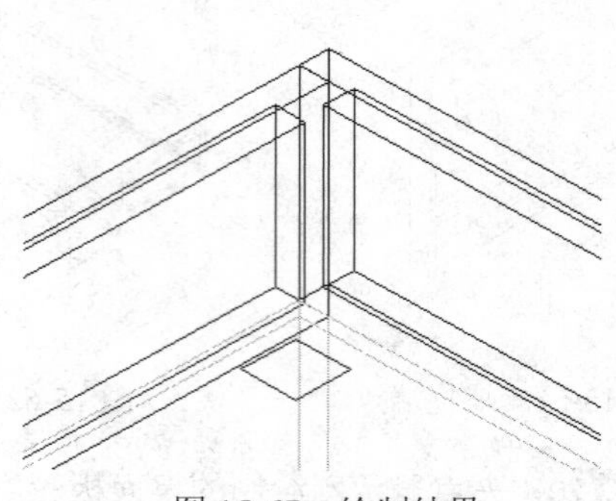

图 15-66 捕捉端点　　图 15-67 绘制结果

Step 24 使用快捷键 EXT 执行“拉伸”命令，将刚绘制的矩形沿 Z 轴正方向拉伸。结果如图 15-68 所示。命令行操作如下：

```
命令：EXT
EXTRUDE 当前线框密度： ISOLINES=4，闭合轮廓创建模式 = 实体
选择要拉伸的对象或 [模式(MO)]:          //选择刚绘制的矩形
选择要拉伸的对象或 [模式(MO)]:          //Enter
指定拉伸的高度或 [方向(D)/路径(P)/倾斜角(T)/表达式(E)]:
//2 Enter，拉伸结果如图 15-68 所示
```

Step 25 使用快捷键 C 执行“圆”命令，以图 15-69 所示的中点追踪虚线的交点作为圆心，绘制半径为 32.5 的圆。结果如图 15-70 所示。

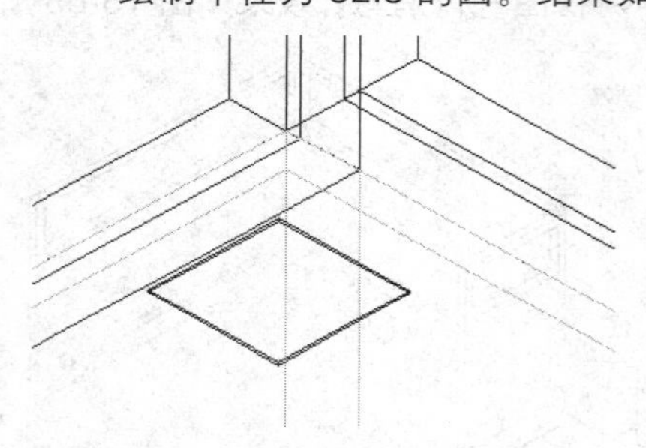

图 15-68 拉伸结果

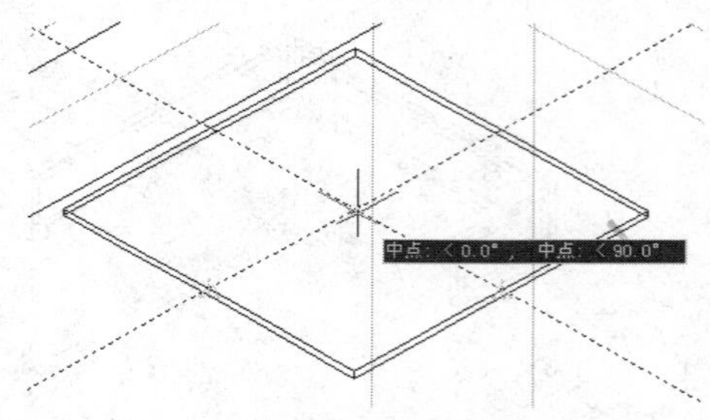

图 15-69 定位圆心

Step 26 单击“默认”选项卡→“修改”面板→“三维镜像”按钮，对走线孔造型进行镜像。命令行操作如下：

```
命令：_mirror3d
选择对象：      //选择如图 15-71 所示的走线孔
选择对象：      //Enter
指定镜像平面 (三点) 的第一个点或 [对象(O)/最近的(L)/Z 轴(Z)/视图(V)/XY 平面
(XY)/YZ 平面(YZ)/ZX 平面(ZX)/三点(3)] <三点>:  //YZ Enter
指定 YZ 平面上的点 <0,0,0>:                     //捕捉如图 15-72 所示的中点
是否删除源对象？[是(Y)/否(N)] <否>:            //Enter，镜像结果如图 15-73 所示
```

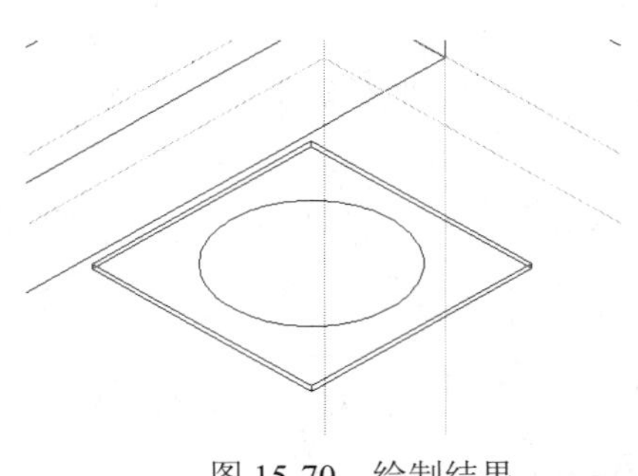

图 15-70　绘制结果

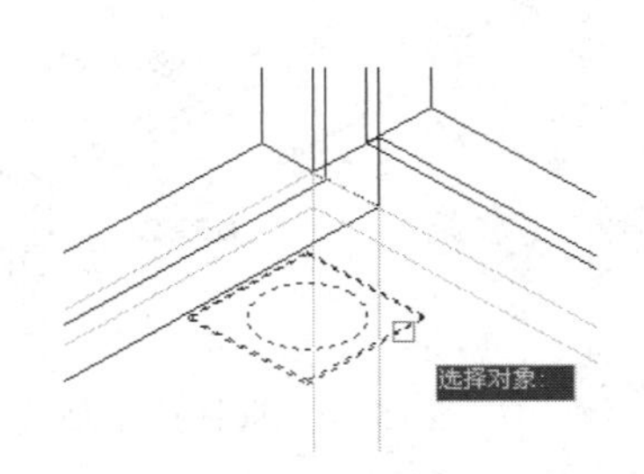

图 15-71　选择结果

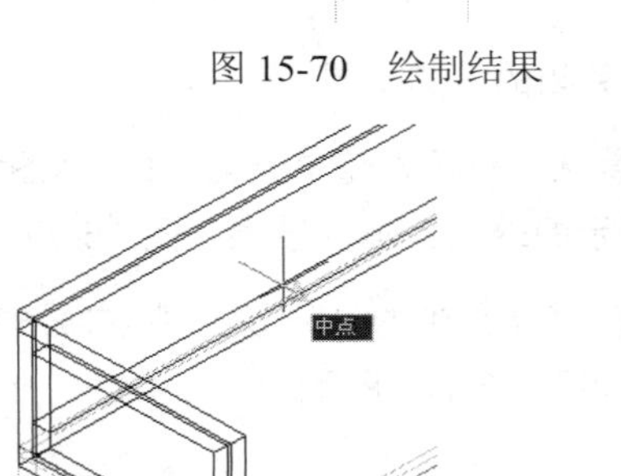

图 15-72　捕捉中点

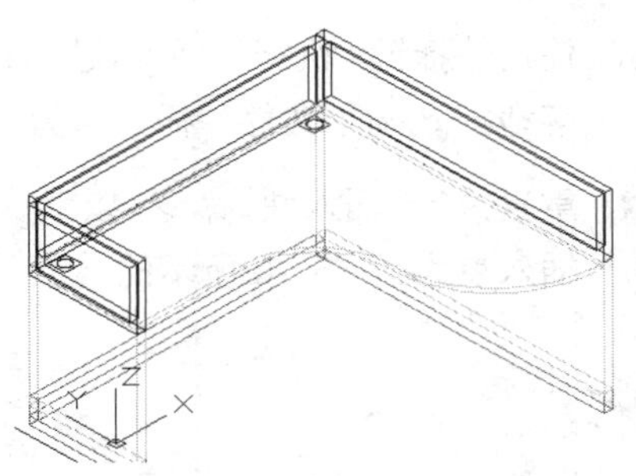

图 15-73　镜像结果

Step 27 使用快捷键 M 执行“移动”命令，选择两个走线孔造型，沿 Y 轴负方向位移 50 个单位。

Step 28 将当前视图切换到西北视图，然后单击“实体”选项卡→“实体编辑”面板→“拉伸面”按钮，对桌面板侧面进行拉伸。命令行操作如下：

```
命令：_solidedit
实体编辑自动检查： SOLIDCHECK=1
输入实体编辑选项 [面(F)/边(E)/体(B)/放弃(U)/退出(X)] <退出>: _face
输入面编辑选项[拉伸(E)/移动(M)/旋转(R)/偏移(O)/倾斜(T)/删除(D)/复制(C)/颜色(L)/材质(A)/放弃(U)/退出(X)] <退出>: _extrude
选择面或 [放弃(U)/删除(R)]:                //选择如图 15-74 所示的表面
选择面或 [放弃(U)/删除(R)/全部(ALL)]: //Enter
指定拉伸高度或 [路径(P)]:     //-50 Enter
指定拉伸的倾斜角度 <0.0>:     //Enter
已开始实体校验。
已完成实体校验。
输入面编辑选项[拉伸(E)/移动(M)/旋转(R)/偏移(O)/倾斜(T)/删除(D)/复制(C)/颜色(L)/材质(A)/放弃(U)/退出(X)] <退出>:    //Enter
实体编辑自动检查： SOLIDCHECK=1
输入实体编辑选项 [面(F)/边(E)/体(B)/放弃(U)/退出(X)] <退出>:
  //Enter，结束命令，拉伸结果如图 15-75 所示
```

Note

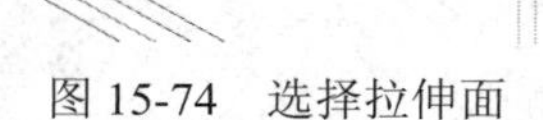

图 15-74　选择拉伸面

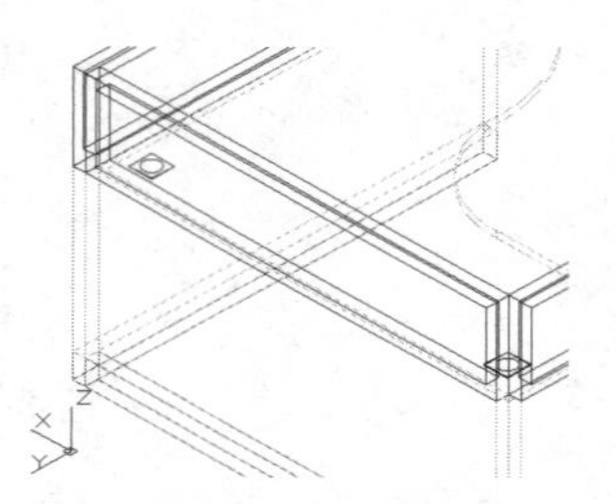

图 15-75　拉伸结果

Step 29 将当前视图切换到西南视图，然后打开被关闭的“其他层”。

Step 30 使用快捷键 I 执行“插入块”命令，采用默认参数插入随书光盘中的“\图块文件\落地柜.dwg”文件，插入点为图 15-76 所示的端点，插入结果如图 15-77 所示。

Step 31 重复执行“插入块”命令，以默认参数插入随书光盘中的“\图块文件\办公椅.dwg”，插入点为图 15-76 所示的端点，插入结果如图 15-78 所示。

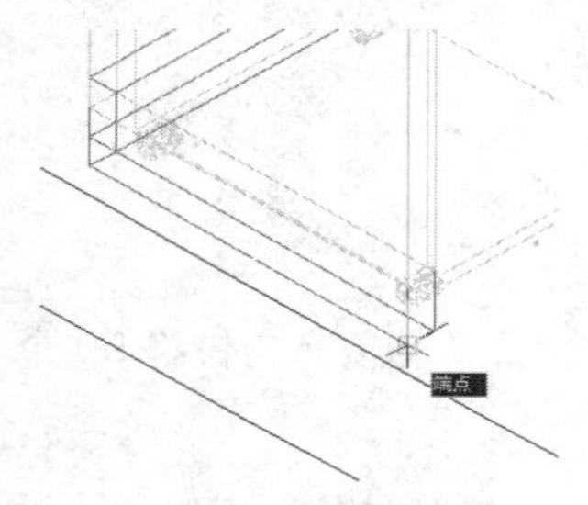

图 15-76　捕捉端点

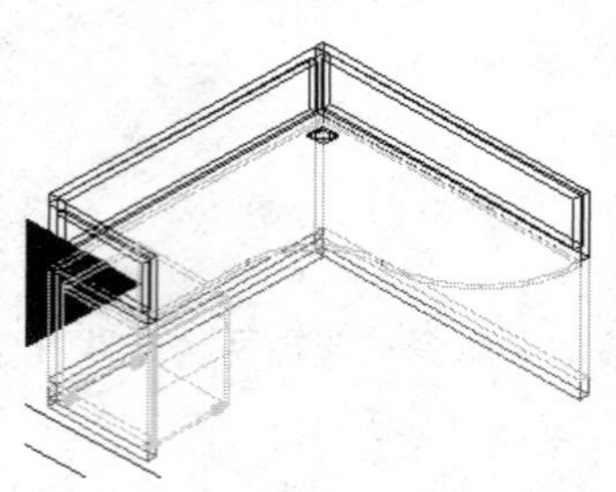

图 15-77　插入结果

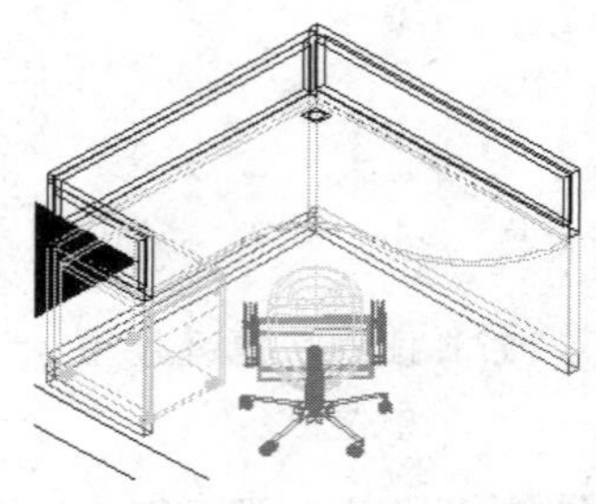

图 15-78　插入结果

Step 32 使用快捷键 H 执行“消隐”命令，对视图进行消隐着色。最终结果如图 15-36 所示。

Step 33 执行“另存为”命令，将图形另名存储为“上机实训三.dwg”。

15.5 上机实训四——绘制办公资料柜造型

本例在综合巩固所学知识的前提下，主要学习市场部办公资料柜立体造型的具体制作过程和相关技巧。市场部办公资料柜立体造型的最终制作效果如图 15-79 所示。

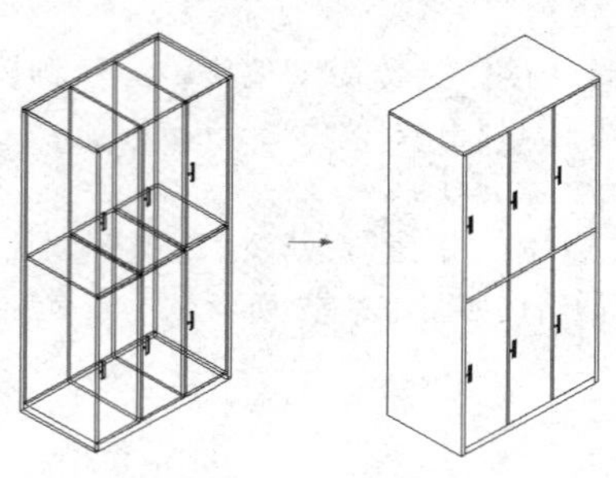

图 15-79　实例效果

操作步骤：

Step 01 执行“打开”命令，打开随书光盘中的“\效果文件\第 15 章\上机实训三.dwg”。

Step 02 将视图切换到前视图，然后单击“默认”选项卡→“绘图”面板→“矩形”按钮，绘制长度为 18、宽度为 1782 的矩形，作为资料柜一侧的侧板。

Step 03 重复执行“矩形”命令，配合“端点捕捉”功能绘制长度为 864、宽度为 40 的底板，如图 15-80 所示。

Step 04 单击“默认”选项卡→“修改”面板→“镜像”按钮，配合中点捕捉功能对资料柜侧板进行垂直镜像。结果如图 15-81 所示。

Step 05 单击“默认”选项卡→“绘图”面板→“矩形”按钮，配合“端点捕捉”功能绘制如图 15-82 所示的资料柜顶板，其中顶板长为 900、宽为 18。

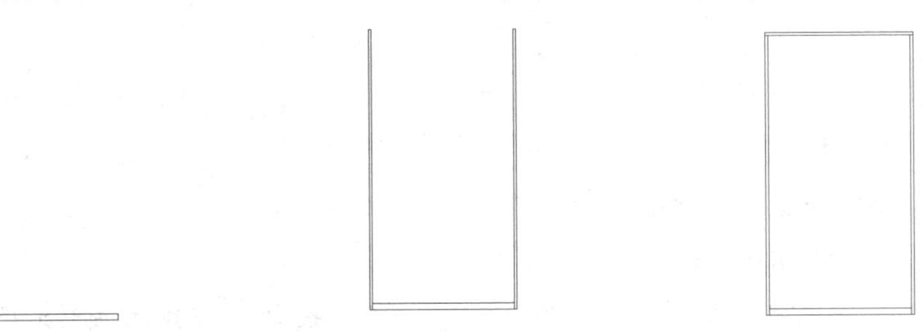

图 15-80　绘制侧板和底板　　图 15-81　镜像侧板　　图 15-82　绘制顶板

Step 06 单击“默认”选项卡→“绘图”面板→“构造线”按钮，配合“两点之间的中点”捕捉功能，绘制水平构造线作为辅助线。命令行操作如下：

```
命令：_xline
指定点或 [水平(H)/垂直(V)/角度(A)/二等分(B)/偏移(O)]：
//激活“两点之间的中点”功能
_m2p 中点的第一点：          //捕捉如图 15-83 所示的端点
中点的第二点：               //捕捉如图 15-84 所示的端点
指定通过点：                 //@1,0 Enter
指定通过点：                 //Enter，绘制结果如图 15-85 所示
```

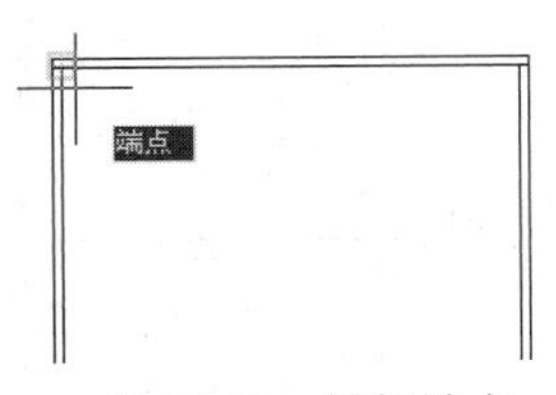

图 15-83　捕捉端点

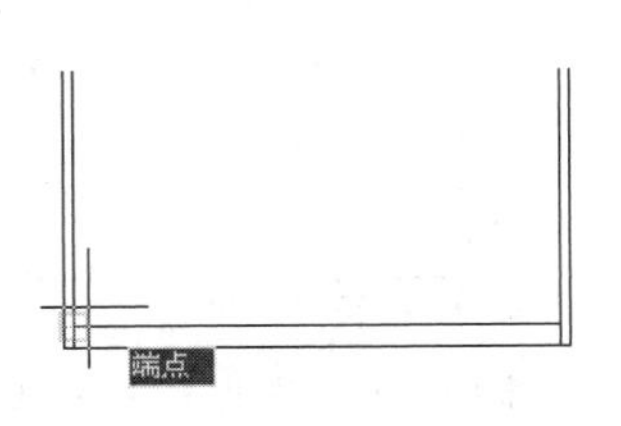

图 15-84　捕捉端点

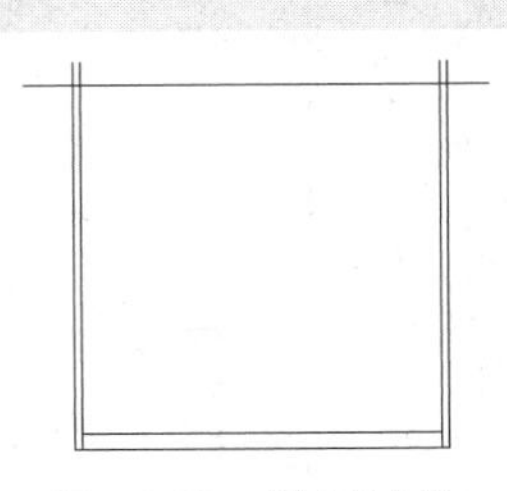

图 15-85　绘制结果

Step 07 将水平的构造线垂直向下位移 9 个单位，然后使用“矩形”命令绘制如图 15-86 所示的资料柜横板，长度为 864、宽度为 18。

Note

Step 08 将水平构造线删除，然后使用“矩形”命令，配合“捕捉自”功能绘制隔板。命令行操作如下：

```
命令: _rectang
指定第一个角点或 [倒角(C)/标高(E)/圆角(F)/厚度(T)/宽度(W)]: //激活“捕捉自”功能
_from 基点:              //捕捉如图 15-87 所示的端点
<偏移>:                  //@276,0 Enter
指定另一个角点或 [面积(A)/尺寸(D)/旋转(R)]:
//@18,862 Enter，绘制结果如图 15-88 所示
```

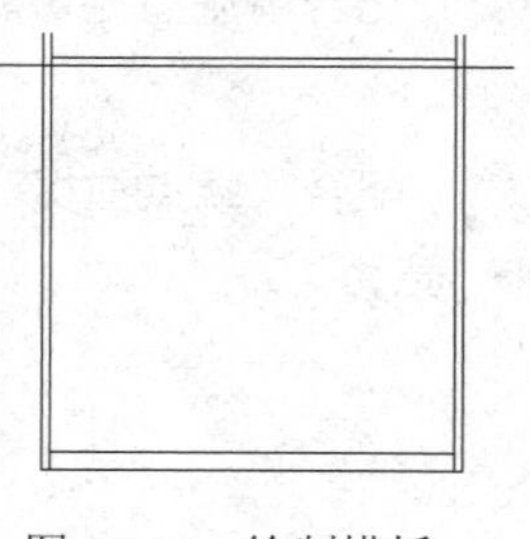

图 15-86　绘制横板

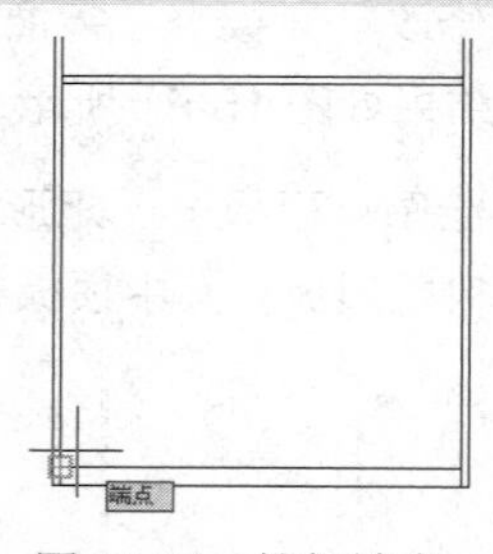

图 15-87　捕捉端点

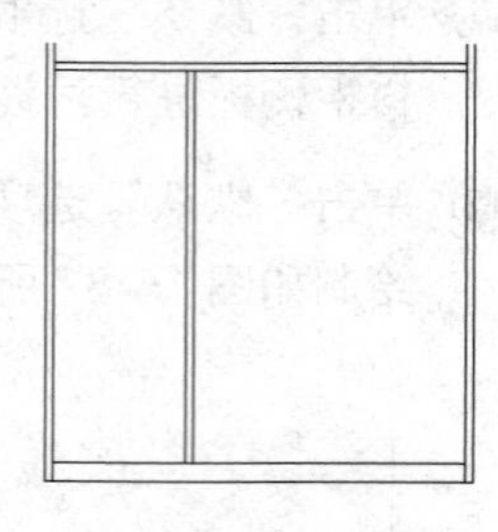

图 15-88　绘制隔板

Step 09 单击“默认”选项卡→“绘图”面板→“矩形”按钮▭，分别捕捉如图 15-89 和图 15-90 所示的两个端点，绘制柜门。

Step 10 使用快捷键 REC 执行“矩形”命令，配合“捕捉自”功能绘制矩形把手。命令行操作如下：

```
命令: rec                           //Enter
RECTANG 指定第一个角点或 [倒角(C)/标高(E)/圆角(F)/厚度(T)/宽度(W)]:
                                    //激活“捕捉自”功能
_from 基点:                         //捕捉如图 15-91 所示的端点
<偏移>:                             //@22,381 Enter
指定另一个角点或 [面积(A)/尺寸(D)/旋转(R)]: //@18.8,100Enter，结果如图 15-92
所示
```

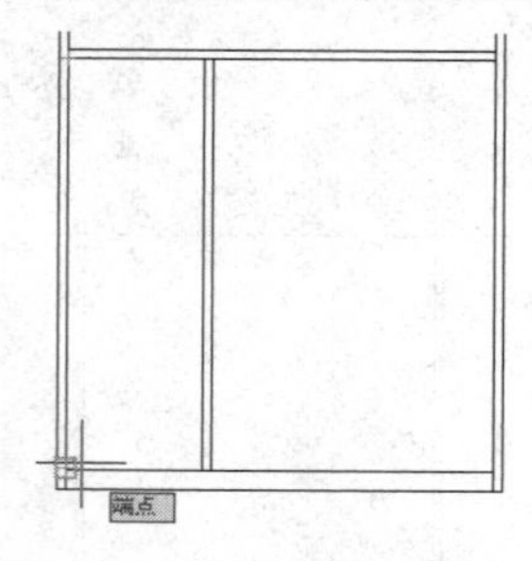

图 15-89　定位柜门左下角点

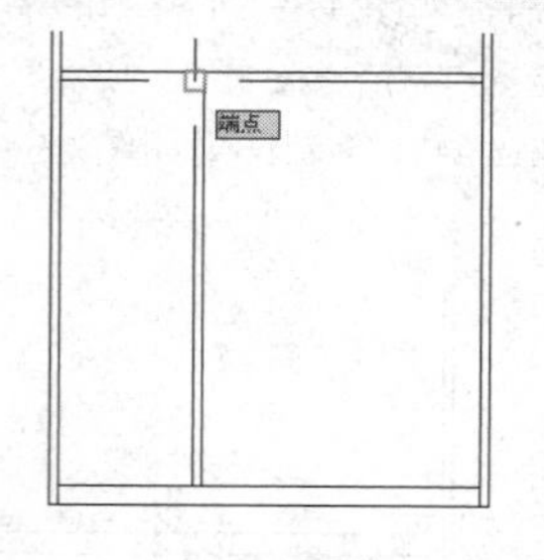

图 15-90　定位右上角点

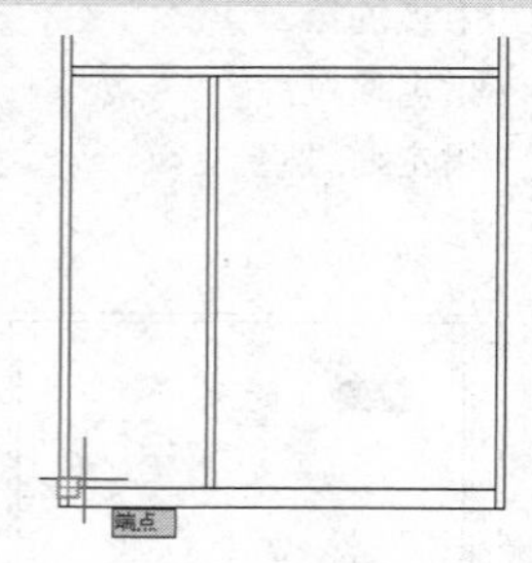

图 15-91　捕捉端点

Step 11 单击“默认”选项卡→“绘图”面板→“直线”按钮╱，配合“中点捕捉”功能，绘制把手示意线。命令行操作如下：

```
命令: _line
指定第一点:                          //捕捉如图 15-93 所示的中点
```

```
指定下一点或 [放弃(U)]:          //捕捉如图 15-94 所示的中点
指定下一点或 [放弃(U)]:          //Enter，绘制结果如图 15-95 所示
```

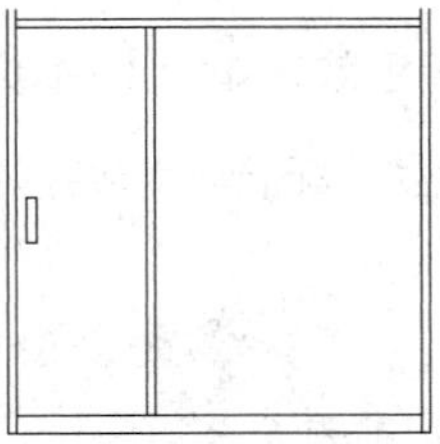

图 15-92　绘制结果

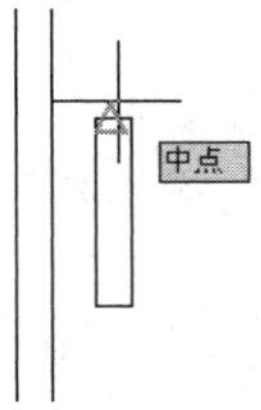

图 15-93　捕捉中点

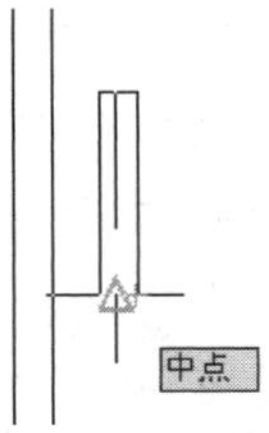

图 15-94　捕捉中点

Step 12 单击菜单栏中的"绘图"→"圆"→"圆心、直径"命令，配合"捕捉自"功能绘制锁示意轮廓图。命令行操作如下：

```
命令: _circle
指定圆的圆心或 [三点(3P)/两点(2P)/切点、切点、半径(T)]: //激活"捕捉自"功能
_from 基点:                    //捕捉如图 15-96 所示的端点
<偏移>:                        //@-12,50 Enter
指定圆的半径或 [直径(D)]: _d 指定圆的直径: //13 Enter，绘制结果如图 15-97 所示
```

图 15-95　绘制结果

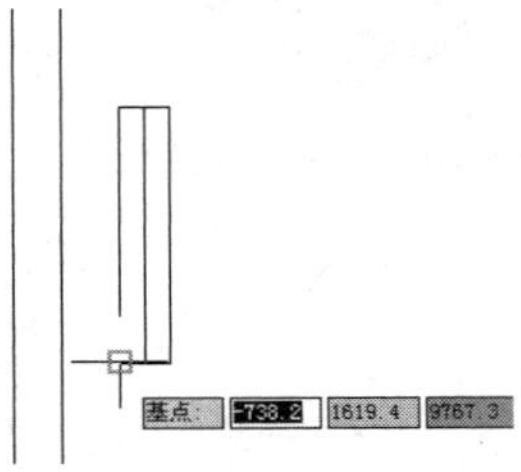

图 15-96　捕捉端点

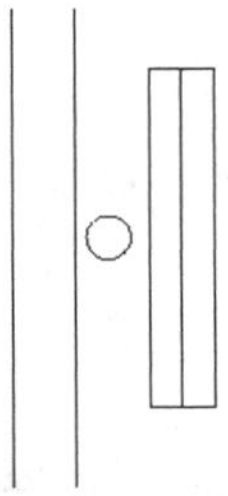

图 15-97　绘制结果

Step 13 单击"默认"选项卡→"修改"面板→"矩形阵列"按钮，设置阵列行数为 2、列数为 3、行偏移为 880、列偏移为 294，然后框选如图 15-98 所示的图形进行阵列。阵列结果如图 15-99 所示。

Step 14 夹点显示如图 15-100 所示的两个多余矩形，将其删除。

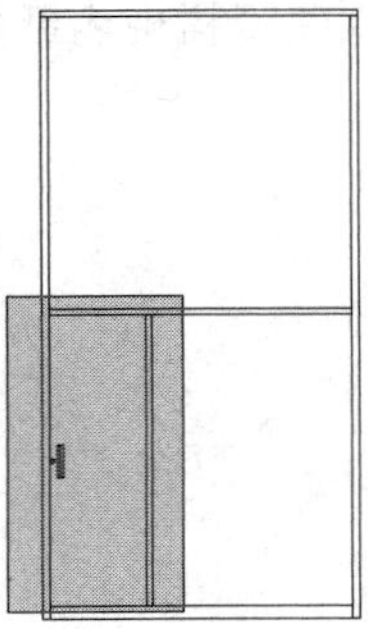

图 15-98　窗口选择

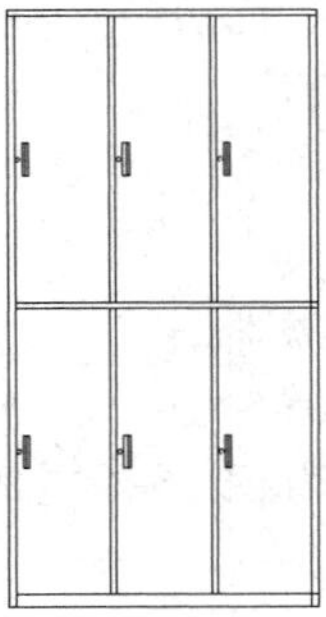

图 15-99　阵列结果

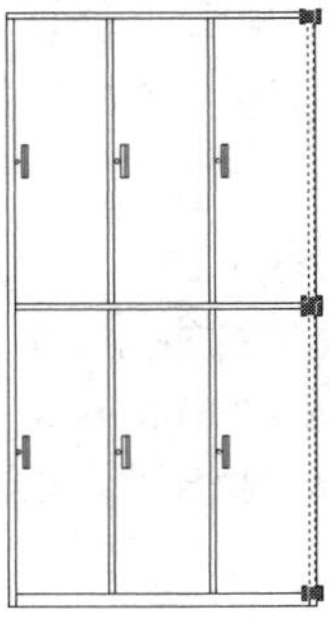

图 15-100　夹点显示

Step 15 单击“默认”选项卡→“建模”面板→“拉伸”按钮，分别选择衣柜侧板、顶板和底板等外框，将其沿 Z 轴负方向拉伸 500 个单位。

Note

Step 16 将视图切换为西南视图，拉伸结果如图 15-101 所示，概念着色效果如图 15-102 所示。

Step 17 单击“默认”选项卡→“建模”面板→“长方体”按钮，配合“端点捕捉”功能制作资料柜后侧挡板。命令行操作如下：

```
命令: _box
指定第一个角点或 [中心(C)]:              //捕捉如图 15-103 所示的端点
指定其他角点或 [立方体(C)/长度(L)]:      //捕捉如图 15-104 所示的端点
指定高度或 [两点(2P)] <-500.0000>: //沿 Z 轴正方向输入 18 Enter，结果如图 15-105
所示，其概念着色效果如图 15-106 所示
```

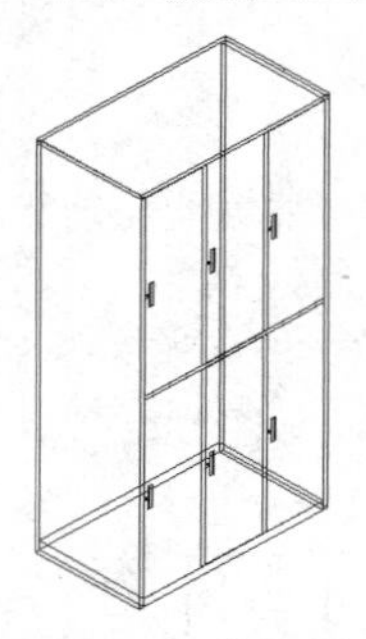

图 15-101　切换视图

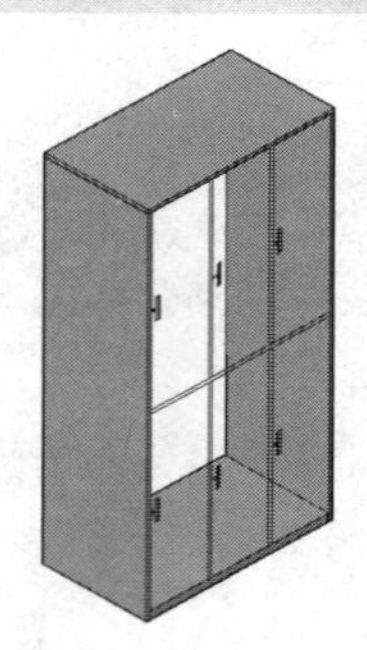

图 15-102　概念着色效果

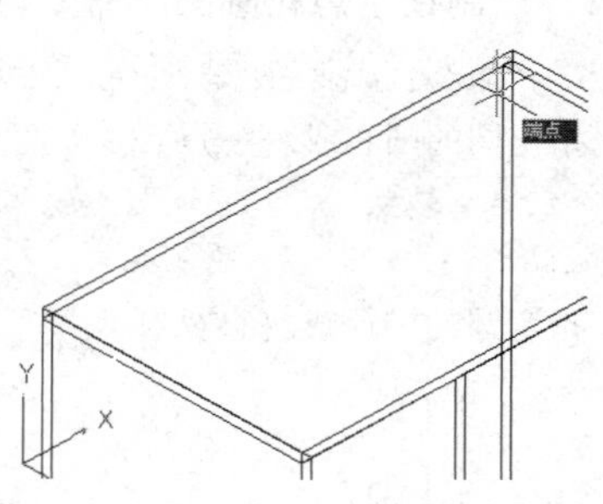

图 15-103　捕捉端点

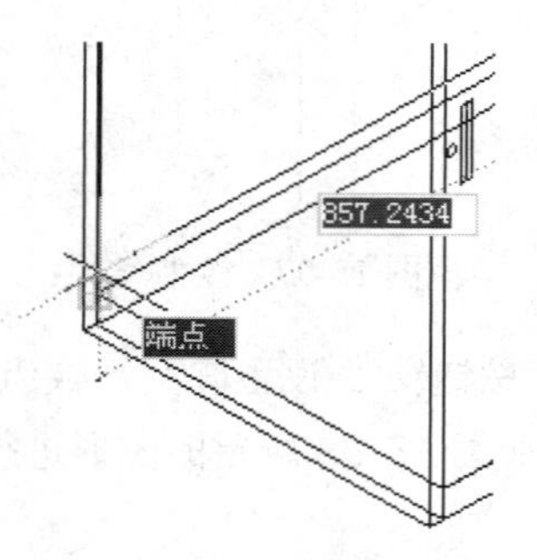

图 15-104　捕捉端点

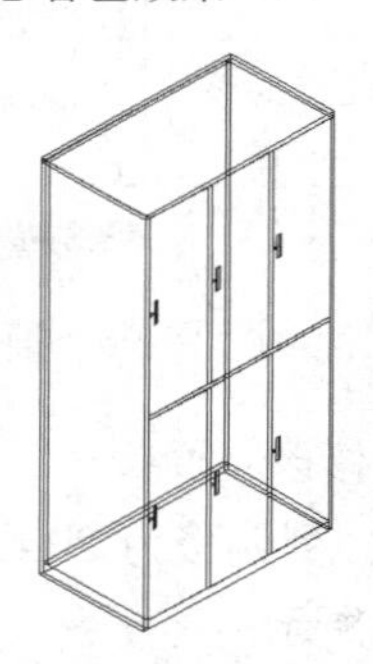

图 15-105　创建结果

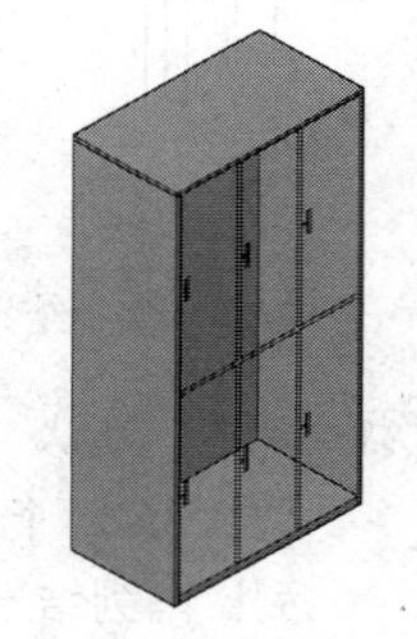

图 15-106　概念着色效果

Step 18 单击“默认”选项卡→“建模”面板→“拉伸”按钮，创建资料柜内部隔板模型。命令行操作如下：

```
命令: _extrude
当前线框密度: ISOLINES=4
选择要拉伸的对象:              //选择如图 15-107 所示的矩形
选择要拉伸的对象:              //选择如图 15-108 所示的矩形
选择要拉伸的对象:              //选择如图 15-109 所示的矩形
```

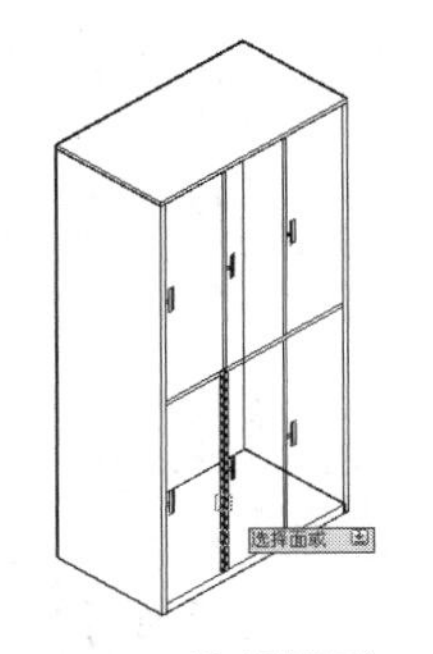

图 15-107　选择矩形

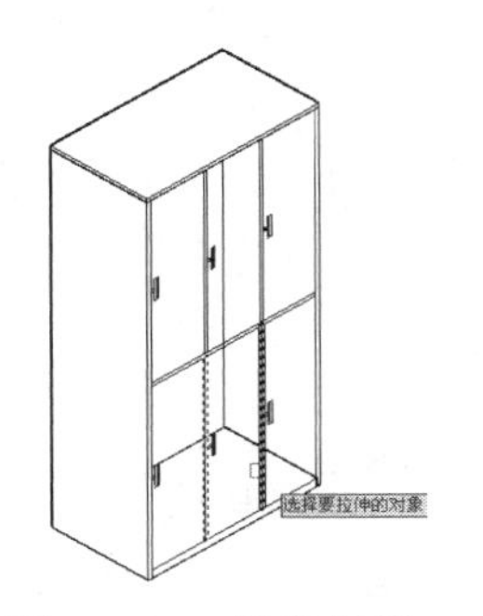

图 15-108　选择矩形

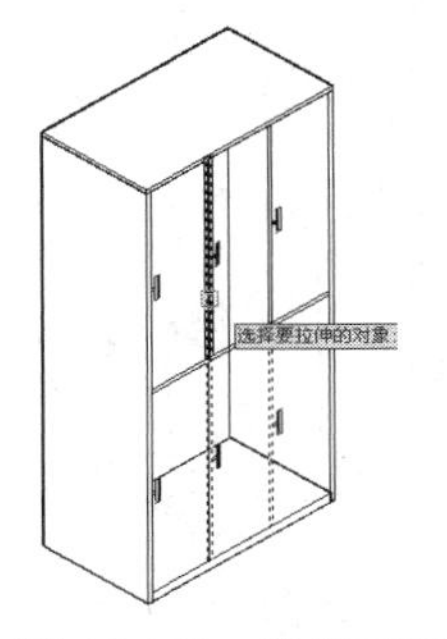

图 15-109　选择矩形

```
选择要拉伸的对象:                //选择如图 15-110 所示的矩形
选择要拉伸的对象:                //选择如图 15-111 所示的矩形
选择要拉伸的对象:                //Enter，结束选择
指定拉伸的高度或 [方向(D)/路径(P)/倾斜角(T)] <18.0000>:
//-482 Enter，拉伸结果如图 15-112 所示，其概念着色效果如图 15-113 所示
```

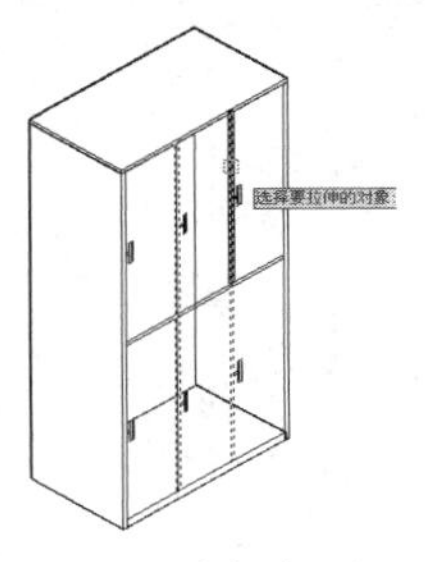

图 15-110　选择矩形

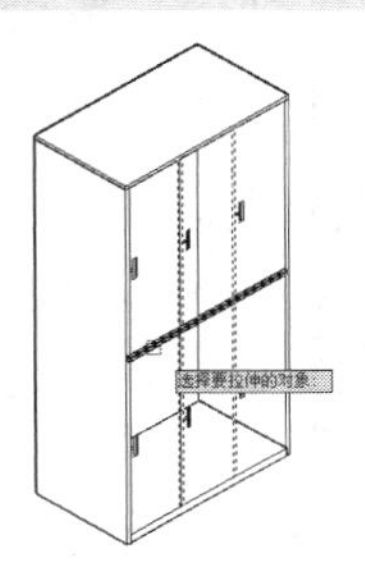

图 15-111　选择矩形

图 15-112　拉伸结果

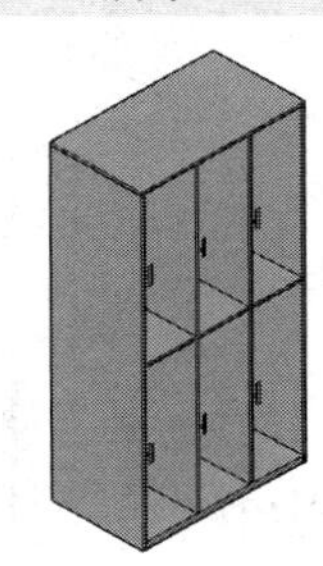

图 15-113　概念着色效果

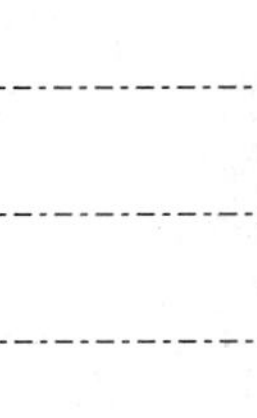

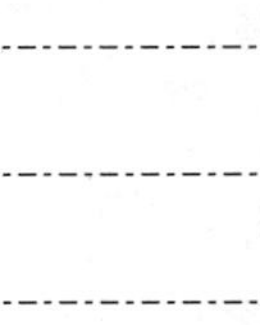

Step 19 重复执行“拉伸”命令，创建资料柜各位置的门模型。命令行操作如下：

```
命令: _extrude
当前线框密度:  ISOLINES=4
选择要拉伸的对象:                //选择如图 15-114 所示的矩形
选择要拉伸的对象:                //选择如图 15-115 所示的矩形
选择要拉伸的对象:                //选择如图 15-116 所示的矩形
选择要拉伸的对象:                //选择如图 15-117 所示的矩形
选择要拉伸的对象:                //选择如图 15-118 所示的矩形
选择要拉伸的对象:                //选择如图 15-119 所示的矩形
```

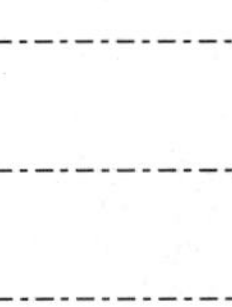

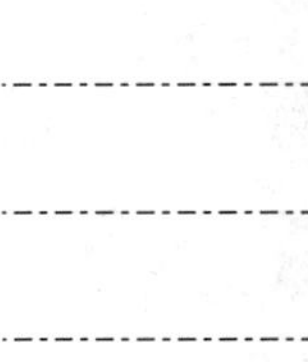

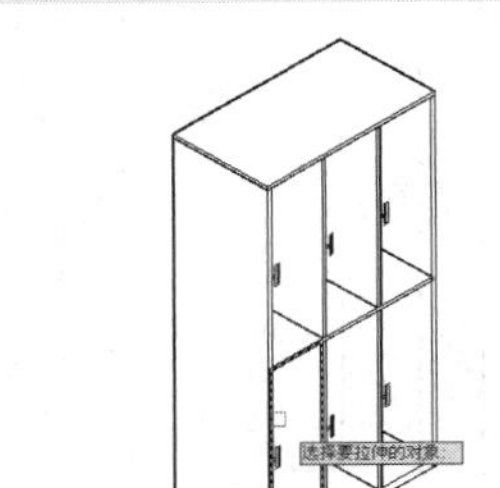

图 15-114　选择矩形

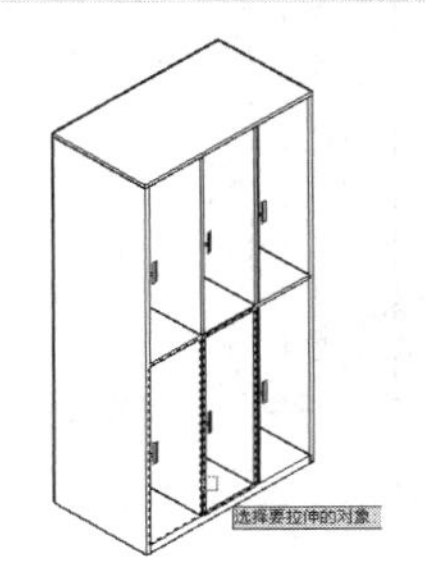

图 15-115　选择矩形

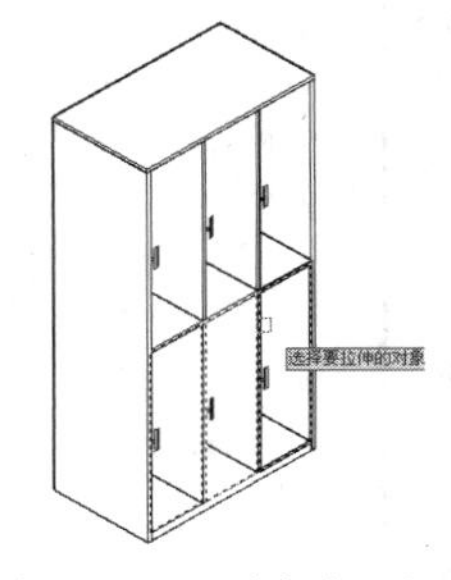

图 15-116　选择矩形

Note

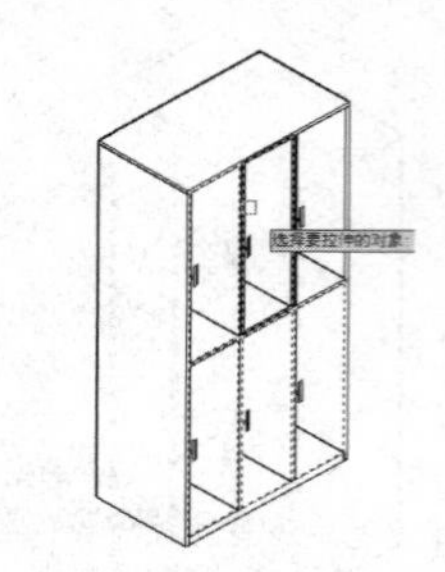

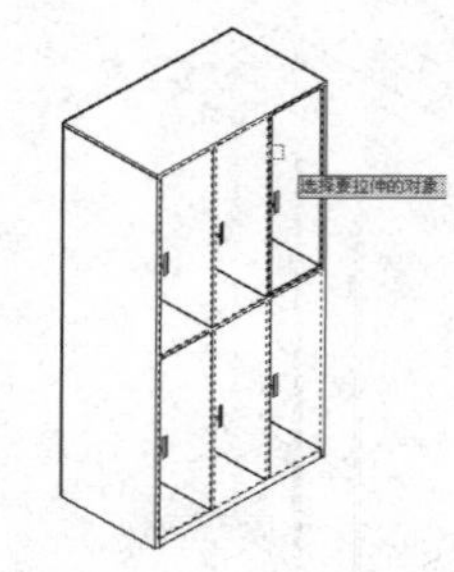

图 15-117　选择矩形　　图 15-118　选择矩形　　图 15-119　选择矩形

```
选择要拉伸的对象:                //Enter，结束选择
指定拉伸的高度或 [方向(D)/路径(P)/倾斜角(T)] <-482.0000>:
//-18 Enter，拉伸结果如图 15-120 所示，其概念着色效果如图 15-121 所示
```

Step 20 选择菜单栏中的"工具"→"新建 UCS"→"世界"命令，将当前坐标系恢复为世界坐标系，如图 15-122 所示。

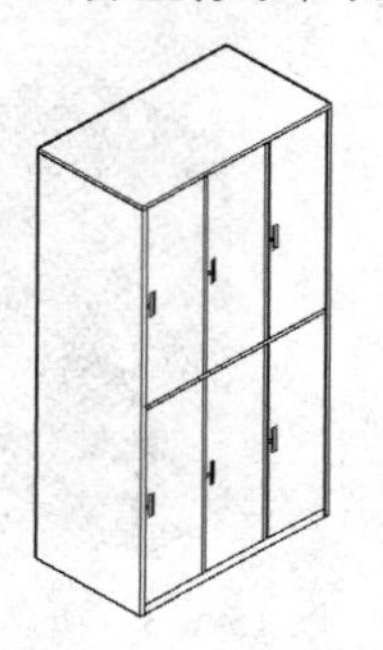

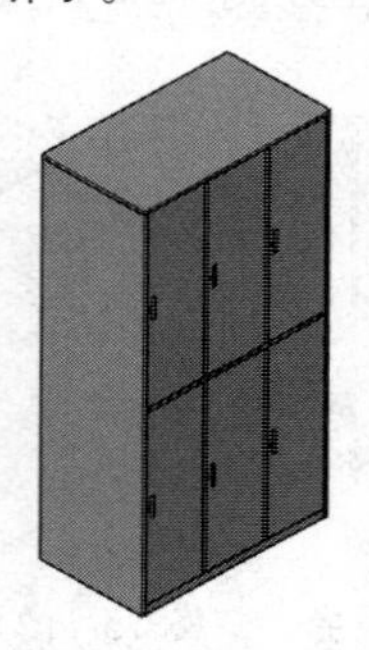

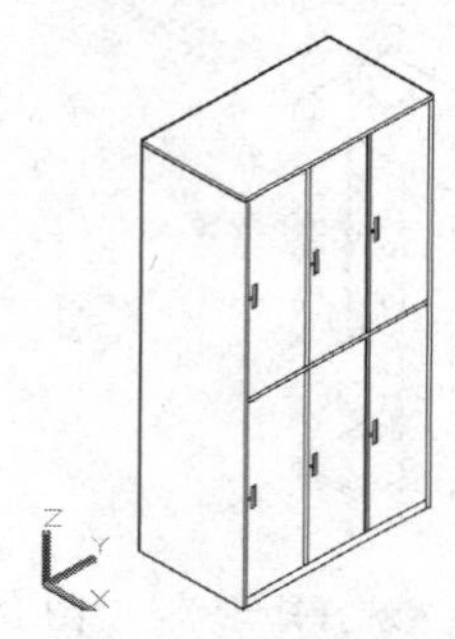

图 15-120　拉伸结果　　图 15-121　概念着色效果　　图 15-122　切换世界坐标系

Step 21 单击"默认"选项卡→"建模"面板→"圆柱体"按钮，配合"端点捕捉"功能创建圆柱体。命令行操作如下：

```
    命令: _cylinder
指定底面的中心点或 [三点(3P)/两点(2P)/切点、切点、半径(T)/椭圆(E)]:
                        //捕捉如图 15-123 所示的端点
指定底面半径或 [直径(D)]:    //捕捉如图 15-124 所示的端点
指定高度或 [两点(2P)/轴端点(A)] <-18.0000>:    //捕捉如图 15-125 所示的端点
```

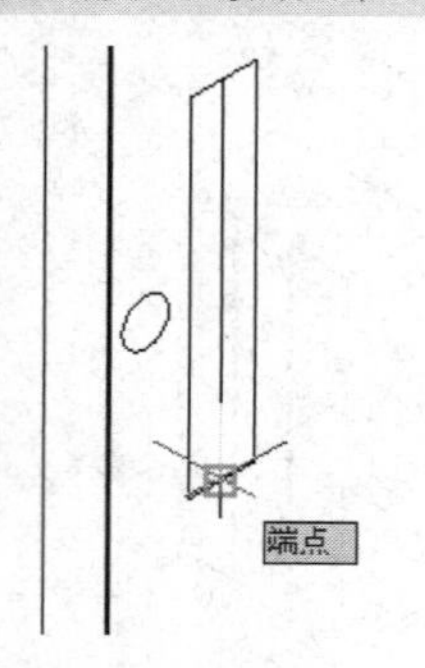

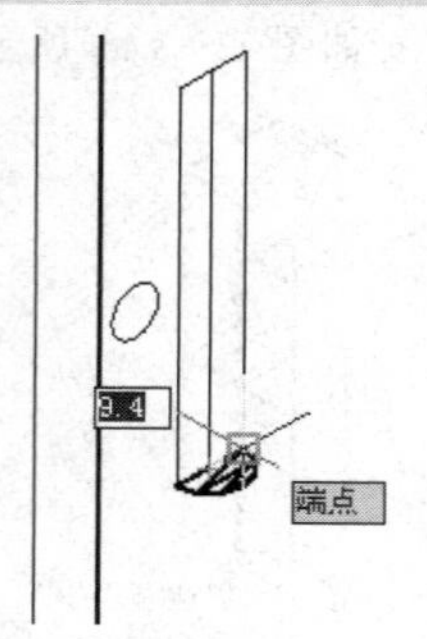

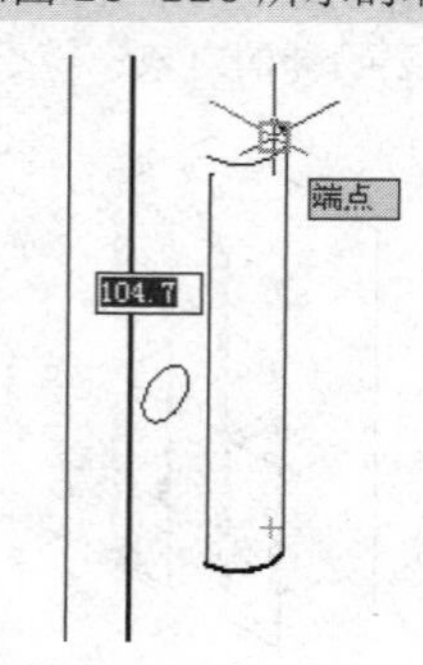

图 15-123　定位圆心　　图 15-124　定位半径　　图 15-125　定位高度

Step 22 选择菜单栏中的“修改”→“三维操作”→“三维阵列”命令，对刚创建的圆柱体进行三维阵列。命令行操作如下：

```
    命令：_3darray
选择对象：                      //选择如图 15-126 所示的圆柱体
选择对象：                      //Enter，结束选择
输入阵列类型 [矩形(R)/环形(P)] <矩形>：  //R Enter
输入行数 (---) <1>：            //Enter
输入列数 (|||) <1>：            //3 Enter
输入层数 (...) <1>：            //2 Enter
指定列间距 (|||)：              //294 Enter
指定层间距 (...)：              //880 Enter，阵列结果如图 15-127 所示
```

Note

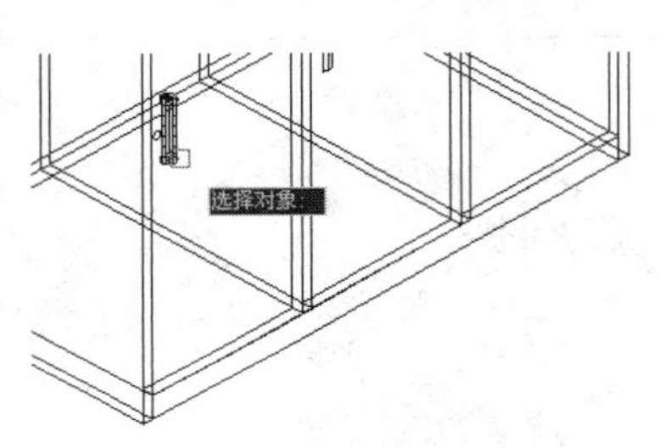

图 15-126　选择圆柱体

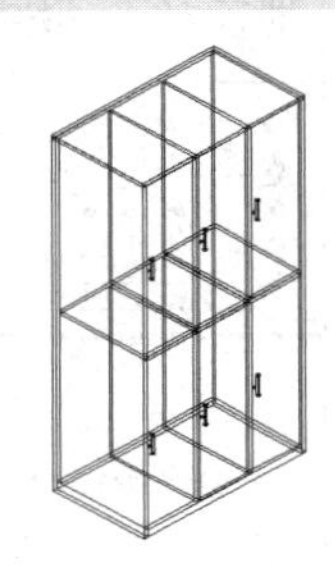

图 15-127　阵列结果

Step 23 单击“默认”选项卡→“实体编辑”面板→“差集”按钮，对资料柜门拉伸实体和圆柱体进行差集运算。命令行操作如下：

```
    命令：_subtract
选择要从中减去的实体或面域...
选择对象：                //选择如图 15-128 所示的六个柜门拉伸实体
选择对象：                //Enter，结束选择
选择要减去的实体或面域 ..
选择对象：                //选择如图 15-129 所示的六个圆柱体
选择对象：                //Enter，结束命令
```

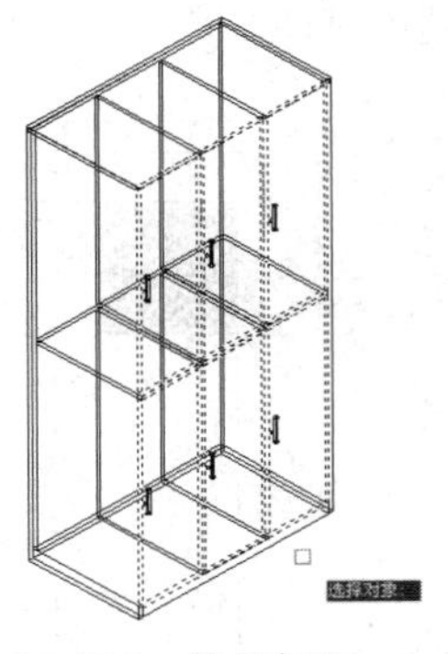

图 15-128　选择柜门

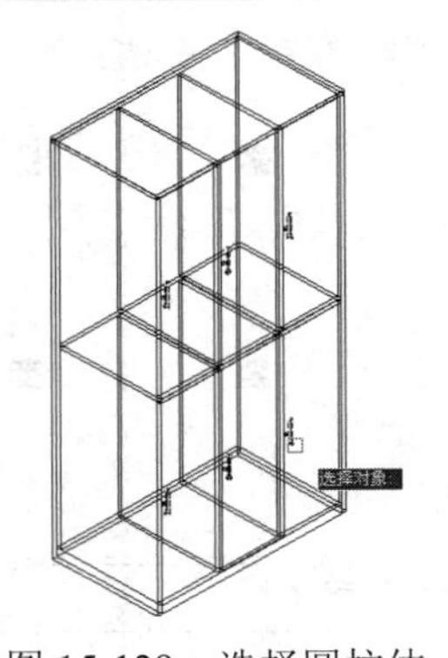

图 15-129　选择圆柱体

Step 24 选择菜单栏中的“视图”→“消隐”命令，对视图进行消隐。最终效果如图 15-79 所示。

Step 25 更改资料柜造型的颜色为青色，然后执行“保存”命令，将图形命名存储为“上机实训四.dwg”。

15.6 上机实训五——绘制办公家具布置图

本例在综合巩固所学知识的前提下，主要学习市场部办公家具平面布置图的具体绘制过程和绘制技巧。市场部办公空间家具布置图的最终绘制效果如图 15-130 所示。

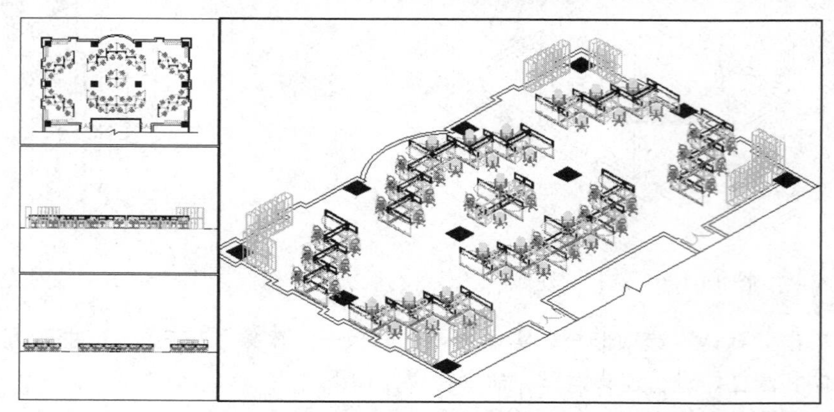

图 15-130　实例效果

操作步骤：

Step 01 执行“打开”命令，打开随书光盘中的“\效果文件\第 15 章\上机实训四.dwg”。

Step 02 选择菜单栏中的“视图”→“三维视图”→“俯视”命令，将视图切换到俯视图。结果如图 15-131 所示。

Step 03 将资料柜立体造型复制一份，然后将复制出的造型旋转 90°。结果如图 15-132 所示。

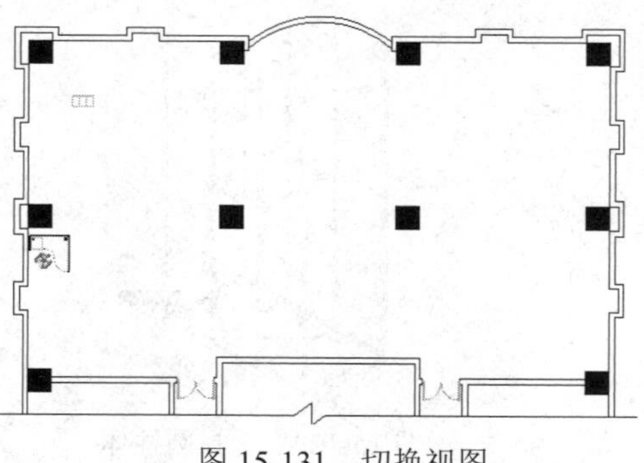

图 15-131　切换视图

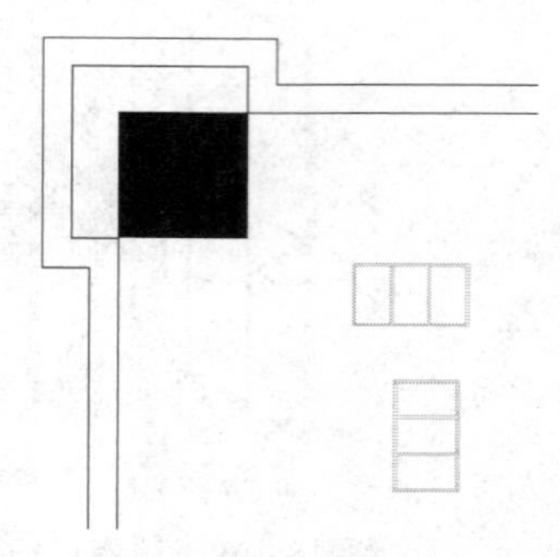

图 15-132　复制并旋转

Step 04 使用快捷键 MI 执行"镜像"命令，将旋转后的资料柜造型进行镜像。结果如图 15-133 所示。

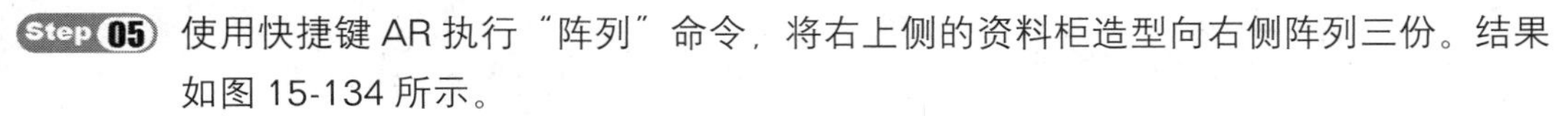

Step 05 使用快捷键 AR 执行"阵列"命令，将右上侧的资料柜造型向右侧阵列三份。结果如图 15-134 所示。

Note

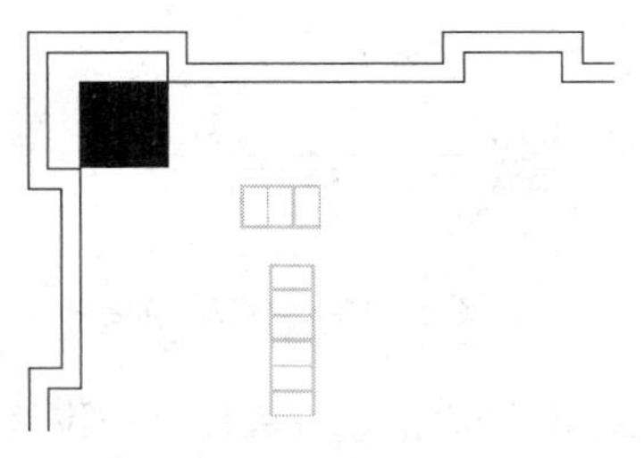

图 15-133　镜像结果

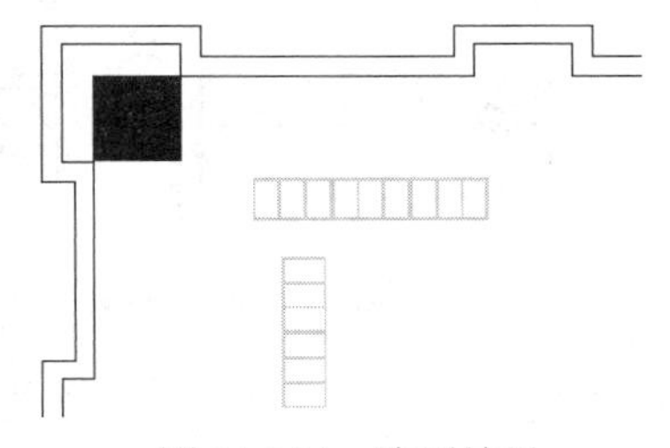

图 15-134　阵列结果

Step 06 使用"移动"命令，配合捕捉和坐标输入功能，分别对两组柜子造型进行位移。结果如图 15-135 所示。

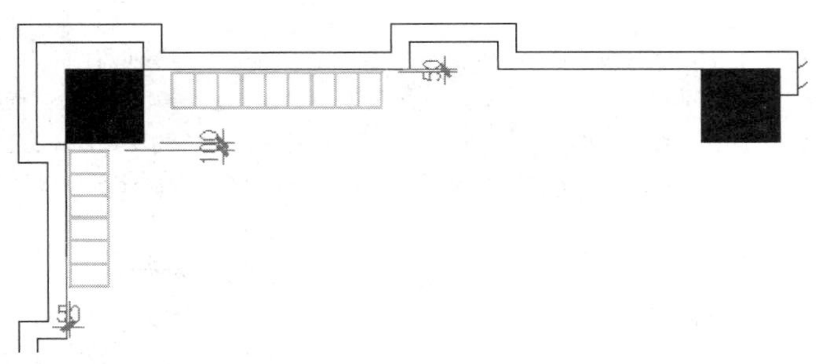

图 15-135　位移结果

Step 07 单击"默认"选项卡→"修改"面板→"镜像"按钮，配合"两点之间的中点"捕捉功能，分别对两组资料柜造型进行镜像。结果如图 15-136 所示，其立体效果如图 15-137 所示。

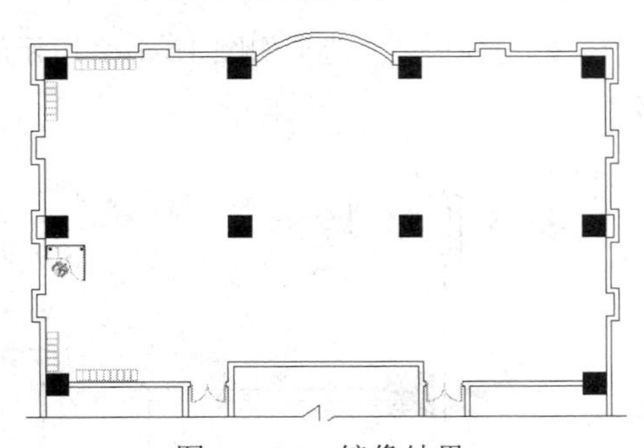

图 15-136　镜像结果

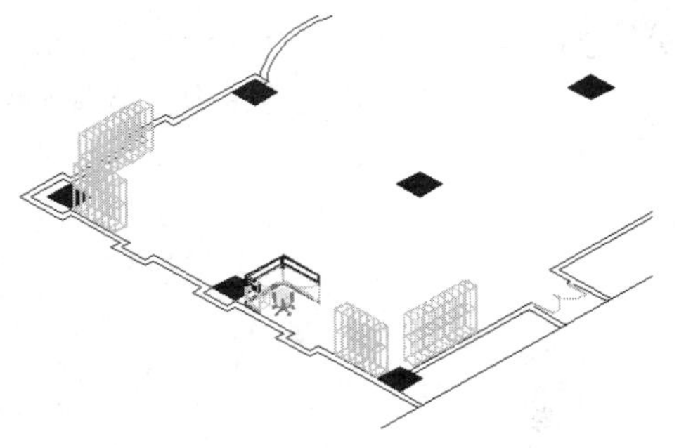

图 15-137　立体效果

Step 08 单击"默认"选项卡→"修改"面板→"移动"按钮，窗口选择如图 15-138 所示的工作位造型，沿 Y 轴负方向移动 1500 个单位。结果如图 15-139 所示。

Note

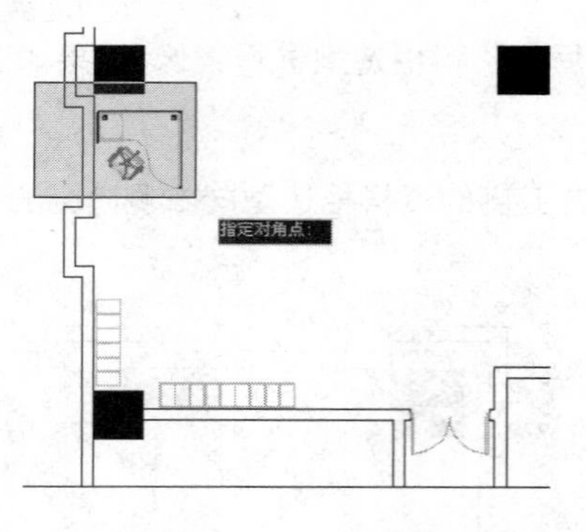

图 15-138 窗口选择

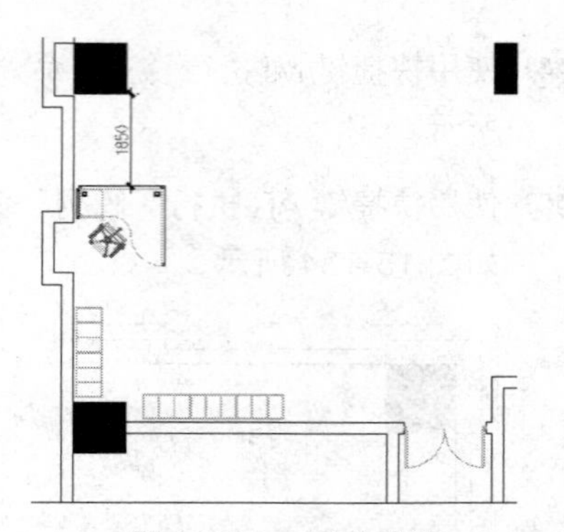

图 15-139 移动结果

Step 09 单击“默认”选项卡→“修改”面板→“复制”按钮，选择工作位造型进行复制。命令行操作如下：

```
命令：_copy
选择对象：                              //选择如图 15-140 所示的工作位造型
选择对象：                              //Enter，结束选择
当前设置：  复制模式 = 多个
指定基点或 [位移(D)/模式(O)] <位移>:                  //拾取任一点
指定第二个点或 [阵列(A)] <使用第一个点作为位移>:    //@1650,-950 Enter
指定第二个点或 [阵列(A)/退出(E)/放弃(U)] <退出>: //@3300,-1900 Enter
指定第二个点或 [阵列(A)/退出(E)/放弃(U)] <退出>: //Enter，结果如图 15-141 所示
```

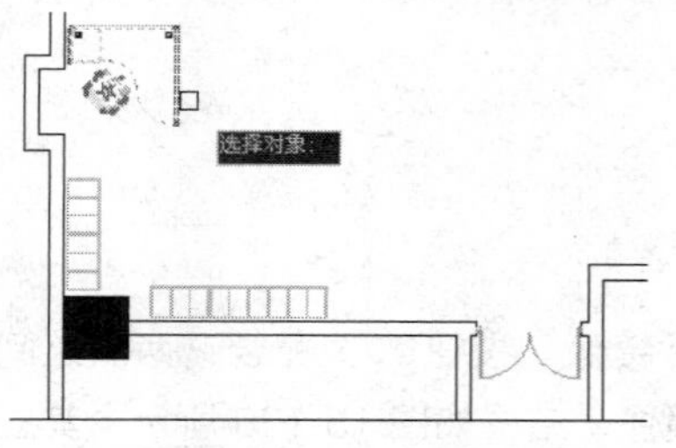

图 15-140 选择结果

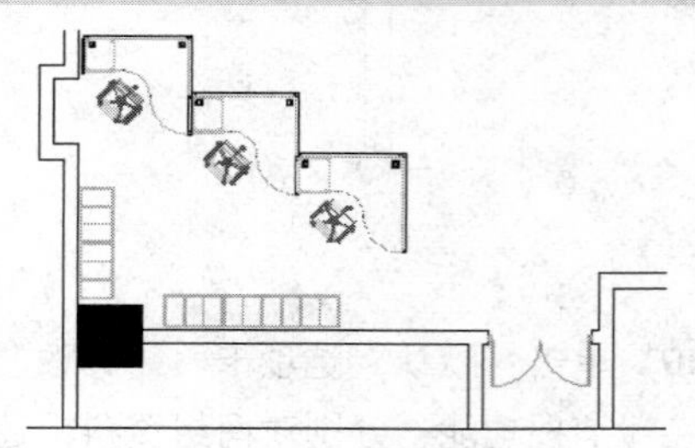
图 15-141 复制结果

Step 10 单击“默认”选项卡→“修改”面板→“镜像”按钮，选择如图 15-142 所示的屏风工作位进行镜像。结果如图 15-143 所示。

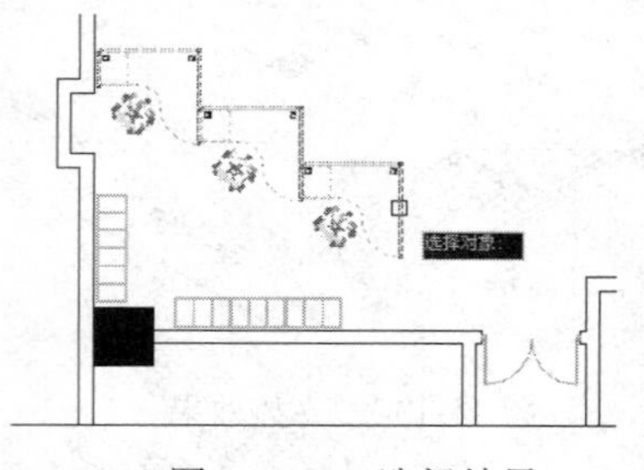

图 15-142 选择结果

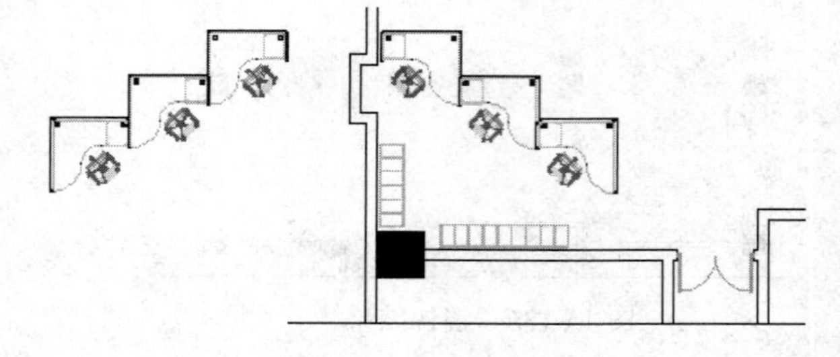
图 15-143 镜像结果

Step 11 重复执行“镜像”命令，继续对镜像出的工作位造型进行镜像，并删除源对象。结果如图 15-144 所示。

Step 12 单击“默认”选项卡→“修改”面板→“移动”按钮，配合“中点捕捉”功能对镜像后的工作位进行位移。结果如图 15-145 所示。

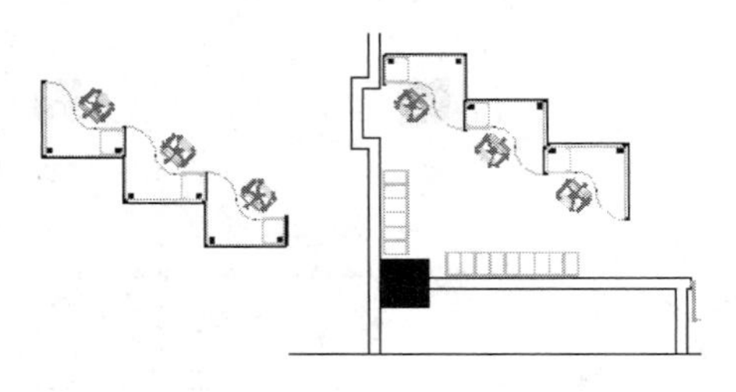

图 15-144　镜像结果

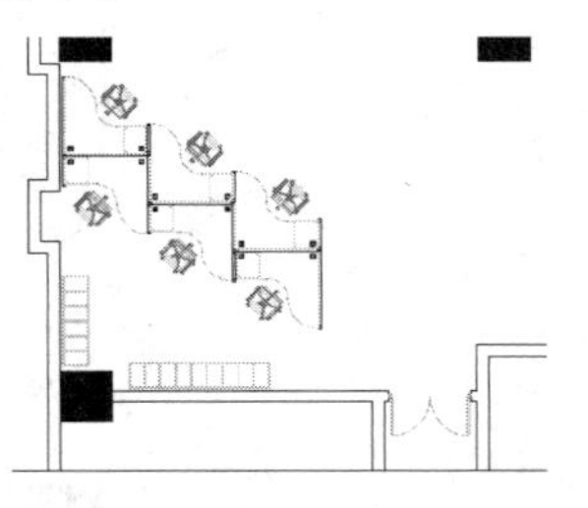

图 15-145　位移结果

Step 13 单击“默认”选项卡→“修改”面板→“复制”按钮，选择工作位进行复制。命令行操作如下：

```
命令： _copy
选择对象：                          //选择如图 15-146 所示的工作位造型
选择对象：                          //Enter，结束选择
当前设置： 复制模式 = 多个
指定基点或 [位移(D)/模式(O)] <位移>:                //拾取任一点
指定第二个点或 [阵列(A)] <使用第一个点作为位移>:  //@5710,550 Enter
指定第二个点或 [阵列(A)/退出(E)/放弃(U)] <退出>: //Enter，结果如图 15-147 所示
```

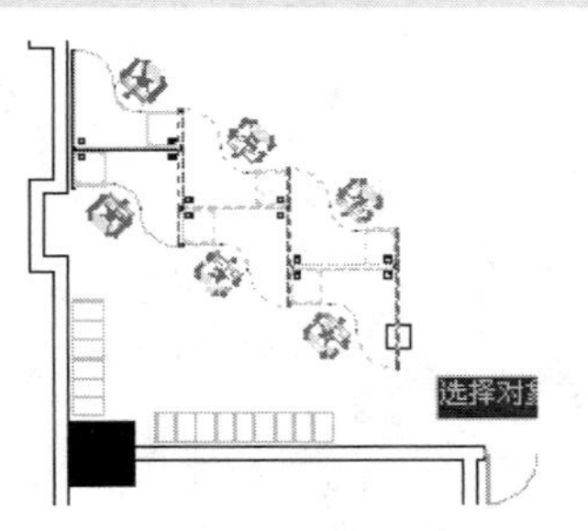

图 15-146　选择结果

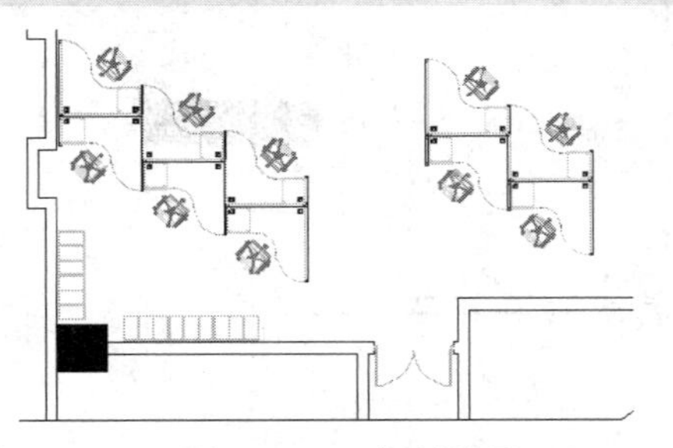

图 15-147　复制结果

Step 14 单击“默认”选项卡→“修改”面板→“镜像”按钮，选择如图 15-148 所示的屏风工作位进行镜像。结果如图 15-149 所示。

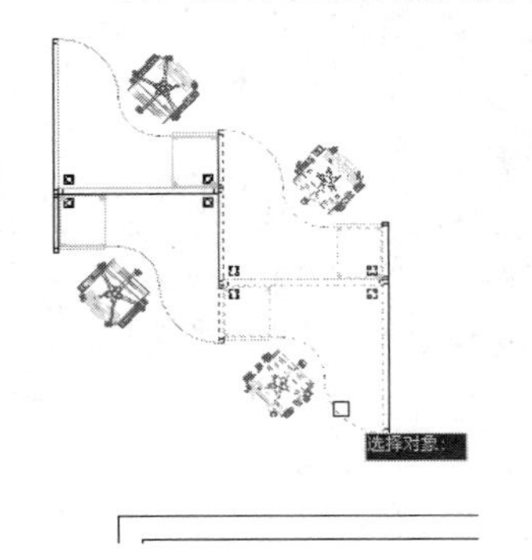

图 15-148　选择结果

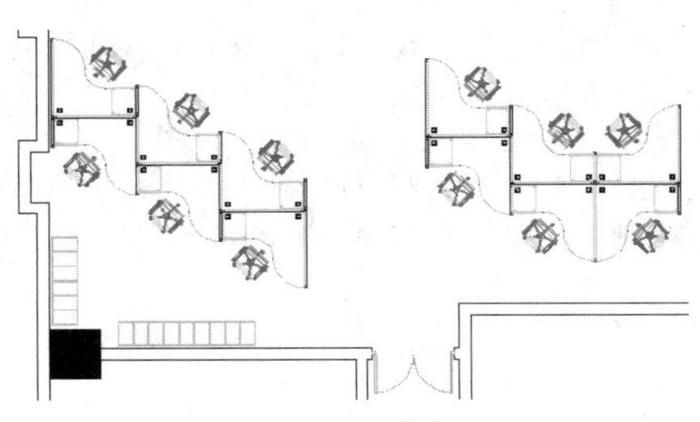

图 15-149　镜像结果

Note

Step 15 重复执行"镜像"命令，选择如图 15-150 所示的工作位进行镜像。结果如图 15-151 所示。

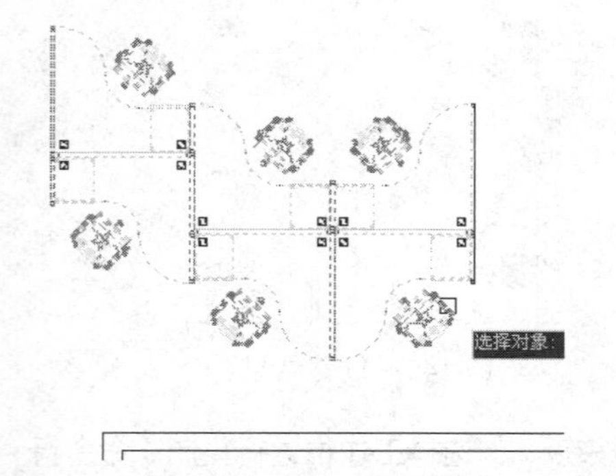

图 15-150 选择结果

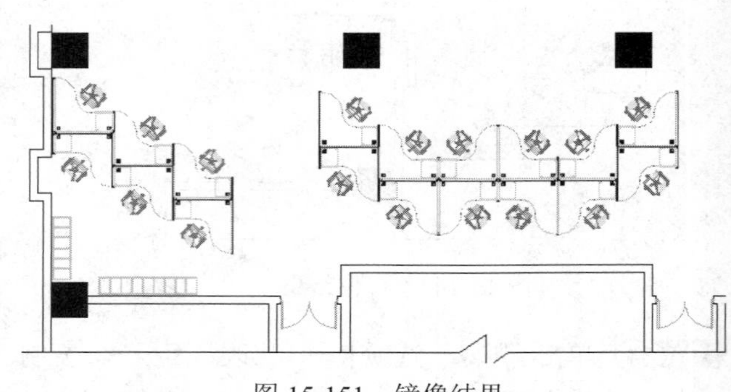

图 15-151 镜像结果

Step 16 重复执行"镜像"命令，配合"中点捕捉"功能，选择如图 15-152 所示的工作位进行镜像。结果如图 15-153 所示。

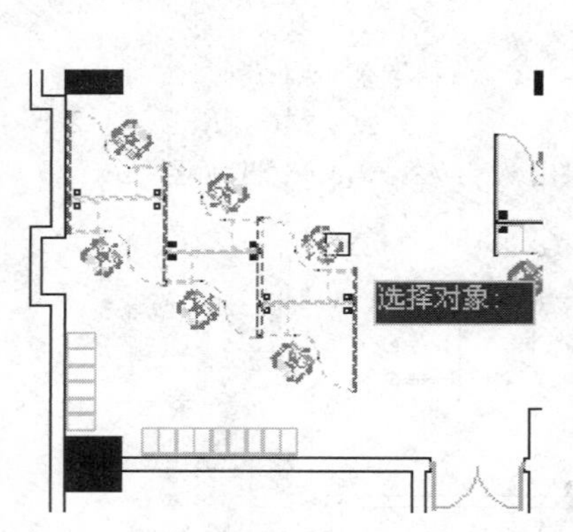

图 15-152 选择结果

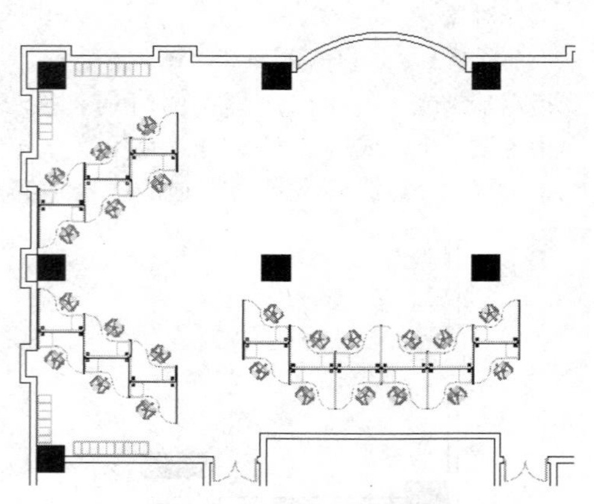

图 15-153 镜像结果

Step 17 单击"默认"选项卡→"修改"面板→"复制"按钮，选择镜像出的工作位进行复制。命令行操作如下：

```
命令: _copy
选择对象:                              //选择如图 15-154 所示的工作位造型
选择对象:                              //Enter，结束选择
当前设置:  复制模式 = 多个
指定基点或 [位移(D)/模式(O)] <位移>:                //拾取任一点
指定第二个点或 [阵列(A)] <使用第一个点作为位移>:   //@7360,1500 Enter
指定第二个点或 [阵列(A)/退出(E)/放弃(U)] <退出>: //Enter，结果如图 15-155 所示
```

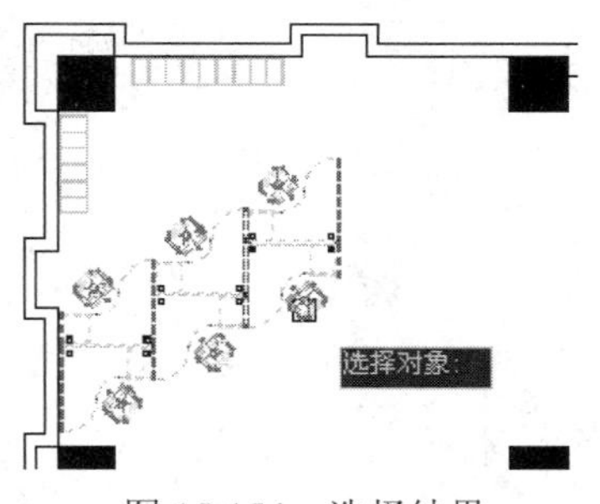

图 15-154　选择结果

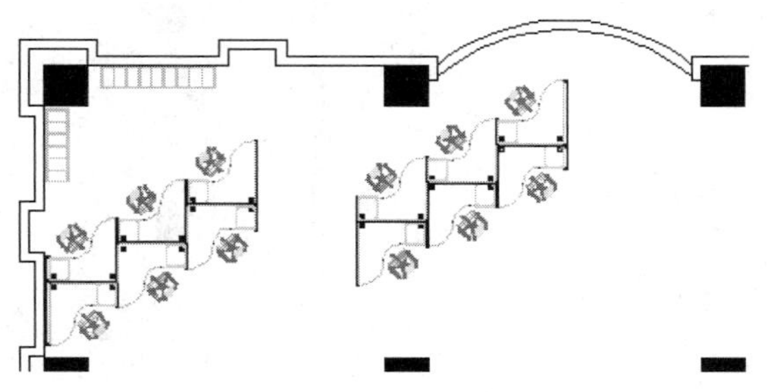

图 15-155　复制结果

Step 18 单击“默认”选项卡→“修改”面板→“镜像”按钮，选择如图 15-156 所示的屏风工作位进行镜像。结果如图 15-157 所示。

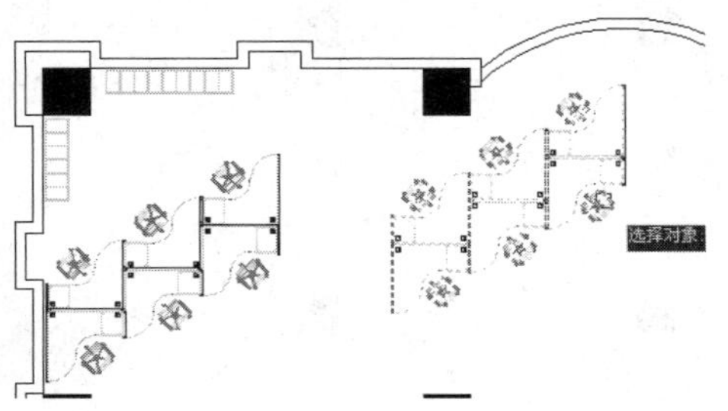

图 15-156　选择结果

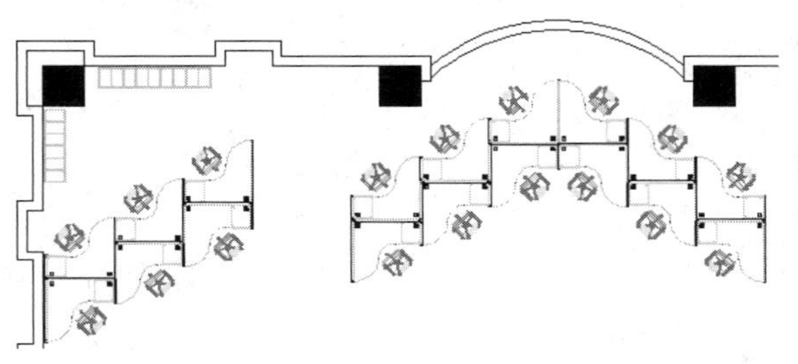

图 15-157　镜像结果

Step 19 重复执行“镜像”命令，选择如图 15-158 所示的资料柜和工作位造型进行镜像。结果如图 15-159 所示。

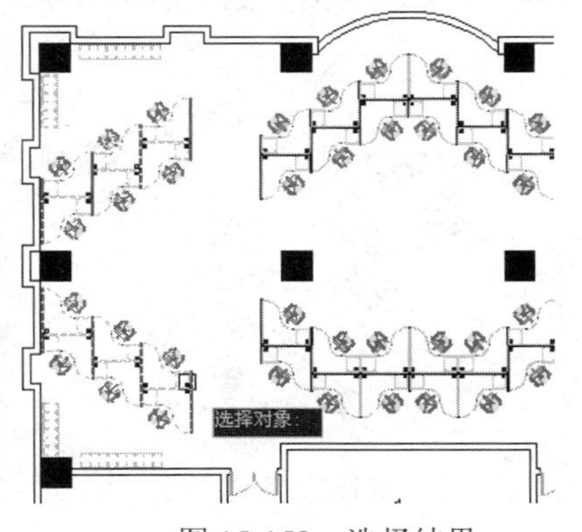

图 15-158　选择结果

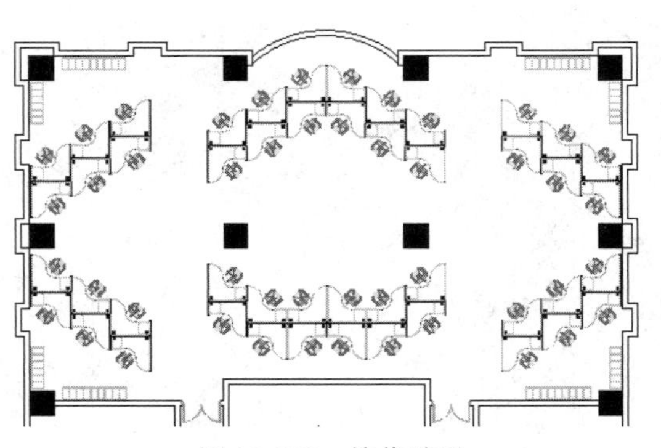

图 15-159　镜像结果

Step 20 单击“默认”选项卡→“修改”面板→“复制”按钮，配合坐标输入和捕捉追踪功能，选择其中的一个工作位造型进行复制。结果如图 15-160 所示。

Step 21 连续两次执行“镜像”命令，对复制出的工作位进行镜像。结果如图 15-161 所示。

Note

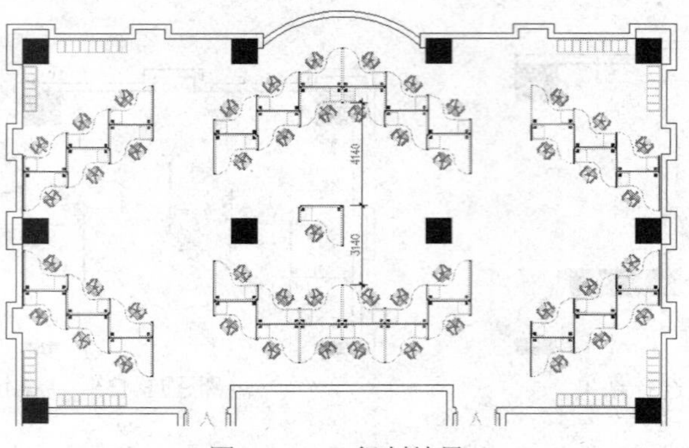

图 15-160 复制结果

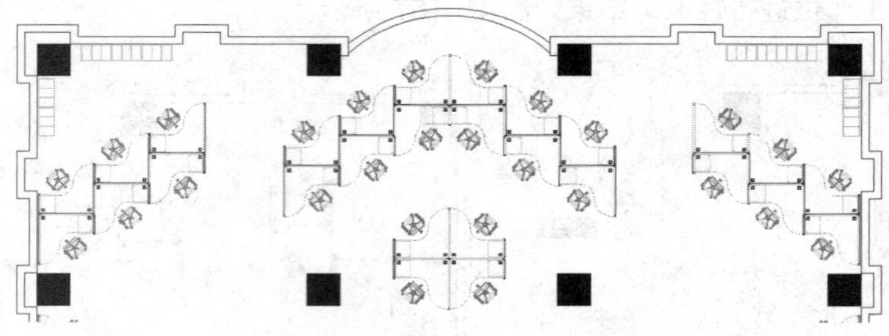

图 15-161 镜像结果

Step 22 单击“视图”选项卡→“视图”面板→“西南等轴测”按钮，将当前视图切换到西南视图。结果如图 15-162 所示。

Step 23 使用快捷键 HI 执行“消隐”命令，对视图进行消隐，观看其效果，如图 15-163 所示。

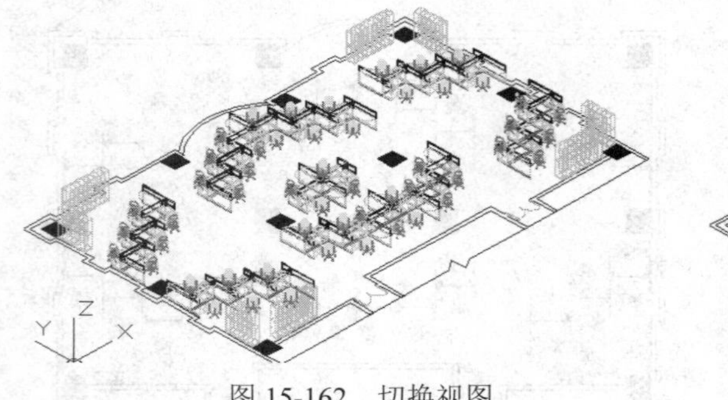

图 15-162 切换视图

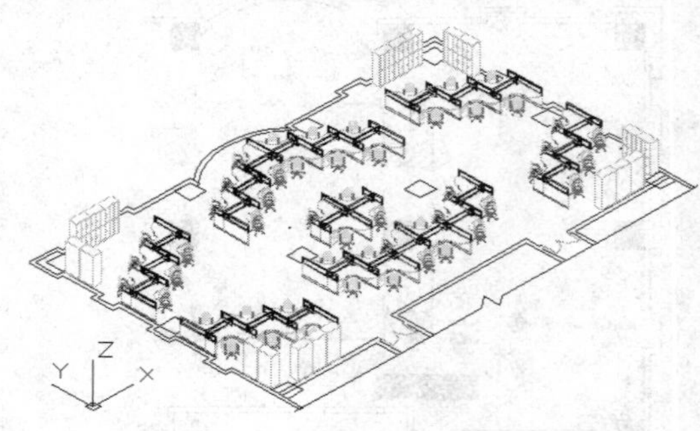

图 15-163 消隐效果

小技巧：

在选择并镜像、复制工作位造型时，可以配合视图的切换功能，以更精确快速地对图形进行操作。

Step 24 使用快捷键 VS 执行“视觉样式”命令，对模型进行概念着色，观看其效果，如图 15-164 所示。

Step 25 选择菜单栏中的“视图”→“三维视图”→“东南等轴测”命令，将当前视图切换到东南视图。结果如图 15-165 所示。

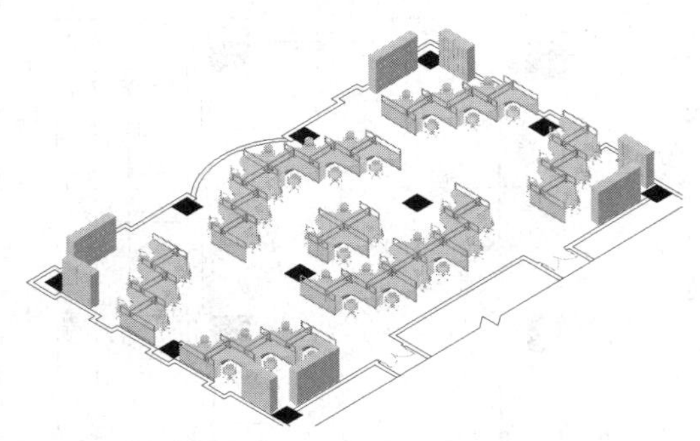

图 15-164 概念着色效果

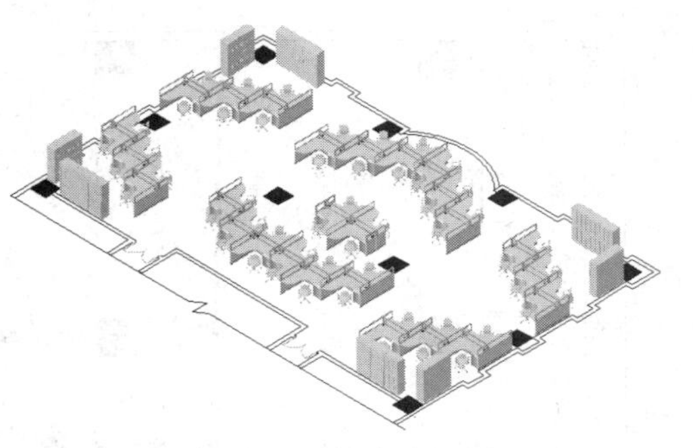

图 15-165 切换东南视图

Step 26 选择菜单栏中的“视图”→“三维视图”→“东北等轴测”命令，将当前视图切换到东北视图，并对视图进行消隐。结果如图 15-166 所示。

Step 27 选择菜单栏中的“视图”→“三维视图”→“西北等轴测”命令，将视图切换到西北等轴测视图，并对视图进行消隐。结果如图 15-167 所示。

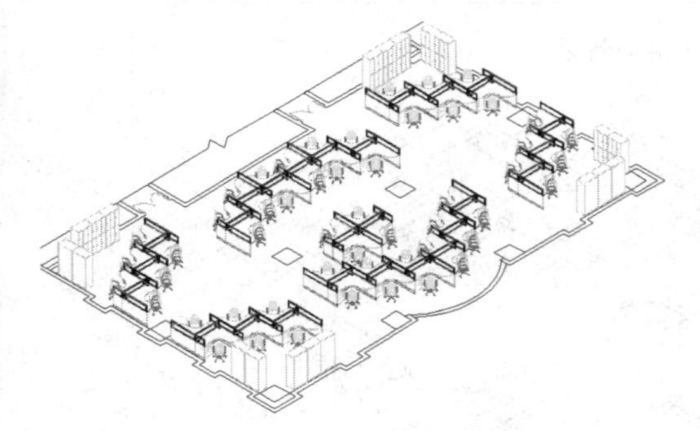

图 15-166 概念着色效果

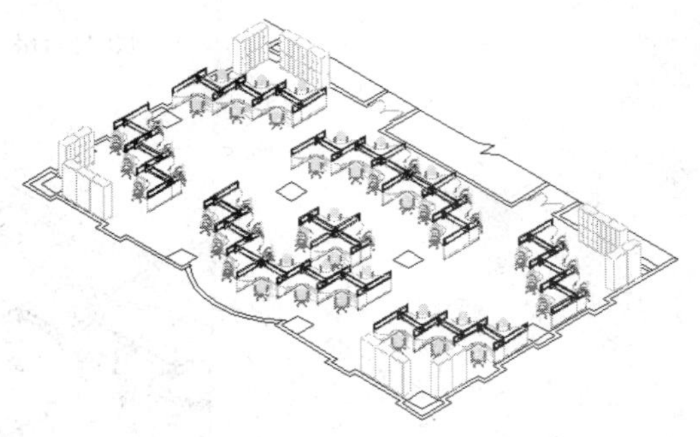

图 15-167 切换西北视图

Step 28 选择菜单栏中的“视图”→“视口”→“新建视口”命令，将当前视口分割为四个视口，并切换每个视口内的视图。最终结果如图 15-130 所示。

Step 29 执行“另存为”命令，将图形另名保存为“上机实训五.dwg”。

15.7 上机实训六——标注办公家具布置图

本例在综合巩固所学知识的前提下，主要为市场部办公家具布置图标注文字注解和内外尺寸。市场部办公家具布置图的最终标注效果如图 15-168 所示，其立体轴测图标注效果如图 15-169 所示。

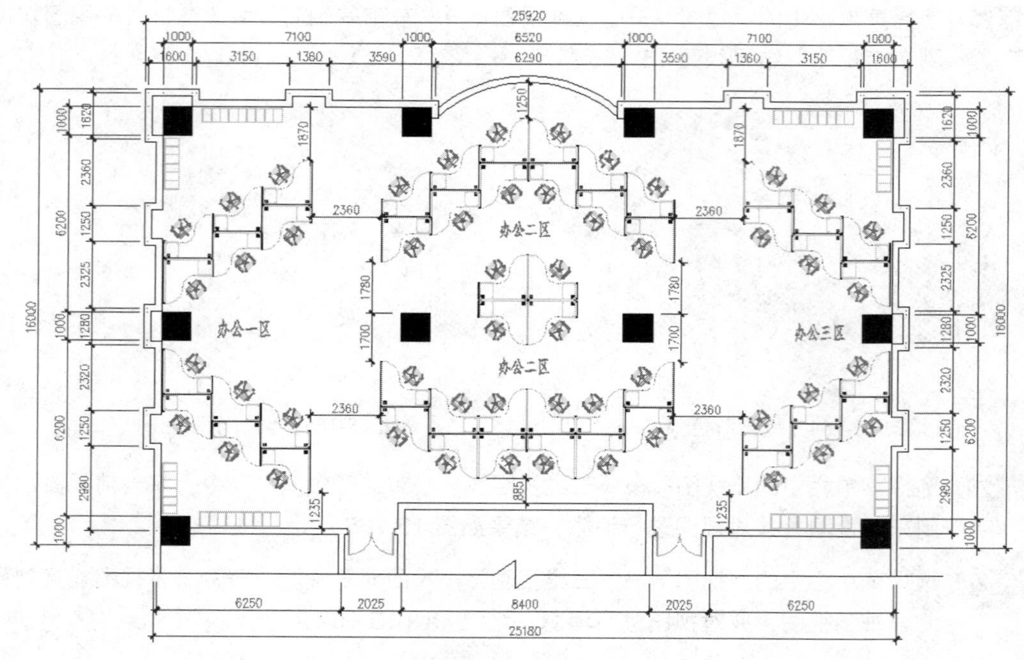

图 15-168　实例效果

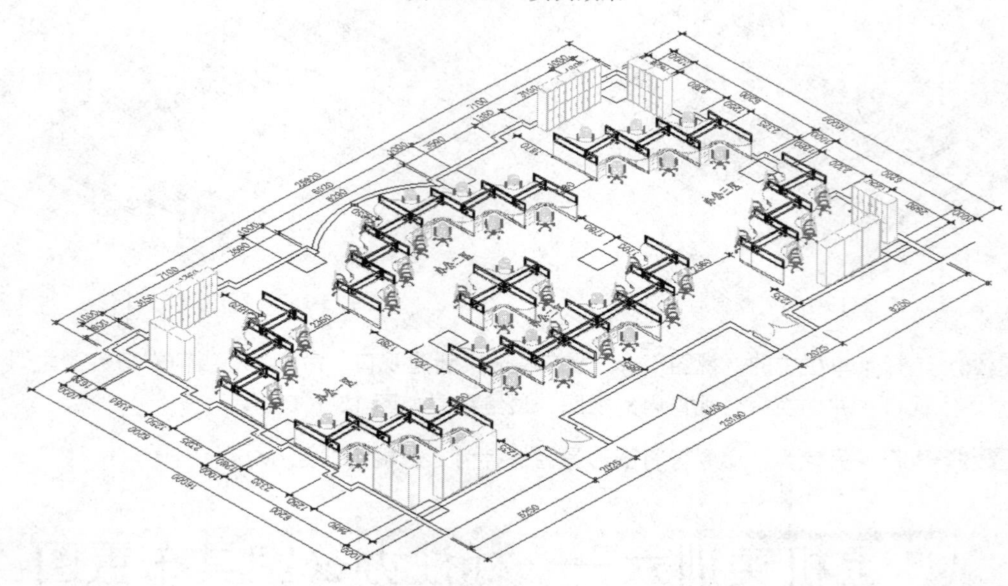

图 15-169　立体轴测图标注效果

操作步骤：

Step 01 执行“打开”命令，打开随书光盘中的“\效果文件\第 15 章\上机实训五.dwg”。

Step 02 展开“图层”工具栏或面板上的“图层控制”下拉列表，将“文本层”设置为当前图层。

Step 03 单击“默认”选项卡→“注释”面板→“文字样式”按钮，创建名为“仿宋体”的新样式，字体为“仿宋体”，宽度比例为 0.7，并将此样式设置为当前样式。

Step 04 单击“默认”选项卡→“注释”面板→“单行文字”按钮，在命令行“指定文字的起点或[对正（J）/样式（S）]：”提示下，在平面图左侧办公区域单击左键，作为文字的起点。

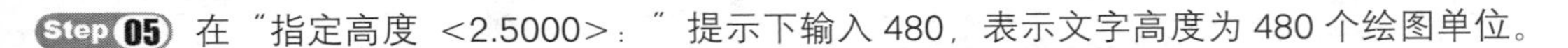

Step 05 在“指定高度 <2.5000>：”提示下输入 480，表示文字高度为 480 个绘图单位。

Step 06 在“指定文字的旋转角度 <0>：”提示下输入 0，表示文字的旋转角度为 0。

Step 07 继续在命令行“输入文字：”提示下，输入“办公一区”，如图 15-170 所示。

Step 08 连续两次按 Enter 键，结束“单行文字”命令。文字的创建结果如图 15-171 所示。

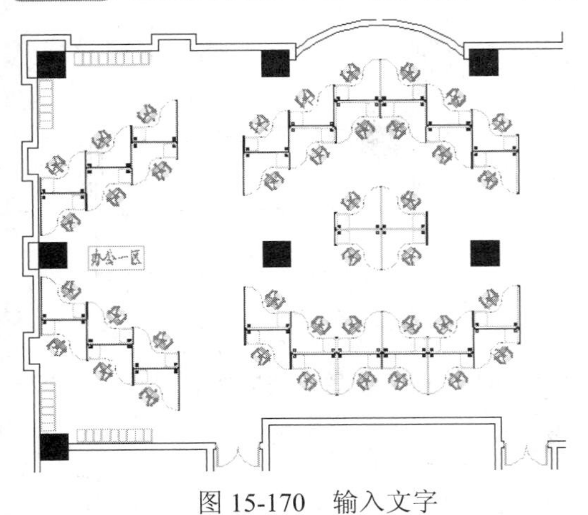

图 15-170　输入文字

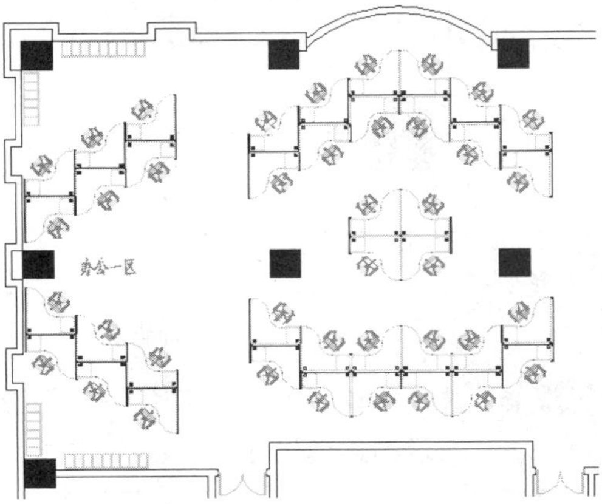

图 15-171　创建结果

Step 09 参照上述操作，重复使用“单行文字”命令，分别标注其他位置的文字注释。结果如图 15-172 所示。

Step 10 展开“图层控制”下拉列表，将“尺寸层”设置为当前图层，同时打开“轴线层”。

Step 11 使用快捷键 D 执行“标注样式”命令，将“建筑标注”设置为当前标注样式，同时修改标注比例为 110。

Step 12 选择菜单栏中的“标注”→“线性”命令，在“指定第一条尺寸界线起点或<选择对象>：”提示下捕捉如图 15-173 所示的交点作为第一条标注界线的起点。

Step 13 在“指定第二条尺寸界线的起点：”提示下捕捉如图 15-174 所示的交点作为第二条标注界线的起点。

Step 14 在“指定尺寸线位置或 [多行文字(M)/文字(T)/角度(A)/水平(H)/垂直(V)/旋转(R)]：”提示下向下移动光标指定尺寸线位置。结果如图 15-175 所示。

Note

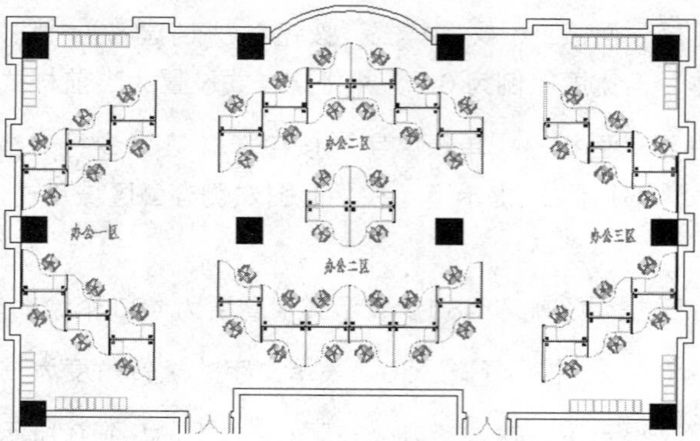

图 15-172　标注结果

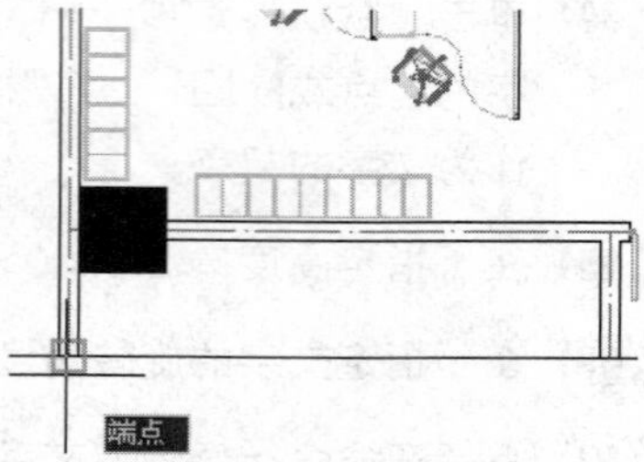

图 15-173　捕捉交点

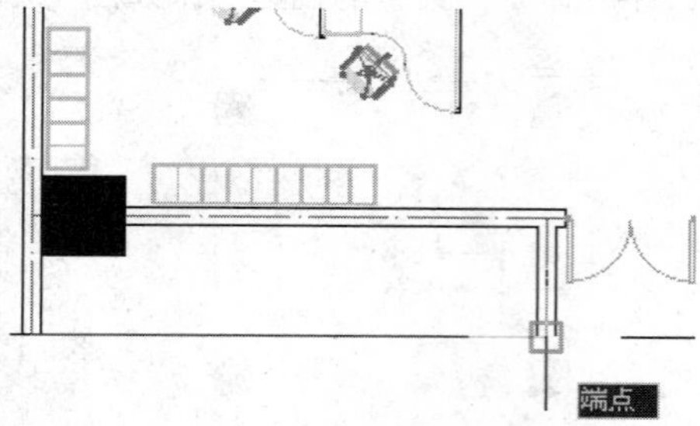

图 15-174　捕捉交点

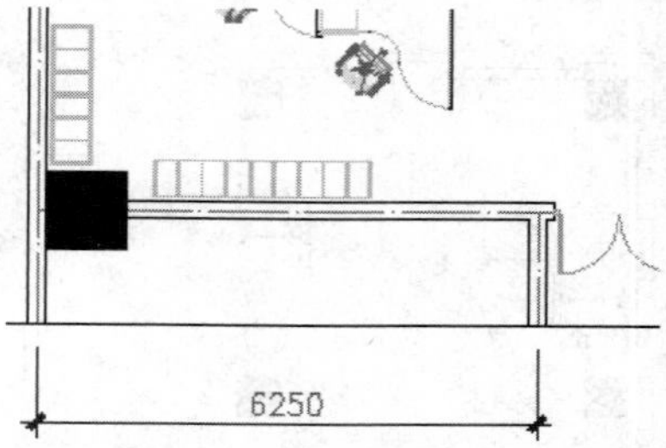

图 15-175　标注结果

Step 15 选择菜单栏中的“标注”→“连续”命令，配合捕捉或追踪功能标注如图 15-176 所示的连续尺寸。

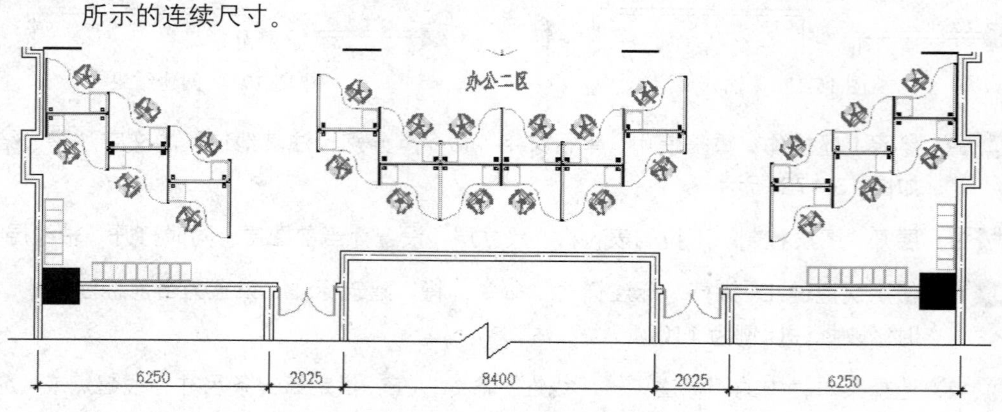

图 15-176　标注连续尺寸

Step 16 选择菜单栏中的“标注”→“线性”命令，标注平面图下侧的总尺寸。结果如图 15-177 所示。

Step 17 参照上述操作步骤，综合使用“线性”、“连续”等命令，配合端点捕捉和中点捕捉功能，分别标注平面图其他三侧尺寸和内部尺寸。结果如图 15-178 所示。

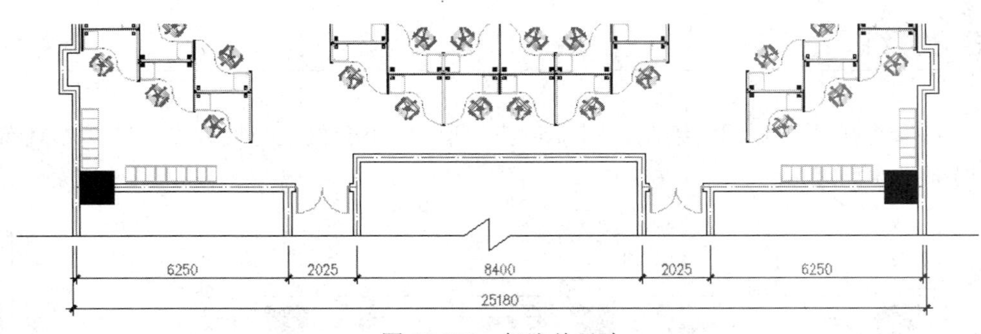

图 15-177　标注总尺寸

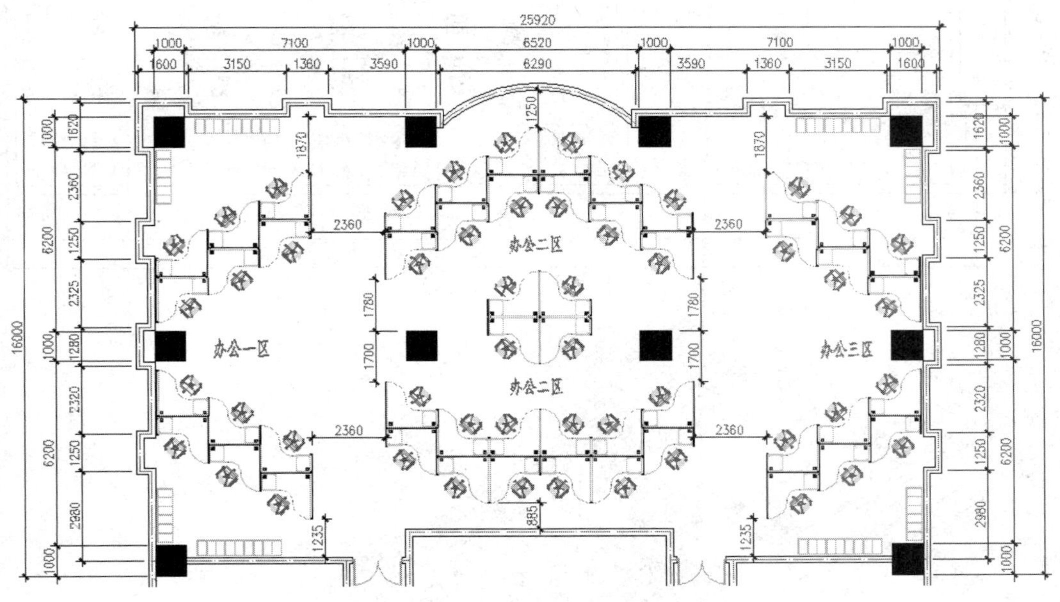

图 15-178　标注结果

Step 18 展开“图层控制”下拉列表，关闭“轴线层”。最终效果如图 15-169 所示。

Step 19 执行“另存为”命令，将图形另名存储为“上机实训六.dwg”。

15.8 小结与练习

15.8.1 小结

一个良好的办公设计方案，不仅可以活跃人们的思维，提高员工的工作效率，而且还是企业整体形象的体现。本章在简单概述办公空间的设计理念、设计思路等知识的前提下，以绘制某市场部办公家具设计方案图为例，详细而系统地讲述了办公空间设计方案图的绘制流程、具体绘制过程和绘制技巧，学习了办公空间的划分与办公家具的合理布局，以进行室内空间的再造，塑造出科学、美观的办公室形象。

15.8.2 练习

1. 综合运用所学知识，绘制如图 15-179 所示的小会议室与视频多功能厅家具布置图（局部尺寸自定）。

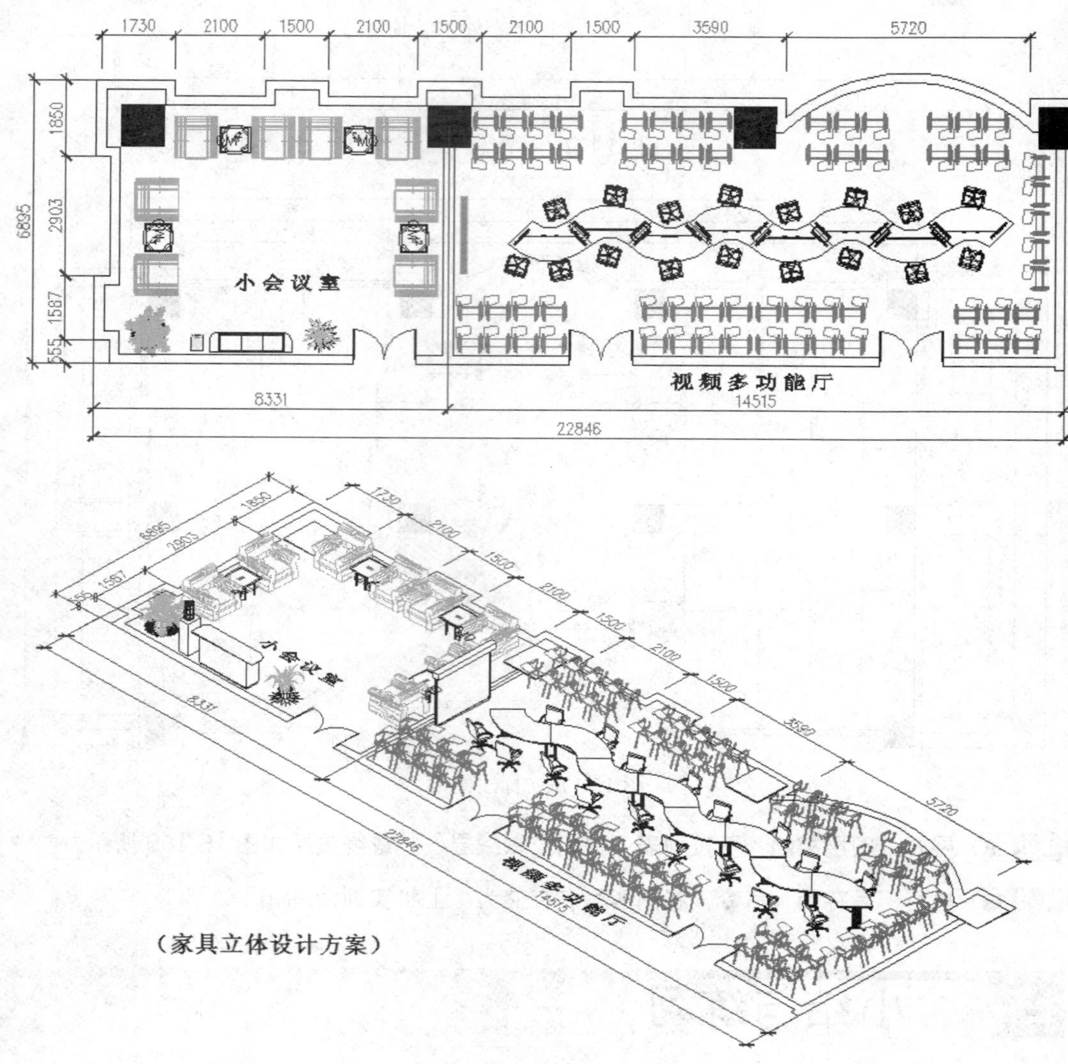

图 15-179 练习一

操作提示：

本练习所需素材位于随书光盘中的"\素材文件\"目录下，文件名为"15-1.dwg"。

2. 综合运用所学知识，绘制如图 15-180 所示的大会议室家具布置图（局部尺寸自定）。

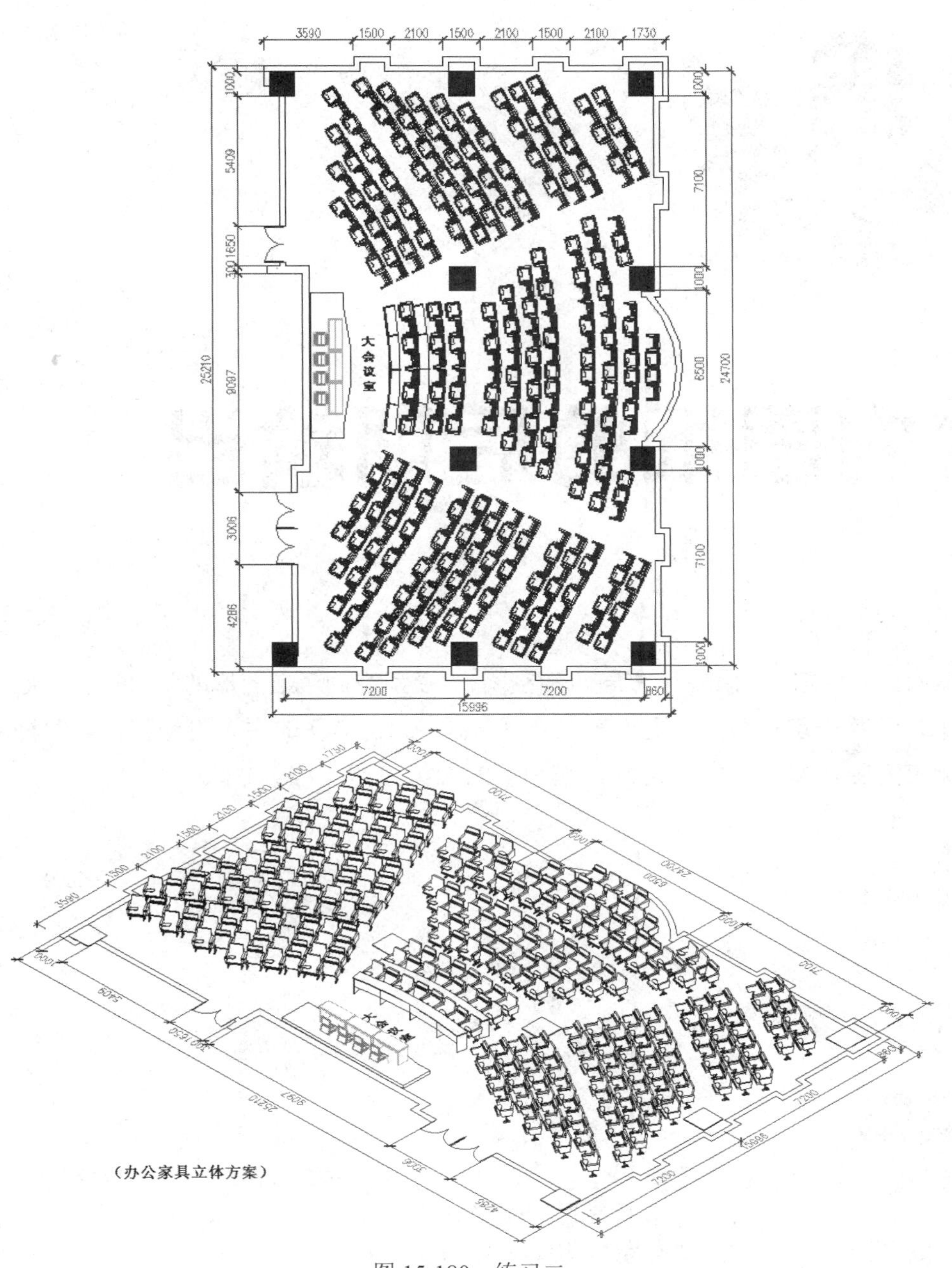

图 15-180　练习二

操作提示：

本练习所需素材位于随书光盘中的“\素材文件\”目录下，文件名为“15-2.dwg”。

室内图纸的后期输出

AutoCAD 提供了模型和布局两种空间，“模型空间”是图形的设计空间，它在打印方面有一定的缺陷，而“布局空间”是 AutoCAD 的主要打印空间，打印功能比较完善。本章将学习这两种空间下的图纸打印过程。

内容要点

- 与 3ds max 间的数据转换
- 与 Photoshop 间的数据转换
- 上机实训一——配置打印设备与打印样式
- 上机实训二——在模型空间打印室内立面图
- 上机实训三——在布局空间打印室内布置图
- 上机实训四——多比例同时打印室内装修图

16.1 与 3ds max 间的数据转换

AutoCAD 精确强大的绘图和建模功能，加上 3ds max 无与伦比的特效处理及动画制作功能，既克服了 AutoCAD 的动画及材质方面的不足，又弥补了 3ds max 建模的烦琐与不精确。在这两种软件之间存在有一条数据互换的通道，用户完全可以综合两者的优点来构造模型。

AutoCAD 与 3ds max 都支持多种图形文件格式，下面学习这两种软件之间进行数据转换时使用到的三种文件格式。

- ✧ DWG 格式。此种格式是一种常用的数据交换格式，即在 3ds max 中可以直接读入该格式的 AutoCAD 图形，而不需要经过第三种文件格式。使用此种格式进行数据交换，可能为用户提供图形的组织方式（如图层、图块）上的转换，但是此种格式不能转换材质和贴图信息。
- ✧ DXF 格式。使用 Dxfout 命令将 CAD 图形输出保存为 Dxf 格式的文件，然后 3ds max 中也可以读入该格式的 CAD 图形。不过此种格式属于一种文本格式，它是在众多的 CAD 建模程序之间，进行一般数据交换的标准格式。使用此种格式，可以将 AutoCAD 模型转化为 3ds max 中的网格对象。
- ✧ DOS 格式。这是 DOS 环境下的 3DStudio 的基本文本格式，使用这种格式可以使 3ds max 转化为 AutoCAD 的材质和贴图信息，并且它是从 AutoCAD 向 3ds max 输出 ARX 对象的最好办法。

另外，用户可以根据自己的实际情况，选择相应的数据交换格式。具体情况如下：

- ✧ 如果使从 AutoCAD 转换到 3ds max 中的模型尽可能参数化，则可以选择 DWG 格式。
- ✧ 如果在 AutoCAD 和 3ds max 间来回交换数据，也可使用 DWG 格式。
- ✧ 如果在 3ds max 中保留 AutoCAD 材质和贴图坐标，则可以使用 3DS 格式。
- ✧ 如果只需要将 AutoCAD 中的三维模型导入到 3ds max，则可以使用 DXF 格式。

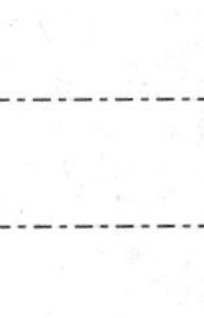

小技巧：

使用 3ds max 创建的模型也可转化为 DWG 格式的文件，在 AutoCAD 应用软件中打开，进一步细化处理。具体操作方法就是使用“文件”菜单中的“输出”命令，将 3ds max 模型直接保存为 DWG 格式的图形。

16.2 与 Photoshop 间的数据转换

AutoCAD 绘制的图形，除了可以用 3ds max 处理外，同样也可以用 Photoshop 对其

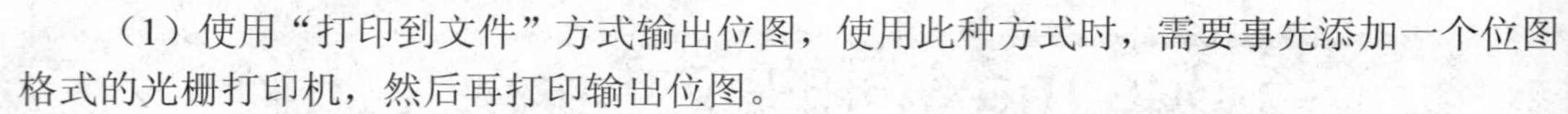

进行更细腻的光影、色彩等处理。具体如下：

（1）使用“打印到文件”方式输出位图，使用此种方式时，需要事先添加一个位图格式的光栅打印机，然后再打印输出位图。

虽然 AutoCAD 可以输出 BMP 格式图片，但 Photoshop 却不能输出 AutoCAD 格式图片，不过在 AutoCAD 中可以通过“光栅图像参照”命令插入 BMP、JPG、GIF 等格式的图形文件。选择菜单栏中的“插入”→“光栅图像参照”命令，打开“选择参照文件”对话框，然后选择所需的图像文件，如图 16-1 所示。

单击 打开(O) 按钮，打开如图 16-2 所示的“附着图像”对话框，可根据需要设置图片文件的插入点、插入比例和旋转角度。单击 确定 按钮，指定图片文件的插入点等，按提示完成操作。

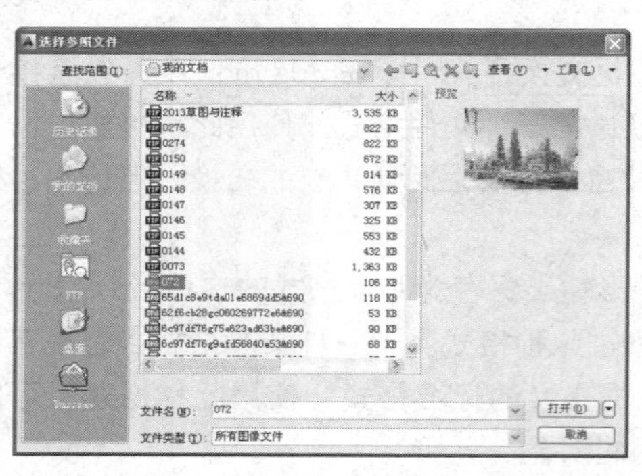

图 16-1 “选择参照文件”对话框

图 16-2 “附着图像”对话框

（2）使用“输出”命令。选择菜单栏中的“文件”→“输出”命令，打开“输出数据”对话框，将“文件类型”设置为 Bitmap（*.bmp）选项，再确定一个合适的路径和文件名，即可将当前 CAD 图形文件输出为位图文件。

16.3 上机实训——配置打印设备与打印样式

在打印图形之前，首先需要配置打印设备。本例通过配置光栅文字格式的打印设备和添加命名打印样式表，主要学习打印设备的配置和打印样式的添加技能。

操作步骤：

Step 01 单击“输出”选项卡→“打印”面板→“绘图仪管理器”按钮，或选择菜单栏中的“文件”→“绘图仪管理器”命令，打开如图 16-3 所示的 Plotters 窗口。

Step 02 双击“添加绘图仪向导”图标，打开如图 16-4 所示的“添加绘图仪-简介”对话框。

Step 03 依次单击 下一步(N) > 按钮，打开“添加绘图仪 – 绘图仪型号”对话框，设置绘图仪型号及其生产商，如图 16-5 所示。

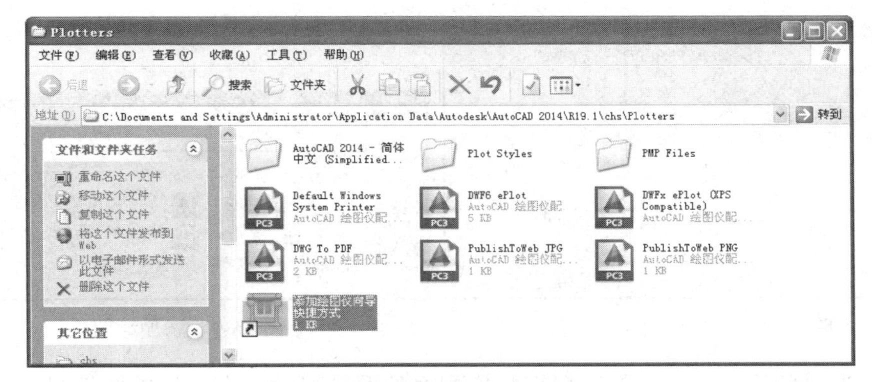

图 16-3　Plotters 窗口

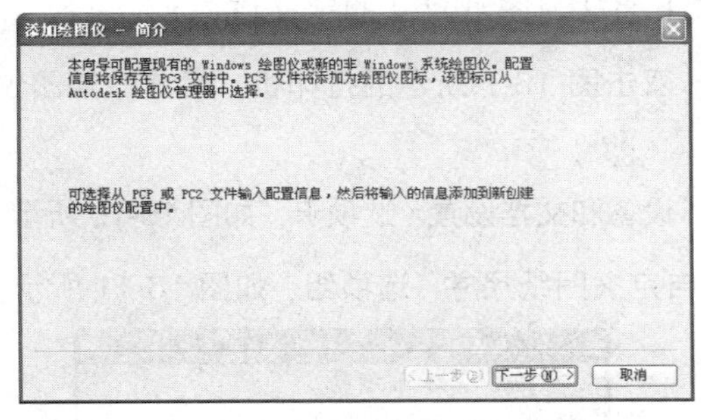

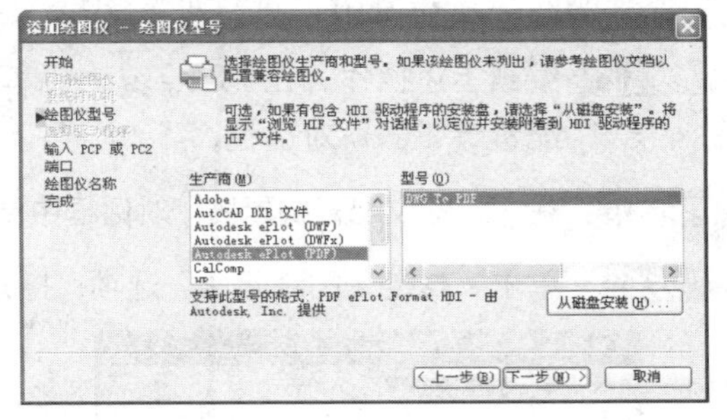

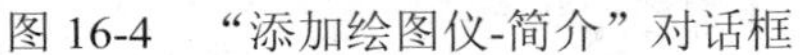

图 16-4　“添加绘图仪-简介”对话框　　　　图 16-5　绘图仪型号

Step 04 依次单击 下一步(N) > 按钮，打开如图 16-6 所示的“添加绘图仪–端口”对话框，在此选择“打印到文件”单选按钮。

Step 05 单击 下一步(N) > 按钮，打开如图 16-7 所示的“添加绘图仪–绘图仪名称”对话框，设置绘图仪名称。

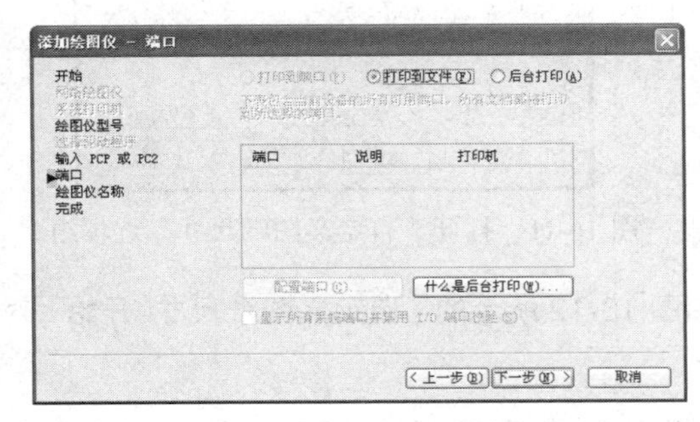

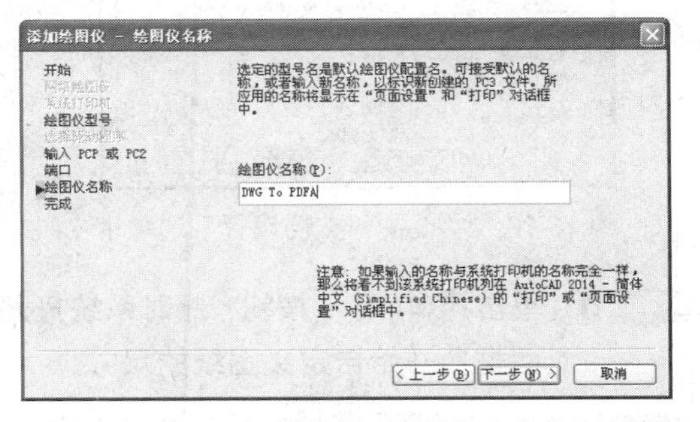

图 16-6　“添加绘图仪–端口”对话框　　图 16-7　“添加绘图仪–绘图仪名称”对话框

Step 06 单击 下一步(N) > 按钮，打开如图 16-8 所示的“添加绘图仪–完成”对话框。

Step 07 单击 完成(F) 按钮，添加的绘图仪会自动出现在 Plotters 窗口内，如图 16-9 所示。

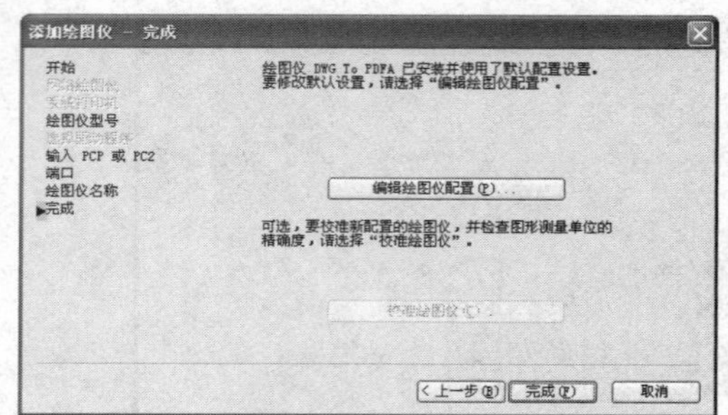

图 16-8　完成绘图仪的添加

图 16-9　添加绘图仪

每一款型号的绘图仪，都自配有相应规格的图纸尺寸，有时这些图纸尺寸与打印图形很难相匹配，需要用户重新定义图纸尺寸。下面学习图纸尺寸的定义过程。

Step 08　继续上述操作。在 Plotters 对话框中，双击图 16-7 所示的打印机，打开“绘图仪配置编辑器”对话框。

Step 09　在“绘图仪配置编辑器”对话框中展开“设备和文档设置”选项卡，如图 16-10 所示。

Step 10　单击“自定义图纸尺寸”选项，打开“自定义图纸尺寸”选项组，如图 16-11 所示。

图 16-10　“设备和文档设置”选项卡

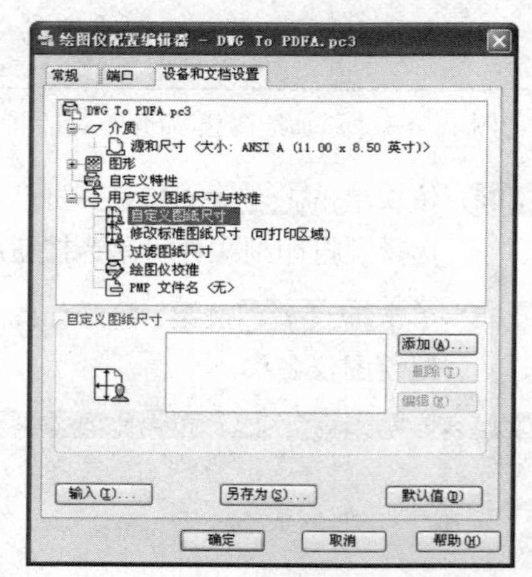

图 16-11　打开“自定义图纸尺寸”选项组

Step 11　单击 添加(A)... 按钮，此时系统打开如图 16-12 所示的“自定义图纸尺寸–开始”对话框，开始自定义图纸的尺寸。

Step 12　单击 下一步(N) > 按钮，打开“自定义图纸尺寸–介质边界”对话框，然后分别设置图纸的宽度、高度以及单位，如图 16-13 所示。

Step 13　单击 下一步(N) > 按钮，打开“自定义图纸尺寸–可打印区域”对话框，设置图纸可打印区域，如图 16-14 所示。

Step 14　单击 下一步(N) > 按钮，打开“自定义图纸尺寸–图纸尺寸名”对话框，设置图纸尺寸名，如图 16-15 所示。

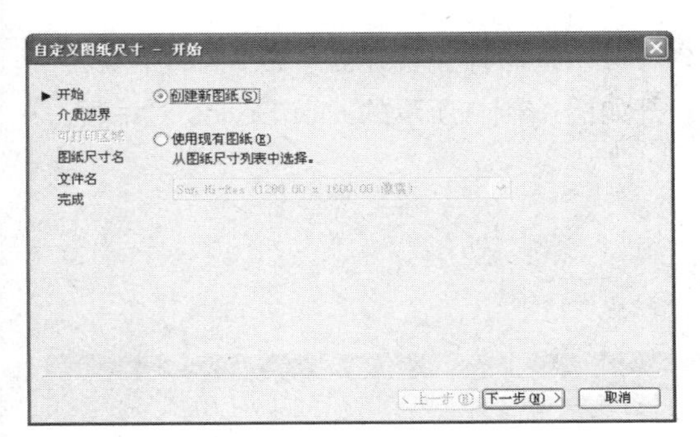

图 16-12 自定义图纸尺寸

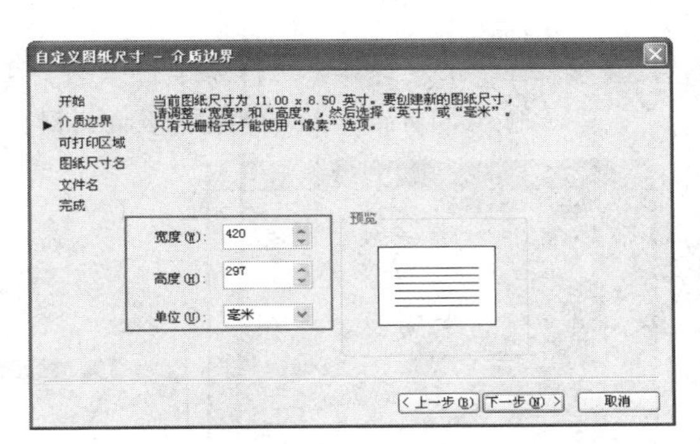

图 16-13 设置图纸尺寸

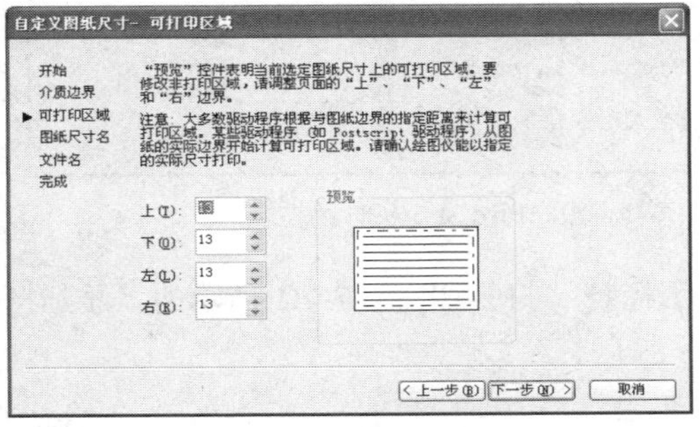

图 16-14 设置打印区域

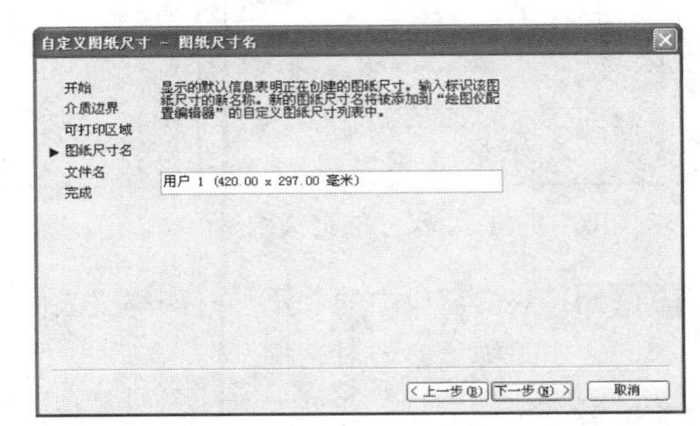

图 16-15 “自定义图纸尺寸–图纸尺寸名”对话框

Step 15 单击 下一步(N) > 按钮，打开“自定义图纸尺寸–文件名”对话框，设置图纸文件名，如图 16-16 所示。

Step 16 依次单击 下一步(N) > 按钮，直至打开如图 16-17 所示的“自定义图纸尺寸–完成”对话框，完成图纸尺寸的自定义过程。

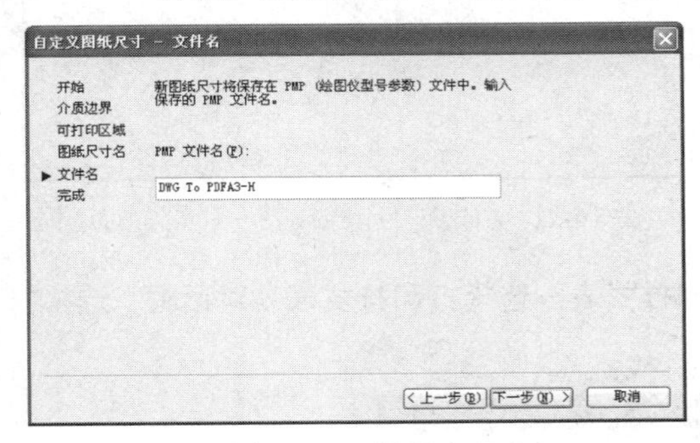

图 16-16 设置文件名

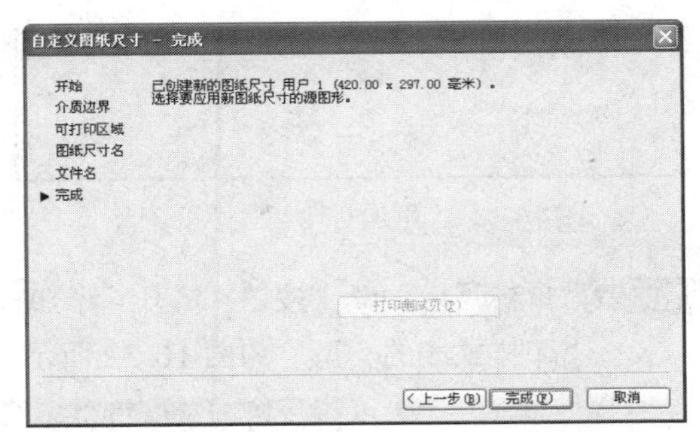

图 16-17 “自定义图纸尺寸–完成”对话框

Step 17 单击 完成(F) 按钮，结果新定义的图纸尺寸自动出现在图纸尺寸选项组中，如图 16-18 所示。

Step 18 如果用户需要将此图纸尺寸进行保存，可以单击 另存为(S)... 按钮；如果用户仅在当前使用一次，单击 确定 按钮即可。

打印样式表其实就是一组打印样式的集合，而打印样式则用于控制图形的打印效果，修改打印图形的外观。使用“打印样式管理器”命令可以创建和管理打印样式表。操作如下：

Note

Step 19 继续上述操作。选择菜单栏中的“文件”→“打印样式管理器”命令，或在命令行输入 Stylesmanager 后按 Enter 键，打开如图 16-19 所示的 Plot Styles 对话框。

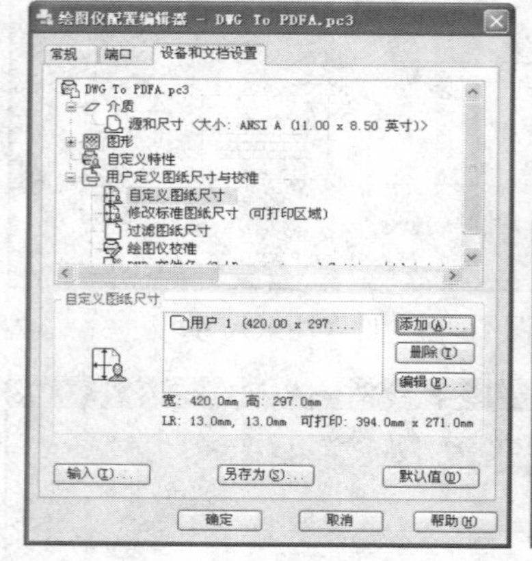

图 16-18 图纸尺寸的定义结果

图 16-19 Plot Styles 对话框

Step 20 双击窗口中的“添加打印样式表向导”图标，打开如图 16-20 所示的“添加打印样式表”对话框。

Step 21 单击下一步(N) >按钮，打开如图 16-21 所示的“添加打印样式表-开始”对话框，开始配置打印样式表的操作。

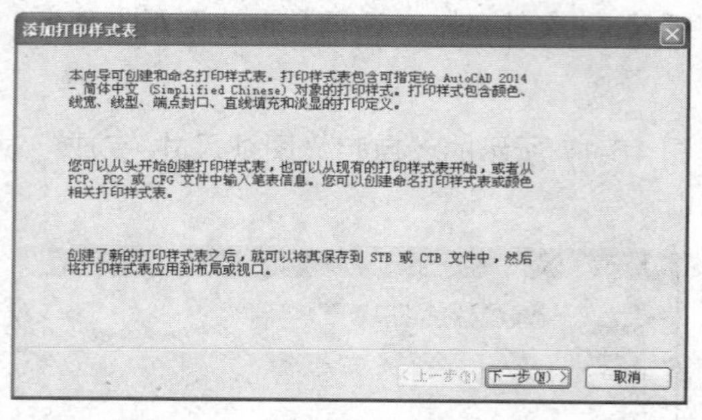

图 16-20 “添加打印样式表”对话框

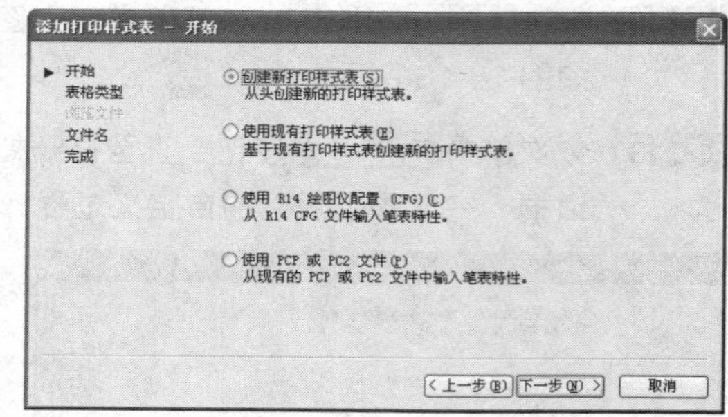

图 16-21 “添加打印样式表—开始”对话框

Step 22 单击下一步(N) >按钮，打开“添加打印样式表—选择打印样式表”对话框，选择打印样式表的类型，如图 16-22 所示。

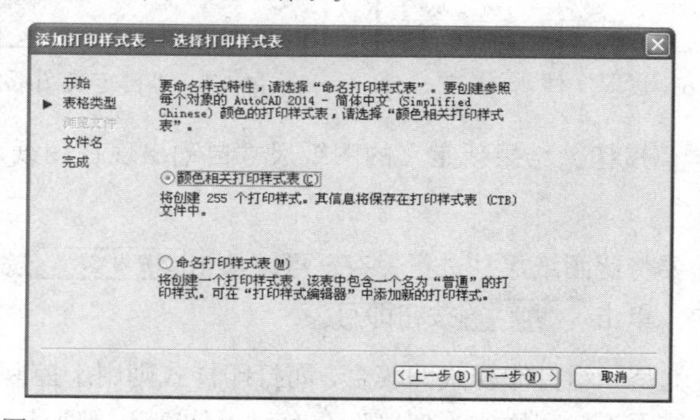

图 16-22 “添加打印样式表—选择打印样式表”对话框

Step 23 单击下一步(N) >按钮，打开“添加打印样式表-文件名”对话框，为打印样式表命名，如图 16-23 所示。

Step 24 单击下一步(N) >按钮，打开如图 16-24 所示的“添加打印样式表-完成”对话框，完成打印样式表各参数的设置。

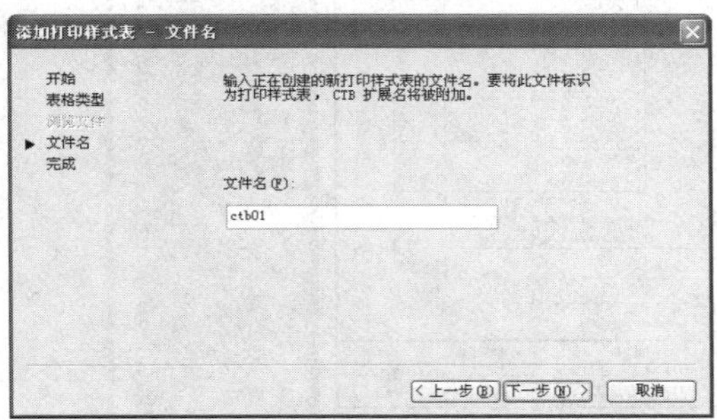

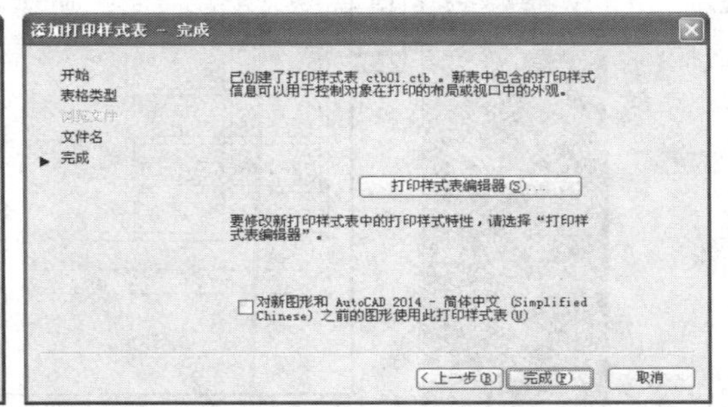

图 16-23　“添加打印样式表－文件名”对话框　　图 16-24　“添加打印样式表－完成”对话框

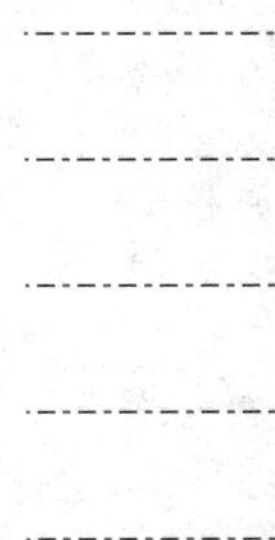

Step 25 单击 完成(F) 按钮，即可添加设置的打印样式表，新建的打印样式表文件图标显示在 Plot Styles 对话框中，如图 16-25 所示。

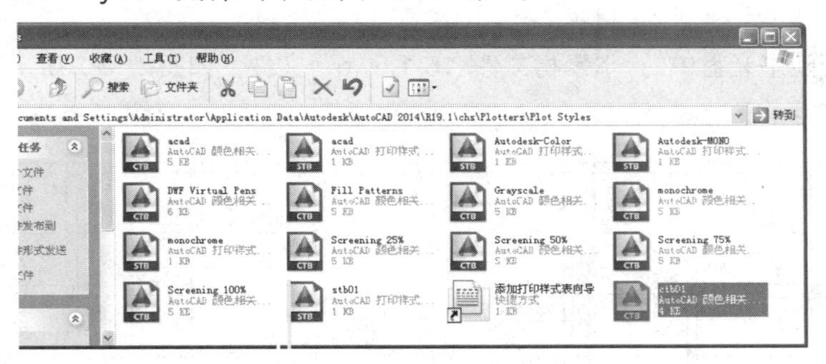

图 16-25　Plot Styles 对话框

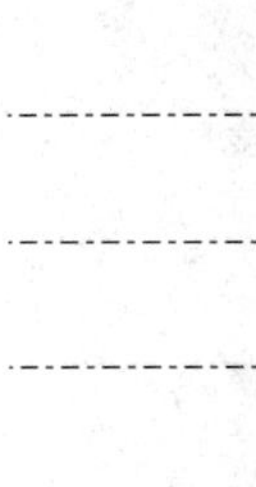

小技巧：

一种打印样式只控制图形某一方面的打印效果，要让打印样式控制一张图纸的打印效果，就需要有一组打印样式。

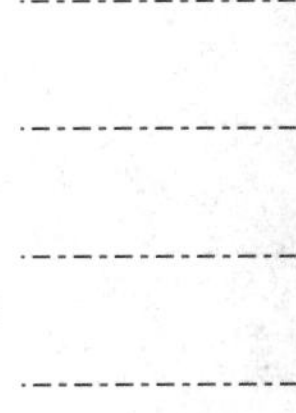

16.4　上机实训二——在模型空间打印室内立面图

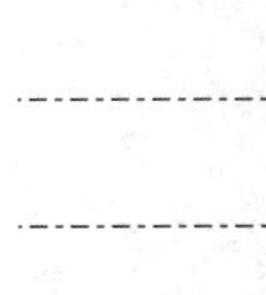

本例通过打印 KTV 包厢装修立面图，主要学习模型空间内的快速打印室内装修图纸的方法和相关打印技能。KTV 包厢装修立面图的打印预览效果如图 16-26 所示。

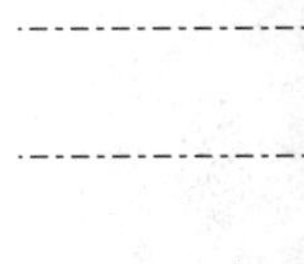

Note

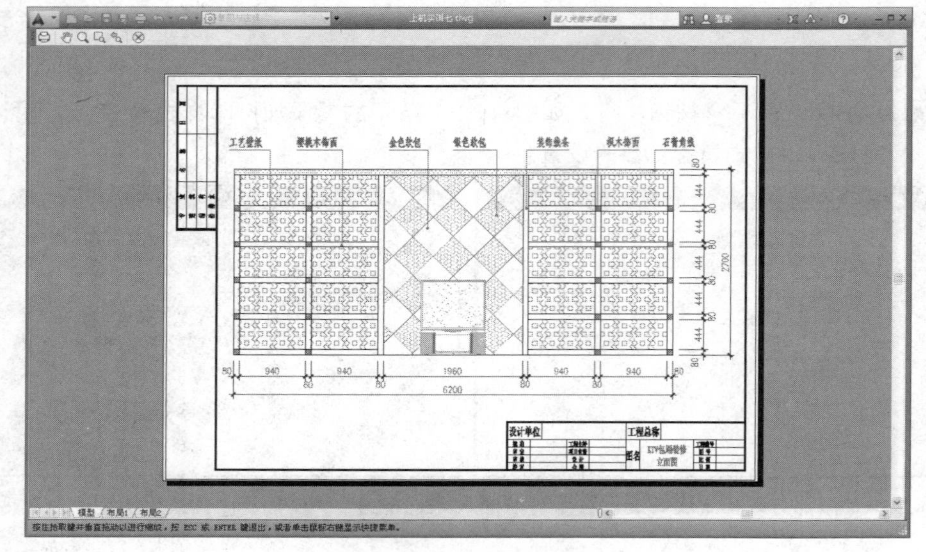

图 16-26　打印预览效果

操作步骤：

Step 01 打开随书光盘中的“\素材文件\16-1.dwg”文件，如图 16-27 所示。

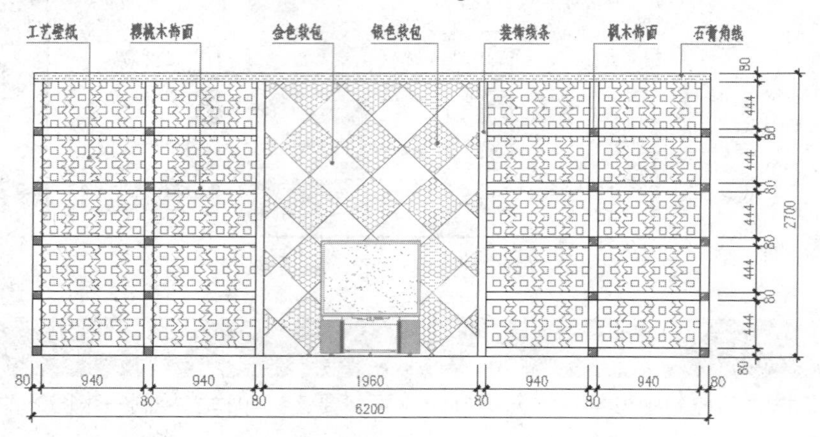

图 16-27　打开结果

Step 02 使用快捷键 I 执行“插入块”命令，插入随书光盘中的“\图块文件\A4-H.dwg”，块参数设置如图 16-28 所示，插入结果如图 16-29 所示。

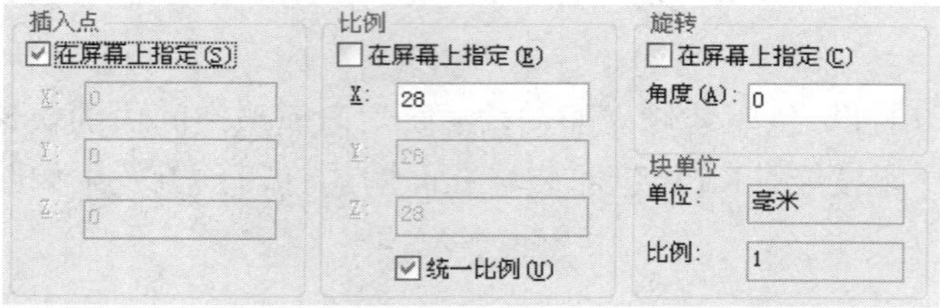

插入点
☑在屏幕上指定(S)
X: 0
Y: 0
Z: 0

比例
☐在屏幕上指定(E)
X: 28
Y: 28
Z: 28
☑统一比例(U)

旋转
☐在屏幕上指定(C)
角度(A): 0

块单位
单位: 毫米
比例: 1

图 16-28　设置块参数

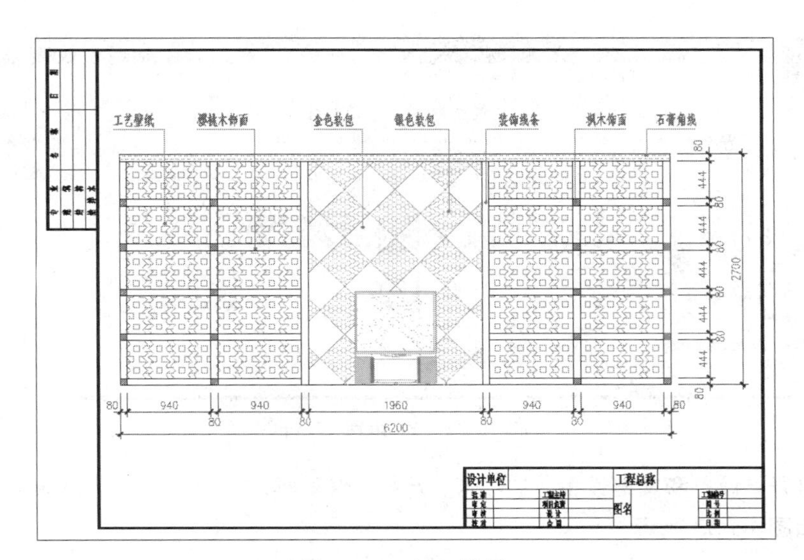

图 16-29　插入结果

Step 03 展开“图层”工具栏或面板上的“图层控制”下拉列表，将“文本层”设置为当前图层。

Step 04 使用快捷键 ST 执行“文字样式”命令，设置“宋体”为当前文字样式。

Step 05 使用快捷键 T 执行“多行文字”命令，根据命令行的提示分别捕捉“图名”右侧方格的对角点，打开“文字编辑器”。

Step 06 在“文字编辑器”内设置文字样式为“宋体”、对正方式为正中、字高为 100，为标题栏填充图名，如图 16-30 所示。

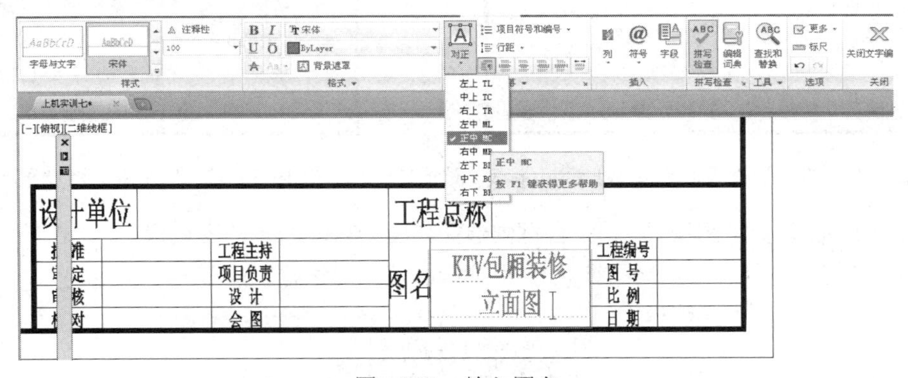

图 16-30　输入图名

Step 07 修改图纸的可打印区域。选择菜单栏中的“文件”→“绘图仪管理器”命令，在打开的对话框中双击如图 16-31 所示的 DWF6 ePlot 图标，打开“绘图仪配置编辑器 - DWF6 ePlot.pc3”对话框，如图 16-32 所示。

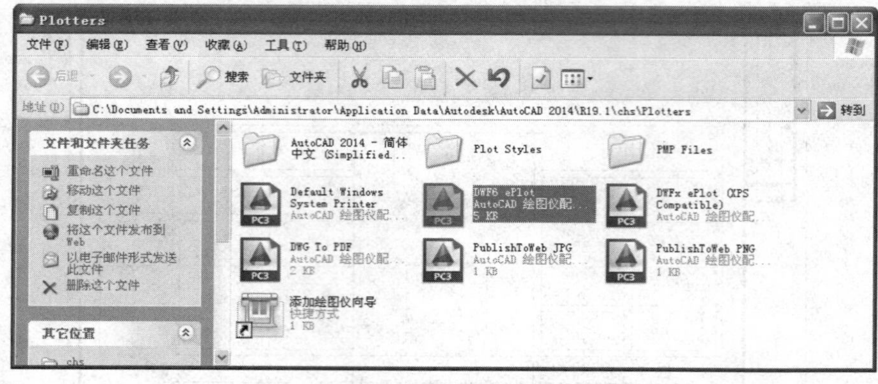

图 16-31　Plotters 对话框

Step 08 打开“设备和文档设置”选项卡，选择“修改标准图纸尺寸（可打印区域）”选项，如图 16-33 所示。

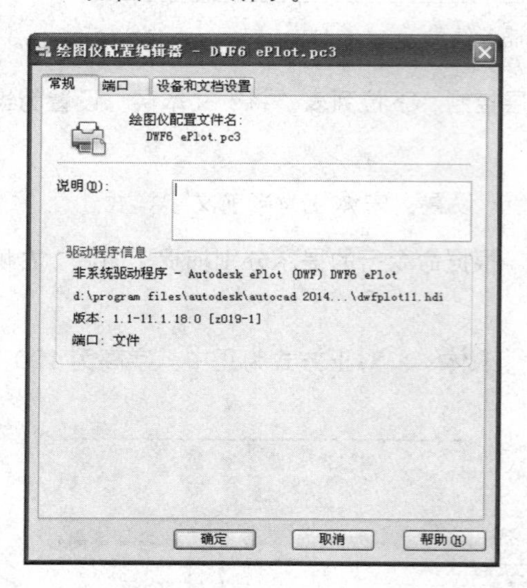

图 16-32　“绘图仪配置编辑器-DWF ePlot.pc3”对话框

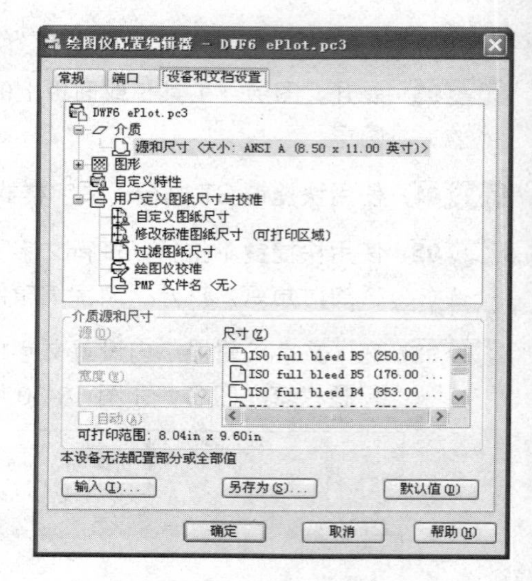

图 16-33　“设备和文档设置”选项卡

Step 09 在“修改标准图纸尺寸”组合框内选择如图 16-34 所示的图纸尺寸，单击 修改(M)... 按钮，打开“自定义图纸尺寸-可打印区域”对话框。

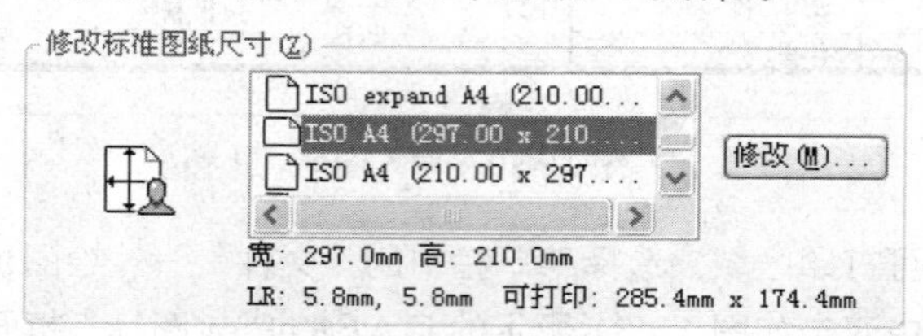

图 16-34　选择图纸尺寸

Step 10 在打开的“自定义图纸尺寸-可打印区域”对话框中设置参数，如图 16-35 所示。

Step 11 单击 下一步(N) > 按钮，在打开的“自定义图纸尺寸-文件名”对话框中，列出了所修改后的标准图纸的尺寸，如图 16-36 所示。

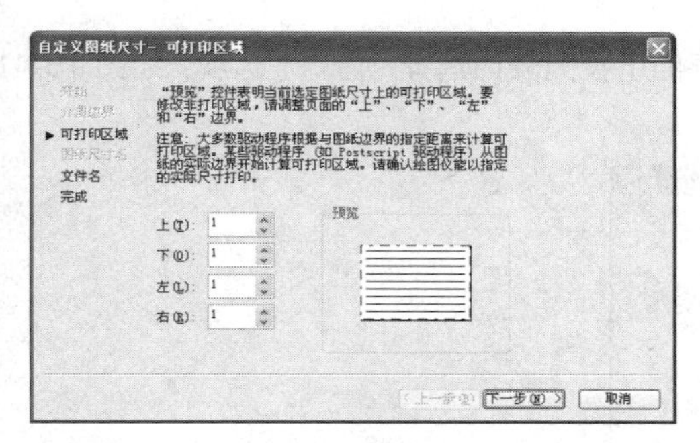

图 16-35　修改图纸打印区域

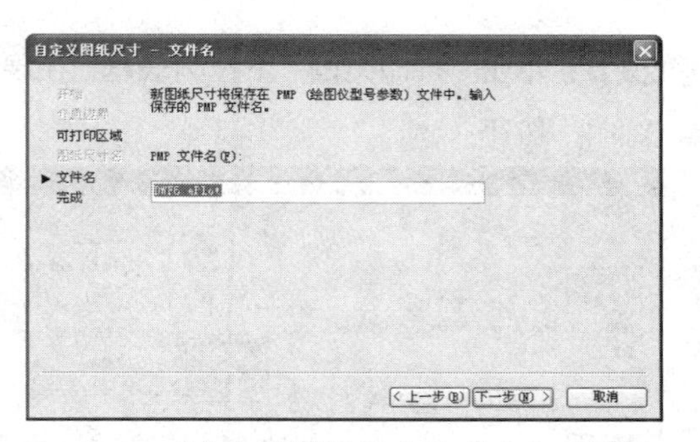

图 16-36　“自定义图纸尺寸-文件名”对话框

Step 12 依次单击[下一步(N) >]按钮，在打开的“自定义图纸尺寸-完成”对话框中，列出了所修改后的标准图纸的尺寸，如图 16-37 所示。

Step 13 单击[下一步(N) >]按钮系统返回“绘图仪配置编辑器- DWF6 ePlot.pc3”对话框，然后单击[另存为(S)...]按钮，将当前配置进行保存，如图 16-38 所示。

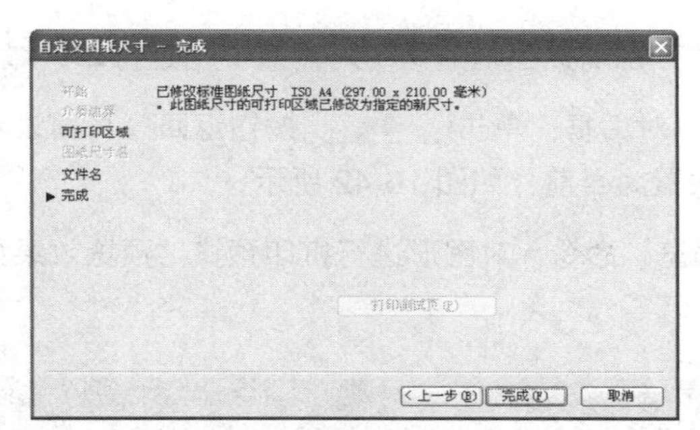

图 16-37　“自定义图纸尺寸-完成”对话框

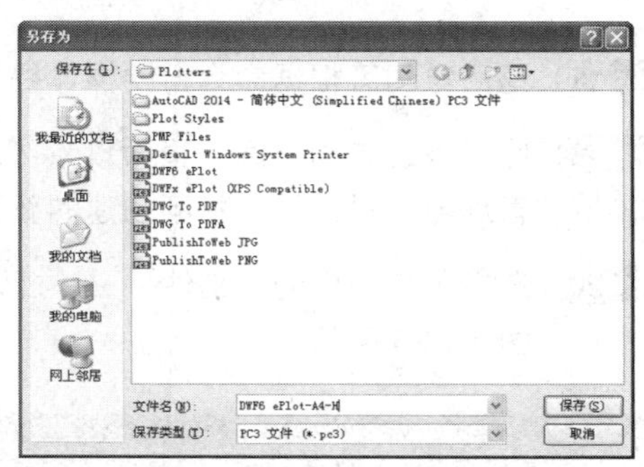

图 16-38　另存打印设备

Step 14 单击[保存(S)]按钮返回“绘图仪配置编辑器- DWF6 ePlot.pc3”对话框，然后单击[确定]按钮，结束命令。

Step 15 选择菜单栏中的“文件”→“页面设置管理器”命令，在打开的“页面设置管理器”对话框中单击[新建(N)...]按钮，为新页面命名，如图 16-39 所示。

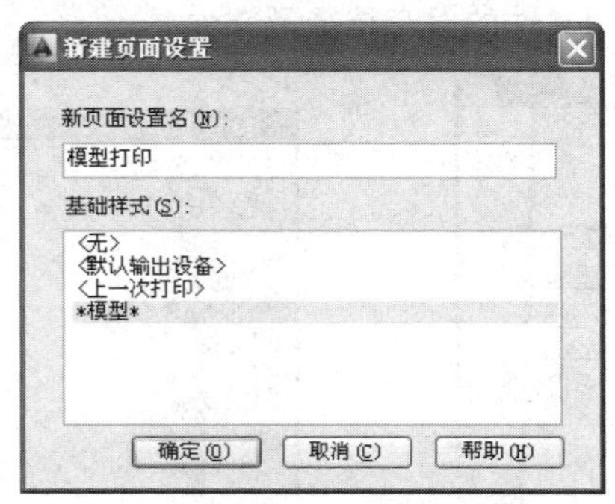

图 16-39　为新页面命名

Step 16 单击[确定]按钮，打开“页面设置-模型”对话框，配置打印设备、设置图纸尺寸、打印偏移、打印比例和图形方向等参数，如图 16-40 所示。

Note

Step 17 单击“打印范围”下拉列表框，在展开的下拉列表内选择“窗口”选项，如图 16-41 所示。

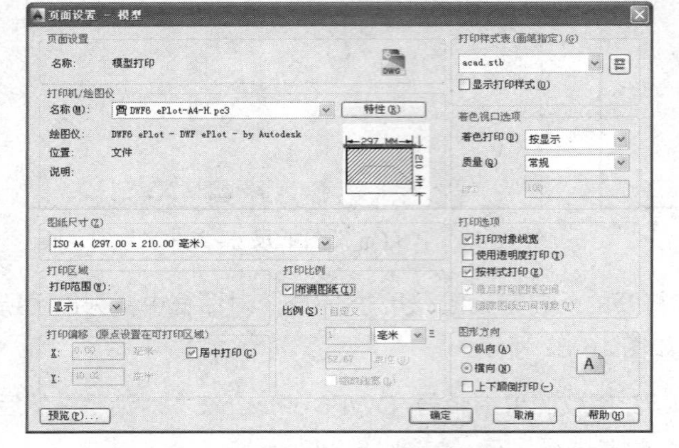

图 16-40　设置页面参数

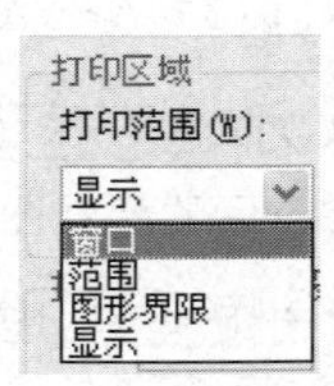

图 16-41　“打印范围”下拉列表框

Step 18 返回绘图区根据命令行的操作提示，分别捕捉图框的两个对角点，指定打印区域。

Step 19 此时系统自动返回“页面设置-模型”对话框，单击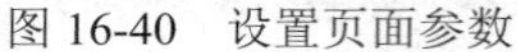按钮返回“页面设置管理器”对话框，将刚创建的新页面置为当前，如图 16-42 所示。

Step 20 选择菜单栏中的“文件”→“打印预览”命令，对图形进行打印预览。预览效果如图 16-26 所示。

小技巧：

“打印预览”命令主要用于对设置好的打印页面进行预览和打印，除了执行菜单中的该命令外，单击“标准”工具栏或“打印”面板→“打印预览”按钮，或在命令行输入 Preview，都可以快速执行命令。

Step 21 单击右键，选择“打印”选项，此时系统打开如图 16-43 所示的“浏览打印文件”对话框，可设置打印文件的保存路径及文件名。

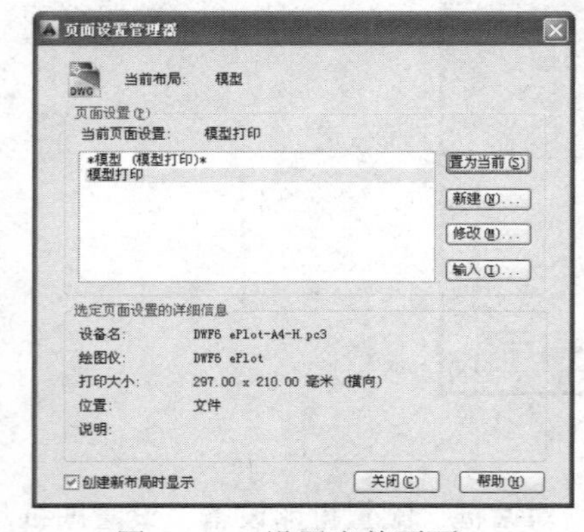

图 16-42　设置当前页面

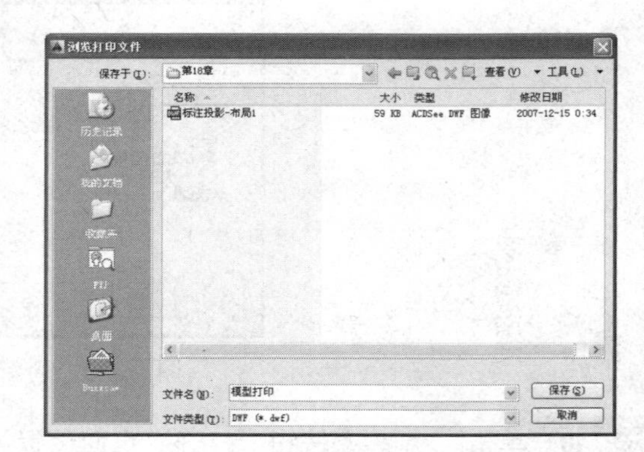

图 16-43　保存打印文件

小技巧：

将打印文件进行保存，可以方便用户进行网上发布、使用和共享。

Step 22 单击 保存(S) 按钮，系统弹出“打印作业进度”对话框，等此对话框关闭后，打印过程即可结束。

Step 23 使用“另存为”命令，将图形另名存储为“上机实训二.dwg”。

16.5 上机实训三——在布局空间打印室内布置图

本例将在布局空间内按照 1:60 的出图比例精确打印某住宅楼单元户型装修布置图，主要学习布局空间的精确打印技能。单元户型装修布置图的打印预览效果如图 16-44 所示。

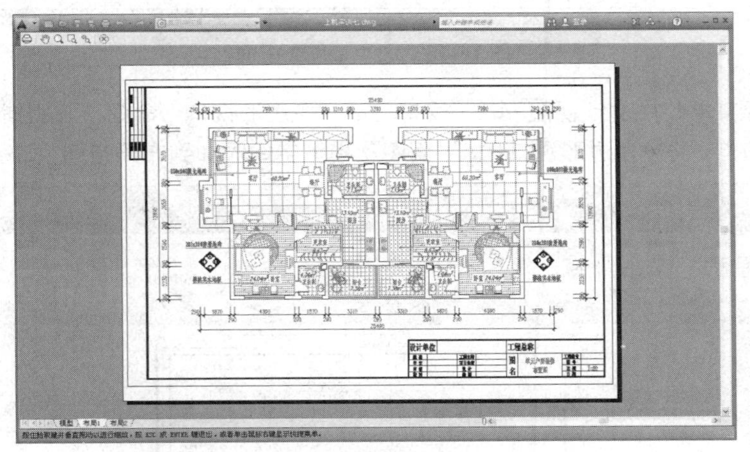

图 16-44　打印预览效果

操作步骤：

Step 01 打开随书光盘中的“\素材文件\16-2.dwg”文件，如图 16-45 所示。

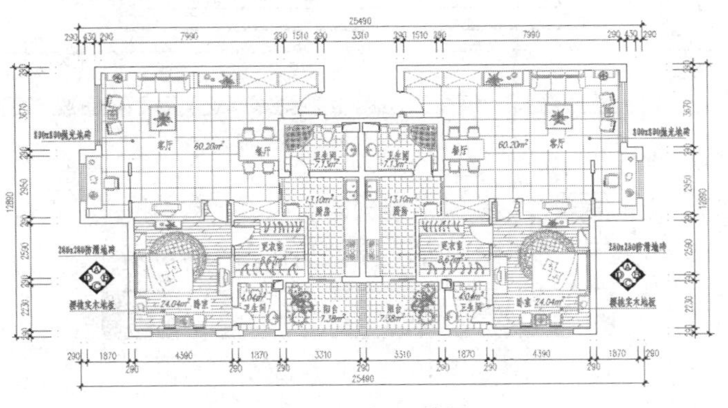

图 16-45　打开结果

Step 02 单击绘图区下方的“布局1”标签，进入“布局 1”操作空间，如图 16-46 所示。

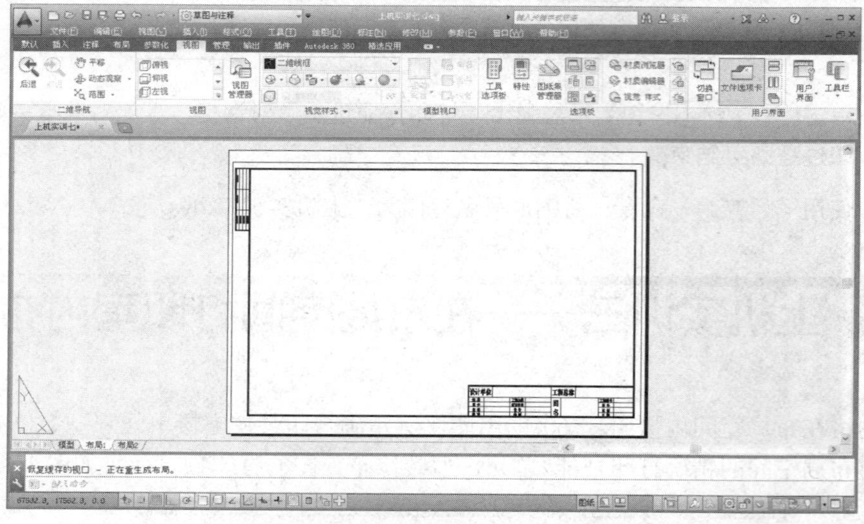

图 16-46　进入布局 2 空间

Step 03 选择菜单栏中的“视图”→“视口”→“多边形视口”命令，分别捕捉图框内边框的角点，创建多边形视口，将平面图从模型空间添加到布局空间，如图 16-47 所示。

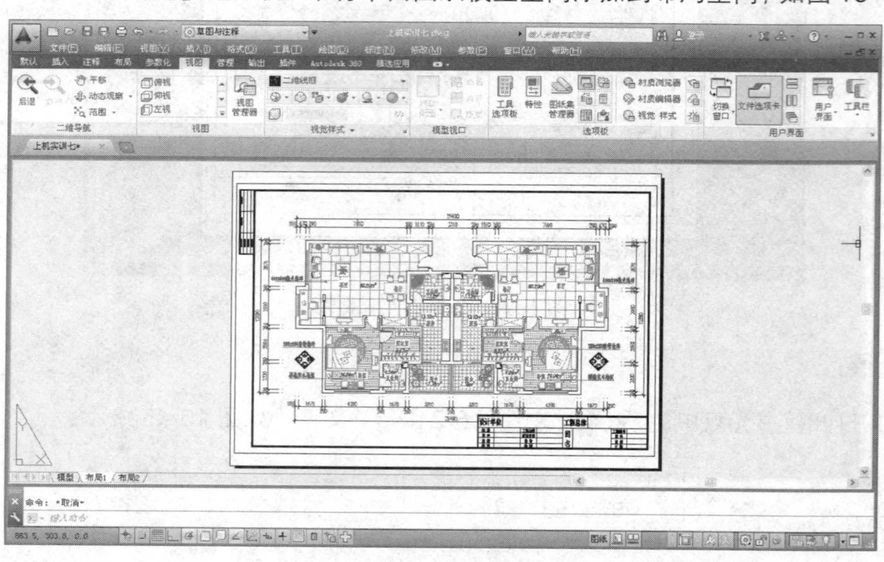

图 16-47　创建多边形视口

Step 04 单击状态栏上的图纸按钮，激活刚创建的视口，然后打开“视口”工具栏，调整比例如图 16-48 所示，此时图形的显示效果如图 16-49 所示。

图 16-48　调整比例

Step 05 使用“实时平移”工具调整图形的出图位置，结果如图 16-50 所示。

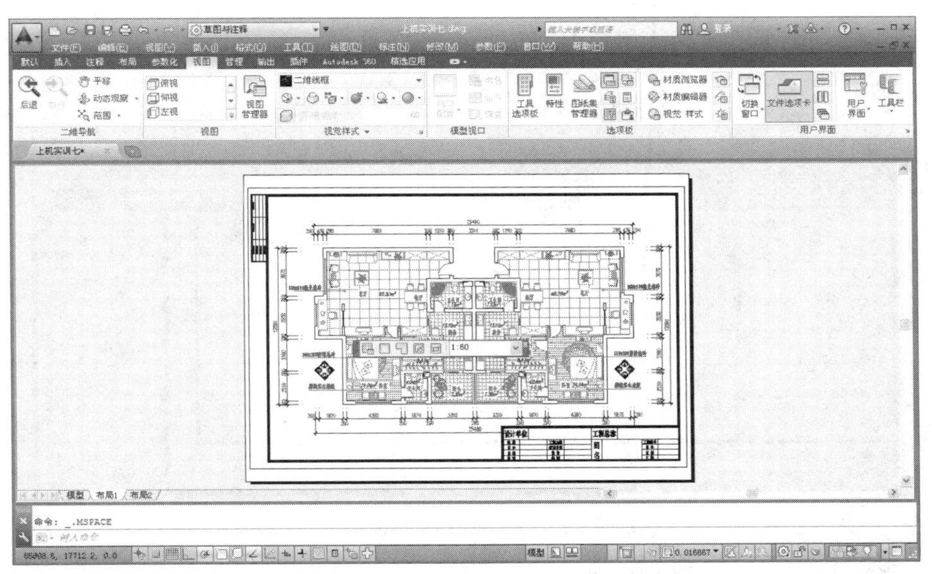

图 16-49 调整比例后的效果

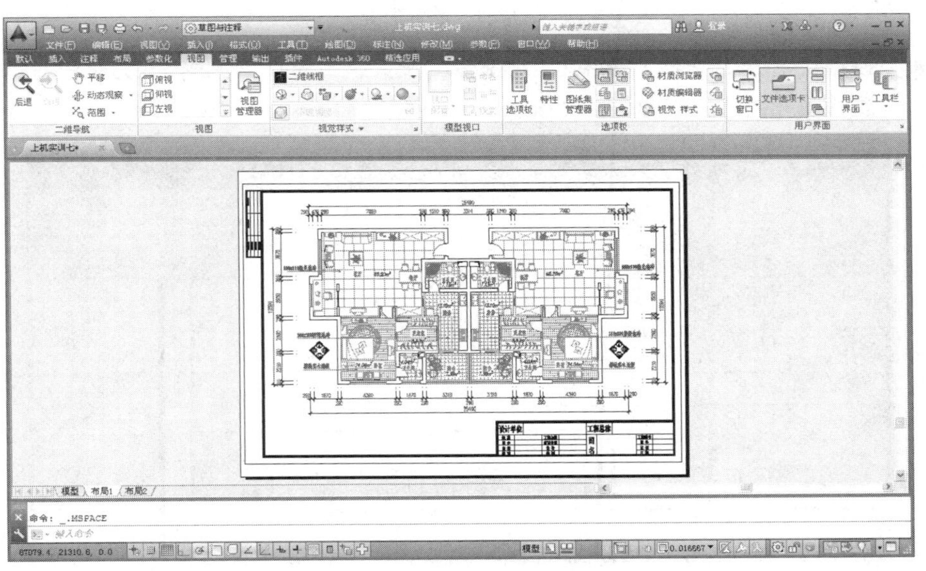

图 16-50 平移视图

小技巧：

如果状态栏上没有显示出图纸按钮，则从状态栏上的右键菜单中选择“图纸／模型”选项即可。

Step 06 单击模型按钮返回图纸空间，然后展开“图层控制”下拉列表，设置“文本层”为当前层。

Step 07 展开“文字样式控制”下拉列表，设置“宋体”为当前文字样式，并使用“窗口缩放”工具调整视图，如图 16-51 所示。

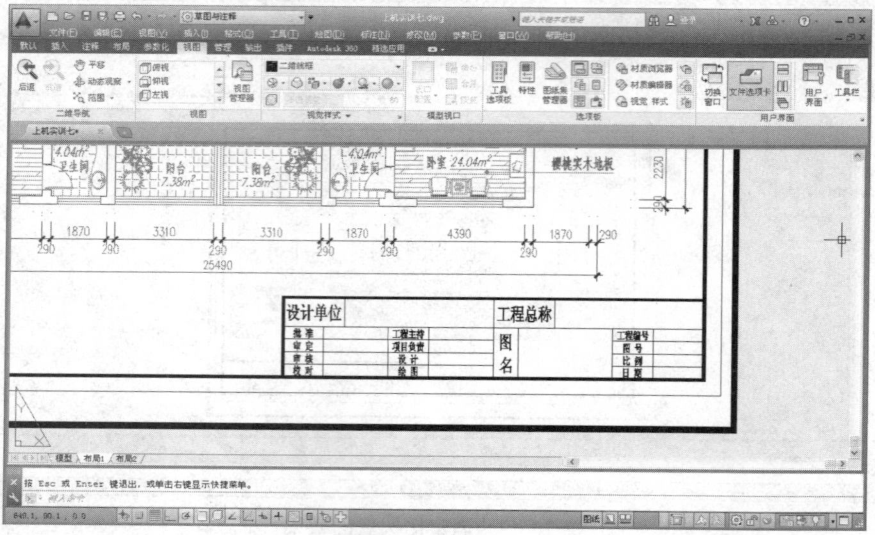

Note

图 16-51　调整视图

Step 08 使用快捷键 T 执行“多行文字”命令，设置字高为 6、对正方式为正中对正，为标题栏填充图名，如图 16-52 所示。

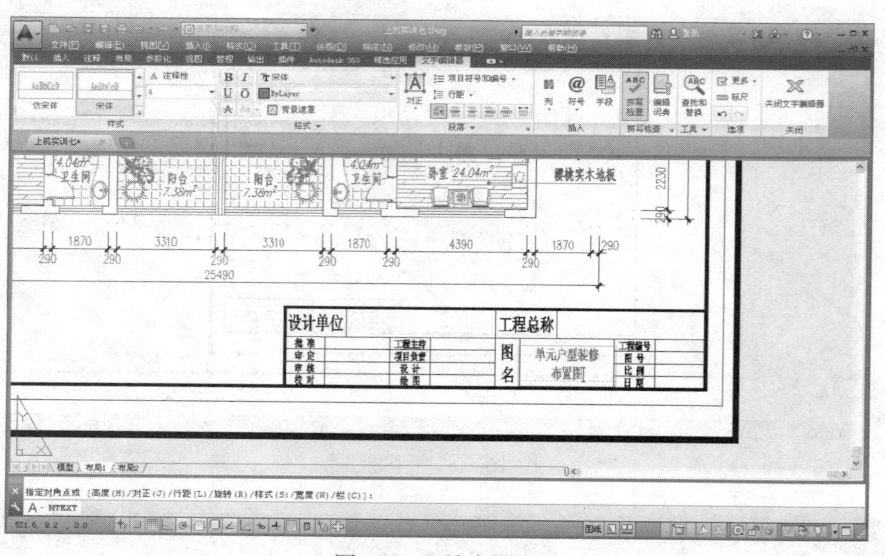

图 16-52　填充图名

Step 09 重复执行“多行文字”命令，设置文字样式和对正方式不变，为标题栏填充出图比例，如图 16-53 所示。

Note

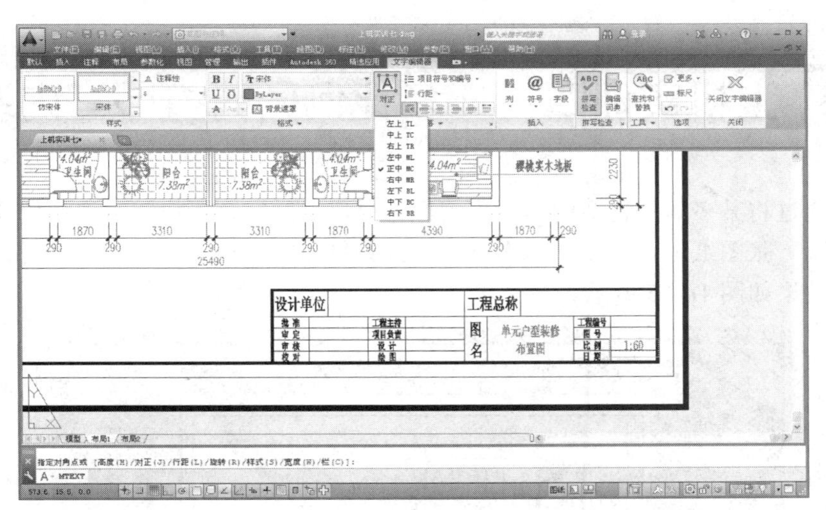

图 16-53　填充比例

Step 10 选择菜单栏中的“文件”→“打印”命令，对图形进行打印预览。效果如图 16-44 所示。

Step 11 返回“打印-布局 1”对话框，单击 确定 按钮，在“浏览打印文件”对话框内设置打印文件的保存路径及文件名，如图 16-54 所示。

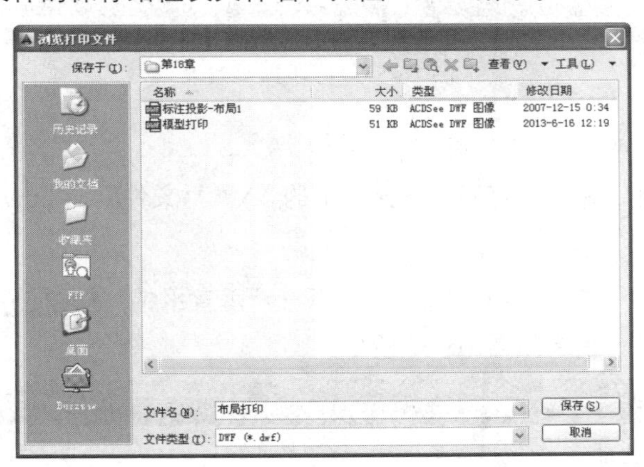

图 16-54　设置文件名及路径

小技巧：

“打印”命令用于打印或预览当前已设置好的页面布局，也可直接使用此命令设置图形的打印页面。另外，单击“标准”工具栏或“打印”面板→“打印”按钮 或在命令行输入 Plot、按组合键 Ctrl+P、在“模型”选项卡或“布局”选项卡上单击右键，选择右键菜单上的“打印”选项，都可以执行该命令。

Step 12 在“浏览打印文件”对话框中单击 保存(S) 按钮，可将此平面图输出到相应图纸上。

Step 13 执行“另存为”命令，将图形另名存储为“上机实训三.dwg”。

16.6 上机实训四——多比例同时打印室内装修图

Note

本例通过将某多居室住宅的客厅、餐厅、书房、卧室、厨房等室内装修立面图等打印输出到同一张图纸上，主要学习多种比例并列打印的布局方法和打印技巧。本例最终打印预览效果如图 16-55 所示。

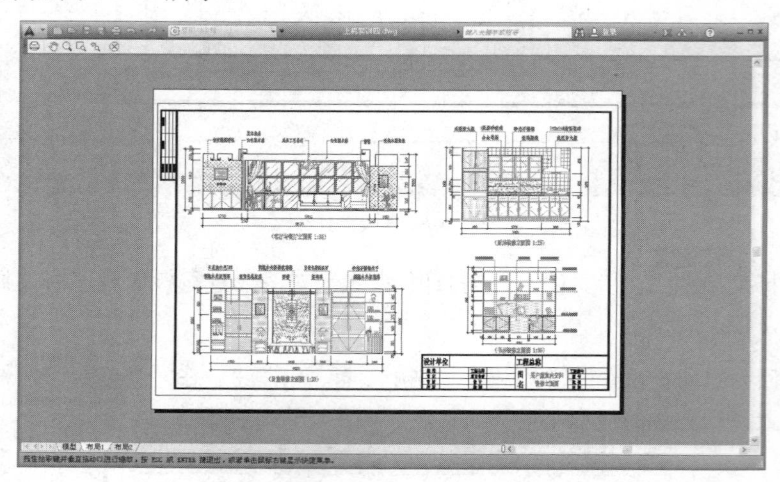

图 16-55　打印预览效果

操作步骤：

Step 01 执行“打开”命令，打开随书光盘中的“\素材文件\16-3.dwg～16-6.dwg 四个立面图文件。

Step 02 单击“视图”选项卡→“窗口”面板→“垂直平铺”按钮，将各立面图文件进行垂直平铺。结果如图 16-56 所示。

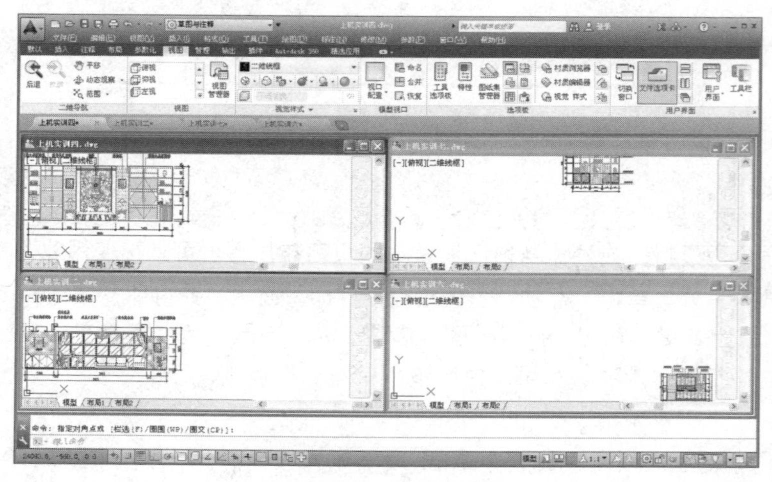

图 16-56　垂直平铺

Step 03 使用视图的调整工具分别调整每个文件内的视图，使每个文件内的立面图能完全显示。结果如图 16-57 所示。

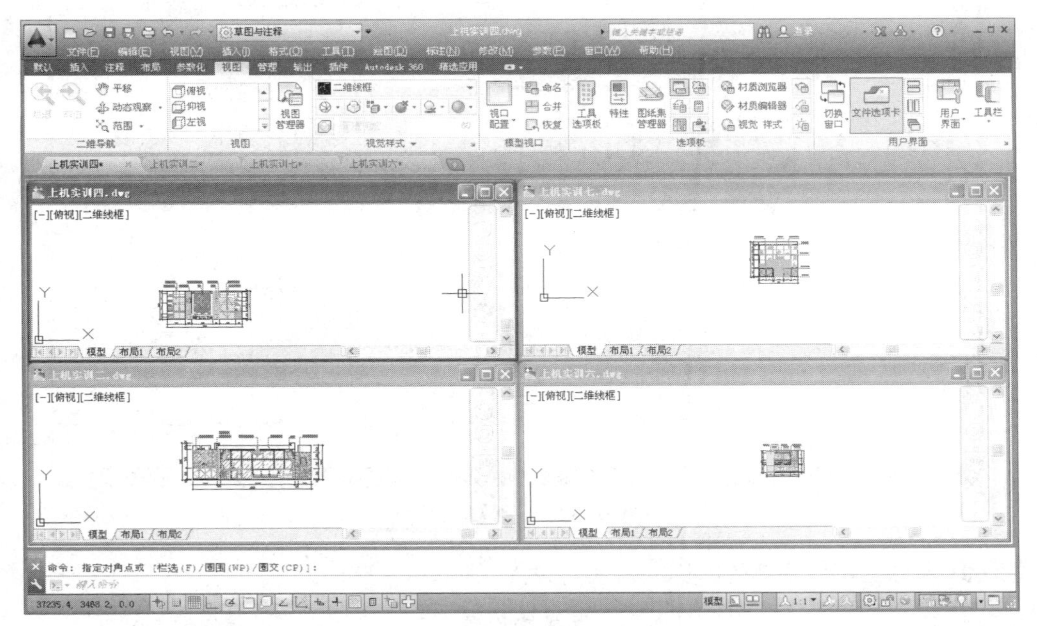

图 16-57　调整视图

Step 04 使用多文档间的数据共享功能，分别将其他三个文件中的立面图以块的方式共享到一个文件中，如图 16-58 所示。

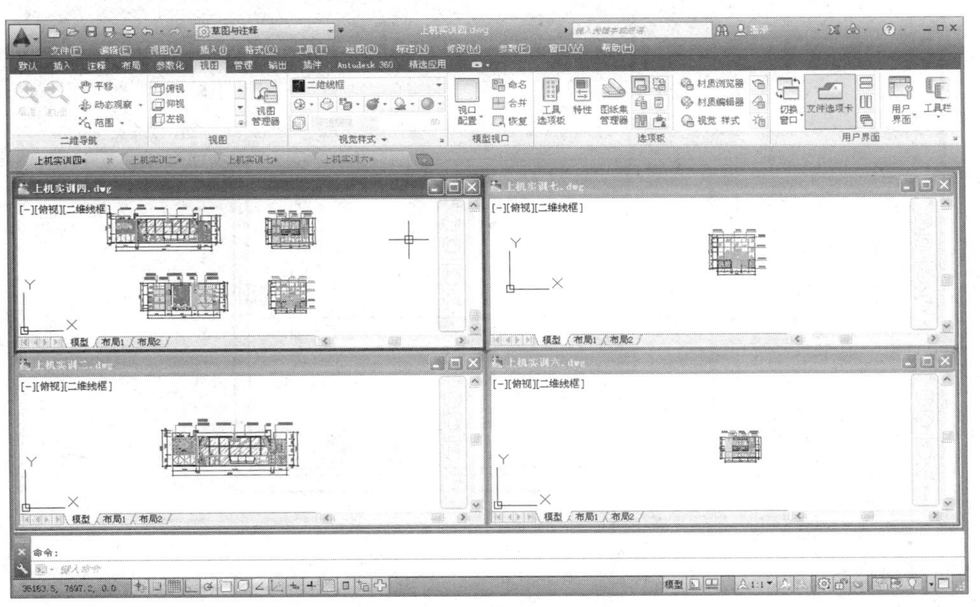

图 16-58　共享结果

Step 05 将其他三个文件关闭，然后将共享后的图形文件最大化显示。结果如图 16-59 所示。

Note

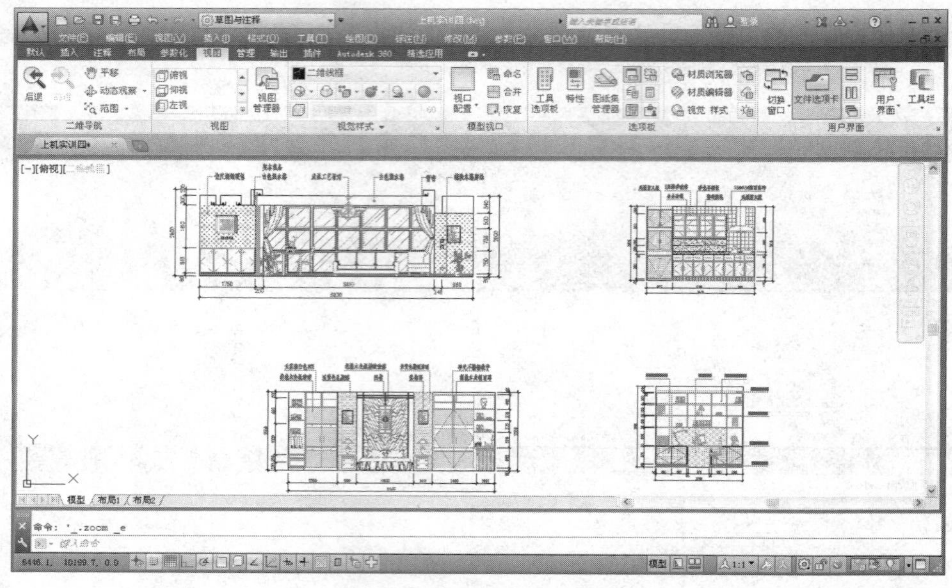

图 16-59　调整图形位置

Step 06 单击绘图区底部的 布局1 标签，进入“布局 1”空间。

Step 07 在“默认”选项卡→“图层”面板中设置“0 图层”为当前操作层。

Step 08 单击“默认”选项卡→“绘图”面板→“矩形”按钮，配合“端点捕捉”和“中点捕捉”功能绘制如图 16-60 所示的四个矩形。

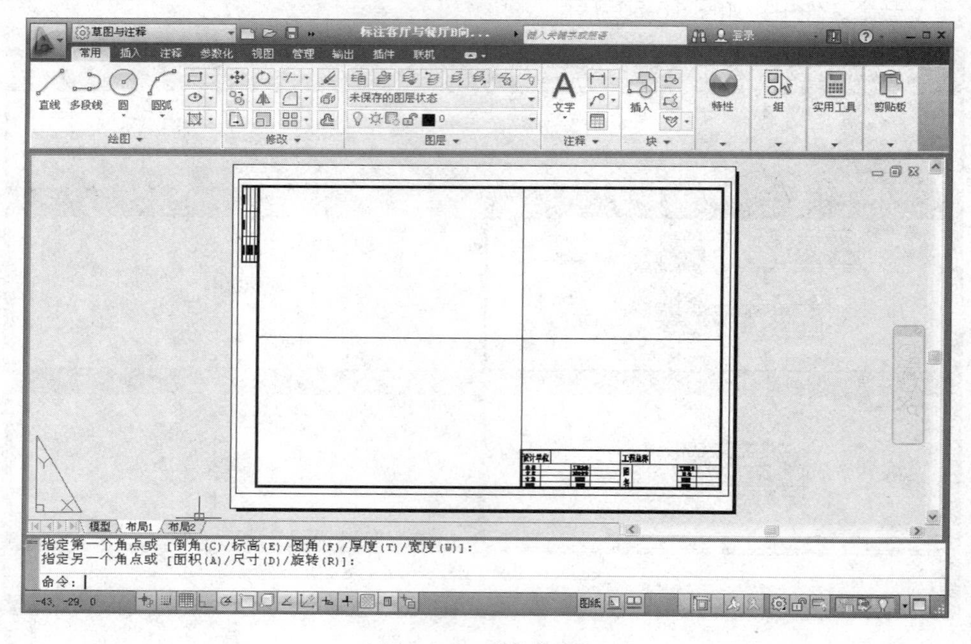

图 16-60　绘制矩形

Step 09 选择菜单栏中的“视图”→“视口”→“对象”命令，根据命令行的提示选择左上侧的矩形，将其转化为矩形视口。结果如图 16-61 所示。

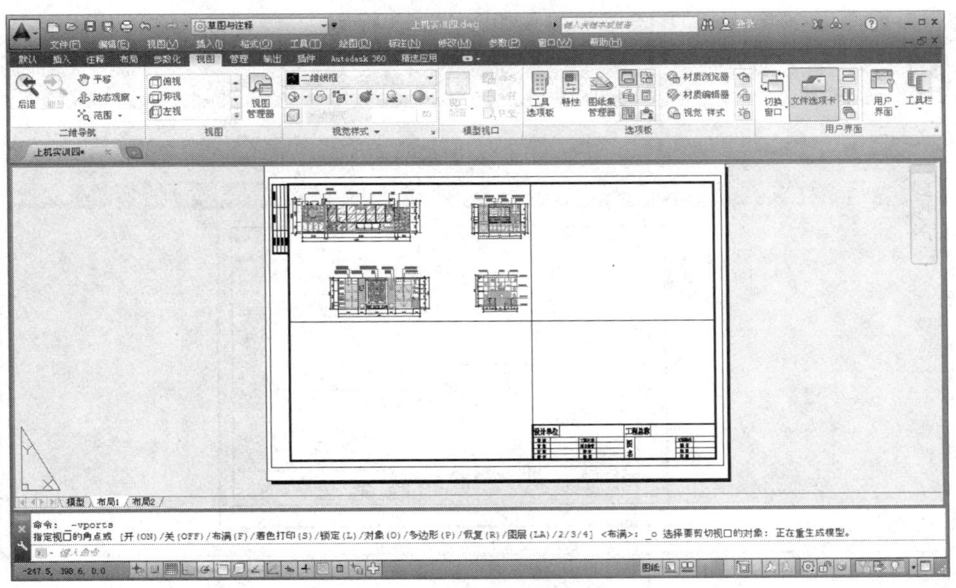

图 16-61　创建对象视口

Step 10 重复执行“对象视口”命令，分别将另外三个矩形转化为矩形视口。结果如图 16-62 所示。

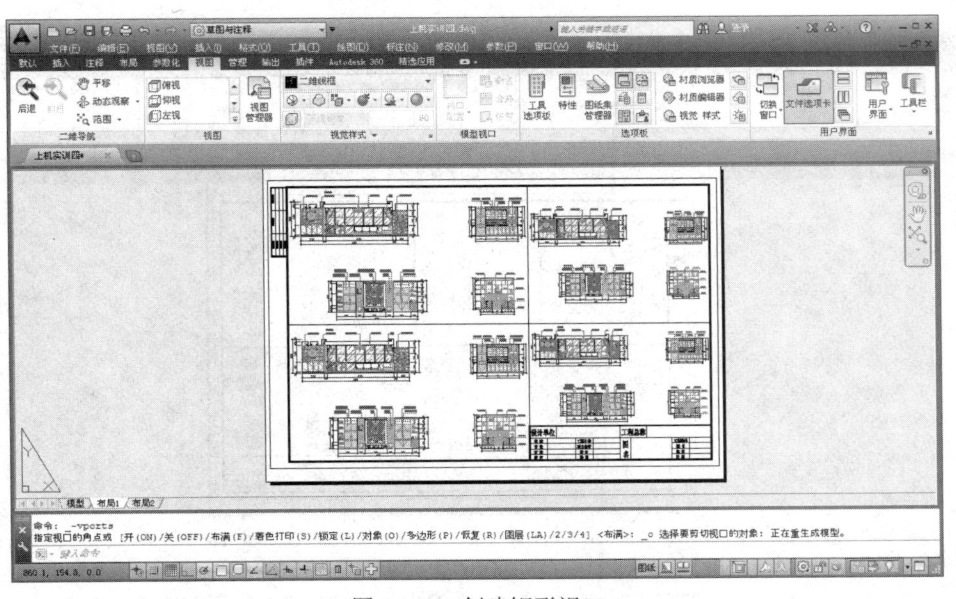

图 16-62　创建矩形视口

Step 11 单击状态栏中的图纸按钮，然后单击左上侧的视口，激活此视口，此时视口边框粗显。

Note

Step 12 单击“视图”选项卡→“二维导航”面板→“缩放”按钮，在命令行“输入比例因子（nX 或 nXP）：”提示下，输入 1/35xp 后按 Enter 键，设置出图比例，此时图形在当前视口中的缩放效果如图 16-63 所示。

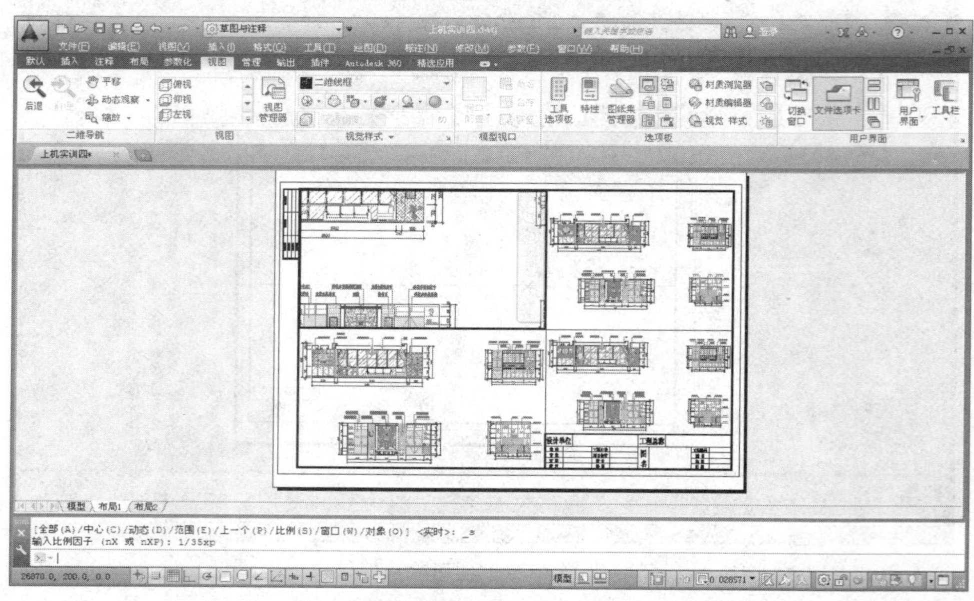

图 16-63　设置出图比例

Step 13 使用“实时平移”工具调整平面图在视口内的位置，结果如图 16-64 所示。

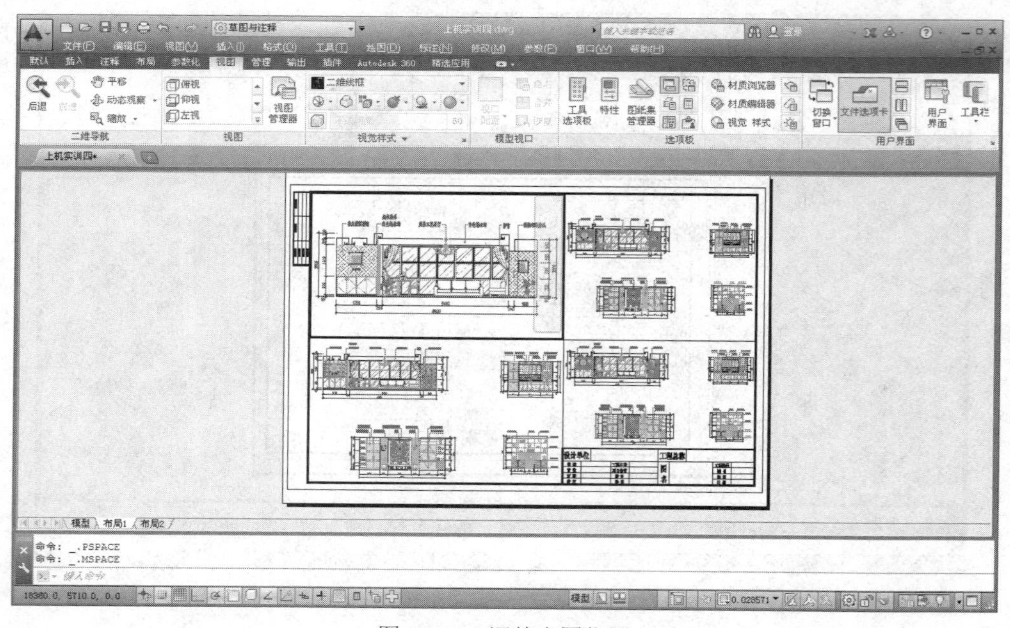

图 16-64　调整出图位置

Step 14 激活左下侧的矩形视口，然后单击“视图”选项卡→“二维导航”面板→“比例缩放”按钮，在命令行“输入比例因子（nX 或 nXP）：”提示下，输入 1/30xp 后

按 Enter 键，设置出图比例，并调整出图位置。结果如图 16-65 所示。

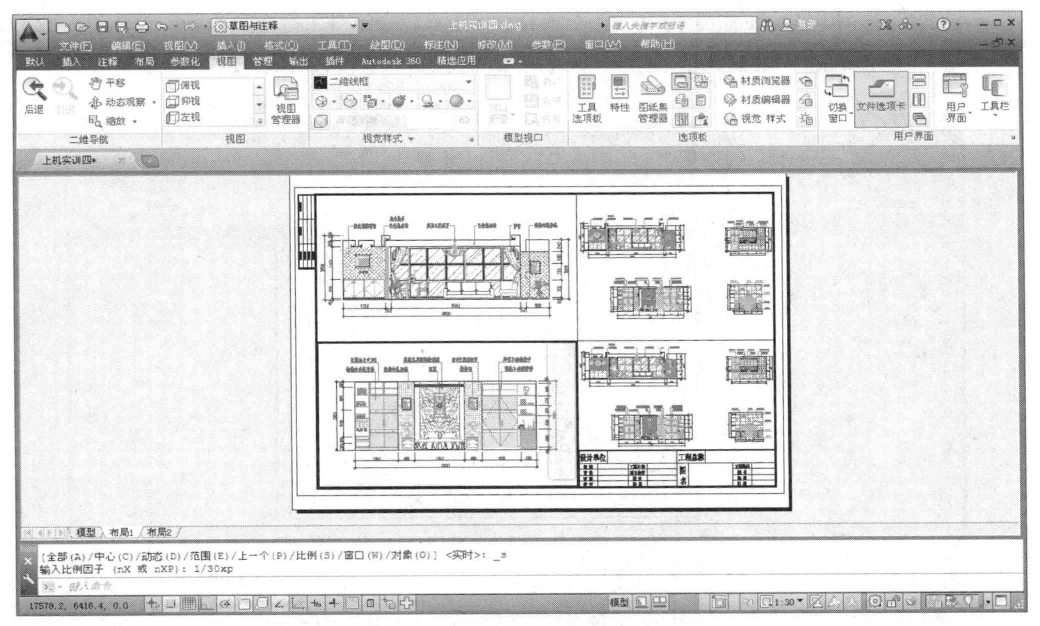

图 16-65　调整出图比例及位置

Step 15 激活右上侧的矩形视口，然后单击“视图”选项卡→“二维导航”面板→“比例缩放”按钮，在命令行“输入比例因子 (nX 或 nXP):”提示下，输入 1/25xp 后按 Enter 键，设置出图比例，并调整出图位置。结果如图 16-66 所示。

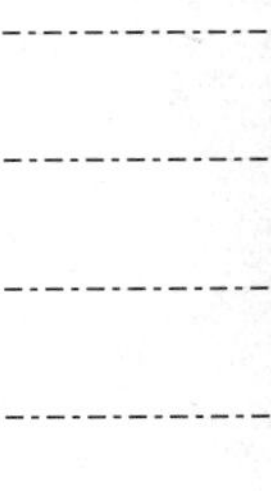

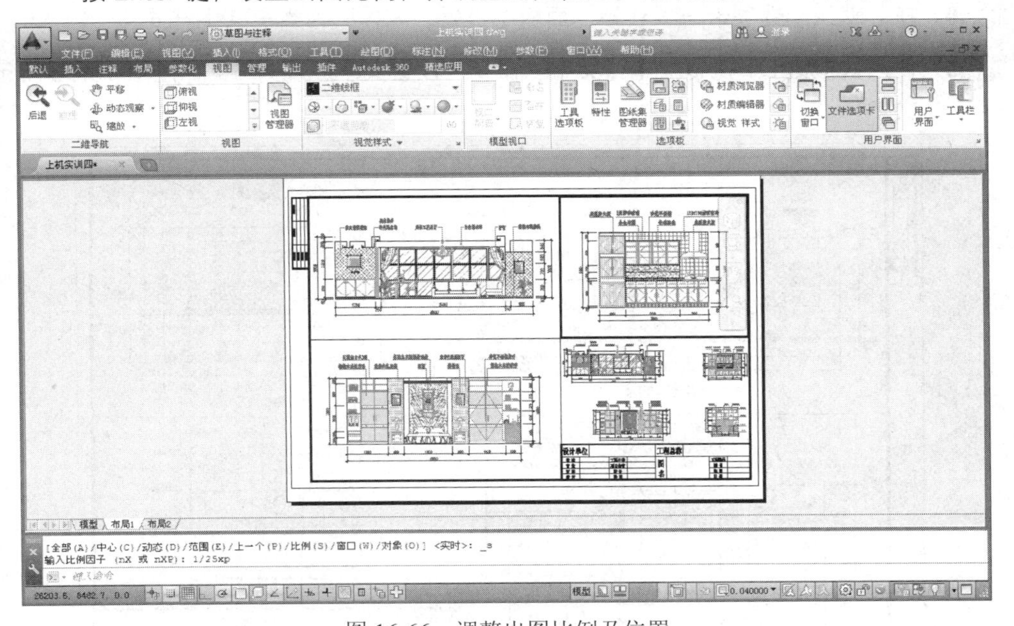

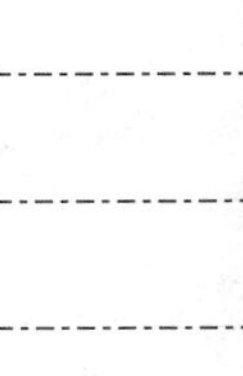

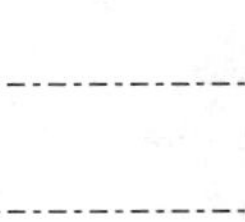

图 16-66　调整出图比例及位置

Note

Step 16 激活右下侧的矩形视口，然后单击“视图”选项卡→“二维导航”面板→“比例缩放”按钮，在命令行“输入比例因子（nX 或 nXP）：”提示下，输入 1/30xp 后按 Enter 键，设置出图比例，并调整出图位置。结果如图 16-67 所示。

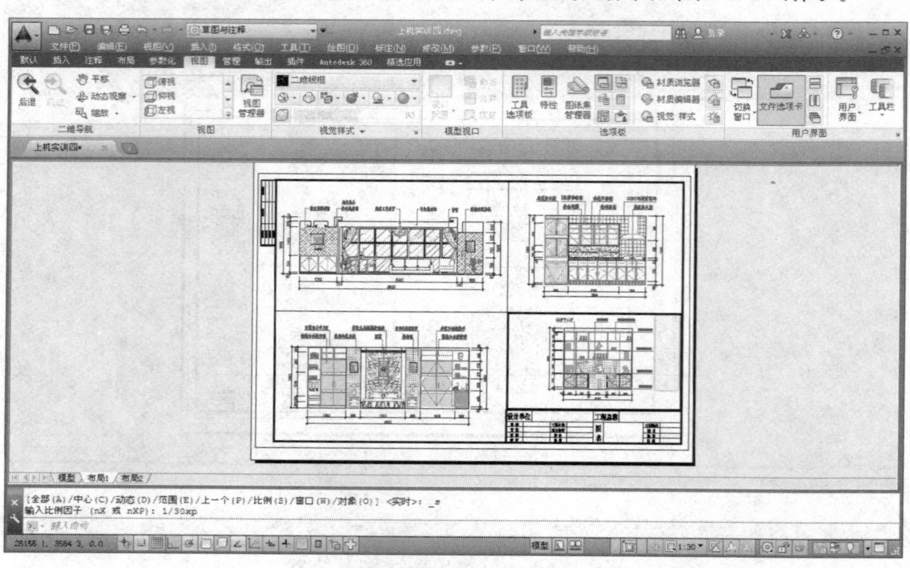

图 16-67　调整出图比例及位置

Step 17 返回图纸空间，然后在“默认”选项卡→“图层”面板中设置“文本层”为当前操作层。

Step 18 在“默认”选项卡→“注释”面板中设置“宋体”为当前文字样式。

Step 19 使用快捷键 DT 执行“单行文字”命令，设置文字高度为 6，标注图 16-68 所示的文字。

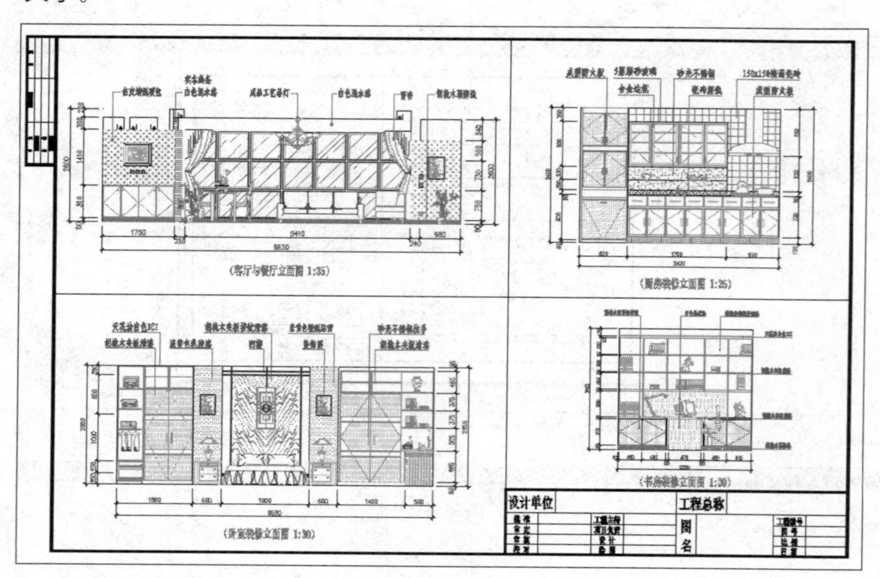

图 16-68　标注文字

Step 20 选择四个矩形视口边框线，将其放到其他的 Defpoints 图层上，并将此图层关闭。结果如图 16-69 所示。

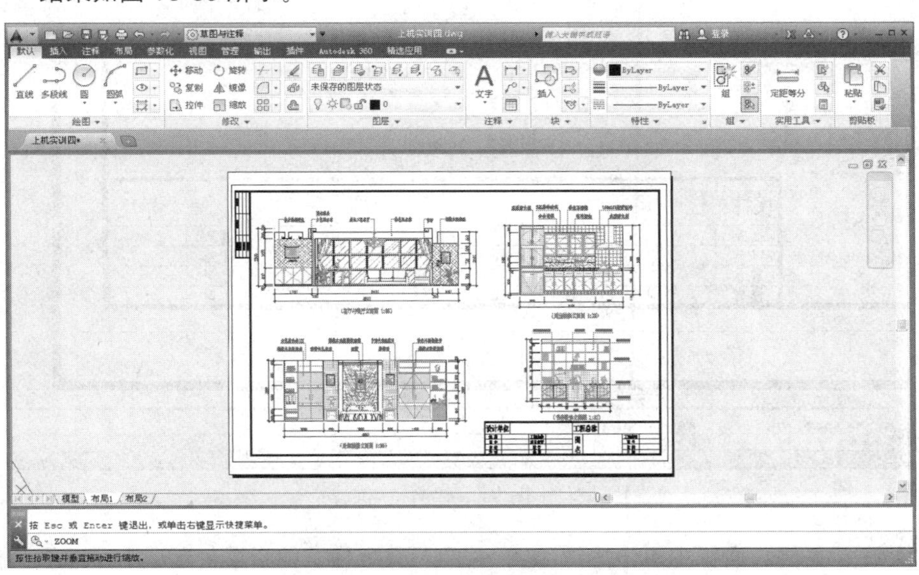

图 16-69　隐藏视口边框

Step 21 单击“视图”选项卡→“二维导航”面板→“窗口缩放”按钮，调整视图。结果如图 16-70 所示。

图 16-70　调整视图

Step 22 使用快捷键 T 执行“多行文字”命令，在打开的“文字格式编辑器”选项卡功能区面板中设置文字高度为 6、对正方式为“正中”，然后输入如图 16-71 所示的图名。

Note

图 16-71 输入文字

Step 23 在"关闭"面板中单击按钮，关闭"文字格式编辑器"选项卡，结果为标题栏填充图名，如图 16-72 所示。

图 16-72 填充图名

Step 24 单击"视图"选项卡→"二维导航"面板→"范围缩放"按钮，调整视图。结果如图 16-73 所示。

Step 25 单击"输出"选项卡→"打印"面板→"打印"按钮，在打开的"打印-布局 1"对话框中单击 预览(P)... 按钮，对图形进行预览。效果如图 16-55 所示。

Step 26 按 Esc 键退出预览状态，返回"打印-布局 1"对话框，单击 确定 按钮。

Note

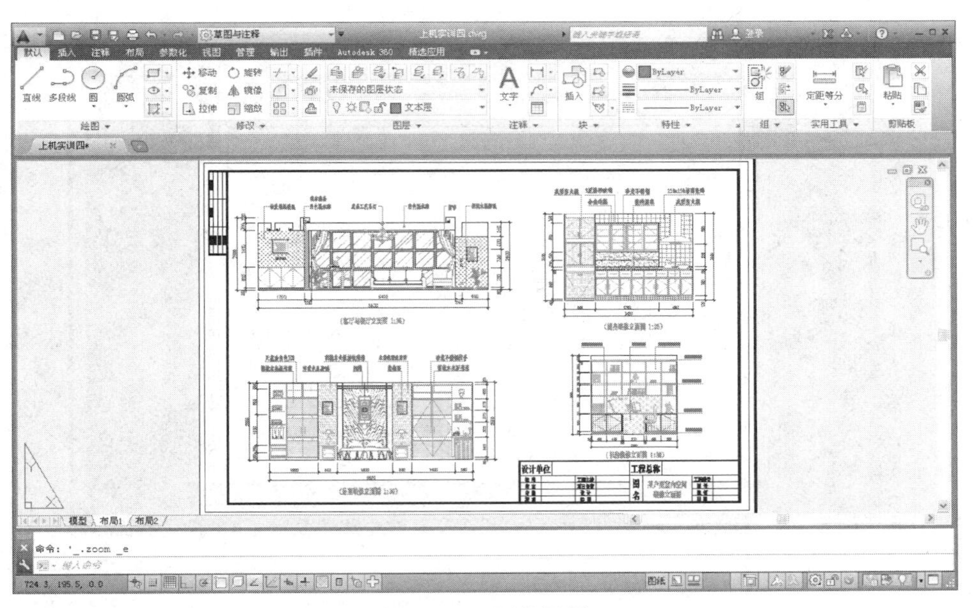

图 16-73　调整视图

Step 27 系统打开"浏览打印文件"对话框，设置文件的保存路径及文件名。

Step 28 单击 保存(S) 按钮，即可精确打印。

Step 29 执行"另存为"命令，将当前文件另名存储为"上机实训四.dwg"。

16.7 小结与练习

16.7.1　小结

打印输出是施工图设计的最后一个操作环节，只有将设计成果打印输出到图纸上，才算完成了整个绘图的流程。

本章主要针对这一环节，通过模型打印、布局打印、多比例同时打印等典型操作实例，学习了 AutoCAD 的后期打印输出功能以及与其他软件间的数据转换功能，使打印出的图纸能够完整准确地表达出设计结果，让设计与生产实践紧密结合起来。

16.7.2　练习

1. 综合运用所学知识，将单元户型装修吊顶图以 1:60 的打印比例输出到 2 号图纸上。打印效果如图 16-74 所示。

Note

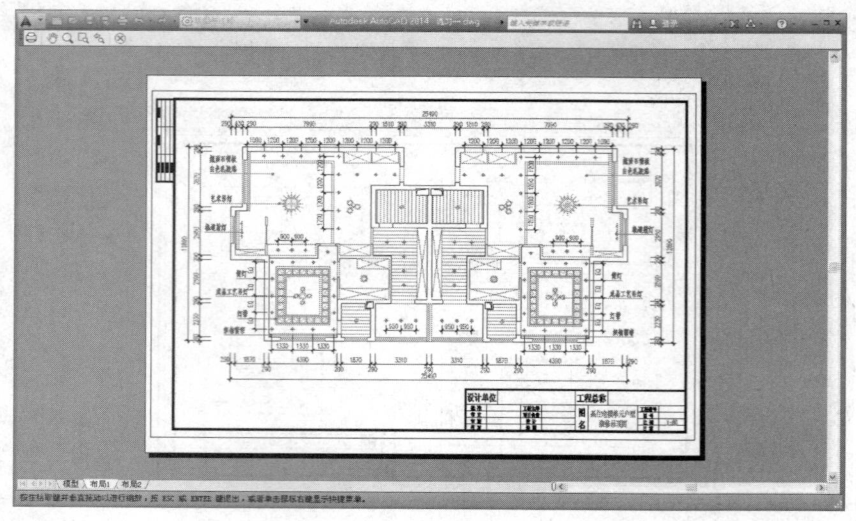

图 16-74 练习一

操作提示：

本例素材文件位于随书光盘中的"\素材文件\目录下，文件名为"16-7.dwg"。

2. 综合运用所学知识，将某企业多功能厅与小型会议室的办公家具设计图以多个并列视口的方式输出到同一张 2 号图纸上。打印效果如图 16-75 所示。

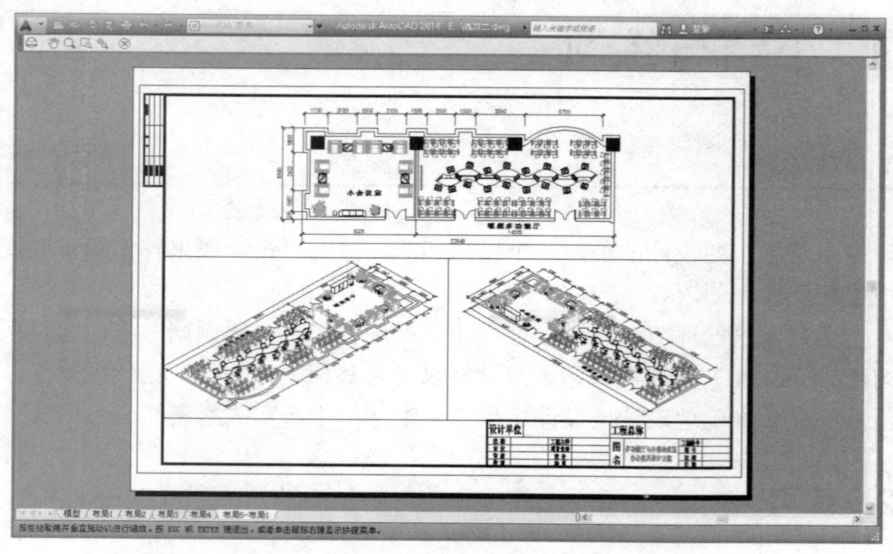

图 16-75 练习二

操作提示：

本例素材文件位于随书光盘中的"\素材文件\"目录下，文件名为"办公家具布置图.dwg"。